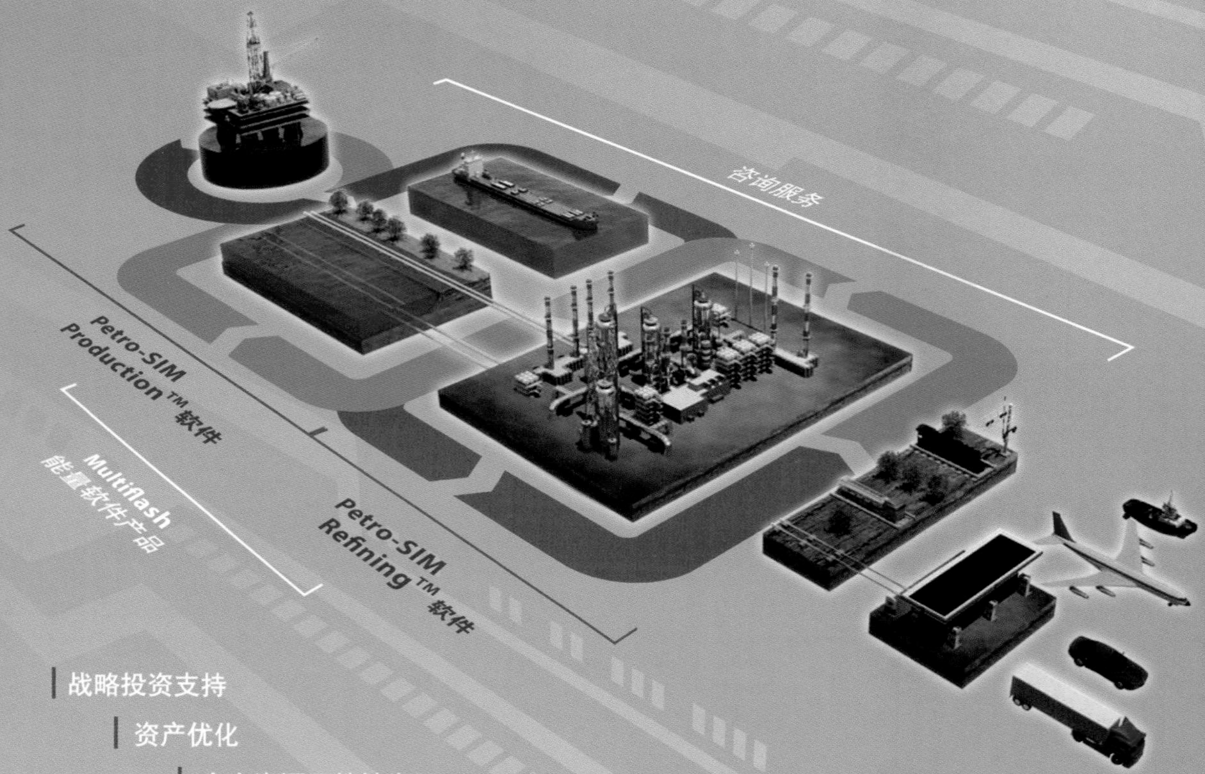

杜邦 IsoTherming® 液相加氢技术

技术优势

- 降低维护和运行成本
- 缩短设备交付时间
- 降低轻组分的产量
- 延长催化剂的寿命
- 投资成本更低

应用范围

- 直馏汽油、柴油、润滑油加氢精制
- 催化裂化柴油、焦化柴油、焦化汽油加氢处理
- 催化裂化进料加氢预处理
- 缓和裂化或部分转化加氢裂化

技术介绍

杜邦 IsoTherming® 加氢处理技术的核心是能够通过加氢饱和液体循环物料为反应提供氢气，从而取消了传统技术中作为标准配置所需的循环气压缩机。通过杜邦 IsoTherming® 反应器的物料为单一液相物料。因无需在反应器中进行氢气溶解，从而消除了整个反应中的传质限制。由于液体循环物料，反应热充分利用，显著降低装置能耗；同时反应温升较低，延长催化剂使用寿命。2003 年第一套工业化装置运行至今已许可二十一套装置。

2015年
中国石油炼制科技大会
论文集

中国石油学会石油炼制分会
中国石油化工信息学会　编

中国石化出版社

内 容 提 要

本文集收录了2015年中国石油炼制科技大会论文182篇，内容涵盖炼油工艺与工程、炼油催化剂与催化材料、石油化工分析评定与规格标准、炼油设备、天然气净化、石油产品及添加剂、环境保护、替代燃料、信息技术等专业，汇聚了数百位作者的倾心力作，集中反映了近几年来中国石油炼制行业的技术水平和最新进展，具有较高的学术水平和实用价值。

本文集不仅可为炼油领域的广大生产、科研、设计、管理和规划工作者，以及大专院校相关专业师生等提供重要的参考和借鉴，还将为促进我国炼油技术交流和科技成果转化发挥重要作用。

图书在版编目(CIP)数据

2015年中国石油炼制科技大会论文集/中国石油学会石油炼制分会，中国石油化工信息学会编. —北京：中国石化出版社，2015.11
ISBN 978-7-5114-3665-8

Ⅰ.①2… Ⅱ.①中… ②中… Ⅲ.①石油炼制-学术会议-文集 Ⅳ.①TE62-53

中国版本图书馆CIP数据核字(2015)第240719号

中国石化出版社出版发行
地址:北京市东城区安定门外大街58号
邮编:100011 电话:(010)84271850
读者服务部电话:(010)84289974
http://www.sinopec-press.com
E-mail:press@sinopec.com
北京富泰印刷有限责任公司印刷
全国各地新华书店经销
*
787×1092毫米 16开本 72.5印张 4彩页 1832千字
2015年11月第1版 2015年11月第1次印刷
定价:320.00元

2015年中国石油炼制科技大会

主办单位： 中国石油学会石油炼制分会

中国石油化工信息学会

承办单位： 中国石化石油化工科学研究院

协办单位： 中国工程院化工、冶金与材料工程学部

支持单位： 中国石油化工集团公司

中国石油天然气集团公司

中国海洋石油总公司

中国化工集团公司

中国神华煤制油化工有限公司

中国石化催化剂有限公司

赞助单位： KBC科技(北京)有限公司

杜邦中国集团有限公司

指导委员会

(按姓氏笔画排序)

王基铭　叶杏园　朱　煜　乔映宾　李大东　李志强　李希宏　杨元一
杨启业　何鸣元　何振鹏　闵恩泽　汪燮卿　张新志　张德义　陆婉珍
陈俊武　金　涌　周抚生　胡永康　侯芙生　袁晴棠　徐承恩　曹湘洪
章建华　董孝利　韩崇仁　傅向升　舒兴田　蔺爱国　戴宝华

组织委员会

主　任：李大东

副主任(按姓氏笔画排序)：

于国文　马　安　卞凤鸣　方向晨　龙　军　闫少春　孙丽丽　李希宏
吴秀章　何盛宝　金德浩　郑长波　洪定一　徐　惠　凌逸群　谈文芳
覃伟中　戴宝华

委　员(按姓氏笔画排序)：

山红红　王兴敏　王军锋　毛加祥　石玉林　石亚华　田松柏　达志坚
朱廷彬　朱华兴　华　炜　刘志坚　刘家海　关明华　孙启文　孙振光
李　华　李　浩　李伟东　李安学　杨勇刚　杨继钢　吴　青　吴冠京
沈本贤　宋云昌　张久顺　张有林　张迎恺　张建荣　张继明　陈　敏
宗保宁　孟　华　赵升红　郝小明　胡志海　胡徐腾　耿承辉　聂　红
夏荣安　钱新华　徐春明　徐福贵　高雄厚　郭　群　郭锦标　韩剑敏
傅　军　舒歌平　廖国勤　谭天伟　魏　飞

学术委员会

主　任：汪燮卿

副主任：陈俊武　徐承恩　胡永康　张德义　乔映宾　洪定一　朱　煜
韩崇仁　马　安　吴　青

委　员(按姓氏笔画排序)：

毛加祥　石亚华　田松柏　吕家欢　朱廷彬　华献君　刘为民　李文乐
李志强　张国生　赵旭涛　胡长禄　段启伟　郭　群　郭锦标　曹　坚
温　凯

前　　言

中国石油炼制科技大会前身是中国石油学会石油炼制学术年会和中国石油炼制技术大会。2015 年中国石油炼制科技大会由中国石油学会石油炼制分会和中国石油化工信息学会联合主办，中国石化石油化工科学研究院承办，中国工程院化工、冶金与材料工程学部协办，11 月在北京召开。

当前，世界经济呈现继续复苏态势，但实现稳步增长还需时日，石油产品需求增长仍然疲弱，供需过剩局面仍在持续。中国经济发展转入了中高速增长的新常态。在新的发展形势下，中国炼油工业正面临着生产能力过剩、油品结构调整与质量升级、环保法规趋严的压力以及替代燃料发展带来的多元化竞争等新环境。2015 年中国石油炼制科技大会在充分吸收历届大会成功经验的基础上，秉承专业性、权威性、前瞻性和高水准特色，紧紧围绕新形势，以"炼油工业：市场的变化与技术对策"为主题，广泛邀请中国炼油界及相关领域的专家、学者，共同为推进中国炼油技术创新、助力炼油工业可持续发展建言献策。

本届大会的论文征集工作得到了中国石油化工集团公司、中国石油天然气集团公司、中国海洋石油总公司、中国化工集团公司、陕西延长石油(集团)有限责任公司、部分国外石化公司以及国内有关高校、科研院所的积极响应和大力支持，共收到论文 326 篇。经过评审组专家认真评审，精选其中的 182 篇编辑形成《2015 年中国石油炼制科技大会论文集》。

本论文集涉及炼油工艺与工程、炼油催化剂与催化材料、石油化工分析评定与规格标准、炼油设备、天然气净化、石油产品及添加剂、环境保护、替代燃料、信息技术等专业，内容丰富，具有较高的学术水平和实用价值，不仅可为炼油领域的广大技术人员以及大专院校相关专业师生等提供重要的参考和借鉴，还将为促进我国炼油技术交流和科技成果转化发挥重要作用。

借此机会，向所有投稿的作者表示感谢。向支持和关心本届科技大会的所有单位和专家谨致谢忱。向所有赞助单位以及负责论文集编辑工作的中国石化出版社表示感谢。

由于论文集涉及的专业跨度较大，整理编排时间较紧，书中难免有不妥之处，敬请谅解。

中国石油学会石油炼制分会

中国石油化工信息学会

二〇一五年九月三十日

目　　录

部分大会报告摘要

炼油催化剂与催化材料

炼油工艺与工程

炼油分析、设备与信息技术

石油产品与添加剂

保护环境与节约能源

综　　合

部分大会报告摘要

我国石化产业面临的挑战及对策建议（摘要）

王基铭

（中国石化集团公司，北京 100728）

经过半个多世纪的发展，我国石化产业已建成了完整的工业体系，在国民经济中的地位日益增强，生产的石油产品和化工产品基本满足国内需求，产业规模跻身于世界石化大国行列。未来我国石化产业面临着国际原油价格较低、市场化进程不断加快、科技革命继续推进等新形势，同时也面临着市场竞争加剧、质量升级加快及环保要求日益严格等严峻的挑战。

一、面临的形势和机遇

2020 年前，国际原油价格维持在 80 美元/桶以下的较低水平，对石化产业的发展形成一定的利好。一方面将降低炼油、石化产业的原料成本，增强石化产业的盈利能力；另一方面随着国际油价下跌，燃料动力消耗费用下降，储运等辅助设施的成本下降，会降低炼油、石化产业的总体运营成本。

在国内主要石化产品完全实现市场化后，自 1998 年开始，我国成品油市场化进程逐步开展，以市场价格形成发现机制为标志，“十三五”时期将进入我国市场化后期阶段。预计到 2020 年左右，成品油完全市场化将可能实现。

在新一轮科技革命和产业变革兴起的推动下，石化产业呈现出原料多元化、产品需求差异化、市场全球化以及产业绿色低碳化等发展趋势。因此我国石化产业的发展必须提高发展质量和效益，走创新驱动、转型升级之路。

二、面临的挑战

受经济增长放缓、经济结构调整、工业化进入中后期以及替代能源快速发展等的影响，国内成品油消费增速回落，预计到 2020 年，成品油表观消费量将达到 3. 57 亿吨，在“十三五”期间，年均增速 2. 7%；国内乙烯当量消费年均增速 3. 5%，增速已明显放缓。

在市场需求减缓的影响下，炼油及主要石化产能的过剩态势较为严重。2014 年我国炼油能力达到 7. 5 亿吨/年，原油加工量达到 5. 03 亿吨，炼厂平均负荷率维持在 67. 3%的较低水平。预计 2020 年炼厂负荷率将有所回升，达到 77%左右，但结构性过剩局面依然存在；大部分化工产品产能将处于过剩状态，2014 年化工产品产能过剩量约 3500 万吨/年左右，预计 2020 年产能过剩量进一步扩大至 6100 万吨/年左右，较 2014 年增长 75%左右。

随着我国石化产业市场化进程的推进，市场竞争主体将显著增多，市场竞争进一步加剧。

国家已计划 2016 年 1 月 1 日起在我国东部 11 省实施国 V 车用汽柴油质量标准；2017

年1月1日起在全国实施国V车用汽柴油质量标准；2017年7月1日起在全国范围实施普通柴油国IV标准；2018年1月1日起在全国实施普通柴油国V标准，同时，国家计划2016年公布第VI阶段油品质量标准，拟于2019年实施。

2015年中央经济工作会议指出，中国环境容量已经达到或者接近上限。大批环境保护法案出台，如新《安全生产法》、新《环境保护法》、大气十条、水十条等强制性政策，土壤十条即将发布。环保新要求、改善环境质量的新挑战，给石化企业带来巨大压力。

三、对策建议

一是坚持战略创新。采用市场化的手段化解过剩产能，依法淘汰能耗高、资源利用不合理、安全隐患大、环保不达标的炼化装置；以发展先进产能的方式替代落后产能，从根本上解决当前石化产业存在的结构性问题，促进产业持续有效健康发展。

二是坚持布局创新。综合考虑资源、环境、基础设施、市场、技术等因素，在优势地区布局，立足内涵发展，推进现有大型石化企业的技术改造，加快建成若干产业集群，向基地化、规模化、园区化方向发展，提升产业整体竞争力。

三是坚持营销创新。围绕客户需求主动调整石化业务，与上下游建立合作共赢的协作关系，为客户提供全流程解决方案，构建以客户为中心的行业生态圈，推进传统石化产业向服务型石化产业转变。

四是坚持生产创新。我国石化产业必须推进与信息化的深度融合，通过全流程集成优化和协同运行，提高能源利用效率；通过信息化平台进行协作，实现上下游企业和跨产业的协同运营；充分利用分子炼油理念，实现石油烃类分子的定向转化，使各馏分得到最优利用，实现最大价值。

五是坚持体制机制创新。打破炼油厂与化工厂的概念，以区域优化为目标，以产业链领先企业为主力打造产业联盟，共同推进上下游产业协同发展；以合资合作为手段，有效延伸石化产业链，生产高附加值产品，进一步提升产业综合竞争实力。

我国燃料标准清洁化的趋势与对策
(摘要)

曹湘洪

(中国石化集团公司，北京 100728)

报告回顾了我国燃料标准清洁化的历程，分析了欧盟、日本、美国等主要发达国家燃料清洁化的发展趋势。从治理机动车尾气污染、改善空气质量和降低车辆油耗的总要求出发，结合国内外的研究资料讨论了我国清洁燃料标准的发展趋势，建议坚持欧盟的标准体系。国六标准的汽油烯烃要降低到18%以下，严格控制芳烃不大于35%(v)，降低T50到110℃以下，适当降低蒸汽压，蒸汽压上下限指标范围控制在20kPa以内，让各省市有权根据本地冬天或夏天的气温选择执行夏季及冬季蒸汽压的时间，仍执行89/92/95三个汽油牌号，逐步取消89号汽油，增加95号汽油产量，积极发展E10乙醇汽油，不能发展M15甲醇汽油。柴油要继续实施车用柴油与普通柴油两类标准，国六标准的车用柴油多环芳烃要降低到8%以下，力争不大于6%，密度要缩小范围，建议从810~845kg/m^{3}调整为820~845kg/m^3，95%的馏出温度从不大于365℃降低到不大于360℃；十六烷值坚持不小于51；普通柴油十六烷值不小于45，硫含量小于10mg/kg；积极发展B5车用柴油，不宜发展添加煤基醇醚的柴油燃料。船用燃料油要规定内河船舶使用普通柴油，海上船舶大型内燃机配套的燃油要按发达国家标准控制硫含量、密度、黏度、残炭、灰分，镍、钒等金属含量。报告根据我国清洁燃料标准升级的要求提出了炼油行业的应对策略：一要加大科研投入，研究开发支持实施更高的清洁燃油标准的炼油催化剂和工艺技术，二要积极采用新技术，调整炼油装置结构，增产优质汽油和柴油调和组分，三要深入开展汽柴油质量对汽车尾气中PM2.5、NMHC、CO、NO_x排放的研究，为科学制定更清洁的汽柴油技术标准提供依据。

关键词 燃料标准 清洁化 对策

甲醇制烯烃(S-MTO)技术开发与工业应用

谢在库

(中国石油化工股份有限公司科技部，北京 100728)

摘 要 乙烯和丙烯是最重要的基础有机化工原料，是化学工业的基石。尽管石油基乙烯、丙烯技术仍占主导地位，如蒸汽裂解、催化裂化、烷烃脱氢等，但石油资源的有限性，使得开发煤制乙烯、丙烯技术具有重要的战略意义。

中国石化于2000年开始MTO技术的研究开发工作，组织上海石化院、工程建设公司、燕山石化和中原石化进行一条龙式攻关，取得了重大技术突破，形成了S-MTO成套技术。该技术经历了三个发展阶段。第一阶段为实验室探索研究：进行新型分子筛催化剂、反-再工艺、分离工艺研究，2005年上海石化院成功合成出高性能的片状SAPO-34分子筛，并以此分子筛为活性组分成功制备出综合性能优异的SMTO流化床催化剂，实现吨级生产。基于SMTO催化剂，2006年开发出具有自主知识产权的S-MTO反应-再生技术、烯烃分离技术。第二阶段为中试研究：2007年世界最大的3.6万t/a S-MTO中试装置在燕山石化一次投料成功，通过中试试验，获得了S-MTO全流程的设计数据，形成了S-MTO成套工艺技术。第三阶段为工业示范与商业化运行：2011年10月，中原石化60万t/a S-MTO工业装置一次开车成功，并连续稳定运行近2年，为同类技术连续稳定运行时间最长的工业装置。运行结果表明：甲醇转化率>99.8%，乙烯+丙烯碳基选择性达到81%，催化剂消耗<0.2kg/t甲醇，综合技术指标达到国际领先水平。

S-MTO成套技术是基础研究、开发研究和工业应用一体化创新的典型案例。基于小孔分子筛上的甲醇转化制烯烃行为，采用分子模拟计算和实验验证，首次提出了"烯烃基"烃池自催化反应机理，识别了烯烃中间体在MTO反应过程中的重要性，据此指导了催化材料的研究，研制了具有原创性的优异扩散性能的片状形貌分子筛，提高了低碳烯烃选择性。在流化床催化剂成型方面，采用有别于传统流化床催化剂成型方法，制备出耐磨性能优异的SMTO工业催化剂。基于SMTO催化剂，系统的进行了MTO反应动力学、积碳动力学、气固流动行为、反应器模型等方面的研究，提出了考虑水、积碳影响的双曲线型集总动力学模型，开发了快速流化床高效反应技术和灵活可控的两级再生技术。基于S-MTO产品气的特点，开发了氧化物回收及回炼技术、前脱乙烷烯烃回收技术。

S-MTO技术在中原石化建成工业装置运行后，正应用于中天合创(360万t/a)等进行工业装置建设，并首次实现了MTO与烯烃催化裂解(OCC)工艺的耦合，大幅提高了低碳烯烃的收率。中国石化S-MTO技术共获得授权发明专利167件，其中国外专利14件。

本文阐述了S-MTO技术开发背景、研发历程、基础研究、技术开发与工业应用等，并对MTO技术发展趋势进行了展望。

经济新常态下中国炼油工业的转型发展（摘要）

戴宝华

（中国石化集团公司经济技术研究院，北京　100029）

中国炼油工业既是传统制造业，也是正在向现代化产业快速发展、为国民经济发展提供能源资源的基础产业。经过半个多世纪的改革与发展，中国已经迈入世界炼油工业大国行列，正在进入由大国向强国转变的新阶段。当前，世界经济增长放缓，对石油的需求减弱；美国页岩油气革命影响深远，产油国为争夺市场份额，难以达成减产保价共识和行动，全球石油供应大幅增加。中国经济进入了增长速度换挡期、结构调整阵痛期、前期刺激政策消化期“三期叠加”的新常态，呈现出了速度变化、结构优化、动力转换等新的基本特征。随着经济增长速度从高速增长转向中高速增长，经济结构中第三产业比重不断提高，以重化工为代表的第二产业比重逐步降低，中国炼油工业进入了油品需求增长放缓、油价持续低迷、产能过剩与结构性矛盾并存、市场竞争日趋激烈以及绿色低碳发展等新常态。加快结构调整、促进转型发展，依靠创新驱动、实现产业升级，是经济新常态下中国炼油工业可持续发展的必由之路。

一是创新发展模式，实现观念转变。转变发展模式，从传统的规模扩张转向提质增效的内在提升；从投资拉动转向以增量带动存量、重点提升存量资产效率；从粗放型转向集约型；从外延式发展转向内涵式发展。转变产业定位，从“大炼油”转向“大能源”的产业结构定位。转变经营方式，从“生产+销售”转向“研发+制造+服务”。

二是实施结构调整，实现结构升级。因地制宜，调整原料结构；加强宏观统筹，调整产业结构；适应竞争环境，调整企业结构；遵循炼油内在规律，调整装置结构；结合需求变化，调整产品结构。

三是加快产业升级步伐。实现大型化、集约化、基地化发展；合理利用资源，提升炼化一体化水平；依靠创新驱动，为转型发展提供技术支撑；加快“两化”融合，用信息化提升传统炼油产业；强化质量管理体系、产品标准体系以及服务标准体系建设，通过标准化提升质量保证能力。

四是大力推进节能减排，实现绿色低碳发展。加大投入，依靠创新，加快汽柴油质量升级步伐，提供高品质清洁燃油产品；狠抓节能减排，实现绿色低碳安全发展。通过对资源的有效、循环和清洁利用，实现炼油工业发展的经济效益、环境效益、社会效益相统一。

五是紧跟国家战略，抓住新的产业热点。以《中国制造 2025》战略为契机，规范炼油产业发展，提升发展水平。配合“一带一路”建设、京津冀协同发展、长江经济带建设等国家级重大发展战略，整合区域资源，促进相关经济和产业要素融合，通过市场化手段保证资源高效配置，实现炼油产业与区域经济的协调发展。

炼油催化剂与催化材料

绿色低碳提高效能的炼油加氢技术

聂　红，杨清河，李大东

（中国石化石油化工科学研究院，北京　100083）

摘　要　面对原油劣质化、油品质量升级和节能减排同时要持续盈利的多重压力和挑战，中国石化石油化工科学研究院结合原油结构特点，从反应过程的化学入手，以提高油品加氢效率和选择性为根本点，开发了绿色低碳高效利用原油并有利于提高经济效益的系列炼油加氢技术：(1)重油高效转化技术：以增强残炭加氢转化提高 FCC 液收和延长装置运转周期为核心的第三代固定床渣油加氢处理 RHT 系列催化剂及技术；以强化稠环芳烃加氢能力、提高高价值液体产品收率、延长固定床渣油加氢装置运转周期为目的且具有明显低碳特征的重(渣)油加氢处理(RHT)-催化裂化(FCC)双向组合新技术 RICP-Ⅰ；在 RICP-Ⅰ基础上开发的以多产高价值化工原料为特征的 RICP-Ⅱ技术；以多产高价值轻质油为特征的 FGO 选择性加氢工艺与选择性催化裂化工艺集成的 IHCC 技术。(2)清洁汽柴油生产技术：以催化裂化汽油加氢脱硫和烯烃饱和在催化剂不同活性中心上反应程度的差异化为基础，以生产国Ⅴ汽油为出发点，开发了进一步强化加氢脱硫选择性并减少辛烷值损失的 RSDS-Ⅲ技术；基于对影响柴油超深度脱硫主要因素的分析研究，开发了柴油超深度加氢脱硫(RTS)技术；以"反应分子与活性相最优匹配制备技术(ROCKET)"为平台开发的高性价比柴油超深度加氢脱硫催化剂 RS-2100(NiMo 型)和 RS-2200(CoMo 型)，为企业生产国Ⅴ柴油提供了更好的选择。(3)通过协调反应途径和控制反应程度开发了 LCO 生产高辛烷值汽油组分或 BTX 原料的 RLG 技术。工业实践证明，系列技术取得了巨大的社会效益和经济效益。

关键词　重油　渣油　汽油　柴油　加氢　催化剂　双向组合　RICP　IHCC　RLG　生物航煤

1　前言

石油是具有多种优良特性的优质能源，石油产品从现在到未来较长的一段时间依然是交通燃料的最佳选择。随着国民经济高速发展和人民生活水平提高，国内对汽油、柴油等轻质油品的需求不断增加，2014 年我国原油加工量达到 51980. 9 万 t(其中进口原油量 30838 万 t，对外依存度超过 59. 3%)[1]，主要用于生产汽油、煤油、柴油等成品油。因而石油的高效利用，可以缓和石油的对外依存度，降低国家的能源风险。与此同时，全社会环境保护意识不断增强，节能减排成为发展趋势。我国承诺，到 2020 年，单位国内生产总值二氧化碳排放将比 2005 年下降 40%到 45%。为此，炼油行业排放和汽车排放均受到越来越严格的限制，同时碳排放要收税[2]，也迫使企业进一步提高石油的利用效率，减少能源消耗。在油品质量升级方面，2012 年 7 月 1 日起北京率先执行满足国Ⅴ排放的汽柴油标准，硫含量需小于 10μg/g。2015 年 1 月 1 日起全国执行满足国Ⅳ排放的汽柴油标准，原定 2018 年 1 月 1 日起全国执行国Ⅴ汽柴油标准将提前一年实施。近日，国家发改委、财政部、环保部等和国家能源局联合发布关于印发《加快成品油质量升级工作方案》通知，我国将抓紧启动第六阶段汽、柴油国家(国Ⅵ)标准制订工作，力争2016年年底颁布，并于2019年实施，这也意味着我国油品升级步伐进一步提速。原油资源的高效利用、提升油品质量、减少二氧化碳和“三废”排放，是我国炼油工业发展面临的重大挑战。只有通过持续的技术创新，开发适用的新技术才能使炼油企业实现可持续发展。实现上述目标的关键是调节油品的H/C原子比以改善油品燃烧性能和提高加氢选择性以高效脱除杂原子。中国石化石油化工科学研究院(简称RIPP)根据国家和企业当前及未来需求，提前布局，开发了石油资源的高效利用绿色低碳节能减排的系列化炼油加氢技术并工业应用，为企业带来了显著的社会和经济效益。

2 系列炼油加氢及其组合技术的开发与工业实践

2.1 重油高效利用技术

2.1.1 强化残炭转化和延长运转周期的新一代固定床渣油加氢系列催化剂及技术开发

石油资源完全高效利用的核心是渣油的利用，就是要把占原油比例在40%~60%的渣油吃光榨尽，变为高附加值的轻质液体产品。渣油最典型的特征就是“缺氢“(残炭高)，其次是硫、氮和金属等杂原子含量高。固定床渣油加氢从本质上看，是“加氢(补氢)”转化残炭，同时进行加氢脱硫、脱金属等反应，最终达到增加渣油氢含量、降低密度、改善裂化反应性能和产品分布及降低FCC剂耗等目的。因此渣油加氢技术和FCC组合，不但能够增产轻质油，高效充分利用石油资源，同时还能脱除原油中杂原子，因而在环保要求日益严格的今天，受到了国内外的高度重视。随着原油日趋劣质化、装置大型化以及装置操作苛刻度的增大，固定床渣油加氢需要解决两个主要问题以进一步提高轻质油收率和企业的效益：一是高效加氢转化残炭前驱体沥青质、胶质、稠环芳烃为小分子或饱和分，即转化残炭；二是延长装置的运转周期。催化剂是固定床渣油加氢技术的核心，提升催化剂对渣油中残炭前驱体加氢转化及多环芳烃的加氢饱和、脱除并容纳金属杂质的能力，注重催化剂功能的强化和追求不同功能催化剂之间的最优级配，成为保证装置长周期稳定运转和改善企业经济效益的关键[3,4,5]。RIPP根据实际需要及未来的发展需求，系统研究了残炭加氢转化机理，认为残炭加氢转化从化学反应本质看主要分两步：(1)沥青质等大分子通过加氢变成小分子(多环芳烃)；(2)多环芳烃加氢饱和。反应过程伴随着金属、硫和氮等杂原子的脱除。基于以上认识，主要开发了三方面的技术：(1)易于沥青质扩散和反应的双通道催化剂，所开发的催化剂孔分布如图1所示，在中型装置上进行了活性评价的结果见表1，和常规单通道催化剂相比，双通道催化剂促进了沥青质的加氢转化、催化剂表面积炭的降低和活性稳定性的改善，并增强了催化剂的脱金属效果。(2)调整载体和活性金属相互作用力、强化活性金属分散度，如图2所示，新方法制备的催化剂活性金属分散度比常规催化剂有明显提高。优化孔结构的技术，由此可增加催

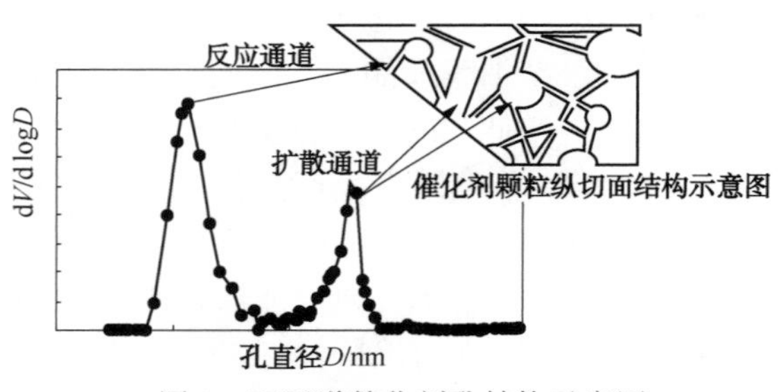

图1 双通道催化剂孔结构示意图
V—孔体积；D—孔直径

化剂活性中心密度和反应物分子的可接近性，达到既提高催化剂的芳烃类化合物的加氢能力(氢含量增加)，提高残炭转化率和脱硫率，同时又减少催化剂表面积炭和改善催化剂活性稳定性的多重目的，在中型装置上同时评价了新技术制备的催化剂和常规催化剂的性能，如表2所示，表中结果完全验证了该技术的开发理念。(3)增加脱金属催化剂的孔径尺寸和有效孔体积，增加脱金属活性和容纳能力，延长催化剂运转周期。

表1 双通道催化剂加氢转化反应效果①

项　　目	科威特常压渣油	加氢反应后	
		双通道催化剂	常规催化剂
沥青质质量分数/%	6.8	0.7	1.7
沥青质转化率/%		89.7	75.0
脱(Ni+V)率/%	112.3	79.0	70.8
反应后催化剂表面积炭量/%		11.9	13.4

① 主要反应条件：反应温度380℃，体积空速(LHSV) 0.6h^{-1}，氢分压14MPa。

表2 活性金属高分散和孔分布集中的催化剂与常规催化剂加氢反应效果比较

催化剂	渣油氢增加值/%	脱硫率/%	脱残炭率/%	反应后表面积炭量/%
常规剂	1.07	78.9	43.5	12.25
新一代	1.34	85.2	58.4	9.99
增加或降低	25.20%	6.3	14.9	-18.40%

* 主要反应条件：反应温度380℃，体积空速(LHSV) 0.5h^{-1}，氢分压14MPa，原料为沙轻减渣。

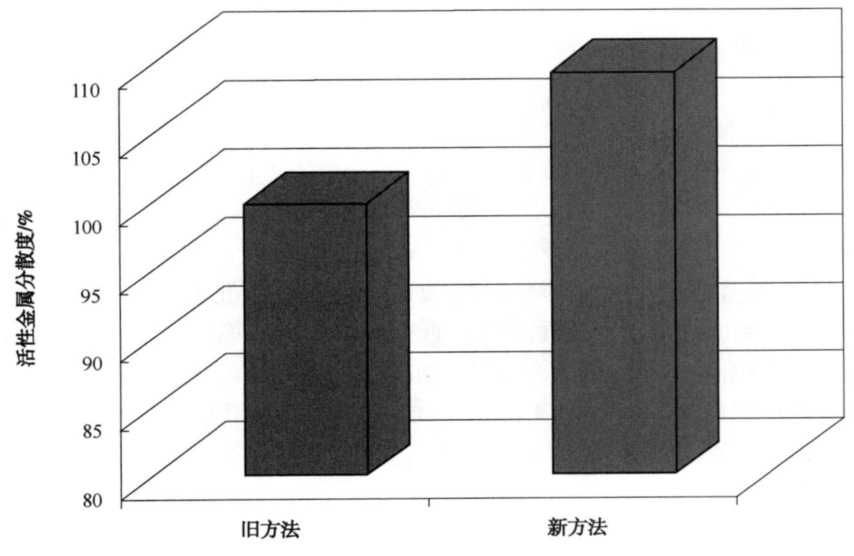

图2 新旧制备方法对活性金属分散度的影响

通过持续不断创新，先后开发了三代以系列催化剂和级配技术为核心的固定床渣油加氢处理(RHT)技术，催化剂及相关技术处于同时代领先或先进水平。尤其是第三代催化剂，性能更加突出，包括两大系列，一是固定床系列，主要包括五种保护剂、一种沥青质加氢转化和脱金属剂、四种脱金属剂、一种脱硫剂、一种脱硫脱残炭剂、一种脱残炭脱氮剂和两种支撑剂(脱金属剂)，二是上流式反应器系列，包括三种保护剂和三种脱金属剂。三代催化剂种类丰富、功能细致、活性连续、级配灵活，因此对原料的适应性强，可以最大化脱残炭和延长装置的运转周期，实现渣油的高效转化。

第三代RHT全系列催化剂于2011年11月首次在中国石化齐鲁分公司150万t/aUFR/VRDS装置工业应用，到2013年3月结束共运转15个月。在运行周期中，RHT系列催化剂比常规催化剂少装5%条件下，催化剂表现出好的脱残炭、脱硫、脱金属和脱氮率性能(平均脱残炭率为58.7%、脱硫率为84.3%、脱金属率为84.2%、脱氮率为40.0%)。

第三代催化剂自从2011年开发成功以来，先后在包括台湾中油公司在内的海内外12套工业装置上成功工业应用，工业应用结果表明了RHT系列催化剂的加氢能力、强化残炭加氢转化能力和脱杂原子能力及运转周期好于市场同类产品。基于RHT催化剂的优异性能，增加了高价值产品的液收、降低 SO_x 排放等，另外RHT催化剂结焦少、停工后卸剂时间短，进一步增加了装置的有效运转时间，为企业带来了良好的社会和经济效益，并促进了这个领域技术的进步。目前更高性能的新一代RHT催化剂已在开发之中，并且部分催化剂已开发成功，即将工业应用。

2.1.2 提高碳资源利用效率的重油加氢-催化裂化新型组合技术

(1) 以增产高价值液体产品和延长运转周期为主要目的的重(渣)油加氢与催化裂化双向组合RICP-I技术[4]

重(渣)油加氢与催化裂化组合工艺是当前将重(渣)油转化为汽油、柴油和液化气等高价值轻质产品的最有效技术[6,7,8]。但这种常规组合工艺存在一定不足，具有提升空间：一是催化裂化产生5%~20%未转化重油(HCO)的去向问题，当前工艺是HCO返回催化裂化自身循环回炼。由于HCO富含多环芳烃，因此在返回催化裂化反应器进行再裂化时生成很多低价值的干气和焦炭，只得到少量的轻质产品；二是重(渣)油中的沥青质(富含稠环芳烃)在加氢过程中转化率低，不但影响催化裂化轻质油收率，而且易造成重油加氢催化剂表面积炭而活性降低；三是重(渣)油加氢装置运转周期短(通常仅11~15个月左右)，与催化裂化装置运转周期匹配差，对炼油厂整体运转和经济效益影响较大。为克服上述缺点，RIPP提出一个新的重(渣)油双向组合加工技术—RICP-I。

RICP-I技术通过改变HCO的循环方式，如图3所示，将催化裂化原来自身回炼的HCO改为循环到重(渣)油加氢装置，与重(渣)油原料一起加氢后再返回催化裂化装置进行转化，使HCO在重(渣)油加氢和催化裂化两套装置间循环。其主要优点在于：① HCO循环到重(渣)油加氢装置加氢后，可以增加其饱和度和氢含量，减少硫含量，再进入RFCC加工，可提高轻质油的收率和品质，降低生焦量，从而提高RFCC装置的处理量和经济效益；②重(渣)油加氢反应是扩散控制的反应，黏度是影响渣油加氢反应速率最主要的因素之一。HCO的黏度比减压渣油低很多，渣油加氢装置的进料掺入回炼油，可大大降低原料重(渣)油的黏度，提高重(渣)油加氢脱杂质反应速率；③HCO中富含的芳烃对重(渣)油中的沥青质(富含稠环芳烃)有良好的溶解性能，抑制加氢过程中沥青质的析出，减少催化剂积炭，延长催化剂的运行寿命。通过改变HCO的循环模式，既解决了HCO在RFCC装置自身循环轻质油收率低的问题，提高碳资源的利用率，同时又促进重(渣)油加氢装置反应效果和运转周期的延长。

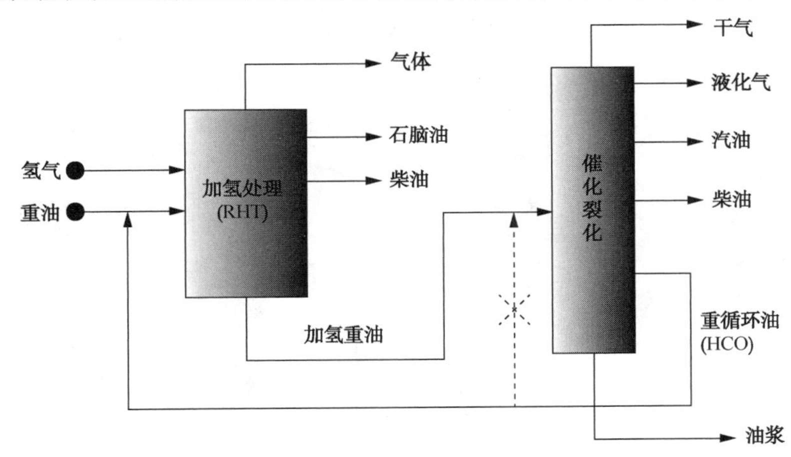

图 3 加氢处理与催化裂化双向组合技术(RICP-I)工艺流程

RICP-I 技术 2007 年首次在中国石化齐鲁分公司 150 万 t/a 渣油加氢装置和 80 万 t/a 催化裂化装置工业应用，结果(见表 3)表明，与常规重油加氢与催化裂化组合工艺相比，在 HCO 仅占重油加氢装置进料量 6%条件下，RICP-I 技术促进了重油加氢装置杂质脱除率，使催化裂化装置产品分布明显改善，汽油和柴油总收率提高 1.90 百分点，低价值产物(油浆和焦炭)收率降低 1.65 百分点。RICP-I 技术工业长周期运转结果也表明其增加轻质油产率和降低油浆产率的效果非常显著，并且易实施，投入少，见效快，既为石油资源高效利用提供了有力技术支撑，又为企业带来了显著的经济效益[5,9,10,11]。目前该技术还在中国石化安庆分公司、中化泉州石化股份有限公司等多家单位进行了工业应用。

表 3 RICP 技术与常规组合工艺比较(工业装置)

项　目	常规组合工艺	RICP 技术	差值
加氢重油加工比例/%	72.60	76.44	+3.84
产品分布/%			
干气	2.14	2.02	-0.12
液化气	13.53	13.40	-0.13
汽油	39.13	40.72	+1.60
柴油	32.97	33.28	+0.30
油浆	3.54	2.45	-1.09
焦炭	8.66	8.09	-0.56

(2) 以增产高价值化工产品为主要目的的重油加氢与催化裂化双向组合 RICP-Ⅱ技术

低碳烯烃和单环芳烃是重要的石化基础原料。低碳烯烃包括乙烯、丙烯和丁烯，主要通过石脑油蒸汽裂解生产。单环芳烃主要包括苯、甲苯和二甲苯，目前也主要是以石脑油为原料通过催化重整方法生产。随着国民经济的快速发展，石化产品需求大幅度增长，如果能以渣油或含一定比例渣油的低价值的混合重油作为催化裂解原料生产低碳烯烃和单环芳烃不仅可以满足化工原料的不足，同时还会具有更低的成本优势。最佳的方法是将催化裂解循环油掺入到渣油加氢原料中一起加氢后，再作为催化裂解原料，即形成新的双向组合工艺 RICP-Ⅱ。具体做法为在渣油(或 VGO 掺渣)原料中掺入质量分数 5%~30%的催化裂解轻循环油(LCO)、重循环油(HCO)进行加氢处理，加氢渣油(包括加氢的 LCO 和 HCO)进行催化裂解，催化裂解的LCO和HCO返至渣油加氢单元。RICP-Ⅱ技术原则流程图如图4所示。

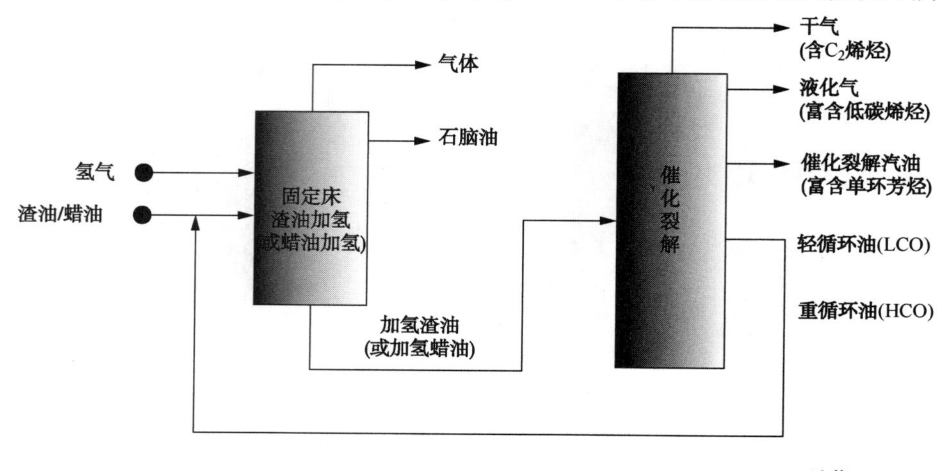

图4 多产化工原料的RICP-Ⅱ技术流程图

相比较于以蜡油为原料生产低碳烯烃路线，采用本工艺路线具有以下优点：①可节约原料成本；②加氢后的渣油含有适量的残炭值，可以在催化裂解装置生成合适的焦炭提供平衡的裂解热；③含有大量多环芳烃的催化裂解轻重循环油输送至加氢装置，和渣油一起加氢后再返回催化裂解装置重新裂解，可增加高价值的低碳烯烃和单环芳烃的产率。因而本工艺是一个一举多得的工艺。

在中型装置上分别以科威特常压渣油、75%科威特常渣+17%催化裂解轻循环油(LCO)+8%催化裂解重循环油(HCO)的混合油为原料，按图4所示的流程进行实验，采用催化裂解循环油加氢再返回催化裂解，以渣油新鲜进料100%为基准计算时，试验所得的低碳烯烃和单环芳烃产率之和为54.60%，高于纯渣油的42.57%，显示出了双向组合工艺的优势。

(3) 以追求高价值轻质油收率为主要目的催化裂化蜡油选择性加氢处理与选择性催化裂化工艺集成的IHCC技术

针对劣质原料油的特点，RIPP开发出了多产轻质油的催化裂化蜡油(FGO)选择性加氢处理工艺与选择性催化裂化(缓和催化裂化)工艺集成技术IHCC的构思[12,13,14,15,16]。IHCC技术原则流程见图5。

IHCC技术的主要思路是对重质原料油不再追求重油单程转化率最高，而是控制催化裂化单程转化率在适当合理的范围，使得干气和焦炭选择性最佳，未转化重油经加氢工艺改性后再采取适当的催化裂化技术来加工，从而获得高价值产品收率最大化。该工艺的核心技术包括三部分工艺技术，一是缓和催化裂化工艺，也就是控制烷烃结构基团发生催化裂化反应处于最佳状态，称为选择性催化裂化工艺或称为缓和催化裂化(HSCC—Highly Selective Catalytic Cracking)，该工艺开发目标是实现烷烃结构基团选择性地裂化，从而干气和焦炭产率之和与转化率之比最小。二是HSCC工艺所生产的FGO中的芳烃和胶质经蜡油加氢工艺进行饱和，称为FGO定向加氢工艺(HAR—Hydrogenation of Aromatic and Resin of FCC Gas Oil)。该工艺开发目标是通过开发双环、多环芳烃和胶质定向加氢技术，定向饱和催化蜡油中的双环、多环芳烃和胶质生成多环烷烃，而单环芳烃尽可能少地被饱和，同时尽可能地保

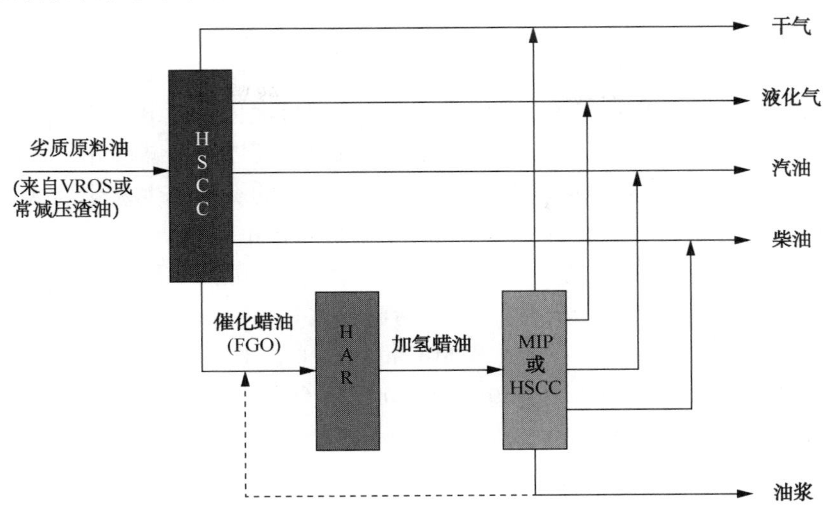

图 5　IHCC 技术原则流程

留所生成的多环烷烃。三是加氢后的催化蜡油 FGO 作为 HSCC 工艺的原料、FCC 工艺的原料或 MIP 工艺的原料，采用相适宜的催化剂和工艺条件，进行再次催化裂化反应，从而实现催化裂化反应只裂解烷烃结构基团，留下芳烃结构基团由 HAR 工艺对其多环芳环进行定向饱和成为环烷烃或单环芳烃，经过现有炼油技术的协同组合，开发出实现石油资源高效利用的炼油平台工艺技术[16]。

中型研究表明，对于加氢渣油原料，与 MIP 技术相比，IHCC 技术相当于碳排放降低 33.54%，轻质油收率增加 18.62 百分点；对于大庆减压渣油原料，与 VRFCC 技术相比，IHCC 技术相当于碳排放降低 27.13%，轻质油收率增加 9.04 百分点。工业试验结果表明：与 FCC 技术相比，IHCC 技术标定时焦炭产率降低 2.38 百分点，相当于碳排放降低 20.82%，轻质油收率增加 13.45 百分点。IHCC 技术实现了烷烃基团的选择性催化裂化反应和多环芳烃的定向加氢反应。

2.2　以生产清洁汽柴油燃料为代表的绿色石油产品加工技术

2.2.1　进一步强化催化裂化汽油加氢脱硫选择性的 RSDS-Ⅲ技术开发

RIPP 开发的 RSDS-Ⅰ和 RSDS-Ⅱ两代催化裂化汽油选择性加氢脱硫技术已在国内多家企业成功工业应用，为我国汽油质量升级到国Ⅳ提供了强有力的技术支持。为了进一步降低催化汽油中硫含量，使汽油中 $S<10\mu g/g$，满足未来国Ⅴ排放标准对汽油硫含量的要求，同时保持较小的辛烷值损失，研究开发了 RSDS-Ⅲ第三代催化裂化汽油选择性加氢脱硫技术。

根据催化裂化汽油中烯烃主要集中在轻馏分和硫化物主要集中在重馏分这一特点开发的 RSDS-Ⅲ工艺，继承了 RSDS-Ⅰ及 RSDS-Ⅱ的特色，即均采用先将全馏分催化裂化汽油切割为轻馏分(LCN)和重馏分(HCN)，LCN 碱抽提脱硫醇，HCN 选择性加氢脱硫这一工艺路线(技术原则流程图见图 6)。RSDS-Ⅲ技术的目标是在提高脱硫率使产品硫含量不大于 10μg/g 的同时，保持较小的辛烷值损失，即生产国Ⅴ汽油的辛烷值损失和 RSDS-Ⅱ技术生产国 IV 汽油的相当。RSDS-Ⅲ技术主要包括：①根据催化裂化汽油脱硫反应和烯烃加氢饱和反应在催化剂不同活性中心上发生的研究结果，开发了催化剂选择性调控(RSAT)技术；②开发了与RSAT技术配套的具有较高低温活性且选择性较高的RSDS-31催化剂；③以RSDS-31催化剂为基础，采用RSAT技术对工艺条件进行优化，提出了抑制硫醇硫的生成反应及烯烃加氢饱和反应的合适条件；④通过对碱液氧化机理以及对碱性介质特殊状况的深入分析，开发了碱液固定床深度催化氧化再生技术及高活性的氧化再生催化剂ARC-01；⑤开发了碱液深度反抽提脱硫技术及反抽提高效管道混合器RSM-01。

RSDS-Ⅲ技术已在中国石化系统内青岛石化、长岭分公司、胜利油田石化总厂、上海石化、荆门分公司、天津分公司、九江分公司及清江石化等8家企业工业应用。对于硫含量较高的青岛石化MIP汽油、九江石化MIP和FCC混合汽油，采用RSDS-Ⅲ技术将硫含量分别从600μg/g和631μg/g降到7μg/g和9μg/g时，产品RON损失分别为0.9和1.0，抗爆指数损失分别为0.4和0.6。对于硫含量较低的长岭MIP汽油，采用RSDS-Ⅲ技术将硫含量从357μg/g降到10μg/g时，即使采用全馏分汽油选择性加氢脱硫工艺路线，RON损失仅0.6。

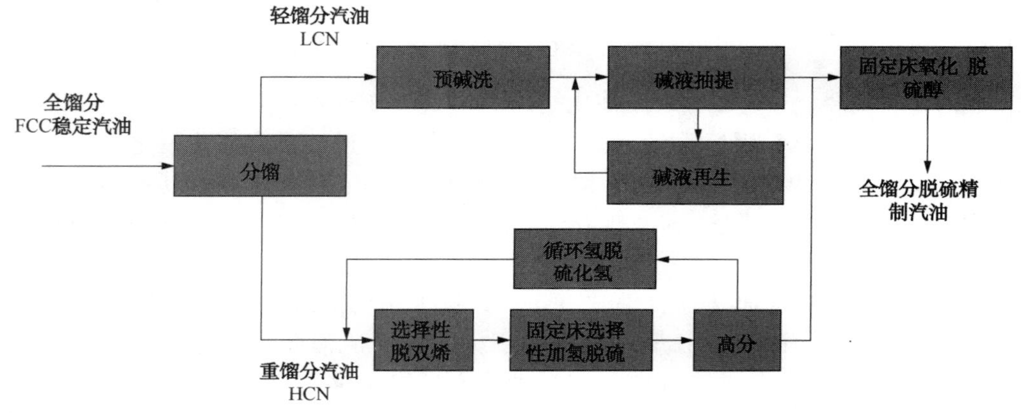

图6　RSDS-Ⅲ技术原则工艺流程图

2.2.2　柴油超深度加氢脱硫工艺与催化剂

(1) 柴油超深度加氢脱硫RTS工艺

与汽油产品一样，硫含量也是反映柴油产品质量的重要指标之一，虽然各国的柴油产品规格不尽相同，但生产硫含量小于10μg/g的超低硫柴油(ULSD)是共同目标。若以现有的催化剂进行超深度加氢脱硫，需要提高反应温度或降低空速，将影响装置运行周期、产品颜色或降低装置处理量，为炼油厂所不能接受。因此，如何利用现有的加氢装置，在较低成本下生产出超低硫的柴油产品，成为亟待解决的问题。研究发现，在实际油品加氢脱硫的反应环境下，油品中氮化物、芳烃等物质的存在对柴油超深度加氢脱硫，特别是对4,6-DMDBT类难脱硫化物有较大的抑制作用。基础研究表明[17~23]，氮化物、多环芳烃对脱硫反应的抑制作用与催化剂活性位上硫化物与氮化物、多环芳烃发生竞争吸附有关。此外，柴油产品颜色及颜色稳定性与其芳烃含量，特别是多环芳烃含量有关[24]，低温有利于多环芳烃的加氢饱和。

基于基础研究的结果，RIPP开发的超深度加氢脱硫技术(RTS)采用一种或两种非贵金属加氢精制催化剂，单段一次通过流程，将柴油的超深度加氢脱硫通过两个反应区完成。在第一个反应区中完成大部分易脱硫化物的脱除和几乎全部氮化物的脱除；脱除了氮化物的中间产品在第二个反应区中完成剩余硫化物的脱除和多环芳烃的加氢饱和，并改善油品颜色。RTS 是不同于常规加氢精制的新工艺技术，可以在不降低处理量的条件下，通过流程改造实现超低硫柴油的生产。将现有加氢装置采用 RTS 技术改造时，只需增加一个反应器，通过与原料换热至所需的反应温度，装置能耗基本不增加。

RTS 技术的优势是可以在较高空速下生产出国Ⅴ排放标准的超低硫柴油，中国石化燕山分公司、高桥石化采用 RTS 技术，实现了长周期生产国Ⅴ标准的柴油。由表 4 可以看出，采用 RTS 技术后，在高桥石化和燕山分公司都取得了良好的工业应用效果，在原料油性质较差和操作条件较缓和的条件下，可以生产硫质量分数小于 10μg/g 的国Ⅴ柴油产品。

表 4　RTS 技术在中国石化高桥石化和燕山分公司工业使用效果

用　　户	高桥石化	燕山分公司
装置类型	柴油加氢	柴油加氢
规模	260 万 t/aRTS 装置	260 万 t/aRTS 装置
原料油	直柴掺 26% 二次柴油	直柴掺 40%二次柴油
密度(20℃)/(g/cm^3)	0.8598	0.8650
硫含量/(μg/g)	6250	7000
氮含量/(μg/g)	300	600
十六烷指数，ASTM D-4737	48.1	46.0
馏程(ASTM D-86)/℃	126~369	94~350
运行时间	22 个月	20 个月
处理量/(t/h)	250	217
总空速/h^{-1}	1.2	1.4
入口压力/MPa	7.2	7.7
一反加权平均反应温度/℃	379	384.7
二反加权平均反应温度/℃	292	326.5
柴油产品硫含量/(μg/g)	7	3.8

（2）高性价比柴油超深度加氢脱硫催化剂 RS-2100/2200

柴油超深度加氢脱硫的另一个关键是高性价比催化剂的开发：既要有优异的性能，又要低的成本，同时在某些特殊情况下，氢耗要低。RIPP 通过改善载体扩散孔道、增加活性中心的本征活性及其稳定性以和提高金属分散度，创建了新型制备技术平台：反应分子与活性相最优匹配技术 ROCKET（Reactant - active phase Optimization & Cost - effective Key Technology），并在此技术平台的基础上，开发了具有高性价比的柴油超深度加氢脱硫催化剂 RS-2100 和 RS-2200。

RS-2100 催化剂为 NiMo 型催化剂，加氢脱硫活性高，脱氮活性好，适合于中高压、含有二次加工柴油为原料的加氢装置；RS-2200 催化剂为 CoMo 型催化剂，氢耗低、直接脱硫活性好，适合于低压并主要以直馏柴油为原料的加氢装置。RS-2100 和 RS-2200 催化剂具有良好的脱硫、脱氮活性，可以满足炼厂生产硫含量小于 10μg/g 的超低硫柴油的需要；同时具有较高的活性稳定性，能够延长催化剂生产国五柴油的应用周期；并且具有较低的金属含量、堆密度和成本，具有较高的性价比。两个催化剂可以单独使用，也可以组合使用。两个催化剂的特点及性能如表5所示。

表5 RS-2100和RS-2200催化剂特点及适应性

催化剂	特点	原料性质	合适的装置压力
RS-2100(NiMo型)	具有较高的超深度加氢脱硫活性 具有高加氢脱氮活性 具有高芳烃饱和活性	含有较高比例二次加工柴油 氮含量高 芳烃含量高 干点高	中高压
RS-2200(CoMo型)	具有较高直接脱硫活性 氢耗低	以直馏柴油为主 氮、芳烃含量较低 干点较低	低中压
RS-2100/ RS-2200组合	具有更高的加氢活性 提高运转周期 高活性和低氢耗的平衡	适用范围较广	中高压

氢耗是加氢过程的一个重要指标。在相同脱硫深度下，氢耗越低，经济性越好。以中东直馏柴油加氢处理为基准，达到国Ⅳ和国Ⅴ柴油标准时，RS-2200化学氢耗比参比剂降低了25%~33%。因此，RS-2200催化剂具有较低的反应氢耗。RS-2200在中国石化九江分公司60万t/a柴油加氢装置上实现了工业应用，标定结果为：在总体积空速1.8h^{-1}、氢分压约4.6MPa等反应条件下，生产柴油产品的硫含量为5.3~6.4μg/g，满足国Ⅴ柴油标准，实现了既定目标。

2.3 由低价值的LCO生产高辛烷值汽油组分或BTX原料的RLG技术

催化裂化技术的普遍应用，导致我国柴油池中催化裂化柴油(以下简称LCO)的比例较大，达30%以上。LCO的典型特点是硫、氮等杂质含量高、芳烃含量高、十六烷值低。LCO的组成特性与清洁柴油期望的高饱和烃含量、高氢含量、高十六烷值的要求存在大的矛盾。目前的加氢精制技术可以有效地脱除LCO中的硫、氮等杂质，但产品柴油的十六烷值提高和密度降低幅度有限。加氢改质技术可以有效脱硫、脱氮并大幅度降低密度和提高十六烷值，但副产的石脑油馏分辛烷值较低。换言之，现有的加工技术未能合理地利用LCO中富含的芳烃。

研究LCO中芳烃分子的加氢反应机理和反应途径是高效利用LCO的基础。图7和图8给出了LCO中有代表意义的单环、双环芳烃加氢裂化反应机理和反应路径。由图7可知，

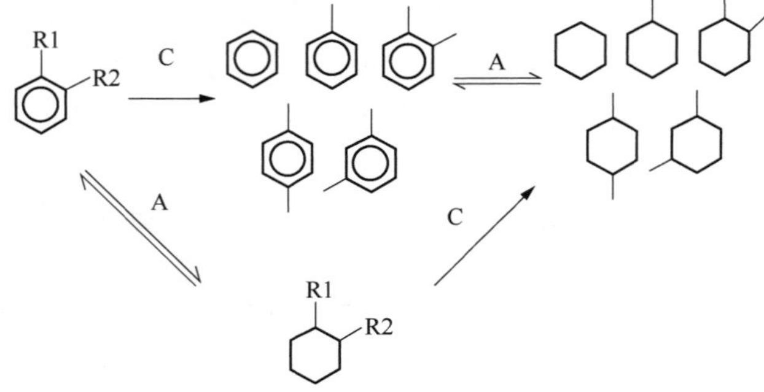

图7 烷基苯类单环芳烃加氢裂化反应路径

A—加氢；C—裂化

催化柴油馏分中的烷基苯类单环芳烃转化为 BTX 组分，仅需经过裂化(侧链断裂)即可实现。由图 8 可知，将催化柴油中的萘类等双环芳烃转化为 BTX 组分，需要发生的化学反应包括：双环芳烃先饱和一个双环生成四氢萘、四氢萘类饱和环选择性开环、烷基苯侧链断裂等反应。

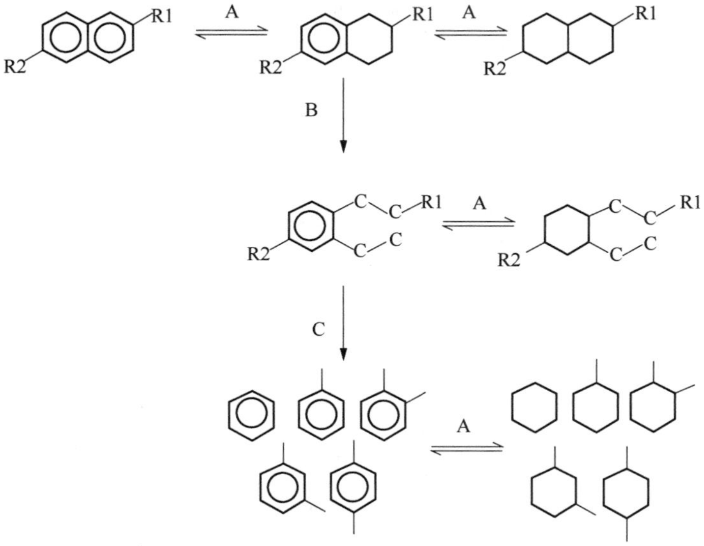

图 8　双环芳烃加氢裂化反应路径

A—加氢；B—选择性异构开环裂化；C—裂化(脱烷基)

基于以上反应机理和反应途径的认识，通过协调反应速率和控制反应程度，开发了以高芳烃含量劣质 LCO 为原料生产高品质产品的 RLG 技术。RLG 技术包括加氢精制、加氢裂化两段工艺技术。针对劣质 LCO 中芳烃含量高的特点，精制段主要是达到促进双环以上芳烃加氢饱和、避免单环芳烃过饱和的目的，从而在加氢精制段最大限度保留单环芳烃并保留总芳烃，同时有效脱除有机氮，为裂化段提供低氮、高芳烃含量的优质进料；裂化段采用酸性强、加氢活性适中的加氢裂化催化剂，同时匹配适宜的工艺参数，将大分子的烷基苯、四氢萘等单环芳烃裂化、选择性开环裂化，从而将其转化为小分子的苯、甲苯、二甲苯等单环芳烃。

根据原料油芳烃含量、氮含量及产品要求的不同，该技术可以采用单段一次通过流程、两段集成的工艺流程、部分馏分回炼的工艺流程。两段法工艺流程适用于高氮含量原料，通过改善裂化反应区的反应气氛可进一步提高高辛烷值汽油组分或 BTX 的收率。根据产品全馏分中单环芳烃的分布规律，设计特定馏分段循环的工艺流程，可进一步提高 RLG 技术高辛烷值汽油组分或 BTX 的收率，同时提高 RLG 高辛烷值汽油产品组分的辛烷值。

该技术以催化柴油为原料，在适宜的工艺条件下，可生产 S 含量小于 10μg/g，RON 为 90～100，收率 35%～55%的高辛烷值汽油调合组分或 10%以上的 BTX 原料。柴油产品的十六烷值较原料提高 10 个单位以上。目前市场汽油需求旺盛，柴汽比下降，RLG 是压减柴油，增加企业效益的适宜的技术。

中国石油化工股份有限公司北京燕山分公司(以下简称燕山分公司)采用 RIPP 开发的

RLG技术对现有100万t/a柴油加氢精制装置进行改造，加工劣质LCO生产高辛烷值汽油以及低硫柴油调合组分。表6是燕山分公司RLG技术工业应用的结果。由表6可见，在精制反应器入口压力7.0MPa和裂化催化剂平均反应温度390℃、较预期值低10℃的情况下，RLG加工芳烃含量74%的燕山催化裂化柴油，可生产收率28.08%、RON达93.5、硫含量4.1μg/g的超低硫汽油调合组分；所产塔顶汽油收率为10.36%，主要由异构烷烃和芳烃构成，经脱硫后可作为超低硫汽油调合组分；精制柴油密度(20℃)降至0.8539g/cm^3，十六烷值较原料提高12.8个单位；而化学氢耗和气体产率相对较低，其中化学氢耗仅为2.25%、C_1~C_4产率仅为6.80%。标定结果表明，RLG技术路线可行，反应效果达到的预期目的，可望有较好的经济性。

表6 工业应用原料和液体产品分析结果

工艺条件	数据			
反应器入口压力/MPa	7.0			
精制/裂化温度/℃	367.4/390.4			
化学氢耗/%	2.25			
原料/产品性质	原料	产品		
	催化柴油	塔顶汽油	侧线汽油	精制柴油
收率/%		10.36	28.08	
密度(20℃)/(g/cm^3)	0.9173	0.6657	0.8284	0.8539
S含量/(μg/g)	6160	48.1	4.1	<10
N含量/(μg/g)	974	<0.2	1.1	—
RON			93.5	
MON			81.8	
芳烃含量/%	74.0	11.11	65.46	
十六烷值	24.3			37.1
十六烷值提高值				12.8
馏程(IBP~FBP)/℃		13~110	98~204	194~345

3 结束语

中国石化石油化工科学研究院基于石油的高效利用、清洁能源生产和绿色低碳的化学反应本质，开发了系列的炼油加氢催化剂和技术，能够将“缺氢”的渣油、FCC的轻重循环油(LCO、HCO)通过化学“补氢”，最大化生产高价值的汽柴油和化工产品，通过选择性加氢和选择性裂解，最大化生产高价值的液体产品及清洁化的高质量汽柴油馏分。通过协调不同加氢反应类型的反应速率并强化加氢脱硫反应，可以高效生产符合国Ⅳ和国Ⅴ要求的汽柴油产品。系列化的技术提高了石油的能效和清洁利用，降低了CO_2排放，为企业带来显著的经济效益，并促进了中国炼油化工的技术进步。

参考文献

[1] 国家统计局. 2014年国民经济和社会发展统计公报,发布时间:2015-02-26.

[2] 管亚梅,李园园. 我国碳税开征环境的评价、障碍跨越方式及政府功用[J].科技管理研究,2015(6):225-229.

[3] 聂红,杨清河,石亚华,等. 石油资源的有效利用[C]//曹湘洪,李大东,汪燮卿,等. 中国工程院化工、冶金与材料工程学部第五届学术会议论文集. 北京:中国石化出版社,2005:160.

[4] 杨清河,胡大为,戴立顺,等. RIPP 新一代高效渣油加氢处理 RHT 系列催化剂的开发及工业应用[J].石油学报:石油加工,2011,27(2):162-167.

[5] 聂红,杨清河,戴立顺,等. 重油高效转化关键技术的开发及应用[J].石油炼制与化工,2012,43(1):1-6.

[6] Furimsky E. Selection of catalysts and reactors for hydroprocessing[J]. Applied Catalysis A: General, 1998, 171(2): 177-206.

[7] 陶宗乾, 王家寰, 彭全铸. 固定床渣油加氢技术的研究[J]. 炼油设计, 1994, 24(2): 10-14.

[8] 刘家明. 渣油加氢工艺在我国的应用[J]. 石油炼制与化工, 1998, 29(6): 17-212.

[9] 牛传峰,戴立顺,李大东.芳香性对重油加氢反应的影响[J].石油炼制与化工,2008,39(6):1-5.

[10] 牛传峰,张瑞弛,戴立顺,等.重油加氢-催化裂化双向组合技术 RICP[J].石油炼制与化工,2002,3(1):27-29.

[11] Niu Chuangfeng, Gao Yongcan, Dai Lishun, et al. Study on applicantion of bi-directional combination technology integrating residue hydrotreating with catalytic cracking RICP[J]. China Petroleum Processing & Petrochemical Technology, 2008(1): 27-33.

[12] 许友好,戴立顺,龙军,等. 多产轻质油的 FGO 选择性加氢工艺与选择性催化裂化工艺集成技术(IHCC)的研究[J]. 石油炼制与化工,2011,42(3):7-12.

[13] 许友好,戴立顺,田龙胜,等. 一种催化转化方法:中国,PCT/CN2008/001439[P],2008-08-07.

[14] 刘四威,许友好. 催化裂化过程芳烃转化及生焦关系探索[J]. 石油学报(石油加工),2013,29(1):145-150.

[15] 张奇,许友好. 加氢柴油催化裂化反应中芳烃生成及转化规律研究[J]. 石油炼制与化工,2014,45(2):8-12.

[16] 许友好,戴立顺.多产轻质油的 FGO 选择性加氢工艺与选择性催化裂化工艺集成技术的(IHCCmaxL)中型试验研究[D]. 北京:石油化工科学研究院,2010.

[17] Satterfield C N, Modell M, Mayer J F. Interaction between catalytic hydrodesulfurization of thiophene and hydrodenitrogenation of pyridine [J]. AIChE J, 1975, 21: 1100-1107.

[18] Satterfield C N, Modell M, Wilkens J A, Simultaneous catalytic hydrodenitrogenation of pyridine and hydrodesulfurization of thiophene [J]. Ind Eng Chem Process Des Dev, 1980, 19: 154-160.

[19] La Vopa V, Satterfield C N. Poisoning of thiophene hydrodesulfurization by nitrogen compounds [J]. J Catal, 1988, 110: 375-387.

[20] Furimsky E, Massoth F E, Deactivation of hydroprocessing catalysts [J]. Catal Today, 1999, 52: 381-495.

[21] Laredo G C S, Los Reyes H J A D, Cano D J L, et al. Inhibition effects of nitrogen compounds on the hydrodesulfurization of dibenzothiophene [J]. Appl Catal A:Gen, 2001, 207: 103-112.

[22] 王倩. 氮化物、H_2S 和芳烃对深度加氢脱硫的影响 [D]. 北京:石油化工科学研究院, 2004.

[23] Zeuthen P, Kundsen K G, Whitehurst D D. Organic nitrogen compounds in gas oil blends, their hydrotreated products and the importance to hydrotreatment [J]. Catal Today, 2001, 65: 307-314.

[24] Ma X L, Sakanishi K, Isoda T, et al. Structural characteristics and removal of visible-fluorescence species in hydrodesulfurized diesel oil [J]. Energy & Fuels, 1996, 10:91-96.

共生型 FCC 低 NO_x 排放的 CO 助燃剂

马佳慧[1]，李玉洋[2]，高俊斌[2]，董丽辉[3]，李斌[3]，靳广洲[2]

（1. 绿欣科技发展(天津)有限公司，天津 301800；2. 北京石油化工学院，北京 102617；
3. 广西大学，广西南宁 530004）

摘　要　采用改进的柠檬酸络合法制备共生型助剂 ICOP 的活性相 $CuO-CeO_2$ 二相共生共存催化活性材料，运用 XRD、XPS 表征其微观结构，探索结构的变化与催化氧化还原 CO、NO 性能的构效关系，发现由于二相在共生过程中的强相互作用，使 CuO 的 Cu 物种随样品中 CeO_2 的增加逐渐形成低价的 Cu^+，并产生相应的氧空位，构成非完整结构的 $[Cu^{2+}_{1-x}Cu^{+}_{x}][O_{1-\frac{1}{2}x}\square_{\frac{1}{2}x}]$，提高了 CuO 的氧化还原能力。以 $CuO-CeO_2$ 二相共生共存体为活性相负载在 $\gamma-Al_2O_3$ 上构成的共生型助剂 ICOP，在小型提升管催化裂化装置中，与含 500μL/L Pt 的 Pt 助燃剂进行对比评价试验。当添加 1.22% ICOP 时，再生烟气中 CO 含量降至 15～18μL/L，而添加 0.45%的含 500μL/L Pt 的 Pt 剂时为 16～19μL/L，此时烟气中 NO 含量为 234μL/L，而 ICOP 时为 32～45μL/L，下降了 80.8%～86.3%。添加 ICOP 时，FCC 产物中汽油收率、轻油收率和总液收均高于使用 Pt 剂时，而焦炭和干气的产率则低于使用 Pt 剂时。

关键词　两相共生共存效应　$[Cu^{2+}_{1-x}Cu^{+}_{x}][O_{1-\frac{1}{2}x}\square_{\frac{1}{2}x}]$ 非完整结构　低 NO_x 排放的 CO 助燃剂　ICOP 共生型助剂

FCC 待生催化剂采用完全再生时，使用 Pt 助燃剂能很好地助燃 CO，促进待生催化剂再生，但贵金属 Pt 可促进待生剂所含的氮化物氧化生成 NO，增加烟气中 NO_x 的排放量。目前国内外一些单位研发了具有 Pt 助燃剂相近的助燃 CO，促进待生催化剂再生，同时还具有一定的降低 NO_x 排放功能的助剂，取得了一些有益的发展[1~4]，但社会对环保要求日益增长，要求新研发的助剂在助燃 CO 和降 NO_x 方面具有更高的功能，具有高效的助燃 CO 和大幅度地降低 NO_x 的功能，要求探索出同时具有优良的催化氧化 CO 和催化还原 NO 的催化活性材料。本文拟分为二部分工作，第一部分为研究活性相，拟以 $CuO-CeO_2$ 二相共生共存氧化物为活性相，探索共生共存效应[5~6]对 CuO、CeO_2 微观结构的微调及其对材料的催化氧化还原 CO、NO 性能的影响；第二部分研究以 $CuO-CeO_2$ 二相共生共存体系为活性相负载在 $\gamma-Al_2O_3$ 上构成的共生型助剂 ICOP 的催化功能。

1　实验部分

1.1　活性相部分

1.1.1　活性相的制备

参照文献采用改进的柠檬酸络合法（IACP）制备样品[7~8]。将硝酸铜和硝酸亚铈溶液按

Cu：Ce 摩尔比为 10：0，9：1，8：2，7：3，6：4，5：5，4：6，3：7，2：8，1：9，0：10配制混合水溶液，加入适量的柠檬酸，再加入适量活性炭，浸渍物经烘干，活化，得到黑色粉末样品。样品标记为 Cu_mCe_n，其中 $m:n$ 为 Cu：Ce 原子比。另外，按与共生共存样品相同的比例用机械混合法将纯的 CuO 相与纯的 CeO_2 相相混合，形成样品，标记为Cu_mCe_n-M。

1.1.2 活性相结构表征

使用日本理学 D/max-2600-pc XRD 型多晶 X 射线衍射(XRD)仪测定样品的物相，工作条件：Cu K_α，管压 40kV，管流 100mA。样品的 X 射线光电子能谱（XPS）在英国 Kratos Analytical 公司 AXIS-Ultra 型光电子能谱仪上测定。使用单色 Al K_α 辐射（15 mA，15 kV），电子结合能以 C 1s（284.8 eV）为基准，样品照射面积为 2 mm × 1 mm，探测深度为 2~5 nm。

1.1.3 活性相催化氧化还原 CO、NO 性能评价

样品经压片破碎后过 40~60 目筛，活性测试在气体连续流动的石英反应器中进行。CO 氧化性能评价反应气组成为：CO 6.0%（v），O_2 3.6%（v），He 为平衡气，空速 20000 mL/(g·h)。NO 还原性能评价反应气组成为：NO 5%(v)，CO 10%(v)，He 为平衡气，空速 24000 mL/(g·h)。活性数据在反应达到平衡后采集。

1.2 ICOP 部分

1.2.1 ICOP 的制备

以 $Cu(NO_3)_2$和 $Ce(NO_3)_3$溶液为 Cu^{2+}和 Ce^{3+}源，再添加柠檬酸配成浸渍液，按等体积浸渍法浸渍在 γ-Al_2O_3载体上，经烘干、活化后制成 ICOP。

1.2.2 ICOP 与 Pt 助燃剂(含 500μL/L Pt)小型提升管 FCC 对比试验

催化剂评价所用的小型提升管催化裂化性能评价试验是在北京惠儿三吉绿色化学科技有限公司生产的 RU-Ⅱ型多功能小型提升管反应器中进行：

FCC 催化剂为 SY-100，经 800℃ 100%水蒸气水热老化 8h，装填量为 9kg，进油量为 1.2kg/h；反应原料油为大庆 30%VR+VGO，用气相色谱法测定裂化气产物组成，用气相色谱模拟蒸馏法测定裂化产物的液体组成；反应剂油比为 7，反应停留时间 2s，反应温度 500℃；再生温度 680℃，再生空气量 1.8L/h，采用 E8500 便携式烟气分析仪分析烟气组成。

2 结果与讨论

2.1 活性相部分

2.1.1 XRD 结果

图 1 为 CuO-CeO_2二相共生共存体系的 XRD 图谱。以 CeO_2和 CuO 的 JCPDS 卡片对图 1 的每个衍射峰进行指标化，发现 CuO-CeO_2二相共生共存体系的 XRD 图谱中的衍射峰均与卡片中 CuO 和 CeO_2峰对应，没有其它的峰存在，即不存在其它的物相。因此，CuO-CeO_2二相共生共存体系应为单斜晶系的 CuO 和立方晶系的 CeO_2二相组成。

2.1.2 XPS 结果

从图 2a 可见，纯 CuO 样品的 $Cu2p_{3/2}$特征峰出现在 934.1eV，且在 940.6~943.4eV 区间

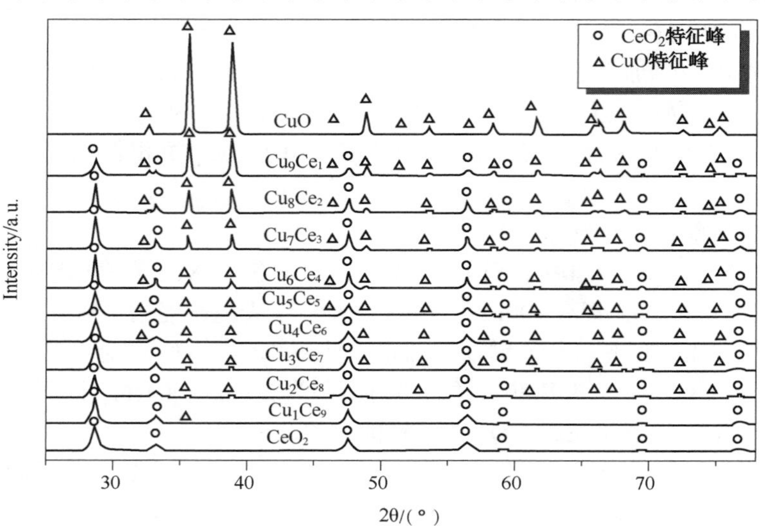

图 1 不同 Cu：Ce 摩尔比的 Cu_mCe_n样品的 XRD 谱

有明显的卫星峰。这些信号是 Cu^{2+}物种的特征峰，当样品是 $CuO-CeO_2$二相共生共存体系时，随着样品中 CeO_2的增加，卫星峰逐渐减弱，934.1eV 处的特征峰向低结合能方向移动。当 CeO_2增加至样品 Cu_2Ce_8时，卫星峰全部消失，同时特征峰出现在 932.2eV 处，此信号是低价铜物种的特征峰。从图可知，二相共生共存样品中当 Ce 含量低 Cu 含量高时，铜物种主要为 Cu^{2+}，当 Ce 含量高 Cu 含量低时，铜物种主要为 Cu^+。这说明了二相共生共存样品的表相氧化铜结构中 Cu 位是以 Cu^{2+}和 Cu^+几率的共存，随着体系中 CeO_2含量的增多，促进了 Cu^{2+}还原成低价 Cu^+，并相应的产生了氧空位，因此表相的 CuO 构成了非完整结构的$[Cu^{2+}_{1-x}Cu^{+}_{x}][O_{1-\frac{1}{2}x}\square_{\frac{1}{2}x}]$。

图 2b 表明，样品表相的铈主要是+4 价。但 v′和 u′峰是 Ce^{3+}离子的 $3d_{5/2}$和 $3d_{3/2}$产生的卫星峰，说明了有少量的 Ce^{3+}物种存在于样品的表相，使表相的氧化铈形成了非完整结构的$[Ce^{4+}_{1-\sigma}Ce^{3+}_{\sigma}][O_{2-\sigma/2}\square_{\sigma/2}]$。同时，与纯的 CeO_2相比，二相共生共存样品中铜含量的增加使 Ce^{4+}峰稍微向高结合能方向移动。说明在共生共存过程中，铜和铈有很强的相互作用，微调了 CeO_2的电子结构。

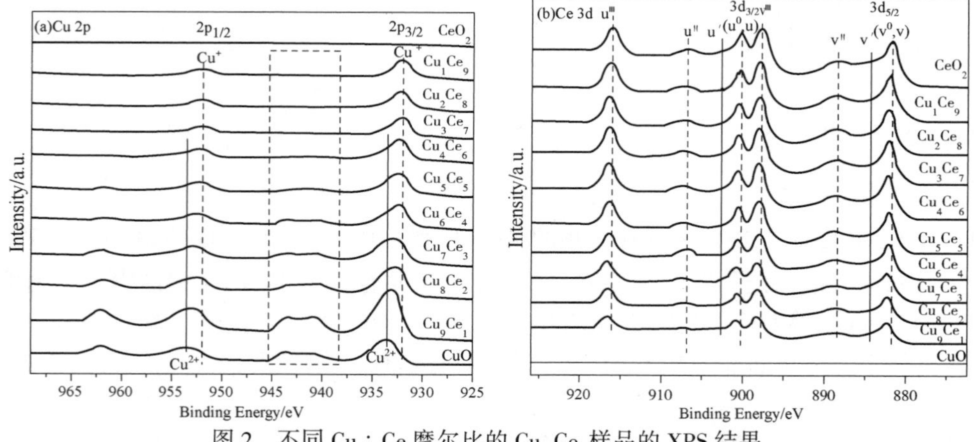

图 2 不同 Cu：Ce 摩尔比的 Cu_mCe_n样品的 XPS 结果

2.1.3 催化氧化还原 CO、NO 的结果

图 3 是不同 Cu：Ce 原子比 Cu_mCe_n样品的 T_{50}和 T_{90}。为了与一般情况对比，我们取与共生共存样品相同组分比例的机械混合样品相比较，可以看出，Cu_mCe_n共生共存样品的 T_{50}明显低于纯 CuO 相样品，且随着 CeO_2含量增加，T_{50}缓慢降低；而机械混合样中的 T_{50}明显高于相同组成的 Cu_mCe_n样品，并随 CeO_2含量增加，活性组分 CuO 减少，T_{50}逐渐升高。对于 T_{90}，每个样品的变化规律与 T_{50}一致，本文方法制备 Cu_mCe_n共生共存样品有明显高的活性，Cu_2Ce_8时 T_{50}和 T_{90}分别达到 87℃和 104℃。

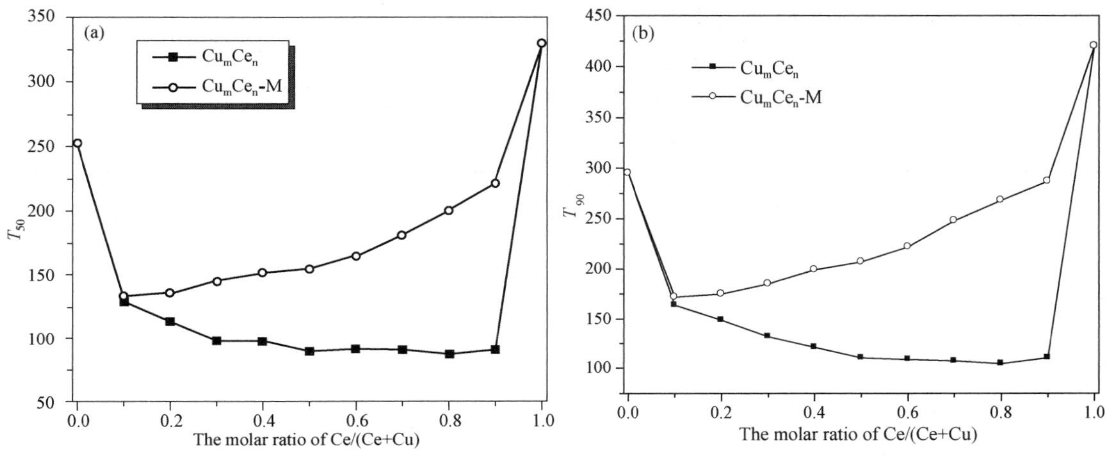

图 3 Cu_mCe_n和 Cu_mCe_n-M 样品的 T_{50}(a) 和 T_{90}(b)

图 4 可见，虽然 CuO 纯相在 220℃ CO 催化还原 NO 反应时 NO 转化率可达 100%，N_2的选择性为 77.7%，远高于 CeO_2纯相的 65.3%和 20.0%，但仍存在 22.3%的 NO 转化为有害气体 N_2O。而二相共生共存样 Cu_9Ce_1由于共生共存效应，促进了彻底还原反应生成 CO_2和 N_2，在 220℃时 NO 转化率和 N_2的选择性均达到 100%。共生共存体系的样品随着组份中

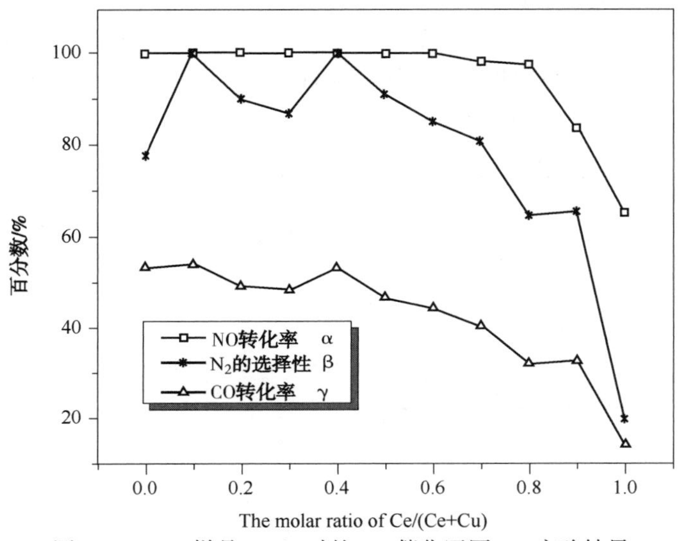

图 4 Cu_mCe_n样品 220℃时的 CO 催化还原 NO 实验结果

CeO_2的增加，高活性的CuO含量相应地减少，不利于催化还原反应。但CeO_2的增加，加大了共生共存效应，利于催化还原反应，二者的结合使二相共生共存体系在Cu_5Ce_5样品仍保持很高的催化还原活性，之后才开始有所下降。

结合上述表征，这是由于CuO-CeO_2二相共生过程中强相互作用，氧化铜形成非完整结构的$[Cu^{2+}_{1-x}Cu^{+}_{x}][O_{1-\frac{1}{2}x}\square_{\frac{1}{2}x}]$，低价铜和氧空位的存在利于催化氧化还原CO、NO。

2.2 ICOP部分

2.2.1 ICOP助剂与Pt剂对FCC产物分布的影响

在表1中，添加1.22% ICOP助剂的FCC催化裂化产物中汽油收率、轻油收率和总液收明显高于相应的添加Pt剂，而相应的焦炭产率和干气产率则明显低于相应的添加Pt剂。

表1 ICOP助剂与Pt剂对FCC产物分布的影响

样品名称	ICOP助剂	ICOP助剂重复试验	Pt剂(Pt500μg/g)	Pt剂重复试验
助剂添加量/%	1.22	1.22	0.45	0.45
焦炭产率/%	4.92	4.89	5.04	5.01
汽油/%	54.51	54.24	51.88	51.19
柴油/%	18.27	18.84	18.33	18.96
重油/%	6.32	6.56	9.23	9.60
裂化气($\leqslant C_4$)/%	15.99	15.48	15.53	15.24
干气($H_2+C_1+C_2$)/%	1.12	1.11	1.14	1.17
液化气(C_3+C_4)/%	14.88	14.37	14.39	14.06
总液收(汽+柴+LPG)/%	87.65	87.45	84.59	84.31
轻收(汽油+柴油)/%	72.77	73.08	70.20	70.15
转化率/%	75.41	74.60	72.44	71.44
总收率/%	100.00	100.00	100.00	100.00

2.2.2 ICOP助剂与Pt剂的助燃烧焦性能对比

在表2中，ICOP助剂添加量为1.22%，再生烟气中CO的含量降至15~18μL/L(几乎测不出)，与添加量为0.45%的Pt剂(含Pt500μL/L)相当(16~19μL/L)，甚至优于后者。在NO方面，添加Pt剂烟气中NO的含量高达234μL/L，添加ICOP助剂的烟气中NO的含量仅为45μL/L和32μL/L，降幅高达80.8%和86.3%。

表2 ICOP助剂与Pt剂的助燃烧焦性能对比

样品名称	ICOP助剂	ICOP助剂重复试验	Pt剂(Pt500μg/g)	Pt剂重复试验
助剂添加量/%	1.22	1.22	0.45	0.45
烟气CO含量/(μL/L)	15	18	16	19
烟气CO_2含量/%(v)	6.2	6.2	6.6	6.7
烟气NO含量/(μL/L)	45	32	234	234

3 结论

(1) 由单斜晶系的CuO和立方晶系的CeO_2组成的二相共生共存体系构成活性相。共生过程中的强相互作用，使得 CuO 的 Cu^{2+} 部分转化为 Cu^{+}，相应地产生了氧空位，形成了非完整结构的 $[Cu^{2+}_{1-x}Cu^{+}_{x}][O_{1-\frac{1}{2}x}\square_{\frac{1}{2}x}]$，有利于样品吸附反应物种，并按照 Langmuir-Hinshelwood 的反应机理顺利地进行了反应，显著地提高了催化剂的氧化还原 CO、NO 的活性。

（2）以 CuO-CeO_2 二相共生共存体系为活性相的 ICOP 助剂当添加 FCC 装置主催化剂藏量的 1.22%时，再生烟气中 CO 的含量降至 15μL/L 至 18μL/L，优于相应的 Pt 剂；再生烟气中 NO 的含量仅为 45μL/L 和 32μL/L，较相应的含 500μL/L Pt 的 Pt 剂降幅高达 80.8% 和 86.3%。

（3）添加 1.22% ICOP 助剂时，FCC 产物中汽油收率、轻油收率和总液收明显高于使用 Pt 剂时，而相应的焦炭产率和干气产率则明显低于使用 Pt 剂时。

（4）以 CuO-CeO_2 二相共生共存体系为活性相的 ICOP 助剂表现出了良好的助燃 CO、降低 NO_x、降低焦炭和干气产率、提高轻收和总液收的功能。

参 考 文 献

[1] Stockwell D M, US, 20070123417A1[P], 2007.
[2] Ziebarth M S, Krishnamoorthy M S, Lussier R J, US, 20090057A1[P], 2009.
[3] Yaluris G, Ziebarth M S, Zhao X, US, 2009068079A1[P], 2009.
[4] 宋海涛, 田辉萍, 朱玉霞, 等. 石油炼制与化工[J], 2014. 45(11): 7-12.
[5] 李斌, 李士杰, 王颖霞, 等. 催化学报[J], 2010. 31(5): 528-534.
[6] Li Bin, Jin Guangzhu, Gao Junbin, et al. CrystEngComm[J], 2014. 16: 1253-1256.
[7] Li N, Yan X M, Zhang W J, et al. Power Sources[J], 1998. 74: 255-258.
[8] Li N, Xu X, Luo D, et al. Power Sources[J], 2004. 126: 229-135.

降低 FCC 烟气 NO_x 排放助剂的开发与应用

宋海涛，田辉平，朱玉霞，达志坚

（中国石化石油化工科学研究院，北京　100083）

摘　要　石油化工科学研究院开发了用于降低 FCC 再生烟气 NO_x 排放的 RDNO$_x$ 系列助剂（I 型和 II 型）。I 型为非贵金属助剂，主要是通过催化 CO 对 NO_x 的还原反应以降低 NOx 排放；II 型为贵金属助剂，是用于替代传统 Pt 助燃剂，在等效助燃 CO 的同时减少 NO_x 的生成。两类助剂可以单独使用，也可以同时使用。

关键词　催化裂化　再生烟气　NO_x　助剂　产物分布

氮氧化物（NO_x）是催化裂化（FCC）再生烟气中的主要污染物之一，随着环保法规的日益严格，特别是 2014 年《石油炼制工业污染物排放标准（二次征求意见稿）》中对 FCC 再生烟气 NO_x 排放限定值（不大于 $300mg/m^3$，特别地区不大于 $100mg/m^3$）的提出，控制 NO_x 排放已势在必行。

目前降低 FCC 再生烟气 NO_x 排放的技术措施主要包括：①原料油加氢预处理；②再生器结构改造与操作优化；③使用降低 NO_x 排放助剂和④烟气后处理（如 SCR、SNCR、氧化吸收和碱洗等）。其中，使用助剂无需装置改造和设备投资，且操作灵活简便，是一种经济有效的方案[2-4]。

国内外主要 FCC 催化剂制造商及研究机构在降 NO_x 助剂方面开展了大量研究工作，推出多种不同牌号的助剂，如 Albemarle 公司的 ELIMINOx、KDNOx 助剂；BASF 公司的 Oxy-Clean、CLEANOx 助剂；Grace Davison 公司的 XNOx、DENOx 和 GDNOx 助剂；Intercat（Johnson Matthey）的 NOXGETTER、COP-NP 助剂；国内同行也有一些初步研究的报道。从报道的工业应用数据来看，通过使用上述各类助剂大多可将再生烟气 NO_x 排放降低约 40% 以上。当前阶段，仍需要进一步提高助剂的性能，研究开发的热点一方面是探寻可减少 NO_x 生成或是能促进 NO_x 还原的催化材料；另一方面则是最大限度地减少助剂金属活性组元对 FCC 催化剂及产品分布的负面影响。

本文对 FCC 再生器中 NO_x 形成和转化机理进行了分析，对中国石化石油化工科学研究院（RIPP）开发的 RDNOx 系列助剂进行了介绍，对其初步工业应用情况进行了简要总结。

1　催化裂化装置氮平衡与再生器中氮化学分析

1.1　典型催化裂化装置氮平衡

一般而言，将进料中的氮计为 100%，则进入产品（气体、汽油、柴油和重油）及污水中的氮占进料氮的 50%～60%；而以焦炭形式随待生剂进入再生器中的氮通常约为 40%～50%

(在有些加工加氢处理油和渣油的催化裂化过程中，这一比例可能高达约60%~70%)。但在焦炭燃烧过程中，大部分氮化物以N_2形式排放(约35%)，只有约2%~5%转变成为NO_x[1]。

在不完全再生过程中，再生烟气中的氮化物除NO_x外，通常还有较多的HCN、NH_3等还原态氮化物，但这些还原态氮化物在后续CO锅炉中仍会转变为NO_x。完全再生过程中，烟气中较少含有还原态氮化物，但个别情况下也曾检测到少量HCN。通常来说，FCC再生烟气中NO_x体积分数约50~500μL/L，其中约90%以上为NO(但随着烟气温度的降低及停留时间的延长，NO_2所占比例会逐步增加)。

1.2 NO_x形成与转化机理及助剂设计思路

虽然目前对FCC再生过程中NO_x的形成与转化机理尚不十分明确，但已形成大致统一的认识(如图1所示)。焦炭中的氮化物在再生过程中，主要通过HCN、NH_3等中间态进一步氧化生成NO_x，而NO_x可被CO和焦炭等物质还原为N_2。再生空气中的N_2一般不会被氧化成NO_x，因热力学计算表明，只有在温度达到约870℃(1600℉)以上且有过量O_2存在时，上述反应才有意义[2]，而FCC再生器的操作温度通常要低得多。

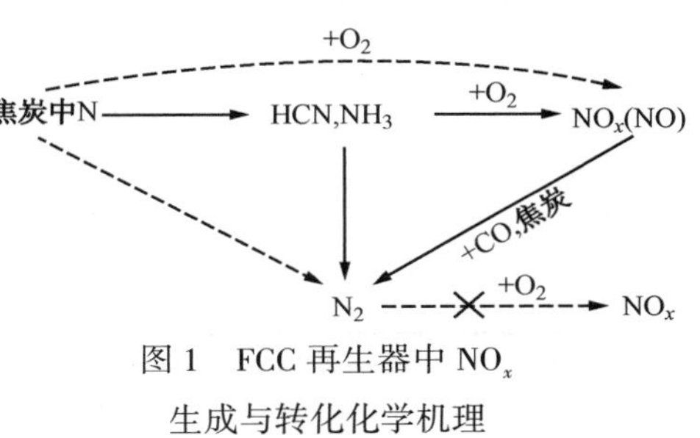

图1 FCC再生器中NO_x生成与转化化学机理

对于采用完全再生模式特别是使用Pt助燃剂的装置，NO_x浓度往往较高，这是由于贵金属Pt一方面促进了HCN、NH_3等氧化生成NO_x的反应，另一方面则通过促进CO、焦炭等物质的快速氧化而使NO_x很难被有效还原。根据上述分析，RDNOx系列助剂在开发过程中根据其功用设计为Ⅰ型和Ⅱ型两类。RDNOx-Ⅰ为NO_x还原助剂，采用非贵金属活性中心，主要强调对CO与NO_x还原反应的催化活性，以充分利用烟气中的CO，将生成的NO_x还原为N_2；RDNOx-Ⅱ为同时降低CO和NO_x排放助剂，也称低NOx型助燃剂，采用非Pt贵金属替代常规助燃剂的活性组分Pt，强调在助燃CO的同时减少NO_x的生成(即减少HCN、NH_3等氧化生成NO_x的反应)。两类助剂可以单独使用也可以同时使用，优选采用Ⅱ型助剂替代Pt助燃剂以减少NO_x的生成；在此基础上加入Ⅰ型助剂可以进一步促进NO_x的还原，降低NO_x排放。两类助剂在使用中均要求不能对FCC主催化剂(简称主剂)的活性和选择性造成破坏，即不对FCC产品分布造成明显的不利影响。

对于采用不完全再生操作模式的FCC装置而言，虽然再生器中生成的一些还原态氮化物(NH_3、HCN)可能在CO锅炉中进一步转化为NO_x，但由于高浓度还原物质CO的存在，NO_x总量通常较低；对于此类装置，采用低NO_x型燃烧器、控制CO锅炉的操作等措施均可降低NO_x排放；使用RDNOx助剂(优选Ⅱ型助剂)也可通过控制再生器出口NH_3、HCN等物质的浓度降低NO_x排放。

2 RDNOx系列助剂的研制开发与性能评价

采用新建的ACE-NO_x实验室评价方法[3]，可在评价助剂降低烟气NO_x排放性能的同时，考察助剂的应用对FCC主催化剂性能及产品分布的影响。

2.1 Ⅰ型RDNOx助剂

表1为Ⅰ型RDNOx助剂的催化性能评价数据(RDNOx-PT0、PT1为样品编号)，可以看出，助剂均未对FCC产品分布造成明显不利影响，干气和焦炭产率基本不变，汽油产率和转化率也变化不大。在降低烟气NO_x排放方面，相对基准体系(加0.9%Pt助燃剂Pt-COP-A)NO_x降低30%左右。

表1　Ⅰ型RDNOx助剂的催化性能评价结果

项　　目	基准①	基准+4%RDNOx-PT0	基准+4%RDNOx-PT1
降NO_x幅度/%		26	35
产品分布/%			
干气	1.68	1.64	1.65
LPG	19.55	19.51	19.73
汽油	49.19	48.48	48.73
柴油	15.70	16.26	15.66
重油	6.82	6.93	7.09
焦炭	7.06	7.18	7.14
转化率/%	77.5	76.8	77.3

① 以99.1%主剂A+0.9%Pt-COP-A的体系为对比基准。

2.2 Ⅱ型RDNOx助剂

Ⅱ型助剂的作用在于替代传统Pt助燃剂，在助燃CO的同时减少NO_x的生成，关注CO氧化反应相对还原态氮化物(HCN、NH_3)氧化生成NO_x的选择性。Ⅱ型助剂的性能评价结果见表2，采用Ⅱ型RDNOx助剂替代助燃剂Pt-COP-A后，再生烟气NO_x排放总量可降低40%左右，同时CO浓度与使用Pt助燃剂时相当，对FCC产品分布影响不大。

表2　Ⅱ型RDNOx助剂的催化性能评价结果

项　　目	基准①	RDNOx-56EP	RDNOx-56ECH
贵金属类型	Pt	Pd	Pd
助剂用量/%	0.9	0.6	1.0
烟气CO体积分数/%	0.42	0.47	0.48
降NO_x幅度/%		38	41
产品分布/%			
干气	1.68	1.69	1.67
LPG	19.55	19.29	19.31
汽油	49.19	48.63	48.93
柴油	15.70	16.21	16.26
重油	6.82	7.09	6.78
焦炭	7.06	7.08	7.05
转化率/%	77.5	76.7	77.0

① 以99.1%主剂A+0.9%Pt-COP-A的体系为对比基准。

2.3 Ⅰ型与Ⅱ型RDNOx助剂同时使用

将Ⅰ型与Ⅱ型两种助剂结合使用时，一方面可以通过Ⅱ型助剂替代Pt助燃剂减少再生

过程中 NO_x 的生成；另一方面，Ⅰ型助剂可以进一步将已生成的 NO_x 还原为 N_2。

表 3 为一组两种助剂同时使用时的性能评价结果，原料油为加氢蜡油掺约 25%减压渣油，可以看出，将 0.9%的Ⅱ型助剂与 3%的Ⅰ型助剂结合使用，相对使用传统 Pt 助燃剂的基准体系，可以在 FCC 产品分布基本不变、CO 助燃活性有所提高的情况下，将再生烟气 NO_x 排放降低约 64%。

表 3　Ⅰ型与Ⅱ型 RDNOx 助剂同时使用的评价数据

项　目	主剂 B+0.8%Pt-COP-B	主剂 B+ 0.9%RDNOx-56EP	主剂 B+ 0.9%RDNOx-56EP +3%RDNOx-PT1
烟气 CO 体积分数/%	0.57	0.55	0.49
降 NO_x 幅度/%		54	64
产品分布/%			
干气	1.75	1.66	1.72
LPG	18.61	17.74	17.85
汽油	50.90	51.25	51.72
柴油	14.8	15.12	14.7
重油	7.01	7.52	6.89
焦炭	6.93	6.73	7.12
转化率/%	78.2	77.4	78.4

3　RDNOx 助剂工业产品典型数据

RDNOx 系列助剂在中国石化催化剂有限公司进行工业生产，典型物化性质指标见表 4。

表 4　RDNOx 系列助剂物化性质指标

项　目	RDNOx-Ⅰ	RDNOx-Ⅱ
比表面积/(m^2/g)	≥120	≥100
孔体积/(mL/g)	≥0.18	≥0.18
堆密度/(g/mL)	0.85~1.15	0.85~1.15
磨损指数(AI)	≤2.5	≤4.5
粒度分布		
0~40μm	≤25	≤20
0~149μm	≥92	≥90
灼减/%	≤12	≤15

4　RDNOx 助剂工业应用初步情况

RDNOx 助剂自 2014 年底开始进行工业应用试验，截至 2015 年 8 月初，应用范围包括四家炼厂。由于各炼厂的具体情况不同，且部分炼厂的的应用方案还处于优化调整阶段，尚未形成系统的总结报告，仅将两家炼厂的初步应用情况简要总结如下。

（1）A 炼厂

A 炼厂催化装置为采用完全再生操作的的 MIP 装置，烟气过剩氧~2.0%，前期使用 Pt

助燃剂时烟气 NO_x 排放在300mg/m³以上。后使用某公司的脱硝助剂，烟气 NO_x 浓度降低到100 mg/m³以内，但产品分布受到较大影响，焦炭产率明显高于以往，干气中 H_2 体积分数由约~25%增加到45%，试用约40天后停用。

该厂最近开始使用石油化工科学研究院开发的RDNOx-Ⅱ助剂。替换Pd助燃剂和脱硝剂初期，原料性质也同步变差，原料S含量由1.7%提高到2.2%以上，烟气中 SO_x 浓度大幅增加，这种情况特别不利于助剂发挥作用。尽管如此，烟气中 NO_x 浓度进一步降低到~30mg/m³(图2)，产品分布正常。目前，该装置助剂使用正在进一步优化进行中。

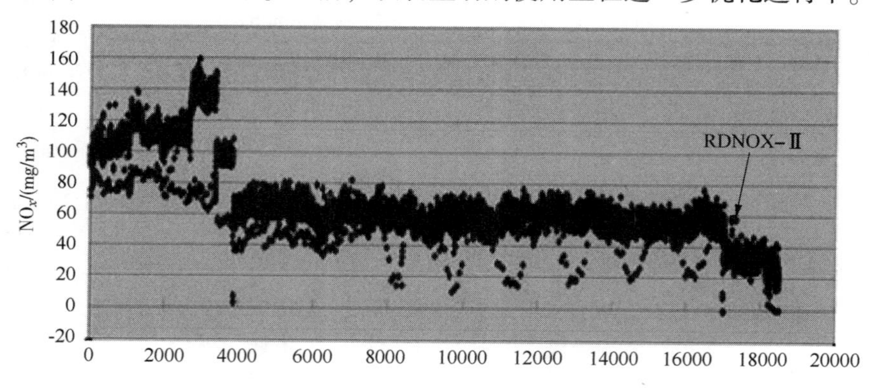

图2 RDNOx-II助剂加入后烟气 NO_x 浓度变化

（2）B炼厂

B炼厂催化装置为采用完全再生的MIP装置，烟气过剩氧~3.0%，进料N含量~0.3%，极少量或基本不使用助燃剂。但再生烟气中 NO_x 浓度高达1900 mg/m³，曾尝试多种工艺手段均未能显著降低 NO_x 排放。后试用某公司脱销助剂，烟气中 NO_x 降低到400~600 mg/m³，但与A炼厂情况相同，干气中 H_2 体积分数增加到~50%，影响装置正常运行。试用30天后停用，随着脱硝剂逐步置换出系统，干气中 H_2 体积分数逐步回落，但 NO_x 也相应逐步回升。约2~3个月后，干气中 H_2 体积分数回落至30%左后，NO_x 回升至1200 mg/m³左右。自2015年4月下旬开始使用石油化工科学研究院含降 NO_x 功能的催化剂(将RDNOx-Ⅰ复配于主剂中)，结合对操作参数的优化，烟气中 NO_x 浓度再次下降至600 mg/m³左右(图3)，产品分布基本不变(干气中 H_2 体积分数接近正常水平)。截至2015年7月份，NO_x 浓度基本稳定在≤900mg/m³。

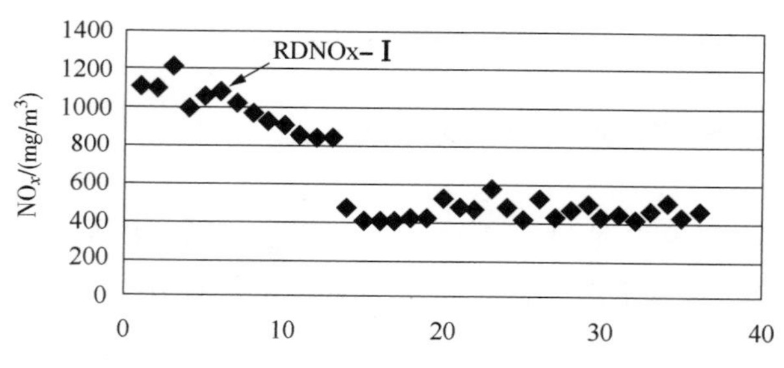

图3 RDNOx-Ⅰ助剂加入再生烟气 NO_x 浓度变化

5 结　论

（1）根据再生过程中NO_x形成与转化机理，设计开发了两类功用的RDNOx助剂。Ⅰ型助剂为NO_x还原助剂，主要强调对CO与NO_x还原反应的催化活性，采用非贵金属活性中心；Ⅱ型助剂为同时降低CO和NO_x排放助剂，强调在助燃CO的同时减少NO_x的生成，采用贵金属活性中心。两类助剂可以单独使用也可以结合使用。

（2）催化性能评价数据表明，将Ⅱ型助剂与Ⅰ型助剂结合使用，相对使用传统Pt助燃剂的基准体系，可以在FCC产品分布基本不变的情况下，将再生烟气NO_x排放降低约50%～64%。

（3）初步应用表明，RDNOx助剂可以显著降低NO_x排放，对产品分布没有不利的影响。

参　考　文　献

[1]张德义．面临新的形势，迎接新的挑战，进一步发挥催化裂化在原油加工中的作用[C]//催化裂化协作组第十一届年会报告论文选集．江西九江，2007：13.

[2]Sexton J A. FCC Emission Reduction Technologies through Consent Decree Implementation：FCC NOx Emissions and Controls[M]//Occelli M L. Advances in Fluid Catalytic Cracking. Boca Raton：CRC press，2010：318.

[3]宋海涛，郑学国，田辉平，等．降低FCC再生烟气NO_x排放助剂的实验室评价[J]．环境工程学报，2009，8：1469-1472.

FDC 多产低凝石油产品高能效加氢裂化技术研究

杜艳泽，王凤来，曾榕辉，关明华

（中国石化抚顺石油化工研究院，辽宁抚顺　113001）

摘　要　FRIPP 开发的 FDC 多产低凝石油产品高能效加氢裂化成套技术采用 FF 系列加氢裂化预精制与 FC 系列高异构性能专用加氢裂化催化剂，按照最佳比例级配。工业应用结果表明，该技术不仅可以实现原料油中的大分子环状烃有效转化，而且还能够使正构烷烃组分实现高效异构转化，因而可以大幅度改善航煤、柴油和尾油等主要加氢裂化产品的低温流动性能，装置反应热可以获得充分利用，大幅度降低装置能耗。

关键词　加氢裂化　催化剂　中间馏分油 凝点　能耗

截至 2014 年底，我国正在运行的加氢裂化装置达 40 多套，总加工能力已经超过 60.0Mt/a，占原油一次加工能力的 13.0%以上。加氢裂化装置能耗占炼油综合能耗的比例一般在 6.0%～10.0%，装置综合能耗偏高。因此，为适应未来社会向着“低碳、环保、高效、节能”总的发展趋势，开发高能效加氢裂化技术，实现加氢裂化装置的节能降耗是炼油技术发展重要方向。随着我国经济的高速发展，优质喷气燃料、低凝清洁柴油和高性能润滑油的市场需求日益旺盛，如何提高这部分高价值石油产品的产率，是炼油企业重要的生产目标。在石油产品中，喷气燃料、柴油和润滑油基础油原料等这类石油产品有时需要在较低的温度环境下使用。

为了适应市场对石油产品低温流动性的产品需求，以及满足节能降耗的发展需要，抚顺石油化工研究院(简称 FRIPP)开发了 FDC 多产低凝石油产品高能效加氢裂化工艺技术及以新型改性小晶粒 β 分子筛和纳米无定形硅铝等催化材料作为裂化组分，以金属 W-Ni 为加氢组分，采用液相均匀混合技术引入金属组分的 FC-14 新一代高异构性能加氢裂化系列催化剂。该技术在保持常规技术较高活性和选择性的同时，大幅度改善了航煤、柴油和尾油等产品的低温流动性，同时使得装置能耗大幅度降低，获得了良好的工业应用效果。

1　高异构性能加氢裂化催化剂开发

1.1　催化剂设计思路

根据加氢裂化反应过程的特点，适宜的裂化性能、较高的异构性能与畅通开放的孔道结构，不仅保证大分子烃类与活性中心接触，发生加氢、深度异构及裂解等反应，还有利于实现生成烃分子可以较容易地扩散到催化剂外，从而提高中间馏分油的收率，减少石脑油和气体生成的目的。另外，为了改善航煤、柴油和尾油等产品的低温流动性，还要求催化剂的酸性裂化组分具有很高的加氢异构性能。因此，要求新开发的催化剂需要具有较高的加氢活性、适宜的裂化活性和很高的异构性能，以及开放畅通的孔道结构。

常温下正构烷烃 $C_1 \sim C_4$ 为气态，正构烷烃 $C_5 \sim C_{15}$ 为液态，$>C_{15}$ 的正构烷烃为固态，固态烃称为蜡。柴油馏分碳数约为 $C_{12} \sim C_{24}$。由于蜡组分的存在，严重影响加氢裂化产品的低温流动性。因此，欲生产低温流动性好的产品，在加氢裂化反应过程中，应脱除或转化馏分中的正构烷烃组分。如果采用吸附或裂化脱出方式，则导致柴油馏分收率降低，而采用将正构烷烃组分加氢异构反应生产具有支链的异构烷烃，则不仅可以降低柴油组分的凝点，还能够保证柴油产品收率。

根据正碳离子反应机理，以及上述分析可知，具有高异构性能催化剂的开发需要满足如下要求：

①提高酸性组分的酸性中心强度，降低酸中心密度；

②提高催化剂择型异构性能，尤其是采用对正构烷烃选择性裂解性能较强分子筛催化材料；

③制备酸性功能与加氢功能良好匹配的活性中心，并且使之在催化剂中分散均匀；

④改善催化剂的孔道结构。根据高异构性能的加氢裂化催化剂设计思路，在实验室开展了裂化活性组分的确定、载体其它组分的筛选和催化剂制备技术的选择等研究工作。

1.2 高异构性能催化剂的研制

1.2.1 分子筛类型的确定

加氢裂化催化剂是由金属加氢和酸性裂化两种功能组成的双功能催化剂。分子筛是加氢裂化催化剂的主要酸性裂化组分，分子筛的性能决定着催化剂的裂化性能和异构性能，尤其是对加氢裂化产品的低温流动性能起着至关重要的作用。加氢裂化催化剂所用分子筛类型主要有 Y 型、β 型等。

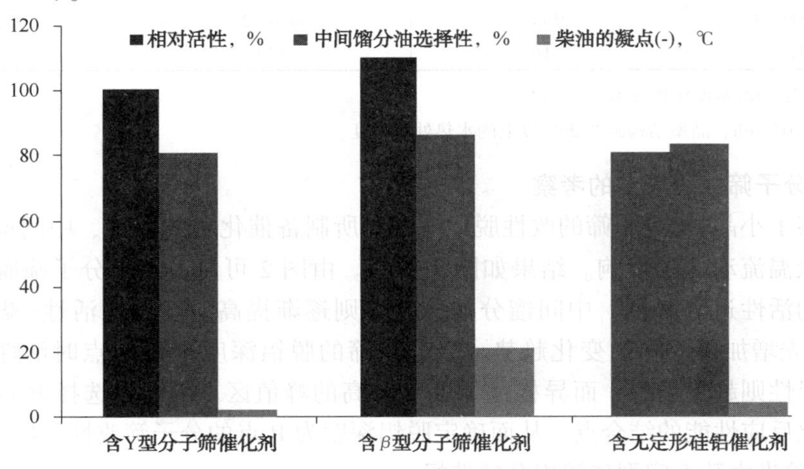

图 1 不同裂化组分加氢裂化性能的比较

通过考察试验对比了分子筛类型对加氢裂化反应性能的影响，比较结果如图 1 所示。从图 1 可以看出，Y 分子筛和β分子筛均显示出了较高的活性和中油选择性，而无定形硅铝组分由于其酸性较弱，虽然可以获得较高的中油选择性，但裂化活性较弱；在产品低温流动性方面，β分子筛显示出了非常良好的性能，其柴油产品的凝点远低于Y型分子筛和无定形硅铝材料。可以看出，与Y分子筛相比，β分子筛具有较高的直链烷烃选择性异构和裂解的能力，含β分子筛的加氢裂化催化剂可以生产凝点更低的加氢裂化产品。因此，综合活性、选择性和产品低温流动性等三方面性能指标，确定以β分子筛作为产品低温流动性好的加氢裂化催化剂主要酸性裂化组分。

1.2.2 β分子筛颗粒尺寸的性能考察

β分子筛属于高硅铝比微孔分子筛，酸性中心数目较少，常规晶粒尺寸β分子筛(晶粒尺寸约为1000nm)孔道较长，扩散阻力大，作为加氢裂化催化剂的酸性组分，尤其是处理大分子重质原料油时，很难发挥出其优异的催化性能特点。为了获得更高性能，进一步考察了β分子筛晶粒尺寸对反应性能的影响，实验结果列于表1。从表1的比较数据可以看出，随着β分子筛晶粒尺寸的减小，催化剂活性、中间馏分油选择性和柴油低温流动性等性能均获得了明显的提升，当分子筛尺寸<600nm以后，催化性能获得了明显的改善。然而，当β分子筛粒径达到纳米级时，其合成所需要的模板剂量大大增加，且水热稳定性明显下降，难以满足工业催化剂长周期运行的要求。当采用晶粒尺寸为~500nm的小晶粒β分子筛时，不仅具有很好的催化性能，同时也具有较好的水热稳定性，并且使用的模板剂量也不高。因此，综合技术性能和经济性能，高异构性能加氢裂化催化剂选择小晶粒β分子筛作为催化剂的酸性裂化组分。

表1 β分子筛晶粒尺寸与对催化性能的影响

分子筛粒径大小	微米级	小晶粒	纳米级
晶粒尺寸/nm	1000	400~600	<100
合成模板剂用量	基准①	基准×1.4	基准×3.5
水热稳定性②/℃	1200	1000	920
反应温度/℃	T+5	T	T-3
中间馏分油选择性/%	基准	基准+2	基准+2
柴油馏分凝点/℃	-16	-23	-25

① 基准为1.2g四乙基溴化铵/g β分子筛。

② 0.2MPa、恒温6h、晶型结构破坏20%以上的水热处理温度。

1.2.3 分子筛处理深度的考察

试验考察了小晶粒β分子筛的改性脱铝深度对所制备催化剂的活性、中间馏分油选择性和柴油产品低温流动性的影响。结果如图2所示。由图2可见，随着分子筛脱铝深度的提高，催化剂的活性逐渐降低，中间馏分油选择性则逐渐提高，而异构活性(柴油产品的凝点)则呈现出先增加再下降的变化趋势。当分子筛的脱铝深度达到P点时活性降低速度加快、中油选择性则趋于平稳，而异构性能处于较高的峰值区。因此，选择P点的脱铝深度是理想的催化反应性能的结合点，从而确定脱铝深度为P点的分子筛改性条件。

1.2.4 纳米大孔无定型硅铝组分的选择

分子筛型加氢裂化催化剂除了以不同类型分子筛为主要裂化组分外，通常还要使用其它载体组分来稀释分子筛组分，以保证催化剂具有适宜的活性和较高的目的产品选择性，同时可提供承载金属加氢组分所需要的比表面和改善催化剂的机械性能。分子筛型催化剂工业运转末期中油选择性下降通常比较严重。如果使用无定形硅铝提供一部分酸性中心，将有助于

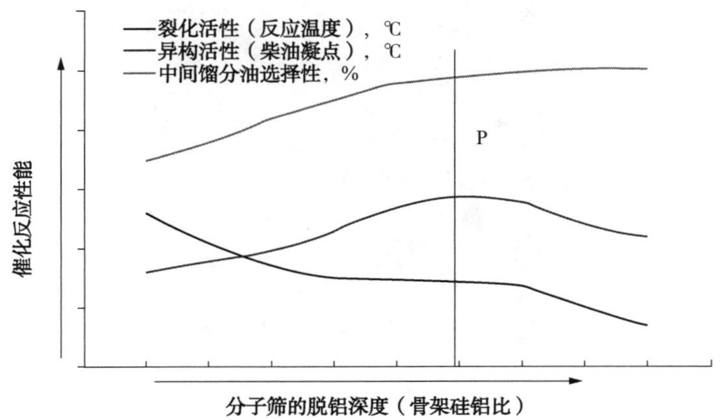

图 2　分子筛脱铝深度对催化剂活性和选择性的影响

缓解催化剂运转末期中油选择性下降的不足，而且在全循环操作条件下还可以缓解稠环芳烃聚集问题。在催化剂其它组分和制备方法相同的情况下，选择不同颗粒尺寸(一次粒子)的无定形硅铝材料作为酸性裂化组分制备加氢裂化催化剂，然后对其相对活性、中间馏分油选择性和柴油产品十六烷值进行比较，结果见图 3。

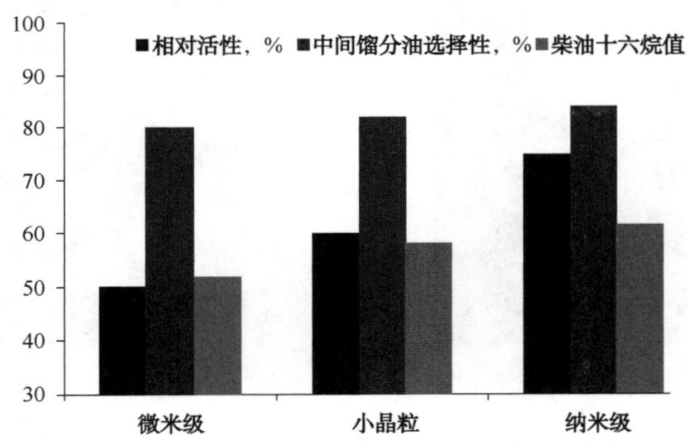

图 3　不同粒径无定形硅铝材料制备催化剂的性能比较

由图 3 可见，随着无定形硅铝载体颗粒粒径的减小，加氢裂化催化剂各项性能均有所改善，当无定形硅铝颗粒平均尺寸达到纳米级水平时，催化剂在活性、选择性和柴油十六烷值方面均表现出最好的性能。由图 4 可见，所选无定形硅铝材料晶粒(一次粒子)平均粒径为 30~50 nm，粒径分布较为集中，同时，该无定形材料拥有较为发达的晶间孔，可为催化剂提供畅通开放的孔道结构。因此，选择一种纳米级的无定形硅铝材料作为催化剂的辅助裂化组分。

1.2.5　加氢金属添加方式的选择

有加氢活性的非贵金属组合中，金属 W-Ni 的组合加氢活性最好，且资源相对较为丰富，因此选择 W-Ni 作为催化剂的加氢组分。对于常规的加氢催化剂载体或混捏法制备加氢催化剂一般采用机械干混的方式将各种组分混合，制备出的催化剂各组分次级粒子颗粒度大，分布不好，载体与金属之间的作用力强，催化剂的加氢组分难以全部有效硫化。为了克服这一问题，利用液体的流动性和表面张力，辅以高频搅拌和超声振荡等手段，可实现催化

图4　纳米无定形硅铝 SEM 照片

剂组分的均匀混合，该制备方法称为液相辅助混合技术。

图5和图6分别为采用常规方法制备参比催化剂与采用液相辅助混合技术制备催化剂硫化后的透射电镜(TEM)照片对比。由图5和图6可见，本研制催化剂的NiWS晶粒呈典型的片层状结构，无NiS晶粒和WS_2晶粒聚集，活性相堆垛分散均匀，NiWS晶粒垛层的平均长度和层数明显低于参比剂。

图5　参比催化剂硫化后的TEM照片

图6　UDRM催化剂硫化后的TEM照片

图7则给出了分别采用常规方法制备的参比剂与采用液相辅助混合技术制备的本研制催化剂硫化后W_{4f}的XPS图谱。从XPS图谱比较可以看出，参比剂金属W硫化后XPS谱图分别在32.22eV、34.22eV、35.87eV和38.17eV出现了特征谱峰，其中32.22eV和34.22eV处的双峰分别对应于硫化态W^{4+}物种的$W4f_{7/2}$和$W4f_{5/2}$特征峰，而位于35.87eV和38.17eV高能处的峰可归因于氧化态的W^{6+}物种，其两个高能处峰的峰强度较高且对应的峰面积也较

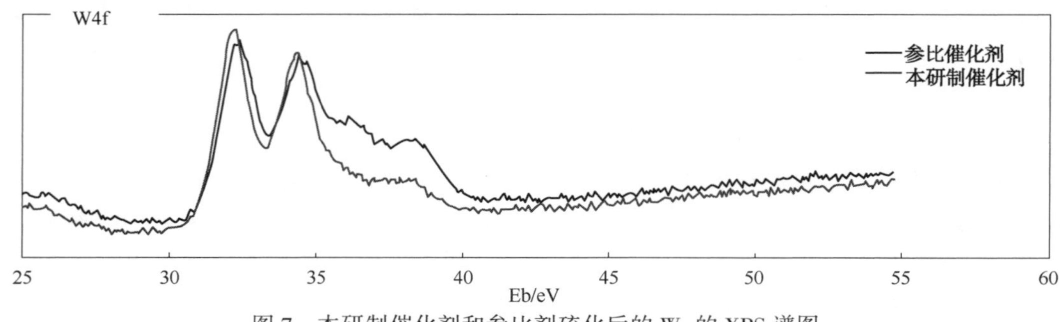

图7　本研制催化剂和参比剂硫化后的W_{4f}的XPS谱图

大，说明参比催化剂中含有更多未完全硫化的 W^{6+} 物种；而本研制催化剂中的 W 硫化后 XPS 谱图分别在 32.44eV、34.54eV 和 38.34eV 处有特征峰，32.44eV 和 34.54eV 处的双峰分别对应于硫化态 W^{4+} 物种的 $W4f_{7/2}$ 和 $W4f_{5/2}$ 特征峰；与参比剂相比，本研制催化剂硫化态 W^{4+} 物种所对应的双峰强度较高，对应的峰面积较大，说明本研制催化剂中已经硫化的 W^{4+} 物种要多于参比催化剂。结果表明在相同的金属配比下，均匀混合技术制备的本研制催化剂加氢金属更易于硫化成高活性的硫化态金属，具有更高的有效硫化度，有利于催化剂加氢性能的发挥。因此，选择用液相辅助混合技术制备高异构性能加氢裂化催化剂。

1.3 FC-14 高异构性能加氢裂化催化剂的性能评价

根据上述实验室基础研究工作，结合市场需求，FRIPP 开发出高异构性能的 FC-14 最大量多产低凝柴油单段加氢裂化催化剂。

FC-14 催化剂以特种改性β分子筛和无定形硅铝的复合物作为裂化组分，以金属钨-镍作为加氢组分，采用浸渍法制备，具有很好的机械强度和优异的催化性能，产品低温流动性好，能够最大量生产优质中间馏分油。在中型试验装置上对 FC-14 催化剂与典型的加氢裂化催化剂进行了对比评价。所用原料油主要性质列于表 2。

表 2 原料油主要性质

原料油名称	沙中 VGO	原料油名称	沙中 VGO
密度(20℃)/(g/cm³)	0.9208	氢/%	12.01
馏程/℃		硫/%	2.45
IBP/10%	325/382	氮/%	0.0842
30%/50%	411/435	凝点/℃	31
70%/90%	462/505	折光率(n_D^{70})	1.4935
95%/FBP	526/536	BMCI 值	49.54
碳/%	85.46		

表 3 对比结果表明，在相同工艺条件下，与国外参比剂 D-8 相比，FC-14 催化剂反应温度降低了 13℃，中间馏分油选择性提高了 2.5 个百分点，喷气燃料烟点由 22mm 提高到 25mm，冰点则有-52℃降低至-57℃；柴油产品凝点由-8℃降低到-11℃；尾油的凝点则由+35℃，降低至-6℃。根据 UOP 公司报道，其最新开发的 HC-215 催化剂的中间馏分油选择性比 D-8 催化剂提高了 1.5~2.5 个百分点，反应温度降低了 8℃。因此，通过间接对比可以看出，FC-14 催化剂在活性和中间馏分油选择性等综合催化性能方面优于 UOP 公司的 HC-215 催化剂，同时表现出更强的异构性能。

表 3 FC-14 催化剂与国外参比剂 D-8 对比评价试验结果

催化剂	D-8	FC-14
原料油	沙中 VGO	
反应压力/MPa	15.7	
氢油体积比	1000：1	
体积空速/h^{-1}	1.03	
反应温度/℃	409	396

续表

催化剂	D-8	FC-14
单程通过产品分布/%		
轻石脑油(<82℃)	3.41	2.99
重石脑油(82~130℃)	7.16	6.45
喷气燃料(130~260℃)	24.78	23.15
柴油(260~385℃)	32.09	34.78
尾油(>385℃)	30.07	30.87
中间馏分油选择性/%	81.32	83.80
C_5^+液收/%	97.51	98.24
中间馏分油产品性质		
喷气燃料		
烟点/mm	22	25
芳烃/v%	16.9	11.3
萘系烃/v%	0.18	0.12
冰点/℃	-52	-57
柴油		
凝点/℃	-8	-11
十六烷指数	67.4	66.4
尾油		
凝点/℃	+35	-6

2 FDC高能效加氢裂化工艺技术的开发

2.1 工艺技术创新思路

加氢裂化工艺流程主要包括单段加氢裂化、单段串联加氢裂化和两段加氢裂化，每种流程还可以分为单程通过、部分循环和全循环三种操作方式。其中，单段加氢裂化技术具有流程简单(如图8所示)、操作容易、投资少、产品选择性和性质稳定、反应末期氢耗不增加

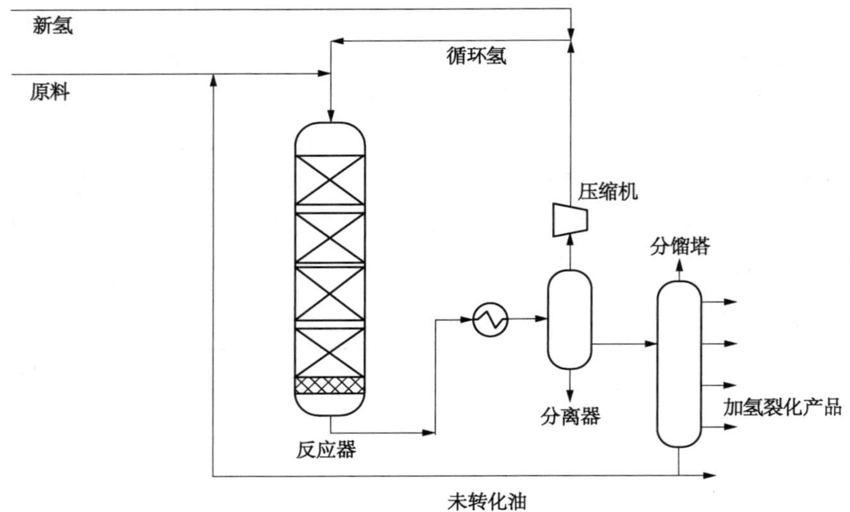

图8 单段单剂加氢裂化工艺流程图

等特点，适合于最大量生产中间馏分油和优质加氢裂化尾油。然而传统的单段单剂加氢裂化工艺由于含酸性中心的加氢裂化催化剂直接与高氮含量的原料油直接接触，导致催化剂床层反应温度高，催化剂结焦失活快，运行周期相对较短，且不能加工较差的原料油。由于有机氮在酸性裂化活性中心上的强吸附，反应器上部裂化催化剂床层仅能发生加氢饱和与加氢脱除杂质等精制反应。因此，如果将反应器床层上部分加氢裂化催化剂替换为部分加氢裂化预精制催化剂，如工艺流程图9所示，充分发挥预精制催化剂较高的加氢和杂质脱出能力，这样不仅可以降低床层平均反应温度，提高产品质量，还可以实现反应器各床层温度梯度递升的模式，增大了反应器出入口的温差，实现了加氢裂化装置的高能效及反应性能的总体提升。

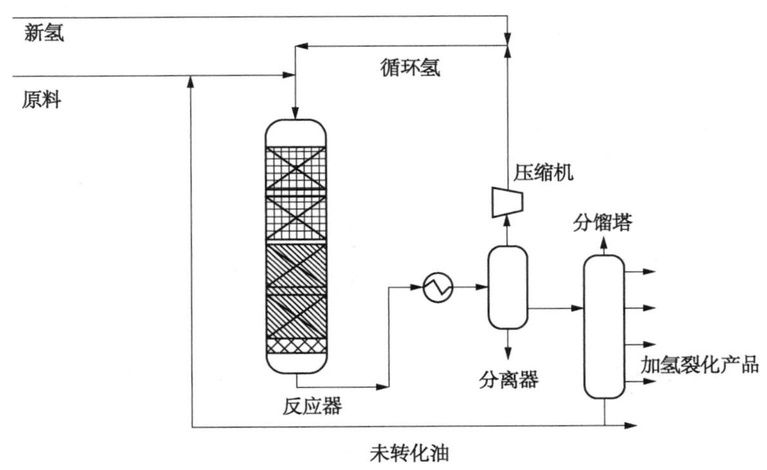

图9 单段两剂加氢裂化工艺流程图

2.2 FDC工艺最佳催化剂装填比例的确定

为了更系统地考察精制与裂化催化剂不同装填配比对单段加氢裂化工艺反应温度、产品分布及产品质量的影响，以密度0.9196g/cm^3、馏程320~523℃、硫含量2.49%、氮含量822μg/g、BMCI值49.8的沙中VGO为原料，在氢分压15.0MPa、总体积空速0.91h^{-1}、>385℃单程转化率~67%等相同条件下，分别在10：90、21：79、45：55和55：45等四种不同精制与裂化催化剂装填体积比下进行了单段加氢裂化单程通过工艺试验。试验结果分别列于图10~图16。

由图10精制与裂化催化剂不同装填比例对反应温度的影响关系图可以看出，在控制反应压力、体积空速、单程转化率相同的条件下，随着精制催化剂装填比例的增加，反应温度先降低，在精制催化剂装填比例为20v%~45v%范围内，反应温度基本不随精制催化剂装填比例的变化而变化，而当精制催化剂的装填比例超过45v%时，反应温度不仅不降低，反而快速升高。

由图11和图12精制与裂化催化剂不同装填比例对目的产品中间馏分油收率和C_5^+总液收的影响关系图可以看出，在控制裂化转化率基本相同的条件下，由于反应温度不同，造成目的产品喷气燃料、柴油和总C_5^+液收略有变化，但变化幅度很小。说明精制与裂化催化剂不同装填比例对目的产品中间馏分油收率和C_5^+总液收基本没有影响。

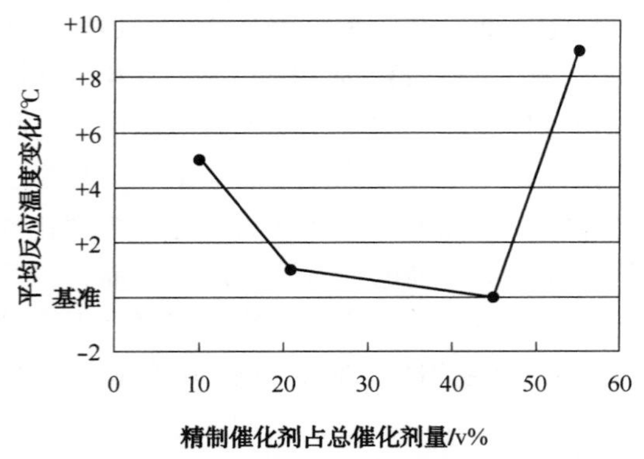

图10　不同比例对反应温度的影响

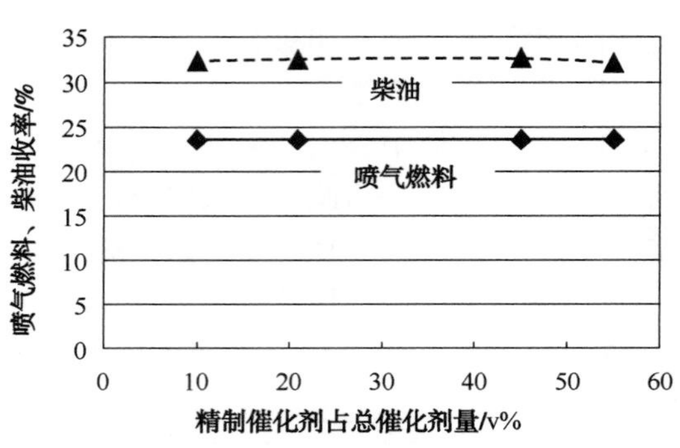

图11　不同比例对中油收率影响

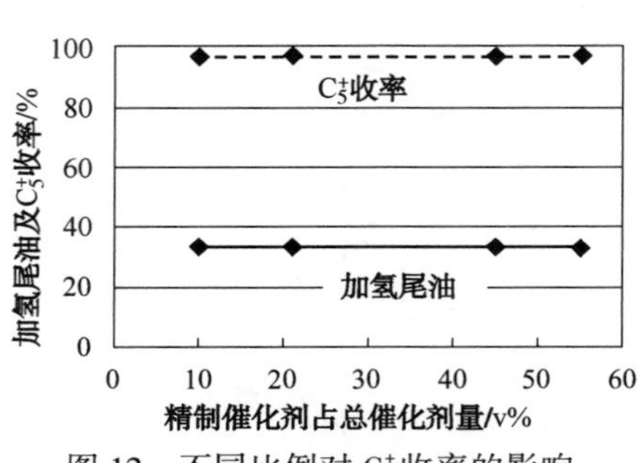

图12　不同比例对C_5^+收率的影响

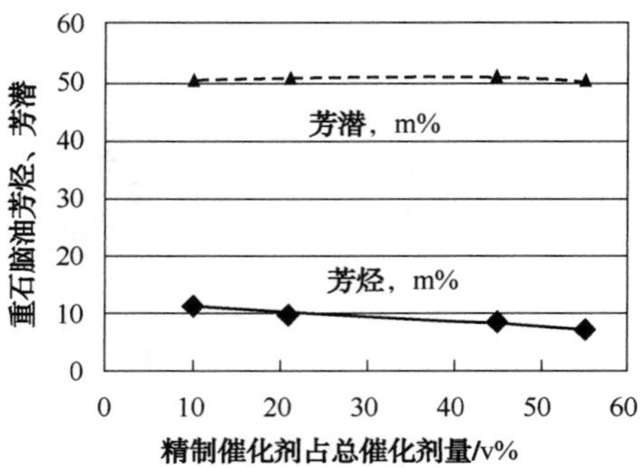

图13　不同对重石脑油质量的影响

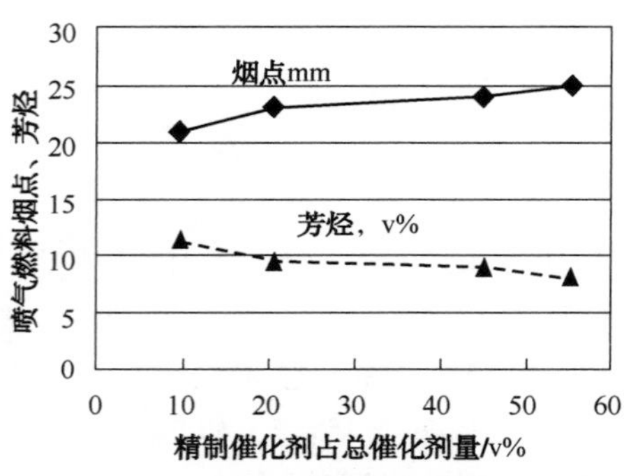

图14　不同比例对航煤质量的影响

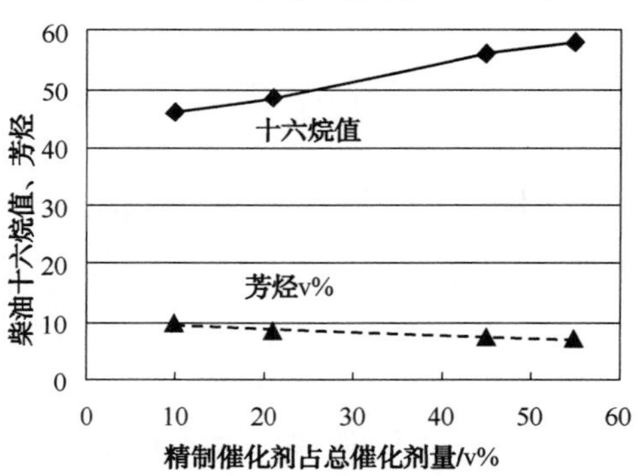

图15　不同比例对柴油质量的影响

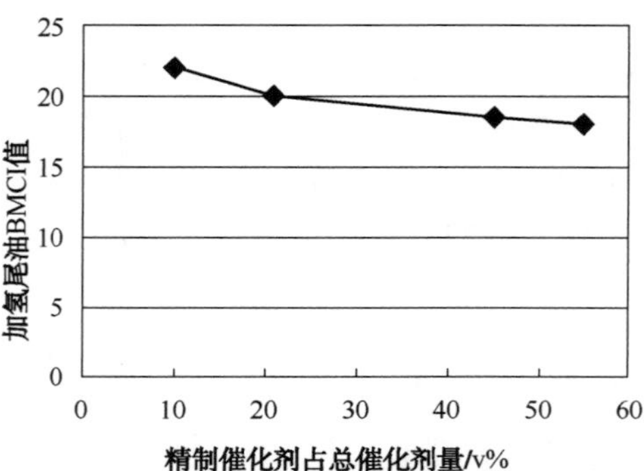

图16　不同比例对加氢尾油质量的影响

由图13~图16精制与裂化催化剂不同装填比例对重石脑油、喷气燃料、柴油和加氢尾油产品质量的影响关系图可以看出，随着精制催化剂装填比例的增加，重石脑油的芳烃降低，但芳潜基本保持不变；喷气燃料和柴油产品的芳烃含量降低，烟点和十六烷值提高，即质量变好，但当精制催化剂的装填比例超过45v%时，若继续提高精制催化剂的装填比例，对喷气燃料和柴油产品质量的改善不明显；加氢尾油的BMCI值降低。

上述试验结果表明，从加氢裂化反应温度、主要目的产品质量和催化剂总费用等方面考虑，单段加氢裂化工艺技术级配装填使用加氢精制和加氢裂化两种催化剂，并将精制催化剂装填比例确定在40v%~45v%是最佳比例。

2.3 高能效加氢裂化工艺的节能特点

单段两剂在反应系统设置上，工艺设置了串联的两个反应段，即预精制段和裂化段，如图17所示。精制段与裂化段催化剂可以优化级配装填在一个反应器内，也可以分别装填在两个串联的反应器内。预精制段选用高脱氮活性和高芳烃饱和性能的加氢裂化预精制催化剂，裂化段选用低分子筛含量高抗氮性能的加氢裂化催化剂，这样不需要严格控制精制反应段出口氮含量。因此，两段反应温度可以很好地匹配，即控制较低的预精制段平均反应温度和较高的裂化段平均反应温度，整个反应器各床层平均反应温度呈现递升模式。与常规要求各床层等温操作的单段单剂加氢裂化工艺(反应器出入口温差一般为15~30℃)相比，工艺反应器出入口温差可以达到40~60℃以上，可以通过自换热满足反应器进料温度的要求，达到节能降耗的目的。此外，该反应体系选用了高性能的预精制催化剂，使得反应器前段专门实现杂质的脱出和芳烃的饱和等功能，不仅可以提高原料油适应性，还提高了装置运行的稳定性，为装置节能降耗提供了前提保障。

基于上述研究，在高异构性能加氢裂化系列催化剂体系的支持下，FRIPP开发了FDC单段两剂多产低凝石油产品加氢裂化工艺技术。该工艺技术在高转化率单程通过或者尾油部分循环操作条件下，可以高能效的获得低冰点喷气燃料、低凝清洁柴油和低硫、低凝点优质润滑油基础油原料等产品。

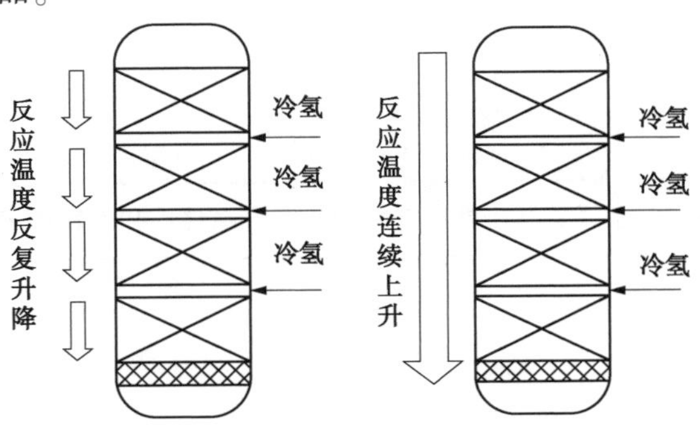

图17 传统单段与FDC加氢裂化床层温度比较

3 FDC多产低凝石油产品高能效加氢裂化技术的工业应用

H炼化公司根据原油加工总体流程安排，建设了一套120万t/a加氢裂化装置，加工原料油为减压蜡油，主要目的产品为中间馏分油，同时兼产部分催化重整原料。为了建设一套能耗指标达到国际领先水平的加氢裂化装置，该加氢裂化装置采用了 FDC 单段双剂高能效加氢裂化成套工艺技术及相关高性能加氢裂化级配催化剂，同时装置在工艺过程、设备选型和装置操作等全方位采用优化节能措施。

该加氢裂化装置自 2006 年 9 月开工以来，已经进入了第三个周期的运行。表 4 和表 5 列出了三个周期的原料油主要性质、主要操作参数、主要产品分布和装置综合能耗等情况。从表 5 中数据可以看出，在第一个周期内，装置采用尾油全循环最大量生产柴油的生产操作模式，在反应器入口压力约 14.7MPa、精制段平均反应温度为 390℃、裂化段平均反应温度为 408℃等条件下，反应器出入口温差达到了 40℃，装置平均综合能耗仅为 35.81kgEO/t 原料油。在第二周期内，装置采用尾油部分循环操作模式，精制段平均反应温度为 390℃，裂化段平均反应温度为 411℃，反应器出入口温差提升至 49℃，装置综合能耗降至 25.21kgEO/t 原料油。在第三周期内，装置采用尾油一次通过生产操作模式，精制段平均反应温度为 390℃、裂化段平均反应温度为 415℃，反应器出入口温差提高至 54℃，装置运行平均综合能耗仅为 17.73kgEO/t 原料油。经过三个周期的运行，该 120 万吨/年加氢裂化装置平均综合能耗仅为 23.33KgEO/t 原料油，能耗指标蝉联国内加氢裂化装置能耗排行榜榜首。在三个周期内均可以获得低温流动性优异的加氢裂化产品，柴油产品凝点均<-35℃，是非常优质的低凝柴油或调和组分；尾油产品凝点均<-15℃，可以作为优质的润滑油基础油原料。

表 4 原料油主要性质

时 间	第一周期	第二周期	第三周期
密度/(g/cm^3)	0.9060	0.9020	0.8913
馏程/℃			
IBP	286	300	212
10%	367	364	307
30%	411	410	374
50%	442	442	422
EBP	542	542	543
硫/(μg/g)	12810	9260	5630
氮/(μg/g)	1045	950	1061

表 5 主要工艺条件、产品分布、产品性质和能耗情况

时 间	第一周期	第二周期	第三周期
工艺条件			
操作模式	全循环	部分循环	一次通过
进料量/(t/h)	105.5	132.5	163.8
R101 入口温度/℃	370	362	361
R101 出口温度/℃	407	411	412
R102 入口温度/℃	406	411	411
R102 出口温度/℃	410	411	415
反应器出入口温差/℃	40	49	54
R101 入口压力/MPa	14.70	14.57	14.10
产品分布与产品性质			

续表

时　间	第一周期	第二周期	第三周期
重石脑油			
收率/%	26.51	23.66	22.24
密度/(g/cm³)	0.7432	0.7200	0.7370
干点/℃	158	171	175
柴油			
收率/%	65.60	52.30	47.94
密度(20℃)/(g/cm³)	0.8390	0.8330	0.8370
十六烷指数	48.9	53.8	49.6
凝点/℃	<-35	<-35	<-35
未转化油			
收率/%		17.49	17.08
密度/(g/cm³)	0.8633	0.8637	0.8606
凝点/℃	-20	-20	-15
装置综合能耗/(kgEO/t)	35.81	25.21	17.73
电/(kgEO/t)	17.24	12.28	9.9
燃料/(kgEO/t)	27.5	19.17	13.39
蒸汽/(kgEO/t)	-10.38	-7.54	-6.35
其他/(kgEO/t)	1.45	0.97	0.79

4　结论

（1）为应对炼油市场对提高加氢裂化过程异构性能，以及节能降耗的迫切需求，FRIPP开发了FDC单段两剂多产低凝石油产品高能效加氢裂化成套技术。该技术不仅可以实现原料油中的大分子环状烃有效转化，而且还能够使正构烷烃组分实现高效异构转化，因而可以大幅度改善航煤、柴油和尾油等主要加氢裂化产品的低温流动性能，同时装置反应热可以获得充分利用，大幅度降低装置能耗。

（2）FDC单段两剂多产低凝石油产品高能效加氢裂化技术采用FF系列加氢裂化预精制与FC系列高异构性能专用加氢裂化催化剂，按照40%~45%比例级配，可以获得最好的效果。其中，FC系列专用加氢裂化催化剂以新型改性小晶粒β分子筛和纳米无定形硅铝等催化材料作为裂化组分，以金属W-Ni为加氢组分，采用液相均匀混合技术引入金属组分制备催化剂，制备出具有高异构性能的FC-14加氢裂化催化剂。

（3）FDC高能效加氢裂化工艺技术高能效加氢裂化工艺技术具有反应器出入口温差大、精制与裂化段反应活性匹配合理、催化剂体系稳定性好等特点，工艺流程中工艺用能降低，反应热获得更充分回收利用，明显降低了装置生产运行综合能耗。

S Zorb 催化剂物相快速定量分析技术的开发及其应用

邹　亢，徐广通，忻睦迪，黄南贵

（中国石化石油化工科学研究院，石油化工催化材料与反应工程国家重点实验室，北京　100083）

摘　要　从国内 8 套 S Zorb 吸附脱硫装置上收集近千个工业催化剂样品，并用 Rietveld 方法测定其物相组成，建立了催化剂物相结构和含量的基本数据库。在对谱图标准化研究的基础上，结合专家经验和化学计量学方法，针对影响催化剂性能的主要活性物相（ZnO 和 ZnS）和非活性物相（Zn_2SiO_4和 $ZnAl_2O_4$）建立了物相定量模型和定量转移模型。将各数据库和模型集成，研制开发了 S Zorb 催化剂物相快速定量分析软件，并通过工业样品对其数据的准确性进行了验证，由此实现了 S Zorb 催化剂 XRD 谱图的快速解析。

关键词　S Zorb 催化剂　物相含量　快速分析　数据库　软件

1　前言

中国石化 S Zorb 吸附脱硫技术具有脱硫率高、辛烷值损失小、液收率高、氢耗低等优点，已经成为我国生产清洁汽油的重要技术之一。自 2007 年至今，全国已建成 27 套 S Zorb 装置，另有多套装置正在筹建中。由此可见，S Zorb 工艺具有良好的发展应用前景[1~6]。

研究发现[6~10]，在 S Zorb 工业催化剂长期运行过程中会产生大量的 Zn_2SiO_4和 $ZnAl_2O_4$，这些非活性含锌物相不仅大量消耗了作为活性物相的 ZnO 含量，而且无法再生，导致了催化剂出现不可逆失活，同时也导致了催化剂载体结构的破坏，使细粉量增加。只能通过大量置换新剂来维持工业装置的运行，增加了剂耗和操作费用。因此，及时准确地监测工业催化剂中非活性物相（Zn_2SiO_4和 $ZnAl_2O_4$）和活性物相（ZnS 和 ZnO）含量的变化，是保障工业装置平稳运行的关键之一。

目前，国内所有工业装置中的 S Zorb 催化剂（待生剂、再生剂和新剂）物相含量均采用石油化工科学院开发的《RIPP 物相含量分析方法》分析计算得出。该方法打破了国外的技术垄断，具有准确性高、适用范围广、无需标样等特点[5,6]。然而该分析方法比较耗时（每个样品需要 6~7h），对分析人员专业知识要求高（需要掌握一定的晶体学知识且具备丰富的实际经验），且对仪器性能要求较高（需要 18kW 大功率 X 射线衍射仪）[12~15]，因而限制了其在一线企业中的应用。

本课题在 XRD 物相定量分析理论基础上，采用化学计量学方法，系统研究了 S Zorb 催化剂 XRD 谱图的快速解析方法及其在不同仪器间的转移规则，开发了 S Zorb 催化剂物相快速定量技术，并编写了相应的分析软件。

2 实验部分

2.1 催化剂样品

待生剂和再生剂样品均取自 S Zorb 工业生产装置，其中包括燕山、济南、高桥、广州、齐鲁、长岭、沧州、镇海等八家炼厂。新剂来自于南方化学催化剂、国产催化剂和混合状态的催化剂。

2.2 晶体结构分析

XRD 实验分别在日本 Rigaku TTR－Ⅲ型 X 射线衍射仪和荷兰 Panalytical Empyrean 型 X 射线衍射仪上进行。实验参数如下：

（1）Rigaku TTR－Ⅲ型 X 射线衍射仪测试参数：管电压 40 kV，管电流 250 mA；光源为 CuKα 辐射，采用石墨单色器，步进扫描模式，扫描步长为 0.02°，扫描时间为 3s；扫描范围：$2\theta=10°\sim80°$。整个谱图数据点共计 3501 个。

（2）Panalytical Empyrean 型 X 射线衍射仪测试参数：管电压 40 kV，管电流 40mA；光源为 CuKα 辐射，采用 Ni 滤波片，Pixcel 矩阵探测器采用一维模式，连续扫描模式，扫描步长为 0.0133°，扫描时间为 50s；扫描范围：$2\theta = 10°\sim80°$。整个谱图数据点共计 5332 个。

2.3 物相含量分析

利用 Jade 7 软件对催化剂的 XRD 谱图进行 Rietveld 物相定量分析，峰型函数采用 Pseudo-Voigt 函数，零点校正，基线采用固定背底模式并根据无定形物相的影响进行人工调整，各物相的初始结构参数来自于 ICSD 和 ICDD 晶体学数据库。[6, 11]

3 结果与讨论

3.1 工业催化剂数据库的建立

收集了 2008 年至 2013 年间近千个 S Zorb 催化剂，并对全部催化剂进行了 Rietveld 物相定量分析。从各物相含量分布看，Zn_2SiO_4物相的质量分数为 0% ~ 44%，$ZnAl_2O_4$物相的质量分数为 0% ~ 25%，ZnS 物相的质量分数为 0% ~ 42%，ZnO 物相的质量分数为 0% ~ 45%，基本涵盖了目前工业运行中 S Zorb 催化剂可能出现的各种情况[6]。

3.2 谱图标准化研究

在 XRD 衍射仪的长期使用过程中，不可避免会出现管电压和管电流波动，阴极钨丝缓慢升华，阳极 Cu 靶受到污染，以及真空度下降等问题。这些问题将会导致 X 射线能量出现明显的变化，影响 XRD 谱图中各衍射峰的强度。

图 1(a)是某催化剂分别在 2010 年和 2011 年测试的 XRD 原始谱图。从图中可以清晰地观察，时隔一年测试的同一样品在局部放大谱图中基线和衍射峰强度均有明显差异，并且基

线处的强度差（ΔI_b）明显小于衍射峰的峰顶处（ΔI_p），若此时采用同一方法对两谱图进行定量分析，必然会对结果产生误差。为了尽量减小谱图本身误差，需要对其进行标准化处理，处理过程的理论依据如下：

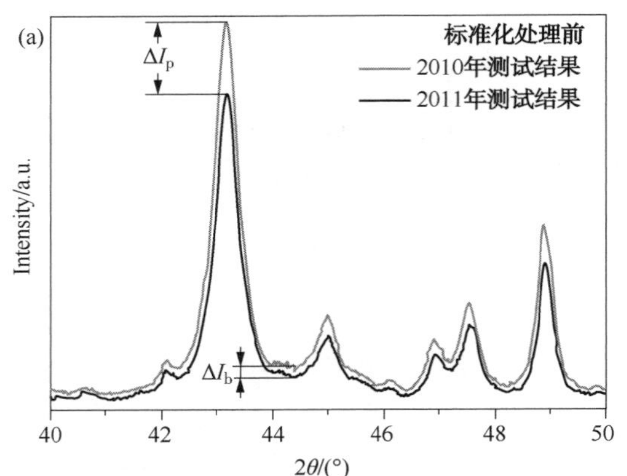

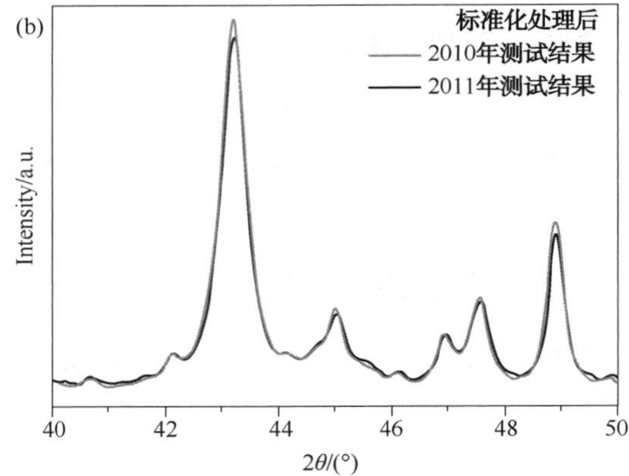

图1 （a）标准化处理前，（b）标准化处理后，催化剂分别在2010和2011年测试的XRD谱图

在XRD分析中，某一2θ角i下测试得到的衍射强度I_i为：

$$I_i = I_0 \sum_q \sum_j K_q J_{j,q} L_{j,q} D_{j,q} \left| F_{j,q} \right|^2 G(\Delta 2\theta_{i,j}) \tag{1}$$

式中：I_0为入射X射线强度，其余均为与样品本身结构性质和衍射峰型相关的参数。

整个谱图的衍射强度I为：

$$I = I_0 \sum_i \sum_q \sum_j K_q J_{j,q} L_{j,q} D_{j,q} \left| F_{j,q} \right|^2 G(\Delta 2\theta_{i,j}) \tag{2}$$

则在2θ角i下得到的衍射强度I_i与整个谱图的衍射强度I的比值A为：

$$A = \frac{I_i}{I} = \frac{\sum_q \sum_j K_q J_{j,q} L_{j,q} D_{j,q} \left| F_{j,q} \right|^2 G(\Delta 2\theta_{i,j})}{i \sum_i \sum_q \sum_j K_q J_{j,q} L_{j,q} D_{j,q} \left| F_{j,q} \right|^2 G(\Delta 2\theta_{i,j})} \tag{3}$$

综上可知，在2θ角i下A为与X射线强度无关的常数。基于此理论，对不同时期下的XRD谱图进行标准化处理，并进行适当的平滑，可以获得噪音低且标准化的XRD谱图。图1（b）是该再生剂分别在2010年和2011年测试的XRD谱图经标准化处理后的结果。从图中可以看到，处理后同一谱图中各衍射峰之间的相对强度关系未发生变化，且在不同时期下测得两个谱图的基线与衍射峰基本重合，误差属可接受范围。综上可知，对于同一样品在不同时期获得的差异性较大的XRD谱图，可通过平滑归一方法实现谱图标准化。

3.3 物相定量模型的建立

3.3.1 原理

对标准化后的谱图进行物相定量分析，并对相应的物相建立定量模型。由于前期物相的定量分析工作均是以Rietveld全谱拟合为依托，因此物相快速分析技术的开发也需遵循此理论，从中抽提出关键因素，结合化学计量学的思路以及专家的多年经验，建立出相应的定量模型。

在Rietveld物相定量分析方法中，某一物相的含量w_j为：

$$w_j = \frac{S_j M_j V_j Z_j}{\sum_{i=1}^{n} (S_i M_i V_i Z_i)} \tag{4}$$

式中：S 为标度因子，下标 j 和 i 分别代表第 j 个晶相和第 i 个晶相，其余均为与晶胞结构相关的参数。

从公式中可得，j 物相含量 w_j 与 j 物相的标度因子 S_j 成正比例关系，标度因子 S_j 又可通过如下公式获得：

$$Y_i = \sum_j S_j \sum_k M_{j,k} L_{k,j} F_{k,j}{}^2 \phi(2\theta_i - 2\theta_{k,j}) P_{k,j} A_j + Y_{b,i} \tag{5}$$

式中：S 同样为标度因子，Y 为衍射峰强度，下标 j 和 i 分别代表第 j 个晶相和第 i 个晶相，其余均为与晶体结构和衍射峰型相关的参数。

可以看出，j 物相的标度因子 S_j 与 J 物相所对应的衍射峰强度成正比例关系。结合公式(4)可知，j 物相含量 w_j 与 J 物相所对应的衍射峰强度成正比例关系。

从上述结果可知，物相特征衍射峰的选取直接影响了其含量的准确性，因此，应选取独立、尖锐、对称且基线平稳的特征衍射峰进行建模。图 2 是 S Zorb 新剂、再生剂和待生剂的 XRD 谱图。从图 2 中可以看到，由于催化剂中物相数量较多，谱峰重叠严重，且存在多种无定形相的干扰，导致难以直接提取到与物相含量相关特征衍射峰的准确信息。

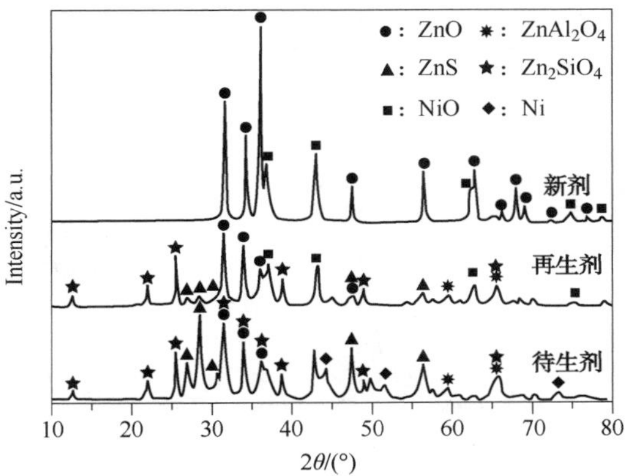

图 2 S Zorb 新剂、再生剂和待生剂的 XRD 谱图

为准确获得与物相含量相关的特征衍射峰信息，尝试了多种数据处理方法，最终确定采用以二阶微分为主的处理方式对 XRD 谱图中的重叠峰进行分离。此方法可成功抽提出各主要物相特征衍射峰的准确信息。图 3(a)、(b)分别为两类催化剂在同一测试条件下的 XRD 放大谱图和对应的二阶微分谱图。从图中可以看到，经过二阶微分处理后，部分重叠峰得到了有效地分离，这有利于对特征衍射峰信息进行识别和提取。将提取的特征衍射峰强度与物相含量进行关联，即可获得定量模型。

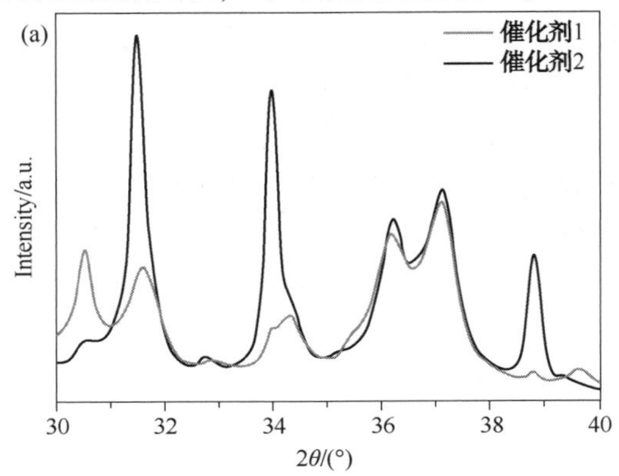

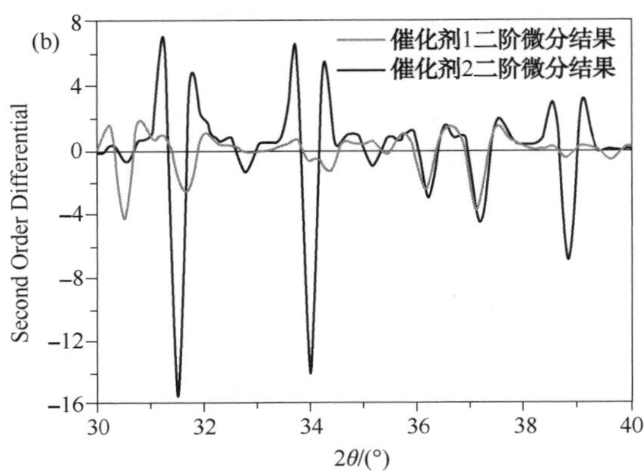

图 3 两类催化剂的(a)XRD 放大谱图和(b)对应的二阶微分谱图

3.3.2 物相定量模型的建立

依次针对每个含锌物相提取其相应的一个或多个衍射峰信息分别建立定量模型。例如对于硅酸锌物相，抽提(220)晶面衍射峰的信息建立定量模型。图4(a)所示为数据库中样品的XRD谱图，所有谱图均已经过标准化。从图中可以明显看出，随硅酸锌物相含量不同，其(220)晶面衍射峰强度不同。图4(b)为硅酸锌物相含量与其特征衍射峰强度的定量模型。从图中可以看到，在该特征衍射峰处，物相含量与其特征峰强度成正比，符合理论推导的结果，其线性拟合的公式即为定量模型的公式，相关系数R为0.991。

其它含锌物相定量模型的建立与硅酸锌建模的思路一致，均是通过获得独立、尖锐、对称且基线平稳的特征衍射峰信息直接或间接地建立定量模型。从定量模型中可以看出，其它各物相的质量分数也均与其特征衍射峰强度成良好的线性关系，说明定量模型的建立符合理论推导。

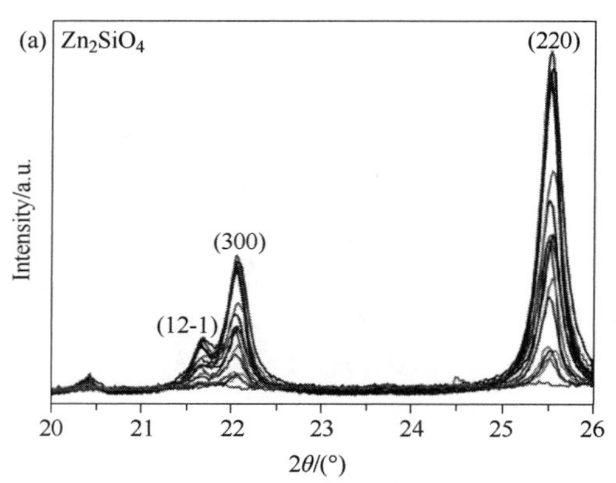

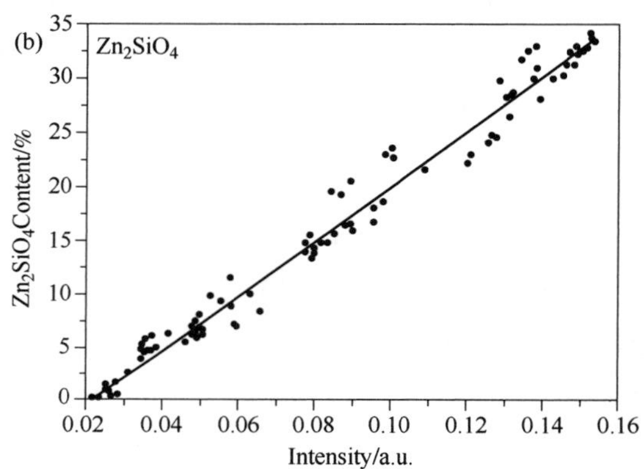

图4 (a)催化剂中硅酸锌物相的特征衍射峰，(b)硅酸锌物相的定量模型

3.4 物相转移模型的建立

为了提高该定量模型对小功率衍射仪的适用性，需进一步系统研究S Zorb吸附剂快速定量法在不同仪器间的转移规则，达到将XRD谱图从大功率XRD衍射仪(TTR-III)向小型常规XRD衍射仪(Empyrean)的转移的目的。

将同一催化剂分别在不同仪器上进行测试，其XRD谱图如图5所示。可以看到，虽然两台仪器测试的谱图特征一致，各衍射峰角度位置相同，但不同仪器测得的XRD谱图的衍射峰强度和背底存在很大差异。因此，在Empyrean上的测试结果不能直接用在TTR-Ⅲ上建立的数据库和定量模型进行分析，需将两台衍射仪的测试结果进行关联，使同一样品在不同测试条件下得到的定量结果一致。

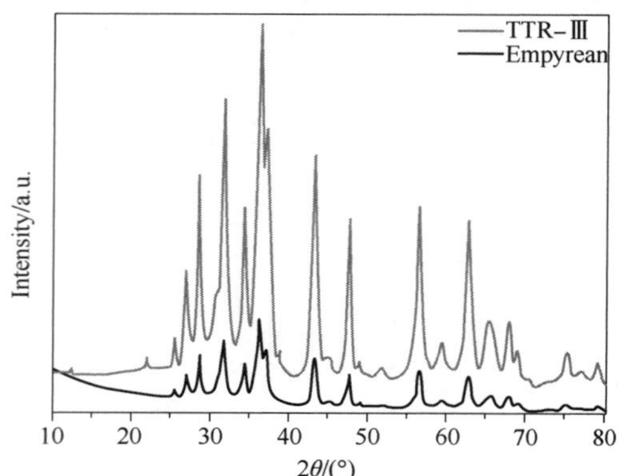

图5 同一催化剂在不同仪器测试的XRD谱图

3.4.1 原理

从公式(5)中可以看出，某一样品的某一衍射峰强度除了受样品自身性质的影响外，还受2θ角

和实验条件的影响。对于在两台仪器上测试的同一样品，假设选定 2θ 角使之固定，则仪器 1 和仪器 2 在 2θ 角 i 下测试结果的衍射峰强度之比近似为：

$$\frac{Y_1 - Y_{b,1}}{Y_2 - Y_{b,2}} = \frac{\sum_j S_{j,1}}{\sum_j S_{j,2}} \tag{6}$$

标度因子 S_j、$Y_{b,1}$和 $Y_{b,2}$均与仪器的结构和实验条件有关，当仪器和实验条件确定时，为常数，所以公式(6)可以表达为：

$$\frac{Y_1 - a}{Y_2 - b} = \frac{c}{d} \tag{7}$$

公式(7)中 a、b、c、d 均为常数，则公式(7)可进一步转换为：

$$Y_1 = \frac{c}{d}(Y_2 - b) + a = \frac{c}{d}Y_2 + a - b\frac{c}{d} \tag{8}$$

令 $\frac{c}{d} = A$，$a - b\frac{c}{d} = B$，则式(8)可转换为：

$$Y_1 = AY_2 + B \tag{9}$$

因此，确定 A 和 B 就可以确定在 2θ 角 i 下在两台仪器上测试强度的关系。

3.4.2 物相转移模型的建立

图 6 为 Empyrean 和 TTR-Ⅲ对硅酸锌物相特征衍射峰强度的线性回归结果。计算得出 R^2为 0.989，说明相关性很好。其余含锌物相特征衍射峰强度的线性回归结果中 R^2也均在 0.95 以上，线性相关性均较好。但是，A 和 B 值不完全一致，这可能是样品性质的差异所致。至此，针对硅酸锌、硫化锌、铝酸锌和氧化锌物相的转移模型已成功建立，线性回归的相关性较好。

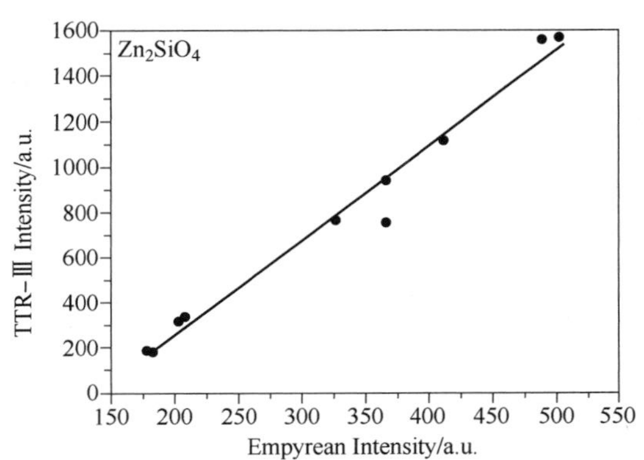

图 6 Empyrean 和 TTR-Ⅲ对硅酸锌物相衍射峰强度的线性回归结果

3.5 快速定量分析软件的开发

为了便于数据库及模型的操作使用，将催化剂数据库、谱图标准化方法、物相定量模型以及物相转移模型集成，开发出了 S Zorb 催化剂物相快速分析软件，实现了窗口化操作。利用该软件，分析人员可在不具备晶体学和分析化学知识，只具备基本的分析知识的情况下对 S Zorb 催化剂物相进行快速分析，从样品制备到分析报告的呈现不超过 1h。

对随机选取的催化剂中硅酸锌、硫化锌、铝酸锌和氧化锌四个物相用传统 Rietveld 拟合和快速定量分析软件分别进行定量分析，结果及偏差如表1所示。可以看出，所有计算结果偏差均小于±3%，证明利用快速定量分析软件计算得到的含锌物相定量结果准确可靠。

目前，物相快速定量分析软件已被应用于全院 S Zorb 催化剂的研究开发以及全国各炼厂日常催化剂的监测预警和对紧急突发状况的判断处理。从研究室和各炼厂的反馈情况来看，利用该软件分析结果准确性高，耗时短且操作简单。因此，该软件已经被进一步推广，2014年分别于延长石油永坪炼油厂和中国石化催化剂有限公司南京分公司安装调试完成，且运行良好。

表1　快速定量分析智能软件第一版专家模块

样品编号	氧化锌			硫化锌			硅酸锌			铝酸锌		
	传统	快速	偏差	传统	快速	偏差	传统	快速	偏差	传统	快速	偏差
1	6.8	6.8	0.0	30.9	31.1	-0.2	2.4	2.0	0.4	21.9	24.0	-2.1
2	14.4	14.2	0.2	29.5	29.8	-0.3	2.9	3.1	-0.1	21.1	20.8	0.3
3	6.9	6.7	0.3	31.7	32.6	-0.8	1.8	1.9	-0.1	21.9	20.0	1.9
4	7.2	7.1	0.1	32.2	32.5	-0.3	3.4	3.9	-0.5	21.9	21.0	0.9
5	17.4	16.9	0.5	26.1	26.6	-0.5	3.1	3.3	-0.2	21.8	21.3	0.6
6	6.0	5.3	0.7	35.6	36.1	-0.5	3.8	3.6	0.2	20.5	20.3	0.3
7	5.3	5.4	-0.1	37.2	38.7	-1.5	2.9	3.2	-0.3	21.5	20.4	1.1
8	5.0	4.6	0.5	23.0	23.2	-0.1	18.6	19.7	-1.1	21.0	19.6	1.4
9	6.4	7.8	-1.4	30.9	30.2	0.6	13.1	12.3	0.8	19.0	19.0	0.0
10	10.4	9.9	0.5	42.4	41.5	0.9	0.0	0.0	0.0	20.1	18.9	1.2
11	5.9	6.3	-0.4	44.6	43.8	0.8	0.0	0.0	0.0	19.7	21.0	-1.3
12	9.6	9.5	0.1	36.4	35.7	0.7	0.0	0.0	0.0	19.6	22.3	-2.6
13	8.9	9.0	-0.2	37.5	36.3	1.2	0.0	0.0	0.0	19.6	20.2	-0.5
14	8.6	8.6	0.0	34.1	34.2	-0.1	0.0	0.0	0.0	19.9	17.9	1.9
15	12.3	11.8	0.5	32.9	32.7	0.3	0.0	0.0	0.0	20.4	19.2	1.2
16	4.2	4.7	-0.5	30.8	30.3	0.5	11.5	11.0	0.5	19.1	18.1	1.0
17	3.7	3.8	-0.1	33.7	33.3	0.5	11.2	11.8	-0.6	18.7	20.0	-1.4
18	4.3	4.4	-0.2	30.9	31.9	-0.9	11.2	10.8	0.4	18.5	20.7	-2.2
19	6.1	6.4	-0.2	25.9	26.4	-0.5	11.2	12.1	-0.8	19.1	20.1	-1.0
20	4.7	5.0	-0.3	29.2	29.3	-0.1	11.2	10.8	0.4	19.4	20.0	-0.6

4　结论

利用近千个样品建立了快速定量分析法物相数据库，该数据库基本可以反映不同形态 S Zorb 催化剂的工业运行情况。结合 XRD 原理和数学方法，实现了 XRD 谱图的标准化，保证了数据库的稳定性。

结合化学计量学方法和专家经验，利用 XRD 谱图中特征的衍射峰和物相含量的关系直接或间接地建立了硅酸锌、硫化锌、铝酸锌和氧化锌的定量模型。

利用 XRD 原理，分别建立了各类催化剂中硅酸锌、硫化锌、铝酸锌和氧化锌从小型常规 XRD 衍射仪(Empyrean)向大功率 XRD 衍射仪(TTR-Ⅲ)转移的物相定量模型。

将催化剂数据库、谱图标准化方法、物相定量模型以及物相转移模型集成并编写了 S

Zorb 催化剂物相快速分析软件。软件计算结果与 Rietveld 全谱拟合结果对比发现，二者偏差均小于±3%。说明此软件不仅实现了窗口化操作，而且其计算结果准确可靠。这为进一步推广 S Zorb 催化剂物相快速分析方法奠定了坚实的基础。

参 考 文 献

[1] 朱云霞，徐惠. S Zorb 技术的完善及发展[J]. 炼油技术与工程，2009，39(8)：7-12.

[2] 王明哲，阮宇君. 催化裂化汽油吸附脱硫反应工艺条件的探索[J]. 炼油技术与工程，2010，40(9)：5-10.

[3] 刘道军. 清洁燃料升级中炼油厂氢气资源的合理利用[J]. 炼油技术与工程，2009，39(7)：9-12.

[4] 徐莉，刘宪龙. S Zorb 吸附剂工业制造. 石科院科研报告. 2009，013：1.

[5] 徐广通，黄南贵，邹亢等. 燕山 S Zorb 吸附剂失活原因研究及跟踪分析. 石科院科研报告. 2009，271：1-3.

[6] 邹亢，徐广通. S Zorb 吸附剂失活机理研究及活性评价模型的建立. 石科院科研报告. 2011.

[7] 徐广通，刁玉霞，邹亢，等. S Zorb 装置汽油脱硫过程中吸附剂失活原因分析[J]. 石油炼制与化工，2011，42(12)：1-6.

[8] 张欣，徐广通，邹亢，等. S Zorb 吸附剂中锌铝尖晶石形成原因的研究[J]. 石油学报：石油加工，2012，28(2)：242-247.

[9] 林伟，王磊，田辉平，等. S Zorb 吸附剂中硅酸锌生成速率分析. 石油炼制与化工，2011，42(11)：1-4.

[10] 徐华，杨行远，邹亢，等. 气氛环境对 S Zorb 吸附剂中硅酸锌生成的影响. 石油炼制与化工，2014，45(6)：9-14.

[11] 邹亢，黄南贵，徐广通. S Zorb 吸附剂 Rietiveld 物相定量方法研究[J]. 石油学报：石油加工，2012，28(4)：598-604.

[12] H M Rietveld. Line profiles of neutron powder diffraction peak for structure refinement. Acta Cryststallographica, 1967, 22(1): 151-152.

[13] R J Hill, Howard C J. Quantitative phase analysis form neutron powder diffraction using Rietveld method. Journal of Applied Crystallography, 1987, 20: 467-474.

[14] R A Young. The Rietveld method. The Netherlands: Oxford University press, 1989.

[15] L J Kirwan, F A Deeney, G M Corke, et al. Characterisation of various Jamaican bauxite ores by quantitative Rietveld X-ray powder diffraction and 57Fe Mossbauer spectroscopy. International Journal of Mineral Processing, 2009, 91: 14-18.

不同载体材料用于催化裂化反应的研究

孙书红[1]，刘娟娟[1]，范振宇[2]，滕秋霞[1]，高雄厚[1]

（1 中国石油石油化工研究院兰州化工研究中心，甘肃兰州 730060；
2 中国石油兰州石化公司化肥厂丙烯酸车间，甘肃兰州 730060）

摘　要　本文针对重油裂化对催化剂孔道结构的要求，进行了以新型多孔材料建构催化剂基质中大孔孔道的研究。在现有催化剂制备工艺的基础上，以珍珠岩、硅藻土代替部分高岭土制备催化剂，可改善催化剂的性能，但添加量大时，催化剂强度较差。在调整了催化剂配方、降低珍珠岩加入量的情况下，催化剂抗磨性能改善，能够制得满足使用要求的催化裂化催化剂，同时催化裂化反应选择性得到明显改善。

关键词　重油　催化裂化　催化剂　基质　孔结构

1　前言

随着世界原油重质化和劣质化日趋严重，重油催化裂化迅速发展，目前重油催化裂化约占催化裂化总能力的25%，重油加工在将来很长一段时间内都是催化裂化发展的方向。重油中含有较多的胶质、沥青质和重金属，要求FCC催化剂除了具有常规催化剂性能外，还要拥有符合重油大分子裂化的梯度孔分布、更大的比表面积和孔容以及更高的基质活性，保证重油大分子的预裂化以及反应物、产物分子自由地出入催化剂，提高反应物分子与活性中心的可接近性，并通过通畅的孔道保证产物分子及时扩散离开催化剂，避免结焦。

目前FCC催化剂以高岭土作为基质填料，但高岭土的比表面积和孔体积相对较小，如何利用优良的材料，为催化剂构造具有通畅中大孔和梯级孔道结构，对于改善催化剂重油裂化能力、减少生焦非常关键。珍珠岩是一种火山喷发后急剧冷却而成的玻璃质酸性熔岩，因其具有珍珠裂隙结构而得名。岩浆喷出地表后，由于与空气温度相差悬殊，使大量水蒸气未能逸散而被包裹在玻璃质内以结合水的形式保留下来，珍珠岩一般含有4%~6%的水分。当珍珠岩矿砂置于高温下焙烧时，由于突然受热，玻璃质结构内的结合水迅速汽化产生很大压力，使达到软化点温度的玻璃质体积迅速膨胀，从而形成了孔径不等、内部呈蜂窝状的多孔白色颗粒物质，即膨胀珍珠岩[1~3]。这种材料特殊的成因，使其具有独特的中大孔结构、堆积密度小，目前珍珠岩在FCC技术领域的应用鲜有报道。本文进行了以新型多孔材料珍珠岩建构催化剂基质中大孔孔道的研究。

2 实验部分

2.1 原料

（1）盐酸、氨水、磷酸氢二铵、硫酸铵：化学纯试剂

（2）高岭土、拟薄水铝石、铝溶胶、分子筛：兰州石化公司催化剂厂提供

（3）珍珠岩、硅藻土：世界矿产公司提供，产自美国

2.2 主要分析和评定方法

（1）晶相分析：采用 X 射线衍射法，在日本理学公司 D/max-3C 型 X 射线衍射仪上进行，电压 35mV，电流 15mA，样品扫描速度为 2θ 0.2°/min。

（2）颗粒度分析：在英国马尔文(Malvern)仪器有限公司生产的激光纳米粒度仪 Mastersizer S Ver. 2.19 上进行，采用湿法分散技术，按一定比例将样品和纯净水混合，利用循环泵使颗粒在整个循环系统中均匀分布，保证了宽分布样品测试的准确性。

（3）元素分析：采用 X 射线荧光光谱(XRF)来进行样品的元素分析。仪器型号：日本理学 ZSX-100E。样品经干燥、压片后测定。

（4）孔结构、比表面积、孔体积：用美国 Coulter 公司的 Omnisorp 360 型自动吸附仪测试，测试条件为：升温到 350℃，抽真空 4 h，真空度为 133.3×10^{-5}Pa。

（5）酸性、羟基表征：在 Nicolet 510P 型红外光谱仪上进行，测试条件：样品在 350℃/4h 下抽真空至 10^{-3}Pa，测试 IR 图。

（6）催化剂的活性测试：在华阳公司生产的 CSA-B 型催化剂评定装置上进行。催化剂预先在 800℃、100%水蒸气条件下老化一定时间后，采用大港轻柴油为原料进行活性测定，反应温度 460℃，反应时间 70s，催化剂装量 5.0g，剂油比 3.2。

（7）催化剂裂化反应性能评价：在 ACE-MODEL R+MM 评价装置上进行，催化剂预先在 800℃、100%水蒸气条件下处理 17h，反应原料为兰州石化公司 300 万吨/年重催原料油，反应条件为剂油比 5.0，反应温度 530℃。

（8）其他：磨损指数测试采气升法(鹅管法)，标准号 Q/SYLS 0518—2002。汽油辛烷值分析采用色谱法，标准号 M213.02-06-2003。汽油组成分析采用色谱法(北京石科院软件)。用 Philips XL - 20 扫描电镜(scanning electron microscope，SEM)观察形貌，电压为 10.0kV。

2.3 样品的酸处理

酸处理：按照浓盐酸/珍珠岩为 0.2 的比例，在 80~85℃搅拌状态下处理 1h，然后过滤、洗涤滤饼。

3 结果与讨论

3.1 原土性质分析与表征

3.1.1 化学组成

珍珠岩外观呈浅白色，硅藻土外观灰色，均蓬松，其主要化学组成与作为催化裂化催化

剂常规基质成分的高岭土的组成分析结果见表1。

表1 原土的主要化学成分 %

原土	Na_2O	MgO	Al_2O_3	SiO_2	K_2O	CaO	TiO_2	Fe_2O_3
珍珠岩	3.23	0.14	13.62	73.17	7.22	0.82	0.15	1.05
硅藻土	0.24	0.25	3.64	92.14	0.25	0.60	0.30	2.35
高岭土	0.00	0.05	45.04	50.68	0.61	0.15	0.54	0.60

以非晶态形式存在的氧化物和氢氧化物，在催化剂制备与使用过程中容易变成游离的活性金属离子，进攻分子筛酸中心，使催化剂部分失活，或诱导其它的非裂化反应，使反应选择性变差。因此催化剂对高岭土中的非晶态金属离子有严格控制。表1化学分析结果表明，珍珠岩、硅藻土和高岭土的主要成分均为硅铝化合物，其中硅藻土的硅化合物含量高达92.14%，同时含有少量的铝、铁化合物，作为催化剂毒物的铁含量略高，其他还含有少量的钙、钾、钠等杂质，其化学组成基本满足催化裂化催化剂要求。珍珠岩中除了含有高达73.17%的硅化合物以外，还含有一定量的铝，其中的杂质成分主要为钾、钠、铁、钙，总量为12.32%。与珍珠岩和硅藻土相比，高岭土中铝含量高，杂质含量低，主要为钾和铁，总量为1.21%。

3.1.2 粒度、比表面积与孔体积

粒度是催化裂化材料的非常重要的指标之一，颗粒粒度分布对于催化剂的抗磨性能有直接影响，一般来说，基质材料的粒度越大，催化剂强度越差。从表2可以看出，珍珠岩与硅藻土的粒径比苏州高岭土大，中位粒径为13~15μm，颗粒相对较粗。珍珠岩的比表面积和孔体积都很低，说明珍珠岩本身基本上是惰性的，不具有吸附性能，结构致密，内部基本不具有空腔。硅藻土也基本上是一种惰性物质，但具有孔道结构。

表2 原土的粒度分布

原土	比表面/(m^2/g)	孔体积/(mL/g)	粒度分布/μm		
			D(V, 0.1)	D(V, 0.5)	D(V, 0.9)
珍珠岩	0.51	0.018	2.57	14.09	42.15
硅藻土	4.6	0.17	2.84	13.32	34.92
高岭土	27.67	0.23	0.31	2.28	51.64

3.1.3 晶相分析

采用XRD方法进行材料的物相分析，结果见图1。

可见，珍珠岩和硅藻土分别在$2\theta=15°\sim30°$附近和$2\theta=10°\sim40°$附近出现连续宽而平缓的丘状峰，说明珍珠岩和硅藻土均为无定形结构。高岭土的物相主要是高岭石和石英(2θ为26.5°)。

3.1.4 形貌表征

图2为采用SEM表征的几种载体材料的形貌。可见，珍珠岩呈薄片状，形状不规则，大小在5μm以上，高温处理后仍为片状，形貌基本没有变化，这种不规则的片状结构在三维空间中相互堆积，搭建出多孔的结构，也许正是改善催化剂孔道结构的原因。硅藻土大部分呈圆盘状，直径10μm左右，圆盘结构中有很多规则的圆孔，高温处理后保持了原有的形状。高岭土呈短棒状，结构不大于2μm，高温处理后棒状“瘦身”，呈棒针状。

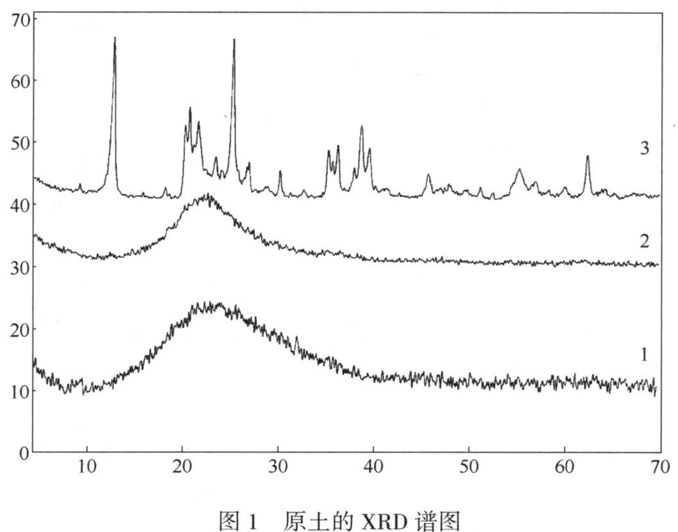

图 1 原土的 XRD 谱图

1—珍珠岩；2—硅藻土；3—高岭土

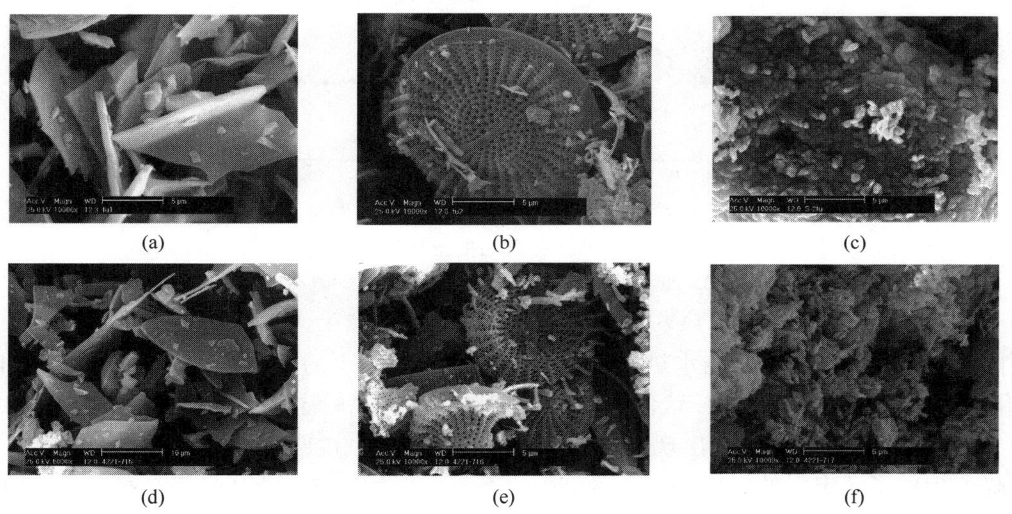

图 2 原土及高温处理后的 SEM 图

(a)珍珠岩；(b)硅藻土；(c)高岭土

800℃/2h 处理：(d)珍珠岩；(e)硅藻土；(f)高岭土

3.2 不同处理过程中土材料性质研究

分别对珍珠岩、硅藻土和高岭土这 3 种不同的基质材料进行了酸处理和高温水热处理，考察材料性质变化。酸处理后材料的组成分析结果见表 3。

对比表 1、表 3 中原土与酸处理后土源组成的变化，可以看出，酸处理后珍珠岩的杂质成分钾、钠、铁、钙略有降低，总体组成变化不大，说明珍珠岩耐酸性好，推测这种性质与珍珠岩的成因有关，其结构致密，钾、钠等各组成性质稳定。可以推测认为，珍珠岩添加到催化剂中，钾、钠等成分相对是“惰性”的，不容易迁移到催化剂的其它组成中，对催化剂活性等造成不良影响。酸处理后硅藻土的钾、钠、钙含量明显降低，说明这些元素不稳定，能够通过处理除去。高岭土中杂质含量低，酸处理后组成变化不大。

表3 酸处理土的主要化学成分 %

类型	Na_2O	MgO	Al_2O_3	SiO_2	K_2O	CaO	TiO_2	Fe_2O_3
珍珠岩	2.66	0.12	13.63	74.24	7.19	0.79	0.14	1.00
硅藻土	0.06	0.15	3.58	93.18	0.19	0.16	0.25	2.04
高岭土	0.00	0.04	44.97	50.94	0.63	0.05	0.55	0.54

珍珠岩、硅藻土和高岭土经过高温处理后的XRD物相谱图见图3。

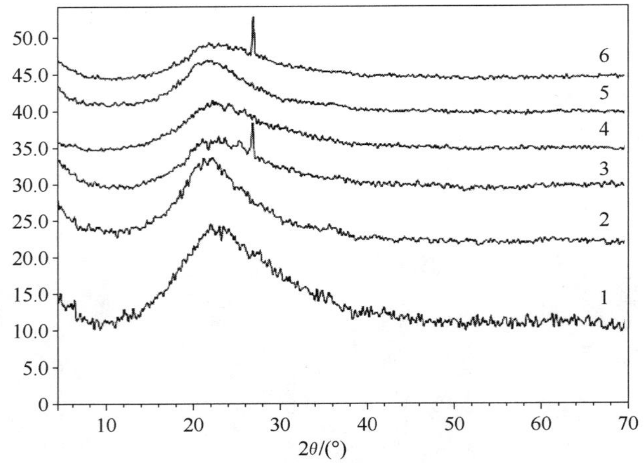

图3 高温、水热处理后的土材料XRD谱图

800℃/2h处理：1—珍珠岩；2—硅藻土；3—高岭土

800℃/2h水热处理：4—珍珠岩；5—硅藻土；6—高岭土

图3结果表明，热处理与水热处理后，珍珠岩和硅藻土的物相变化不大，在$2\theta=10°\sim36°$附近出现连续宽而平缓的丘状包，仍为无定形物质。高岭土水热处理后，高岭石的特征峰消失，在$2\theta=15°\sim30°$附近出现连续宽而平缓的丘状包，说明高岭石结构遭到破坏，结晶度下降，生成了无定形的氧化硅，高岭土中的石英(2θ为26.5°)特征峰仍存在，其结构没有被破坏。

3.3 珍珠岩、硅藻土在FCC催化剂中的应用

将珍珠岩、硅藻土按一定比例取代苏州高岭土(珍珠岩或硅藻土在催化剂中加入比例为13%)，制备催化剂，催化剂物化性质分析结果见表4。采用SEM观测催化剂的表观形貌，结果见图4。

表4 含有不同类型土材料的FCC催化剂物化性质

催化剂	含珍珠岩	含硅藻土	对比剂
Na_2O/%	0.24	0.10	0.11
粒度分布/μm			
D(V, 0.1)	68.28	70.19	59.33

续表

催化剂	含珍珠岩	含硅藻土	对比剂
D(V, 0.5)	115.59	121.75	96.45
D(V, 0.9)	180.35	196.35	150.58
磨损指数/%	11.2	10.8	2.1
微反活性/%	54	60	61
比表面积/(m^2/g)	302.7	284.3	263.2
孔体积/(mL/g)	0.24	0.24	0.23
堆积密度/(g/mL)	0.44	—	0.55

从表 4 的分析测试结果看，与对比剂相比，以珍珠岩、硅藻土代替部分苏州高岭土制备的催化剂，颗粒明显变粗，堆积密度小，分析其原因，我们认为，也许由于珍珠岩、硅藻土的存在，使催化剂微球中的中大孔明显增加、孔结构通畅，在催化剂制备喷雾成型过程中，微球更容易在瞬间干燥成型。从表 4 的结果也可以看出，含珍珠岩和硅藻土的催化剂的磨损指数均明显高于对比剂，除了上述干燥成型的原因之外，珍珠岩和硅藻土的颗粒本身比高岭土大，也会造成催化剂抗磨性能变差。因此，在改善催化剂孔道结构的同时，需要注意使催化剂同时具有优良的抗磨损性能。另外，从比表面积测试结果看，含珍珠岩和硅藻土的催化剂的比表面积远大于对比催化剂。

采用 SEM 观测了催化剂的表观形貌，从图 4 的结果可以看出，与含高岭土的催化剂相比，含珍珠岩的催化剂的颗粒偏大，提高放大倍数观察，催化剂表面更不光滑，有更多的空腔开口，这种结构有可能提供了催化剂更多的中大孔，有利于油气分子的出入。SEM 表观形貌的观测结果与表 4 的粒度分布、堆积密度等的分析测试结果也是一致的。

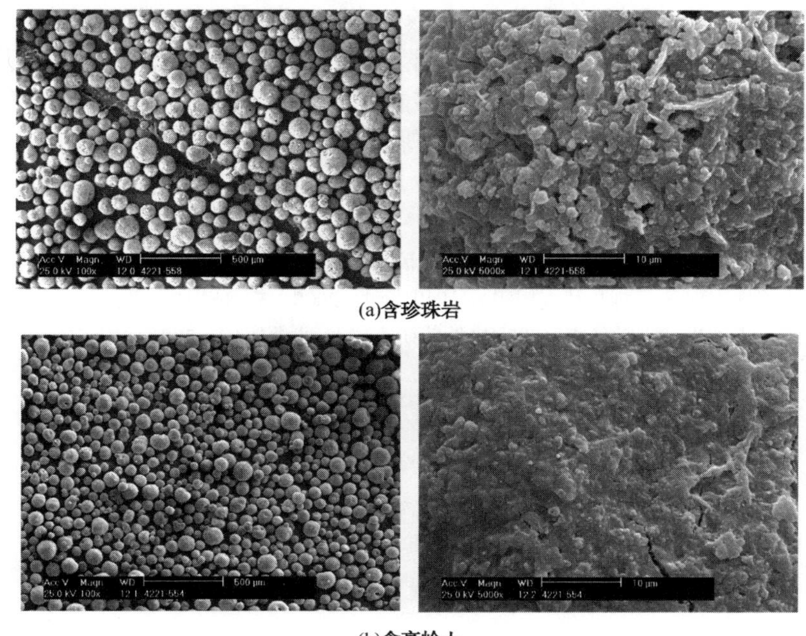

(a)含珍珠岩

(b)含高岭土

图 4　不同催化剂的 SEM 图

为了保证催化剂的抗磨性能，实验调整了催化剂配方，降低了催化剂中珍珠岩的加入比例，所制备催化剂的磨损指数为2.2%，达到常规使用要求。在ACE装置上评价了催化剂的反应性能，结果见表5。

表5　催化裂化反应选择性评价结果

催化剂	对比剂	含珍珠岩催化剂
物料平衡/%		
干气	3.07	2.78
液化气	24.20	23.72
C_5汽油	50.45	52.00
柴油	9.60	10.08
重油	4.47	4.39
焦炭	8.21	7.02
转化率/%	85.93	85.53
总液收/%	84.25	85.81
轻收/%	60.05	62.09
焦炭/转化率	0.096	0.082

表5结果表明，含有珍珠岩的催化剂具有更好的裂化反应选择性，与对比剂相比，在转化率基本相当的情况下，总液收和轻收分别提高1.56和2.04个百分点，焦炭降低1.19个百分点，同时重油收率略有降低。

4　结论

在现有催化剂制备工艺的基础上，以珍珠岩、硅藻土代替部分高岭土制备的催化剂，可改善催化剂的性能，但添加量大时，催化剂强度较差。在调整了催化剂配方、降低珍珠岩加入量的情况下，催化剂抗磨性能改善，能够制得满足使用要求的催化裂化催化剂，同时催化裂化反应选择性得到明显改善，表现在总液收、轻收提高，焦炭降低。

参 考 文 献

[1] 刘鹏，刘红燕．信阳上天梯珍珠岩膨胀性能影响因素研究[J]．非金属矿，2008，31(5)：23-25.
[2] 邹伟斌．膨胀珍珠岩保温材料及其应用[J]．四川水泥，2008，5：15-16.
[3] 刘红燕，刘鹏，于永生．小粒径膨胀珍珠岩性能研究[J]．非金属矿，2009，32(3)：67-69.

加热方式对 SAPO-31 分子筛的结构、酸性及催化反应性能的影响

吴会敏，吴伟，张建伟，肖林飞，宋雪梅，魏小盟，王银泉

（催化技术国际联合研究中心，高效转化的化工过程与技术黑龙江省普通高校重点实验室，黑龙江大学化学化工与材料学院，黑龙江哈尔滨 1500801）

摘　要　分别采用传统电加热法和微波辐射加热法合成了不同硅含量的 SAPO-31 分子筛，并采用 XRD、XRF、SEM、N_2物理吸附、NH_3-TPD、Py-IR 等手段对其进行了表征。考察了初始凝胶中 SiO_2/Al_2O_3比和加热方式对 SAPO-31 分子筛结构和酸性的影响，并对该分子筛负载 Pd 制备的 Pd/SAPO-31 双功能催化剂上正癸烷加氢异构化反应性能进行了评价。

关键词　SAPO-31 分子筛　双功能催化剂　正癸烷　加氢异构化　微波辐射

1　引言

将石油催化裂化馏分油中的正构烷烃经加氢异构化反应转化成支链烷烃是生产环境友好的燃料油的最有效途径[1-3]。正构烷烃加氢异构化反应的催化剂是同时具有金属位和酸性位的双功能催化剂，其中金属位由 Pt、Pd 等贵金属和 Ni、Mo 等非贵金属提供[4,5]，而酸性位多由金属氧化物、硅铝酸盐类沸石分子筛和 SAPO-n 磷酸硅铝类分子筛提供[6,7]。

SAPO-n 分子筛因具有温和的酸性和适宜的孔道结构，在正构烷烃加氢异构化反应中表现出良好的催化性能[8-9]。其中 SAPO-31 分子筛是具有 ATO 拓扑结构、一维十二元环圆形直孔道的中孔磷酸硅铝类分子筛，由于其独特的孔道结构、温和的酸性和良好的择形性，在正构烷烃加氢异构化反应中表现出较高的催化活性和异构化选择性[10-12]。与传统的电加热方法相比，微波辐射晶化法具有能耗低、反应速率快、分子筛晶粒小且粒度均一等优点[13]。在正构烷烃加氢异构化反应中，提供酸性位的分子筛由于晶粒尺寸减小，扩散程距缩短，改善了多支链异构体的扩散性能，有效地抑制了多支链异构体的生成和裂化反应的发生，从而表现出更优异的催化性能[4,14]。本文分别采用传统的电加热法和微波辐射加热法合成了不同硅铝比的 SAPO-31 分子筛，对其结构和酸性进行了表征，并对担载 Pd 制备的 Pd/SAPO-31 双功能催化剂上正癸烷加氢异构化反应性能进行了评价，研究了合成 SAPO-31 分子筛的初始凝胶组成和晶化方式对 SAPO-31 分子筛的物化性质和正癸烷加氢异构化反应性能的影响。

2　实验部分

2.1　分子筛的合成及双功能催化剂的制备

在烧杯中按 x SiO_2 ： 1.0 Al_2O_3 ：1.0 P_2O_5 ：1.4 DBA ：40 H_2O（摩尔比）的比例将入磷

源、铝源、硅源、模板剂和水混合制成初始凝胶，然后转移入带有聚四氟乙烯内衬的不锈钢高压反应釜中，采用传统的电加热在180℃下晶化48h后冷却至室温，产物经离心分离、洗涤、干燥、焙烧，制得SAPO-31分子筛，记为CE-x(x为SiO_2与Al_2O_3的摩尔比，x= 0.3，0.7)。用微波辐射法晶化2h合成的样品记为MW-x，x= 0.3，0.7。以硝酸钯为前驱液、采用等体积浸渍法制备0.5wt.%PdSAPO-31双功能催化剂。

2.2 催化剂的表征及反应性能评价

采用布鲁克公司D8 ADVANCE型X射线粉末衍射仪对分子筛进行物相定性分析。采用布鲁克公司SRS3400型X射线荧光光谱仪对分子筛进行化学组成分析。采用日立公司S-4800型场发射扫描电子显微镜观察分子筛表面的微观形貌。采用康塔公司研制的Autosorb-1-MP型全自动比表面积及孔隙度测定仪测定分子筛的比表面积和孔容。采用麦克公司AutoChemII 2920型化学吸附仪测定双功能催化剂的金属分散度。采用大连理工大学的氨程序升温脱附仪和PE公司Spectrum100型傅里叶变换红外光谱仪及真空吸附系统对分子筛的酸性质进行表征。以正癸烷加氢异构化为探针反应，采用北京新航盾石化科技有限公司MRT-9024型高压微反装置对催化剂进行反应性能评价：反应温度300~380 ℃，反应压力2 MPa，氢气流量40 mL/min，质量空速2.7 h^{-1}。采用美国Agilent公司GC 7820型气相色谱仪对反应产物进行分析，HP-1型毛细管柱(60m×0.250mm×1.00μm)。

3 结果与讨论

分别采用传统的电加热方式和微波辐射加热法合成的SAPO-31分子筛的XRD谱见图1。由图1可知，各样品在2θ为8.49°、20.18°、21.92°、22.50°处均出现了SAPO-31分子筛的特征衍射峰，且无其他杂晶的衍射峰，说明合成了纯相的SAPO-31分子筛，而且各样品的相对结晶度差别不大。

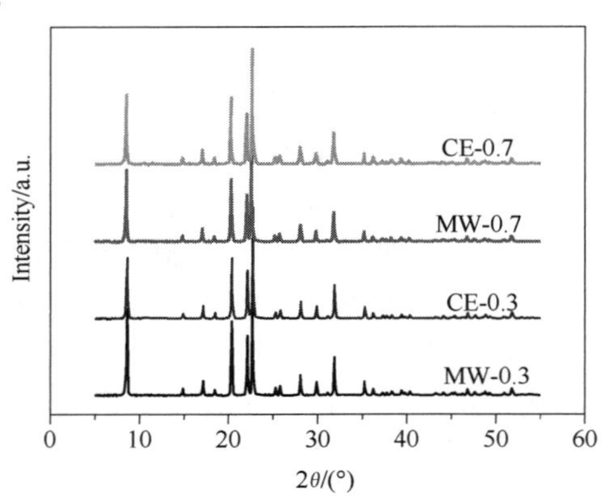

图1 不同加热方式合成的SAPO-31分子筛的XRD谱

不同加热方式合成的SAPO-31分子筛的SEM照片见图2。由图2可知，初始凝胶中SiO_2/Al_2O_3(摩尔比)相同时，采用微波辐射加热法合成的MW系列样品的单个晶粒尺寸明显小于传统电加热法合成的CE系列样品，说明采用微波辐射法合成SAPO-31分子筛不仅可以显著地缩短晶化时间，而且可以减小分子筛的晶粒尺寸。

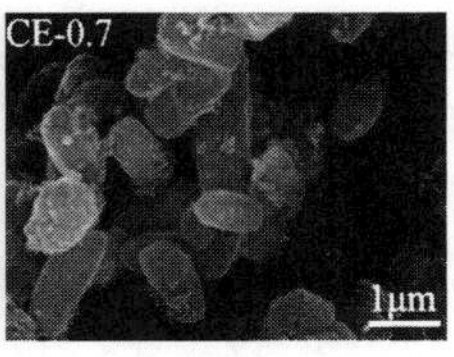

图 2　不同加热方式合成的 SAPO-31 分子筛的扫描电镜照片

不同加热方式合成的 SAPO-31 分子筛的孔结构参数见表 1。

表 1　不同加热方式合成的 SAPO-31 分子筛的比表面积和孔容数据

Samples	Surface area/(m^2/g)			Pore volume/(cm^3/g)		
	BET[a]	Micropore[b]	External	Total[c]	Micropore[b]	Mesopore
MW-0.3	180	107	73	0.236	0.044	0.192
CE-0.3	183	113	70	0.184	0.044	0.140
MW-0.7	186	119	67	0.370	0.049	0.321
CE-0.7	216	145	71	0.250	0.059	0.154

[a]BET method; [b]t-plot method; [c]Volume adsorbed at $p/p_0=0.99$。

由表 1 可知，随着初始凝胶中 SiO_2/Al_2O_3 的提高，不同加热方式合成的 SAPO-31 分子筛的 BET 表面积、微孔表面积、总孔容和微孔孔容均有所增大。初始凝胶中 SiO_2/Al_2O_3 相同时，采用微波辐射法合成的 MW 系列样品的微孔表面积和微孔孔容较小，介孔孔容较大，这是可能是因为 MW 系列样品的晶粒较小，晶粒间堆积形成了晶间介孔所致。

为了研究加热方式对所合成的 SAPO-31 分子筛的化学组成及酸性的影响，分别采用 XRF 对晶化产物的组成进行了分析，并分别采用吡啶吸附的红外光谱(Py-IR)和 NH_3-TPD 对其酸性进行了表征，结果见表 2。

表 2　不同加热方式合成的 SAPO-31 分子筛的化学组成及酸性数据

Samples	C_R/%	SiO_2/Al_2O_3		B acidity/(μmol/g)			Temperature of NH_3 desorption/℃	
		In gel	In product[a]	Total[b]	Weak[c]	Medium[c]	Weak	Medium
MW-0.3	92	0.3	0.12	46	25.3	20.7	170	238
CE-0.3	99	0.3	0.18	79	38.9	40.1	174	248
MW-0.7	95	0.7	0.33	70	25.2	44.8	177	252
CE-0.7	100	0.7	0.32	121	41.1	79.9	183	258

[a]Determined by the XRF method; [b] Determined by Py-IR; [c] Determined by both Py-IR and ^{29}Si NMR.

由表 2 可知，随着初始凝胶中 SiO_2/Al_2O_3 的提高，不同晶化方式合成的 SAPO-31 分子筛晶化产物中的 SiO_2/Al_2O_3 均增大，弱 B 酸量变化幅度不大，中强 B 酸量明显增大，酸强度也显著提高，这是因为初始凝胶中的硅含量较低时，Si 主要按 SM2 机理取代分子筛骨架 P 形成酸性较弱的 SAPO 区，当硅含量增大时，Si 同时按 SM2 和 SM3 机理同时取代 P 和 Al 进入分子筛骨架产生了较多的具有更强酸性的 Si(n Al, 4-n Si) (n= 1~3)边界区的化学环境。

初始凝胶中 SiO_2/Al_2O_3 相同时，采用传统电加热方式合成的 SAPO-31 分子筛的酸量更多，酸强度更大，这与 Si 进入分子筛骨架后的落位有关。

为了研究不同加热方式合成分子筛的酸性存在差异的原因，对各样品进行了^{29}Si NMR 表征，结果如图 3 所示。

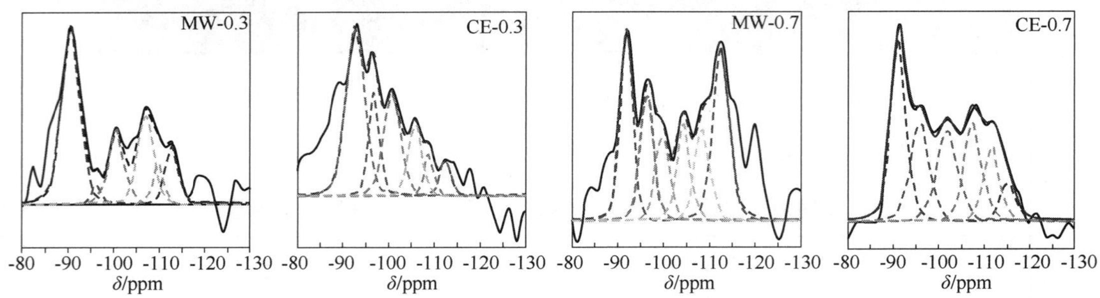

图 3　不同加热方式合成的 SAPO-31 分子筛的^{29}Si NMR 谱图

由图 3 可见，MW 系列样品由于晶化速度更快，Si 进入分子筛骨架后形成了更多的不具有酸性的 Si(0Al) 化学环境（也称硅岛，对应^{29}Si NMR 图中 $\delta = -110 \sim -115$ppm 范围），特别是初始凝胶中的硅含量较高的 MW-0.7 样品这一趋势更加明显，因此 MW 系列样品的酸量较低。MW 系列样品的^{29}Si NMR 谱图中在 $\delta = -92$ppm 附近对应 SAPO 区的谱峰的比例更大，因此其酸强度更弱。

0.5Pd/SAPO-31 催化剂上正癸烷加氢异构化反应性能如图 4 所示。

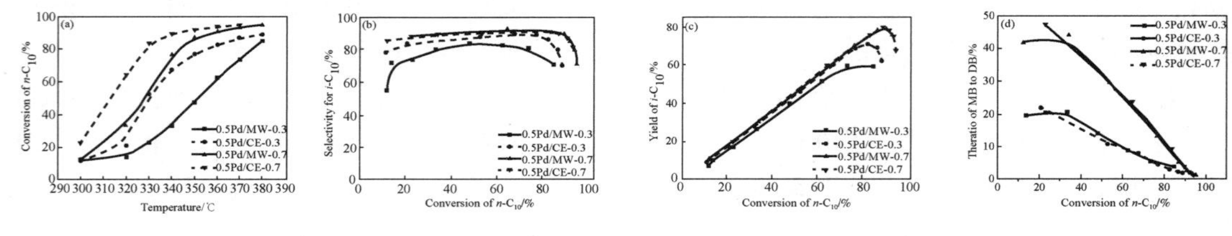

图 4　0.5Pd/SAPO-31 催化剂上正癸烷加氢异构化反应性能

(a) n-C_{10}的 转化率；(b) i-C_{10}的选择性；(c) i-C_{10}的收率；(d) MeC_9/$DMeC_8$

由图 4 可见，以当合成分子筛的初始凝胶中硅含量较低时，由于 CE 系列分子筛样品的酸量较多，酸强度也较高，因此样品 0.5Pd/CE-0.3 比 0.5Pd/MW-0.3 具有更高的催化性能，硅含量较高时，尽管微波辐射加热合成的样品 0.5Pd/MW-0.7 比传统水热法合成的样品 0.5Pd/CE-0.7 的酸量低，酸强度也较弱，但是由于 MW-0.7 样品晶粒堆积形成的晶间介孔，改善了反应中间体和产物的扩散性能，缩短了烯烃中间体在酸性位上的停留时间，减少了烯烃中间体进一步骨架异构和裂化的几率，从而表现出较高的异癸烷选择性和单支链异构体与多支链异构体比值。在正癸烷转化率为 87.1%时异癸烷的选择性高达 92.1%。

4　结论

采用传统电加热法和微波辐射加热法均可成功合成高结晶度的 SAPO-31 分子筛。微波辐射加热法不仅可以显著缩短分子筛的晶化时间，而且可以减小 SAPO-31 分子筛的晶粒尺寸，降低其酸强度，改善产物的扩散性能并抑制裂化反应的发生，在正癸烷加氢异构化反应中表现出高活性和高异癸烷选择性。

参 考 文 献

[1] VERMEIREN W, GILION J P. Impact of zeolites on the petroleum and petrochemical industry[J]. Topics in Catalysis, 2009, 52(9): 1131-1161.

[2] 田志坚，梁东白，林励吾．烃类加氢异构化及加氢异构裂化催化剂的研究开发[J]. 催化学报，2009，30(8)：705-710.

[3] 范煜，鲍晓军，石冈，等．载体组成对 Ni-Mo/硅铝沸石基 FCC 汽油加氢异构化与芳构化催化剂性能的影响[J]. 石油学报：石油加工，2005，21(2) ：1-7.

[4] KIM J N, KIM W D, SEO Y B, et al. n-Heptane hydroisomerization over Pt/MFI zeolite nanosheets: Effects of zeolite crystal thickness and platinum location[J]. Journal of Catalysis, 2013, 301: 187-197.

[5] KARTHIKEYAN D, LINGAPPAN N, SIVASANKAR B, et al. Effect of Ni in palladium β-zeolite on hydroisomerization of n-decane[J]. Korean Journal of Chemical Engineering, 2008, 25(5): 987-997.

[6] Nghiem V T, Sapaly G, Mériaudeau P, et al. Monodimensional tubular medium pore molecular sieves for selective hydroisomerisation of long chain alkanes: n-octane reaction on ZSM and SAPO type catalysts[J]. Topics in Catalysis, 2001, 14(1-4): 131-138.

[7] Gong Shaofeng, Chen Ning, Nakayam Shinji, et al. Isomerization of n-alkanes derived from jatropha oil over bifunctional catalysts[J]. Journal of Molecular Catalysis A: Chemical, 2013, 370: 14-21.

[8] ERIAUDEAU P M, TUAN V A, NGHIEM V T, et al. SAPO-11, SAPO-31, and SAPO-41 Molecular Sieves: Synthesis, Characterization, and Catalytic Properties in n-Octane Hydroisomerization[J]. Journal of Catalysis, 1997, 169: 55-66.

[9] KIKHTYANIN O V, TOKTAREV A V, AYUPOV A B, et al. Influence of crystallinity on the physico-chemical properties of SAPO-31 and hydroconversion of n-octane over Pt loaded catalysts [J]. Applied Catalysis A: General, 2010, 378: 96-106.

[10] 杨杰，吴伟，周雅静，等．SAPO-31 分子筛的微波加热合成、表征及催化性能[J]. 催化学报，2011，32(7)：1234-1241.

[11] 吴伟，杨巍，肖林飞，等．SAPO-31 分子筛的合成及其催化正癸烷加氢异构化反应性能[J]. 石油学报：石油加工，2009，25(增刊 2)：87-90.

[12] Yang Jie, KIKHTYANIN O V, Wu Wei, et al. Influence of the template on the properties of SAPO-31 and performance of Pd-loaded catalysts for n-paraffin isomerization[J]. Microporous and Mesoporous Materials, 2012, 150: 14-24.

[13] Li Yanshuo, Yang Weishen. Microwave synthesis of zeolite membranes: A review[J]. Journal of Membrane Science, 2008, 316: 3-17.

[14] Guo Lin; Fan Yu; Bao Xiaojun. Two-stage surfactant-assisted crystallization for enhancing SAPO-11 acidity to improve n-octane di-branched isomerization[J]. Journal of Catalysis , 2013, 301: 162-173.

RL 加氢处理催化剂在润滑油加氢改质装置的工业应用

刘　毅，王　钟

（中国石化荆门分公司联合四车间，湖北荆门　448039）

摘　要　介绍了 RL 系列加氢处理催化剂在中国石化荆门分公司的工业应用情况，工业应用结果表明，RL 加氢处理系列催化剂具有高的活性稳定性，可以满足润滑油加氢改质装置长周期生产，并能大幅降低装置催化剂的使用成本。

关键词　润滑油加氢改质　加氢处理催化剂　工业应用

1　前言

随着我国汽车、机械工业的快速发展，环保及节能法规的日益严格，在未来一段时期内，中国的润滑油市场对 HVI 类润滑油的需求将快速增长。目前，我国润滑油生产的主要工艺路线有：传统工艺(包括溶剂脱沥青、糠醛精制和酮苯脱蜡等)、传统工艺与加氢改质工艺组合的路线和全加氢改质工艺路线。目前只有大力发展加氢改质生产工艺路线，才能大幅度提高 HVI 类润滑油的产量，满足市场的要求。

中国石化荆门分公司 HVI 润滑油生产采用的是传统工艺与加氢改质工艺组合的路线。2001 年 RL-1 润滑油加氢处理催化剂在中国石化荆门分公司 200kt/a 润滑油加氢改质装置(以下简称加氢改质装置)首次工业应用。工艺原则流程图见图 1。原料先经过溶剂精制，以降低进料中的氮化物和稠环芳烃含量，改善进料质量，使加氢处理可以在较缓和的温度和压力下进行(典型的操作压力为氢分压 10~12MPa)。

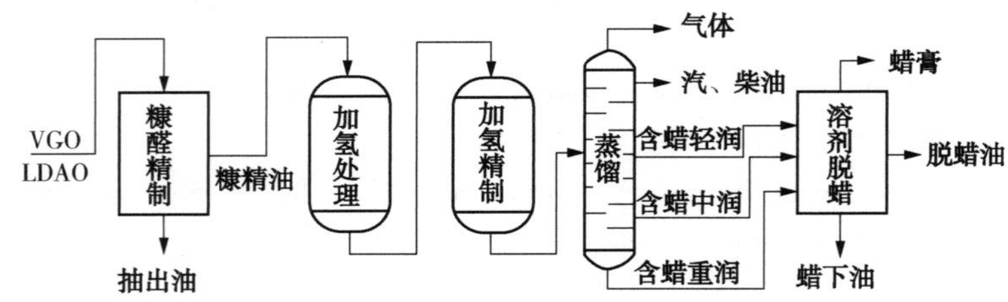

图 1　RLT 技术的原则流程

RL 系列催化剂是润滑油加氢处理专用催化剂。该催化剂具有良好的加氢功能和酸性功能平衡，有很高的加氢开环和一定的异构化功能，可在较缓和的反应条件下大幅提高基础油的黏度指数，同时减少基础油的黏度损失。

在间断运行了 10 年后(实际累计运行时间为 5 年多)，2010 年荆门分公司加氢改质装置更换了第二代加氢处理催化剂 RL-2，从工业应用结果上看，RL-2 催化剂从整体性能上较 RL-1 有了进一步的提高。新一代催化剂与 RL-1 催化剂相比，在提高 20%体积空速条件下，加氢产品的黏度指数依然能够满足 VI>95 的标准。

2 装置概况

加氢改质装置采用中国石化石油化工科学研究院开发的浅度糠醛精制油中压加氢处理-加氢后精制工艺流程，以鲁宁、南阳、江汉减四线糠醛精制油和轻脱沥青糠醛精制油为原料，切换操作，生产符合 HVI Ⅱ标准的基础油，同时副产少量石脑油、7#白油、32#白油等。其中加氢处理段的主要功能是深度脱氧，脱硫，脱氮与芳烃饱和，使油品深度改质，改善黏温性能与氧化安定性。加氢后精制段与加氢处理段串联操作，其作用是饱和加氢处理过程产生的少量烯烃，进一步饱和芳烃，改善油品的氧化安定性。

装置由两大部分组成，即反应部分与分馏部分。反应部分由中压加氢处理与加氢后精制组成；分馏部分由常压分馏与减压分馏两个小系统组成。

反应部分的加氢处理与加氢后精制反应器压力等级为氢分压 10.0MPa，共用一台新与循环氢一体压缩机。

反应部分是全套装置最重要的部分，油品的改质主要在加氢处理段完成，在加氢后精制段进一步改善油品的氧化安定性。反应部分的主要设备有进料加热炉、反应器、热高压分离器、冷高压分离器、热低压分离器、原料油换热器、进料泵、氢气压缩机等。

分馏部分由常压塔与减压塔组成。常压塔分出汽油与柴油，减压塔分出白油组分与各种润滑油馏分。

3 RL-1 和 RL-2 催化剂使用情况

3.1 催化剂主要理化性质

RL 催化剂主要理化性质如表 1 所示。

表 1 催化剂主要理化性质

催化剂	RL-1	RL-2
化学组成/%		
WO_3	≮27	≮25
MoO_3		≮2.5
NiO	≮2.7	≮2.5
物理性质		
外观	三叶草形	蝶形
长度 3~10mm/%	≮85	≮85
<3mm/%	≯3	≯3
当量直径/mm	1.2~1.3(D1.6 孔板)	1.2~1.3(D1.6 孔板)

续表

催化剂	RL-1	RL-2
孔容/(mL/g)	≮0.24	≮0.22
比表面积/(m^2/g)	≮90	≮130
堆积密度/(g/cm^3)	~0.95	~0.98
机械强度/(N/mm)	≮16	≮18

3.2 主要操作条件

该装置主要操作条件如表2所示。

表2 加氢工艺操作参数

工艺参数	RL-1		RL-2	
	初期	末期	初期	现在
循环氢体积纯度/%	>85	>75	>85	>80
加工量/(t/h)	24.5	24.5	24.5	25.5
氢气循环量/(Nm^3/h)	31000	30000	31000	33000
加氢处理反应器				
入口压力/MPa	10.5	10.0	10.5	10.0
床层平均温度/℃	350	375	350	365
床层总温升/℃	35	42	35	40
加氢精制反应器				
入口压力/MPa	10.4	9.9	10.4	9.9
床层平均温度/℃	265	290	265	300
床层总温升/℃	2	3	2	2
催化剂寿命/(kg/t)	—	14.10	—	10.03

3.3 原料及主产品性质

润滑油加氢改质装置使用原料为减四线糠醛精制油，产品为改质轻中质油和改质重质油，性质如表3所示。

表3 润滑油加氢改质原料及产品性质

项　　目	减四线糠醛精制油	改质轻中质油	改质重质油
密度(20℃)/(g/cm^3)	0.8844	0.8573	0.8582
100℃运动黏度/(mm^2/s)	12.53	5.615	8.76
黏度指数	90	113	124
闪点/℃	247	199	248
凝固点/℃	>50	35	>50
颜色/号	3.0	0.5	0.5
族组成/%			
饱和烃	90.92	99.30	99.54
芳烃	7.52	0.56	0.11

续表

项　　目	减四线糠醛精制油	改质轻中质油	改质重质油
胶质+沥青质	1.56	0.14	0.34
碳型分析/%			
C_A	10.60	4.42	4.77
C_P	64.54	71.23	74.50
C_N	24.86	24.35	20.74
总硫/%	0.350	<0.0005	<0.0005
总氮/%	0.0377	<0.0005	<0.0005
碱性氮/%	0.0368	<0.0005	<0.0005
酸值/(mgKOH/g)	0.10	0.01	0.01
残炭/%	0.04	0.01	0.01

加氢改质重质油通过溶剂脱蜡工艺，生产 10 号基础油。脱蜡油产品性质如表 4 所示。

表 4　10 号基础油性质

项　　目	10 号基础油	项　　目	10 号基础油
运动黏度/(mm^2/s)		闪点/℃	247
100℃	9.05	倾点/℃	<-15
40℃	72.27	颜色/号	1.0
黏度指数	99		

4　装置标定

为了考察新催化剂的使用性能、装置的产品质量、物料平衡及加工能耗，于 2010 年 9 月 27 日-29 日对装置进行了标定。标定仍然以减四线糠醛精制油为原料，操作条件见表 5。表 6 至表 10 为产品分析数据，表 11 为物料平衡。

表 5　标定工艺参数

项　　目		工况 1	工况 2	工况 3
加氢处理段	R-101 入口压力/MPa	10.5	10.5	12.0
	R-101 入口氢分压/MPa	10.0	10.0	11.42
	R-101 入口温度/℃	353	353	348
	R-101 各床层总温差/℃	30	30	14
	R-101 各床层差压/kPa	130.1	136.1	135.7
	体积空速/h^{-1}	0.48	0.48	0.48
	氢油体积比	1180∶1	1260∶1	1498∶1
加氢精制段	R-102 入口压力/MPa	10.1	10.2	11.8
	R-102 入口氢分压/MPa	9.7	9.7	11.12
	R-102 入口温度/℃	296	297	289
	R-102 各床层总温差/℃	2	2	2
	R-102 各床层差压/kPa	162.2	150.3	80.5
	体积空速/h^{-1}	0.8	0.8	0.97

续表

项　　目		工况 1	工况 2	工况 3
加氢精制段	热高分温度/℃	198	203	225
	冷高分压力/MPa	9.9	9.9	11.6
	冷高分温度/℃	30	35	35
	冷低分压力/MPa	1.0	1.0	0.7
	注水速率/(t/h)	1.8	1.8	1.7

表 6　汽油标定分析数据

项　　目	粗汽油			热低分油		
	工况 1	工况 2	工况 3	工况 1	工况 2	工况 3
密度/(kg/m³)	731.4	721.0	740.3	855.3	857.0	850.5
馏程/℃　初馏点	50	49	41	—	—	—
10%	88	77	76	—	—	—
50%	145	101	111	—	—	—
90%	250	120	215	—	—	—
终馏点	—	147	240	—	—	—
350℃含量/mL	—	—	—	21.5	21.0	21.0
硫/(mg/kg)	0.0268	<0.01	<0.01	<0.01	<0.01	<0.01
氮/(mg/kg)	—	—	—	<1.0	<1.0	—

表 7　柴油标定分析数据

项　　目	常压柴油			减压柴油		
	工况 1	工况 2	工况 3	工况 1	工况 2	工况 3
密度/(kg/m³)	801.9	803.9	801.0	854.1	852.9	841.8
馏程/℃　初馏点	133.0	144.0	142.0	251.5	252.5	259.5
0%	173.5	169.0	162.0	267.0	269.5	275.0
30%	191.5	185.5	175.0	279.5	281.5	285.0
50%	206.5	202.5	188.5	291.5	293.5	293.0
70%	222.5	221.5	204.5	303.5	307.5	303.0
90%	246.5	244.5	222.5	320.5	323.5	316.0
95%	263.5	252.5	230.5	327.0	329.5	321.0
终馏点	291.0	263.5	243.5	337.0	335.5	329.0
闪点/℃	31	38	32	122	113	118
凝点/℃	<-15	<-15	<-15	<-15	<-15	<-15
十六烷值	45	43	38	50	50	54
硫/(mg/kg)	0.0152	<0.01	<0.01	0.0138	<0.01	<0.01
氮/(mg/kg)	<1.0	<1.0	—	—	—	—

表 8　轻质润滑油标定分析数据

项　　目	轻质润滑油		
	工况 1	工况 2	工况 3
密度/(kg/m³)	859.2	856.3	849.6
馏程/℃　初馏点	307	304	308
5%	356	350	361
10%	380	371	373

续表

项　　目	轻质润滑油		
	工况 1	工况 2	工况 3
30%	396	386	389
50%	404	399	404
70%	418	408	420
90%	429	420	438
98%	436	438	448
闪点/℃	190	187	186
凝点/℃	22	26	27
黏度(50℃)/(mm^2/s)	21.66	22.37	18.03
黏度(100℃)/(mm^2/s)	4.132	4.245	3.823
黏度指数	83	89	101
色度/号	0.5	0.5	0.5
硫/%	<0.01	<0.01	<0.01
氮/(mg/kg)	<1.0	<1.0	—

表 9　中质润滑油标定分析数据

项　　目	中质润滑油		
	工况 1	工况 2	工况 3
密度/(kg/m^3)	859.5	859.8	854.6
馏程/℃　初馏点	306	319	319
2%	399	401	393
10%	421	420	426
30%	430	431	444
50%	436	439	451
70%	440	444	457
90%	446	451	463
98%	451	457	466
闪点/℃	216	220	215
凝点/℃	36	41	42
黏度(100℃)/(mm^2/s)	5.776	5.907	5.746
黏度指数	104	107	117
色度/号	0.5	0.5	0.5
硫/%	<0.01	<0.01	<0.01
氮/(mg/kg)	<1.0	<1.0	—
氧化安定性/min	289	276	271

表 10　重质润滑油标定分析数据

项　　目	重质润滑油		
	工况 1	工况 2	工况 3
密度/(kg/m^3)	859.6	858.1	855.7
馏程/℃　初馏点	391	415	386
2%	433	446	444
10%	446	455	453
30%	460	480	471
50%	474	491	483

续表

项　　目	重质润滑油		
	工况 1	工况 2	工况 3
70%	489	/	497
闪点/℃	245	252	249
凝点/℃	>+50	>+50	>+50
黏度(100℃)/(mm^2/s)	8. 56	8. 63	8. 70
黏度指数	125	121	126
色度/号	0. 5	0. 5	0. 5
硫/%	<0. 01	<0. 01	<0. 01
氮/(mg/kg)	<1. 0	<1. 0	—
残炭/%	0. 01	0. 01	0. 01

表 11　物料平衡

入方	2010 年 RL-2 催化剂	2001 年 RL-1 催化剂
原料油	100. 00	100. 00
化学氢耗	1. 72	1. 68
合计	101. 72	101. 68
出方		
C_1+C_2	0. 05	0. 06
C_3+C_4	0. 37	0. 28
粗汽油馏分	7. 7	8. 35
柴油馏分	14. 8	4. 82
轻中质润滑油馏分	13. 9	27. 09
重质润滑油馏分	63. 5	60. 68
损失	0. 4	0. 4
合计	101. 72	101. 68

通过以上数据和荆门分公司润滑油加氢改质装置 10 余年的生产实际可以看出，RL 加氢处理催化剂完全能够满足在较缓和条件下 HVI 类基础油的生产需求，主产品重质油经过酮苯脱蜡后油黏度指数等各项指标完全符合Ⅱ类 10 号油标准。从操作条件也可以看出，催化剂具有较高的活性与选择性，失活速度慢，使用周期长，在满足生产要求的同时，可以大大降低生产成本。

5　结论

生产应用结果表明，RL 润滑油加氢处理催化剂具有高的活性、好的选择性以及好的活性稳定性，是一种非常适用的润滑油改质催化剂。

Zn、Ga 同晶置换纳米 ZSM-5 分子筛的制备及催化芳构化反应性能研究

苏晓芳，吴 伟，王高亮，房玉俊，杨红岩

（催化技术国际联合研究中心，高效转化的化工过程与技术黑龙江省普通高校重点实验室，黑龙江大学化学化工与材料学院，黑龙江哈尔滨 150080）

摘 要 本文采用预置晶种引导法原位合成了 Zn、Ga 同晶置换的纳米 ZSM-5 分子筛，通过 XRD、SEM、N_2物理吸附、Py-IR 等手段对其结构和酸性进行了表征，并考察了杂原子的种类对所合成的分子筛催化 1-己烯芳构化反应性能的影响。结果表明，Zn、Ga 同晶置换的纳米 ZSM-5 分子筛的芳构化反应活性及稳定性显著提高，分别用 Zn 部分同晶置换和 Ga 同晶置换的纳米 ZSM-5 分子筛催化 1-己烯芳构化反应，苯、甲苯、乙苯和二甲苯(BTEX)的收率和总芳烃收率高达 58.01%和 65.71%。

关键词 纳米 ZSM-5 分子筛 同晶置换 芳构化 1-己烯

1 引言

ZSM-5 分子筛因具有独特的孔道结构和择形催化作用，已成为石油加工和石油化工等领域应用最广泛的分子筛催化材料之一。采用该催化剂将 FCC 汽油中的烯烃经芳烃构化反应转换成芳烃，可以达到既降低烯烃含量又提高汽油辛烷值的目的。与微米尺度的分子筛相比，纳米 ZSM-5 分子筛具有更大的外比表面积和更多的外表面酸性位，更有利于大分子化合物的活化及进一步转化；另一方面，纳米分子筛的孔道短，扩散阻力小，有利于反应物或产物分子快速进出分子筛孔道，提高反应的转化率、减少积炭，已成为当今分子筛领域研究的热点。

为了有效地调变分子筛的 Brønsted 酸和 Lewis 酸中心的强度和比例使之实现烯烃芳烃构化反应的协同催化，通常采用金属改性法[1-4]。Ga、Zn 等金属的引入不但能有效地调变分子筛的酸性位密度和酸强度，还能促进脱氢反应的进行，进而大幅度提高催化剂对芳烃的选择性及反应稳定性[5-7]。传统的浸渍法和离子交换法 Zn、Ga 改性分子筛存在活性物种易流失等问题。因此，本文采用预置晶种引导法原位合成了 Zn、Ga 部分及全部同晶置换的纳米 ZSM-5 分子筛，对其结构和酸性进行表征。并以 1-己烯为模型化合物，对所制备的催化剂的芳构化反应性能进行评价，考察不同种类的杂原子的引入对纳米 ZSM-5 分子筛的物化性能及催化 1-己烯芳构化反应活性和稳定性的影响。

2 实验部分

2.1 催化剂的制备

2.1.1 Zn同晶置换的纳米ZSM-5分子筛的合成

$Zn(NO_3)_2$、$NaAlO_2$、NaOH、硅溶胶和去离子水按照一定计量比混合制成凝胶，加入按文献[8]方法制备的占凝胶总质量5%的预制晶种，均匀搅拌后于180 ℃水热晶化24 h。冷却至室温，产物经离心分离、干燥、焙烧、离子交换后得到H型Zn部分同晶置换的纳米ZSM-5分子筛，记为Zn(4∶6)Al-HNZ5。制备该样品的凝胶中Si/(Zn+Al)比为20(摩尔比)，Zn/Al(摩尔比)为4∶6。Zn全部同晶置换样品的合成方法同上，凝胶中Si/Zn比(摩尔比)为20，样品命名为Zn-HNZ5。

2.1.2 Ga同晶置换纳米ZSM-5分子筛的合成备

将Ga_2O_3、$NaAlO_2$、NaOH、硅溶胶和去离子水按照一定的比例混合制成初始凝胶，加入加入按文献[9]方法制备的占凝胶总质量5%的预制晶种，均匀搅拌后于180 ℃水热晶化9 h。冷却至室温，产物经离心分离、干燥、焙烧、离子交换后得到H型Ga部分同晶置换的纳米ZSM-5分子筛，记为Ga(4∶6)Al-HNZ5。制备该样品的混合凝胶中Si/(Ga+Al)为20(摩尔比)，Ga/Al(摩尔比)为4∶6。Ga全部同晶置换样品的合成方法同上，凝胶中Si/Ga比(摩尔比)为20，样品命名为Ga-HNZ5。

2.2 催化剂的表征及反应性能评价

采用Bruker公司D8 Advance型X射线粉末衍射仪对分子筛进行物相定性分析。采用日立公司S-4800型场发射扫描电子显微镜观察分子筛表面的微观形貌。采用康塔公司研制的Autosorb-1-MP型全自动比表面积及孔隙度测定仪测定分子筛的比表面积和孔容。采用PE公司Spectrum100型傅里叶变换红外光谱仪对分子筛的酸性质进行表征。以1-己烯芳构化为探针反应，采用固定床微反装置对催化剂进行反应性能评价，条件：t = 480℃，p = 0.5MPa，Q_{N_2} = 75 mL/min，$WHSV$ = 2.0 h^{-1}。采用天美7900气相色谱对芳构化产物进行分析。

3 结果与讨论

图1为所合成分子筛的XRD谱。由图可知，所有样品均具有MFI拓扑结构特征衍射峰，得到纯相ZSM-5分子筛。而Zn同晶置换后样品的相对结晶度明显下降，这是由于Zn较难进入分子筛骨架，产生更多的缺陷位所致。

Zn、Ga同晶置换的纳米ZSM-5分子筛的SEM照片如图2所示。所有样品均以小晶粒堆积而成的聚集体形式存在，聚集体尺寸约为1.5 μm。Zn、Ga同晶置换后纳米ZSM-5分子筛单个晶粒尺寸减小，其中Ga全部同晶置换的样品Ga-NZ5的晶粒尺寸最小，约30~60nm。

所合成催化剂的N_2物理吸附脱附等温线如图3所示，孔道数据列于表1中。由图3可

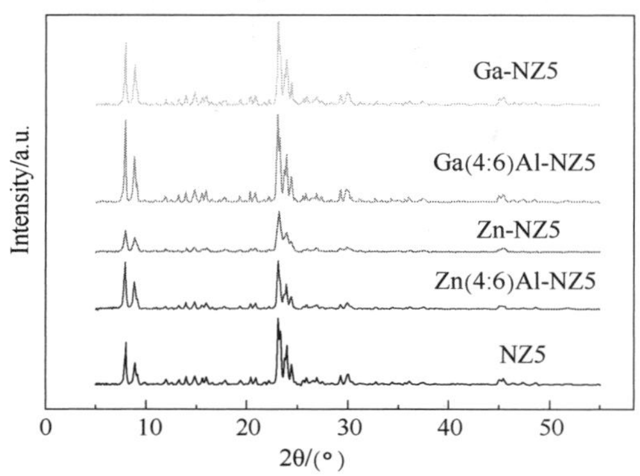

图 1　Zn、Ga 同晶置换纳米 ZSM-5 分子筛的 XRD 谱

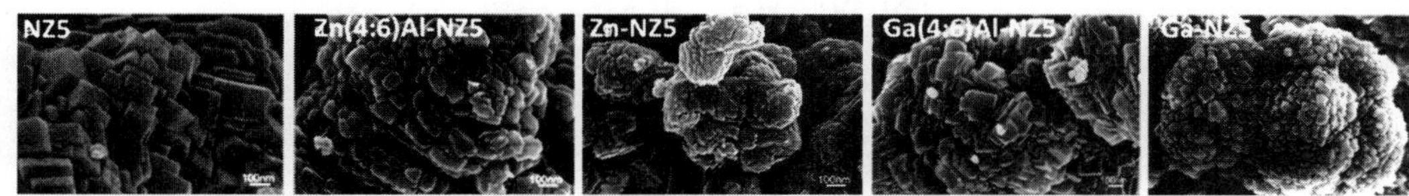

图 2　Zn、Ga 同晶置换纳米 ZSM-5 分子筛的 SEM 照片

见，同晶置换后纳米 ZSM-5 分子筛的吸附脱附等温线在相对分压 $p/p_0=0.4\sim1.0$ 之间出现明显的回滞环，这是由小晶粒间堆积形成了晶间介孔以及晶内结构缺陷所致。

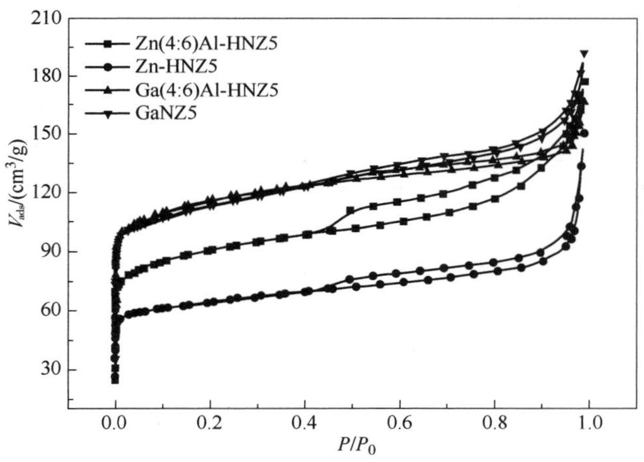

图 3　Zn、Ga 同晶置换纳米 ZSM-5 分子筛的 N_2 吸附-脱附等温线

表 1　Zn、Ga 同晶置换纳米纳米 ZSM-5 分子筛的氮气吸附数据

Samples	S_{BET}[a]/(m^2/g)	$S_{External}$/(m^2/g)	V_{Total}[c]/(cm^3/g)	V_{Micro}[b]/(cm^3/g)	V_{Meso}[d]/(cm^3/g)
Zn(4：6)Al-HNZ5	337	73	0. 250	0. 111	0. 139
Zn-HNZ5	245	54	0. 233	0. 077	0. 156
Ga(4：6)Al-HNZ5	434	72	0. 257	0. 150	0. 107
Ga-HNZ5	429	104	0. 298	0. 131	0. 167

[a]BET method. ; [b]by t-plot method; [c] determined at $p/p_0=0.99$; [d] $V_{Meso}=V_{Total}-V_{Micro}$.

由表1比表面积及孔容数据可以看出，Ga同晶置换的样品具有更大的微孔孔容，说明Ga原子更容易进入到分子筛骨架，孔道形成得更加规整。而Zn同晶置换后样品的微孔孔容较小，介孔孔容明显增大，说明由于Zn原子较难进入到分子筛骨架，形成了更多的骨架缺陷位，另一方面，纳米分子筛晶粒间堆积产生的晶间孔也导致其介孔孔容增大。

为了研究分子筛中不同种类的酸性位对其性能的影响，对各样品进行吡啶吸附的红外光谱分析，结果见图4。

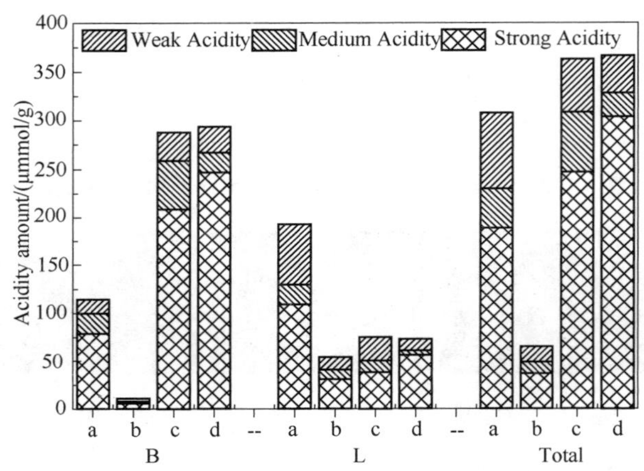

图4 Zn、Ga同晶置换纳米ZSM-5分子筛的酸性位分布

a. Zn(4：6)Al-HNZ5，b. Zn-HNZ5，c. Ga(4：6)Al-HNZ5，d. Ga-HNZ5

由图4可见，Zn同晶置换的样品B酸量明显低于Ga同晶置换改性的样品，这是由于Zn较难进入分子筛骨架形成B酸中心，此外产生的具有L酸性位的非骨架Zn物种也会覆盖部分B酸位，因此样品Zn(4：6)Al-HNZ5具有最多的L酸中心。对于Ga同晶置换的样品Ga(4：6)Al-HNZ5和Ga-HNZ5，由于Ga原子易于进入分子筛骨架，因此这两个样品具有最高的B酸量和总酸量。

图5为各个分子筛催化剂的芳构化反应性能。

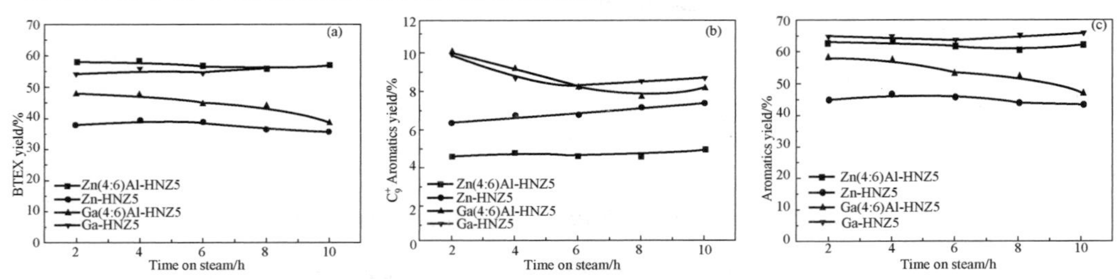

图5 Zn、Ga同晶置换纳米ZSM-5分子筛的芳构化反应性能

(a)BTEX收率；(b)C_9以上芳烃收率；(c)总芳烃收率

由图5(a)，(b)可见，样品Zn(4：6)Al-HNZ5为催化剂时BTEX的收率最高，这是由于该样品具有最多的L酸中心以及适量的B酸中心，适宜的B/L比使其在芳构化反应中实现良好的协同催化作用。而Ga同晶置换的样品为催化剂时C_9以上芳烃的收率更高，这是由于这类样品具有更多的B酸中心和较大的外比表面积，促进了C_9以上芳烃在其外表面上形

成，同时其 B 酸中心强度较弱，也可抑制 C_9以上芳烃的裂化，因此具有最高的 C_9以上芳烃的收率。由图 5(c)可知，Zn(4∶6)Al-HNZ5 和 Ga-HNZ5 均具有高的总芳烃收率。

4 结论

采用预置晶种引导法成功合成出纯相的 Zn 或 Ga 同晶置换的纳米 ZSM-5 分子筛。Zn 同晶置换后样品具有较多的 L 酸中心，其中样品 Zn(4∶6)Al-HNZ5 由于具有适宜的 B/L 比例，在 1-己烯芳构化反应中显示出最高的 BTEX 收率。Ga 同晶置换的样品 Ga-HNZ5 由于具有大量的晶间介孔和更多的 B 酸中心，以该样品为催化剂时总芳烃的收率高达 65.71%。

参 考 文 献

[1] 张玉荣，杨鸿鹰．分子筛 ZSM-5 的改性研究进展[J]．化学工程与装备，2011，(9)：185-187.

[2] 谭亚南，韩伟，何霖，等．ZSM-5 分子筛合成及其改性研究进展[J]．四川化工，2011，(3)：28-31.

[3] 高媛，白英芝，施岩，等．改性对 ZSM-5 分子筛芳构化性能的影响[J]．化学与粘合，2009，31(2)：54-58.

[4] 王恒强，张成华，吴宝山，等．Ga，Zn 改性方法对 HZSM-5 催化剂丙烯芳构化性能的影响[J]．燃料化学学报，2010，38(005)：576-581.

[5] Li Y，Liu S，Xie S，et al. Promoted metal utilization capacity of alkali-treated zeolite：Preparation of Zn/ZSM-5 and its application in 1-hexene aromatization[J]．Applied Catalysis A：General，2009，360(1)：8-16.

[6] Ni Y，Sun A，Wu X，et al. The preparation of nano-sized H [Zn，Al] ZSM-5 zeolite and its application in the aromatization of methanol[J]．Microporous and Mesoporous Materials，2011，143(2)：435-442.

[7] 程谟杰，杨亚书．ZnHZSM-5 上脱氢环化芳构化过程的探讨[J]．分子催化，1996，10(6)：418-422.

[8] 吴伟，王高亮，闫鹏飞，等．一种纳米 Zn/AlZSM-5 分子筛的制备方法，ZL201210277360.7，2012-08-06.

[9] 吴伟，武光，王文静．一种纳米 GaZSM-5 分子筛的制备方法，ZL201210256465.4，2012-07-24.

柴油加氢降凝催化剂工业应用效果评估

李晓峰[1]，张　诏[2]

（1. 中国石油呼和浩特石化公司，内蒙古呼和浩特　010070；
2. 南京工业大学化工学院，江苏南京　211816）

摘　要　主要介绍了美国壳牌/标准公司新型柴油加氢催化剂在中国石油呼和浩特石化公司柴油加氢降凝装置的应用情况。美国壳牌/标准公司新型柴油加氢催化剂在较高空速、低反应压力的操作条件下能生产符合国Ⅳ标准的低凝柴油；经过一个生产周期的实践检验，该催化剂具有较好的活性、稳定性和选择性能。

关键词　柴油加氢　催化剂　工业应用　效果评估

呼和浩特石化公司140万t/a直馏柴油加氢降凝装置由中国寰球辽宁公司抚顺设计院设计，原料为常压直馏柴油，催化剂选用美国壳牌/标准公司产品，精制剂型号为DC-3531/3630，降凝剂型号为SDD-800，生产满足国Ⅳ排放标准的柴油，并在冬季生产-20#、35#低凝柴油。副产品石脑油作为重整装置原料。

装置于2012年11月开工投产，目前已连续运行超过30个月，装置生产平稳，产品质量合格。

1　原料性质

开工以来，本装置加工原料为100%常压直馏柴油，性质与设计基本一致。其中硫、氮等杂质符合设计指标。馏程与设计比偏重，原因是从全厂生产结构考虑，常压蒸馏塔馏出物150~210℃组分做航煤精制装置原料，所以柴油降凝装置原料初馏点后移到190℃，为保证全厂轻油收率，并为装置提供充足原料，生产过程中将原料馏程95%点提高到380℃（夏季）。具体数据详见表1。

表1　原料油组成性质

项目名称	设计值	实际值（夏季）	实际值（冬季）
密度（20℃）/（g/cm^3）	0.8298	0.8284	
硫含量/（μg/g）	566	568	335
氮含量/（μg/g）	182	143	48
硫醇硫/（μg/g）	35		
凝点/℃	-1	5	-12
馏程（ASTM D86）/℃			
IBP	150	190	190
10%	239	235	232
50%	283	284	281
90%	348	357	
95%	365	380	335

2 操作条件

表 2 柴油加氢降凝装置主要操作条件

项目		操作条件			
		设计值		实际值	
反应器入口氢分压/MPa(g)		≥3.2		3.6	
主催化剂体积空速/h^{-1}	加氢精制剂 DN-3630	3.6		2.6~3.1	
	加氢降凝剂 SDD-800	1.8		1.38~1.56	
反应器入口氢油比/(Nm^3/m^3)		300∶1		360~400∶1	
操作方案		夏季(精制)		冬季(精制+降凝)	
		设计	实际	设计	实际
加氢精制反应器(2215-R-101)	1床层入口温度/℃	315	330	320	340
	1床层出口温度/℃	330	333	337	343
	2床层入口温度/℃	330	333	337	344
	2床层出口温度/℃	345	338	352	348
	平均反应温度/℃	330	334	337	344
	总温升/℃	30	8	32	8
加氢降凝反应器(2215-R-102)	入口温度/℃	—		350	348
	出口温度/℃	—		342	340
	平均反应温度/℃	—		346	344

装置主要操作条件见表2，实际操作条件与设计值比较数据分析：

(1) 反应器入口氢分压3.6MPa满足设计值。

(2) 催化剂体积空速：设计值3.6，但实际生产中装置一直低负荷运行，精制剂体积空速在2.6~3.1之间，降凝剂体积空速在1.38~1.56之间，符合柴油加氢装置催化剂空速设计范围。

(3) 反应温升：精制反应器总管温升设计值30℃，实际值只有8℃，有利于维持催化剂长周期运行，但装置能耗相对升高。

(4) 氢油比：氢油比设计值300∶1，实际值(360~400)∶1，利于防止催化剂积碳。

3 产品性质

生产实践表明，该装置能生产满足国Ⅳ标准的精制柴油，冬季能生产-20#、-35#低凝柴油。详细数据见表3、表4、图1、图2。

表 3 柴油加氢降凝装置产品性质环比分析表(夏季方案)

项目 \ 时间	2013年		2014年		2015年	
	石脑油	精制柴油	石脑油	精制柴油	石脑油	精制柴油
密度(20℃)/(g/cm^3)	0.715	820.4	684.9	820.8	694.5	819.2

续表

项目 \ 时间		2013年		2014年		2015年	
		石脑油	精制柴油	石脑油	精制柴油	石脑油	精制柴油
馏程/℃	IBP	44	191	41	184	42	192
	10%点	72	239	58	229	60	235
	50%点	97	284	94	278	86	281
	90%点	126	346	125	345	124	338
	95%/干点	146	361	151	364	152	357
十六烷指数(原料)			62		60		61
十六烷指数(产品)			60		58		59
硫(原料)/(μg/g)			501		421		388
硫(产品)/(μg/g)		5.6	23	104	18	198	17
氮(原料)/(μg/g)			142		77		89
氮(产品)/(μg/g)		1.4	37	<0.5	21.6	<0.5	35
凝点/℃			3		3		2
冷滤点/℃			5		4		4

表4 柴油加氢降凝装置产品性质环比分析表(冬季方案)

项目 \ 时间		2013年		2014年		2015年	
		石脑油	精制柴油	石脑油	精制柴油	石脑油	精制柴油
密度(20℃)/(g/cm^3)		676.2	818.6	668.9	823.1	681.2	821
馏程/℃	IBP	27	178	33	181	34	189
	10%点	32	198	46	217	48	228
	50%点	59	254	72	258	82	267
	90%点	135	318	114	318	134	322
	95%/干点	170	336	149	336	167	337
十六烷指数(原料)			58		58		58
十六烷指数(产品)			53		53		54
硫(原料)/(μg/g)			436		438		375
硫(产品)/(μg/g)		18	4.5	126	2.2	145	3.3
氮(原料)/(μg/g)			85		68		55
氮(产品)/(μg/g)		<0.5	2.4	<0.5	0.8	<0.5	2.1
凝点/℃			<-36℃		-35℃		-24℃
冷滤点/℃			-32℃		-32℃		-20℃

说明：

（1）按设计夏季方案只投用精制反应器，但实际生产原料偏重，95%点控制在380~385℃左右，为保证产品冷滤点、95%点合格，降凝反应器自开工以来一直投用，只是冬夏季降凝幅度不同，夏季生产也不存在纯精制工况，产品收率与设计值没有可比性。

（2）由于汽提塔设计存在缺陷，操作中塔顶酸性水外排困难，装置注水、汽提蒸汽量低，影响汽提效果，致使石脑油总硫偏高，与催化剂功效无关。

（3）根据市场需求变化，2012 年冬季生产-20[#]、-35[#]低凝柴油各占 50%，2013 年冬季生产-35[#]低凝柴油，2014 年冬季生产-20[#]低凝柴油。产品性质、收率有所变化。

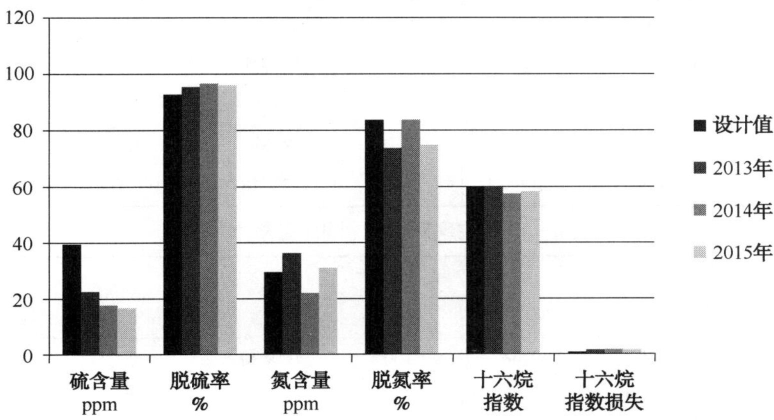

图 1　柴油产品性质数据分析表及对比图(夏季方案)

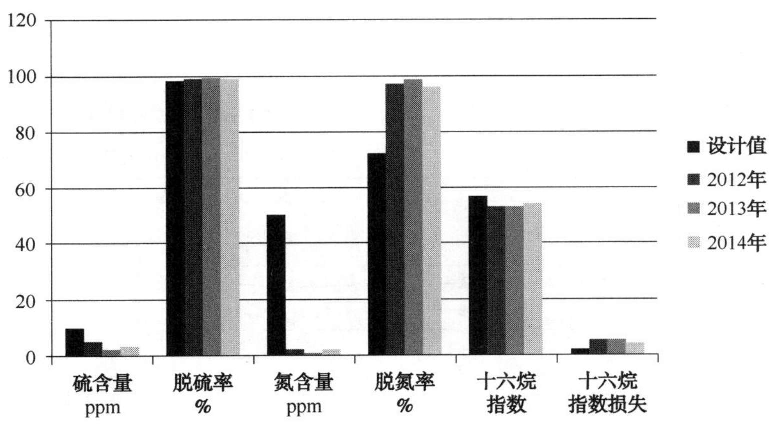

图 2　柴油产品性质数据分析表及对比图(冬季方案)

4　产品收率

由于夏季生产不存在纯精制工况，产品收率与设计值没有可比性，没有进行图例对比，具体见表 5、表 6、图 3。

表 5　产品收率对比分析表(夏季方案)

项　　目		设计	2013 年		2014 年		2015 年	
		m%	kg/h	m%	kg/h	m%	kg/h	m%
入方	直馏柴油	100	110000	100	120000	100	133036	100
	H_2	0.84	650	0.587	972	0.81	330	0.25
	合计	100.84	110650	100.59	120972	100.81	133366	100.25

续表

项　目		设计	2013年		2014年		2015年	
		m%	kg/h	m%	kg/h	m%	kg/h	m%
出方	石脑油	0.4	5610	5.07	5294	4.35	3255	2.44
	精制柴油	99.75	101580	91.8	113030	92.84	127453	95.566
	低分气	0.02	370	0.03	444	0.36	39	0.03
	塔顶不凝气	0.62	3090	2.79	2980	2.45	1903	1.43
	合计	100.79	110653	100.6	121748	100.4	132650	99.466

表6　产品收率对比分析表(冬季方案)

项　目		设计	2012年		2013年		2014年	
		m%	kg/h	m%	kg/h	m%	kg/h	m%
入方	直馏柴油	100	89744	100	100000	100	121305	100
	H_2	1.71	1786	1.95	1390	1.37	832	0.68
	合计	101.71	91530	101.95	101390	101.3	122137	100.68
出方	石脑油	11.21	6563	7.328	11638	11.743	9548	7.89
	精制柴油	85.56	786616	87.786	83600	82.787	105868	87.5
	低分气	0.07	43	0.05	45	0.045	36	0.03
	塔顶不凝气	4.85	4332	4.837	5700	5.645	5540	4.58
	合计	101.69	89554	99.85	100982	100.2	120992	100

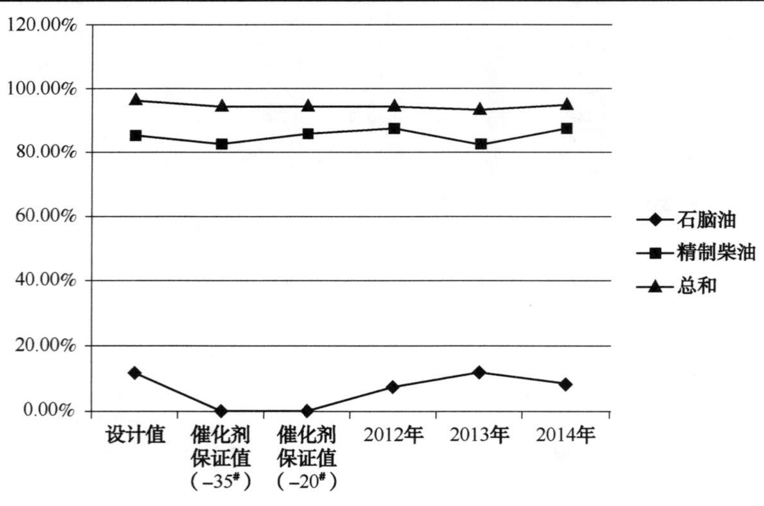

图3　柴油收率设计-实际对比图(冬季方案)

5　结论

中国石油呼和浩特石化分公司140万t/a直馏柴油加氢降凝装置催化剂采用美国壳牌/标准公司柴油加氢精制催化剂DC-3531/3630和柴油加氢降凝催化剂SDD-800，在低反应压力(3.8MPa)、催化剂体积空速2.6~3.0 h^{-1}条件下，反应温度基本控制在生产初期水平(夏季工况330~335℃，冬季工况340~345℃)，产品性质稳定，无论冬、夏季方案均达到并超过了设计指标，完全符合国Ⅳ柴油标准，说明柴油精制剂效果良好；从产品收率看，因夏季根据产品出厂要求仍有不同程度降凝作用，不存在完全精制工况，产品收率与设计没有可比性；冬季生产-20#柴油条件下，从生产初期到运行末期，精制柴油及总轻液收均达到并好于设计值，生产-35#柴油条件下，精制柴油及总轻液收也与设计值相当，说明柴油降凝剂性能也表现优良。

装置经过30个月的生产运行，催化剂各种性能指标与生产初期比变化不大。预计装置检修开工后，下一个生产周期冬季生产模式下，柴油产品可达到硫含量小于10μg/g，凝点降到到-25℃以下，十六烷指数达到57以上；夏季生产模式下，投用两反应器，二反操作温度相对冬季较低，产品柴油硫含量可达到10μg/g以下，十六烷指数达到60以上，而且能保证装置继续运行四年。

经过分析研究，得出以下结论：

(1) 催化剂活性：脱硫、氮等精制效果好，活性高。

(2) 催化剂稳定性：从运行情况看，到生产周期末期反应温度、压力、氢油比与设计初期条件相近，且2015年停工检修期间催化剂不用再生。稳定性好。

(3) 催化剂选择性：在生产-35#超低凝柴油条件下，柴油、石脑油+收率与设计指标基本相当，石脑油、不凝气收率比设计值略高，选择性能够满足生产需求。

FH-40C/FHUDS-6 组合催化剂在焦化汽柴油加氢精制装置上生产国五柴油的实践

夏树海，龚朝兵，闫乃锋，花　飞，刘孝川

（中海炼化惠州炼化分公司，广东惠州　516086）

摘　要　介绍了 FH-40C/FHUDS-6 组合催化剂在惠州炼化分公司 2.0 Mt/a 焦化汽柴油加氢精制装置上的工业应用情况，并对使用该催化剂的满负荷标定数据进行分析。装置标定结果表明，FH-40C/FHUDS-6 组合催化剂具有良好的加氢脱硫活性和稳定性，在氢分压 7.6 MPa、氢油体积比 590、加氢保护反应器 R101/加氢精制反应器 R102 反应床层平均温度 332.7℃/365℃、R101/R102 空速 $1.746h^{-1}$/$1.931h^{-1}$的条件下，柴油硫含量达 5.2μg/g，十六烷值为 54.8，产品质量满足国Ⅴ柴油排放标准要求。

关键词　加氢精制　FHUDS-6 催化剂　柴油　国Ⅴ标准　质量升级

随着环保压力的日益增大，国家相继发布了国Ⅴ柴油的质量标准，其中要求 2017 年 1 月 1 日起全国执行硫含量小于 10 μg/g 的国Ⅴ车用柴油排放标准。其中京津冀、长三角、珠三角等重点城市过渡期至 2015 年底。对车用柴油质量升级而言，主要指标变化是降低硫含量、提高十六烷值(控≮49)、降低稠环芳烃(控≯11%)[1-2]。根据柴油质量升级时间表，国内炼油厂面临着柴油国Ⅴ质量升级的挑战。加氢裂化装置生产的柴油质量较好，满足国Ⅴ柴油质量标准；但加氢精制柴油的质量较差，需要进行质量升级。本文探讨惠州炼化分公司(以下简称惠州炼化)焦化汽柴油加氢精制装置生产的精制柴油的质量升级问题。

1　惠州炼化焦化汽柴油加氢精制装置概况

惠州炼化 2.0 Mt/a 焦化汽柴油加氢精制装置以焦化汽柴油为原料，生产柴油、石脑油，装置于 2009 年 4 月一次投产成功。其反应部分采用国内成熟的炉前混氢方案，产品分馏采用重沸炉汽提方案，所用催化剂为中国石化抚顺石油化工研究院(FRIPP)开发的 HPS-02A/B 脱硅剂及 FH-40C 加氢精制催化剂，设计生产硫含量小于 50 μg/g 的国Ⅳ车用柴油。加氢保护反应器 R101 共两个床层，内装保护剂和脱硅剂，保护剂和捕硅剂寿命 2 年；加氢精制反应器 R102 主要装填加氢精制剂，共三个床层，加氢精制催化剂第一周期使用寿命 4 年，可以再生使用一次，总寿命 6 年以上。

2　加氢精制柴油质量升级分析

2011 年 10 月该装置停工检修时仅 R101 第一床层催化剂部分撇头。针对车用柴油升级的要求，2012 年 8 月装置进行了 R102 提温试验[1]，在 R102 第一床层入口温度 336℃(比设计末期第一床层入口温度 330℃高 6℃)、R102 平均反应温度 362℃(比设计末期平均反应温度 365℃低 3℃)的条件下，精制柴油产品硫含量为 39 μg/g，氮含量为 246 μg/g，不满足装置长周期生产国Ⅴ柴油的要求。

对于采用加氢精制技术生产的精制柴油，企业通常采用以下途径来提高柴油质量：①直接提高反应温度，以提高加氢脱硫深度；②降低柴油馏分切割点，减少加氢脱硫难度；③现有装置增加 1 个反应器；④新建加氢装置；⑤采用高活性的柴油深度加氢脱硫催化剂。综合考虑投资费用、改造周期、装置调节灵活性及长周期运行的需要，更换高活性的柴油深度加氢脱硫催化剂是优选方案，该方案可以满足长周期(运转周期不小于 3 年)稳定生产满足国Ⅴ排放标准清洁柴油的需要。

为应对国内柴油质量升级的需要，中国石化抚顺石油化工研究院(FRIPP)于 2010 年开发了新一代柴油深度加氢脱硫催化剂 FHUDS-6，该催化剂以 Mo-Ni 为活性组分，具有孔容大、比表面积高、机械强度高等特点，适合于劣质柴油原料的加工；在青岛炼油化工有限责任公司的工业应用结果表明[4-5]：FHUDS-6 催化剂具有优异的加氢精制活性，产品十六烷值提高幅度大，是生产符合国Ⅴ标准低硫清洁柴油的理想加氢精制催化剂。

2014 年 10 月份装置进行换剂检修期间，考虑到过渡期间仍可以生产部分国Ⅳ柴油，且 FH-40C 经再生后仍具有较高的使用价值，经充分的技术可行性及经济性分析后，确定换剂方案为本周期采用 FH-40C/FHUDS-6 组合催化剂工艺，2017 年大检修再全面更换 FHUDS-6 催化剂的换剂方案。因此装置 2014 年检修期间更换了 R101 全部脱硅剂及保护剂；R102 第一、二床层装填再生后的精制剂 FH-40C，装入量分别为 31.17 t 和 45.75 t，第三床层装填深度脱硫脱氮催化剂 FHUDS-6 共 65.69 t；R102 共装精制催化剂 142.61 t，第三床层装填的深度加氢脱硫催化剂 FHUDS-6 占比为 43.96%(m/m)。装填情况如表 1、表 2 所示。

表 1　R101 催化剂装填情况

催化剂型号	实际装填体积/m^3	实际装填质量/t	实际装填密度/(g/cm^3)
上床层			
HPT-01E	6.37	5	0.785
HPT-01C	3.877	2	0.516
HPT-01	2.769	2	0.722
HPS-02B	52.62	30.12	0.572
HPS-02A	15.094	10.56	0.7
下床层			
HPS-02A	109.81	67.44	0.614

表 2　R102 催化剂装填情况

催化剂型号	实际装填体积/m^3	实际装填质量/t	实际装填密度/(g/cm^3)
上床层			
再生 FH-40C	42.932	31.17	0.739
中床层			
再生 FH-40C	60.88	45.75	0.751
FHUDS-6	1.99	2.105	0.945
下床层			
FHUDS-6	68.06	63.58	0.934

由表 1 可以看出，R101 装填脱硅剂 HPS-02A/B 总量为 108.12 t，主要为防止二反加氢

精制催化剂中毒，属于保护剂。

由表2可以看出，换剂后R102上床层、中床层装填再生后FH-40C催化剂，下床层装填FHUDS-6超深度加氢脱硫催化剂，其中FHUDS-6占比为40.71%。

3 焦化汽柴油装置运行标定情况

焦化汽柴油加氢精制装置2014年10月停工换剂检修，当年12月初开工，平稳运行1个多月后，为了考核催化剂性能、物料平衡和能耗水平以及装置在高负荷下工艺、设备、环保各系统的运行状况，于2015年1月底对装置进行满负荷标定。

3.1 原料性质

本次标定原料油为焦化汽油、焦化柴油和直馏柴油混合进料，混合比例分别为26.77%、62.08%、11.15%，混合原料油主要性质指标见表3。

表3 混合进料性质对比分析

项目	混合原料油(设计值)	限定指标	标定混合原料油
密度(20℃)/(g/cm³)	0.7981	≯0.81	0.8095
硫含量/(μg/g)	2550	≯3000	1923
氮含量/(μg/g)	1920	≯2000	1473
溴价/(gBr/100g)	50.9		47.3
硅/(μg/g)	3.36	≯3.5	0.267
烷烃/v%	36.2		25
环烷烃/v%	12.63		26.6
烯烃/v%	32.01		24.4
芳烃/v%	19.16		24
馏程(ASTM D86)/℃			
IBP/10%	58/72		66.4/127
30%/50%	142/212		207.2/260.5
70%/90%	280/350		302.9/348.5
EBP	375		372.9

由表3可以看出与设计原料相比，标定原料大部分性质指标要优于设计值：标定混合原料中硫、氮、烯烃、溴价均低于设计值，尤其是烯烃含量，远低于设计值，对于降低装置氢耗、控制床层温升、减缓催化剂床层结焦很有好处；混合原料中硅含量远低于设计值，有利于R101脱硅剂长周期运转。

3.2 主要操作条件

装置设计处理量为243 t/h，标定过程中实际处理量为269t/h，装置标定选择在110%负荷下完成，反应器主要操作条件见表4、表5。

表 4 R101 主要操作条件

项 目	设计(初期值)		标定值	
反应器入口氢分压/MPa	6.4		7.6	
反应器入口氢油体积比	500		523	
主剂体积空速/h^{-1}	1.6		1.746	
床层	上	下	上	下
床层入口温度/℃	289	339	291.7	341.3
床层出口温度/℃	339	364	336.6	361
床层温升/℃	50	25	44.9	21.8
总温升/℃	75		66.7	
平均反应温度/℃	337		332.7	

表 5 R102 主要操作条件

项 目	设计(初期值)			标定值		
主剂体积空速/h^{-1}	1.8			1.931		
床层	上	中	下	上	中	下
床层入口温度/℃	364	364	362	363.1	363.8	365.1
床层出口温度/℃	369	367	366	364.6	365.8	366.9
床层温升/℃	5	3	4	1.5	2	1.8
总温升/℃	12			5.3		
平均反应温度/℃	365			365		

由表 4、表 5 可以看出主剂体积空速较设计值高；反应器入口氢油体积比、入口氢分压较设计值高，有利于反应的进行；R101、R102 主要操作条件与设计值相近；由于原料油中烯烃、硫、氮含量较设计值低，反应床层温升比设计值要低；R102 平均反应温度达到催化剂初期设计值 365 ℃。

3.3 柴油产品性质

标定期间产品柴油如表 6 所示。由表 6 可知，标定期间产品柴油较设定值而言，密度稍偏低，主要是馏程范围较设计值宽，硫含量达到设计值要求，氮含量较设计值高，考虑到催化剂长周期运行，未继续提温降氮，但是目前国Ⅴ柴油标准暂未对氮含量提出明确要求。十六烷值较设计要高出 4.8 个点。

表 6 产品柴油与设计指标的对比

油品性质	产品柴油	
	设计值	标定值
密度(20℃)/(kg/m^3)	850.0	828.2
馏程(ASTM D86)/℃	205~372	172~375.8
硫/(μg/g)	≯10	5.2
氮/(μg/g)	≯50	93.6
十六烷值	≮50	54.8

3.4 产品收率、能耗、氢耗分析

装置标定期间数据见表 7。标定液收为 96.9%，比初期设计值 97.4%低 0.5%，比停工换剂前最好 8 个月平均值 97.49%低 0.59%，比停工换剂前一个月的液收 97.11%低 0.21%。

主要原因是反应温度提高进行深度脱硫脱氮的同时加氢裂化副反应增加，造成产品液收下降。R102第一床层入口温度对精制柴油的硫/氮质量分数影响较大，第一床层入口温度从342℃提高至363℃，精制柴油硫质量分数从30 μg/g降至5.2μg/g；如精制柴油硫质量分数控制≯10 μg/g，则入口温度可控制在358℃。

装置氢耗初期设计值为2.744%，纯氢耗为1.21%，而标定期间装置氢耗为1.64%，纯氢耗为0.99%，低于设计值。主要原因是：①装置补充氢是按100%重整氢设计的，而在装置标定期间补充氢是由重整氢和制氢氢气两部分组成，氢纯度平均为95.73%，较重整氢的92.89%要高，用量少且密度低；②标定混合原料性质较好，其硫、氮、烯烃、溴价均低于设计值，尤其是烯烃含量远低于设计值。国Ⅴ柴油生产工况氢耗为1.64%，高于换剂前的1.55%；反应温度较高、精制深度较大导致了耗氢增加。

装置标定能耗为13.785 kg标油/t原料，低于换剂前的16.51kg标油/t原料。能耗下降幅度较大，主要原因有：①由于更换了新的催化剂，提高了催化剂的活性，反应放热量得到了大幅提高，大幅降低了反应加热炉的负荷，燃料气消耗量下降较多；②检修期间对设备检修后设备性能提高，特别是循环氢压缩机K102汽轮机检修后，3.5MPa蒸汽耗量下降较多，能耗下降。

表7 生产国Ⅴ柴油标定与设计指标对比

项　　目	国Ⅴ柴油(设计)	国Ⅴ柴油(标定)
能耗/(kg标油/t)	—	13.785
氢耗/%	2.744	1.64
液收/%	97.4	96.9
R102入口温度/℃	364	363

3.5 反应温度对脱硫脱氮的影响

反应温度对精制柴油硫、氮的影响如图1所示。由图1可知，随着反应温度的上升，脱硫脱氮深度均增大，但是脱氮的效率随着反应温度上升，明显不如脱硫效率高。

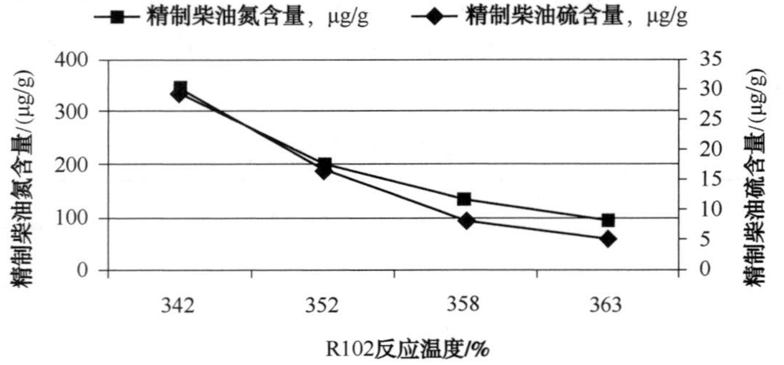

图1 R102反应温度对精制柴油硫/氮含量的影响

4 结论

标定结果表明，FH-40C/FHUDS-6组合催化剂可以生产国Ⅴ标准柴油，达到了设计要求；装置在氢分压 7.6 MPa、氢油体积比 590、R101/R102 反应床层平均温度 332.7℃/365℃、R101/R102 空速 1.746h^{-1}/1.931 h^{-1}的条件下：

（1）装置氢耗为 1.64%，纯氢氢耗为 0.99%，氢耗较低，主要是标定期间原料油和新氢性质均优于设计值。

（2）产品液收为 96.9%，比上周期产品液收低约 0.5%，主要是柴油产品的硫氮含量均大幅降低，物料平衡中出方对应硫化氢、氨的收率增加；另外反应温度提高进行深度脱硫脱氮同时加氢裂化副反应增加造成产品液收下降。

（3）柴油硫含量达 5.2 μg/g，脱硫率达到 99.786%，十六烷值为 54.8，产品质量满足国Ⅴ柴油排放标准要求。

参 考 文 献

[1] 刘瑞萍，辛若凯，王国旗，等．柴油国Ⅴ质量升级问题的探讨[J]. 炼油技术与工程，2013，43(10)：53-56.

[2] 王金兰，赵建炜．国Ⅴ汽、柴油产品质量升级解决方案的探讨[J]. 炼油技术与工程，2011，41(9)：55-59.

[3] 阎凯，赵地．汽柴油加氢精制装置柴油质量升级研究[J]. 广东化工，2013，41(15)：225-227；289.

[4] 王军，穆海涛，戴天林．FHUDS-6 催化剂在 4.1Mt/a 柴油加氢装置上的工业应用[J]. 石油炼制与化工，2012，43(5)：49-53.

[5] 宋永一，柳伟，刘继华，等．FHUDS-6 催化剂的反应性能和工业应用[J]. 炼油技术与工程，2012，42(11)：50-54.

UOP 连续重整装置催化剂循环故障分析及处理

朱亚东

（中国石化荆门分公司，湖北荆门　448039）

摘　要　对 UOP 连续重整装置再生器及反应器内的“贴壁”，再生剂和待生剂下料不畅，闭锁料斗内闭锁区与缓冲区互串“压穿”等故障进行了分析，并介绍了每种异常现象的处理办法。

关键词　UOP 连续重整　催化剂　循环　故障　分析　处理

1　概述

连续重整装置中的催化剂在反应与再生系统之间循环，除了再生剂和待生剂提升线中属于气力输送(流化床)外，其他区域如反应器、再生器、分离料斗等催化剂的移动为重力输送(移动床)。

重力输送即颗粒依靠重力向下移动，颗粒周围气流的方向可以向上、向下和水平。在气流方向与颗粒流动方向垂直和相反的情况下，气流对颗粒的移动都有一定的阻碍作用，生产中也因此会出现催化剂流动不畅的情况。而在闭锁料斗中，正是利用气流对催化剂流动阻碍作用的这一原理，利用压差变化(气流的流量)控制催化剂在下料管内流动的启动和停止。

在 UOP 连续重整装置运行过程中，存在反应器或再生器内发生“贴壁”和“空腔”、催化剂在管线内“架桥”下料不畅、闭锁料斗输送异常等现象，本文对这些问题产生的机理进行了分析，同时介绍了处理的办法。

2　催化剂“贴壁”或“空腔”现象及处理

2.1　“贴壁”或“空腔”现象发生的机理

空腔(Cavity)和贴壁(Pinning)是移动床径向反应器特有的非正常操作现象。在移动床径向反应器中，固体催化剂颗粒床层的移动方向与反应气体的流动方向相互垂直。当气流速度足够大时，这种气固错流将对颗粒的移动产生不利的影响。如图 1 所示，由于反应器床层结构和颗粒物性的不同，随着气体流量的增大，可能先在床层中出现空腔，也可能先出现贴壁死区，或者二者同时出现[1]。

从图 1 可以看出，无论是空腔或者贴壁，最终结果都是导致局部区域的催化剂停止流动，而其下方出现空洞。由于产生的贴壁(空腔)的原因主要是气体流速，如果气体流速发生变化后，就会导致贴壁(空腔)现象的消失，就会出现周围的催化剂迅速填补空洞，从而引起上方容器料位的波动。

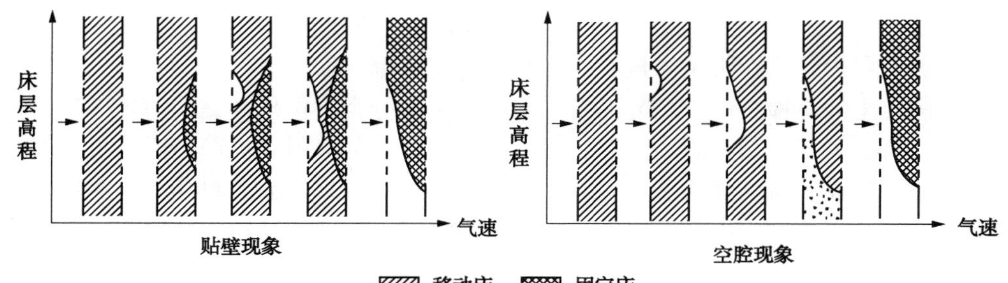

图1 移动床"贴壁"及"空腔"现象的发生

对于重整的反应系统，贴壁现象主要发生在一反中，因为一反内的气速大，气体密度相对较大，另外与反应器的几何尺寸也有关。一反产生贴壁现象时，该反应器的温降减少，二反的温降增加。如果催化剂的粉尘量过大，粉尘会堵住中心管。由于开始时易堵上部，使油气大量从下部通过，导致中心管下部处的气速增大，从而也会产生贴壁现象[2]。

2.2 "贴壁"或"空腔"导致的异常现象案例

2.2.1 还原段料位突然降低的现象

某UOP三代连续重整装置出现的异常现象如下：新装置开工2年后，还原段料位经常突然由65%在四十几秒的时间里下降到35%左右，还原段催化剂床层温度也随之下降40~50℃，随后在10min内，还原段料面和分离料都料面逐渐恢复原状态。这种情况频繁发生，多时平均3~4次/天，少时2天一次。

一个月后因再生风机的流量不断减少，对再生系统进行停工处理，停工期间降低生产负荷及苛刻度。停工检查发现再生器内约翰逊网在与头盖焊接处的100mm的范围内存在7处不同程度的断裂破损及变形，催化剂泄漏严重。内网及外网堵塞严重，经过这次停工处理后，还原段的料位波动情况消失了。

推测可能的过程是，由于再生器内网出现破裂后，催化剂在再生器内出现破碎，催化剂碎片进入一反后，堵塞了一反的中心管，导致一反内部出现"空洞"，在出现干扰情况下，空洞被突然"填充"，因此还原段料位突然下降。之后空洞再次形成，各处的料位恢复。当产生碎片的因素消除后，并在装置降量期间，一反内部堵塞碎片部分脱落。再生系统恢复运转后，一反内部就没有空洞产生了。

2.2.2 分离料斗料位突然降低的现象[3]

Saudi Aramco Yanbu'Refinery(YR)的CCR装置再生器出现了贴壁现象，导致再生器与分离料斗之间出现严重的"井喷"(blowouts)现象。表现为分离料斗的料位突然从52%降低到47%，再生器的压力上升，分离料斗的压力下降，再生器内燃烧的峰温从第二点(从上向下)转移到第五点，同时这种波动导致过多的催化剂细粉生成。

分析原因有：①可能是某根催化剂输送管线堵塞，但是这种情况在一次波动后就消除，不应该重复发生。②比较历史工况，前一周期是在再生器内网有堵塞情况的运行，没有发生这种情况，当对内网进行清扫检修后再次开工，就出现了这种情况。查询前一周期再生风机的运行工况，在再生器内网堵塞的情况下，再生风机的出口流量仍高于风机设计值，显然风机的实际能力高于设计。当再生内网清扫后，再生气流量增加，导致再生器内部出现贴壁

(空腔)现象，当分离料斗和再生器之间的差压足够高迫使催化剂填充这个空腔时，导致波动。这也能够解释为什么在再生风机转速变化时发生料位波动。

在随后的再生停工检查中，从分离料斗中卸出了部分新鲜催化剂，因为开工时最后装入分离料斗补充有新鲜催化剂，因为已经运行了数百次，在分离料斗内部不应该再有新鲜催化剂，这说明催化剂没有流动是由于再生器内网局部贴壁的结果。分离料斗和再生器之间没有发现堵塞物质，再生器的内网严重堵塞，没有任何破损。依此确认再生风机的负荷超高是导致问题的根源。再生风机出口安装了一个限流孔板，使出口流量降低了15%。由于再生气体流量的降低，作为补偿，再生烟气氧含量从0.85%~0.95%提高为0.95%~1.1%控制。增加孔板后再次开工，再也没有出现分离料斗波动情况。

3　待生剂及再生剂下料不畅的情况

在连续重整催化剂循环系统中，设置了两处“氮气泡”用于隔离氢气与氧气的环境。在“氮气泡”及其上方区域之间的管线中，气体与颗粒逆向流动，气体对颗粒向下流动具有阻碍的作用。流过颗粒间隙的气体流量越大，对颗粒的阻力越大，达到一定程度后，将导致颗粒无法下落。在连续重整装置内部，从反应器底部催化剂收集器到待生剂提升“L”阀组，以及再生器底部到氮封罐之间的管线中，气体是与催化剂逆向流动的，同时这两段管线中都设置了用于切断流程的“V”(隔离催化剂)阀和“B”(隔离气体)阀。重整再生停车后，这两段管线容易出现下料不畅的情况，很多时候表现为“V”阀以下的管线为空管，即催化剂在“V”阀处“架桥”，处理方法往往是木槌敲击震荡使催化剂下落。

3.1　待生催化剂下料不畅的原因及处理

待生催化剂下料不畅情况主要发生在催化剂循环中断后再恢复过程中，特别是首次装剂开工中。具体表现为：准备恢复催化循环，当打开待生隔离系统后，提高二次提升气流量，待生剂提升线的差压能够暂时显示有数值，之后很快降低再也建立不起来。现场检查发现从收集器底部到“V”阀之间的管线是充满的，而从“B”阀以下部位管线是空的(“B”阀可以自由开关)。再生二次气与催化剂收集器的置换气之间的差压能够控制在正常的15kPa，但是分离料斗补充氮气的流量则高于正常值。

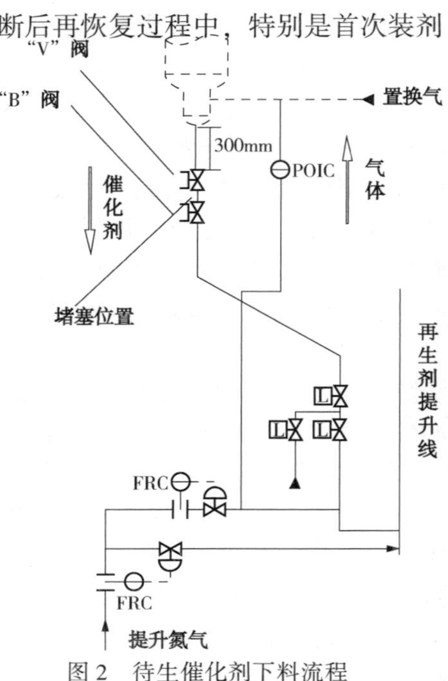

图2　待生催化剂下料流程

分析造成这种情况的主要原因有两种可能，一是催化剂停止循环的过程中，有部分气相组分冷凝，催化剂粘附在“V”阀的阀体内部。当打开隔离系统后，“B”阀以下的催化剂很快滑落进入“L”阀组，“V”阀的阀体内部湿颗粒流动缓慢，这样就使得“B”阀以下的管线成为空管。二是待生隔离系统关闭过程中，上隔离“V”阀的漏量较大，使得两隔离阀之间补充氮气流量较大，上隔离阀以上的颗粒被向上的的氮气向反应器内推动压紧，在“V”阀上方形成“密实段”。

在闭锁料斗中，采用的是“漏斗+立管+孔板”系统来进行催化剂流动的控制，当流过立管的气体流量超过一定流量后，立管内的颗粒就会处于悬空状态，停止下落。催化剂收集器以及与待生“L”阀组之间的管线恰好组成了一个“漏斗+立管(下料管)”的体系，“V”阀则一定程度充当了“孔板”的作用。

下料管内料柱的理论料封压差等于物料的堆积密度与料柱高度的乘积[4]，如果下料管内料柱两端区域的差压超过这个乘积，理论上就会阻止下料。例如当收集器到“L”阀组之间的管线高差约为8m，当充满催化剂后，理论料封的压差为44.8kPa(催化剂的堆积密度为560kg/m^{3}来计算)，而控制的差压正常时为15kPa，因此不会阻止待生剂的下料。但是当只有“V”阀阀体及其上管线内有催化剂时，料柱的高度约300mm，理论料封的压差约为1.68kPa。这时如果仍按照正常的15kPa控制，远高于“料柱”两端的差压。即使是催化剂颗粒没有被凝缩液润湿，也不会下落了。并且控制相同的两端差压下，通过8m长度的催化剂料柱的气体流量要远小于通过0.3m长度料柱的情况，这也是为什么分离料斗在此情况下补充氮气量(控制差压)远大于正常值的原因。

要想使催化剂颗粒能够下落，首先要使得这约300mm的料柱两端的差压要小。处理这种情况，首先关闭待生隔离系统，两个隔离阀之间的充氮气阀门将自动打开，与上述原因类似，缺少催化剂的料封作用，隔离系统补充氮气的流量也是大于正常数值。将补充氮气阀的手阀关小或关闭，这时从“L”阀组反窜上来的氮气经两道隔离阀(“V”阀)，只有少量气体向上进入收集器，对催化剂下落的阻碍作用很小了。这时用木锤敲击“V”阀附近管线，催化剂就比较容易下落填满待生隔离阀组前的管线了。只要堵塞的这一段催化剂下落了，就可以按照正常步骤开始催化剂循环。

3.2 再生催化剂下落不畅原因及处理

再生器底部的催化剂通过一根垂直的管线进入到氮封罐，正常时控制氮封罐与再生器底部的差压为2.5~5kPa。再生器底到氮封罐入口的垂直距离约3000mm，理论料封的压差为16.8kPa。当催化剂停止循环后恢复过程中，也会在再生器底“V”阀处出现催化剂堵塞的情况。现象是：启动催化剂循环后，还原段料位不变的情况下，分离料斗的料位不断上升，氮封罐补充氮气的流量不断增加，直至控制阀全开，仍无法维持氮封罐与闭锁料斗的差压，引起联锁关闭再生隔离系统。隔离系统关闭后，氮封罐氮气补充量及差压均恢复正常值。但是这种情况下，只要一打开再生隔离系统，就会马上出现上述现象再次联锁关闭再生隔离系统的情况。

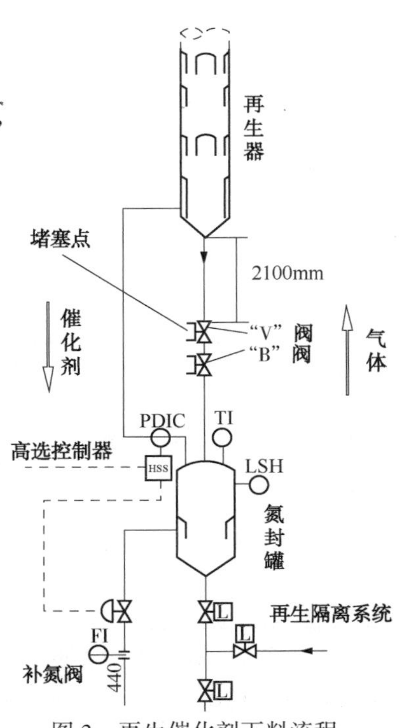

图3 再生催化剂下料流程

从现场检查敲击管线情况看，一般是“V”阀以上管线是充满的，而“B”阀以下管线是空的。从分离料斗的料位上升情况可以判断氮封罐也不是充满的，正常补充的氮气经过氮封罐内的催化剂床层后进入闭锁料斗，当氮封罐中催化剂减少后，通过催化剂床层的阻力减小，因此即使补充的氮气开至最大，也不能够维持住氮封罐与闭锁料斗之间的差压。“V”阀与再生器底部的距离约2.1m，能够料封的理论差压为11.76kPa。因此这种情况下，并不是由于差压引起的下料管料封，只是催化剂在“V”阀阀体内部有些粘连。现场用木锤敲击管线，催化剂很快就能下落到氮封罐中，开始催化剂的正常循环。

但这时需要注意的是，一旦催化剂开始下落，分离料斗内的冷催化剂就会迅速进入到再生器，引起再生器上部温度大幅下降。现场最好在听到催化剂下落的声音后，关小“V”阀，控制再生器的降低速度。

4 闭锁料斗内部“闭锁区”与“缓冲区”之间“压穿”现象

闭锁料斗内部通过隔板分成三个部分，如图4所示。其中闭锁区的压力处于变化之中，通过上下平衡阀的打开和关闭，控制催化剂从分离区到闭锁区，闭锁区升压后催化剂再进入缓冲区。缓冲区的压力基本处于稳定状态，由补充阀控制与再生二次提升气压力相同。闭锁区的压力有几种工况，见表1。

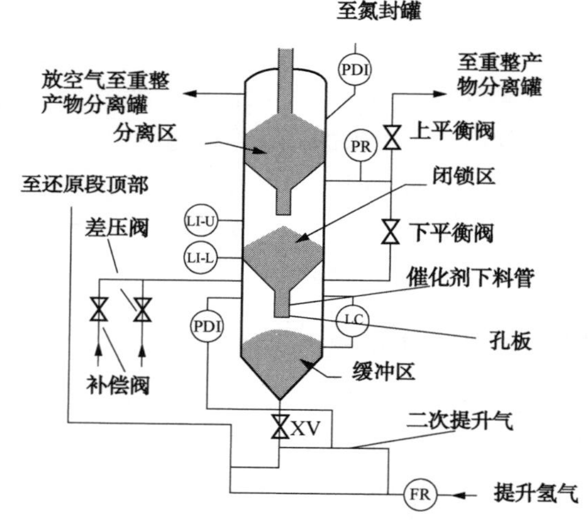

图4　闭锁料斗流程

表1　闭锁料斗工作程序

工况	上平衡阀	下平衡阀	闭锁区压力/kPa(表)	缓冲区压力/kPa(表)	阶段	补偿气流量
1	开	关	250	560	准备状态	正常
2	关	开	560	560	充压及卸料	正常
3	关	关	400	560	正常的循环停止状态	正常
4	关	关	544	560	异常的循环停止状态	增加较多
5	开	关	250	450	异常的准备状态	超量程
6	关	开	560	560	充压及卸料(无法完成)	正常

表1中，前三种工况都是闭锁料斗循环中的正常工况，补偿气流量正常。第四种是一种极端异常的情况，在闭锁料斗循环停止的情况下，闭锁区的压力远高于正常停止工况下的压力，补偿气的流量也偏高。当启动催化剂循环后(开始为“装料”状态)，一旦上平衡阀打开，

补偿气的流量迅速达到满量程，缓冲区的压力最低下降为 450kPa(序号 5)。闭锁区的料位装满后，上平衡阀关闭，下平衡阀打开，缓冲区的压力恢复正常，并进入了"卸料"状态(序号 6)。但无论如何，闭锁区的料位不下降，发生连续的"慢卸料"报警导致联锁停止循环。多次尝试启动循环节循环均失败，而且因为缓冲区没有催化剂补充，料位降低到低位联锁后出口的"V"阀联锁关闭。同时，发现还原段顶部的再生提升线的温度上升达到 190℃ 的联锁值关闭再生提升线切断阀门，现场检查发现是还原段顶气体从提升线倒串进入到闭锁料斗。

分析这种情况下，闭锁区与缓冲区之间下料管已经没有催化剂，当上平衡阀打开后，大量气体从缓冲区经催化剂下料管进入闭锁区，然后经上平衡线泄放至重整产物分离罐。在闭锁料斗中尽管料位计显示有料位，但在床层中心实际已经形成一个气体的通道，这种情况下在闭锁料斗中形成了"喷溅床"。

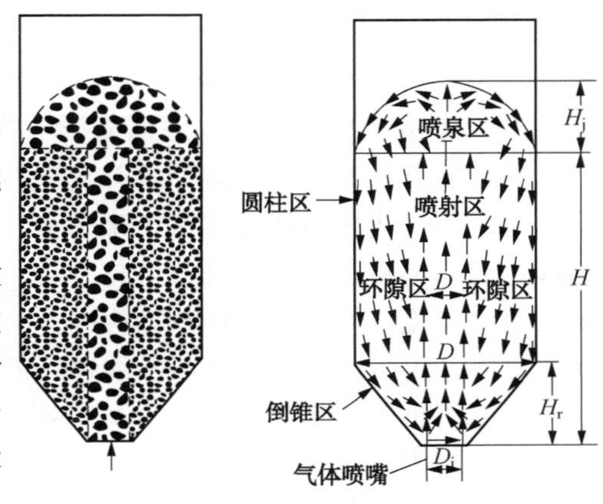

图 5　喷动床形成示意图

柱锥形的喷动床内装有相对粗大的颗粒(一般粒径 d_p>1mm)。流体(通常为气体)经由位于圆锥底部中心处的一个小孔(喷嘴或孔板)垂直向上射入，形成一个随流体流速的增高而逐渐向上延伸的射流区。当流体喷射速率足够高时，该射流区将穿透床层而在颗粒床层内产生一个迅速穿过床层中心向上运行的稀相气固流栓(称之为喷射区 ，spout)。如图 5 所示，这种具有稀相喷射区、明显环隙区、喷泉区 3 区流动结构的流动现象就是喷动现象。

图 6 给出了喷动床内典型的表观流速与压降的关系(Epsteim and Grace 1996)，喷动床的起动过程可由该图得到很好的说明。当表观气速从零开始增加时，首先在入口处形成一个射

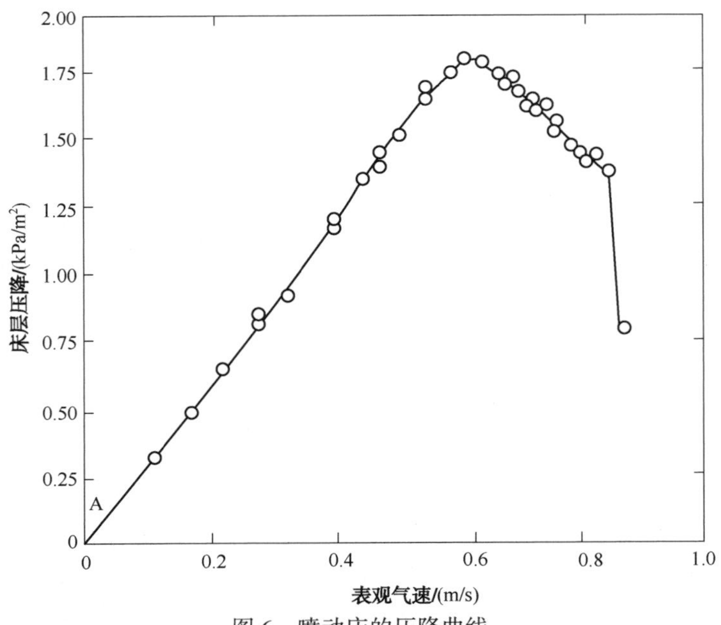

图 6　喷动床的压降曲线

流区，颗粒开始在射流区内循环，即将颗粒从射流区周围携带至其顶部。持续增加气速，射流区随之向上扩展直至穿透固定床表面。在这一过程中，床层压降相应从零增至最大，这个从固定床向喷动床转变时所具有的最大压降称为最大喷动压降。此后继续增加气速，压降随之降低，射流区逐渐形成一个稳定的喷射区，而床层内最终建立起一个具有稳定3区流动结构的完全喷动的喷动床。一旦形成稳定的喷动床，继续增加气速，相应的压降将不再增加，因此该压降即是喷动床的操作压降[5]。

通过分析操作的历史数据，发现此情况是由于操作失误造成的。在准备对上平衡阀进行处理时，没有关闭前后截止手阀就开始泄压，导致闭锁区的压力下降至约120kPa时，即缓冲区与闭锁区的压差约440kPa后，缓冲区的压力也迅速下降，说明闭锁区的催化剂床层被“压穿”，形成了喷动床。要想恢复正常的差压，必须使闭锁区的下料管中充满催化剂。

处理的方法如下，将缓冲区补充气体关闭，关闭缓冲区底部的“V”阀及“B”阀，将缓冲区进行泄压，泄压后从分离区下来的催化剂将缓冲区及闭锁区填充满，使闭锁区下料管中充满催化剂。再将缓冲区的补偿气打开后，就可以建立正常了缓冲区和闭锁区的差压。这时再重新启动催化剂循环，闭锁料斗缓冲区整个充满催化剂，在料位计之上还有很高的空间，因此需要提升再生剂一段时间后，缓冲区的料位才开始下降。

造成闭锁区催化剂下料管中料封被破坏，闭锁区形成了“喷动床”主要原因就是缓冲区与闭锁区的压差过大造成的，例如对JM装置闭锁区被压穿的差压就是440kPa。例如ZJ某装置因还原段的料位计失灵，还原段装满催化剂后导致缓冲区压力超高，也出现闭锁区被“压穿”的现象。另外，闭锁区的低料位值设置过低，在闭锁区卸料至低料位时，也可能发生类似现象。例如：GQ石化某装置闭锁料斗的核料位计重新调整后，造成闭锁料斗密封催化剂的藏量较以前减少，在运行过程中，闭锁区和缓冲区之间容易失去催化剂的密封，表现为闭锁区和缓冲区压力互串。缓冲区与再生剂提升线的差压无法控制(最大负值)，再生剂提升停止引发长循环联锁停车。对核料位计重新设定后恢复正常的操作[6]。

5 小结

从以上的几个案例看，分离料斗补充氮气量、氮封罐补充氮气量、闭锁料斗的补偿气流量异常增加都意味着输送故障已经发生。而再生器和反应器内局部线速的超高则可能导致局部催化剂流动的停止。关注连续重整两器的各处流量，保持在正常范围是催化剂稳定输送的前提。当出现异常导致输送停止或波动后，需要采取针对性措施加以解决和恢复。

参考文献

[1] 徐承恩. 催化重整工艺与工程[M]. 北京：中国石化出版社，2009.
[2] 邢祖远. 连续重整反应再生设备技术问答[M]. 北京：中国石化出版社，2006：11-12.
[3] AL-Saggaf R M, Padmanabhan S, Abuduraihem H Z, et al. Innovative approach solves CCR regeneratior pinning problem[J]. Hydrocarbon processing, 2008(10), 94-96.
[4] 闫遂宁. 连续催化重整闭锁料斗的研究[J]. 炼油技术与工程，2004，4(34)：27-30.
[5] 金涌，祝京旭，汪展文，等. 流态化工程原理[M]. 北京：清华大学出版社，2001.
[6] 何文全. 连续重整催化剂再生系统问题分析及对策[J]. 高桥石化，2004(12)，12-17.

蜡油加氢处理 RVHT 技术及 RN-32V 催化剂的工业应用

江劲松

（中国石化九江分公司，江西九江　332004）

摘　要　介绍了劣质蜡油加氢处理 RVHT 技术及 RN-32V 催化剂在中国石化九江分公司 50 万 t/a 蜡油加氢处理装置上的工业应用情况。工业应用结果表明，在较低的氢分压条件下，RN-32V 催化剂表现出良好的加氢脱硫、加氢脱氮活性；催化裂化装置掺炼加氢蜡油后，提高了汽油产率，改善了催化裂化的产品分布。

关键词　RVHT 技术　RN-32V 催化剂　催化裂化　工业应用

蜡油加氢处理技术是一种为催化裂化提供优质原料的加氢技术[1]。蜡油加氢处理和催化裂化组合可有效降低催化裂化过程的生焦量，改善催化裂化产品分布、多产汽油等高价值产品，还可以显著降低催化裂化催化剂的消耗和催化烟气中 SO_x 和 NO_x 排放，减少催化裂化的操作费用、促进生产过程的清洁化。

中国石化九江分公司 1#柴油加氢装置于 2010 年 3 月改造为 50 万 t/a 蜡油加氢处理装置，加工直馏蜡油和焦化蜡油的混合油，生产低硫精制蜡油作为优质催化裂化原料。2013 年 1 月该蜡油加氢装置采用石油化工科学研究院（以下简称石科院）开发的劣质蜡油加氢处理 RVHT 技术及其 RG 系列保护剂/RN-32V 催化剂[2]，并于 2013 年 1 月一次开车成功。

1　装置开工

1.1　催化剂

本装置加氢脱硫/加氢脱氮的主催化剂为 RN-32V 催化剂，为了减缓反应器顶部因沥青质、残炭等结焦前驱物遇热生焦造成主催化剂积碳失活，减少金属在主催化剂床层的沉积以及促进沥青质的解聚，在反应器一床层顶部装填 RG-20/RG-30A/RG-30B 系列保护剂。各催化剂出厂质量指标见表 1。

表 1　催化剂出厂质量指标

催化剂牌号	RG-20	RG-30A	RG-30B	RN-32V
催化剂类型	保护剂	保护剂	保护剂	加氢处理
硫化状态	氧化态	氧化态	氧化态	氧化态
化学组成/%				
WO_3		—	—	≮23.0
MoO_3		≮2.5	≮5.5	≮2.3

续表

催化剂牌号	RG-20	RG-30A	RG-30B	RN-32V
NiO		≮0.5	≮1.0	≮2.4
物理性质				
比表面/(m^2/g)	—	≮90	≮90	≮150
孔体积/(mL/g)	—	≮0.50	≮0.50	≮0.24
压碎强度/(N/mm)	≮70 N/粒	≮15N/粒	≮15N/粒	≮18
当量直径/mm	15~17	5.5~6.5	2.5~3.5	~1.3
空隙率/%	~65.0	~50.1	~47.8	~39.5
粒度分布				
3~8mm 条	—	—	—	>80%
<3mm 条	—	—	—	<5%
外观	蜂窝圆柱	拉西环	拉西环	蝶型

1.2 催化剂装填

催化剂的装填工作于2013年1月18日至19日完成。整个催化剂装填期间，控制催化剂落差小于0.5m，每种类型催化剂装填完毕或催化剂每上升约500mm耙平1次。反应器装填数据见表2。

表2 反应器瓷球和催化剂装填

装填物质	体积/m^3	装填质量/t
RG-20 保护剂	0.57	0.500
RG-30A 保护剂	1.18	0.500
RG-30B 保护剂	2.32	1.200
RN-32V 催化剂	30.62	28.60

1.3 催化剂预硫化

本次催化剂预硫化采用湿法硫化，CS_2作为硫化剂。硫化前，本装置已经完成系统2.5MPa、5.0MPa、6.0MPa氢气气密，并对高压空冷和反应器顶部法兰等漏点进行了处理。本次硫化以常二线柴油作为硫化携带油，性质如表3所示。

表3 硫化携带油性质

名　　称	常二线柴油	名　　称	常二线柴油
密度/(g/cm^3)	0.8417	实际胶质/(mg/100mL)	5.0
硫含量/(μg/g)	2440	馏程/℃	
氮含量/(μg/g)	84	初馏点/10%	200/235
黏度(20℃)/(mm^2/s)	3.957	50%/90%	261/288
闪点/℃	82	终馏点	304

2013年1月22日11：30开始引硫化携带油进装置，反应进料量为66 t/h。12：30高分见液位，开始外甩污油。14：00停止外甩污油，改反应系统小循环，同时床层温度升高至150℃。14：30开始向反应系统注入硫化剂，起始注入量控制在100 kg/h。由于硫化剂从硫化剂罐用氮气压至原料油进料泵入口，因此，硫化剂量受原料油缓冲罐压力影响较大，硫化剂量波动较大，实际控制和计量以硫化剂罐液柱高度为依据。待硫化剂注入正常后，开始以

10 ℃/h 向 175 ℃升温。16：00 升温至 175 ℃，开始 2 h 恒温。16：00 循环氢开始检测到硫化氢，硫化氢体积分数为 42μg/g。18：00 恒温结束，开始向 215℃升温；升温期间，硫化氢浓度为 3500～9800μg/g。21：30 升温至 215℃开始恒温 1h；恒温期间，硫化氢浓度 10000μg/g。22：30 恒温结束，开始向 230℃升温；升温期间，硫化氢浓度 10000μg/g。1 月 23 日 0：00 升温至 230℃，开始 6h 恒温；恒温期间，1：30 硫化氢浓度降低至 3000μg/g，加大硫化剂注入量，0.5h 后，硫化氢浓度开始升高。恒温结束时，硫化氢浓度升高至 15000μg/g。6：00 恒温结束，开始以 15℃/h 向 230℃升温；升温期间，硫化氢浓度从 21000μg/g 降低至 8000μg/g。由于硫化氢浓度降低较快，说明硫化反应进行较为剧烈，适当提高硫化剂注入量。10：00 升温至 290℃，开始恒温 8h；恒温期间，硫化剂浓度 8000～22000μg/g。13：50，即恒温接近 4h 时，硫化氢浓度达到 22700μg/g，适当降低了硫化剂注入量。16：00，即恒温 6h 时，硫化氢浓度 22000μg/g，停止注硫。硫化结束时，硫化氢浓度缓慢降低至 16000μg/g。18：00 恒温 8h 结束。硫化过程共进行 28h，共消耗硫化剂 5.98t。

1.4 初活稳定

由于硫化结束后，硫化携带油含大量的硫化氢气体，如果直接进入轻污油罐区，存在硫化氢腐蚀和中毒的危险，车间和石科院技术人员协商后，决定硫化结束后，在保证循环氢中适当的硫化氢浓度的条件下，建立反应-分馏大循环，待分馏塔汽提掉大部分硫化氢后进入轻污油罐区，待分馏塔塔底柴油腐蚀合格后进产品罐区。19：52 开始向分馏系统转油，同时调整分馏系统的参数正常，分馏塔低柴油进入原料油缓冲罐。23：10 引常三线柴油进系统，1 月 24 日 10：10 经过分析柴油腐蚀合格后，精制柴油改走普柴线进罐区。1 月 25 日 8：00初活稳定结束。

初活稳定油与硫化携带油同为常二线柴油。初活稳定期间，反应系统工艺参数见表 4。初活稳定期间原料柴油和产品柴油性质见表 5。从表 4 和表 5 结果可以看出，在氢分压 4.92MPa、体积空速 1.55h^{-1}、平均反应温度 315℃的条件下，床层总温升达到了 38.2℃，直馏柴油硫含量从 2440μg/g 降低至 220μg/g，脱硫率达到了 91%，表明催化剂活性良好。

表 4　初活稳定期间反应系统工艺参数

项　目	数　值	项　目	数　值
进料量/(t/h)	40	氢油体积比	977
循环氢量/(Nm^3/h)	52944	反应温度	
新氢量/(Nm^3/h)	3687	平均反应温度/℃	315
循环氢纯度/%	82	反应器入口温度/℃	303.5
冷高分 V502 压力/MPa	6.00	反应器出口温度/℃	328.2
反应器 R501 总压降/MPa	0.09	床层总温升/℃	38.2
氢分压/MPa	4.92	一、二床层间冷氢/(Nm^3/h)	1037
体积空速/h^{-1}	1.55		

表 5　初活稳定期间原料柴油和产品柴油性质

原料及产品性质	原料油	精制柴油
密度(20℃)/(g/cm^3)	0.8417	
硫含量/(μg/g)	2440	220

续表

原料及产品性质	原料油	精制柴油
氮含量/(μg/g)	84	
馏程/℃		
初馏点/10%/50%/90%/终馏点	200/235/261/288/304	182/225/249/281/302

1.5 原料油切换

1月25日8：00初活稳定结束。开始引罐区减三线蜡油进装置，并在进装置前外甩污油2h。10：12引直馏蜡油进装置。调整蜡油进料量40t/h，系统压力提至6.0MPa，反应器入口温度提高至335℃，出口温度提高至350℃，平均反应温度大约343℃。23：00发现热高分气与注水混合器接头处有大量氢气泄露，装置紧急停工，停加热炉，紧急泄压至0.6MPa，同时反应温度降低至100℃以内，改氮气进装置，开始对泄露处进行处理。1月27日9：00焊缝处理后，改氮气重新进行装置置换和低压气密。1月30日对泄露出处理完成后，重新引氢气置换、试压等重新开工工作。1月31日调整各参数合格。

2 开工后装置运行分享及优化建议

2.1 开工初期装置运转数据及讨论

开工正常后蜡油加氢处理装置的操作参数、原料和产品性质，分别见表6和表7。

表6 九江石化蜡油加氢处理装置操作条件

项目	数值	项目	数值
原料油种类	直馏蜡油+焦化蜡油	一床层入口/上部/下部/℃	359.5/364/365.6
进料量/(t/h)	34	二床层上部/下部/℃	371.2/375.8
/(m^3/h)	36.32	催化剂床层总温升/℃	16.3
体积空速/h^{-1}	1.19	反应器总压降/MPa	0.12
氢分压/MPa	5.0	新氢流量/(Nm^3/h)	4100
标准状态氢油体积比	1267	循环氢流量/(Nm^3/h)	53000
反应器温度		新氢纯度/%	88.5
床层平均反应温度/℃	369.5	一、二床层间冷氢量/(Nm^3/h)	0

表7 九江石化蜡油加氢处理装置原料和精制蜡油产品性质

分析项目	原料	精制蜡油
密度/(g/cm^3)	0.9362	0.9247
硫含量/%	0.92	0.47
总氮含量/(μg/g)	4559	3905
碱性氮含量/(μg/g)	1314.4	1061.6
残炭值/%	2.34	0.88
黏度(80℃)/(mm^2/s)	19.83	16.63
金属含量/(μg/g)		
钒	<1	<1
镍	3	1

续表

分析项目	原料	精制蜡油
钠	1	1
铁	3	1
钙	2	2
四组分/%		
饱和烃	45.15	48.1
芳烃	45.62	46.06
胶质+沥青质	9.23	5.84
馏程(ASTM D-1160)/℃		
初馏点	235	215
10%	390	380
50%	470	450
90%	575	540
终馏点		565

从表6和表7可以看出，在反应器入口氢分压约5.0MPa、平均反应温度369.5℃、体积空速1.19h^{-1}、标准状态氢油体积比1267的条件下，原料硫含量从0.92%降低至0.47%，氮含量从4559μg/g降低至3905μg/g，脱硫率48.9%，脱氮率14.3%，脱硫脱氮率较低。

从原料数据看，90%点馏程达到了575℃，预计干点将达到600℃以上，馏程重。原料氮含量很高，达到了4559μg/g。馏程重表明原料分子量大，原料中结构复杂多芳香环硫化物和氮化物比例高，脱硫和脱氮反应性能低，从而增加了加工难度。另外，馏程重意味着原料中大分子物质如沥青质、残炭值及金属含量高，从而加速催化剂的积炭失活速率和金属沉积速率，不利于装置的长周期运转。

另外，氢油体积比达到了1267，试验和理论结果表明蜡油加氢装置的最佳氢油比在700~900之间，当氢油比过高时，单位时间内流过催化剂床层的气体量增加，流速加快，反应物与催化剂的接触时间缩短，从而反应时间减小，因此脱硫率和脱氮率随之降低。

2.2 蜡油加氢处理装置操作优化建议

2.2.1 原料油优化

考虑到蜡油加氢处理装置的氢分压较低的实际情况，根据原料油性质—装置条件—产品性质—运转周期相匹配的原则，对进入蜡油加氢处理装置的原料进行优化，满足设计要求，即残炭不高于0.5%，总金属含量不高于2.0μg/g，沥青质小于200μg/g。建议原料油为直馏蜡油和焦化蜡油，并注意监控原料油的密度、馏程、沥青质、残炭值和金属含量。

从原料性质看，当减压蜡油馏程偏重时，减压渣油中富含的沥青质容易携带进入蜡油馏分，从而造成减压蜡油中沥青质、残炭值和金属含量偏高，影响装置的长周期运转。从原料金属含量看，总金属接近10μg/g，催化剂金属沉积失活速率将非常快。如果不将进料中总金属控制在2.0μg/g以下，则运行周期将缩短到12个月之内，且催化剂无法再生。

2.2.2 操作优化

(1) 氢分压

由于蜡油加氢处理装置是由原柴油加氢精制装置改造而来，装置运行多年，主要设备特别是两台新氢压缩机老化，影响装置提压操作，导致蜡油加氢处理装置氢分压较低。由于蜡油原料的分子量大、馏程重，在滴流床反应器中，催化剂表面油膜厚度较厚，氢分压增大可以增加氢气通过油膜向催化剂表面的扩散速率和氢气浓度，从而提高反应速率和精制深度。

氢分压可以通过提高系统压力和提高循环氢纯度实现。装置系统操作压力尽量维持在6.0MPa以上，氢纯度提高至83%以上，以维持氢分压在5.0MPa以上，以提高精制深度和延长运转周期。

（2）氢油比

由于目前循环氢量大，将循环氢混氢量(即反应器入口循环氢量)降低至30 000 Nm^3/h～35 000 Nm^3/h，以保证反应器入口氢油比在800左右，实现最优的精制效果。

（3）反应温度

优化床层温度分布。适当提高反应器入口温度至365～370 ℃，反应器入口和出口的温升维持在25～35 ℃左右，一床层和二床层出口的温差控制在5～10 ℃左右。在适当提高反应器入口温度的同时通过床层间冷氢量调整二床层入口温度，保证平均反应温度的同时可降低反应器出口温度。

（4）优化分馏塔操作

由于分馏系统为单塔流程，精制蜡油中可能含未汽提掉的硫化氢和氨，适当降低分馏塔塔顶压力，并适当提高塔底汽提气量，优化分馏塔操作，改善汽提效果，避免精制油中由于携带硫化氢和氨造成杂质含量偏高。

（5）通过模拟软件，蜡油加氢采取高负荷、低苛刻度操作，充分改善Ⅰ催原料性质，使蜡油加氢-催化裂化组合工艺效益最大化。

2.3 蜡油加氢处理装置优化调整后的运转情况

根据石科院的建议，九江石化蜡油加氢装置开展3项优化工作。首先将原料优化，避免减四线蜡油和脱沥青油进装置，降低了原料油中的金属含量和残炭值；其次把其中一台循环氢压缩机负荷降为50%，循环氢量下降至38 000 Nm^3/h，降低了氢油比；最后将反应进料量由34t/h提高至57t/h，使装置处于高负荷、低苛刻度工况下运行。调整后的操作参数和产品性质见表8、表9。

表8　九江石化蜡油加氢处理装置操作条件

反应系统工艺参数	数　值	反应系统工艺参数	数　值
原料油种类	直馏蜡油+焦化蜡油	一床层入口/上部/下部/℃	370/376/383
进料量/(t/h)	57	二床层上部/下部/℃	384/395
/(m^3/h)	61.8	催化剂床层总温升/℃	25
体积空速/h^{-1}	1.78	反应器总压降/MPa	0.14
氢分压/MPa	5.0	新氢流量/(Nm^3/h)	41 00
标准状态氢油体积比	615	循环氢流量/(Nm^3/h)	38 000
反应器温度/℃		新氢纯度/%	88.5
床层平均反应温度	384	冷高分压力/MPa(g)	6.0

表9　九江石化蜡油加氢处理装置原料和精制蜡油产品性质

分析项目	原料	精制蜡油
密度/(g/cm^3)	0.9326	0.9247
硫含量/%	0.69	0.15

续表

分析项目	原料	精制蜡油
总氮含量/(μg/g)	907	590
残炭值/%	1.17	0.77
黏度(80℃)/(mm^2/s)	11.9	9.74
金属含量/(μg/g)		
钒	1	1
镍	1	1
钠	0.8	0.3
铁	10	2
四组分/%		
饱和烃	49.06	53.95
芳烃	40.19	40.40
胶质+沥青质	10.75	5.65

经过优化调整后装置原料性质明显好转，与初期相比，金属含量、残炭及馏程有了较大的改善，蜡油加氢脱硫率达到78%，脱硫率显著提高。

3 蜡油加氢装置产生的效益

九江分公司加氢精制蜡油作为Ⅰ催化装置的进料。表10给出了Ⅰ催化装置掺炼加氢蜡油前后产品分布的变化情况。

表10 Ⅰ催化原料加氢前后产品分布变化情况

时　间	2012-09	2013-04
蜡油运行工况	原料未经加氢处理	按高负荷低苛刻度操作
汽　油/%	46.63	48.96
柴　油/%	23.18	21.12
干　气/%	2.59	4.01
酸性气/%	0.59	0.58
液化气/%	15.02	14.32
焦　炭/%	7.45	6.68
油　浆/%	4.16	3.81
污　油/%	—	—
液　氨/%	0.18	0.19
损　失/%	0.21	0.32

从表10可以看出，一催化装置在掺炼加氢蜡油原料后，汽油收率提高了2.33个百分点，柴油收率降低了2.06个百分点，焦炭产率降低了0.77个百分点，显著改善了催化裂化的产品分布，增加了高价值产品汽油的收率，具有良好的经济效益。

另外，蜡油加氢过程对环境友好，可降低催化裂化装置对环境的污染。有数据表明，在催化裂化过程中有10%左右的硫在再生过程中被氧化成SOX随再生烟气排入大气，严重污染大气环境[3]，采用蜡油加氢-催化裂化组合工艺不仅有利于改善产品分布、提高经济效益，而且有利于减少环境污染。

4 结论

九江石化蜡油加氢预处理采用RVHT技术及RN-32V催化剂，加工减二线、减三线及焦化蜡油，在高负荷、低苛刻度反应条件下，能降低催化原料中的硫、氮及残炭值，有效地改善了催化裂化装置的产品分布、增加了高价值产品收率、减少了环境污染。

参考文献

[1] 李大东. 加氢处理工艺与工程[M]. 北京：中国石化出版社，2004：992-999.
[2] 蒋东红，龙湘云，胡志海，等. 蜡油加氢预处理RVHT技术开发进展及工业应用[J]. 石油炼制与化工，2013，43(3)：43-46.
[3] 魏荆辉. RN-32V催化剂在蜡油加氢装置的成功应用[J]. 化学工程与装备，2009，61(4)：59-61.

LDC-200 重油裂化催化剂在兰州石化 3.0Mt/a 重催装置工业应用

马明亮，叶晓明，许世龙，卢朝鹏

（中国石油兰州石化分公司炼油厂，甘肃兰州　730060）

摘　要　兰州石化分公司为改善炼油厂重油催化裂化装置产品分布，提高轻质油收率，提高催化汽油烯烃含量，决定在炼油厂 3.0Mt/a 重催装置开展由中国石油石油化工研究院兰州化工研究中心开发的高液收低焦炭产率重油裂化催化剂(工业牌号 LDC-200)的工业试验，实验室和工业应用结果表明，LDC-200 催化剂具有重油转化能力强、焦炭选择性好、汽油辛烷值高和汽油烯烃灵活调变等特点。

关键词　LDC-200 催化剂　提高液收　降低焦炭产率

随着原油的重质化、劣质化和资源的逐渐枯竭，以及节能减排等环保法规的日益严格，催化裂化装置在进一步提高重油转化能力，提高轻质油收率，改进油品质量的同时，首先必须最大限度减少生焦。在此背景下，石油化工研究院成功开发出高液收低焦炭产率重油裂化催化剂，于 2013 年 5 月成功实现工业化，工业牌号为 LDC-200(以下统称为 LDC-200 催化剂)。该催化剂于 2013 年 6 月在兰州石化 3.0Mt/a 重催装置开展 LDC-200 催化剂的工业试验，以改善炼油厂重油催化裂化装置产品分布，提高轻质油收率，提高催化汽油烯烃含量。

1　工业试验部分

1.1　装置概述

兰州石化公司 3.0Mt/a 重催装置由中石化北京设计院设计，于 2003 年 7 月 1 日正式开工。装置以加工减压蜡油和减压渣油原料为主，设计渣油掺炼比为 50%，设计加工规模年 300 万 t。3.0Mt/a 重催装置采用多项先进工艺技术，其技术特点主要体现在：再生型式采用耗风指标较低的重叠式两段再生，提升管选用 VQS 旋流快分、预汽提和多段汽提技术，主风机组由变频启动的备用机组和主风四机组组成等。

1.2　工业试验前装置运行工况

工业试验开展之前，3.0Mt/a 重催装置使用 LDO-70 降烯烃催化剂。为提高 3.0Mt/a 重催装置所产催化汽油烯烃含量、增产高附加值产品，通过采用提高反应温度，降低系统平衡催化剂活性等工艺操作调整，虽然提高了催化汽油的烯烃含量，但随着催化剂活性的下降，造成装置总液收下降、油浆产率上升，同时随着反应温度的上升，热裂化反应程度加剧，使得干气、焦炭产率上升，因此要解决上述问题必须从催化剂性能入手，采用高轻质油收率、低焦炭产率的重油催化剂。

1.3 工业试验过程

首先，兰州石化公司3.0Mt/a催化装置在应用LDC-200催化剂前进行空白标定；其次，进行LDC-200催化剂系统藏量在30%、50%和80%(终期)时的标定；最后，重点考察终期标定时产品分布和产品性质的差异。

2 结果与讨论

2.1 原料油性质

兰州石化公司3.0Mt/a重油催化裂化装置加工减压蜡油和减压渣油原料为主，设计渣油掺炼比为50%。表1为兰州石化3.0Mt/a重催装置加工原料油的性质。

表1 催化原料油性质

日期	空白标定	30%数据	50%数据	80%数据
摩尔质量/(g/mol)(<500)	446	471	474	473
密度(70℃)/(kg/m^3)	877.9	875.5	875.3	871.7
族组成/%				
烷烃	55.8	57.6	60.7	62.1
芳烃	38.4	37.7	35.1	33.1
胶质	5.9	4.7	4.3	4.8
沥青质	—	—		
残炭/%	4.16	4.34	4.24	4.12
运动粘度(100℃)/(mm^2/s)	15.90	15.80	16.65	16.05
重金属含量/(μg/g)				
Ca	7.87	10.04	10.22	4.7
Cu	0.23	0.23	0.28	0.27
Ni	6.04	6.22	6.94	7.9
V	9.71	9.83	12.76	11.46
Fe	6.19	5.39	6.24	5.41
Pb	0.03	0.03	0.05	0.06
S含量/%	—	—	—	—
酸值/(mgKOH/g)	0.53	0.43	0.48	0.45
碱性氮/(μg/g)	—	—	—	—
碳氢氮元素/%				
碳	86.30	86.14	85.70	85.88
氢	12.55	12.38	12.69	12.8
氮	0.28	0.15	0.13	0.24
凝点/℃	35	35	36	37
折光(70℃)	1.4936	1.4940	1.4941	1.4932

由表1可以看出，①工业应用期间原料重金属含量整体呈上升趋势，特别是试验中后期Ni、V含量有大幅上升，对系统催化剂的活性及装置产品分布带来不利影响；②原料残炭、粘度略有上升，密度、酸值变化不大；③工业应用期间烷烃含量略微上升、芳烃、胶质含量

下降，碳氢组成中氢含量略有增加。试验期间原料性质较试验前略有下降，但各项分析指标都处于正常波动范围之内，无大幅波动，对装置液收及产品分布影响不大，具有较高的可比性。

2.2 操作参数

操作参数对 LDC-200 催化剂的工业应用具有较大的影响，对操作参数的考察对比是十分必要的，表 2 为兰州石化公司 300 万 t/a 重油催化裂化装置的主要操作参数。

表 2 主要操作参数

日 期	空白标定	30%数据	50%数据	80%数据
反应温度/℃	506	505	505	503
渣油掺炼比/%	47.60	51.39	44.16	45.66
沉降器压力/MPa	0.231	0.227	0.225	0.235
一再压力/MPa	0.256	0.252	0.252	0.256
两器差压/kPa	24.8	24.5	26.7	20.3
回炼油回炼量/(t/h)	12.8	15.2	14.7	14.0
回炼比/%	3.2	3.8	3.7	3.6
原料预热温度/℃	201	200	200	197
一再密相温度/℃	689	690.9	705	688.8
二再密相温度/℃	688.8	683.0	688.5	688.9
再生主风总量/(Nm^3/min)	6245	6129	6259	6061
再生滑阀开度/%	41.3	42.9	40.2	43.5
再生剂定碳/%	0.08	0.08	0.09	0.07
烟气中 CO 含量/%	4.5	4.2	4.6	5.1
分馏塔底温度/℃	330.5	327.3	325.4	329.5
分馏塔人字板上温度/℃	325	324	325.8	322.4
分馏塔液面/%	61.6	60.3	62.0	58.3
回炼油罐液面/%	72.6	67.3	70.9	63.3
油浆外甩流量/(t/h)	18.5	20.9	16.5	19.4
液态烃出装置流量/(t/h)	50	50	49	55

由表 2 可以看出，LDC-200 催化剂工业应用前后装置各关键操作参数控制平稳，均处于正常调节范围。①反应温度控制在较高的 505℃，试验后期随着汽油烯烃含量的上升，反应温度适当降至 503℃。原料预热温度控制在 200℃，二再密相温度控制均值 688℃左右，再生滑阀开度维持在较高的 40%~43%，以上操作条件均无较大变化，确保提升管内大剂油比，以及操作条件的稳定控制；② 试验前渣油掺炼比均值 47.60%，试验初期随着 LDC-200 催化剂所占系统比例的上升，反再系统生焦量减少，渣油掺炼比随之提高，试验初期均值达到 51.39%，最高达到 57.85%。试验中后期随着原料整体性质的下降，渣油掺炼比逐步降低，试验中期均值为 44.16%，试验后期均值为 45.66%；③一再压力根据装置加工量变化情况进行略微调整，两器差压控制稳定；④回炼油回炼量较低且控制平稳，回炼比为 3%~4%，对系统内平衡剂影响小，原料裂化供热充足；⑤再生系统再生温度控制平稳，严格按照装置平稳率指标进行调节，平衡剂烧焦情况良好，再生剂定碳含量控制较好，变化范围在 0.07%~0.11%；⑥分馏、吸收稳定系统无重大操作变动且控制平稳，各项工艺参数均处于正常变化范围。

2.3 LDC-200催化剂理化性质

表3为LDC-200催化剂与空白标定催化剂典型的理化性质对比。

表3 催化剂理化性质对比分析

项　　目	质量指标	LDC-200	空白标定催化剂
灼烧减量(湿基)/%	≤13.0	11.8	12.3
Na_2O含量(干基)/%	≤0.30	0.14	0.16
RE_2O_3含量(干基)/%	实测	3.5	3.9
Al_2O_3含量(干基)/%	实测	48.5	49.0
磷含量(干基)/%	实测	0.72	0.87
孔体积/(mL/g)	≥0.35	0.36	0.38
粒度分布/v%			
<45.8μm	≤25.0	17.3	18.8
45.8~111.0μm	≥50.0	58.1	58.0
>111.0μm	≤30.0	24.6	23.2
磨损指数(干基)/%	≤3.0	1.8	2.2
表观密度/(g/mL)	实测	0.76	0.73
比表面积/(m^2/g)	≥200	273	286
微反活性(800℃, 4h)/%	≥76	78	82

由表3可以看出，LDC-200催化剂的微反活性、比表面积、孔体积与空白标定催化剂相比有所降低；LDC-200催化剂的粒度分布、磨损指数与空白标定催化剂相当。

2.4 产品分布以及产品质量

产品分布和产品质量不仅关系着炼厂的经济效益，也是评价催化剂裂化催化剂最重要和最关键的因素。

2.4.1 产品分布及物料平衡

表4 工业标定物料平衡

项　　目	空白标定	30%数据	50%数据	80%数据	差值
进料/%					
蜡油	53.51	50.03	54.99	56.80	3.29
渣油	43.72	45.83	43.46	43.20	-0.52
重化物	1.50	2.87	1.56	0.00	-1.50
焦化液态烃	1.27	1.27	1.27	1.30	0.03
产品分布/%					
干气	3.68	3.33	3.56	3.66	-0.02
液态烃	13.47	13.19	12.87	14.40	0.93
汽油	46.66	47.34	47.42	46.95	0.29
柴油	21.68	21.62	22.61	22.22	0.54
油浆	4.86	4.50	4.29	4.15	-0.71
焦炭(含损失)	9.65	10.01	9.26	8.62	-1.03
总液体收率/%	81.80	82.15	82.89	83.57	1.76
渣油掺炼比/%	44.96	47.81	44.15	43.20	-1.76

注：表4中"差值"为80%数据与空白标定数据各收率差值；"渣油掺炼比"为物料48h标定数据，与表2中"渣油掺炼比"在物料数据统计范围上不同。

由表 4 可以看出，在原料重金属含量大幅增加、整体性质下降、掺炼比下降 1.76%、原料中掺炼 1.30%焦化液态烃以及未加工重化物、催化剂略有单耗上升的前提下，应用 LDC-200 催化后与空白标定相比：液态烃收率上升 0.93%，汽油收率上升 0.29%，柴油收率上升 0.54%，油浆收率下降 0.71%，总液收上升 1.76%，焦炭产率(含损失)降低 1.03%，降低幅度达到 10.7%，表明系统催化剂具有优异抗重金属和重油转化能力以及良好的降低焦炭产率的性能，与空白标定催化剂相比，装置产品分布以及经济效益得到改善。

2.4.2 汽油、液态烃收率

汽油、液态烃是催化裂化装置的主要产品，其收率和质量不仅关系着炼厂的经济效益，对后续二次加工具有重大的影响，同时也反映催化裂化催化剂的整体性质和反应性能。

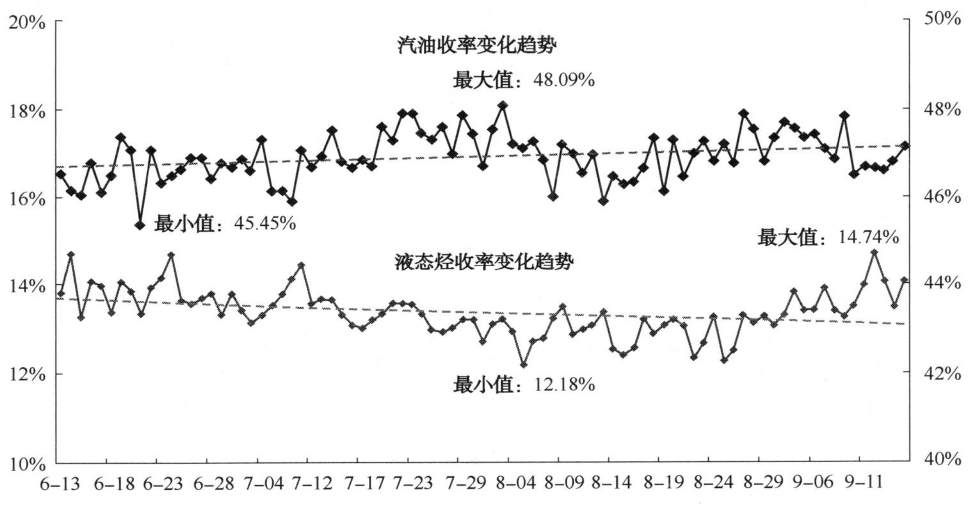

图 1　汽油、液态烃收率变化趋势图

由图 1 可看出，随着 LDC-200 催化剂的不断加注以及中后期针对平衡剂活性偏低进行的相应调整，催化汽油收率呈现稳步上升趋势，液态烃收率基本维持不变。

2.4.3 装置总液收、油浆收率

由图 2 可看出，①随着工业试验的开展，受原料性质、催化剂性质变化影响，装置总液收波动范围较大，但均处于正常范围，整体则呈现稳步上升趋势；②试验前期、中期油浆收率波动较小，在 4.5%左右变化，8 月 13 日~8 月 25 日波动增大，油浆收率有明显升高，主要是由原料、平衡剂性质下降引起。试验后期随着系统内平衡剂性质提升，油浆收率降至 4.0%~4.5%。整体来看，LDC-200 催化剂具有较好的提高液收与重油转化能力。

2.4.4 汽油质量

由图 3 可看出，汽油烯烃和汽油辛烷值整体呈上升趋势。① 随着 LDC-200 催化剂占系统平衡剂总藏量比例的不断升高，催化汽油烯烃含量大幅升高 5 个单位以上，达到试验开始前确定的提高汽油烯烃含量目标。催化汽油辛烷值有小幅上升，基本稳定在 91.5~92.3；② 试验中期催化汽油烯烃含量上升幅度较大，达到 45%以上，对后续汽油加氢装置的生产操作和汽油调合出厂带来较大困难，为此进行多项调整，包括对新鲜催化剂性能微调，操作上适当降低反应温度至 503℃，并加大新鲜催化剂加剂量，到试验后期，系统平衡剂的各项性质均有所恢复，汽油烯烃含量逐步下降且稳定在 42%左右。

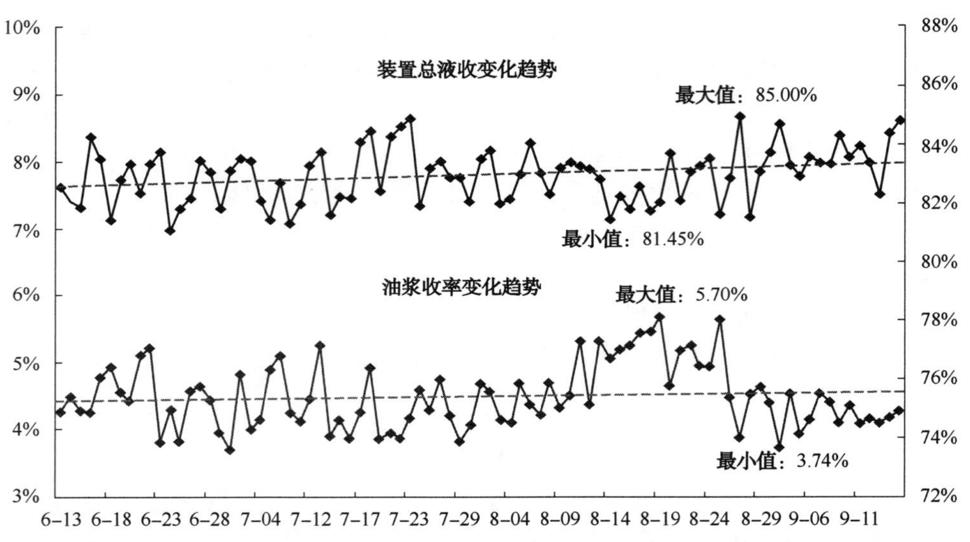

图2 总液收、油浆收率变化趋势图

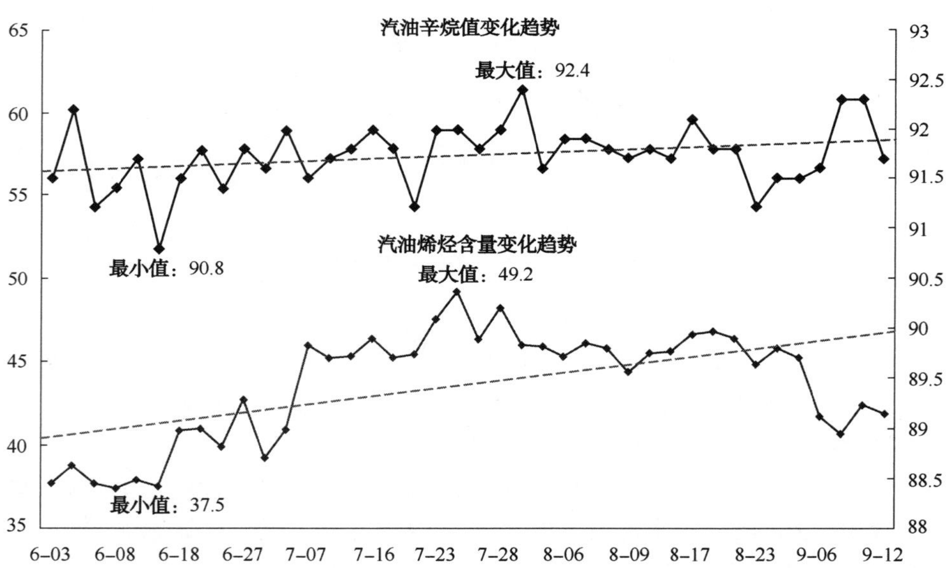

图3 汽油辛烷值、烯烃含量变化趋势图

表5 稳定汽油质量分析

项　　目	空白标定	30%数据	50%数据	80%数据
馏程/℃				
初馏点	34.5	35.5	37.5	32.5
10%	48	49	51	46.5
50%	95.5	93.5	95.5	93
90%	169	171	175	171.5
终馏点	196	192.5	197	200
辛烷值(RON)	90.8	92	91.9	92.3
烯烃含量	37.5	46.4	45.3	42.4

由表5空白标定与试验期间稳定汽油性质对比分析可见，①汽油烯烃总量呈明显上升趋势，达到试验开始前确定的提高汽油烯烃含量目标，但上升幅度过大，达到45%以上(由于对后续汽油加氢装置的生产操作和汽油调合出厂带来较大困难，经过操作条件和催化剂适当优化控制催化汽油烯烃不超过45%)，到试验最终标定期间，汽油烯烃含量稳定在42%左右；②试验期间汽油辛烷值(RON)上升，至试验后期汽油辛烷值提高1.5个单位。

2.4.5 干气质量

表6 干气质量分析

组　成	空白标定	30%数据	50%数据	80%数据
氢气/v%	15.24	21.88	20.32	21.60
甲烷/v%	29.68	26.55	24.17	25.86
氢气/甲烷	0.51	0.82	0.84	0.84
纯度	95.77	95.64	95.52	96.21

由表6空白标定与试验期间干气性质对比分析可见，催化干气中氢/甲烷比有持续上升趋势，说明随着系统平衡剂重金属含量、污染指数的上升，平衡剂受原料中重金属含量影响程度相对增加，催化裂化反应中脱氢反应深度上升。

2.4.6 液态烃质量

表7 液态烃质量分析(在线色谱表)

组成/v%	空白标定	30%数据	50%数据	80%数据
$<C_3$	0.22	0.11	0.15	0.05
丙烷	9.94	9.01	9.34	9.58
丙烯	39.71	43.04	41.73	41.43
异丁烷	17.04	14.38	15.53	15.62
正丁烷	4.71	3.98	4.01	4.27
1-丁烯+异丁烯	14.73	15.88	16.19	15.11
反丁烯	7.93	7.74	7.75	8.09
顺丁烯	5.61	5.77	5.18	5.77
C_5及C_5以上含量	0.11	0.10	0.12	0.07

由表7空白标定与试验期间液态烃性质对比分析可见，催化液态烃中烯烃含量整体上升，烷烃含量相应下降，其中丁烯-1加异丁烯含量、异丁烷含量变化幅度较大，后续轻碳四平衡装置的产品分布将会随之出现变化。

2.5 新鲜催化剂加注情况

表8 催化剂加注表

日　期	LDO-70/t	LDC-200/t	催化剂占比/%	加注量/(t/d)	剂耗/(kg/t)
空白标定	43.0	0	100	14.3	1.52
第一阶段	0	361.1	34.11	12.9	1.47
第二阶段	0	358.9	58.21	17.1	1.81
第三阶段	0	648.6	82.71	18.5	1.96

LDC-200催化剂自6月24日投用至9月15日，共计84天，最终达到反再系统总藏量的84.86%，共计加注1368.6t，催化剂单耗1.77kg/t，而试验开始前1~6月份累计剂耗为

1.97kg/t左右；试验期间反再系统催化剂藏量控制稳定，再生器卸剂约一周一次，每次50t左右，与试验前基本一致。对比试验期间各阶段催化剂加注量变化，催化剂加注量出现明显上升趋势，主要原因是加工原料油性质日益变差，通过增加反再系统催化剂置换量以保证平衡剂重金属含量及污染指数与空白标定具有可比性。

2.6 平衡催化剂性质

表9 反再系统平衡催化剂性质

日期	空白标定	30%数据	50%数据	80%数据
平衡剂				
密度/(kg/dm³)				
充气	0.8	0.83	0.82	0.81
压紧	0.94	0.95	0.94	0.94
沉降	0.83	0.85	0.85	0.83
筛分组成/%				
0~18.9	0	0.2	0	0.4
~39.5	10.6	12.2	11	14
~82.7	49.4	48.7	48.7	50
~111	20.6	20.2	20.9	18.9
>111	19.4	18.7	19.4	16.7
化学组成/%				
Na_2O	—	0.26	0.24	0.2
Al_2O_3	—	48.6	48.6	48.8
Re_2O_3	—	3.7	3.6	3.5
比表面/(m^2/g)	131	116	115	117
孔体积/(mL/g)	0.17	0.16	0.15	0.14
微活/%	66	65	63	66
重金属/(mg/kg)				
Ni	2971	3582	3856	3723
V	6069	6240	7051	6594
Fe	3951	4308	4328	4375
Na	1619	2050	2034	1938
Ca	956	2075	2397	1781
Cu	73	98	107	101
Sb	774	1094	1171	1149
污染指数	6989.4	7951.4	8662.3	8297.4

表10 三旋回收催化剂细粉性质

日期	空白标定	30%数据	50%数据	80%数据
筛分组成/%				
0~18.9	46.5	57.9	58.3	58.1
~39.5	49.9	40.8	40.2	39.9
~82.7	3.6	1.3	1.5	2
>82.7	0	0	0	0

由表9空白标定与试验期间平衡催化剂性质对比可见，系统平衡剂整体性质持续下降，包括微活、比表面积、孔体积；重金属含量全面上升，其中V含量大幅上升至7000以上，

催化剂污染指数上升至8000以上，主要是由原料中重金属含量上升引起，由于平衡剂性能的持续恶化，就必须通过持续加大新鲜剂的加剂量，提高系统平衡剂的置换速度，以改善系统平衡剂的整体性质，造成催化剂单耗持续上升。

通过表10三旋回收催化剂细粉筛分组成分析、细粉拉运量和烟机入口在线粉尘监测共同判断催化剂的磨损跑损情况。通过对比试验期间细粉筛分组分，其中20μm以下含量基本稳定；试验期间每天细粉拉运量稳定在5t左右，没有出现大幅升高现象；烟机入口在线粉尘监测数据维持在140~170mg/m³。综合表明LDC-200催化剂催化剂抗磨损性能保持较好。

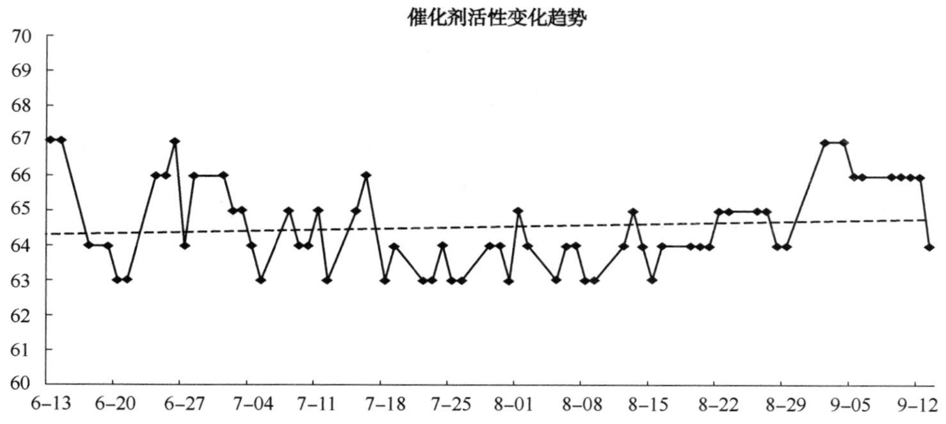

图4 反再系统平衡催化剂活性变化趋势图

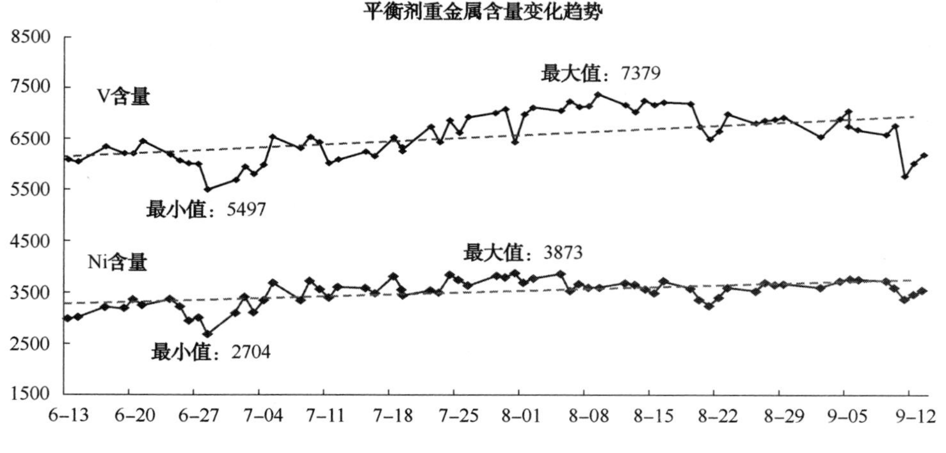

图5 反再系统平衡催化剂重金属含量变化趋势图

由图4、图5可看出，试验期间平衡剂活性维持在63%~67%，受原料中重金属含量上升影响，平衡剂中重金属Ni、V含量上升趋势明显，后期针对平衡剂活性较低进行多项调整后，平衡剂的各项指标有所恢复且维持稳定。

3 总结

LDC-200催化剂在兰州石化公司3.0Mt/a催化装置中的工业应用表明，该催化剂具有优异抗重金属和重油转化能力以及良好的降低焦炭产率的性能。

(1) 2013年6月24日至9月15日，LDC-200催化剂投用共计84天，最终达到系统催化剂总藏量的84.86%，催化剂单耗1.77kg/t，与试验开始前1~6月份累计剂耗为1.97kg/t相比，催化剂单耗降低0.20kg/t；

(2) 试验期间在平衡剂Ni、V含量大幅度升高，平衡剂整体性质下降的情况下，油浆收率减少，焦炭产率大幅度降低，降低幅度达到10.7%，总液收大幅上升，表明随着LDC-200催化剂的不断加入，系统催化剂重油转化能力得到改善，抗重金属污染能力增强，与使用LDO-70催化剂相比，装置在产品分布和经济效益方面得到改善；

(3) 试验期间通过每天的细粉筛分组成分析、细粉拉运量和烟机入口在线粉尘监测综合判断，试验期间再生系统没有发生催化剂跑损的异常情况；

(4) 催化汽油烯烃含量上升较为明显，稳定在45%左右，表明LDC-200催化剂提高汽油烯烃含量的效果明显，达到试验开始前确定的提高汽油烯烃含量目标；

(5) 随着反应后油气中烯烃组分的上升，液态烃中丙烯、C_4烯烃含量有明显上升趋势，C_4烷烃含量下降。

分子筛催化剂及其级配在齐鲁加氢裂化装置上的运用

蒋志军

（中国石化齐鲁分公司炼油厂，山东淄博　255434）

摘　要　介绍了原设计使用无定型催化剂的加氢裂化装置使用高分子筛催化剂后的运行情况，数据证明，面对原油日益劣质化的状况，装置通过简单的改造，完全可以适用高活性催化剂，多产高附加值产品。同时根据实际情况，对装置下一步的运行提出了可行性建议。

关键词　加氢裂化　原料劣质化　高活性催化剂　技术改造

1　概述

中国石化齐鲁分公司140万t/a加氢裂化装置由SEI设计，装置采用单段串联一次通过加氢裂化工艺，加工直馏减压蜡油，用于生产石脑油、航煤、柴油和尾油，其中石脑油作重整料，尾油作乙烯料。

该装置投产后，针对企业实际需要其运行经历了3个阶段：2001～2009年4月为第一阶段，使用无定型催化剂，主要生产中间馏分和蒸汽裂解原料；2009年5月以来由于国际原油价格持续运行较高，重质劣质原油和优质轻质原油价差较大，在加氢裂化装置中掺入胜利VGO以及焦化蜡油，可以极大的改善炼厂整体经济效益。而加裂原料的劣质化，相同催化剂及工艺条件下，必然使得产品质量变差。为改善尾油质量，多产石脑油、航煤、低BMCI值尾油等高附加值产品并保证4年的运转周期，2009年5月～2013年4月的第二阶段使用了北京石油化工科学研究院开发的RN-32V和RHC-5催化剂，以满足多产化工原料的需求。2013年装置检修后处于第三阶段，RN-32V和RHC-5催化剂实施再生，为了进一步提高产品质量、降低装置能耗、改善尾油BMCI值和航煤烟点并控制裂化反应器温度趋于合适的梯度，裂化反应器催化剂重新级配，并在裂化反应器第四床层增加了部分活性较低的RHC-3裂化催化剂。

根据RN-32V/ RHC-5/ RHC-3运行情况和产品分布，于2010年和2013对装置分馏系统进行了适应性技术改造，解决了运行中的瓶颈，高附加值产品收率提高，装置效益得到进一步提升。针对高氯高酸原油的冲击和高压换热器结垢，制定了相应的应对措施，保证了长周期运转。

2　装置催化剂级配情况

该加氢裂化装置在第一阶段使用无定型催化剂，精制反应器四个床层装填精制催化剂，

第一床层顶部装填部分保护剂，裂化反应器四个床层装填裂化催化剂，第四床层底部装填部分后精制剂。第二阶段使用分子筛催化剂，级配方案和第一阶段类似。2013 年 4 月加氢裂化装置停工检修后为第三阶段，本次对第二阶段使用的精制剂 RN-32V 和裂化剂 RHC-5 实施再生，更换了保护剂，补充部分损失剂并在裂化反应器四床增加了活性较低的 RHC-3 裂化催化剂。2013 年 5 月 8 日开始开工，经预硫化、钝化后，5 月 17 日开工正常。第三阶段催化剂详细级配情况见表 1。

表 1　齐鲁分公司加氢裂化催化剂级配表

床层	精制反应器 R401		裂化反应器 R402	
	催化剂	备注	催化剂	备注
床层 1	RG-20(φ13)	保护剂	6mm 瓷球	
	RG-30A(φ6)		3mm 瓷球	
	RG-30B(φ3.5)		RHC-5(φ1.4)	裂化剂(活性高)
	RN-32V(φ1.4)	精制剂		
	3mm 瓷球		3mm 瓷球	
	6mm 瓷球		6mm 瓷球	
床层 2	6mm 瓷球		6mm 瓷球	
	3mm 瓷球		3mm 瓷球	
	RN-32V(φ1.4)	精制剂	RHC-5(φ1.4)	裂化剂(活性高)
	3mm 瓷球		3mm 瓷球	
	6mm 瓷球		6mm 瓷球	
床层 3	6mm 瓷球		6mm 瓷球	
	3mm 瓷球		3mm 瓷球	
	RN-32V(φ1.4)	精制剂	RHC-5(φ1.4)	裂化剂(活性高)
	3mm 瓷球		3mm 瓷球	
	6mm 瓷球		6mm 瓷球	
床层 4	6mm 瓷球		6mm 瓷球	
	3mm 瓷球		3mm 瓷球	
	RN-32V(φ1.4)	精制剂	RHC-3(φ1.4)	裂化剂(活性低)
	3mm 瓷球		RN-32V(φ3.4)	后精制剂
	6mm 瓷球		6mm 瓷球	
	13mm 瓷球		13mm 瓷球	

3　针对高活性催化剂进行的工作

3.1　分馏系统部分适应性改造

装置 2009 年由中油型加氢裂化催化剂更换为化工原料型(石脑油和尾油)催化剂后，产品分布发生了较大变化，石脑油、航煤等产品收率增加了 5%，柴油收率下降，生产中反映出分馏系统硫化氢汽提塔进料温度过低、航煤汽提塔 C503 顶部返塔压力高、吸收解吸塔底负荷不足等问题，影响了产品质量和收率，装置进行了适应性改造，主要内容为：

（1）优化冷低分油进硫化氢汽提塔换热流程，将冷低分油和出装置尾油换热，提高冷低分油入塔温度，由 78℃升至 105℃，航煤腐蚀得到改善；

（2）将航煤汽提塔 C503 顶部返分馏塔线及设备开口由 *DN*100 扩至 *DN*150，有效提高了航煤闪点；

（3）增加吸收解吸塔底和石脑油稳定塔底再沸器换热面积，直径由 500 增加为 900，降低了重整料石脑油中硫化氢含量。

（4）通过改造，问题得到部分解决。但运行中仍有瓶颈，表现在汽提塔入口温度依然较低，影响了航煤腐蚀，航煤收率受到限制；吸收解吸塔带液严重，重整料石脑油不能最大化生产，2013 年检修，再次进行了优化：

（5）冷低分油进汽提塔前 C-501 和分馏塔 C-502 一中回流换热，温度从 110℃提高到 145℃，航煤操作弹性提高。

（6）吸收解吸塔更换立体高效塔盘，解决带液问题。

表 2　分馏系统改造前后相关参数统计和产品质量变化

时　间	2010 改造前	2010 改造后	2013 改造后
冷低分油进汽提塔前温度/℃	78	105	145
汽提塔总进料温度/℃	181	196	224
汽提塔底温度/℃	172	185	202
航煤汽提塔压力/MPa	0. 13	0. 12	0. 12
航煤闪点/℃	43. 5	48	47
航煤银片腐蚀	1	0	0
吸收解吸塔底温度/℃	107	117	128
石脑油中硫含量/%	0. 0003	0. 0001	0. 0001

3. 2　重新确定事故处理原则

装置原使用无定型催化剂，由于活性低，反应条件相对缓和，事故处理尤其是循环机停运后，原则为“加热炉灭炉，系统撤压到 4. 7MPa，补充事故氮气，视情况逐步恢复”，鉴于分子筛催化剂活性高，结合 2009 年事故处理经验，将事故处理原则修订为：“加热炉灭炉，进料切断，系统撤压到 0. 8MPa，补充事故氮气，视情况逐步恢复”，确保高活性催化剂运行下的装置本质安全。

3. 3　建立高压系统监控体系

无定型装置适应轻油型催化剂生产，含氯的环烷酸进料对装置腐蚀的影响是较大的难题，且因原料劣质化后，加氢裂化原料换热器结垢趋势加剧，为保证装置安全平稳运行，建立了加氢裂化高压系统监控体系。

选取加氢裂化流程中的压力测量点，分段记录各个设备压差；选取各个高压换热器换热介质出入口温度，由 DCS 自动采集数据。将差压和温度与进料量及氢油比建立数学模型，从系统差压、冷端温差、热端温差、冷流温升、热流温降，换热系数变化等六个方面，做出动态曲线，及时发现运行瓶颈，为上游原料组织、阻垢剂评价和定期前置注水冲洗提供数据支持。科学的数据监控系统辅以精细的现场管理，共同保障加氢裂化装置平稳高效运行。

4 RN-32V/RHC-5/RHC-3组合催化剂运行情况

4.1 装置进料性质整体变差

齐鲁分公司四蒸馏装置自2010年4月始加工胜利含酸重质原油后，140万t/a加氢裂化的进料性质发生了较大变化。表现在黏度、酸值、密度、氮含量增加，2013年10月开始，为缓解装置高压换热器结垢，逐步将四常减三线尽量少进加氢裂化，优化装置运行。图1~图3为2009年1月份以来加氢裂化原料密度、BMCI值和硫氮含量变化。

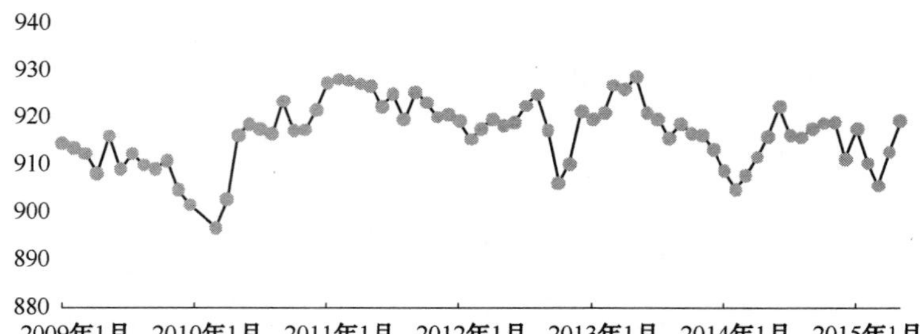

图1 加氢裂化原料密度变化情况

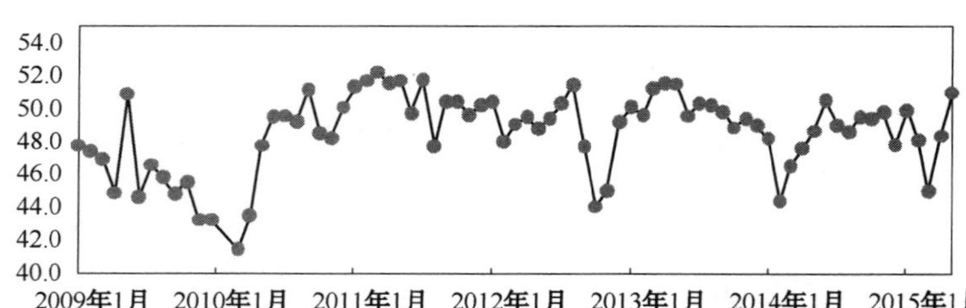

图2 加氢裂化原料BMCI值变化情况

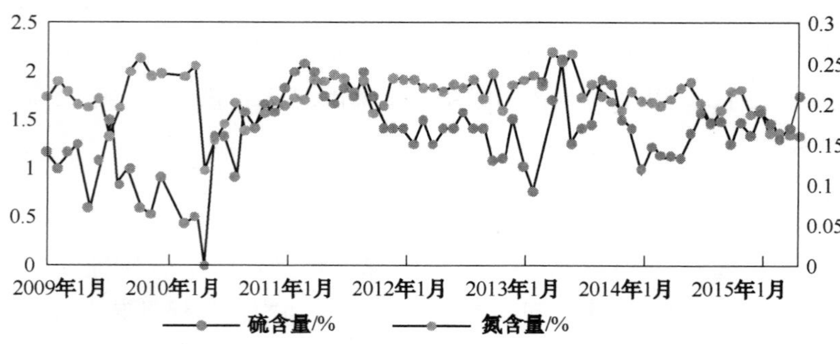

图3 加氢裂化原料硫氮变化情况

由图可见，2010年后加氢裂化装置进料性质发生了较大程度的变化，原料油密度由原来的约910kg/m^{3}提高到926kg/m^3，原料油BMCI值由47左右提高到50以上，2013年10月后逐步减少四常减三线蜡油比例，逐步恢复到原先值。原料氮含量由原来的1200μg/g左右增加到 2100μg/g 左右，最高达到 2500μg/g 以上，后来有所缓和。

4.2 装置产品质量稳定

使用 RN-32V/RHC-5 组合催化剂后，该剂体现了对原料较强的适应性，自 2009 年 9 月份来，尽管原料性质变差，产品性质非常稳定。

（1）加氢裂化精制油氮含量

图 4 为加氢裂化精制油氮含量，运行四年来，排除 2010 年 3 月、8 月装置处理问题，2013 年 4 月装置检修停开工数据，加氢裂化精制油氮含量均小于 10μg/g，最小为 2μg/g，(具体和原料中含氮有关系，在本周期运行中，加氢裂化原料氮含量一直超标)起到了良好的精制效果。按照第二周期的运行数据，精制反应器平均温度从初期到末期提高了约 26℃，失活速率慢。精制反应器床层最高温度不高于 400℃，仍处于安全温度。

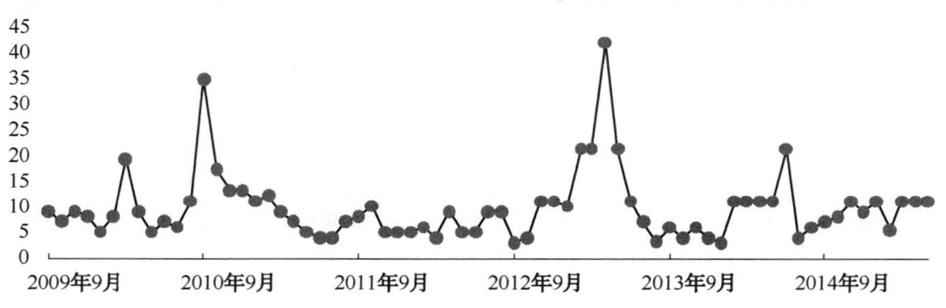

图 4　加氢裂化精制油氮含量

（2）加氢裂化生成油密度

图 5 为加氢裂化生成油密度，装置控制合适的转化率，生成油密度保持在 815kg/m^3 左右，裂化性能优良。按照第二周期的运行数据，裂化反应器平均温度从初期到末期提高了约 14℃，失活速率慢。裂化反应器床层最高温度不超过 390℃，处于安全温度。

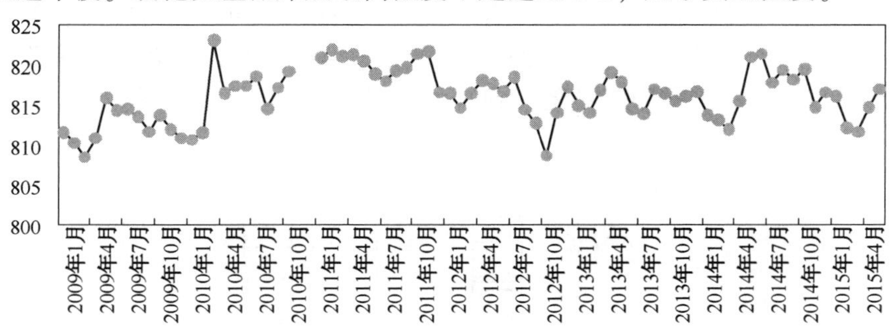

图 5　加氢裂化生成油密度

（3）航煤烟点和尾油 BMCI 值得到改善

RN-32V/RHC-5 组合催化剂，2010 年 3 月对裂化反应器进行重新级配，将原装填于三个反应床层中的裂化催化剂分布于四个反应床层中，2013 年催化剂再生后再次优化级配，加入活性较低的 RHC-3 裂化催化剂，用以改善航煤烟点和尾油 BMCI 值，从图 6～图 7 来看，2013 年 5 月后，航煤烟点上升了 3 个单位，尾油 BMCI 值下降了 2 个单位，排除馏程控制上的因素，航煤烟点和尾油 BMCI 值也均有不同程度的改善。

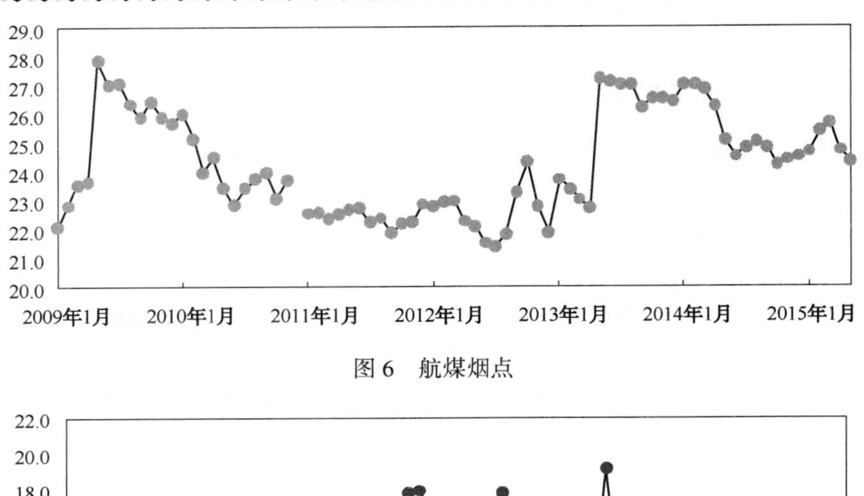

图6　航煤烟点

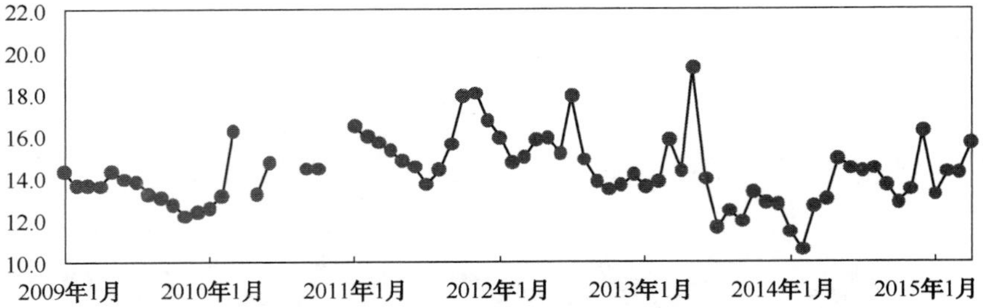

22.0
20.0
18.0
16.0
14.0
12.0
10.0
2009年1月
2010年1月
2011年1月
2012年1月
2013年1月
2014年1月
2015年1月

图7　尾油BMCI值

5　对装置运行的几点建议

5.1　高压换热器换热效率下降，下一步考虑适当降低裂化剂活性

加氢裂化装置原料和产品换热系统共有三台高压换热器E401和E402A、B。其中E401为原料和精制反应器出口产品换热器，原料走壳程，E402为原料和裂化产品换热器，原料走管程。两个换热器系统有调节温度的大副线和小副线，具体流程如图8所示。

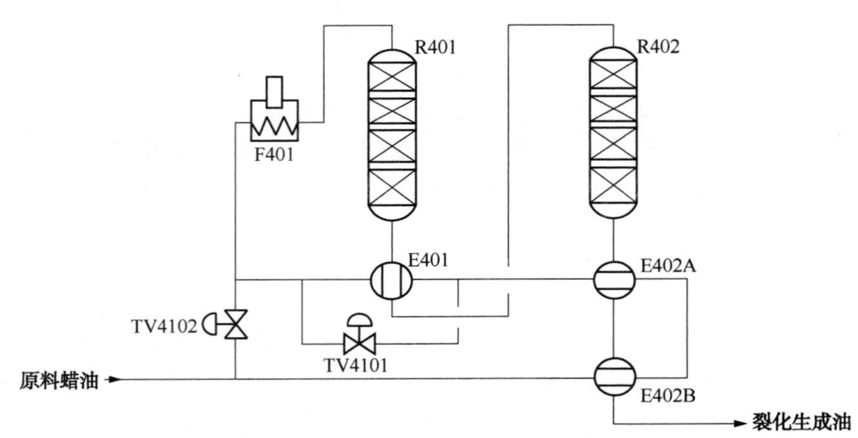

图8　加氢裂化反应器系统流程

由于加工胜利高硫高酸原油，尽管对原料加强过滤并在系统中加注阻垢剂，加氢裂化高压换热器换热效率仍旧持续下降，调节温度的两个副线阀门 TV4101 和 TV4102 完全关闭，冷流体(原料)全部走换热器，加热炉温升达到 33℃，加热炉炉膛温度接近 780℃，炉出口温度方能维持 350℃，满负荷运行比较卡边。

针对装置情况，目前已经将原料过滤器反吹差压由 0.12MPa 设置为 0.09MPa，反冲洗频率由 4 小时下降到 1~2 小时，情况得到改善。下一周期可考虑适当降低裂化反应器催化剂活性，一则减少 R-402 冷氢量，降低冷氢阀开度，同时提高 E-402 温位，从而提高 F-401 入口温度，延缓换热器结垢带来的不利影响。

5.2 石脑油稳定塔设置重石抽出线

使用高活性催化剂后，石脑油收率提高(由 22%提高到 24%)，目前加氢裂化轻重石脑油不分，作为重整料输送到下游装置后，需进入预分馏塔再次分离出拔头油，增加了下游装置能耗，可以考虑在石脑油稳定塔设置侧线，抽出重石，轻石作裂解原料，重石作重整原料，实现宜烯则烯，宜芳则芳。

5.3 精制反应器出口换热器管壳程互换

加氢裂化高压换热器换热效果下降严重影响到装置的长周期运行，从本周期和上周期运行情况分析，精制反应器出口换热器 E-401 换热效率下降幅度尤其明显，也就是说结垢更容易发生在 280~310℃的 E-401 壳程上。该换热器原料走壳程，建议将 E401 管壳程互换，原料走管程，提高原料在换热器中的流速，有利于结垢前驱物的冲洗去除，还可以减少原料通过换热器外表面的散热从而提高加热炉入口进料温度，并相应降低精制油在 E-401 出口反应温度从而改善精制和裂化反应器的温度匹配，是否可行可委托设计院进行核算。

6 结 论

RN-32V/RHC-5/ RHC-3 组合催化剂级配在齐鲁分公司 140 万 t/a 加氢裂化装置上运行后：

(1) 对原料适应性较强，在原料密度、芳烃指数、硫氮含量上升的情况下，精制油合格，氮含量保持在 5mg/L 左右。

(2) 产品分布合理，质量合格。石脑油产率上升 2%，航煤收率上升 3%，尾油 BMCI 值下降 2 个单位，排除馏程影响，航煤烟点上升 1.5 个单位。

(3) 从第二周期运行来看，该分子筛催化剂运行一个周期，精制反应器最高温度低于 400℃，裂化反应器最高温度低于 395℃，活性高，失活速率慢。

工业运用说明 RN-32V/RHC-5/ RHC-3 系列催化剂及其级配在齐鲁 140 万 t/a 加氢裂化装置上是成功的，同时也给使用低活性无定型催化剂的装置改用高活性分子筛催化剂提供了数据支持，为老装置扩能提供了新的思路。

催化汽油加氢脱硫选择性调控(RSAT)技术在青岛石化的工业应用

张海峰[1]，刁远兵[2]

(1. 中国石化青岛石油化工有限责任公司，山东青岛 266043；
2. 中国石化石油化工科学研究院，北京 100083)

摘　要　催化汽油加氢脱硫催化剂选择性调控技术在青岛石化的工业应用表明选择性调控技术具有较好的脱硫活性及选择性，并且装置经过生产国 III 和国 IV 汽油长周期稳定运转的考验；标定结果表明 RSDS-II 经过选择性调控可以将催化裂化汽油的硫含量降低到 10μg/g 以下，并保持较小辛烷值损失(1.4~1.5 个单位)，比较调控前减少约 0.4 个单位。

关键词　催化汽油　加氢脱硫　催化剂　选择性调控　辛烷值　工业应用

1　前言

随着汽车工业的快速发展，汽车尾气对环境的污染越来越严重。试验表明降低汽油中的硫含量是减少汽车污染物排放的最有效手段之一[1]。成品汽油中 90%以上的硫来自催化裂化汽油，因此，降低催化裂化汽油硫含量是降低成品汽油硫含量的关键所在。

中国石化石油化工科学研究院(RIPP)开发的第二代催化裂化汽油选择性加氢脱硫技术(RSDS-II)有较高的脱硫活性和选择性，已经在国内多家炼厂工业应用，为生产国 III 和国 IV 汽油提供了可靠的技术支撑。为了进一步提高汽油质量，使汽油质量满足国 V 标准(S≤10μg/g)，RIPP 开发了催化裂化汽油选择性加氢脱硫催化剂选择性调控(RSAT)技术。RSAT 技术继承了 RSDS-II 的工艺流程，其主要目的是基本保持催化剂脱硫活性而大幅度降低烯烃饱和活性，从而达到进一步提高催化剂选择性的目的。该技术可以将催化裂化汽油的硫含量降低到 10μg/g 以下，并保持较小辛烷值损失，具有稳定的脱硫活性及选择性。

2　青岛石化 RSDS-II 工艺流程简介

青岛石化 60 万 t/a 催化汽油加氢脱硫装置主要包括催化裂化全馏分汽油分馏系统、HCN 选择性加氢反应系统、LCN 碱抽提脱硫醇及脱硫醇后 LCN 和加氢后 HCN 混合油的氧化脱硫醇系统等 4 个操作单元。脱硫醇后 LCN 和加氢后 HCN 混合油经固定床氧化脱硫醇后的产品称为全馏分汽油产品。装置的工艺原则流程如图 1 所示。

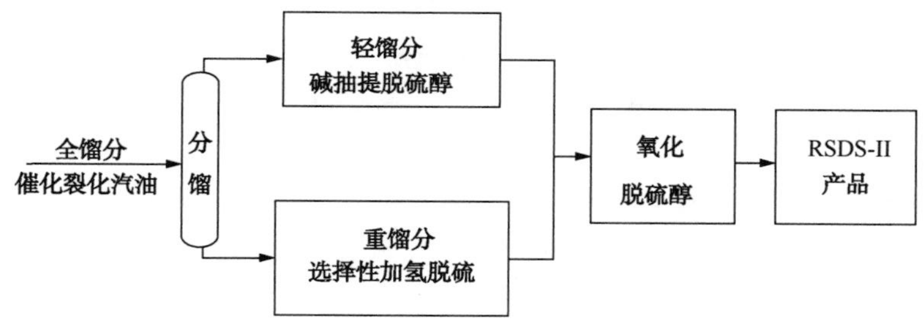

图 1　青岛石化 60 万 t/a 催化汽油加氢装置原则流程图

3　RSAT 技术在青岛石化工业应用

3.1　RSAT 技术工业应用初期标定情况

2012 年 10 月，RSAT 技术首次在青岛石化工业应用。为考察 RSAT 技术性能，2012 年 11 月 6 日~8 日，针对青岛石化催化裂化汽油为原料，生产硫含量满足国 V 汽油标准进行了标定，标定目标是控制全馏分汽油产品中硫含量不大于 10μg/g。此次标定中 RSAT 处理的催化裂化汽油来自 MIP 装置，其性质见表 1。

表 1　催化裂化稳定汽油性质

采样时间	2012. 11. 7	2012. 11. 8
硫含量/(μg/g)	845	849
硫醇性硫/(μg/g)	95	95. 5
族组成(FIA)/%		
饱和烃	44. 8	45. 6
烯烃	27. 4	24. 0
芳烃	27. 7	30. 4
RON	95	95
馏程(ASTM D-86)/℃		
初馏点	38	37
10%	53	52
50%	103	102
90%	183	181
终馏点	208	205

全馏分产品汽油主要性质见表 2，产物分布见表 3。

表 2　全馏分汽油产品主要性质

项　　目	2012. 11. 7	2012. 11. 8
密度(20℃)/(g/cm^3)	0. 7350	0. 7345
硫含量/(μg/g)	8	9
硫醇性硫/(μg/g)	1. 5	4. 0
族组成(FIA)/%		
饱和烃	49. 9	51. 1
烯烃	22. 9	19. 2

续表

项　　目	2012.11.7	2012.11.8
芳烃	27.2	29.7
RON	93.5	93.5
馏程(ASTM D-86)/℃		
初馏点	35	34
10%	47	46
50%	89	89
90%	178	176
终馏点	203	202
脱硫率/%	99.1	98.9
RON 损失	1.5	1.5

表 3　装置产物分布及纯氢消耗

项　　目	分布/%	项　　目	分布/%
C_1~C_2	0.01	RSDS-II 汽油	99.73
C_3~C_4	0.07	纯氢消耗	0.24

青岛石化 RSAT 技术初期标定结果表明 RSAT 技术具有较好的选择性，以 MIP 汽油为原料(硫含量 845μg/g~849μg/g)，可以生产硫含量不大于 10μg/g 的汽油产品，RON 损失 1.5 个单位，装置汽油收率大于 99.5%。

3.2　装置长周期生产运转情况

青岛石化催化汽油选择性加氢脱硫装置自 2012 年 10 月采用 RSAT 技术至今，已连续稳定运转超过 18 个月。2013 年 10 月 1 日前产品汽油出厂执行国Ⅲ标准(S≤150μg/g)，10 月 1 日开始执行国Ⅳ标准(S≤50μg/g)，装置根据原料情况和产品质量要求及时调整操作。2013 年 3 月、5 月、11 月取样对原料硫含量和产品汽油性质进行了详细分析，结果见表 4。

表 4　原料及产品主要性质

取样时间	2013.3.4		2013.5.13		2013.11.14	
	原料	产品	原料	产品	原料	产品
密度/(g/cm³)	0.736	0.735	0.74	0.74	0.739	0.738
硫含量/(μg/g)	658	86	889	146	704	28
硫醇硫含量/(μg/g)		3.3	—	2.4	—	4.1
铜片腐蚀/级	—	1a	—	1a		1a
诱导期/min	—	>1000	—	>1000		>1000
饱和烃/%	51.1	56.5	52.1	55.5	57.7	58.5
烯烃/%	20.5	17.8	17.6	15.3	18.7	17.8
芳烃/%	28.4	25.7	30.3	29.2	23.6	23.7
RON	94.6	94.5	93.6	93.5	94.6	94.4
RON 损失		0.1		0.1		0.2
馏程(ASTM D-86)/℃						
初馏点	35	36	37	38	36	37

续表

取样时间	2013. 3. 4		2013. 5. 13		2013. 11. 14	
	原料	产品	原料	产品	原料	产品
10%	47	46	48	49	47	46
50%	87	86	88	89	87	86
90%	178	179	177	178	178	179
终馏点	202	202	202	203	202	203

由表 4 可见，以烯烃体积含量 19.9%~21.6%、硫含量 658~889μg/g 的催化裂化汽油为原料，生产硫含量小于 150μg/g 的国 III 汽油时，RON 损失约 0.1 个单位；生产硫含量小于 50μg/g 的国Ⅳ汽油时，RON 损失约 0.2 个单位，装置长周期运转情况表明 RSAT 择性调控技术具有较好的加氢脱硫活性、选择性及稳定性，同时具有较低的辛烷值损失。

3.3 RSAT 技术工业应用十八个月后标定情况

为考察 RSAT 技术经过装置长周期运转后的性能，2014 年 4 月 23 日~25 日，针对青岛石化催化裂化汽油为原料，生产硫含量满足国Ⅴ汽油标准进行了再次标定，标定目标是控制全馏分汽油产品中硫含量不大于 10μg/g。此次标定的催化裂化汽油来自 MIP 装置，其性质见表 5。

表 5 催化裂化稳定汽油性质

项　　目	第一组	第二组
硫含量/(μg/g)	690	735
族组成(FIA)/%		
饱和烃	53.6	69.5
烯烃	19.4	19.1
芳烃	24.0	23.2
RON	93.2	93.2
馏程(ASTM D-86)/℃		
初馏点	35	34
10%	53	49
50%	97	91
90%	182	180
终馏点	205	206

全馏分产品汽油主要性质见表 6，产物分布见表 7。

表 6 全馏分汽油产品主要性质

项　　目	第一组	第二组
密度(20℃)/(g/cm^3)	0.733	0.733
硫含量/(μg/g)	8	9
硫醇性硫/(μg/g)	2.4	7
族组成(FIA)/%		
饱和烃	60.5	—
烯烃	13.9	—
芳烃	25.6	—
RON	91.7	91.8

续表

项　目	第一组	第二组
馏程(ASTM D-86)/℃		
IBP	39	39
10%	47	49
50%	93	96
90%	182	185
FBP	205	206
脱硫率/%	98.7	98.8
RON 损失	1.5	1.4

表7　装置产物分布及纯氢消耗

项　目	分布/%	项　目	分布/%
$C_1 \sim C_2$	0.02	C_5^+汽油	99.75
$C_3 \sim C_4$	0.06	纯氢消耗	0.21

青岛石化本次标定结果表明 RSAT 选择性调控技术具有稳定的脱硫活性和选择性，在装置运转 18 个月后的标定结果表明：以 MIP 汽油为原料(硫含量 690~735μg/g)，生产硫含量不大于 10μg/g 的汽油产品时，RON 损失 1.4~1.5 个单位，装置汽油收率大于 99.5%。

3.4　调控前后产品辛烷值损失对比

3.4.1　生产国Ⅳ汽油时产品 RON 损失对比

RSAT 选择性调控技术在青岛石化工业应用前、后进行生产国Ⅳ汽油时产品辛烷值损失对比情况见表 8。

表8　生产国Ⅳ汽油时调控前后产品辛烷值损失对比

项　目		硫含量		辛烷值		
		原料	产品	原料	产品	差值
调控前	2011.09.22	1210	50	94.6	94.3	-0.3
	2011.09.23	786	33	94.6	94.3	-0.3
调控后	2013.11.14	889	28	94.6	94.4	-0.2
	2014.02.07	883	46	93.6	93.4	-0.2

由表 8 可见，生产国Ⅳ汽油时，调控前产品辛烷值损失约 0.3 个单位，调控后产品辛烷值损失约 0.2 个单位。

3.4.2　生产国Ⅴ汽油时产品 RON 损失对比

RSAT 选择性调控技术在青岛石化工业应用前、后进行生产国Ⅴ汽油标定时，在原料、产品汽油硫含量基本一致的前提下辛烷值损失对比情况见表 9。

表9　生产国Ⅴ汽油时调控前后产品辛烷值损失对比

项　目		硫含量		辛烷值		
		原料	产品	原料	产品	差值
调控前	2011.12.15	799	9	95.3	93.4	-1.9
	2011.12.16	812	9	95.2	93.26	-1.94

续表

项目		硫含量		辛烷值		
		原料	产品	原料	产品	差值
调控后	2012.11.7	845	8	95	93.5	-1.5
	2012.11.8	849	9	95	93.5	-1.5

由表9可见，进行生产国V汽油标定时，在原料和产品硫含量基本一致，反应苛刻度相同的情况下，调控前产品辛烷值损失约1.9个单位，调控后产品辛烷值损失约1.5个单位，采用选择性调控技术可以减少辛烷值损失约0.4个单位。表明RSAT择性调控技术在深度脱硫条件下，具有较低的辛烷值损失。

4 结论

（1）催化裂化汽油加氢脱硫催化剂选择性调控技术(RSAT)在青岛石化的工业应用结果表明选择性调控技术具有较好的脱硫活性及选择性，并且装置经过生产国III和国IV汽油长周期稳定运转的考验，以MIP汽油为原料(硫含量658~889μg/g)，生产硫含量小于50μg/g的国Ⅳ汽油时，RON损失约0.2个单位；

（2）标定结果表明RSDS-II经过选择性调控，以MIP汽油为原料(硫含量690~849μg/g)，生产硫含量小于10μg/g的国V汽油时，RON损失约1.5个单位，装置汽油收率大于99.5%，在深度脱硫条件下产品RON损失较调控前减少约0.4个单位。

参考文献

[1] L. David Krenzke等. Hydrotreating technology improvements for low emissions fuels. NPRA AM-96-67.

渣油馏分扩散和加氢脱硫反应行为研究①

陈振涛，刘俊峰，赵锁奇，徐春明

（中国石油大学化学工程学院；重质油国家重点实验室，北京　102249）

摘　要　利用超临界流体萃取分馏技术将委内瑞拉常压渣油切割成 15 个窄馏分和 1 个萃余残渣。选择编号为 4、8、12 的窄馏分和残渣可溶质为研究对象，运用隔膜池测定了常温条件下各馏分通过聚碳酸酯膜的扩散行为，应用固定床高压加氢反应器考察了各馏分的加氢脱硫反应和扩散行为。结果显示，馏分轻重和孔道尺寸是扩散系数大小的两个关键因素。委内瑞拉常渣各馏分的加氢脱硫遵循二级反应动力学规律。催化剂有效因子随着馏分变重而降低，表明内扩散对这些馏分加氢脱硫反应的影响不断加剧。对比发现，委内瑞拉常渣 4 个馏分中硫化物在反应条件下通过催化剂的受阻扩散程度和通过聚碳酸酯膜的受阻扩散程度均大于 Renkin 方程的预测值，渣油分子构型偏离球状结构可能是其主要原因；且前者略大于后者的结果，可能是结焦造成的催化剂孔径降低和反应产物逆向扩散的影响造成的。

关键词　聚碳酸酯膜　固定床高压反应器　超临界流体萃取分馏　扩散　加氢脱硫反应

经济的迅猛发展和常规原油储量的日益衰减给全球的能源利用提出了新的挑战，重质油因其丰富的储量将成为全球未来重要的能源资源。重质油的高效转化逐渐成为全球各大石油公司所面临的一个重要课题。因其能大幅度提升加工深度和改善产品性质，渣油加氢处理已成为重质油轻质化的一个重要环节。在此催化转化过程中，重质油大分子需经过内、外扩散才能到达催化剂内表面的活性位上发生吸附和反应。随着加工原料的变重，重质油的分子尺寸可达到数个~数十个纳米，而工业渣油加氢催化剂的平均孔径为 8~20 nm，渣油分子在催化剂孔道内的扩散受到明显的阻碍作用，制约了反应的顺利进行，严重影响了催化剂的高效利用。

近些年来，尽管人们应用隔膜池法[1, 2]、吸附扩散法[3]和反应动力学法[4, 5]对重油分子在多孔材料中的扩散进行了研究，得出沥青质等重油组分在工业加氢处理催化剂孔径尺寸的孔道中的传质受到明显的扩散阻力。但是，绝大多数研究者都以沥青质为研究对象，并且忽略了重油的多分散和易缔合特性。深入研究重油大分子在催化剂孔道内的扩散性能不仅对催化剂设计具有理论指导意义，对反应动力学模型的建立以及反应器的优化设计也具有实际应用价值。

基于此，本论文利用超临界流体萃取分馏技术将委内瑞拉常渣切割成不同的窄馏分，降低了重油的多分散性；并应用低浓度溶液进行了隔膜池扩散实验和加氢脱硫反应实验，消除了渣油分子间缔合现象，从而获得了渣油分子通过聚碳酸酯膜孔和催化剂孔道的扩散系数；通过对比，获得了渣油分子在微孔中扩散与 Renkin 方程存在差异的新认识。

---

①　基金项目：国家自然科学基金（No. 21106183 和 21476257）、石油化工联合基金（U1463207）和中国石油大学（北京）科研启动基金（No. 01JB0195）.

1 实验材料和装置

1.1 实验材料

实验选择委内瑞拉常渣为原料，利用中国石油大学重质油国家重点实验室开发的超临界流体萃取分馏(Supercritical fluid extraction and fractionation，简称SFEF)技术，将委内瑞拉常渣按照质量分率约5%分离得到15个窄馏分和1个萃余残渣，应用正庚烷将萃余残渣二次分离得到可溶质和沥青质。本课题组的前期研究表明，窄馏分的性质变化较小，萃余残渣可溶质和沥青质的性质的变化趋势加剧。基于此，本实验选取SFEF-4、8、12和残渣可溶质4个馏分进行扩散实验，委内瑞拉常渣及其4个馏分的性质如表1所示。

表1 委内瑞拉常渣及其4个馏分基本性质

Feeds	Molecular weight	Density/(g/cm^3)	H/C	Sulfur/%	Nitrogen/%	Vanadium/ppm	Nickel/ppm
VAR	764	0.9857	1.42	3.9	0.74	533.59	154.95
SFEF-4	471	0.963	1.55	3.2	0.38	35.22	12.81
SFEF-8	491	0.976	1.55	3.5	0.44	39.93	13.70
SFEF-12	699	1.013	1.46	4.1	0.80	115.05	47.41
Maltenes	1751	—	1.18	4.9	1.62	713.7	171.6

表1结果显示，委内瑞拉常渣各馏分的分子量和密度均随着萃取收率的增加而增大，氢碳原子比则呈现逐渐降低的趋势。相对于窄馏分而言，残渣可溶质的各个性质均出现了较大程度的变化。

1.2 实验装置

隔膜池实验(见图1)选用三种Whatman聚碳酸酯径迹蚀刻膜，额定平均孔径分别为200nm、50nm和15nm，应用甲苯作溶剂。加氢脱硫实验应用工业加氢脱硫催化剂在固定床

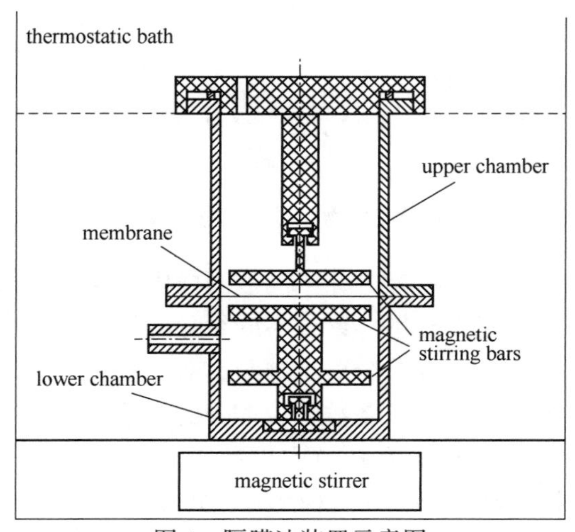

图1 隔膜池装置示意图

高压加氢反应器(见图2)上进行，加氢尾油为稀释油。

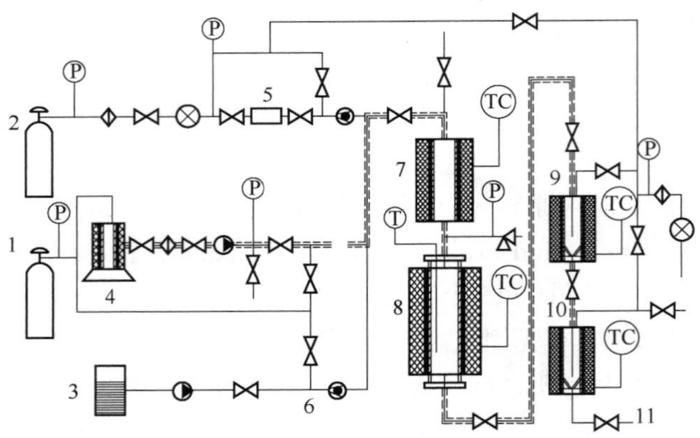

图2　固定床高压加氢反应

1—氢气；2—氮气；3—预硫化液；4—原料；5—质量流量计；6—单向阀；7—预热器；8—反应器；9—高压相分离器；10—低压相分离器；11—取样阀

2　实验结果与讨论

2.1　委内瑞拉常渣馏分通过有机膜孔的扩散

在隔膜池实验中，随着扩散的进行上池溶液的浓度逐渐增大，下池浓度逐渐降低。将不同时间点处上、下池浓度与物料衡算相结合可以计算出各个取样时间段内各馏分的平均扩散系数。委内瑞拉渣油4个馏分中硫化物通过200nm、50nm和15nm膜孔的扩散系数随时间的变化规律分别如图3所示。

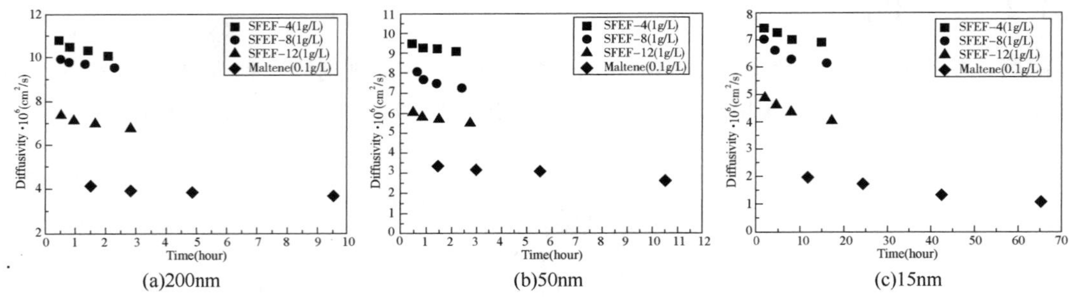

(a)200nm　(b)50nm　(c)15nm

图3　委内瑞拉常渣4个馏分中硫化物通过聚碳酸酯膜扩散系数随时间的变化规律

结果显示，随着实验的进行，各馏分在不同时间段内的平均扩散系数均逐渐降低。图3数据充分说明渣油各个馏分均是多分散体系，不同组分间尺寸和结构的差异导致了扩散系数存在一定的分布范围。这也表明，馏分分离得越窄，对于渣油扩散规律和行为的定量研究越有利。对比可见，渣油不同馏分的扩散系数随着馏分的变重和孔径的减小而逐渐降低，表明馏分轻重和孔径大小是决定渣油分子在孔道中扩散性能的两个重要因素。此外，各馏分在15 nm膜孔中的平均有效扩散系数较另外两种膜片出现了大幅度降低。

溶质分子尺寸增大，热运动能力降低，因此扩散系数就会减小。因此，扩散系数的大小可以反映出渣油馏分尺寸的相对大小。由于渣油馏分尺寸相对于200 nm膜孔可以忽略不计，将4个馏分通过200 nm聚碳酸酯膜的平均扩散系数与Stokes-Einstein方程相结合，计算得出上述馏分的等效球体尺寸(见表2)。

许多学者对模型化合物和渣油分子等在孔道中的扩散进行了大量研究，并提出应用受阻扩散因子(有效扩散系数 D_e 与自由扩散系数 D_b 的比值)与 λ(即溶质分子平均直径 d_m 与平均孔径 d_p 的比值)的关系描述溶质分子在多孔材料孔道中的受阻程度。基于此，本文应用渣油各馏分通过两种较小孔径膜片的平均扩散系数与通过200 nm膜孔的平均自由扩散系数相结合，从而计算得出它们的受阻扩散因子，具体结果见表2。

表2　委内瑞拉常渣4个馏分受阻扩散因子和有效因子

Fraction	d_m/nm	15nm membrane		50nm membrane		11.86nm catalyst		
		λ	D_e/D_b	λ	D_e/D_b	λ	D_e/D_b	η
SFEF-4	0.77	0.051	0.72	0.015	0.97	0.065	0.174	0.64
SFEF-8	0.82	0.055	0.69	0.016	0.93	0.069	0.158	0.57
SFEF-12	1.13	0.075	0.61	0.023	0.92	0.095	0.071	0.51
Maltene	2.10	0.136	0.38	0.41	0.80	0.180	0.053	0.30

由表2可以看出，随着孔径的减小和馏分变重，λ 值逐渐增大，受阻扩散因子逐渐降低，表明渣油分子在膜孔中扩散受到的阻力逐渐增大。委内瑞拉渣油3个SFEF窄馏分在15nm和50nm膜孔中受阻扩散因子的变化范围分别是0.61~0.72和0.80~0.97，表明窄馏分在两种不同孔径的膜孔中受到不同程度的阻碍；残渣可溶质的受阻扩散因子则分别降至0.38和0.80，扩散受阻加剧。由此可以推测，对于渣油的扩散传质，需要催化剂提供一定数量大于50nm的孔道以利于其中的较大分子顺利通过，从而提高催化剂内表面活性位的可接近性，实现催化剂性能的有效发挥。

2.2　委内瑞拉常渣馏分在催化剂孔道中的扩散

反应动力学法测定渣油馏分硫化物扩散系数的前提条件是确定加氢脱硫(HDS)反应级数。由于渣油组成结构的复杂性，不同的化合物表现出不同的反应动力学规律，这就可能使得这些原料的表观反应级数出现不确定性。基于此，本文考察各个馏分在360 ℃下的加氢脱硫反应，得到不同液时空速的反应产物样品，测得其硫含量。借助Thoenes-Kramers关联式求出传质系数，利用催化剂稳态传质扩散通量与表面反应量相同，计算得到了催化剂外表面的硫化物的浓度，并将浓度变化和液时空速的倒数进行线性拟合，进而得出不同馏分加氢脱硫的反应级数。委内瑞拉常渣4个馏分在20~24目催化剂上的反应结果如图4所示。

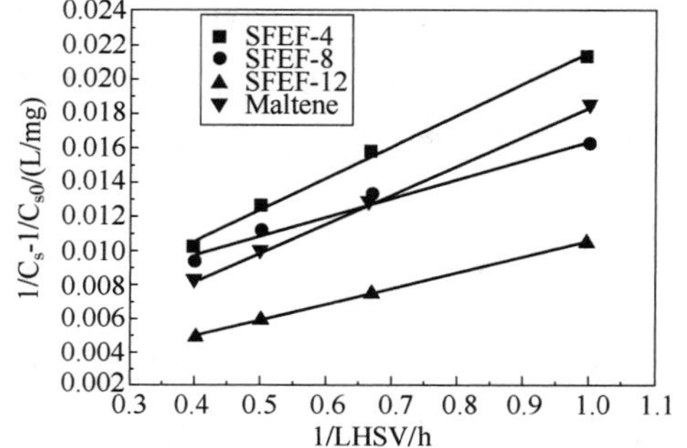

图4　委内瑞拉常渣4个馏分加氢脱硫过程中 $1/C_S-1/C_{S0}$ 随1/LHSV的变化规律

结果表明，各个馏分加氢脱硫反应的 $1/C_S-1/C_{S0}$ 与1/LHSV之间呈现很好的线性关系。由此可见，委内瑞拉常渣不同馏分在两种粒径催化剂的HDS均符合二级反应动力学规律，这与文献报道[6-8]的渣油加氢脱硫反应结果相一致。

渣油加氢催化剂的表面活性中心绝大部分集中在孔道内部。在加氢脱硫反应过程中，反应物需要沿无规则孔道扩散达到催化剂的内表面活性中心才能发生反应。由于渣油分子尺寸相对于催化剂孔径不能忽略，内扩散传质受到了很大的阻碍作用。为了考察内扩散对各馏分HDS反应的影响，利用反应动力学法对两种粒径催化剂中的反应数据进行计算，得出催化剂的有效因子 η 的范围在0.30~0.64之间(见表1)。这充分表明加氢脱硫反应过程中，硫化物的扩散对反应存在不同程度的影响。对比不同馏分在相同反应条件下的有效因子结果显示，随着馏分变重，催化剂有效因子明显的下降，表明馏分变重，扩散对反应的影响加剧。

利用非均相催化反应动力学理论，可计算得到不同馏分中硫化物在催化剂孔道内有效扩散系数。应用表1中4个馏分的等效球体直径和Stokes-Einstein方程，推算得到反应条件下各个馏分的自由扩散系数，进而计算得出受阻扩散因子。将非反应条件和反应条件下的受阻扩散程度 D_e/D_b 与 λ 值进行关联，利用最小二乘法进行拟合，分别得到两个条件下受阻扩散因子的表达式：

非反应条件：

$$F(\lambda) = (1-\lambda)^{6.41} \tag{1}$$

反应条件：

$$F(\lambda) = (1-\lambda)^{7.84} \tag{2}$$

结果显示，委内瑞拉常渣4个馏分在15nm和11.86nm孔道中的扩散系数明显小于其自由扩散系数，表明在非反应和反应条件下的扩散受阻现象均较为严重，扩散系数相对于自由扩散大幅度降低。因此，为了更加高效地对渣油进行催化加工，需要在催化剂中引入适量的大孔和中孔，以缓解渣油中较大分子在催化剂孔道的扩散阻力。对比可知，隔膜池法和反应动力学法得到的各馏分的受阻扩散程度明显大于Renkin方程预测值，且各馏分在催化剂孔道中的受阻程度大于其在膜孔中的扩散。随着反应的进行，催化剂会由于结焦导致孔径不断降低，可能使得扩散受阻程度加剧。此外，反应产物的逆向扩散的可能是反应中扩散受阻愈加严重的另一个影响因素。许多学者应用隔膜池法和反应动力学法的实验显示[1,2,4,5]，沥青质和渣油在有机膜孔和催化剂孔道中的受阻扩散因子与Renkin方程预测结果较为吻合。但是，模型化合物的结果则显示，构型对扩散存在明显的影响[9,10]；本课题组的前期研究也表明，不同组成和构型的化合物以及亚组分的受阻扩散存在差异[11]。目前，大量的实验结果显示，沥青质等渣油分子大多由较大的稠合芳香环以及饱和侧链构成，构型接近片状结构。Renkin方程是基于硬球在圆柱形孔中扩散所建立的理论预测模型。本文各馏分在非反应条件和反应条件下的受阻扩散程度均明显高于Renkin方程的预测值，表明渣油馏分的构型偏离球状结构。这也与当前对沥青质等渣油分子构型的研究结果相一致。

3 结论

(1) 委内瑞拉常渣4个馏分通过聚碳酸酯膜孔的扩散系数随实验的进行逐渐降低，表明它们是由尺寸和形状不同的化合物组成的多分散性混合物。随着馏分变重和孔径降低，扩散系数逐渐降低，表明馏分轻重和孔径大小是决定馏分在孔道中扩散性能的两个重要因素。

(2) 委内瑞拉常渣4个馏分的加氢脱硫遵循二级动力学反应规律。催化剂的有效因子处于0.46~0.76之间，表明硫化物的扩散对加氢脱硫反应存在不同程度的影响。

（3）非反应和反应条件下，委内瑞拉常渣 4 个馏分在微孔中扩散的受阻程度明显大于 Renkin 方程预测值，表明渣油馏分的构型偏离球状结构。

参 考 文 献

[1] Baltus R. E.; Anderson J. L. Hindered diffusion of asphaltenes through microporous membranes[J]. *Chem Eng Sci*, 1983, 38(12), 1959-1969.

[2] Sane R. C.; Tsotsis T. T.; Webster I. A.; Ravi-Kumar V. S. Studies of asphaltene diffusion and structure and their implications for resid upgrading[J]. *Chem Eng Sci*, 1992, 47(9-11), 2683-2688.

[3] Yang Xiaofeng; Guin James A. Pore diffusivities in deactivated unimodal and bimodal coal liquefaction catalysts [J]. *Applied Catalysis A: General*, 1996, 141(1-2), 153-174.

[4] Tsai Ming-Chang; Chen Yu-Wen; Li Chiuping. Restrictive diffusion under hydrotreating reactions of heavy residue oils in a trickle bed reactor[J]. *Industrial & Engineering Chemistry Research*, 1993, 32(8), 1603-1609.

[5] Li Chiuping; Chen Yu-Wen; Tsai Ming-Chang. Highly Restrictive Diffusion under Hydrotreating Reactions of Heavy Residue Oils[J]. *Ind. Eng. Chem. Res.*, 1995, 34(3), 898-905.

[6] Marafi A; Al-Bazzaz H; Al-Marri M; Maruyama F; Absi-Halabi M; Stanislaus A. Residual-oil hydrotreating kinetics for graded catalyst systems: Effect of original and treated feedstocks[J]. *Energy & fuels*, 2003, 17(5), 1191-1197.

[7] Marafi A; Fukase S; Al-Marri M; Stanislaus A. A comparative study of the effect of catalyst type on hydrotreating kinetics of Kuwaiti atmospheric residue[J]. *Energy & fuels*, 2003, 17(3), 661-668.

[8] Marroquin G; Ancheyta J; Esteban C. A batch reactor study to determine effectiveness factors of commercial HDS catalyst[J]. *Catalysis today*, 2005, 104(1), 70-75.

[9] Bohrer M. P.; Patterson Gary D.; Carroll P. J. Hindered diffusion of dextran and ficoll in microporous membranes[J]. *Macromolecules*, 1984, 17(6), 1170-1173.

[10] Deen W. M.; Bohrer M. P.; Epstein N. B. Effects of molecular size and configuration on diffusion in microporous membranes[J]. *AIChE J*, 1981, 27(6), 952-959.

[11] Chen Zhentao; Gao Jinsen; Zhao Suoqi; Xu Zhiming; Xu Chunming. Effect of composition and configuration on hindered diffusion of residue fractions through polycarbonate membranes[J]. *AIChE Journal*, 2013, 59(4), 1369-1377.

固体酸催化剂的酸性质对噻吩转化的影响

莫同鹏[1]，贺振富[2]，田辉平[2]，陈林[3]

（1. 中国石化青岛石油化工有限责任公司，青岛　266043；
2. 中国石化石油化工科学研究院，北京 10083；
3. 中国石化集团四川维尼纶有限责任公司，重庆 404100）

摘　要　为考察不同酸类型在非临氢条件下脱硫的反应效果，以噻吩为模型化合物，分别选用 5A、NaY、13X 和 2REUSY 四种分子筛进行脱硫实验。实验结果表明：对于只有 L 酸中心的分子筛，其酸性越强，对于噻吩的脱除率越高；分别用甲苯和 1-己烯配置模型化合物考察分子筛的脱硫性能，发现芳烃和烯烃均对噻吩的脱除产生抑制作用，且芳烃的影响要大于烯烃，分析认为芳烃，烯烃和噻吩环都具有共轭电子，都容易在 L 酸中心吸附。芳烃和烯烃的竞争吸附造成了分子筛对噻吩脱除率的下降。在采用同时具有 B 酸和 L 酸中心的分子筛脱硫实验中，结果表明甲苯的存在也使分子筛的脱硫性能下降；而在含有甲苯的模型化合物中加入烯烃后，分子筛的脱硫率增加，分析认为由于在 B 酸的作用下，烯烃发生了氢转移等反应，有利于噻吩的转化脱除。

关键词　脱硫　L 酸　B 酸　芳烃　烯烃

1　前言

随着环保法规的日益严格，世界各国为保护环境纷纷提高车用燃料标准。在车用汽油标准中，硫含量是一个重要指标，低硫汽油或者超低硫汽油已经成为国内外的发展趋势。我国催化裂化汽油约占汽油池的 80%，且来自催化裂化汽油的硫占汽油池的 85%~95%，我国汽油含硫量的高问题比国外更加突出[1,2]。因此，脱除催化裂化(FCC)汽油中的硫，对于改善我国成品油的质量起到至关重要的作用。非临氢汽油脱硫是近年来发展迅速的脱硫技术，通过汽油与吸附剂的充分接触，将汽油中的硫醇、二硫化物、硫醚和噻吩类硫化物吸附在吸附剂的活性位上，实现降低汽油中硫含量的目的[3]。

本研究选用几种不同酸类型催化材料，在一定的温度、空速下，以含有芳烃、烯烃的噻吩为模型化合物，探索研究不同酸类型分子筛催化剂硫转化的机理，以及在脱硫过程中芳烃、烯烃对脱硫的影响。

2　实验部分

2.1　原料

选用正庚烷、甲苯、1-己烯和噻吩为原料配置成不同甲苯、烯烃含量的含硫模型化合物。

2.2 催化剂制备

催化剂由中石化催化剂公司齐鲁分公司提供，分别是5A、NaY、13X、2REUSY(稀土含量为2.0%的超稳Y)四种分子筛粉。在550℃下焙烧2h，分别记为A、B、C、D。然后压片成型，破碎后筛取20~40目的筛分作为实验用吸附剂。

2.3 分析方法和实验方法[4]

分析方法和实验方法详见莫同鹏，贺振富，田辉平等《固体酸催化剂的酸性对噻吩类硫化物转化的影响》。

3 结果与讨论

3.1 催化剂红外酸性分析表征

本文所采用的几种材料的红外酸性分析表征如表1所示。从表1可以看出，A、B、C三种材料只有L酸中心，而材料D同时具有B酸和L酸中心。材料B只有弱L酸，没有强L酸。材料C与材料A相比，材料C的L算量较大，而材料A的强算量较高。

表1 分子筛红外酸性表征结果

样　　品	200℃		350℃	
	L酸/(μmol/g)	B酸/(μmol/g)	L酸/(μmol/g)	B酸/(μmol/g)
A	102.79	0	91.41	0
B	520.36	0	0.00	0
C	384.72	0	52.58	0
D	242.71	410.94	170.25	258.38

3.2 只有L酸中心催化剂对硫转化效果的影响

图1~图3给出了A、B、C三种材料在不同反应时间下和不同反应温度条件下的脱硫效果。从图1~图3可以看出材料A、B、C在200℃时的脱硫效果最好。图4是三种材料的NH_3-TPD吸附谱图，从图4可以看出三种材料在200℃时具有较强的酸中心，根据表1可知三种材料在200℃时具有较强的L酸中心。说明脱硫效果与L酸中心的强弱有关，较强的L酸中心有利于材料对噻吩的脱除。

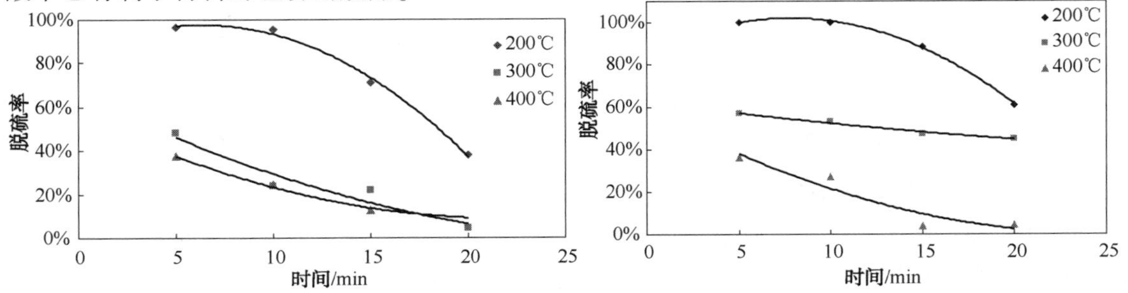

图1 材料A不同反应时间的脱硫性能

图2 材料B不同反应时间的脱硫性能

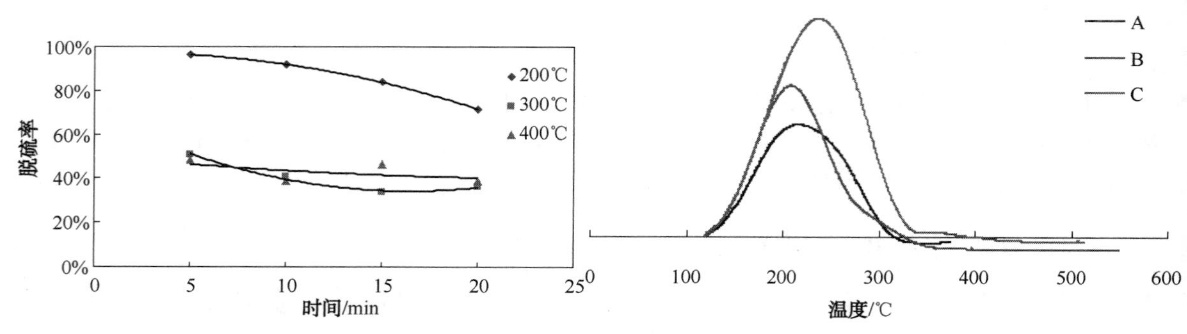

图3 材料C不同反应时间的脱硫性能

图4 NH_3-TPD吸附谱图

3.2.1 模型化合物中甲苯对硫转化的影响

用正庚烷、噻吩、甲苯配制成3种不同组成的模拟汽油混合物，具体组成见表2。分子筛B和C的脱硫性能图如图5和图6所示，(反应条件：反应温度为200℃，空速为$2.0h^{-1}$)。从图5和图6可以看出，随着甲苯含量的增加，其脱硫性能都下降。芳烃的芳环和噻吩环都是π共轭体系，都具有共轭电子，结构相似。芳烃的竞争吸附造成了噻吩脱除率的下降。图7是原料3的PONA色谱分析谱图，在图中可以看出噻吩和甲苯的峰位。图8是原料3经材料B处理后的PONA色谱分析谱图。从图8可以看出，模拟汽油混合物在经过材料B处理后，甲苯的峰位完全消失，而且没有出现其他峰位(没有其他物质生产)。说明甲苯被完全吸附。通过图7和图8的对比分析，可以看出噻吩的峰位在经过材料B处理后，谱图上峰强度基本没有发生太大变化。说明甲苯的存在影响了材料B对噻吩的吸附。由此可以看出甲苯对噻吩存在很强的竞争吸附。

表2 模拟汽油组成数据

名　　称	正庚烷质量分数/%	甲苯质量分数/%	噻吩浓度质量/(mg/L)
原料1	100	0	230
原料2	93.6	6.4	218
原料3	87.5	12.5	206

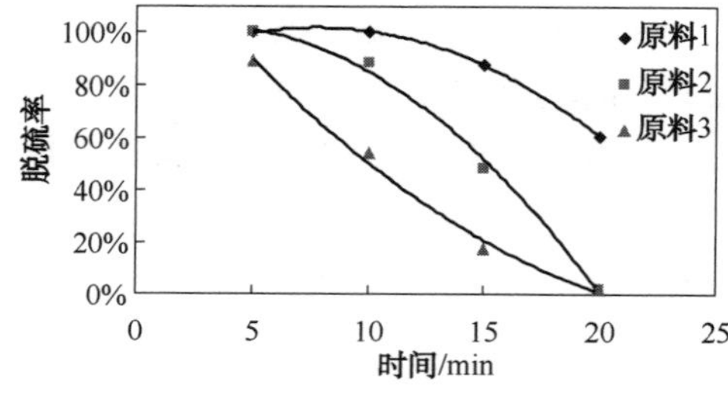

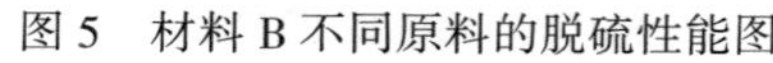
图5 材料B不同原料的脱硫性能图

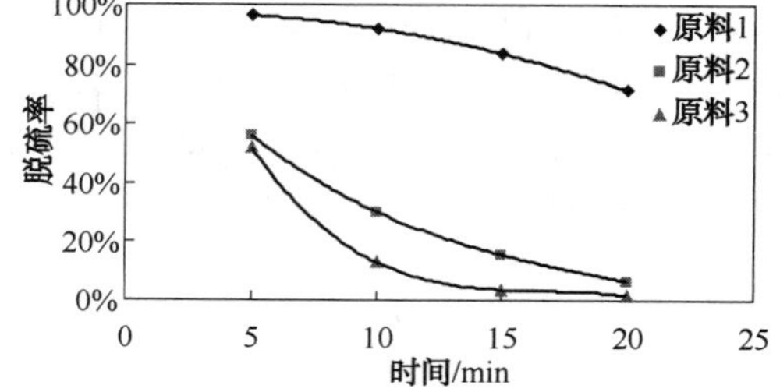

图6 材料C不同原料的脱硫性能图

3.2.2 模型化合物中烯烃对硫转化的影响

用正庚烷、噻吩、1-己烯配制成不同组成的模拟汽油混合物，具体组成见表3。分子筛B和C的脱硫性能图如图9和图10所示(反应条件：反应温度为200℃，空速为$2.0h^{-1}$)。从图可以看出，随着1-己烯含量的增加，其脱硫性能下降。分析认为：由于1-己烯具有共轭π电子，能与分子筛的L酸中心形成π络合作用，影响了L酸中心对噻吩的吸附络合，所以表现出脱硫率下降。从脱硫后的液体产品的 PONA 分析数据如表 4 所示，从表 4 可以看出烯烃的总量反应前后没有发生太大变化。说明烯烃在 L 酸中心的吸附能力较弱。

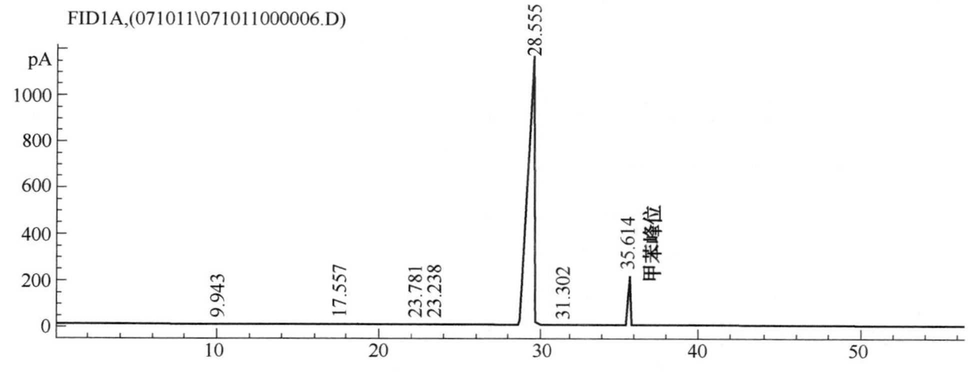

图 7　原料 3 的色谱谱图

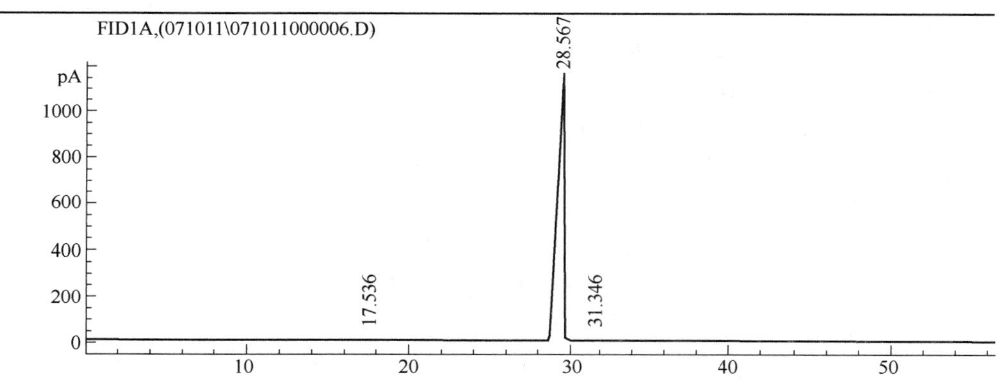

图 8　原料 3 经材料 B 吸附后的色谱谱图

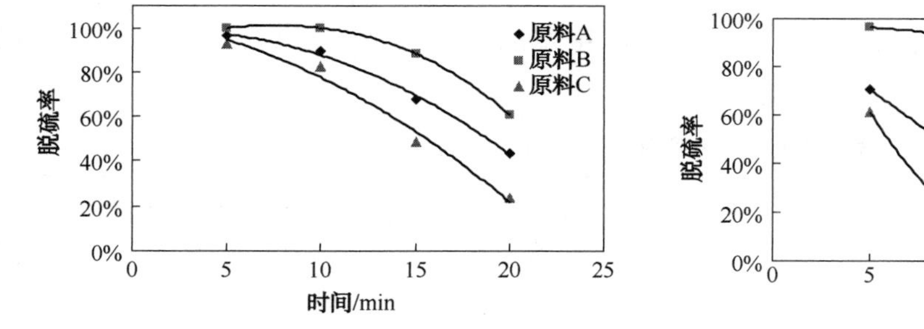

图 9　材料 B 不同原料的脱硫性能图　　图 10　材料 C 不同原料前后的脱硫性能图

表 3　模拟汽油混合物组成数据

名　　称	正庚烷质量分数/%	1-己烯质量分数/%	噻吩质量浓度/(mg/L)
原料 A	100	0	230
原料 B	93.6	6.2	249
原料 C	87.5	11.4	253

表4 反应前后 PONA 数据

	w_{nP}/%	w_{iP}/%	w_O/%	w_N/%	w_A/%
原料	88.26	0	11.37	0	0
产物	90.65	0	9.05	0.03	0

3.3 含有B酸、L酸催化材料对脱硫性能的影响

3.3.1 模型化合物中甲苯对噻吩硫转化的影响

用材料D对正庚烷、噻吩(质量浓度为200mg/L)和甲苯(质量分数为6%)组成的模型化合物进行脱硫实验，考察甲苯对脱硫效果的影响。图11是添加甲苯前后的脱硫性能曲线图(反应条件：反应温度为200℃，空速为2.0h^{-1})。从图可以看出，添加甲苯后，脱硫性能有所下降，分析认为：甲苯的存在，造成了与噻吩在L酸中心的竞争吸附，由于同时具有B酸中心，甲苯在B酸中心可能发生了缩合等反应，从而影响了对噻吩的催化转化，这可能是加入甲苯后造成脱硫性能下降的原因。

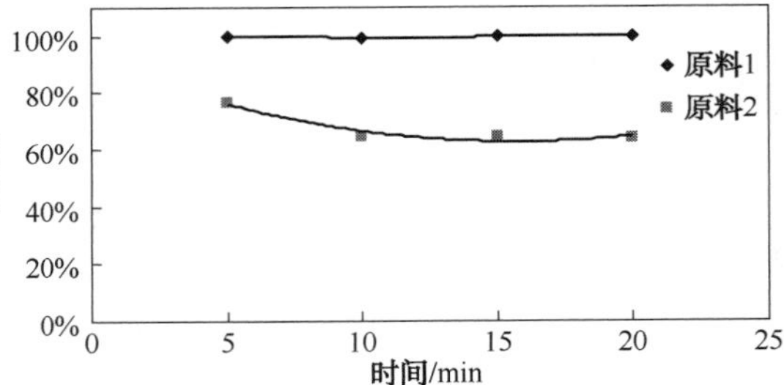

图11 材料D对添加甲苯前后脱硫性能图

原料1—是正庚烷+噻吩；原料2—正庚烷+甲苯+噻吩

3.3.2 模型化合物中同时添加甲苯和烯烃对噻吩硫转化的影响

用材料D对正庚烷、噻吩(质量浓度为200mg/L)、1-己烯(质量分数为12.3%)和甲苯(质量分数为7.5%)组成的模型化合物进行脱硫实验，考察甲苯和1-己烯同时存在对脱硫效果的影响(反应条件：反应温度为200℃，空速为2.0h^{-1})。反应20分钟内，取样化验未检测到硫化物。说明噻吩被完全脱除。表5是反应后的PONA分析数据。反应后生成了异构烷烃和少量环烷烃。产生了碳六的异构烷烃，说明发生了异构化反应。正构烷烃有所增加，说明发生了氢转移反应。分析认为：材料D具有B酸中心，由于烯烃的存在，发生了氢转移反应，使噻吩进行了催化转化脱除，故在含有甲苯的原料中加入烯烃，有利于噻吩的脱除。

表5 反应后的液相 PONA 分析数据

Cnum	nP/%	iP/%	O/%	N/%	A/%
2	0	0	0	0	0
3	0.6	0	0	0	0
4	0	0	0	0	0
5	0	0	0.89	0	0
6	0	3.68	2.1	0.36	0
7	85.49	0.46	1.59	0.08	0.15
8	0	0.19	0.06	0.04	0
9	0	0	0.02	0	0
Total:	86.09	4.33	4.66	0.47	0.15
原料	80.2		12.3		7.5

4 结论

(1) 材料只有 L 酸时，其酸性大小影响噻吩的脱除，酸性高有利于其脱除。

(2) 选用只有 L 酸的材料对模型化合物脱硫研究表明：

① 甲苯会与噻吩发生竞争吸附，随着甲苯含量的逐渐增加，噻吩的脱除率也会逐渐下降。

② 模型化合物加入 1-己烯后，随 1-己烯含量的增加，脱硫率也会逐渐下降。1-己烯竞争吸附能力较弱，所以反应前后烯烃总量变化不大。

(3) 选用同时具有 B 酸和 L 酸的材料对模型化合物脱硫研究表明：

① 甲苯与材料的 B 酸和 L 酸中心发生了反应和吸附，影响了噻吩的催化转化。

② 在含甲苯的模型化合物中添加 1-己烯后，由于烯烃和甲苯发生了氢转移反应，减弱了甲苯对噻吩转化的影响。

参 考 文 献

[1] 杨宝康，张继军等. 汽油中含硫化合物脱除新技术[J]. 石油炼制与化工，2000，31(7)：36-39.
[2] 殷长龙，夏道宏. 催化裂化汽油中类型硫含量分布[J]. 燃料化学学报，2001，29(3)：256-258.
[3] 陈焕章，李永丹，赵地顺. 催化裂化汽油吸附脱硫工艺研究[J]. 化学工程，2006，34(7)：1-5.
[4] 莫同鹏，贺振富，田辉平，等. 固体酸催化剂的酸性对噻吩类硫化物转化的影响[J]. 化工进展，2009，18(1)：78-81.

FTX 体相加氢催化剂生产超低硫车用柴油的工业应用

周 桦

（中国石化扬子石油化工有限公司炼油厂加氢联合装置，江苏南京 210048）

摘 要 扬子石化炼油厂370万 t/a 汽柴油加氢精制装置一系列采用抚顺石油化工研究院开发的高活性 FTX 体相催化剂与 FHUDS-6 催化剂，利用合理的催化剂级配方案，以直馏柴油、焦化柴油、催化柴油为混合原料，生产满足国Ⅳ及国Ⅴ标准车用柴油的精制柴油产品。实际应用结果表明，FTX 催化剂具有优异的加氢活性，可以长周期生产国Ⅴ标准车用柴油，为生产国Ⅴ标准车用柴油提供技术支撑。特别是加工催化柴油的能力强，可以解决生产国Ⅴ标准车用柴油时，催化柴油掺炼比受限制而给炼厂带来的催化柴油平衡问题。

关键词 FTX 体相催化剂 车用柴油 汽柴油加氢 催化柴油

随着环保法规的日益严格，低硫含量清洁柴油的生产逐渐成为人们关注的重点。欧洲已于2005年开始实施柴油中硫含量≯50 μg/g 的标准，并在2009年进一步实施硫含量≯10 μg/g 的欧Ⅴ标准[1]。我国低硫柴油产业起步较晚，于2013年2月才开始实施硫含量≯50 μg/g 的国Ⅳ排放标准，其质量升级主要表现在柴油硫含量≯50 μg/g，十六烷值≮49，十六烷指数≮46[2]。随着政府治理环境的要求加快，2016年将实现全国供应硫含量≯10 μg/g 国Ⅴ标准车柴，这就要求炼厂要尽快调整并生产出超低硫的清洁车用柴油。针对加氢装置的自身条件，采用高性能的加氢催化剂和合理的催化剂级配方案，利用加氢脱硫技术仍是我国生产新标准车用柴油的主要手段。

1 FTX 体相催化剂在370万 t/a 汽柴油加氢装置上工业应用

加氢催化剂的加氢功能主要由活性金属组分来提供。文献[3]中报道了加氢处理催化剂常用的金属硫化物的活性顺序，对于脱氮和脱芳及烯烃加氢反应来说，以 NiW 和 NiMo 为较佳选择，根据深度脱硫（产品中硫含量小于30μg/g）反应机理分析，采用 NiW 或 NiMo 较好。Rein-houdt 等[4]对不同活性金属 CoMo、NiW 和 Pt 载在 Al_2O_3 载体上用直馏柴油（220～380℃）为原料，进行加氢试验，结果见表1。表1中数据表明，NiW/Al_2O_3 催化剂不但芳烃饱和及 HDN 活性高，且对难脱硫化物具有高的活性，显示出高 HDS 功能，甚至超过了贵金属 Pt 剂，也优于工业上常用的 CoMo 剂。

表1 活性组分对 HDS 活性影响

催化剂	产品硫含量/（μg/g）	HDS 转化率/%	难脱硫化物转化率/%
Pt/Al_2O_3	180	77	59
$CoMo/Al_2O_3$	140	82	68
NiW/Al_2O_3	70	91	84

操作条件：6.0MPa，340℃，4.2h^{-1}。原料：硫含量760μg/g，氮含量60μg/g。

扬子石化炼油厂 370 万 t/a 汽柴油加氢精制装置 R-53101 柴油加氢精制反应单元以生产国Ⅳ及国Ⅴ标准车用柴油为目的，采用了抚顺石油化工研究院开发的高活性 FTX 体相催化剂与 FHUDS-6 催化剂级配方案，增加了部分再生剂，型号 FF-46。FHUDS-6 为 Ni-Mo 系催化剂，FTX 体相催化剂为 Ni-Mo-W 系催化剂，其活性金属含量达 70%以上，具有活性金属分散均匀、孔径适宜、孔分布集中等特性，突破了传统催化剂对活性金属含量的限制。因此，FTX 催化剂的加氢活性中心数量和利用率大幅度提高，由于增加了活性金属 W，从上述分析也可看出其加氢活性更高于 FHUDS-6 催化剂。

1.1 催化剂装填

R-53101 单元共装填 FTX 催化剂 34.62t，FHUDS-6 催化剂 92.04t，FF-46(再生、预硫化)催化剂 56.28t，催化剂级配装填比例是 20 ∶ 25 ∶ 55(FTX 催化剂：FF-46 再生剂：FHUDS-6 催化剂)。表 2 列出了 FTX 催化剂的主要物化性质，表 3 列出了 R-53101 单元催化剂装填数据。

底床层装填 FTX 体相催化剂的级配方案，其主要目的是利用传统催化剂在反应器的上部和中部进行常规和较深的加氢脱硫、脱氮、烯烃饱和、芳烃饱和等反应，利用 FTX 催化剂的高加氢活性，在反应器底部将原料油中最难脱除的硫化物在底床层脱除，并提高深度脱芳效果，提高产品柴油的十六烷值。另外，由于 FTX 活性较高，装填于反应器底部也是为了有效降低温升，减少催化剂积炭，确保其长周期稳定运行。

表 2 FTX 催化剂的主要物化性质

项目	性质	项目	性质
活性金属/%		比表面积/(m^2/g)	≮130
WO_3	36.0~40.0	装填密度/(g/cm^3)	0.90~1.00
MoO_3	14.0~18.0	压碎强度/(N/mm)	≮10.0
NiO	16.0~20.0	颗粒直径/mm	1.10~1.30
孔容/(mL/g)	≮0.210	颗粒形状	三叶草

表 3 R-53101 单元催化剂装填数据

床层	装填物	装填体积/m^3	装填重量/t	装填密度/(t/m^3)
一	鸟巢(ϕ19)	1.36	1.14	0.83
	HPT-01G			
	HPT-01H	4.45	2.27	0.51
	FF-46(再生、预硫化)	37.02	38.64	1.04
	FHUDS-6(ϕ2.5)	0.91	1	1.10
	FHUDS-6(ϕ6)	1.00	1	1.00
二	FF-46(再生、预硫化)	17.33	17.64	1.02
	FHUDS-6(ϕ2.5)	41.29	47	1.14
	FHUDS-6(ϕ6)	0.91	0.88	0.97
三	FHUDS-6(ϕ2.5)	39.29	42	1.07
	FTX	35.48	34.62	0.98
	FHUDS-6(ϕ2.5)	2.01	2	0.99
	FHUDS-6(ϕ6)	1.81	1.5	0.83
	ϕ13 瓷球	1.77	3.75	2.12

1.2 催化剂预硫化

本次催化剂硫化采用SZ-54硫化剂，湿法硫化，硫化油性质见表4。图1为催化剂预硫化过程中的升温曲线和循环氢中的H_2S浓度曲线。2014年11月21日11：00硫化开始，11月23日11：00硫化结束，硫化过程共耗时48小时。在硫化过程中，每隔半个小时测定一次硫化氢浓度，并以此来控制硫化剂的硫化效果。由图1可看出，在硫化过程中，严格按照硫化曲线控制硫化反应温度，主要控制指标均在要求范围内。本次催化剂硫化理论需求硫化剂量53.9t，实际消耗硫化剂56t，由于硫化油中硫含量达7300μg/g，催化剂上硫率90%以上。

表4 硫化油主要性质

项　目		项　目	
密度/(g/cm³)	0.8362	干点	345
馏程/℃		硫/(μg/g)	7300
初馏点/10%	182/238	氮/(μg/g)	87
50%/90%	272/313		

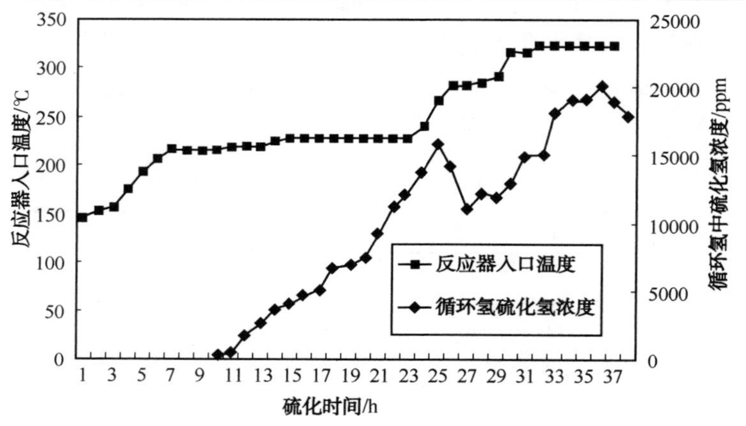

图1 硫化过程升温及硫化氢浓度曲线

1.3 切换原料

催化剂硫化结束后，装置转入正常生产，按照抚顺石油化工研究院建议，装置实施72小时以上的初活稳定，稳定油选用直馏柴油。然后切换新鲜原料，调整工艺条件至主要产品质量合格，装置开车一次成功。

2 FTX催化剂的工业运行情况

扬子石化炼油厂370万t/a汽柴油加氢装置从2014年11月底开车成功，至2015年4月底，FTX加氢催化剂已连续稳定运转5个月，催化剂活性进入稳定期，本周期R-53101单元以直馏柴油、焦化柴油和催化柴油的混合油为原料，生产精制柴油产品满足国Ⅳ及国Ⅴ标准。装置主要操作条件及原料、产品性质见表5。

表5 装置主要操作参数及原料产品性质

氢分压/MPa	空速/(t/h)	反应温度(CAT)/℃ 国Ⅳ/国Ⅴ	氢油比	原料硫/(μg/g)	原料氮/(μg/g)	产品硫/(μg/g) 国Ⅳ/国Ⅴ
7.36	0.93	349/346	360	~9000	~600	30/6

本周期装置前两个月以直馏柴油和焦化柴油为主，掺炼少量催化柴油，采用较缓和的反应温度进行了连续生产国Ⅴ标准车用柴油试验；后根据市场销售的需求，提高了催化柴油掺炼比，适当提高了反应温度进行满足国Ⅳ标准车用柴油生产，至今已稳定运转3个月时间。

本周期运转加工原料中硫质量分数0.48%~0.90%，氮含量在400~600 μg/g，二次加工油催化柴油掺炼比达13.0%~20.5%，焦化柴油掺炼比30%~40%，催柴比例过高会导致柴油密度高，十六烷值、十六烷指数下降[5]；二次加工油如焦柴、催柴中芳烃含量、硫、氮含量等相对直柴更高，其比例过高则会导致系统氢耗上升，加氢反应不完全；而氮化物，特别是碱性氮化物比硫化物具有更强的吸附能力，对硫化物的加氢反应具有强烈的抑制作用；另外，原料中最难脱除的硫化物大部分集中在柴油馏分的重质尾馏分中[6]，故加工难度较大。而在近5个月的生产过程中，FTX体相催化剂表现出了优异的加氢活性，较好的处理了劣质化原料，可以长周期生产国Ⅳ标准车用柴油甚至国Ⅴ标准车用柴油，满足了炼厂的柴油质量升级的需求，为炼厂生产国Ⅴ标准车用柴油提供了技术支撑。特别是加工催化柴油的能力强，可以解决生产国Ⅴ标准车用柴油时，催化柴油掺炼比受限制而给炼厂带来的催化柴油的平衡问题。

2.1 生产国Ⅴ标准车用柴油

装置开车一次成功，精制柴油硫含量小于10 μg/g后转入正常生产。为了考察FTX催化剂级配技术生产国Ⅴ标准车用柴油的稳定性，在2014年12月17日至2015年2月17日期间，进行了生产国Ⅴ标准车用柴油的稳定性试验。图2~图4为装置生产满足国Ⅴ标准车用柴油的工艺条件与精制油产品性质。

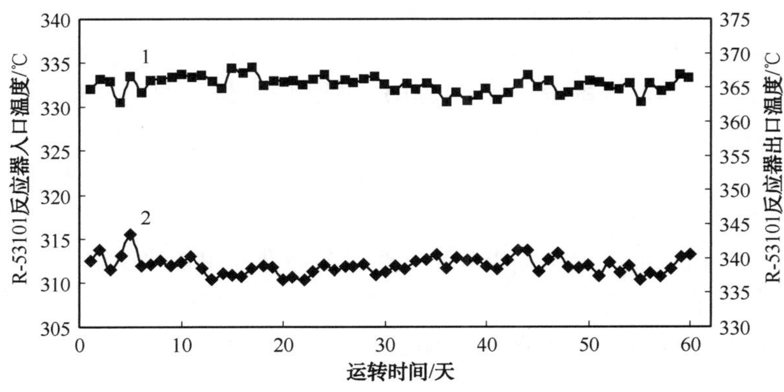

图2 R-53101反应器入口温度和出口温度

1—R-53101反应器出口温度；2—R-53101反应器入口温度

从图2~图4可以看出，在生产国Ⅴ标准车用柴油试验的两个月时间内，催化柴油掺炼比14.0%~17.0%，原料密度0.8488~0.8690 kg/m³，硫质量分数0.48%~0.65%，十六烷

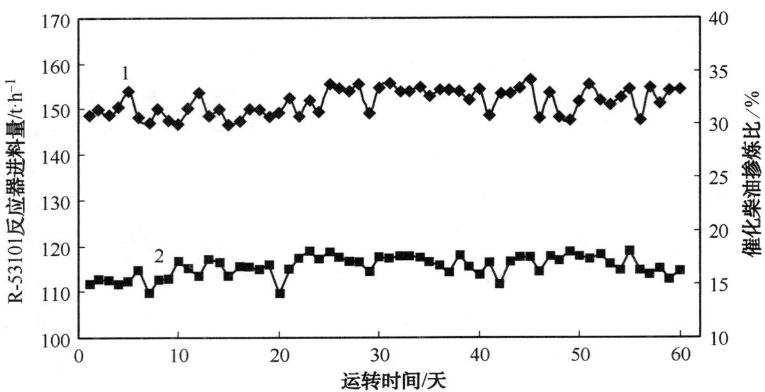

图3 R-53101反应器进料量和催化柴油掺炼比

1—R-53101反应器进料量；2—进料量中催化柴油掺炼比

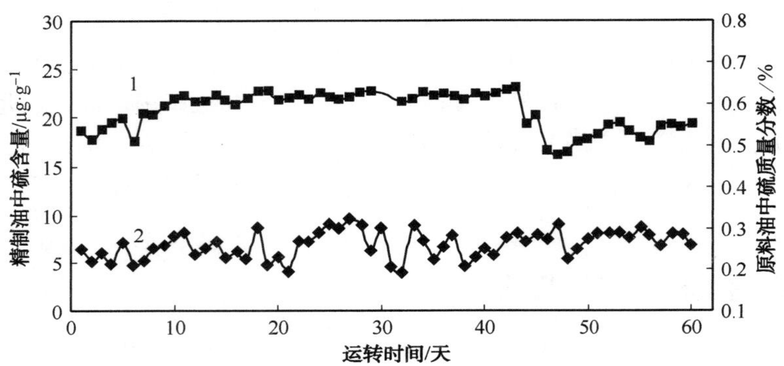

图4 R-53101原料硫质量分数和精制柴油硫含量

1—原料油中硫质量分数；2—精制油中硫含量

值38.8~42.5，装置负荷141.1~155.4t/h，入口温度310~315℃，出口温度362~367℃，装置生产的精制柴油硫含量始终小于10μg/g，十六烷值51.0~53.0，提高5个单位以上，各项指标均符合国Ⅴ车用柴油标准要求。R-53101采用FTX体相催化剂和传统催化剂级配技术方案，虽然原料中掺炼二次柴油的比例高，处理二次柴油掺炼比高达40%~55%，加工难度大，但精制柴油质量能达到国Ⅴ车用柴油标准要求，同时精制油十六烷值提高幅度较大，说明FTX体相催化剂具有优异的加氢活性，脱硫率高达99.9%，在较缓和的条件下可以长周期生产国Ⅴ标准车用柴油，为下一步全面生产国Ⅴ标准车用柴油奠定了基础。FTX体相加氢催化剂加工催化柴油、焦化柴油等二次加工油的能力强，可以解决生产国Ⅴ标准车用柴油时，可以解决生产国Ⅴ标准车用柴油时，催化柴油掺炼比受限制而给炼厂带来的催化柴油的平衡问题。

2.2 生产国Ⅳ标准车用柴油

370万t/a汽柴油加氢装置在完成生产国Ⅴ标准车用柴油试验后，转入生产目前市场销售的国Ⅳ标准车用柴油，至今已稳定运转近3个月时间，精制柴油硫含量始终小于50 μg/g。图5~图7为装置满足生产国Ⅳ标准车用柴油的工艺条件与精制油产品性质。

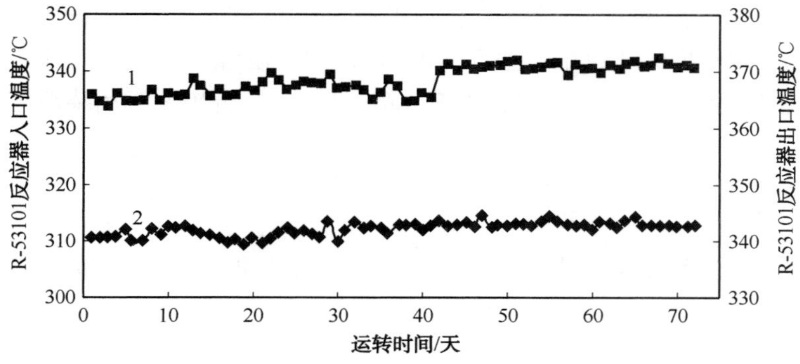

图 5　R-53101 反应器入口温度和出口温度

1—R-53101 反应器出口温度；2—R-53101 反应器入口温度

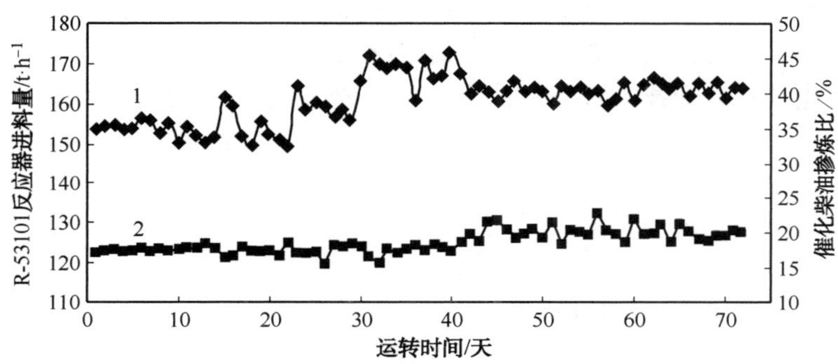

图 6　R-53101 反应器进料量和催化柴油掺炼比

1—R-53101 反应器进料量；2—进料量中催化柴油掺炼比

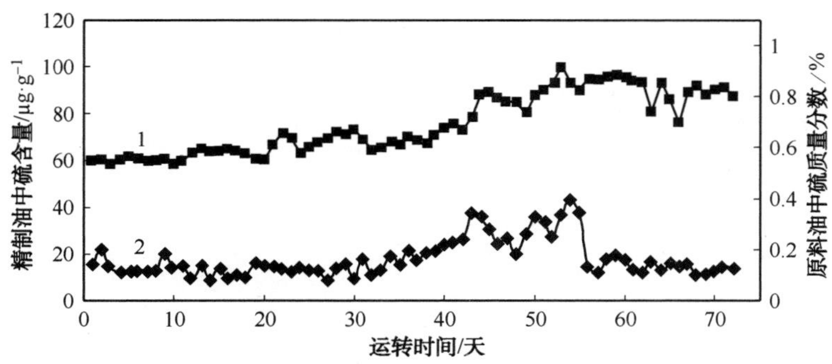

图 7　R-53101 原料硫质量分数和精制柴油硫含量

1—原料油中硫质量分数；2—精制油中硫含量

从图 5~图 7 可以看出，在生产国Ⅳ标准车用柴油的三个月时间内，原料油中催化柴油掺炼比提高到 16.0%~21.0%，硫质量分数 0.60%~0.90%，装置负荷 150.1~170.4t/h，入口温度 310~315℃，出口温度 365~370℃，装置生产的精制柴油产品硫含量始终小于 50μg/g，十六烷值大于 50，各项指标均符合国Ⅳ车用柴油标准要求。与生产国Ⅴ标准车用柴油的工艺条件相比较，装置生产负荷、催化柴油掺炼比都有所提高，由于原料油中催化柴油掺炼比提高，原料油的密度、硫质量分数、氮质量分数也随之提高，加工难度增大，但生产过程中装置入口温度没有变化，装置出口温度升高3~5℃。装置出口温度升高的主要原因是原料性质变差，反应热增大所致。从生产国Ⅳ标准车用柴油的结果可以看出，只要提高装置入口温度，精制柴油硫含量就可以下降到10 μg/g以下，符合国Ⅴ车用柴油标准要求。

3 结论

（1）FTX体相催化剂加氢活性较高，适用于二次加工油的加氢精制处理工艺。抚顺石油化工开发的FTX催化剂与传统催化剂级配技术，可以满足炼厂柴油质量升级的需求，生产超低硫车用柴油；

（2）扬子石化370万t/a汽柴油加氢精制装置采用FTX催化剂级配技术的工业实际应用结果表明，FTX催化剂具有优异的加氢活性，可以长周期生产国Ⅴ标准车用柴油，为炼厂生产国Ⅳ和国Ⅴ标准车用柴油提供技术支撑。特别是加工催化柴油的能力强，可以解决生产国Ⅳ和国Ⅴ标准车用柴油时，催化柴油掺炼比受限制而给炼厂带来的催化柴油的平衡问题；

（3）体相催化剂及级配技术对炼厂油品质量升级具有一定的适用性，具有良好的推广前景。

参 考 文 献

[1] Stanislaus A, Marafi A, Rana M S. Recent advances in the science and technology of ultra low sulfur diesel (ULSD) production[J]. Catalysis Today, 2010, 153(1): 1-68.

[2] GB19147-2013. 车用柴油(Ⅳ)[S]. 北京：国家质检总局，2013.

[3] Sonnemans J, et al. Symp Role of Solid state chemistry in catalysis. New Orleans: ACS, 1977. 517.

[4] Reinhoudt H R. Stud Surf Sci Catal. 1997, 106: 237-244.

[5] 赵野，张文成，郭金涛，等．清洁柴油的加氢技术进展[J]．工业催化，2008，16（1）：10-17.

[6] 李大东．加氢处理工艺与工程[M]．北京：中国石化出版社，2004：973.

炼厂制氢预转化催化剂研究

裴皓天[1]，蒋　毅[2]，张小霞[2]，李方伟[1]，王桂芝[1]

（1. 中国石油石油化工科学研究院大庆化工研究中心，黑龙江大庆　163714；
2. 中国科学院成都有机化学研究所，四川成都　610041）

摘　要　采用共沉淀法制备了添加铜促进剂的镍基天然气预转化催化剂，载体为稳定的镁铝尖晶石结构。采用固定床反应器进行了催化剂活性和稳定性评价。结果表明，催化剂在较低温度下即具有较好的转化活性，在200h实验过程中，天然气转化率一直保持在20%以上，说明催化剂具有良好的活性稳定性。

关键词　天然气　制氢　预转化　催化剂　稳定性

1　前言

炼厂氢气主要用于汽柴油加氢以提高油品质量，蒸汽转化工艺是目前炼厂的主要制氢技术，所用的原料包括天然气、炼厂气、液化气和石脑油等，目前国内制氢装置普遍存在的问题，一是转化系统负荷高，成为扩能增产“瓶颈”，二是燃料气消耗高，其成本约占总成本的一半以上[1]。

制氢装置预转化技术即是在传统一段转化炉前串联预转化反应器，其目的是：①将常规转化炉的部分负荷转移到预转化反应器，并回收转化炉烟气中的热量用于预转化过程，从而减少一段转化炉的热负荷，降低转化炉的燃料消耗；②将原料中的高碳烃转化，防止一段转化催化剂积炭，脱除残余硫化物，保护一段转化和变换催化剂，延长其使用寿命[2]。预转化技术在很多老厂挖潜改造和新建装置中得到了广泛的应用。

预转化技术的关键是预转化催化剂，近年来，国内新建的制氢装置多采用预转化技术，并且为降低制氢成本，生产原料也逐渐由石脑油改为天然气、劣质化程度较高的焦化干气和加氢干气，虽拓宽了制氢原料，在一定程度上降低了制氢成本，但同时也对预转化催化剂提出了更高的要求。国内外较为成熟的预转化催化剂不同程度存在着低温活性差、反应器出口C_2^+含量高等问题，为了更好地满足预转化技术的要求，需要进一步开发低温活性高、原料适用范围广的新一代催化剂。

2　实验部分

2.1　实验装置

预转化催化剂性能评价在如图1所示装置进行。天然气经过计量后与水混合进入加热器预热，然后进入到预转化反应器，反应器为管式反应器，内径16mm，可分段调节温度。反应器外加热套作为保温使用，保温温度根据反应管内温度来调节，反应入口和出口分别有温度指示。反应器出口气体经冷却后进入气液分离器分离水，经过压力控制器后排空，在压力控制器后采样分析产物组成。

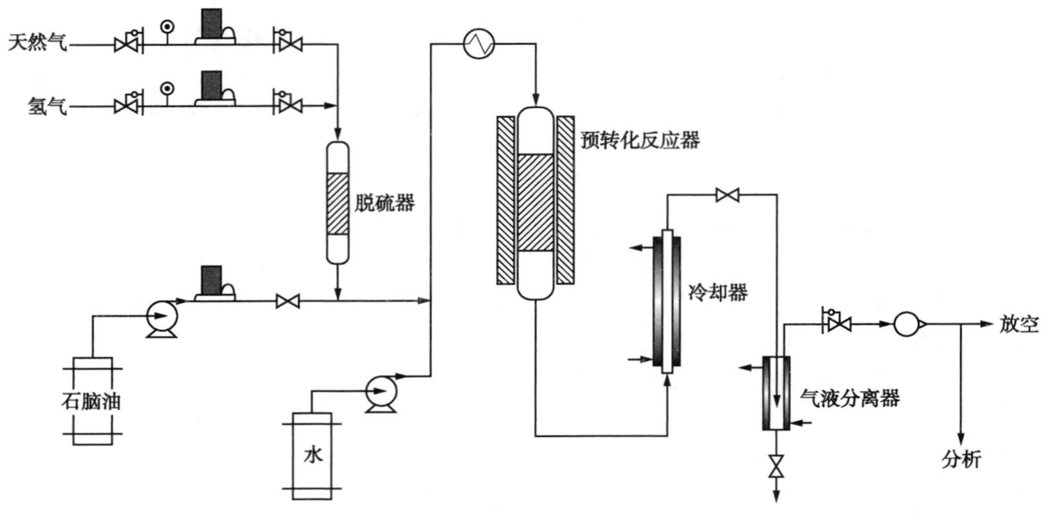

图1 预转化催化剂评价装置

2.2 催化剂的制备

催化剂采用共沉淀法制备。将氢氧化铝和氧化镁混合球磨后经1200℃高温煅烧制成镁铝尖晶石载体。将沉淀剂碳酸钠溶液，与硝酸镍、硝酸镧、硝酸铜等混合盐溶液并流滴加到三口烧瓶中，滴加的同时开动磁力搅拌。在沉淀过程中控制浆液的pH值在6.5~7.0之间。溶液并流滴加完成后，加入煅烧后的载体，将油浴温度升高至65~70℃，搅拌老化1 h。老化结束后，采用真空过滤器过滤，用去离子水洗涤3~4次，将钠离子洗涤干净。将滤饼放入干燥箱，在100℃条件下干燥3~4 h。干燥后的滤饼放入研钵中研磨成细粉，放入干燥箱中继续烘干3~4h，然后放入马弗炉中400℃焙烧2 h。将焙烧后的混合物料加入石墨和去离子水，在6.0MPa下压片成型，成型后自然风干制成预转化催化剂。

2.3 催化剂的表征

原料及产物组成分析：HP6890气相色谱(TDX01)，柱长1.5m；催化剂形貌表征：扫描电镜(JSM—6360CA)，15 kV。BET比表面积、孔径和孔容：ASAP—2010型吸附仪，以N_2为吸附质，测定前样品在300℃脱气处理8h；X射线衍射(XRD)：日本理学D/max-2550型X射线衍射仪，Cu硒射线，管电压40kV，管电流200mA；程序升温还原(H—TPR)：自建的微反—色谱体系完成，先用Ar500℃处理催化剂30min，然后用5%H_2-Ar 30mL/min为还原气，消耗的H_2以TCD检测。

2.4 催化剂活性评价

将制备好的催化剂破碎到16~40目，量取3mL放入反应器中。系统气密后通入氢气

100mL/min，程序升温至600℃还原4h。降低温度到390℃后，通入甲烷15L/h、水20mL/h。控制催化剂中心温度385℃，分析尾气中气体组成，催化剂活性数据通过尾气中各组分含量计算得到。

3 结果与讨论

3.1 助剂添加量的影响

在反应器外加热温度455℃，反应压力0.1MPa，空速5000h^{-1}，水碳比2.0~3.0，CuO含量分别为0.5%、1%、2%的条件下，考察了助剂添加量对催化剂性能的影响，结果如表1所示。

表1 助剂添加量对催化剂性能的影响

样品编号	$w(CuO)$/%	$w(NiO)$/%	$w(MgO)$/%	$w(La_2O_3)$/%	$w(Al_2O_3)$/%	CH_4转化率/%		
						水碳比3.0	水碳比2.5	水碳比2.0
1	0.5	40	12	2.5	45	17.7	16.5	14.9
2	0.5	40	11	3.5	45	17.4	16.2	15.1
3	1	40	11	3	45	15.9	15.3	14.3
4	1	35	15	4	45	16.2	15.7	14.6
5	2	35	15	3	45	15.7	15.4	14.4
6	2	45	10	3	40	14.2	14.4	14.2
7	2	45	20	3	30	17.2	15.9	14.8

从表1中可以看出，催化剂的还原温度随着氧化铜助剂添加量的增加而呈下降趋势，说明氧化铜的添加可以在一定程度上降低催化剂的还原温度，从而提高催化剂的低温还原性能，使催化剂在较低温度下即具有较好的转化活性。

3.2 催化剂的结构和理化性质

催化剂的SEM图见图2。从图2中可以看出，催化剂表面活性金属分散较为均匀，没有较大块状物，未发生金属聚集等现象。

图2 催化剂的SEM图

催化剂的XRD谱图如图3所示。从图3可以看出，催化剂的主晶相为氧化镍，同时还有氧化硅的晶相，氧化铝未形成晶相。

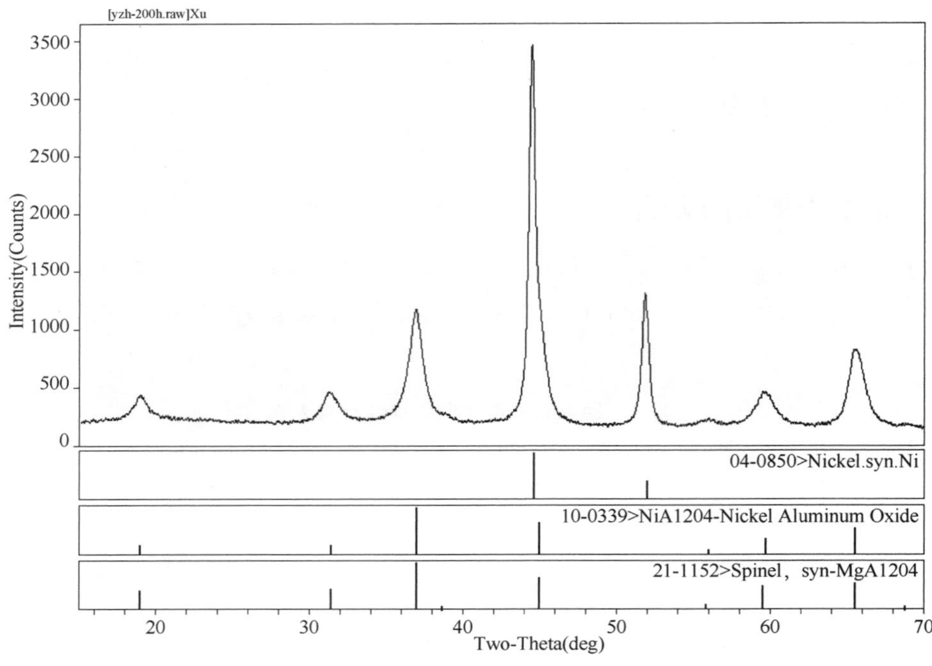

图3　催化剂的XRD谱图

采用XRD表征催化剂活性中心晶粒度，活性中心晶面谱图如图4所示。从图4可以看出，催化剂氧化镍活性中心晶粒度为6.02nm，载体为镁铝尖晶石稳定结构。

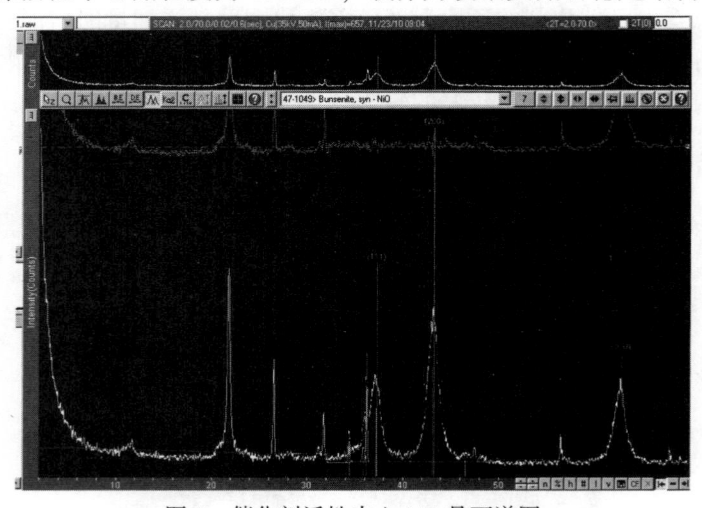

图4　催化剂活性中心111晶面谱图

催化剂的比表面积和孔径分布表征结果见图5、图6。催化剂比表面积75.6m^2/g，孔径分布主要是2~5nm。

催化剂的H-TPR表征结果见图7。从图7中可以看出，催化剂的主要还原温度在350~370℃。

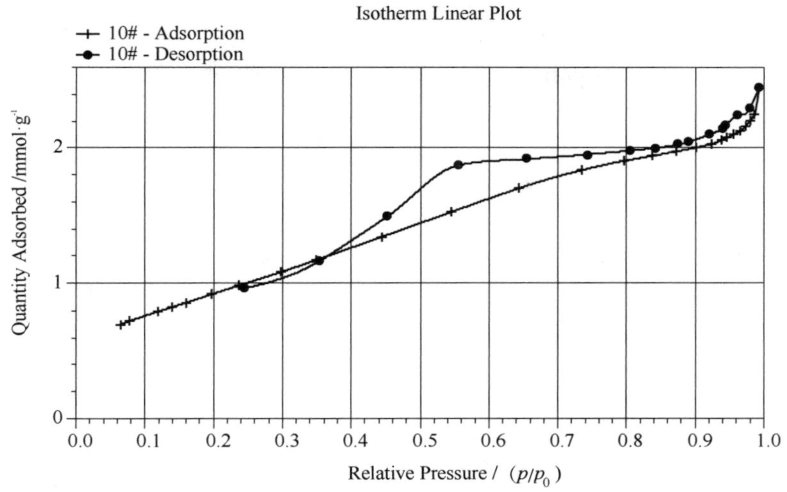

图 5 催化剂 BET 吸附曲线

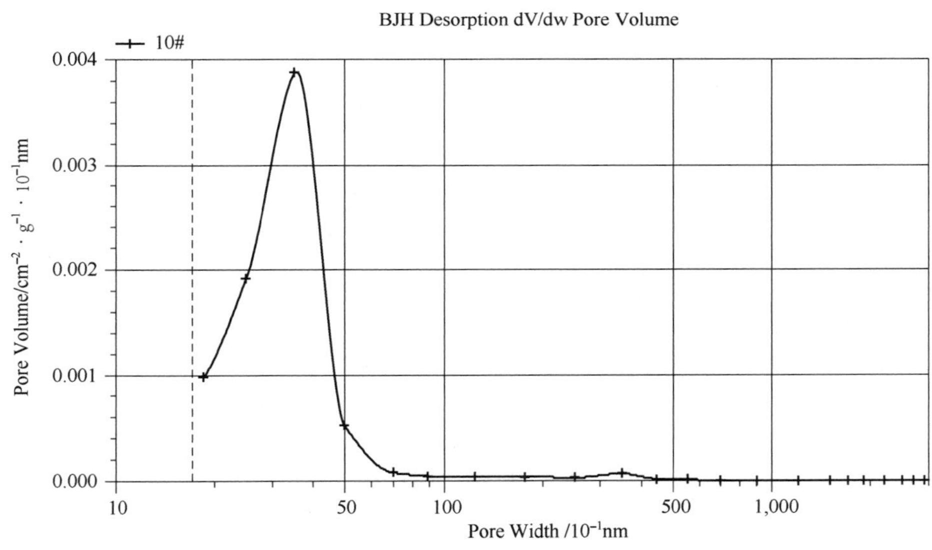

图 6 BET 孔径分布谱图

3.3 催化剂稳定性考察

在还原温度 600℃，水碳比 3.0，反应空速 5000h^{-1}，反应压力 0.1MPa、温度 455℃，管心温度 385℃左右的条件下，对催化剂进行了 200h 稳定性考察，结果见图 8。

从图 8 中可以看出，在整个稳定性考察期间，甲烷的转化率始终维持在 20%以上，说明催化剂具有良好的活性稳定性。

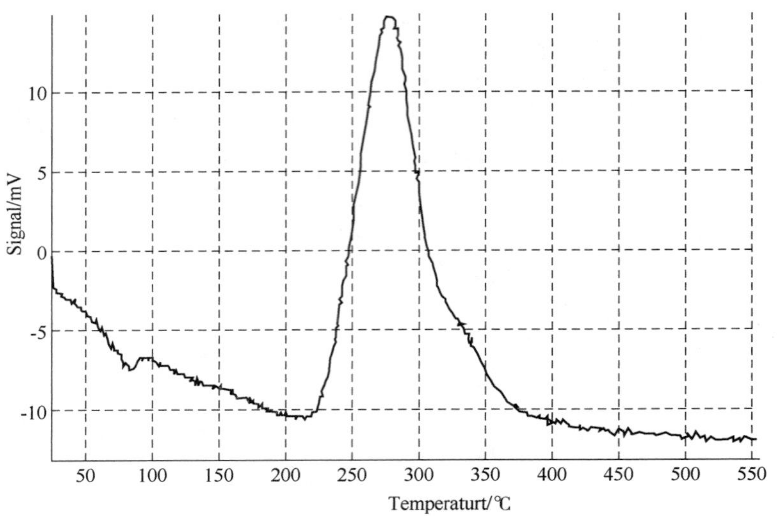

图7 H-TPR谱图

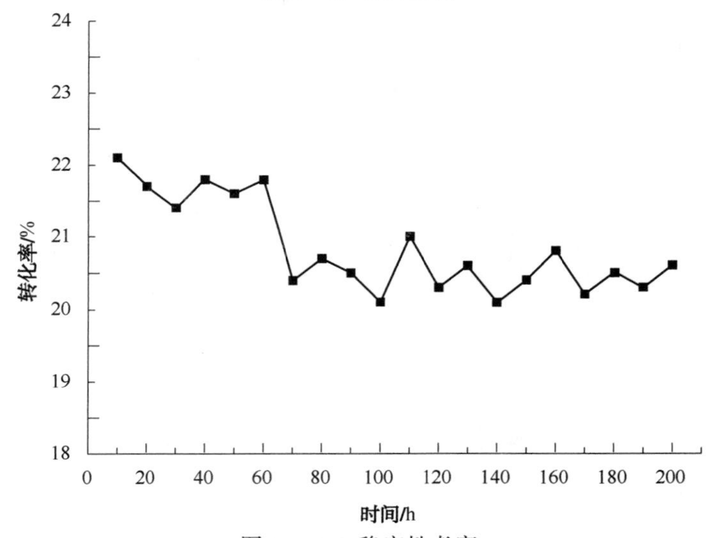

图8 200h稳定性考察

4 结论

采用共沉淀法制备了天然气预转化催化剂，催化剂的载体为稳定的镁铝尖晶石结构，通过添加铜助剂，可以在一定程度上降低催化剂的还原温度，从而提高催化剂的低温还原性能，使催化剂在较低温度下即具有较好的转化活性。催化剂200h稳定性评价实验，天然气转化率一直保持在20%以上，说明催化剂具有良好的活性稳定性。

参考文献

[1] 王卫，程玉春，戴建波，等. 国内外蒸汽转化制氢催化剂及工艺进展[J]. 工业催化，2002，10(3)：1.

[2] 赵丹，吴且毅，李玉富，等. 气态烃预转化催化剂研制及工业应用[J]. 天然气化工，2006，31(6)：47.

小桐子油加氢催化及反应机理研究

赵光辉，姜伟，李建忠，何玉莲，朱丽娜，赵仲阳

（中国石油石油化工研究院大庆化工研究中心，黑龙江省大庆 163714）

摘 要 以小桐子精炼油为原料，利用开发出的加氢催化剂，在一定条件下可生产出密度低、热值和十六烷值高、硫含量低的脱氧油组分。并根据原料和产品组成对小桐子油加氢反应机理进行了分析。

关键词 加氢脱氧 小桐子毛油 精炼油 反应机理

随着全球经济的迅速发展，液体燃料供应形势日趋严峻，能源短缺问题已成为制约各国经济发展的重要因素之一。资源有限性带来的能源危机以及造成的环境污染都在促使人们努力寻找石油的替代燃料，这也大大促进了世界各国加快寻求和开发新的能源。脂肪酸甲酯、生物液化油、乙醇等是较为理想的可再生燃料，但这些能源自身存在缺陷，如燃烧热低、稳定性差和有腐蚀性等，所有这些缺陷均与烯烃含量和氧含量过高有关[1-2]。为了解决这一问题，需进一步对其进行加氢脱氧精制处理，因此催化加氢脱氧成为开发这类能源的关键技术。

加氢脱氧与加氢脱硫和加氢脱氮一样，存在着自身抑制效应，其复杂性亦不亚于加氢脱硫和加氢脱氮。通过对传统加氢精制催化剂如 $CoMo/A1_2O_3$ 和 $NiMo/A1_2O_3$ 等研究，发现有一定的加氢脱氧活性，但尚不能完全满足油脂加氢脱氧要求[1,3]，因此迫切需要开发活性高、水热稳定性好的加氢脱氧催化剂。本文在小桐子油理化性质及组成分析的基础上，对开发出的催化剂进行了加氢脱氧评价。通过产物性质分析，对小桐子油的加氢反应机理进行了推测。

1 试验部分

1.1 试验原料

1.1.1 小桐子精炼油的制备及性质分析

将压榨出的小桐子毛油经脱胶、脱水及脱色等工序除杂处理后，得到试验用精炼油。并对其脂肪酸组成及理化性质分析，结果见表 1、表 2。

从表 1、表 2 中的分析数据中可以看出，小桐子精炼油中的脂肪酸碳链主要集中在 C_{16}～C_{18}之间，与石化柴油的碳数分布较为接近。其中单烯烃（棕榈油酸、油酸和二十烯酸）为 40.9%，双烯烃（亚油酸）为 38.42%，三烯烃（亚麻酸）为 0.20%，总烯烃含量达到了 79.65%，不饱和度较高；同时精炼油中的氧含量较高，达到了 10.6%；此外含有一定量的磷脂、金属及不皂化物等对催化剂有害的杂质，这就要求催化剂具较强的烯烃饱和、加氢脱

氧、水热稳定及抗杂质性能。

表 1 精炼油脂肪酸组成分析数据

分析项目	分析结果	分析项目	分析结果
棕榈酸/%，($C_{16:0}$)	13.46	亚麻酸/%，($C_{18:3}$)	0.20
棕榈油酸/%，($C_{16:1}$)	0.85	二十烷酸/%，($C_{20:0}$)	0.19
硬脂酸/%，($C_{18:0}$)	6.47	二十烯酸/%，($C_{20:1}$)	0.21
油酸/%，($C_{18:1}$)	39.84	二十二烯酸/%，($C_{22:1}$)	0.13
亚油酸/%，($C_{18:2}$)	38.42	其他	0.23

表 2 精炼油理化性质分析数据

分析项目	分析结果	分析项目	分析结果
磷/(μg/g)	1.1	不皂化物/(%)	0.45
游离脂肪酸/%	3.1	密度(d_4^{20}℃)/(g/cm^3)	0.9140
硫/(μg/g)	1.2	黏度(40℃)/(mm^2/s)	35.09
氮/(μg/g)	10.7	氧含量/%	10.6
水/(μg/g)	1240	皂化值/(mgKOH/g)	193.4
总金属/(μg/g)	3.7	碘值/(g/100g 油)	107.9

1.1.2 氢气组成分析

试验用氢气为工业氢气，其组成见表3。

表 3 氢气组成分析数据

组成	H_2	CH_4	C_2H_6	CO	N_2
ϕ/%	96.3	1.909	0.002	0.002	1.787

1.2 试验装置

加氢试验装置主要由计量泵、加热炉、反应器、高分罐、氢气压力调节和质量流量计组成。催化剂装入固定床反应器(15 mL)后，需要进行预硫化。加氢脱氧反应采用原料油、氢气一次通过试验装置，产物经一高分、二高分分离后，进入到产品罐中，见图1。

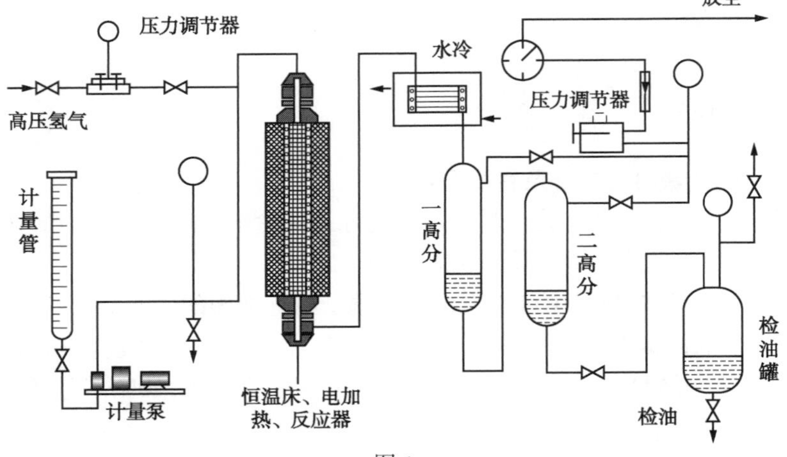

图 1

1.3 催化剂性能评价及产物性质分析

以改性后的氧化铝为载体，镍、钼为活性组分，利用等体积浸渍法制备出 $NiMo/Al_2O_3$ 加氢脱氧催化剂。以己烷稀释后的小桐子油为原料，在反应温度 330℃、氢分压 4.1MPa、体积空速 $5.0h^{-1}$、氢油体积比 500∶1 的条件下，对制备出的催化剂进行了评价。产物经减压抽提，脱除水分、溶剂及低碳烷烃后，得到脱氧油产品。表 4 列出了脱氧油性质及产品组成数据。

表 4　脱氧油性质及产品组成分析数据

分析项目	分析结果	分析项目	分析结果
脱氧油性质		C_{17}烷烃	20.35
密度(20℃)/(g/cm^3)	0.772	C_{18}烷烃	46.12
闪点/℃	130	气态烃组成/%	
硫/(μg/g)	2.3	CO_2	5.26
十六烷值	95.7	CO	0.01
热值/(MJ/kg)	44.0	C_1	0.12
氧含量/(μg/g)	<200	C_2	0.14
凝点/℃	>15	C_3	5.08
脱氧油组成/%		H_2O	8.27
C_9～C_{15}烷烃	3.17	其他组分	3.62
C_{16}烷烃	11.14		

从表 4 中的分析数据可以看出，脱氧油具有密度低、热值和十六烷值高、硫含量低等优点，是一种清洁的燃料油组分；但由于其链烷烃组成主要集中在 C_{15}～C_{18}之间，凝点在 15℃以上，其应用范围受到了较大限制，因此还需进行异构降凝处理才能成为高品质的航空生物燃料或柴油调和馏分使用。同时脱氧油中的氧含量小于 200μg/g，说明甘油三酸酯几乎全部转化成链烷烃，转化率接近 100%，证明该催化剂具有较强的加氢脱氧能力和加氢饱能力。此外，与小桐子精炼油中的脂肪酸相比，C_9～C_{15}及 C_{17}的含量略有增加，而 C_{18}含量显著减少，说明在加氢脱氧的同时也发生了减少一个碳原子的脱羧和脱羰反应及少量端位碳碳裂化反应。气态烃中 CO_2和 H_2O 的含量较高，说明加氢过程中主要发生了脱羧反应和脱氧反应。

2　小桐子油加氢机理分析

小桐子油加氢后产品主要是链烷烃，同时含有一定量的丙烷、水、二氧化碳、一氧化碳及碳六以下的烷烃。从产物的组成推测，加氢过程中主要发生了加氢饱和、加氢脱氧、加氢脱羧、加氢脱羰等多种化学反应[4]。油脂加氢反应路径如图 2。

(1) 加氢饱和反应

加氢饱和主要是把油脂分子中所有的双键饱和，生成饱和烃类混合物。由于小桐子油中的不饱和组分约占油脂总量的 80%，因此该反应过程耗氢量最多，放热量也最大。

(2) 加氢脱氧反应

在加氢脱氧反应过程中，饱和脂肪酸和三分子氢反应生成烷烃和两分子水。由于有水生成，因此该过程也消耗一定量的氢。

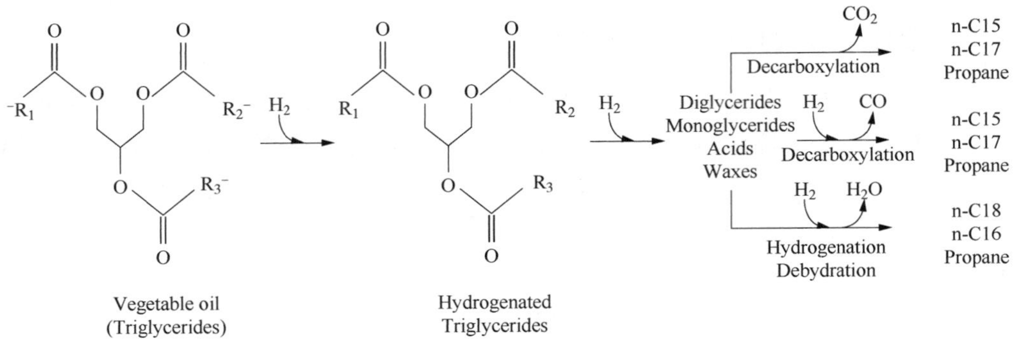

图2 油脂加氢反应路径

（3）加氢脱羰反应

在加氢脱羰反应过程中，饱和脂肪酸和一分子氢反应生成少一个碳原子的链烷烃、一分子一氧化碳和一分子水。

（4）加氢脱羧反应

在加氢脱羧反应过程中，饱和脂肪酸的羧基直接断裂，生成一分子的二氧化碳和少一个碳原子的链烷烃。该过程不消耗氢。

（5）其他反应

由于反应体系中同时存在氢气、一氧化碳、水及甲烷等组分，这些组分在一定条件下相互反应。如一氧化碳自身发生歧化反应，生成的碳将附着在催化剂上，从而影响催化剂的活性和寿命；甲烷和水反应生成一氧化碳、二氧化碳和氢气；氢气和二氧化碳反应生成一氧化碳、甲醇和低碳烷烃等。

通过以上分析可以看出，这几种反应的氢耗顺序为：烯烃饱和>加氢脱氧>加氢脱羰>加氢脱羧。虽然加氢脱氧反应途径的氢气消耗较大，但是原料油中的碳全部转化成了烷烃，从碳原子利用率的角度来说还是比较推崇这种反应途径的。

3 结论

（1）以改性后的氧化铝为载体，镍、钼为活性组分，利用浸渍工艺制备出了$NiMo/Al_2O_3$加氢催化剂。评价结果表明，在反应温度330℃、氢分压4.1MPa、体积空速$5.0h^{-1}$、氢油体积比500：1的条件下，所得脱氧油产品主要以$C_{15}\sim C_{18}$的链烷烃为主，且氧含量小于200μg/g，说明研制出的催化剂具有较强的加氢饱和能力和脱氧能力。

（2）脱氧油产品具有密度低、热值和十六烷值高、硫含量低等优点，但由于其凝点高，因此还需进行异构降凝或选择性裂化处理才能成为液体燃料使用。

（3）植物油加氢包括多种反应，每种反应对氢耗、能耗及产品组成等影响都较大，从碳原子利用率的角度来说，还是比较推崇加氢脱氧这种反应途径的。

参考文献

[1] 王玉林，杨运泉，揭嘉，等. 合成油品加氢脱氧催化剂的研究进展[J]. 工业催化，2008，16(3)：7-10.

[2] Furimsky E. Catalytic hydrodeoxygenation[J]. Applied Catalysis A: General, 2000, 199(2): 147-190.
[3] Viljava T R, Saari R M, Krause A. Simultaneous hydrodesulfurization and hydrodeoxygenation: interactions between mercapto and methoxy groups present in the sanle or in separate molecules[J]. Applied Catalysis A: General, 2001, 209(1~2): 33-43.
[4] 赵阳，吴佳，王宣，等. 植物油加氢制备高十六烷值柴油组分研究进展[J]. 化工进展，2007，26(10)：1391-1394.

不同支链度 C_8 烷烃在 FAU 和 MFI 分子筛中扩散的研究

袁帅，龙军，田辉平，刘宇键，许昀，周治，代振宇

（中国石化石油化工科学研究院，北京　100083）

摘　要　综合采用分子力学、分子动力学和量子力学方法研究了不同支链度 C_8烷烃在 FAU 和 MFI 分子筛孔道中的扩散过程。研究结果表明，C_8烷烃的支链度对其在 FAU 和 MFI 分子筛中扩散具有不同影响。在 FAU 分子筛孔道中，直链、单甲基支链、双甲基支链、乙基支链 C_8 烷烃扩散均较容易且支链度对烃分子扩散行为的影响较小。而在 MFI 分子筛中，随 C_8 烷烃支链度的增加，烃分子扩散难度显著增大。由于 MFI 正弦孔道中存在拐点原子，烃分子在正弦孔道中扩散比在直孔道中困难。分析烃分子在分子筛孔道中的扩散历程发现，FAU 分子筛两超笼间的十二元环孔道口限制了烃分子的扩散。烃分子在 MFI 分子筛孔道交叉处扩散较自由，分子由孔道交叉处移动至直孔道或者正弦孔道中是扩散过程的主要阻碍。

关键词　支链度　烷烃　分子筛　扩散

骨架异构化是催化裂化过程中一类非常重要的反应。一方面，异构烷烃特别是高支链度异构烷烃作为高辛烷值汽油的理想组分一直是催化裂化过程追求的理想产物，需要促进骨架异构化反应的发生。另一方面，在以多产丙烯为目的的催化裂化工艺过程中，骨架异构化反应会降低原料生成丙烯的收率，需要抑制该反应的发生。FAU 和 MFI 分子筛作为催化裂化催化剂主要的活性组分，其孔道结构对不同支链度烃分子的扩散行为具有重要影响，这种影响甚至会成为骨架异构化反应能否发生的决定因素。因此，研究 FAU 和 MFI 分子筛对不同支链度异构烷烃的扩散性能，对深入认识分子筛的骨架异构化催化性能具有重要意义。然而由于分子筛扩散研究的复杂性，FAU 和 MFI 分子筛孔道是否影响以及如何影响不同支链度烷烃的扩散尚缺乏分子水平的认识[1~3]。

为此，笔者采用分子模拟方法研究了不同支链度 C_8烷烃在 FAU 和 MFI 分子筛孔道中的扩散过程，分析了扩散行为细节，探讨了烷烃分子支链度对扩散的影响。

1　模型和模拟方法

1.1　C_8烷烃结构模型的构建

为研究烷烃分子支链度对扩散的影响，选择了正辛烷、2-甲基庚烷、2，2-二甲基己烷、3-乙基己烷（不同支链度的 C_8烷烃）作为模型化合物。采用 Accelrys 公司的分子模拟软件 Material Studio 6.1 首先构建所选烃分子的结构模型，依次采用分子力学、分子动力学计算分子的最低能量构象，最后用量子力学方法对该构象进行结构优化，得到分子的优化构型

见图 1。

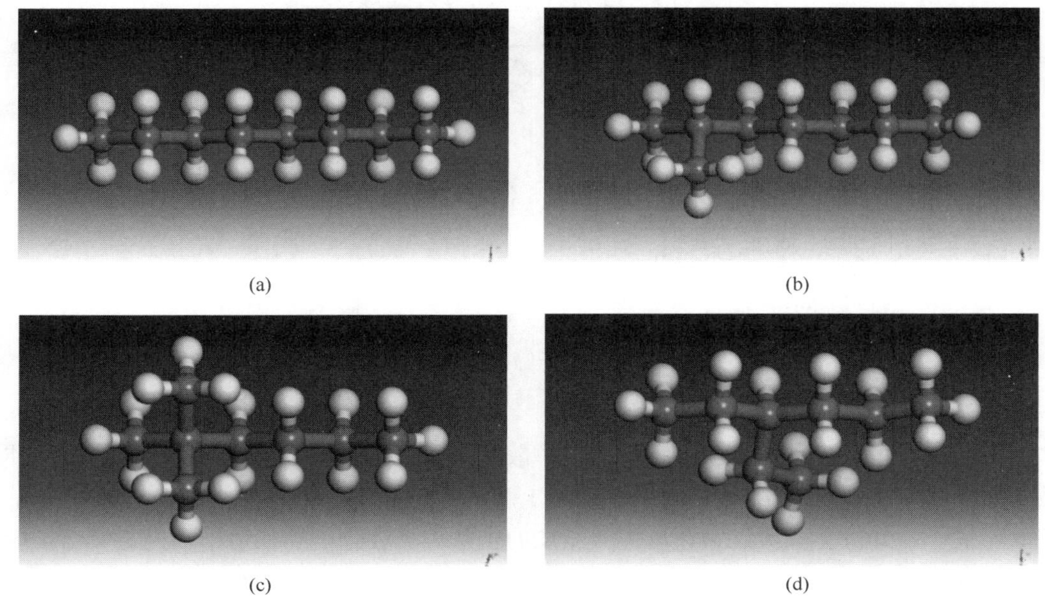

(a) (b) (c) (d)

图 1　不同支链度 C_8 烷烃的优化构型

(a)正辛烷；(b)2-甲基庚烷；(c)2，2-二甲基己烷；(d)3-乙基己烷

根据分子的优化构型计算得到分子的最小截面尺寸[4]见表 1。由表 1 可知，随分子支链度的增加，分子最小截面尺寸 $a \times b$ 呈增加趋势。

表 1　烃分子的三维尺寸

烃分子	烃分子结构示意图	最小截面尺寸($a \times b$)/nm
正辛烷		0. 408×0. 451
2-甲基庚烷		0. 543×0. 545
2，2-二甲基己烷		0. 590×0. 624
3-乙基己烷		0. 518×0. 775

1. 2　分子筛孔道模型的构建

FAU 分子筛的孔道口为十二元环，有效孔径 0. 74nm×0. 74nm，孔道中具有直径 1. 3nm 的超笼。MFI 分子筛具有两种孔道结构，分别是十元环直孔道(有效孔径 0. 53nm×0. 56nm)和十元环正弦孔道(有效孔径 0. 51nm×0. 55nm)。首先用 Material Studio 构造分子筛的超晶胞，然后根据分子筛的孔道方向将超晶胞转变为原子簇结构，最后切除孔道周围多余的原子，得到分子筛的孔道模型。构建的分子筛孔道模型见图 2(图中直线与折线示意孔道方向)。

1. 3　扩散的研究方法

烃分子在分子筛孔道中沿某一路径扩散时，受该路径上存在的热力学能垒的控制，这种

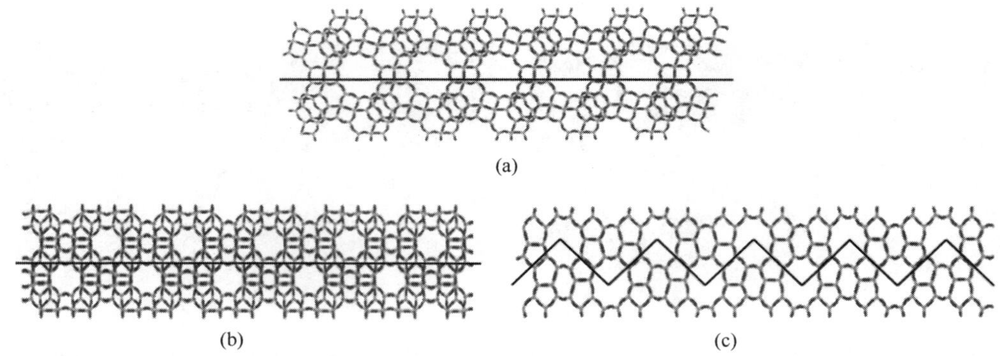

图 2 分子筛孔道模型

(a)FAU 分子筛孔道；(b)MFI 分子筛直孔道；(c)MFI 分子筛正弦孔道

能垒称为扩散能垒。分子在分子筛孔道内的扩散速率，主要是由扩散能垒决定的。本文使用 Insight Ⅱ 4.0.0 软件的 Solids_ Diffusion 模块计算不同支链度 C_8烷烃在 FAU 和 MFI 分子筛中的扩散能垒，并分析扩散历程。计算扩散能垒的步骤为：在分子筛孔道中预先定义出扩散路径，客体分子沿该路径按 0.05nm 的步长移动。在每一个位置上，对体系进行能量优化并记录优化得到的能量，由此可以得到一条沿扩散路径变化的扩散能量曲线。该曲线的峰值与谷值之差即为扩散能垒。计算中采用 CVFF[5] 力场，分子筛的骨架原子均固定在晶体学坐标位置。

2 结果与讨论

2.1 不同支链度 C_8烷烃在 FAU 分子筛中扩散的研究

表 2 不同支链度 C_8烷烃在 FAU 分子筛中的扩散能垒

烃分子	烃分子结构示意图	扩散能垒/(kJ/mol)
正辛烷		8.15
2-甲基庚烷		10.50
2，2-二甲基己烷		10.56
3-乙基己烷		11.02

表 2 为不同支链度 C_8烷烃在 FAU 分子筛中的扩散能垒。直链、单甲基异构、双甲基异构、乙基异构 C_8烷烃扩散能垒数值均处于 8~12kJ/mol 之间，表明不同支链度 C_8烷烃在 FAU 分子筛中扩散均较容易，且支链度对烃分子扩散的影响并不显著。分析烃分子在 FAU 孔道中的扩散行为发现，分子倾向于以主碳链与孔道平行的方向由一个超笼经过十二元环孔口扩散进入另一个超笼。由于 FAU 分子筛孔径 0.74nm×0.74nm 明显大于这几种 C_8烷烃的最小截面尺寸，因此这几种分子的最小截面尺寸对扩散影响不明显。

以 2-甲基庚烷为例分析烃分子在 FAU 孔道中的扩散历程。分析发现，当烃分子支链异构部分扩散至超笼中时，体系能量最低，如图 3(a)所示。当烃分子的支链异构部分扩散至十二元环时，体系能量最高，如图 3(b)所示。由此可见，FAU 分子筛两超笼连接处的十二元环孔口限制了烃分子的扩散。

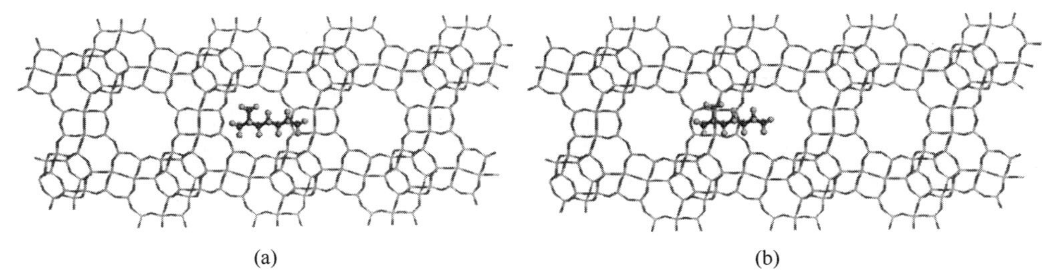

图 3　2-甲基庚烷在 FAU 分子筛中的最低与最高扩散能量构象
(a)最低能量构象；(b)最高能量构象

2.2　不同支链度 C_8烷烃在 MFI 分子筛中扩散的研究

表 3　不同支链度 C_8烷烃在 MFI 分子筛中的扩散能垒

烃分子	烃分子结构示意图	MFI 直孔道中扩散能垒/(kJ/mol)	MFI 正弦孔道中扩散能垒/(kJ/mol)
正辛烷		9.85	35.8
2-甲基庚烷		45.01	48.14
2，2-二甲基己烷		129.67	196.86
3-乙基己烷		197.53	226.61

表 3 为不同支链度 C_8烷烃在 MFI 分子筛中的扩散能垒。由表 3 中数据可知，在 MFI 分子筛孔道中，C_8烷烃的扩散能垒随分子异构程度的增加而显著增大。即 MFI 分子筛对不同异构程度的烷烃分子具有扩散选择性。这可能是由于 MFI 分子筛孔道尺寸与这几种烃的最小截面尺寸相当，甚至小于二甲基异构、乙基异构烷烃的最小截面尺寸。因此在 MFI 分子筛中，分子异构程度的较小变化会引起扩散难度的显著改变。

以 2-甲基庚烷为例分析烃分子在 MFI 孔道中的扩散历程。分析发现，当烃分子特别是烃分子支链异构部分扩散至孔道交叉处时，体系能量最低，如图 4(a)所示。当其从孔道交叉处扩散至直孔道中时，体系能量最高，如图 4(b)所示。

烃分子在 MFI 正弦孔道中扩散难易规律与直孔道中类似，但同一烃分子在正弦孔道中扩散明显比在直孔道中困难。正弦孔道尺寸比直孔道尺寸略小是其中一个原因，但是更重要的原因是正弦孔道中存在拐点原子，当分子由孔道交叉处向正弦孔道中扩散时与拐点原子发生较强的斥力作用，体系能量急剧升高，扩散难度显著增大。表 2 与表 3 中数据相比，同一异构烃分子在 MFI 分子筛中扩散比在 FAU 孔道中困难。

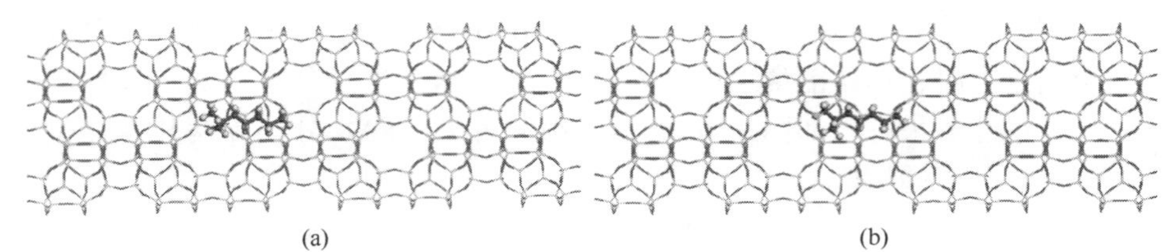

图4 2-甲基庚烷在MFI分子筛直孔道中的最低与最高扩散能量构象
(a)最低能量构象；(b)最高能量构象

3 结论

（1）C_8烷烃的支链度对其在FAU和MFI分子筛中的扩散具有不同影响。在FAU分子筛中，不同支链度C_8烷烃均可较容易扩散，并且烃分子的支链度对扩散影响较小。在MFI分子筛中，随着烃分子支链度的增加，扩散难度显著增大。

（2）同一烃分子特别是异构烃分子在MFI分子筛中扩散比在FAU中困难，且在MFI正弦孔道中扩散比在直孔道中困难。

（3）FAU分子筛两超笼连接处的十二元环孔口限制了烃分子扩散。分子在MFI分子筛孔道交叉处扩散较自由，分子由孔道交叉处移动至直孔道或正弦孔道中是扩散过程的主要阻碍。

参 考 文 献

[1] SONG L J, SUN Z L, DUAN L H, et al. Adsorption and diffusion properties of hydrocarbons in zeolites[J]. Microporous and mesoporous Materials, 2007, 104(1-3): 115-128.

[2] ZHU W, KAPTEIJN F, MOULIJN J A. Diffusion of linear and branched C6 alkanes in silicalite-1 studied by the tapered element oscillating microbalance[J]. Microporous and mesoporous Materials, 2001, 47(2-3): 157-171.

[3] MIGUEL A G, MIGUEL J, THIJS J H, et al. Diffusion of propane, propylene and isobutane in 13X zeolite by molecular dynamics[J]. Chemical Engineering Science, 2010, 65(9): 2656-2663.

[4] 袁帅，龙军，田辉平，等．烃分子尺寸及其与扩散能垒关系的初步研究[J]．石油学报(石油加工)，2011，27(3)：376-380.

[5] HAGLER A T, LIFSON S, DAUBER P. Consistent force field studies of intermolecular forces in hydrogen-bonded crystals. 2. A benchmark for the objective comparison of alternative force fields[J]. Journal of the American Chemical Society, 1979, 101(18): 5122-5130.

FCC 催化剂可接近性与其反应性能的研究

吴昊明，潘红年，杜泉盛，朱玉霞，任飞

（中国石化石油化工科学研究院，北京 100083）

摘 要 提出了一种评价 FCC 催化剂可接近性（AT 指数）的实验室测定方法；研究了实验室制备的 5 种新鲜催化剂和工业平衡剂的可接近性与其反应性能的关系。通过进一步对平衡剂进行扫描电镜（SEM）和电子探针（EPMA）分析，初步研究了 FCC 催化剂污染金属分布的特点，讨论了污染金属对 FCC 催化剂可接近性的影响。

关键词 FCC 催化剂 可接近性 反应性能 金属污染

1 前言

在炼油工业中，催化裂化（Fluid Catalytic Cracking，FCC）有着重要的地位，有效利用 FCC 装置和 FCC 催化剂深度转化重油是充分利用石油资源和炼厂获得最大经济效益的根本需求。近年来，随着石油资源日益短缺，炼油工艺面临着一系列的挑战。原料油中渣油的含量增加，轻质产品的需求的增加和重质产品的需求的减少对 FCC 工艺和 FCC 催化剂提出了更高的要求。对于 FCC 催化剂而言，原料油分子在催化剂内部的扩散和传质直接影响着催化裂化反应，从而影响 FCC 催化剂的裂化性能。

FCC 催化剂的可接近性（Accessibility）是指重油大分子在催化剂孔道中的扩散、传质、吸附和与活性中心进行反应的能力。Akzo Nobel 公司首先提出可接近性的概念[1]，并提出了量化可接近性的方法和参数（AAI）。通过研究催化剂的可接近性，可以进一步的了解重油大分子在催化剂孔道中的扩散、传质以及和活性中心反应的过程，这对于优化 FCC 催化剂的孔道结构，最大程度的利用催化剂的活性中心有着重要意义。

FCC 催化剂在装置中使用一段时间后，会受到重油中污染金属的毒害，如镍、钒、铁等。这些污染金属会破坏催化剂的晶粒结构，堵塞孔道，降低催化剂的可接近性，从而降低催化剂的活性和选择性。研究平衡剂的催化性能、污染金属和可接近性的关系，对于探寻金属污染的原理和防治有着重要的意义。

2 实验样品、仪器与方法

2.1 新鲜催化剂制备

本实验分别以四种水合氧化铝以及 Al-Gel 五种原料，以 35%的 USY 分子筛作为活性组元，在实验室制备催化剂。首先取高岭土磨碎，碾细，筛出细粉后打浆备用。称取不同的水合氧化铝干基加去离子水搅拌，加盐酸制成溶胶，50℃恒温水浴老化1h。老化结束后，测定溶胶pH值和粘度。将水合氧化铝溶胶加入高岭土浆液，搅拌30min后，测定其pH值。最后加入USY分子筛，搅拌0.5h，保证搅拌均匀。然后将胶体在150℃烘干2h，在650℃焙烧1h后压片造粒。

其中Al-Gel为铝溶胶，不必胶溶，按照21.5%的固含量计算其干基重量，当作溶胶加入催化剂的制备过程中，其它制备要求不变。

本文为了考察水合氧化铝对催化剂可接近性指数的影响，除了水合氧化铝的种类调变外，高岭土和分子筛均保持一致。制备的5种新鲜剂命名为C1~C5。

2.2 工业平衡剂

本实验平衡剂选取某炼厂从2012年3月2013年11月之间的四个时间段的平衡剂，其物化性质如表1所示。

表1 样品来源以及相关物化性质

Item	E-cat 1	E-cat 2	E-cat 3	E-cat 4
TSA/(m^2/g)	127	117	128	123
PV/(mL/g)	0.18	0.15	0.14	0.13
Fe/%	0.6	0.76	0.48	0.58
Ni/(mg/kg)	8800	7300	4790	5030
V/(mg/kg)	700	1100	3060	3250

2.3 催化剂微反活性评价(MAT)

采用轻油微反装置评价催化剂的微反活性(MA)，测试仪器为WFS-1D型固定床反应器，原料油为馏程235~337℃的大港直馏柴油，催化剂装填量为5.0g，反应温度460℃，剂油比3.2，重量空速$16h^{-1}$，吹扫N_2流量30mL/min，汽提时间10min。裂化气和产品油分别收集进行离线色谱分析。

2.4 催化剂微反性能评价

采用KTI公司的ACE-Model R+小型流化床催化裂化装置对催化剂的性能进行评价。使用武混三-2007作为评价原料油，装剂量9.0g，反应温度500℃，剂油比根据催化剂性质而定，流化床反应器，气体产物在线气相色谱分析，产品油离线色谱分析。

2.5 氮吸附法测定催化剂比表面积和孔体积

使用美国Micromeritics公司ASAP2400型自动吸附仪，将样品在1.33×10^{-2}Pa、300℃下抽真空脱气4h，以N_2为吸附质，在77.4K下等温吸附、脱附，测定吸附等温线，按BJH法计算孔体积，用BET公式计算比表面积。

2.6 扫描电镜(Scanning Electron Microscopy，SEM)

采用日本岛津(SHIMADZU)SSX-550型扫描电子显微镜，将样品干燥真空处理后，真空蒸发喷碳，加速电压20kV。

2.7 电子探针显微分析(Electron Probe MicroAnalysis，EPMA)

采用日本 JEOL 公司 JXA-8230 型电子探针显微分析仪器，将样品干燥处理后，用树脂进行包埋，再进行抛光打磨处理；加速电压 20kV，电流 10μA，束斑直径 1μm。

3 实验结果与讨论

3.1 催化剂可接近性评价

Akzo Nobel 公司提出了可接近性指数(AAI)的概念，并开发了能测试 FCC 催化剂颗粒中烃分子动力学扩散的实验室测试方法。AAI 测试是将催化剂放入溶有石油组分的溶液中通过在线紫外光谱仪检测溶液吸光度随时间的变化，从而得到石油组分的渗透速率。该方法是一种快速筛选测试，测量过程不涉及化学反应过程，只检测特定溶质的初始扩散性能[2]。

参考此方法，杜泉盛[3]和潘红年[4]建立和完善了石科院 FCC 催化剂的可接近性(AT 指数)评价方法，该方法的示意图如图 1 所示。首先将催化剂在 650℃下焙烧 1h，放入干燥器冷却后，筛取 100~120 目(124~150μm)之间的催化剂备用；开启紫外可见分光光度计后 30min 预热，仪器稳定后量取 50mL 1.5% VGO/甲苯溶液倒入烧杯中打开蠕动泵和磁力搅拌器，待体系内空气排出以及流速稳定后，导入 2g 之前筛选的催化剂，同时工作站开始测量记录溶液吸光度的变化。

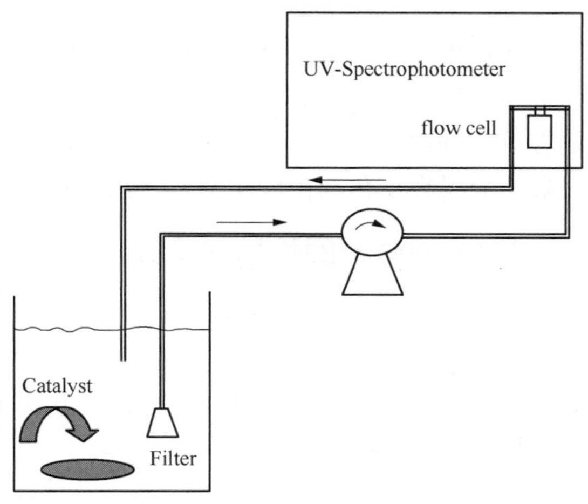

图 1 AT 指数测试方法示意图

理想情况下[3]，可以推导出来加入催化剂后吸光度降低的比例(A)的计算公式如式(1)所示。

$$A = 6\sqrt{2} \times \frac{W}{V \times d}\sqrt{\frac{Q \times D}{\rho \times c}} \times \sqrt{t} = AT \times \sqrt{t} \tag{1}$$

式中 A——加入催化剂后的吸光度；

W——催化剂的加入量；

V——溶液的体积；

Q——催化剂对渣油的吸附容量；

ρ——催化剂的密度；

c——渣油的浓度；

d——催化剂的粒径；

D——探针分子在甲苯中的扩散系数；

t——时间；

AT——可接近性指数。

在这些与 AT 指数有关的因素中 W、V、d、c、ρ 是可以设定的。催化剂对渣油的吸附容量及检测分子的扩散系数在选择好原料油后是一定值。AT 指数从理论上可推导出 A 与时间的二分之一次方成一元二次方程的关系。本工作采用拟合的方法计算 AT 指数，图 2 给出了加入催化剂时的原始分析数据及 AT 指数的计算方法，采用一元二次方程拟合求解。

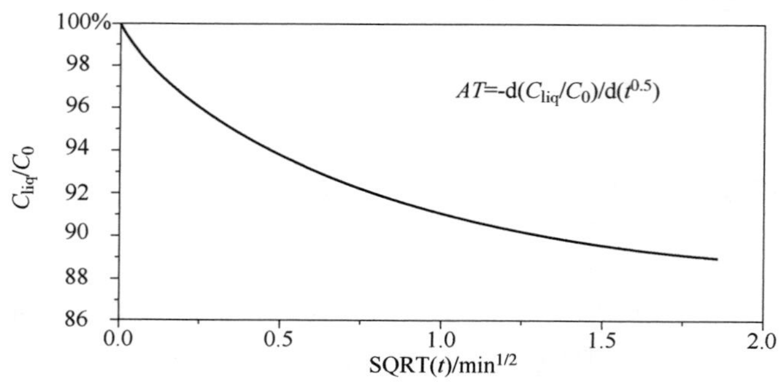

图 2 催化剂 AT 指数计算方法

测试中采用的溶液是 1.5%的大庆 VGO/甲苯溶液。把催化剂倒入 VGO/甲苯溶液后，溶质分子会扩散和吸附到催化剂的孔道，从而使得溶液浓度下降，溶液吸光度降低。烃类分子的在催化剂内的扩散中，主要受催化剂的孔道结构影响；因此当溶液的吸光度下降越快，说明烃类分子在催化剂内的扩散和传质速率越大，则催化剂的可接近性就越高。

3.2 新鲜剂的性能评价分析

3.2.1 新鲜剂的 AT 指数

用章节 3.1 中所提供的方法对新鲜剂进行可接近性分析，得到吸光度随时间变化图。以时间的平方根($t^{1/2}$)为自变量，相对吸光度(A/A_0)为因变量，作图如图 3 所示。对曲线拟合计算所得 AT 指数如表 2 所示。

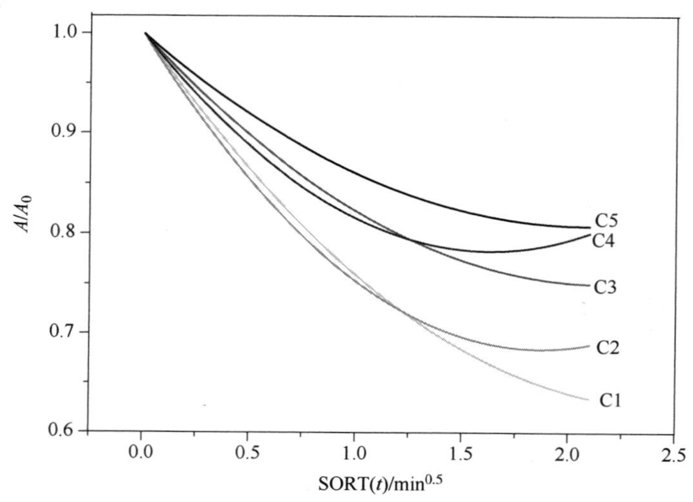

图 3 新鲜剂的相对吸光度与 $t^{1/2}$ 的关系图

表 2 新鲜剂的 AT 指数

催化剂种类	AT 指数	催化剂种类	AT 指数
C1	30	C4	26
C2	33	C5	15
C3	23		

从图 3 可以看出，加入催化剂后，VGO/甲苯溶液的相对吸光度随 $t^{1/2}$ 下降的曲线中，下降速率从大到小依次是 C2>C1>C4>C3>C5，这与计算所得的 AT 指数大小相符合。

3.2.2 新鲜剂的孔结构分析

FCC 催化剂中孔的主要作用是为催化裂化反应提供反应场所和扩散传质通道，催化剂的孔结构直接影响到 VGO 原料油分子的扩散和反应性能，直接影响催化剂的可接近性。对 5 种催化剂样品进行孔结构分析，结果见表 3。

表 3 新鲜剂比表面与孔结构分析

催化剂类别	C1	C2	C3	C4	C5
$S_{BET}/(m^2/g)$	310	302	322	349	168
$V_{pore}/(mL/g)$	0.30	0.32	0.30	0.31	0.17

从表 3 可知，5 种新鲜剂比表面积从大到小依次是 C4>C3>C1>C2>C5。这与新鲜剂的 AT 指数关系不对应，主要原因是影响催化剂的比表面积因素较多，比如制备过程中，当水合氧化铝老化结束时，不同催化剂的粘度不同，导致催化剂制备组元之间粘结的紧密程度不同。粘结力强的，使得催化剂各制备组元之间粘结紧密，则催化剂的比表面积小；粘结力弱的，使得催化剂各制备组元之间粘结松散，比表面积大。

从表 3 可知，5 种新鲜剂的孔体积从大到小依次为 C2>C4>C1=C3>C5，这 5 种新鲜剂的孔体积和催化剂的 AT 指数关系基本一致，说明 AT 指数能够反映出催化剂的孔道性质：孔体积越大，烃类分子更容易在孔道内扩散和吸附，则其可接近性越高，AT 指数越大。

3.2.3 轻油微反活性评价(MAT)

将制备的 5 种新鲜剂在 800℃ 水热老化 4h，然后进行轻油微反评价，计算所得的微活指数见表 4。

由表 4 可知，微活指数由高到低依次是 C2>C1>C4>C3>C5，这与催化剂的 AT 指数变化趋势一致，说明 AT 指数能够反映出催化剂反映活性；催化剂的 AT 指数越大，则催化剂的可接近性越大，其微反活性就越高。

表 4 不同新鲜剂的微活指数

催化剂种类	微活指数	催化剂种类	微活指数
C1	70	C4	68
C2	73	C5	55
C3	66		

3.2.4 新鲜剂的重油微反评价

将 5 种新鲜剂进行重油微反评价，得到了转化率和剂油比的关系，如图 4 所示。

从图 4 可知，5 中新鲜剂在相同剂油比下的转化率由高到低的顺序为：C2>C4>C1>C3>C5，且 C2，C4，C1 的转化率较为接近，C3 转化率相差稍大，C5 转化率则相差较大，这和

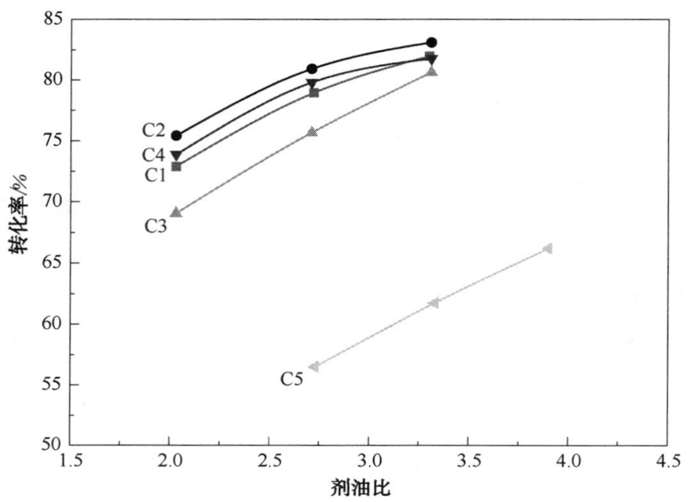

图 4　不同新鲜剂的剂油比和重油转化率的关系图

催化剂的 AT 指数变化趋势是一致的。

3.3　平衡剂的评价和表征结果

3.3.1　平衡剂可接近性测试结果

某炼厂催化裂化装置使用中石化 FCC 催化剂，2013 年 11 月发现装置的重油转化率下降，但从平衡剂铁含量分析，还没有 2012 年 3 月份高。为解决工厂疑问，对取得的平衡剂样品进行了可接近性测试。

表 5 是 4 种平衡剂的 AT 指数。图 5 是这几种平衡剂的 AT 指数变化图。从图 5 可知，四种平衡剂的 AT 指数依次下降，可接近性依次减小。

表 5　四种平衡剂的 AT 指数

样品名称	AT 指数	样品名称	AT 指数
E-cat1	18.2	E-cat3	14.0
E-cat2	16.6	E-cat4	11.1

3.3.2　微反性能评价结果

四组催化剂的微反性能评价结果如表 6 所示。

表 6　平衡剂的 ACE 评价结果　　%

Catalyst Name	E-cat1	E-cat2	E-cat3	E-cat4
Dry Gas	2.34	2.21	2.41	2.34
LPG	21.37	19.91	19.14	18.73
Gasoline	47.2	46.64	47.02	47.05
LCO	13.56	14.54	14.69	14.66
Bottoms	7.15	8.86	8.27	8.98
Coke	8.39	7.85	8.47	8.24
Conversion	79.3	76.61	77.04	76.36

从表 6 可知，四种平衡剂的转化率为 E-cat 1>E-cat 3>E-cat 2>E-cat 4，如图 6 所示。

这和平衡剂的可接近性有着较好的关联：可接近性高的平衡剂，其重油转化率也越大。

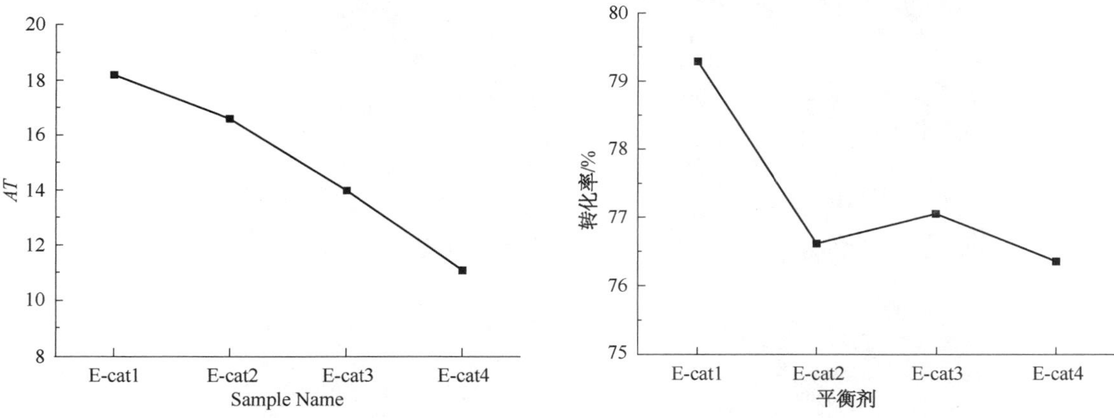

图 5　四种平衡剂的 *AT* 指数变化趋势图

图 6　四种平衡剂的转化率

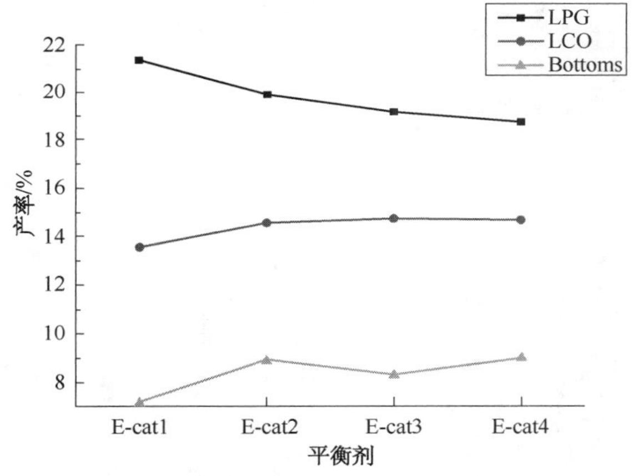

图 7　四种平衡剂的 LPG、LCO、Bottoms 的产率

从图 7 可知，E-cat 1～E-cat 4 塔底油和轻循环油大体呈增加趋势，与其可接近性呈负相关；而液化气的产率呈下降趋势，与其可接近性呈正相关。

3.3.3　扫描电镜(SEM)分析和电子探针微分析(EPMA)

为了更好的了解铁在平衡剂表面的分布情况，使用 SEM 和 EPMA 对平衡剂进行了表征，表征结果如图 8～图 12 所示。

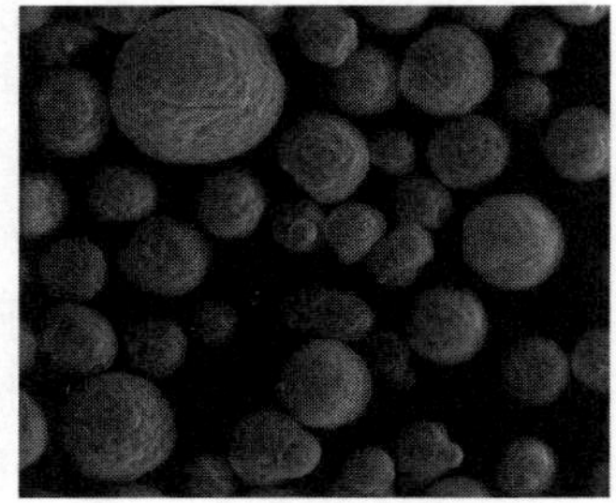

图 8　E-cat 1 的 SEM 照片

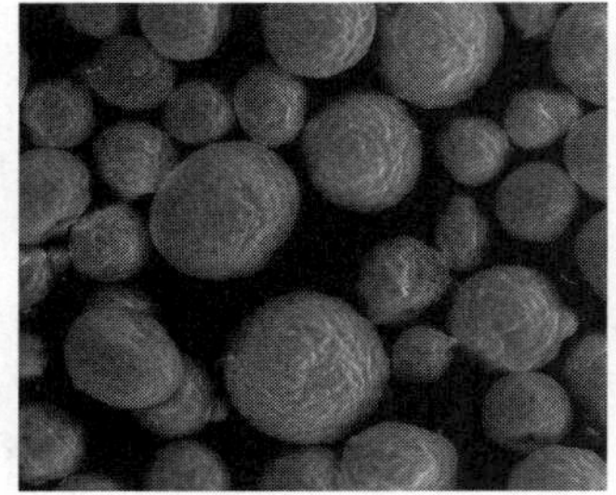

图 9　E-cat 4 的 SEM 照片

图 10　高铁污染的榆林平衡剂的 SEM 照片

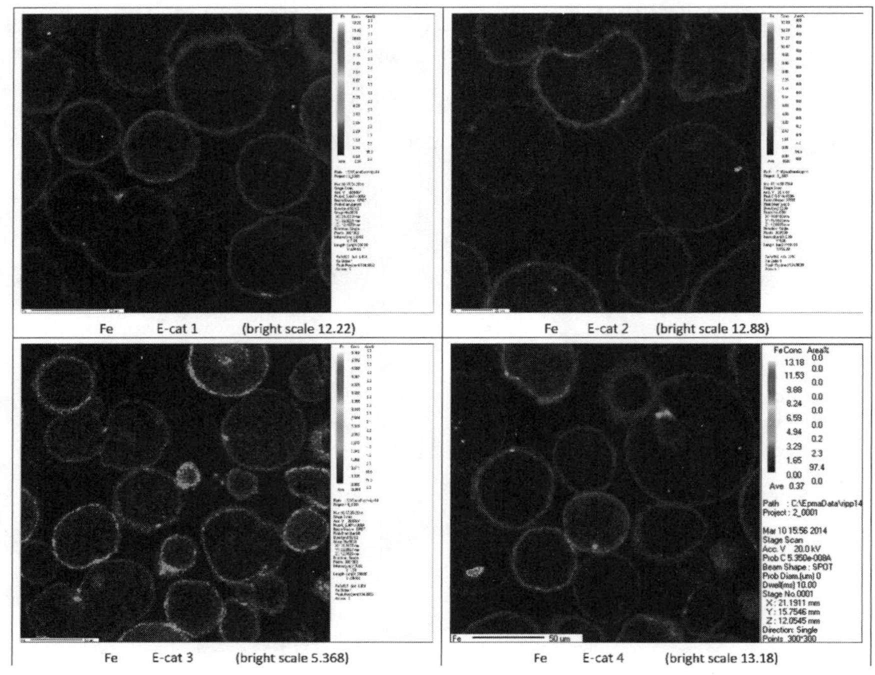

图 11 4 种平衡剂的 EPMA 面扫描(mapping)铁元素分析结果

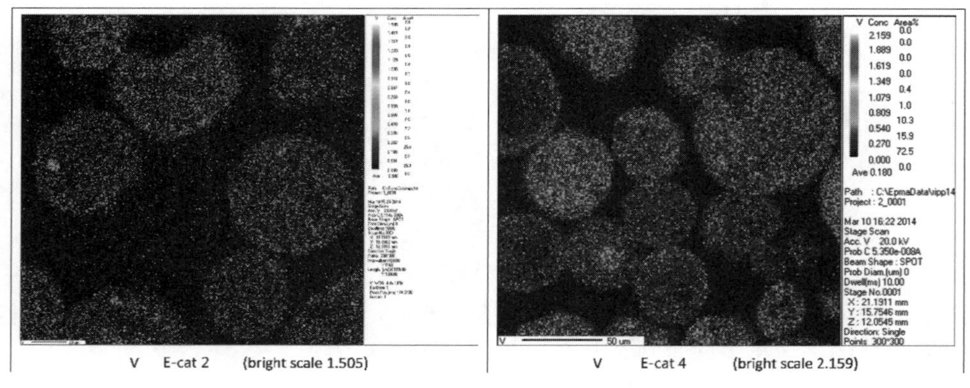

图 12 E-cat2 和 E-cat4 的 EPMA 面扫描钒元素分析结果

从图 8、图 9 可以看出，E-cat 1 和 E-cat 4 平衡剂表面都有细小的瘤状突起，而且与 E-cat 1相比，E-cat 4 的 SEM 照片中颗粒表面更为粗糙，推测铁中毒对于 E-cat 4 的影响可能更大。对比图 10 中高铁污染的榆林平衡剂(铁含量达到 10000ppm)，表面瘤状突起更为严重。结合图 11 中 EPMA 的表征结果，可知铁主要分布在催化剂颗粒表面。

文献研究表明[5]，在催化剂再生过程中，由于铁沉积在催化剂表面上，在高温下与催化剂表面其他组分发生化学作用，形成低熔点共熔物，熔融产生的高温会使得催化剂表面孔道发生崩塌，从而导致催化剂的可接近性下降，不利于烃类分子在催化剂中的扩散传质。林伟等[6]研究发现，随着 FCC 催化剂的铁污染量增大，催化剂的比表面积和孔体积会随之下降。杜泉盛等[7]在实验室的研究中发现，随着铁污染量增大，会使得催化剂的微活指数 MA 降低，可接近性下降。

工业实际应用情况比较复杂，加工的原料油种类的变化会带来污染金属类型和含量的变化。本工作研究的四个平衡剂，从表 1 分析结果可知，四种平衡剂的铁含量由高到低依次为 E-cat 2>E-cat 1>E-cat 4>E-cat 3，与本实验得到的 AT 指数并不是线性的关系，此时应考虑其他污染金属的影响。

从表 1 可知，钒元素的含量由高到低依次为 E-cat 4(3250 ppm)，E-cat 3(3060 ppm)，E-cat 2(1100 ppm)，E-cat 1(700 ppm)，这与催化剂的 AT 指数关联性较好。刘倩倩等[8]的研究表明，FCC 催化剂钒污染量越大，其微活指数 MA 和重油转化率下降越明显。从图 12 可知，钒元素在平衡剂表面和内部都有分布，且分布较为均匀，与刘倩倩等人的研究结果一致。本文研究的四种平衡剂，有可能是随着钒含量的增加，加剧了铁污染的程度，从而导致催化剂的可接近性下降。

4 结论

实验室开发的 FCC 催化剂可接近性 AT 指数测定方法，与新鲜催化剂和工业平衡剂的反应性能相关。催化剂 AT 指数越大，其裂化反应转化率越高，说明可接近性评价能够在一定程度上反映和解释催化剂的反应性能。

参 考 文 献

[1] O'CONNOR P, Humphries A P. Accessibility of functional sites in FCC[J]. Preprints-American Chemical Society. Division of Petroleum Chemistry, 1993, 38(3): 598-603.

[2] Rainer D R, Rautiainen E, Nelissen B, et al. Simulating iron-induced FCC accessibility losses in lab-scale deactivation[J]. Studies in Surface Science and Catalysis, 2004, 149: 165-176.

[3] 杜泉盛. 铁污染催化裂化催化剂的研究[D]. 北京: 石油化工科学研究院, 2006.

[4] 潘红年. FCC 催化剂及制备组元 AT 指数研究[D]. 北京: 石油化工科学研究院, 2009.

[5] Yauluris G, Cheng W, Peters M, et al. THE EFFECTS OF FE POISONING ON FCC CATALYSTS: NPRA, 2001[C].

[6] 林伟, 朱玉霞, 田辉平, 等. FCC 催化剂的铁污染研究: 第十一届全国青年催化学术会议, 中国山东青岛, 2007[C].

[7] 杜泉盛, 朱玉霞, 林伟, 等. 催化裂化催化剂铁污染研究[J]. 石油学报: 石油加工, 2007, 23(3): 37-40.

[8] 刘倩倩, 任飞, 朱玉霞. 碱土金属型捕钒剂对催化裂化催化剂抗钒污染的作用[J]. 石油化工, 2014(03): 275-280.

浆态床 FT 合成 SFT-2 催化剂的研发及中试工艺研究

吴　玉，李学锋，晋　超，夏国富，慕旭宏，聂　红

（中国石化石油化工科学研究院，北京　100083）

摘　要　FT 合成技术是煤/天然气等清洁利用的关键技术之一，是替代能源技术研究中的热点。本文介绍了中国石化浆态床 FT 合成 SFT-2 催化剂的研发及中试应用情况。中试结果表明 SFT-2 催化剂在 CO 转化率大于 90%时，甲烷选择性接近 5%，C_5^+选择性维持在 89%以上，表现出优异的催化性能；同时，催化剂的耐磨性能突出，蜡油经一次过滤后固含率低于 0.002%。主要技术指标接近世界先进水平。

关键词　浆态床　FT 合成催化剂　钴基　耐磨性能　中试

1　前言

从我国的以煤为主的特殊能源结构、日益增长的环保要求及国家能源安全等角度出发，发展新型煤化工具有重要的现实和战略意义。以费托合成路线的合成油技术生产的燃料属于超清洁燃料，其原料来源广泛，因此已经成为替代能源技术研究中的热点。国外 Sasol、Shell 公司均已实现了费托合成技术的工业化应用[1-2]，BP、ExxonMobil、Statoil、Syntroleum 等公司已完成中试技术开发[3-5]；国内兖矿集团、神华集团、中科合成油公司也已完成中试或更大规模的技术开发[6-8]，相应的工业装置正在建设或投产中。

基于国家能源战略的需求以及中国石化产业结构调整的需要，中国石化充分发挥整体技术开发的优势，对包含费托合成及合成油提质技术在内的合成油成套技术进行了系统研究[9,10]。

中国石化石油化工科学研究院（石科院）2003 年开始进行费托合成相关技术研究，开发了两代固定床 FT 合成钴基催化剂，并成功完成 3000t/a 中试。由于费托合成是剧烈强放热反应，浆态床反应器具有传热效率高、操作稳定、反应器制造成本低、易放大等优势，中国石化 2008 年底引进了 Syntroleum 公司的浆态床 F-T 合成中试技术，并在镇海炼化还建了 Syntroleum 公司的中试装置，2011 年 3 月建成了中国石化浆态床 F-T 合成 SDF（SINOPEC Demonstration Facility）装置。2011 年~2012 年在 SDF 装置上使用石科院开发生产的钴基催化剂（SFT-1）开展了以煤基合成气为原料的浆态床 F-T 合成中试研究，取得了宝贵的浆态床开停工经验及基础数据，并完成工艺包的编制。

为了进一步提高成套技术的经济性和竞争力，石科院开发了新一代浆态床 FT 合成 SFT-2 催化剂及再生技术，并在镇海炼化 SDF 中试装置上进行了中试，本文将重点介绍 SFT-2 催化剂的研发及中试研究结果。

2 SFT-2催化剂研发

根据浆态床反应器的特点，催化剂除了具备高活性、高选择性外，耐磨性能也是催化剂的关键指标之一。中国石化浆态床催化剂开发的目标为开发可工业应用的高强度、高活性、高选择性和高稳定性的低成本钴基催化剂。

2.1 活性及选择性

钴基催化剂一般认为是结构非敏感催化剂[11]，即催化剂的活性与催化剂活性表面积线性相关。我们研究发现，除了催化剂活性表面积外，催化剂的其他性质如助剂及载体性质等也会一定程度影响单个活性位的活性，从而影响催化剂活性。图1列出了两种不同系列钴基催化剂的活性与相应氢吸附量的关系。虽然两个系列催化剂活性与氢吸附量均表现出线性相关，但斜率差别较大，说明单个活性位的活性有一定差异。

因此，在开发高活性催化剂时，除了追求高的活性表面积，还需要综合考虑催化剂助剂及载体性质等。

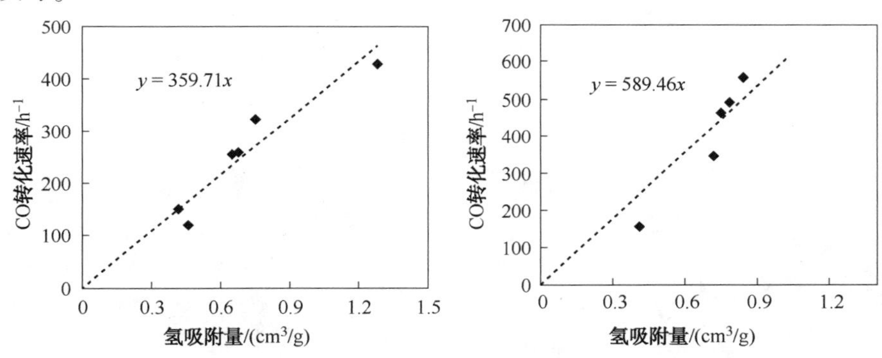

图1 两种不同系列催化剂活性与氢吸附量的关系

关于选择性，一般认为，通过提高传质效率、增加活性位密度可以降低甲烷选择性，提高 C_5^+收率。研究发现：改善载体的孔径，可有效提高催化剂的选择性。

表1列出了两种不同孔径大小氧化铝制备催化剂的选择性差异，可见改善催化剂载体物化性质有利于提高催化剂的选择性。

表1 载体孔径对选择性的影响

催化剂编号	载体孔径/nm	CO转化率/%	CH_4选择性/%	C_5^+选择性/%
1#	基准	基准	基准	基准
2#	基准+5	基准+7.1	基准-0.97	基准+1.4

2.2 耐磨性能

催化剂耐磨性能是浆态床FT合成催化剂的关键性质之一。耐磨性能差的催化剂随着反应进行会出现明显的破损和活性组分流失，影响固液分离系统的正常运行，严重时甚至会导致装置停车。因此，对影响催化剂耐磨性能的关键因素进行了较为系统的研究。图2给出了催化剂机械磨损、相对化学活性对催化剂在连续搅拌式反应釜(CSTR)进行FT合成反应时的磨损情况的影响规律。研究表明，想要获得低磨损的高强度催化剂，必须从提高物理强度和降低相对化学活性两个方面入手。

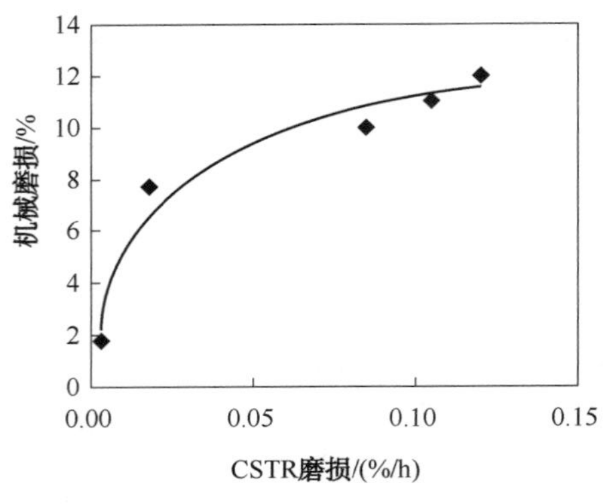

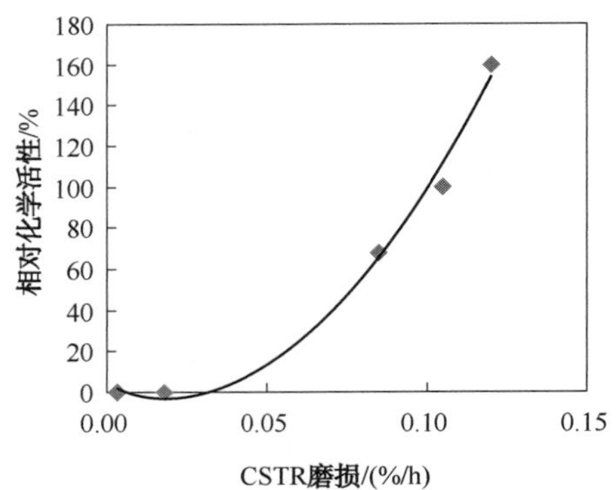

图2 催化剂机械磨损和相对化学活性对CSTR磨损的影响

提高催化剂耐磨性能的相关研究成果在SFT-1催化剂开发上得到了很好的验证。2011年~2012年SFT-1钴基催化剂在镇海炼化SDF装置上累计运行了7200h。图3列出了SFT-1新鲜剂和再生剂的SEM电镜照片，可见催化剂未出现明显破碎或磨损现象，催化剂表现出优异的耐磨性能。图4给出了新鲜剂和再生剂的激光粒度测量结果，经过近7200h的长周期运转催化剂颗粒分布未出现明显变化，进一步说明催化剂的耐磨性能好。

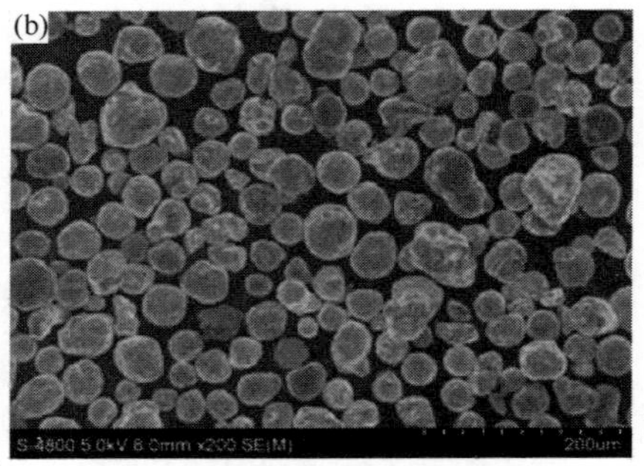

图3 新鲜剂(a)和再生剂(b)的SEM照片

在以上研究及SFT-1催化剂长周期运转试验的基础上，石科院继续开展提高SFT-2催化剂耐磨性的相关研究开发工作，进一步提高催化剂的耐磨性，最终实现高强度、高活性、高选择性、高稳定性、可工业实施的浆态床F-T合成催化剂的努力目标。

2.3 SFT-2实验室定型

通过上述研究，确定了催化剂的载体、配方及制备工艺，最终实验室定型了SFT-2催化剂，表2列出了SFT-2定型剂的主要物化性质。表3列出了SFT-2实验室定型剂与SFT-1的CSTR评价结果对比。相同转化率下，SFT-2催化剂的反应温度更低，说明其活性更高。相同转化率下，SFT-2的甲烷选择性明显低于SFT-1，C_5^+选择性更高，链增长因子更大。两代剂产品蜡灰分结果一致，说明两代剂的CSTR耐磨性能相当。

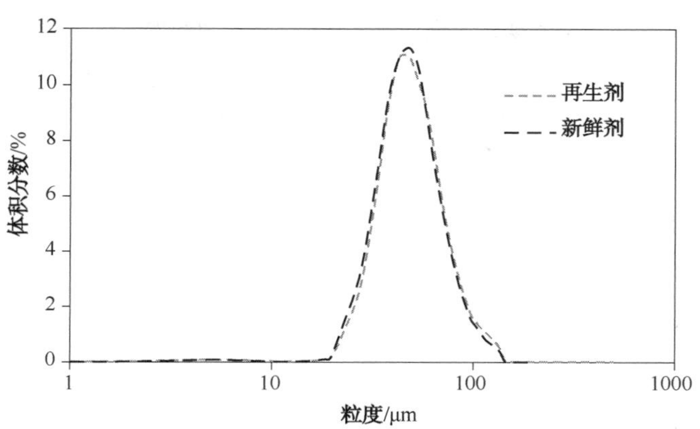

图4 新鲜剂和再生剂的粒度分布对比

表2 SFT-2定型剂主要物化性质

项 目	SFT-2	项 目	SFT-2
比表面积/(m^2/g)	≥100	堆密度/(g/mL)	≥1.00
孔容/(cm^3/g)	≥0.32	Co质量分数/%	≥20.0

表3 SFT-2与SFT-1的实验室反应性能对比

项 目	SFT-2	SFT-1	项 目	SFT-2	SFT-1
反应温度/℃	220.0	225.5	C_5^+选择性/%	89.03	86.28
CO转化率/%	50.65	50.61	链增长因子	0.904	0.878
甲烷选择性/%	6.11	7.35	产品蜡灰分/%	0.003	0.003
CO_2选择性/%	0.33	0.58			

以上对比评价结果表明，SFT-2在保持与SFT-1相当耐磨性质的基础上，活性、选择性及链增长因子都有明显提高。

3 SFT-2催化剂中试结果

2013年石科院完成2.0t SFT-2催化剂的放大生产，2014年在镇海炼化SDF装置上采用SFT-2催化剂进行了1800h中试研究，考察了催化剂的活性、选择性、耐磨性能、稳定性；同时进行了新型磁分离技术及再生方法的考察。

3.1 活性及选择性

表4列出了SFT-2催化剂在SDF中试装置稳定运转600h后的催化性能。运转数据结果表明，甲烷选择性接近5%，C_5^+选择性维持在89%以上，链增长因子α达到0.912~0.913，表现出很好的活性和选择性。主要技术指标与国际领先Co基催化剂水平接近[12]。

3.2 油品性质

表5给出了轻油和蜡油根据产量混合后的馏程分布情况。混合油中，沸点低于180℃的汽油馏分占20%~23%，140~240 ℃的煤油馏分占15%~17%，180~ 350℃的柴油馏分占30%，350~500℃的馏分油占28%，沸点高于500℃的重油馏分占20%。

表4 SFT-2催化剂的中试催化性能及与国外公司对比

	SFT-2		国外公司Co剂
工况	216℃工况	221℃工况	~220℃
CO转化率/%	87.1	93.8	
甲烷选择性/%	5.22	5.13	5~8
CO_2选择性/%	0.23	0.38	<2
C_5^+选择性/%	89.32	89.69	>85.0
链增长因子α	0.913	0.912	
C_5^+时空得率/[kg/(kg·h)]	0.253	0.317	0.25~0.30

表5 合成油(轻油与蜡油合并)馏程分布 %

项目	216℃工况	221℃工况
汽油馏分段(IBP~180℃)	20.63	20.20
煤油馏分段(140~240℃)	15.88	17.86
柴油馏分段(180~350℃)	30.16	31.72
馏分油段(350~500℃)	28.70	28.85
重油馏分段(>500℃)	20.52	19.24

3.3 稳定性及耐磨性能的考察

SFT-2催化剂在SDF中试装置上累计运转了1800多小时，为了考察催化剂的活性稳定性，在同一条件下稳定运转了800多小时。图5列出了催化剂的活性随反应时间的变化情况，可见SFT-2催化剂的稳定性较好。

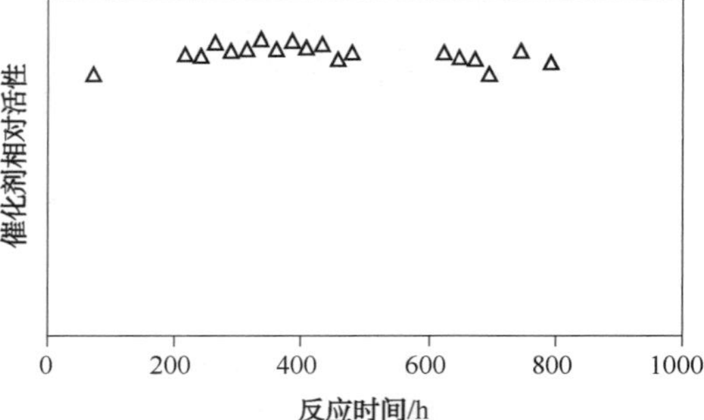

图5 催化剂相对活性随反应时间的变化情况

耐磨性能是浆态床催化剂的关键性质之一，蜡油经过滤后的固含率(灰分)一定程度可以反映催化剂的磨损情况。表6给出了中试时蜡油经一次过滤后的灰分数值，全部低于分析方法的检出限0.002%。说明蜡油中催化剂的细粉极少，催化剂表现出优异的耐磨性能。

表6 蜡油经一次过滤后的灰分随反应时间的变化情况

反应时间	50h	100h	400h	800h	1600h
合成蜡中灰分/%	<0.002	<0.002	<0.002	<0.002	<0.002

为进一步了解蜡油中残留固体的主要成分及催化剂组成流失情况，采用ICP-AES(等离子发射光谱仪)对蜡油和生成水中的金属组成进行了分析研究。表7给出了产品蜡油和生成水中的金属的元素分析结果，蜡油中Co质量分数小于1.0 mg/kg，Al质量分数小于6.0 mg/kg。水中Fe质量分数小于15.0 mg/kg，主要来源于管线腐蚀；Co和Al质量分数均低于1.0 mg/kg。进一步说明催化剂的耐磨性能强，活性组分流失很少。

表 7 产品蜡及水中金属组成的分析结果

FT 产品	元素种类	质量分数/(mg/kg)
蜡油	Co	<1.0
	Al	<6.0
水	Fe	<15.0
	Al	<1.0
	Co	<1.0

3.4 再生性能

此次中试过程中还进行了新型再生方法试验研究，表 8 给出了新鲜剂和再生剂的性能对比，可见催化剂经再生后，活性、选择性都有明显提升。

表 8 新鲜剂与再生剂催化性能对比

催化剂	X_{CO}/%	S_{CH_4}/%	$S_{C_5^+}$/%	恢复率/%
SFT-2 新鲜剂	65.5	6.3	89.8	—
再生剂	74.5	5.5	91.8	114

4 结论

石科院在完成浆态床 FT 合成 SFT-1 催化剂中试的基础上，进一步开发了 SFT-2 催化剂，并在 SDF 中试装置上完成了相关工艺研究。中试结果表明，主要技术指标与世界先进水平接近。

参考文献

[1] Matthijs S. The Shell Middle Distillate Synthesis (SMDS) Experience. 16th WPC Forum, 2000.
[2] Perego C. Gas to liquids technologies for natural gas reserves valorization: The Eni Experience[J]. Catalysis Today, 2009, 142(1): 9-16.
[3] Joep J H M. An adventure in catalysis: the story of the BP Fischer-Tropsch catalyst from laboratory to full-scale demonstration in Alaska[J]. Topics in Catalysis, 2003, 26(1): 3-12.
[4] Sie S T. Fundamentals and selection of advanced Fischer-Tropsch reactors[J]. Applied Catalysis A: General, 1999, 186(1-2): 55-70.
[5] 陈赓良. GTL 工艺技术评述[J]. 石油炼制与化工, 2003, 34(1): 6-10.
[6] 孙启文. 煤间接液化技术的开发和工业化. 第三届中国国际煤化工及煤转化高新技术研讨会论文集, 2006, 35(Z1).
[7] 石玉林. SFT418 费托合成催化剂在浆态床反应器中应用研究[J]. 石油炼制与化工, 2010, 41(11): 15-21.
[8] 唐宏青. 我国煤制油技术的现状和发展[J]. 化学工程, 2010, 10: 1-8.
[9] 夏国富, 吴昊, 孟祥堃 等. 中国石化 F-T 合成及油品提质成套技术研究开发. 2013 中国化工学会年会论文集, 2013: 279.
[10] 夏国富. 让费-托合成工艺合成油效益翻番. 石油炼制与化工, 2014, 45: 6.
[11] Iglesia E, Design, synthesis, and use of cobalt-based Fischer-Tropsch synthesis catalysts[J]. Applied Catalysis A: General. 1997, 161: 59.
[12] Li YongWang. CTL Development: From fundamental to industrial practices. World CTL 2010, Beijing, S9.

催化裂化催化剂涡轮式离心气流分级实验研究

许杰[1,3]，周岩[2]，孙国刚[1,3]，杨凌[2]，孙占朋[1,3]，杨晓楠[1,3]

(1 中国石油大学(北京)化学工程学院，北京 102249；
2 中国石化催化剂齐鲁分公司，山东省淄博 255336；
3 过程流体过滤与分离技术北京市重点实验室，北京 102249)

摘　要　为了控制催化裂化(FCC)催化剂中小于 20μm 细粉含量，应用涡轮离心式空气分级机对 FCC 催化剂进行了颗粒分选试验。考察了二次风比、载料气速、进料浓度对分选性能的影响。实验结果表明，在分级机进料浓度 100g/m^3、载料气速 10~12m/s、二次风量与分级机总风量比在 26~32%、分级轮转速 450r/min 时，牛顿分级效率达 76%以上，粗粉中小于 20μm 的细粉含量控制在 1%以下，有效提高了 FCC 催化剂质量。

关键词　分级机　FCC 催化剂　操作参数　分级系统

重油在催化裂化催化剂和热的作用下发生裂化反应是流化催化裂化工艺(FCC)的关键步骤。目前 FCC 催化剂的生产一般采用压力式喷雾干燥成型工艺，将其制备成一定粒度范围的微球状产品。由于在使用中小于 20μm 的催化剂细粉一般都未能发挥其应有的催化作用就很快从反-再系统跑掉，进入后续油气分馏塔和再生烟气，不但增加后续设备的负担和环境污染，也增加装置消耗和生产成本[1]。国际上一般要求 FCC 催化剂中小于 20μm 的细粉含量控制在 1%以下，国内则要求控制在 3%以下[2]。因此通过颗粒分选来控制 FCC 催化剂产品中细粉含量显得尤为必要。刘波等[3-4]实验考察了离心式气流分级机风筛风量、分级轮转速、载料气速、进料浓度对分级性能的影响，找到了适合 S-Zorb 废吸附剂分选的操作参数，将细粉含量控制在 3%以下。本文应用涡轮离心式空气分级机进行了 FCC 催化剂分选试验；考察了二次风比、载料气速、进料浓度对分选性能的影响，为立式涡轮离心式空气分级机技术开发提供基础实验数据支持。

1　试验

1.1　试验物料

试验物料为 FCC 催化剂，图 1 为用丹东百特公司 BT-9300S 型激光粒度分析仪测试的典型样料的粒度分布图，如图 1 所示样料中小于 20μm 颗粒质量分数约 7.9%。

1.2　实验装置流程

试验流程如图 2 所示，FCC 催化剂颗粒从加料口进入分级系统，粗颗粒经分级室进入分级机底部被收集，细颗粒及气体通过顶部排气管进入细粉收集器，细粉收集器收集绝大部分

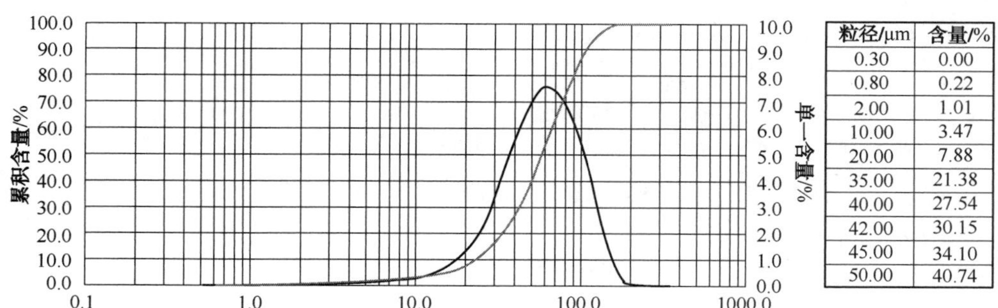

粒径/μm	含量/%
0.30	0.00
0.80	0.22
2.00	1.01
10.00	3.47
20.00	7.88
35.00	21.38
40.00	27.54
42.00	30.15
45.00	34.10
50.00	40.74

图 1　FCC 催化剂样料颗粒粒径分布

细颗粒，除尘后的气体通过引风机排入大气。试验采用负压吸风操作，通过改变总风阀和进料阀开度来调节二次风比和进口气速；涡轮转子由电动机带动；通过改变加料时间，控制进料浓度。

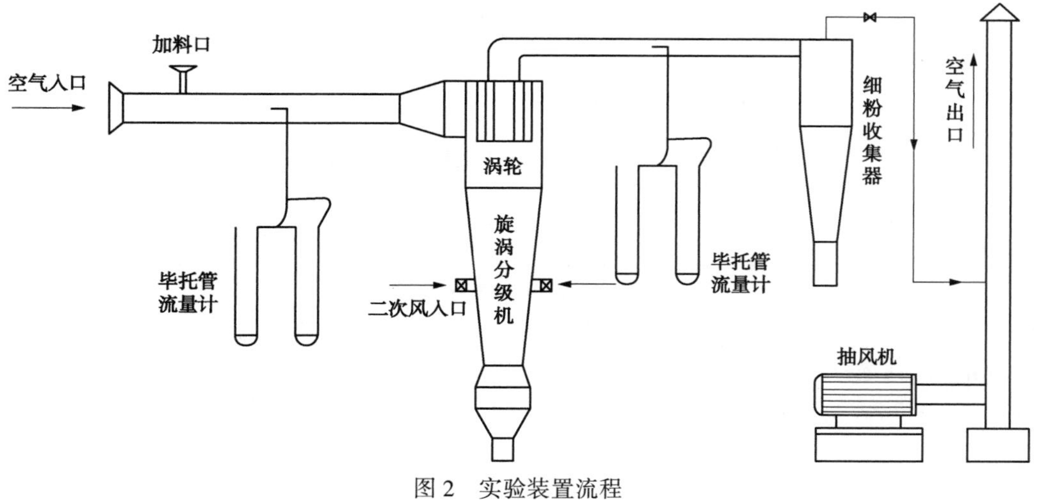

图 2　实验装置流程

1.3　分级性能评价指标

分级机性能的评价由牛顿分级效率 η_N、粗颗粒（>20μm）收率、粗颗粒中细颗粒（<20μm）的含量来综合考虑。牛顿分级效率 η_N 能综合考察粗细粉颗粒的分离程度，确切反映分级设备的分级性能，其表达式如式（1）所示[5]：

$$\eta_N = \frac{(x_f - x_b)(x_a - x_f)}{x_f(1 - x_f)(x_a - x_b)} \tag{1}$$

式中：x_f 为原料中粗颗粒的质量分数；x_a 为细颗粒中粗颗粒的质量分数；x_b 为粗颗粒中粗颗粒的质量分数。

2　实验结果与分析

2.1　二次风比对分级性能的影响

针对锥体段二次风结构，分别作了二次风量占总风量比例 0、9.7%、17.1%、25.5%、

32.3%、41.8%六组不同二次风量情况下的分级试验。其他操作参数固定不变，载料气速 10 m/s，涡轮转速 450 r/min，进料浓度 50g/m³。由图3可知随着二次风比的增加，牛顿分级效率不断增加，在二次风量占总风量比为25%左右牛顿分级效率达到最大值76%。此后二次风比继续增加，牛顿分级效率基本保持不变。这是由于二次风主要是将经主风和风级轮筛选后粗粉中可能夹带的少量细粉再次淘洗出来，以保证较高的切割精度[6]。但当二次风比超过30%之后，在淘洗出粗粉中细粉的同时也带走了一部分粗粉，这样粗粉和细粉不能有效分离，牛顿分离效率反而开始下降。所以严格控制二次风比对牛顿分级效率至关重要。

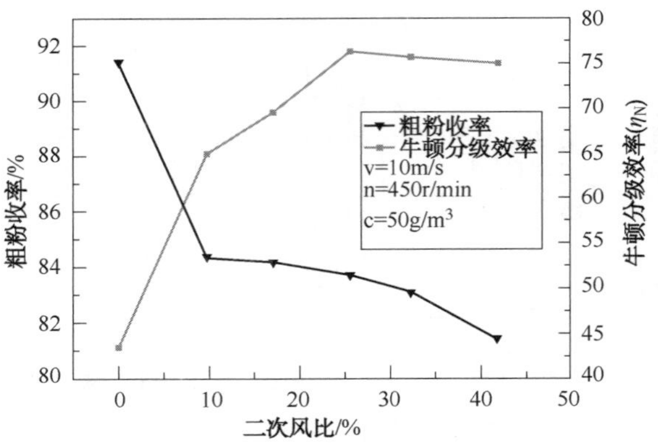

图3　二次风比对粗粉收率及牛顿分级效率的影响

表1　二次风比对粗粉中细粉含量的影响

二次风比/%	0.0	9.7	17.1	25.5	32.3	41.8
粗粉中细粉(<20μm)含量/%	4.37	1.95	1.49	0.76	0.75	0.67

从图3和表1可以看出，二次风比对粗粉收率及粗粉中细粉(<20μm)含量的影响很大，通过灵活调节二次风比粗粉收率可以保持在84%左右。针对载料气速为10m/s、涡轮转速450 r/min、进料浓度50g/m³的FCC催化剂粒径20μm的分选，二次风量占总风量的26%～32%时，分级机各项分级性能指标较优，经分选后原料中粒径20μm以下的颗粒质量分数从7.9%左右降到1.0%以下。

2.2　载料气速对分级性能的影响

在分级轮转速为450r/min、二次风量占总风量的32.3%及进料浓度50g/m³的条件下，选取8.0m/s、10.0m/s、11.7m/s、13.0m/s、15.0m/s五组不同载料气速，考察其对分级性能的影响，见图4。载料气速对粗粉中细粉含量的影响见表2。

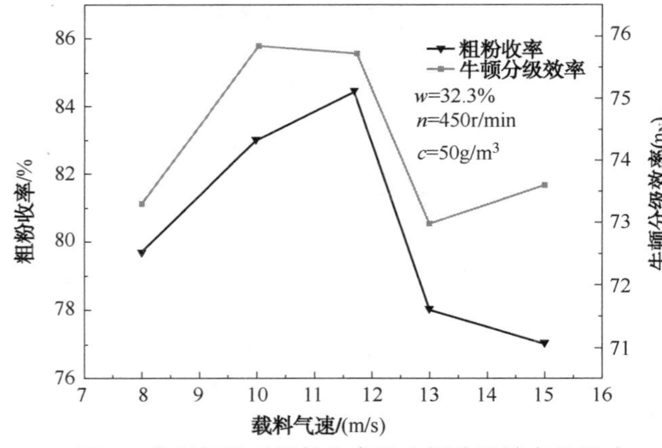

图4　载料气速对粗粉收率及牛顿分级效率的影响

由图4和表2可知，随着载料气速增大，粗粉收率随之增加，当载料气速达到11.5m/s时，粗粉收率达到最大值84%，牛顿分级效率趋于稳定在76%，粗粉中细粉(<20μm)含量低于1%。此时分级机各项分级性能指标较优；当载料气速超过12m/s，粗粉收率和牛顿分级效率反而下降，这是由于载料气速增大，颗粒与分级轮碰撞机

率增大，导致颗粒进入分级轮内部沿上部升气管 管路逃逸[3]。综上可知，在上述条件下，最佳载料气速在 10~12m/s。

表 2 载料气速对粗粉中细粉含量的影响

载料气速/(m/s)	8.0	10.0	11.7	13.0	15.0
粗粉中细粉(<20μm)含量/%	0.94	0.75	0.89	0.5	0.41

2.3 进料浓度对分级性能的影响

在分级轮转速 10m/s、二次风量占总风量的 32.3%及载料气速 10m/s 的条件下，分别选择进料浓度为 50g/m^3、62.5g/m^3、75g/m^3、100g/m^3、125g/m^3 考察其对分级性能的影响，进料浓度对粗粉收率及牛顿分级效率的影响见表 3。

表 3 进料浓度对粗粉收率及牛顿分级效率的影响

进料浓度/(g/m^3)	50.0	62.5	75	100	125
粗粉收率/%	83.1	85.1	87.2	87.8	88.8
牛顿分级效率 η_N/%	75.8	79.3	81.0	79.8	67.2
粗粉中细粉(<20μm)含量/%	0.75	0.59	0.62	0.75	2.07

由表 3 可以看出，粗粉收率随进料浓度增加而增加，但当进料浓度超过 100g/m^{3}后牛顿分级效率显著下降，这是因为随着进料浓度增加，物料中大多数细颗粒还没有均匀分散便形成假大颗粒，这种假大颗粒和粗颗粒一起进入粗粉收集器，从而使粗粉收率增加，但假大颗粒降低了牛顿分级效率，分级效果变差。在进料浓度为 75100g/m^{3}时，粗粉中细粉含量均低于 1%，且二者牛顿分级效率相差不大，故在上述条件下最佳进料浓度为 100g/m^3。

3 结论

应用涡轮离心式空气分级机系统对 FCC 催化剂进行粒度分选试验，将回收的粗粉中 20μm 以下的细粉含量控制在 1%以下。实验考察了二次风比、载料气速、进料浓度对分级性能的影响，并找到了适合锥段二次风结构的操作参数：载料气速为 10~12m/s、进料质量浓度 100g/m^3、最佳二次风量占总风量比例为 26%~32%、分级轮转速为 450r/min，此时粗粉收率 85%，牛顿分级效率达 76%以上，有效提高了 FCC 催化剂的质量。

参考文献

[1] 邹德红，孙国刚，吴绍金．催化剂细粉分级系统的设计与工业应用[J]．齐鲁石油化工，2006，34(3)：264-266.

[2] 田志鸿，周岩，杨凌，等．催化裂化催化剂焙烧回收粉分级技术研究[J]．石油炼制与化工，2013，44(12)：6-7.

[3] 刘波，夏冰，孙国刚，等．S Zorb 废吸附剂分级实验研究[J]．炼油技术与工程，2013，43(8)：41-44.

[4] 夏冰，孙国刚，张玉明，等．S Zorb 废吸附剂分级回收与利用[J]．炼油技术与工程，2014，44(4)：45-48.

[5] 彭维明，姬忠礼译，A.C. 霍夫曼．旋风分离器—原理、设计和工程应用[M]．北京：化学工业出版社，2004：34-37.

[6] 孙国刚，田志鸿．离心式细粉空气分级机的设计研究与工业应用气流分级[J]．中国粉体技术，2007，(6)：46-48.

复合法和机械混合法制备的氧化铝对加氢脱硫 NiMo 催化剂催化性能的影响

李余才，曾令有，鲍元旭，赵瑞玉

（中国石油大学（华东）重质油国家重点实验室，山东青岛 266580）

摘　要　分别采用复合法和机械混合法制备载体氧化铝 FH-A 和 JH-A，并以其为载体通过浸渍法制备 NiMo/γ-Al_2O_3催化剂 FH-C 和 JH-C。采用 XRD、BET、HRTEM、吡啶-红外（IR）、^{27}Al MAS NMR、H_2-TPR 等多种分析手段对样品进行表征。以二苯并噻吩（DBT）为模型化合物，高压微反评价了催化剂 FH-C 和 JH-C 的加氢脱硫（HDS）活性和选择性。结果表明，氧化铝 FH-A 比 JH-A 有更高的比表面积，更大的孔容和平均孔径，更多的弱的和中强度的 L 酸酸性位数量，以及较强的五配位信号峰；FH-C 催化剂的加氢脱硫活性明显高于 JH-C 催化剂。

关键词　加氢脱硫　催化性能　表面性质　孔结构

1　实验部分

1.1　原料

$NH_3 \cdot H_2O$（西陇化工股份有限公司）、NH_4HCO_3（上海试四赫维化工有限公司）、$Al(NO_3)_3 \cdot 9H_2O$、七钼酸铵［$(NH_4)_6Mo_7O_{24} \cdot 4H_2O$］和硝酸镍［$Ni(NO_3)_2 \cdot 6H_2O$］国药集团化学试剂有限公司，均为 AR 试剂。

1.2　载体前驱体与催化剂制备

分别将一定量硝酸铝和碳酸氢铵溶于去离子水中配成溶液 A 和 B。

向 A、B 中分别滴加氨水和 A 溶液并使其各自成胶、老化、抽滤、干燥，分别合成得到前驱体Ⅰ和前驱体Ⅱ；向 A 中滴加氨水，反应一段时间后，进料 A 和 B 溶液，成胶、老化、抽滤、干燥得到前驱体Ⅰ和前驱体Ⅱ组成的复合前驱体。

将前驱体Ⅰ和前驱体Ⅱ的机械混合物、复合前驱体于 500℃焙烧 5h。机械混合制备的氧化铝记为 JH-A，复合法的记为 FH-A。

采用七钼酸铵［$(NH_4)_6Mo_7O_{24} \cdot 4H_2O$］和硝酸镍［$Ni(NO_3)_2 \cdot 6H_2O$］作为活性组分镍钼的前驱体，利用等体积共浸渍的方法负载在载体上，控制 Ni、Mo 总负载量为 15wt%（按氧化物计），其中 Ni/（Ni＋Mo）＝0.33，干燥后于 500℃下焙烧得到氧化态镍钼催化剂 NiMo/FH-A 和 NiMo/JH-A，所制备的催化剂分别记为 JH-C 和 FH-C。

1.3　表征

采用荷兰帕那科公司 X'pert MPD Pro 型 X 射线衍射仪，对氧化态和硫化态的催化剂晶型进行表征。硫化态催化剂的表征利用高分辨率透射电镜（TEM）。利用 Autosorb-6B 型物理吸附分析仪表征催化剂孔结构。采用 Nicolet-58SXC 型傅里叶变换红外光谱仪和 NH_3-TPD 对酸性质进行表征。铝原子的化学环境采用^{27}Al 脉冲固体核磁波谱仪进行测定。H_2-TPR 表征在美国康塔公司（Quantachrome）生产的 CHEMBET-3000 化学吸附仪上进行。

1.4 催化剂评价

以含 2wt%DBT 的甲苯溶液为 HDS 反应模型化合物，催化剂填量为 5 mL，H_2压力 2 MPa，初始反应温度 280℃，空速（LHSV）4 h^{-1}，氢油比 300（V/V）。反应温度 240℃、260℃、280℃。

2 结果与讨论

2.1 载体酸性

图 1 为氧化铝 FH-A 和 JH-A 的吡啶吸附红外图。图 1 结果显示，FH-A 和 JH-A 在 1445 cm^{-1}处都有明显的吸收带，可判定二者均含有 L 酸位，且在 1616 cm^{-1}、1590 cm^{-1}处出现的特征吸收峰分别归属为吡啶分子作用于中等强度和弱 L 酸酸性。另外，在 1540 cm^{-1}附近均无明显吸收带，说明复合法和机械混合法所制氧化铝表面无 B 酸位存在[1,2,3]。

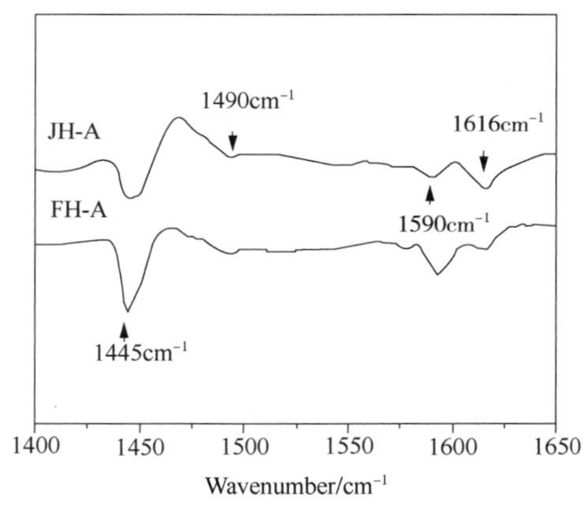

图 1　氧化铝 FH-A 和 JH-A 的吡啶吸附红外图

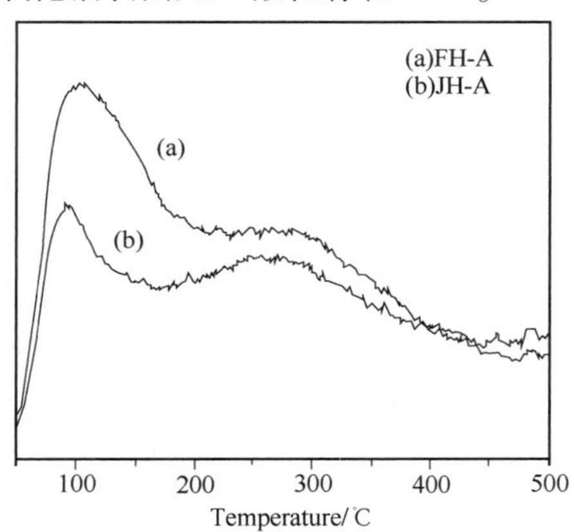

图 2　氧化铝 FH-A 和 JH-A 的 NH_3程序升温脱附图

图 2 为氧化铝 FH-A 和 JH-A 的 NH_3程序升温脱附图。图中结果显示，两氧化铝的脱附曲线，脱附温度均小于 450℃，说明 FH-A 和 JH-A 都没有强酸位存在，与吡啶-红外表征结果相一致。但是 FH-A 比 JH-A 有更多的弱酸位和中强酸位[4]，说明前躯体Ⅰ和前躯体Ⅱ的复合方式对氧化铝的酸量产生了明显的影响，这可能会影响活性金属与载体的相互作用，进而影响催化剂的加氢脱硫活性[5,6,7]。

2.2 载体孔结构性质

表 1 为两种氧化铝载体的 BET 分析结果。表 1 中数据可知，复合法制得 FH-A 具有较大比表面积，且其孔容和平均孔径远大于机械混合法所制 JH-A。

表1 复合法与机械混合法所得氧化铝的孔结构数据

样品	比表面积/(m^2/g)	孔容/(cm^3/g)	平均孔径/nm
FH-A	317.2	1.7	16.4
JH-A	285.4	0.6	6.0

2.3 载体表面性质

图3为氧化铝FH-A与JH-A的^{27}Al核磁共振谱图，由图可知，FH-A和JH-A在63 ppm、0 ppm、34 ppm处都出现了谱峰，分别归属于四配位、六配位和五配位的铝，五配位的不饱合铝原子主要存在于氧化铝的{100}晶面上[7]；FH-A的五配位铝的信号峰比较明显，而JH-A的五配位铝的信号峰则比较微弱，说明前躯体Ⅰ与前躯体Ⅱ的复合有利于增大所得氧化铝的{100}晶面的暴露度，从而使五配位铝原子的含量增多。

2.4 催化剂程序升温还原性(TPR)

图4为催化剂FH-C和JH-C的氢气程序升温还原图，催化剂JH-C的氢气还原峰位置在405℃，而催化剂FH-C的峰位置在397℃，这是由于聚合八面体钼物种中的Mo^{6+}还原为Mo^{4+}所引起[8]。催化剂FH-C的还原温度略低，说明活性组分与氧化铝FH-A之间的相互作用比与JH-A之间的相互作用更弱，即氧化铝FH-A负载的活性组分具有更高的还原性，易于形成NiMoS活性相，从而有利于促进催化剂的加氢脱硫反应性能。

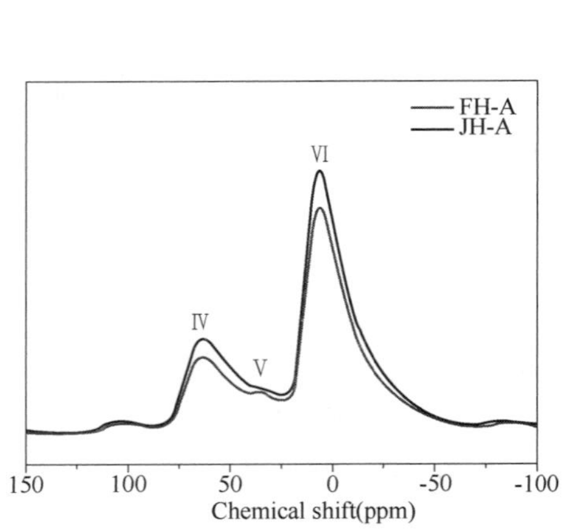

图3 氧化铝FH-A和JH-A的^{27}AlMAS NMR核磁共振谱图

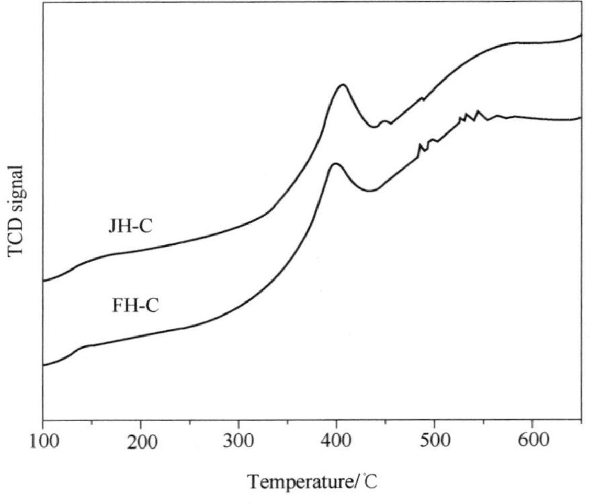

图4 催化剂FH-C和JH-C的程序升温还原图

2.5 催化剂的BET分析

表2为催化剂FH-C与JH-C的BET分析数据。由表中数据可知，复合法制得的催化剂FH-C仍具有较大的比表面积，其孔容和平均孔径也大于机械混合法制得的催化剂JH-C。

图5(a)为FH-C与JH-C的氮气吸附脱附等温曲线，由图可以看出，两催化剂的吸附脱附等温曲线均为IUPAC分类中的Ⅳ型，说明催化剂的孔仍以介孔存在。由图5(b)知，JH

-C 的较小介孔受成型压力和金属负载的影响较小，仍主要在 3.4nm 处呈集中的孔径分布，较大介孔受成型压力影响几乎消失；而 FH-A 由于大孔较多则受成型压力和金属负载的影响较大，最可几孔径分别减小至 3.4 nm 和 7.0 nm 处，但仍能够呈双孔分布。

表 2 FH-A 和 JH-A 负载金属所得 NiMo 催化剂的孔结构数据

样 品	比表面积/(m^2/g)	孔容/(cm^3/g)	平均孔径/nm
FH-C	274.5	0.7	9.0
JH-C	250.4	0.4	4.9

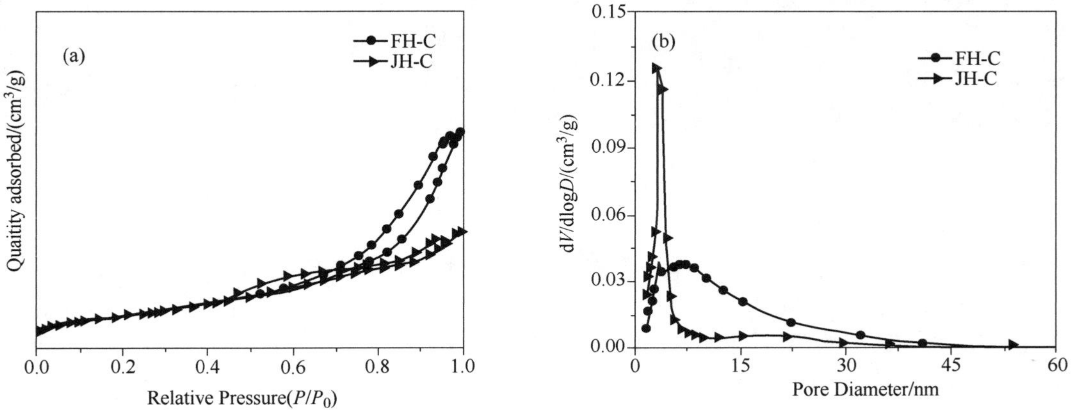

图 5 催化剂 FH-C 和 JH-C(a)吸附-脱附等温线；(b)孔径分布图

2.6 加氢脱硫活性

表 3 给出了不同方法制备的两催化剂 DBT 加氢脱硫反应的脱硫率和加氢选择性的数据。数据显示 DBT 在催化剂 FH-C 与 JH-C 上反应后产物的分布情况可以明显看出，原料 DBT 在两催化剂下的主要产物都是环己基苯(CHB)和联苯(BP)，相比之下，二联环己烷(BCH)以及中间产物 4H-DBT 的含量均极少。催化剂 FH-C 的脱硫率为 89.5%，比催化剂 JH-C 高 11%左右。

表 3 催化剂 FH-C 和 JH-C 对 DBT 的加氢脱硫产物分布、脱硫率和加氢选择性

催化剂	产物组成/%					脱硫率	选择性
	BCH	CHB	BP	4H-DBT	DBT	X(HDS)/%	S_{CHB}/S_{BP}
FH-C	0.3	14.0	75.0	0.2	10.5	89.5	0.19
JH-C	0	10.0	69.0	0.4	21.6	78.4	0.14

图 6 为硫化态催化剂 FH-C 和 JH-C 的 HRTEM 图像。由图知，MoS_2 晶片呈单层和多层分散，MoS_2 晶面间距约为 0.61～0.62 nm。催化剂 FH-C 和 JH-C 中未发现较大 MoS_2 晶簇，表明 MoS_2 的纳米晶粒均匀分散于两催化剂表面。但可以看出催化剂 FH-C 的 MoS_2 晶簇堆垛层数较多，晶片长度较短。

图 7 为加氢脱硫后催化剂的 MoS_2 堆垛层数分布，对于催化剂 FH-C，MoS_2 晶片分布单层的比例占约为 53.6%，2～3 层的比例占约为 44.8%，大于 4 层的为 1.6%；对于催化剂 JH-C，MoS_2 晶片分布单层的比例占约为 77.6%，2～3 层的比例占约为 21.9%，大于 4 层的

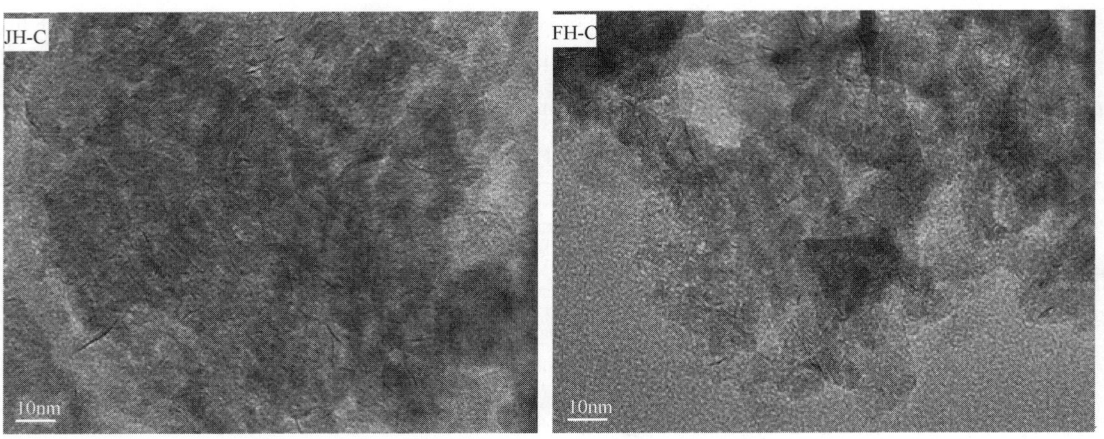

图6 硫化型 FH-C 和 JH-C 的 HRTEM 图片

为0.5%。

图8为评价后催化剂的 MoS_2 晶片长度统计图，评价后 FH-C 的 MoS_2 晶片长度主要集中在1~4 nm，而 JH-C 的 MoS_2 晶片长度主要集中在2~6 nm。因此，通过复合法载体制备的催化剂 FH-C 含有较多的多层 MoS_2 晶片分布（即Ⅱ型 NiMoS），较少的单层 MoS_2 晶片（即Ⅰ型 NiMoS）且晶片长度较短，与催化剂较好的加氢脱硫效果一致。

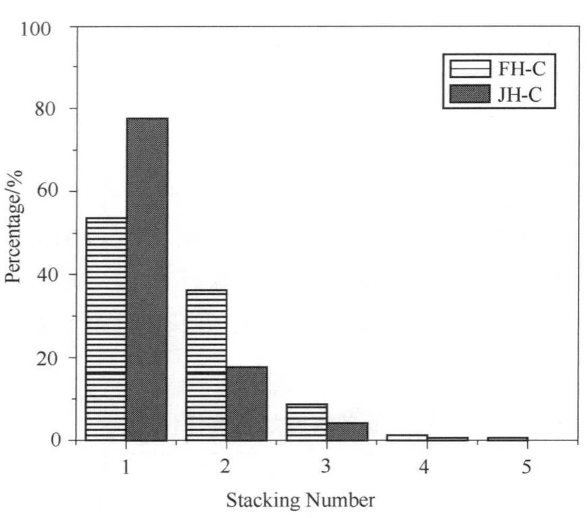

图7 评价后催化剂的 MoS_2 堆垛层数分布

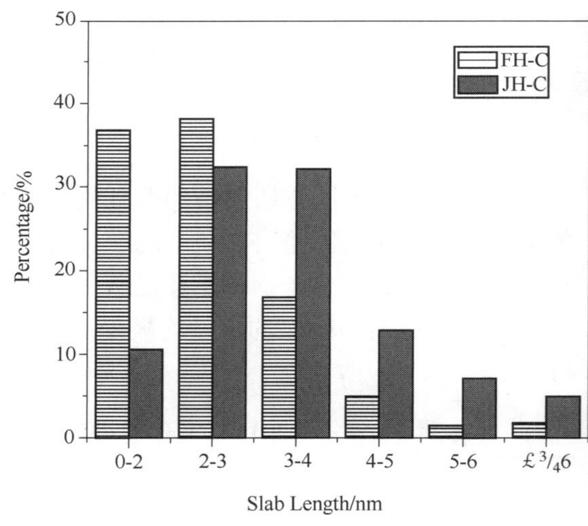

图8 评价后催化剂的 MoS_2 晶片长度统计图

3 结论

（1）FH-A 比 JH-A 具有更高的比表面积，更大的孔容和平均孔径，且氧化铝 FH-A 比 JH-A 具有更多的弱的和中强度的 L 酸酸性位数量；氧化铝 FH-A 比氧化铝 JH-A 的五配位信号峰强。

（2）相比于 JH-C，催化剂 FH-C 活性组分具有较低的还原温度，其硫化态活性组分具有较高Ⅱ型 NiMoS 活性相、较低的Ⅰ型 NiMoS 活性相与较短的晶片长度。

（3）HDS 评价结果表明，相比于 JH-C，催化剂 FH-C 具有较高的 HDS 性能。

参 考 文 献

[1] Li G C, Liu Y Q, Tang Z, et al. Effects of rehydration of alumina on its structural properties, surface acidity, and HDN activity of quinoline[J]. Applied Catalysis A: General, 2012(437-438): 79-89.

[2] Parry E P. An infrared study of pyridine adsorbed on acidic solids. Characterization of surface acidity[J]. Journal of Catalysis, 1963, 2(5): 371-379.

[3] Busca G. Spectroscopic characterization of the acid properties of metal oxide catalysts[J]. Catalysis Today, 1998, 41(1-3): 191-206.

[4] Grzechowiak J R, Rynkowski J, Wereszczako-Zielinska I. Catalytic hydrotreatment on alumina-titania supported NiMo sulphides[J]. Catalysis Today, 2001, 65(2-4): 225-231.

[5] Lewandowski M, Sarbak Z. The effect of boron addition on hydrodesulfurization and hydrodenitrogenation activity of NiMo/Al_2O_3 catalysts[J]. Fuel, 2000, 79(5): 487-495.

[6] Usman U, Takaki M, Kubota T, et al. Effect of boron addition on a MoO_3/Al_2O_3 catalyst: Physicochemical characterization[J]. Applied Catalysis A: General, 2005, 286(1): 148-154.

[7] Digne M, Sautet P, Raybaud P, et al. Use of DFT to achieve a rational understanding of acid-basic properties of γ-alumina surfaces[J]. Journal of Catalysis, 2004, 226(1): 54-68.

[8] López Cordero R, López Agudo A. Effect of water extraction on the surface properties of Mo/Al_2O_3 and NiMo/Al_2O_3 hydrotreating catalysts[J]. Applied Catalysis A: General, 2000, 202(1): 23-28.

助剂 Ni 与载体的相互作用及对 MoS_2 形貌的影响

曾令有，赵瑞玉，梁娟，刘晨光

（中国石油大学 重质油国家重点实验室，CNPC 催化重点实验室，山东青岛 266580）

摘　要　以工业拟薄水铝石为原料制备的 $\gamma-Al_2O_3$为载体，制备出一系列不同 NiO 负载量的 $NiMo/\gamma-Al_2O_3$催化剂，利用 XRD、^{27}Al-NMR、Py-IR、HRTEM 等技术对试样进行了表征，采用高压微反装置对其加氢脱硫性能进行了评价。考察了助剂 Ni 与载体 $\gamma-Al_2O_3$不饱和铝间的相互作用及其对催化剂活性相结构形貌以及 HDS 性能的影响。结果表明，助剂 Ni 优先作用于 $\gamma-Al_2O_3$表面的四配位不饱和铝原子位置；随着 NiO 负载量的增加，硫化态催化剂中 MoS_2晶粒的平均长度变短、平均堆叠层数逐渐增加；加氢选择性随着 MoS_2晶粒平均堆垛层数基本呈线性增加，更高的堆垛层数具有更好的加氢选择性。

关键词　助剂镍　氧化铝　活性组分与载体相互作用　加氢脱硫

工业上常用的加氢脱硫催化剂是以 Mo 或 W 的硫化物作主催化剂、Co 或 Ni 的硫化物为助催化剂。通常认为 HDS 催化剂中真正起催化作用是高度分散的 MoS_2晶粒中引入助剂 Ni 或 Co 原子形成的 Ni(Co)MoS 相[1-3]。催化剂活性相通常分为两种类型，由于其与载体更弱的相互作用力和更高的硫化度，Ⅱ型 Ni(Co)MoS 相较于 I 型具有更好的催化活性。

MoS_2活性相的生成及其结构形貌(长度、堆垛层数)对其加氢脱硫活性与选择性至关重要，探究助剂 Ni 与氧化铝载体表面的相互作用机理，将会有利于活性相的生成与结构形貌的调控。氧化铝载体表面的不同晶面上存在不同类型的不饱和铝，其中{110}晶面分布有三配位铝 $Al_{Ⅲ}^{3+}$与四配位铝 $Al_{Ⅳ}^{3+}$，而{100}晶面仅分布有五配位铝 Al_{V}^{3+}[4,5]。引入的助剂 Ni 将会作用于氧化铝载体的不饱和铝位置[6]，而具体与哪种类型的不饱和铝互相作用并没有相关文献报道。

本论文旨在探究助剂 Ni 与载体 Al_2O_3不饱和铝的作用位置和及其对活性相 MoS_2相貌的影响，并且首次提出了在 DBT HDS 反应中 NiMo 催化剂 MoS_2活性相的形貌与催化活性的关联关系。

1　实验部分

1.1　原料

硝酸、环己烷、甲苯、无水乙醇、二硫化碳，均为 AR 试剂，天津化学试剂有限公司产品。仲钼酸铵、硝酸镍溶液、二苯并噻吩(DBT)，AR，国药集团化学试剂有限公司产品。干胶粉 YH05，田菁粉，纯度 99%，淄博万霖化工有限公司产品。

1.2 催化剂的制备

1.2.1 载体的成型

称取适量的干胶粉 YH05，加入田菁粉后，用适量一定浓度的硝酸水溶液将其混合均匀后在双螺杆挤条机上进行挤条。将挤条后的载体先于室温下晾干，然后在 120℃ 的烘箱中干燥 10h，再于马弗炉中 550℃ 下焙烧 4h，得到成型的载体 γ-Al_2O_3。

1.2.2 催化剂的制备

催化剂采用饱和浸渍法分步浸渍活性组分。称取一定质量的条形氧化铝，根据 NiO 的负载量及载体的吸水率配制一系列不同浓度的硝酸镍溶液，将相同量的载体分别浸渍于不同浓度的硝酸镍溶液，干燥后于 500℃ 下焙烧，即得到不同 NiO 负载量的 NiO/γ-Al_2O_3 样品，其中 NiO 负载量分别为 0，1.25%，2.50%，3.75%，5.00%，样品分别记为 a、b、c、d、e。根据 MoO_3 的负载量（10%）分别配制仲钼酸铵溶液，将不同负载量的 NiO/γ-Al_2O_3 样品分别用仲钼酸铵溶液浸渍，干燥后于 500℃ 下焙烧，得到不同 NiO 负载量的 NiMo 催化剂。

1.3 催化剂的表征

采用荷兰帕纳科公司生产的 X 射线粉末衍射仪（X' Pert Pro MPD）进行试样的物相分析，CuK_α 射线（$\lambda = 0.15406$ nm），管压 40kV，管流 40mA。采用美国 Nicolet 公司 Newus 型傅里叶红外光谱仪测定试样的表面酸性。使用瑞士布鲁克公司 Advance 300 型波谱仪测定样品中 Al 原子的配位环境。使用日本电子公司 JEM-2100UHR 型高分辨率透射电镜观测试样活性相的微观结构及在载体表面的分散程度。

1.4 催化剂活性评价

催化剂活性评价在高压加氢脱硫微型反应器中进行，催化剂填料为 5mL，液体空速为 4.0 h^{-1}，氢油体积比为 300，氢压 2MPa。预先通入 3.0%CS_2 的环己烷溶液，在 300℃ 下预硫化 8h；接着进料切换为 2 % 的 DBT-甲苯溶液，在 260℃ 反应 4 h 后开始取样分析。采用 Agilent 公司 6820 型气相色谱仪测定产物组成。

2 结果与讨论

2.1 催化剂的物相分析

采用 X 射线衍射对不同 Ni/（Ni+Mo）原子比催化剂试样进行分析，谱图示于图 1。由图 1 可见，各个催化剂均只在 18.4°、36.4°、39.4°、45.6°、59.8° 及 66.5° 处出现明显的 γ-Al_2O_3 的特征衍射峰，除此之外并没有氧化镍或氧化钼的特征衍射峰，这表明活性组分 Ni、Mo 在载体上分散良好，没有出现明显的聚集现象。

2.2 助剂 Ni 对载体中 Al 配位状态的影响

图 2 为负载不同量的 NiO 后 γ-Al_2O_3 的 ^{27}Al MAS NMR 谱。由图 2 可见，所有的谱图均只在 6ppm 和 65ppm 附近出现两个明显的谱峰，其分别对应的是六配位铝和四配位铝共振吸

收峰。NiO/γ-Al_2O_3中Al_{IV}相对含量随NiO负载量的变化列于表1，变化曲线示于图5。由表1可见，随着NiO负载量的增加，四配位不饱和铝原子的相对含量从22.40%降至18.01%，呈明显的下降趋势，这说明引入的NiO会优先作用于氧化铝表面配位数较低的Al_{IV}位置，导致四配位铝相对含量的降低；另外，当NiO负载量超过1.25%后，Al_{IV}百分含量的下降趋势明显减弱，但基本上保持直线下降的趋势，从理论上讲，如果引入的Ni完全与氧化铝表面的四配位铝发生相互作用，改变其配位数，那么氧化铝中Al_{IV}百分含量应该随着NiO负载量的增加而直线下降，然而实际上如图3所示，变化曲线在NiO负载量为1.25%处发生了明显的转折，变化趋势明显减弱，这说明随着负载量的逐渐增加，Ni并不能完全跟氧化铝表面的四配位铝发生相互作用，这可能是由于氧化铝表面四配位铝的数量有限，逐渐有一部分NiO无法与四配位铝发生较强的相互作用，而是较弱地作用于γ-Al_2O_3表面的其它位置。并且由图4可以看出，六配位铝的共振吸收峰位置随着NiO负载量的增加逐渐向零化学位移处移动，这说明有NiO作用于此位置，导致了六配位铝相对含量的提高。

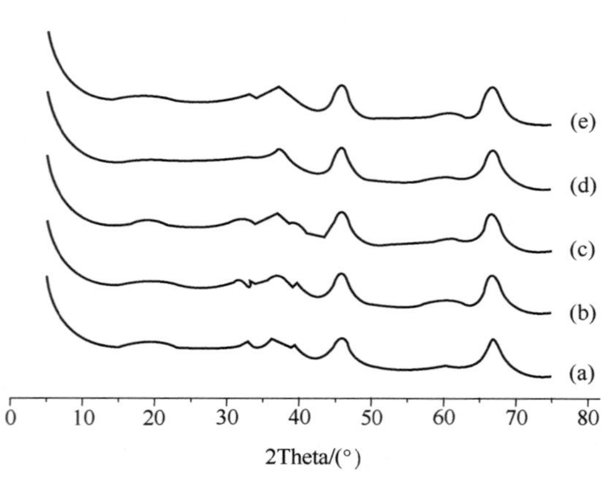

图1 不同NiO负载量催化剂的XRD谱

(a)0；(b)1.25%；(c)2.50%；(d)3.75%；(e)5.00%

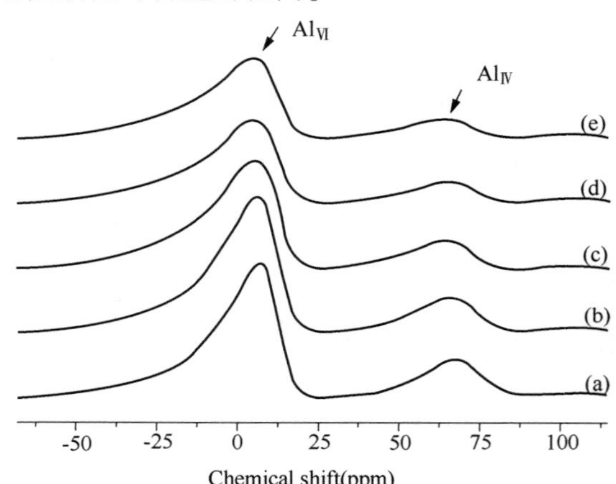

图2 不同量NiO负载于γ-Al_2O_3的^{27}Al固体核磁共振谱图

(a)0；(b)1.25%；(c)2.50%；(d)3.75%；(e)5.00%

表1 不同NiO负载量的NiO/γ-Al_2O_3中Al_{IV}相对含量的变化

NiO负载量/%	AlO_4/%	AlO_6/%
0	22.40	77.60
1.25	20.59	79.41
2.50	19.87	80.13
3.75	19.00	81.00
5.00	18.01	81.99

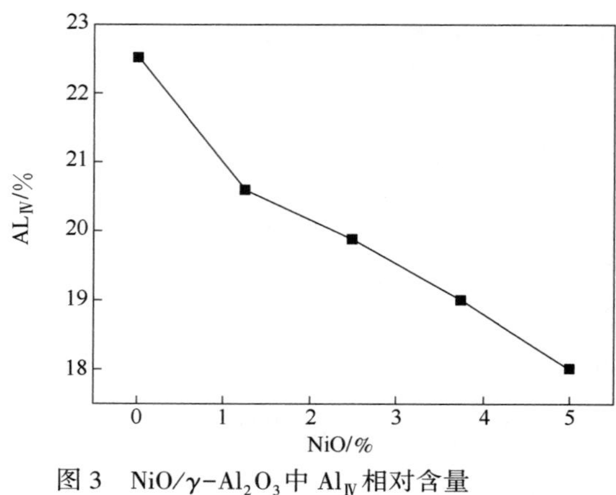

图3 NiO/γ-Al_2O_3中Al_{IV}相对含量随NiO负载量的变化曲线

2.3 助剂 Ni 对活性相 MoS_2 形貌的影响

表 2 不同 NiO 负载量硫化态催化剂中 MoS_2 的平均长度及平均堆叠层数

NiO 负载量/%	平均长度 $\bar{L}$/nm	平均堆叠层数 $\bar{N}$	NiO 负载量/%	平均长度 $\bar{L}$/nm	平均堆叠层数 $\bar{N}$
0	2.55	1.30	3.75	1.53	1.64
1.25	1.82	1.45	5.00	1.52	2.10
2.50	1.78	1.56			

对各催化剂的 HRTEM 照片进行测量统计，通过统计约 500 个 MoS_2 片晶的几何参数计算得到硫化态催化剂片晶的尺寸分布。根据文献报道的方式[7,8]计算得到 MoS_2 晶粒的平均长度($\bar{L}$)和平均堆叠层数($\bar{N}$)，结果示于表 2。可见，五个硫化态催化剂的 MoS_2 分布相对比较分散，晶片长度较短。总体来讲，MoS_2 晶片的长度主要集中在 1~3nm 范围内，堆垛数主要在 1~3 层。从堆叠层数来看，各催化剂均是以 1、2 层为主，3、4 层出现较少，且随着催化剂中 NiO 负载量的增加，单层比例逐渐降低，2、3 层比例则明显。当 NiO 负载量为 0 时催化剂中 MoS_2 晶粒的平均长度最大(2.55nm)，平均堆叠层数最低(1.30)，且随着 NiO 负载量的增加，硫化态催化剂中 MoS_2 晶粒的平均长度逐渐变短，而平均堆叠层数有所增加，也就是说随 NiO 负载量的增加，活性相的纳米结构由“扁平状”向“细高状”转化。结合前面[27] Al-NMR 的结果来看，原因可能是，随着镍负载量的增加，氧化铝载体表面四配位铝原子的数量逐渐减少，而六配位铝相应增加，即表面铝原子的配位饱和度提高，从而导致氧化铝表面能降低，活性组分 Mo 与载体表面的相互作用减弱，促进了多层 MoS_2 活性相的形成。上述的结果表明，助剂 Ni 的引入会对硫化态催化剂 MoS_2 晶片的形貌产生明显影响。

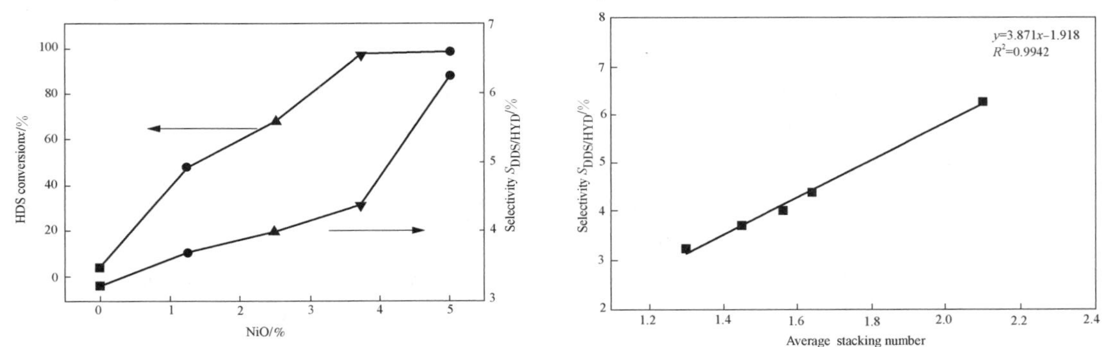

图 4 不同 Ni 负载量催化剂催化 DBT HDS 活性评价结果(左)及堆垛层数与加氢选择性的关系曲线图(右)

2.4 MoS_2 活性相形貌与加氢活性的关联关系

不同 Ni 负载量催化剂催化 DBT HDS 活性评价结果示于图 4(左)。可以看到，随着催化剂中 NiO 负载量的提高，脱硫率先是逐渐升高，当 NiO 负载量达到一定值后基本保持平稳；加氢选择性(DDS/HYD)先是缓慢提高，随后突跃式升高。由前面的分析可知，随着 NiO 负载量的增加，活性相 MoS_2 晶粒的平均长度变短、堆叠层数增加，即形貌的变化会对 DBT 加氢活性产生显著的影响。

为了进一步探究 MoS_2 活性相的形貌对 DBT 反应活性的影响关系，加氢选择性(DDS/HYD)与平均堆叠层数的关联关系示于图4(右)。由图清晰地发现，HDS 选择性随着平均堆垛层数基本呈线性增加，更高的堆垛层数具有更好的加氢选择性。DBT 加氢反应首先是芳香环通过 π 配位键吸附在 MoS_2 片晶的边缘活性位[9]，因而堆垛层数高的 MoS_2 片晶更有利于 DBT 的平躺吸附及反应。Topsøe 课题组采用扫描隧道显微镜(STM)对加氢脱硫活性相的尺寸阈值进行的研究表明[10]，二苯并噻吩只有在小于 1.5nm 的 MoS_2 活性相的角位硫空位上才能进行有效的化学吸附，而在边位硫空位上则不能形成有效的化学吸附，所以具有更多棱角形貌的纳米活性相有利于二苯并噻吩的直接氢解脱硫。本研究中随着 NiO 负载量的增大，活性相 MoS_2 的平均长度变短，堆叠层数增加，由"扁平状"转化 为"细高状"，从而有利于二苯并噻吩的直接氢解脱硫的角位硫空位增加，故加氢选择性提高，脱硫率提高。

3 结论

(1) 助剂 Ni 会优先作用于载体 $\gamma-Al_2O_3$ 表面的四配位铝原子位置，随后逐渐有一部分 Ni 较弱地作用于载体的六配位铝位置。

(2) $NiMo/\gamma-Al_2O_3$ 催化剂中随着 Ni 负载量的提高，硫化后生成的活性相晶片变短，而平均堆垛数逐渐增加，从而促进了Ⅱ型 Ni-Mo-S 活性相的生成，减弱了活性组分与载体表面的相互作用，有助于催化剂活性的提高。

(3) MoS_2 形貌会对 DBT 加氢活性产生显著的影响，加氢选择性随着平均堆垛层数基本呈线性增加，更高的堆垛层数具有更好的加氢选择性。

参 考 文 献

[1] Bouwens S M A M, Vanzon F B M, Vandijk M P, et al. On the Structural DifferencesBetween Alumina-Supported Comos Type I and Alumina-, Silica-, and Carbon-Supported Comos Type Ⅱ Phases Studied by XAFS, MES, and XPS[J]. Journal of Catalysis, 1994, 146(2): 375.

[2] Lauritsen J V, Helveg S, Lægsgaard E, et al. Atomic-scale structure of Co-Mo-S nanoclusters in hydrotreating catalysts[J]. Journal of Catalysis, 2001, 197(1): 1-5.

[3] Lauritsen J V, Kibsgaard J, Olesen G H, et al. Location and coordination of promoter atoms in Co- and Ni-promoted MoS_2-based hydrotreating catalysts[J]. Journal of Catalysis, 2007, 249: 220.

[4] Digne M, Sautet P, Raybaud P, et al. Use of DFT to achieve a rational understanding of acid-basic properties of γ-alumina surfaces[J]. Journal of Catalysis, 2004, 226(1): 54-68.

[5] Liu X. DRIFTS Study of Surface of γ-Alumina and Its Dehydroxylation[J]. Journal of Physical Chemistry C, 2008, 112: 5066-5073.

[6] Ostromecki M M, Burcham L J, Wachs I E, et al. The influence of metal oxide additives on the molecular structures of surface tungsten oxide species on alumina: I. Ambient conditions[J]. Journal of Molecular Catalysis A: Chemical, 1998, 132: 43-57.

[7] Hensen E J M, Kooyman P J, Van der Meer Y, et al. The relation between morphology and hydrotreating activity for supported MoS_2 particles[J]. Journal of Catalysis, 2001, 199(2): 224-235.

[8] Sun M, Kooyman P J, Prins R. A High-Resolution Transmission Electron Microscopy Study of the Influence of Fluorine on the Morphology and Dispersion of WS_2 in Sulfided W/Al_2O_3 and NiW/Al_2O_3 Catalysts[J]. Journal

of Catalysis, 2002, 206(2): 368-375.

[9] Alonso G, Berhault G, Aguilar A, et al. Characterization and HDS activity of mesoporous MoS_2 catalysts prepared by in situ activation of tetraalkylammonium thiomolybdates[J]. Journal of Catalysis, 2002, 208(2): 359-369.

[10] Besenbacher F, Brorson M, Clausen B S, et al. Recent STM, DFT and HAADF-STEM studies of sulfide-based hydrotreating catalysts: Insight into mechanistic, structural and particle size effects[J]. Catalysis Today, 2008, 130: 86-96.

S Zorb 反应条件下负载型镍催化剂脱硫及烯烃转化性能研究

林　伟，宋　烨，王　磊，田辉平

（中国石化石油化工科学研究院，北京　100083）

摘　要　采用不同载体浸渍镍之后制备出系列镍基脱硫催化剂 Ni/A、Ni/C、Ni/SiO_2、Ni/ZnO。以工业催化剂 FCAS 作为参比剂，考察了该系列催化剂在 S Zorb 反应条件下的脱硫活性以及对 1-己烯的转化性能，并采用 BET、XRD、程序升温氨脱附（NH_3-TPD）、红外酸性分析等方法对催化剂进行表征。结果表明，具有 Ni-ZnO 活性中心的催化剂能够实现硫的在线转移，具有很高的脱硫活性，单一的镍催化剂由于化学平衡的限制脱硫率比较低；具有 L 酸中心的催化剂 Ni/Al_2O_3能够发生异构化反应从而具有一定的辛烷值改善能力，但 B 酸中心含量高的催化剂 Ni/C 会促进裂化反应发生，导致收率降低。

关键词　脱硫　镍催化剂　1-己烯　异构化　加氢反应

随着人们对环境保护的日益重视以及环保法规的日益严格，对汽油质量的要求也更为苛刻，车用汽油标准也在不断升级[1-5]。目前，欧洲和日本对成品汽油中硫含量的限值均为 10μg/g，我国现行的汽油产品标准为 GB 17930—2013《车用汽油》，要求 2017 年在全国实施硫质量分数不大于 10μg/g 的第五阶段汽油质量标准[5]。可见不断降低汽油中硫含量是世界范围内汽油质量发展的主要趋势。

S Zorb 技术具有脱硫深度高及辛烷值损失低的特点，成为国内汽油质量升级的主要技术[6, 7, 8]。该技术通过主要活性组分为镍和氧化锌的催化剂实现汽油中含硫组分的脱除，催化剂中镍组分首先将汽油中的硫醇、噻吩以及苯并噻吩催化加氢生成硫化氢，然后硫化氢被氧化锌吸收形成硫化锌，生成的硫化锌通过氧化再生实现硫的脱除，主要化学反应如下所示：

$$RSH + ZnO + H_2 \xrightarrow{Ni} RH + ZnS + H_2O$$

$$\text{(噻吩)} + ZnO + 3H_2 \xrightarrow{Ni} ZnS + C_4H_8 + H_2O$$

$$\text{(苯并噻吩)} + ZnO + 3H_2 \xrightarrow{Ni} ZnS + H_2O + C_6H_5\text{-}C_2H_5$$

由于催化裂化汽油脱硫在高压临氢气氛下进行，汽油中烯烃组分容易发生加氢导致辛烷值降低，通过催化剂设计减少汽油中直链烯烃的加氢并促进异构化反应成为下一步主要研究方向。目前还缺少 S Zorb 反应条件下辛烷值改善型催化剂研究的报道。笔者制备了不同催化剂基质负载镍的催化剂，并对其脱硫、烯烃异构化等反应性能进行详细的研究，为辛烷值改善型催化剂的开发提供参考。

1 实验方法

1.1 催化剂制备

采用喷雾浸渍硝酸镍饱和溶液制备不同催化剂，浸渍硝酸镍以后的载体在经过 150℃烘干 4 小时后在 650℃焙烧 1h，该催化剂在脱硫评价时需要在 400℃还原 1 小时。

本试验所采用的氧化锌（AR，纯度>99.7%）来自国药化学试剂公司；六水合硝酸镍（AR）来自北京益利精细化学试剂厂；氧化硅为 Degussa 公司；载体 A 和 C 来自催化剂南京分公司。

1.2 催化剂表征

催化剂晶体结构分析在日本理学 TTR-III 型 X 射线衍射仪表征催化剂晶体结构，扫描范围 10°~50°，步长 0.016°，CuK α辐射，扫描速度 2（°）/min。采用 Rigaku 公司的荧光分析仪分析催化剂的镍含量。BET 表征在美国 Micromeritics 公司的 ASAP2010 型吸附仪上进行，采用 BET 公式计算比表面积，根据样品在相对压力 $p/p_0=0.98$ 时吸附 N_2 的体积计算催化剂的总孔体积。

催化剂的酸类型和强度采用吡啶吸附红外光谱法（Py-IR）表征，在美国 BIO-RAD 公司生产的 FTS3000 型红外光谱仪上进行。先将样品压片后置于红外光谱仪的原位样品池中密封，在 450℃下抽真空至 10^{-3}Pa，保持 1h，脱除样品表面吸附的杂质；然后降温至 200℃，导入压力为 2.67Pa 吡啶蒸气，保持吸附 30min。再次抽真空至 10^{-3}Pa，保持 60min，在 1400 ~1700cm^{-1}范围内扫描，记录下 200℃的红外吸收谱图；最后升温至 350℃，抽真空至 10^{-3}Pa 并保持 60min，记录下 350℃的红外吸收谱图。

1.3 催化剂脱硫活性评价

采用 1-己烯+610ppm 噻吩为反应原料，利用小型加压固定床评价装置对催化剂进行评价。评价系统由进料单元、反应单元、产品分离和收集单元组成；评价过程包括 H_2还原、脱硫反应、氮气吹扫以及再生四个步骤。催化剂首先在温度 400℃下进行原位预还原，将 NiO 还原为具有脱硫活性的 Ni；然后进行脱硫反应，反应温度为 400℃，反应压力为 1.38MPa，反应的重时空速为 5h^{-1}，反应时间持续 12h。定义：

加氢反应选择性%=正己烷含量/总转化率×100%

双键异构化选择性%=（2-己烯含量+3-己烯含量）/总转化率×100%

骨架异构化选择性%=（C6 的异构烷烃+C6 异构烯烃）/总转化率×100%

裂化反应选择性%=C1~C5 总收率/总转化率×100%

2 结果与讨论

2.1 催化剂的组成及物化性质

不同镍负载型催化剂的化学组成、比表面积、孔体积及总酸量如表 1 所示。不同催化剂中氧化镍含量均在18wt%左右，但其比表面积和孔体积有很大的差别。催化剂Ni/A具有最高的比表面积和氮吸附孔体积，其比表面积和孔体积分别为156$m^2 \cdot g^{-1}$和0.24$cm^3 \cdot g^{-1}$；而催化剂Ni/ZnO的比表面积只有4.5$m^2 \cdot g^{-1}$，孔体积小于0.01$cm^3 \cdot g^{-1}$；催化剂Ni/SiO_2、Ni/C以及工业催化剂FCAS的比表面积和孔体积介于二者之间。红外酸性分析结果表明，催化剂NiO/ZnO、NiO/SiO_2以及工业催化剂FCAS均没有任何酸中心；催化剂NiO/A具有较多的L酸中心，B酸含量很小；催化剂NiO/C则具有较多的B酸中心。

表1 不同催化剂的物化性质及比表面积

催化剂	Ni含量/%	BET比表面积/(m^2/g)	孔体积/(cm/g)	酸量/(mmol/g)			
				B(200℃)	L(200℃)	B(350℃)	L(350℃)
Ni/A	18.0	156	0.24	0.13	2.48	—	0.96
Ni/C	18.1	18	0.14	3.06	1.66	1.86	0.84
Ni/SiO_2	17.9	41	0.19	—	—	—	—
Ni/ZnO	18.0	4.5	<0.01	—	—	—	—
FCAS	18.0	28	0.13	—	—	—	—

不同催化剂的XRD图谱如图1所示，这五个催化剂在2θ角为37.2°和43.3°处均出现了NiO物相的系列特征衍射峰，但其峰强度有很大的差别，催化剂NiO/A以及工业催化剂上的NiO镍晶相峰比较宽，说明其结晶度较差。催化剂NiO/ZnO以及FCAS中，氧化镍晶相峰的2θ偏移到37.1°和43.1°，说明有部分氧化镍与氧化锌发生相互作用，形成固溶体；在2θ角31.52°、34.36°、36.16°、47.58°、56.46°和62.70°处出现了ZnO物相的系列特征衍射峰。

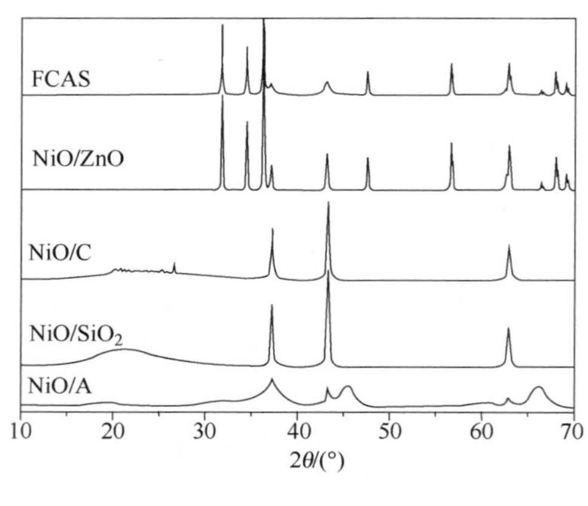

图1

2.2 催化剂的脱硫活性

不同催化剂在12小时评价过程中的脱硫活性如图2所示。其中催化剂Ni/ZnO以及FCAS具有很高的脱硫活性，在连续12小时的活性评价过程中，硫脱除率均在98%以上；而催化剂Ni/SiO_2、Ni/Al_2O_3、Ni/C的脱硫率则明显低了很多，在初始脱硫率只有50%左右，并随着时间的增加脱硫活性缓慢降低，12小时后的脱硫率均低于40%。

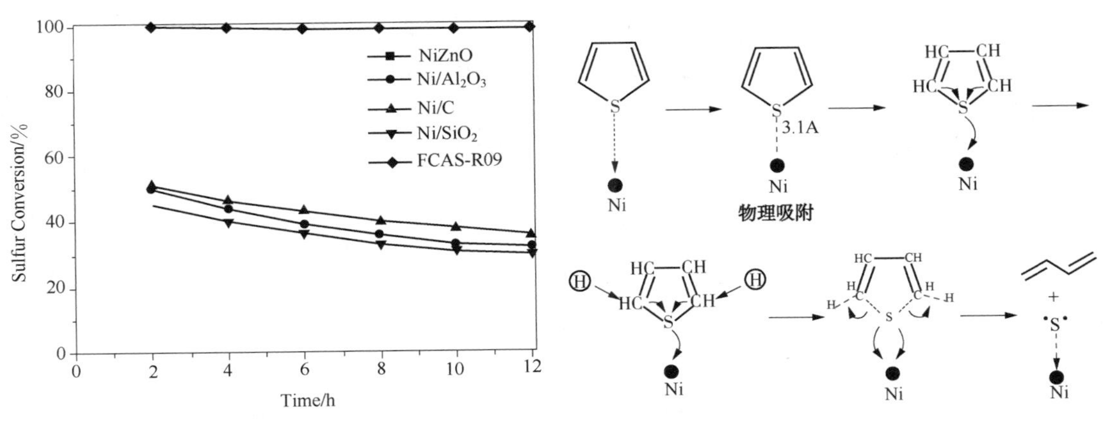

图 2 不同催化剂的脱硫转化率

图 3 镍基催化剂的脱硫机理

噻吩分子具有 π_5^6 的共轭结构，其中 S 原子电负性高于碳原子，具有吸电子性，使噻吩分子中其它原子向 S 原子提供电子。而催化剂中镍原子核外电子排布为：[Ar]$3d^8 4s^2$，其 3d 轨道上有 8 个电子，倾向于再获得两个电子，形成全满的 $3d^{10}$稳定结构。噻吩分子容易在镍基催化表面发生物理吸附，并可越过一定的能垒达到化学吸附，噻吩硫进一步向金属 Ni 转移电子形成 Ni—S 弱配位键。此时 S—C 键的 p-π 共轭作用减弱，噻吩环上 S—C 共价键被弱化，这个过程中与硫相邻的 C 上的电子向 S 转移，C 原子缺电子活性增强。

在氢气气氛下，氢分子容易在金属 Ni 作用下发生解离，形成的氢自由基以弱化学力与金属 Ni 结合。生成的 H 自由基便会自发地进攻噻吩分子中 C—S 键上的这个 C 原子并倾向于与之化合，使 C—S 键发生断键。此时噻吩中硫被催化剂吸收脱除生成 Ni—S 物种，而噻吩脱硫后的产物为丁烯。整个过程如图 3 所示。整个脱硫反应如下所示：

$$C_4H_4S+2H_2 \rightleftharpoons C_4H_6+H_2S$$

由于该反应属于可逆反应，反应生成的硫化氢会抑制脱硫反应的进一步进行，因此催化剂 Ni/SiO_2、Ni/A、Ni/C 的脱硫率均比较低，只有 40%左右。而催化剂 Ni/ZnO 和 FCAS 中除含有金属 Ni 外，还含有 ZnO 组分，可即时吸收催化加氢生成的 H_2S 生成 ZnS。相当于在催化加氢脱硫反应器内增加了催化剂再生技术措施，有利于催化剂上活性金属 Ni 活性位的在线及时恢复，同时也有效抑制了反应器内 H_2S 与原料中烯烃生成硫醇的副反应，实现超深度脱硫。采用催化剂 Ni/ZnO 以及 FCAS 吸收硫到达一定程度时，大部分 ZnO 转化为 ZnS 时需要氧化再生以恢复活性。

2.3 催化剂对烯烃的反应性能

1-己烯在该系列催化剂上的转化率如图 4 所示。Ni/C 具有最高的 1-己烯转化率，在 12 小时反应过程中转化率接近 100%；其它四个催化剂对 1-己烯的转化率均随着反应时间的增加呈下降

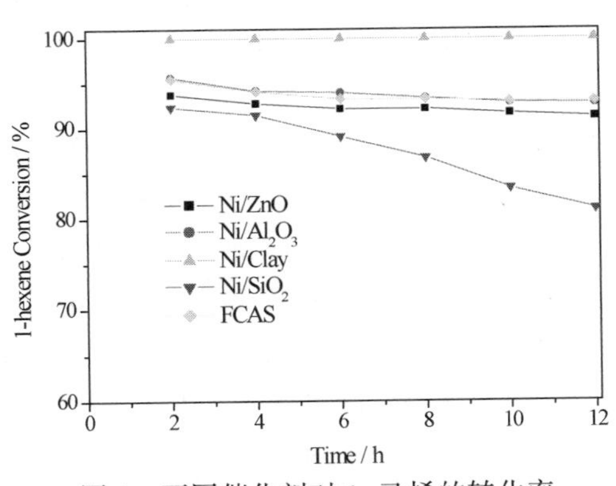

图 4 不同催化剂对 1-己烯的转化率

趋势，其中 Ni/SiO_2的活性下降的速率最快，12 小时后降低至 81%左右；催化剂 FCAS、Ni/ZnO、Ni/A 对 1-己烯的转化活性比较接近，其平衡转化率均在 90%左右。

在 S Zorb 反应条件下，1-己烯主要发生加氢反应、裂化反应、双键异构化及骨架异构化反应，但不同催化剂的选择性则有明显差别，如图 5 所示。

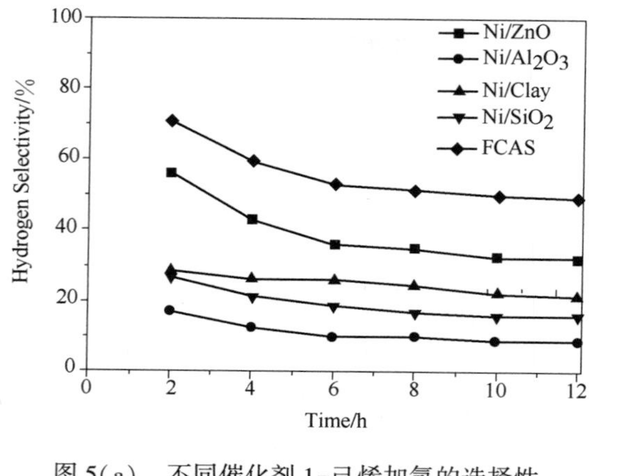

图 5(a)　不同催化剂 1-己烯加氢的选择性

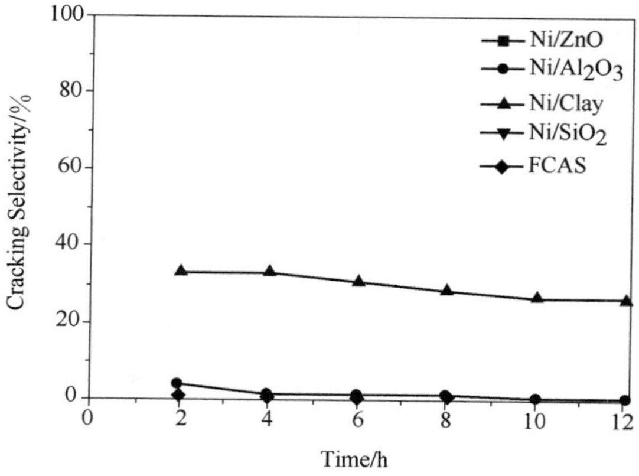

图 5(b)　不同催化剂 1-己烯裂化的选择性

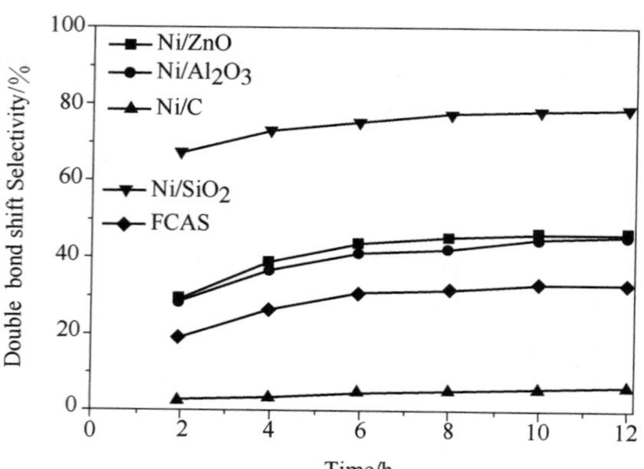

图 5(c)　不同催化剂 1-己烯双键异构化选择性

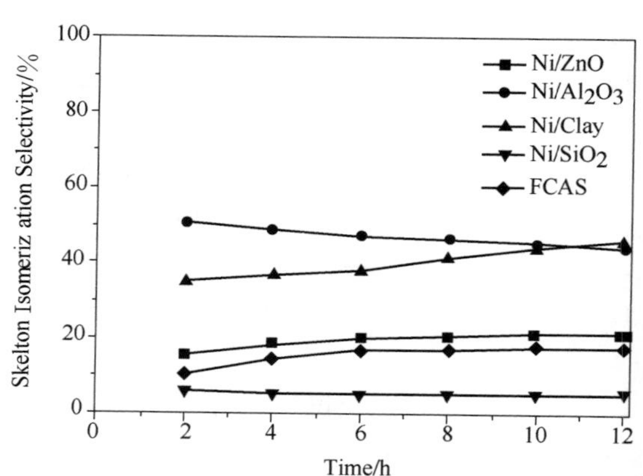

图 5(d)　不同催化剂 1-己烯骨架异构化选择性

对于 S Zorb 脱硫反应来说，双键异构化和骨架异构化可以在不影响液收的情况下提高产品的辛烷值，裂化反应虽然可以提高辛烷值但会使收率降低。具有较高 B 酸中心的催化剂 Ni/C 具有较高的裂化反应选择性，在 12 小时评价过程中裂化反应选择性约 30%，结合该催化剂接近 100%的转化率，意味着该组分催化剂会导致液体收率明显降低。以 L 酸中心为主的催化剂 Ni/A 的裂化反应选择性很低，并且随反应时间增加而快速降低到 1%以下，并且该催化剂具有很高的双键异构化和骨架异构化的选择性，只有很低的加氢活性，这对于提高产品组分的辛烷值非常有利。单一的金属活性中心催化剂 Ni/SiO_2具有很高的双键异构化选择性及低的加氢选择性，反应 8 小时后双键异构化的选择性接近 80%，并且在该反应过程中不存在裂化反应导致收率降低的问题，在 S Zorb 催化加氢转化脱硫中该催化剂组分对于保持辛烷值是比较有利的。

对于工业催化剂 FCAS 以及 Ni/ZnO 来说，反应开始阶段主要发生的加氢反应，但随着反应时间的增加双键异构化反应和骨架异构化反应明显增多。与工业催化剂 FCAS 相比，Ni/ZnO 发生加氢反应的比例明显降低，稳定后的加氢活性只有 32%左右，远低于催化剂 FCAS 近 50%的平衡加氢选择性。催化剂 Ni/ZnO 双键异构化反应明显高于工业催化剂，也就是在提高产品辛烷值方面更为有利。

3 结语

（1）S Zorb 反应条件下，具有 Ni-ZnO 耦合活性中心的催化剂体系可以快速转化脱硫反应生成的 H_2S，在催化加氢脱硫反应系统建立了一个极低 H_2S 分压的反应环境，促进噻吩脱硫反应，并避免了 H_2S 与烯烃组分生成硫醇副反应，提高了脱硫率；

（2）催化剂 Ni/A、Ni/SiO_2具有很高的双键异构化选择性以及低的加氢活性，有利于改善产品汽油的辛烷值，特别是 Ni/A 还具有高的骨架异构化选择性，是比较理想的组分；

（3）采用 C 为载体的催化剂 Ni/C 由于具有较高的 B 酸中心，对 1-己烯的裂化活性高，容易使产品液收降低。

参考文献

[1] Song C. An overview of new approaches to deep desulfurization for ultra-clean gasoline, diesel fuel and jet fuel [J]. Catalysis today. 2003, 86(1): 211-263.

[2] Babich I V, Moulijn J A. Science and technology of novel processes for deep desulfurization of oil refinery streams: a review[J]. Fuel. 2003, 82(6): 607-631.

[3] Ito E, Van Veen J R. On novel processes for removing sulphur from refinery streams[J]. Catalysis Today. 2006, 116(4): 446-460.

[4] Brunet S, Mey D, Pérot G, et al. On the hydrodesulfurization of FCC gasoline: a review[J]. Applied Catalysis A: General. 2005, 278(2): 143-172.

[5] 曹湘洪. 车用燃料清洁化——我国炼油工业面临的挑战和对策[J]. 石油炼制与化工，2008，39(1)：1-8.

[6] 龙军，林伟，代振宇. 从反应化学原理到工业应用Ⅰ. S Zorb 技术特点及优势[J]. 石油学报：石油加工. 2015，1：1.

[7] 林伟，龙军. 从反应化学原理到工业应用Ⅱ. S Zorb 催化剂设计开发及性能[J]. 石油学报：石油加工. 2015，31：419-425.

[8] 李鹏，张英. 中国石化清洁汽油生产技术的开发和应用[J]. 炼油技术与工程. 2011(12)：11-15.

增强型 S Zorb 催化剂的研制

王 鹏，姜秋桥，孙 言，田辉平

（中国石化石油化工科学研究院，北京 100083）

摘 要 针对 S Zorb 催化剂脱硫活性不稳定和辛烷值损失等问题，采用 XRD、TPR、XPS 等方法研究了第二金属 M 对 S Zorb 催化剂结构及性能的调变作用。结果表明：第二金属 M 与还原前催化剂中的 Ni 存在相互作用，使 Ni 的高温还原峰温度降低；与还原后的 Ni 存在相互作用，使催化剂的加氢脱硫活性提高；同时可以明显降低催化剂在水热条件下的 $ZnAl_2O_4$ 和 Zn_2SiO_4 的生成速率。其中 M 含量为 3% 的样品，在相同硫质量分数下辛烷值较高，平均硫质量分数为 5.1μg/g 时 RON 增加了 0.4 个单位。

关键词 S Zorb 脱硫 辛烷值 硅酸锌 铝酸锌

1 前言

近年来，为了改善日益恶化的环境污染问题，许多发达国家都不断地对环保法规进行更新和修改，对燃料油标准的要求不断提高。我国于 2013 年 12 月 18 日颁布的第五阶段车用汽油国家标准（国 V 标准）GB 17930—2013 中规定[1]：车用汽油中的硫质量分数不大于 10μg/g；烯烃体积分数不大于 24%。这一标准于 2014 年开始实行，过渡期至 2016 年底，2017 年 1 月 1 日起将在全国范围内全面实施。这就意味着我国炼油企业的汽油脱硫技术面临着更大的挑战。

我国催化裂化（FCC）汽油占车用汽油调合组分的 75% 以上，硫和烯烃含量偏高，这给清洁化带来极大困难。近年来，随着催化裂化工艺的改进和新型催化裂化催化剂、催化助剂的应用，FCC 汽油中的烯烃含量得到了较好的控制[2-5]，而产品中硫含量过高的问题日益突出。因此，FCC 汽油脱硫成为汽油脱硫的关键所在，是我国汽油质量升级面临的首要问题。

S Zorb 技术[6,7]是在 Z Sorb 技术的基础上研究开发的一种先进的汽油脱硫工艺，被国际上称为有生命力的新工艺技术。该技术同时具有加氢脱硫和吸附脱硫的特点，可在辛烷值损失小于 0.5 的情况下使汽油产品的硫质量分数从 800μg/g 降低到 10μg/g 以下。当汽油中的硫质量分数更高时该技术仍可达到类似的脱硫效果。

S Zorb 工艺从工业化到现在已经经过了十多年的发展，工艺过程经过了很多的改进，但是在催化剂的使用过程中仍然存在着一些问题。如在装置运行过程还存在催化剂脱硫活性不稳定[8,9]、辛烷值有所损失[10]等问题。目前的研究结果表明，通过氧化锌、氧化铝粒径的选择，可以减缓锌铝尖晶石和硅酸锌的生成速率，但是对脱硫活性的影响不大。另一方面，在吸附剂使用过程中，FCC 汽油产品辛烷值还是有所降低，这些都需要在对反应机理深入研究的基础上，开发出新一代吸附剂配方，通过新元素的加入，同时提高脱硫活性和选择性，从而在保证较高脱硫活性的同时，进一步降低汽油辛烷值的损失。

本课题基于第二金属 M、N 对 S Zorb 催化剂结构及性能的调变机理研究，研发出了增强型 S Zorb 催化剂，与目前装置上使用的工业 S Zorb 催化剂相比，在脱硫活性相当的前提下，汽油辛烷值桶增加 0.2~0.5 个单位，同时催化剂的硅酸锌生成速率下降，水热稳定性有明显提高。

2 实验

实验所用主要试剂为分析纯的氧化锌、硝酸镍和第二金属 M 或 N 的硝酸盐。采用专利技术制备 S Zorb 催化剂，样品名称为 M-0。将第二金属前身物溶解于蒸馏水中得到溶液，称取一定量的上述催化剂，采用等体积浸渍法分别在 S Zorb 催化剂上浸渍不同体积、不同类型的第二金属溶液，浸渍后在 120℃ 恒温干燥 10h，在 500℃ 下焙烧 4h，得到第二金属改性后的 S Zorb 催化剂样品，各样品的名称和第二金属的质量分数见表 1。

表 1 催化剂上的第二金属元素质量分数

样品名称	M/%	N/%
M-0	0	0
M-0.5	0.56	0
M-1.0	1.08	0
M-2.0	2.11	0
M-3.0	3.25	0
M-5.0	5.29	0
M-7.0	6.83	0
M-8.0	7.57	0
M-10.0	9.64	0
N-1.0	0	0.99
N-3.0	0	2.91
N-5.0	0	4.73
N-7.0	0	6.37
N-10.0	0	8.89

采用日本理学电机工业株式会社 3271E 型 X 射线荧光光谱仪对催化剂中各元素的质量分数进行定量或半定量分析。采用日本理学公司生产的 TTR3X-射线衍射仪，管电压 40kV，管电流 250mA，狭缝 0.3mm，对催化剂进行物相分析；用 Jade 7 软件对 XRD 谱线进行全谱拟合(Rietveld 方法)定量分析；采用 Varian 公司 INOVA500 型超导核磁共振仪进行样品焙烧过程的热重分析。采用 Micromeritics Autochem Ⅱ 2920 化学吸附分析仪进行程序升温还原(TPR)实验。采用 Micromeritics Autochem Ⅱ 2950 化学吸附分析仪进行高压程序升温还原实验。

催化剂的水热稳定性评价在管式炉中进行。将粒径 20 目~40 目的催化剂样品放入坩埚中，在 N_2 气氛下升温至 600℃，通入 100%水蒸气，水蒸气体积流速 200mL/s，老化时间 5h。

催化剂的活性评价在 SZorb 催化剂固定床评价装置上进行。评价过程包括三个循环，每个循环包括催化剂预还原、脱硫反应、气提和再生四个步骤，每个循环的反应时间为 12h，每间隔 2h 取样一次。反应温度为 400℃，反应压力为 1.38MPa。反应使用的原料油为沧州汽油，原料中硫质量分数为600μg/g。原料及产品汽油辛烷值测定均按照《汽油辛烷值测定法(研究法)标准 GB/T 5487—1995》和《汽油辛烷值测定法(马达法)标准 GB/T 503—1995》进行测定[11,12]。采用 FID 和 SCD 双检测器并联的 Agilent7890 气相色谱测定产品汽油的烃类族组成及硫质量分数。

3 结果与讨论

3.1 第二金属 M 对 Ni/ZnO 脱硫吸附剂的还原性能的影响

如图1所示，为 M 改性催化剂前后的 TPR 谱图。由图可见，S Zorb 催化剂 M-0 在程序升温还原过程中存在三个还原峰，均为氧化镍的还原峰，峰顶温度分别为 270.8℃、447.2℃和 641.8℃。下文按照温度从低到高的顺序分别命名为Ⅰ号、Ⅱ号和Ⅲ号还原峰。在三个还原峰中，Ⅲ号峰面积最大，耗氢量为总耗氢量的70%。

在 S Zorb 催化剂引入 M 后，Ⅰ、Ⅱ号还原峰向高温方向移动，并随 M 质量分数的增加而增加；另一方面，当 M 质量分数低于5.0%时，Ⅲ号峰向低温方向移动，M 质量分数高于5.0%后基本不变。由于在进行脱硫反应时的温度为400℃，所以具有活性的 Ni 集中在Ⅰ号还原峰中，虽然随着 M 质量分数的增加，Ⅰ号还原峰温度升高，但是在400℃条件下仍然可以被还原，而ⅠⅡ号峰对应的不容易被还原的 Ni 因 M 的加入变得容易还原了。所以，M 的加入降低了难还原的 Ni 的还原温度，升高了易还原的 Ni 的还原温度。

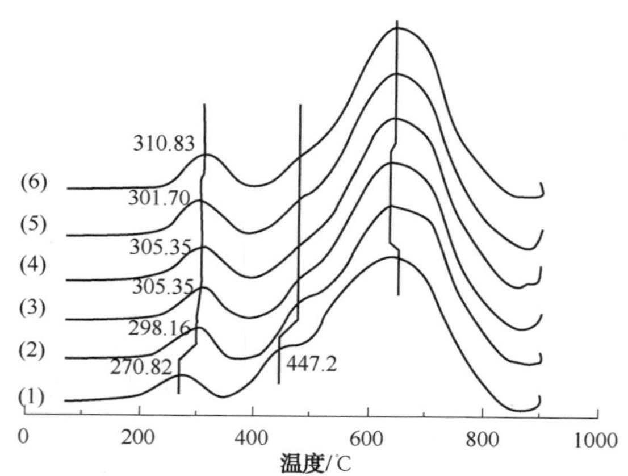

图1 不同含量的 M 改性的催化剂的 H_2-TPR 谱图对比

(1)M-0；(2)M-1.0；(3)M-3.0；(4)M-5.0；(5)M-7.0；(6)M-10.0

以上分析了在常压下第二金属 M 对催化剂还原性能的影响，而实际装置中的脱硫反应中催化剂的预还原是在一定的氢分压下进行的，所以对催化剂进行高压了 TPR 表征，表征过程中使用体积分数为45%的氢气，总压力为1.5MPa。如图2所示，为不同含量 M 改性的催化剂的高压 TPR 谱图。从图中可知，M-0 催化剂在264.2℃、494.9℃和650℃三处分别有一个还原峰，还原峰的分布与常压 TPR 谱图基本一致。随着 M 质量分数的增加，Ⅰ号峰向高温方向移动，Ⅱ号峰变化不大，Ⅲ号峰向低温方向移动，Ⅲ号峰所占比例最大。M 对催化剂的还原性能的影响与常压 TPR 的趋势是一致的。

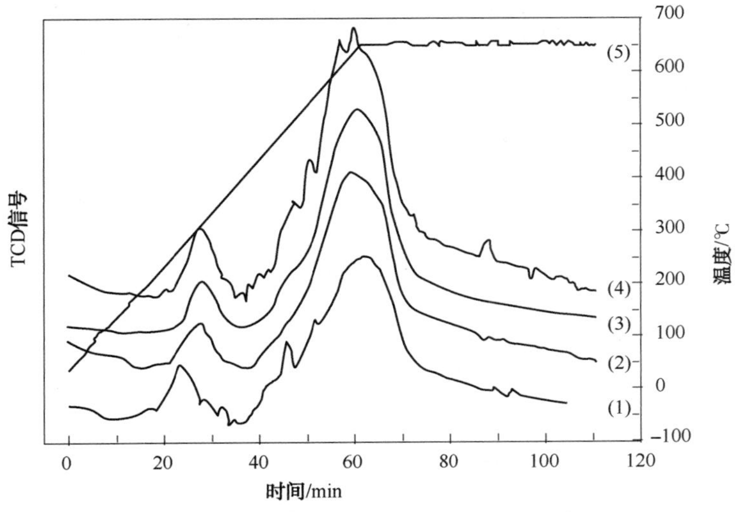

图 2　不同含量 M 改性的催化剂的高压 TPR 谱图

(1)M-0；(2)M-3.0；(3)M-5.0；(4)M-7.0；(5)升温曲线

3.2　第二金属 M 对 Ni/ZnO 脱硫催化剂的反应性能的影响

由于新鲜剂的初活性非常高，故采用经过两次反应—再生循环后的第三周期 12h 反应结果作为比较各催化剂脱硫活性的最终依据。图 3 和表 2 为不同 M 改性 S Zorb 催化剂的产品汽油平均硫质量分数和辛烷值对比。由图 3 可见，M-1.0 的脱硫效果最佳，其产品汽油平均硫质量分数为 2.55μg/g，脱硫效果要远好于未改性剂 M-0。反应结果证实由于 Ni 的电子不饱和度增加，使得 Ni 的空轨道更容易与 S 的孤对电子相结合，Ni 的加氢活性明显增强，脱硫活性显著提高。但是当 M 质量分数大于 3.0 以后，随着 M 加入量的增加，表现为催化剂的脱硫率有所降低，这可能与 M 与 Ni 之间的相互作用减弱有关。图 4 为单位比表面积上不同催化剂的脱硫活性比较，从图 4 中可以看出，单位比表面积上，催化剂的脱硫率随着 M 质量分数的增加而增加。这可能是因为随着 M 质量分数的增加，受 M 影响的 Ni 的总量不断增加的结果。

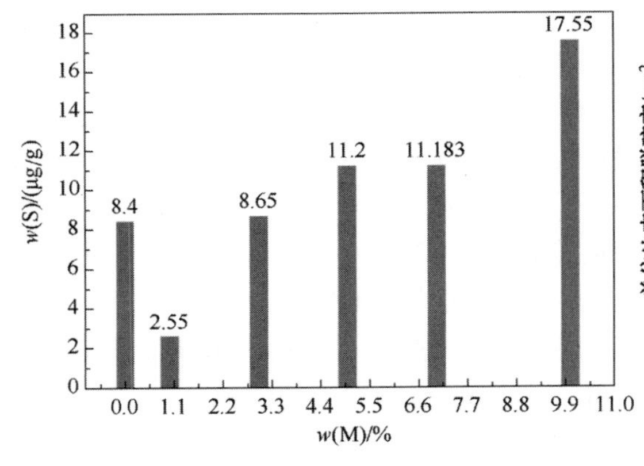

图 3　S Zorb 催化剂中 M 质量分数对汽油产品硫质量分数的影响

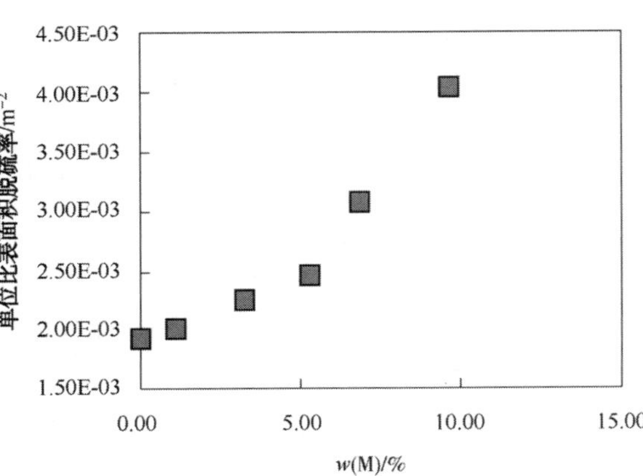

图 4　M 改性前后 S Zorb 催化剂单位比表面积脱硫率

另一方面，从表 2 的辛烷值结果可以看出，当 M 质量分数低于 3.0%时，辛烷值呈下降趋势。当 M 质量分数大于 5.0%以后，辛烷值不断增加，在脱硫率无明显降低的前提下，辛烷值均高于未引入 M 的样品。

当 M 质量分数较低时，$Ni2p_{1/2}$的电子结合能增加幅度较大，使 Ni 的加氢活性增强，很可能一方面增加了脱硫活性另一也导致了烯烃等高辛烷值组分的加氢饱和。而随着 M 质量分数的增加，$Ni2p_{1/2}$的电子结合能有所增加但变化量减小，表明二者之间的相互作用减弱，M 质量分数为 5.0%和 7.0%的样品，$Ni2p_{1/2}$的电子结合能分别增加了 0.31eV 和 0.30eV，相应的，辛烷值也十分接近。M 质量分数为 10.0%的样品，$Ni2p_{1/2}$的电子结合能分别增加了 0.20eV，RON 与未引入第二金属的催化剂相比提高了 0.8 个单位，已经接近脱硫前的原料油的辛烷值。

表 2　SZorb 催化剂中 M 质量分数对汽油产品辛烷值的影响

样品名称	脱硫率/%	RON	MON	△RON	△MON
原料油		93.2	81.6		
M-0	98.6	92.3	81.6	-0.9	0
M-1.0	99.6	91.9	80.9	-1.3	-0.5
M-3.0	98.6	92.1	81.3	-1.1	-0.3
M-5.0	98.1	92.5	81.0	-0.7	-0.6
M-7.0	98.1	92.4	81.1	-0.8	-0.5
M-10.0	97.1	93.1	81.4	-0.1	-0.2

3.3　第二金属改性对 S Zorb 催化剂热稳定性的影响

S Zorb 催化剂在工业装置实际运行过程中，需要经历还原、反应、和再生三个阶段。在还原阶段脱硫吸附剂表面的氧化镍在氢气的作用下还原成活性镍，再进入反应器，在 0.7~2.1MPa、343~413℃、H_2气氛下与原料油接触并进行脱硫反应。根据 Babich[13] 等人描述的反应机理可知，活性镍与含硫化合物中带负电的硫原子在强吸附势能作用下，可以形成具有活性的硫化镍中间体，同时 C-S 键断裂，此时由于氢气和氧化锌的存在，硫化镍中间体上的硫原子可以转移到邻近的氧化锌上形成硫化锌，此时活性镍的空轨道被释放，从而可以继续进行脱硫反应，反应的结果是原料油中有机硫最终以硫化锌的形式停留在催化上。因此当氧化锌大部分转化为硫化锌时，S Zorb 催化剂的活性将大幅下降，必须在再生器中进行氧化再生。再生器的温度通常为 525℃，通过引入空气将硫化锌再生为氧化锌，恢复催化剂的脱硫活性。

但正是因为需要反复再生，S Zorb 催化剂有时会出现失活快、剂耗高等问题。徐广通等[9]通过对某企业 S Zorb 装置中运行的新鲜剂、待生剂和再生剂的形貌、化学组成、物相组成、表面性质等进行表征发现：S Zorb 装置运行过程中锌铝尖晶石($ZnAl_2O_4$)和硅锌矿(Zn_2SiO_4)等非活性含锌物相的形成会导致吸附剂中有效 ZnO 含量的大幅降低，当 ZnO 的量降低到不足以完成吸附硫的转移时，工艺上即表现为吸附剂的失活和脱硫效率的降低；而且这两种物质的形成会破坏催化剂载体的骨架，使催化剂颗粒更易破碎，磨损强度下降，损耗增加。他们还发现：与新鲜剂的物相情况相比，再生剂上 $ZnAl_2O_4$和 Zn_2SiO_4含量明显提高。

这一研究结果表明，降低催化剂在高温条件下 $ZnAl_2O_4$ 和 Zn_2SiO_4 的生成速率对于降低催化剂的损耗、延缓催化剂的失活十分重要。

图 5 为 M-0 催化剂经不同温度焙烧后的 XRD 物相图，从图中可以看出，催化剂经 600℃焙烧后，图中出现了明显的 $ZnAl_2O_4$ 特征峰，而且随着焙烧温度的升高，峰面积逐渐增加。当焙烧温度升高 800℃时，开始出现 Zn_2SiO_4 的特征峰，说明 S Zorb 催化剂确实存在高温再生失活的问题。但是从图 6 可以看出，当在催化剂中加入 M 以后，同样在 800℃下焙烧，$ZnAl_2O_4$ 和 Zn_2SiO_4 的 XRD 特征峰强度都有不同程度的降低，而且随着催化剂中 M 质量分数的增加，$ZnAl_2O_4$ 和 Zn_2SiO_4 的峰强度逐渐下降。说明 M 对 $ZnAl_2O_4$ 和 Zn_2SiO_4 的生成具有抑制作用，特别是对 Zn_2SiO_4 的抑制作用更加明显。

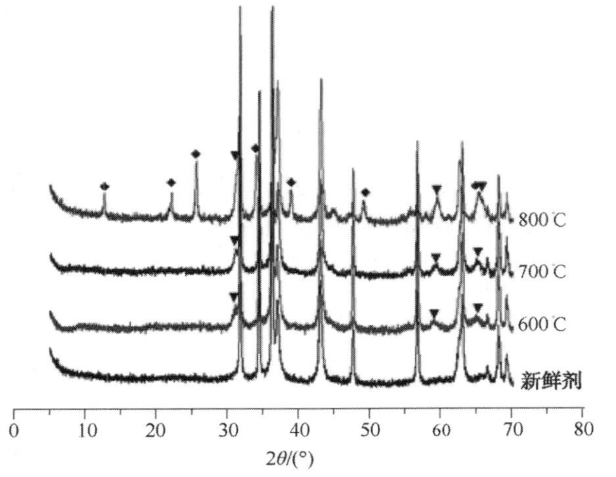

图 5 M-0 经不同温度下焙烧后的物相图

▼—$ZnAl_2O_4$；◆—Zn_2SiO_4

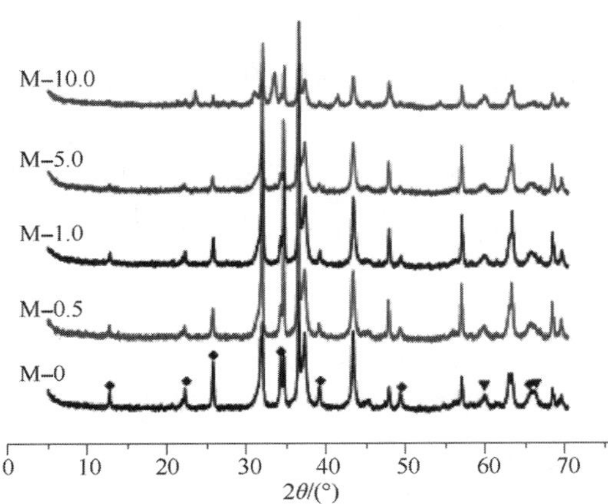

图 6 M 改性后催化剂经 800℃焙烧后的物相图

▼—$ZnAl_2O_4$；◆—Zn_2SiO_4

3.4 M 改性对 S Zorb 催化剂水热稳定性的影响

在 S Zorb 装置操作条件下，再生器的温度低于 600℃，XRD 物相图表明，在此温度下焙烧，即使催化剂中不添加第二金属，也基本没有 Zn_2SiO_4 生成。但 S Zorb 催化剂在装置中运转一段时间以后的分析结果表明，Zn_2SiO_4 的质量分数会随着使用时间的延长出现明显升高，最高时达 37.5%[9]。林伟等[14]的研究结果表明，Zn_2SiO_4 的生成速率与反应体系中的水蒸气分压有着直接关系，当水蒸气分压为 10KPa、再生温度为 525℃时，催化剂中就会有一定量的 Zn_2SiO_4 的生成。为此本研究对不同催化剂在 600℃、100%水蒸气条件下的水热稳定性进行了考察和对比。表 3 为不同催化剂在上述条件下水热老化 5h 后的物相定量分析结果。

表 3 不同催化剂老化后的物相定量分析结果

样品名称	ZnO/%	$ZnAl_2O_4$/%	Zn_2SiO_4/%
M-0	35.8	15.8	5.0
M-1.0	36.6	13.5	1.6
M-3.0	35.5	7.4	0.5
M-5.0	35.0	6.9	0.7

从表中数据可以看出，M 的引入，可以明显降低催化剂在水热条件下的 $ZnAl_2O_4$ 和 Zn_2SiO_4 的生成量，$ZnAl_2O_4$ 生成量降低了 50%；Zn_2SiO_4 生成量降低了近 90%。但产生这一结果的作用机理，还有待进一步分析。

4 结论

（1）在还原前的催化剂中，M 与 Ni^{2+} 存在相互作用，电子由 Ni^{2+} 偏向 M，使 Ni^{2+} 的电子不饱和度增加，常压和高压 TPR 结果均表明，催化剂中 Ni^{2+} 因此变得更容易被还原。

（2）在还原后的催化剂中，电子同样由 Ni^0 偏向 M^{3+}，使 Ni^0 的电子不饱和度增加，表现为加氢活性有明显提高，脱硫率增加，但 M 质量分数高于 3.0%时，由于比表面积下降因素影响，脱硫率下降。当 M 质量分数低于 3.0%时，$Ni^0 2p_{1/2}$ 的电子结合能增加幅度较大，导致烯烃等高辛烷值组分的加氢饱和，使辛烷值下降。但随着 M 质量分数的增加，辛烷值增加。

（3）第二金属 M 的引入，可以明显降低催化剂在高温或水热条件下的 $ZnAl_2O_4$ 和 Zn_2SiO_4 的生成量，$ZnAl_2O_4$ 生成量降低了 50%；Zn_2SiO_4 生成量降低了近 90%。

参 考 文 献

[1] 车用汽油．中华人民共和国国家标准．GB17930-2013.

[2] 王国良，刘金龙，王文柯．降低催化裂化汽油烯烃含量的中型试验研究[J]．炼油设计，2000. 30(9)：1-4.

[3] 许友好，张久顺，龙军．生产清洁汽油组分的催化裂化新工艺 MIP[J]．石油炼制与化工，2001，32(8)：1-5.

[4] 郝代军．炼油厂生产清洁汽油的技术措施[J]．山东化工，2002，31(1)：20-23.

[5] 杨轶男，张久顺，达志坚，等．生产清洁汽油的新型 GOR 系列裂化催化剂及其工艺技术[J]．当代石油石化，2003，11(1)：30-32.

[6] Khare GP. Desulfurization and novel sorbents for same：U. S. Patent6，346，190[P]. 2002-2-12.

[7] Khare GP，Engelbert D R. Sorbent compositions：U. S. Patent6，350，422[P]. 2002-2-26.

[8] 张欣，徐广通，邹亢．S Zorb 催化剂中锌铝尖晶石形成原因的研究[J]．石油学报：石油加工，2012，28(2)：242-247.

[9] 徐广通，刁玉霞，邹亢．S Zorb 装置汽油脱硫过程中催化剂失活原因分析[J]．石油炼制与化工，2011，42(12)：1-6.

[10] 李辉．S Zorb 装置开工过程介绍[J]．炼油技术工程，2013，43(1)：10-14.

[11] 汽油辛烷值测定法(研究法)标准．GB/T 5487—1995.

[12] 汽油辛烷值测定法(马达法)标准．GB/T 503—1995.

[13] I. V. Babich，J. A. Moulijn. A Science and technology of novel processes for desulfurization of oil[J]. Fuel，2003(82)：607-631.

[14] 林伟，王磊，田辉平．S Zorb 吸附剂中硅酸锌生成速率分析[J]．石油炼制与化工，2011，42(11)：1-4.

中国石化三套 FCC 装置 RFS09 硫转移剂工业应用示范

蒋文斌，朱玉霞

（中国石化石油化工科学研究院，北京　100083）

摘　要　介绍了 RFS09 硫转移剂在中石化三套 FCC 装置上工业示范应用情况。结果表明，FCC 装置加工加氢 VGO，控制原料硫含量 0.35%以下，添加≯6%的 RFS09 硫转移剂，SO_2 排放质量浓度可严格控制在在 400 甚至 200mg/m^3 以下，满足国家新的排放标准。因此，加工加氢蜡油或原料硫含量低、采用富氧再生、NO_x 浓度不超标的 FCC 装置，现阶段可以通过硫转移剂技术并综合其它技术来实现再生烟气达标排放，降低烟气脱硫投资强度和运行成本。硫转移剂是控制 FCC 装置再生烟气 SO_x 排放经济、有效、成熟、清洁的技术。

关键词　裂化催化剂　再生烟气　SO_x 排放控制　硫转移剂

催化裂化（FCC）装置再生烟气是炼厂主要的排放污染源之一。2017 年，我国将实施新的 FCC 再生烟气污染物排放标准。新标准（征求意见稿）中要求 FCC 装置再生烟气 SO_2 排放质量浓度≯200mg/m^3，NO_x 排放质量浓度≯100mg/m^3，粉尘排放质量浓度≯50mg/m^3。与此同时，国家环保局与中国石化签署的《“十二五”主要污染物总量减排责任书》中明确，“十二五”期间，中国石化 FCC 装置需要实施 SO_x 治理工程，综合脱硫率要求不小于 70%。因地制宜地选择再生烟气减排技术，实现 FCC 装置再生烟气达标排放是中国石化炼油企业现阶段面临的重要任务。

1　烟气湿法洗涤技术（WGS）

WGS 技术是目前降低燃炉烟气污染物排放最主要的技术手段，其基本原理是使用碱性溶液或浆液作为洗涤剂，在反应塔中对烟气进行洗涤，从而除去烟气中的 SO_x、NO_x、粉尘等污染物。由于该技术具有脱硫反应速度快、设备简单、脱硫效率高等优点，美国、德国、日本等发达国家的大型火电厂 90%以上采用这类烟气脱硫工艺。

FCC 装置如果采用 WGS 技术实现再生烟气达标排放，优点是可同时高效脱除 SO_x、NO_x 和粉尘（脱除率可达 90%以上），但缺点也很明显。一是投资很大。通常一套处理量 1Mt/a 的 FCC 装置所配套的 WGS 装置投资约 0.6 亿～1.2 亿元人民币。二是操作费用高。一套处理量 1Mt/a 的 FCC 装置所配 WGS 装置每年操作费用在 1000 万元人民币以上。三是普遍存在碱渣、铵氮排放等二次污染。处理碱渣、铵氮同样需要较高的费用。四是不能减轻 SO_x 对 FCC 再生器下游设备的酸露点腐蚀，装置自身还存在腐蚀严重、运行维护费用高等问题。此外，部分现有 FCC 装置没有空间来建 WGS 装置。因此，目前国外仅有 46 套 FCC 装置采用 WGS 技术，其中美国 32 套。

2　硫转移剂技术

硫转移剂是一种物化性质与常规 FCC 催化剂相近的固体微球催化助剂。硫转移剂在 FCC 再生器内，在富氧气氛下可以高选择性地催化氧化烟气中的 SO_2 生成 SO_3，并吸附 SO_3 形成金属硫酸盐；已负载金属硫酸盐的硫转移剂随 FCC 再生催化剂进入提升管反应器后，在还原气氛下，金属硫酸盐中的硫被还原、水解，生成 H_2S 并转入 FCC 气体产物中，经分离后由硫磺回收装置回收 H_2S，从而避免硫排入大气中。硫转移剂自身也得以还原再生，随带炭的 FCC 待生催化剂循环进入再生器中，重新发挥降低 SO_x 排放的作用。

与烟气湿法洗涤技术相比，硫转移剂不需要装置建设，操作简便灵活，还可减轻 SO_x 对再生器下游设备的酸露点腐蚀，提高热能回收效率。硫转移剂与 WGS 相配合，能大幅度减少碱渣处理量，从而降低 WGS 操作费用。因此，硫转移剂是控制 FCC 装置 SO_x 排放更经济、清洁的技术。硫转移剂技术的缺点是，对于富氧再生工况的 FCC 装置而言，硫转移剂技术的 SO_x 减排效率可达 70%以上。但对于贫氧再生工况的 FCC 装置，硫转移剂的 SO_x 减排效率比较低，通常只有 50%左右。

3　国外 FCC 再生烟气污染物排放控制

美国新能源标准（NSPS）指定了四种减少 FCC 装置 SO_x 排放的选择方案，使用硫转移剂是其中一种。2004 年以前，使用何种硫转移剂及硫转移剂实验方案不需要美国国家环保局（EPA）的批准，也不需要做对比试验，对硫转移剂测试阶段的数据采集也没有特殊要求。2004 后，EPA 要求所用硫转移剂测试程序以及排放方式都需经过 EPA 批准，同时进行多种硫转移剂对比试验以确定最佳使用效果，并有特定的数据采集和报告要求。到 2005 年，EPA 与炼油商达成的允诺书中要求 FCC 装置中添加占新鲜 FCC 催化剂添加量 8%的硫转移剂。

2007 年，Marathon Petroleum 公司评估了 EPA 同意令中使用硫转移剂的效果，认为性能非常好，效果超过预期。在执行同意令中最广泛使用的硫转移剂是 Intercat 公司的 Super SO_x Getter 和 Grace 公司的 Super $DeSO_x$。

目前国外炼厂有 46 套 FCC 装置采用 WGS（其中美国有 32 套），94 家炼厂使用硫转移剂，11 家炼厂同时使用硫转移剂及 WGS。在使用硫转移剂或 WGS 的 FCC 装置中，约 65%使用硫转移剂而不采用 WGS，约 30%采用 WGS 而未使用硫转移剂，约 5%同时使用硫转移剂和 WGS 脱硫，尤其当碱的价格较高时。

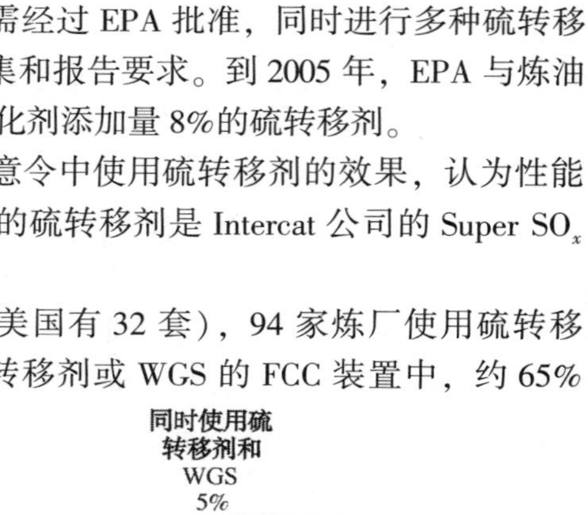

美国某大型炼厂有两套处理量分别为 280 万 t/a 和 330 万 t/a 的大型催化裂化装置。EPA 一开始要求采用 WGS 技术，但最后炼厂说服 EPA 同意其采用硫转移剂脱硫。该装置一直满足 10ppmv 的 SO_2 排放要求。

图 1　国外 FCC 装置 WGS 技术和硫转移剂应用情况

在 WGS 装置遇到问题或进行检修期间，也可使用硫转移剂来实现再生烟气 SO_x 达标排放。因此硫转移剂与 WGS 技术并不是对立的，可以作为 WGS 装置的辅助技术。

4 RFS09 硫转移剂

为了解决国内 FCC 装置加工含硫原料油所引起的 SO_x 排放超标问题，中国石化石油化工科学研究院(RIPP)自 20 世纪 80 年代以来一直致力于固体硫转移剂的研发。RFS09 是 RIPP 近年自主研发的高效 FCC 再生烟气硫转移剂产品。2009 年 4 月 RFS09 硫转移剂于中国石化催化剂齐鲁分公司顺利实现产业化，已先后成功应用于中国石化广州分公司、九江分公司、茂名分公司等企业的多套 FCC 装置，烟气 SO_x 减排效果显著。

RFS09 硫转移剂一方面采用了先进的双孔改性镁铝尖晶石载体技术，优化了助剂的孔结构，改善了硫转移剂的还原再生性能；另一方面，开发了全新的活性组分连续过量浸渍技术，克服了传统硫转移剂制备过程中活性组元的堵孔和结块现象，改善了活性组元分散性，大幅度地提高了助剂的硫转移性能，并可实现硫转移剂生产的全流程连续化，大大提高了助剂的生产效率。RFS09 硫转移剂可以大幅度地降低 FCC 再生烟气的 SO_x 排放，与 FCC 催化剂匹配使用，对裂化催化剂的活性、选择性及产品性质无明显负面作用。

5 中国石化 FCC 装置再生烟气达标排放计划与部署

显然，短时间内中国石化下属企业 FCC 装置全部采用 WGS 技术是不现实的。一方面投资强度太大，需要几十亿资金投入。二是难以在一两年内完成几十套 WGS 装置的方案设计、工程建设和开工投用，需要分几个阶段骤步实现。三是几十套 WGS 装置同时投用其操作费用太高，还存在碱渣、铵氮排放等问题。四是有些装置没有空间安装 WGS 装置。

为了因地制宜地选择再生烟气减排技术，2012 年 10 月以来，中国石化炼油事业部、发展计划部和安环局部署 RIPP 对中国石化下属 17 家企业的 FCC 装置再生烟气 SO_x 排放情况逐一进行了调研，根据调研情况有针对性地采用再生烟气达标排放技术措施。

RIPP 的调研结果表明，中国石化 17 家企业中，武汉 2#FCC、青岛石化 MIP、茂名 3# MIP、海南 MIP 等装置因为采用两段再生技术，硫转移剂减排效率受到限制，而石家庄炼化 1#MIP 空白 SO_2 达标排放浓度太高，采用硫转移剂不能实现 SO_2 达标排放，这些装置应该优先增设 WGS 装置来实现 SO_2 达标排放。而其他装置现阶段通过硫转移剂技术完全可以实现再生烟气 SO_2 质量浓度 $\ngtr 400mg/m^3$ 甚至 $\ngtr 200mg/m^3$ 达标排放。

根据 RIPP 调研和技术分析的结果，中国石化炼油事业部、发展计划部和安环局决定 17 家企业的 FCC 装置中，部分原料硫含量高、采用贫氧再生技术的 FCC 装置优先组建 WGS 装置来实现 SO_x、NO_x 和粉尘全方位达标排放。而原料经蜡油加氢处理或原料硫含量较低、采用富氧再生技术并且 NO_x 浓度不超标的 FCC 装置，现阶段先暂时通过使用硫转移剂并综合静电除尘等技术来实现再生烟气达标排放，以降低烟气脱硫设施投资强度和运行成本。

在全面推广应用硫转移剂技术之前，参照美国环保局对“FCC 装置采用硫转移剂技术实现再生烟气 SO_2 达标排放认可程序”，首先选择洛阳分公司 1#FCC、安庆分公司 1#MIP 和广州分公司 1#MIP 等三套 FCC 装置作为工业应用示范，从 2013 年初开始持续使用硫转移剂一年以上。部署三套 FCC 装置尽快安装烟气在线分析仪，提高烟气检测数据的准确性和可视度，便于环保部门监督。使用过程中，由中国石化安环局联络国家和地方环保部门共同参与、监督和确认。最后形成技术报告，作为上报国家环保局的技术材料，争取得到国家环保局和当地环保部门的认可。之后在中国石化合适企业中推广硫转移剂技术。

RIPP按照炼油事业部要求，为洛阳分公司1#FCC、安庆分公司1#MIP和广州分公司1#MIP等三套FCC装置硫转移剂工业应用制订了详细试验方案，同时编写了《RFS09硫转移剂工业应用使用手册》，规范再生烟气采样与检测流程，指导企业用好硫转移剂。

6　RFS09硫转移剂在三套示范装置应用结果

（1）洛阳分公司1#催化裂化装置

洛阳分公司自2013年3月27日在1#催化裂化装置上应用RFS09硫转移剂。添加约3.0%的RFS09硫转移剂，烟气中SO_2质量浓度由空白标定的406mg/m^{3}降低到99mg/m^3，烟气硫占原料硫的质量分数由空白标定的13.16%降低到1.91%，硫转移率达到85.5%。日常监测统计数据显示，添加2.0%～3.0%的RFS09硫转移剂，烟气中硫转移率70%～90%。混合进料硫质量分数控制在0.25%以下，添加3.0%的RFS09硫转移剂，SO_2质量浓度可控制在200mg/m^{3}以下。混合进料硫质量分数控制在0.40%以下，添加3.0%～5.0%RFS09，SO_2质量浓度依然可控制在200mg/m^{3}以下。加工非加氢油，混合进料硫质量分数0.8%～1.0%，添加3.5%～5.0%RFS09，SO_2质量排放浓度严格控制在400mg/m^{3}以下，满足国家FCC再生烟气SO_2排放新标准。使用硫转移剂可实现SO_2达标排放同时对产品分布无明显影响。

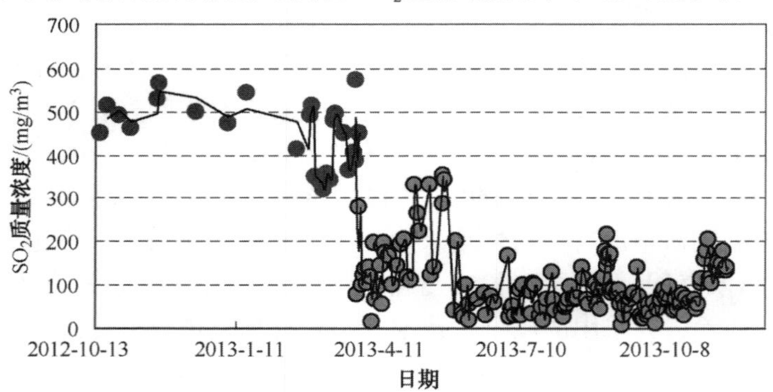

图2　洛阳分公司1#催化裂化装置RFS09硫转移剂添加比例

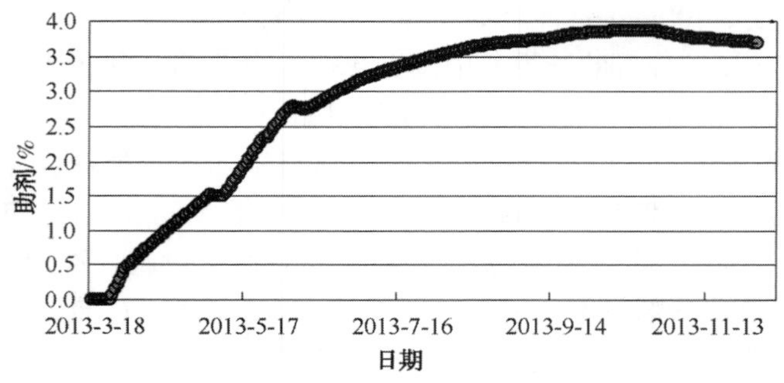

图3　洛阳分公司1#催化裂化装置再生烟气SO_2浓度变化

(2) 安庆分公司1#催化裂化装置

安庆分公司自2013年1月23日在1#催化裂化装置上应用RFS09硫转移剂。标定结果表明：添加~3.0%的RFS09硫转移剂，烟气中SO_2质量浓度由空白标定的平均323mg/m^{3}降低到平均77mg/m^3，烟气硫占原料硫的质量分数由空白标定的12.76%降低到1.25%，硫转移率达到90.2%。日常监测统计数据显示，添加~3.0%的RFS09硫转移剂，烟气中硫转移率75%~90%。混合进料硫质量分数控制在0.25%以下，添加3.0%的RFS09硫转移剂，SO_2质量浓度可控制在200mg/m^{3}以下。混合进料硫质量分数控制在0.40%以下，添加3.0%~4.0%RFS09，SO_2质量浓度依然可控制在200mg/m^{3}以下。加工非加氢油，混合进料硫质量分数0.5%~0.9%，添加3.5%~4.5%RFS09，SO_2排放浓度严格控制在400mg/m^{3}以下，满足国家FCC再生烟气SO_2排放新标准。使用硫转移剂可显著降低烟气中SO_2的排放，实现SO_2达标排放。

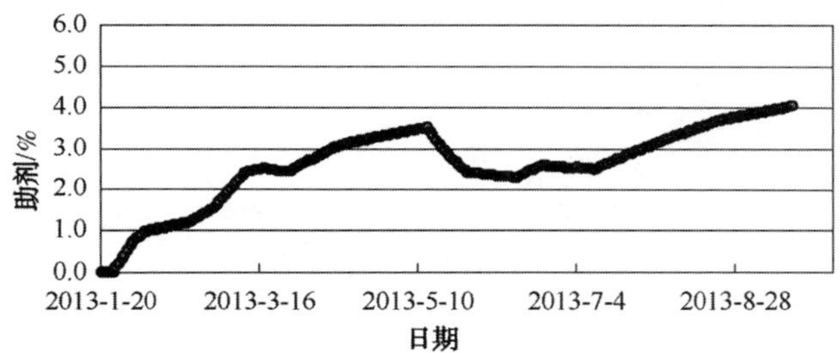

图4 安庆分公司1#催化裂化装置RFS09硫转移剂添加比例

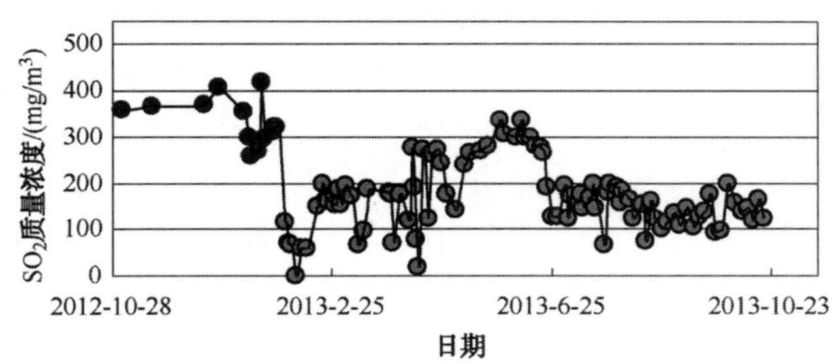

图5 安庆分公司1#催化裂化装置再生烟气SO_2浓度变化

(3) 广州分公司1#催化裂化装置

广州分公司自2013年3月1日开始在1#催化裂化装置上应用RFS09硫转移剂。标定数据表明，添加5.0%RFS09硫转移剂，烟气中SO_2质量浓度由空白平均720mg/m^{3}降低到平均165mg/m^3，烟气硫转移率达到70%以上。添加硫转移剂对产物分布影响不大。日常统计数据显示，混合进料硫质量分数控制在0.25%以下，空白SO_x排放质量浓度在850mg/m^{3}以下，添加~3.0%RFS09硫转移剂，SO_2质量浓度可控制在200mg/m^{3}以下。混合进料硫质量分数控制在0.40%以下，空白烟气中总SO_x排放质量浓度在800~1200mg/m^3，添加~5.0%RFS09硫转移剂，SO_2质量浓度依然可控制在200mg/m^{3}以下。装置加工非加氢蜡油掺渣油，混合进料硫质量分数在0.5%~0.9%，RFS09硫转移剂占系统藏量5.0%~6.0%，SO_2排放质量浓度可严格控制在200mg/m³以下，满足国家FCC再生烟气SO_2排放新标准。

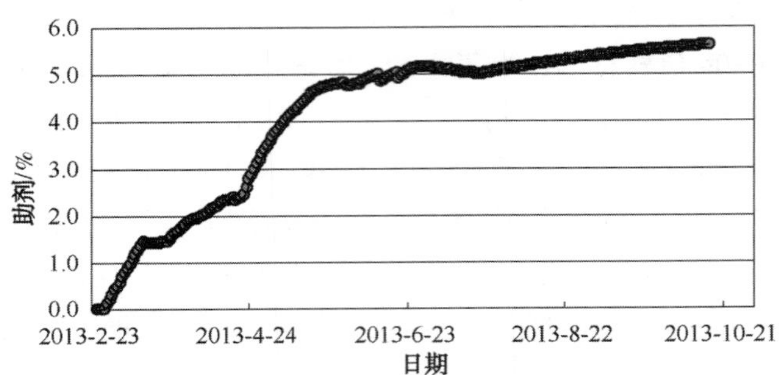

图6 广州分公司1#催化裂化装置RFS09硫转移剂添加比例

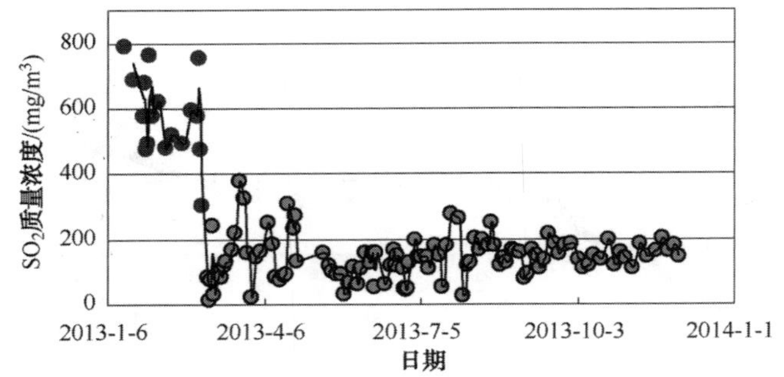

图7 广州分公司1#催化裂化装置再生烟气SO_2浓度变化

洛阳分公司1#FCC、安庆分公司1#MIP和广州分公司1#MIP等三套FCC装置硫转移剂工业示范应用详细结果参见《RFS09硫转移剂在洛阳分公司1#催化裂化装置上工业应用》、《RFS09硫转移剂在安庆分公司1#催化裂化装置上工业应用》、《RFS09硫转移剂在广州分公司蜡油MIP装置上工业应用》三份技术报告。

总之，洛阳分公司1#FCC、安庆分公司1#MIP和广州分公司1#MIP等三套FCC装置硫转移剂工业示范应用表明：FCC装置加工加氢VGO，控制原料硫含量0.35%以下，添加RFS09硫转移剂，SO_2排放质量浓度可严格控制在400甚至200mg/m³以下，满足国家和地方新的排放标准。中国石化加工加氢蜡油或原料硫含量低、采用富氧再生、NO_x浓度不超标的FCC装置，现阶段可以通过硫转移剂技术并综合其它技术来实现再生烟气达标排放，降低烟气脱硫投资强度和运行成本。

7 小结

(1) 国外经验表明：硫转移剂是控制FCC装置再生烟气SO_2排放经济、有效、成熟、清洁的技术。

(2) 中国石化已拥有自主知识产权的硫转移剂技术。与国外硫转移剂相比，其性价比更好。

(3) RFS09硫转移剂工业示范应用结果表明：FCC装置加工加氢VGO，控制原料硫含量0.35%以下，添加RFS09硫转移剂，SO_2排放质量浓度可严格控制在400甚至200mg/m^{3}以下，满足国家新的排放标准。

（4）中国石化基于RFS09硫转移剂工业示范应用结果：对加工加氢蜡油或原料硫含量低、采用富氧再生、NO_x浓度不超标的FCC装置，现阶段通过硫转移剂技术并综合其它技术来实现再生烟气达标排放，降低烟气脱硫投资强度和运行成本。

炼油工艺与工程

中国石化生物航煤技术的开发与应用

渠红亮，陶志平，高晓冬，聂　红

（中国石化石油化工科学研究院，北京　100083）

摘　要　介绍了中国石化石油化工科学研究院开发的油脂加氢法生物航煤生产技术，该技术成功进行了工业示范生产，生物航煤产品通过了国际民航局的适航审定，获得了生产许可。中国石化的生物航煤完成了国内第一次商业飞行。

关键词　餐饮废油　加氢　生物航煤　SRJET技术　适航审定　商业飞行

用生物能源生产的运输燃料具有明显的减排温室气体的效应，受到了世界各国的重视。对于航空运输业来说，碳氢化合物依然是航空动力的主要来源。航空燃料的二氧化碳排放量占到航空运输业总排放量的90%左右，是最大的碳排放源。因此专家认为，生物航煤是维持航空运输业在需求增长的同时减少二氧化碳排放的关键因素。国际航空运输协会（IATA）为了实现二氧化碳减排的目标，规划了生物航煤占航空燃料的比例，即到2020年、2030年、2040年依次达到15%、30%、50%。为此，生物喷气燃料制备技术的开发已引起许多国家的高度重视[1,2]。自2008年开始，已开展了多次验证飞行和商业飞行，飞行所使用的生物航煤均是以油脂为原料通过加氢工艺制备[3]。

我国高度重视生物能源的发展，在《国民经济和社会发展第十一个五年规划纲要》中明确提出："实行优惠的财税、投资政策和强制性市场份额政策，鼓励生产与消费可再生能源，提高在一次能源消费中的比重"，同时制订了《可再生能源中长期发展规划》，明确了生物能源的发展目标。在我国，2012年航空煤油的消耗量已达到2000万t，据中国民航局预测，2020年全国航油消费量将超过4000万t，其中生物航煤的需求量可占航油总量的30%[4]。

中国石化石油化工科学研究院通过系统地研究，成功开发了中国石化生物航煤生产技术（以下简称SRJET技术）[5]，建成了工业应用示范装置，实现了运行生产，产品质量符合标准要求，通过了适航审定和商业化飞行。SRJET技术可以进行商业化应用。

1　生物航煤原料的分析

草本植物油、木本植物油、藻类油脂和动物油脂均可作为加氢法生产生物航煤的原料。此外，餐饮废油经过净化处理后也可以用作加氢法生产生物航煤。天然植物油中所含的脂肪酸绝大多数为偶碳直链，脂肪酸碳链中含有不同数量的双键，碳链长度为C_2～C_{30}，但常见的只有C_{12}、C_{14}、C_{16}、C_{18}、C_{20}和C_{22}等几种[6]。对多数植物油而言，脂肪酸碳链长度主要是C_{16}和C_{18}两种，例如棕榈油、大豆油中C_{16}和C_{18}占全部脂肪酸含量的95%以上。对椰子油和棕榈仁油而言，脂肪酸碳链长度主要是C_{12}、C_{14}两种，例如中C_{12}和C_{14}占全部脂肪酸含量的50%以上。某些微藻油品中产出的油脂碳数可以达到C_{22}。表1列出了试验所用油脂的脂肪酸分布，其主要理化性质见表2。

表1 试验用几种植物油的脂肪酸分布 w/%

脂肪酸碳数①	椰子油	棕榈油	大豆油	菜籽油	乌桕油	微藻油
$C_{8,0}$	7.8					
$C_{10,0}$	6.7					
$C_{12,0}$	47.5					
$C_{14,0}$	18.1	1.1				4.8
$C_{16,0}$	8.8	45.3	11.3	8.6	60.9	50.3
$C_{16,1}$				0.1	0.3	
$C_{18,0}$	2.6	3.4	3.4	3.1	1.3	1.7
$C_{18,1}$	6.2	38.8	23.1	24.5	32.7	4.8
$C_{18,2}$	1.6	9.8	55.8	44.2	3.0	10.2
$C_{18,3}$			6.4	7.3	1.4	1.5
$C_{20,0}$		1.6		0.3		
$C_{20,1}$				3.4		
$C_{22,0}$				0.1		
$C_{22,1}$				7.9		
$C_{22,5}$						5.4
$C_{22,6}$						21.3

① $C_{x,y}$，x代表脂肪酸碳链的碳数；y代表脂肪酸碳链上不饱和碳碳双键数。

表2 试验用几种原料的主要性质

项　　目	椰子油	棕榈油	乌桕油	餐饮废油	微藻油
密度(20℃)/(kg/m³)	921.2	915.1	908.8	918.6	926.9
凝点/℃	22	24	45	22	32
总酸值/(mgKOH/g)	0.15	0.19	52	5.53	0.50
氧质量分数/%	14.4	11.4	11.7	12.0	11.3
其他杂质质量分数/(μg/g)					
S	<2.0	<2.0	3.2	5.5	<10.0
N	<2.0	<2.0	27.0	59.0	35.0
Cl	<2.0	<2.0	<2.0	14.4	44
金属	<2.0	<2.0	19.0	12.0	5.0

未精制的油脂中含有游离脂肪酸、金属离子、磷脂、胶质等，对加氢处理设备和催化剂有影响，需要进行预处理。油脂精炼过程主要包括脱胶、碱炼、脱臭等步骤。原料油中的游离脂肪酸也会影响加氢处理催化剂的活性，如果植物油中游离脂肪酸质量分数高于5%，在长时间运转的情况下，加氢处理催化剂活性会下降，需要进一步脱酸处理。餐饮废油中含有金属、氯等杂质，对加氢处理设备和催化剂有影响，需要进行预处理。

2 生物航煤反应过程中的主要化学反应

油脂加氢法生产生物航煤主要包括加氢处理和加氢转化 2 个步骤。加氢处理过程主要包含双键饱和、加氢脱氧、加氢脱羧基和加氢脱羰基反应，副反应有裂化、异构化和甲烷化等反应[7]，如图 1 所示。动、植物油加氢处理一般使用负载型硫化态金属催化剂，在比较缓和的条件下将动、植物油加氢处理转化成长链正构烷烃。

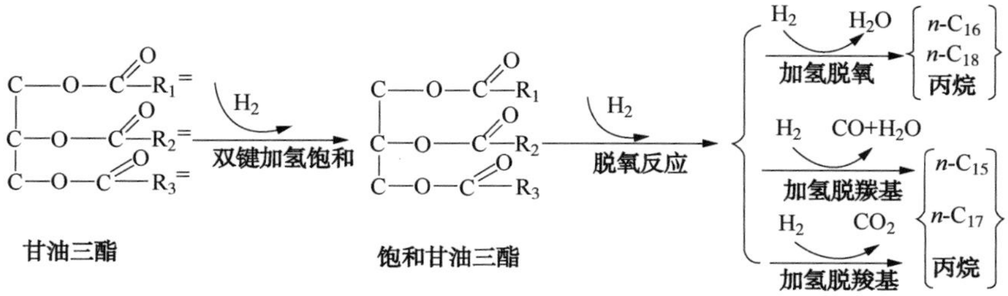

H_2 双键加氢饱和 → H_2 脱氧反应 →

加氢脱氧（H_2，H_2O）：n-C_{16}，n-C_{18}，丙烷

加氢脱羰基（H_2，$CO+H_2O$）；加氢脱羧基（H_2，CO_2）：n-C_{15}，n-C_{17}，丙烷

甘油三酯　　饱和甘油三酯

图 1　甘油三酯转化为烷烃的反应路径

加氢转化是对加氢处理得到的正构烷烃进行选择性裂化，以便使冰点和碳数分布符合喷气燃料的要求。正构烷烃异构化过程通常伴有裂化反应，正构烷烃首先异构化生成单支链异构体，单支链异构体在扩散过程中进一步异构化生成多支链异构体。异构烃可能来源于 2 种方式：一是多支链异构产物的裂解；二是正构烷烃裂解产物的异构化。随着转化率的提高，多支链异构产物的裂解反应和正构烷烃裂解产物的异构化反应将发生得更多[8]。

3 SRJET 技术的开发

中国石化石油化工科学研究院采用分子炼油的理念，通过对原料和产品的分子结构分析以及对反应化学网络的深入认识，优选出了适合的反应途径，并进行了催化剂、工艺和反应工程的创新，成功开发了油脂类原料加氢生产生物航煤的成套技术(简称 SRJET 技术)。其原则工艺流程如图 2 所示。以动植物油、微藻油、餐饮废油为原料时，原料首先需进行预处理脱除其中的金属、氯等杂质，以降低这些杂质对加氢催化剂和反应设备的危害，实现催化剂和装置的长周期稳定运转。然后进行加氢处理和加氢转化，最后分离得到石脑油、生物航煤和柴油产品。根据原料和目标产物的不同，加氢法的催化剂级配和操作条件也有所不同。

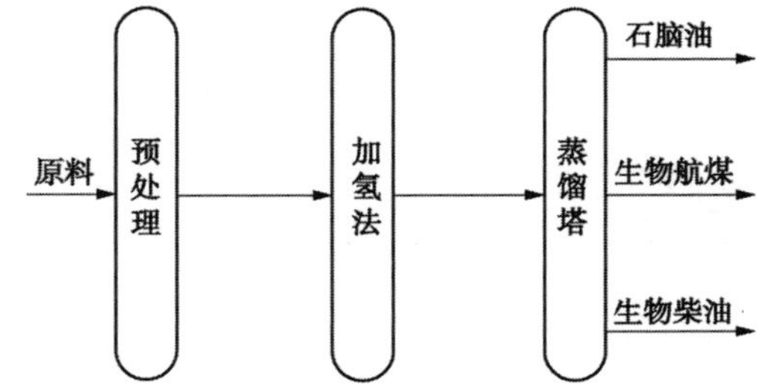

图 2　SRJET 技术的原则工艺流程

4 SRJET 技术的中试研究

针对动植物油的分子结构和加氢处理反应的特性，开发出了适用于多种动植物油加氢处理的催化剂。该催化剂可在缓和的条件下对动植物油进行加氢处理生成长链正构烷烃。采用

该催化剂对对棕榈油、大豆油、菜籽油、乌桕油、椰子油、微藻油、餐饮废油等原料加氢处理，所得精制油的收率和馏程见表3。棕榈油、大豆油、菜籽油、乌桕油、微藻油、餐饮废油加氢处理得到的精制油主要由C_{15}~C_{18}的正构烷烃组成，椰子油加氢处理得到的精制油主要由C_{11}~C_{14}的正构烷烃组成。对催化剂进行的近2000小时的稳定性试验表明，催化剂活性稳定。

表3 加氢处理得到的精制油收率和馏程

项　　目	精制油收率/%	精制油馏程/℃
棕榈油	85.2	65~376
大豆油	86.1	80~452
乌桕油	87.2	269~323
菜籽油	89.8	91~391
微藻油	84.0	233~521
椰子油	77.2	20~317
餐饮废油	80.9	195~459

针对植物油的加氢处理油品，即加氢脱氧精制油，开发了专用异构裂化催化剂，可将加氢脱氧精制油转化为喷气燃料。采用异构裂化催化剂对棕榈油、大豆油、菜籽油、乌桕油、微藻油、餐饮废油等原料加氢处理后的精制油进行加氢转化，液态烃收率可达到90%~94%；相对于初始原料油，生物航煤质量收率可以达到35%~45%。以餐饮废油、棕榈油、微藻油和椰子油为原料制备出的生物航煤调合产品的部分性质见表4。

表4 几种油脂加氢法制备的生物航煤调合产品性质

项　　目	餐饮废油	棕榈油	微藻油	椰子油	ASTMD7566(HEFA-SPK)
闪点(闭口)/℃	61.9	63.3	55.0	61.0	≥38
密度(15℃)/(kg/m^3)	767	768	765	747	730~770
冰点/℃	-50.4	-48.0	-45.9	-57.1	≤-40
馏程/℃					
初馏点	172.9	184.2	174.2	179.8	
10%	200.4	202.9	197.9	188.4	≤205
终馏点	291.2	288.5	281.4	236.2	≤300

由表4可知，采用SRJET技术，无论是使用具有典型脂肪酸碳数的棕榈油、微藻油、餐饮废油等原料，还是使用脂肪酸碳数低的椰子油原料，均可制备出密度、闪点、冰点和沸程满足ASTM D7566标准要求的生物航煤调合产品。

5 生物航煤生产技术的工业示范应用

根据SRJET技术要求，中国石化将杭州石化的一套工业加氢装置改造为生物航煤工业示范生产装置，先后以棕榈油和餐饮废油为原料，生产出了满足ASTM D7566标准中有关源自加氢的酯和脂肪酸的合成石蜡煤油(HEFA-SPK)标准要求的生物航煤。该工业示范装置生产使用原料的主要性质见表 2。工业生产的生物航煤调合组分的主要性质和组成见表 5。

表 5　工业示范装置生产的生物航煤的主要性质

项　　目	HEFA-SPK	棕榈油基	餐饮废油基
总酸值/(mgKOH/g)	≯0.015	<0.001	<0.001
闪点/℃	≮38	55.0	49.0
密度(15℃)/(kg/m^3)	730~770	767.3	767.7
冰点/℃	≯-40	-55.2	-59.3
实际胶质质量浓度/(mg/100mL)	≯7	2	1
脂肪酸甲酯/(μg/g)	≯5	<4.5	<4.5
热安定性(325℃, 2.5h)			
压力降/kPa	≯3.3	0	0
管壁评级/级	≯3	0	0
烃类组成/%			
环烷烃	≯15	1.5	2.8
芳烃	≯0.5	0	0
碳和氢	≮99.5	99.97	99.87
非烃类组成/(mg/kg)			
氮	≯2	<0.3	<0.3
水	≯75	8	10
硫	≯15	0.3	0.6
金属①/(mg/kg)	≯0.1	<0.1	<0.1
卤素/(mg/kg)	≯1	<0.5	<0.5

① 以下每种金属含量：铝，钙，钴，铬，铜，铁，钾，镁，锰，钼，钠，镍，磷，铅，钯，铂，锡，锶，钛，钒，锌。

从表 5 可以看出，采用 SRJET 技术，以棕榈油和餐饮废油为原料生产的生物航煤调合组分达到 ASTM D7566 标准的要求。

采用 SRJET 生物航煤工艺示范装置生产的生物航煤调合组分与镇海炼化分公司生产的石油基 3 号喷气燃料的调合燃料按照体积比 50∶50 调合生产的生物航煤称为中国石化 1 号生物航煤。调合后的 1 号生物航煤各项理化性质满足 3 号喷气燃料要求。

6　中国生物航煤的适航审定

为了推动生物航煤的商业应用，美国材料与试验协会(American Society for Testing and Materials，ASTM)颁布了含合成烃的航空涡轮燃料规范(ASTM D7566)。2011 年 7 月，ASTM D7566-11 增加了源自加氢的酯和脂肪酸的合成石蜡煤油的规格要求，多达 50%的生物航煤组分可调合到传统的喷气燃料中。2005 年中国民用航空局(简称 CAAC)颁布了《航空油料适航管理规定》(CCAR-55)规范了航油的适航管理，保证加注到飞机上油品符合标准要求。

2011 年 12 月，中国石化向中国民航局提交了生物航煤的适航审定申请。2012 年 2 月 28

日，民航局正式受理了中国石化的适航审定申请，将生物航煤命名为中国石化1号生物航煤。审查组按照国际通行惯例，以不低于国际技术标准制定了中国特色的技术标准规定CTSO-2C701作为本次审查的审定基础，审查包括设计、生产两个部分，历时两年，对生物航煤的工艺评审、产品理化性能、特定性能试验以及生产质量体系评审，并进行了发动机台架验证和试飞验证。

2013年4月24日，加注了中国石化1号生物航煤的东方航空空客320型飞机圆满完成了85min的飞行验证。2014年2月12日，中国民用航空局正式向中国石化颁发了1号生物航煤技术标准规定项目批准书(CTSOA)。2015年3月21日，中国石化以餐饮废油为原料生产的生物航煤完成了第一次商业飞行，我国生物航煤也因此正式迈入产业化和商业化阶段。

7 结论

中国石化石油化工科学研究院成功开发了SRJET生物航煤生产技术，并成功进行了工业示范生产。生产的生物航煤通过了中国民航局的适航审定，取得了中国第一张生物航煤生产许可证，并成功进行了商业飞行。我国的生物航煤正式迈入产业化和商业化阶段。

参考文献

[1] 姚国欣．加速发展我国生物航空燃料产业的思考[J]．中外能源，2011，16(4)：18-26.

[2] 李毅，张哲民，渠红亮，等．生物喷气燃料制备技术进展[J]．石油学报：石油加工，2013，29(2)：359-367.

[3] 胡徐腾，齐泮仑，付国兴，等．航空生物燃料技术发展背景与应用现状[J]．化工进展，2012，31(8)：1625-1629.

[4] 罗群，王惠．生物航油的发展及其面临的挑战[J]．中国民用航空，2012，，V143(11)：49-51.

[5] 聂红，孟祥堃，张哲民，等．适应多种原料的生物航煤生产技术的开发[J]．中国科学：化学，2014，44(1)：46-54.

[6] 毕艳兰．油脂化学[M]．北京：化学工业出版社，2011：8-27.

[7] Laurent E，Delmon B. Study of the hydrodeoxygenation of carbonyl，carboxylic and guaiacyl groups over sulfide CoMo/γ-Al_2O_3 and NiMo/γ-Al_2O_3 catalysts I catalytic reaction schemes[J]. Applied Catalysis，1994，(1)：77-96.

[8] 黄卫国，李大东，石亚华，等．分子筛催化剂上正十六烷的临氢异构化反应[J]．催化学报，2003，24(9)：651-657.

FITS 加氢工艺的开发与工业应用

李　华[1]，佘喜春[2]，贺小军[1]，郭朝晖[2]

（1. 中国石化长岭分公司；2. 湖南长岭石化科技开发有限公司，湖南岳阳　414012）

摘　要　中国石化长岭分公司和湖南长岭石化科技开发有限公司联合开发的新一代加氢技术——FITS 加氢工艺采用微孔分散和管式固定床液相加氢技术组合，大幅提升了加氢过程的传质效率和反应效率，具有投资低、反应效率高、能耗低、本质安全性高和运行成本低等特点，重整生成油原料、航煤原料、直馏柴油原料试验研究和重整生成油、航煤加氢采用 FITS 加氢工艺技术建设的工业装置运行数据表明，FITS 加氢工艺可适用于重整生成油、航煤、直馏柴油等多种原料的加氢精制，显著提升原料的加氢反应效率，具有较好的工业应用前景。

关键词　FITS 加氢　重整生成油　航煤　直馏柴油　工业应用

1　前言

作为一种不可再生化石能源，世界石油资源的重劣质化给现代炼厂的优化生产和产品质量带来考验。此外，世界各国对环保和汽车尾气排放的日益严格，也给现代炼厂的加工手段提出了更高的要求。加氢作为一种生产清洁燃料的主要手段，在炼厂的加工工艺中的地位和作用越来越重要。传统的加氢工艺主要包括滴流床加氢和液相循环加氢，在不同油品的加氢精制中发挥着重要的作用，但都存在投资大、占地面积大、加氢效率不高、加工过程能耗高等不足[1,2,3,4,5]。因此，开发一种低投资、高效率、低能耗的加氢工艺对于提升炼厂的核心竞争力和经济效益，具有显著的现实意义。

FITS 加氢工艺（Flexible and innovative tube reactor with selective liquid-phase hydrogernation technology）是中国石化长岭分公司和湖南长岭石化科技开发有限公司联合开发的新一代高效加氢技术。该技术采用微孔分散和管式固定床液相加氢技术组合，极大的提升了加氢反应原料的气液传质效率和反应效率，实现了加氢原料在大空速、一次通过和不需要循环氢或循环油的情况下即可达到加氢目标，生产出合格的加氢产品。该技术可适用于重整生成油选择性脱烯烃、航煤加氢、直馏柴油加氢等多种原料的加氢精制，其中重整生成油 FITS 加氢和航煤 FITS 加氢分别通过了中国石化组织的专家组的技术鉴定和技术评议，并分别在中国石化长岭分公司和北海炼化公司实现了工业应用。

2　试验研究

2.1　FITS 加氢工艺原理

多相催化加氢反应从物理过程上看实际上是分子扩散传质的过程，反应物要克服界面阻力快速传质。双膜相际传质理论认为，在相界面两侧分别存在相对稳定的膜层，分子从一相进入另一相，必须扩散穿过对应的膜层，膜层扩散通量主要由以下两方面因素决定。

（1）扩散速率

费克扩散定理表明，在其他条件一定时，扩散物在膜层上的浓度梯度越大，则扩散物迁移的速率随之增大，可用如下公式表示：

$$J = K\left(\frac{\mathrm{d}C}{\mathrm{d}x}\right)$$

（2）扩散界面积的大小

在扩散速率一定时，提高多相体系分散度，增加单位体积的界面面积，则在相同时间内就有更多扩散物分子通过界面进行传质，可用下式简单描述

$$Q \propto J \cdot A$$

加氢反应过程存在氢油界面扩散和油催化剂界面扩散，一般通过增加氢气纯度改善氢油界面扩散，通过提高体系压力，增加油品溶解氢浓度来改善油催化剂界面扩散。

FITS 加氢工艺的核心在于微孔分散技术和管式固定床液相加氢技术，通过同时增加扩散面积和溶解氢浓度改善反应扩散进程，进而提高反应效率。在进入加氢反应器之前，氢气经微孔分散成为微纳米级的微气泡，可均匀分散在加氢原料中，使加氢原料和大量微气泡形成一种极度均匀的乳化态混合物，这种乳化态混合物可携带过量的微气泡一同进入管式固定床加氢反应器而不至于破坏体系内的液相加氢反应过程，这种氢气微气泡具有较大的表面积，可有效提升氢油界面的传质速度，使液相中被反应消耗掉的的溶解氢得到源源不断的补充，从而保证反应物料维持较高的溶解氢浓度，促使加氢反应的高效进行；管式固定床加氢反应器可为加氢物料提供一种平推流的流动模式，从而不至于产生返混和反应死区，提升加氢反应效率。典型的 FITS 加氢工艺流程如图 1 所示。

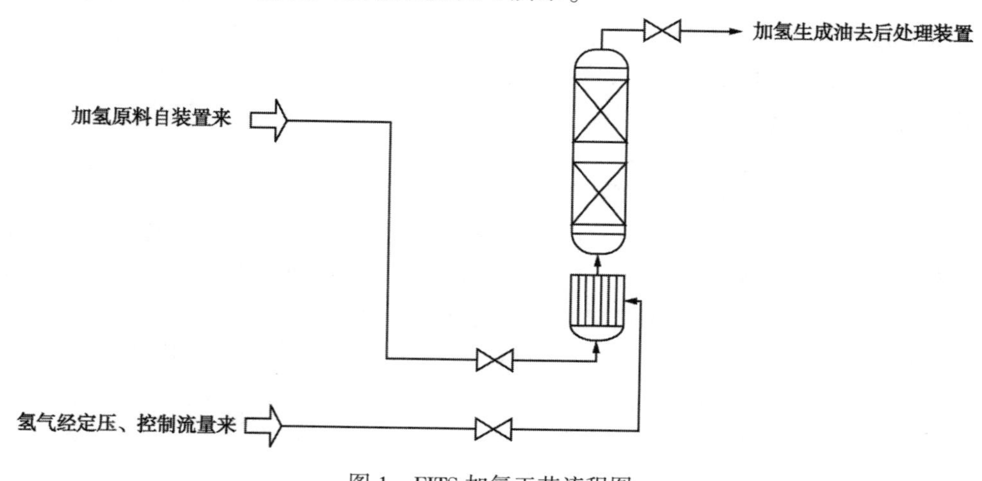

图 1 FITS 加氢工艺流程图

2.2 FITS 加氢工艺特点

与常规工艺相比，FITS 加氢工艺具有以下特点：

（1）流程简单、投资低

FITS 加氢工艺仅有一个高效混氢过程和管式反应过程，没有循环氢系统（或循环油系

统)，流程简单其建设投资比常规加氢工艺要节省50%以上；

(2) 占地面积小、流程灵活

FITS加氢工艺采用多管并联的管式反应，占地面积小，整套装置占地面积仅为20多平方米，可根据工艺要求，灵活镶嵌在炼油装置的已有流程中；

(3) 反应效率高

FITS加氢工艺的反应效率高，在相同反应条件下，其反应空速可达常规加氢反应的2倍以上；

(4) 能耗低，加工成本低

FITS工艺取消了循环氢压缩机或循环油泵，能耗可降低50%以上，本工艺的加工成本仅为常规加氢工艺的50%。

2.3 试验结果

2.3.1 重整生成油FITS加氢试验结果

重整生成油加氢的目的是为了选择性的脱除原料中的烯烃和最大程度的保留原料中的芳烃，以保证苯、甲苯、二甲苯等芳烃产品和6#溶剂油、120#溶剂油等产品的质量和收率。

试验以中国石化长岭分公司70万t/a连续重整装置生成油为原料，在5L的FITS加氢试验装置(催化剂装填量5L)和同等规模的5L滴流床加氢试验装置上进行对比试验，结果见表1。试验结果表明，在相同的催化剂、反应温度和压力条件下，FITS加氢在反应空速12h^{-1}和体积氢油比氢油比4∶1的条件下，加氢生成油溴指数降至73mgBr/100g、与滴流床工艺在反应空速3.0h^{-1}和体积氢油比60∶1时的加氢效果基本相当；芳烃损失率0.22%，小于滴流床工艺，由此可见：重整生成油FITS加氢工艺表现出了很高的反应效率和良好的选择性。

表1 重整生成油加氢对比试验结果

项　目		滴流床工艺	FITS工艺
工艺条件			
体积空速/h^{-1}		3	12
温度/℃		150	
压力/MPa		1.5	
体积氢油比		60	4
油品性质			
	原料油	精制油	精制油
溴指数/(mgBr/100g)	2275	75	73
芳烃/%	67.12	66.90	66.97
芳烃损失Δ/%		0.32	0.22

注：催化剂为同一商用工业催化剂。

2.3.2 航煤FITS加氢试验结果

航煤加氢的目的是为了选择性的脱除原料中的硫醇硫、含氮化合物、酸性化合物，以解决航煤产品的腐蚀性、保证航煤产品颜色和氧化安定性；此外，还需最大程度的保留原料中的中性硫，以保证航煤产品的抗磨损性能。

试验采用中国石化长岭分公司直馏航煤原料，在5L的FITS加氢试验装置(催化剂装填量5L)和液相循环加氢装置上进行了对比试验，结果见表2。试验结果表明，在同样的压力条件下，航煤FITS加氢在反应温度260℃、反应空速$12h^{-1}$和$15h^{-1}$、氢油比2∶1的条件下，其脱硫醇硫、脱酸和脱氮效果与液相循环加氢工艺在在反应温度275℃、反应空速$2.5h^{-1}$、油循环比2.5时基本相当；在中性硫的脱除方面，其选择性要明显由于液相循环加氢工艺。FITS加氢生成油各项指标均满足航煤产品质量要求。由此可见：航煤FITS加氢工艺表现出了很高的反应效率和良好的选择性。

表2　航煤加氢对比试验结果

项　目		液相循环加氢工艺	FITS加氢工艺	
工艺条件				
体积空速/h^{-1}		2.5	10	15
温度/℃		275	260	260
压力/MPa		2	2	2
油循环比		2.5		
体积氢油比			2	2
油品性质				
	原料油	精制油	精制油	精制油
馏程/℃	150~230			
密度/(kg/m^3)	799	795	795	796
总硫含量/(mg/kg)	359	85.7	220	250
总氮含量/(mg/kg)	5	0.9	1	1.5
硫醇硫含量/(mg/kg)	64	7.8	5	6
总酸值/mgKOH/g)	0.11	0.004	0.004	0.008
赛氏比色	25	30	30	30

注：催化剂为同一商用工业催化剂。

2.3.3　直馏柴油FITS加氢试验结果

采用FITS加氢工艺，可以利用炼厂常减压装置的直柴原料(常二线或常三线油)直接生产出符合国家标准的国Ⅴ柴油产品。

试验分别以中国石化长岭分公司和西安分公司的常二线或常三线为原料，在3L的FITS加氢试验装置(催化剂装填量3L)为上进行，结果见表3。试验结果表明，在反应温度360℃、反应压力5.0MPa、反应空速$4h^{-1}$、氢油比50∶1的条件下，利用中国石化长岭分公司常二线原料；在反应温度390℃、反应压力10.0MPa、反应空速$4h^{-1}$、氢油比150∶1的条件下，利用中中国石化长岭分公司常三线原料；在反应温度360℃、反应压力6.0MPa、反应空速$6h^{-1}$、氢油比50∶1的条件下，利用中国石化西安石化分公司常二线、常三线混合原料，均可直接生产出国Ⅴ柴油产品。直馏FITS加氢工艺表现出了很高的反应效率。

表 3　直馏柴油 FITS 加氢试验结果

项　目	数　据					
反应条件						
反应温度/℃	360		390		360	
反应压力/MPa	5		10		6	
体积空速/h^{-1}	4		4		6	
体积氢油比	50		150		50	
油品性质	原料 1	产品 1	原料 2	产品 2	原料 3	产品 3
初馏点/℃	184	176	235	215	220	215
终馏点/℃	302	301	368	366	342	341
密度/(kg/m^3)	832	830	867	855	830	829
硫/(mg/kg)	1733	5	5932	9	1777	7
氮/(mg/kg)	39	0.5	369	1	90	4
十六烷值	47	51			56	58

注：原料 1 为长岭常二线组分，原料 2 为长岭常三线组分，原料三为西安石化常二三线混合组分。

3　工业应用

3.1　重整生成油 FITS 加氢工艺工业应用

3.1.1　应用概况

中国石化长岭分公司利用 FITS 加氢工艺建设了一套 70 万 t/a 工业装置，装置以 70 万 t/a 连续重整装置全馏分生成油为原料，在重整装置上镶嵌一段 FITS 加氢模块，设 4 列反应管并联，加氢产品经原重整装置分离单元生产三苯芳烃、6#、120#溶剂油和重芳烃产品。装置于 2012 年 7 月 14 日一次开车成功，并于 9 月 18~19 日进行了标定，标定后在正常工艺条件下正常运转至今。

3.1.2　应用结果

标定结果见表 4~表 6，结果表明：装置各项数据均重复了试验结果，产品质量合格。该装置至今已正常运转了接近三年，长周期运行结果见图 2，结果表明，FITS 工艺可适用于重整生成油加氢装置的长周期稳定运行。

表 4　工业标定工况条件

项　目	工况一	工况二
R1210ABCD 进料形式	四列	三列
R1210 总进料量/(t/h)	67.62	67.65
R1210 总进料温度/℃	138.72	138.47
R1210 总出料温度/℃	142.52	143.12
R1210 压力/MPa	1.69	1.62
床层温升 ΔT/℃	3.8	4.65
总氢油比(v)	2.55	2.39
总空速(v)/h^{-1}	10.50	14.01

表5 工业标定各反应管出入口溴指数对比

项目	工况一（2012年9月18日）		工况二（2012年9月19日）	
时间	9:00	14:00	9:00	14:00
R1210入口指数溴/(mgBr/100g油)	3140	3100	3240	3060
R1210总出口溴指数/(mgBr/100g油)	28	—	34	—
烯烃饱和率/%	99.11		98.95	
R1210A出口溴指数/(mgBr/100g油)	30	36	36	39
R1210B出口溴指数/(mgBr/100g油)	34	35	—	—
R1210C出口溴指数/(mgBr/100g油)	31	33	39	35
R1210D出口溴指数/(mgBr/100g油)	28	38	35	34

表6 工业标定主要产品溴指数情况

项目	控制指标	工况一（2012年9月18日）		工况二（2012年9月19日）	
		9:00	14:00	9:00	14:00
6#溶剂油溴指数/(mgBr/100g油)	≤20	6	—	6	—
120#溶剂油溴指数/(mgBr/100g油)	≤140	40	60	50	70
苯溴指数/(mgBr/100g油)	≤20	5	5	6	6
甲苯溴指数/(mgBr/100g油)	≤50	5	5	6	6
二甲苯溴指数/(mgBr/100g油)	≤70	5	5	5	5

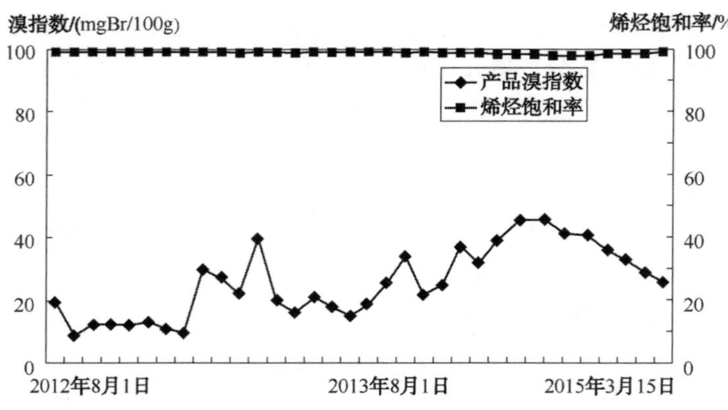

图2 中国石化长岭分公司70万t/a重整生成油FITS加氢装置长周期运行结果

3.2 航煤FITS加氢工艺工业应用

3.2.1 应用概况

中国石化北海炼化公司和长岭分公司分别利用FITS加氢工艺建设了一套50万t/a和60万t/a工业装置，装置以两家公司常减压抽出的常一线油为原料，在原常减压装置上镶嵌一段FITS加氢模块，装置设4列反应管并联，常一线油经换热后直接进入FITS加氢模块，加氢产品经汽提、过滤、加剂后直接进入航煤产品罐。

中国石化北海炼化公司 50 万 t/a 加氢装置于 2014 年 4 月 19 日完成催化剂装填，4 月 21 日进油硫化，4 月 23 日切换原料，4 月 25 日产品质量合格，之后一直平稳运行，各项航煤产品各项指标均达到国家标准。

中国石化北海炼化公司 50 万 t/a 加氢装置于 2014 年 6 月 5 日完成催化剂装填，6 月 9 日进油硫化，6 月 12 日切换原料，6 月 15 日产品质量合格，之后一直平稳运行，各项航煤产品各项指标均达到国家标准。

3.2.2 应用结果

中国石化北海炼化公司 50 万 t/aFITS 加氢工业装置操作工况和产品质量见表 7 ~ 表 8；中国石化长岭分公司 60 万 t/aFITS 加氢工业装置操作工况和产品质量见表 9 ~ 表 10。可以看出，北海炼化公司在在反应温度 250℃、反应压力 2.46MPa、反应空速 $6h^{-1}$、氢油比 9.78∶1 的条件、长岭分公司在反应温度 230℃、反应压力 2.3MPa、反应空速 $6h^{-1}$、氢油比 5∶1 的条件下，均可生产出符合国家标准的航煤产品。

表 7 中国石化北海炼化公司 50 万 t/a 航煤 FITS 加氢装置操作工况

项目	数据	项目	数据
操作条件		原料油性质	
反应温度/℃	250	馏程/℃	170 ~ 230
反应压力/MPa	2.46	密度/(kg/m^3)	797
体积空速/h^{-1}	6	总硫含量/(mg/kg)	1200
体积氢油比	9.78	硫醇硫含量/(mg/kg)	110
		总酸值/(mgKOH/g)	0.4

表 8 中国石化北海炼化公司 50 万 t/a 航煤 FITS 加氢装置航煤产品质量

分析项目	数据	国标	分析项目	数据	国标
颜色，赛博特号	30	≮25	冰点/℃	-58.2	≯-47
总酸值/(mgKOH/g)	0.005	≯0.015	运动黏度(20℃)/(mm^2/s)	1.582	≮1.25
芳烃含量/%(体积分数)	19.8	≯20	运动黏度(-20℃)/(mm^2/s)	3.748	≯8.0
烯烃含量/%(体积分数)	2.1	≯5	净热值/(MJ/kg)	43.19	≮42.8
硫含量/%(质量分数)	0.0802	≯0.2	烟点/mm	23.5	≮20
硫醇硫/%(质量分数)	0.0006	≯0.002	萘系烃/%(体积分数)	0.61	≯3
初馏点/℃	173.4		铜片腐蚀(100℃，2h)	1a	≯1
10%回收温度/℃	183.5	≯205	银片腐蚀级别	1	≯1
20%回收温度/℃	185.8		压力降/kPa	0.03	≯3.3
50%回收温度/℃	193.8	≯232	管壁评级	2	<3
90%回收温度/℃	212.8		实际胶质/(mg/100mL)	0.5	≯7
终馏点/℃	229.2	≯300	界面情况	1b	≯1b
残留量/%(体积分数)	1.1	≯1.5	分离程度	2	≯2
损失量/%(体积分数)	0.6	≯1.5	加剂后水分离指数	84	≮70
闪点(闭口杯法)/℃	58	≮38	加剂前水分离指数	100	≮85
密度(20℃)/(kg/m^3)	795.3	775 ~ 830	磨痕直径 WSD/mm	0.6	≯0.65

表9 中国石化长岭分公司60万t/a航煤FITS加氢装置操作工况

项目	数据	项目	数据
操作条件		原料油性质	
反应温度/℃	230	馏程/℃	170~230
反应压力/MPa	2.3	密度/(kg/m³)	799.3
体积空速/h^{-1}	6	总硫含量/(mg/kg)	500
体积氢油比	5	硫醇硫含量/(mg/kg)	160
		总酸值/(mgKOH/g)	0.213

表10 中国石化长岭分公司50万t/a航煤FITS加氢装置航煤产品质量

分析项目	数据	国标	分析项目	数据	国标
颜色，赛博特号	30	≮25	冰点/℃	-57.3	≯-47
总酸值/(mgKOH/g)	0.004	≯0.015	运动黏度(20℃)/(mm^2/s)	1.441	≮1.25
芳烃含量/%(体积分数)	17.1	≯20	运动黏度(-20℃)/(mm^2/s)	3.531	≯8.0
烯烃含量/%(体积分数)	0.6	≯5	净热值/(MJ/kg)	42.86	≮42.8
硫含量/%(质量分数)	0.0291	≯0.2	烟点/mm	25	≮20
硫醇硫/%(质量分数)	0.0003	≯0.002	萘系烃/%(体积分数)	0.55	≯3
初馏点/℃	171.9		铜片腐蚀(100℃，2h)	1a	≯1
10%回收温度/℃	182.9	≯205	银片腐蚀级别	0	≯1
20%回收温度/℃	186.1		压力降/kPa	0.02	≯3.3
50%回收温度/℃	192.8	≯232	管壁评级	2	<3
90%回收温度/℃	211.9		实际胶质/(mg/100mL)	1	≯7
终馏点/℃	228.9	≯300	界面情况	1b	≯1b
残留量/%(体积分数)	1.2	≯1.5	分离程度	2	≯2
损失量/%(体积分数)	0.5	≯1.5	加剂后水分离指数	85	≮70
闪点(闭口杯法)/℃	56	≮38	加剂前水分离指数	100	≮85
密度(20℃)/(kg/m³)	796.0	775~830	磨痕直径 *WSD*/mm	0.5	≯0.65

4 结论

中国石化长岭分公司和湖南长岭石化科技开发有限公司联合开发的新一代加氢工艺——FITS加氢工艺采用微孔分散和管式固定床液相加氢技术组合，大幅提升了加氢过程的传质效率和反应效率，具有投资低、反应效率高、能耗低、本质安全性高和运行成本低等特点，是一种典型的高效低耗加氢新技术。

FITS加氢工艺应用于重整生成油原料、航煤原料、直馏柴油原料的试验室研究和重整生成油FITS加氢工业装置、航煤加氢FITS加氢工业装置的运行数据表明，FITS加氢工艺可适用于重整生成油、航煤、直馏柴油等多种原料的加氢精制、显著提升这些原料的加氢反应效率，具有较好的工业应用前景。

参 考 文 献

[1] 闵恩泽．石化催化技术的创新与独特技术的开发．石油化工科学研究院建院 40 周年科技论文集．北京：石油化工科学研究院，1996：4.

[2] 侯祥麟等．中国炼油技术[M]. 北京：中国石化出版社，1991：230-270.

[3] 闵恩泽．试论石化催化技术突破的途径．第七届全国催化学术会议论文集．大连：中科院大连物化所，1994：1.

[4] 雷立军，郭杰．我国环保政策颁布实施的影响研究[J]. 内蒙古财经学院学报，2012：1，83-88.

[5] 李丽珍，王浩宇等．浅谈中国城市 PM2.5 的污染现状及控制措施[J]. 经济与节能，2015：5，69~70.

S Zorb 脱硫过程中汽油辛烷值损失原因及影响因素探讨

史延强，徐广通

（中国石化石油化工科学研究院，北京 100083）

摘　要　为探究 S Zorb 汽油辛烷值的损失原因及抑制方法，分析研究了 S Zorb 脱硫反应前后汽油详细烃族组成的变化，结果发现，S Zorb 脱硫反应过程中部分烯烃的加氢饱和是汽油辛烷值损失的主要原因，且不同碳数及不同类型烯烃在 S Zorb 反应中表现出了不同的反应性能。影响 S Zorb 脱硫过程中汽油辛烷值损失的因素众多，综合文献报道，对影响 S Zorb 工业装置中汽油辛烷值损失的因素进行了分析探讨。

关键词　S Zorb　吸附　脱硫　辛烷值　烯烃

1　前言

为最大限度减少汽车尾气排放对大气环境的影响，车用燃料清洁化的步伐日益加快，成品汽油中硫含量的控制愈来愈严格，国家已确定在东部多省市于 2016 年 1 月起提前开始实施国 V 的车用燃料标准。S Zorb 汽油吸附脱硫技术以其脱硫率高、氢耗低、辛烷值损失小的特点成为催化汽油脱硫的主要工艺，目前国内正在运行和在建的 S Zorb 装置已达 30 套以上，处理量达 4000 万 t/a 以上，成为中国石化生产国Ⅴ标准汽油的主要生产技术。

尽管 S Zorb 吸附脱硫技术与其它脱硫技术相比具有辛烷值损失小的特点，但不同装置在运行过程中辛烷值的损失幅度仍有所差异，有些装置 RON 的损失甚至达 2.5 个单位以上，在汽油调和过程中，由于装置结构的差异我国汽油调和组分的辛烷值资源总体缺乏，辛烷值的损失也就意味着经济效益的损失。本文通过分析 S Zorb 反应前后汽油组成变化，结合相关文献报道，综合分析了 S Zorb 反应过程中烯烃的主要变化及汽油辛烷值损失的影响因素，以期为 S Zorb 装置的工业操作提供参考建议，提升炼厂经济效益。

2　S Zorb 吸附脱硫的主要反应

2.1　S Zorb 反应过程中硫化物的反应

S Zorb 工艺是一项生产低硫、超低硫汽油的技术，主要反应为临氢状态下硫化物中硫原子的移除反应，S Zorb 工艺中发生的典型脱硫反应如下：

$$RSH+ZnO+H_2 \xrightarrow{Ni} ZnS+RH+H_2O$$

$$+3H_2+ZnO \xrightarrow{Ni} ZnS+C_4H_8+H_2O$$

$$+3H_2+ZnO \xrightarrow{Ni} ZnS+H_2O+ \quad \text{ET}$$

可以看出，在 S Zorb 反应过程中，硫化物中的硫原子释放后随即被吸附剂上的活性组元 ZnO 捕捉生成 ZnS，汽油中的硫由此转移储存于吸附剂中，而已储硫的吸附剂则可以通过氧化再生恢复其持硫能力。康菲公司在研究 S Zorb 脱硫反应时发现，随着 S Zorb 反应脱硫深度的增加，汽油辛烷值损失逐渐增大[1]。

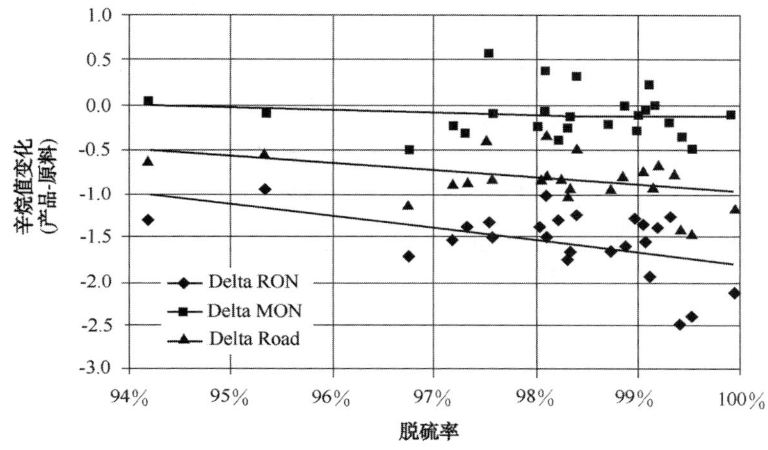

图 1　S Zorb 反应脱硫率与辛烷值损失关系[1]

由此可见，尽管 S Zorb 工艺的目标是最大限度地实现脱硫反应，但反应过程中存在的辛烷值损失表明 S Zorb 脱硫过程中存在一些不利辛烷值保留的副反应，使某些高辛烷值组分转化为了低辛烷值化合物，这类反应主要是烯烃的饱和。

2.2　S Zorb 反应过程中烯烃的反应

本文首先采用 SH/T 0741 多维色谱法分析了 S Zorb 脱硫反应前后汽油烃组成变化，并使用马达法(MON)和研究法(RON)测定了反应前后辛烷值，结果见表 1 和表 2。

分析结果显示，不同反应条件所得汽油产品(产品 353 ~ 357)的烃组成变化趋势一致，经过 S Zorb 反应后的产品汽油饱和烃含量增加，烯烃含量降低，芳烃含量略微增加，这表明在 S Zorb 反应中发生了部分烯烃加氢饱和副反应。余贺等[2]利用热力学计算也发现，S Zorb 反应中芳烃的加氢反应平衡常数很小，不易发生；烯烃加氢饱和反应平衡常数相对较大，容易加氢饱和。由于烯烃及芳烃为 FCC 汽油中的高辛烷值组分，其含量的减少必然对汽油辛烷值造成负面影响。结合表 1 与表 2 数据可知，烯烃损失较大的汽油产品，其辛烷值损失也较大，具有良好的一致性，故 S Zorb 反应过程中的汽油辛烷值损失主要来自于烯烃的加氢饱和。

表1 S Zorb 反应后产品辛烷值损失

样品编号		原料	353	354	355	356	357
条件编号			条件1	条件2	条件1	条件2	条件3
吸附剂			A		B		
操作温度/℃			413				440
辛烷值	RON	90.7	90.1	88.9	90.1	89.3	90.1
	MON	80.9	80.4	80.5	80.9	80.6	80.9
抗爆指数(RON+MON)/2		85.8	85.2	84.7	85.5	84.9	85.5
抗爆指数损失			-0.6	-1.1	-0.3	-0.9	-0.3

表2 S Zorb 反应前后组成变化

样品编号	原料	产品353	产品354	产品355	产品356	产品357
饱和烃/v%	45.0	47.3	50.6	47.6	50.4	49.0
苯/v%	0.49	0.54	0.53	0.52	0.53	0.55
烯烃/v%	31.2	27.8	24.8	27.9	25.0	26.2
芳烃/v%	23.8	24.9	24.6	24.4	24.6	24.8
硫总量/(μg/g)	308.9	11.3	3.3	13.6	2.6	3.7

2.2.1 S Zorb 反应中不同碳数烯烃的反应性能

利用 ASTM 6839 多维色谱法对 S Zorb 反应前后汽油的详细烃组成进行分析发现，不同碳数烯烃在 S Zorb 反应中表现出了明显不同的反应性能，结果见图2和图3。

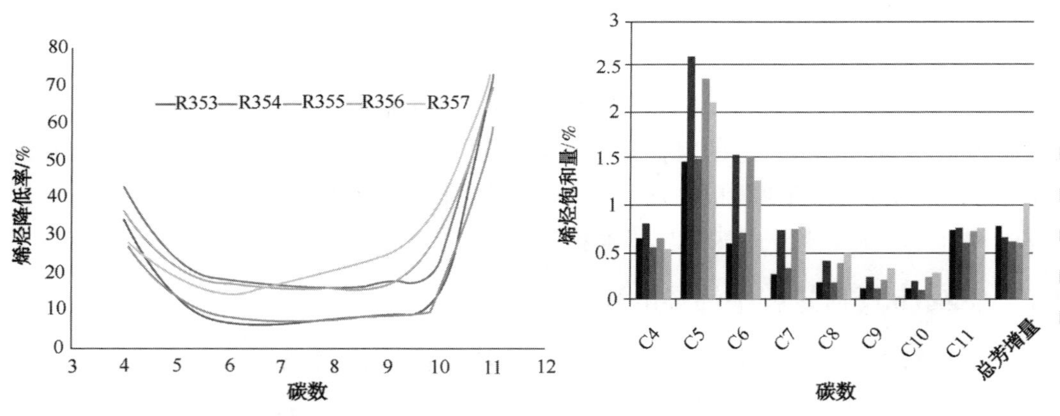

图2 不同碳数烯烃的降低率

图3 不同碳数烯烃和总芳的饱和量

由图2中各碳数烯烃的降低率看，条件1(353和355样品)和条件2(354和356样品)下汽油烯烃损失率均呈现 $C_4>C_5>C_6>C_7 \approx C_8 \approx C_9<C_{10}<C_{11}$ 的趋势，说明 S Zorb 反应中低碳数烯烃更易加氢饱和。条件1与条件2仅吸附剂循环量和氢进料速率不同，比较汽油各碳数烯烃损失率发现，高吸附剂循环量和高氢进料速率下(条件2)各碳数烯烃的损失率均明显上升，这导致汽油辛烷值损失也明显增大(见表1)；356与357样品仅反应温度不同，在较高操作温度下(条件3)得到的357号样品，其低碳烯烃的损失比同样物料量的356号样品要少，且从 C_6 到 C_{10} 烯烃的损失增加呈明显增高的趋势，表明温度对 S Zorb 反应中不同碳数烯烃的加氢行为影响不同，这可能与不同碳数烯烃在不同温度下的加氢反应所受热力学或动力学控制有关。

图 3 为不同碳数烯烃的饱和量，可以看出在 S Zorb 反应中，不同碳数烯烃的饱和程度不同。总体来看，C_5、C_6烯烃的饱和量最大，即 S Zorb 反应中的烯烃加氢反应主要集中在 C_5、C_6组分。比较不同条件样品烯烃饱和量发现，条件 1 样品的烯烃饱和量远低于条件 2 样品的烯烃饱和量，说明条件 2 更利于烯烃饱和反应的进行；比较 356 和 357 样品发现，357 样品的低碳数烯烃（C_4、C_5、C_6）饱和量明显低于 356 样品，且总体烯烃饱和量低于 356 样品，对于同类烯烃而言，低碳数烯烃的辛烷值高于高碳数烯烃，而低碳数烯烃损失的绝对量在所有烯烃中又是最高的，结合表 1 数据中 357 号样品的辛烷值损失明显小于 356 号样品可知，高温对 S Zorb 反应中低碳数烯烃加氢饱和行为的抑制是高温反应中汽油辛烷值损失较小的主要原因。

2.2.2 S Zorb 反应中不同类型烯烃的反应性能

表 3、表 4 和表 5 为 353 和 354 中不同碳数异构烯烃、直链烯烃和环烯烃的降低率。从表中结果可知，S Zorb 汽油原料及产品中，直链烯烃及异构烯烃占绝大多数；对于相同碳数的烯烃，直链烯烃的降低率高于异构烯烃，即直链烯烃更易加氢饱和。

余贺等[3]曾采用基团贡献法及四阶龙格-库塔法计算了 S Zorb 吸附脱硫反应中不同类型烯烃加氢反应的热力学参数，并据此计算了它们的平衡常数及反应速率常数，结论与笔者的结果一致。

表 3 异构烯烃降低情况表

碳数	原料	353		354	
	含量/v%	含量/v%	降低率/%	含量/v%	降低率/%
4	0.47	0.36	23.4	0.32	31.9
5	6.09	5.39	11.5	5.02	17.6
6	3.69	3.48	5.7	3.05	17.3
7	2.64	2.59	1.9	2.45	7.2
8	1.06	0.95	10.4	0.77	27.4
9	0.85	0.85	0.0	0.82	3.5
10	0.30	0.27	10.0	0.29	3.3
11	0.14	0.12	14.3	0.1	28.6
Total	15.24	14.01	8.1	12.82	15.9

表 4 直链烯烃降低情况表

碳数	原料	353		354	
	含量/v%	含量/v%	降低率/%	含量/v%	降低率/%
4	1.19	0.71	40.3	0.59	50.4
5	4.17	3.38	18.9	2.81	32.6
6	2.19	1.9	13.2	1.57	28.3
7	1.09	1.08	0.9	0.93	14.7
8	1.13	1.12	0.9	1.09	3.5
9	0.46	0.43	6.5	0.39	15.2
10	0.02	0.01	50.0	0.03	—
11	0	0		0	
Total	10.25	8.64	15.7	7.41	27.7

表5 环烯烃降低情况表

碳数	原料	353		354	
	含量/v%	含量/v%	降低率/%	含量/v%	降低率/%
5	0.33	0.24	27.3	0.15	54.5
6	1.72	1.63	5.2	1.42	17.4
7	0.94	0.95	—	0.88	6.4
8	0.45	0.47	—	0.45	0.0
9	0	0		0	
10	0	0		0	
11	0	0		0	
Total	3.44	3.29	4.4	2.9	

3 S Zorb工业装置中汽油产品辛烷值影响因素

S Zorb反应前后汽油组成变化表明，S Zorb反应以脱硫反应为主，但同时伴有烯烃加氢副反应，且该副反应是S Zorb反应过程中汽油辛烷值损失的主要原因，故S Zorb反应中能够影响烯烃加氢饱和的因素，均能影响汽油辛烷值损失。综合来看，主要有以下几个方面：

3.1 S Zorb装置操作参数对辛烷值损失的影响

3.1.1 反应原料波动

曹文磊等[4]通过总结原料波动引起的辛烷值损失，发现原料硫含量突然增加时，脱硫效率显著降低，若调整操作参数保证产品硫含量合格，则汽油辛烷值损失将会增加；原料硫含量突然降低时，若操作参数不变，则汽油辛烷值损失也会增加，通过调整再生强度降低吸附剂活性的操作受到吸附剂循环速率的影响，耗时较长，而此时原料硫含量可能又增加了，进而导致产品硫含量不合格；若原料进料量突然降低，而装置内吸附剂量不变，则汽油辛烷值损失增大。由此可以看出，原料波动时，装置操作参数不能及时调整，从而造成操作参数与原料组成的不匹配，增大了生产过程中的汽油辛烷值损失。

3.1.2 反应温度

在S Zorb反应中，温度对脱硫率和辛烷值均有影响，刘永才[5]等根据S Zorb工业数据，指出随着温度的升高，S Zorb装置中汽油脱硫率增大，至430℃左右达到最大，继续升温，脱硫率随之下降。与此同时，随着温度的升高，S Zorb汽油辛烷值损失却逐渐降低。

笔者对不同条件下S Zorb反应前后汽油组成和辛烷值数据分析时也发现，温度对S Zorb反应中汽油辛烷值损失具有明显影响(见表1、表2中356及357样品数据)，反应温度较高时(357样品)的辛烷值损失明显低于反应温度较低时(356样品)的损失。深入分析温度对S Zorb反应中烯烃加氢反应的影响发现，温度对不同碳数烯烃的加氢反应影响不一，温度较高时低碳数烯烃饱和量降低(见图3)，这是温度影响S Zorb辛烷值损失的关键。

3.1.3 氢油比及氢分压

由于S Zorb反应为临氢吸附脱硫反应，氢气的存在既满足了脱硫反应的需要，同时也会导致烯烃加氢副反应的发生，353 样品(低氢进料速率)和 354 样品(高氢进料速率)分析结果也证明，高氢进料速率下烯烃饱和率高于低氢进料速率，其辛烷值损失也更大，故氢油比越高，辛烷值损失越大。王明哲等[6]探讨工艺条件对 S Zorb 吸附脱硫反应的影响时，所得实验结果同样支持该结论。

由于烯烃加氢反应为体积减小的反应，因此 S Zorb 反应器中系统氢分压的提高意味着烯烃加氢副反应的加剧，也意味着汽油辛烷值损失的加剧[7,8,9]。

3.1.4 质量空速

刘永才等[5]在考察质量空速对 S Zorb 汽油辛烷值影响时发现，质量空速对 S Zorb 脱硫反应与烯烃加氢反应均有明显影响。质量空速增大，反应物与吸附剂接触时间缩短，脱硫反深度减小，辛烷值损失降低；反之，质量空速减小，则反应深度增大，辛烷值损失增大。

3.2 S Zorb 吸附剂对辛烷值损失的影响

353、354 样品分别与 355、356 样品的组成及辛烷值分析数据(见表 1 和表 2)表明，即便在 S Zorb 装置操作参数一致的情况下，不同吸附剂引起的 S Zorb 汽油辛烷值损失也不同，这表明 S Zorb 吸附剂性质也会影响汽油辛烷值。

3.2.1 吸附剂碳含量

徐莉等[10]在研究碳含量对 S Zorb 吸附剂活性的影响时，发现吸附剂上的碳对吸附剂的脱硫效率及汽油辛烷值损失均有影响，随着吸附剂上碳含量的增多，吸附剂脱硫效率逐步下降，汽油辛烷值损失随之减小，实验结果见图 4。她推测这可能是由于碳占据了吸附剂上的某些活性位，导致吸附剂活性降低。由此可知，保持 S Zorb 吸附剂上具有一定量的碳有助于减小汽油辛烷值损失。

3.2.2 吸附剂硫含量

S Zorb 吸附剂活性组元为 Ni/ZnO，其中 Ni 为加氢脱硫活性位，而 ZnO 为载硫组元。吸附剂上硫含量越少，吸附剂活性越高，脱硫率越高，辛烷值损失越大。

刘传勤等[11]对齐鲁石化 S Zorb 装置开工及运行情况总结后发现，待生剂硫含量越高，汽油辛烷值损失越小，再生剂硫含量越高，汽油辛烷值损失也越小，这与王明哲等[6]、刘传勤等[12]总结的汽油辛烷值损失与 S Zorb 吸附剂硫含量关系是一致的。待生剂硫含量和辛烷值损失的关系见图 5。

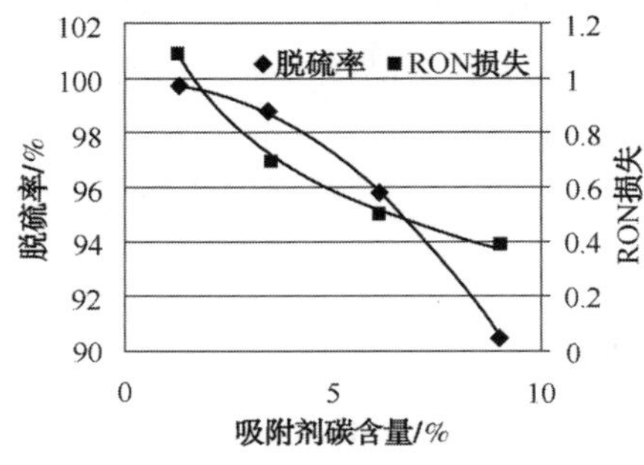

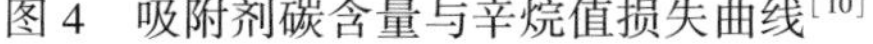

图 4 吸附剂碳含量与辛烷值损失曲线[10]

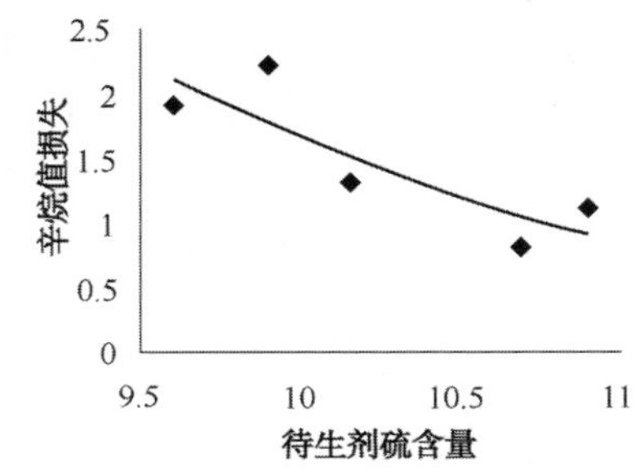

图 5 待生剂硫含量对辛烷值损失的影响[11]

因此，吸附剂保持一定的硫含量是非常必要的。李辉等[7]在 S Zorb 装置生产京Ⅴ汽油的实践中认为，待生剂中载硫量为 9%~10%，再生剂载硫量为 5%~6%，待生剂与再生剂硫差为4%左右最为合适。当然，应视情况进行工况调整，例如齐万松等[7]为降低汽油辛烷值损失，将通常认为合理的“小硫差，大循环量”操作调整为“小循环量，大硫差”的操作，降低再生剂硫含量，提高待生剂硫含量，降低了辛烷值损失，两种操作虽然听起来有所矛盾，但实质均是保持了反应器内参与反应的吸附剂的较高载硫量，降低吸附剂的活性，减小了辛烷值损失。

3.2.3 吸附剂活性金属状态

龙军等[14]在对S Zorb技术的反应化学原理进行研究时，利用量子化学方法计算了不同状态的Ni对噻吩、庚烯和甲苯的吸附能，详见表6。

表6 不同状态Ni对噻吩、庚烯和甲苯的吸附能[14]

催化剂	吸附能/(kJ/mol)		
	庚烯	噻吩	甲苯
Ni	-4.4	-146.0	-24.4
NiS	-128.9	-64.7	-48.3

由计算结果可见，金属态Ni对噻吩的吸附较强，但对庚烯和甲苯的吸附弱，NiS对噻吩的吸附较Ni对噻吩的吸附弱，但NiS对庚烯和甲苯的吸附要强于Ni对庚烯和甲苯的吸附，尤其是NiS对庚烯的吸附不仅远强于Ni对庚烯的吸附，也远强于NiS对噻吩的吸附。Ni对噻吩的强吸附有利于脱硫反应的进行，对烯烃的弱吸附则限制了烯烃加氢反应的进行，是S Zorb技术高效脱硫而维持较低辛烷值损失的主要原因。但若S Zorb吸附剂中Ni的赋存状态发生改变，存在一部分NiS时，则有可能由于NiS对烯烃的强吸附导致S Zorb工艺出现较大辛烷值损失。

4 结论

S Zorb吸附脱硫工艺以脱硫反应为主，但反应过程中伴有的烯烃加氢饱和副反应是S Zorb工艺中汽油辛烷值损失的主要原因；不同碳数烯烃在S Zorb反应中加氢饱和难易程度不同，且不同碳数烯烃的损失量对汽油辛烷值损失的贡献也不同；对于同一碳数不同类型的烯烃而言，直链烯烃比异构烯烃更易加氢饱和。

S Zorb工艺操作参数及吸附剂状态均能影响汽油辛烷值损失。反应温度较高时，辛烷值较高的低碳数烯烃饱和量下降，有利于降低汽油辛烷值损失；产品硫含量合格前提下，低的氢油比、氢分压以及较高的质量空速有助于减小汽油辛烷值损失；S Zorb吸附剂中维持一定量的碳及硫，可以抑制吸附剂活性，避免出现较大辛烷值损失；吸附剂中活性金属Ni的存在状态有可能是影响辛烷值损失的根本原因。

参考文献

[1] Dong D Y, Snelling R. S Zorb™吸附脱硫技术：能同时解决FCC汽油脱硫和辛烷值增加的先进技术[C]. 北京国际石油技术进展交流会论文集，2006.

[2] 余贺，赵基钢，侯晓明，等. S Zorb反应吸附脱硫反应过程的热力学分析[J]. 化工进展，2014，33(11)：2843-2847.

[3] 余贺，赵基钢，侯晓明，等. FCC汽油S Zorb反应吸附脱硫过程中不饱和烃加氢反应的研究[J]. 石油

炼制与化工，2014，45(7)：13-19.
[4] 曹文磊. S Zorb 装置长周期生产低硫含量汽油的影响因素及对策[J]. 石油炼制与化工，2014，45(2)：74-78.
[5] 刘永才，刘传勤. S Zorb 装置汽油辛烷值损失偏大的原因分析与措施[J]. 齐鲁石油化工，2012，40(3)：230-233.
[6] 王明哲，阮宇军. 催化裂化汽油吸附脱硫反应工艺条件的探讨[J]. 炼油技术与工程，2010，40(9)：5-9.
[7] 齐万松，姬晓军，侯玉宝，等. S Zorb 装置降低汽油辛烷值损失的探索与实践[J]. 炼油技术与工程，2014，44(11)：5-10.
[8] 武砚成. S Zorb 装置汽油辛烷值损失偏大原因分析及优化措施[J]. 中国石油和化工标准与质量，2013，14：28-29.
[9] 许培. S Zorb 催化汽油吸附脱硫技术的工业应用[D]. 天津大学，2012.
[10] Xu L. Influence of Carbon Content on S Zorb Sorbent Activity[J]. China Petroleum Processing & Petrochemical Technology，2013，15(2)：6-10.
[11] 刘传勤. 齐鲁 900kt/a 汽油吸附脱硫装置开工及运行总结[J]. 齐鲁石油化工，2010，38(4)：276-280.
[12] 刘传勤. S Zorb 清洁汽油生产新技术[J]. 齐鲁石油化工，2012，40(1)：14-17.
[13] 李辉，姚智. S-Zorb 装置生产京Ⅴ汽油实践[J]. 炼油技术与工程，2013，34(2)：11-14.
[14] 龙军，林伟，代振宇. 从反应化学原理到工业应用Ⅰ. S Zorb 技术特点及优势[J]. 石油学报：石油加工，2015，31(1)：1-6.

FDFCC-Ⅲ多产汽油工艺研究

闫鸿飞[1]，陈文良[2]，孟凡东[1]，牟克云[2]，高　鹏[2]，张亚西[1]

（1. 中石化炼化工程(集团)股份有限公司洛阳技术研发中心，河南洛阳　471003；
2. 中国石油化工股份有限公司长岭分公司，湖南岳阳　414012）

摘　要　随着国内私家车的普及，国内车用汽油市场需求愈发旺盛，同时目前国内炼厂催化裂化柴油十六烷值普遍较低，给调和生产车用柴油带来困难。针对这一形势，结合FDFCC-Ⅲ工艺特点，提出了FDFCC-Ⅲ多产汽油工艺，即FDFCC-Ⅲ工艺第二提升管加工劣质催化柴油或其加氢精制柴油，把劣质柴油转化成高辛烷值汽油。根据中试试验，推荐FDFCC-Ⅲ装置第二提升管加工加氢精制柴油轻馏分，反应温度为480℃。在此条件下，第二提升管生成汽油RON为97.9，FDFCC-Ⅲ装置汽油产率可大幅提高。

关键词　灵活多效催化裂化(FDFCC-Ⅲ)　多产汽油　催化裂化柴油　加氢精制柴油

中石化洛阳工程有限公司开发的灵活多效催化裂化工艺[1,2]（FDFCC-Ⅲ）曾在改善汽油质量和增产丙烯方面发挥了重要作用，在国内得到了较为广泛的工业应用。但随着国内炼油加工手段和市场需求的变化，降低汽油烯烃含量和增产丙烯已不再成为催化裂化的迫切要求，多产优质汽油逐渐成为近年来炼油行业发展的趋势。

从国内市场看，随着以汽油为燃料的私家车越来越多，汽油需求量越来越大，而近几年柴油的市场份额却变化不大，从而导致汽油相对短缺而柴油结构性过剩。另一方面，目前炼厂FCC装置催化裂化柴油十六烷值普遍较低，而车用柴油十六烷值要求又较高，车用柴油国Ⅳ标准要求十六烷值不小于49，即使某些催化裂化柴油经加氢精制后也难以满足炼厂调和生产车用柴油的需求，而建设柴油加氢改质装置的投资又相当巨大。

1　FDFCC-Ⅲ多产汽油工艺原理和流程

结合目前形势，中石化洛阳工程有限公司和长岭分公司联合提出了FDFCC-Ⅲ多产汽油工艺，即在原FDFCC-Ⅲ工艺型式和流程基础上，考虑FDFCC-Ⅲ装置第二提升管(原汽油提升管)加工催化柴油或其加氢精制柴油，不再加工催化粗汽油，通过劣质柴油裂化生产高辛烷值汽油，提高汽油收率，满足市场对汽油的旺盛需求，同时可减少低品质催化裂化柴油产量，以解决炼厂调和柴油合格的问题。FDFCC-Ⅲ多产汽油工艺原则流程图见图1。

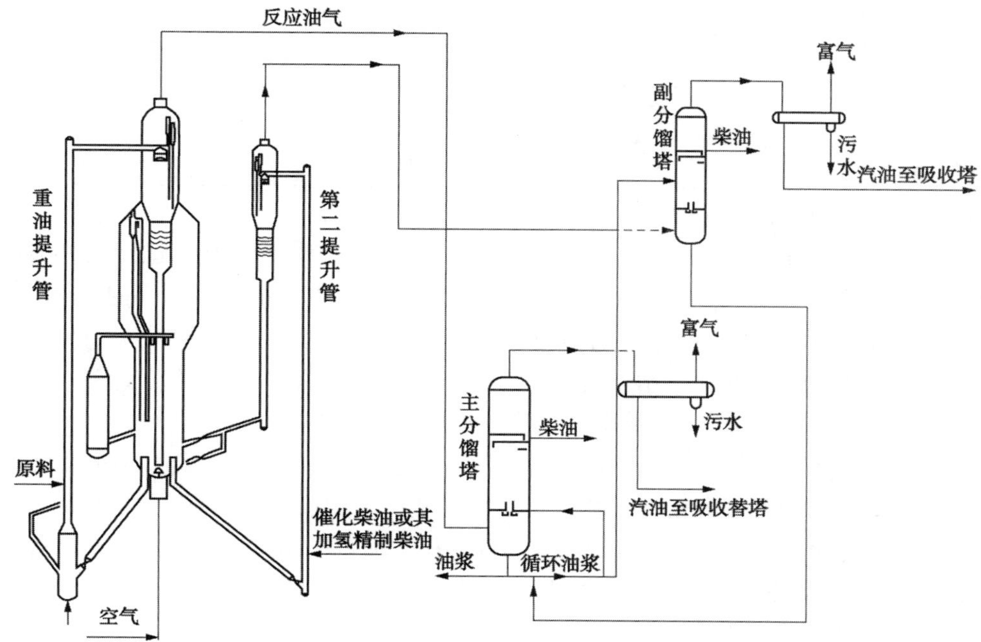

图 1　FDFCC-Ⅲ多产汽油工艺原则流程图

2　FDFCC-Ⅲ多产汽油工艺中试研究

FDFCC-Ⅲ多产汽油工艺基于 FDFCC-Ⅲ工艺型式和流程，中试试验主要着重于第二提升管的柴油裂化研究，因第二提升管的裂化对重油提升管没有影响，因此重油提升管的原料油裂化不再进行试验研究。

2.1　原料和催化剂

2.1.1　中试原料和催化剂性质

中试原料和催化剂取自某炼厂 FDFCC-Ⅲ装置，主要性质见表 1 与表 2。

表 1　催化柴油和加氢精制柴油主要性质

项　　目	催化柴油	加氢精制柴油	加氢精制柴油轻馏分（<280℃）	加氢精制柴油重馏分（>280℃）
收率/%	100	100	55.61	44.39
密度(20℃)/(kg/m^3)	954.5	928.2	897.0	970.0
H 含量/%	8.81	10.07	10.65	9.32
S 含量/%	0.453	0.0515	0.0012	0.115
N/(μg/g)	1414	463	25.6	1003
十六烷值	不着火	21.8	22.7	—
单环芳烃/%	19.09	47.39	71.26	17.74
双环芳烃/%	56.77	28.89	12.37	49.51
三环芳烃/%	12.62	5.39	0.04	12.35
总芳烃	88.48	81.67	83.67	79.60

表 2 中试催化剂主要性质

催化剂名称	某工业平衡剂	催化剂名称	某工业平衡剂
微反活性/%	65.5	表面积/(m^2/g)	139.77
定碳/%	0.03	孔容/(mL/g)	0.1785

2.1.2 原料和催化剂性质分析

由表1柴油性质分析数据可知，该催化裂化柴油十六烷值本身很低，已无法测定，经加氢精制后其十六烷值仍较低，只有21.8，作为车用柴油的调和组分显然相当困难。

催化柴油经加氢精制后，硫、氮含量显著降低，氢含量明显上升，芳烃含量有所降低，由88.48%降至81.67%。在加氢精制过程中，部分双环芳烃和三环芳烃发生饱和开环，因此双环芳烃和三环芳烃含量显著下降，单环芳烃含量大幅上升。

加氢精制柴油经切割分离后，加氢精制柴油轻馏分(<280℃)收率为55.61%，其单环芳烃含量占70%以上，双环芳烃较少，基本无三环芳烃。而重馏分(>280℃)中双环芳烃占多数，单环芳烃相对较少。与加氢精制柴油全馏分相比，加氢精制柴油轻馏分的氢含量相对较高，为10.65%，因此更适于进行催化裂化。值得关注的是，加氢精制柴油轻馏分硫含量只有12μg/g，有利于生产标准更加严格的低硫清洁汽油。

试验所用工业平衡剂含碳量只有0.03%，微反活性为65.5%，适合进行中试裂化试验。

2.2 试验方案

(1) 对加氢精制催化柴油进行轻重分离，切割点280℃，相应分析各柴油馏分的性质数据。

(2) 通过提升管催化裂化中试装置考察全馏分催化柴油、全馏分加氢精制柴油、加氢精制柴油轻馏分在不同试验条件下的产品分布以及汽、柴油产品质量情况。

(3) 结合提供原料和催化剂的炼厂FDFCC－Ⅲ装置，进行全装置产品分布和产品质量研究。

2.3 中试试验装置简介

中试试验装置为中石化洛阳工程有限公司自行研发的提升管催化裂化中试试验装置，总高约3m，高低并列式，最大进料量为1.5kg/h。装置标定期间，通过对裂化气、烟气和裂化生成油的计量，分析计算物料平衡，之后对反应生成油进行实沸点蒸馏，对蒸馏得到的汽、柴油产品进行化验分析。

2.4 中试试验结果

2.4.1 中试裂化产品分布分析

全馏分催化柴油、全馏分加氢精制柴油及加氢精制柴油轻馏分中试裂化产品分布分别见图2~图4。

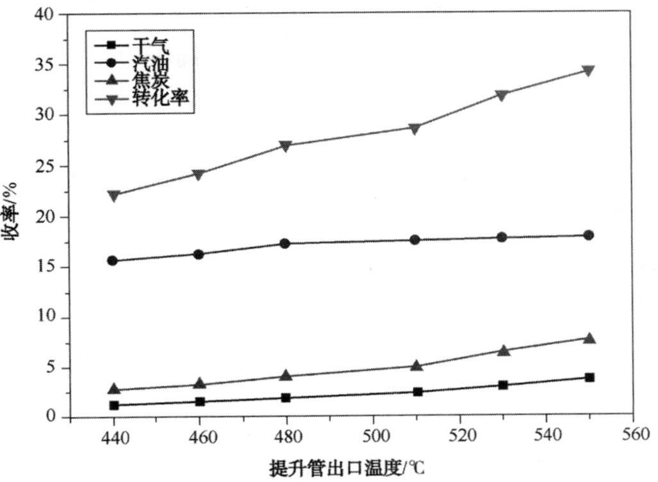

图 2　全馏分催化柴油裂化中试产品分布曲线

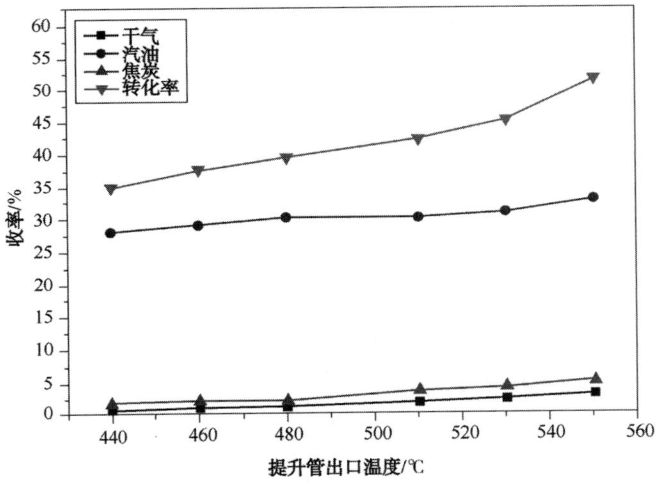

图 3　全馏分加氢精制柴油裂化中试产品分布曲线

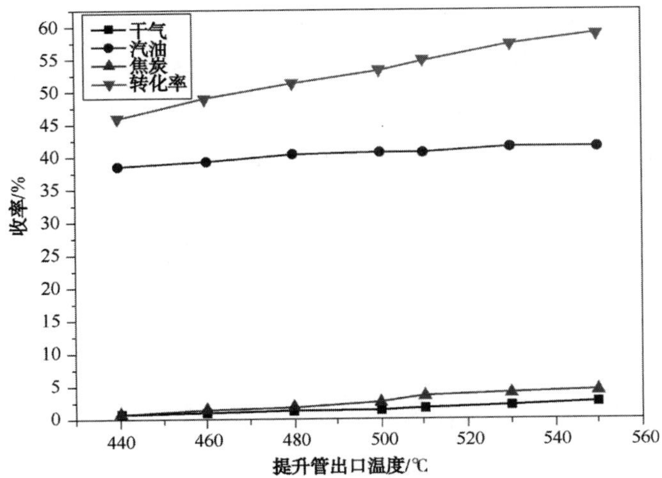

图 4　加氢精制柴油轻馏分裂化中试产品分布曲线

对比图2~图4裂化产品分布数据可知，在相同反应温度条件下，以加氢精制柴油轻馏分为原料，其裂化产品分布相对较为理想，汽油产率较高，达到40%左右，同时干气和焦炭产率相对较低，而且其裂化汽油产品辛烷值较高，硫含量很低，因此加氢精制柴油轻馏分是相对理想的裂化原料。

图4为不同反应温度条件下的加氢精制柴油轻馏分裂化产品分布，由产品分布曲线可知，随着反应温度的提高，干气产率逐渐升高，焦炭产率上升幅度较大，而汽油产率变化不很明显。对各反应温度下的产品分布进行对比分析，综合考虑汽油产率和干气、焦炭产率之间的关系可知，480℃的反应温度比较理想。

因此，通过综合分析，推荐FDFCC-Ⅲ装置第二提升管加工加氢精制柴油轻馏分，生产方案以低温操作为好，反应温度480℃即可。

2.4.2 中试裂化产品性质分析

加氢精制柴油轻馏分裂化产品性质见表3与表4。表3为加氢精制柴油轻馏分裂化后生成的催化汽油性质，其特点是：

(1) 汽油烯烃体积含量低。均在10%以下，完全满足目前及更严格的汽油烯烃含量质量标准。

(2) 汽油辛烷值很高。在反应温度480℃以上时裂化汽油产品RON均在97以上，MON在87以上。

(3) 汽油诱导期长，安定性好。汽油诱导期均大于1000分钟。

(4) 汽油芳烃含量及苯含量较高，汽油密度较大。这个特点决定了以加氢精制柴油轻馏分为原料裂化生产出的汽油不能直接作为车用汽油产品，只能作为车用汽油的调和组分。因加氢精制柴油轻馏分本身芳烃含量就很高，因此不可避免地导致裂化产品汽油芳烃含量高，密度大。反应温度较高时，裂化产品汽油芳烃体积含量基本都在40%以上，超过目前汽油质量标准，汽油苯含量超标，体积含量在1%以上。

(5) 汽油硫含量低。裂化汽油产品硫含量碱洗后在10μg/g以下，腐蚀指标直接合格，达到国Ⅴ汽油质量硫含量标准。

在480℃的反应温度条件下汽油RON为97.9，MON为87.2，硫含量为9μg/g，芳烃和苯体积含量略高，分别为46.6%和1.18%，是相对较好的高辛烷值汽油调和组分。

由表4数据可知，裂化后柴油产品性质更加低劣，芳烃体积含量均在90%以上，密度在950kg/m^{3}以上，氢含量很低，基本都在8.5%以下，十六烷值指数很低，这种柴油已很难作为车用柴油的调和组分。但这种柴油基本全由芳烃组成，可考虑对其中的芳烃组分进行化工分离利用。

表3 加氢精制柴油轻馏分裂化中试催化汽油主要性质

项目	7	8	9	10	11	12	13
提升管出口温度/℃	440	460	480	500	510	530	550
密度(20℃)/(kg/m^3)	762.1	763.2	765.2	770.5	773.8	791.4	796.6
苯含量/v%	0.98	1.10	1.18	1.30	1.50	1.76	1.81
硫醇硫/(μg/g)	3	5	2	4	6	3	5
烯烃含量(荧光法)/v%	5.5	4.6	6.9	6.8	6.6	3.9	4.9
芳烃含量(荧光法)/v%	41.7	44.3	46.6	49.3	50.1	57.3	63.8

续表

项　　目	7	8	9	10	11	12	13
S含量/(μg/g)	7	8	9	8	10	6	7
RON	95.0	96.2	97.9	98.7	99.0	100	101.2
MON	84.7	85.7	87.2	87.8	88.1	88.9	90.2
诱导期/min	>1000	>1000	>1000	>1000	>1000	>1000	>1000

表4　加氢精制柴油轻馏分裂化中试催化柴油主要性质

项　　目	7	8	9	10	11	12	13
密度(20℃)/(kgm^3)	953.6	955.0	956.4	962.2	969.0	970.0	972.6
凝点/℃	<-40	<-40	<-35	<-40	-47	-42	<-35
氢含量/%	8.73	8.68	8.58	8.45	8.40	8.27	8.12
十六烷值指数	12.9	11.5	10.8	9.5	9.4	9.2	8.6
单环芳烃/%	30.44	27.75	26.12	23.69	18.37	21.40	20.56
双环芳烃/%	57.63	61.23	63.11	65.08	70.61	68.63	70.47
三环芳烃/%	2.39	2.52	2.89	3.43	3.76	3.94	4.05
总芳烃/%	90.46	91.50	92.12	92.20	92.74	93.97	95.08

2.5　FDFCC-Ⅲ全装置产品分布、汽油性质研究以及第二提升管推荐加工方案

为多产优质汽油，少产劣质柴油，结合以上裂化产品分布和产品性质分析，FDFCC-Ⅲ装置第二提升管推荐加工加氢精制柴油轻馏分(<280℃)，操作方案以低温裂化为佳，反应温度优选480℃。

表5为提供原料和催化剂的FDFCC-Ⅲ装置第二提升管加工全厂(共两套催化装置)催化柴油的加氢精制柴油轻馏分后全装置产品分布预测，表6为推荐条件下的第二提升管裂化汽油产品与主分馏塔粗汽油按自然比例混合后的汽油性质。

由表5数据可知，与目前FDFCC-Ⅲ装置第二提升管加工主粗汽油方案相比，第二提升管加工加氢精制柴油轻馏分后，全装置干气产率略有降低，液化气产率相当，汽油产率达到65.64%，提高23.56个百分点，焦炭产率略有提高。

表5　FDFCC装置第二提升管加工柴油后全装置产品分布预测

加工时期	目前阶段	预　　测
第二提升管加工原料油	主粗汽油	加氢精制柴油轻馏分(<280℃)
第二提升管加工量/(万t/a)	约28	约46.71
重油提升管加工量/(万t/a)	105	105
产品分布/%		
干气	4.82	4.75
液化气	15.37	15.56
汽油	42.08	65.64
柴油	26.02	1.74
油浆	4.02	4.20
焦炭	7.52	7.94
损失	0.17	0.17
合计	100	100

表6 推荐条件下的第二提升管裂化生成汽油与催化主粗汽油按比例混合后汽油性质

第二提升管加工原料油	加氢精制柴油轻馏分(<280℃)	第二提升管加工原料油	加氢精制柴油轻馏分(<280℃)
提升管出口温度/℃	480	芳烃含量(荧光法)/v%	32.9
混合汽油性质		S含量/(μg/g)	310
密度(20℃)/(kg/m^3)	746.0	RON	93.6
苯含量/v%	0.71	MON	83.2
硫醇硫/(μg/g)	18	诱导期/min	745
烯烃含量(荧光法)/v%	22.1		

表6混合汽油性质接近第二提升管加工加氢精制柴油轻馏分后的全装置稳定汽油性质，只是缺少少量凝缩油组分。由数据可知，混合汽油烯烃、芳烃及苯含量均满足目前汽油质量标准，汽油RON为93.6，可生产93#汽油，诱导期指标合格。该汽油若与较轻的凝缩油组分调和，汽油密度、芳烃和苯含量会有进一步的下降。因加氢精制柴油轻馏分裂化汽油(副分馏塔汽油)产品硫含量很低，且碱洗后腐蚀直接合格，因此这部分汽油无需脱硫醇、脱硫处理，碱洗处理后即可与其它汽油组分调和。

3 结论及建议

(1) 为多产汽油，少产劣质柴油，根据中试结果，推荐FDFCC-Ⅲ装置第二提升管加工加氢精制柴油轻馏分(<280℃)，操作方案以低温裂化为佳，反应温度优选480℃。与目前第二提升管加工粗汽油生产方案相比，FDFCC-Ⅲ全装置干气和焦炭产率基本相当，但汽油产率可大幅提高。

(2) 加氢精制柴油轻馏分其裂化产品汽油品质优良，烯烃、硫含量及硫醇硫含量低，烯烃体积含量在10%以下，辛烷值较高，RON在97以上，诱导期长，但芳烃含量及苯含量略高，这部分汽油无需脱硫醇、脱硫处理，碱洗处理后即可与其它汽油组分调和，是优质的车用汽油调和组分。这部分汽油与FDFCC-Ⅲ装置主分馏塔粗汽油按自然比例混合可生产93#汽油，烯烃、芳烃和苯含量均符合目前汽油质量标准。

参考文献

[1] 孟凡东，王龙延，郝希仁．降低催化裂化汽油烯烃技术—FDFCC工艺[J]．石油炼制与化工，2004，35(8)：6-10.
[2] 耿凌云，居荣富，吴之仁，等．灵活多效烃类催化裂化方法[P]．中国发明专利，ZL92105596.X.1995.

烷基化技术发展现状及趋势

郑丽君，朱庆云，任文坡，丁文娟

（中国石油石油化工研究院，北京 100195）

摘 要 概述了全球烷基化油的生产能力、装置建设情况及烷基化油在清洁汽油中的重要作用，介绍了全球液体酸烷基化技术和固体酸烷基化技术发展现状及趋势，提出了我国发展烷基化技术的合理建议。

关键词 烷基化油 液体酸烷基化 固体酸烷基化

1 全球烷基化生产能力概况

随着对汽油质量要求的不断提高，烷基化油在清洁汽油生产中的地位愈发重要，在清洁汽油中所占比例逐渐增大，产能不断提高氢氟酸。从 1999 年至 2009 年的十年间，全球烷基化能力年均增幅为 1.3%[1]，而从 2010 年初至 2014 年初的四年间，全球烷基化能力从 88.83Mt/a 增至 89.42Mt/a，年增幅降至 0.17%，增速有所放缓，但全球炼油能力从 2010 年初的 43.61 亿 t/a 增加到 2014 年初的 43.68 亿 t/a，年均增幅仅为 0.04%，因此烷基化能力在炼油一次加工能力中的比例仍在不断上升。如表 1 所示，到 2014 年 1 月，全球烷基化能力为 89.42Mt/a。烷基化能力最大的是美国，为 50.07Mt/a，占全球烷基化能力的 56%，占美国炼油能力的 6.47%。亚太、西欧和拉美地区跟随其后，烷基化能力分别为 11.75Mt/a、10.17Mt/a 和 9.38Mt/a，但在炼油总能力中的占比相对较小，分别为 1.08%、1.84% 和 2.95%。

表 1 全球烷基化能力

国家/地区	2014.1 炼油能力/(Mt/a)①	2014.1 烷基化能力/(Mt/a)	2014.1 烷基化能力占总炼油能力的比例/%
美国	899.61	50.07	6.47
加拿大	97.84	3.05	3.62
拉美和加勒比海②	370.00	9.38	2.95
西欧	643.37	10.17	1.84
CIS 及中东欧	530.12	1.34	0.29
中东③	405.38	1.65	0.47
非洲	160.90	1.22	0.88
亚太	1261.09	11.75	1.08
世界总计	4368.30	89.42	2.38

注：①仅包括复杂炼厂；②包括墨西哥；③包括土耳其。

目前运行的烷基化油生产技术主要为液体酸烷基化技术，氢氟酸烷基化技术略占优势。在全球204套商业运行的烷基化装置中，氢氟酸技术占109套，装置总加工能力42.6Mt/a，占烷基化总能力的48%；硫酸烷基化技术83套，装置总加工能力35.36Mt/a，占烷基化总能力的40%。从现有数据看，硫酸烷基化装置平均规模大于氢氟酸烷基化，分别为0.426Mt/a和0.391Mt/a。另外12%装置为间接烷基化技术装置。

截至2014年，除正在运行的204套烷基化装置外，另有12套装置正处于建设或设计阶段，总计加工能力3.47Mt/a。较多新建或改造的装置采用新型硫酸烷基化技术，其中亚太、独联体(CIS)及中东欧各占4套，美国2套，中东和非洲各占1套。由于中国加快了成品油质量升级，因此烷基化技术越来越受到重视，仅2014年就有0.6Mt/a及0.2Mt/a两套硫酸烷基化技术装置置投产，2016年将有一套0.2Mt/a烷基化装置投产[2]。由于俄罗斯政府要求从2015年起实行欧Ⅴ燃料质量标准，如果不进行装置升级或改造，俄罗斯国内生产的汽油将有近一半不能达标。此外，为了满足国内日益增长的清洁燃料需求以及加大向亚洲及欧洲市场出口的需要，以哈萨克斯坦等为首的前苏联国家正在加快对炼厂升级的改造，因此独联体及中东欧地区有较多新建烷基化装置。加拿大、西欧、拉美等地区等未见新建烷基化装置的报道。

2 烷基化油的优势

汽油池由炼厂多个炼油过程中符合汽油馏程范围的馏分组成。以美国典型的汽油池为例(一家炼厂简化流程见图1)，汽油馏分主要包括丁烷、乙醇、轻直馏石脑油，异构化组分，重整组分、烷基化油、催化汽油和加氢裂化汽油等[3]。

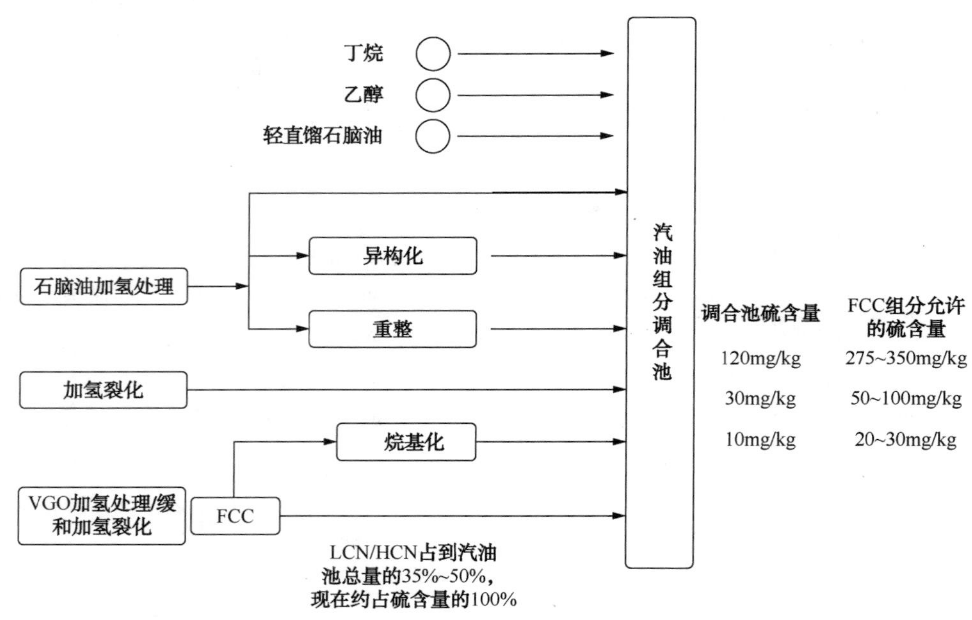

图1 美国典型的汽油调合池组成

表 2 汽油池中调和组分性质

性质	乙醇	烷基化油	重整油	FCC 石脑油	ETBE①	MTBE②	异辛烷
RON	107.0	95.0	99.0	92.1	118.0	106.0	99.0
RVP/kPa(psia)	154(22.3)	27.6(4.0)	27.6(4.0)	48.3(7.0)	27.6(4.0)	55.2(8.0)	11.8(1.7)
芳烃/%	0	0	63.0	29.0	—	—	—
烯烃/%	0	0	1.0	29.0	—	—	—
氧/%	34.8	0	—	—	15.66	18.15	0
苯/v%	0	0	—	—	0	0	—
硫/ppm	0	16.0	26.0	756.0	0	0	—

注：①ETBE 为乙基叔丁基醚；②MTBE 为甲基叔丁基醚。

从图 1 中可以看出，乙醇是汽油池中的一个重要组分，可以降低 CO_2 排放量，但乙醇的使用会增加汽油的蒸汽压，造成地面挥发性有机物的排放增加，因此汽油生产商不得不增加汽油池中低蒸汽压的组分(如烷基化油)。表 2 为汽油池中各调和组分的性质。从中可以看出，烷基化油具有低硫、低烯、低芳、高辛烷值及低蒸汽压等优势。

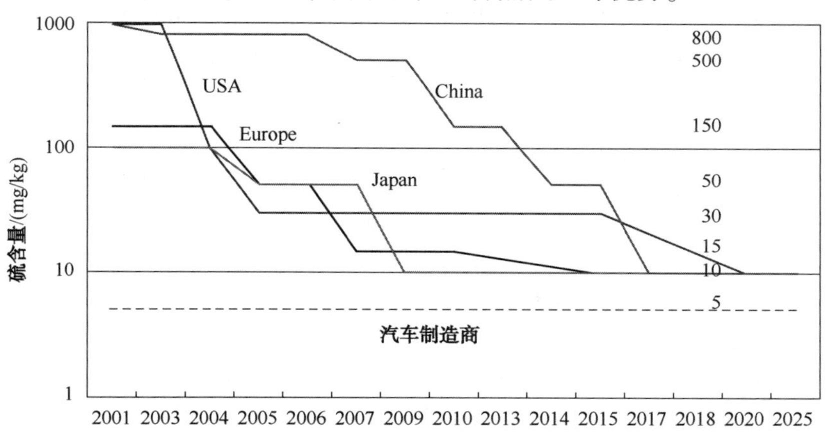

图 2 全球汽油硫含量变化历程及趋势

虽然世界各国经济发展水平不同、炼油水平存在差异等导致清洁汽油标准不尽相同，但世界清洁汽油标准总体向着低硫、低烯、低芳以及高辛烷值方向发展，硫含量限值降低成为清洁汽油发展的重要方向之一。图 2 为全球汽油硫含量变化历程及趋势[4-5]。从中可以看出，世界清洁汽油硫含量正朝 10ppm 以下的方向大步迈进，作为低硫汽油的主要优质组分，烷基化油在清洁汽油生产中必将发挥越来越大的作用。

3 烷基化油生产技术现状及发展趋势

3.1 液体酸烷基化技术

目前，工业化生产烷基化油主要利用液体酸烷基化技术，至今只有 CDTECH(已被 CB&I 公司收购)、Dupont STRATCO、ExxonMobil 和 UOP 四家公司有液体酸烷基化技术商业许可证。液体酸烷基化技术主要包括氢氟酸法和硫酸法烷基化技术。

氢氟酸烷基化所用催化剂有剧毒、易挥发，一旦泄露，会在厂区低空形成气溶胶，严重危害人员身体健康。因此，近年来氢氟酸法烷基化技术的研究主要侧重于工艺安全及减灾设备，减少搅拌器、循环泵、轴封和焊接口等易故障点，增加水幕装置，促进泄露氢氟酸的扩散等措施，提高装置的安全性。目前最主要的氢氟酸法烷基化技术主要有 Phillips 公司与 Mobil 公司合作开发的 ReVAP 工艺、UOP 和 Texaco 合作开发的 Alkad 工艺、UOP 公司的重力循环和强制循环氢氟酸法烷基化工艺等。

硫酸法烷基化技术许可的公司有 Dupont STRATCO、ExxonMobil、CB&I 和 RHT 公司，目前主要技术有 Dupont STRATCO 的 ALKYSAFE 工艺、CB&I 公司的 CDA*lky* 工艺、ExxonMobil 公司的搅拌自冷烷基化工艺和 RHT 烷基化工艺等。

目前，中国的硫酸烷基化装置大多由 Dupont 公司提供。近两年利用 CB&I 公司的 CDAlky 工艺投产的硫酸烷基化装置逐渐增多。CDAlky 工艺是一种可降低硫酸消耗的新型低温硫酸烷基化技术，核心是其立式反应器系统。与传统的采用螺旋桨搅拌的工艺过程相比，该系统使用了一种不搅拌的反应器设计，因而可使 CDAlky 烷基化反应器在较低温度下运行，可显著改善硫酸催化剂性能并提高高辛烷值产品收率，降低酸消耗。此外，还对酸和烃的乳化液液滴粒度分布进行了优化，能快速从酸相中分离出烃组分，并取消了传统工艺中的碱洗或水洗过程。新工艺流程简单，无需碱洗和水洗过程，可以降低装置总投资成本，同时干式工艺不会发生腐蚀问题，采用无搅拌反应器还可省去搅拌机械及设备密封维修等问题，可节省维护费用。

伴随着液体酸烷基化技术的改进与创新，硫酸烷基化装置能力和氢氟酸烷基化装置能力也在不断变化中。在20世纪60年代，全球硫酸烷基化能力是氢氟酸烷基化能力的3倍多，之后倾向于氢氟酸烷基化装置的建设，但现在又转向硫酸烷基化装置。目前全球烷基化能力最大的北美地区，硫酸烷基化能力和氢氟酸烷基化能力相当。主要原因可能有两个方面：一是随着硫酸烷基化技术(如 CB&I 公司的 CDAlky 技术)的进步，反应器设计更加优化、硫酸酸耗不断降低，硫酸装置操作成本和投入成本逐渐降低；二是即使氢氟酸烷基化技术酸耗较低，但氢氟酸一旦泄漏给环境带来的危害将会很大，加上美国严格的环保法规(据烃加工相关统计数据显示，2012~2014年间，美国有33套液体酸(氢氟酸和硫酸)烷基化装置发生事故，酸泄露有19套，其中氢氟酸泄露占14套，美国对氢氟酸泄漏的处罚不断加大)，为安全起见，投建硫酸烷基化装置将会更加安全可靠。

3.2 固体酸烷基化技术

由于浓硫酸和氢氟酸对人体、设备和环境的潜在危险，近年来，烷基化技术的研究进展主要围绕新型催化剂及其相关工艺的开发而进行，其中具有代表性的是固体酸烷基化技术。

早在20世纪60年代，Exxon Mobil 公司的研究者就已开始将固体酸运用于烷基化反应中，从20世纪90年代起，烷基化技术的研究进入高峰。在不断出现的新型固体酸烷基化技术中，有代表性的主要有 Lummus Technology 和雅保公司联合开发的 AlkyClean 技术、UOP 公司的 Alkylene 技术、Haldor Topsoe 公司的 FBA 技术及 Lurgi 公司的 Eurofuel 技术等。但由于固体酸催化剂在烷基化反应时容易失活，反应的选择性较差，积炭前身物覆盖在催化剂活性中心上，使催化剂活性下降，选择性变差，烷基化汽油中的重组分和烯烃含量增加，汽油产品质量下降，所以在烷基化过程中，催化剂必须不断再生，但再生温度不宜太高，否则会增加固体酸烷基化的工艺设计和操作成本。因此，固体酸烷基化技术在推向工业应用的过程中遇到较大障碍。

直到 2014 年 5 月，世界上第一套 20 万 t/a 工业化固体酸烷基化装置在山东汇丰石化公司开工建设。该装置采用 Lummus Technology 和雅保公司联合开发的 AlkyClean 技术。AlkyClean 固体酸烷基化技术是烷基化技术的一项突破，采用固定床加工工艺，以 C_3~C_5烯烃与异丁烷为原料，沸石催化剂催化反应，生成的大部分为 C_8馏分的烷基化油。该工艺在 2.1MPa、50~90℃的反应条件下操作，同液体酸工艺一样，不需增设产物后冷系统。为了提高装置处理能力和保证催化剂的高反应活性，AlkyClean 工艺通常设有 3 台串联反应器，其中 2 台处于运转状态，经过一个周期后进行催化剂缓和再生，另 1 台备用反应器在以前运转的反应器进行离线高温再生时投入使用。该工艺的优点是催化剂原料适应性强，活性稳定性高，无酸溶油和其他液体废物产生，安全环保，生产的烷基化油研究法辛烷值(RON)达 94~96，与液体酸烷基化技术生产的烷基化油辛烷值相当。装置投资比常规硫酸烷基化装置少 15%，与氢氟酸烷基化装置相当。缺点是其反应温度压力较高，再生需要高温临氢操作，反应器定时需要切换进行催化剂再生，连续性稍差。到 2015 年 2 月，项目建设完成 95%，进入集中配管和设备调试阶段，不久将投产[6]。

以上为国外相对成熟的固体酸烷基化技术，与国外相比，国内固体酸烷基化技术的研究相对较少，主要为中石化石科院等单位进行的相关催化剂和工艺技术的研究。

中国石化石油化工科学研究院新授权一种固体酸烷基化方法[7]。含有 C_4~C_6异构烷烃与 C_3~C_6单键烯烃的混合反应原料与循环异构烷烃混合后，在烷基化反应系统内与固体酸催化剂接触并发生烷基化反应，反应流出物经过冷却及分离后，得到的异构烷烃馏分循环回烷基化反应系统入口，得到的正构烷烃馏分和烷基化汽油作产品引出。该专利通过将混合反应原料间歇引入烷基化反应器，且始终保持异构烷烃在反应系统内循环，实现了烷基化反应与催化剂再生的交替进行，催化剂表面的积炭前身物在转化为积炭之前被移除，使固体酸催化剂在较长的时间内维持较高的反应活性和较好的选择性。

复旦大学与上海华谊集团上硫化工有限公司授权一种固体酸催化异丁烷/正丁烯烷基化的方法[8]。该方法采用 Nafion 功能化的疏水型 SBA-15 为催化剂，以异丁烷和正丁烯为反应物，在 30~110℃保证反应物为液态的压力条件下，采用固定床反应器连续操作，实现固体酸的烷基化。使用该催化剂可得到较高的丁烯转化率和三甲基戊烷(TMP)选择性。

全球环保意识的增强促进了固体酸烷基化技术的发展，但仍需对原料的适应性、装置操作的经济性、固体酸催化剂的高反应活性和选择性，尤其是连续再生性等问题进行研究，并积极推动现有国内外固体酸烷基化新工艺的工业应用。

此外，离子液烷基化技术的研发及应用成为新型烷基化技术发展的方向之一，雪佛龙、壳牌、UOP、中国科学院和石油大学、越南河内矿业地质大学/拜罗伊特大学、堪萨斯大学等都在该领域开展研究，但目前未见有工业化装置。对于现有氢氟酸装置改造为硫酸烷基化也是烷基化技术改进的一个趋势。

4　我国烷基化生产技术发展现状及启示

我国 FCC 汽油组分在汽油中所占比例偏高，高辛烷值的烷基化油、重整汽油等所占比例低。随着我国清洁汽油标准实施步伐加快，优质高标号汽油的需求必将不断提高，因此，增加烷基化油的产量，发挥烷基化油低硫、低烯、高辛烷值等优点，能从根本上解决我国清洁汽油品质问题。

至2012年，国内共有20套烷基化装置，大都建于20世纪80年代末期，其中硫酸法烷基化8套，氢氟酸烷基化12套，总处理能力仅1.4Mt/a[9]。2013年和2014年先后有3套烷基化装置投产，分别为山东东营0.2Mt/a、宁波0.6Mt/a和钦州0.2Mt/a的CDAlky装置，此外，安宁0.2Mt/aCDAlky装置将于2016年12月投产。2014年，全球第一套固体酸烷基化装置在山东汇丰石化投产。可以看出，近几年我国烷基化装置的建设步伐日益加快。但我国烷基化加工总能力仍较低，且均采用国外技术，对于我国而言，主要的技术障碍在于工程技术、设备加工及防腐技术等问题得不到很好地解决，阻碍了国产化烷基化技术的工业化。因此，我国既要继续加大开发具有独立知识产权的新工艺，尤其是环保的固体酸烷基化工艺的力度，又要积累经验，改进现有烷基化技术，积极推动现有国内外新工艺的工业化应用。

参 考 文 献

[1] 朱庆云，乔明等. 液体酸烷基化油生产技术的发展趋势[J]. 石化技术，2010，17(4)：49-53.

[2] Stephen Williams，Arvids Judzis，et al. Advances in Alkylation-Breaking the Low Reaction Temperature Barrier [C]. NPRA，2015，AM-15-18.

[3] Patrick Gripka，Wes Whitecotton，Opinder Bhan，James Esteban. Tier 3 Capital Avoidance with Catalytic Solutions[C]. NPRA，2014，AM-14-37.

[4] Maxmizing diesel in existing assets[C]. NPRA，2009，AM-09-33.

[5] World Refining & Fuels Service[R]. Global Crude，Refining and Fuels Outlook to 2035.

[6] http：//www. sdhfsh. com/item/？ id=239

[7] 赵志海，杨克勇等. 一种固体酸烷基化方法：中国，201010121921.5[P]，2011-09-21.

[8] 沈伟，顾怡等. 一种固体酸催化异丁烷/正丁烯烷基化的方法：中国，200910200242.4[P]，2010-06-02.

[9] 马玲玲，徐海光等. 烷基化技术工业应用综述[J]. 化工技术与开发，2013.42(12)：24-27.

逆流连续重整工业应用及技术改进

袁忠勋

（中国石化工程建设有限公司，北京 100101）

摘 要 中国石化开发的逆流连续重整成套技术，采用催化剂逆流输送的方式，取消了闭锁料斗及其控制系统，不同于现有的连续重整技术，具有鲜明的技术特征。采用该技术建设的中国石化济南分公司 60 万 t/a 逆流连续重整装置于 2013 年 10 月投产，投产后装置运行平稳，各项技术经济指标先进。在首次成功应用后，又对该技术进行了改进和优化，形成了新一代的逆流连续重整技术。

关键词 逆流重整 工业应用 技术改进

1 前言

中国石化工程建设有限公司（SEI）于 1997 年底提出了“逆流”连续重整的工艺理念，于 2001 年 6 月获得专利授权。从此，SEI 同石油化工科学研究院、清华大学、石油大学（北京）共同开始开展催化剂逆流提升试验、烧焦动力学模型研究、新型再生器结构试验、逆流反应试验研究以及控制系统的开发等试验研究工作。该技术历经了 16 年的研究与开发，最终形成了具有鲜明特色的逆流连续重整成套国产化技术。该工艺的流程见图 1。

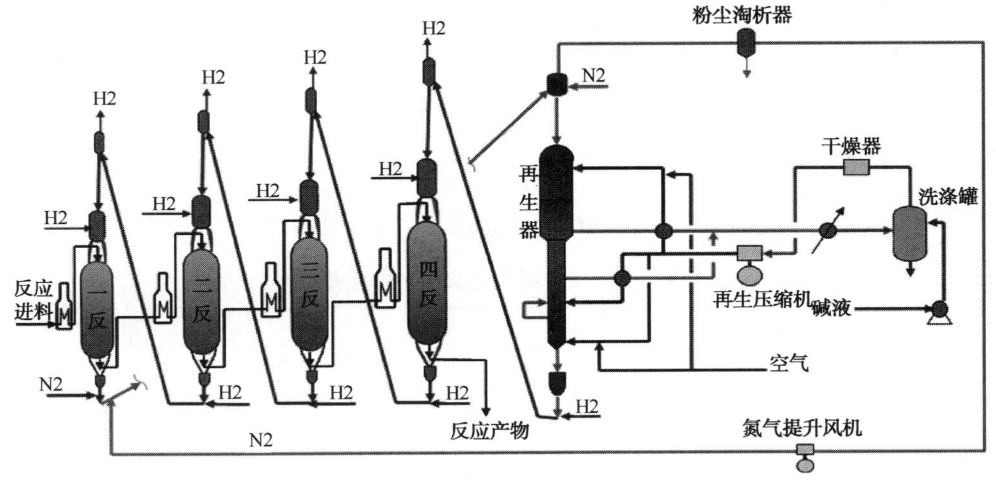

图 1 逆流连续重整工艺流程示意图

该技术从设计理念开始就完全不同于现在国内外普遍采用的顺流移动床连续重整技术，具有自己的独到之处，流程特点鲜明，具有完全自主知识产权。形成了逆流连续重整工艺具有与国外技术不同的技术特色和优势。主要表现在如下三个方面。

(1) 反应器间催化剂的流动方向与反应物流的方向相反，从而改善了反应条件，反应更为合理，有利于提高产品收率和延长催化剂寿命。

(2) 催化剂由低压向高压的输送采取分散料封提升的方法，省去了传统的闭锁料斗的升压方法，简化了流程，节约投资。

(3) 优化再生器操作条件，既有利于催化剂在反再系统之间的输送，又有利于再生。

采用该技术建设的中石化济南分公司60万t/a逆流连续重整装置于2013年9月建成投产，装置开工一次成功。2014年7月进行了设计工况下的标定。装置投产2年来，运行平稳，各项技术指标先进。在济南分公司逆流连续重整装置建成投产后，SEI总结经验，又对该技术提出了多项技术改进。

完成该工艺技术的工业化应用，意味着我国完全掌握并拥有了该技术，可实现中石化在海内外的自主商业运作。

2 逆流连续重整工业应用情况

2.1 装置基本情况

中国石化济南分公司采用逆流连续重整工艺技术建设一套60万t/a连续重整装置，主要是为解决全厂汽油质量及氢气不平衡的问题。该装置包括预处理、连续重整、催化剂再生三个单元，各单元设计规模如下：

预处理单元	74万t/a
连续重整单元	60万t/a
催化剂再生单元	500kg/h(催化剂循环量)

装置的原料为直馏石脑油及焦化加氢石脑油共74万t/a，其中直馏石脑油56万t/a，加氢焦化石脑油18万t/a。主要产品为稳定汽油，副产品为氢气、化工轻油、含硫轻烃，液化气及燃料气。重整操作苛刻度按C_5^+RONC为102~103设计。

2.2 设备及国产化情况

装置内共有主要工艺设备244台(套)，设备分类汇总及国产化情况见表1。

表1 设备分类数量及国产化情况

序号	设备名称	设备台(套)数	来源
1	反应器	9	全部国产化
2	塔	3	全部国产化
3	加热炉	7	全部国产化
4	容器	52	全部国产化
5	换热器	37	全部国产化
6	空冷器	13	全部国产化
7	泵	38	全部国产化
8	压缩机和风机	12	仅引进一台提升风机，其余全部国产
9	电加热器	4	全部国产化

续表

序号	设备名称	设备台(套)数	来　源
10	小型设备	66	全部国产化
11	氨冷冻系统(包括两台氨压缩机)	1	全部国产化
12	余热锅炉系统	1	全部国产化
13	烟气回收系统	1	全部国产化
	合计	244	
	重整催化剂	53t	国产PS-Ⅵ连续重整催化剂
	仪表设备		引进DCS、SIS、部分调节阀、催化剂阀、在线分析仪、质量流量计。

全装置的设备除一台提升风机外，全部采用国产设备。设备国产化率基本达到100%。仪表设备除引进DCS、SIS、11台调节阀、10台催化剂阀和8台氢氧在线分析仪、13台质量流量计和其他少量仪表外，其余全部国产化。

2.3　装置建设主要里程碑点

2010年12月完成可行性研究报告；2011年7月完成基础设计；2011年12月所有设备采购工作开始；2012年6月完成全部长周期设备订货并开始场地平整；2012年7月开始土建施工；2013年3月现场完成全部土建基础施工；2013年4月完成详细设计；2013年5月完成设备吊装；2013年7月施工中交；2013年9月开车进油；2013年10月全面转入正常生产。

3　装置开工情况

3.1　开车准备及检查

(1) 2013年7月施工中交，并开始进行仪表调试、管线爆破吹扫、部分单机试运等工作。

(2) 8月30日完成全部加热炉烘炉，检查内件和装填催化剂。

(3) 9月4~10日装填催化剂、标定核料位计、反应和再生系统进行气密。

3.2　预开车及进油

(1) 9月14日进行氮气条件下的催化剂冷态循环试验。

(2) 9月14~16日预加氢预硫化、气密、引氢。开启重整和再生部分所有压缩机，建立重整和再生部分正常的气体循环。

(3) 9月17~19日进行30m料腿的逆差压试验，并进行预加氢部分的调整操作。

(4) 9月20日引氢至重整部分，进行升温和热紧。

(5) 9月21日上午反应部分进油，升温到470℃时稳定汽油辛烷值RONC95.8。

3.3　催化剂循环及再生

(1) 2013年9月22日下午开始进行反再系统间催化剂循环，一次成功。并开始进行催化剂粉尘的淘析。至此，包括油路、气路、催化剂循环回路的所有流程打通并投入正常运行。

(2) 9月23日反应温度升到475℃等待催化剂积炭到3%后再进行烧焦。10月6日起，将反应器入口温度提至480℃，10月18日提至488℃。

(3) 10月18日催化剂平均积碳量达到3%，开始进行催化剂黑烧，黑烧过程十分平稳。

(4) 10月19日黑烧后的催化剂积碳小于0.2%。

(5) 10月20日开始黑烧转白烧，一次成功。至此整个开工过程完成。

从9月21日反应部分开始进油到10月20日催化剂黑烧转白烧的整个开工过程十分顺利，装置一次开车成功，期间没有出现任何问题。

4 装置标定与考核

2014年7月22~24日，对装置进行了设计条件下48h的考核标定。标定主要结果以及与设计值的对比结果见表2。

表2 标定主要结果以及与设计值的对比

项目	设计值	标定值
装置负荷(重整进料量)/(t/h)	71.4	71.4
原料性质		
直馏：加氢焦化石脑油/%	76：24	82.7：17.3
ASTMD-86馏程/℃	82~172	81~171
烷烃/环烷烃/芳烃/%	45.05/43.06/11.89	45.92/45.67/8.41
N+A	55	54
重整反应条件		
一/二/三/四反入口温度/℃	525/525/525/525	529/529/526/523
气液分离器压力/MPa	0.24	0.25
氢油分子比	2.3	2.4
体积空速(LHSV)/h^{-1}	1.61	1.61
催化剂再生条件		
催化剂循环量/(kg/h)	500	600
待生催化剂炭含量/%	≤8.0	5.01
再生催化剂炭含量/%	<0.1	0.06
再生催化剂氯含量/%	1.1	1.19
催化剂粉尘量/(kg/d)	2.85	<0.5
产品收率		
稳定汽油收率/%	90.04	90.39
C_5^+液收/%	89.14	89.70
稳定汽油芳烃含量/%	79.00	79.85
C_5^+芳烃含量/%	79.79	81.62
纯氢产率(对重整进料)/%	3.54	3.99
能耗/(kg标油/t重整进料)	96.49	84.16

标定结果归纳总结如下：

(1) 在预加氢进料负荷为104%、预加氢氢油体积比为115Nm^3/m^3、反应空速为3.9h^{-1}、反应器入口温度为275℃时，重整进料硫、氮含量达到要求。即使在110%工况下时，预加氢反应器温度为275℃时仍可满足重整进料性质要求。预加氢精制催化剂的精制效果较好，完全满足生产要求。

（2）标定期间重整进料的N+A为54%，比设计值55%略低。在平均反应压力0.32MPa（汽液分离器压力0.25MPa）、加权平均入口温度（WAIT）525.2℃的条件下，标定的稳定汽油收率90.39%（对重整进料），高于设计值的90.04%（对重整进料）；C_5^+液体收率89.7%（对重整进料），高于设计值的89.14%（对重整进料）。重整纯氢产率为3.99%，高于设计的3.54%，比设计提高了12.7%。在进料芳烃潜含量略低于设计值的条件下，芳烃转化率和氢气产率仍然优于设计。说明逆流连续重整达到了预期的效果，并且PS-VI催化剂用于本装置反应性能良好，可满足设计和生产的要求。

（3）在设计条件下，重整单元加工负荷100%、原料的N+A为55%时，重整C_5^+液体辛烷值（RON）为102~103。在标定条件下，在重整各反入口温度分别为529.23℃、528.85℃、525.90℃、521.23℃，加权平均入口温度（WAIT）、加权平均床层温度（WABT）分别为525.2℃、493.6℃时，标定的重整汽油芳烃含量达到79.85%，辛烷值为RON102.31（计算值），汽液分离器（D201）的芳烃含量达82.9%。

（4）虽然标定期间重整进料的芳烃潜含量比设计值低，但重整稳定汽油芳烃含量达到了79.5%~79.8%，高于设计值的79%。如果原料的芳烃潜含量达到设计值，重整稳定汽油以及C_5^+液体的辛烷值（RON）大于103。超过设计值。

（5）为进一步验证逆流移动床重整工艺的反应性能，标定后期，维持各反入口温度不变（各反入口温度分别为529.23℃、528.85℃、525.90℃、521.23℃），重整处理负荷由100%降至92.4%。操作稳定后，化验分析稳定生成油芳烃含量81.5%，辛烷值RON103.13（计算值），说明该工艺有能力继续提高重整转化率，增加芳烃产率，提高辛烷值，增加纯氢产率。

（6）本工艺取消了闭锁料斗及其控制系统，工艺操作过程简单，操作更方便，装置运行更稳定。在正常操作和标定期间，催化剂循环量的调整十分方便。在改变催化剂循环量时，装置操作基本没有波动。催化剂循环实现了真正意义上的“无阀”连续过程。

（7）通过标定，反应器缓冲料斗与上部料斗之间30m长的料腿最大可密封162kPa的逆差压。在正常操作和标定期间，料腿的逆差压为40~66kPa，最大不超过75kPa。密封料腿的设计完全密封满足逆差压的操作要求，并且在操作过程中从未出现过各料腿堵塞的问题。说明逆流输送催化剂循环是成功的，取消闭锁料斗也是可行的，达到了预期的效果，并完全符合设计及工艺运行要求。

（8）无论是正常操作还是标定期间，装置产生的催化剂粉尘量都很少。标定小于1mm的催化剂粉尘产生量为0.195kg/d，含半颗粒的粉尘产生量小于0.6kg/天，为设计值2.85kg/d（每年粉尘量为催化剂总装填量的2%）的21%，也远远少于现有的连续重整装置的产生的粉尘量。证明由于该工艺取消了闭锁料斗系统，在催化剂输送循环回路上没有开关的阀门，对催化剂磨损少，在催化剂循环输送过程中破碎较少。

（9）整个标定期间各设备运行情况良好。重整进料/产物换热器热端温差仅为25.3℃，低于设计值34℃，节能效果明显；各圆筒炉的氧含量平均为1.85%，排烟温度123℃；“四合一”重整反应炉的氧含量平均为1.97%，排烟温度113℃，加热炉平均热效率达93%以上。

（10）标定期间待生催化剂炭含量最高达5.02%，再生催化剂炭含量平均0.11%，氯含量1.15%，再生及氧氯化效果较好。

（11）全装置综合能耗为65.73kgoe/t，低于设计13.04个单位，按重整进料计算，装置综合能耗为84.16kgoe/t，低于设计12.78个单位。

5 技术改进及优化

经过济南分公司60万t/a逆流连续重整装置开工和运行的检验和验证，积累了经验，进一步增强了信心。通过对比和分析原工艺、仪表和设备等相关的设计方案，可以取消一些不必要的备用措施，归纳出了对该工艺技术进行修改、完善和进一步优化的方案。一共20多项，主要改进内容如下：

（1）取消计量料斗兼闭锁料斗功能的相关的管线和仪表，大幅度的简化了流程。

（2）重整反应器结改为上进上出结构，取消下部料斗和12根催化剂下料料腿，改善反应气流分布，大幅度简化了反应器结构。由多个下料腿由反应器并联向下部料斗下料，改为由一个下料腿由反应器直接向催化剂提升器直接下料。这样可以完全避免由于各种原因可能导致的个别下料管线下料不畅造成的催化剂下料不均的问题。

（3）氧氯化区出口气体单独放空，可以灵活的调整氧氯化区的含氧量，改善再生条件。

（4）再生循环气可由碱洗脱氯改为脱氯罐脱氯，并且再生循环气和氧氯化放空气分开设置脱氯罐。可根据用户和排放标准要求，灵活选择再生烟气脱氯方案。

（5）取消再生器下料斗及相关的管线和仪表，简化了流程。

（6）30米料腿改为24m，相应降低反应器部分的框架高度，取消松动风和上面的两个卸料管，节省投资。

（7）修改反应器下料结构和控制方案，使催化剂下料的控制更加直观方便。

（8）取消8个差压控制选择器，简化流程。

（9）催化剂装填比例由17：20：23：40调整为22：24：26：28。

优化调整后的流程见图2。

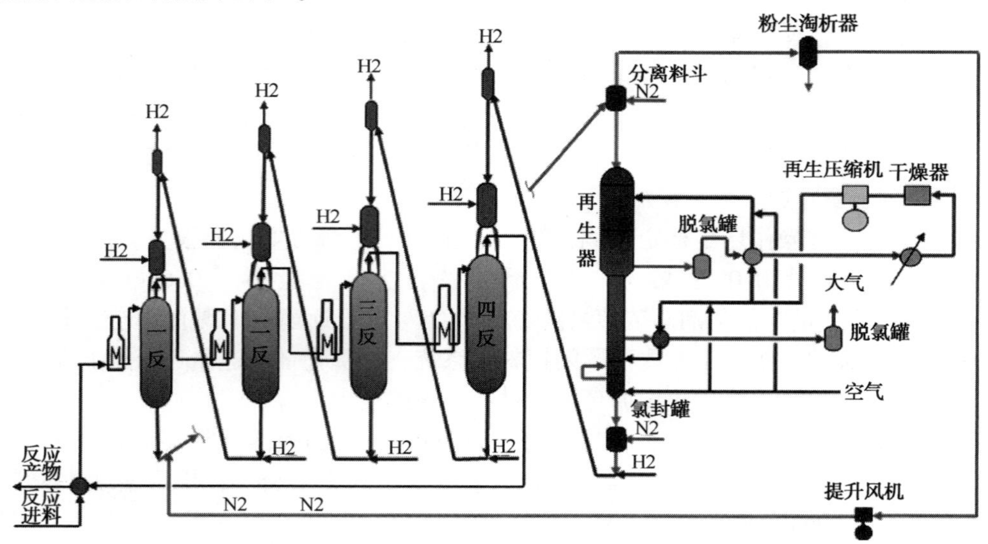

图2 改进的逆流连续重整工艺流程示意图

上述技术改进已经在新一代的逆流连续重整工艺装置上实施应用，使该技术的水平进一步提升。

6 结论

归纳总结自主开发的逆流连续重整成套国产化技术在工业应用试验的结果如下：

（1）工艺和知识产权，逆流工艺与现有技术不同，具有鲜明的技术独创性。属于完全自主开发的技术，具有海内外独立商业运作权。

（2）工程技术，逆流工艺过程取消了闭锁料斗，简化了催化剂的输送系统，真正实现了无阀连续操作。催化剂磨损量低。

（3）国产化，该工艺技术采用的设备全部实现了国产化，装置建设投资较现有技术有所降低。

（4）工业应用，采用该技术的装置开车容易、操作简单、运行平稳可靠。经过标定和两年的连续运行，装置各项技术经济指标良好，完全满足生产要求。

（5）性能指标，经过标定和考核验收，装置的液体收率和氢气产率等主要性能指超过设计值。

经过十多年的努力，在中石化集团公司的领导下，在济南分公司的努力和支持下，在以SEI为牵头单位的各参加攻关单位的密切配合、团结协作和努力拼搏下，在清华大学、石油大学的协助下，逆流连续重整技术的开发终于取得圆满成功。顺利地实现了工业应用，取得了非常好的效果。使我国成为世界上第三个可以在国际市场上商业运作连续重整技术的国家。

参考文献

[1] 戴厚良．芳烃技术[M]. 北京：中国石化出版社，2014：67-71.

加工流花原油电脱盐系统操作优化

孙海鹏

（中海石油宁波大榭石化有限公司，浙江宁波　315812）

摘　要　电脱盐装置在加工某些特定性质原油时，需要对装置的一些工艺参数做出相应的调整，以满足装置安全平稳运行的要求。本文针对大榭石化电脱盐装置在加工流花原油时所遇到问题以及对部分参数进行调整后的实际效果做了详细的分析。得到在 GEZW2021 破乳剂用量为 15mg/L，注水量为 4%，温度为 130℃，一、二级电场强度分别为 20kV、15kV，停留时间 30min 的条件下，脱盐率最高接近 90%的结果，为今后加工流花原油积累了宝贵经验。

关键词　流花原油　电脱盐

1　前言

中海石油宁波大榭石化有限公司 225 万 t/a 沥青装置（以下简称“大榭石化”），采用常减压-减粘联合工艺，设计选用原料油为绥中 36-1、曹妃甸和西江原油，但是由于上述原油产量不稳定，无法满足装置长期加工的需要。同时为了取得较好的经济效益，也单炼和掺炼部分密度大、酸值高、含盐高的低价劣质原油。

2　装置概况

电脱盐设备原油加工能力 6Mt/a，年开工 8400h，装置操作弹性为 60%～100%。两级电脱盐均采用了长江公司交直流电脱盐技术，罐体规格 $\Phi 5m\times 28m$，利用进油分配管和倒槽式进油分配器，使乳化液在罐体内均匀分布，充分利用罐体最大截面积。脱后盐含量设计值为 3mg/L，实际操作质量浓度按 5mg/L 控制。

2009 年 3 月一次开车成功，但脱后含盐量除少数原油外很难达到设计要求。2010 年 7 月，在保持原有极板基础上对一级电脱盐罐增加了高频变压器和二级极板，2010 年 10 月开始投用，对投用前后的化验数据进行分析比对，可以看出平均脱盐率提高了 6.24%，但流花原油脱后含盐仍超出 5mg/L 的内控指标。且该装置在加工流花原油期间装置电脱盐系统被全部紊乱，常顶化工轻油出现发黑现象。

因此，如何在加工流花原油时，最大程度的保证常减压装置、特别是电脱盐系统的安全平稳高效运行就成为一个急需解决的问题。

3　原油性质

流花原油为南海东部的一种低硫重质高酸值中间基原油，其残炭、酸值高、密度大、凝点低，与其他重质油相比，除盐含量以外无显著异常，大榭石化近年加工的主要原油性质对比，见表1。高酸重质原油乳化后易生成顽固乳化液，可能是导致原油脱盐困难的原因之一。

表1 原油性质对比

项　目	绥中36-1	曹妃甸	蓬莱19-3	旅大10-1	秦皇岛32-6	流花原油
密度(20℃)/(g/cm)	0.966	0.941	0.927	0.940	0.950	0.932
黏度(80℃)/(mm^2/s)	279.9	30.86	27.42	24.41	364.8*	112.7*
酸值/(mgKOH/g)	2.67	2.57	3.20	6.46	2.91	2.80
含盐量/(mgNaCl/L)	59.0	25.8	130.0	20.4	16.2	59.6
水/%	0.15	0.30	0.30	痕迹	0.28	0.40
硫含量/%	0.328	0.231	0.325	0.262	0.260	0.212
API度	15.80	18.30	19.39	18.47	16.90	19.56

*秦皇岛32-6和流花原油的黏度为50℃下的运动黏度

4　加工流花原油期间电脱盐系统操作优化情况

4.1　破乳剂的评选

原油性质及破乳剂种类差异将造成乳化液的稳定程度不同，需对原油进行破乳剂的评选，评选结果见表2。综合脱盐率指标，GEZW2021对该原油破乳效果较好，故应选择其作为该原油破乳剂。

表2 不同破乳剂的脱盐效果

名称	用量/(mg/L)	脱盐率/%					
		5min	10min	15min	20min	25min	30min
EC2472A	15	2.63	5.74	17.38	33.42	45.60	56.02
GEZW2021	15	5.24	15.15	34.87	65.89	80.33	89.66
521	15	12.37	22.62	46.94	81.62	83.46	85.97
27148	15	20.44	37.69	50.31	55.72	60.77	61.83

4.2　破乳剂注入量对电脱盐效果的影响

在温度为130℃，注水量为4%，一、二级电场强度分别为20kv、15kv，一、二级电脱盐罐油水界面均为50%，停留时间为30min，一、二级电脱盐罐油水界面均为50%，一、二级混合压差分别为50kPa、120kPa，破乳剂选用GEZW2021的条件下，观察破乳剂注入量对电脱盐效果的影响见图1。由图1可知，随着破乳剂用量的增加，原油中盐含量呈先降低后升高的趋势，当破乳剂用量继续增大时，由于界面张力不再降低，并可能产生反乳化现象而使脱盐效果变差[1]。当破乳剂用量为15mg/L时，脱盐效果较好，故选择为此条件下最佳破乳剂用量。

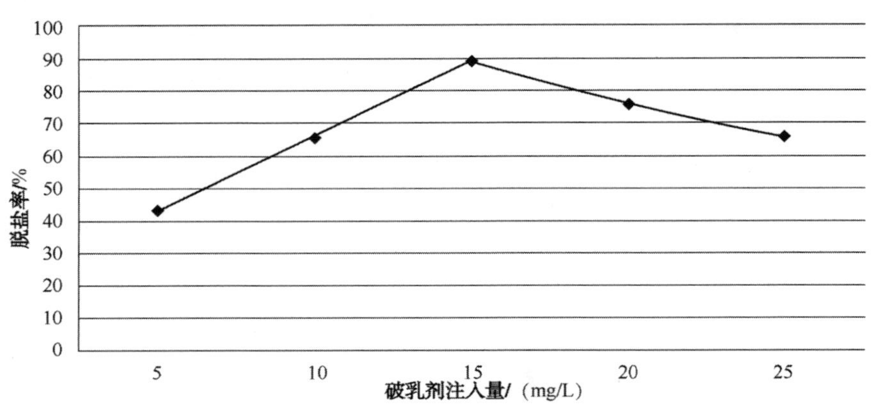

图1 破乳剂注入量对电脱盐效果的影响

4.3 混合压差对电脱盐效果的影响

在温度为130℃，注水量为4%，破乳剂选用GEZW2021用量为15mg/L，一、二级电场强度分别为20kV、15kV，一、二级电脱盐罐油水界面均为50%，停留时间为30min，二级混合压差为120kPa的条件下，将一级混合压差分别设定为50kPa、100kPa、150kPa，以检验混合压差调整后对电脱盐效果的影响见表3。由图可知，当一级混合压差提高后，可能造成机械乳化进而影响电脱盐效果。当一级混合压差为50kPa时脱盐效果较好，故选择其为此条件下最佳一级混合压差。

表3 不同混合压差的脱盐效果

一级混合压差/kPa	50	100	150
脱盐率/%	89.56	63.58	47.36

4.4 注水量对电脱盐效果的影响

在温度为130℃，破乳剂选用GEZW2021用量为15mg/L，一、二级电场强度分别为20kv、15kv，一、二级电脱盐罐油水界面均为50%，停留时间为30min，二级混合压差为120kPa的条件下，注水量对电脱盐效果的影响见图2。由图2可知，随着注水量的增加，原油中盐含量呈先减小后增大的趋势。由偶极聚结力机理(见下式)可知，由于F与$(r/l)^4$成正比，故当r越大1越小时，F就越大。所以在一定范围内增加注水量，可提高脱盐效果；但注水量过多，电导率增加，能耗上升，处理量随之降低[2]。因此在上述条件下适宜的注水量为4%。

$$F=KE^2r^2\left(\frac{r}{l}\right)^4$$

式中 F——液滴所受的偶极聚结力，N；

K——原油介电常数，F/m；

r——液滴半径，cm；

E——电场强度，V/cm；

l——两液滴中心间距，cm。

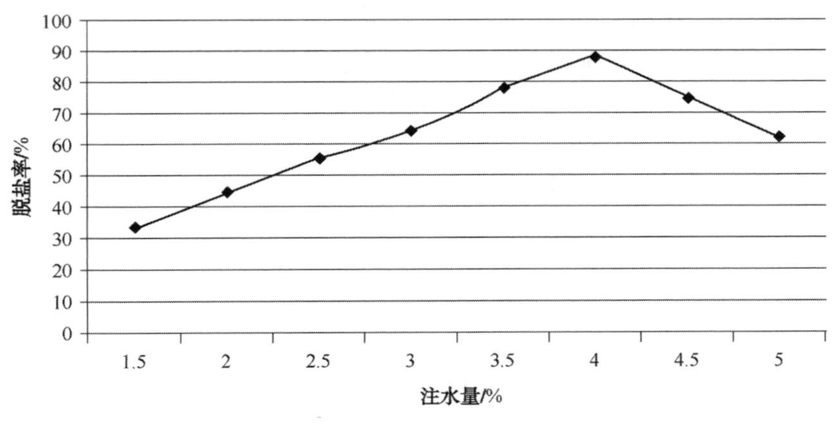

图 2　注水量对电脱盐效果的影响

5　分析方法

目前原油中盐的质量浓度分析方法可以划分为两大类，即：抽提/滴定法和稀释/电导法。抽提/滴定法的代表性方法为 ASTMA D6470(原油中盐的质量浓度标准测试方法)和 SY/TA 0536(原油中盐的质量浓度测定法)，其中 SY/TA 0536 为中国石油行业标准方法，稀释/电导法的代表性方法为 ASTMA D3230(原油中盐分试验方法)[3]。三者中 ASTMA D6470 分析法最具权威性，但因其样品及试剂用量多、分析速度慢，一般不作为日常分析手段，ASY/TA 0536 分析方法简单，且分析相对偏差在 10%范围内而被广泛采用。ASTMA D3230 分析方法虽简单，但分析结果受制于原油中 NaCl、$MgCl_2$、$CaCl_2$三种氯化物质量浓度比例关系的影响。

大榭石化检测原油中盐的质量浓度的分析方法为 SY/TA 0536—2008 法。中国石油行业标准方法 SY/TA 0536，为电脱盐操作调整提供可靠分析依据。

6　其他优化情况

6.1　在罐区对流花原油进行预处理

在罐区对流花原油加破乳剂以及提高储罐温度来进行油水沉降、分离，同时降低原油的含盐量、油泥含量，从而改善了流花原油品质。罐区低温预处理后，储罐中的流花原油含水、含盐量以及油泥含量都有较大程度的降低，也基本达到了装置掺炼流花原油的最低要求。通过进一步延长原油罐区沉降时间，将罐底劣质油品倒入重污进一步加温脱水处理，使流花原油达到装置单炼的基础条件。

6.2　常、减顶污水情况

装置在加工流花原油时，常、减顶腐蚀数据显示腐蚀严重，常顶铁离子含量达到了 6mg/L，常、减顶氯离子含量分别达到了 450、300mg/L，严重影响着装置的长周期运行。

为了改善塔顶防腐效果，对各防腐药剂注入情况进行优化调整：其中缓蚀剂由2.0mg/L提升至2.3mg/L，中和胺按由16mg/L提升至19mg/L，碱按配制浓度仍按0.3%注入。目前装置在单炼流花原油期间，常、减顶污水铁离子含量均能控制在≯1mg/L、≯10mg/L的指标范围内，但是氯离子含量依然极高，未见有下降趋势，而氯离子含量偏高对装置的安、稳、长周期运行埋下较大的隐患。高温防腐情况：由于短时间内难以看出减压塔内材料的防腐数据变化情况，从目前的防腐数据来看，均处于合理范围内。

7 结论

（1）GEZW2021破乳剂对流花原油具有较强的适用性，脱盐效果较好。

（2）在GEZW2021破乳剂用量为15mg/L，注水量为4%，温度为130℃，一、二级电场强度分别为20kV、15kV，停留时间30min的条件下，脱盐率最高接近90%，但脱盐后原油中盐质量浓度仍达不到5mg/L内控指标，因此在今后加工流花原油时，仍需对电脱盐的各工艺参数进行优化调整，以便得到最佳的脱盐效果。

（3）在罐区对流花原油进行加破乳剂、提高储罐温度、延长沉降时间等预处理方法，极大的降低了装置加工难度，值得借鉴和推广。

参考文献

[1] 乔建江，詹敏，张一安，等．乳化原油的破乳机理研究[J]．石油学报：石油加工，1999，15(2)：1-5.

[2] 郑盟主，李泓，李东胜，等．高酸超稠原油电脱盐工艺条件优化[J]．炼油技术与工程，2014，44(4)：1-4.

[3] 李彬，杨森．原油性质变化与电脱盐装置操作条件优化[J]．炼制技术与工程，2008，13(7)：1-2.

加氢裂化装置在设计阶段的方案优化

田野飞，牟银钢

（中海石油宁波大榭/舟山石化有限公司运行七部，浙江宁波　315812）

摘　要　中海石油宁波大榭石化有限公司馏分油综合利用项目（大榭三期）新建210万t/a原料加氢处理装置在可研阶段采用的是常规螺纹锁紧环式换热器，为了减少占地面积、降低投资和装置能耗，经过调研后决定采取绕管式高压换热器，并辅以超声波防垢技术有效延长装置运转周期。通过发生热水回收低温热、两反应器中间增设换热器取出高温位的反应热，进一步降低装置能耗。

关键词　加氢裂化　缠绕管式换热器　节能

1　前言

中海石油宁波大榭石化有限公司馏分油综合利用项目（大榭三期），按照走差别化道路，以生产化工产品为主、少量煤柴油、不出汽油的目标，制定全厂产品方案和工艺总流程。

本项目加工原油800万t/a，主要产品为：丙烯、苯乙烯、芳烃、丙烷、液化气、MTBE、柴油、船用燃料油、重交道路沥青，副产碳五、已烷、导热油、航空煤油、硫磺等。其中新建210万t/a原料加氢处理装置以大榭石化生产的直馏蜡油、焦化蜡油为原料，主要生产加氢尾油（DCC装置原料），并副产LPG、航煤、石脑油（重整装置原料）、国Ⅳ柴油和导热油等产品。原料加氢处理技术来源RIPP（中国石化石油化工科学研究院），由LPEC（中石化洛阳工程有限公司）承担装置工程设计工作。

根据全厂总流程的安排，原料加氢处理装置在可研阶段与同类装置相比较，其能耗和投资处于中等水平，因此在总体和基础设计阶段对该装置进行了大量的优化工作，力求装置进入能耗和投资较低的先进行列。

2　采用缠绕管式高压换热器

我公司210万t/a原料加氢处理装置（加氢裂化），受原料品质差，产品要求高，投资受限，用地紧张等方面的影响。根据装置的实际情况在国内相关兄弟企业进行调研。

在调研中石化镇海炼化公司150万t/a加氢裂化装置时发现其使用的高压换热器采用了由镇海炼化检修安装公司设计制造的新型缠绕管式换热器。从2007年3月在该装置上首次成功应用，运行至今未进行过检修，该换热器换热效果良好、高效可靠等优点，满足加氢装置大型化对高压换热器的要求。

中石化洛阳工程有限公司开发的第一代Sheer加氢裂化技术中使用高温高压逆流缠绕管

换器，即使在低对数平均温差下，高温高压逆流缠绕管换热器也有较高的总传热系数。

我公司2012年8月，装置总体设计审查时确定采用缠绕管式换热器的方案，并于基础设计阶段具体实施。按照LPEC提供的技术询价方案，大榭石化新建的210万t/a原料加氢处理装置，如选择螺纹锁紧环式高压换热器共需要10台，若选择缠绕管式高压换热器则需要6台。

缠绕管式换热器在节能性能表现在以下几个方面：①设备占地少；②质量轻、金属耗材少；③冷热端差小、(冷)热能得到充分利用、系统得到优化；④设备具备长周期运行的条件。

3 低温热的有效利用

加氢装置生产过程中有会产生大量的低温热能，其利用程度对装置能耗有较大影响。研究表明，对加氢裂化装置≥100℃以上的能量如果能够回收，则装置能耗可降低10%~20%。国内炼厂通常采用上下游装置的热联合，以及通过预热原料、各种工业用水(包括软化水、锅炉给水等)、用作轻烃装置的重沸器热源、预热加热炉用空气等方法回收低温热源所蕴含的热量。

由于缠绕管式高压换热器其自身的特点，在设计时降低热高分气进入高压空冷的温度，不仅增大了热能的回收，也最大限度的减少了高压空冷的台数。调整前和调整后参数见图1，从图1可以清楚的看出在热高分气与热水换热器换热后的温度下调了25℃，多生产热水73257kg，高压空冷入口温度由97℃下降到81℃，高压空冷由原来的八片降到四片，降低了投资，降低装置设计单位能耗0.37kg标油/t。

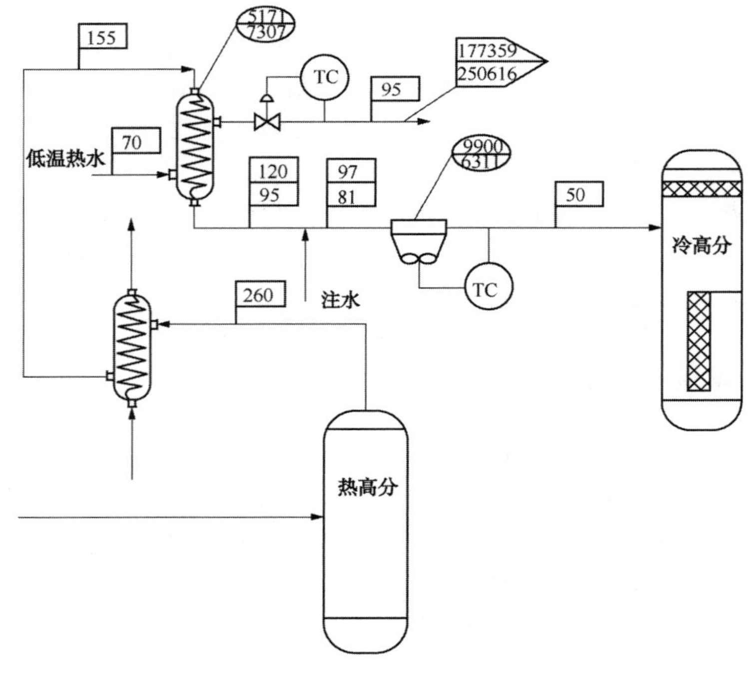

图1　热高分气冷却方案

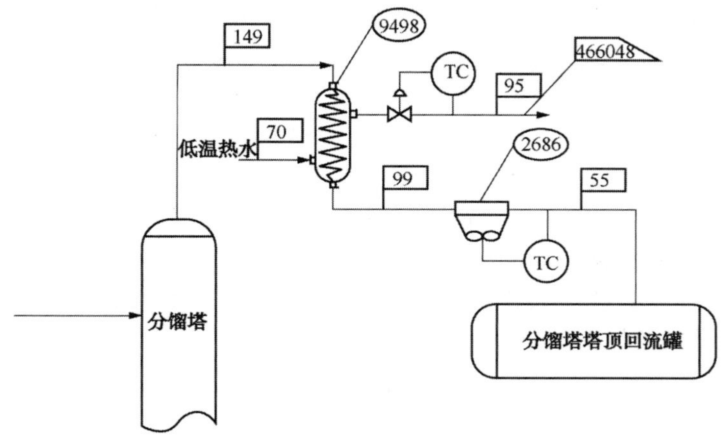

图 2　分馏塔顶物料冷却方案

回收分馏塔顶低温热。分馏塔顶温度 149℃属于低温热源很难在与其它工艺介质换热，又需要消耗大量电能将期冷却。在分馏塔顶引入分馏塔顶气与热水换热器详见图 2，不仅通过加热低温热水的方式回收了能量，同时减少空冷负荷，分馏塔顶空冷由原来的 8 片降低至 2 片，减少空冷的投资。分馏塔顶气与热水换热器可以将 466t 低温 70℃的热水加热到 95℃。降低装置设计单位能耗 2.33kg 标油/t。

装置还在一些产品出装置线上增设了热水换热器，回收装置低温热，降低装置能耗。

热水系统的引入，回收了大量的低温热。再通过预热加热炉用空气、装置伴热等措施，有效的利用这部分低温热。

4　增设混和进料与精制反应流出物换热器

受到加氢精制催化剂与裂化催化剂级配的制约，精制反应生成油的温度比裂化反应器入口的温度高 20℃，在传统的设计中这部分温度要靠 80℃的冷氢来降低，增加了循环氢压缩机的动力消耗，又为生产带来了安全隐患。冷氢温度低，直接注入反应器入口的高温管线，较大的温差容易造成反应器入口法兰的泄露，引发事故。在两反应器中间引入高压换热器，两反应器中间加入高压换热器，取出两反应器之间 20℃的高温位热能，为装置运行降低了运行成本，将原料提升 18 度。即减小了安全风险又有限的回收了高温位的热能。

5　换热器采取的保护措施

运转末期换热器结垢严重，换热效率低，高压空冷器入口物流温度高，反应加热炉负荷大，造成加氢裂化(改质)反应热流失，装置能耗大。

加氢裂化高温高压缠绕管换热器非直接接触在线防垢、除垢技术的应用。该技术利用超声波在金属管、板壁传播时，产生高速震荡波，使与该界面接触的液体产生高速微涡，阻碍了易结垢、结晶等物质的附着，同时对金属界面进行清理，起到防垢和除垢的双重作用。

高压绕管式换热器在流程设计上，为防止设备结垢，将传统的反应产物走管程、原料走壳程改为反应产物走壳程、原料走管程的方式，通过管程高流速和无死区的特点，降低原料结垢速率；同时流程配管采用非全部逆流换热，充分利用绕管式换热器高传热系数的特点，减少配管投资。

6 小结

缠绕管式换热器的引入降低装置占地面积和投资，辅以超声波防垢技术和管程走易结垢的原料油，可进有效降低换热器的结垢速率，延长装置运转周期[4]。低温热、精制反应流出物热量的充分利用，有效降低装置的能耗。经过以上设计优化，降低了装置的设计能耗2.7kg标油/t，降低投资约1200万元，也为以后的安全生产运行奠定了良好的基础。

参 考 文 献

[1] 张贤安．缠绕管式换热器的工程应用．大氮肥，2004，27(1).

[2] 何文丰．缠绕管式换热器在加氢裂化装置的首次应用石油化工设备技术．静设备，2008，29(3)：14.

[3] 李立权．加氢裂化装置的能耗及节能．加氢裂化协作组第三届年会报告论文集，1999：854-861.

[4] 李立权．Sheer加氢裂化技术——第一代Sheer加氢裂化技术开发．炼油技术与工程，2013，43(2)：1-6.

C_5抽余油与非芳汽油混合加氢制备乙烯裂解料技术研究

徐　彤，艾抚宾，乔　凯，郭　蓉，祁文博，杨成敏

（中国石化抚顺石油化工研究院，辽宁抚顺　113001）

摘　要　抚顺石油化工研究院(FRIPP)开发出C_5抽余油与非芳汽油混合加氢制备乙烯裂解料技术所用的专用催化剂LH-10C及配套工艺技术。该项技术特点是采用非芳汽油稀释进料，有利于取出反应热，降低反应温度，减少催化剂积炭，延长催化剂单程使用寿命。该技术的开发成功，可以为C_5馏分的深加工及综合利用提供一条有效的选择途径。

关键词　C_5抽余油　非芳汽油　加氢　加氢催化剂

1　技术背景

近几年来，国内石化企业新建、扩建了多套大型乙烯生产装置，虽然在实际生产中拓宽了原料来源，但乙烯裂解原料还是相当紧张。现实状况迫使企业和相关技术人员寻找新的乙烯原料来解决这个问题，以C_5馏分加氢作乙烯原料就是解决这一问题的有效方法之一。

碳五(C_5)馏分是蒸汽裂解制乙烯的副产物，是一种非常有用的、具有潜在加工价值的化工原料。随着我国乙烯生产规模的不断扩大以及以液态烃为原料制取乙烯的生产能力的不断增长，C_5馏分资源日趋丰富。根据乙烯裂解原料类型和裂解深度不同，C_5馏分的含量也有所不同，一般为乙烯生产能力的10%~20%。如何利用这部分C_5资源已成为合理利用石油资源和降低乙烯生产成本，提高效益的一个重要方面，并已引起乙烯工业相关科研人员的普遍重视。

为解决乙烯裂解原料短缺的问题，提高企业经济效益，抚顺石油化工研究院(以下简称FRIPP)从2009年开始就开展了C_5馏分加氢制备乙烯裂解原料的技术开发工作。经过多年的努力，FRIPP成功开发出了拥有自主知识产权的C_5抽余油与非芳汽油混合加氢制备乙烯裂解料的技术，并且可以针对企业原料特点及不同的技术要求，进行有针对性的研究与实验，为企业提出个性化的加氢方案。该技术目前准备于2015年8月在中国石化某炼油厂的生产装置上进行工业应用，装置规模为51.2万t/aC_5抽余油与非芳汽油加氢装置。

2　FRIPPC_5抽余油与非芳汽油混合加氢技术的开发研究

2.1　催化剂的开发研究

催化剂的开发思路是：采用非贵金属系列催化剂为本课题的开发方向，经过研究，开发出了

适合于C_5抽余油与非芳汽油混合加氢催化剂LH-10C，该催化剂载体具有孔容适宜、比表面积大、平均孔径大的特点，采用适中的金属含量，保证了催化剂在工业反应环境下的加氢能力。

经过实验研究，FRIPP所研发的C_5抽余油与非芳汽油混合加氢催化剂LH-10C适宜的工艺条件如表1。

表1 LH-10C催化剂适宜的工艺条件

项　　目	工艺条件	项　　目	工艺条件
入口温度/℃	100～300	体积空速/h^{-1}	1.0～6.0
压力/MPa	1.0～7.0	氢油体积比	200～800

2.2 工艺的开发研究

工艺的开发思路是：开发出与催化剂配套的工艺技术，同时还要满足如下条件：

(1) 加氢后产品中的二烯烃含量：≯0.1m%。

(2) 经过系统的研究获得了C_5抽余油与非芳汽油混合加氢的适宜工艺条件，如表2。

表2 C_5抽余油与非芳汽油混合加氢适宜的工艺条件

项　　目	工艺条件	项　　目	工艺条件
入口温度/℃	100～125	总的体积空速/h^{-1}	2.0～3.95
压力/MPa	3.0～5.0	总的氢油体积比	100～300

在实验确定的适宜反应条件下，对C_5抽余油中的二烯烃和炔烃进行选择性加氢，加氢后二烯烃和炔烃的转化率均达到100%，这说明原料中的二烯烃和炔烃均被加氢，满足加氢后产物中二烯烃含量小于0.1m%的指标要求，满足作为下一加氢饱和工段原料的要求。

2.3 催化剂稳定性实验

一个加氢催化剂要具有工业应用价值，除了要具有较好的加氢活性之外同时还要具备良好的稳定性，为此，在入口温度100～125℃，压力5.0MPa，氢油比200h^{-1}的条件下，进行了1500h的稳定性实验，稳定性实验结果见图1。

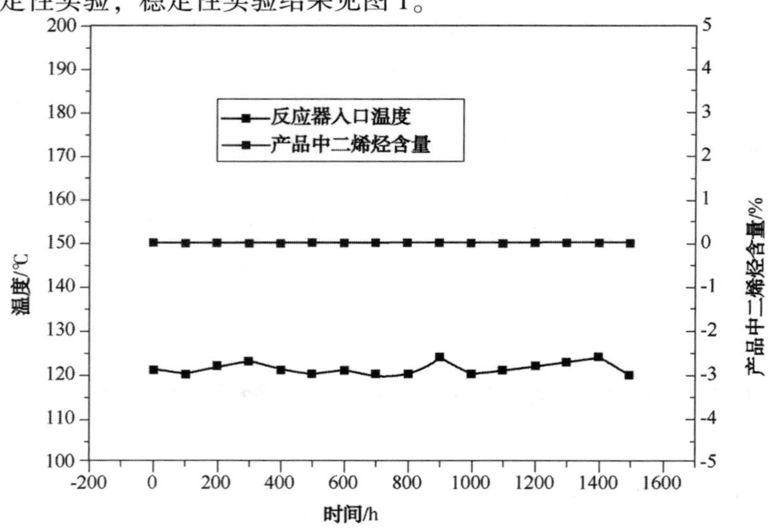

图1 C_5抽余油与非芳汽油混合加氢稳定性实验图

由图 1 可知，在整个稳定性实验过程中，入口温度一直维持在 120±5℃，加氢后产物中二烯烃含量均为 0；即加氢后产物中二烯烃含量≯0.1m%，满足作为下一加氢饱和工段原料的要求。

另外，在整个 1500h 的稳定性实验中，入口温度一直未提温，说明该催化剂有着良好的加氢活性和稳定性；依据此次寿命实验结果并根据同类加氢催化剂在其它工业装置的运转的经验，可以推断该催化剂能够满足工业装置长周期运转的要求。

3 技术特点

（1）采取 5.0MPa 压力下反应，降低了反应温度；减小了温度对反应平衡的影响；

（2）采用非芳汽油稀释进料，有利于取出反应热，降低反应温度，减少催化剂积炭，延长催化剂单程使用寿命。

（3）反应器入口温度选择小于 130℃，可以有效地避免二烯烃的聚合结焦温度，以便给后续提温留有空间。

4 工业应用

2014 年，FRIPP 受中国石化某炼油厂的委托，针对该企业的原料特点及技术要求，进行了有针对性的 C_5 抽余油与非芳汽油混合加氢技术的研究与实验，并且为该企业提出个性化的加氢方案。目前该方案已被该企业所采纳，并且准备于 2015 年 8 月进行装置开工，装置规模为 51.2 万 t/aC_5 抽余油与非芳汽油加氢装置，目前该装置正在建设当中。工业装置要实际运行的原料、反应条件列于表 3~表 5 中。

表 3 非芳汽油性质

项 目	非芳汽油	项 目	非芳汽油
密度(20℃)/(g/cm^3)	0.67	氮/(μg/g)	<0.5
溴价/(gBr/100g)	24	芳烃/v%	—
硫/(μg/g)	0.5		

表 4 C_5 抽余油组成

组 分	组成/%	组 分	组成/%
碱性氮	≤40mg/m^3	单烯烃	33.87
炔+二烯烃	6.73		

注：密度为 0.614g/cm^3。

表 5 C_5 抽余油加氢主要工艺条件

项 目	数 值
压力/MPa	3.0~5.0
总的氢油体积比(对 C_5^+ 非芳之合)	100~300
总的体积空速(对 C_5^+ 非芳之合)/h^{-1}	2.0~3.95
入口温度/℃	100~125

5 结论

（1）抚顺石油化工研究院开发的 C_5 抽余油与非芳汽油混合加氢制备乙烯裂解料技术，通过催化剂和工艺技术，可以将 C_5 抽余油和非芳汽油混合加氢后产品中的二烯烃含量达到≯0.1m%的指标。满足作为下一加氢饱和工段原料的要求，从而作为乙烯裂解料。该项技术的开发成功，可以为 C_5 馏分的深加工及综合利用提供一条有效的选择途径。

（2）FRIPP 开发的 C_5 抽余油与非芳汽油混合加氢制备乙烯裂解料技术适宜工艺条件为：稀释进料，C_5 抽余油/非芳汽油为 1：(2~7)，入口温度 100~125℃、压力 3.0~5.0MPa、总的体积空速 2.0~3.95h^{-1}、总的氢油体积比 100~300。在此条件下加氢后反应产物中二烯烃含量≯0.1m%，1500h 的稳定性实验结果表明该催化剂具有很好的活性稳定性。

FRIPP 焦化干气加氢制备乙烯裂解料技术的开发及工业应用

艾抚宾，乔　凯，郭　蓉，方向晨，徐　彤，徐大海，祁文博，杨成敏

（中国石化抚顺石油化工研究院，辽宁抚顺　113001）

摘　要　FRIPP 开发出了焦化干气加氢制备乙烯裂解料所用的专用催化剂 LH-10A 及配套工艺技术。该技术的适宜工艺条件为：入口温度 140~260℃、压力 2.0~2.5MPa、体积空速250~600h^{-1}。在此条件下反应产物中烯烃含量≯1.0%，氧含量≯1.0mg/m^3。该项技术在脱烯烃的同时，还可以脱除微量的 O_2。该技术的开发成功，可以为 C_2馏分的深加工及综合利用提供一条有效的选择途径。

关键词　C_2　干气　加氢　加氢催化剂　炼厂气

1　技术背景

我国乙烯装置初始设计使用的原料以石脑油为主。乙烯原料是影响乙烯成本的最主要因素，原料在总成本中所占比例为 70%~75%。近几年来，国内石化企业新建、扩建了多套大型乙烯生产装置，虽然在实际生产中拓宽了原料来源，但乙烯裂解原料还是相当紧张。另外，近几年来，原油价格不断上涨，乙烯裂解原料石脑油价格也随之升高，企业生产经济性变差。现实状况迫使企业寻找新的乙烯原料来解决这个问题。焦化干气（C_2馏分）加氢作乙烯原料就是解决这一问题的有效方法之一。

目前，国内许多走炼化一体化的石化企业，既有乙烯装置，同时也有富裕的焦化干气，而焦化干气中富含乙烷和少量的乙烯，如果将其中少量的乙烯进行饱和加氢，此焦化干气就是很好的乙烯原料。为解决乙烯裂解原料短缺的问题，提高企业经济效益，抚顺石油化工研究院（以下简称 FRIPP）开展了焦化干气加氢制乙烯裂解原料的技术开发工作。

将焦化干气中的烯烃加氢转化成为烷烃，从理论上说是简单易行的，但在技术的具体实施过程中会有许多难点，比如，焦化干气组成具有如下特点：①含有一氧化碳和二氧化碳；②含硫较高；③在对焦化干气加氢降烯烃的同时，还要加氢深度脱氧，并且要达到氧含量指标≯1.0mg/m^3。经过多年的努力，FRIPP 成功开发出了拥有自主知识产权的焦化干气加氢制备乙烯裂解料的技术，并且于 2014 年 10 月 10 日~10 月 24 日，在中国石化炼油厂的两套生产装置上成功进行了工业应用，其中 A 套为 23 万 t/a 焦化干气加氢装置；B 套为 15 万 t/a 焦化干气加氢装置。

这两套工业装置实际运行结果表明，以焦化干气为原料，通过加氢处理后可以作为乙烯裂解原料；加氢后的焦化干气中烯烃含量≯1.0%，氧含量≯1.0mg/m^3。FRIPP 焦化干气加氢技术的成功工业应用，既有效地利用了炼厂尾气，为乙烯装置原料作了有益的补充，又提

高了大乙烯装置运行的经济性。

2　技术难点及开发思路

2.1　技术难点

根据表1中焦化干气组成及特点、加氢基础理论知识和以往的加氢工作经验可以预见到，在本技术的开发过程中会有如下主要技术难点：

（1）催化剂要有很好的耐一氧化碳和二氧化碳性能。

（2）要在较低的氢分压下，完成焦化干气中微量氧的深度脱氧，要求催化剂要有很好的加氢活性。

表1　焦化干气原料组成

序　　号	组　　分	组成/mol%
1	H_2	10.12
2	O_2	400mg/m^3
3	CH_4	60.35
4	$C_2 \sim C_5$烷烃	24.76
10	$C_2 \sim C_4$烯烃	4.21
11	CO_2	0.17
12	CO	0.34
14	H_2S	0.01
	合计	100.00

2.2　技术开发思路

为了解决技术开发过程中的两个主要技术难点及达到技术目标，对该项技术的研究采用了如下技术路线：选用硫化型催化剂；选择在较低的压力下，利用焦化干气中所含有的氢气，对焦化干气进行饱和加氢并脱除其中的氧。具体措施如下：

（1）开发一个新催化剂，该催化剂具备如下特点：

① 催化剂为硫化型催化剂，具备很好的耐硫性能；

② 催化剂要有很好的耐一氧化碳和二氧化碳性能；

③ 催化剂具备很好的加氢活性，不但可以加氢降烯烃，还能够深度加氢脱氧。

（2）开发与催化剂配套的反应工艺。

3　FRIPP焦化干气加氢技术的开发研究

3.1　催化剂的开发研究

催化剂的开发思路是：采用非贵金属系列催化剂为本课题的开发方向，在耐硫的前提下，提高催化剂的加氢性能。经过研究，开发出了适合于焦化干气加氢催化剂LH-10A，该催化剂载体具有孔容适宜、比表面积大、平均孔径大的特点，有利于提高催化剂的加氢性能；采用适中的金属含量，既提高了催化剂的活性，又避免了副反应甲烷的产生；创造性地采用有机络合的方法，提高了催化剂对一氧化碳、二氧化碳的耐受能力，保证了催化剂在工业反应环境下的加氢能力。

3.2 工艺的开发研究

工艺的开发思路是：开发出与催化剂配套的工艺技术，同时还要满足如下条件：

(1) 要在尽量较低的压力(总压 2.5MPa)下完成反应；

(2) 尽量利用焦化干气中的氢(10%左右)，或少补氢气来完成加氢脱烯烃反应，即要在较低的氢分压下来完成加氢脱烯烃、脱氧反应。

经过系统的工艺研究获得了如下适宜的工艺条件。

表 2 焦化干气加氢的适宜的反应条件及结果

项 目	操作条件	项 目	操作条件
入口温度/℃	160~260	反应结果	
压力/MPa	1.5~2.5	反应产物中烯烃含量/mol%	≯1.0
体积空速/h^{-1}	300~800	氧含量/(mg/m^3)	≯1.0

由表 2 数据可知，该催化剂反应起始温度较低，催化剂加氢活性好；使用温度、压力范围较宽；反应产物中烯烃含量≯1.0mol%，氧含量≯1.0mg/m^3；可以达到企业所提出的指标(加氢后产物中烯含量≯1.0%；氧含量≯3.0mg/m^3)。

3.3 催化剂稳定性实验

一个加氢催化剂要具有工业应用价值，除了要具有较好的加氢活性之外，同时还要具备良好的稳定性，为此，在入口温度 158~162℃、压力 2.5MPa、体积空速 600h^{-1}的条件下，进行了 1500h 的稳定性实验。稳定性实验结果见图 1。

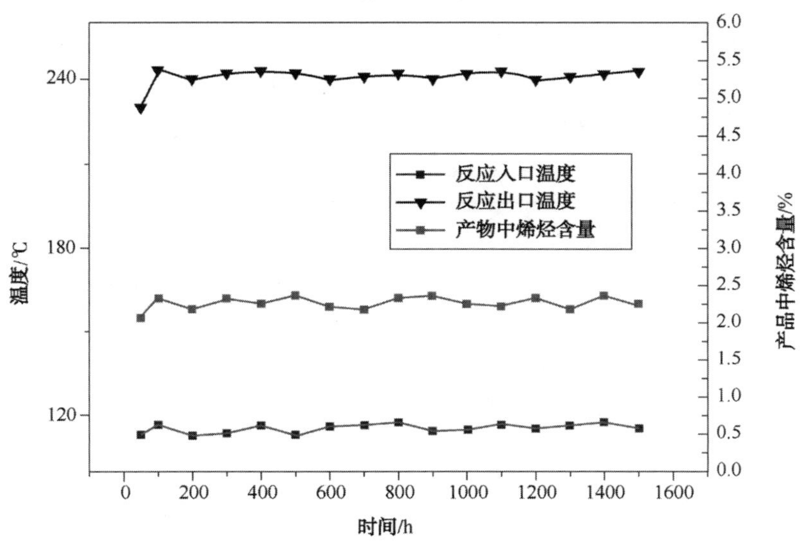

图 1 焦化干气加氢稳定性实验图

由图1可知，在整个稳定性实验过程中，入口温度一直维持在160±2℃，加氢后产物中烯烃含量为0.4%~0.7%；此外，经在线微量氧分析仪检测，加氢后产物中氧含量为0.72~0.96mg/m³。即加氢后产物中烯烃含量≯1.0%，氧含量≯1.0mg/m³，加氢后产物满足乙烯裂解原料的技术要求。

另外，在整个1500h的稳定性实验中，入口温度一直未提温，说明该催化剂有着良好的加氢活性和稳定性；同时也表明该催化剂有着良好的耐一氧化碳、二氧化碳性能。依据此次寿命实验结果并根据同类加氢催化剂在其它工业装置的运转经验，可以推断该催化剂能够满足工业装置长周期运转的要求。

4 技术特点

（1）目前许多低碳烃加氢技术，采用镍系催化剂或贵金属类的催化剂，这些催化剂不耐硫，如果采用这些催化剂就需要对原料进行严格的脱硫处理。焦化干气中硫含量较高，本课题在焦化干气加氢反应中采用耐硫型催化剂，可以有效地避免硫对催化剂的毒化作用。

（2）LH-10A催化剂加氢活性好，在进行焦化干气加氢脱烯烃的同时，又能加氢深度脱氧，加氢后干气中的氧含量可以达到≯1.0mg/m³。

（3）利用焦化干气中的氢气或补加少量的氢气来完成加氢反应，可以有效地节省能源。

（4）LH-10A催化剂加氢活性好，反应器入口温度低，可以为反应物放热留有足够的温升空间，既有利于反应热的利用，又有利于节能。走低压反应技术路线，采取2.5MPa压力下反应，可以有效地节省能源，并提高生产装置的运行安全性。

5 工业应用

FRIPP开发出的焦化干气加氢制备乙烯裂解料技术已于2014年10月10日~10月24日在中国石化炼油厂的两套生产装置上成功进行了工业应用。其中，A套为23万t/a焦化干气加氢装置，B套为15万t/a焦化干气加氢装置。到2015年6月初，这两套加氢装置已平稳运转8个月。工业装置实际运行的原料、反应条件及结果列于表3~表5中。

表3 焦化干气原料组成

序号	组分	A套	B套
		组成/mol%	组成/mol%
1	H_2	8.29	10.12
2	O_2	—	—
3	CH_4	1.39	12.18
4	C_2~C_5烷烃	86.04	70.83
5	C_2~C_4烯烃	3.78	6.82
6	CO_2	0.16	0.01
7	CO	0.33	0.03
8	H_2S	0.01	0.01
	合计	100.00	100.00

表 4　工业装置主要操作条件

项　　目	A 套	B 套
	实际操作参数	实际操作参数
反应器入口压力/MPa	2.1	2.4
反应器入口温度/℃	180	139
反应器出口温度/℃	268	214
反应器床层温升/℃	88	75
反应体积空速/h^{-1}	450	250

表 5　焦化干气加氢后产品气主要性质

序　　号	组　　分	A 套	B 套
		组成/mol%	组成/mol%
1	产物中烯烃合计	0.02	0.02
2	O_2/(mg/m^3)	0.5~0.7	0.6~0.8

这两套工业装置实际运转结果表明，以焦化干气为原料，通过加氢处理后可以作为乙烯裂解原料，加氢后的焦化干气中烯烃含量≯1.0%，氧含量≯1.0mg/m^3。工业装置长时间的稳定运转也说明，FRIPP 所开发的焦化干气加氢催化剂 LH-10A 具有很好的耐硫性能和对一氧化碳、二氧化碳的耐受能力，保证了催化剂在工业反应环境下的加氢能力。说明 FRIPP 开发的焦化干气加氢技术的工业应用是成功的。

另外，工业生产装置的经济效益评估结果表明，将焦化干气加氢后作乙烯裂解原料，经济效益可观。该项技术既有效地利用了炼厂尾气，为乙烯装置原料作了有益的补充，又提高了大乙烯装置运行的经济性，创造了良好的经济效益。

6　结论

(1) 抚顺石油化工研究院开发的焦化干气加氢制备乙烯裂解料技术，通过催化剂和工艺技术，控制焦化干气中烯烃和氧加氢饱和的深度，将焦化干气中的烯烃转化成烷烃，将氧脱除，可以生产出用作乙烯原料的干气。该项技术的开发成功，为企业搞好炼厂气的综合利用，提高乙烯装置运行的经济性，提供了一条有效的选择途径。

(2) 工业应用结果表明：以焦化干气为原料进行加氢，在压力 2.1~2.4MPa，气体体积空速 250~450h^{-1}，入口温度 139~180℃的条件下，加氢后产物中烯烃含量≯1.0%，氧含量≯1.0mg/m^3，加氢后产物达到企业所提出的指标，其产物可以作乙烯裂解原料。

(3) FRIPP 开发的焦化干气加氢制备乙烯裂解料技术已在国内进行了首次工业应用试验，其各项技术指标居国内领先水平。

(4) 经济效益评估结果表明，将焦化干气加氢后作乙烯裂解原料，经济效益可观。既有效地利用了炼厂尾气，为乙烯装置原料作了有益的补充，又提高了大乙烯装置运行的经济性，创造了良好的经济效益。

直连快分技术在160万t/a催化裂化装置中的应用

张新国[1]，聂普选[2]，禄军让[2]

（1. 中国石油工程建设公司华东设计分公司，青岛 266071；
2. 中国石油庆阳石化分公司，庆阳 745000）

摘 要 中国石油庆阳石化分公司160万t/a重油催化裂化装置建成投产后，第一个生产周期整体运行良好，在2012年5月装置大检修中，发现沉降器结焦严重。为了有效解决结焦问题，在大检修时对装置进行技术改造，采用了直连快分技术。装置于2012年6月10日一次开车成功，运行良好，2013年6月停工检查沉降器内部，仅在旋风分离器外壁挂有少量的附焦，表明直连快分技术应用很成功，彻底解决了沉降器结焦的隐患。

关键词 重油催化裂化装置 结焦 分析 直连快分

1 前言

中国石油庆阳石化分公司160万t/a重油催化裂化装置由中国石油建设工程公司华东设计分公司设计，采用了中国石油大学(华东)开发的两段提升管催化裂化技术(TSRFCC)，加工长庆原油的常压渣油。该装置于2010年8月30日建成，2010年9月24日一次顺利开车成功。装置整体运行平稳，在100%工况下操作平稳，产品质量达标，设备运行良好。各项经济指标达到了设计要求。

2012年4月15日停工大检修，设备开孔检查发现沉降器结焦非常严重，防焦格栅以上空间大面积结焦(见图1)，仅有两条通向单旋入口约Φ600mm不规则的汽提油气通道。

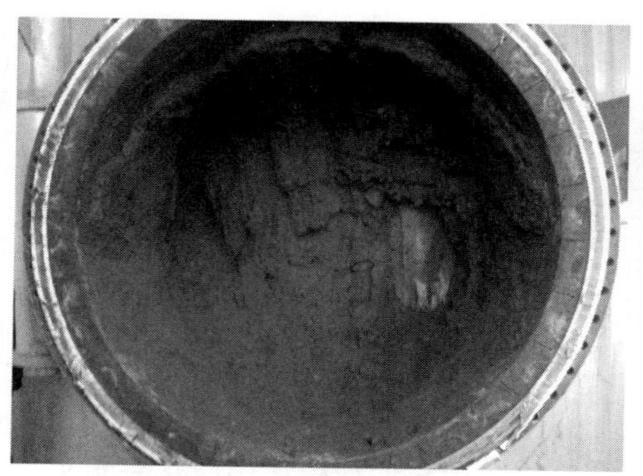

图1 沉降器结焦情况

2 结焦原因与机理分析

催化裂化反应是一个重油脱碳的过程，即由低氢碳比的重质油生产高氢碳比的轻质油的过程，因此必然生成一些焦炭。一般催化裂化装置的生焦总量约占进料量的5%~10%，这些焦基本上被待生催化剂带入再生器内烧掉。但是由于受到如原料组成、油气环境温度、油气停留时间、油气流动状态等因素的影响，有时会有小部分结焦滞留在沉降器内器壁、旋分器的外壁上。

结焦过程是一系列化学反应和物理变化的综合结果，不同部位结焦机理不同。一般认为有两种结焦过程，一是催化裂化反应结焦，易生焦物(烯烃、芳烃和部分没有汽化组分)发生缩合反应，以催化剂颗粒形成结焦中心并逐渐长大；二是高沸点的未汽化油黏附在催化剂或设备表面，高温下形成结焦中心并逐渐长大。

毋庸置疑原料性质是导致结焦的主要原因，原料的重组分含量越多组分越重，终馏点就越高，就越难以汽化，越容易形成未汽化油，吸附未汽化油的“湿”催化剂数量就越多，在沉降器操作条件下，“湿”催化剂极易黏附在设备表面上发生结焦反应，增加沉降器的结焦；沉降器内油气中重组分含量越高，其重组分的分压和露点也高，越容易发生冷凝结焦。

庆阳石化分公司160万t/a重油催化裂化装置采用两段提升管反应技术，两个提升管反应器对称布置在沉降器的两侧，沉降器衬里后内径为7200mm，内设4台单旋、3台粗旋，其中一段提升管设两个粗旋，每台粗旋对应两个单旋为软连结构，可以保证一段提升管的油气及时进入单旋；二段提升管设一个粗旋，粗旋出口顶部设置了防冲挡板，油气呈水平喷出，只有靠近单旋入口附近的油气在短时间内进入单旋，而很大比例的油气在沉降器顶部空间停留很长时间，同时旋分器外壁、沉降器内壁、支架等内件温度相对较低，这些部位导致油气缩合等二次反应增多，易造成结焦。另外高温油气在沉降器中停留时间较长，在催化剂的作用下，进一步发生热裂化反应，产生二烯烃，并进一步与作为“焦化前身物”的高沸点化合物反应生焦。图2为改造前沉降器旋风分离器的结构型式。

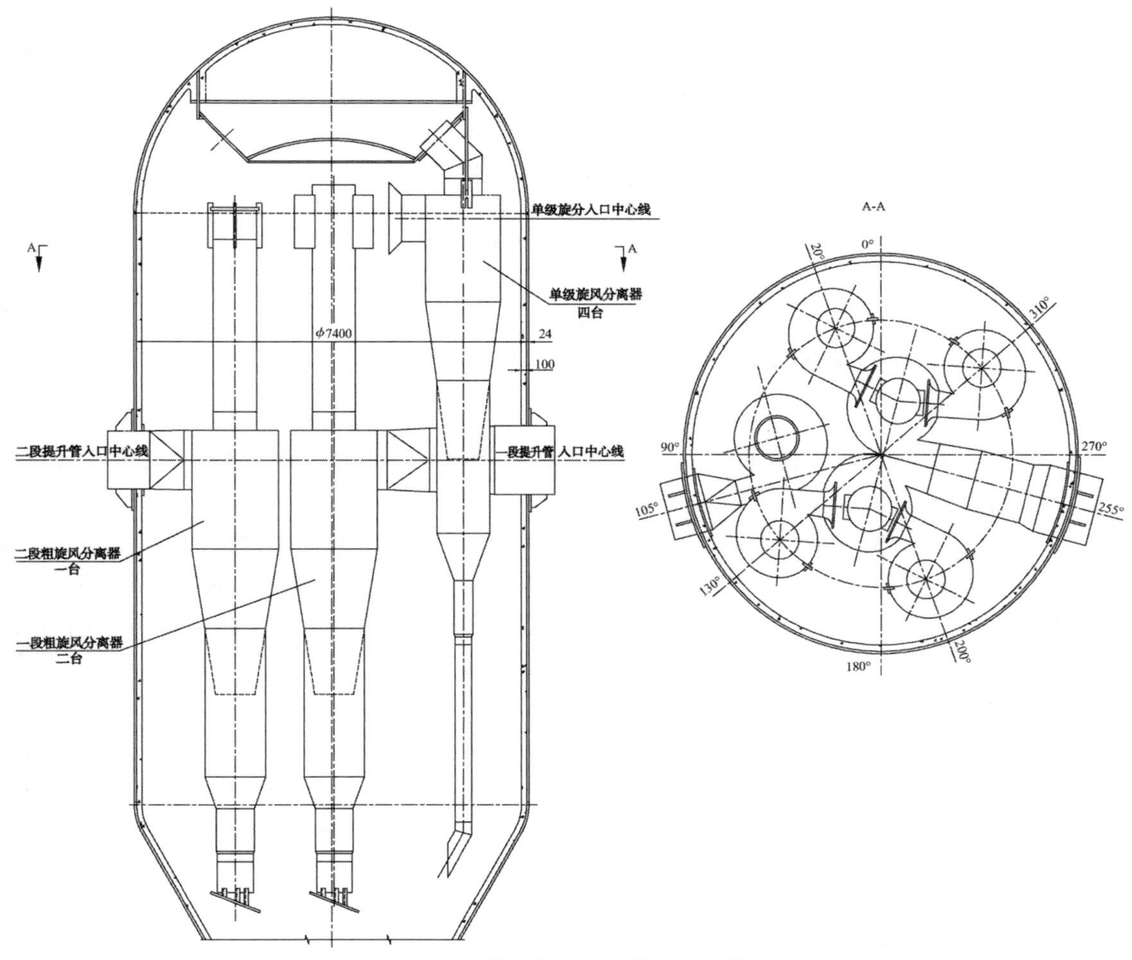

图2 改造前沉降器旋风分离器的结构

3 结焦的危害

当沉降器结焦到一定程度时，沉降器内气相线速、压力等操作条件大幅度波动，尤其是温度的迅速降低导致沉降器内的焦块大面积脱落并堵在汽提段格栅上。这样，恢复生产时就会出现催化剂循环不正常、甚至堵塞通道，从而被迫非计划停工。

4 解决措施

4.1 快分技术概述

提升管反应技术是现代催化裂化装置的核心技术。原料油与催化剂在提升管内完成所需要的反应后，在出口处必须实行“气固快速分离、油气快速引出及分离催化剂的快速预汽提”，以防止产生不必要的过度裂化和尽可能降低待生催化剂中的H/C比。随着原料油变重变劣和掺渣比的增大，这个“三快”要求显得更为突出。早期的提升管出口气固快分系统，如T型、倒L型、蝶型、粗旋等，只注重了提高油气和催化剂的一次分离效率，并未重视反应后油气在沉降器内的返混与停留问题，致使反应后油气的平均停留时间长达10~20s，不仅影响了产品的分布，而且在掺渣比较大时，很易使沉降器内结焦严重，给装置的长周期安全生产带来威胁。为此，国外一些石油公司近年来相继开发了一些具有较高工业应用价值的提升管出口快分技术。较有代表性的先进技术主要有Mobil公司的闭式直联旋分系统、Stone&Weber公司的轴向旋分系统以及UOP公司的VDS和VSS系统、国内石油大学开发的VQS系统等。

4.2 直连快分技术的应用

减少沉降器的结焦，可改进设备内部结构或控制反应，或两者综合。改进设备内部结构的目的就是为了降低油气的停留时间、减少油气流动死角，实现前面所述的“三快”。而控制反应的措施也是多方面的，譬如选择适宜的反应温度、加入阻垢剂等。

UOP公司的VSS系统、石油大学开发的VQS系统在国内已有成熟的应用经验，但这些技术一般应用于内置提升管的装置上，而且需要在沉降器内设置封闭罩结构，一般适用于大型的催化裂化装置。而庆阳石化的催化裂化装置有两根外置折叠提升管，一段提升管出口有2台粗旋，二段提升管出口有1台粗旋，如果在该装置中采用VSS系统或VQS系统，改造起来非常困难。

根据该装置的特点我们设计了将粗旋出口与单旋入口直连的快分技术。利用2次检修时间实施。改造后的结构见图3，具体改造内容为：更新单旋由4台改成3台，一、二段提升管出口的三台粗旋利旧，粗旋出口升气管结构进行优化，使油气进入单旋前得到充分的引流、稳流，提高单旋效率。3台粗旋升气管出口分别与3台单旋入口联在一起，在升气管上设置膨胀节吸收热位移。汽提段的汽提气、顶部防焦蒸汽及料腿排料时的少量油气通过精心设计的油气平衡管导入粗旋升气管。

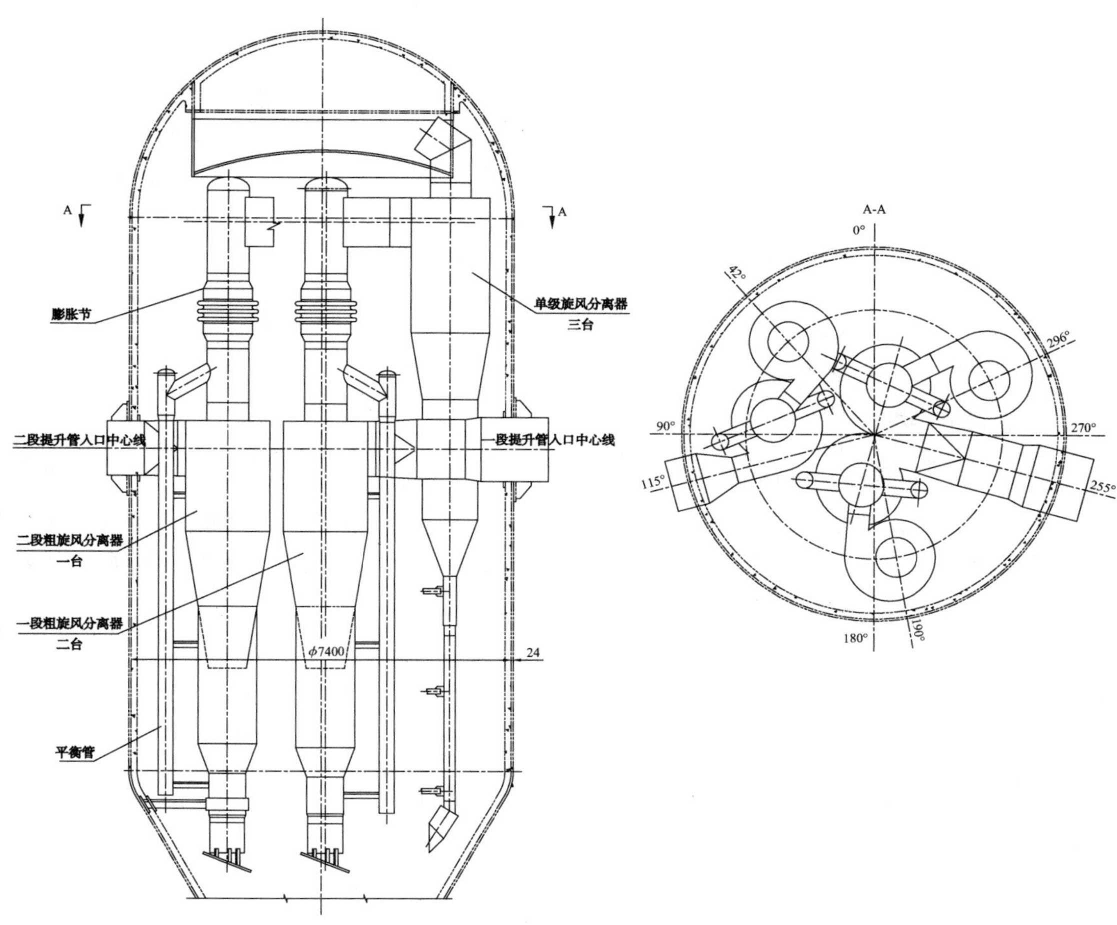

图3　改造后沉降器旋风分离器的结构

5　改造后情况

5.1　原料性质

改造后的原料见表1。从表1可看出，改造后原料的残炭提高，原料变重。

表1　催化裂化原料的性质

项　　目		改造前	改造后
原料		渣油	渣油
密度(20℃)/(kg/m^3)		908.8	908.9
残炭/%		4.36	4.81
馏程/℃	初馏程/10%	308/392	322/399
	20%/30%	419/438	431/449

续表

项　目		改造前	改造后
元素分析/(μg/g)	N/S	2894/1623	2899/1628
	Fe/Ni	10.3/2.78	10.3/2.79
	Cu/V	0.04/1.28	0.04/1.28
	Na	3.29	3.29
族组成/%	饱和烃	71.99	71.91
	芳烃	18.64	18.65
	胶质+沥青质	9.26	9.29

5.2 产品分布

沉降器旋风分离器直连前后的产品分布见表2。可以看出，改造后产品分布大幅度优化。在油浆外甩量降低0.3%情况下，轻油收率由70.34%提高到72.53%，焦炭产率由7.37%降低到6.71%，干气产率由3.00%降低到2.02%，产品损失由0.40%降低到0.23%，综合商品率由89.23%提高到91.04%。

表2 改造前后产品分布

项　目		改造前	改造后	差　值
渣油进料量/(t/h)		208	208	0
产品分布	油浆	2.90	2.60	-0.30
	液化石油气	15.99	15.91	-0.08
	汽油	44.64	40.31	-4.33
	柴油	25.70	32.33	6.52
	焦炭	7.31	6.71	-0.66
	干气	3.00	2.02	-0.98
	损失	0.40	0.23	-0.17
轻油收率		70.34	72.53	2.19
综合商品率		89.23	91.04	1.81

5.3 油浆固含量

旋风分离器直连后的分离效率高，在开工转剂过程中，对油浆固含量进行检测，固含量一直较低，说明催化剂跑损很小。在正常生产过程中，油浆固含量小于5g/L，达到工艺操作的要求。

6 结束语

运行实践证明，该装置的直连快分技术既保证了油气和催化剂的快速、高效分离，又使沉降器空间的油气快速引出，减少了油气在沉降器内的停留时间，有效抑制了沉降器内结焦，消除了因结焦而导致装置非计划停工的因素。充分说明该装置的直连快分技术应用很成功，为装置实现安稳长周期运行打下了坚实基础。

参 考 文 献

[1] 卢春喜. 催化裂化提升管出口旋流式快分(VQS)系统的实验研究及工业应用[J]. 石油学报：石油加工，2004，20(3)：24-29.

[2] 魏治中. 沉降器旋风分离器直联改造[J]. 炼油技术与工程，2013，42(11)：41-43.

多产对二甲苯的炼油总工艺流程研究

鞠林青，李　宁，纪文峰，刘　博

（中国寰球工程公司，北京　100012）

摘　要　以规划新建15Mt/a加工沙特轻质和沙特中质混合原油的大型炼油厂为例，按照分子炼油和环状碳链理论，对多产对二甲苯的炼油总工艺流程进行了研究。结果表明，项目的对二甲苯产量可以达到4.8Mt/a、副产苯1.5Mt/a。重整原料主要来自：2.28Mt/a直馏重石脑油、0.96Mt/a催化裂化重汽油、2.38Mt/a的柴油加氢裂化所产的重石脑油和减压蜡油加氢裂化的2.58Mt/a重石脑油。通过副产C_4/C_5/C_6轻烃芳构化以及催化柴油和渣油加氢柴油的选择性裂化可多产0.7Mt/a对二甲苯。

关键词　大型炼油厂　重石脑油　对二甲苯　连续重整　总工艺流程

截至2014年底，我国对苯二甲酸(简称PTA)的产能已由2013年底的33.50Mt/a猛增到了47.75Mt/a，而国产对二甲苯(以下简称PX)的总产能和产量分别为12.37Mt/a和8.77Mt/a，不得不从国外进口9.97MtPX满足生产需要，导致其市场和价格基本上受到国外公司的控制。为了降低化纤行业PX原料的供需失衡和对外依存度，研究和选择技术上可行、多产PX产品的炼油总工艺流程非常有必要。

本文以新建15Mt/a炼油厂为例，设计加工的沙特轻质和沙特中质混合原油(比例各50%)，按照“分子炼油”和“环状碳链理论”，以最大化生产PX产品为主要目的，对炼油总加工流程进行了规划研究。

1　规划研究的基准

1.1　原油的选择安排

目前，国内外的PX生产主要通过石脑油催化重整工艺，再经过系列转化和分离过程，因此选择多产优质石脑油的原油最为关键。理论上看，采用凝析油是首选，其石脑油的收率一般可以占到50%。以卡塔尔凝析油为例，其65~175℃直馏重石脑油收率约为43.94%，较常规原油高出30%左右，但由于全球范围内的凝析油资源量和贸易量有限，价格较高，而且以此作为设计原油的生产灵活性较差、副产氢气的出路安排等，因此不建议作为新建大型PX项目的设计原油。根据我国近年来进口原油的资源国和数量，本PX项目考虑设计加工储产量丰富和贸易量充足的中东高硫原油，选择有代表性的沙特轻质和中质原油(见表1，来自Chevron原油数据库)，该混合油具有石脑油收率较高、高硫、中等金属和残炭含量以及API度适中的特点。

表 1　设计原油的主要性质

项　　目	沙特轻油	沙特中油	混合原油
原油代码	Arabl332	Armed308	1：1 混合
API 度	33.2	30.8	31.99
S/%	1.99	2.56	2.28
N/(μg/g)	937	1210	1073
残炭/%	4.5	5.74	5.12
沥青质/%	2.3	2.0	2.15
Ni/(μg/g)	4.03	10.3	7.2
V/(μg/g)	14.43	34.2	24.3

1.2　核心总工艺流程的安排和设计基准条件

渣油的加工采用全加氢技术路线，采用渣油加氢脱硫+重油催化裂化裂化组合工艺，原油资源利用率高，轻质油收率高；催化裂化装置的设计为多产汽油和柴油；连续重整装置设计规模按单系列最大化考虑，C_5^+生成油的辛烷值按 105 设计；减压蜡油加工采用多产重石脑油的轻油型工艺。

汽油和柴油产品按国Ⅴ质量指标为基准，可以外卖汽油调和组分。

直馏航煤馏分(175~220℃)通过加氢精制脱硫醇后生产 3#航煤产品。

2　多产 PX 的炼油总工艺流程规划安排

2.1　扩宽直馏重石脑油馏程

适宜生产 PX 的石脑油馏程为 110~145℃，通过歧化转化过程，可以切割到 165℃[1]，考虑到实际生产过程中的馏程控制以及烷基转移技术、重芳烃进一步加工等因素，建议重石脑油的馏程控制在 65~175℃，较常规的 65~165℃馏分可以提高 1.58%的收率，N+2A 数值也相应改善(见表 2)，即增加 0.237Mt/a 直馏重石脑油。

表 2　直馏重石脑油馏程对比表

石脑油馏分	65~145℃	65~165℃	65~175℃
体积收率/%	12.65	16.11	17.87
质量收率/%	10.57	13.63	15.21
密度/(kg/cm^3)	0.7204	0.7295	0.7337
PONA 值/%	69.17/0/11.05/19.78	66.2/0/12.36/21.44	64.88/0/12.94/22.18

2.2　催化裂化重汽油作为重整原料

印度 Reliance 公司是利用催化汽油中馏分生产 PX 产品的典型例子[2]，其生产的 1.40Mt/aPX 产品中有 40%的原料来自催化汽油。国内也对催化汽油作为部分重整原料进行了研究和工业实践[3]，效果良好。在本项目研究中，充分利用催化汽油的性质特点，即轻端馏分(<90℃)烯烃含量高、辛烷值高，而重端馏分烯烃含量低、辛烷值较低、芳烃含量高。因此催化汽油的后加工拟采用全馏分加氢(主要二烯烃饱和)+轻重汽油分离，其中：轻

汽油组分直接或醚化后作为汽油调和组分，约60%重组分作为重整原料进入预加氢反应器深度精制。

2.3 直馏柴油加氢裂化

直馏柴油馏程范围为220~360℃，数量3.45Mt/a。根据柴油馏分平均分子量数值[4]，预计其碳链数值约为12~20。受国内柴油消费增产乏力和价格的影响，该馏分采用全循环裂化模式替代常规的加氢精制，多产重石脑油。研究结果为：在氢分压12.0MPa、氢油体积比700：1、精制段反应温度355℃、裂化段反应温度367℃以及化学氢耗2.6%的反应条件下，单程转化率可达70%，按照全循环模式操作，65~175℃重石脑油收率约为69%，<65℃轻石脑油收率约为21%，其中重石脑油的芳潜约为40%、硫含量小于0.5μg/g，可以直接作为重整进料。

2.4 催化裂化柴油和渣油加氢柴油的加氢裂化

在一般的燃料型炼油厂中，大密度、低十六烷值的催化裂化柴油基本上都是通过加氢改质工艺饱和并裂化大部分的多环芳烃，大幅度提高十六烷值，再与其他柴油馏分调和为成品柴油。UOP公司开发了催化柴油加氢转化-选择性烷基转移新工艺LCO Unicracking和LCO-X[5][6]，充分利用催化柴油富含多环芳烃的特点，通过加氢处理、转化并选择性烷基转移生产富含芳烃的重石脑油，其收率可以达到57%、辛烷值90~95。由于本项目的催化柴油数量为0.76Mt/a，渣油加氢柴油0.46Mt/a，合计1.22Mt/a，选择性裂化得到富含芳烃的石脑油0.70Mt/a，直接进入芳烃分离单元回收芳烃。

2.5 减压蜡油加氢裂化多产重石脑油

加氢裂化工艺是炼油与化工连接的一座桥梁，可根据炼油和化工的需求灵活选择催化剂和工艺流程，可多产优质的石脑油、航煤、柴油、尾油等。规划项目中的减压蜡油馏程范围360~540℃，数量3.96Mt/a，采用轻油型的全循环操作模式，其重石脑油的收率可高达65%左右[7]，预计可产生约2.58Mt/a优质重石脑油，直接作为重整原料。

2.6 $C_4/C_5/C_6$轻烃芳构化

本项目的轻烃主要为C_4、C_5和C_6馏分，其中C_4馏分来自催化裂化和重整副产的LPG；C_5馏分主要是直馏轻石脑油、柴油和蜡油加氢裂化过程中副产的轻石脑油；C_6馏分主要是芳烃生产过程中的抽余油。在本项目中，C_4馏分约为0.7Mt/a，C_5、C_6馏分合计约为2.05Mt/a。国内外研究开发的轻烃芳构化技术，通过裂解、脱氢、齐聚、氢转移、环化、异构化等系列催化过程将轻烃转化为芳烃，用于生产三苯产品和高辛烷值汽油调和组分[8]。采用移动床连续芳构化工艺，在芳烃生产方案下，C_5^+液体产品收率约为54%，其中的芳烃含量高达97%~99%，相应可多产0.55Mt/aPX。

3 结果与讨论

3.1 主要工艺装置的安排

本项目重点是多产PX芳烃产品、少产汽柴油产品，根据以上的规划研究，主要工艺装置安排见表3，其中：4.0Mt/a渣油加氢脱硫、3.5Mt/a重油催化裂化、4.0Mt/a蜡油加氢裂化装置、3.5Mt/a柴油加氢裂化装置以及8.3Mt/a连续重整装置和4.8Mt/a芳烃装置的规模都达到了世界级水平，具有规模经济效益。

表3 主要工艺装置设置和规模

工艺装置名称	规　模	工艺装置名称	规　模
常减压蒸馏/(Mt/a)	15.0	催化柴油选择性裂化/(Mt/a)	1.3
渣油加氢脱硫/(Mt/a)	4.0	连续重整/(Mt/a)	8.3
重油催化裂化/(Mt/a)	3.5	轻烃芳构化/(Mt/a)	2.8
蜡油加氢裂化/(Mt/a)	4.0	PX装置/(Mt/a)	4.8
柴油加氢裂化/(Mt/a)	3.5		

3.2 重整原料组成和芳烃原料来源

根据以上安排，整个项目的重整原料数量达到了8.26Mt/a(见表4)，其中直馏重石脑油比例仅占27.6%，60.0%来自柴油和蜡油的加氢裂化，另外11.6%为催化裂化重汽油。在最大化生产PX的前提下，炼油厂副产的C_4、C_5、C_6轻烃通过芳构化可产1.52Mt/a生成油，全厂的PX产量约为4.8Mt/a，副产1.5Mt/a苯，以及汽油调和组分(主要醚化低硫催化轻汽油、MTBE、烷基化油等)产量约为0.85Mt/a，国Ⅴ柴油产量0.98Mt/a，3#航煤产量1.49Mt/a等，达到了规划的预期目标。其芳烃生产的流程示意图见图1。

表4 重整原料来源和比例

石脑油来源	数　量	比例/%	备　注
直馏重石脑油/(Mt/a)	2.28	27.6	进石脑油加氢精制
渣油加氢重石脑油/(Mt/a)	0.06	0.7	进石脑油加氢精制
催化重汽油/(Mt/a)	0.96	11.6	进石脑油加氢精制
蜡油加氢裂化重石脑油/(Mt/a)	2.58	31.2	直接进重整装置
柴油加氢裂化重石脑油/(Mt/a)	2.38	28.8	直接进重整装置
合计	8.26	100.0	

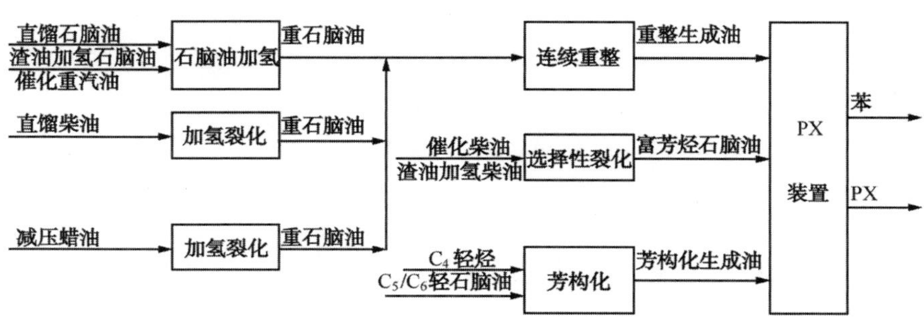

图1 对二甲苯生产流程的示意图

4 结论

利用分子炼油和环状碳链理论，规划新建的加工 15Mt/a 沙特混合原油炼油厂最大可生产 4.8Mt/aPX 目标产品和副产 1.5Mt/a 苯。总工艺流程研究的重点是在拓宽直馏重石脑油数量的基础上，通过直馏柴油和减压蜡油馏分的全循环裂化模式多产优质石脑油，以及二次加工柴油选择性加氢裂化生产富含芳烃的石脑油，同时利用副产的 C_4、C_5轻石脑油和 C_6抽余油芳构化进一步多产芳烃产品。

参考文献

[1] 马爱增. 芳烃型和汽油型连续重整技术选择[J]. 石油炼制与化工，2007，38(1)：1-6.

[2] Partha Maitra，John Folkers，Peter Coles. Intergrating a refinery and petrochemical complex. PTQ Autumn，2000，22-29.

[3] 戴立顺，屈锦华，董建伟，等. 催化裂化汽油加氢生产重整原料油技术路线研究[J]. 石化技术与应用，2005，23(4)：267-270.

[4] 徐春明，杨朝和，石油炼制工程. 第4版[M]，北京：石油工业出版社，2009：67-68.

[5] Vasant P Thakkar，Suhei l FAbdo，Visnja A Gembicki，et al. LCO Upgrading a Novel Approach for Greater Added Value and Improved Returns[R]. UOP US. NPRA，2005.

[6] Vasant P Thakkar，James A Johnson，Stanley Frey. Unlocking High Value Xylenes from Light Cycle Oil[R]. UOP US. NPRA，2007.

[7] 黎元生，马艳秋. 重馏分油加氢裂化工艺和催化剂的新进展[J]. 工业催化，2004，12(2)：1-5.

[8] 段然，孔雁军，孙德嘉，等. 轻烃芳构化催化剂的研究进展[J]. 石油学报：石油加工，2013，29(4)：726-736.

Ⅱ加氢裂化装置运行中存在问题及对策

姚春峰

（中国石化金陵分公司，江苏南京　210033）

摘　要　分析了中国石化金陵分公司Ⅱ加氢裂化装置运转情况和装置存在问题，并对装置催化剂失活较快、重石脑油总硫含量高和10#变压器油易变色的问题提出了解决措施，对优化装置运行具有指导意义。

关键词　加氢裂化　催化剂　重石脑油　10#变压器油

1　前言

金陵分公司150万t/a全循环加氢裂化装置采用抚顺石油化工研究院（FRIPP）开发的FDC单段两剂多产中间馏分油全循环加氢裂化工艺技术和具有高中间馏分油选择性的FC-14B加氢裂化催化剂[1~3]，由洛阳石化工程公司（LPEC）承担工程技术开发和设计工作。该装置于2005年4月6日建成投产，并于2008年5月、2010年3月及2012年12月Ⅱ加氢裂化装置经历三次停工大检修。

装置以沙轻直馏蜡油和焦化蜡油的混合油为原料，生产航煤、柴油、液化气、轻石脑油及重石脑油。装置产品方案为最大量生产优质中间馏分油，同时也可通过调整产品切割点实现多产重石脑油的工艺方案。轻石脑油可作为扬巴公司蒸汽裂解制乙烯原料或本厂制氢装置原料；重石脑油作为催化重整原料；航煤可直接作为产品出厂；柴油可作为柴油调合组分或直接作为产品出厂；尾油作为润滑油料WSI原料、乙烯装置原料或催化裂化装置原料。

装置公称规模为150万t/a，实际处理量为153万t/a，装置由反应、分馏、液化气分馏及脱硫、轻烃回收及气体脱硫、溶剂再生五部分组成。其主要技术特点如下：

（1）采用单段两剂全循环工艺，精制反应器与裂化反应器串联，循环油循环至原料缓冲罐前与新鲜进料混合；

（2）反应部分采用炉后混氢流程，反应加热炉只加热氢气，原料油与炉后与循环氢混合；

（3）分馏部分第一个塔为主汽提塔，塔底采用3.5MPa蒸汽汽提，轻石脑油及少量重石脑油组分被汽提至塔顶；

（4）油品分馏采用常压塔+减压塔方案，常压塔出航煤，减压塔出柴油，可以实现柴油与尾油的清晰分割，常压塔和减压塔底设重沸炉；

（5）设轻烃吸收塔，采用重石脑油作吸收剂，吸收干气中携带的轻烃组分；

（6）催化剂再生采用器外再生方案。

装置反应和分馏原则流程图分别见图1和图2。

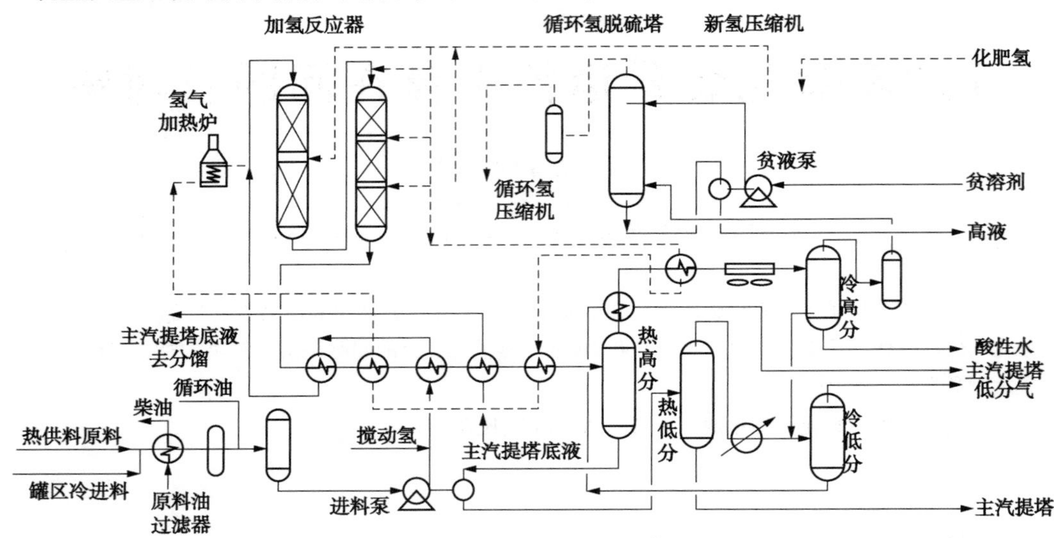

图1　反应原则流程图

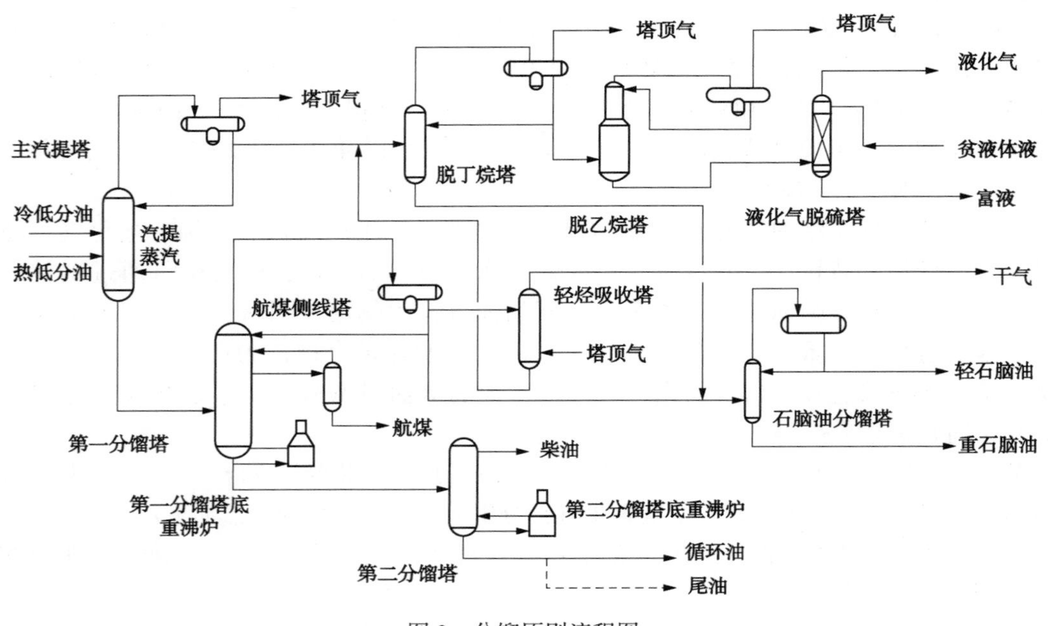

图2　分馏原则流程图

2　装置运转情况及存在问题

2.1　装置运转情况

装置于2012年11月13日进行第三次停工大检修。装置停工下检修时把反应器内催化剂卸出后全部器外再生。对精制催化剂FF-46进行器外烧焦再生及后活化处理。装置第四周期从2013年1月20日开工至2014年7月31日已经运行531天，累计加工量为225.66万t。

2.2 装置存在问题

2.2.1 催化剂失活较快

表1 第四周期开工初期与近期操作参数对比

项　　目	2013-3	2014-6
总进料量/(t/h)	255	250
循环油量/(t/h)	45	49
精制入口温度/℃	340.0	379.1
精制总平均温度/℃	368.0	389.3
精制总温升/℃	41.5	20.0
裂化入口温度/℃	394.5	405.5
裂化剂最高点温度/℃	421.8	433.8
裂化平均温度/℃	407.5	419.8
冷高分压力/MPa	15.10	15.00
主汽提塔底油(350℃馏出)	65.0	63.0

从表1可知，在加工量基本相当情况下，目前的精制反应器入口温度比初期提高了39.1℃，而精制总温升却下降了21.5℃。裂化剂的平均温度达到419.8℃，裂化剂床层最高点温度接近工艺卡片限定值434℃。第四周期开工初期至2014年6月精制反应器入口温度和平均温升曲线如图3所示。

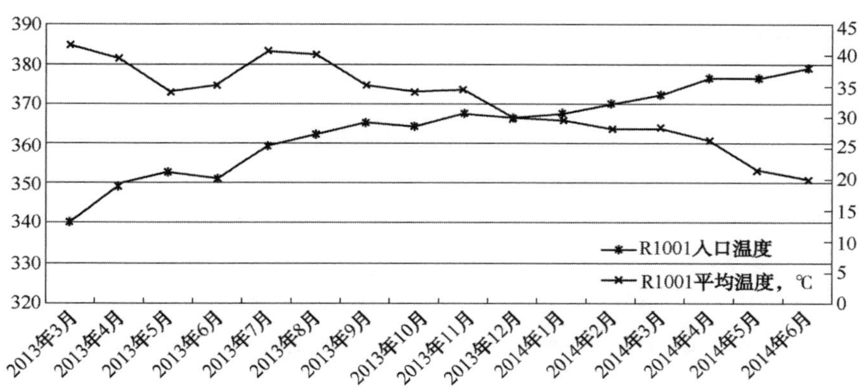

图3 精制反应器入口温度和平均温升曲线图

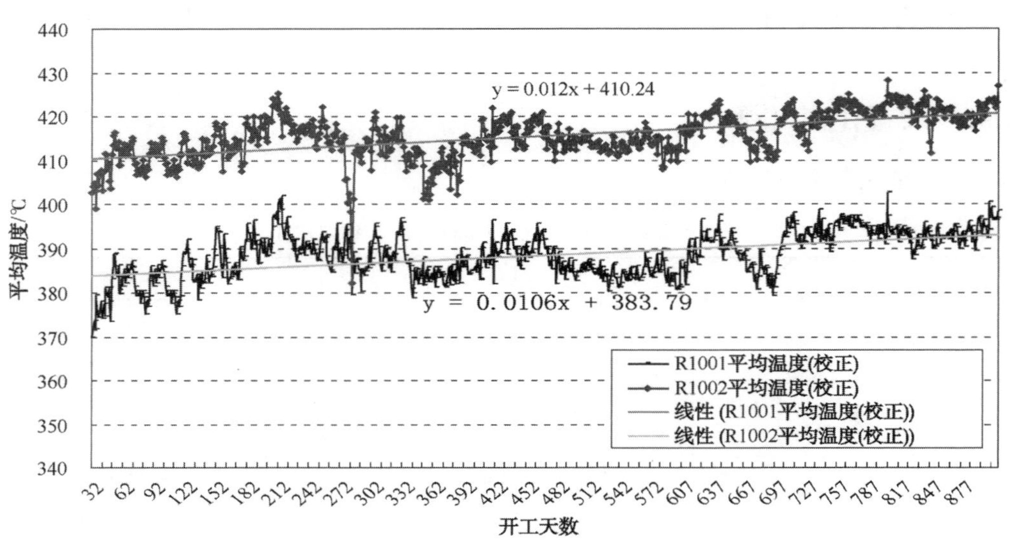

图4　第三周期催化剂失活曲线图

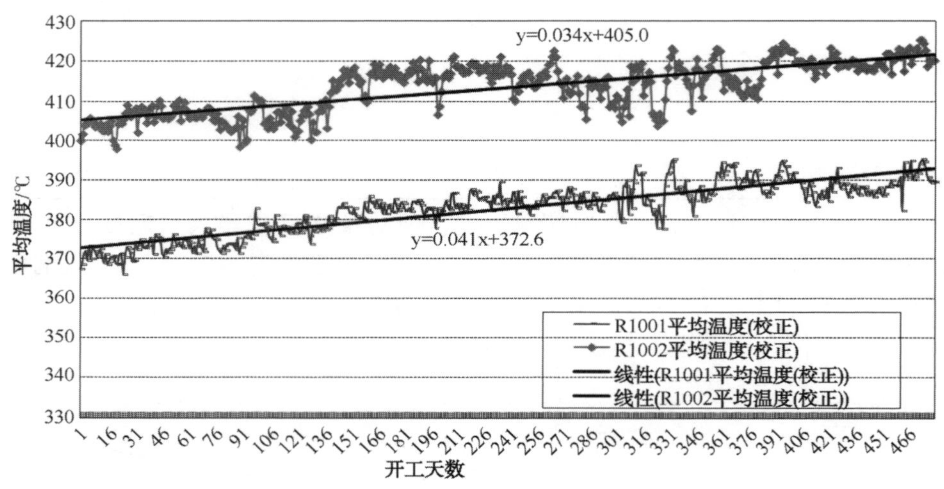

图5　第四周期催化剂失活曲线图

由图4和图5可知，第三周期精制催化剂的失活系数为：0.0106℃/d。第四周期为0.041℃/d。第四周期失活速率明显比第三周期要大。主要原因如下：

装置所加工原料的油种为巴士拉、沙重、南帕斯、科威特、阿曼、巴尤乌当等劣质、重质原料。第四周期从2013年1月20日开工至2014年6月30日共掺炼Ⅰ催化裂化柴油4568t，Ⅱ催化裂化柴油912t，焦化蜡油569t。催化裂化柴油密度大，芳烃含量高，高温下催化裂化柴油易结焦，催化剂易失活。

第四周期从2013年1月20日开工至2014年6月30日原料油密度最大值924.1kg/m^3，平均值908.4kg/m^3，原料密度多次超工艺卡片限定值914.2kg/m^3。残炭最高值0.26%，平均值0.11%。原料硫含量最大值2.97%，平均值2.14%；氮含量最大值1288mg/kg，平均值757mg/kg。原料性质较差导致催化剂失活速率增加。

2.2.2 重石脑油总硫含量高

Ⅱ加氢裂化装置重石脑油是装置产品之一，是石脑油分馏塔塔底产品，石脑油分馏塔进料有两部分物料组成，一部分为第一分馏塔顶液，另一部分为脱丁烷塔底液。重石脑油中的总硫含量高是装置一直存在的主要问题，其含量为 2~8mg/kg，未达到重整料的控制指标（小于 0.5mg/kg）。

重石脑油总硫高的原因是有机硫和无机硫。有机硫主要是硫醇，硫醇是由原料在双功能催化剂上裂解生成的烯烃与反应系统中的硫化氢发生加成反应而得到；无机硫是硫化氢。

重石脑油总硫含量较高，具体可能的原因主要有：

（1）装置第二周期停工大检修时重新装填活性更高 FF-46 催化剂；为满足多生产石脑油，降低柴油收率，经过技术质量处组织装置与抚顺石油化工研究院进行交流，裂化剂更换为分子筛含量更高的裂化剂 FC-14B。该无定形催化剂反应温度比较高，过裂化反应程度加大，有较多的小分子烃类生成。原料裂解性能增大后在双功能催化剂上裂解生成烯烃而得不到饱和，导致生成的过多的硫醇进入后精制催化剂床层。

（2）现有主汽提塔进料温度比设计值偏低，汽提塔底油流出温度低。具体运行参数与设计值如表 2 所示。冷低分油进汽提塔温度设计值为 210℃，而实际只有 147℃。汽提塔塔底温度设计值为 240℃，而实际只有 220℃。由于主汽提塔进料温度比设计值偏低造成主汽提塔汽提效果不好。

表 2　汽提塔运行参数与设计值对比

参数名称	运行值/℃	设计值/℃
冷低分油进汽提塔温度	147	210
热低分油进汽提塔温度	241	260
汽提塔塔底温度	220	240

现有脱丁烷塔及石脑油分馏塔操作参数的运行值与设计值相比也有较大偏差，脱丁烷塔底油温度设计值为 201℃，而实际值为 180℃比设计值低，导致脱丁烷塔分离效果不是很好。石脑油分馏塔底部温度设计值 152℃，而实际值为 125℃比设计值低导致石脑油分馏塔分离效果不是很好。

（3）主汽提塔、脱丁烷塔、脱乙烷塔的三股塔顶气混合后进入轻烃吸收塔塔底空间，第一分馏塔顶回流罐的重石脑油作为轻烃吸收塔的吸收油进入塔顶空间，在塔盘上进行汽液接触，完成吸收过程。塔底富吸收油经富吸收油泵升压后进入脱丁烷塔。富吸收油硫化氢含量高，加上脱丁烷塔分馏效果差，导致含硫化氢含量较高的液化气溶解在塔底油中带入石脑油分馏塔，造成重石脑油中硫含量高。

2.2.3 10#变压器油不稳定，易变色

据下游客户反映 10#变压器油颜色不稳定，静置一段时间后油品颜色就会发黄，其氧化安定性差。

10#变压器油不稳定，易变色的主要原因有 10#变压器油芳烃含量高，10#变压器油中含有不安定组分。Ⅱ加氢裂化装置已运转至末期，随着催化剂的逐步失活，且由于公司生产需要，目前不允许降空速生产，又导致 10#变压器油倾点偏高。

3 采取措施

3.1 面对催化剂失活采取措施

（1）提高精制反应器入口温度

精制反应器入口温度已经从开工初期340℃提高至379.1℃，加大了反应加热炉的负荷。

（2）关小原料温控阀阀位

高压换热器E1001、E1003壳程结垢明显，第四周期开工初期，原料经过换热后温度为342.4℃，温度控制阀B阀开度为40%；第四周期开工至今在温度控制阀B阀开度基本全关的情况下原料经过换热后温度为336.5℃。原料换热后温度低，导致加热炉负荷增大。

装置循环氢加热炉F1001的管壁温度最高点温度已经接近工艺卡片值574℃。面对精制催化剂的失活，装置已经没有太大调节的余地。

3.2 降低重石脑油硫含量采取措施

（1）提高后精制催化剂装填量

由表3可知，后精制催化剂装填量由初次的3.5t增加至19.22t，后精制剂空速由71.43/h^{-1}下降至13.00/h^{-1}，但是重石脑油总硫含量没有降低。

表3 不同周期后精制剂装填量和后精制剂空速的对比(总进料为250t/h)

时　间	后精制剂装填量/t	后精制剂空速/h^{-1}
第一周期	3.5	71.43
第二周期	13.15	19.01
第三周期	16.93	14.77
第四周期	19.22	13.00

（2）将主汽提塔、脱丁烷塔、脱乙烷塔的三股塔顶气混合后切出轻烃吸收塔

由表4可知，将主汽提塔、脱丁烷塔、脱乙烷塔的三股塔顶气混合后切出轻烃吸收塔后，重石脑油总硫含量也没有降低。

表4 轻烃吸收塔停用前后重石脑油硫含量分析

样品名称	总硫含量/(mg/kg)		
	3月27日12:00（轻烃回收停用前）	3月28日8:00（轻烃回收停用后）	3月28日12:00（轻烃回收停用后）
重石脑油(常规分析)	2.1	2.9	2.7
重石脑油(氮吹10分钟后分析)	2.0	—	—
重石脑油(5%氢氧化钾洗后分析)	1.4	1.2	1.7

（3）优化主汽提塔、脱丁烷塔和石脑油分馏塔的操作

a. 投用新增冷低分油和柴油的换热器，冷低分油进主汽提塔温度由147℃提高到167℃。

b. 加大石脑油分馏塔底部热源，脱丁烷塔底温基本在180~200℃，石脑油分馏塔底部

温度由125℃提高到不低于140℃。石脑油分馏塔顶部温度由65℃最高提到86℃。重石脑油总硫含量仍然没有得到很好的改善。

（4）重石脑油增加氧化锌脱硫精制

2014年7月3日在重石脑油出装置采样口处接管线至氧化锌吸附罐做实验，考察重石脑油经过氧化锌吸附后的总硫含量。并要求班组在氧化锌吸附罐后采重石脑油样。图6为氧化锌吸附脱硫前后的重石脑油总硫含量。由图6可知，重石脑油经过氧化锌吸附脱硫后重石脑油总硫含量明显下降，都在1mg/kg以下。

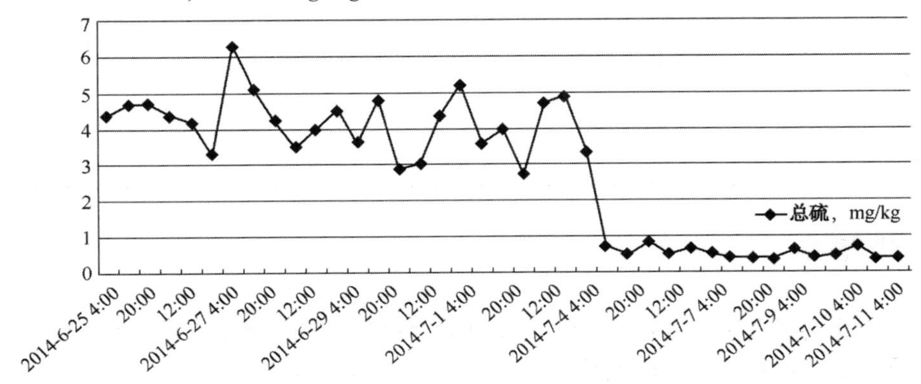

图6　氧化锌吸附脱硫前后的重石脑油总硫含量

通过氧化锌吸附后，重石脑油总硫含量明显下降，而氧化锌主要是吸附无机硫，也可以判断，重石脑油总硫高的原因主要是无机硫。

3.3　提高10#变压器油稳定性采取措施

为提高Ⅱ加氢10#变压器油的安定性，保证公司下半年的效益增长，继续挖潜增效，在Ⅱ加氢裂化装置内增设10#变压器油白土精制措施，同时在10#变压器油中加注降凝剂(具体位置如图7所示)，以保证10#变压器油出厂达到客户要求，采取措施后，确保了10#变压器油能顺利出厂。

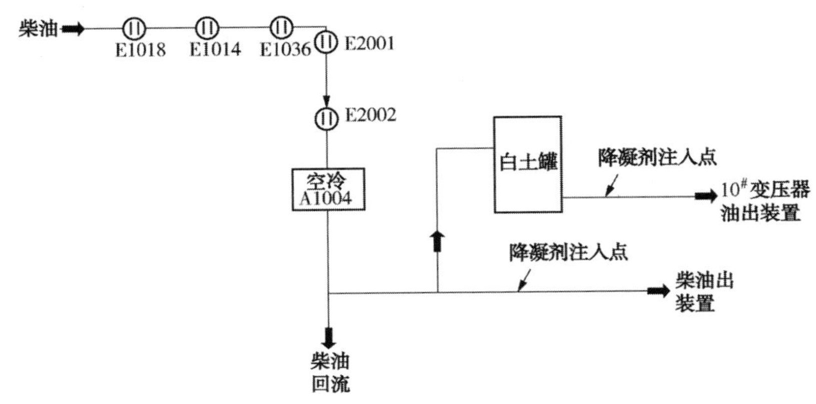

图7　10#变压器油增加白土精制

以2014年6月为例，由表5可知，当Ⅱ加氢裂化柴油不能生产10#变压器油时，产品吨油效益115元，总效益1494万元。根据市场需求，当2014年6月生产16000t10#变压器油时，吨油效益231，总效益3015万元，因10#变压器油和柴油价格差约951元/t，一个月可以多产生利润1521万元，经济效益十分明显。

表5 效益计算

项　　目	2014年6(柴油全为普柴)	2014年6月(16000t10#变压器油)
原料吨油成本/元	5252	5252
产品吨油价值/元	5441	5557
吨油加工费用/元	74	74
吨油效益/元	115	231
总效益/万元	1494	3015

4 结语

Ⅱ加氢裂化装置通过提高精制反应器入口温度和关小原料温控阀阀位的措施应对催化剂的失活；重石脑油增加氧化锌脱硫精制降低重石脑油硫含量；10#变压器油增加白土精制提高其稳定性。随着催化剂的不断失活，装置开拓思路，优化操作，提高产品质量，增加经济效益。

参 考 文 献

[1] 林世雄. 石油炼制工程[M]. 北京：石油工业出版社，1990：33.
[2] 李大东. 加氢处理工艺与工程[M]. 北京：中国石化出版社，1994.
[3] 金德浩. 加氢裂化装置产品重石脑油硫含量的控制[J]. 石油炼制与化工，2006，37(5)：35-38.

加氢改质装置运行现状优化建议

杨安国

（中国石化荆门分公司联合四车间，湖北荆门　448039）

摘　要　加氢改质作为常见的加氢手段之一，主要作用是通过加氢处理改善油品的黏温性能。中国石化荆门分公司装置现存主要问题为受上游装置原料性质及本装置生产条件变化的影响，重质油黏度指数、收率波动较大，装置采取了调整反应温度、稳定原料性质等措施来稳定重质油产品质量，确保重质油收率，取得了较好效果。

关键词　加氢改质　加氢处理　黏温性能　优化

1　前言

中国石化荆门石化润滑油加氢改质装置始建于1999年4月，2001年11月2日建成投产，设计加工能力为20万t/a。装置由反应及常减压分馏两个系统组成，采用先进的DCS仪表控制系统。装置以仪长管输油的减三线、减四线和轻脱沥青料的糠醛精制油为原料，生产高黏度指数HVI150N、HVI500N、HVI120BS、HVI150BS等酮苯料，经酮苯脱蜡脱油装置加工后生产的润滑油基础油达到APIⅡ类标准，部分达到APIⅢ类标准。装置同时附产汽油、柴油、溶剂油和5#、7#白油等高附加值副产品，为企业创造了较好的经济效益。

2　改质装置现存问题

经过多年的实际操作和探索，加氢改质装置现已形成了一整套稳定的工艺技术体系。但随着产品多样性变化及产品质量要求越来越高，加氢改质装置在生产这些产品的过程中也不可避免的遇到了一些问题。

2.1　重质油产品黏度指数波动频繁

重质油产品黏度指数是加氢改质装置最重要的产品质量指标之一，其影响因素主要包括：原料油性质、加氢改质反应温度、加氢改质反应压力等。在实际操作中我们发现，在加氢改质装置控制工艺条件稳定的情况下，原料油性质对重质油产品黏度指数影响很大，我们通过正常平稳且连续生产时的生产及分析数据来进行比较：

从表1中可以看出加氢改质装置6~9月份连续加工减四线原料油，生产工艺稳定，反应温度控制在365~367℃，反应压力控制在10.0MPa，从加氢改质的反应机理来说产品性质在以上反应条件下应该保持稳定，但同期的重质油产品黏度指数见图1至图4。

表 1 加氢改质装置 2013 年 6~9 月份生产减四线油工艺条件

项目	工艺条件	项目	工艺条件
R-101 入口压力/MPa	10.0	热高分温度/℃	230
R-101 入口氢分压/MPa	9.6	冷高分压力/MPa	10.0
R-101 入口温度/℃	365~367	冷高分温度/℃	41
R-101 各床层总温升/℃	20	冷低分压力/MPa	1.1
体积空速/h^{-1}	0.45	注水速率/(t/h)	2.5
氢油体积比	1200∶1	常压炉出口温度/℃	290
R-102 入口压力/MPa	10.0	常压塔顶温度/℃	130~135
R-102 入口氢分压/MPa	9.6	常压塔顶压力/MPa	0.2
R-102 入口温度/℃	320	减压炉出口温度/℃	335
体积空速/h^{-1}	1.0	减压塔顶真空度/kPa	9.0
氢油体积比	1200∶1	减压塔顶温度/℃	120~125

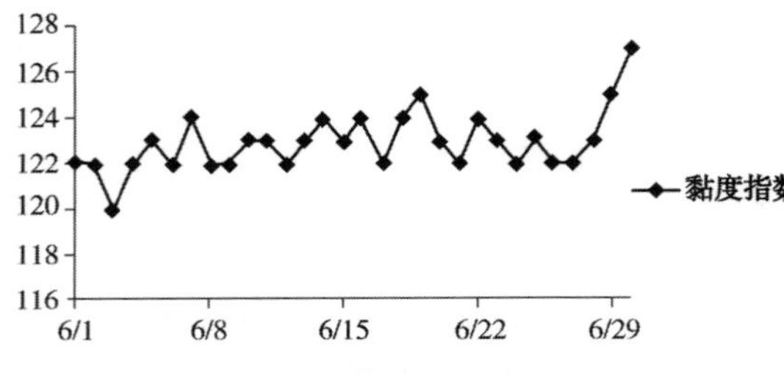

图 1 加氢改质装置 2013 年 6 月重质油产品黏度指数折线图

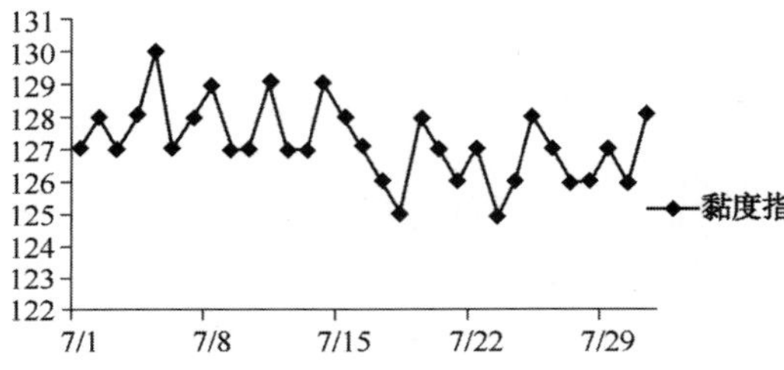

图 2 加氢改质装置 2013 年 7 月重质油产品黏度指数折线图

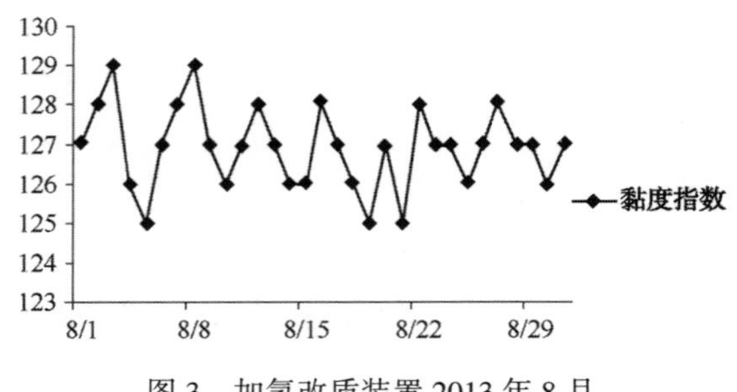

图 3 加氢改质装置 2013 年 8 月重质油产品黏度指数折线图

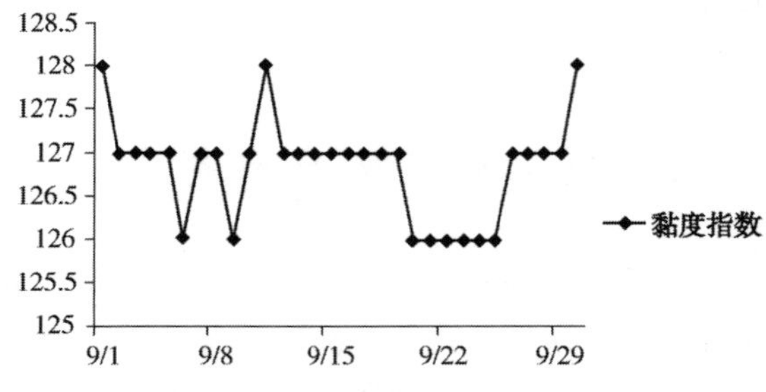

图 4 加氢改质装置 2013 年 9 月重质油产品黏度指数折线图

（数据来源：荆门石化 LIMS 实验室数据系统）

从以上重质油黏度指数折线图可以看出，在连续加工减四线油的 4 个月中，重质油黏度指数 6 月波动较大，且黏度指数偏低，自 7 月开始重质油黏度指数波动趋势变小，8 月、9 月重质油黏度指数较为稳定，酮苯装置工艺要求加氢改质重质油黏度控制在 127±1，才能满足酮苯(重套)脱蜡油黏度指数达到 97±1，进而保证润滑油基础油出厂指标合格。

同期的加氢改质减四线原料分析数据如下：

表 2　2013 年 6~9 月罐区供加氢改质减四线原料分析

采样日期	2013-6-13	2013-7-1	2013-8-1	2013-9-12
采样地点	G5015	G5015	G5015	G5015
运动黏度(100℃)/(mm^2/s)	9.806	10.77	10.68	10.57
密度(20℃)/(kg/m^3)	876.4	882.9	881.7	880.5
凝点/℃	45	47	47	46
颜色	1.5	2.0	2.0	2.0
中和值/(mgKOH/g)(≤0.350)	0.053	0.102	0.111	0.121
残炭/%	0.021	0.027	0.027	0.025
闪点/℃	235	248	246	245
硫含量/%	0.175	0.241	0.221	0.231
碱性氮/(mg/kg)	116.9	225.7	220.6	222.1

表 3　2013 年 6~9 月北蒸馏供加氢改质减四线原料黏度指标统计

指标(13.5~15.0)	月份	最小值	最大值	平均值	不合格次数
运动黏度(100℃)/(mm^2/s)	6	8.43	14.63	13.53	35
	7	12.65	14.78	13.76	26
	8	12.41	14.86	13.73	18
	9	13.29	14.66	13.79	0

（数据来源：荆门石化 LIMS 实验室数据系统）

从表2、表3数据可以较为清楚的看出，北蒸馏供加氢改质原料性质自2013年6月以来主要控制指标(黏度)逐渐转好，不合格次数由6月的35次/月降低到9月的0次/月，经过糠醛精制后的罐区供加氢改质原料各项指标也逐渐稳定。

加氢改质所用原料为荆门石化1#南蒸馏(中间基)、2#北蒸馏(石蜡基)的减三线、减四线混合油，经过糠醛精制后再进入加氢改质，其中两种原料油的比例约为7∶3，这样做一方面是为了保证荆门石化润滑油混合加氢工艺后续加工装置的石蜡产量，另一方面也保证了较高的油蜡综合收率。

但采用这种原料配比也存在一定的缺陷，首先是石蜡基原油较轻，由于其族组成主要为正构直链烷烃，部分环烷烃，根据加氢反应机理，烷烃及烯烃在加氢裂化条件下，生成分子量更小的烷烃；带长侧链的单环环烷烃在加氢裂化条件下主要发生断链反应[1]。在现有反应温度及压力下，长的直链烷烃、环烷烃会部分裂解，在加氢改质装置反应后易导致轻油收率升高，而中间基油经过反应后，芳烃饱和程度得到提升，黏指得到提高，但要进一步提升则需更加苛刻的反应条件，而这样就会导致更多的烷烃、环烷烃的裂解。

一方面我们要提升产品质量就要增加反应的苛刻度如温度、压力，但另一方面，提升反应苛刻度会导致石蜡基油的裂解增加，降低油蜡收率，这样就形成了一种矛盾。

其次是这种配比没有进行实时监控，而是根据罐区检尺进行人工调配，这样会导致一定的原料黏度波动，尤其是当上游北蒸馏装置黏度控制不稳，下游加工装置的生产就会产生波动。

下面就以2013年6~9月各产品收率来进行对比：

表4 2013年6~9月加氢改质装置HVI500基础油与轻油产品收率统计

收率% / 月份	HVI500	汽油	常柴	减柴	轻油合计
6月	64.52	3.21	7.96	7.71	18.88
7月	66.27	2.35	6.69	6.37	15.41
8月	68.71	1.15	8.17	7.93	16.1
9月	65.2	9.59	1.26	6.86	17.71

通过以上表可以清楚的看出6月份由于上游装置原料黏度偏轻，为保证收率，反应温度控制365℃，导致本月HVI500基础油产品黏指偏低，收率下滑，同时轻油收率升高，通过表2、表3可以看出进入7月份以后原料性质逐渐稳定，为提高黏指，反应温度提高至366℃，HVI500收率逐渐回升，8、9月份反应温度稳定在367℃，HVI500基础油黏指合格，但重质油收率下降幅度较大。

2.2 反应温度对于产品质量及收率的平衡不好把握，调节频繁

由表1、表2、图2、图3、图4可以看出，在2013年7~9月份相同反应条件、原料性质稳定、不同反应温度下，产品质量及收率的变化趋势为：随着温度的升高，产品质量得到一定提升，但轻油收率逐渐升高；在产品质量合格的情况下，维持较高的反应温度会导致主产品收率的损失。

对比图1、图2及图3可知7、8月份产品质量在提高反应温度后得到大幅提升，由图5可以看出，7、8月份虽然重质油收率比较稳定，但轻油收率已经开始升高，进入9月份后，在产品质量出现富余的情况下，没有及时降低反应温度，导致了重质油收率出现较大幅度下降且轻油收率升高。

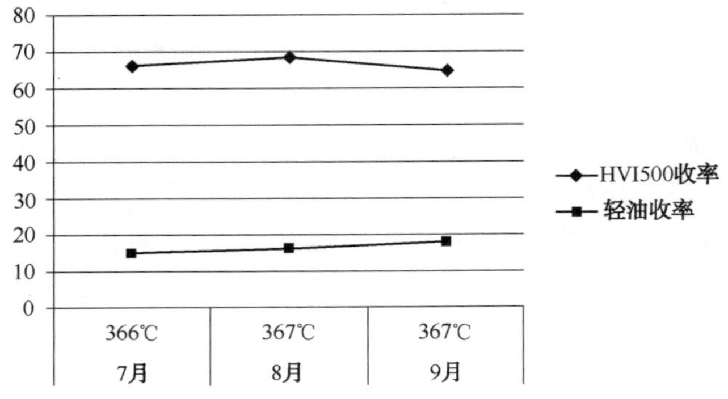

图5 相同原料不同反应温度下各产品收率的变化

3 解决办法

针对以上生产实际中遇到的问题，提出以下解决方法以供探讨。

3.1 加强原料监控

荆门石化由于地理位置的限制及加工原料油的特殊性，润滑油基础油生产对于原料要求的“高黏度、窄馏分”的原则实施起来并不是那么容易，因此做好原料的监控显得尤为重要，由于荆门石化润滑油系统原料性质主要受北蒸馏影响，现有北蒸馏减四线原料黏度控制范围较宽，为 13.5~15.0mm²/s，建议将减四线馏分油黏度范围缩小至 13.5~14.5mm²/s 以内。

3.1.1 糠醛装置提前做好稳定原料性质工作

由于润滑油系统的特殊性，加工流程较长：

北蒸馏→糠醛(重套)→加氢改质→酮苯(重套)

这直接决定了原料油性质的重要性，即：上游装置原料性质不稳将直接影响下游加工装置产品性质。如果我们加强原料性质监控，当原料油性质变化，润滑油加工系统糠醛装置应迅速采取措施[2]，通过提高或降低溶剂比，提高或降低萃取塔顶、底温度等手段及时调节糠醛直供改质原料油性质，避免下游加氢改质、酮苯装置出现一动俱动，一损俱损的现象发生，从真正意义上做到加强各装置之间的联动性。

3.1.2 罐区采用更为合理的配比手段

由于人工检尺存在的滞后性，建议在两套蒸馏装置原料油进罐区进行混合时增加流量计进行实时监控，这样可以更为精确的进行中间基油与石蜡基油的调配，更好的控制润滑油系统油蜡的产品质量及收率，从源头做起，需要多产蜡或者多产油可以及时进行调整，在现有南北蒸馏原料比例 7∶3 的经验下，可以结合车间生产数据进行最佳比例的标定，用实际数据进行原料配比的优化，这样既能满足车间的各项生产指标，又能对润滑油系统的油蜡收率进行科学调配。

3.2 正确看待生产条件的变化对于质量及收率的影响

生产条件的变化很大程度上也是受到原料性质的影响而进行调整，实际生产中反应压力维持在 10.0MPa，在原料性质稳定的连续生产中，空速及氢油比也是基本固定的，因此，反应温度成为了加氢改质装置调节产品质量的最重要手段，如果产品质量富余，我们应适当降低反应温度来确保重质油收率，将装置运行调整到最佳状态。

反应温度的及时调整不仅对于主产品收率及产品质量至关重要，而且对于降低装置运行能耗、延长催化剂使用寿命等都有着重要作用。

4 结语

在实际生产中，通过加强工艺参数监控及设备运行情况监控，加氢改质装置的各项工艺条件日趋完善，由于工艺条件的变化而导致的产品质量、收率的大幅变化情况日趋减少，对于原料性质保持稳定的问题已经由相关装置及处室进行了合理调整，并及时对生产装置进行信息反馈，产生了较好的良性互动结果，装置的各项运行指标均得到了较大提升。

参考文献

[1] 李大东. 加氢处理工艺与工程. 北京：中国石化出版社，2011.
[2] 周原，王天普. 润滑油加氢装置操作工. 北京：中国石化出版社，2009.

荆门石化白油系列产品的开发

左奇伟

（中国石化荆门分公司生产处，湖北荆门　448039）

摘　要　白油的应用十分广泛，市场需求量也很大，随着我国塑料、橡胶行业以及其他相关行业的快速发展，白油产品的需求还将继续激增。这要求产品必须适应市场的多样化，注重开发新产品，以适应激烈的市场竞争。荆门石化积极应对市场变化，努力开发白油品种，一是使用石蜡基原油的馏分油经过脱蜡以后加氢精制制取；二是采取二段加氢技术进行生产；三是利用生产的白油组分，通过调和来获取相应品种。

关键词　白油　加氢精制　开发　调和

1　前言

白油是超深度精制的特种矿物油品，其组分一般是分子量为300~400的环烷烃和烷烃，属润滑油馏分，无色、无味、无嗅，具有化学惰性及优良的光、热安定性，用途广泛。白油作为一个新兴的产品项目，正在受到国内石油化工行业的重视。

我国白油的分类和国外存在一定的差别，国外一般分为两类：一类是工业级白油；另一类是食品医药级白油。国内分为三级，即工业级、化妆品级和食品医药级。其主要的性质指标为：黏度，色度、易碳化物、紫外吸收、凝固点等。白油的级别不同，规格不同，其价格差别较大，往往有几倍甚至几十倍。一般黏度越大的白油产品价格越高，利润也越高[1]。

2　荆门石化白油产品现状

目前荆门石化可以生产的白油品种有：3#白油(以及D系列白油)，5#白油、7#白油、10#白油、15#白油、26#白油、32#白油、46#白油、55#白油(橡胶填充油)以及90#白油(橡胶填充油)。其中，10#白油、15#白油均是当年开发，当年投产；5#白油目前也实现了差异化销售。截至今年6月份，白油产品总量已达7.22万t。

2.1　利用石蜡基原油馏分加氢精制生产26#、55#、90#填充油

26#、55#、90#填充油系由联合四车间微晶蜡加氢装置加工生产。三者均是由石蜡基原油减压侧线经过溶剂脱蜡后深度加氢精制所生产。它们的黏度控制由侧线组分的原料比例来调节，倾点由溶剂脱蜡装置的操作来控制。目前，26#填充油组分的生产占有极其重要的地位，它直接参与了10#、15#白油的生产调和，成为公司开发新产品不可或缺的

白油组分。55#和90#橡胶填充油则以产品形式进行销售。后序用途主要应用于作热塑弹性体SBS充油及TPR粒料生产，也适用于乙丙橡胶、三元乙丙橡胶、氯丁橡胶、天然橡胶及着色橡胶制品的充油及加工，特别适合对颜色要求严格无污染的高级日用生活品类橡胶充油。

2.1.1 生产原理简介

溶剂精制过程是一个物理萃取分离的过程，无化学变化。它是利用溶剂的相似相溶原理，即某些有机溶剂对润滑油油料中的理想组分和非理想组分具有不同的溶解度。通常选用的溶剂对原料油中理想组分的溶解度较小，对非理想组分的溶解度较大，在溶剂精制的过程中，非理性组分会溶解到溶剂中，从原料油中脱除[3]。荆门石化采用糠醛作为溶剂，从润滑油原料中脱除大部分多环短侧链芳烃和胶质、沥青质等物质，使其黏温性质、抗氧化安定性、残炭值、色度等性质得以改善。

溶剂脱蜡过程主要是除去经过糠醛精制产品中含有正构烷烃、异构烷烃及长烷基链的环状烃，它们的凝固点较高，易从油中结晶析出，除去这些烃类主要是为满足油品对凝固点方面的要求，提高润滑油在低温下的流动性能。

橡胶填充油加氢精制是深度加氢精制，反应温度达到280℃以上，反应压力达到6.5MPa以上，不仅要除掉油品中的含氧、硫、氮的化合物，而且还要通过加氢饱和大幅降低芳烃含量，改善油品颜色、气味和光、热安定性，从而达到工业生产要求。

2.1.2 橡胶填充油的指标要求[2]

橡胶填充油是一种石油软化剂，广泛应用于橡胶工业，可以改善橡胶的塑性，降低橡胶的黏度和混炼温度，降低橡胶的生产成本；是橡胶加工过程的第三大原料，使用量仅次于碳黑和生胶，可以有效弥补天然橡胶产量的不足和供应不稳定的状况。表1为55#填充油产品部分性能指标。

表1 55#填充油产品部分性能指标

分析项目	质量指标	试验方法	实测结果
外观(目测法)	清亮透明	外观(目测法)	清澈透明
密度(20℃)/(kg/m^3)		GB/T 1884	881.4
运动黏度/(mm^2/s) 40℃	42~70	GB/T 265	49.74
100℃		GB/T 265	6.521
闪点/℃	大于或等于170	GB/T 3536	200
倾点/℃		GB/T 3535	-3
赛波特颜色	大于或等于15	GB/T 3555	+24
折光率		SH/T 0724	1.4852
苯胺点/℃		GB/T 262	101.0
铜片腐蚀(100℃，3h)	1a；1b	GB/T 5096	1b
中和值/(mgKOH/g)	小于或等于0.050	GB/T 4945	0.006

(1) 运动黏度

橡胶填充油的运动黏度反映出油品的流动特性，油品的运动黏度不仅影响硫化胶的物理机械性能又影响胶料的塑性。根据需求的不同，需要添加使用不同黏度的填充油。

(2) 闪点

闪点不仅关系到油品挥发性的大小，又关系到橡胶配炼、生产以及贮存运输过程中的安全性，因此对橡胶填充油闪点指标的控制相当严格，根据生产充油橡胶的充油工艺条件规定，橡胶填充油的闪点一般不得低于150℃。

2.1.3 生产工艺流程

填充油生产工艺简图如图1。

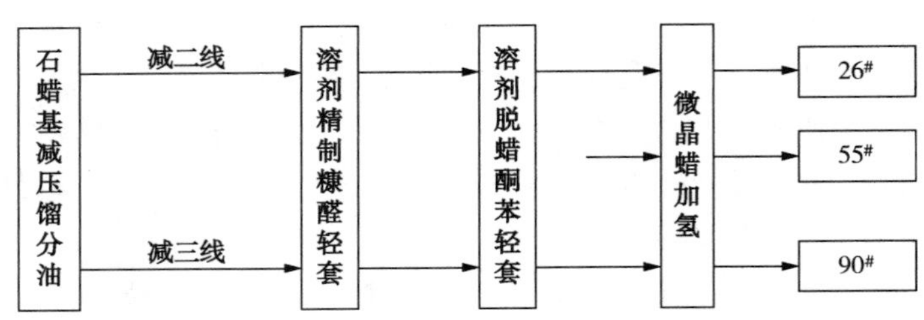

图1 填充油生产工艺简图

2.2 二段加氢精制生产3#白油

2011年分公司开始进行装置改造，将原装置改造为白油二段加氢生产装置，由白油预加氢和后加氢组成。后加氢的原料为预加氢装置生产的脱硫脱氮3#白油中间料，产品为3#白油，产品总量为8万t/a。开始生产3#白油系列。

两段加氢生产白油的工艺流程见图2，其工艺特点为：以2#蒸馏加工石蜡基原油的常二线(220~310℃)作为原料，进入预精制加氢，即一段加氢精制，以除去原料中的含硫、含氮、含氧化合物，并降低芳烃、烯烃含量，作为中间料达到后加氢精制的进料要求后，采用二段加氢精制工艺，进行以饱和油品中的芳烃为主的加氢反应，将在一段中没有被饱和的芳烃饱和，改善精制油的抗氧化安定性，提高产品的色度(达到+30赛波特号以上)。利用此种生产方法生产的白油，受到了广泛好评，可以广泛应用于纺织行业、日化行业、药品生产、食品加工等行业。

图2 3#白油生产工艺流程简图

2.2.1 3#白油生产原料性质

3#白油原料性质如表2。

表2 3#白油原料中间料数据

产品	闪点	初馏点	干点	比色	外观	黏度	芳烃	硫含量	氮含量
常二线	102	228.5	306			2.707		0.3281	130
预加氢	99	232	310				4.115	0.5	<0.5
后加氢	98	215.5	305	+30	无色透明		0.058		

2.2.2 3#白油产品

原料经过两段加氢，得到3#白油产品，性质如表3。

表 3 3#低芳白油产品数据

分析项目	质量指标	试验方法
初馏点/℃	大于或等于 210.0	GB/T 6536
终馏点/℃	小于或等于 310.0	GB/T 6536
赛波特颜色	大于或等于 25	GB/T 3555
芳烃/%(质量分数)	小于或等于 0.50	Q/JMSH J0800.93
运动黏度(40℃)/(mm^2/s)	2.5~3.2	GB/T 265
铜片腐蚀(100℃，3h)	≤1	GB/T 5096
密度(20℃)/(kg/m^3)		GB/T 1884
总硫含量/(mg/kg)	小于或等于 1.0	SH/T 0253
机械杂质和水分		目测
硝基萘试验		SH/T 0006 附录 B
硫酸显色试验		SH/T 0006 附录 A
倾点/℃	小于或等于-10	GB/T 3535
闪点/℃	大于或等于 80	GB/T 261

此外，为进一步增加溶剂油产品种类，提高产品市场占有率，荆门资产分公司决定投资 3#白油精密分馏措施，生产 D 系列溶剂白油。原料是加氢脱硫脱氮及深度脱芳后的 3#白油。产品是 D80、D100、D120 窄馏分环保型溶剂油。其中 D120 产品后来经过调整，按照 5#白油方案进行生产，达到了产品标准要求。成为 5#白油增产增效的又一个突破口和效益点。

2.3 利用高压加氢改质生产 5#、7#白油、26#、32#白油、46#白油等

正常工况下，润滑油高压加氢改质以石蜡基和中间基原油的减侧线通过溶剂精制后作为原料生产 HVI-10 及 120BS 高级润滑油产品，其中减一线馏分可作为 5#或 7#白油产品。减二减三线作为生产 32#白油、46#白油的原料，通过加氢精制达到产品要求。5#工业白油产品产品标准如表 4。

表 4 5#工业白油技术指标

项　　目	数　　据	试验方法
馏程，初馏点/℃	≥250	GB/T 6536
颜色/号	≥+20	GB/T 3555
运动黏度(40℃)/(mm^2/s)	4.14~5.06	GB/T 265
倾点/℃	≤3	GB/T 3535
闪点/℃	≥110	GB/T 3536
腐蚀试验(100℃，3h)/级	1	GB/T 5096
芳烃/%(质量分数)	考察	GB/T 11132
硫含量/(μg/g)	考察	GB/T 17040

中国石化石油化工科学研究院通过试验，给出了生产技术方案，原料为 1#蒸馏常三、减一线柴油，调整常三及减一抽出温度控制原料馏程及流量，混合原料大于 30h/h，走正常的加氢改质反应部分流程，生成油进入常压炉加热后到常压塔，通过常顶和常侧拔出轻组

分，然后白油产品进入减压炉和减压塔，减压部分不点炉不开真空，仅当容器使用，减底产品(5#白油)经过换热和冷却后在出装置处跨501#进入白土罐区，或跨102线进轻油罐区，不加剂。

在润滑油重套系统停工检修之际，按照方案生产确定的操作条件进行生产，获得了成功。从7月22日到7月28日，共生产5#白油约1600t。

再者，分公司通过摸索操作，探索经验，利用加氢改质生产26#白油组分，也获得了巨大成功。从7月31日到8月12日，通过中转五罐区储备的石蜡基减二线去蜡油原料，进行生产，按照预先制定的操作法，产品顺利进入罐区储存、调和。为10#白油、15#白油的生产调和做出了巨大贡献。

2.4 10#、15#白油的开发和生产调和

2013年，分公司根据市场需求，相继开发了10#白油和15#白油。其中，10#白油系由26#白油和D120组分按照一定比例调和而成，15#白油系由26#白油和7#白油(或D120组分)按照一定比例调和而成，表5为15#工业白油标准。

表5 15#工业白油标准

项目	质量指标	试验方法
运动黏度(40℃)/(mm^2/s)	13.5~16.5	GB/T 265
闪点/℃	大于或等于150	GB/T 3536
赛波特颜色	大于或等于24	GB/T 3555
倾点/℃	小于或等于2	GB/T 3535
铜片腐蚀(100℃，3h)	1a；1b	GB/T 5096
水分		GB/T 260
机械杂质		GB/T 511
水溶性酸或碱	无水溶性酸或碱	GB/T 259
外观(目测法)	无色、无味、无荧光、透明的油状液体	外观(目测法)
密度(20℃)/(kg/m^3)		GB/T 1884

从调和过程可以看出，两种白油都有26#白油的参与且占了大部分的调和比例，所以26#白油的生产以及增产变得异常重要，由其加工路线可以明确，从原料入手，适当提高2#蒸馏减二线的收率，与此同时，后序的加工装置也尽量大负荷生产，为微晶蜡加氢储备足够原料是其中的一个办法。

此外，提高酮苯轻套脱蜡油的收率也是一个很好的措施。当酮苯轻套脱蜡加工2#蒸馏减二线原料时，按照26#白油方案进行，提高倾点(按-6℃控制)的同时，安排装置大处理量生产(负荷不低于850T/天)。同时微晶蜡加氢生产由26#方案转为55#方案时，置换时间由正常的8h变为4h，以免污染后路的26#油产品罐，影响调和。

2.5 5#白油生产形式实现多样化和差异化

2.5.1 D120白油直接作5#白油生产

根据5#白油的指标要求，3#白油精馏切割装置调整装置操作条件，满足其质量要求，特

别是黏度(v_{40}为4.14~5.06mm²/s)，表6为5#工业白油技术指标。

表6 5#工业白油部分指标

项目	质量指标	试验方法
运动黏度(40℃)/(mm²/s)	4.14~5.06	GB/T 265
闪点/℃	大于或等于110	GB/T 3536
赛波特颜色	大于或等于+20	GB/T 3555
倾点/℃	小于或等于3	GB/T 3535
铜片腐蚀(100℃，3h)	1a；1b	GB/T 5096
水分		GB/T 260
机械杂质		GB/T 511
水溶性酸或碱	无水溶性酸或碱	GB/T 259
外观(目测法)	无色、无味、无荧光、透明的油状液体	外观(目测法)
密度(20℃)/(kg/m³)		GB/T 1884

2.5.2 D100与32#白油进行调和

按照质管中心小调试验结果进行调和，其中，32#白油系以改质生产的减二、减三线为原料，进行溶剂脱蜡和加氢精制后生产的白油，加入防紫外线剂(抗光剂)，符合工业白油标准。

2.5.3 改质生产5#白油

中国石化石油化工科学研究院通过试验，给出了生产技术方案，原料为1#蒸馏常三、减一线柴油。在润滑油重套系统停工检修之际，按照方案生产确定的操作条件进行生产，获得了成功。从7月22日到7月28日，共生产5#白油约1600t。

3 对白油现状的看法

(1) 可根据市场情况，合理及时调节生产计划；
(2) 合理利用生产检修间隙，生产优质白油是增产增效的良好途径；
(3) 产品必须适应市场需求，利用现有资源，使产品多样化、差异化；
(4) 研究国内外产品的使用情况，适时开发新品种。

参考文献

[1] 李长佰．我国白油工业现状及产品开发前景[J]．化工科技市场，2002(5)：22-23；28.
[2] 李春笋．橡胶填充油生产研究进展[J]．当代化工，2013，42(1)：82-85.

液相循环加氢技术应用生产国V车用柴油

王　伟

（中国石化九江分公司炼油运行二部，江西九江　332004）

摘　要　SRH工艺属高温、高压、临氢催化工艺过程，具有反应原理新、控制方式新、关键设备新等特点，属中石化“十条龙”攻关项目之一。装置以直馏柴油和焦化柴油的混合油为原料，经过加氢催化剂(FHUDS-2)加氢脱硫、脱氮，生产硫含量小于50μg/g的精制柴油产品和部分粗石脑油。采用该技术的九江分公司，应用生产硫含量小于10μg/g的精制柴油产品。该成果对优化中国石化炼油投资、提升炼油竞争能力和保障清洁油品市场供应等都具有重要的意义和作用。

关键词　国V柴油　柴油加氢　工业应用

环保法规日益严格，柴油的硫含量标准在逐年修订，发展和使用超低硫甚至无硫柴油是当今世界范围内清洁燃料发展的趋势。我国2011年7月1日参照欧Ⅲ标准执行硫含量小于350μg/g。北京、上海等城市已率先执行参照欧Ⅳ制定的京五、沪五标准，即要求硫含量小于10μg/g[1]。

在严重的雾霾压力之下，中国的油品质量升级行动提速。国家质检总局、国家标准委发布第4阶段车用柴油标准(硫含量不大于50μg/g)，过渡期截止在2014年底。换而言之，2015年后中国将全面实施国Ⅳ柴油标准，且柴油标准与汽油标准看齐。不仅如此，国V柴油标准的制定进程反超国V汽油标准。国务院常务会议同时提出，“2013年6月底前发布第五阶段车用柴油标准(硫含量不大于10μg/g)，过渡期均至2017年底。”

大宗商品柴油的质量升级，将带来新一轮的技术升级。在低碳经济、绿色经济、可持续发展的大形势下，生产清洁油品将是未来我国炼油工业发展的重点。各科研单位相继开发出柴油馏分进行深度脱硫的催化剂和柴油加氢工艺，SRH液相循环柴油加氢工艺就是柴油产品质量升级过程中开发的新工艺，在进军加工国Ⅳ柴油领域已获得理想的效果。

为应对柴油升级至国V步伐加快的新形势，中国石油化工股份有限公司九江分公司深度挖掘液相循环柴油加氢装置的潜力。在这套装置的中期标定中，增加了柴油产品对国V标准达标的要求。通过技术讨论和多方面的工艺调整，成功生产出国V产品。

1　SRH液相循环柴油加氢装置概况

中国石化九江分公司1.5Mt/a液相循环柴油加氢装置，采用上进料的液相循环柴油加氢技术(SRH)，由中国石油化工股份有限公司九江分公司与中国石化抚顺石油化工研究院、洛阳石油化工工程公司、长岭分公司、湛江分公司共同承担开发，属中国石化“十条龙”攻关项目。该装置应用的核心技术和关键设备特点如下。

1.1 SRH 柴油液相循环加氢技术

与传统加氢技术相比，SRH 柴油液相循环加氢技术具有流程短、高压设备少、投资小、装置能耗低等特点，取消了传统工艺的氢气循环系统，仅设置进料加热炉、加氢反应器、氢气混合器等高压设备，利用液相产品循环时带进系统的溶解氢来提供新鲜原料进行加氢反应所需要的氢气。其优势是大幅降低投资和操作费用，装置能耗降低 40%以上，降低反应器温升，提高催化剂的利用效率，延长催化剂寿命。

1.2 加氢反应器

采用国产 2.25Cr-1Mo 厚钢板制造的热壁板焊加氢反应器，反应器内径 4.4m，内设 3 个催化剂床层，催化剂床层间设新氢注入口。

1.3 液相循环油泵

循环油泵是装置的关键设备，由洛阳工程有限公司、中国石化九江分公司、沈阳太平洋水泵股份有限公司、沈阳工业泵制造有限公司共同承担研制。满足入口压力 10.0MPa、入口温度 400℃、扬程 81m 等工艺条件要求，又克服溶氢的饱和态柴油介质中含微量催化剂粉末的冲刷和汽蚀等问题。

2 国V柴油生产标定情况

2013 年 11 月 29 日—12 月 2 日，对装置进行为期 4d 的中期标定，在本次标定前，装置已连续生产 1.5a。在此期间，2013 年 6~9 月，受到高氯原油的影响，装置运行工况持续恶化，于 2013 年 9 月短停消缺，消除众多因生产高氯原料造成的负面影响。

在本次标定过程中，逐步调整反应条件，精制柴油产品等级先达到国Ⅳ车用柴油品质，再达到国V车用柴油要求。在标定的第 3d，精制柴油产品达到国V标准，根据安排国V产品继续稳定生产 1d。标定生产的操作条件、化验分析数据见表 1、表 2 和表 3，能耗情况见表 4。

表 1 中期标定生产操作条件

项 目	设计值	国Ⅳ阶段	国V阶段
新鲜原料进料量/(t/h)	178.5	160	125
体积空速/h^{-1}	2	1.74	1.36
循环油比	2.5:1	2.39:1	3.19:1
反应器入口温度/℃	365(中期)	380	377
反应器第一床层平均温度/℃	368(中期)	383	380
反应器第二床层平均温度/℃	372(中期)	386	382
反应器第三床层平均温度/℃	376(中期)	390	386
反应温升/℃	12	11	10
加氢量/(Nm^3/h)			
第 1 床层	7072.78	5700	4300
第 2 床层	4011.26	3000	2300
第 3 床层	4011.26	4100	3200

操作参数说明：在国Ⅴ柴油标定阶段。125t/h 进料量指新鲜原料量，反应进料量维持在 140t/h，装置有部分精制柴油循环至原料油，从而确保反应器进料泵的最小流量，以稳定装置操作。

表 2　中期标定生产原料分析

项　　目	设计值	国Ⅳ阶段	国Ⅴ阶段
馏程/℃			
初馏点	180	219.0	208.0
10%	213	251.0	239.0
50%	275	295.0	270.0
90%	339	346.0	319.0
95%(≯360)	351	360.0	343.0
氮含量/(mg/kg)	160	430.6	420.3
硫含量/(μg/g)	6225	4990	4900
密度(20℃)/(kg/m^3)	843	856	848
溴价/(gBr/100g)		4.4	4.0

在本次标定中，从原料油组成看，馏程与设计相比较重，原料氮含量较高，原料硫含量相对偏低。国Ⅵ阶段严格按照设计的直馏柴油：焦化柴油(85%：15%)质量比进行掺炼，原料组成常二线、常三线、减一线与焦化柴油。国Ⅴ阶段为控制装置负荷，逐步减少部分常三线。

表 3　中期标定产品分析

项　　目	设计值	国Ⅳ阶段	国Ⅴ阶段
馏程/℃			
初馏点	180	197.0	190.0
10%		242.0	232.0
50%	276	288.0	265.0
90%	338	343.0	312.0
95%(≯360)			
硫含量/(μg/g)	≯50	50	8.9
氮含量/(mg/kg)(<1500)	16	39	21
闪点/℃(≮57)		71	74
十六烷指数	54.9	54.3	53.2
密度(20℃)/(kg/m^3)	830	844.7	834.4

表 4　能耗设计值与国Ⅴ阶段实际消耗对比

项　　目	能耗累计量		单位能耗/(kgEo/t)	
	设计值	实际值	设计值	实际值
电/kW	3120.36	2393.6	4.54	5.762
燃料气/(t/h)	0.67	0.717	3.9	7.129
1.0MPa 蒸汽/(t/h)	-8	-6.3	-3.4	-5
循环水/(t/h)	221.9	428	0.12	0.447
除盐水/(t/h)	3	1.24	0.04	0.03
净化压缩空气/(Nm^3/h)	132	74.7		
氮气/(Nm^3/h)	7	0	0.01	0
凝结水/t	-0.5	0	-0.02	0
低温热水/(t/h)	163	150	-0.97	-2.17
新鲜水/(t/h)		1.51		0.0027
除氧水/(t/h)	12	7.2	0.62	0.694
热进料/kW	2124		0.86	(已在低温热扣除)
合计			5.7	6.88

从标定结果可以得出：

（1）标定前期，加工直馏柴油和焦化柴油混合进料时，原料硫含量4990μg/g下降至精制柴油50μg/g，脱硫率达到99%；进入国V阶段后，原料硫含量4900μg/g下降至8.9μg/g，脱硫率达到99.8%。

（2）能够生产达到国V车用柴油标准的产品，但由于装置处理量下降，催化剂活性受前期加工高氯原料影响活性降低，装置能否在高负荷情况下长周期生产国V柴油产品，还需进行进一步研究和实践。

（3）装置在标定国V阶段，69%负荷情况下能耗为6.88kgEo/t，与常规加氢装置相比，能耗低的优势存在。

3 结论

（1）SRH柴油液相循环加氢工艺的工艺应用表明，采用液相循环加氢技术的柴油加氢装置能够生产出满足国V排放标准的车用柴油；依据装置的实际运行情况，待催化剂再生恢复活性后，再次标定满负荷连续生产国V的工况，视标定情况，采取后续措施，使装置能够在原料油持续劣质化的同时连续稳定生产出国V排放标准的车用柴油。

（2）SRH柴油液相循环加氢装置操作能耗与传统气相加氢装置相比，优势明显，符合“绿色低碳、可持续发展”的时代要求。

（3）SRH柴油液相循环加氢装置运行设备少，流程短，与传统工艺相比，节省投资。

参考文献

[1] 牛世坤.SRH液相循环加氢技术的开发及工业应用[J].煤柴油加氢，2011(7)：141-146.

重油加工路线的优化及实践

夏晓蓉，邹圣武

（中国石化九江分公司，江西九江　332004）

摘　要　结合装置结构特点开展技术理论的分析，选择了5种重油加工路线，并运用PIMS模型软件比选了不同加工路线的经济效益，从而确定了最优的重油加工路线，即"催化裂化-溶剂脱沥青-延迟焦化-油浆拔头"组合加工工艺路线。经过实际生产的实践应用表明：每吨原油加工效益可增加51元以上，实现了企业经济效益最大化，并随着装置苛刻度的加大和装置结构完善经济效益会更加突出。

关键词　催化裂化　延迟焦化　溶剂脱沥青　重油　油浆拔头

在伴随着原油资源劣质化和重质化的总趋势下，油品需求却呈现出轻质化、清洁化的发展态势，因而重油加工路线优化业已成为炼油企业的重要课题[1]。中国石化作为世界能源公司，要求炼油板块率先实现世界一流，加大对所属分公司的效益导向考核。由此，炼油企业必须注重创造效益，以市场为导向，以效益为中心，提升炼油竞争能力和盈利水平。

另一方面，国家正努力调整经济发展方式，坚决抑制高耗能、高排放产业的增长，加快淘汰落后产能，导致石油产品市场需求发生了根本变化。由表1可知，石油焦、沥青等重质产品与原油、液体油品的价差越来越大，因此开展最大限度地提高重油的利用率已成为企业追求的目标之一。

表1　主要炼油产品价格变化一览

项　目	2011-01	2014-01	与原油价差		与0#柴油价差	
			2011-01	2014-01	2011-01	2014-01
原油	4714	4739				
聚丙烯	10368	9914	5654	5175	5242	4451
石油苯	6662	7585	1948	2846	1536	2122
石油甲苯	6366	7233	1652	2494	1240	1770
二甲苯	6914	7254	2200	2515	1788	1791
97#汽油	6085	6845	1371	2106	959	1382
93#汽油	5675	6396	961	1657	549	933
-10#军用柴油	5744	6116	1030	1377	618	653
3#航空煤油	5333	6004	619	1265	207	541
液化石油气	5359	5952	645	1213	233	489
0#柴油	5126	5463	412	724	0	0
60#道路石油沥青	3291	3215	-1423	-1524	-1835	-2248
3#B 石油焦	1628	1104	-3086	-3635	-3498	-4359

1 重油加工现状

1.1 装置结构

某公司是一家具有5.0Mt/a原油综合加工能力的燃料型炼厂，主要有常减压、催化裂化、延迟焦化、溶剂脱沥青、连续重整、汽油加氢、航煤加氢、柴油加氢、油浆拔头等炼油装置。见表2。常减压装置全部加工仪长管输原油，初常顶油作重整装置原料，常一线作航煤原料，减压蜡油进催化裂化装置，减压渣油进延迟焦化装置、溶剂脱沥青装置加工。

表2 主要炼油加工装置一览 Mt/a

装置名称	生产能力	
	设计	实际
Ⅰ套常减压装置	5.0	5.20
Ⅰ套催化装置	1.20	1.15
Ⅱ套催化装置	1.00	1.10
延迟焦化装置	1.00	1.20
溶剂脱沥青装置	0.50	0.50
连续重整装置	120	1.20
航煤加氢装置	0.20	0.24
汽柴油加氢装置	1.20	1.10
汽油加氢装置	0.90	1.10
柴油加氢装置	1.50	1.50
油浆拔头装置	0.10	0.10

1.2 蜡油和渣油平衡

该公司加工的仪长管输原油为30%胜利油和70%进口油的混合原油，原油残炭在5%~8%，硫含量在0.75%~1.0%，API在24~27，原油总体偏重偏劣质。由表2、表3可知，按照常减压装置1.45万t/d，渣油主要通过焦化装置和溶脱装置加工，减压蜡油、焦化蜡油和溶脱蜡油(脱沥青油)等蜡油组分全部进两套催化加工，装置处理能力仍有部分富余。溶剂脱沥青装置的脱油沥青原作为化肥合成气化原料[2]，现与重油浆调合生产普通沥青出厂。

表3 优化前的蜡渣油物料平衡

装置名称	入方		出方		
	物料名称	进料/(万t/a)	物料名称	收率/%	出料/(万t/a)
常减压装置	原油	507.5	渣油	26.5	134.5
			蜡油	34.0	172.6
催化装置	小计	206.2	催化油浆	4.5	9.3
	减压蜡油	172.6			
	焦化蜡油	22.7			
	脱沥青油	11.0			

续表

装置名称	入方		出方		
	物料名称	进料/(万 t/a)	物料名称	收率/%	出料/(万 t/a)
焦化装置	小计	119.3	焦化蜡油	19.0	22.7
	减压渣油	110.0			
	催化油浆	9.3			
溶脱装置	减压渣油	24.5	脱沥青油	45.0	11.0
			脱油沥青	54.6	13.4

1.3 PIMS模型建立

PIMS(Processes Industry ModeIing System)即过程工业模型系统，是用于过程工业经济规划的工具软件，采用线性规划+递归的技术以经济效益最大化为优化目标，该软件是一系列电子表格，在电子表格中输入的数据是目标函数和约束方程的系数，它包括Supply/Demand(供需表)、Distillation(原油蒸馏)、Sub-Mode(1副模组)、Blending(调和)、Recursion(递归)、Miscellaneous(杂项)、Periodic(周期表)。

在建立该炼厂的PIMS模型时，首先，根据所加工原油的的品种及加工方案，通过原油数据库系统进行模拟切割，生成各个切割馏分收率及性质表，约束条件有：原油加工量1.45万t/d，原油性质为30%胜利油和70%进口油的混合原油，原油硫含量在0.92%，API在26.7，外购重整料1.0万t/月等。其次，采用！Delta-base技术建立二次加工工艺的反应机理模型，主要包括催化裂化、焦化、重整、加氢裂化、汽煤柴油加氢精制等工艺，最后建立调合表，如重油浆与脱油沥青调合比例3∶7∶97#汽油5万t/d、航煤2.5万t/d和二甲苯0.35万t/d等，模型产品价格表见表1。

2 重油加工路线优化选择

2.1 加工路线

对照装置加工结构，蜡油和渣油可选择的加工路线有：

(1) 减压渣油和部分催化油浆进焦化装置，即焦化路线。

(2) 催化在加工全部蜡油的情况下，掺炼部分渣油，即催化路线。

(3) 在提高溶剂脱沥青装置处理量的前提下，有两种选择路线：

A 脱油沥青与重油浆调合生产沥青，即沥青路线；

B 降低焦化渣油加工量，掺炼部分脱油沥青，即脱油沥青进焦化路线。

2.2 技术分析

结合图1中不同的重油加工装置的特点以及表4中的不同重质组分性质，对不同的加工路线作如下技术分析：

重油在热转化过程中，饱和分和芳香分最不稳定，饱和分主要发生裂解反应，芳香分和胶质既裂解又缩合，沥青质则具有强烈的缩合倾向。芳香分和胶质在热转化过程中可能产生

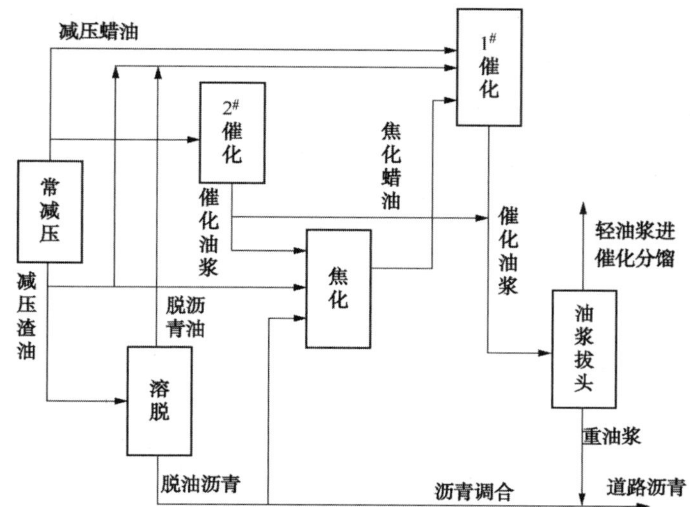

图1 蜡油和渣油组分加工流程

相当数量的二次沥青质。轻质产物可认为主要来自于饱和分和芳香分的裂解反应，胶质也占一定的比例。焦炭大都来自于胶质和沥青质的缩聚[3]。因此如何优化重质油中的芳香分、胶质和沥青质的转化方向是改善产品分布的主要途径。

（1）重油加工装置中，相对焦化和溶脱，催化装置对原料性质要求苛刻，残炭≯7%，（Ni+V）≯25mg/kg[4]。根据表4可知，渣油的残炭和重金属含量都较高，因此催化原料须以减压蜡油为主，而Ⅰ套重油催化装置在消化焦化蜡油和溶脱蜡油后，也只能部分掺炼渣油。

（2）焦化装置对原料适应范围宽，但产品分布不理想，应以原料劣质化为主，加工减压渣油、脱油沥青。同时掺炼部分催化油浆主要基于重油胶体结构理论。该理论认为其分散相为沥青质，分散介质为胶质和芳香分及饱和分组织混合物，且在体系中沥青质、胶质和油分、芳香度要连续分布形成一个梯度，否则易发生沥青质聚沉现象，生产焦的前身物；而重油热转化时胶体分散状态将破坏，因此为了缓和打破这一分散状态，掺炼部分高芳度含量高、且组成介于减压渣油和脱油沥青的催化油浆，可减少沥青质转化为焦倾向，一定程度缓解石油焦的产生。

（3）溶剂脱沥青装置是重油的非化学反应转化加工装置。该装置具备渣油脱金属、脱硫和脱沥青的功能[5]。由表4可知，溶脱蜡油的残炭值、四组分和重金属性质显著改善，且该工艺过程没有化学反应、仅有物理分离，不改变分子结构。溶脱蜡油中饱和烃是长链的芳烃组分，是仅次于减压蜡油的裂化性能较好组分。

脱油沥青其组成主要是芳烃、胶质和沥青质，饱和烃很低，可裂化性极差。因其沥青质含量高，是有效改善道路沥青高温性能重要组分，是调合生产道路沥青的硬组分。同时因其裂化性能差，热加工时只能进入焦化装置，且提高了焦化原料劣质化程度。

因此，通过溶剂脱沥青装置溶剂物理分离的原料，能较好地满足催化和焦化装置不同反应特点需求，并可最大限度地增加轻质油产品。

（4）从催化油浆性质看，其可裂化性能差，但经过油浆拔头分离后，轻油浆基本是柴油组分，进入催化分馏系统直接得到轻油产品。而重油浆组分，其初馏点高，四组分中饱和烃低，芳烃含量高，易满足道路沥青的蜡含量、闪点和软化点等指标要求，是调合沥青的较好软组分。因此部分油浆经过油浆拔头装置处理，可以增加其附加值。因两套催化原料不同，催化油浆的性质差异较大。Ⅱ套催化油浆相对Ⅰ套催化油浆而言，饱和烃含量较高、沥青质含量低，裂化性能较好，因此优先满足焦化装置掺炼量，余量进入油浆拔头装置。

表4 主要重馏分油性质一览

项目	减压蜡油	减压渣油	脱油沥青	脱沥青油	焦化蜡油	Ⅰ套油浆	Ⅱ套油浆	重油浆	轻油浆
初馏点/℃	310	424			287	305	323	355	189
10%/℃	384	555			359	388	404	426	224
50%/℃	435				414	447	454	461	261
90%/℃	526				501	533	534	533	337
终馏点/℃					552	575	576	564	378
575℃/%	99					98.25	98.52		
密度 20℃/(kg/m^3)	908	1002	1061	955	927	1133	1102	1131	934
黏度(80℃)/(mm^2/s)		1912.54		407.18	9.90	71.61	65.56	43.14	
残炭/%	1.64	18.96	32.47	7.90	0.50	5.79	4.94	10.52	0.15
硫/%	0.85	1.56	1.86	1.22	0.97	1.86	1.65	1.11	0.65
铁/(mg/kg)	2.71	28.95	39.00	2.92		21.91	11.60		
镍/(mg/kg)	4.84	61.18	105.00	14.16		7.05	6.11		
钒/(mg/kg)	1.67	25.18	62.50	7.35		11.34	7.24		
钙/(mg/kg)	3.56	64.95	100.50	3.18		44.07	23.95		
饱和烃/%	53.26	16.22	4.36	32.78	53.88	8.50	14.91	6.65	
芳烃/%	39.25	44.19	32.91	43.08	39.96	81.04	79.07	83.16	
沥青质+胶质/%	7.49	39.60	62.73	24.14	6.16	10.47	6.02	10.19	
氮/(mg/kg)	1856	4371			5067	2467	1935		
碱氮/(mg/kg)	488	2741			1602	1100	0.07		

2.3 经济性分析

通过上述的技术分析，并结合装置加工能力，确定5种加工方案进行定量比较。方案1：焦化路线，作为基准方案。焦化装置以最大负荷生产，其余渣油进溶脱装置，生产的溶脱沥青与重油浆调合沥青。

方案2：脱油沥青调合道路沥青路线。相对方案1而言，增加沥青产品4000t/月，催化装置不掺炼渣油，多余渣油进焦化装置。

方案3：脱油沥青进焦化路线。焦化装置掺炼脱油沥青18t/h，掺炼催化油浆4t/h。

方案4：催化路线。Ⅰ套催化装置掺炼渣油10t/h，溶脱装置负荷及沥青产量与方案1相同，多余渣油进焦化装置。

方案5：组合工艺路线。Ⅰ套催化装置掺炼渣油10t/h，焦化装置掺炼溶脱沥青18t/h，降低焦化渣油处理量和沥青产量。

参考表 1 的价格体系，运用计划优化软件炼油企业级 PIMS 模型测算出上述 5 个方案的产品产量及经济效益。见表 5。方案 1 与方案 5 的产品收率见表 6。优化后的蜡渣油物料平衡见表 7。

表 5 不同方案的经济效益与主要产品产量一览 万 t/月

名　　称	方案 1	方案 2	方案 3	方案 4	方案 5	方案 6
汽油	13.37	13.48	13.83	13.63	14.08	13.88
柴油	16.73	16.45	16.51	16.64	16.47	16.57
道路沥青	1.50	1.90	1.14	1.50	0.92	1.14
石油焦	2.89	2.58	2.75	2.60	2.57	2.82
苯	0.35	0.34	0.34	0.34	0.35	0.35
炼厂干气	1.60	1.56	1.67	1.59	1.71	1.69
液氨	0.02	0.02	0.03	0.02	0.02	0.03
液化气	2.34	2.37	2.42	2.40	2.53	2.46
聚丙烯	0.94	0.94	0.95	0.95	0.97	0.96
硫磺	0.24	0.25	0.26	0.25	0.27	0.26
催化烧焦	1.23	1.32	1.31	1.29	1.32	1.31
柴汽比	1.25	1.22	1.19	1.22	1.17	1.19
轻质油收率/%	75.63	75.30	76.14	76.10	76.62	76.37
效益差(原油)*/(元/t)		3.2	25.4	47.1	59.7	28.0
效益差(原油)**/(元/t)		2.2	14.9	20.5	41.7	15.5

注：(1)表 5 中*为 2014 年 1 月价格体系，**为 2011 年 1 月价格体系。

(2) 方案 6 是关于焦化原料深度劣质化的测算，在方案 3 的基础上再增加 5t/h 脱油沥青。

表 6 优化前后模拟主要产品收率变化

名　　称	方案 1，收率/%	方案 5，收率/%	差值
汽油	29.68	31.42	1.74
柴油	37.14	36.41	-0.73
道路沥青	3.33	2.04	-1.29
石油焦	6.42	5.71	-0.71
苯	0.77	0.77	0
炼厂干气	3.56	3.73	0.17
液氨	0.05	0.05	0
液化气	5.2	5.61	0.41
聚丙烯	2.08	2.15	0.07
硫磺	0.54	0.6	0.06
催化烧焦	2.65	2.93	0.28
轻质油收率	75.63	76.62	0.99

表 7 优化后的蜡渣油物料平衡表

<table>
<tr><th rowspan="2">装置名称</th><th colspan="2">入方</th><th colspan="3">出方</th></tr>
<tr><th>物料名称</th><th>进料/(万 t/a)</th><th>物料名称</th><th>收率/%</th><th>出料/(万 t/a)</th></tr>
<tr><td rowspan="2">常减压装置</td><td rowspan="2">原油</td><td rowspan="2">507.5</td><td>渣油</td><td>26.5</td><td>134.5</td></tr>
<tr><td>蜡油</td><td>34.0</td><td>172.6</td></tr>
<tr><td rowspan="5">催化装置</td><td>小计</td><td>223.2</td><td rowspan="5">催化油浆</td><td rowspan="5">4.5</td><td rowspan="5">10.0</td></tr>
<tr><td>减压蜡油</td><td>172.6</td></tr>
<tr><td>焦化蜡油</td><td>21.2</td></tr>
<tr><td>脱沥青油</td><td>21.0</td></tr>
<tr><td>减压渣油</td><td>8.4</td></tr>
<tr><td rowspan="4">焦化装置</td><td>小计</td><td>103.4</td><td rowspan="4">焦化蜡油</td><td rowspan="4">20.5</td><td rowspan="4">21.2</td></tr>
<tr><td>催化油浆</td><td>4.2</td></tr>
<tr><td>减压渣油</td><td>84.1</td></tr>
<tr><td>脱油沥青</td><td>15.1</td></tr>
<tr><td rowspan="2">溶脱装置</td><td rowspan="2">减压渣油</td><td rowspan="2">42.0</td><td>脱沥青油</td><td>50.0</td><td>21.0</td></tr>
<tr><td>脱油沥青</td><td>49.6</td><td>20.8</td></tr>
<tr><td rowspan="2">油浆拔头</td><td rowspan="2">油浆</td><td rowspan="2">5.8</td><td>轻油浆</td><td>17.0</td><td>1.0</td></tr>
<tr><td>沥青料</td><td>81.5</td><td>4.8</td></tr>
</table>

由表 5 可得出以下几个观点：

（1）方案 2~方案 4 分别采取不同的调整措施，与基准方案 1 相比都有提升效益的空间。从方案 4 可知单位渣油进催化装置加工增效显著。方案 5 是组合了方案 2~方案 4 的各项措施，其增效最大。

（2）在两种价格体系下，2014 年 1 月的价格体系与 2011 年 1 月相比，液体产品价格增加，且汽油价格增幅更大，石油焦和沥青产品价格反而下跌，因此产品价格变化使得效益增幅不同，说明优化重油加工路线、最大限度增加液体产品是提高经济效益的根本手段。

由表 6 可知，优化后方案 5 的轻质油收率比优化前方案 1 上升了 0.99 个百分点，石油焦和沥青产率下降了 2 个百分点，目的产品分布得到显著改善。且结合表 3 与表 7 可知，在原油处理量相同情况下，经过重油加工路线优化后，焦化装置处理量由 119 万 t/a 下降到 103 万 t/a，催化装置处理量由 206 万 t/a 提高到 223 万 t/a；溶脱装置处理量由 24 万 t/a 提高到 42 万 t/a。

通过上述技术和经济分析，论证了方案 5 为最优的重油加工路线，即“催化裂化-溶剂脱沥青-延迟焦化-油浆拔头”组合路线。在催化装置消化全部蜡油有能力富余的前提下，渣油优先进入催化加工；其后渣油进入溶脱装置加工，做大溶脱装置处理量；在焦化装置操作许可的条件下尽可能多掺炼脱油沥青，剩余脱油沥青与油浆拔头装置的重油浆调合道路沥青，最后考虑渣油进焦化加工。

3 重油加工路线优化的实践应用

从2013年4月27日起实施装置组合工艺，焦化掺炼脱油沥青控制在15~19t/h内，催化掺炼渣油7~10t/h内。为此，以全年数据与上一年同期数据进行比较分析。

3.1 装置原料性质变化

按照组合工艺要求，通过做大溶脱装置负荷，将Ⅰ套催化装置和焦化装置原料劣质化，两套装置的密度、残炭、金属含量都有较大幅度增加，四组分中的芳烃、胶质+沥青质含量增加，见表8。

表8 Ⅰ套催化装置和焦化装置原料性质变化一览表

项目	Ⅰ套催化装置		焦化装置	
	优化前	优化后	优化前	优化后
初馏点/℃	295	298	376	385
10%/℃	383	356		
50%/℃	444	420		
90%/℃	518	521		
500℃			5.3	4.0
密度(20℃)/(kg/m³)	936.8	939.4	994.7	1002.1
黏度(100℃)/(mm²/s)	14.23	16.02	2113.3	2473.8
残炭/%	2.55	3.73	19.2	22.3
硫含量/%	0.87	0.93	1.5	1.8
铁含量/(mg/kg)	3.2	3.3	18.0	33.1
镍含量/(mg/kg)	4.6	5.3	52.0	71.3
钒含量/(mg/kg)	2.2	3.1	32.0	42.1
钠含量/(mg/kg)	1.0	2.0		
钙含量/(mg/kg)	3	5		
饱和烃/%	46.7	41.7	15.4	10.2
芳烃/%	43.3	45.9	45.2	48.1
沥青质+胶质/%	10.0	12.4	39.4	41.7
氮/(mg/kg)	1856	2563		
碱氮/(mg/kg)	488	1140		

3.2 装置产品分布变化

随着原料的劣质化，Ⅰ套催化装置和焦化装置产品分布变差，液体产品收率下降，干气和生焦量加大，与原料劣质化的趋势相一致。见表9。

表9 Ⅰ套催化装置和焦化装置产品分布变化一览表

名　　称	Ⅰ套催化装置		名　　称	焦化装置	
	优化前	优化后		优化前	优化后
渣油掺炼量/(t/h)	0.00	7.90	沥青掺炼量/(t/h)	0.00	16.34
酸性气/%	0.30	0.31	酸性气/%	0.15	0.30
干气/%	2.63	2.77	干气/%	2.72	3.17
液化气/%	15.37	15.03	焦化液化气/%	2.32	1.97
汽油/%	49.39	48.37	焦化汽油/%	14.46	13.97
柴油/%	20.34	20.97	焦化柴油/%	32.77	29.87
油浆/%	4.36	4.50	焦化蜡油/%	19.02	20.65
烧焦/%	6.97	7.40	石油焦/%	28.47	29.98
损失/%	0.64	0.65	损失/%	0.09	0.09
轻液收率/%	85.10	84.37	轻液收率/%	68.57	66.46

3.3 全厂产品分布变化

从表10中可知，实施组合工艺后，汽煤柴合计收率上升1.42个百分点，石油焦+沥青收率下降了2.27个百分点，好于模型模拟数据。按表1中两个价格体系测算，加工每吨原油增加效益63元(2014年)和51元(2011年)。

表10 全厂主要物料分布变化一览表

名　　称	2013年5月~12月		2012年5月~12月		2013年与2012年同期相比
	实物量/t	收率/%	实物量/t	收率/%	收率/%
原油加工量	3537762		3458118		
液化气	206937	5.85	188602	5.45	0.40
干气	126527	3.58	120227	3.48	0.10
汽煤柴油	2657675	75.12	2548596	73.7	1.42
沥青	80622	2.28	125125	3.62	-1.34
石油焦	204372	5.78	231938	6.71	-0.93
轻质油产品		76.79		75.1	1.69

4 重油加工路线的改进与深化方向

(1) 提高沥青产品等级。目前该工艺在实际应用过程不能生产如AH-70等型号的高等级道路沥青，只能生产普通的60#道路沥青，主要是针入度比和实验后延度两指标控制不稳定，见表11。需要进一步摸索调整合适的溶脱装置拔出率，以及优化脱油沥青与重油浆的调合比例等方面开展工作。

表 11　道路沥青性质一览表

项　　目	针入度/(1/10mm)	伸长度(15℃)/cm	软化点/℃	针入度比/%	实验后延度(15℃)/cm
AH-70 指标	60~80	≥100	44~57	≥55.0	≮30
样品 1	68.7	150	46.3	48.64	35.3
样品 2	69.8	150	45.8	52.22	19.8
样品 3	64.6	150	45.5	56.16	32

(2) 继续提高装置的苛刻度。在一年的实践应用中，为保证焦化装置安全平稳运行，焦化装置原料残炭值按不大于24%控制。从表 5 中的方案 6 测算结果表明，当焦化装置掺炼脱油沥青提至 23t/h，企业整体效益会继续扩大。下一步要在保证安全运行情况下，继续开展提高装置的苛刻度的探索，进一步减少石油焦和沥青产量。

(3) 增加加氢装置完善组合工艺。该组合工艺中焦化蜡油碱氮高，且溶脱蜡油性质相对减压蜡油而言较为劣质。由文献 6 可知，进催化装置加工的渣油和蜡油组分经过加氢处理后，有助于改善催化进料性质，可以继续扩大催化掺炼溶脱蜡油和渣油量，并会明显改善催化装置的产品分布。

5　结论

结合现有装置结构特点，通过开展技术理论的深入分析，并运用优化模型软件进行经济效益比选，确定了最优的重油加工路线，即“催化裂化-溶剂脱沥青-延迟焦化-油浆拔头”组合加工工艺路线。经过实际生产的实践，能够实现企业经济效益最大化。随着装置苛刻度进一步加大，经济效益会更加突显。该工艺是应对重油劣质化发展趋势不可缺失的加工组合工艺。

参考文献

[1] 曹湘洪．高油价时代渣油加工工艺路线的选择[J]. 石油炼制与化工，2009，40(1)：1-8.
[2] 蔡智．溶剂脱沥青-脱油沥青气化-脱沥青油催化裂化组合工艺研究及应用[J]. 当代石油石化，2007，15(4)：16-20.
[3] 瞿国华．重质原油加工的热点与难点(I)[J]. 石油化工技术与经济，2013，29(1)：1-7.
[4] 梁文杰主编. 重质油化学[M]. 山东东营：石油大学出版社，2000.
[5] 龙军，王子军等．重溶剂脱沥青在含硫渣油加工中的应用[J]. 石油炼制与化工，2004，35(3)：1-5.
[6] 王健．千万吨级炼油厂重油加工方案的优化措施[J]. 石化技术 2012，19(3)：58-62.

FDFCC-Ⅲ工艺加工焦化汽油的工业实践

赵赞立[1]，孟凡东[2]，闫鸿飞[2]，段少魏[1]，张亚西[2]

（1. 新海石化有限公司，连云港 222100；
2. 中石化炼化工程(集团)股份有限公司工程技术研发中心，洛阳 471003）

摘 要 FDFCC-Ⅲ工艺由于设置第二提升管，对于加工焦化汽油具有独特优势。在550℃反应温度下，焦化汽油经第二提升管改质后，液化石油气+改质汽油+柴油收率为94.44%，改质汽油辛烷值RON提高11个单位，脱硫率达到78.0%，脱氮率达到91.8%。

关键词 催化裂化 焦化汽油 改质 辛烷值 脱硫

1 前言

江苏新海石化公司120万t/a重油催化裂化装置始建于2010年，采用中石化洛阳工程有限公司的FDFCC-Ⅲ工艺专利技术。该技术采用双提升管工艺流程，在常规催化裂化装置上增设汽油提升管反应器、汽油沉降器及副分馏塔等设备，并将低定碳高活性的汽油待生催化剂引入到重油提升管参与重油的催化裂化反应，以实现“低温接触、大剂油比”的高效催化技术[1]。该工艺可大幅度降低汽油硫含量，提高汽油辛烷值，同时在不增加装置干气和焦炭产率的情况下大幅提高丙烯产率[2]。

对于江苏新海石化公司来讲，由于缺少深加工手段，焦化汽油的出路一直是一个问题。如何采用简单易行的加工方法，对焦化汽油进行改质，提高其辛烷值，降低硫含量，同时加工损失又较小，已成为如江苏新海石化公司这样一些流程简单的炼油企业追求的方向。FDFCC-Ⅲ工艺由于设置第二提升管，为焦化汽油的改质提供了独立的反应场所，从而能在更有利的条件下实现焦化汽油的改质。为此，新海石化公司通过与中石化炼化工程(集团)股份有限公司工程技术研发中心的合作，于2014年6月至7月在其FDFCC-Ⅲ装置上进行了焦化汽油改质工业试验。

2 原料油与催化剂

工业试验重油提升管采用的原料油性质见表1，其为减压蜡油、减压渣油和焦化蜡油的混合物。焦化汽油的性质见表2。可以看到，焦化汽油性质很差，辛烷值RON为67.4，烯烃含量为43.5v%，硫含量达到8120μg/g，诱导期为310min。催化剂性质见表3，为常规催化裂化催化剂。

表1 原料油性质

项　目	数　据	项　目	数　据
密度(20℃)/(kg/m^3)	946.1	四组成/%	
分子量	516	饱和烃	55.37
残炭/%	3.2	芳烃	33.08
元素组成/%		胶质	11.21
C	85.62	沥青质	0.34
H	12.13	金属含量/(μg/g)	
S	1.80	Ni	13
N	0.351	V	4

表2 焦化汽油性质

项　目	数　据	项　目	数　据
密度(20℃)/(kg/m^3)	751.3	S/(μg/g)	8120
诱导期/min	310	N/(μg/g)	575
RON	67.4	馏程/℃	
族组成/v%		初馏点	45
饱和烃	46.47	50%	138
烯烃	43.50	90%	207
芳烃	10.03	终馏点	248

表3 催化剂性质

项　目	数　据	项　目	数　据
平衡剂		Ni/(μg/g)	5275
微反活性/%	63.4	V/(μg/g)	3889
含碳量/%	0.034	待生剂	
比表面/(m^2/g)	118.60	重油待生剂含碳量/%	0.851
孔容/(mL/g)	0.1661	汽油待生剂含碳量/%	0.186
磨损指数/%	1.24	汽油待生剂微反活性/%	56.1

3 结果与讨论

3.1 焦化汽油改质后的产品分布

FDFCC-Ⅲ工艺采用双提升管、双分馏塔流程，主、第二提升管主要产品的量通过质量流量计、检尺等手段结合组成分析数据即可以得到。总焦炭产量由主风量及烟气组成通过计算得到，主、辅提升管各自的焦炭产率由如下公式计算[3]：

$$Y_C = \Delta C \times R_C \times (1+R_F) \times (1+R_H) \tag{1}$$

式中 Y_C——焦炭产率,%；

R_C——剂油比；

R_F——回炼比，对第二提升管为0；

R_H——焦炭中氢碳元素比；

ΔC——再生剂与待生剂焦炭含量之差,%。

考虑到催化剂含碳量数值小，分析有误差，主、辅提升管焦炭产率计算出来后再根据总焦炭量归一。表4列出了工业试验采用的主要操作条件及得到的产品分布。

表4 主、辅提升管主要操作条件及产品分布

项　　目	主提升管	第二提升管
提升管出口温度/℃	518	550
提升管底部温度/℃	645	680
原料预热温度/℃	230	40
反应压力/MPa	0.19	0.20
剂油比	8.7	12.7
原料加工量/(t/h)	125	28.5
产品分布/%		
H_2S	0.71	0.48
H_2~C_2	3.20	2.72
C_3~C_4	13.17	16.50
汽油	41.54	72.78
柴油	27.33	5.16
油浆	6.18	0.00
焦炭	7.72	2.21
损失	0.15	0.15
总计	100	100
总液收(液化气+汽油+柴油)	82.04	94.44

从表4可以看到，在反应温度550℃条件下，焦化汽油经第二提升管改质后，汽油保留率为72.78%，液化气+改质汽油+柴油的收率为94.44%，焦炭产率为2.21%，干气产率为2.72%。与单纯的重油催化裂化装置相比，虽然加工焦化汽油增加了部分焦炭及干气产率，但由于在FDFCC-Ⅲ工艺中，第二提升管沉降器低温高活性的待生剂返回到了重油提升管底部，使重油提升管底部温度只有645℃左右，实现了重油“低温接触、大剂油比”的催化裂化条件，使得重油提升管干气产率有较大幅度下降。与以往常规重油催化裂化的生产相比，总的干气产率有所下降，焦炭产率稍有增加。

3.2 焦化汽油改质前后的质量变化

表5列出了主提升管粗汽油、第二提升管粗汽油及全装置稳定汽油的性质。由表5可以看到，焦化汽油经过FDFCC-Ⅲ工艺第二提升管改质后，汽油质量明显得到改善。烯烃含量由43.5v%降至12.4v%，硫含量由8120μg/g降至1786μg/g，氮含量由575μg/g降至47μg/g。降烯烃率为71.5%，脱硫率达到78.0%，脱氮率达到91.8%。降烯烃、脱硫、脱氮效果非常显著，充分体现出FDFCC-Ⅲ工艺的技术优势[4]。并且由于芳烃含量增加16个单位，辛烷值提高明显，改质后RON和MON分别由67.4、63.7提高至78.4、74.0，汽油RON提高11个单位，对混合后的稳定汽油RON仍能达到90.5贡献很大。此外，汽油烯烃含量减少导致汽油诱导期增长，改质汽油和稳定汽油诱导期分别为1020min和583min，均高于国家标准规定的指标。

表 5 汽油产品性质

项目	主粗汽油	副粗汽油	稳定汽油*
密度(20℃)/(kg/m^3)	739.5	729.9	734.6
诱导期/min	513	1020	583
硫醇硫/(μg/g)	110	44	30
RON	92.8	78.4	90.5
MON	80.9	74.0	80.3
族组成/v%			
饱和烃	39.98	61.43	44.73
烯烃	33.95	12.40	28.92
芳烃	26.07	26.17	26.35
苯含量/v%	0.45	0.52	0.48
S/(μg/g)	1870	1786	3400
N/(μg/g)	100	47	81
馏程/℃			
初馏点	34	35	37
10%	53	51	53
50%	110	111	102
90%	183	184	175
终馏点	199	196	196

* 稳定汽油为主粗汽油+副粗汽油+气压机凝缩油经吸收稳定后的产物。

3.3 与其他焦化汽油催化改质技术的对比

焦化汽油催化改质主要有三种方式，方式 1 是以急冷油方式注入催化裂化提升管上部，用以终止催化裂化反应，故又称反应终止剂[5]；方式 2 是作为提升管底部进料，在催化剂与重油原料接触前，在高温、大剂油比等苛刻条件下进行催化改质反应[6]；方式 3 是采用双提升管催化裂化工艺，在单独一根提升管内对焦化汽油进行催化裂化改质。三种方式典型的操作条件和产品分布、改质汽油性质变化见表 6。

表 6 焦化汽油催化改质不同方式操作条件及主要结果对比

改质方式	方式 1	方式 2	方式 3
操作条件			
反应温度/℃	500	710	550
剂油比	4.4	62.4	12.7
催化剂活性/%	47.0	63.4	63.4
产品分布/%			
干气	0.2	7.5	2.7
汽油	92.8	52.2	72.8
焦炭	0.8	6.9	2.2
总液收	99.0	84.4	94.4
改质汽油性质变化			
脱硫率/%	68.8	70.7	78.0
脱氮率/%	36.6	87.0	91.8
RON 增值	0.0	28.6	11

从表6可以看出，焦化汽油做反应终止剂由提升管上部注入时，由于反应温度低，剂油比小，催化剂活性低，因此汽油保留率高，改质汽油收率达到92.8%。改质汽油脱硫率、脱氮率有一定程度的下降，但辛烷值RON却没有变化，说明焦化汽油中的烃类发生转化反应的很少。这可由烃类在酸性催化剂上的反应机理得到解释。因为同种类型的烃类，大分子的吸附能力比小分子的强，且大分子比小分子更容易反应。因此在如此缓和的条件下，且有大分子烃类存在时，焦化汽油中的烃类小分子是很难发生反应的。但其中的硫、氮化合物由于吸附能力较强，则有一定的反应能力。

焦化汽油由提升管底部注入时，反应温度达710℃，剂油比达62.4，反应条件非常苛刻。且此时没有重油大分子的存在，焦化汽油经催化裂化改质后，汽油的辛烷值大幅度提高，RON提高28.6个单位，同时硫、氮等杂质含量均有较大幅度的降低。但此方式改质汽油收率只有52.2%，干气+焦炭产率达到14.4%，如此高的损失是炼油企业很难接受的。

在单独一根提升管内对焦化汽油进行催化改质时，由于为改质反应提供了独立的反应场所，一方面避免了重油大分子对焦化汽油小分子改质反应的影响，另一方面企业可以根据不同的需要、不同的方案采用不同的操作条件。若以提高汽油辛烷值和多产液化气为目标，可以采用600℃以上的反应温度；若以降低硫、氮等杂质含量为目标，可以采用450℃以下的反应温度；若以多产汽油、同时适当提高辛烷值为目标，可以采用550℃左右的反应温度。从而实现在不同的市场环境下，得到最佳的经济目标。

4 结论

（1）FDFCC-Ⅲ工艺由于设置第二提升管，为焦化汽油催化改质反应提供了独立的反应场所，可以灵活、多方案地实现焦化汽油的加工，为焦化汽油的利用提供了一条新途径。

（2）在改质反应温度550℃条件下，焦化汽油催化改质后，汽油保留率为72.78%，液化气+改质汽油+柴油的收率为94.44%，焦炭产率为2.21%，干气产率为2.72%。同时汽油性质得到明显改善，辛烷值RON提高11个单位，脱硫率为78.0%，脱氮率为91.8%，并且汽油烯烃含量大幅度下降，诱导期延长。

参考文献

[1] 孟凡东，黄延召，王龙延，等．低温接触、大剂油比的催化裂化技术[J]．石油炼制与化工，2011，42(6)：34-39.

[2] 陈曼桥，孟凡东．增产丙烯和生产清洁汽油新技术—FDFCC-Ⅲ工艺[J]．石油炼制与化工，2008，39(9)：1-5.

[3] 陈俊武，曹汉昌．催化裂化工艺与工程[M]．北京：中国石化出版，2005：877-886.

[4] 闫鸿飞．FDFCC-Ⅲ工艺汽油提升管汽油降硫影响因素研究[J]．河南化工，2010，27(10)：47-49.

[5] 赵日峰．焦化汽油进催化装置提升管反应器改质技术分析[J]．金陵石油化工，1997，(2)：37-39.

[6] 张国才．焦化汽油的催化裂化改质[J]．石油炼制与化工，2001，32(4)：5-9.

定向反射式焦化加热炉烧焦探讨

王龙飞，姜　伟

（中国石化齐鲁分公司，山东淄博　255400）

摘　要　定向反射式加热炉烧焦的难度大，加热炉进料方式、炉膛温度、烧焦风、烧焦蒸汽及如何升温对烧焦都有不同程度的影响，该装置总结出一套切实可行的烧焦方案，对保障焦化装置长周期运行有重要的意义。

关键词　加热炉　烧焦　定向反射式

齐鲁石化公司胜利炼油厂第三延迟焦化装置于2012年10月停工扩能改造，2012年12月一次开车成功。其中改造的重点是加热炉燃烧方式由双面辐射改为定向反射式，辐射室进料方式由“上进下出”改为“下进上出”，导致烧焦工作难度的增加。改造前采取“正烧”方式，烧焦从对流室点着后依次燃烧。改造后转油线变长且在辐射室外部，对流室烧完进入辐射室底部的炉管点不着，需要改反烧才能完成。而烧焦是延迟焦化一项重要工作，烧焦工作的好坏直接影响着焦化装置的长周期运行。因此对定向反射式燃烧加热炉烧焦进行了理论探讨及方案总结，以便于更快、更好地完成烧焦工作。

1　加热炉简介

齐鲁三焦化加热炉为一炉两室四管程，每路有两列燃烧器（即主火嘴）和长明灯，一列分别有16支长明灯和16台燃烧器（即主火嘴）。加热炉进行改造后，辐射段盘管的进料方式由上进下出改为下进上出式，同时炉管数由之前的24根增加至30根，新增加的六根炉管为规格为 Φ127mm×10mm 的炉管2根，ϕ141mm×12mm 的炉管4根，炉管材质为ASTMA335P9。改造后工艺介质在辐射盘管内流动顺序为：辐射室底部→辐射室顶部→辐射室顶部增加管束→出口。

延迟焦化炉的设计要求油品温度大于426℃后在管内的停留时间不超过45s。改造前流程如图1，渣油在对流室加热后经转油线进入辐射室上部，由底部出去。辐射室增加排管后势必延长高温段停留时间。因此，对炉管走向进行了优化，通过设置炉外转油线，渣油出对流室后进入辐射室底部，由辐射室上部出去，避开过热区域，缩短油品停留时间，延缓结焦，延长炉子连续运行时间，改造后流程见图2。

而进料方式的改变也影响了原有的烧焦工作，烧焦能否顺利进行，关键在于烧焦过程中结焦部位的温度以及结焦程度。首先，烧焦过程中结焦部位的温度能够达到炉管内结焦物的自燃点，或是前边的火苗足以能够引燃结焦物。烧焦过程中加热炉顶部的温度无疑要比底部的温度高。这是因为底部风门密封不是特别严，加之烧焦过程中火嘴的数量有限造成炉膛温度的不均匀，瓦斯燃烧的不充分而后在顶部的二次燃烧，以及烟气携带的热量到加热炉顶部，势必造成加热炉辐射室顶部的温度较高。其次，正常生产过程中对流室炉管及转油线属于温度较低部位，结焦程度比较轻。这一特点表现在烧焦中，对流及转油炉管烧焦时间较短，热偶温度也较低，且火苗也较小。加热炉进行改造前，烧焦正烧时，对流室燃烧完以后，火苗快速通过较短的转油线，到达辐射室炉管，加之辐射室顶部温度较高，一般都能引燃辐射室顶部炉管。而改造后，对流室炉管的较小的火苗经过较长的暴露在加热炉辐射室外的转油线，进入温度较低辐射室底部，火苗极有可能熄灭。改造后多次的烧焦工作也验证了该点。在改造后的几次烧焦工作发现，烧焦一般很难通过正烧一次性通过对流转油直接引燃辐射室炉管直至烧焦结束。现在采取的经验是先正烧，再反烧，最后正烧强制通风保证烧焦质量。

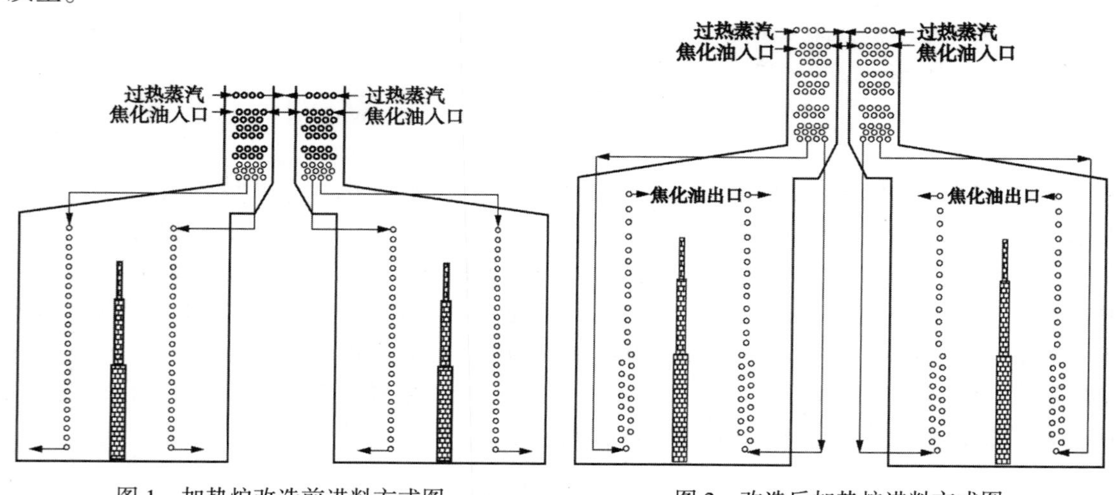

图1 加热炉改造前进料方式图

图2 改造后加热炉进料方式图

2 烧焦因素

烧焦是使附着在加热炉炉管上焦炭和风的温度达到自燃点，石油焦在炉管内开始燃烧。炉管内石油焦是否燃烧可以从炉管表面热偶及炉出口温度判断。石油焦在哪根炉管燃烧，哪根炉管表面热偶升高。同时石油焦燃烧携带的热量带到出口，导致炉出口温度升高。此外从现场观察，当炉管表面温度低于630℃时，不太容易观察到哪根燃烧。当超过640℃，才能观察到焦炭燃烧的炉管为暗红色，而不燃烧的炉管为黑色。

2.1 炉膛温度

炉膛温度的均匀与否直接影响烧焦的好坏。炉膛温度不均匀，可能会造成部分炉管不能正常烧焦。炉膛的纵向温度、横向温度分布[1]受火焰高度、热负荷、燃烧器(即主火嘴)型号的影响。炉膛的纵向温差可达100~200℃，辐射室中部横向温差最高可达140℃。而同样的热负荷，增加燃烧器台数可以缩小横向温差，但是增加纵向温差。一般情况下，炉膛最上边温度最高，炉膛底部温度较低，而炉膛底部的炉管结焦比较轻，导致炉膛底部炉管不太容易燃烧。一般通过改变烧焦方式和强制通风，保证底部炉管石油焦的燃烧。因此烧焦时要尽量多地点长明灯和燃烧器，达到缩小横向温差的目的。

炉膛温度的高低也影响着炉管烧焦。当炉管内石油焦燃烧时，炉管的温度自然高于炉膛。这种情况下把炉膛温度控制低些，维持在580~590℃左右，为了让炉管的热量尽量辐射到炉膛，降低炉管表面温度，而不是提蒸汽或降低风，那导致减缓烧焦进度；而炉管表面热偶下降，石油焦燃烧不好的情况，尽量提高炉膛温度在620~630℃，让炉膛的热量传导给风和焦炭，促使其更好地燃烧。炉膛温度可以用炉出口温度控制主火嘴的瓦斯完成，减少室外操作量。

2.2 烧焦方式

定向反射式加热炉烧焦若采用正烧流程，一般烧完对流室，经过5m的转油线才进入辐射室底部，辐射室底部炉管结焦较轻，炉膛底部温度比较低，所以会从第15根开始燃烧。而反烧的话，烧焦风基本等于室温，从炉出口进入炉管经炉膛加热后从25根才开始燃烧。所以改一到两次烧焦方式才能完成，导致烧焦炉管燃烧顺序没有条理性，增加烧焦的难度。

经过最近几次烧焦总结的经验是：先采用正烧，着完对流室和转油线，辐射室下部点不着，但大部分石油焦燃烧的热量带到炉出口，为改反烧后烧焦风加热作准备，时间为1个小时左右。然后改反烧，这样从最上部一根炉管就开始燃烧了，一直烧到炉管表面热偶没有升高的。再大量通风强烧5分钟。为了确保烧焦质量，再改一次正烧强制通风结束。

时间上来讲烧焦大多是从凌晨12点开始，本装置烧焦风与蒸汽没有控制阀，通过室外手阀调节。反烧时正好是炉管结焦最为严重的部位，一般一根炉管得烧四、五个小时左右，风和蒸汽基本上三四个小时不用调节，有效地降低凌晨时间段的劳动强度。

2.3 风与蒸汽

蒸汽具有降温和吹扫烧焦灰烬的作用，而风则是燃烧的必备物质，两者之间的配比显得尤为重要。蒸汽会造成两方面的影响：一是造成烧焦介质中的氧气的含量变低；二是取热量加大，两方面叠加在一起，极易造成灭火。提降多少蒸汽以前都是经验值，下面是烧焦蒸汽标准状态下的体积量。

根据：$PV=NRT$

$T=0℃$，$P=0.1\text{MPa}$(绝对压力)

$1.0\times10^5 V=(1\times10^6/18)\times8.314\times273.15$

得出：$V=1261\text{Nm}^3/\text{h}$。这是烧焦1t/h蒸汽汽标准状态的体积流量。

经过计算1t的蒸汽体积是1261Nm^3。烧焦风一般在300Nm^3/h左右，0.2t的蒸汽量就相当于烧焦风。建议每次提降0.2t/h，导致炉管中烧焦氧含量变化一倍，取热量也变化一倍。烧焦过程中，当炉管表面温度超温度，一般会提大些蒸汽量，建议每次提0.2t/h。同理，如果炉管表面温度下降太快的话，后续的炉管热偶又没有上长的，极有可能是炉管灭火，要及时降低蒸汽。

3 炉膛升温

升温的目的是让炉膛均匀地受热，便于把炉管所有部位的石油焦全部燃烧干净。该装置烧焦每分支点8个长明灯，即每路16个长明灯。主火嘴每分支4个，每路共8个。每分支点奇数长明灯，即1，3，5，7，9，11，13，15，主火升温采用“之”字型分布，见图3。这样方便记忆，易于操作。掉转完弯头炉膛温度一般在190℃左右，点完16个长明灯，炉膛温度一般在250℃左右。然后点主火嘴升温，每小时每分支点一支主火嘴，炉火位置尽量错开。五六个小时后炉膛温度能达到550℃左右。升温过程中蒸汽量可以适当降低，利于炉膛更好地升温，建议每路通蒸汽量0.5t/h。

升温过程需要注意：

（1）每分支不带联锁的最好点上。

（2）升温的过程中炉膛热偶点下方两个主火嘴尽量最后点，否则炉膛温度测得比实际的高很多。

（3）为了提高炉膛底部的温度，建议关闭不燃烧主火嘴的风门。

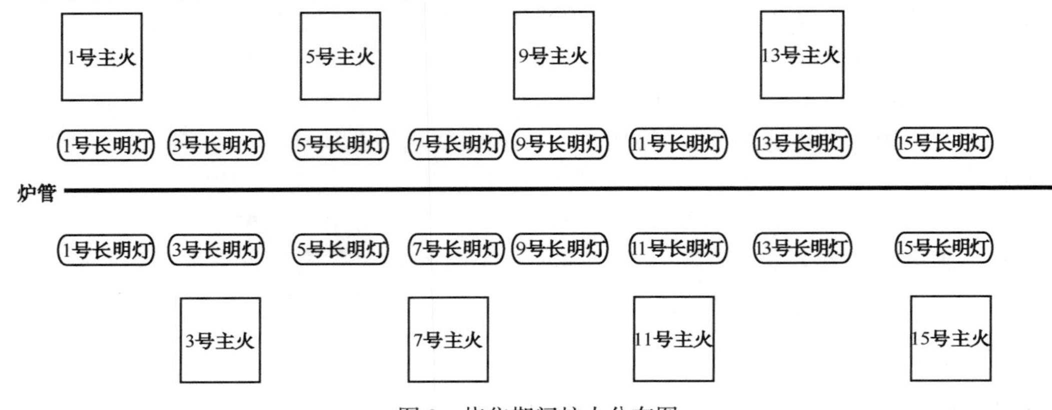

图3 烧焦期间炉火分布图

参 考 文 献

[1] 瞿国华．延迟焦化工艺与工程[M]北京：中国石化出版社，2007：422-433.

甲醇制烯烃 MTO 与石脑油裂解制乙烯的耦合工艺

张永生，徐尔玲，徐　蔚，陈　益，何　琨

（中石化上海工程有限公司，上海　200120）

摘　要　为了解决现有乙烯技术中流程设计不合理、工程投资大、操作费用高的问题，本文介绍了甲醇制烯烃（MTO）分离流程与石脑油裂解制乙烯流程进行耦合的工艺，即：通过将MTO产品气经压缩、干燥等预处理后送入预切割塔分离，塔顶分离出来的C_2以下组分、一部分C_3组分依托现有乙烯装置进行组分分离，C_4以上组分也依托现有乙烯装置进行组分分离，并通过降低石脑油进料量保持乙烯装置中的乙烯、丙烯流量不变，剩余的另一部分C_3组分经MTO装置进行分离处理，由此减少工程投资，降低操作费用，是一种崭新的制备乙烯工艺路线。

关键词　甲醇制烯烃　石脑油裂解　耦合工艺

1　乙烯生产工艺路线

1.1　乙烯装置

乙烯和丙烯是两种重要的基础化工原料，我国主要是采用石脑油蒸汽裂解制备的。裂解产生的轻烃混合物，一般通过深冷方法进行分离。深冷分离流程按照第一个精馏塔轻重关键组分的不同又分为顺序分离流程、前脱乙烷分离流程和前脱丙烷分离流程[1]。

1.2　甲醇制烯烃

石油资源有限，近年来价格波动较大，大力发展替代原料尤为迫切。甲醇制烯烃（MTO）工艺是由煤或天然气经甲醇制备低碳烯烃的。国内外专利商开发了一系列MTO工艺技术，MTO具有代表性的工艺包括：UOP/HYDRO、ExxonMobil、中科院大连化物所DMTO工艺、中石化上海石化院SMTO工艺等。常规MTO工艺装置一般包括原料甲醇换热和汽化系统、反应器及气固分离系统、再生器及气固分离系统、为再生器提供烧焦主风的主风机系统、催化剂储存及加卸系统、催化剂在两器间的循环及控制系统、反应产物换热及冷却系统（反应水冷凝及汽提）、再生烟气余热回收系统、专门用于开车的系统等。神华集团包头煤制烯烃示范项目是世界首套、全球最大的煤制烯烃项目。该项目的成功建设和运行，标志着我国成为世界上第一个掌握具有自主知识产权的煤制烯烃技术并使之工业化的国家，对实现烯烃原料多元化具有革命性的意义[2]。

1.3　烯烃分离技术

MTO的产品气进行烯烃分离，包括进料气压缩、酸性气体脱除和废碱液处理系统，进料气体和凝液干燥系统，气体再生部分，以及脱丙烷系统，脱甲烷系统、脱乙烷系统、乙炔加氢、乙烯精馏塔、丙烯精馏塔、脱丁烷塔和丙烯制冷系统等。此外，常规 MTO 烯烃分离工艺由一套丙烯制冷系统提供-40℃，-24℃，7℃三个等级的冷量[1,3,4]。

1.4 现有耦合工艺存在的问题

对石脑油裂解工艺与 MTO 工艺进行综合研究，不仅可以充分利用现有乙烯裂解装置技术，同时能提高产品附加值，降低投资，提高制备乙烯工艺的经济效益。据文献报道，一种利用醇烃共炼技术生产丙烯的工艺，采用将乙烯装置或炼油装置与醇烃共炼反应区共用分离区，实现一体化生产的工艺[5]。甲醇制烯烃反应系统与烃热解系统的综合，也报道了一种综合的 MTO 合成和烃热解系统，其中使 MTO 系统和它的补充烯烃裂化反应器与烃热解反应器组合，通过补充烯烃裂化反应器联合处理含氧物制烯烃 MTO 反应器流出物的较重馏分以及烃热解系统流出物的较轻馏分，可以成功将 MTO 系统与烃热解系统综合，并使较大烯烃转换轻质烯烃的产量增大，促进烯烃和其它石油化学产品的灵活生产[6]。但现有的耦合技术存在流程设计复杂、工程投资大、操作费用高等问题。

2 MTO 装置与乙烯装置耦合

MTO 装置反应气的组成与乙烯装置的裂解气组成有很大不同，主要差别在于 MTO 反应气中氢气和甲烷含量较低，丙烯和丙烷含量明显高于乙烯装置裂解气，重组分含量也较低，C_6以上的重组分极少。

为了达到乙烯装置与 MTO 装置有效耦合，可通过设置预切割塔，将 MTO 装置反应生成的产品气进行分离，使所产含全部乙烯的工艺气送往乙烯装置分离处理。考虑到乙烯装置的乙丙比和乙烯产能，在保持乙烯装置乙烯产能不变的前提下，则乙烯装置石脑油原料消耗将降低，同时可将 MTO 反应生成的部分丙烯也送往乙烯装置进行分离处理，MTO 反应气中剩余需分离处理的丙烯将留在 MTO 分离系统中分离。另外，乙烯装置裂解原料的减少，也将使乙烯装置中脱丁烷塔处理能力富余，所以将 MTO 反应气中的 C_4 重组分送乙烯装置，依托乙烯装置脱丁烷塔进行分离处理，从而充分利用现有乙烯装置的分离设施。MTO 装置分离工段丙烯精馏塔操作压力优化为 2.0MPAG，塔顶冷凝器采用循环冷却水，聚合级丙烯产品由塔顶侧线采出，塔釜为丙烷产品并作为裂解料送乙烯装置。这样不仅保证乙烯产能不变，减少石脑油消耗，而且还可以增产丙烯，降低新建 MTO 装置的投资和能耗。

2.1 耦合工艺中 MTO 流程优化

当 MTO 工艺与乙烯裂解工艺耦合，新建 MTO 装置因无脱甲烷塔、脱乙烷塔和乙烯塔，故不需-40℃和-24℃的冷量。新建 MTO 装置冷量用户仅仅为：反应气压缩机三段后冷器，预切割塔塔顶冷凝器，所需冷量远远小于常规 MTO 装置的用冷量。因此可以优化设备设置，MTO 装置可不设丙烯机及配套制冷系统，所需冷量则由冷冻站的冷冻水提供，综合考虑冷冻站代替丙烯机的优化配置，MTO 装置能耗可节省标油约 2 万 t/a。

2.2 不同耦合工艺情况简介

在充分依托乙烯裂解装置现有设备，并保持乙烯总产能不变的前提下，将装置规模为

180万t/aMTO与一定生产规模不同分离工艺的乙烯装置耦合，采用甲醇替代部分石脑油并增产丙烯的一体化工艺方法后，可减少石脑油的投用量、增产丙烯产品量。

2.2.1 MTO工艺与石脑油裂解前脱丙烷工艺进行耦合[7]

石脑油裂解原料进入裂解炉发生蒸汽热裂解反应生成乙烯、丙烯等物料，裂解炉出口的高温裂解气物料经急冷区急冷处理，急冷后的裂解气物料经压缩区增压后的裂解气物料进入脱丙烷塔，脱丙烷塔塔顶组分进入脱甲烷塔，塔顶得到甲烷氢，塔釜液进入脱乙烷塔，塔顶分离出 C_2 轻组分物料，塔釜分离出 C_3 组分物料；C_2 轻组分物料送乙烯精馏塔，塔顶分离出聚合级乙烯产品，塔釜分离出乙烷物料；C_3 组分送丙烯精馏塔，塔顶分离出聚合级丙烯产品，塔釜分离出丙烷物料；脱丙烷塔釜物料送脱丁烷塔，塔顶分离出混合 C_4 物料，塔釜分离出 C_5 和 C_5 以上重组分物料。

甲醇原料送MTO反应单元发生催化反应生成乙烯、丙烯等低碳烯烃并经急冷等预处理后成为MTO产品气，MTO产品气经产品气压缩机增压后送水洗/碱洗塔，塔顶的产品气物料经压缩机增压后送预切割塔，将MTO产品气分为三部分，一部分为 C_2 以下及部分 C_3 组分物流，一部分为剩余部分 C_3 组分物流，另一部分为 C_4 以上组分物流。C_2 以下及部分 C_3 组分物流进入石脑油裂解装置分离工段的脱丙烷塔。剩余部分 C_3 组分物流进入MTO装置烯烃分离工段中的丙烯精馏塔，塔顶塔底分别得到丙烯和丙烷产品，C_4 以上组分物流则进入石脑油裂解装置前脱丙烷工艺流程中的脱丁烷塔。

表1 MTO工艺与石脑油裂解前脱丙烷工艺进行耦合情况对比

乙烯总产量/(万t/a)	80	100	120
丙烯总产量/(万t/a)	57.84	65.7	66.75
增产丙烯/(万t/a)	17.84	15.7	6.75
少投石脑油/(万t/a)	93.06	100.04	128.88

由以表1可以看出，80万~120万t/a乙烯装置可少投石脑油93.06万~128.88万t/a，增产丙烯6.75万~17.84万t/a；同时与建设一套完整的MTO装置相比，MTO工艺流程只需要建设预切割塔、丙烯精馏塔、脱丙烷塔、冷冻水系统，而无需建设高耗能的丙烯制冷单元、脱乙烷塔、脱甲烷塔、乙烯精馏塔。

2.2.2 MTO工艺与石脑油裂解前脱乙烷工艺进行耦合[8]

MTO工艺与石脑油裂解前脱乙烷工艺进行耦合，经预处理的MTO产品气进入预切割塔进行分离，分离出来的一部分 C_2 以下及部分 C_3 组分物流，进入乙烯装置脱乙烷塔进行分离。剩余另一部分 C_3 留在MTO装置分离流程中的丙烯精馏塔进行分离，C_4 以上组分则依托乙烯装置脱丁烷塔进行分离。

表2 MTO工艺与石脑油裂解前脱乙烷工艺进行耦合情况对比

乙烯总产量/(万t/a)	100	110	120
丙烯总产量/(万t/a)	68.01	59.66	64.36
增产丙烯/(万t/a)	21.01	7.96	7.96
少投石脑油/(万t/a)	85.05	127.66	127.66

由表2可以看出，对于100万~120万t/a前脱乙烷分离工艺乙烯装置耦合180万t/aMTO装置来说，少投石脑油85.05万~127.66万t/a，增产丙烯7.96万~21.01万t/a；在乙烯总

产能不增加的情况下，可减少石脑油消耗，增产丙烯，降低能耗，降低投资和生产成本。

2.2.3 MTO工艺与石脑油裂解顺序分离工艺进行耦合[9]

MTO产品气经压缩、干燥后进入预切割塔，全部C_2以下及部分C_3组分进入裂解装置顺序分离工艺流程中的冷箱，剩余部分C_3及C_4以上组分进入MTO分离流程中的脱丙烷塔。MTO脱丙烷塔釜C_4以上进入裂解装置顺序分离工艺流程中的脱丁烷塔，通过两套工艺的耦合分离得到所有产品。

表3 MTO工艺与石脑油裂解顺序分离工艺进行耦合情况对比

乙烯总产量/(万t/a)	100	110	120
丙烯总产量/(万t/a)	51.00	56.10	61.20
增产丙烯/(万t/a)	19.93	6.35	6.35
少投石脑油/(万t/a)	86.13	129.30	129.30

由表3可以看出，用甲醇替代部分石脑油的一体化工艺方法增产丙烯产品，对100万~120万t/a乙烯装置可少投石脑油86.13万~129.30万t/a，增产丙烯6.35万~19.93万t/a。

3 结语

（1）经过分析可知在保持乙烯装置乙丙比和乙烯总产能不变的前提下，充分依托乙烯装置现有设施，并采用甲醇替代部分石脑油并增产丙烯的一体化工艺方法后，对装置规模80万~120万t/a乙烯装置来说，可少投石脑油原料85.05万~129.30万t/a，增产丙烯6.35万~21.01万t/a。

（2）由于MTO装置优化了工艺流程，取消了丙烯机，用界外冷冻水代替，大大减少了MTO装置的透平高压蒸汽耗量，同时由于没有丙烯制冷系统，循环水耗量也显著减少，由此能耗可节省标油约2万t/a。

参考文献

[1] 王松汉. 乙烯装置技术与运行[M]. 北京：中国石化出版社，2009.
[2] 吴秀章. 煤制低碳烯烃工艺与工程[M]. 北京：化学工业出版社，2014.
[3] 吴德荣，何琨. MTO与MTP工艺技术和工业应用的进展[J]. 石油化工，2015，44(1)：1-10.
[4] 李志庆，赵红娟，王宝杰，等. 煤基甲醇制烯烃技术进展及产业化进程[J]. 石化技术与应用，2015，33(2)：180-184.
[5] 蒋斌波，王中仁，廖祖维，等. 一种利用醇烃共炼技术生产丙烯的工艺：中国，103755510A[P]. 2014-04-30.
[6] 塞内塔 JJ. 甲醇制烯烃反应系统与烃热解系统的综合：中国，102408294A[P]. 2011-08-10.
[7] 张永生，徐蔚，辛怡，等. MTO工艺与石脑油裂解前脱丙烷工艺耦合的方法：中国，104151121A[P]. 2014-11-19.
[8] 张永生，何琨，徐蔚，等. MTO工艺与石脑油蒸汽裂解制乙烯工艺的耦合方法：中国，104193574A[P]. 2014-12-10.
[9] 何琨，徐尔玲，张永生，等. MTO工艺与石脑油裂解顺序分离工艺耦合的方法：中国，104193570A[P]. 2014-12-10.

煤直接液化技术研究现状及其发展方向

杨　杰

（中国神华煤制油化工有限公司鄂尔多斯煤制油分公司，内蒙古鄂尔多斯　017209）

摘　要　本文综述了煤直接液化技术的发展历程及其最新进展成果，讨论了国内外煤液化技术的工艺及其催化剂体系，简单介绍了目前世界上先进的煤炭液化技术及其工艺的现状和工业化情况，并介绍了煤液化技术目前存在的难题，指出了煤炭液化技术产业化的发展方向。

关键词　煤直接液化　煤间接液化　工艺条件　催化剂

能源是一个国家生产技术水平的重要标志，没有能源就没有工业。随着我国经济的快速发展，能源消费急剧增加。20 世纪 90 年代我国已成为石油净进口国。2003 年，我国已是全球仅次于美国的第二大石油进口国和消耗国，能源安全，尤其是石油安全已成为必须引起高度重视的问题。我国富煤少油，石油资源短缺矛盾突出。预计今后相当长的时期内，煤炭作为我国主要能源的格局不会改变。因此寻求新的替代能源势在必行。如果利用煤炭来代替运输燃料，煤炭必须被转化成有类似氢含量的液体物质。为此需要直接或间接地从煤中脱碳或加氢，其中第一种工艺是众所周知的焦化或热解，第二种工艺就是煤炭液化。

煤炭液化可分为直接液化和间接液化两种。目前，煤化工的主要方向都集中到了煤炭直接液化与间接液化的技术层面，上述两种技术合成的产品具有很好的互补性：直接液化合成的燃料转化效率较高；间接液化产品使用效率较高，比直接液化产品的环保性能好，但副产物多[1]。从经济效益和技术上来看，各国已经开始将煤直接液化技术作为日后煤化工发展的主要方向。

1　煤直接液化技术[1]

煤炭直接液化工艺的目标是裂解、解聚煤的有机结构，并进行加氢，使其成为液体产物。虽然目前开发了多种不同种类的煤炭直接液化工艺，但就基本化学反应而言，它们非常接近。共同特征都是在高温高压下使高浓度煤浆中的煤发生热解，在催化剂作用下进行加氢和进一步分解，最终成为稳定的液态分子。

煤直接液化工艺的主要过程是把煤先磨成粉，再和自身产生的液化重油（循环溶剂）配成煤浆，在高温（430～470℃）和高压（15～30MPa）下直接加氢，将煤转化成液体产品。整个过程可分成三个主要工艺单元。

（1）煤浆制备单元：将煤破碎至小于 0.2mm 以下与溶剂、催化剂一起制成煤浆。

（2）反应单元：在高温高压下进行加氢反应，生成液体产物。

（3）分离单元：将反应生成的残渣、液化油、反应气分离开，重油作为循环溶剂配煤浆用。

其中，煤直接液化催化剂的研究和开发是进一步降低煤炭直接液化成本和反应苛刻度并提高煤液化收率的关键技术之一，煤炭直接液化中使用的催化剂通常有三大类：第一类是钴(Co)、钼(Mo)、镍(Ni)催化剂，其催化活性较高，但这类金属催化剂价格比较昂贵而且丢弃对环境污染比较严重，因此用后需要回收；第二类是金属卤化催化剂，如ZnCl2、SnCl2等，裂解能力强，但对煤液化装置的设备有较强的腐蚀作用；第三类是铁系催化剂，包括含铁的天然矿石、含铁的工业残渣和各种纯态的铁的化合物(如铁的氧化物、硫化物、氢氧化物等)，其催化剂活性、价格比高，进入灰渣对环境没有污染，是目前煤炭直接液化催化剂研究的重点和方向。铁系催化剂中天然含铁矿石和工业含铁残渣的催化活性受自身物质的性质影响较大，这方面的研究工作主要集中在寻找含高活性的含铁天然矿物和含铁工业废渣上，这类催化剂存在的问题是添加量较大，添加了残渣的处理量和影响了液化油的收率。

2 煤直接液化工艺

煤炭直接液化工艺是根据煤转化为液体的过程和原理而设计的。煤的直接液化一般要经历煤的热解、加氢和进一步分解等过程，最终成为稳定的可蒸馏的液体产物。1927年，德国首次建成了第一座煤直接液化工厂，所使用的液化技术被称为Pott-Broche液化工艺或者IG Farben液化工艺，该技术受关注的程度及其发展随石油价格的波动而变化。相继开发出的典型煤炭直接液化技术有：美国的氢煤法H-Coal和HTI工艺、德国的二段液化IGOR工艺、日本的NEDOL工艺和我国的神华工艺。

2.1 HTI工艺

该工艺是在两段催化液化法和H-COAL工艺基础上发展起来的，采用近十年来开发的悬浮床反应器和HTI拥有专利的铁基催化剂。

工艺特点：反应条件比较缓和，反应温度420~450℃，反应压力17MPa，低温低压可降低高压设备及高压管道的造价，且有助于延长设备的使用寿命；采用特殊的液体循环全返混沸腾床反应器，克服了反应器内煤固体颗粒的沉降问题，反应器的直径比大，因而，单系列生产装置的规模大，全返混性也使反应器内反应温度更易控制；催化剂是采用HTI专利技术制备的铁系胶状高活性催化剂，Fe的加入量少，这不仅减少了煤浆管道及阀门的磨损，而且还减少了残渣的生成量；在高温分离器后面串联有在线加氢固定床反应器，对液化油进行加氢精制；固液分离采用临界溶剂萃取的方法，能把残渣中的大部分重油及沥青质分离出来，重新用于配煤浆，再次进入液化反应器，可从液化残渣中最大限度回收重质组分，这些重质组分的进一步转化使HIT液化油的产率提高5%~10%，但是，在实际运行中，重质组分会在系统中沉积，最终影响系统长周期稳定运行。

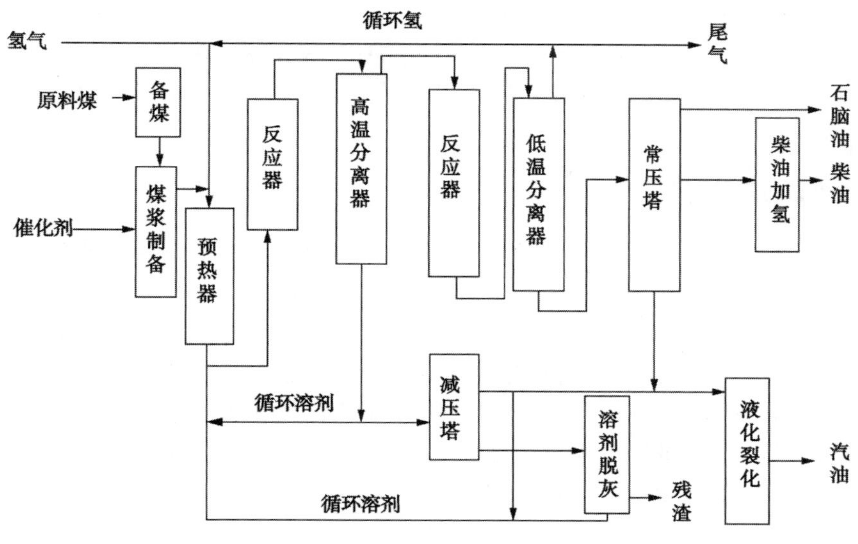

图 1 HTI 工艺

2.2 IGOR 工艺[2]

20 世纪 70 年代，德国鲁尔煤炭公司与 VEBA 石油公司和 DMT 矿冶及检测技术公司合作。开发出了比德国原工艺先进的新工艺，称为 IGOR 工艺。该工艺采用煤与循环溶剂再加催化剂与 H_2一起依次进入煤浆预热器和煤浆反应器，反应后的物料进高温分离器，在此，重质物料与气体及轻质油蒸气分离。操作压力由原来的 70MPa 降至 30MPa，反应温度 450～480℃；固液分离改为真空闪蒸方法，将难以加氢的沥青烯留在残渣中气化制氢，轻油和中油产率可达 50%[3]。其中液化残渣的固液分离由过滤改为减压蒸馏，设备处理能力增大，操作简单；循环油由重油改为中油与催化加氢重油混合油，不含固体；液化残渣不再采用低温干馏，而直接送去气化制氢[4]。

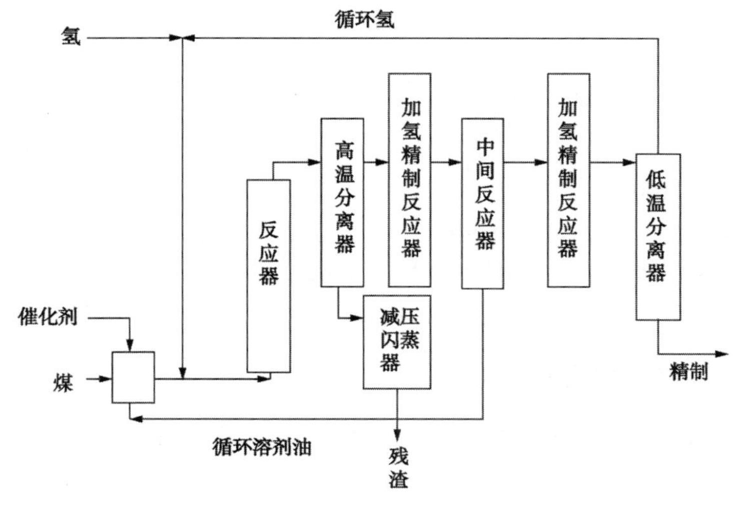

图 2 IGOR 工艺[2]

云南先锋褐煤在IGOR工艺200kg/d的PDU装置的试验结果表明，与其它煤直接液化工艺相比，IGOR工艺具有煤直接液化反应器的空速高、系统集成度高和油品质量好的特点，先锋褐煤是适宜IGOR煤液化的煤种，得到的油收率为53%，而且得到的液化油具有轻质和极低的氮硫含量的特点[4]。

2.3 NEDOL工艺[5]

1978—1983年，在日本政府的倡导下，日本钢管公司、住友金属工业公司和三菱重工业公司分别开发了三种直接液化工艺。所有的项目是由新能源产业技术机构(NEDO)负责实施的。新能源产业技术机构不再对每个工艺单独支持，相反将这三种工艺合并成NEDOL液化工艺，主要对次烟煤和低阶烟煤进行液化。该工艺的特点是：反应压力较低(17~19MPa)，反应温度为455~465℃．催化剂采用合成硫化铁或天然硫铁矿，固液分离采用减压蒸馏的方法；配煤浆用的循环溶剂单独加氢，可提高溶剂的供氢能力；液化油含有较多杂原子，还必须提质才能获得产品。

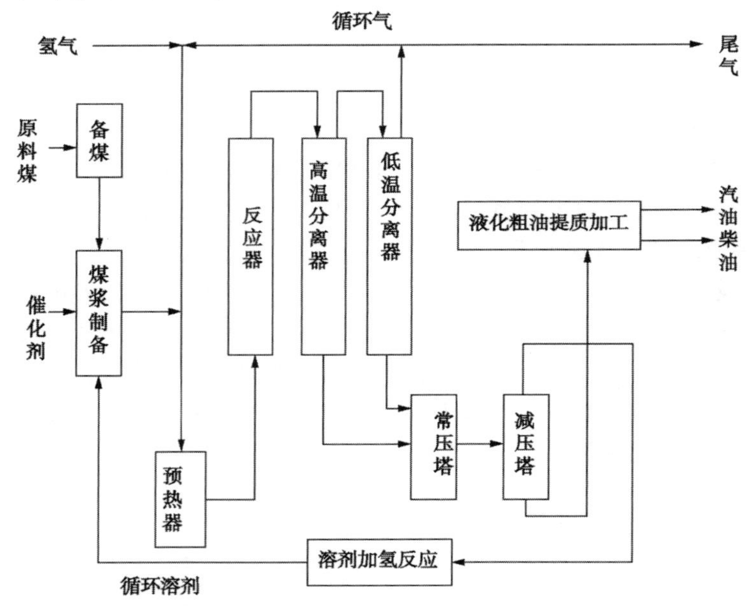

图3 NEDOL工艺

从1997年3月~1998年12月，日本又建成了5座液化厂。这5座液化厂对三种不同品种的煤(印度尼西亚的Tanito Harum煤和Adaro煤以及日本的Ikeshima煤)进行了液化，没有太大问题。液化过程获得了许多数据和结果，如80天连续加煤成功运转，液化油的收率达到58wt%(干基无灰煤)，煤浆的浓度达50%，累计生产时间为6200小时。

2.4 中国神华煤直接液化工艺[6]

神华煤直接液化工艺是在充分消化吸收国外现有煤直接液化工艺技术的基础上，对HTI工艺进行优化，结合国家“863”高效合成煤直接液化催化剂的开发成功的具有自主知识产权的煤直接液化工艺。

神华煤直接液化工艺的主要特点有：

液化反应条件温和，反应压力 17~19MPa，反应温度 440~465℃；采用超细水合氧化铁(Fe00H)作为液化催化剂，其活性高、添加量少，煤液化转化率高，残渣带出的液化油少，增加了蒸馏油产率。

煤浆制备全部采用供氢性循环溶剂，溶剂性质稳定，成浆性好，可以制备成含固体浓度45%~55%的高浓度煤浆，而且煤浆流动性好，煤浆黏度低；

采用两个强制循环的全返混悬浮床反应器，轴向温度分布均匀，反应温度控制容易，通过进料温度即可控制反应温度，不需要采用反应器侧线急冷氢控制，产品性质稳定。由于强制循环悬浮床反应器气体滞留系数低，反应器液相利用率高；反应器内液速高，没有矿物质沉积；采用减压蒸馏的方法进行沥青和固体物的脱除。减压蒸馏的残渣含固体 50%~55%。

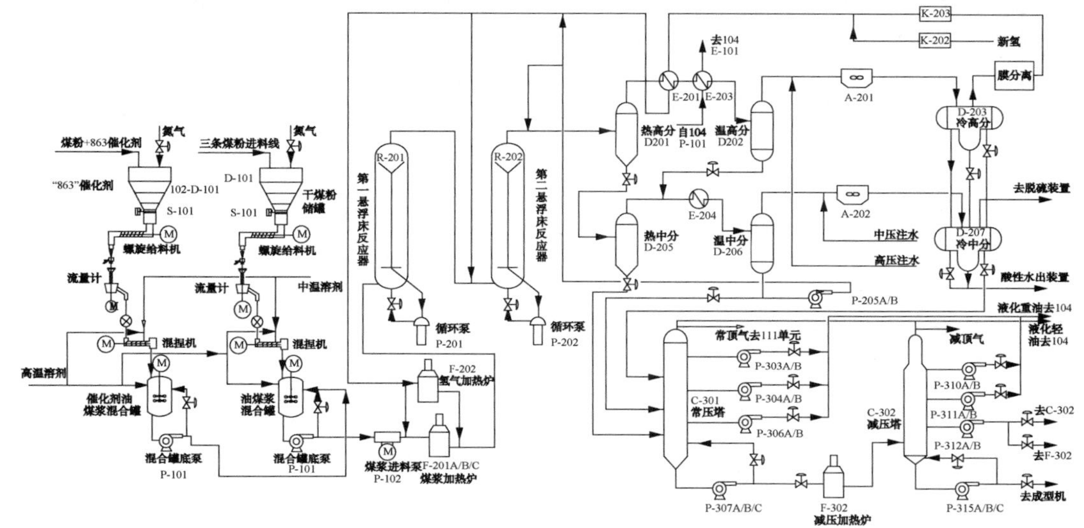

图 4　神华工艺

神华煤直接液化百万吨级示范工程运转期间，煤的转化率为 90.94%(无水无灰基)。实际油收率为 56.86%(无水无灰基)[6]。自从 2008 年初次试车成功至 2015 年 8 月，神华煤制油顺利完成第十七个生产周期，不断克服瓶颈，实现长周期稳定商业化运行。

3　未来展望

目前，煤直接液化技术许多理论方面的问题还没有得到完全解决。这些问题包括：煤结构的研究及其与液化反应性的关系，催化剂、分子氢和供氢溶剂在煤液化中的作用，催化剂的中毒、煤岩显微组分液化性能的差异等。这些基础理论问题的解决有助于工艺过程的开发和过程的优化。

煤液化技术在我国有近三十年的研究历史，但创新性、突破性研究成果不多，工业示范和应用还刚刚起步，行业的发展任重道远。经过不懈努力，煤液化技术和产业一定能在我国国民经济的发展和能源安全供应中发挥出其应用的作用。在未来发展中对煤液化企业最有利的做法是，直接将自己的液化产品输送到现有的炼油厂中，作为进一步提炼的原材料，或者与炼油厂的产品进行混合使用。煤炭液化和炼油厂的结合主要包括共享一些产品混合和输出设备。同时，我国应该加大煤炭气化技术、煤液化技术的开发和推行力度，引进和吸收消化国外先进技术，以及进口设备国产化，制定实施新的能源政策，使我国能源工业走上创新可持续发展之路。

参 考 文 献

[1] 高晋升，张德祥. 煤液化技术[J]. 煤炭转化及加工利用[M]. 北京：化学工业出版社，2005.

[2] Strobel B O；Loring RIGOR-Taking Short Cut in Coal Hydrogenation. In：23rd ACS National Meeting，1992.

[3] 李克健，史士东，李文博 . 德国 IGOR 煤液化工艺及云南先锋褐煤液化[J]. 煤炭转化，2001(2)：13-16.

[4] 马志邦，郑建国 . 德国煤液化精制联合工艺—IGOR 工艺[J]. 煤化工 . 1996(3)：483-485.

[5] 金嘉璐 . 日本 NEDO 的烟煤液化工艺[J]. 煤炭转化 . 1991(2)：31-36.

[6] 舒歌平 . 神华煤直接液化工艺及其开发意义[J]. 煤炭转化及加工利用 . 2009(7)：483-485.

反应吸收制备生物柴油的流程模拟

田雅楠，罗　晶，谢　旭，李鲁闽，孙兰义

（中国石油大学（华东）化学工程学院，青岛　266580）

摘　要　生物柴油是一种可持续、无毒、生物可降解的脂肪酸甲酯混合物，主要性质与石化柴油近似，是未来最有可能替代石油的清洁燃料，然而传统的生物柴油制备方法存在过程能耗高的缺点。本文提出了一种反应吸收制备生物柴油工艺，通过模拟可知，与反应精馏相比，反应吸收过程具有明显的节能效果；同时，反应吸收塔的使用能够减少设备投资。可见反应吸收工艺在生物柴油制备过程中显示出了巨大的潜力。

关键词　生物柴油　反应吸收　稳态模拟　优化

1　引言

近年来，随着矿物能源的日益枯竭、人类对燃料能源需求量的急剧攀升以及环保要求的日趋严格[1]，生物柴油产业受到广泛重视。由于生物柴油只含碳、氢、氧三种元素，其中大量的氧元素降低了碳元素比例，其燃烧时耗氧量更低，具有使用安全、清洁高效等突出优点[2~4]。然而，生物柴油是否能够在维持粮食供应的情况下大量生产，并提高能源净增益，保证经济竞争力是生物柴油制备工艺实现工业应用的前提。化学法生产生物柴油具有生产成本较低、反应容易控制、油脂转化率高等优点，对于提高生产效率、降低生产成本具有重要意义。经典的生物柴油制备工艺包含了反应、分离等一系列过程，为简化流程，通常利用反应精馏技术达到产品合成、分离的目的。虽然反应精馏制备工艺能够明显的简化常规化学法生产流程，但反应精馏过程中仍需要较高的能量投资，这成为阻碍化学法生产生物柴油实现工业应用的主要问题之一。因此，新型节能的可持续能源再生制备技术的研究迫在眉睫。

与反应精馏类似，在反应吸收过程中，组分之间的反应与吸收过程也是同时进行的[5]。反应吸收过程主要用于硫酸与硝酸的制备，可用于分离气液物流中的关键组分。此外，还可用于去除废气中的有害物质。对于生物柴油制备过程，目前大量的文献报道主要集中在对反应精馏与热集成技术结合的研究，针对反应吸收制备生物柴油的研究罕见报道[6,7]。本文提出了一种反应吸收制备生物柴油新工艺，并利用 Aspen Plus 流程模拟软件对该工艺进行过程优化，结果显示了良好的节能效果。

2　反应吸收制备生物柴油工艺

2.1　流程稳态建模

月桂酸是椰子油的主要成分，其性质与生物柴油主要成分脂肪酸甲酯非常相似，本文采用月桂酸代表游离脂肪酸，在固体酸催化剂作用下，与甲醇进行酯化反应生成月桂酸甲酯[8]。图1为酯化反应精馏制备生物柴油示意图。如图1所示，月桂酸与甲醇进料经预热后在反应精馏塔(RD101)内进行酯化反应，塔底采出99.4wt%(质量分数，下同)的月桂酸甲酯，塔顶为未反应完全的甲醇与水混合物。RD101塔顶馏出物在甲醇回收塔(T101)中精馏分离，99.0wt%的甲醇从T101塔顶采出，与新鲜甲醇混合至RD101循环使用。

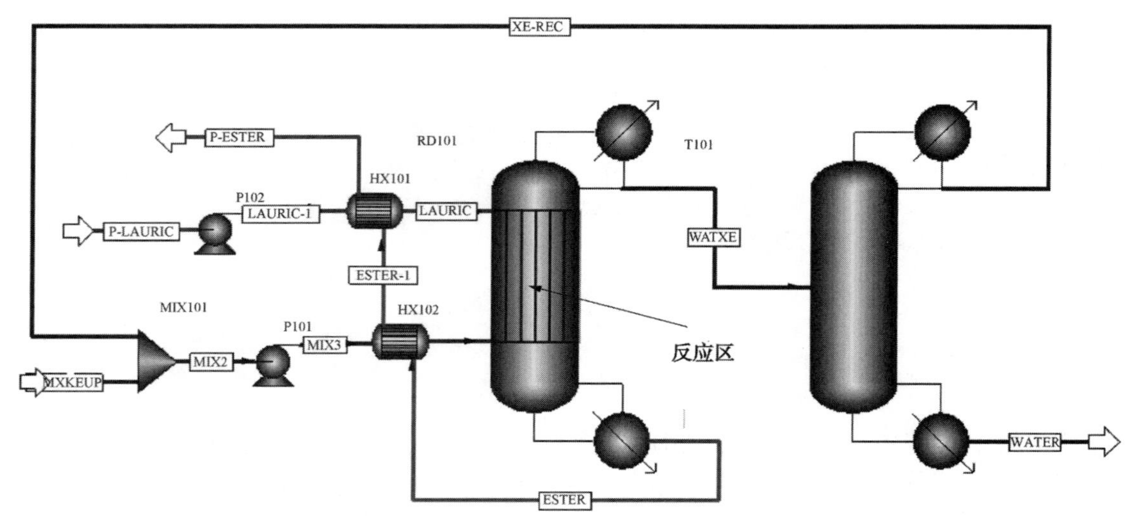

图1 反应精馏工艺制备生物柴油示意图

在生物柴油制备过程中，利用反应精馏获得高纯度的产品是一种可行的方案，但由于过量甲醇的使用，造成精馏工艺所需能耗较高。另外，由于脂肪酸甲酯具有较高的沸点，塔底再沸器的温度也相应较高，这与生物柴油的热稳定性发生冲突。

本文对生物柴油制备过程引入反应吸收方案，能够完全克服精馏塔中再沸器温度过高的缺点，在适宜的温度下获得较高纯度的脂肪酸甲酯。此外，水作为副产品直接从塔顶气相蒸出，也不再回流至塔内，能够促进正向反应的进行并避免固体催化剂的失活。

图2为反应吸收制备生物柴油过程示意图。如图2所示，月桂酸自塔顶液相进料，甲醇完全气化后从塔底进入，月桂酸与甲醇在塔内全塔反应，塔底产物为粗制生物柴油。粗制生物柴油中的主要杂质为甲醇，鉴于甲醇与月桂酸甲酯的沸点相差较大，仅通过一个简单的闪蒸器即可将液相产物生物柴油纯度提高到99.4wt%。闪蒸器气相产品为含有少许酯的甲醇蒸汽，循环回反应吸收塔(RA101)使用。RA101塔顶蒸汽是含有少许甲醇的废水蒸汽。该过程的主要物流信息见表1。表2是反应精馏与反应吸收工艺的参数比较。可以发现，与常规反应精馏相比，反应吸收过程的主要能耗发生在压缩机(热电比为3)和闪蒸器上，节能效果非常好(见表3)。

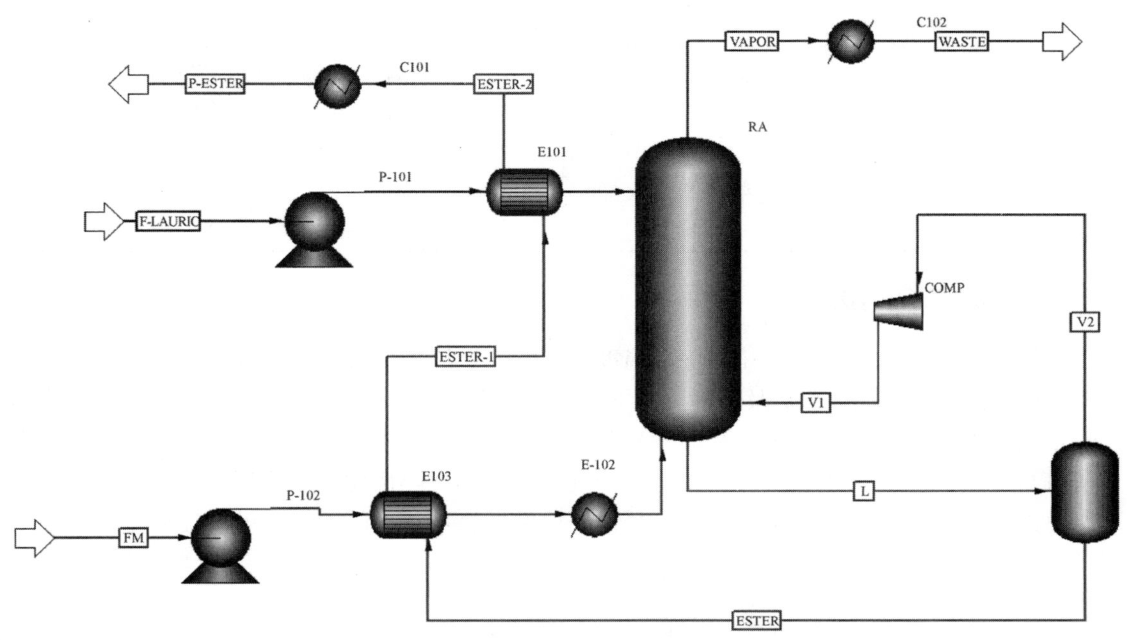

图 2 反应吸收工艺制备生物柴油示意图

表 1 反应吸收过程的主要物流信息表

	LAURIC	F-MEOH	VAPOR	L	V2	ESTER
温度/℃	50	147.5	173.3	156	176.9	176.9
压力/10^5Pa	13	13	12.5	13	2	2
气相分率	0	1	1	0	1	0
摩尔流率/(kmol/h)	100	111	107	257.4	153.4	104
质量流率/(kg/h)	20032.14	3542.653	2028.688	27474.29	5928.185	21546.08
质量分数						
LAURIC	1	0	0.005	0	0	0
MeOH	0	0.995	0.094	0.176	0.795	0.006
ESTER	0	0	0.004	0.823	0.203	0.994
WATER	0	0.005	0.897	0.001	0.002	0

表 2 常规精馏塔与反应吸收塔操作参数比较

操作与结构参数	反应精馏		反应吸收
	RD101	T101	RA101
塔板数	35	12	35
进料位置	3/34	9	1/35
回流比	0.7	1.64	—
反应段	1-34		1-35
塔顶采出量/(kmol/h)	196	95	107
塔底采出量/(kmol/h)	104	101	257.4
持液量/m^3	0.043		0.043
冷凝器(塔顶)压力/10^5Pa	12.5	1	12.5
冷凝器(塔顶)温度/℃	155	64	173
再沸器(塔底)压力/10^5Pa	13	1.5	13
再沸器(塔底)温度/℃	298	98	156

表 3 常规精馏塔与反应吸收塔过程能耗比较

过程能耗	常规流程			反应吸收		
	RD101	T101	合计	F101	COMP	合计
冷凝负荷/kW	-3101	-2650	-5751	—	—	—
再沸(加热)负荷/kW	6301	2227	8528	1480	—	1480
电能/kW	—	—	—	—	462	1386

2.2 流程换热优化

根据稳态模拟发现，当月桂酸进料温度在120℃左右时，无论是产品纯度还是反应吸收塔RA101的操作负荷，都能保持在令人满意的范围。在最初的建模过程中，反应吸收塔RA101的塔顶气相出料VAPOR和闪蒸器液相出料ESTER的温位都较高，但并未对这两股热流进行非常有效的利用。因此对原有流程进行简单的换热优化，利用反应吸收塔塔顶气相出料对月桂酸进料加热，闪蒸器液相出料仅对甲醇进料加热(见图3)，可使过程能耗进一步降低。主要物流换热信息见表4。

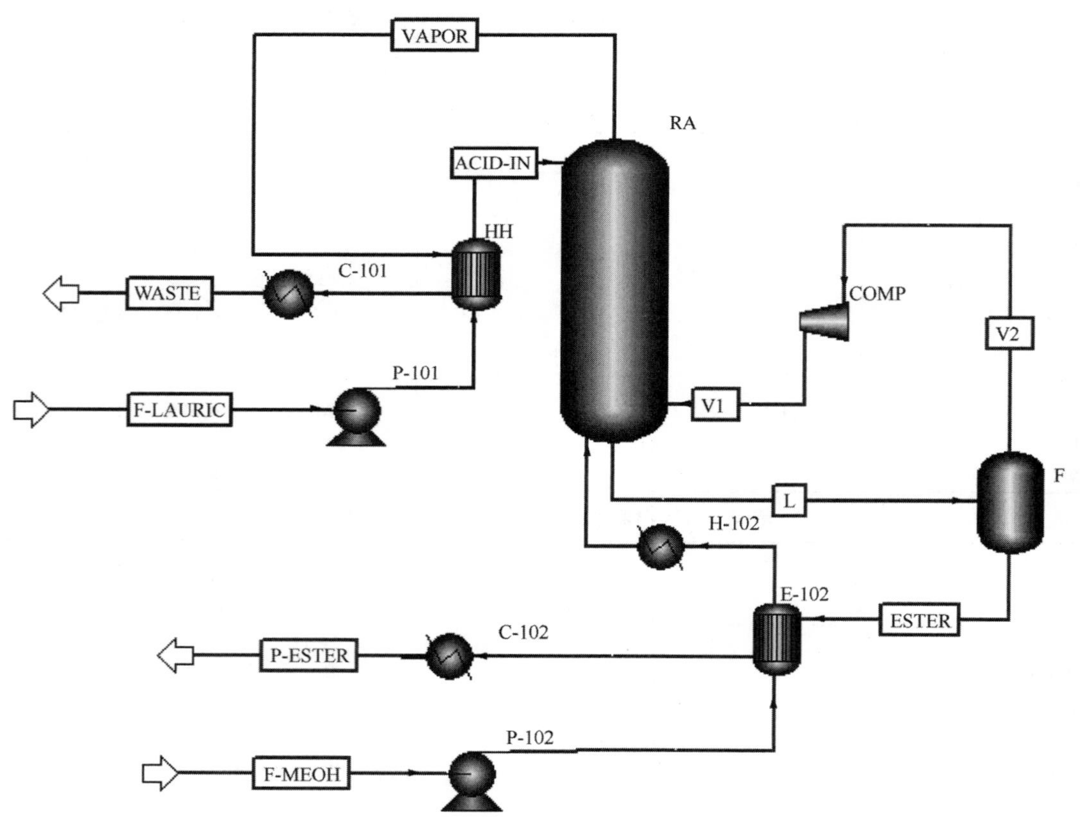

图3 换热优化后的反应吸收流程示意图

表 4 换热器主要物流信息

	E-101		E-102	
	进口	出口	进口	出口
热物流	VAPOR	VAPOR1	ESTER	ESTER-1
温度/℃	177.3	175.7	176.6	120
压力/10^5Pa	12.5	12.5	2	2
冷物流	LAURIC-1	ACID-IN	MEOH-1	MEOH-2
温度/℃	26.2	110.1	26.9	147.5
压力/10^5Pa	13	13	13	13
热负荷/kW	1073.4		828.5	

3 反应吸收塔剖面分析

对反应吸收塔 RA101 的温度与反应速率进行剖面分析，并与常规反应精馏塔 RD101 相比较。由图 4 可知，与反应精馏塔相比，反应吸收塔塔内温度较高，上层塔板部分的反应范围更广一些。图 5 为两塔塔内组成剖面图。可以看出，与反应精馏塔 RD101 相比，反应吸收塔 RA101 内月桂酸比例相对较高，且在塔顶主要反应区域内水含量小于 10wt%，因此有利于减缓塔内催化剂的失活，促进反应的正向进行。

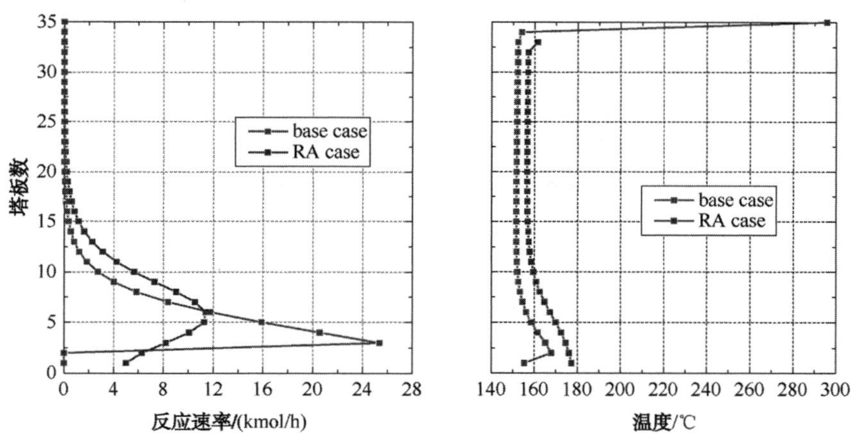

图 4 反应精馏塔与反应吸收塔的温度与反应速率剖面图

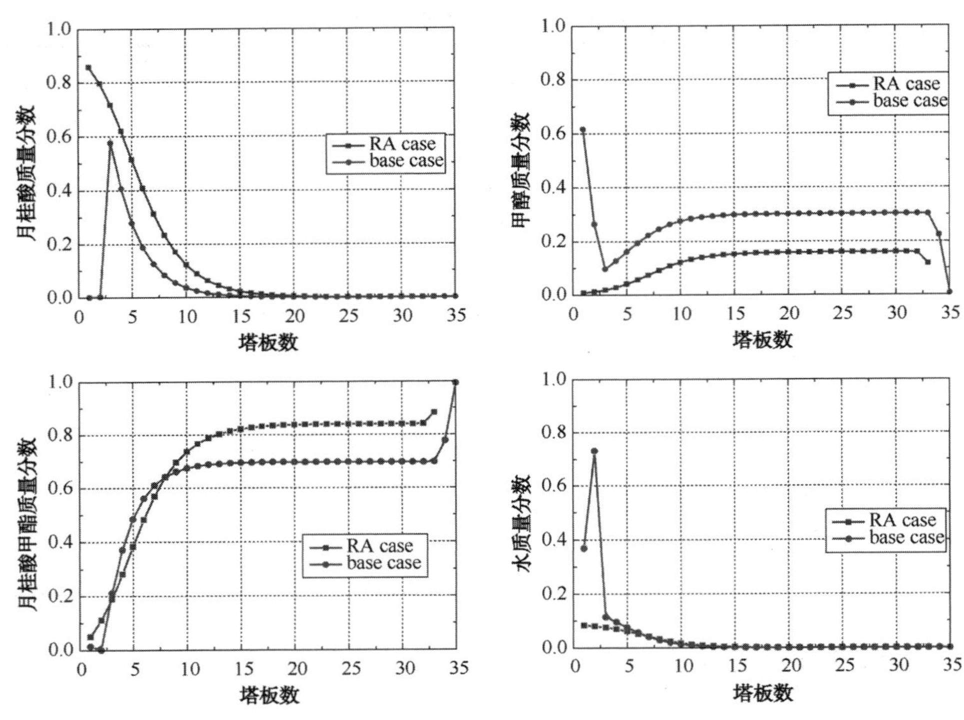

图5 反应精馏塔与反应吸收塔的组成剖面图

4 结论

本文在确保热力学方法与动力学方程准确的前提下，利用 AspenPlus 流程模拟软件对传统反应精馏与反应吸收制备生物柴油工艺进行了稳态建模，并对反应吸收过程进行了简单的换热优化。通过对反应吸收制备生物柴油的分析研究，可以知道与反应精馏相比，反应吸收过程能够明显节省过程能耗并同时减少设备投资。由此可见，反应吸收过程是一项极具发展潜力的生物柴油制备技术。本文以月桂酸甲酯代表生物柴油作为研究对象，仅能对反应-分离技术在生物柴油制备的应用前景作为预测，并不能完全作为生物柴油制备生产的理论依据，因此，针对生物柴油的反应吸收研究还有待进一步拓展。

参考文献

[1] Okullo S J, Reynès F. Can reserve additions in mature crude oil provinces attenuate peak oil? [J]. Energy, 2011, 36(9): 5755-5764.

[2] Souza T P, Stragevitch L, Knoechelmann A, et al. Simulation and preliminary economic assessment of a biodiesel plant and comparison with reactive distillation[J]. Fuel Processing Technology, 2014, 123: 75-81.

[3] Demirbas A H. Inexpensive oil and fats feedstocks for production of biodiesel[J]. Energy Education Science and Technology Part A-Energy Science and Research, 2009, 23(1-2): 1-13.

[4] Yaakob Z, Mohammad M, Alherbawi M, et al. Overview of the production of biodiesel from waste cooking oil [J]. Renewable and Sustainable Energy Reviews, 2013, 18: 184-193.

[5] Noeres C, Kenig E Y, Gorak A. Modelling of reactive separation processes: reactive absorption and reactive distillation[J]. Chemical Engineering and Processing: Process Intensification, 2003, 42(3): 157-178.

[6] Kiss A A, Bildea C S. Integrated reactive absorption process for synthesis of fatty esters[J]. Bioresource Technology, 2011, 102(2): 490-498.

[7] Bildea C S, Kiss A A. Dynamics and control of a biodiesel process by reactive absorption[J]. Chemical Engineering Research and Design, 2011, 89(2): 187-196.

[8] Kiss A A. Novel process for biodiesel by reactive absorption[J]. Separation and Purification Technology, 2009, 69(3): 280-287.

乌石化公司增产汽油潜力与途径探讨

孙　艳[1]，孟　伟[1]，刘兆福[2]

（1. 中国石油乌鲁木齐石化公司研究院；
2. 中国石油乌鲁木齐石化公司计划处，新疆乌鲁木齐　830019）

摘　要　根据 APS 整体效益测算结果，增产国Ⅳ汽油是乌石化公司重要增效途径。通过分析，我厂催化裂化装置具备增产汽油的潜力，在原油加工结构基本不变轻的情况下，增产汽油主要是围绕增加催化装置加工负荷、提高催化汽油收率、优化汽油调合方案等方面开展工作。通过内部挖潜，实施减压深拔，提高直馏蜡油收率，保催化装置满负荷生产。

关键词　APS 效益　增产汽油　潜力与途径

1　前言

追求效益最大化是目前炼化企业首要考虑的问题，为提高经济效益，乌石化公司采用炼化物料优化系统(APS)进行效益测算，APS 系统(Advanced Planning System)是 Honeywell 公司的计划优化软件，是中国石油天然气股份有限公司在中石油系统内部推广实施的先进计划系统项目，帮助中国石油在优化原油选择、产品分配和下游企业生产方面进行优化。

根据 APS 模型测算结果，按照乌石化公司现有生产工艺和产品结构，模型给出“优化催化裂化—加氢裂化—重整”这条高效益路线，即催化、加裂、重整装置是乌石化公司的高效装置，因此应千方百计保高效装置满负荷运行，增加高效产品的产量是公司创效的重要途径。本文仅就模型测算的高效国Ⅳ汽油产品增产潜力与途径进行探讨。

2　围绕催化裂化装置提高全厂经济效益

催化裂化装置作为炼油厂的核心装置之一，对于提高全厂经济效益具有重要作用。国Ⅳ汽油目前是乌石化公司的高效产品，应千方百计增产汽油，为乌石化公司效益提升做贡献。有效增产汽油的常规方法主要有以下几种：一是提高原油加工量，二是原油采购轻质化，三是减产石脑油及芳烃等化工原料等轻油产品。根据 APS 全流程效益测算结果，采购原油轻质化虽然可增加汽油产量，但是会增加原油加工成本；乌石化作为芳烃产业为主的炼化企业，以生产高附加值的 PX、石油苯为目标产品才能保证炼厂整体效益最大化，因此上述方法无法实现炼油整体效益最大化。如何优化生产方案，充分利用有限的原油资源在原油性质基本不变轻的前提下，最大限度增产汽油，满足日益增长的市场需求显得尤为重要。

3 提高我厂汽油产量潜力分析

3.1 全厂汽油调和组分构成

目前炼厂汽油调和组分主要为改质重汽油、醚化汽油、MTBE 以及少量的甲苯，其结构比例为加氢改质重汽油：醚化轻汽油：MTBE：甲苯=50：40：5：5，改质汽油和醚化汽油目前是我厂主要汽油调和组分，改质汽油和醚化汽油的原料是两套催化装置生产的汽油，MTBE 的原料之一是催化裂化液化气中的异丁烯。由此可见，增产汽油必须围绕优化催化裂化装置生产进行。因此，增产汽油，主要是增加 FCC 汽油的产量。其中，增加 FCC 汽油产量的方法主要是提高 FCC 装置加工量和提高汽油收率。炼油厂汽油生产调和工艺流程见图 1。

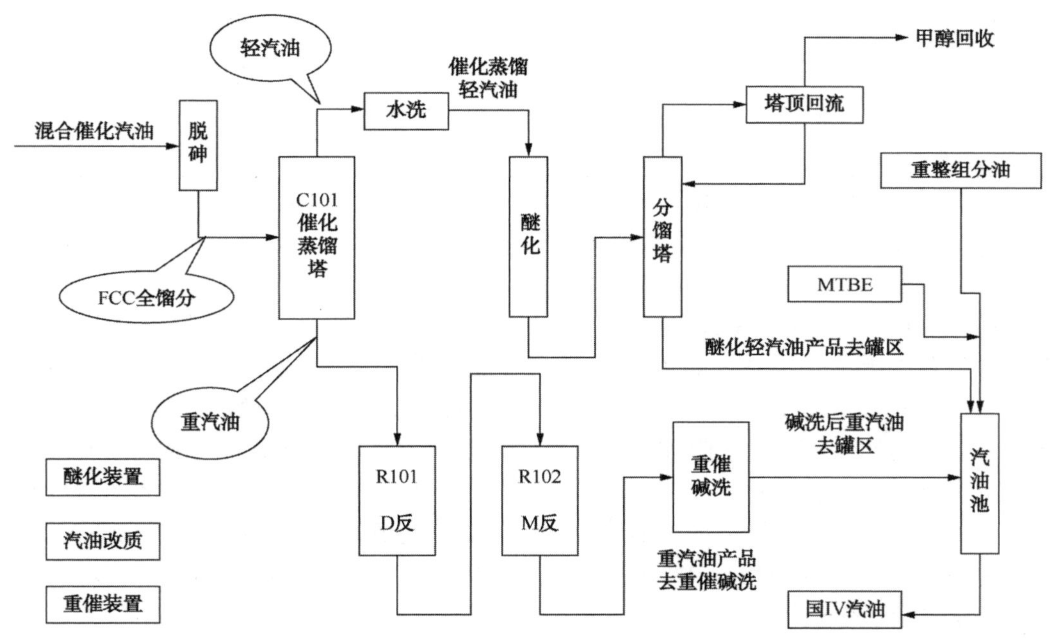

图 1 国Ⅳ汽油生产调和工艺流程

3.2 从国Ⅳ汽油质量指标来看

从 2014 年 1 月 1 日起，国内汽油质量执行国Ⅳ标准，其主要指标及我厂出厂汽油质量情况见表 1。

表 1 国四汽油主要质量指标和我厂实际出厂产品检测值

分 项	内控指标	最大值	最小值	平均值
研究法辛烷值(RON)93#	R>=93.3	93.7	93.6	93.7
抗爆指数(RON+MON)/293#	R>=88.1	88.3	88.1	88.1
研究法辛烷值(RON)97#	R>=97	—	—	—
抗爆指数(RON+MON)/297#	报告	—	—	—

续表

分 项		内控指标	最大值	最小值	平均值
铅含量/(g/L)		R<=0.004	0.001	0.001	0.0
终馏点/℃		R<=204	192	170	178.5
蒸汽压/kPa	5月1日至10月31日	40~68	0	0	0.0
	11月1日至4月30日	42~85	74	50	62.4
诱导期/min		R>=500	1514	867	1166.4
硫含量/(mg/kg)		R<=45	46	36	42.3
苯含量/v%		R<=0.9	0.58	0.35	0.5
芳烃含量/v%		R<=39.0	28.7	16	19.8
烯烃含量/v%		R<=27.0	25.8	16.3	21.0
氧含量/%		R<=2.50	2.21	1.43	1.9
密度(20℃)		实测	746.8	727.2	733.9
锰含量		R<=0.005	0.005	0.004	0.0

从表1数据可见，我厂国Ⅳ汽油硫含量指标最高富裕10ppm，平均富裕2.5ppm。终馏点平均富裕度26℃。研究法辛烷值平均富裕0.4个单位，蒸汽压平均富裕较多，为23kPa。从汽油质量指标要求的角度考虑，实现汽油调合卡边操作是增产汽油的有效手段。汽油终馏点、辛烷值、硫含量仍有一定范围的富裕，因此增产汽油仍有潜力可挖。其次，汽油蒸气压及终馏点卡边调合是增产汽油的重要手段，利用介于汽油与液化气、汽油与柴油之间的边缘组分，最大限度的增产汽油。提高汽油辛烷值，可增加石脑油等低辛烷值组分的调入量，使低附加值产品得以高效利用。从目前我厂汽油产品质量来看，RON富裕较多，平均为93.7，以青岛炼化为例，汽油RON辛烷值基本控制在93.4。但我厂汽油由于抗爆指数富裕不多，制约了我厂汽油辛烷值的控制，由于97#汽油对抗爆指数控制为“报告”，因此应增加97#国Ⅳ汽油的产销量，这样可以充分利用我厂汽油组分特点，避免辛烷值过多浪费。

所以在原油加工结构基本不变轻的情况下，增产汽油主要是围绕增加催化装置加工负荷、提高催化汽油收率、优化汽油调合方案等方面开展工作。

4 提高催化汽油产量的措施

4.1 提高催化裂化装置的生产负荷

我厂重油催化裂化装置设计加工能力为120万t/a，经改造后目前加工能力可达140万t/a，设计原料是直馏蜡油、减压渣油和焦化蜡油，比例为50：40：10。蜡油催化裂化装置设计加工能力为90万t/a，设计加工原料为直馏蜡油。因此提高催化裂化装置的加工负荷是增产汽油产量的直接手段。图1是2013年至今我厂两套催化装置加工负荷趋势图。

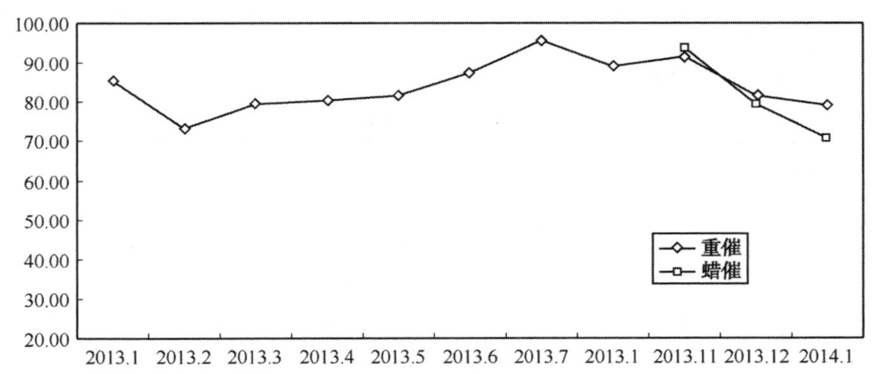

图 2　2013 年以来两套催化装置负荷率

注：蜡催装置 2013 年 11 月开工运行。

从图 2 中可见，2013 年至今我厂重催装置月负荷率整体呈上升趋势，其中 2013 年 7 月份时最高为 95.6%；2013 年 2 月时最低为 73.1%。蜡催装置 2013 年 11 月份负荷为 93.9%，2014 年 1 月为 70.65%。因此两套装置生产负荷提升仍有提升的空间。

4.2　优化生产方案，增产催化裂化原料

4.2.1　拓宽加氢裂化装置原料来源

若提高装置负荷，需要确保装置原料充足。我厂目前有三套蜡油加工装置，在目前的原油加工量下，蜡油资源不足。因此，可以通过优化生产操作，拓宽原料来源和增加蜡油收率来提高装置加工负荷。

研究发现催化柴油是比较好的加氢裂化原料，这既可解决加氢裂化原料的缺口问题，又减少劣质柴油的调和组分。上海石化在蜡油存在缺口的情况下，用催化柴油掺入加氢裂化的原料中(试运行结果可以达到 10%掺炼量)是一种很经济的方法，增加了加氢裂化装置原料来源[1]。

为保证催化满负荷操作，优化炼厂加工流程，大庆炼化将焦化柴油和重催柴油改进加氢裂化进行加工，置换出部分蜡油供催化车间[2]；广州石化公司在加氢精制装置加工能力不足，又面临柴油质量升级问题时，将重油催化裂化柴油送到加氢裂化装置加工，运行结果表明，主要产品质量合格，能满足清洁产品要求，产品分布变化不大，气体收率和液体收率与掺炼重催柴油前相比变化不大[3]。

4.2.2　优化生产方案，增产蜡油

在原油加工量一定的情况下，增产催化裂化原料必须拓宽馏程范围，常规的方法有以下两种：①降低柴油馏分与蜡油馏分的切割点，使柴油馏分中的重组分适当进入蜡油馏分；②提高减压蜡油与减压渣油的切割点，实行减压深拔操作。通过拓宽催化原料来源，逐步提高催化裂化装置加工能力。

采用减压深拔技术提高蜡油收率，降低渣油产率是提高催化裂化装置负荷，增产催化裂化汽油的直接手段。目前我厂渣油中蜡油含量较高，一常在 25%~30%，三常在 15%，造成大量蜡油馏分损失。若进一步改善减压塔操作，使渣油中蜡油收率减少 5%~10%，按照 750 万 t/a 的加工量下，可增加直馏蜡油产量 10 万~20 万 t，每年可减少蜡油采购成本至少 5 亿

元以上，而且直馏蜡油比起焦化蜡油，裂化性能好，能够明显的增加经济效益。下表是国内一些先进企业减压深拔情况。

表2 国内各厂减压塔操作情况对比

装置名称	减压塔顶压力(绝)/kPa	减压塔进料段压力(绝)/kPa	减压塔	渣油500℃前含量/%	渣油530℃前含量/%
高桥3#	4.7	7.3	2.6	6.0	—
镇海1#	4.8	6.4	1.6	6.0	—
镇海3#	2.0	3.0	1.0	4.0	—
茂名4#	5.6	8.2	2.6	4.4	13.5
金陵3#	1.8	10.8	9	5.5	10.0
长岭2#	3.5	4.9	1.4	3.0	5.0
平均值	3.73	6.77	3.03	4.8	9.5
惠州1200万t/a蒸馏装置	1.0	2.4	1.4	1.3	6.5
独山子1000万t/a蒸馏装置工况1(适当深拔)	0.72	1.9	1.0	2.0	550℃馏出量8%
独山子1000万t/a蒸馏装置工况2(深拔)	1.2	2.45	1.25	1.0	556℃馏出量5%

从表2中数据可以看出，我厂在减压深拔方面与国内一些先进的生产企业仍存在一定的差距。因此结合我厂目前工艺流程，在保证加裂蜡油原料指标的前提下实施深拔，从而提高全厂的经济效益。实验室研究和工业试验结果表明，减压塔进料段温度每提高10℃，常减压总拔出率可提高2~4个百分点[4]。

通过实施减压深拔，减压渣油的性质会变差，焦化装置焦蜡收率会降低，但焦化蜡油的裂化性能比直馏蜡油差，因为焦化蜡油中可裂化的饱和烃含量比直馏蜡油低15%左右，而难裂化的芳烃含量则高30%左右，因此增加直馏蜡油收率对改善催化裂化进料性质是有益的。

青岛炼化通过实施减压深拔技术表明，虽然经过减压深拔后，焦化渣油性质变差，焦化装置的生焦率有所升高，但由于焦化原料量大幅降低，降低了低附加值产品石油焦的产量，提高了高附加值产品的收率，改变了炼厂产品结构，因产品结构改变增加的经济效益为1.77亿元。可见，减压深拔技术对炼油厂平衡重油、挖潜增效意义重大[4]。

另外优化焦化装置操作，提高焦化蜡油收率。为增产焦化蜡油，减少低附加值的石油焦产量，青岛炼化焦化装置通过不断优化操作，在原料残炭为26左右的条件下，逐渐将循环比由设计值的0.40降低至0.15，石油焦收率降低了3个百分点，蜡油收率提高了4.5个百分点，与设计值相比，相当于年增产蜡油11万t[4]。

4.3 提高催化裂化汽油收率

在相同的生产条件下通过提高催化汽油终馏点来提高汽油收率是一条可行的办法。图3是2013年全年重催稳定汽油终馏点与汽油收率月均趋势图。从图中可以看出：重催稳定汽油终馏点均值最高为8月，为200.2℃，汽油月收率为51.7%；最低为3月，为197.4℃，汽油收率为45%；从图中可见，重催稳定汽油干点与收率呈明显的同步相关性。表3为稳定汽油干点与轻柴油初馏重叠情况。

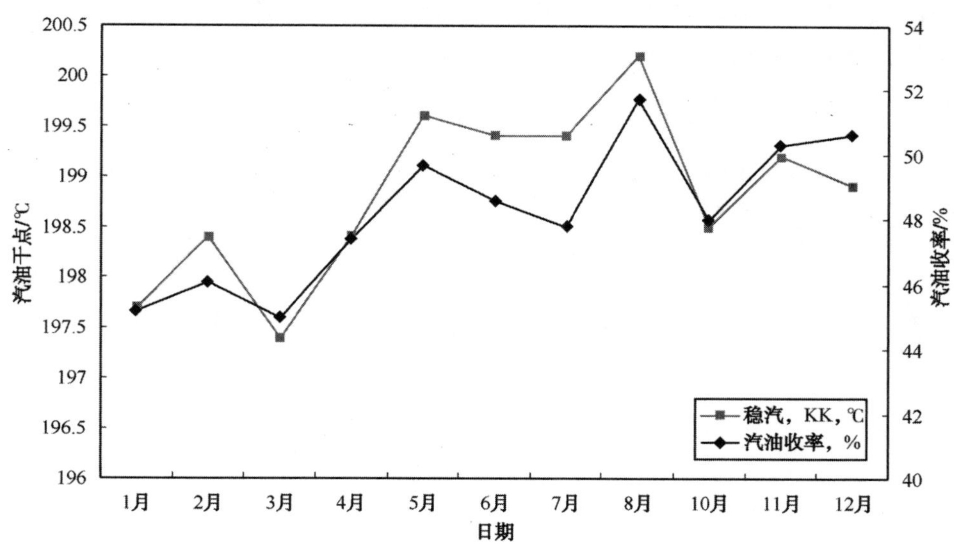

图 3　重催稳定汽油干点与收率变化趋势图

表 3　2013 年两催柴油初馏点控制情况

项　　目	1 月	2 月	3 月	4 月	5 月	6 月	7 月	8 月	9 月	10 月	11 月	12 月
轻柴初馏点/℃	132.9	130.3	130.3	130.3	131.4	130.7	130.7	129.1	129.1	127	127	134
稳汽终馏点/℃	197.7	198.4	198.4	198.4	199.6	199.4	199.4	200.2	200.3	198.1	199.2	198.9
重叠度/℃	64.7	68.1	68.1	68.1	68.1	68.7	68.7	71.1	71.2	71.1	72.1	64.8

从表 3 中可见，重催柴油初馏点与汽油干点重叠度仍较大，最高达到了 72℃，因此优化催化分馏塔操作，提高分馏精度，对提高汽油收率大有好处。

5　实施效果

通过实施减压深拔，增加催化装置负荷、提高汽油终馏点、优化汽油调和方案等措施，汽油增产取得了明显成效，国Ⅳ汽油较优化前增加了近 1 个百分点，按月产国Ⅳ汽油 10 万 t/月计，国Ⅳ汽油按 7000 元/t 计，可增效 700 万元/月。效果显著。

6　总结

（1）按照乌石化公司目前工艺生产现状，增加国四汽油的产销量是增加炼厂整体效益的重要途径。

（2）在原油加工结构基本不变轻的情况下，增产汽油主要是围绕增加催化装置加工负荷、提高催化汽油收率、优化汽油调合方案等方面开展工作。

（3）通过对我厂催化装置加工负荷及产品质量控制指标分析表明：我厂增产国四汽油仍具有一定的空间。

（4）我厂目前蜡油资源不足，为保证催化装置高负荷生产，需拓宽装置原料来源，可通过将焦化柴油、催化柴油进加裂加工，置换出部分蜡油组分；实行减压深拔操作，通过内部挖潜，增加直馏蜡油收率，改善催化原料性质等途径实现。

参考文献

[1] 李鸿根．上海石化炼油总流程优化方案探讨[J]．石油化工技术与经济，2013，4：1-6.

[2] 李崧延，李志国．加氢裂化装置掺炼焦化催化柴油的技术应用[J]．炼油与化工，2011，5：33-34.

[3] 徐光明，于长青．加氢裂化装置掺炼劣质催化裂化柴油技术的应用[J]．炼油技术与工程，2011，4：2-4.

[4] 雷平，钟湘生，郭守学，等。减压深拔技术在常减压蒸馏装置上的应用[J]．石油炼制与化工，2010(41)34-36.

催化原料加氢处理装置试生产运行总结

徐宝岩，涂安斌

（中国石化武汉分公司联合二车间，武汉　430082）

摘　要　介绍了180万t/a催化原料加氢处理装置首次开工后的运行情况，试运行情况表明，装置采用石科院RVHT催化剂级配技术，可以将催化裂化原料性能大幅改善，精制蜡油脱硫、脱氮率分别达到89.94%和61.79%，基本达到设计要求94.78%和85.49%。通过装置运行调整6个月后的首次标定结果来看，在操作参数达到设计值时，装置主要经济技术指标能耗及动力成本达到或好于设计值。并通过试运行及标定数据分析、总结得出了影响装置安全长周期运行中存在的问题，提出了相应的解决办法和应对措施。

关键词　加氢处理　催化原料试运行　RVHT　标定

1　装置简介

武汉石化180万t/a催化原料加氢处理装置设计进料为直馏重蜡油110.11万t/a，占总进料量61.17%；焦化蜡油69.89万t/a，占总进料量38.83%；装置的主要产品为精制蜡油，同时副产10.7%的可作为柴油调和组分的优质柴油；1.1%可作为乙烯和重整原料的的石脑油。装置由反应、分馏、脱硫3部分组成，RVHT的主要技术特点为：①装置采用炉前混氢流程；②采用热高分流程降低装置能耗，节约换热面积，同时在热高分与热低分之间增上液力透平回收能量；③为了提高循环氢纯度，同时降低设备的腐蚀，设置了循环氢脱硫设施；④采用新型反应器内构件，气液分配更加均匀，同时减少径向温差；⑤分馏塔顶冷凝水作为反应注水，节省注水用量，同时降低污水排放；⑥为减缓催化剂床层过早出现压降，影响装置长周期运行，反应进料采用自动反冲洗过滤器进行过滤；⑦催化剂采用湿法预硫化的方案，催化剂再生采用器外再生；⑧分馏部分采用脱气塔加分馏塔的方案，反应部分热低分油与冷低分油混合进脱气塔脱出硫化氢后再进入分馏塔进行产品切割；⑨个性化的催化剂级配技术，主催化剂RN-32V、脱硫剂RVS-420、保护剂RG-20、RG-30A、RG-30B均由中石化自主开发。

2　装置试生产及标定情况

2.1　装置试生产情况

装置自2013年4月30日投产后，经过近6个月的生产，各项操作基本平稳，产品质量合格。为了考察装置在满负荷条件下设备运行状况、产品质量、催化剂性质、综合能耗等，武汉分公司于2013年10月30日08：30至11月1日08：30对装置进行了标定。

2.2 装置标定情况

本次标定原料为减压蜡油与焦化蜡油，其中减压蜡油为135t/h，主要由2#常减压直供减三线及罐区蜡油补充；焦化蜡油为65t/h。标定期间氢源为公司中压氢管网氢气。由于受循环氢流量波动的影响和加热炉炉膛温度的限制，标定期间负荷率最高只能达到93.46%(200t/h)左右，标定期间的操作参数尽量接近设计指标。

表1 标定期间的原料性质

项目	混合蜡油			设计值
取样时间	10-30	10-31	11-1	
密度(20℃)/(kg/m³)	933	934.4	931	940
硫含量/%	0.9202	0.941	0.9293	2
氮含量/%	0.2868	0.3351	0.3185	0.3
残炭/%	1.02	1	1	1.0
凝点/℃	38	39	39	
灰分/%	0.003	0.014	0.006	
黏度(50℃)/(mm²/s)	12.85	14.62	13.56	138.8
沥青质/(μg/g)	0.029		0.036	500
Fe/(μg/g)	1.7	2.1	未测出	1.0
Ni/(μg/g)	0.3	4	未测出	1.0
V/(μg/g)	未测出	0.4	未测出	1.0
馏程/℃ 初馏点	242.8	242.2	249	312
10%	397	399.8	403.6	350
30%	436	438.4	439.6	429
50%	460.4	463.8	464.4	491
70%	483.4	486.6	486	504
90%	518	521.2	519.8	541
终馏点	545.8	547	544.4	556
500℃馏出/%	80.6	78.7	79.3	

表2 标定期间的产品(石脑油)性质

取样时间	标定值			设计值
	10-30	10-31	11-1	
密度(20℃)/(g/cm³)	768.2	767.8	769.6	744
硫含量/(μg/g)		126	150	10
氮含量/(μg/g)		101.1	104.9	5
溴价/(mgBr/100g)	2.6	2.54	2.68	
族组成/%				
直链烷烃			16.16	
支链烷烃			25.66	
环烷烃			39.73	
芳烃			18.09	
芳潜/%			30.06	50
馏程/℃				
初馏点	69	69.5	67.5	55
10%	104	102.5	101.5	84
50%	140.5	138	142	118
90%	177.5	173	180	155
终馏点	197.5	189	200	170

石脑油的馏程整体比设计值偏高，这主要原因是根据公司要求对石脑油干点指标进行了修改，控制为不大于200℃。随着干点的上升，石脑油中硫、氮含量也比设计值要偏高。

表3　标定期间产品(柴油)性质

取样时间	标定值			设计值
	10-30	10-31	11-1	
密度(20℃)/(g/cm³)	872.6	874.7	877.2	879
硫含量/(μg/g)	148	160	207	100
氮含量/(μg/g)	437.5	494.7	501.1	100
黏度(20℃)/(mm²/s)	6.963	7.549	7.411	
黏度(40℃)/(mm²/s)	4.124	4.85	4.654	
苯胺点/℃	>80	>80	>80	
10%残炭/%	0.02	0.02	0.02	
碱性氮/(μg/g)	813.6	801.1	807.7	
十六烷值	42.8	42.1	42.0	
酸度/(mgKOH/100mL)	0.6	0.8	0.5	
闭口闪点/℃	75	93	95	
凝点/℃	-4	-4.5	-4	
馏程/℃				
初馏点	212.5	219.5	211	171
10%	240.5	241.5	246	254
30%				291
50%	290.5	298.5	302	311
90%	337.5	344	346	348
95%	345.5	353	356	
终馏点				357

柴油的馏程，柴油初馏点与石脑油干点无重叠部分，馏程基本与设计值相符。但柴油中的硫、氮含量都高于设计指标，其中氮含量超过设计指标较高，主要原因可能是原料中氮超标影响。

表4　标定期间产品(精制蜡油)性质

取样时间	标定值			设计值
	10-30	10-31	11-1	
密度(20℃)/(g/cm³)	912.1	912.9	912.4	890
硫含量/(μg/g)	1036	871	906	1000
氮含量/(μg/g)	1111	1262	1223	410
黏度(100℃)/(mm²/s)	9.35	12.74	9.54	
微量残炭/%	0.20	0.16	0.18	0.6
凝点/℃	38	42	40	
馏程(ASTMD-1160)/℃				
初馏点	244.2	244.4	249	359
10%	393.8	395.2	398	394

续表

取样时间	标定值			设计值
	10-30	10-31	11-1	
30%	431.6	433	433.6	414
50%	456.6	458.4	458	472
70%	479.8	481.4	480.6	
90%	515	516.4	514.6	524
终馏点	544.2	544.8	542	540
500℃馏出/%	82.8	81.8	82.6	
灰分/%	0.003	0.004	0.003	

精制蜡油初馏点低于设计指标较多，是因为根据生产需要没有多产柴油，造成部分柴油组分压进蜡油。其余馏程基本与设计值相符。但精制蜡油中氮含量超过设计指标较多，精制蜡油氮含量超过设计指标主要是原料蜡油中氮含量长期超过设计值，影响催化剂酸性中心的发挥，导致精制蜡油中氮含量偏高；另外，受制于循环氢流量的波动，E3101副线开大后，加热炉负荷过大，如达到设计的反应温度，加热炉炉膛会超温运行，因此，在大处理量下难以提高装置的反应温度；为了维持较高的氢分压，装置在标定期间一直在排废氢，数据显示氢分压过低可能与化验采样器具(球胆)分析偏差较大有关，实际氢分压可能达到设计值。

表5 标定期间主要操作参数

工艺名称	2013-10-30 09：00	2013-10-31 09：00	2013-11-01 09：00	设计值
罐区蜡油进料量/(t/h)	52.26	77.78	65.34	130.9
减压蜡油进料量/(t/h)	79.02	58.62	65.64	
焦化蜡油进料量/(t/h)	64.35	64.16	61.02	83.1
总进料量/(t/h)	200.57	201.27	199.53	214
E3101副线开度/%	55	55	56	
主剂总空速/h^{-1}	1.1	1.1	1.1	1.1
一反入口总压/MPa	9.98	10	10	
一反入口氢分压/MPa	7.51	8.75	8.17	8.8
冷高分压力/MPa	9.55	9.56	9.57	10.67
反应器入口氢油比/(Nm^3/m^3)	740	757.2	729.7	≥500
加权床层平均温度/℃	364.3	366.5	365.1	369
反应器入口温度/℃	336.26	337.41	335.79	
一二床层间冷氢量(阀开度)	0	0	0	
二三床层间冷氢量(阀开度)	0	0	0	
催化剂床层总温升/℃	39.85	40.47	40.62	
D3107顶压力/MPa	2.037	2.142	2.246	1.96
循环氢流量/(kNm^3/h)	161230	165400	160840	180000
排废氢流量/(kNm^3/h)	203	191	183	
K3102出口压力/MPa	10.559	10.582	10.567	11.95
高压注水流量/(t/h)	22.29	22.23	22.14	

续表

工艺名称	2013-10-30 09：00	2013-10-31 09：00	2013-11-01 09：00	设计值
脱气塔顶压力/MPa	0.82	0.82	0.82	0.78
脱气塔顶气流量/(kNm^3/h)	597	621	587	
分馏炉入口温度/℃	320.2	319.7	318.8	327
分馏炉出口温度/℃	350.4	354.1	349.7	380
分馏塔进料温度/℃	351.4	355.5	350.9	380
分馏塔塔顶温度/℃	115.1	115.1	113.8	131
分馏塔塔顶压力/MPa	0.08	0.07	0.07	0.075
石脑油出装置流量/(t/h)	2.16	0.5	0.69	2.4
精制蜡油出装置流量/(t/h)	187.2	189.5	188.2	188
分馏塔底汽提蒸汽流量/(t/h)	2.04	2.1	2.11	4.5
柴油塔进料流量/(t/h)	4.92	4.68	4.11	23.8
柴油塔底出装置流量/(t/h)	4.5	5.7	4.1	21.8
贫液与循环氢温差/℃	2.9	1.5	4.9	5
C3301 连通管压降/MPa	0.014	0.014	0.013	
贫液进塔流量/(t/h)	33.2	33.1	33.1	70
贫液进 D3302 流量/(t/h)	33.79	34.14	33.95	70
D3302 罐顶压力/MPa	0.202	0.2	0.203	
D3303 顶压力/MPa	0.826	0.817	0.819	0.79
塔底出装置流量/(t/h)	32.49	37.57	33.06	71.7

2.3 能耗及动力情况分析

表 6 装置标定期间能耗分析

项目	累计量	标定能耗数据/(kg 标油/t)	设计能耗数据/(kg 标油/t)	标定单耗/(t/t)	设计单耗/(t/t)
加工量	14349.67				
循环水/t	66673	0.46	0.32	4.65	3.17
软化水/t	3.766	0.0006		0.00026	
除氧水/t	559.6	0.36	0.73	0.039	0.079
电/(kW·h)	260957	4.18	6.34	18.19	24.42
1.0MPa 蒸汽/t	1201.78	-6.36	-12.06	0.084	0.15888
3.5MPa 蒸汽/t	1335.6	8.19	13.55	0.093	0.1542
燃料气/t	21.69	1.44	3.16	0.0015	0.00321
0.7MPa 氮气/Nm^3	138.49	—	0.21	0.0097	1.4
2.2MPa 氮气/Nm^3	0	—		—	
仪表风/Nm^3	0	—	0.05	—	1.4
污水/t	—	—	0.185	—	0.168
凝结水/t	—	—	-0.1215	—	0.01589
燃料油/kg	—	—	4.33		4.54
合计	—	8.27	16.69		

在标定期间装置的总能耗为8.27，比设计值低8.42，分析能耗降低的主要原因是：

(1) 装置对分馏塔底泵P3205A进行了叶轮切削，同时各机泵及空冷均无超电流现象，装置总的电耗比设计低2个单位。

(2) 循氢机转速一直控制在9000转左右(设计为11000转)，一方面是氢油比能满足工艺要求，另一方面，压缩机震动随着转速的增加而增加较为明显，从设备角度考虑没有提高循氢机转速。这就使得中压蒸汽的消耗量低于设计值，能耗降低5个单位

(3) 加热炉未使用燃料油，与设计相比降低能耗4个单位。

(4) 燃料气的消耗低于设计值主要是因为根据生产需要，分馏炉的出口温度与控制在350℃，低于设计值380℃，减少了燃料气的消耗，降低能耗1.5个单位。

(5) 因为分馏炉出口温度控制低于设计值，自产蒸汽量低，比设计能耗上升5个单位。

表7 装置标定期间动力成本分析

项目	单价/(元/t)	设计值		标定值		标定与设计成本差/(元/t)
		单耗	成本/(元/t)	单耗	成本/(元/t)	
新鲜水	1.34	—	—	—	—	—
循环水	0.25	3.17	0.79	4.66	1.165	0.375
软化水	10			0.00026	0.0026	0.0026
除氧水	10	0.079	0.79	0.039	0.39	-0.4
电	0.692	24.42	16.90	18.19	12.59	-4.31
3.5MPa蒸汽	174	0.154	26.80	0.093	16.18	-10.62
1.0MPa蒸汽	144	-0.159	-22.90	-0.084	-12.10	10.8
合计			22.38		18.23	-4.15

从标定情况来看，装置动力费低于设计值4.15元/t，主要是装置耗中压蒸汽设备循环氢压缩机转速较低，耗中压蒸汽较少。同时，装置主要耗电设备，新氢压缩机、反应进料泵的节能手段无级气量调节及液力透平的运行情况都较好。

2.4 物料平衡

表8 装置标定期间物料平衡分析

序号	物料名称	设计值		标定值	
		产量/t	收率/%	产量/t	收率/%
入方					
	原料油	15428.58	100	14256.9	100
	氢气	184.92	1.20	92.77	0.65
	合计	15613.5	101.20	14349.67	100.65
出方					
	轻烃	—	—	7.791	0.055
	石脑油	151.2	0.98	108.051	0.76
	柴油	1567.53	10.16	324.7	2.28

续表

序号	物料名称	设计值		标定值	
		产量/t	收率/%	产量/t	收率/%
出方	精制蜡油	13554.03	87.85	13551.5	95.05
	轻污油	—	—	0.013	0.00
	重污油	—	—	0.56	0.0039
	含硫气体	87.72	0.57	16.79	0.12
	低分气			36.14	0.25
	反冲洗污油	—	—	304	2.13
	硫化氢	208.29	1.35	—	—
	氨	44.73	0.29	—	—
	损失	—	0	0.12	0.01
	合计	15613.5	101.20	14349.55	100.65

从物料平衡的数据来看，装置标定数据与设计偏差较大的主要是精制蜡油与柴油，这个通过试生产阶段发现，催化剂的裂解性能相对较低，导致装置的柴油实际收率低于设计值较多。

2.5 催化剂运行评价

表 9 装置运行催化剂评价

项　　目	设计值	2013-10-30	2013-10-31	2013-11-1	标定平均值
原料中硫含量/(μg/g)	13400	9262	9410	9293	9321.67
产品中硫含量/(μg/g)	700	1036	871	906	937.67
脱硫率/%	94.78	88.81	90.74	90.25	89.94
原料中氮含量/(μg/g)	2820	2868	3351	3185	3134.67
产品中氮含量/(μg/g)	410	1111	1262	1223	1198.67
脱氮率/%	85.46	61.26	62.34	61.60	61.76

催化原料加氢处理反应器 R3101 催化剂采用石科院 RVHT 技术，第一床层装置 RG-20、RG-30A、RG-30B 三种保护剂及 RVS-420 脱硫剂，第二床层装填 RVS-420 脱硫剂，第三床层装填 RVS-420 脱硫剂及主催化剂 RN-32V。标定期间焦化蜡油的掺炼比为 32.5%，设计值为 38.83%。

从表 9 中可以看出主要产品精制蜡油与原料中硫、氮含量对比可以看出，催化剂 RVHT 技术级配的催化剂在脱硫性能方面基本能够达到设计值，标定平均值 89.94%小于设计值 94.78%近 5 个百分点；而催化剂在脱氮性能方面离设计指标较远，标定平均值 61.76%小于设计值 85.46%近 24 个百分点。

分析原因可能是原料中氮含量一直超过设计指标，氮含量高对催化剂的活性中心抑制比较明显，降低了催化剂的活性。另外，脱除率较低受反应器入口温度的影响较大，由于受循环氢量波动的影响，E3101 必须保持较大的开度，并随着处理量的加大而升高。这种情况下，在保证加热炉炉膛不超温的前提下，导致标定时反应器入口温度比设计值 340℃低 3℃。

3　生产运行中存在的问题及对策

3.1　原料、反应部分

（1）高压换热器E3101副线开度直接影响混氢点处循环氢流量的波动情况，直接导致循氢机主气门开度频繁波动，为满足循氢机平稳运行，不得不通过开大E3101副线。但开大副线后不但增加加热炉负荷，同时在满足反应器入口温度达到工艺需要时无法达到设计的加工负荷，否则加热炉炉膛温度发生超温。针对这一现象，装置多次做出操作上的调整以期望消除影响，如适当打开装置冷氢阀减少混氢点循环氢量，或降低循环氢压缩机转速减少混氢量，但效果都不明显。

（2）反应加热炉入口管线存在明显的震动，特别是在装置提高加工量时震动更加剧烈，长期震动对加热炉内炉管的支撑和管托损害较大。

（3）装置内阻垢剂罐有保温，但未设计伴热，阻垢剂流程设计为用原料油进行稀释配置，进入秋冬季节气温降低后，导致罐内阻垢剂凝固，罐体磁翻板液位计无法正常指示，对阻垢剂系统平稳运行影响很大。采取的措施：目前已将阻垢剂系统改为纯溶剂使用，并报设计委托引柴油线至阻垢剂罐做稀释使用。

（4）原料中金属含量偏高的问题希望公司能协调解决，避免出现反应器床层在短期内压降明显上升的问题。

（5）目前反应器床层第三床层测压点管线堵塞，在线不具备处理条件，导致反应器第三床层压降无法监测。

（6）冷高分的界位表自开工以来一直不准，经过与厂家及设计人员沟通，判断为设计测量密度与实际测量密度有较大偏差，且在冷高分中存在油水乳化现象，影响测量，现一直用手动控制调节阀开度。

3.2　分馏部分

（1）分馏塔底泵P3205出口扬程过大，而精制蜡油出装置流量靠换热器下游的调节阀进行控制，为满足工艺正常调整需要，在调整调节阀开度时导致泵出口与调节阀之间的换热器发生泄漏。为满足生产需要而又不憋坏换热器，只能使泵的出口手阀保持较小的开度。目前，已对P3205A的叶轮进行了切削，泵出口压力由原来的3.0MPa降至1.8MPa，泵出口手阀已能开到合适的开度。

（2）分馏塔第16层抽出为柴油与中段回流一起抽出，管径为DN300，而中段回流返塔管径为DN200，根据装置开工半年以来的数据显示，实际柴油收率为装置处理量的3%，标定时柴油收率为2.26%，离设计值相差较大。设计中段回流为80t/h，但实际生产为控制柴油产品质量无需80t/h的回流量，在中段回流及柴油抽出较少时，出现16层抽出温度TI20407温度小于中段回流的返塔温度，经过仪表检查热偶变送器正常，热偶插入深度在管径的50%左右，通过关小管线16层抽出总管手阀发现，抽出温度的大幅下降为液体未将热偶浸没所致，导致热偶测量不准，对柴油产品质量的控制失去指导意义。建议：检修时改变热偶的插入深度。

（3）在控制柴油及石脑油质量的时候，发现分馏塔中上部实际负荷比设计低，塔盘开孔率可能偏大，操作困难，应重新进行核算择机处理。

（4）脱汽塔顶压高于设计值，影响硫化氢的闪蒸效果，影响产品中的硫化氢含量。新增富胺液脱气罐和富胺液泵后，脱气塔顶压力已降至正常值。

3.3 脱硫部分

（1）富胺液闪蒸罐 D3303 油相液位现场为磁翻版指示，无法直观的看出油相和胺液分层情况，对于 D3303 撇油操作有影响，容易造成撇油过程中将胺液带进污油系统中，建议更换为玻璃板指示。

（2）目前装置内富胺液通过 D3303 闪蒸后以自压的方式送至联合三间加氢裂化装置进行溶剂再生，开工生产半年以来，装置内富胺液多次出现外送不畅甚至完全无法送出的情况，严重威胁脱硫系统的平稳运行。经公司相关处室的协调处理和多次试验证明，发现由于管线中压降导致富胺液轻烃组分闪蒸挥发出来所致，造成管线气阻。目前，车间已暂时摸索出应急的应对措施，在出现外送不畅时，迅速大幅提高 D3303 操作压力，提高胺液循环量，通过大循环量带走系统中夹带的气体。但该操作由于提压对分馏的操作影响较大。目前已新增富胺液脱气罐和富胺液泵，并已投用正常。

3.4 公用工程部分

（1）地下废胺液罐 D3309 为自压式排液，但核对液面计仪表设计图和废胺罐设备制造图后发现废胺罐的排液吸入口伸入过短，导致罐内液体无法全部排出，经多次试验发现在液面压至最低点时液面计显示仍有 50%左右。液体无法全部压出对以后罐体作业以及废胺液系统的处理留下了隐患。

3.5 仪表方面

（1）燃料气进装置孔板安装在装置内燃料气分液罐之前，环境温度低时，瓦斯带液比较严重，经常存在每班次要压液 1~2 次；这样导致装置燃料气消耗量要大于实际消耗量。建议：将燃料气孔板移至燃料气分液罐出口。

（2）反应器第二床层上部热偶 TI11003D 感温元件坏，需要打开反应器进行更换；第三床层下部热偶 TI11007D 热电偶表头坏，需要等配件进行更换；上述两处仪表无法正常投用，对反应器径向温差以及床层平均温度的监测有很大影响。

4 总结

（1）从装置试生产及标定结果来看，180 万 t/a 催化原料加氢处理装置在生产平稳的条件下最大处理能力为 200t/h，低于设计值 214t/h，只能达到设计负荷的 93%。影响装置提高效益、降低能耗及参与同类装置竞赛排名。

（2）主要经济技术指标：装置标定期间能耗为 8.27kgEo/t 原料，比设计值低 8.42kgEo/t 原料；动力成本为 18.23 元/t，比设计值低 4.15 元/t；

（3）原料及主要产品性质：原料方面主要受原料中金属 Fe、Ni 离子含量过高以及原料中残炭值较高影响，对催化剂床层积碳及压降上升有一定影响，氮含量过高对催化剂活性中心有一定影响；主要产品石脑油、柴油、精制蜡油的性质除氮含量受原料影响超设计指标外，其余均符合设计指标。

（4）从开工以来的催化剂运行情况来看，在处理量200t/h、反应器床层平均温度WABT为365℃、氢油比740、空速1.1h^{-1}的条件下，采用石科院RVHT技术级配的催化剂在脱硫性能方面基本能够达到设计值，脱硫率达到89.94%低于设计5%；脱氮率标定平均值为61.76%小于设计值85.46%24个百分点主要原因是原料氮含量超设计指标，同时受制于循环氢流量波动的影响使得部分操作参数低于未达到设计值，影响催化剂脱氮性能的发挥。

干气提浓装置对炼化一体效益的影响及运行存在的问题和对策

后　磊

（中国石化武汉分公司，武汉 430082）

摘　要　根据原料成本、加工费用、销售收入及天然气补网费用简单计算了干气提浓装置对炼化一体效益的影响。其中武汉分公司（即炼厂部分）单位产品效益为-707 元/t，中韩乙烯合资公司部分的单位产品效益为 2613 元/t，炼化一体核算单位效益为 1906 元/t，总效益为 6442.29 万元。本文还讨论了装置运行存在的一些问题，比如原料气中有效组分低，产品收率低，脱硫气硫含量超标，冷干机压降制约装置扩能，冬季长输管线冻凝等等，并提出了相应的解决措施。

关键词　富乙烯气　效益　问题　对策

武汉分公司干气提浓装置以催化干气和焦化干气（含气柜气和初常顶气）为原料，采用中国石化与四川天一联合开发的成套回收富乙烯气技术。装置设计规模为 20000Nm^3/h，年开工 8400h，操作弹性为 60%~110%，乙烯气（C_2、C_{2+}组分）回收率为 86v%。装置于 2013 年 6 月 17 日投产，截至 2014 年底共计生产富乙烯气 54500t。以下根据原料成本、加工费用、销售收入、天然气补网费用等简单计算了干气提浓装置对武汉分公司、中韩乙烯合资公司及炼化一体效益的影响，并探讨了装置运行中存在的问题及解决措施。

1　装置概况

干气提浓乙烯装置由 100#变压吸附浓缩单元、200#压缩单元、300#脱硫单元、400#微量杂质脱除单元组成。100#变压吸附单元的主要作用是脱除混合干气中大部分氢气、氮气、一氧化碳和甲烷等组分，浓缩混合干气中所含的乙烯资源组分，其余单元的主要作用是脱除产品气中的杂质，使浓缩的富乙烯气体能够进入后续的乙烯装置。其中脱硫单元采用了某研究院开发的特种胺液，在有效脱硫的同时，能够将产品气其中的 CO_2 含量降低至 50ppm 以下，减少了乙烯装置的碱液消耗量。

富乙烯气主要组分是乙烯、乙烷。根据中韩乙烯统计数据，2013 年富乙烯气的乙烯平均含量在 25.702v%，2014 年乙烯平均含量在 23.631v%，其余主要是饱和的碳二碳三等组分。富乙烯气进入乙烯装置裂解气压缩机四段排出罐 D-205，与乙烯裂解气一起进入后续深冷分离单元回收乙烯组分，分离出的饱和烃返回裂解装置的乙烷炉循环裂解。

干气提浓装置于 2012 年 11 月 26 日中交，2013 年 6 月 17 日产出合格产品。2013 年总计加工炼厂气约 20700t，回收富乙烯气约 6800t；2014 年装置负荷率平均为 80%，全年总计加工炼厂气 102300t，生产富乙烯气 33800t。2014 年 7 月份后装置处理能力逐渐达到设计负荷，年底进行了装置标定，富乙烯气体积收率约为 80v%，低于设计值(86v%)，能耗为 56.02KgEo/t，低于设计值(61.09KgEo/t)。

2 干气提浓装置对炼化一体效益的影响

2.1 对武汉分公司效益的影响

干气提浓装置对武汉分公司效益的影响体现为两方面，一方面是干气提浓装置的产品及副产品的增加值，这是正效益；另一方面是外送富乙烯气后，炼厂需外购天然气补充燃料管网的费用，这是负效益。两方面合并计算即为干气提浓装置对武汉分公司的总效益。

2014 年，干气提浓装置全年外送乙烯富乙烯气约 2280 万 Nm^3，炼厂瓦斯不足外购燃料天然气约 2390 万 Nm^3，二者基本相当。按天然气价格 2.35 元/m^3(不含税价)计算，总费用为 5626.06 万元。根据财务提供干气提浓装置原料气、富乙烯气单价，以及 2014 年 12 月的装置标定数据，干气提浓装置运行的直接效益是 3240.69 万元，扣除天然气补网费用，合计为-2389.65 万元。富乙烯气的单位效益是-707 元/t。干气提浓装置对武汉分公司效益的影响详见表 1。

表 1 干气提浓装置对炼厂效益的影响(根据 2015 年 2 月份平均价格体系测算，均为不含税价)

序号	项 目	数据	序号	项 目	数据
成本			销售收入		
1	原料气价值计算		1	富乙烯气价值计算	
	原料气总量/10^4t	10.23		富乙烯气体总量/10^4t	3.38
	原料气价格/(元/t)	720.00		富乙烯气体价格/(元/t)	2545.33
	原料气价值/万元	7369.04		富碳乙烯体价值/万元	8614.69
2	富乙烯气加工成本计算		2	吸附废气价值计算	
	燃料动力成本单耗/(元/t)	495.00		吸附废气总量/10^4t	6.68
	综合成本/(元/t)	831.60		吸附废气价格/(元/t)	720.00
	富乙烯气加工总成本/万元	2814.56		吸附废气价值/万元	4809.60
3	总成本/万元	10183.59	3	总销售收入/万元	13424.29
装置的直接经济益/万元		3240.69			
2014 年天然气补网费用/万元		5626.06			
装置综合总效益/万元		-2389.65			
单位产品综合效益/(元/t)		-707			

注：富乙烯气综合加工成本由计划处提供数据，原料气和富乙烯气价格参照公司内部结算价。

根据以上核算数据，2014 年干气提浓装置对武汉分公司的效益影响是负值，与富乙烯气定价偏低有关。

2.2 对中韩乙烯合资公司的效益影响

干气提浓装置运行后，由于富乙烯气中可以直接得到乙烯丙烯，且返回的循环乙烷的乙烯收率也较高，可以有效降低乙烯的原料成本。此外，由于直接得到的乙烯丙烯未经过裂解炉单元，相应减少了这部分的裂解炉燃料消耗。

（1）富乙烯气降低乙烯装置动力成本

按 2014 年裂解炉燃料气单耗 0.47t/t 乙烯计算，2014 年直接从富乙烯气中得到乙烯 8000t，相应裂解炉减少燃料气耗量约 3760t，增加效益约 751.8 万元，详见表 2。

表 2　富乙烯气减少裂解炉燃料的效益估算

富乙烯气中的直接乙烯量/10^4t	裂解炉燃料气单耗/（t/t 乙烯）	减少燃料气消耗/10^4t	燃料气单价/（元/t）	燃料气成本降低效益/万元
0.80	0.47	0.376	2000	751.78

注：2014 年裂解炉燃料单耗及燃料气单价为中韩乙烯提供数据

（2）富乙烯气降低乙烯装置原料成本

2014 年乙烯接收富乙烯气 33800t，其中直接得到的乙烯 8000t，得到循环乙烷 23500t。根据乙烯数据，循环乙烷的乙烯收率为 54%左右，从中还可继续得到乙烯 12700t，总计得到乙烯 20700t。富乙烯气的乙烯收率为 61.09%，相当于 68900t 石脑油。

富乙烯气作为乙烯原料的成本除了本身的购买价值外，还需加上循环乙烷的分离成本（按单价为 1000 元/t 估算）。根据财务处提供的 2015 年 2 月份价格体系估算，2014 年富乙烯气作为乙烯原料的总成本为 10964.69 万元，替代的 6.89 万 t 石脑油的总价值为 21129.29 万元，那么乙烯原料成本降低的效益为两者的价值差，即 10164.6 万元/年，详见表 3。

表 3　2014 年干气提浓装置对乙烯原料成本的影响（富乙烯气总量 3.38 万 t/a）

<table>
<tr><td colspan="4">富乙烯气的乙烯产量及收率</td></tr>
<tr><td>富乙烯气中乙烯含量</td><td>23.63%</td><td>富乙烯气中循环乙烷含量</td><td>69.73%</td></tr>
<tr><td>富乙烯气中直接乙烯量/10^4t</td><td>0.8</td><td>富乙烯气中循环乙烷量/10^4t</td><td>2.35</td></tr>
<tr><td></td><td></td><td>循环乙烷的乙烯收率</td><td>54%</td></tr>
<tr><td></td><td></td><td>富乙烯气中简接得到乙烯量/10^4t</td><td>1.27</td></tr>
<tr><td>从富乙烯气获得乙烯量总计/10^4t</td><td colspan="3">2.07</td></tr>
<tr><td>富乙烯气总的乙烯收率</td><td colspan="3">61.09%</td></tr>
<tr><td colspan="4">富乙烯气替代石脑油后乙烯原料成本降低的效益</td></tr>
<tr><td>石脑油乙烯收率</td><td>30%</td><td>富乙烯气替代石脑油的替代系数/（t/t）</td><td>2.04</td></tr>
<tr><td>替代石脑油总量/10^4t</td><td>6.89</td><td>富乙烯气价值/万元</td><td>8614.69</td></tr>
<tr><td>石脑油价格/（元/t）</td><td>3066.66</td><td>富乙烯气中循环乙烷加工成本/万元</td><td>2350</td></tr>
<tr><td>替代石脑油的原料成本/万元</td><td>21129.29</td><td>富乙烯气原料总成本/万元</td><td>10964.69</td></tr>
<tr><td>富乙烯气替代石脑油的效益/万元</td><td colspan="3">10164.60</td></tr>
</table>

注：富乙烯气中乙烯含量、循环乙烷和石脑油的乙烯收率数据由中韩乙烯合资公司提供统计数据

（3）PIMS 模型测算富乙烯气对乙烯效益的贡献

根据成本估算法测算，2014 年中韩乙烯合资公司利用富乙烯气做乙烯原料的总效益为 10916.4 万元，约合 3229.7 元/t。

该估算法较为直观的反应了利用富乙烯气做裂解料降低乙烯原料成本和裂解炉燃料消耗减少的效益增加值，但是未考虑富乙烯气做乙烯原料后液体收率降低导致效益降低的情况，存在一定的局限性。根据 2014 年 2 月份的价格体系和乙烯总加工流程，利用 PIMS 软件测算的富乙烯气对中韩乙烯合资公司的边际效益为 2613 元/t，总效益为 8831.94 万元。

2.3 对炼化一体化效益的影响

由于炼厂部分的干气提浓装置处于加工总流程的末端，其运行不影响全厂总加工流程，仅仅关联燃料天然气的购买量，因此仅仅通过简单成本计算可以确定其对炼厂效益的影响。因此，干气提浓装置对炼化一体化效益的影响，炼厂部分利用简单成本法计算数据，乙烯部分采用 PIMS 模型测算数据。

合并武汉分公司和中韩乙烯双方的数据，2014 年干气提浓装置对炼化一体化的总效益为 6442.29 万元，富乙烯气的单位效益为 1906 元/t，见表 4。

表 4 2014 年提浓富乙烯气的效益汇总

炼厂总效益/万元	乙烯总效益/万元	合并后总效益/万元	合并后单位效益/(元/t)
-2389.65	8831.94	6442.29	1906

3 装置运行存在的问题和对策

3.1 装置运行存在的问题

(1) 装置原料气组成与设计值偏差较大，产品气收率低

由于干气提浓装置中焦化干气量比例偏大，且其中掺有部分初常顶气和气柜增压气，导致干气提浓装置原料气的规格与设计值偏差较大，表现为氢气甲烷含量高，富碳二气体含量偏低，约为 14.77v%，较设计值低 8.17 个百分点，且饱和烃含量高。产品气组成与设计值相当，C_2^+气体含量在 84v%以上，但是收率偏低，根据 2014 年底的标定结果，不到 80v%。这是由于原料气有效组分偏低，为了保证产品气纯度，降低了产品气收率。干气提浓装置的原料气、产品气的规格见表 5，标定期间富碳二气体回收率见表 6。

表 5 原料原料气和产品气性质

组分	原料气		产品气	
	实际值/v%	设计值/v%	实际值/v%	设计值/v%
氢气	40.27	22.937		0.004
氧气	1.00	0.494	0.0002	0.0001
氮气	15.32	12.253	0.47	1.074
甲烷	26.45	38.554	13.76	13.501
乙烷	9.29	12.523	51.5	46.262
乙烯	3.69	6.421	23.05	22.871
丙烷	0.68	1.594	4.34	6.461
丙烯	0.65	1.667	4.49	6.792
异丁烷	0.11	0.362	0.71	1.370
正丁烷	0.20		0.9	
正异丁烯	0.15	0.301	0.24	1.174
碳五及以上		0.072		0.271
二氧化碳	1.39	0.819	41.04ppm	410ppm

表 6　2014 年标定期间富碳二气体回收率

日期	X_F	X_W	X_P	回收率
2014. 7. 15	14. 77%	5. 12%	84. 84%	69. 53%
2014. 7. 16	15. 20%	3. 62%	87. 26%	79. 48%
2014. 7. 17	15. 39%	3. 75%	85. 77%	79. 09%
设计值	23. 585%	4. 332%	85. 201%	86. 01%

注：X_P、X_F、X_W分别为产品气、原料干气和吸附废气中 C_2 及 C_2 以上组分的体积百分浓度。

（2）脱硫气有机硫超标

由于上游焦化装置操作不稳定，干气中碳三以上含量平均为 2. 86v%，且经常夹带胺液。导致原料干气中硫含量超标（控制原料气总硫不大于 100mg/m³），且形态复杂。除了硫化氢外，还有羰基硫、甲硫醇、乙硫醇、硫醚等等。上述硫化物在富碳二气体中富集，浓度一般为原料干气的 3 倍左右。利用现有的 MDEA 脱硫脱碳+固定床脱硫工艺能够处理硫化氢、羰基硫，但是对乙硫醇、硫醚不起作用。此外，在胺液脱硫温度约 50℃ 左右，此时部分硫醇硫，特别是乙硫醇可以转化为硫醚，造成脱硫后的气体中硫醚含量增加。

基于以上原因，脱硫气中有机硫经常在 10mg/m³左右，长期超标，不能满足后部脱氧钯系催化剂对气体硫含量的要求（≯1mg/m³）。为了满足乙烯对富碳二气体氧含量的要求，装置不得不强行提高脱氧反应器的入口温度，弥补催化剂活性的降低。脱氧反应器的操作温度由开工初期的 160℃已逐步提至目前的 230℃，已接近设计上限温度 250℃。此外，由于脱硫气中硫含量超标，产品气在线微量氧分析仪无法正常投用。原料干气和脱硫气总硫形态对比见表 7。

表 7　原料干气和脱硫气中硫形态分布对比

组　分	原料干气/(mg/m³)			脱硫气/(mg/m³)		
	7-15	7-16	7-17	7-15	7-16	7-17
羰基硫	5. 14	4. 63	3. 56	0. 22	0. 14	
甲硫醇	7. 41	8. 35	2. 49	3. 49	4. 77	0. 05
乙硫醇	0. 41	0. 69	0. 34	0. 43	0. 65	
甲乙二硫醚	8. 49	7. 53	9. 29	16. 39	17. 71	12. 91
二乙二硫醚	0. 50	0. 62	0. 99	3. 10	3. 21	2. 72

（3）冷干机压降制约装置处理能力的提高

原料冷干机的目的是将原料气中的重烃冷凝排除，避免对 PSA 吸附剂的损害。干气提浓装置满负荷状态下，三台冷干机两开一备，但是三台机的管路全通，冷干机入口气体压力约 0. 71MPa，出口压力约 0. 65MPa，基本满足 PSA 吸附塔对吸附压力的要求。

随着武汉分公司下一步发展规划，拟新建一套 280 万 t/a 的重油催化装置和 100 万 t/a 的连续重整装置（含重整氢 PSA 提纯），干气提浓装置的原料气将增加至约 30000Nm³/h 左右，较目前增加约 50%负荷。届时可以通过三台冷干机同时运行解决重烃冷凝问题，但是将使通过冷干机的气体压降增加，导致吸附压力降低。

增加吸附压力可以缩短吸附时间，降低吸附剂床层高度。那么在吸附剂床层高度一定的情况下，提高吸附压力就可以提高装置处理能力。显然，气体流量增加后冷干机压降增加制约了干气提浓装置处理能力的提高。

（4）长输管线冬季出现冻凝现象

2013 年 7 月装置开工后，在 2014 年冬季先后出现三次富碳二气体长输管线冻凝现象。

目前富碳二气体由产品气压缩机增压后，采用循环水冷却器冷却，并通过气液分离罐分离游离水后向乙烯输送。当冬季气温降低后，在长输管线后部的气体温度可能低于冷却器出口气体温度，部分未析出的水在此析出聚集，导致管线冻凝。

3.2 解决问题的措施

(1) 气柜气单独脱硫不进焦化

气柜气主要是各装置的放空气、泄露气，组成以氢气、氮气、甲烷为主，碳二以上含量较低，没有进行碳二回收的价值。拟单独设立气柜气脱硫单元，不再进焦化装置和焦化干气混合。提高干气提浓装置中的有效组分含量

(2) 增加浅冷油吸收单元降低 C_3^+ 含量

国内焦化干气的碳三含量平均在2.5v%，很难降低。这与焦化装置的相关产品携带焦粉等因素有关。因此以焦化干气做原料的干气提浓装置，很难从源头降低原料气中的有机硫含量。一般这些较为复杂的有机硫在半产品气中富集，含量增加2~3倍。

拟在胺液脱硫塔前增加半产品气的吸收单元，将其中富集的碳三组分通过吸收油吸收，从而降低半产品气中的有机硫含量，特别是乙硫醇、甲乙二硫醚、二乙二硫醚的含量，确保脱硫气的总硫合格，满足脱氧反应器对进料的要求。吸收油可以就近选择加氢裂化装置的重石脑油(在重整预加氢还要进行加氢精制)。所吸收的碳三等最后进入重整装置的饱和液化气组分，仍然可以作为乙烯原料。

(3) 提高上游气体脱硫压力，提高吸附压力，扩大装置处理能力

冷干机的压降是客观存在的。可以通过提高上游装置乙醇胺脱硫塔的操作压力，与吸收稳定系统压力靠近，除了弥补冷干机压降损失外，尽可能提高吸附压力，为装置处理能力的提高创造条件。

(4) 增加产品气回温单元，减少长输管线冻凝

在长输管线必经的加氢裂化装置设置一台富碳二气体回温换热器，利用加氢裂化装置的余热(比如蒸汽冷凝液等)加热气体，同时加强管线末端的保温，避免长输管线的温度低于装置内产品气分液罐的温度，减少水分析出导致管线冻凝。

4 结论

(1) 根据目前的价格，考虑到需额外购买天然气补网，武汉分公司亏损运行干气提浓装置，单位效益为-707元/t；中韩乙烯部分由于降低了乙烯原料成本及裂解炉燃料气消耗，单位效益为2613元/t。炼化一体化合并计算总效益为6442.29万元/年，单位产品效益为1906元/t。

(2) 由于原料气中有效组分低于设计值，导致富碳二气体收率低，建议设置单独的气柜气脱硫单元，将不具备回收价值的气体从原料气中剔除，提高富碳二气体回收率。

(3) 由于焦化干气作为干气提浓装置原料，导致脱硫气硫含量超标，主要是有机硫不能通过“胺洗+固定床”的工艺脱除。可以设置半产品气吸收塔，利用加氢裂化装置的重石脑油进行吸收。

(4) 通过提高上游装置胺洗压力，可以弥补冷干机的压降损失，提高装置的处理能力。

(5) 增加产品气回温换热器，避免冬季长输管线出现冻凝现象。

90 万 t/a 汽油精制装置运行技术总结

魏　涛

（延长石油集团永坪炼油厂重整加氢车间，陕西延川　717208）

摘　要　介绍延长石油集团永坪炼油厂 90 万 t/a 汽油脱硫精制装置开工及初期运行情况，通过装置不同阶段的生产指标和参数对比，对出现的问题分析和解决。

关键词　辛烷值损失　能耗　反应机理　问题措施　工艺原理

1　装置简介

延长石油集团永坪炼油厂 90 万 t/a 汽油精制装置（以下简称 S Zorb 装置）是永坪炼油厂汽油质量升级的关键装置，由中石化工程建设公司（SEI）设计，设计加工负荷为 112. 5t/h，进料硫含量为 200mg/kg，能生产国 IV（≯50mg/kg）或国 V（≯10mg/kg）标准汽油。本装置包括进料与脱硫反应、吸附剂再生、吸附剂循环、产品稳定和公用工程回收等五部分。该装置处理来自两套催化裂化装置生产的催化汽油，2013 年 10 月 30 日建成中交。

2　工艺技术特点

装置工艺是采用 S Zorb 专利技术。该技术基于吸附剂作用原理对汽油进行脱硫，通过吸附剂选择性的吸附含硫化合物中的硫原子而达到脱硫目的，与加氢脱硫技术相比，该技术具有脱硫率高（硫可脱至 10mg/kg 以下）、辛烷值损失小、操作费用低，氢耗少等优点。永坪炼油厂汽油精制装置吸附剂再生由于硫含量较小，SEI 将再生器直径缩小，成为世界上最小的再生器，吸附剂藏量为 1. 8t。

2.1　汽油脱硫部分工艺原理

2.1.1　工艺原理

反应器内发生的吸附剂吸附脱硫反应主要机理如下：

$$R-S+Ni+H_2 \longrightarrow R-2H+NiS$$

$$NiS+ZnO+H_2 \longrightarrow Ni+ZnS+H_2O$$

$$\text{总：}R-S+ZnO+H_2 \xrightarrow{Ni} H_2O+ZnS$$

在氢气的作用下，吸附剂发生化学反应脱除汽油中的硫，已达到脱硫效果，持硫吸附剂在循环到再生部分进行再生。

再生反应部分发生的主要化学反应如下：

$$ZnS+1.5O_2 \longrightarrow ZnO+SO_2$$

$$2ZnS+5.5O_2 \longrightarrow Zn_3O(SO_4)_2+SO_2$$

$$C+O_2 \longrightarrow CO_2$$

通过高温氧化反应可以烧掉吸附剂上的硫和碳，对吸附剂进行再生，恢复吸附剂活性，在通过吸附剂循环到反应器进行反应。

还原器内发生的主要化学反应如下：

$$NiO+H_2 \longrightarrow Ni+H_2O$$

$$Zn_3O(SO_4)^2+8H_2 \longrightarrow 2ZnS+ZnO+8H_2O$$

2.2 S Zorb 工艺流程简图(见图1)

3 装置运行情况

3.1 装置开工过程

该装置于2013年11月26日15点26分进料，标志着S Zorb装置正式投入生产，反应系统正式运行，11月30日再生系统点火，标志再生系统开始运行，吸附剂循环正常运行。产品合格，整个装置取得开车一次成功。装置运行近一年，生产运行平稳，产品硫含量、剂耗、馏出口合格率等经济指标均满足设计要求。

开工初期试运行，操作思路参照开工专家的建议“小硫差、大循环量”的经验操作法，但由于实际加工负荷及进料硫含量低，运行中出现了脱硫率高、产品硫含量低、汽油辛烷值损失大的问题。

3.2 主要操作数据

该装置数据来源于运行记录和LSM系统，采集数据日期从2013年12月至2014年10月，数据见表1。

表1 主要操作数据

项目	数据(实际值)	设计值
催化混合原料/(t/h)	103	112.5
新氢纯度/%	90	≮75
加热炉出口温度/℃	415~425	
反应温度/℃	420~435	≯440
反应压力/MPa	2.3~2.8	≯3.0
氢油比/(mol/mol)	0.23~0.30	0.29
空速/h^{-1}	3.5~6	6
再生温度/℃	400~510	≯520
再生压力/MPa	0.10~0.12	0.12
再生风量/(Nm^3/h)	100~200	
稳定塔压力/MPa	0.70~0.80	0.75
稳定塔底温度/℃	130~145	148
稳定塔顶温度/℃	40~70	70
稳定汽油硫含量/(mg/kg)	平均8.4	≯10
稳定汽油辛烷值损失	平均0.7	

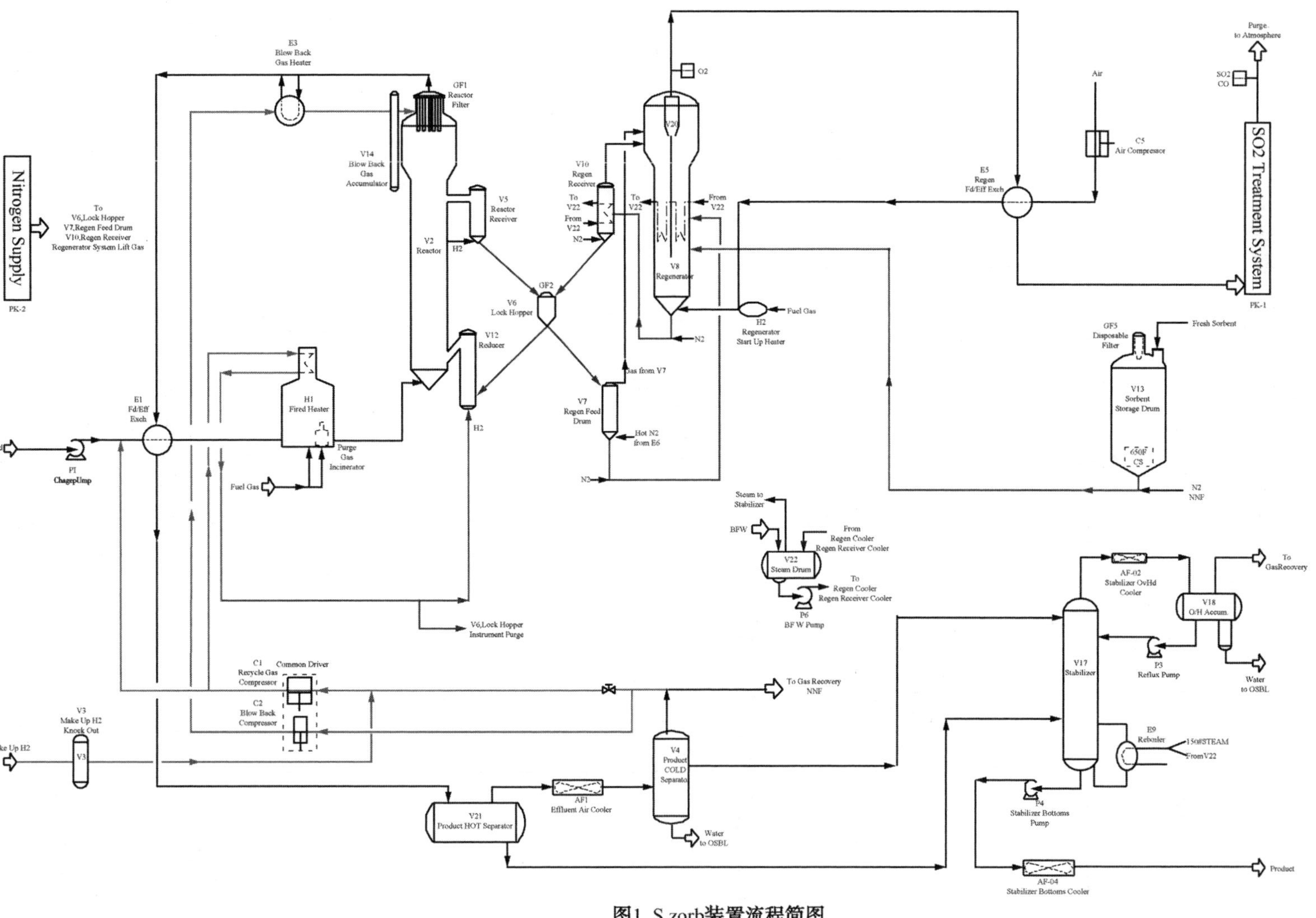

图1 S zorb装置流程简图

由表1可以看出在反应温度420~435℃，反应压力2.3~2.8MPa下，氢油比在0.23~0.41，稳定汽油硫含量<10mg/kg，达到设计要求。说明吸附剂脱硫效果好，满足国IV要求，为国V汽油产品质量升级做好准备。

3.3 物料平衡(见表2)

表2 装置物料平衡

组　成	设计值	实际值(平均值)
催化汽油/(kg/h)	112500	103375
含氢气体/(kg/h)	344	
燃料气/(kg/h)	1250	1290
液化气/(kg/h)	—	375
稳定低硫汽油/(kg/h)	111594	101856

装置自2013年11月26日开工186天，截至10月底，平均加工量为103t/h，小于设计值112.5t/h。

3.4 装置能耗(见表3)

表3 装置能耗(平均进料量103375kg/h)

项　目	实际消耗量		能耗指标		设计能耗	实际能耗
	单位	数量	单位	数量	MJ/h	MJ/h
电	kW	1129.41	MJ/(kW·h)	10.89	11241.747	12299.274
循环水	t/h	345.61	MJ/t	4.19	972.08	1448.105
除盐水	t/h	0.158	MJ/t	385.2	308.16	60.81
新鲜水	t/h	0	MJ/t	7.12	21.36	0
1.0MPa蒸汽	t/h	3.498	MJ/t	3684	10241.52	12886.63
燃料气	kg/h	1290.28	MJ/kg	43.38	26808	55972.34
净化风	Nm^3/h	0	MJ/Nm^3	1.59	954	0
氮气	Nm^3/h	605.85	MJ/Nm^3	6.28	3768	3804.74
凝结水	t/h	-1.619	MJ/t	320.3	-794.344	-518.57
合计					53520.523	85953.329

单位能耗：设计值517MJ/t进料；实际能耗831MJ/t进料

由表3分析装置开工以来实际能耗与设计能耗的差异：

(1) 循环水实际能耗比设计值大很多，由于超声波流量计一直处于故障状态，计量不准确，故能耗增加；

(2) 燃料气用量受客观因素制约，加热炉氧含量测量仪故障，无法准确掌握过剩空气系数，所以燃料气用量增加，再就是进料温度过低导致加热炉负荷增加，燃料气用量增大。

(3) 净化风仪表孔板装反失灵，故无法统计。

(4) 蒸汽较设计值偏大，由于稳定塔热进料温度未达到设计要求，故蒸汽用量较设计值大。

3.5 产品质量及分析(见表 4)

表 4 稳定汽油质量(实际均值)

日期	指标			
	密度/(kg/m^3)	硫含量/(mg/kg)	蒸气压/kPa	辛烷值损失
2013.11.29	718.47	3.9	69.3	1.8
2013.12.15	721.71	14.3	71.9	0.4
2013.12.30	722.17	23.1	72.8	0.3
2014.01.15	723.07	17.6	74.6	0.4
2014.01.29	722.85	10.6	73.2	0.7
2014.02.13	721.83	3.6	67.5	0.3
2014.02.28	721.34	3.4	72.2	0.5
2014.03.14	721.36	3.7	75.5	0.6
2014.03.31	722.88	5.0	73.2	0.5
2014.04.11	717.70	4.3	73.2	0.5
2014.04.28	717.75	2.9	71.9	0.7
2014.05.19	720.51	7.2	72.0	0.9
2014.05.30	723.20	4.7	63.2	0.8

由表 4 可以看出，在现在的工艺条件下，产品硫含量、饱和蒸汽压均满足生产要求，辛烷值损失平均在 0.7 左右。

6~8 月份辛烷值损失平均在 0.8~1.0 之间。

4 装置存在的问题及处理措施

由于原料中的硫含量约为 60~120mg/kg，低于设计值 200mg/kg，遵循吸附剂“小硫差、大循环量”的经验操作法，出现了脱硫率高、辛烷值损失大的问题。如何在装置加工负荷及进料硫含量低，产品脱硫率满足国 IV 标准的前提下，通过优化操作参数，降低脱硫率、提高产品硫含量，减小汽油辛烷值损失，降低后续高标号汽油添加剂注入量成本，降本增效，成为装置开工后生产技术管理的热点难点问题。

4.1 汽油脱硫率高，产品硫含量低

开工后第 10~90 天(2013.12.02~2014.2.21)中每 10 天的进料、产品、脱硫率数据均值如表 5 所示。

表5　80天内每10日的脱硫率数据表

开始时间	结束时间	反应进料/(t/h)	进料硫含量/(mg/kg)	产品硫含量/(mg/kg)	脱硫量/(kg/h)	脱硫率/%
2013.12.02	2013.12.12	105	81.5	12.65	7.23	84.45
2013.12.12	2013.12.22	101	79.3	20.6	5.93	74.02
2013.12.22	2014.1.2	98.5	79.0	23.4	5.48	70.38
2014.1.2	2014.1.12	100.8	82.3	16.5	6.63	80.04
2014.1.12	2014.1.22	96.3	81.4	21.8	5.73	73.22
2014.1.22	2014.2.2	107	84.5	9.26	7.94	87.86
2014.2.2	2014.2.12	90	88.8	3.83	7.65	95.69
2014.2.12	2014.2.22	86.8	87.9	2.87	7.38	96.73

由表5可见，开工初期的前90天(2013.12.02~2014.2.21)内，脱硫率在95以上的有30天，脱硫量约为7.5kg/h，产品硫含量基本在10mg/kg以下，远低于国IV汽油硫含量标准，甚至优于国V标准，产品硫含量富余度大。

解决措施：降低脱硫率提高吸附剂持硫率，使产品硫含量质量不要过剩，增加效益。

4.2　装置进出口汽油辛烷值RON损失大

2014年6~8月，10次汽油进出口辛烷值RON数据如表6所示。

表6　汽油进出口辛烷值

采样日期(2014年)	混合原料RON	精制汽油RON	辛烷值RON损失
6.2	87.1	86.3	0.8
6.9	87.9	86.8	1.1
6.16	88.5	87.4	1.1
6.23	88.3	87.2	1.1
6.30	87.4	86.3	1.1
7.4	88.8	88	0.8
7.7	87.2	86.4	0.8
7.14	88.4	87.9	0.5
7.21	88.8	88.2	0.6
7.28	88.7	87.9	0.8

由表6可知辛烷值损失较大，影响经济效益。

解决措施：

(1) 提高硫差至3~5，通过提高再生温度实现再生温度由430℃提至480℃。

(2) 降低吸附剂藏量，增加质量空速，降低辛烷值损失，吸附剂由原来的20t降至现在的17.5t。

(3) 降低吸附剂循环速率和循环量，循环速率由30min提至60min，循环量通过降低闭锁料斗收料的料位，由15%降至8%减少再生向反应转料量，保证反应活性稳定，降低辛烷值损失。

(4) 降低氢油比，根据进料量及时调整氢油比，氢油比不大于0.25mol/mol。

（5）提高反应温度抑制烯烃饱和反应，最佳反应温度为 425~435℃，在此温度范围内可以有效抑制烯烃饱和反应，保证脱硫反应，降低辛烷值损失。

10 月份进行上述措施验证试验根据化验结果辛烷值损失在 0.7 左右，产品硫含量在 10mg/kg 左右。

4.3 ME101 压差与加工量的问题

反应过滤器压差影响装置长周期运行，近期压差有所增加，反吹后压差有原来的 35kPa 上升到 38kPa，压差上升与加工量增加、系统压力、反吹压力、反吹温度有很大关系，所以要找到两者之间平衡点。

4.4 吸附剂粉末处理与回收问题

本装置在吸附剂循环时由于线速较高会产生细粉，通过再生烟气过滤器进行回收、卸剂，会产生固体废物，影响环境。

5 总结

（1）本装置采用中石化 S Zorb 汽油脱硫技术，该工艺满足产品质量升级要求。

（2）在较缓和的反应条件下，吸附催化剂脱硫效果较好，但由于装置属于初次开工，需标定优化，保证长周期运行。

（3）装置运行时间较短，从现在看，吸附剂性能较好，综合能耗 831MJ/t 进料，产品质量合格，基本达到设计指标。

扬子石化渣油加氢处理装置运行分析及优化措施

章海春

（中国石化扬子石油化工有限公司炼油厂，江苏南京 210448）

摘 要 介绍了扬子石化炼油厂200万t/a渣油加氢装置基本概况及FZC系列渣油加氢处理催化剂工业应用情况，该催化剂体系在高苛刻度条件下，表现出很好的金属脱除，残炭、沥青质加氢转化能力。针对装置高苛刻度运行的影响，采取相应对策，取得了较好的效果，初步解决了装置生产过程中存在的问题，并提出下一步改进优化措施。

关键词 渣油加氢 高苛刻度运行 优化措施

1 前言

渣油加氢技术是重质油深度加工的主要工艺技术，能将渣油中的硫、氮、金属等杂质大部分脱除，降低残炭的含量，还具有改善油品质量、环境友好、低碳、效益显著和实现石油资源的高效利用等优势，被广泛地推广应用[1]。固定床渣油加氢技术的投资和操作费用低、运行安全简单，是目前渣油加氢技术的首选技术，近年来，随着优质轻质燃料油的需求快速增长，固定床渣油加氢与渣油催化裂化组合应用，已渐成为渣油轻质化的重要手段[2]。

渣油加氢处理过程中存在多种类型的化学反应，必须根据原料油中的硫、氮、残炭和金属等性质将保护剂、脱金属剂、脱硫剂及脱残炭(脱氮)剂等几类催化剂合理的级配组合，延长操作运转周期，减少停工次数，以提高固定床渣油加氢装置的经济效益。

2 装置运行分析

2.1 装置概况

扬子石化公司200万t/a渣油加氢装置采样FRIPP开发的固定床渣油加氢成套技术(S-RHT)，由洛阳工程有限公司设计，中石化第四建设公司承建，于2014年7月建成投产。装置反应部分采用热高分工艺流程，分馏部分采用汽提塔+分馏塔流程，以常减压装置的直馏重蜡油和减压渣油以及焦化装置的焦化重蜡油为原料，经过催化加氢反应，脱除硫、氮、金属等杂质，降低残炭含量，为催化裂化装置提供优质的低硫原料，同时副产部分柴油和少量石脑油。装置工艺原则流程图如图1所示。

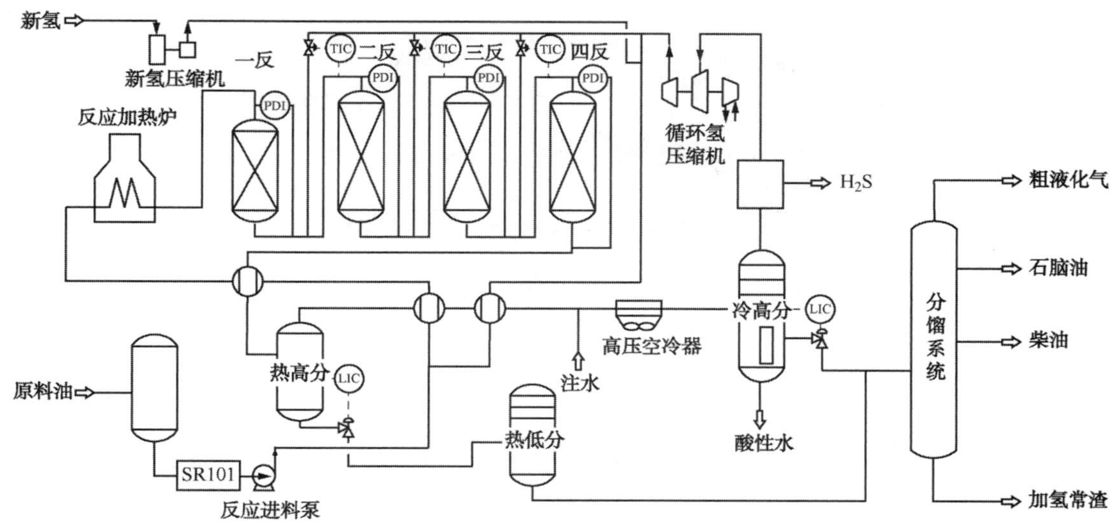

图 1　渣油加氢工艺原则流程图

2.2　装置运行及分析

200 万吨/年渣油加氢装置自 2014 年 7 月 18 日开工至 2015 年 5 月 15 日，共运行 297 天，加工原料油 166 万吨，经过 7100 多小时的运行，催化剂仍然保持较好的活性，装置运行平稳。原料油硫含量在 2.5%～3.5%之间，加氢常渣的平均脱硫率 89%；原料氮含量在 2000～2600μg/g 之间，加氢常渣的平均脱氮率 51%；原料金属(Ni+V)含量在 70～100μg/g 之间，加氢常渣的平均脱金属(Ni+V)率 85%；原料残炭值在 8.0%～12.0%之间，加氢常渣的平均脱残炭率 61%，加氢常渣产品质量满足下游催化裂化装置进料要求。

2.2.1　主要参数运行及分析

催化剂床层平均温度(CAT)及各反应器的 BAT 变化情况见图 2，装置进料情况见图 3。

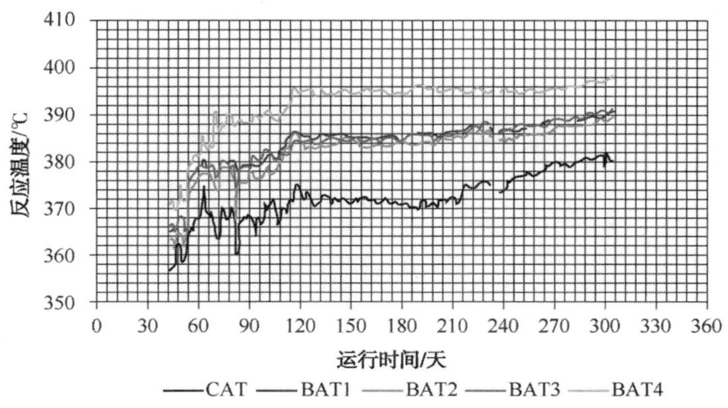

图 2　渣油加氢装置 CAT 及各反应器 BAT 变化情况

目前装置平均反应温度为 390℃，一反/二反/三反/四反的平均反应温度分别为 380.3/388.6/390.3/396.7℃，温度梯度分布合理。

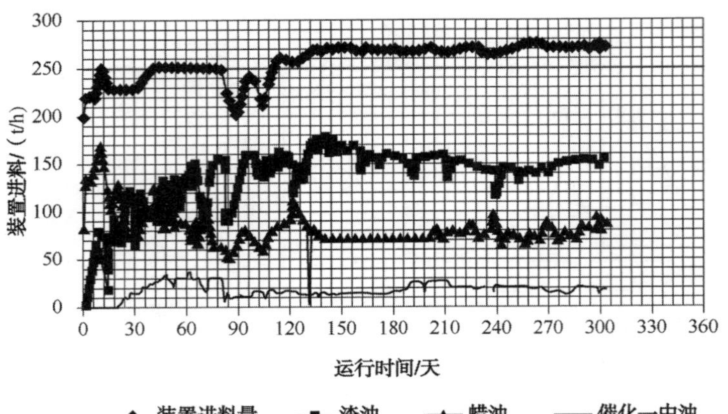

图3 渣油加氢装置主要进料量变化情况

目前装置总的进料达到260t/h左右，超过设计值，其中二常减渣进料量155t/h，三常深拔减四线油50t/h左右，二常减四线油25t/h左右，焦化重蜡油10t/h，催化一中油20t/h。

图4~图7为各反应器出入口温度以及温升的变化情况。

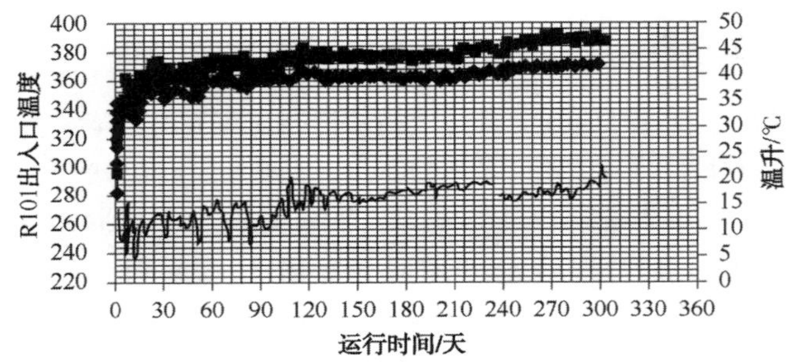

图4 渣油加氢装置第一反应器出入口温度及温升变化情况

一反温度及温升控制平稳，无明显热点，末期根据原料性质及床层温度匹配情况，适当提高了一反温升。

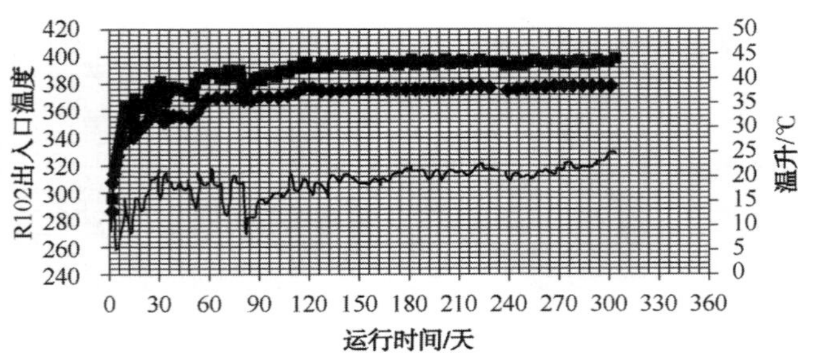

图5 渣油加氢装置第二反应器出入口温度及温升变化情况

二反温度及温升控制平稳，底部TI10633H温度偏高，目前在415℃左右，原因是二反局部催化剂出现结焦，造成床层空隙减少，物料偏流，结焦部位的下部液体流速较低，原料油反应加剧，放出更多反应热，但反应热难以被物流及时带走从而造成局部高温。且二反中部 TI10632H 点温度同样是该床层最高点，说明二反中上部就存在物料偏流的趋向。

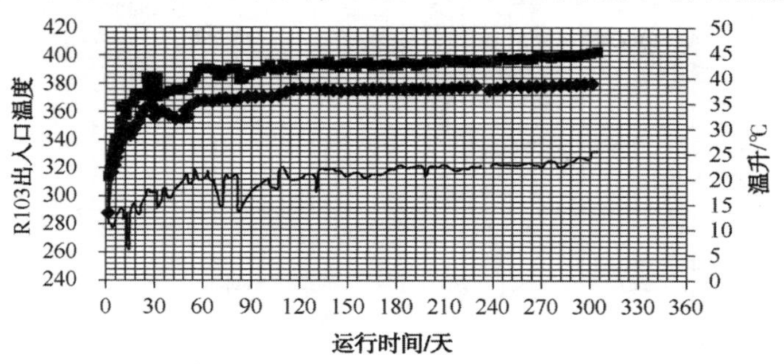

图 6　渣油加氢装置第三反应器出入口温度及温升变化情况

三反温度及温升控制平稳，无明显热点，近期加工原料硫含量上升明显，三反温升亦有所上升。

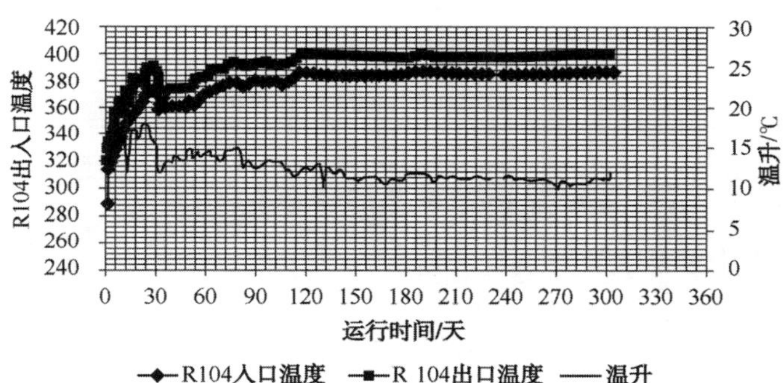

图 7　渣油加氢装置第四反应器出入口温度及温升变化情况

四反温度及温升控制平稳，无明显热点。

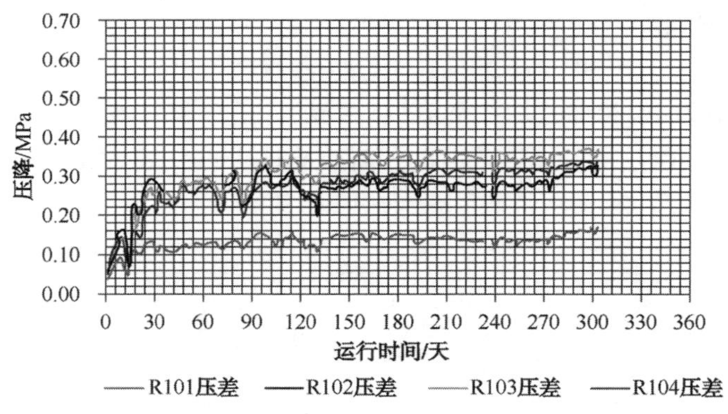

图 8　渣油加氢装置各个反应器压降变化情况

图 8 为各反应器压降的变化情况，可以看出四个反应器压降变化较为平缓，目前差压一反 0.16MPa，二反 0.32MPa，三反 0.36MPa，四反 0.33MPa，未出现床层压降过高等异常情况。

2.2.2　装置运行结果分析

渣油加氢装置原料油和加氢常渣的硫含量、残炭值、氮含量和金属(Ni+V)含量的变化情况见图 2-9~图 2-12。

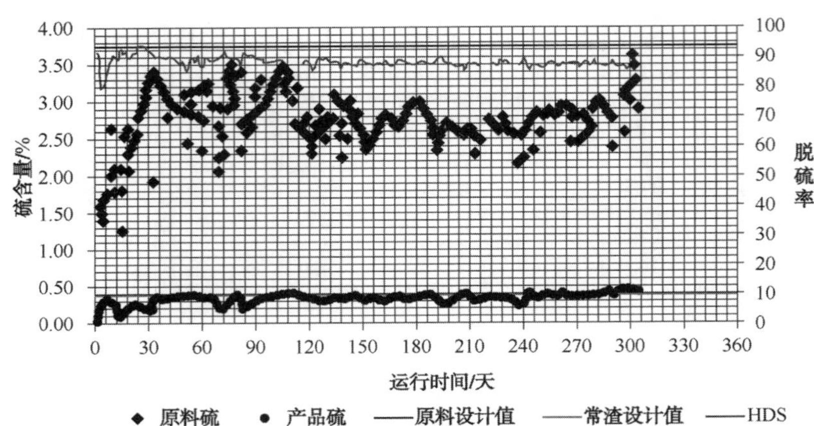

图 9　装置原料油和加氢常渣硫含量变化情况

原料设计硫含量 3.75%，加氢常渣设计硫含量 0.37%，从图 9 可以看出，原料硫含量低于设计值在 2%至 4%之间，加氢常渣的硫含量平均 0.35%，平均脱硫率 89%，可见，加氢常渣硫含量低于设计指标，加氢常渣硫含量是合格的。

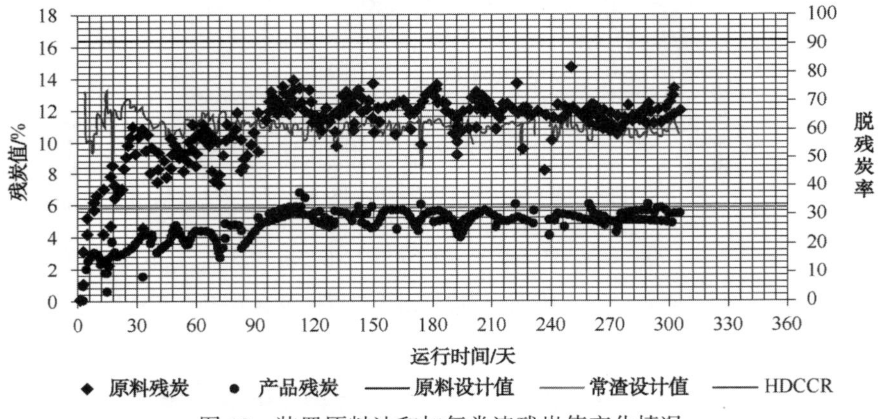

图 10　装置原料油和加氢常渣残炭值变化情况

原料设计残炭值为 16.41%，加氢常渣设计残炭含量 5.85%，从图 10 可知，原料残炭值在 8%至 14%之间低于设计值，加氢常渣的残炭值总体上低于设计指标，加氢常渣的残炭平均 4.85%，平均脱残炭率 61%，加氢常渣残炭值是合格的。

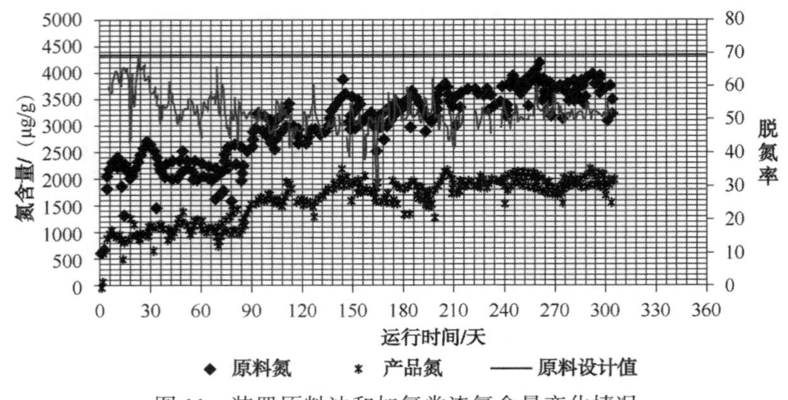

图 11　装置原料油和加氢常渣氮含量变化情况

原料设计氮含量4339μg/g，加氢常渣设计氮含量1800μg/g，从图11可以看出，原料氮含量低于设计值，加氢常渣的氮含量总体上低于设计指标，加氢常渣氮含量平均1568μg/g，脱氮率51%，加氢常渣氮含量是合格的。

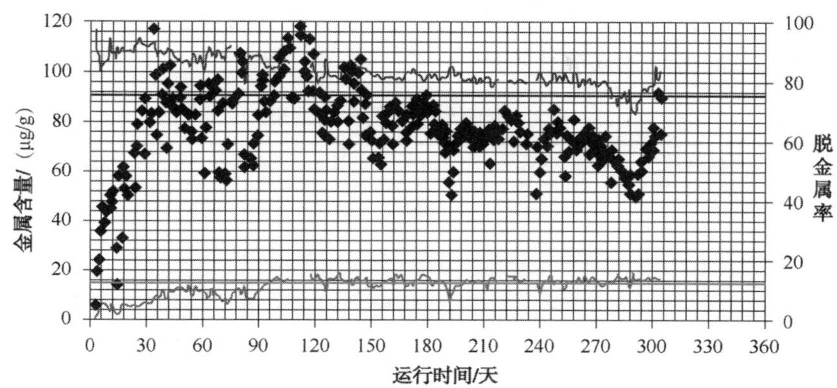

图12 装置原料油和加氢常渣金属(Ni+V)含量变化情况

原料设计金属(Ni+V)含量90.5μg/g，加氢常渣设计金属(Ni+V)含量为15μg/g。从图12可以看出，原料金属(Ni+V)含量在60~120μg/g之间。在150天后部分加氢常渣金属(Ni+V)含量略高于设计指标，但总体上加氢常渣金属(Ni+V)含量是合格的，平均14μg/g，脱金属(Ni+V)率85%。

因此可以看出加氢常渣的各项杂质含量能够达到设计指标要求。

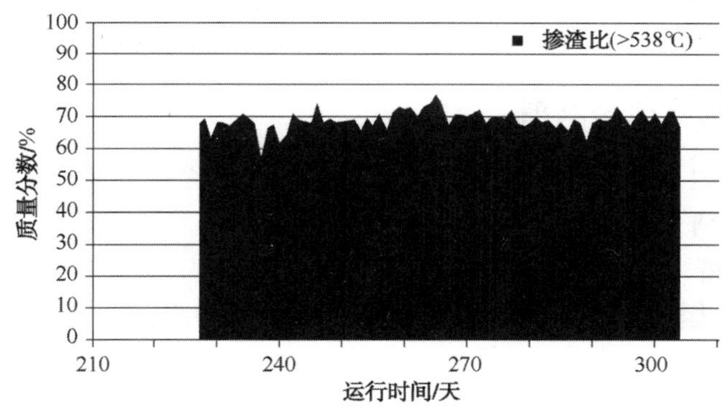

图13 近期装置混合进料大于538℃体积馏出量统计

掺渣比以大于538℃质量馏出量为基准。图13为近期装置混合进料大于538℃质量馏出量即掺渣比的统计，可以看出装置混合进料大于538℃质量分数平均近70%，远高于同类装置50%~60%，原料残炭、金属、硫、氮等性质也在同类装置中处于领先水平，可见扬子渣油加氢运行苛刻度高，原料性质加工难度大。

3 装置运行存在的问题

3.1 热高分气带重烃进入冷高分

在掺渣提至65%左右时，经常出现冷高分及冷低分油水分离不清，大量水带入脱硫化氢汽提塔，造成分馏系统大幅波动，酸性水亦带油严重。

3.1.1 原因分析

由于加工的原料性质偏重，热高分内开始出现发泡现象，热高分气夹带部分重烃进入冷高分，由表1可以看出，冷低分油90%以上馏出基本为蜡油组分，这部分重烃与水分离效果较差，导致冷高分及冷低分油水分离不清。

表1 渣油加氢冷低分油性质

日期时间	密度/(kg/m³)	初馏点/℃	10%/℃	50%/℃	90%/℃	终馏点/℃
3月17日		106.4	161.8	263.8	363.8	422.2
3月18日	836.2	106.2	161.4	263.2	365.4	425.8
3月19日		101	158.6	263.4	363.6	423.8
3月20日	856	100.4	158.2	265.8	365.4	424
3月21日		103	165.4	268.8	364	420.6
3月22日		106	162.2	268	365.2	423.2

3.1.2 优化措施

适当降低热高液位，由55%降至40%控制，增加热高分气在热高的停留时间，减少热高分气夹带重烃。在氢油比有保障的情况下，优化控制好循环机转速。控制好掺渣量，减四线等稀释油比例，避免各组分大幅波动。制定好冷低分油带水处理预案，分离不好时，减少注水，调整后，再提注水，减少对分馏系统的影响。

通过一系列的优化调整，冷低分油没有再出现大量带水，影响分馏系统操作的事件。

3.2 循环氢脱硫塔易发泡

开工后，多次发生循环氢脱硫塔内胺液发泡，胺液带至循环氢压缩机入口分离罐事件，严重威胁装置的安全平稳运行。

3.2.1 原因分析

循环氢纯度低，循环量大，导致循环氢脱硫塔差压偏高，基本在30kPa左右，一旦到33kPa就容易发泡。

3.2.2 优化措施

优化氢气外管，低纯度乙烯氢气去柴油加氢，渣油用新氢均来自PSA高纯度氢气，纯度≥99.2%。监控好循环氢纯度，保证≥85%，一旦纯度低于指标，就增加废氢驰放量。制定循环氢脱硫塔发泡处理预案，循环氢脱硫塔差压>33kPa，即开大副线，减少胺液进塔量，外操立即去小高分处切液。

通过一系列的优化调整，循环氢脱硫塔没有再出现胺液发泡事件。

3.3 滤后原料油性质劣质化

渣油加氢装置装置11月上旬的一段时间内原料性质的劣质化严重，特别是金属离子超高，产品质量变差，催化剂失活速率加快，在11月上旬一周时间内CAT提温4℃，但装置各产品质量仍不能满足需求。

表 2 渣油加氢滤后原料油性质

日期时间	硫/%	氮/(mg/kg)	残碳/%	铁/(mg/kg)	钙/(mg/kg)	钠/(mg/kg)	镍/(mg/kg)	钒/(mg/kg)	镍+钒/(mg/kg)
控制指标		≤4340	≤16.5	≤5	≤4	≤3	≤25	≤65	≤91
11 月 1 日	3.1493	2854	11.79	13.6	2.9	0.5	26.4	63.4	89.8
11 月 3 日	3.3282	3120	13.94	21.4	9.2	1.8	37	94.1	131.1
11 月 4 日	3.0109	3319	13.39	15	2.8	0.3	38.3	109.6	147.9
11 月 5 日	2.7257	3484	13.49	12.6	6.4	1.3	33.7	84.7	118.4
11 月 7 日	3.1837	3409	12.47	4.7	2.3	0.1	29.6	74.4	104
11 月 9 日	2.58	3038	13.25	12.6	2.4	0.4	28	70	98
11 月 11 日	2.7285	2660	13.21	11.8	6.4	1.3	31.2	81.6	112.8
11 月 13 日	2.5871	2708	11.69	14.3	10.2	2.1	26.8	65.6	92.4
11 月 15 日	2.3971	2705	10.98	11.7	2.5	0.7	24.4	58.7	83.1
11 月 17 日	2.4868	2954	10.82	11	8.1	1.4	22.5	53.1	75.6

由表 2 可以看出，11 月 3~13 日渣油加氢原料油，金属离子超高，铁离子几乎没有合格的，镍加钒也是超标严重，最高 147.9mg/kg，超出控制指标近 63%。13 日下午降掺渣量至 150t/h 渣油后，滤后原料油金属镍加钒逐步降至指标范围内。

表 3 渣油加氢反应温度变化情况

项　目	指标	扬子石化渣油			某石化渣油
		11 月 2 日	11 月 9 日	11 月 17 日	11 月 14 日
反应炉	TIC10505	360	364	364	362
一反	BAT1	369	371	371	367
	ΔT1	16.0	13.7	17.5	10.9
	ΔP1	0.15	0.16	0.14	
二反	BAT2	380	384	384	374.5
	ΔT2	18.1	15.5	19.6	19.6
	ΔP2	0.28	0.31	0.28	
三反	BAT3	381	384	385	383.5
	ΔT3	21.2	20.2	21.1	21.4
	ΔP3	0.34	0.36	0.32	
四反	BAT4	390	396	395	395.4
	ΔT4	12.3	11.5	12.4	15.5
	ΔP4	0.25	0.30	0.28	
	CAT	381	385	385	381.3

由表 3 可以看出，11 月 9 日二反 BAT2 平均反应温度 384℃已经和三反 BAT3 平均反应温度 384℃持平，说明由于原料金属离子严重超标情况下，目前的催化剂级配已不能满足产品质量要求，如果一反(装大孔保护剂)二反(装大孔脱金属催化剂)不能正常将金属镍和钒脱除，则金属会带入三反四反，可能造成脱硫及脱残炭催化剂(小孔型催化剂)堵塞失活，

会很快造成三反四反差压快速上升。

11月13日下午降掺渣量至150t/h渣油后，反应温度趋于平稳，在操作上，适当降低二反温度，提高三反温度，使二三反温度基本一致。

对照某石化渣油加氢装置，其本周期催化剂14年4月中旬开工，11月9日反应温度比我们低3.7℃，比较反应器平均温度，主要是二反(脱金属)温度高了近10℃，与我们原料金属偏高相印证，从反应温度看，某石化催化剂寿命比我们延长了近半年(早开3个月，现在低3.7℃，折算3个月)，也说明某石化严控金属离子起到了延长催化剂使用寿命的效果。

表4　产品加氢尾油四组分分析

日期	饱和烃/%	芳香烃/%	沥青质/%	胶质/%
设计值	56.2	33.9	1.2	8.4
11-14	52.3	41.2	0.83	5.67
11-13	46.8	42.8	0.71	9.69
11-12	49.2	39.9	0.86	10.04
11-10	37.8	50.9	1.03	10.27
11-7	42.8	46	1.08	10.12
11-6	39.9	46.7	1.39	12.01
11-4	39.7	46.2	1.59	12.51

从表4可以看出，产品加氢尾油在渣油加氢原料劣质化后，饱和烃减少，胶质增加明显，作为催化装置原料，可裂解性能变差，汽油收率也相应降低，13日后有所好转。

3.3.1　原因分析

① 原油性质变化。

表5　原油数据比较

项目/油种	阿巴1：1	阿巴1：1	阿巴1：1
采样点	物流部G1110e罐	甬沪宁管线	甬沪宁管线
取样日期	20140827	20140926	20141111
Ni/(μg/g)	15.6	12.8	24.8
V/(μg/g)	39.6	33.5	74.4
Ni+V/(μg/g)	55.2	46.3	99.2

由表5可以看出，加工的原油品种虽没有变化，但品质却发生了明显变化，主要就是金属含量明显偏高，梳理原油进厂环节后，发现在原油转输过程中，阿巴原油中混入了高金属的伊重原油。

② 稀释油性质变化。

固定床渣油加氢工艺加工原料中除渣油外，还必须配有轻馏分油，起到降低渣油粘度，改善渣油流动性能，以有利于渣油进入反应器后，更好的进入催化剂活性中心，不在表面快速结焦，延长催化剂使用寿命，所以又称为稀释油。

表 6 渣油加氢稀释油性质

名　　称	稀释油设计值		实测平均值*
	三套重蜡	焦化重蜡油	
密度(20℃)/(kg/m^3)	980.6	960	905.1
S/%	2.98	3.65	1.32
N/(μg/g)	3525	3788	1433
CCR/%	0.02	0.50	1.98
Ni+V/(μg/g)	0.04	1.0	—

注：*11 月上旬平均值。

由表 6 可以看出，稀释油很重要的特性就是硫含量较高，残炭及金属几乎没有，这样的油才能起到稀释油的作用。而扬子石化公司实际用稀释蜡油硫含量低，残炭高，馏分宽。主要是近期蜡油主要为加氢常渣、减四线、HGO 等混合油，这样的油本身流动性就差，在罐内就已经分层严重，11 月 8 日~10 日同样是 G28 付油，硫含量变化明显，这样的油起不到很好的稀释油的作用，不能起到降低渣油粘度，改善渣油流动性能，无助于渣油更好的进入催化剂活性中心，不利于延长催化剂使用寿命。另外，低硫的开工蜡油，使得进料总硫含量大幅下降，一反二反反应热相应减少，且蜡油中二次油占多，硫也相对难脱，一二反仅脱较易脱除的硫，一二反温升低，反过来又不利于金属的脱除。

3.3.2 优化措施

① 固定床渣油加氢装置对原料尤其是金属含量有着严格的要求，鉴于甬沪宁管线分段输送，有时切割不到位，存在混入劣质油的风险，将较好品质的阿曼原油船运至物流部，在物流部与巴士拉按 1∶1 混合，持续做好分储分炼工作，确保渣油加氢加工原料的品质。

② 改变目前的固定掺渣比控制模式，以不突破内控指标(主要是金属含量)灵活调整掺渣比为调控手段，在原料性质较好时提高掺渣比，在原料性质劣质化时降低掺渣比，保证原料性质符合指标要求，确保渣油加氢的长周期运行。

③ 掺炼的蜡油(稀释油)品质较差，硫含量低，脱硫反应是所有加氢反应放热最多的反应，这使得一、二反温升偏低，不利于金属离子的脱除。对蜡油罐区进行功能分类，将 G27/28 作为渣油加氢专用稀释油罐，不再贮存加氢尾油、一加重柴油(HGO)，避免原料罐倒油引起的蜡油(稀释油)质量波动大的问题，尽可能用减三线、减二线、焦化蜡油、催化柴油作为稀释油。

3.4 效果分析

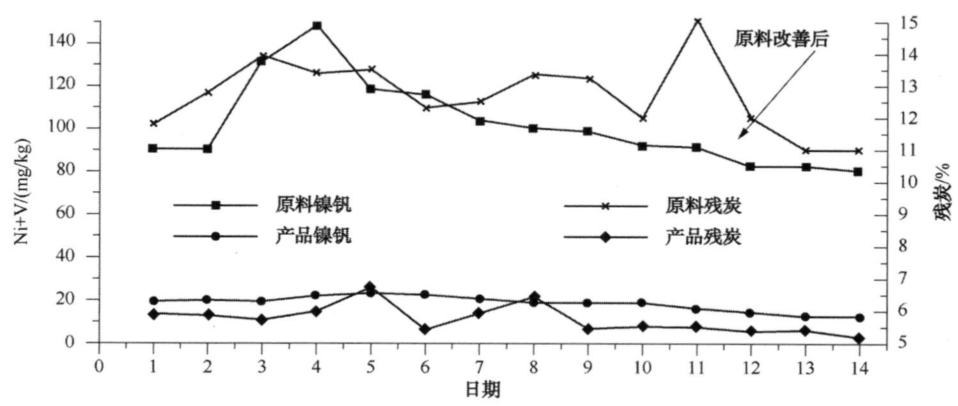

图 14 原料油调整前后性质变化情况

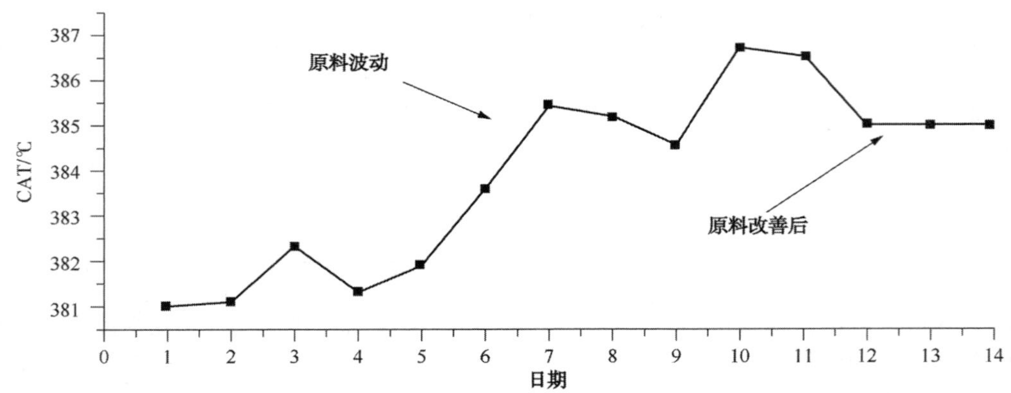

图 15 原料油调整前后反应温度变化情况

由图 14 可以看出，在采取一系列措施后，原料性质逐步好转，金属含量明显降低，均能控制在设防值内，产品加氢常渣的金属含量也基本稳定，控制在指标范围内。

由图 15 也可以看出，在原料油性质稳定后，反应平均温度也稳定在 385℃，说明前期提温突然加快，原因就是原料油金属含量超标，加快了催化剂的失活，在原料性质稳定后，催化剂失活速率恢复正常，但失去的活性不会回来，即反应平均温度不会回到 381℃。

4 结论

（1）工业应用结果表明装置各项技术指标满足设计要求。催化剂体系具有较高的脱杂质活性和加氢活性，尤其是残炭的深度转化和金属的降低有利于为下游催化裂化装置的操作和催化裂化产品分布产品性质的改善。

（2）针对装置热高分器带重烃、循环氢脱硫塔发泡及原料劣质化的影响，逐项进行分析，采取相应对策，取得了较好的效果，初步解决了装置高苛刻度运行过程中存在的问题。

参 考 文 献

[1] 李春年．渣油加工工艺[M]．北京：中国石化出版社，2002：370-371.
[2] 李大东．加氢处理工艺与工程[M]．北京：中国石化出版社，2004：1133-1175.

国Ⅴ柴油长周期试生产运行总结分析

王建伟

（中国石化镇海炼化分公司，浙江宁波　315207）

摘　要　介绍了镇海炼化3.0Mt/a柴油加氢装置在体积空速1.50h^{-1}、氢分压6.58MPa、氢油体积比400的工况下，以加工直馏柴油和25%的二次混合柴油为原料，进行了为期一个月的国Ⅴ柴油试生产。试生产结果显示，在上述原料工况下，柴油产品硫含量能够满足国Ⅴ柴油质量要求，十六烷值提高约4个单位，脱硫率、脱氮率和芳烃饱和率均较高。但国Ⅴ柴油生产期间，也存在产品质量不稳定、耗氢量增加、比色上升、催化剂失活速度快等问题。

关键词　国Ⅴ柴油　催化柴油　催化剂　存在问题

镇海炼化分公司3.0Mt/a柴油加氢精制装置（简称Ⅵ加氢装置）于2011年6月19日建成投产，催化剂采用FHUDS-2/FHUDS-5组合技术，以加工密度大、干点高的催化柴油和常三线/减一线柴油为原料，柴油产品以车用柴油为主。2014年4月，Ⅵ加氢装置停工待料，为保证7月份柴油质量顺利升级至国Ⅳ车用柴油，对催化剂进行了部分更换，反应器上床层更换为FHUDS-6催化剂，下床层继续使用FHUDS-5催化剂。为考察公司国Ⅴ柴油生产能力及装置的运行工况，安排Ⅵ加氢装置进行一个月的国Ⅴ柴油试生产。

1　试生产原料和催化剂装填情况

1.1　原料性质

试生产期间Ⅵ加氢装置以加工直馏柴油、催化柴油和焦化柴油的混合油为原料，总加工量300t/h，其中催化柴油40t/h（13.33w%）、直馏柴油230t/h（76.67w%）（以常三线、减一线为主），焦化柴油30t/h（10w%），反应器体积空速1.50h^{-1}（设计体积空速1.85h^{-1}）。原料分析数据见表1、表2。

表1　混合原料分析数据

分析项目	混合原料油		
	2日	16日	30日
总硫/%	1.12	0.884	1.33
总氮/（mg/kg）	380	308	324
密度/（kg/m^3）	858	863.2	854.4
馏程/℃			
初馏点/50%/95%	202/287/355	184/287/360	182/277/349
酸度/（mgKOH/100ml）	5.9	18.9	14.3

续表

分析项目	混合原料油		
溴价/(gBr/100g)	9.51	9.14	9.09
凝点/℃	-12	-14	-16
十六烷值	46.9	47.2	43.5
碱性氮/(mg/kg)	127.4	165.1	142.3
比色	3.0	<4.5	3.0
多环芳烃/%	17.3	17.8	17.7

通过混合原料分析数据可以看出，混合原料密度高，十六烷值低且硫含量波动较大，原料馏程及氮含量相对稳定。表2中催化柴油及焦化柴油95%馏出点温度较高，催化柴油密度较大、十六烷值低，焦化柴油柴油氮含量较高，导致混合原料性质较差。

表2 各柴油组分分析数据

分析项目	直馏柴油	催化柴油	焦化柴油
总硫/%	1.17	1.28	1.58
总氮/(mg/kg)	109	704.7	951
密度/(kg/m^3)	840.8	956.5	876.2
馏程/℃			
初馏点/50%/95%	167/266/339	198/283/367	174/299/369
溴价/(gBr/100g)	3.97	15.02	33.27
十六烷值	49.4	<30	45.0
比色	<1.5	1.5	5.5
多环芳烃/%	10.8	52.3	16.4

1.2 催化剂装填情况

2011年6月，Ⅵ加氢装置开工初期采用FHUDS-2/FHUDS-5组成催化剂。2014年4月，为满足国Ⅳ柴油质量要求，Ⅵ加氢装置更换了部分催化剂，将上床层70吨FHUDS-2催化剂更换为FHUDS-6催化剂，并采用密相装填，更换后新催化剂占总催化剂量的31.5%，下床层继续使用已运行三年的FHUDS-5催化剂。

表3 催化剂装填情况

位置	装填物料	高度/mm	体积/m^3	质量/t	装填密度/(t/m^3)
上床层	ϕ13 瓷球	100	1.66	2.0	
	FZC-105 保护剂	200	3.32	1.66	0.50
	FZC-106 保护剂	304	5.05	2.49	0.493
	FHUDS-6 催化剂(自然)	944	15.69	15.47	0.986
	FHUDS-6 催化剂(密相)	3262	54.18	59.50	1.098
	FHUDS-2 催化剂(密相)	1000	16.62	17.62	1.06
	ϕ3 粗条 FHUDS-2(自然)	100	1.66	1.61	0.97
	ϕ6 瓷球	200	3.32	3.75	

续表

位置	装填物料	高度/mm	体积/m^3	质量/t	装填密度/(t/m^3)
下床层	φ13 瓷球	110	1.83	2.0	
	FHUDS-2 催化剂(自然)	370	6.15	5.76	0.94
	FHUDS-5 催化剂(自然)	441	7.32	5.92	0.81
	FHUDS-5 催化剂(密相)	7539	125.23	120.30	0.96
	φ3 粗条 FHUDS-5(自然)	120	1.99	1.44	0.72
	φ6 瓷球	180	2.99	3.375	
	φ13 瓷球	290	4.82	6.75	
新催化剂合计	FZC-105 保护剂	200	3.32	1.66	0.50
	FZC-106 保护剂	304	5.05	2.52	0.50
	FHUDS-6 催化剂	4206	69.87	74.97	1.04

2 试生产期间主要操作条件

试生产期间反应进料稳定在300t/h，占总加工负荷84%，体积空速1.50h^{-1}，氢油体积比维持在400左右，反应器入口压力7.70MPa，氢分压6.58MPa。反应器平均床层温度378℃，反应器温升45℃，总温升49℃，床层最高温度达到398℃。平均氢气耗量31000Nm^3/h，试生产期间最高达到了39000Nm^3/h，已超出新氢机设计量，相比生产国Ⅳ柴油耗氢量明显增加。

表4 主要工艺参数

项　目	国Ⅴ操作参数	国Ⅳ操作参数
氢油体积比	400	400
反应器入口压力/MPa	7.7	7.7
反应器入口温度/℃	345	330
上床层平均反应温度/℃	366	349
上床层温升/℃	40	37
下床层入口温度/℃	383	367
下床层平均反应温度/℃	388	371
下床层温升/℃	9	7
温升/℃	45	42
平均反应温度/℃	378	364
床层最高温度/℃	398	370
新氢量/(Nm^3/h)	31000	29000
循环氢纯度/%(v/v)	87	86
氢耗/(Nm^3/m^3)	88.9	87.5
进料量/(t/h)	300	285
主催化剂体积空速/h^{-1}	1.50	1.43
低分气流量/(Nm^3/h)	4000	3000

表4可以看出，国Ⅴ柴油生产期间，氢气耗量大幅增加，平均氢耗88.9Nm³/m³，最高氢耗111.5Nm³/m³，相比生产国Ⅳ柴油时氢耗增加11.4Nm³/m³。反应器温升45℃，相比生产国Ⅳ柴油时反应器温升上升了3℃。

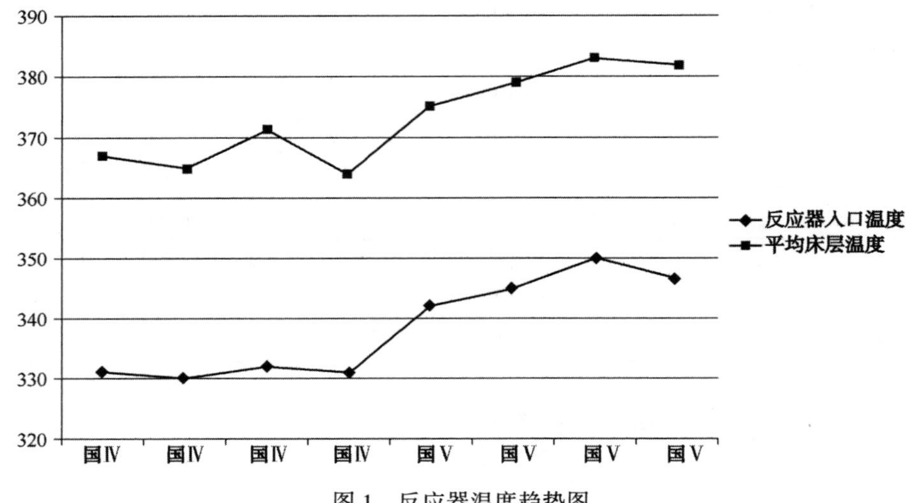

图1 反应器温度趋势图

图1可以看出，标定期间在相同原料工况下，Ⅵ加氢装置生产国Ⅳ柴油时反应器平均床层温度365℃，切换生产国Ⅴ柴油时反应器平均床层温度升高了10℃以上，平均床层温度最高达到386℃，说明生产国Ⅴ柴油比生产国Ⅳ柴油时反应器床层平均温度提高约10~21℃。同时，反应器床层最高温度399℃，已接近反应器最高温度410℃的设计值。受原料硫含量波动影响，生产国Ⅴ柴油时反应器入口温度调整频繁，使反应器床层温度大幅波动，不利于催化剂的长周期稳定运行。

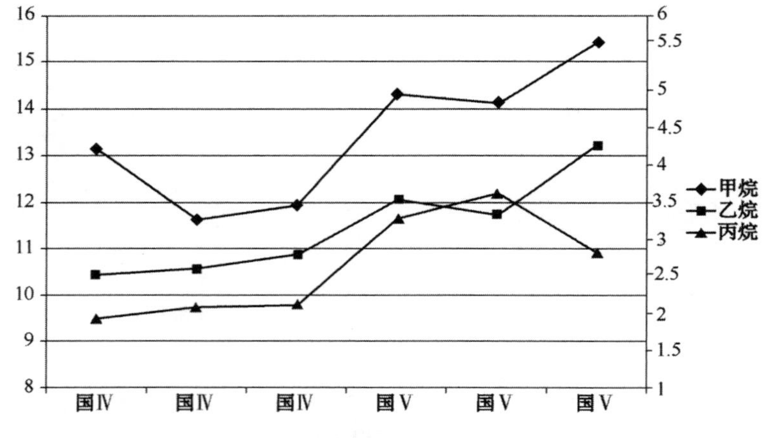

图2 低分气中主要组分含量

国Ⅴ柴油试生产期间低分气平均流量为4000Nm³/h，最高时达到4700Nm³/h，相比国Ⅳ柴油生产期间增加约1000Nm³/h。通过生产国Ⅳ、国Ⅴ柴油工况时低分气组成数据对比(图2)，发现低分气组成中甲烷、乙烷和丙烷含量均有所上升。表明反应温度提高后，反应器内原料热裂解加剧，循环氢中的轻烃含量增加。

3 试生产结果

通过精制柴油(表5)和混合原料油分析数据(表1)对比，可以得出：国V柴油工况下，精制柴油十六烷值提升了3~4单位，多环芳烃降低了约10%，密度降低了20~30kg/m^3，胶质、溴价大幅度下降。相比生产国Ⅳ柴油工况，精制柴油中氮含量下降明显，这也为超深度脱硫创造了条件。

表5 精制柴油分析数据

分析项目	分析数据	分析项目	分析数据
密度/(kg/m^3)	848.3	酸度/(mgKOH/100mL)	0.3
馏程/℃		溴价/(gBr/100g)	1.1
初馏点/50%/95%	213/280/350	比色	1.5
闪点/℃	>80	十六烷值	50.8
凝点/℃	-14	多环芳烃	8.6
硫含量/(mg/kg)	9.2	胶质/(mg/100mL)	64
总氮/(mg/kg)	1.7		

试生产期间，精制柴油颜色变差，反应器床层最高温度达到398℃，相比反应温度在365℃工况时，比色上升了1个单位。柴油产品颜色及颜色稳定性与其芳烃含量，特别是多环芳烃含量有关[1]，因加氢反应受热力学平衡限制，当反应温度过高，产品的颜色会变差，多环芳烃很难进一步转化，造成稠环氮化物没有完全脱除，柴油颜色变差[2]。

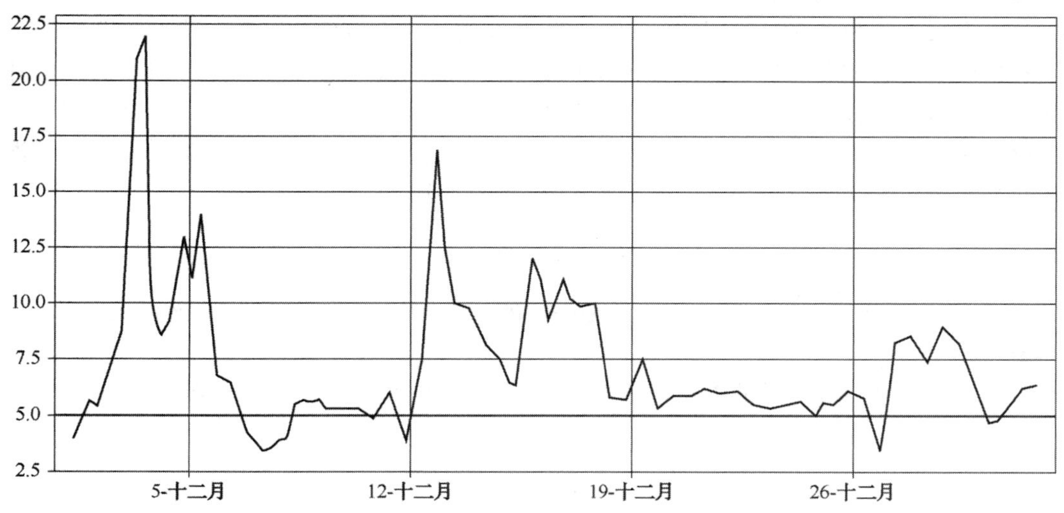

图3 精制柴油硫含量

通过图3可以看出，精制柴油硫含量基本能够满足不大于10mg/kg的要求，但在试生产初期和中旬两天，受原料油性质波动的影响，硫含量有超出国V柴油硫含量指标的现象。中、下旬开始精制柴油硫含量基本稳定，平均硫含量5mg/kg左右，硫含量富裕度较大，实际操作中精制柴油硫含量较难控制在指标区间。总体来看，国V柴油硫含量受原料油性质变化及二次油比例调整影响很大，如要控制在5~10mg/kg以内是有较大难度的。

4 结论

Ⅵ加氢国Ⅴ柴油长周期试生产运行结果表明：

（1）在体积空速1.50h^{-1}、氢分压6.58MPa、氢油体积比400、反应器入口温度345℃，平均床层温度378℃工况下，精制柴油硫含量能够达到10mg/kg以下，催化剂的脱氮率在99.5%以上，柴油密度降低值最高达到25kg/m^3，十六烷值提高值在3.0~4.0个单位，产品质量改善效果明显。虽十六烷值未达到国Ⅴ要求，但通过公司柴油池调和或添加十六烷值改进剂均可满足要求。

（2）试生产过程来看，柴油产品硫含量受原料组成及性质变化影响较大，易引起精制柴油硫含量大幅波动，反应器入口温度调整幅度大。因此，在生产国Ⅴ柴油时，为控制反应器温度大幅波动，保证产品硫含量满足指标要求且最大限度降低精制柴油硫含量富裕度，建议增上精制柴油硫含量在线分析仪。

（3）国Ⅴ柴油一个月的试生产使床层平均反应温度由370℃上升至375℃，造成催化剂失活速度高达5℃，说明催化剂在高温反应工况下失活速度明显加快。同时，催化剂快速失活与下床层催化剂已使用三年，积碳率已相对较高也有关系。

（4）在催化柴油13%、焦化柴油10%原料比例下，生产国Ⅴ柴油比国Ⅳ柴油氢气耗量增加约17Nm^3/m^3，耗氢量增大对补充氢压缩机影响较大。因此，在生产国Ⅴ柴油前，要对补充氢压缩机的最大负荷进行核算，如补充氢量无法满足要求，可以调整二次油加工比例，尤其是催化柴油加工量，有助于降低氢气消耗。

（5）在反应压力7.7MPa，反应器床层最高温度达到398℃时，精制柴油比色上升。因此，在催化剂运行末期，反应温度接近400℃时，产品的颜色会变差，这一点与芳烃饱和的变化规律一致。操作上要加强精制柴油颜色外观检查，防止因柴油颜色异常造成质量事故。

（6）生产国Ⅴ柴油时，低分气产量小幅增加，主要受反应器内温度较高，原料在高温下发生热裂解造成气相组分中甲烷、乙烷、丙烷含量上升。

参考文献

[1] 丁石，高晓冬，聂红，等．柴油超深度加氢脱硫(RTS)技术开发[J]．石油炼制与化工，2011，42(6)：23-27.

[2] 王伟，王超，刘晓瑞．催化裂化柴油颜色安定性分析[J]．广州化工，2012，40(24)：94-97.

焦化汽油加氢装置胺液系统存在问题及对策

王建军

（中国石化镇海炼化分公司炼油三部，浙江宁波　315207）

摘　要　介绍了焦化汽油加氢装置胺液系统运行存在的问题，包括脱硫塔的工艺操作以及胺液跑损情况等，并对存在的问题采取了相应对应的措施以及取得的实施效果。

关键词　胺液　胺液过滤器　跑损　撇油频率

1　概述

Ⅱ套加氢精制装置是由反应、分馏系统两部分构成，装置设计以直馏柴油为主要原料，年生产能力 80 万 t/a，年开工时间 8000h，主要产品为精制柴油和粗汽油。装置于 1992 年 7 月建成投产，催化剂选用石油化工科学研究院研制开发的 RN-1 加氢精制催化剂。根据公司总体生产流程需要，将Ⅱ加氢装置作为焦化汽油和非芳混合加氢装置，专门用于生产乙烯原料，其催化剂选用抚顺石油科学研究院研制开发的 FH-40C 加氢精制催化剂。2010 年 3 月装置完成 80 万 t/a 柴油加氢装置改造为 120 万 t/a 焦化汽油与非芳汽油混合油加氢装置。

2　胺液系统存在问题

Ⅱ套加氢装置和Ⅰ套加氢裂化装置共用胺液再生系统，2010 年Ⅱ加氢装置加工焦化汽油、非芳、金海德旗 C_5混合原料后，油性变轻，其介质组分轻，汽化率大，导致富气脱硫塔(T202)、循环氢脱硫塔(T203)胺液系统工况发生恶化，胺液外观颜色呈灰褐色，透明度低，含较多颗粒物(>1μm 的颗粒>300mg/m^3，塔底轻烃与胺液分离效果差，排轻烃带胺液严重，T202、T203 需要 2 天排一次轻烃，T203 撇油口在两块玻璃板中间，撇油时可以进行有效的监控轻油高度，相对带出的胺液量不大，而 T202 轻油排放口在玻璃板上引出，每次排放需将液位拉满，造成撇油时无法仔细确认排出的是否为胺液，存在一定不确定性，进而更加导致胺液跑损，损耗大(估计每月胺液损耗约 10t，按胺液 15000 元/t 估算，胺液年损失费用 150 万元左右)。同时胺液纯度下降明显，最低降至 20%左右(Ⅱ加氢未改成处理焦化汽油时，胺液浓度可连续稳定在 28%左右)，造成循环氢、富气脱硫脱后硫化氢超标，影响装置长周期生产。

2012 年 3 月加氢改造中对循环氢脱硫塔未作改动，在塔顶增加旋流脱液，该塔顶旋流脱液效果较好，但塔底轻烃与胺液分离效果差，轻烃带胺液严重，导致胺液跑损，损耗较大。T202 底胺液同样带有轻油，造成加氢裂化装置胺液损耗。同时Ⅱ加氢装置富气脱硫塔(T202)、循环氢脱硫塔(T203)底来胺液中含有大量固体颗粒物质及粘性杂质，运行过程中会沉淀，造成系统压损过大，装置能耗增加。除此之外，T202、T203底来胺液中颗粒杂质较多并带有部分轻油，易造成加氢裂化胺液过滤器压差上升速度加快以及胺液发泡，此胺液输送至加氢裂化再生系统，对其再生塔稳定操作带来较大的影响，严重甚至造成冲塔现象。

3　应对措施

为减少Ⅰ套裂化装置胺液损耗，确保Ⅱ套加氢装置安全平稳运行，降低胺损消耗。针对以上存在问题，经技术论证，增上胺液回收技措项目，回收胺液主要流程为T202、T203撇出轻油先经新增轻油胺液分离罐进行初步分离除去轻油；T202、T203底胺液经三级胺液过滤器，其中一级过滤器滤芯精度为25μm，二级过滤器滤芯精度为10μm，三级过滤器滤芯精度为5μm，以除去胺液中固体颗粒物质及粘性杂质，然后轻油分离罐底胺液与三级过滤后胺液混合经胺液轻油分离罐进一步闪蒸分离出轻油，胺液分离罐底胺液经泵增压送至加氢裂化，轻油分离罐、胺液分离罐顶不凝气经压控排至放空大罐(V214)，如图1、图2。这样既改善了Ⅰ加裂胺液再生系统工况，减少胺液损失，又能确保加氢装置安全长周期运行。

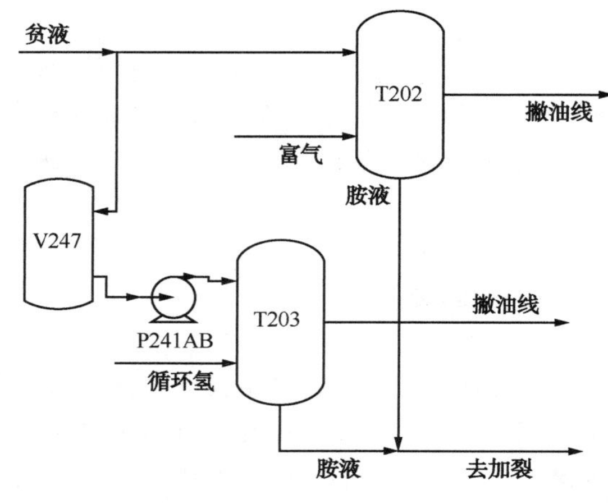

图1　改造前流程图

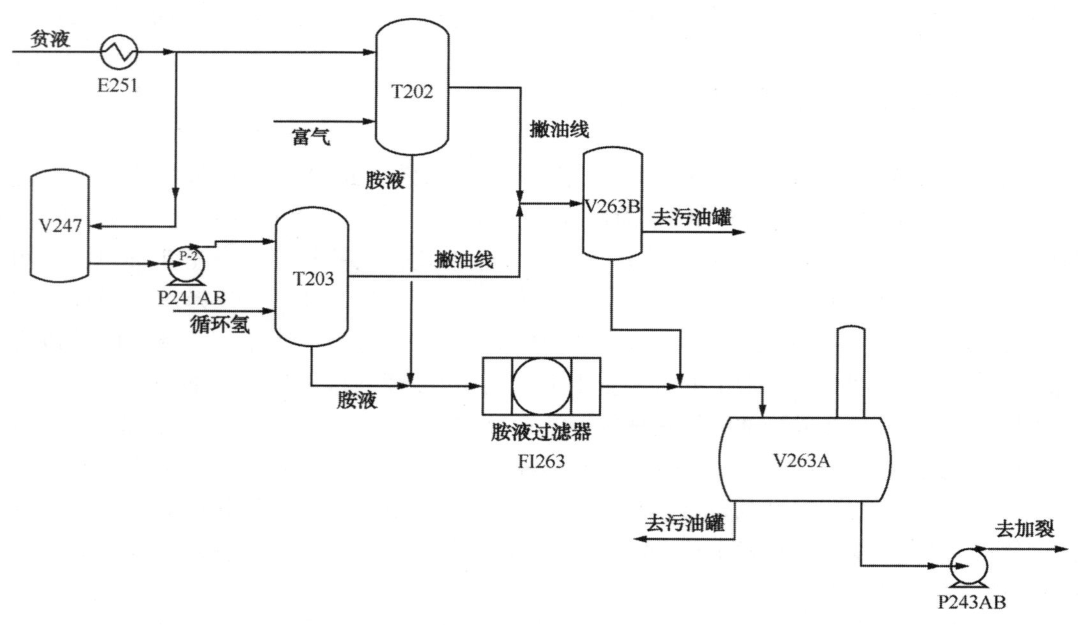

图2　改造后流程图

备注：

(1) T202排轻油1次/周，约0.5t/h；

（2）T203 排轻油 1 次/2 天，每次排放油约 1.0t/h；

（3）T202 操作压为 0.6MPa、T203 操作压力 3.4MPa；

（4）T202 操作温度 30~40℃，T203 操作温度 35~45℃。

除此之外，对 T202、T203 的贫液进料进行优化，从两个方面改善，一个是增设贫液换热器(E251)，提高贫液入塔温度，增加了贫液对硫化氢的吸收效果。循环氢温度一般控制在 38℃左右，将贫液温度提至高于循环氢温度 5℃左右，此时排凝对硫化氢的吸收效果最好，温度过高或过低容易造成溶剂发泡，影响吸收效果。另一个是将循环氢脱硫塔(T203)前脱液罐由聚结器改为旋流器，目的是增加循环氢中轻油脱除率，降低进塔循环氢中轻烃携带量。

4 选型

针对 T202、T203 底胺液颗粒杂质较多的情况，需增设一套过滤系统，对该过滤系统的操作条件分析如表 1 所示。

表 1 胺液过滤系统(FI-263AB、CD、EF)操作条件

设备名称	胺液一级过滤器	胺液二级过滤器	胺液三级过滤器
介质	胺液(H_2S 含量：30.26g/L；MDEA 含量：27.75g/100ml)		
位号	FI263A/B	FI263C/D	FI263E/F
正常流量/(m^3/h)	20	20	20
最大流量/(m^3/h)	25	25	25
操作温度/℃	50	50	50
操作压力/MPa(g)	1.0	1.0	1.0
密度/(kg/m^3)	1037	1037	1037
允许压差/MPa(g)	(清洁)0.05/(积垢)0.15	(清洁)0.05/(积垢)0.15	(清洁)0.05/(积垢)0.15
过滤精度/μm	25	10	5
滤芯材质	316L	316L	316L
壳体螺栓/螺母	35CrMoA/35#		
垫片(带内外加强环缠绕垫)	06Cr19Ni10 钢带+柔性石墨		

通过对胺液过滤器的操作条件分析，选定过滤器参数型号如表 2 所示。

表 2 胺液过滤系统(FI-263AB、CD、EF)设计参数

序号	设备名称	胺液一级过滤器	胺液二级过滤器	胺液三级过滤器
	位号	FI263A/B	FI263C/D	FI263E/F
1	设计温度/℃	80	80	80
2	设计压力/MPa(g)	4.07	4.07	4.07
3	过滤精度/μm	25	10	5
4	最大允许压降/MPa(g)	0.15	0.15	0.15
5	滤芯结构	烧结丝网滤芯式	烧结丝网滤芯式	烧结丝网滤芯式

续表

序号	设备名称	胺液一级过滤器	胺液二级过滤器	胺液三级过滤器
	位号	FI263A/B	FI263C/D	FI263E/F
6	滤芯尺寸/mm	Φ60×1000	Φ60×1000	Φ60×1000
7	滤芯数量(根)	36	36	36
8	过滤面积	6.78	6.78	6.78
9	设备直径	Φ500	Φ500	Φ500
10	滤网材质	AISI316L	AISI316L	AISI316L
11	法兰等级、标准	PN5.0SH3406-96	PN5.0SH3406-96	PN5.0SH3406-96
12	进出口通径	DN100	DN100	DN100
13	法兰及密封面型式	WN/RF	WN/RF	WN/RF
14	主体材质	Q245R+热处理	Q245R+热处理	Q245R+热处理
15	腐蚀余量/mm	3	3	3
16	操作型式	一开一备	一开一备	一开一备

注：所有管线焊缝须焊后消除应力热处理，腐蚀余量为3mm。

5 对策实施过程

5.1 T202、T203撇油效果

胺液过滤系统实施投用后，富气脱硫塔与循环氢脱硫塔内轻油量累积时间较原先长，撇油频率明显下降，富气脱硫塔撇油频率由原来的1次/周降低至1次/月，而循环氢脱硫塔撇油频率由原先的1次/2天降低至1次/月。另外，循环氢脱硫塔前旋流器底轻烃量增加较多，频率从原先的间断脱液至现在的连续控制，且阀位基本保持在15%左右。

5.2 胺液过滤器实施中存在问题

Ⅱ加氢装置胺液过滤系统于2011年11月开始施工建造，2012年5月投入生产。胺液三级过滤器操作工况为：温度43℃、流量14t/h、压力0.2MPa。在投入生产初期，胺液过滤系统两个分离罐无明显异常，不过胺液过滤器压差上升较快，达到0.12MPa，切换频繁，基本上2个小时需切换一次。

5.2.1 胺液过滤器压差上升较快原因

针对胺液过滤器压差上升快问题，经与厂家技术人员共同分析造成胺液过滤器压差高原因有：

（1）T202、T203底胺液太脏(有焦粉颗粒杂物)，滤芯过滤面积小，导致压差快速上升；

（2）滤芯“O”型卷垫不耐高温，过滤器在停运时用蒸汽吹扫清洗，使“O”型卷垫变形，胺液走短路。

（3）支撑圈表面不平，上面有较多焊渣，影响密封效果；钢格栅未有效压紧滤芯，少数滤芯松动，部分胺液未通过滤芯直接走短路，颗粒杂质进滤芯内部，堵塞过滤器影响过滤效果。

5.2.2 解决方案

厂家技术人员对胺液过滤器前后各级胺液进行实地取样分析，对杂质颗粒进行全面分析，得到如表3数据：

表3 胺液过滤器前后进料以及各级间胺液分析数据

项目		颗粒直径					总数
		5~15	15~20	20~25	25~50	50~100	
一级出口	数目	2567140	192383	41930	16067	1047	2818567
	比例	91.08	6.83	1.49	0.57	0.04	100
二级出口	数目	431094	40196	13880	8484	856	494510
	比例	87.18	8.13	2.81	1.72	0.17	100
三级出口	数目	1581474	249303	98180	51710	2017	1982684
	比例	79.76	12.57	4.95	2.61	0.10	100
T202出口	数目	2801677	116800	27730	11430	540	2958177
	比例	94.71	3.95	0.94	0.39	0.02	100
T203出口	数目	2610957	655564	373916	352034	22260	4014731
	比例	65.03	16.33	9.31	8.77	0.55	100

由以上数据绘制出胺液过滤器前后进料以及各级间胺液分析数据趋势图如图3所示。

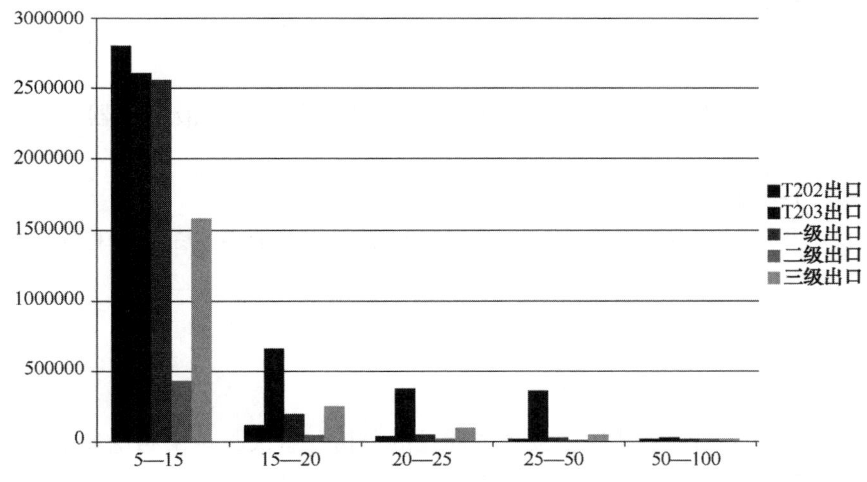

图3 胺液过滤器前后进料以及各级间胺液分析数据趋势图

根据以上实验分析数据，T203出口胺液大颗粒杂质较多，一级滤芯脱除率较高，达到93.5%左右，二级滤芯脱除率达到81%左右，三级滤芯采样口存在死角，数据存在偏差。综合以上数据图表可以看出，胺液过滤器三级滤芯中一级滤芯脱除率较高，负荷较大，杂物颗粒基本沉积在一级滤芯内，二级、三级相对过滤负荷较小，造成严重的“头重脚轻”现象。从数据上更加形象地体会到一级过滤器压差上升速度较快的主要原因。

针对以上原因分析，对主要原因进行重新根据数据分析制定新的滤芯规格。具体处理方案如下：

（1）与厂家商定，为提高滤芯过滤面积，将一级过滤器滤芯目数扩至40μm，主要目的在于是把胺液中大颗粒物杂质过滤掉，有效地降低胺液过滤器一级滤芯的工作负荷，将三级滤芯工作负荷平均化。

（2）将原来二级过滤器滤芯由 10μm 改至 25μm，三级过滤器滤芯保持不变。

（3）“O”型卷垫改为耐高温垫。

（4）支撑圈垫片更换。

5.2.3 实施效果对比

经过与厂家的协商对胺液过滤器介质的考察和研究，将一级与二级滤芯精度增加。精度增加后，通过一段时间的观察，胺液过滤器压差上升幅度平稳，无迅速上升趋势。切换频率由原先的 1 次/2 个小时降低至 1 次/1 个月，因切换造成的胺液损耗也大幅下降。

6 经济效益

经过上述反复验证与试验，目前Ⅱ加氢装置胺液三级过滤器滤芯精度分别为 40μm、25μm、5μm，运行状况良好，切换频率大幅度减少，从原先的 2 个小时一次降低至 1 个月一次。贫液温度的提高对于循环氢脱硫塔的吸收效果有进一步的促进作用，轻烃量相应减少，该塔撇油间隔周期也从原先的 1 次/2 天变成 1 次/月。同时 T202、T203 撇轻油时所带走的胺液也能够通过胺液过滤系统很好的回收，大幅减少胺液的跑损，创造了可观的效益。具体效益如下：

未增加胺液脱油回收设施前：胺液损耗约 10t/月，按照胺液 15000 元/t 计算，年胺液损失费用约 150 万元。

胺液脱油回收设施投用后：胺液损失估算 0.2t/月（现三级胺液过滤器为每月切换清洗一次，胺液损耗为 0.1t/台）

年效益＝(10−0.2)×12×15000＝176 万元

另一方面，Ⅱ加氢装置胺液质量的提高对于加氢裂化胺液再生系统的稳定操作有一定的推动作用。

7 结论

通过以上对焦化汽油加氢装置胺液系统问题的分析与解决，主要结论如下：

（1）循环氢脱硫塔前旋流器投用，使塔内循环氢轻油携带量大幅下降，进一步避免循环氢压缩机带液现象的发生。

（2）富气脱硫塔与循环氢脱硫塔的撇油线后路由轻污油改至轻油胺液分离罐，很好的降低了撇油造成的胺液跑损。

（3）贫液温度的提高对装置两大脱硫塔的脱硫率大大提高。

（4）胺液经过胺液过滤器过滤之后对加氢裂化装置再生塔系统工况操作起到了一定的稳定作用。

延迟焦化加热炉不同清焦方式的对比分析

姚坚刚[1]，胡建凯[2]，徐　立[3]

（中国石化镇海炼化分公司，浙江宁波　315207）

摘　要　该文介绍了空气-蒸汽烧焦、机械清焦、在线清焦这三种目前延迟焦化加热炉最常用清焦方式的工艺原理，通过对比分析介绍了各自的优缺点，结合各炼厂实际操作经验介绍了上述三种清焦方法的操作注意事项等。

关键词　延迟焦化　加热炉　烧焦　在线清焦　机械清焦

1　前言

延迟焦化装置由于投资低、工艺成熟、能加工各种高硫、高沥青质原料，是目前劣质渣油深度转化的主要装置。而加热炉则是延迟焦化装置的核心设备，焦炭塔的反应过程与反应结果很大程度上由加热炉控制，决定了装置的经济效益。

延迟焦化加热炉的出口温度一般在500℃左右，该温度已超过渣油的临界结焦温度，炉管结焦是一个必然发生的现象，需要定期安排清焦。目前常用的清焦方法有空气-蒸汽烧焦、机械清焦、在线清焦等，几种方法各有利弊。

2　不同清焦方式的对比分析

2.1　空气-蒸汽烧焦

在炉管内通入一定比例的空气和蒸汽混合物，让炉管内表面的焦(焦碳和盐垢)在高温下和空气接触燃烧，利用蒸汽控制烧焦的速度并带走多余的热量，防止局部过热、保护炉管；同时空气、蒸汽和燃烧的气体以较高的速度在炉管内流动，将崩裂的焦粉和盐垢一同带出炉管。该方法技术成熟、操作简单，一般48小时即可安全、平稳的实现一次操作，早先年国内延迟焦化加热炉基本都采用该方法清焦，现在也广泛使用。该方法可较好的清除炉管内表面的焦炭，但对盐垢的清理效果则相对较差；排出的大量烟尘对周边环境影响较大，一般安排在晚上进行，并设置洗涤罐对排出的烟尘进行洗涤。

应用空气-蒸汽烧焦，需要控制好如下几个要点：①控制好烧焦速度，炉管燃烧处颜色以暗红为好，不可过红(桃红，甚至黄红色)，如发现炉管过红，及时减少风量，增大吹汽量。②炉管烧焦应逐根进行，一般每次不得超过二根。③在保证炉管内焦炭有足够燃烧温度下，建议将炉膛温度控制660℃以下。④控制好燃烧处炉管表面温度，虽然短时间内在高于材质极限设计金属温度、低于临界下限温度30℃的高温下操作是允许的[1]，但为减少对炉管的损伤，建议燃烧处Cr5Mo材质炉管表面温度最高≯700℃，Cr9Mo材质的≯720℃，燃烧时间≯2min。⑤排烟不得太浓，脱下的焦粒在2mm左右。⑥严格控制配风、配汽量，避免焦炭快速剥离堵塞炉管。⑦当最后无焦粒、有红灰出现时，提高炉膛温度(但要低于控制指标)，适当增大风量，逐渐减少甚至中断蒸汽量，继续燃烧约15分钟，不断检查炉管颜色、出灰情况，也可参照辐射出口温度，如辐射出口温度出现下降趋势表明烧焦快结束。

为提高除盐垢效果，镇海炼化曾尝试在烧焦结束后将炉膛温度缓慢降到250℃后停蒸汽，炉管内注入除盐水，水量控制10t/h，恒温3h。对比分析除盐水水质，发现除盐水电导率(25℃)从3μS/cm提高至188μS/cm，水中金属钠、镁、钙、氯等离子浓度分别从<0.1mg/L提高至8.5mg/L、3.4mg/L、21.5mg/L和2.2mg/L。上述现象表明烧焦时遗留的盐垢在注水恒温过程中得到了一定的清除[2]。

2.2 机械清焦

炉管机械除焦技术在西方国家的延迟焦化装置中已应用多年，2008年3月镇海炼化Ⅱ焦化在国内进行了首次成功应用。机械除焦技术就是利用通球(pig)做为除焦工具，用压力约为4.0MPa的水在后面推动通球在炉管内运动，通球在水压推动下不断做旋转式运动并前进，在运动中用通球上附着的螺钉将炉管内壁上的焦及锈除掉，刮掉的焦粉被水带出炉管并收集在桶内。

与空气-蒸汽法相比，机械除焦具有如下优点：①可以彻底清除炉管内所有的焦炭、盐垢及锈垢等；②对炉管损伤小，有助于延长炉管使用寿命。③整个清焦过程在常温下进行，安全风险小，不存在烧坏炉管的危险。④清出来的废物可以回收，没有烟尘或污水排放，不会对周围环境造成影响。⑤清焦过程由清焦公司完成，大幅减少了技术员和操作工的工作量。⑥可以节约烧焦的蒸汽和燃料，有利于降低装置能耗。但机械清焦所需时间较长，一般四管程的焦化炉机械清焦约需要96小时，约为空气-蒸汽法的2倍。

洛阳石化、广石化、克石化、独石化等炼厂曾实施过在线机械清焦，与停炉机械清焦相比所需时间大大缩短，但需确保待清焦炉管能安全、有效切出，该技术主要用于近几年设计的拥有4管程或6管程的焦化加热炉。

2.3 在线清焦

在线清焦就是在不停加热炉的条件下，利用炉管金属和焦垢的热膨胀系数不同，通过改变蒸汽量和管壁温度使焦层剥落，达到清焦目的。在线清焦技术可延长焦化炉的连续运行时间，缩短停炉烧焦次数，从而提高装置的经济效益。在线清焦目前有恒温法和变温法。

与空气-蒸汽烧焦法相比，在线清焦具有如下优点：①对装置处理量影响小，一般四管程的加热炉在线清焦带来的加工量损失约为空气-蒸汽法的一半；②对环境污染小，清下来的焦直接进入焦炭塔，没有烟尘产生。不过在线清焦不能有效清除铁锈等无机杂物，对结焦严重的炉管效果也有限，清焦时过大的蒸汽流速会加剧炉管和弯头腐蚀，清焦过快会导致炉管堵塞，等。

实施在线清焦需要注意如下几点：①在焦炭塔四通切换后约4h后再切断进料，以免塔底出现软焦等，降温降量要快速进行，缓慢降温、降量会使加热炉总出口温度较长时间偏低，影响分馏塔操作。②在焦炭塔四通切换前3~4h结束在线清焦操作，以确保有充足的时间使焦炭塔底渣油进料从低温段恢复，避免出现软焦、焦炭塌方等现象。③清焦期间，焦炭塔内的气速可能高于正常操作，引起泡沫层高度上升，要适时加大消泡剂注入量，并加强对焦高的监控。④清焦时，控制炉管表面温度至少比运行末期高30℃，建议Cr9Mo材质炉管清焦前炉管表面温度控制在650℃以下，以免清焦时炉管表面温度过高，影响炉管寿命。⑤清焦时要逐步剥离炉管上的焦炭，快速剥落有可能会彻底堵塞炉管。⑥建议控制炉出口处管内介质流速≯120m/s。

2.3.1 变温法

变温法一般分为四个阶段，即前期准备工作、切断进料、变温变汽操作和恢复进料。前期准备包括切除加热炉联锁、脱除蒸汽中凝结水、调整消泡剂注入量等。前期工作完成后，加热炉降温降量，待炉出口温度降至某一温度(如426℃)后切断进料，打开中压蒸汽吹扫炉管，同时改进清焦介质。炉管吹扫一定时间后停蒸汽，开始进行变温、变注水流量操作，达到清焦目的，此阶段有数次快速变温和高温恒温操作。清焦工作完成后再次降低炉出口温度，将炉管介质切换为正常进料。

2001年2月上海石化1000kt/a延迟焦化装置在美国PETRO-CHEM公司的专家现场指导下，首次成功实施了在线变温法清焦。整个过程共进行了3次变温操作，耗时约20h，取得较好效果。随后几年中，陆续有燕山石化、乌鲁木齐石化、惠州炼厂等成功实践的报道。

结合惠州、乌鲁木齐等焦化装置的在线清焦实践经验[3,4]，影响变温法在线清焦效果的主要因素有：①变温幅度，如惠州焦化快速变温阶段温度在676℃—426℃—676℃之间变化，变温幅度非常大。②变温速度控制在1000℃/h左右，过慢达不到预期效果，过快焦层剥落太快容易堵塞炉管。③保证足够的炉管吹扫时间，确保将炉管内存油吹扫干净。④足够的清焦时间，包括吹扫和恒温时间以及变温次数等。可以用恒温时瓦斯流量变化、各炉管表面之间温差、炉管表面与分支出口间的温差判断在线清焦是否完成，如惠州焦化认为炉管各分支的表面温差在20℃以内时，在线清焦工作已完成。

变温法有数次快速变温过程，需要注意如下几方面内容：①快速变温过程中，加热炉的温度和注水量变化幅度大，容易造成炉管堵塞，导致在线清焦操作失败。②清焦炉膛快速点火、灭火，容易引起整个加热炉瓦斯压力出现波动，影响其他炉膛的正常运行。③在快速点燃或熄灭全部火嘴时，氧含量控制困难，容易出现超标现象。④多次快速变温，容易使炉管表面热电偶焊接处产生热应力，导致热电偶焊缝断裂、脱落；炉出口法兰螺栓出现疲劳延长、发生形变，恢复投料时有可能引起高温油气泄漏。此外，在蒸汽吹扫结束、提高注水量时，由于清焦炉膛热负荷较低，大量低温除氧水进入炉管后不能快速汽化，引起炉管入口压力突然下降，导致高温渣油倒入清焦炉管而使炉管结焦加剧、甚至堵塞炉管，建议在停吹汽蒸汽前缓慢提高注水量和炉膛温度，而一旦发现渣油倒流应立即打开蒸汽进行吹扫、并提高炉管压力。

2.3.2 恒温法

恒温法也分为四个阶段，其中第三阶段正常保持660℃以上的高温，一般没有快速变温操作。2013年12月24日镇海炼化Ⅰ焦化加热炉F101/1在空气-蒸汽烧焦前首次尝试了恒温蒸汽剥焦，随后在该装置的其余二台加热炉、Ⅱ焦化以及引进Bechtel工艺包的Ⅲ焦化(一炉二塔、设计规模2100kt/a)均取得了成功。特别是Ⅲ焦化，在综合专利商提供的方案和自己操作经验基础上，于2015年1月中下旬成功的实施了在线恒温剥焦，剥焦后炉管表面温度从最高的630℃以上降低至550℃以下，取得了良好的效果。

从镇海炼化的实践经验看，影响恒温法效果的主要因素有：①控制好合适的清焦蒸汽流量，过低影响清焦效果，过大会对炉管的弯头造成冲刷腐蚀。②做好清焦前的降温工作，建议控制炉管表面温度≤350℃，保持15min以上，让炉管充分内缩，挤压炉管内壁焦层，使焦层出现大量裂纹甚至局部破碎。③参考清焦前炉管表面最高点温度确定剥焦温度，一般要求清焦时炉管表面温度比正常生产时高50℃以上，让炉管极限外涨，使炉管与炉管内壁焦炭层脱离。④恒温清焦期间，保持足够的剥焦蒸汽流量，使炉管内出现局部碎裂的焦炭在高速蒸汽的冲蚀下不断剥落，同时剥落的焦块在高速蒸汽携带下击打在炉管内壁上，使更多的焦炭层击碎、剥落，从而实现持续清焦的目的。⑤要尽可能的安排多点火嘴，使炉膛热量分布均匀，必要时可安排停运空气预热器，降低助燃空气温度，为多点火嘴创造条件。

当炉出口压力基本保持不变时，认为剥焦已结束，安排恢复进料。恢复进料前，将炉管表面温度降至400℃以下，保留一定流量的清焦蒸汽，确保清焦炉管出口压力略高于正常生产炉管出口压力。炉管充油期间，管程压力将上升、炉管表面温度和炉出口温度会下降；待炉管充满油后，可停清焦蒸汽，增点火嘴，逐步把炉管流量和炉出口温度提到正常值，同步调整其他炉管操作。根据炉管结焦程度的不同，整个恒温剥焦过程约需要24~36h，如有需要，也可以在恒温期间进行焦炭塔切换。

与变温法相比，恒温法具有如下优势：①没有了快速变温过程，较好的解决了温度快速变化对设备管线的影响，有利于装置的长周期运行。②操作强度小，非常受操作工的欢迎。但恒温法也有其不足之处，据报道，恒温法能有效去除管内生成的软焦层，因而适用于结焦时间较短的焦化炉，当管壁温度在630℃运行约3个月后，管内焦层变硬，恒温法效果非常有限，需要采用变温法[3]。

2.4 在线烧焦

在线烧焦就是在加热炉整体不停炉的情况下，将其炉管结焦的某一炉室切出，顺利完成对该室的停炉、检查、烧焦和投炉，其原理与空气-蒸汽烧焦法相同，产生的烟尘经烧焦罐洗涤后排向大气。扬子石化曾于2005年对其1600kt/a焦化炉(一炉三室六程)成功进行了在线烧焦，烧焦后炉管表面温度平均降低60~90℃[5]；青岛石化的1600kt/a延迟焦化加热炉也于2011年6月进行了一次在线烧焦，烧焦后炉管表面温度平均降低约70℃，最高降幅达107℃[6]。

与空气-蒸汽烧焦法相比，在线烧焦法对装置处理量影响小，一般四管程的加热炉在线烧焦带来的加工量损失约为空气-蒸汽法的一半；但其排出的烟尘同样会污染周边环境，而且由于需要在线安装、拆卸烧焦弯头，安全风险较大。

3 结束语

延迟焦化加热炉的几种清焦方法各有利弊，各炼厂可结合自己装置特点及全厂重油平衡情况选择适合自己清焦方式。

参考文献

[1] 钱家麟主编．管式加热炉[M]．第2版．北京．中国石化出版社，2007. 272.

[2] 孙宇，傅钢强，郑岩．延迟焦化加热炉烧焦-水洗技术的应用[J]．炼油技术与工程，2012，42(10)：37-40.

[3]龚朝兵．焦化加热炉炉管在线清焦的实践与思考[J]．化工机械，2010，37(4)：514-522.

[4]郑志斌，魏文．在线清焦技术在 1.20Mt/a 焦化加热炉上的应用[J]．石油炼制与化工，2014，45(7)：62-67.

[5]沈海军．延迟焦化装置加热炉炉管在线烧焦技术的应用[J]．炼油技术与工程，2006，36(2)：36-40.

[6]林肖，张万河，王志军．延迟焦化装置加热炉炉管在线烧焦技术应用[J]．中外能源，2011，16(10)：97-106.

加氢法生产生物燃料技术进展

王东军，李建忠，何昌洪，姜 伟，赵仲阳，何玉莲

（中国石油石油化工研究院，北京 100195）

摘 要 油脂加氢生产的生物燃料，在低碳、环保及可持续性方面最具发展前景，简要阐述了油脂加氢制备生物柴油的反应原理，着重指出了加氢生产生物燃料技术现状，同时介绍了加氢脱氧、可选择性加氢异构催化剂的研究进展及失活问题，指出了油脂加氢制备生物燃料发展方向，提出了合理化发展建议。

关键词 油脂 加氢 生物燃料 技术

2014 年我国原油对外依存度攀升至 59.6%，已经接近能源“十二五规划红线”指标 61%，国家能源安全将受到冲击，加之全球环保法规日趋严格，生产企业减排压力增大。世界各国纷纷开展可再生燃料研发，动植物油脂加氢生产的生物柴油或生物航煤是一种绿色、环保型燃料，在组成、性能方面与化石燃料相似，不用改进引擎可以直接加入使用。大力发展油脂加氢生产生物燃料技术能够填补我国能源短缺、降低废气排放，同时对形成自主技术、占领技术制高点、争得国际话语权具有重要意义。[1]

作者从技术原理、技术现状、催化剂三大方面对油脂加氢生产生物燃料技术进行了介绍，通过分析油脂加氢制备生物燃料技术的现状，提出了发展建议。

1 技术原理

油脂主要成分是甘油三酯、游离脂肪酸，甘油三酯、游离脂肪酸在催化剂作用下，发生脱氧、脱羧、脱羰及异构等化学反应即可得到与常规化石燃料组成相近的可再生燃料。[2]

2 技术现状

2.1 在研技术

油脂加氢制备生物燃料技术近些年来受到了广泛关注，国内外一些公司、科研院所对此开展了大量基础研究。[3-5]

雅宝荷兰公司利用动植物油为原料，在 300℃、5.0MPa、氢油体积比 1000：1 的条件下，以 NiMo 为催化剂，经催化加氢制备生物燃料，小试转化率 99%，生物柴油主要由十七烷、十八烷构成。潘诺尼亚大学以葵花籽油为原料，在 380℃、6.0MPa、氢油体积比 600：1 的条件下，以 CoMo 为催化剂，经催化加氢制备生物柴油，小试转化率 100%，重组分循环利用，生物柴油十六烷值约为 87。法国 IFP 公司以油脂为原料，在 450℃、5.0MPa、氢油

体积比 700 : 1 的条件下，以 NiMo 为催化剂，经催化加氢制备生物燃料，小试转化率 100%，生物柴油组成为 C_{14} ~ C_{24}的烷烃。日本筑波大学以废食用植物油为原料，在 350℃、4.0MPa、氢油体积比 800：1 的条件下，以 NiMo 为催化剂，经催化加氢制备生物燃料，小试转化率 99.9%，生物柴油倾点为-10℃。印度石油学院以麻疯树油为原料，在 380℃、5.0MPa、氢油体积比 1500 : 1 的条件下，以 NiMo 为催化剂，经催化加氢制备生物柴油，小试转化率接近 100%，生物柴油十六烷值约为 55。加拿大萨省大学以油菜籽油为原料，在 400℃、8.3MPa、氢油体积比 810：1 的条件下，以 Mo_2N 为催化剂，经催化加氢制备生物柴油，小试转化率高于 90%，生物柴油主要组成为 C_{17}、C_{18}烷烃。丹麦技术大学以废脂肪为原料，在 325℃、2.0MPa 的条件下，以 Pt 为催化剂，经催化加氢制备生物柴油，小试转化率 46%。石油大学以棕榈油为原料，在 420℃、4.0MPa、氢油体积比 700 : 1 的条件下，以 NiMo 为催化剂，经催化加氢制备生物柴油，小试转化率高于 90%。浙江大学以橄榄油或葵花籽油为原料，在 320℃、5.0MPa 的条件下，以 Pd 为催化剂，经催化加氢制备生物柴油，小试转化率均为 100%，生物柴油主要由 C_{15} ~ C_{20}烷烃组成。

2.2 产业化技术

目前，油脂加氢制备生物燃料技术已实现了产业化，主要有 NExBTL 技术、Ecofining (TM)技术、Haldor Topsoe 技术、Conoco Phillips 技术和 RN-OIL 技术。年产能已经超过了 250 万吨。[6-9]

2.2.1 NExBTL 技术

Neste Oil 公司与 Aalto 大学的科技学院合作，研究出了 NExBTL 可再生柴油工艺技术。在 200~400℃、1.0~15.0MPa、空速 0.1 ~ $10h^{-1}$的条件下，以 NiMo/CoMo 为催化剂，生物柴油主要由链烷烃组成。该工艺可以灵活使用任何植物油或动物脂肪为原料，经加氢脱氧，再临氢异构制备生物柴油。该公司在 Porvoo 建成两套 17 万吨/年生物柴油装置，在新加坡建成一套 80 万吨/年生物柴油装置，在鹿特丹建成一套 80 万吨/年生物柴油装置。Neste Oil 公司与 Total 公司在 Dukirk 炼油厂合资建立一套 20 万吨/年生物柴油装置。

2.2.2 Ecofining 技术

UOP 公司与 ENI 公司共同开发了 Ecofining(TM)工艺技术，该技术基于植物油加氢脱氧，然后加氢异构化来生产可再生柴油。在 340-350℃、3.5MPa、空速 $1.0h^{-1}$的条件下，以 NiMo 为催化剂，生物柴油主要由链烷烃组成。该公司在 Livorno 建立了一套每天可加工 6500 桶植物油加氢生产生物柴油装置，该装置基础设计由 UOP 公司完成，产品十六烷值极高，用于供给欧洲炼油厂，满足整个欧洲对高质量清洁燃料和生物燃料不断增长的需求。

2.2.3 Haldor Topsoe 技术

该技术是以 30%妥尔油与轻瓦斯油为原料，流经级配装填加氢脱氧催化剂，产物可选择异构化后制备生物柴油。在 350℃、0.1 ~ 20MPa、空速 0.1 ~ $10h^{-1}$的条件下，以 NiMo 为催化剂，生物柴油主要由烷烃组成。该公司对哥德堡 Preem AB 公司原来加氢装置进行了改造，混合原料加工能力约为 50 万吨/年。

2.2.4 Conoco Phillips 技术

该技术采用加氢热解工艺，将油类和脂肪转化为生物柴油，生物柴油主要由 C_{13} ~ C_{18}烷烃组成，十六烷值高，符合 ASTM D975 规格。Conoco Phillips 公司在爱尔兰 Whitegate 炼油厂内投产一套产能约5万吨/年生物柴油装置。在俄克拉荷马州的Guymon投产一套产能为11355万升/年生物柴油装置。

2.2.5 RN-OIL技术

中国石化石油化工科学研究院以菜籽油、大豆油、棕榈油及乌桕油为原料，在温度500℃以下，采用RN系列加氢催化剂，原料经加氢脱氧、异构降凝分离出生物柴油，生物柴油十六烷值达74，凝点为-23℃。该技术已在浙江镇海炼化2万吨/年加氢装置上实现了应用。

3 催化剂

3.1 加氢催化剂

加氢催化剂是油脂加氢生产生物燃料技术核心，国内外企业及科研院所的学者对油脂加氢催化剂进行了深入研究。主要包括加氢脱氧催化剂、选择性加氢异构催化剂。

加氢脱氧催化剂可以分为负载金属氧化物型、负载贵金属型、负载金属碳化物型、负载金属氮化物型及非负载金属氧化物型。[10-13]

负载金属氧化物型加氢催化剂的活性金属均为过渡非贵金属。埃尔科·布雷伍德研究了$NiO-MoO_3/SiO_2-P_2O_5-Al_2O_3$加氢催化剂性能，在300℃、5.0MPa条件下，动植物油原料99%转化为生物柴油。Márton研究了$CoO-MoO_3/Al_2O_3$催化剂加氢性能，催化葵花籽油加氢脱氧制生物柴油，在380℃、6.0MPa的条件下，原料转化率为100%，生物柴油收率达到72%以上。Makoto研究了$NiO-MoO_3/B_2O_3-Al_2O_3$催化剂加氢性能，在350℃、5.0MPa的条件下，废食用植物油加氢转化为生物燃料。Rohit研究了$NiO-MoO_3/Al_2O_3$催化剂加氢性能，催化麻风树油制生物柴油，在360℃、5.0MPa的条件下，原料转化率接近100%。李春义研究了$NiO-MoO_3/TiO_2-Al_2O_3$催化剂加氢性能，催化棕榈油加氢制生物燃料，在390℃、3.0MPa的条件下，原料转化率超过90%，生物柴油收率达80%以上。Neste Oil公司研制出了$Ni/Co-Mo/Al_2O_3$催化剂，在400℃、15MPa的条件下，以菜籽油、棕榈油和动物油脂的为原料，加氢制备得到生物燃料。UOP公司与ENI公司研制出了Ni-Mo、Co-Mo系催化剂，以大豆油或妥尔油为原料，在350℃、3.4MPa的条件下，原料转化率高于85%。Haldor Topsoe公司研制出了Mo/Al_2O_3和$Ni-Mo/Al_2O_3$组合催化剂，以菜籽油为原料，在350℃、6.0MPa的条件下，原料转化率达100%。

负载贵金属型加氢催化剂主要以铂、钯、铼等稀有金属作为活性组分。Anders研究了Pt/Al_2O_3催化剂加氢性能，催化棕榈油制备生物柴油，在375℃、2.0MPa的条件下，原料转化率达100%。楼辉研究了Pd/Ba_2SO_4催化剂加氢性能，催化葵花籽油制备生物柴油。在270℃、3.0MPa的条件下，原料转化率可达100%。Murata研究了Pt-Re/H-ZSM-5催化剂加氢性能，催化麻疯树油制备生物柴油。在270℃、6.0MPa的条件下，原料转化率接近80%。Snåre研究了Pt(Pd)/C催化剂加氢性能，催化硬脂酸制备生物柴油。在300℃、0.6MPa的条件下，Pd/C催化剂的加氢活性优于Pt/C催化剂。

负载金属碳化物型催化剂主要以镍、钼碳化物作为活性金属。楼辉研究了Mo_2C/AC催化剂加氢性能，催化橄榄油制备生物柴油。在320℃、4.0MPa的条件下，原料转化率达

100%。张伟研究了的 Ni_3C-Mo_2C/Al_2O_3 催化剂加氢性能，以苯甲酸乙酯为模拟原料，在300℃、5.0MPa 的条件下，原料转化率高于 96%。

负载金属氮化物型催化剂主要是以钼等非贵金属氮化物为活性组分。Monnier 研究了 Mo_2N/Al_2O_3 催化剂的加氢性能，催化油菜籽油制备生物柴油，而在 400℃、8.3MPa 的条件下，原料转化率高于 90%。

非负载金属氧化物型催化剂主要以镍、钼等过渡非贵金属为活性组分。王欣研究了 $NiO-MoO_3-Al_2O_3$ 催化剂加氢性能，催化剂在 550℃下焙烧后比表面积适宜、加氢活性较好。在250℃、0.4MPa 的条件下，以乙酸为模拟料，原料转化率达 96%。

为改善生物燃料低温流动性能，可选择性进行加氢异构化反应。加氢异构化催化剂较多使用的是分子筛负载贵金属类型，也有采用 NiW 等非贵金属作为加氢异构催化剂活性组分的，贵金属具有加氢功能，而分子筛能够促进碳链的异构化，常用的分子筛有 ZSM、SAPO 及 β-分子筛等。

Neste Oil 公司研制出了 $Pt/ZSM-22-Al_2O_3$、$Pt/ZSM-23-Al_2O_3$、$Pt/SAPO-11-Al_2O_3$ 加氢异构化催化剂，在 370℃、10.0MPa 的条件下，加氢制备的生物柴油产品不含氧和芳烃，性能与费托合成柴油相似。ENI 公司与 UOP 公司合作研制出了 Pt/ZSM-12、Pt/SAPO-11、Pt/SAPO-31 催化剂，在 330℃、10.0MPa 的条件下，加氢制备的生物柴油凝点大幅降低，产品十六烷值较高。Haldor Topsoe 公司研制出了 NiW 催化剂，其加氢制备的生物柴油冷滤点较低、密度较小、十六烷值较高，产品性能满足 EN590 要求。美国能源与环境研究中心采用异构脱蜡工业化催化剂，在 400℃、8.4MPa 的条件下，对可再生原料进行了加氢异构化处理，产物为浊点-32℃的生物柴油，主要由 $C_6 \sim C_{20}$ 的烷烃组成。Shell 公司采用 Pt 为加氢异构化催化剂，经加氢异构处理后柴油十六烷值为 60、冷滤点-8℃。中国石化抚顺石油化工研究院以 β-分子筛负载 NiW 为加氢异构催化剂，在 430℃、8.0MPa、氢油比 1200：1 的条件下，加氢异构制得的柴油十六烷值 64、凝点-1℃。

3.2 催化剂失活问题

油脂在加氢反应制备生物燃料过程中，催化剂发生失活主要是由于活性金属价态发生改变、结焦积炭及原料中所含杂质所致。Ledoux 研究发现，在油脂加氢加氢过程中部分 Mo^{4+} 氧化生成了 Mo^{6+}，致使催化剂活性降低，同时也产生了积炭。另外，油脂中碱金属、碱土金属离子会占据催化剂活性中心、堵塞孔道，严重时会致使催化剂失活。[14]

Liu 研究发现，加硫可以防止活性金属被氧化，在反应过程中，硫可以转化成 H_2S，促进了-SH 质子源的生成，进而阻碍了催化失活。Loricera 研究发现，使用磷酸盐对 Co-Mo 催化剂表面进行修饰，可以缓解积炭导致的催化剂失活。对于原料中的杂质，可以通过阳离子交换树脂吸附或者无机酸洗涤来除掉。[15-16]

4 发展建议

在新能源领域，加氢法生产生物燃料的成本居高不下，主要原因是原料价格偏高，其约占生物燃料生产成本的 75%，而原料来源也不稳定，这都制约了技术的发展及应用，为保证加氢法生产生物燃料产业持续健康发展，应对企业在税收上给予适当减免，鼓励农民有序利用荒山贫地种植非食用油料作物，分区收集餐饮废弃油脂等原料，因地制宜、合理布局生产装置，并将生产的生物燃料产品纳入地区成品油销售网络等一系列措施。

在国际原油价格持续低位运行环境下，国内发展油脂加氢制备生物燃料面临压力较大。放眼长远，化石资源日益减少、节能减排法规日趋严格将是一个不争的事实。纵观国外，不难发现，国外在油脂加氢制备生物燃料领域的发展已经早于、快于国内，结合我国实际资源状况，为了保证能源安全，也应积极发展油脂加氢技术研发，这符合绿色、低碳、能源结构优化战略。目前，我国能作为制备生物燃料的原料资源潜力巨大，应以专项形式加强技术攻关和示范装置建设为重点，形成自有技术，以追赶并超越国外同行业技术水平为目标，同时出台并落实配套政策，扎实有效的推进油脂加氢制备生物燃料技术。为实现2020年非化石能源占一次能源消费比重15%这一目标作出贡献。

加氢法制备生物燃料的过程中，在高温、高压、高浓度水的反应条件下，催化剂极易失活，开发低温、低压高活性及耐水热稳定性能良好的加氢催化剂是未来研究的重要方向之一。

参 考 文 献

[1] 史国强，李军，邢定峰．生物柴油生产工艺技术概述[J]. 石油规划设计，2013，24(5)：29-34，50.

[2] Romero Y, Richard F, Brunet S. Hydrodeoxygenation of 2-Ethylphenol as a Model Compound of Bio-Crude over Sulfided Mo-Based Catalysts: Promoting Effect and Reaction Mechanism[J]. Appl Catal, B, 2010, 98(3/4): 213-223.

[3] Rohit Kumar, Bharat S. Rana, Rashmi Tiwari, et al. Hydroprocessing of jatropha oil and its mixtures with gas oil [J]. Green Chem, 2010, 12: 2232-2239.

[4] Toba Makoto, Abe Yohko, Kuramochi Hidetoshi, et al. Hydrodeoxygenation of Waste Vegetable Oil over Sulfide Catalysts[J]. Catal Today, 2011, 164(1): 533-537.

[5]翟西平，殷长龙，刘晨光．油脂加氢制备第二代生物柴油的研究进展[J]. 石油化工，2011，40(12)：1364-1369.

[6] A E Atabani, A S Silitonga, Irfan Anjum Badruddin, et al. A comprehensive review on biodiesel as an alternative energy resource and its characteristics[J]. Renewable & sustainable energy reviews, 2012, 16(4): 2070-2093.

[7] Bryan Sims. UOP: Renewable Diesel Diesel Making Inroads into Commercial Market[J]. Global refining & fuels today, 2012, 4(96): 1-4.

[8]姚国欣，王建明．第二代和第三代生物燃料发展现状及启示[J]. 中外能源，2010，15(9)：23-37.

[9] Ines Graca, Jose M Lopes, Henrique S Cerqueira. Bio-oils Upgrading for Second Generation Biofuels [J]. Industrial & Engineering Chemistry Research, 2013, 52(1): 275-287.

[10] Anders Theilgaard Madsen, El Hadi Ahmed, Claus Hviid Christensen, et al.
Hydrodeoxygenation of waste fat for diesel production: Study on model feed With Pt/alumina catalyst [J]. Fuel, 2011, 90: 3433-3438.

[11] Kazuhisa Murata, Yanyong Liu, Megumu Inaba, et al. Production of Synthetic Diesel by Hydrotreatment of Jatropha Oils Using Pt-Re/H-ZSM-5 Catalyst[J]. Energy Fuels, 2010, 24: 2404-2409.

[12] Jack Peckham. Topsoe RTI Win U S DOE Grant for Py-Oil-Derived Drop-in Biofuels[J]. Diesel Fuel News, 2011, 15(34): 7-8.

[13] 王欣，张舜光，侯凯湖．非负载Ni(Co)-Mo-Al_2O_3纳米催化剂的制备及其生物油模型化合物加氢脱氧

性能研究[J]. 分子催化, 2010, 24(2): 153-157.

[14] Loricera C V, Pawelec B, Infantes-Molina A, et al. Hydrogenolysis of anisole over mesoporous sulfided CoMoW/SBA-15(16) catalysts[J]. Catal Today, 2011, 172(1): 103-110.

[15] 王威燕, 杨运泉, 罗和安, 等. La-Ni-Mo-B 非晶态催化剂的制备、加氢脱氧性能及失活研究[J]. 燃料化学学报, 2011, 39(5): 367-372.

[16] Liu D D, Monnier J, Torigny G, et al. Production of high quality cetane enhancer from depitched tall oil[J]. Petroleum Science and Technology, 1998, 16(5-6): 597-609.

丙烯含水高分析及解决对策

许　波，徐则强，张尚勇，赵雨生

（中国石油大庆石化分公司炼油厂，黑龙江大庆　163714）

摘　要　介绍了大庆石化分公司炼油厂二重催装置丙烯的工艺过程，重点讨论了控制丙烯含水的必要性。通过对装置与丙烯生产相关的设备检查和采样分析，最终确定造成丙烯含水高的主要原因是由于聚结器脱水效果差和冷却器 E806 管束出现堵塞，导致塔顶回流罐 D803 温度偏高，脱水效果差所影响，通过处理 E806 和聚结器 D917/1、D917/2，装置丙烯含水合格。

关键词　丙烯　含水　分析　解决

大庆石化分公司炼油厂 1.4Mt/a 重油催化裂化—气分联合装置是本公司“九五”期间炼油系统改造工程的重点项目，目的是扩大炼油厂重油深度加工能力，提高轻质油收率，增加效益。装置主要由液化气产品精制、汽油产品精制、气体分馏三部分组成。主要产品为精制汽油、精丙烯、丙烷、重碳四等。装置年产精丙烯 9.12 万 t，由于丙烯是炼油厂价格最高的产品[1]，因此合格的丙烯为炼油厂主要效益点。

1　丙烯生产工艺过程介绍

1.1　丙烯生产工艺过程

丙烯单元流程如图 1，液化气经脱硫化氢及硫醇后进入原料缓冲罐（D-801）。液化气用泵从 D-801 抽出，经与脱丙烷进料换热器（E816）、脱丙烷塔进料加热器（E-801）加热到后进入脱丙烷塔（C-801）。

塔顶蒸出的碳二、碳三馏分经冷却后自 D-802 抽出，分为两部分，一部分用脱丙烷塔回流泵（P802/1、2）送至 C-801 作为塔顶回流，另一部分用脱乙烷塔进料泵（P-803/1、2）送至脱乙烷塔（C-802）作为进料。C-802 塔顶蒸出的碳二、碳三馏分经冷却后用回流泵（P-804/1、2）抽出送至 C-802 顶作回流。C-802 底的丙烯、丙烷馏分自压进入丙烯塔（1）（C-803）。丙烯塔（1）（C-803）和丙烯塔（2）（C-804）两塔串联操作。

C-803 顶部气相引入 C-804 底部最下层作为上升气相，C-804 塔底液相通过丙烯塔中间泵送入 C-803 顶部作为液相内回流。塔顶蒸出的丙烯气相经塔顶湿空冷（EC-802）和后冷器（E-812/1、2）冷凝后进入塔顶回流罐（D-804）。冷凝液一部分送至 C-804 顶作为回流，另一部分经丙烯产品冷却器（E-807）冷却后送出装置去丙烯贮罐。装置重沸器热源均为催化所提供的热水。

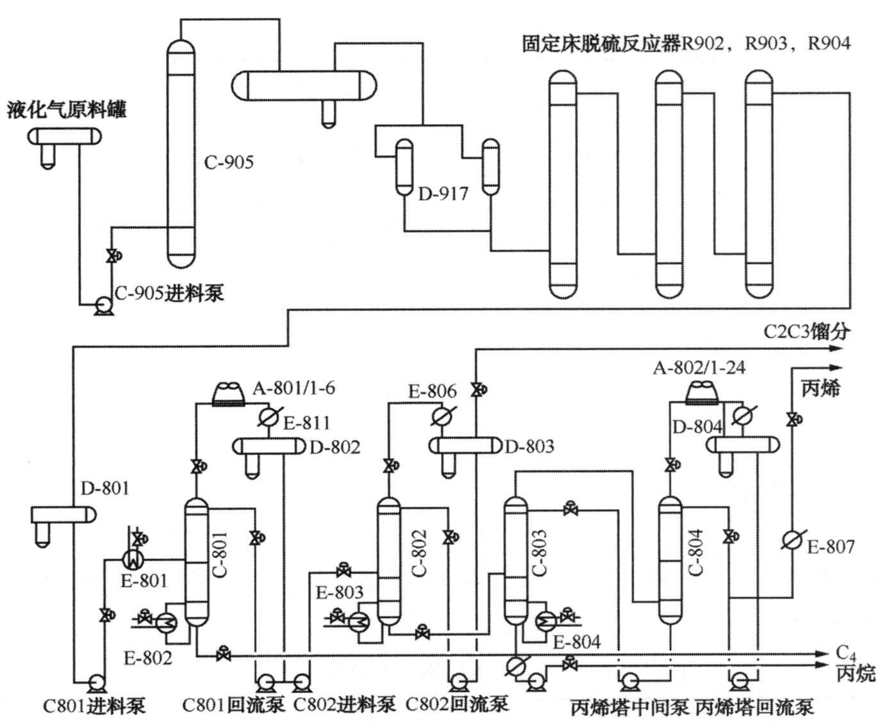

图 1　丙烯单元流程示意

1.2　丙烯控制质量指标

丙烯控制质量指标见表 1，控制丙烯含水的主要目的是丙烯含水高对后路丙烯加工装置产生严重影响(聚丙烯、丙烯氰装置)。

表 1　丙烯控制质量指标

采样点	样品名称	分析项目	控制指标
丙烯回流阀组	C-804 顶出口	丙烯纯度/%(体积分数)	≥99.5
		水分/(mg/kg)	≤50.0
		含硫/(mg/m^3)	≤18.8

1.3　丙烯含水控制情况

装置丙烯含水控制指标为不大于 50mg/kg。从装置运行至今，丙烯含水指标控制非常稳定，丙烯含水合格率基本达到 100%，见图 2。

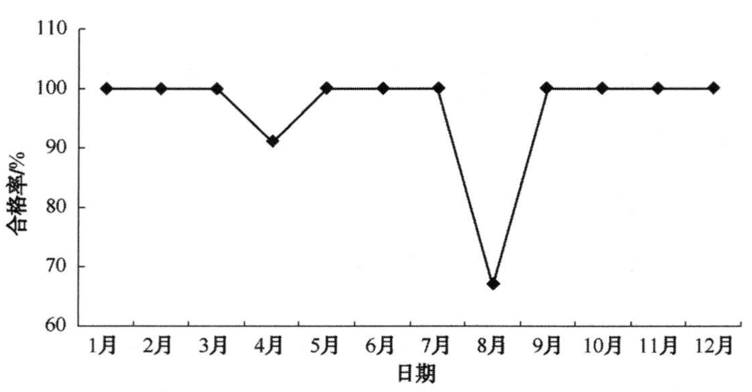

图2 2014年装置每月丙烯合格率

2 存在问题

2014年8月4日至8月8日，装置的丙烯含水连续出现超标现象(质量指标为≤50mg/kg)，具体分析数据见表2。

表2 质量不合格数据

时间	含水/(mg/kg)
8月4日8时	98.6
8月4日14：38时加样	86.2
8月5日8时	122.7
8月5日14：24时加样	82.1
8月6日8时	82.0
8月7日8时	197.6
8月8日8时	95

3 原因排查分析

发现丙烯含水高后，车间对装置与丙烯生产相关的设备进行了检查和采样分析，排查问题产生的原因。

(1) 对气分装置各塔底重沸器热源热水进行COD分析，见表3，通过数据可以看出气分各重沸器热水出入口值相差依旧不大，只是高温水与低温水间有差别，所以排除重沸器内漏的可能性。

表3 重沸器热源热水COD分析数据

采样点 数值	E804/2 入口	E804/2 出口	E804/1 入口	E804/1 出口	E803 入口	E803 出口	E802 入口	E802 出口
COD/(mg/L)	680	815	579	729	693	804	530	557

（2）将气分各水冷器循环水出入口采样，进行 COD 分析，见表 4，通过数据可以看出气分各水冷器出入口值相差不大，排除其影响。

表 4　水冷器循环水 COD 分析数据

采样点 数值	E806 入口	E806 出口	E811 入口	E811 出口	E812/1 入口	E812/1 出口	E811/2 入口	E811/2 出口
COD/(mg/L)	94.4	107	94.4	103	107	85.8	92.3	94.4

（3）2014 年 8 月 4 日 10：30 将 R902 切除出系统加强脱水，以降低系统内水量，沉降脱水后当天 19：00 投入系统。

（4）车间发现丙烯含水较高后，即于当日开始停收外收烃，车间职能人员跟随班组进行脱水作业，确保脱水质量，并且要求每班记录 R902、R903 以及气分各罐的脱水情况并且增加脱水次数 2 次/班。

4　原因分析

（1）聚结器 D917/1、D917/2 脱水效果差，造成去气分系统的液化气游离水含量高，导致丙烯含水较高。

（2）7 月 25 日重新处理焦化烃，气分加工负荷为 108%，高负荷不利于沉降脱水。

（3）脱乙烷塔 C802 顶冷却器 E806 现在上水控制阀 TRC826 处于全开状态，控制阀副线也已达到 50%的开度，6 月份标定时超声波测量 E806 循环水流量为 22t/h，远低于设计值 83.6t/h，依此判断 E806 管束已出现堵塞。导致塔顶回流罐 D803 温度偏高，脱水效果差，是造成丙烯含水不合格的主要原因。E-806 控制图见图 3。

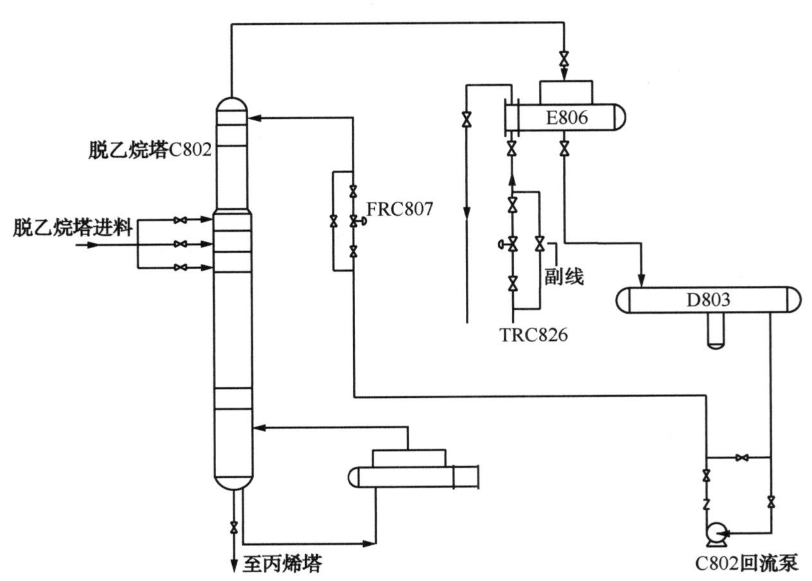

图 3　E-806 控制图

5 解决对策

(1) 加强脱水管理，同时提高气分各回流罐液位，增加停留时间，改善脱水效果。

(2) 切除脱乙烷塔C802，对E806进行检修处理。对E806塔顶冷却器检修，冷却器打开后发现管束大面积被污垢堵塞，浮头内杂物较多(图4)。通过高压水对管束进行彻底清洗。检修后，冷却器投用后冷却效果显著，冷后温度能降低至30℃以下。

(3) 对聚结器D917/1、D917/2滤芯进行更换。更换滤芯后的聚结器，脱水效果明显改善。由原来的基本脱不出水，到现在每次脱水量均在40kg左右。

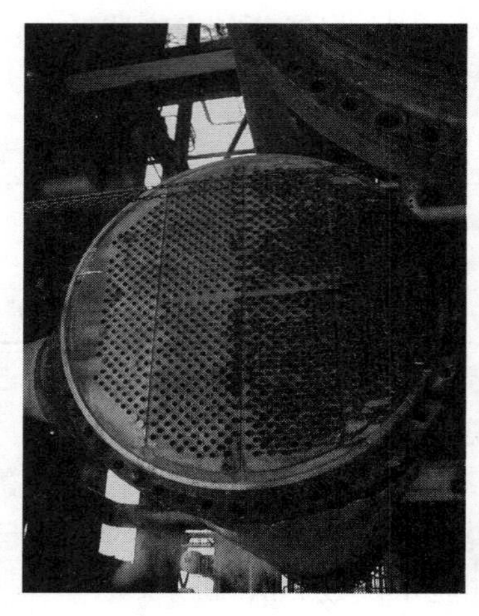

图4 E806管束堵塞照片

6 结束语

通过处理E806和聚结器D917/1、D917/2，装置丙烯含水合格，达到指标要求。

参考文献

[1] 程曾越. 通用丙烯实用技术手册[M]. 北京：中国石化出版社，1998.

延迟焦化装置焦炭塔油气线堵塞及解决措施

郭小安

（中国石油大庆石化分公司炼油厂延迟焦化车间，黑龙江大庆　163714）

摘　要　针对本装置焦炭塔顶压力偏高的原因，从原料性质、操作条件、管线、设备结焦堵塞等各方面进行逐一查找分析。并对焦炭塔油气管线采用γ射线故障扫描检测技术，准确预测出结焦堵塞部位，对装置检修处理具有很好的指导性作用。

关键词　焦化　油气线　堵塞　γ射线检测

1　前言

120万t/a延迟焦化装置于2008年9月建成投产，采用一炉两塔的工艺路线，装置设计循环比为0.5，以大庆减压渣油及催化油浆和乙烯焦油为原料，主要产品为干气、液态烃、汽油、柴油、蜡油和焦炭。焦化过程是对重质油进行无催化剂的热破坏加工，加热到一定的温度下，在焦炭塔内发生一系列的热裂解和缩合反应，随着处理量的逐步加大，焦炭塔泡沫层及空高与安全生产的矛盾更加突出，带来的直接后果是焦炭塔泡沫夹带严重，把来不及沉降下来的焦粉带到分馏塔底部后，又通过分馏塔底循环油进入加热炉管，焦粉在炉管内形成结焦因子，加剧辐射炉管的结焦，进而形成恶性循环。另外，焦炭塔油气携带大量焦粉使焦炭塔顶油气线结焦倾向加大，焦炭塔顶压力升高，严重影响该装置的平稳运行[1]。

2　焦炭塔运行状况

从图1和图2可以看出，2014年6月25日焦化装置检修开工后焦炭塔顶压力一直处于0.2MPa以上（2012年和2013年检修开工正常后焦炭塔顶压力均为0.18MPa左右，设计压力为0.17MPa，工艺指标为≯0.25MPa）。车间初步判断怀疑是该阶段原料中冷渣掺炼比例较高，约为45t/h，检修前原料冷渣掺炼量一般为10t/h，而冷渣中又混入轻质原料，因此导致焦炭塔顶压力相对检修前下降不明显。6月30日根据调度指令，装置处理量提高至3600t/d，焦炭塔生产压力上升明显，此时热渣油量充足，焦化冷渣油掺炼量为5t/h以下。7月9日焦化冷渣油掺炼量增加，装置处理量降至3550t/d。8月6日装置处理量降至3400t/d。8月9日对焦炭塔塔口进行了清焦，采取以上措施后，焦炭塔顶压力基本没有变化，仍处于较高水平。

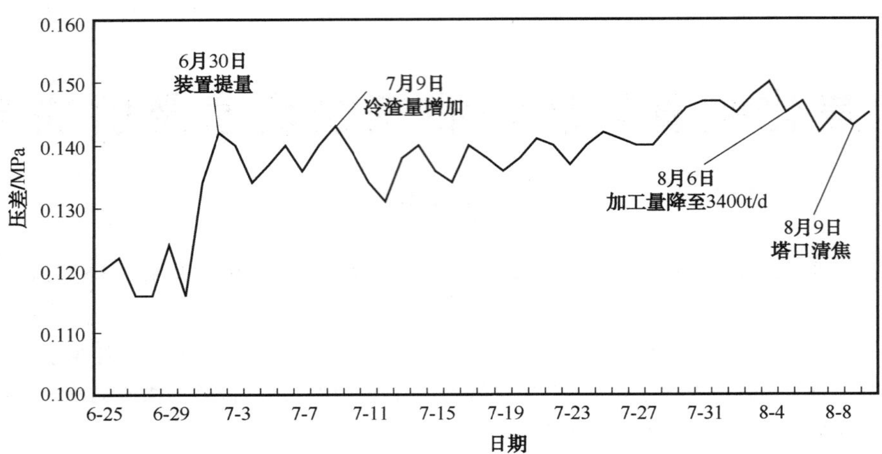

图1　2014年焦炭塔顶与分馏塔顶压差趋势图

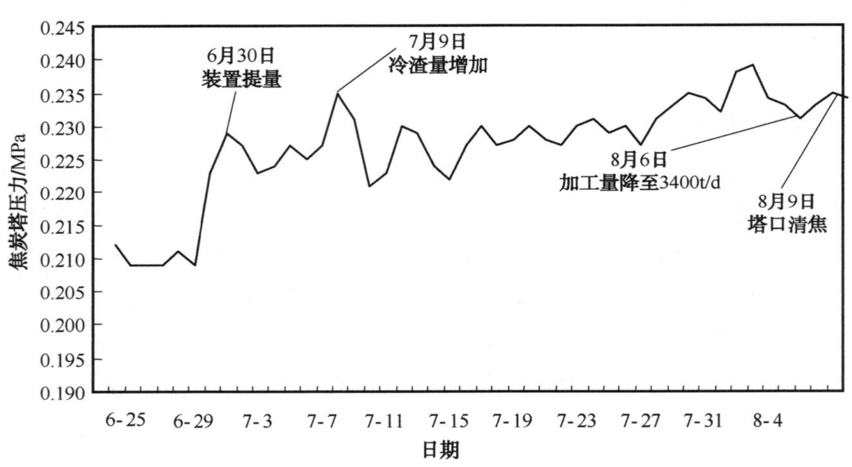

图2　2014年焦炭塔压力上升趋势图

3　焦炭塔顶压力偏高的原因分析

造成焦炭塔顶压力偏高的原因有四个方面：一是后路的分馏系统结焦或堵塞；二是焦炭塔塔口结焦；三是原料性质及操作条件变化；四是油气线堵塞，下面对各影响因素进行逐一分析。

3.1　后路分馏系统结焦或堵塞

（1）2014年6月份检修时打开分馏塔T1102底人孔进行检查，未发现分馏塔油气线入口被焦块堵塞或分馏塔底焦粉淤积封堵分馏塔油气线入口。

（2）分馏塔塔盘结焦或堵塞。2014年6月检修时打开了分馏塔全部人孔，技术员从分馏塔通道至上而下对塔盘进行了全面检查，除了分馏塔顶个别浮阀存在失灵现象，其他塔盘均未发生结焦和浮阀失灵，而且分馏系统各侧线抽出温度及回流量均正常。因此可以排除分馏塔盘结焦或堵塞的可能性。

（3）车间对分馏塔底液位计进行了校验，同时根据分馏塔底压力指示对分馏塔底液位进行了推算，证明分馏塔底液位指示准确，排除了分馏塔底发生淹塔，导致油相没过气相入口的可能性。

（4）车间联系仪表对分馏塔顶压力表、分馏塔底部压力表、甩油罐顶压力表进行了检查，检查确认压力表指示准确，车间又对现场压力表进行了更换，现场压力表指示与 DCS 指示吻合，因此排除了仪表指示失灵的可能性。同时根据压力指示对分馏塔压降进行了计算(0.025~0.035MPa)，在分馏塔压降的运行范围内。通过以上分析可以排除后路分馏系统结焦或堵塞造成焦炭塔压力升高的可能性。

3.2 焦炭塔塔口结焦

由于焦炭塔压力偏高，车间在 2014 年 8 月 9 日对 T1101A 塔口进行了高压水清焦，发现塔口结焦厚度在 10cm 左右(以往清焦厚度在 13cm 左右)，横向油气线内未发现结焦现象，在塔口清焦后焦炭塔压力下降 0.002MPa。8 月 15 日对 T1101B 塔口进行了高压水清焦，塔口结焦厚度约为 15cm，清焦后焦炭塔压力下降 0.001MPa。因此，车间可以判定焦炭塔塔口结焦不是焦炭塔压力偏高的主要原因。

3.3 原料性质或操作条件变化

原料组成越轻或反应温度越高，焦炭塔内油气量越多，焦炭塔顶压力越高[2]。能够造成原料变轻的原因有三个：一是装置外来的原料组成性质变轻；二是原料经过的换热器发生内漏，导致原料轻质化；三是与原料系统相连的轻质油管线与原料发生介质互串。

3.3.1 原料性质变轻

表 1 原料性质对比表

处理量(t/d)		3472	3531.9				3462.5
原料性质	采样日期	2014.4	2014.7.7	2014.7.14	2014.7.21	2014.7.28	2014.8
	密度/(kg/m^3)	932.3	927.4	925.1	928.2	931.2	928.4
	残炭/%	8.9	8.38	7.59	6.1	6.7	8.2
	500℃含量/%	7.0	7.5	7.0	6.8	6.6	10
	水分/%	痕迹	痕迹	痕迹	痕迹	痕迹	痕迹

从表 1 可以看出，焦化装置开工后，原料的残炭由 8.38%下降至最低的 6.1%，焦化热渣油加工量降低，含有轻组分的冷渣油掺炼量上升，导致原料的残炭降低，因此车间在此期间怀疑焦炭塔压力升高的原因为原料性质变轻，但从 8 月份对原料的加样化验分析中可以看出，原料的组成性质逐渐平稳，并且接近正常生产水平，但焦炭塔压力没有明显下降，仍旧持续保持 0.234MPa 左右。因此可以判定原料变轻不是此次焦炭塔压力上升的主要原因。

3.3.2 换热器发生内漏

混合后的原料经过 E1101~E1105 换热升温后，与循环油混合进入加热炉升温后进入焦炭塔，如果 E1101~E1105 中任何一个换热器发生泄漏，均能使原料轻质化，从而导致焦炭塔顶压力升高，循环比增加[2]，在同等处理量下的加热炉进料量也会随之增加。但经过装置原料累计表计算的加工量与加热炉进料量扣除循环油量计算的加工量对比，两个数值基本吻合。因此可以排除因换热器内漏导致原料变轻。

3.3.3 轻介质油品串入原料系统

原料系统串入轻介质油品有两种情况：①装置外渣油系统直接串入轻介质，此情况已在 3.3.1 中进行了说明；②装置内轻介质油品通过开工线、开工柴油或开工蜡油开工线串入原料系统，因此车间通过以下方法来逐项排除：一是检查开工线。在污油线不使用时，打开水槽至开工线阀门，污油流量表没有流量显示，并且污油温度没有变化，证明开工线不存在串线现象。二是检查开工柴油线。开工柴油线两端各有一放空阀，车间在放空阀处进行泄压，最终没有柴油流出，证明开工柴油阀门不存在内漏。三是检查开工蜡油线。原料系统与开工蜡油线相连，车间为了检查开工蜡油线是否存在从装置外向原料串油的可能性，车间打开了 T1104 收蜡油阀门，经过一天的运行 T1104 液位数值平稳，没有发生任何变化，证明开工蜡油线不存在互串。因此可以判定装置内未有轻介质串入原料系统。

3.3.4 循环比变化对焦炭塔压力的影响

2014 年 8 月 12 日车间采取了提高循环比降低处理量的方法，在加热炉进料量不变的情况下，单纯以提高循环比降低处理量(从 0.21 提高至 0.25)，焦炭塔压力没有明显变化。因此可以排除循环比偏大对焦炭塔压力的影响。

3.4 油气线结焦、堵塞

2014 年 8 月 19 日车间利用放空线将油气线与甩油罐联通，对焦炭塔瓦斯阀前的压力进行了测量，见表 2。

表 2 油气线压降数据表

焦炭塔顶压力	瓦斯阀前压力	分馏塔底气相压力	瓦斯阀前油气线长度
0.224MPa	0.2MPa	0.112MPa	37m
瓦斯阀后油气线长度	瓦斯阀前油气线压降	瓦斯阀后油气线压降	按管线长度核算压降
53m	0.024MPa	0.088MPa	0.034MPa

从表 2 中的数据可以看出，油气线的压力降主要集中在焦炭塔瓦斯阀至分馏塔段，说明此段管线值得重点怀疑。

2014 年 6 月份检修期间，车间已对焦炭塔油气线进行了全面清焦，根据往年油气线结焦经验，油气线的结焦厚度不能在这么短时间内达到现在的效果。因此车间怀疑管线堵塞有以下两点：①环阀故障。在油气线去分馏塔上存在一环阀，该阀门在 2008 年开工至今没有开关过，同时历年检修期间只进行了清焦处理，未对阀门的内部机构检查，因此怀疑该阀门内部执行机构可能损坏，导致油气线憋压。2014 年 6 月份检修期间，在油气线回装的过程中存在着异物掉入或遗落的风险，异物进入油气线后，在生产过程中随着油气运行至环阀处，被环阀的执行机构卡住，导致油气线堵塞，造成焦炭塔发生憋压。②油气线弯头存在异物堵塞。大庆石化公司炼油厂聘请岳阳长岭设备研究所有限公司于 2014 年 9 月 7 日采用 γ 射线故障扫描检测技术对油气线管线进行了扫描检测，具体详见图 3、表 3 和图 4。

表3 检测数据

测试位置	序 号	油气线管线		备 注	说 明
		方位1数据	方位2数据		
平台5三通后	1	5366	5458	弯头位置	
	2	5863	5861	垂直管	
	3	5812	5595	垂直管	
	4	5188	4723	垂直管	
	5	3342	2782	垂直管	异常
	6	2425	3258	垂直管	异常
	7	5465	4923	弯头位置	
	8	5455	5424	水平管道	
	9	5746	5633	水平管道	
	10	5406	5308	水平管道	

说明：由于采集数据较多，只列出了10组数据进行对比说明。

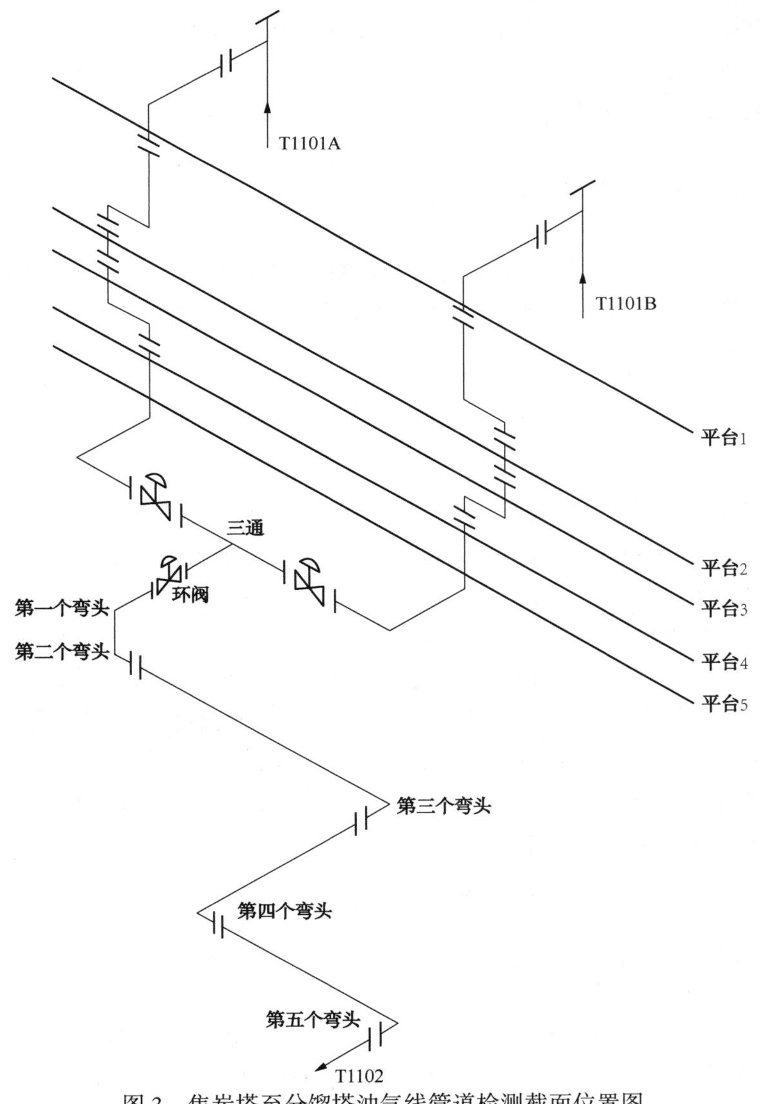

图3 焦炭塔至分馏塔油气线管道检测截面位置图

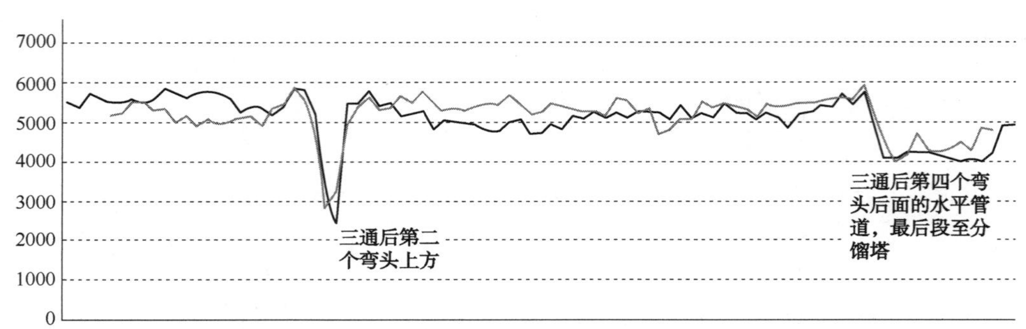

图4　三通至焦化分馏塔油气管线检测数据汇总图

从表3及图4可以看出，三通后第二个弯头上方的数据明显下降，存在异常，而三通至分馏塔段管线数据正常，表明此处存在严重的异物堵塞，车间判断该段管线可能是导致焦炭塔顶压力偏高的直接原因。而三通后第四个弯头后面的水平管道数据下降，主要原因是由于前路堵塞导致流速减慢从而产生结焦。

4　焦炭塔顶压力偏高的危害

焦炭塔顶压力偏高对装置安全平稳运行的影响主要有两点：一是原料油在焦炭塔内反应深度加强，气体收率和焦炭收率增加，液收降低[3]。二是焦炭塔顶压力高，焦炭塔底盖容易发生泄漏着火事故。

5　结论

2014年9月12日车间对焦炭塔油气线进行了检修，在油气线三通后第二个弯头处存在厚度约40cm的焦块，而油气线内径为47.8cm，弯头处几乎被焦块堵死，此焦块是造成焦炭塔顶压力升高的最终原因。

历次检修都是对该段管道进行现场清焦，没有拆卸至地面检查，该弯头位置在空中比较特殊，人无法进入管道内部进行检查，只能通过高压水枪两端进行扫射清焦，对管道内部清焦质量无法受控。车间在技术分析过程中，没有对特殊位置进行过多思考，经过射线检测后，明确了油气线结焦位置，证明射线检测结果是准确的，以后可以广泛应用于实际生产中，为装置短时间抢修提供了依据和基础，同时开辟了技术人员分析问题的新思路，对今后检修清焦的质量检查也起到了警钟作用。

参考文献

[1] 杨长文．浅谈超稠原油焦化实现长周期运行的技术措施[C]．中国石油延迟焦化技术交流第三届焦化年会，2008，142-126.

[2] 瞿国华，延迟焦化工艺与工程[M]．北京：中国石化出版社，2008：451-452.

[3] 瞿滨，延迟焦化装置技术问答[M]．北京：中国石化出版社，2007：15-16.

FCC 原料中含氮化合物转化的影响因素探析

王　迪，魏晓丽，张久顺

（中国石化石油化工科学研究院，北京　100083）

摘　要　研究了原料中的含氮化合物在催化裂化反应前后的含量及类型，分析了影响其转化的因素。结果表明，增大剂油比、降低空速有利于含氮化合物的转化，而小范围改变反应温度对其转化影响不明显；缺氢数越大的含氮化合物，其开环裂化性能越差，越容易缩合生焦；增大反应苛刻度，对大分子非碱性氮化物裂化的促进作用较为显著，对小分子或碱性氮化物裂化促进作用相对较弱。

关键词　催化裂化　含氮化合物　转化规律

日益严格的环保法规和油品质量的不断升级，对催化裂化加工过程和产品质量提出了更高的要求。FCC 原料中含氮化合物在催化裂化反应过程中转移至液体产物，会对汽油和柴油质量造成影响；燃料燃烧产生的 NO_x 是形成光化学烟雾的主要成分，并可以造成城市细粒子污染和酸雨[1]，而沉积在待生催化剂中的含氮化合物在再生过程中也会产生 NO_x，不仅污染环境，还可能引起设备腐蚀。所以，研究 FCC 过程中含氮化合物的转化规律和影响因素，可以为减小其对产品的影响、降低 NO_x 排放的工艺优化、催化剂和新技术开发提供理论参考。

1　实验

原料油为大庆蜡油，其中碱性氮化物 200μg/g，总氮 572μg/g；催化剂由中国石化催化剂公司齐鲁分公司制备。采用小型固定流化床装置（FFB）进行催化裂化反应。原料油和重油馏分中的含氮化合物采用傅里叶变换离子回旋共振质谱仪（FT-ICR MS）进行分析；汽油、柴油馏分中的含氮化合物采用 GC-MS 进行定性分析，GC-NCD 定量分析；裂化气中氨气水吸收后采用离子色谱测定铵根；焦炭中含氮化合物只采用 NCD 进行定量分析。

2　结果与讨论

对于大庆蜡油，其催化裂化反应产生的裂化气中，含氮化合物只有氨气；液体产物（汽油、柴油和重油馏分）的汽油馏分中的含氮化合物全部是饱和的链状胺类，也可能是腈类，且碳数皆小于 5，由于其沸点较低，现有方法难以进行准确定性分析；焦炭中含氮化合物虽然占原料氮含量的 60%以上，但其对产品质量并无影响，可再生脱去。故分析含氮化合物的转化规律，着重从催化裂化液体产物的柴油和重油馏分进行讨论。

2.1 工艺参数对FCC原料中含氮化合物转化的影响

表1是各工艺参数下汽油、裂化气和焦炭中氮含量占原料氮的比例。图1是原料和不同反应温度下液体产物中不同缺氢数(用Z值表示)的N1类含氮化合物(仅含一个氮原子的化合物)的相对含量。从图1可知，反应温度对液体产物中不饱和氮化物含量影响不大，从表1可知，裂化成为饱和氮化物的量虽随反应温度升高有增大趋势，但变化并不明显，焦炭氮也无明显差异，说明反应温度的改变对原料中含氮化合物的转化影响不大。从图2可知，增大剂油比，液体产物中不饱和氮化物的量降低，同时，结合表1数据可知，饱和氮化物和焦炭氮的含量增加，说明增大剂油比有利于原料油中含氮化合物的裂化，同时也会促进其缩合进入焦炭。从图3和表1可知，降低空速(即延长停留时间)对含氮化合物的裂化影响趋势与增大剂油比相同，所以降低空速也会同时促进原料油中含氮化合物的裂化和大分子含氮化合物缩合生焦。

各工艺参数下，液体产物中各类含氮化合物的量皆远远低于原料，说明含氮化合物在催化裂化工艺参数下发生开环裂化反应，转化为饱和度更高的含氮化合物，甚至裂化为饱和的胺类、腈类和氨气，同时大分子的含氮化合物在催化剂上发生吸附、缩合反应，生成焦炭，从而使得液体产物中的氮含量大大减少。

表1 不同工艺参数下汽油、裂化气和焦炭中氮含量占原料氮的比例

工艺参数		汽油氮+氨氮/%	焦炭N/%
反应温度/℃	500	10.15	69.17
	540	10.61	68.55
剂油比	6	9.14	57.24
	12	11.39	67.72
空速/h^{-1}	5	13.64	67.40
	9	10.46	64.92

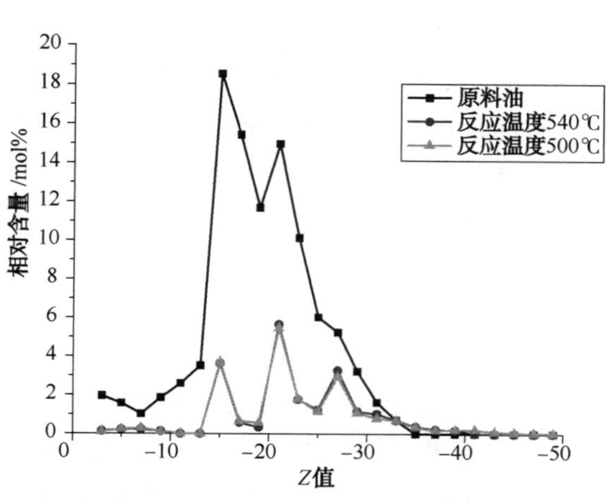

图1 反应温度对产物中氮化物分布的影响

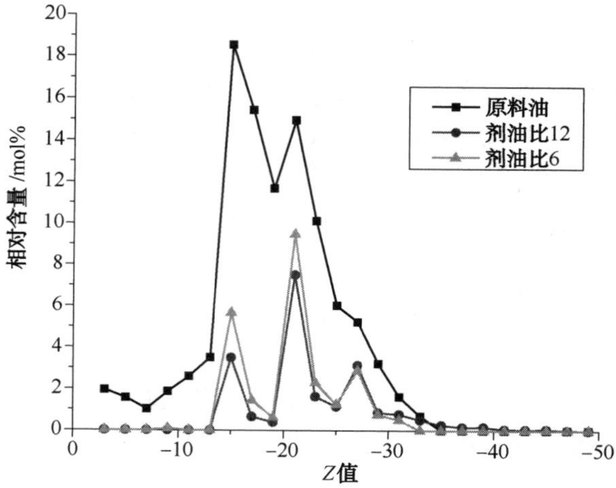

图2 剂油比对产物中氮化物分布的影响

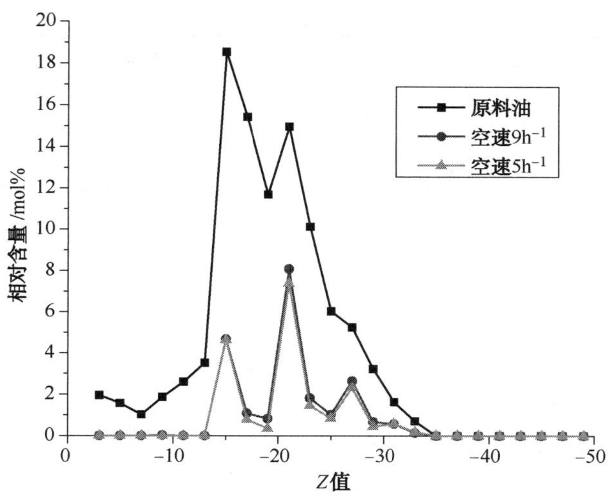

图 3 空速对产物中氮化物分布的影响

从图 1~图 3 可以看出，原料油中含氮化合物的缺氢数主要集中在-15~-27，而经过催化裂化反应后，液体产物中的氮含量在缺氢数为-15，-21，-27 处出现了三个峰值。表 2 是液体产物中部分含氮化合物的转化率。从表 2 可知，-15N(缺氢数为-15 的含氮化合物，下同)由于在原料中含量本身很高，虽然转化率达到 80%左右，但液体产物中含量依然较多；-21N 和-27N 的转化率较小，在 50%左右。-23N 和-25N 的转化率达到 80%左右，而-17N,-19N 转化率均在 90%以上。经分析，-17N，-19N，-23N，-25N 化合物可能是苯并喹啉类，即为碱性氮化物，因为碱性氮化物可与催化剂 B 酸中心作用，缩合进入焦炭中，所以其含量在液体产物中大大减少；-15N、-21N 和-27N 可能为咔唑类氮化物，由于其为非碱性氮化物，使催化剂中毒能力弱，只发生裂化反应和少量缩合反应，故而工艺条件的改变对其转化率亦有较大影响；-15N 转化率较高可能由于其分子缩合度较低，环数少，裂化性能较好。

表 2 原料油中含氮化合物在不同工艺参数下转化率 %

含氮化合物类型		反应温度/℃		剂油比		空速/h^{-1}	
缺氢数	代表结构式	500	540	6	12	9	5
-15	(咔唑结构式)	80.09	80.38	69.33	81.15	74.82	75.05
-17	(苯并喹啉结构式)	95.77	96.30	90.67	95.78	92.99	94.99
-19	(结构式)	95.27	97.07	94.66	96.64	92.99	96.96

续表

含氮化合物类型		反应温度/℃		剂油比		空速/h^{-1}	
缺氢数	代表结构式	500	540	6	12	9	5
-21		63.50	62.20	36.63	49.89	45.99	50.59
-23		82.25	82.51	77.22	83.91	82.08	85.63
-25		81.20	79.65	79.36	80.86	83.03	85.99
-27		43.88	37.61	44.84	40.03	49.65	55.91

注：表中代表结构式为该缺氢数下含氮化合物的可能结构，实际结构可能为其同分异构体或同系物。

2.2 工艺参数对不同类型含氮化合物转化的影响

图4是-15N和-21N在反应温度为520℃，空速为7.5h^{-1}，剂油比8的条件下，反应前后其碳数的变化情况。

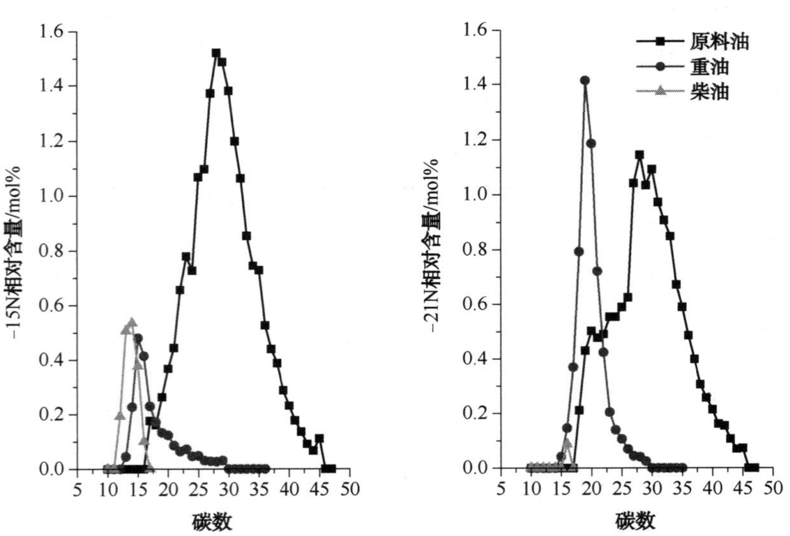

图4 -15N和-21N在原料油和产物中的分布

从图4可以看出，原料中-15N的碳数主要集中在25~35，裂化反应之后，重油馏分中的-15N碳数集中在15左右，柴油-15N在13~15；原料中-21N的碳数主要集中在25~35，裂化反应之后，重油馏分中的-21N 碳数集中在 20 左右，柴油-21N 仅有含量很低的苯并咔唑。可以发现，-15N 和-21N 在原料油中碳数差距不大，但-15N 的量占原料总氮的 18.25%，-21N 仅占总氮的 14.60%；而在产物中，-15N 和-21N 的含量及碳数存在明显不同：液体产物中-21N 的量为 5.27%，大于-15N 的 3.57%，说明不饱和度越大的含氮化合物，其开环裂化性能越差；同时-21N 绝大部分存在于重油馏分中，这是因为产物中的-21N 碳数比-15N 大，沸点更高。

表 3 是不同工艺参数下原料中的-15N 和-21N 在产物中的分布，通过分别改变反应温度、剂油比、空速，研究工艺条件对氮化物转化的影响趋势和影响程度。表 4 是各对比条件下-15N 和-21N 相对基础条件的变化情况。

表 3　不同工艺参数下原料中-15N 和-21N 在产物中的分布 %

氮 类 型	基 础 条 件	反应温度 560℃	空速 $5h^{-1}$	剂油比 12
重油-15N	1.71	2.19	2.16	2.05
柴油-15N	0.09	0.07	0.10	0.19
重油-21N	2.26	2.75	2.47	1.44
柴油-21N	5.72	13.42	7.29	7.30

注：基础条件为反应温度 520℃，空速 $7.5h^{-1}$，剂油比 8，催化剂为全老化剂，表中其他对比条件除所表明的条件与基础条件不同，其他条件皆相同。

表 4　对比条件下液体产物中-15N 和-21N 相对基础条件的变化情况 %

氮 类 型	反应温度 560℃	空速 $5h^{-1}$	剂油比 12
-15N	49.49	35.03	-16.49
-21N	117.79	42.91	148.56

通过表 3 和表 4 数据的分析发现，增大剂油比，-15N 的量减少，-21N 增加，说明-15N的开环裂化反应大于大分子裂化生产-15N 的速率，由于分子量更大的含氮化合物更容易发生缩合反应[2]，所以认为-21N 含量的增加，不是因为大分子裂化生产-21N 的速率大于-21N 开环裂化速率，而是由于反应苛刻度增加，小分子缩合反应加剧；升高温度、降低空速，其-15N 和-21N 都增加，这是因为温度升高或空速降低，一方面促进了较小分子的裂化，使得-15N 增加，同时也使得生焦加剧，导致-21N 含量增大。相同条件下，-15N 的变化幅度较-21N 小，说明工艺条件对其影响程度更小。

3　结论

（1）增加剂油比、降低空速有利于原料中含氮化合物的转化，而小范围的反应温度变化对含氮化合物的转化影响不明显。

（2）不同类型的含氮化合物在催化裂化过程中的转化性能不同，不饱和度越大，其裂化性能越差，越倾向于缩合生焦。

（3）增大反应苛刻度，对大分子非碱性氮化物裂化的促进作用较为显著，对小分子或碱性氮化物裂化促进作用相对较弱。同时，增大反应苛刻度一方面可促进含氮化合物的裂化反应，另一方面，也会促使其缩合生焦。

参 考 文 献

[1] 吴晓青．我国大气氮氧化物污染控制现状[J]．中国科技产业，2009(8)：13-16.
[2] 阙国和．石油组成与转化化学[M]．东营：中国石油大学出版社，2008.

碱性氮化物对 FCC 反应性能影响的研究

李泽坤

（中国石化石油化工科学研究院，北京 100083）

摘 要 采用2-甲基喹啉碱性模型化合物、盐酸抽提碱性氮萃取物以及抽余油、不同碱性氮含量及类型的 CGO 作为反应原料，对比考察了其 FCC 反应性能，结果表明，除碱性氮含量以外，碱性氮化合物的分子结构和分子大小对 FCC 反应性能的影响作用也是不可忽视的。

关键词 碱性氮化物 FCC 碱性氮含量 分子结构

1 引言

随着石油资源的短缺，催化裂化装置加工常规石油资源时掺炼渣油、焦化蜡油、脱沥青油比例越来越大。催化裂化装置原料劣质化加剧，尤其是近几年来高氮原料加工引起了研究者的重视。催化裂化掺炼高氮原料，一般采用高酸中心密度、稀土分子筛的抗氮裂化催化剂，或者用酸性添加物作为氮的捕捉剂，效果甚微。研究者认为 CGO 中高含量的碱性氮是制约其 FCC 反应性能的根本原因[1~2]，然而，由于碱性氮化物是氮杂环化合物，除了碱性以外，其本身的分子尺寸也很大，结构复杂，所以仅仅从氮含量上并不能完全解释碱性氮化物对 FCC 反应性能的影响。因此，本文将全面考察碱性模型化合物、碱性氮化物抽取物的 FCC 裂化性能，从而确定碱性氮化物对 FCC 反应性能的影响。

2 实验

实验选取氮含量较高的 CGO 为实验原料，选用大庆 VGO 作为对比空白油样，基本性质见表1。实验选用催化裂化工业平衡催化剂已在我国多套 FCC 装置上应用，主要性质见表2。

表1 原料基本性质

项目	密度(20℃)/(kg/cm³)	残炭/%	S/(μg/g)	N/(μg/g)	碱性氮/(μg/g)	四组分组成(w)/%			
						饱和分	芳香分	胶质	沥青质
CGO	910	0.12	7 800	5 400	1 600	60.84	30.47	8.69	—
VGO	801	0.05	4600	200	—	83.00	15.50	—	1.30

表2 催化剂性质

微反活性	比表面积/(cm^2/g)	孔体积/(cm^3/g)	堆密度/(g/cm^3)	金属含量/(μg/g)		
				Ni	V	Na
66	102	0.028	0.90	12465	431	0.27
粒度分布						
0~20μm	20~40μm	40~80μm	>80μm			
0	5	51	44			

3 结果与讨论

3.1 添加模型碱性氮化物的大庆VGO FCC反应性能

选取2-甲基喹啉为模型碱性氮化物，并以大庆VGO为基础原料，将模型碱性氮化物以不同比例掺入到大庆VGO中，在反应温度500℃、剂油比6.0、重时空速20 h^{-1}、水油比0.15的操作条件下研究转化率及产物分布规律。表3为添加不同碱性氮含量2-甲基喹啉的VGO FCC反应性能。

表3 添加模型碱性氮化物的大庆VGO FCC反应性能

碱性氮含量/%	0.2	0.4	0.6	0.8	1.0
产品分布/%					
干气	1.83	2.16	1.78	1.74	1.76
液化气	12.62	10.70	8.50	6.39	5.34
汽油	36.63	21.19	23.93	20.66	14.57
柴油	24.27	22.52	19.97	21.52	23.29
重油	19.52	38.37	40.83	44.62	50.67
焦炭	5.12	5.05	4.99	5.06	4.37
合计	100.00	100.00	100.00	100.00	100.00
干气+焦炭/t%	6.95	7.22	6.77	6.80	6.13
液收率/%	73.53	54.41	52.40	48.58	43.20
转化率/%	80.48	61.63	59.17	55.38	49.33
轻质油收率/%	60.91	43.71	43.90	42.18	37.86

由表3可知，添加2-甲基喹啉模型化合物对CGO的FCC反应产物分布的影响较大，随着模型碱性氮化物含量的增加，汽油产率降低，且在碱性氮含量相对较高时(1.0%)，汽油产率只有不到15%；柴油产率先降低后增加；液化气产率一直降低；焦炭产率也有不同程度降低；液收率、转化率及轻质油收率均随着氮含量的增加而降低。这是因为所用催化剂是一种超稳Y型分子筛，随着原料中碱性氮含量的增加，催化剂活性基质吸附碱性氮的能力降低，碱性氮对分子筛的中毒作用增强，使得裂化受阻，柴油产率增加，汽油产率降低。Caeiro等的研究表明[3,4]，原料中的氮化物尤其是碱性氮化物由于具有芳香环化合物的性质，很容易在催化剂酸性中心上发生优先吸附，并促进焦炭的生成。但是实验结果显示随着碱性

氮模型化合物含量的增加，焦炭产率反而有不同程度下降，这是因为原料中碱性氮含量增加，催化剂的重油转化率也随之下降，也就是说，在一定的转化率下，焦炭产率将会随着碱性氮含量的增加而增加。一般认为碱性氮化物的碱性大小对催化剂的作用存在很大影响。

3.2 碱性氮抽出物的 FCC 反应性能考察

CGO 中的碱性氮化物所处环境比模型化合物要复杂得多，为了更确切地研究 CGO 中不同类型碱性氮化物对 CGO FCC 反应性能的影响，实验对两种不同盐酸抽提前后的油样进行了碱性氮含量的测定、四组分组成分析及 FCC 反应性能考察。表 4 为碱性氮含量、四组分组成变化及其 FCC 反应产物分布变化。

表 4 碱性氮含量变化及碱性氮萃取物 FCC 反应性能的影响

项　　目	G-ZB#	G-ZB-A#	G-ZB-B#
碱性氮含量/(μg/g)	1300	805	720
产物分布/%			
干气	3.86	3.25	3.80
液化气	15.10	14.78	16.09
汽油	30.87	38.08	39.93
柴油	15.45	22.34	21.43
重油	27.59	14.50	11.27
焦炭	7.13	7.05	6.99
转化率/%	72.41	85.50	88.73
轻质油收率/%	46.32	60.42	61.36
液收率/%	61.42	75.20	77.44

注：G-ZB#：CGO 窄馏分；G-ZB-A#：0.1mol/L 盐酸抽余油；G-ZB-B#：0.5mol/L 盐酸抽余油。

由表 4 数据可知，经过不同浓度盐酸处理后，抽余油的 FCC 反应产物分布发生改变，经过盐酸抽提后，汽油产率、柴油产率均有不同程度地增加，液收率、转化率及轻质油收率增加程度较为明显，且随着所用酸浓度的增加，汽油产率、液收率、转化率及轻质油收率增加程度越大，而柴油产率在较高酸浓度时反而下降；焦炭产率一直呈下降趋势。这是因为经过抽提，CGO 中的碱性氮化物的含量及种类均减少，降低了 FCC 反应过程中对催化剂的毒害作用，同时削弱了与其他可裂化烃类的竞争吸附，增加了其他烃类在催化剂上的吸附反应，从而使其 FCC 反应产物分布得到改善。

比较表 4 中不同浓度盐酸抽余油(G-ZB-A#及 G-ZB-B#)的 FCC 反应性能变化程度发现，低浓度盐酸的抽余油 G-ZB-A#反应性能的改变程度不及高浓度盐酸抽余油 G-ZB-B#反应性能的大，而表 4 中显示两次抽提的碱性氮含量变化的差异并不是很大，仅仅相差了不到 80 μg/g，鉴于反应性能改变程度的差异，可以推测碱性氮含量有可能并非影响 CGO FCC 反应性能的根本原因，而碱性氮化物的类型或许才是真正的影响因素。经 0.1mol/L 盐酸抽提，所得到的碱性氮化物主要为：短侧链的烷基喹啉类化合物，经0.5mol/L盐酸抽提所得的碱性氮化物在结构上更加复杂，具有更高缩合度，主要为：苯并喹啉系、芘啶系及苯并吖啶系。因此可以推测碱性氮化物的缩合度越大、分子结构越复杂对CGO的FCC反应过程中的中毒作用也就越大。

为了进一步验证氮化物含量及结构对CGO的FCC反应性能的影响，实验对掺炼不同碱性氮含量的模型化合物的D-VGO及含有不同碱性氮含量及类型的CGO的FCC反应性能进行了对比，见表5。

表5 不同碱性氮含量油样的FCC反应性能对比

项目		碱性氮含量/%	转化率/%	液收率/%	轻质油收率/%
DQVGO + 2-甲基喹啉		0.200	80.48	73.53	60.91
		0.400	61.63	54.41	43.71
		0.600	59.17	52.40	43.90
		0.800	55.38	48.58	42.18
		1.000	49.33	43.20	37.86
CGO	DQ	0.077	84.20	75.45	54.51
	LH	0.269	57.30	49.54	42.72
	DG	0.118	73.51	66.36	54.66
	DGA	0.126	66.66	58.18	44.67
	DGB	0.130	60.48	53.06	31.83
	DGB-1#	0.081	76.34	68.68	56.36
	DGB-2#	0.027	85.85	76.04	62.04

与模型化合物2-甲基喹啉的影响对比来看，引入2-甲基喹啉后，D-VGO中碱性氮含量为0.2%时，其转化率、液收率及轻质油收率均处于较高的水平，分别为80.48%、73.53%及60.91%，而在CGO油样中，L-CGO的碱性氮含量仅为0.269%，与上述D-VGO的碱性氮含量相差只有0.069个百分点，但是其FCC反应性能却相差甚远，其转化率、液收率及轻质油收率仅仅分别为57.30%、49.54%及42.72%；同时经过盐酸抽提出部分碱性氮化合物的G-ZB-B#油样其碱性氮含量只有0.027%，几乎仅为上述添加了碱性模型氮化物D-VGO中碱性氮含量的1/10，但是反应性能的差别却很少，其转化率、液收率及轻质油收率的增加幅度仅为2~5个百分点左右。这是因为CGO中的碱性氮化物与VGO中的2-甲基喹啉模型化合物相比较来说，结构更复杂、种类更繁多，且所处环境也更复杂，CGO中的其他组分也有可能与碱性氮化物发生交互作用。这也验证了碱性氮含量高低并不是制约CGO FCC反应性能的唯一重要因素，而碱性氮化物的形态和结构才是主要的影响因素。

4 结论

随着碱性氮化物含量对FCC反应性能存在影响，但是含量并不是影响FCC反应性能的唯一因素，对FCC反应性能影响的大小还跟碱性氮化物的结构、分子大小、缩合程度等也有关系。CGO中的含有短烷基侧链的吖啶系碱性氮化合物对CGO的FCC反应性能影响更大。因此，在研究碱性氮化物对 FCC 反应性能的影响是不可忽略其结构方面的信息。

参 考 文 献

[1] 刘自宾．延迟焦化技术走出国门[J]. 中国石化，2008，2：39.

[2] 林世雄. 石油炼制工程[M]. 第 3 版．北京：石油工业出版社，2000，175-176.

[3] Caeiro G, Cerqueira H S. Nitrogen poisoning effect on the catalytic cracking of gasoil[J]. Applied Catalysis A: General, 2007, 320(1): 8-15.

[4] Qian K, Rakiewicz E F. Coke formation in the fluid catalytic cracking process by combined analytical techniques [J]. Energy&Fuels, 1997, 11(3): 596-601.

烯烃与环烷烃在催化裂化中反应的异同点

刘　俊，田辉平，龙　军

（中国石化石油化工科学研究院，北京　100083）

摘　要　烯烃和环烷烃是催化裂化原料中非常常见的两种分子类型，对这两类分子反应特点和反应规律的详细研究对于深入认识催化裂化反应具有重要的意义。本论文采用计算化学的工具，通过详细研究烯烃和环烷烃裂化过程中的热力学和动力学反应情况，得到烯烃和环烷烃在催化裂化过程中的反应细节以及反应异同点。

关键词　烯烃　环烷烃　正碳离子　环化　开环裂化

1　前言

在催化裂化过程中，烯烃和环烷烃是两种非常重要的原料分子[1]。

一般来说，催化裂化原料中基本上不含有烯烃，烯烃主要来源于烷烃等原料的一次裂化，但烯烃是催化裂化二次反应的主要反应物，对催化裂化产物分布起着至关重要的作用[2,3]。

环烷烃是催化裂化原料中含量较高的分子类型，特别是较重的原油中，环烷烃的含量一般较高。环烷烃中的环状结构是烃类分子中具有代表性的结构之一，长期以来，对环状结构对烃分子裂化反应过程的影响认识不够明确[4~6]。

本论文采用计算化学的工具，通过详细研究烯烃和环烷烃裂化过程中的热力学和动力学反应情况，得到烯烃和环烷烃在催化裂化过程中的反应细节以及反应异同点。

2　研究方法

本研究体系为多电子体系，所以利用密度泛函理论（DFT）来进行模拟计算，计算采用了 Materials Studio 中的 Dmol3 模块进行研究。Dmol3 是是唯一的可以模拟气相、溶液、表面及固体等过程及性质的商业化量子力学程序，可用于研究均相催化、多相催化、分子反应性、分子结构等，也可预测溶解度、蒸气压、配分函数、溶解热、混合热等性质[7~9]。

Dmol3 模块中的结构优化功能可以计算烃分子的键能、键长以及生成熵等数据，Dmol3 块中的过渡态搜索功能可以计算反应过程的反应热和能量势垒[10]。

3　烯烃反应规律研究

3.1　烯烃与 B 酸反应生成正碳离子

在 B 酸中心作用下，烯烃可以得到 H 质子，形成烷基正碳离子，并进一步发生烷基正碳离子的特征反应。

表 1 为部分烯烃与 H 质子反应生成烷基正碳离子的能量数据。

表 1 烯烃与 H 质子反应能量数据

反应类型	ΔG(500℃)/(kJ/mol)	能量势垒/(kJ/mol)
$H_2C{=}CH{-}CH_2{-}CH_3 + H^+ \longrightarrow H_3C{-}C^+H{-}CH_2{-}CH_3$	-420	0
$H_2C{=}CH{-}CH_2{-}CH_2{-}CH_3 + H^+ \longrightarrow H_3C{-}C^+H{-}CH_2{-}CH_2{-}CH_3$	-465	0
$H_2C{=}CH{-}CH_2{-}CH_2{-}CH_2{-}CH_3 + H^+ \longrightarrow H_3C{-}C^+H{-}CH_2{-}CH_2{-}CH_2{-}CH_3$	-488	0
$H_2C{=}CH{-}CH_2{-}CH_2{-}CH_2{-}C_2H_5 + H^+ \longrightarrow H_3C{-}C^+H{-}CH_2{-}CH_2{-}CH_2{-}C_2H_5$	-461	0
$H_2C{=}CH{-}CH_2{-}CH_2{-}CH_2{-}C_3H_7 + H^+ \longrightarrow H_3C{-}C^+H{-}CH_2{-}CH_2{-}CH_2{-}C_3H_7$	-467	0

从表 1 中可以看出，烯烃与 H 质子发生反应，其反应平衡常数很大，且反应的能量势垒基本为 0，反应发生非常容易，故烯烃在 B 酸中心上生成正碳离子的难度远低于烷烃，这也是烯烃在催化裂化过程中反应速度远高于烷烃的原因。

3.2 烯烃与 L 酸反应生成正碳离子

在 L 酸中心作用下，烯烃可以失去 H^- 离子，生成烯基正碳离子。下面以甲基正碳离子为 L 酸模型来研究这一问题。

表 2 为部分烯烃与甲基正碳离子发生反应的能量数据。

表 2 甲基正碳离子与 1-戊烯反应能量数据

反应类型	ΔG(500℃)/(kJ/mol)	能量势垒/(kJ/mol)
$H_2C{=}CH{-}CH_2{-}CH_2{-}CH_3 + C^+H_3 \longrightarrow H_2C{=}CH{-}C^+H{-}CH_2{-}CH_3 + CH_4$	-212	233
$H_2C{=}CH{-}CH_2{-}CH_2{-}CH_3 + C^+H_3 \longrightarrow H_2C{=}CH{-}CH_2{-}C^+H{-}CH_3 + CH_4$	-212	337
$H_2C{=}CH{-}CH_2{-}CH_2{-}CH_3 + C^+H_3 \longrightarrow H_2C{=}CH{-}CH_2{-}CH_2{-}C^+H_2 + CH_4$	-99	354
$H_2C{=}CH{-}CH_2{-}CH_2{-}CH_2{-}CH_3 + C^+H_3 \longrightarrow H_2C{=}CH{-}C^+H{-}CH_2{-}CH_2{-}CH_3 + CH_4$	-225	245
$H_2C{=}CH{-}CH_2{-}CH_2{-}CH_2{-}CH_3 + C^+H_3 \longrightarrow H_2C{=}CH{-}CH_2{-}C^+H{-}CH_2{-}CH_3 + CH_4$	-155	293
$H_2C{=}CH{-}CH_2{-}CH_2{-}CH_2{-}CH_3 + C^+H_3 \longrightarrow H_2C{=}CH{-}CH_2{-}CH_2{-}C^+H{-}CH_3 + CH_4$	-141	306
$H_2C{=}CH{-}CH_2{-}CH_2{-}CH_2{-}CH_3 + C^+H_3 \longrightarrow H_2C{=}CH{-}CH_2{-}CH_2{-}CH_2{-}C^+H_2 + CH_4$	-96	355

从表 2 中可以看出：烯烃与甲基正碳离子发生反应时，容易在双键 αC 原子上失去 H-离子，生成烯基正碳离子，这与烯烃双键结构的影响密切相关。

3.3 烯基正碳离子反应特点

3.3.1 烯基正碳离子移位反应

烯基正碳离子生成时，中心 C 原子一般在双键的 αC 原子上，烯基正碳离子可以发生移位反应，生成其他类型的烯基正碳离子。

表 3 为部分烯基正碳离子发生移位反应的能量数据。

表 3 烯基正碳离子移位反应能量数据

反应类型	ΔG(500℃)/(kJ/mol)	能量势垒/(kJ/mol)
 H_2C $C^{+}H$ CH_3 → H_2C $C^{+}H$ CH_3	60	75
 H_2C $C^{+}H$ CH_3 → H_2C $C^{+}H$ CH_3	-12	34
 H_2C $C^{+}H$ CH_3 → H_2C $C^{+}H_2$	76	103
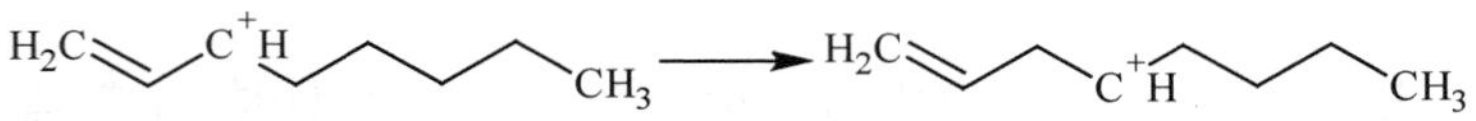 H_2C $C^{+}H$ CH_3 → H_2C $C^{+}H$ CH_3	54	83
 H_2C $C^{+}H$ CH_3 → H_2C $C^{+}H$ CH_3	-8	61
 H_2C $C^{+}H$ CH_3 → H_2C $C^{+}H$ CH_3	21	59
 H_2C $C^{+}H$ C_4H_9 → H_2C $C^{+}H$ C_4H_9	60	140
 H_2C $C^{+}H$ C_4H_9 → H_2C $C^{+}H$ C_4H_9	-3	97
 H_2C $C^{+}H$ C_4H_9 → H_2C $C^{+}H$ C_4H_9	9	63

从表 3 中可以看出：与烯基自由基类似，烯基正碳离子发生移位反应时，从双键的 α 位移到 β 位较为困难，不仅能量势垒较高，且反应平衡常数较小。从整体能量上看，烯基正碳离子移位反应的能量势垒在 60~140kJ/mol。

3.3.2 烯基正碳离子裂化反应

烯基正碳离子也可以发生裂化反应，生成二烯烃和新的烷基正碳离子。

表 4 为部分烯基正碳离子发生裂化反应的能量数据。

表 4　烯基正碳离子裂化反应能量数据

反应类型	ΔG(500℃)/(kJ/mol)	能量势垒/(kJ/mol)
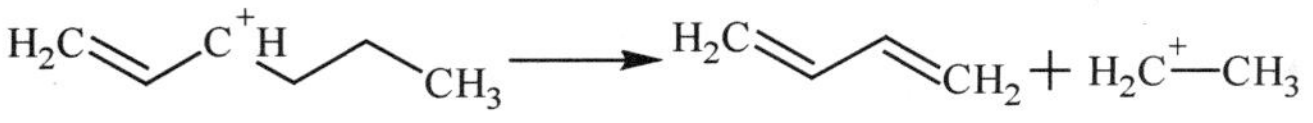 $H_2C{=}\overset{+}{C}H{-}CH_3 \longrightarrow H_2C{=}{=}CH_2 + H_2\overset{+}{C}{-}CH_3$	23	180
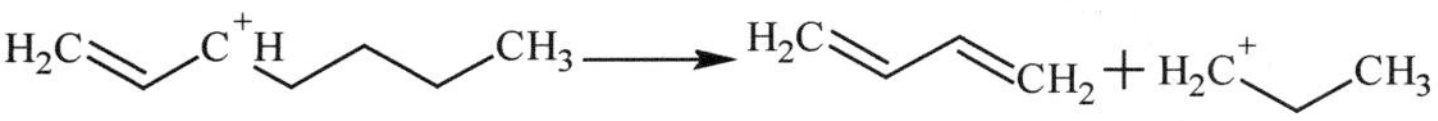 $H_2C{=}\overset{+}{C}H{-}CH_3 \longrightarrow H_2C{=}{=}CH_2 + H_2\overset{+}{C}{-}CH_3$	25	181
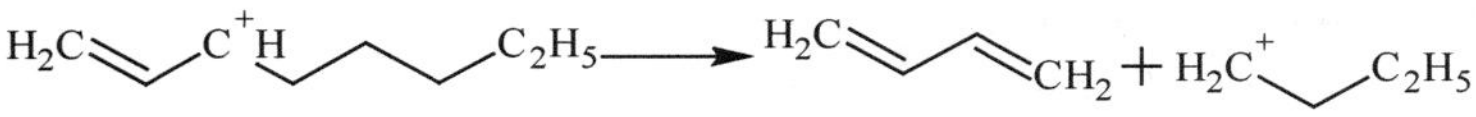 $H_2C{=}\overset{+}{C}H{-}C_2H_5 \longrightarrow H_2C{=}{=}CH_2 + H_2\overset{+}{C}{-}C_2H_5$	29	179
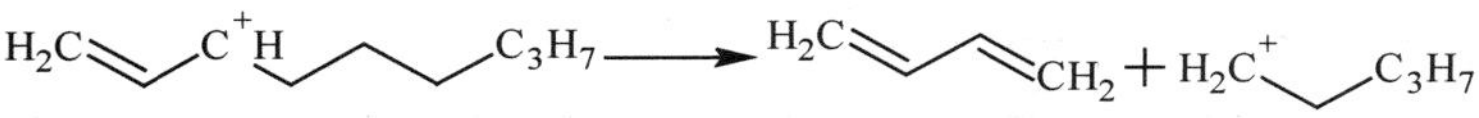 $H_2C{=}\overset{+}{C}H{-}C_3H_7 \longrightarrow H_2C{=}{=}CH_2 + H_2\overset{+}{C}{-}C_3H_7$	29	181
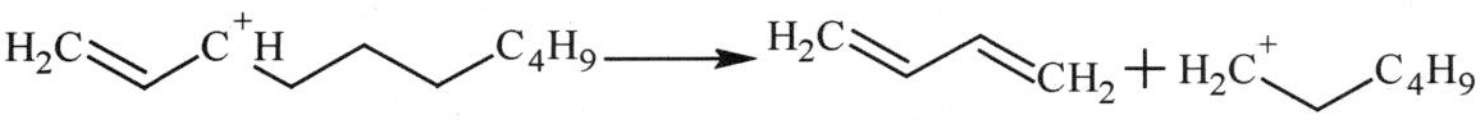 $H_2C{=}\overset{+}{C}H{-}C_4H_9 \longrightarrow H_2C{=}{=}CH_2 + H_2\overset{+}{C}{-}C_4H_9$	25	180

从表 4 中可以看出：烯基正碳离子发生裂化反应的能量势垒在 180 kJ/mol 左右，与烯基正碳离子移位反应相比，裂化反应的能量势垒明显较高，说明与发生裂化反应相比，烯基正碳离子更容易发生移位反应，生成其他类型的烯基正碳离子。

3.3.3　烯基正碳离子环化反应

在合适的条件下，烯基正碳离子可以发生环化反应，生成五元或者六元环正碳离子，并进一步发生反应生成环烷烃或环烯烃。

表 5 和表 6 为烯基正碳离子发生环化反应的能量数据。

表 5　烯基正碳离子环化生成五元环能量数据

反应类型	ΔG(500℃)/(kJ/mol)	能量势垒/(kJ/mol)
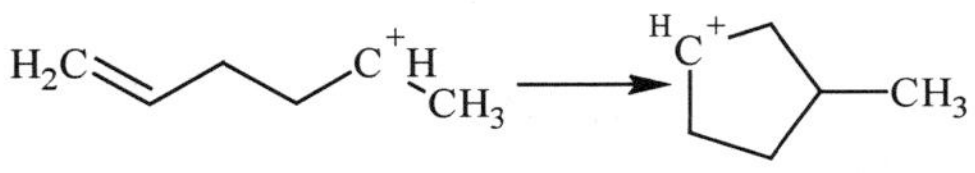 $H_2C{=}\overset{+}{C}H{-}CH_3 \longrightarrow$ (H$\overset{+}{C}$ 五元环)$-CH_3$	-23	46
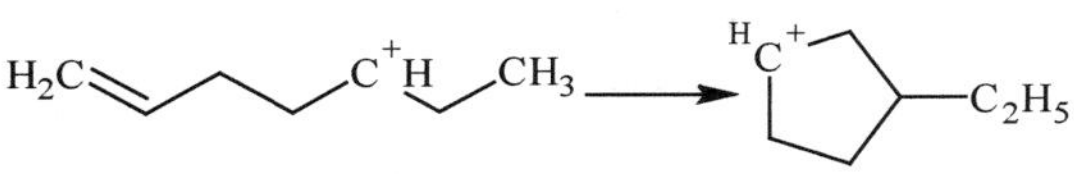 $H_2C{=}\overset{+}{C}H{-}CH_3 \longrightarrow$ (H$\overset{+}{C}$ 五元环)$-C_2H_5$	-31	35
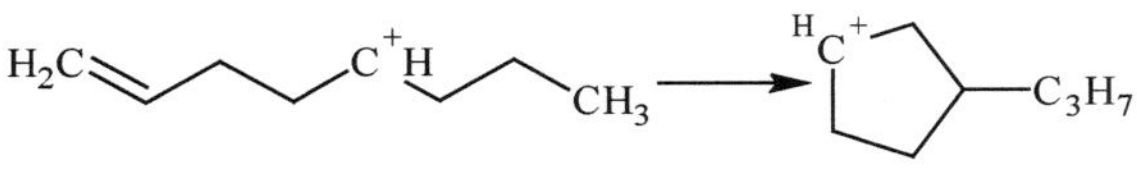 $H_2C{=}\overset{+}{C}H{-}CH_3 \longrightarrow$ (H$\overset{+}{C}$ 五元环)$-C_3H_7$	-24	47
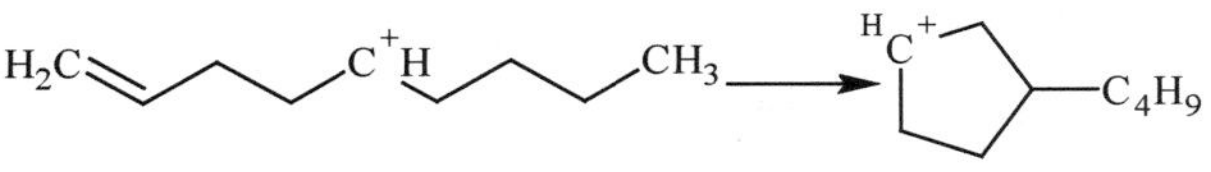 $H_2C{=}\overset{+}{C}H{-}CH_3 \longrightarrow$ (H$\overset{+}{C}$ 五元环)$-C_4H_9$	-16	48
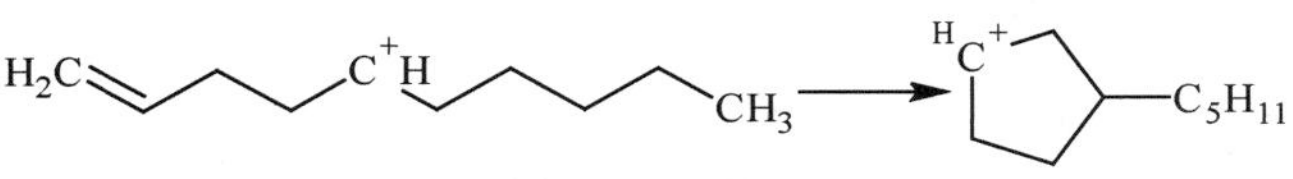 $H_2C{=}\overset{+}{C}H{-}CH_3 \longrightarrow$ (H$\overset{+}{C}$ 五元环)$-C_5H_{11}$	-24	37

表 6 烯基正碳离子环化生成六元环能量数据

反应类型	ΔG(500℃)/(kJ/mol)	能量势垒/(kJ/mol)
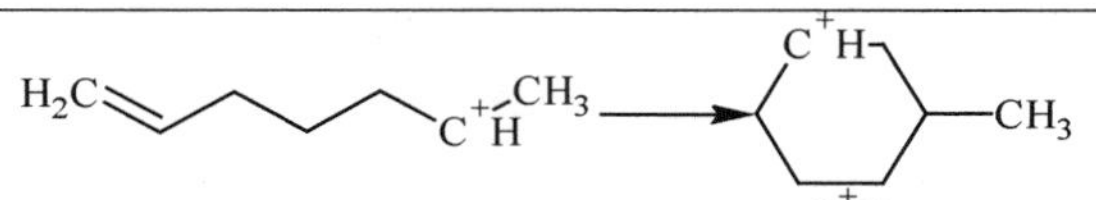 H_2C … C^+H CH_3 → C^+H … CH_3	-66	23
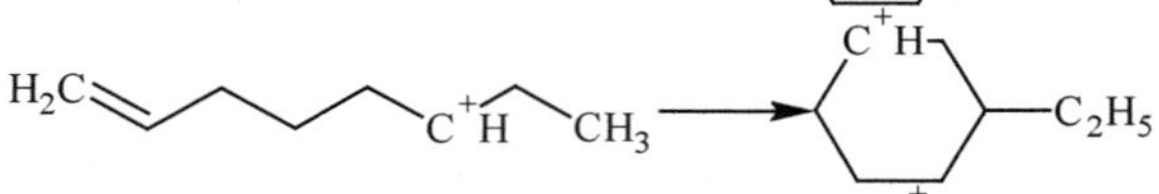 H_2C … C^+H CH_3 → C^+H … C_2H_5	-59	30
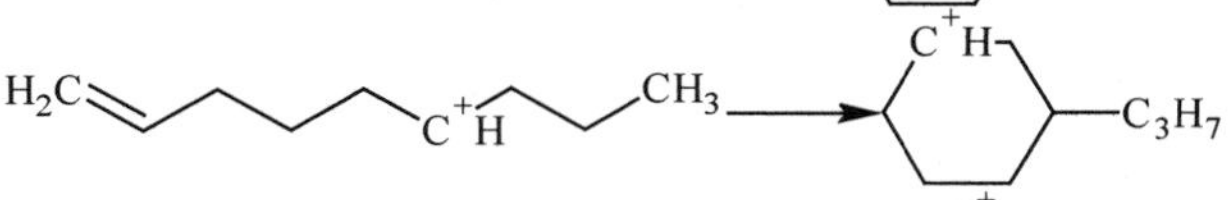 H_2C … C^+H CH_3 → C^+H … C_3H_7	-35	26
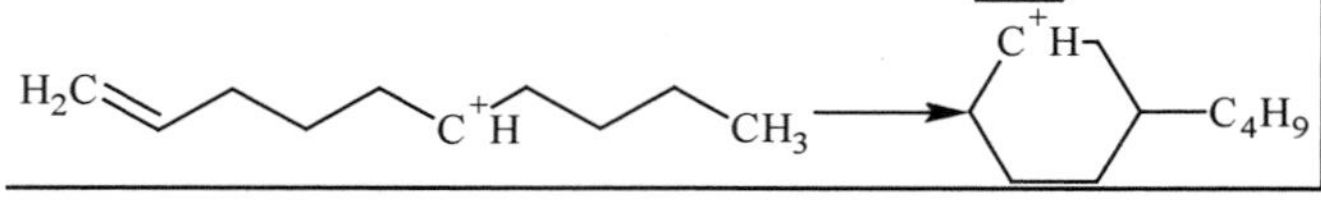 H_2C … C^+H CH_3 → C^+H … C_4H_9	-53	25

从表5和6中可以看出：烯基正碳离子环化生成五元环或者六元环的能量势垒都比较低，在动力学上较容易发生，反应的平衡常数也较大，表明反应进行的很完全。

在催化裂化产物中存在大量的环烷烃和芳烃等环化产物，这些环化产物主要是通过烯基正碳离子环化的方式生成的。

3.4 烯烃催化裂化反应规律小结

烯烃在B酸中心上容易生成烷基正碳离子，进一步发生烷基正碳离子的特征反应，包括移位反应、异构化反应和裂化反应，产物以丙烯和异丁烯为主；烯烃在L酸中心上容易在双键αC原子上被抽取H^-，生成烯基正碳离子，烯基正碳离子除了可以发生移位反应、异构化反应和裂化反应之外，还可以发生环化反应，生成环烷基正碳离子，并进一步发生裂化生成环烷烃和环烯烃。

下面以1-辛烯为模型化合物，列出其正碳离子反应网络图，如图1和图2所示。

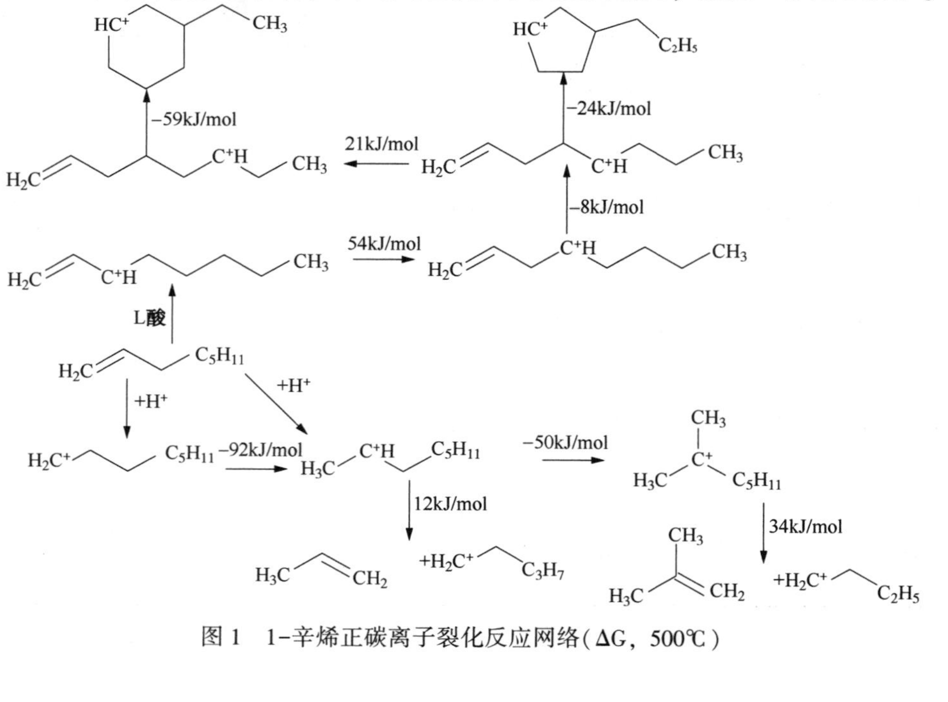

图1 1-辛烯正碳离子裂化反应网络(ΔG，500℃)

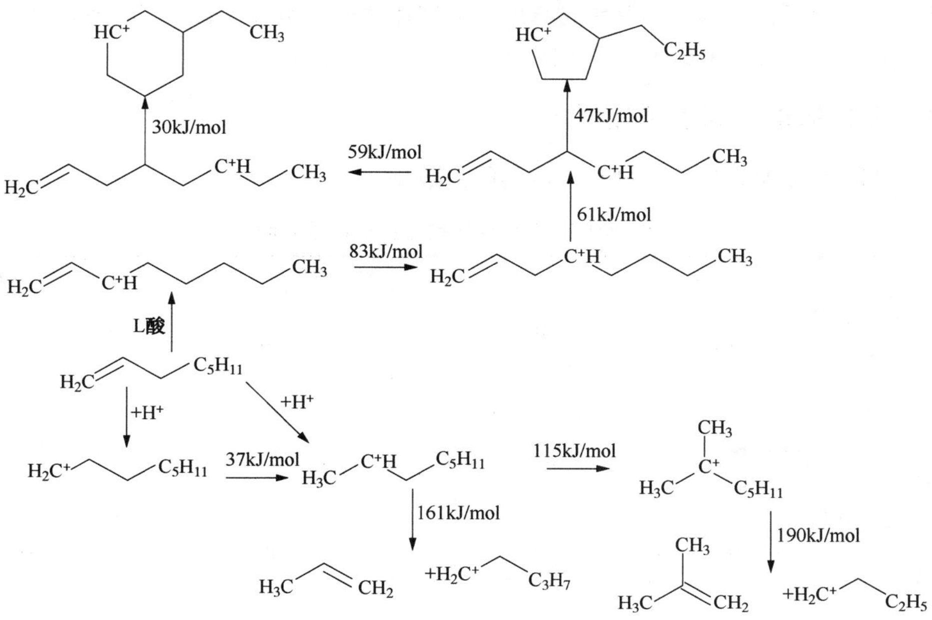

图 2　1-辛烯正碳离子裂化反应网络(能量势垒)

4　环烷烃反应规律研究

4.1　环烷基正碳离子生成

在催化裂化条件下，环烷烃与酸中心发生作用，生成环正碳离子，并进一步发生反应。表 7 为甲基环己烷生成环烷基正碳离子的能量数据。

表 7　甲基正碳离子与甲基环己烷反应能量数据

反应类型	ΔG(500℃)/(kJ/mol)	能量势垒/(kJ/mol)
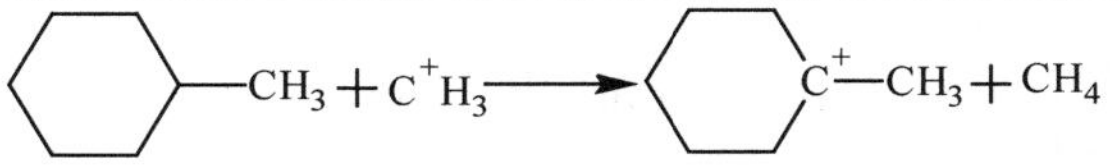 ⬡—CH_3 + C^+H_3 → ⬡C^+—CH_3 + CH_4	-235	228
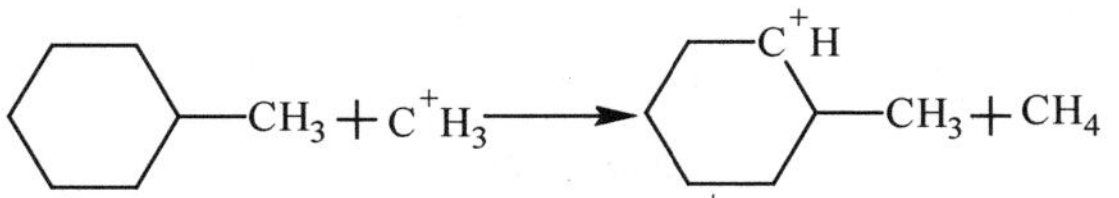 ⬡—CH_3 + C^+H_3 → (C^+H)⬡—CH_3 + CH_4	-174	271
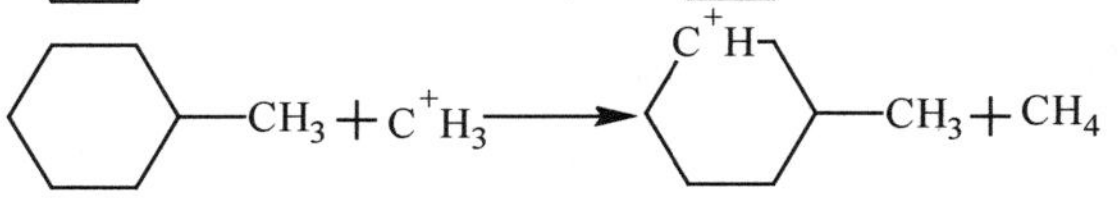 ⬡—CH_3 + C^+H_3 → (C^+H)⬡—CH_3 + CH_4	-166	285
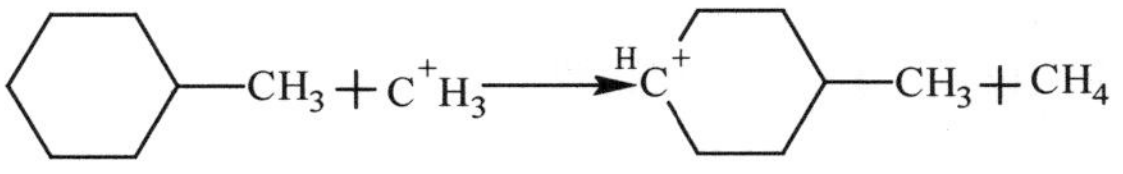 ⬡—CH_3 + C^+H_3 → HC^+⬡—CH_3 + CH_4	-169	357
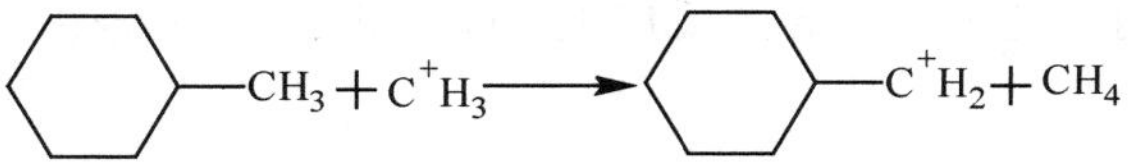 ⬡—CH_3 + C^+H_3 → ⬡—C^+H_2 + CH_4	-131	378

从表7中可以看出：与自由基氢转移的反应规律类似，甲基正碳离子与环烷烃发生反应时，容易在叔C原子处生成环烷基正碳离子。

4.2 环烷基正碳离子裂化反应

表8为部分环烷基正碳离子裂化反应的能量数据。

表8 环烷基正碳离子裂化反应能量数据

反应类型	ΔG(500℃)/(kJ/mol)	能量势垒/(kJ/mol)
C^+—CH_3 → H_2C^+ … CH_2, CH_3	179	243
C^+—CH_3 → H_2C^+ … CH_2, CH_3	199	253
C^+—CH_3 → H_2C^+ … CH_2, CH_3	198	265
C^+—C_2H_5 → H_2C^+ … CH_2, C_2H_5	198	268
C^+—C_3H_7 → H_2C^+ … CH_2, C_3H_7	192	272

从表8中可以看出：环烷基正碳离子发生裂化反应，其能量势垒略高于烷基正碳离子裂化的能量势垒，但其ΔG一般为180~200 kJ/mol，表明反应的平衡常数非常小，平衡状态下转化率极低。

为了更进一步分析这个问题，将不同正碳离子裂化反应作比较，如图3所示。

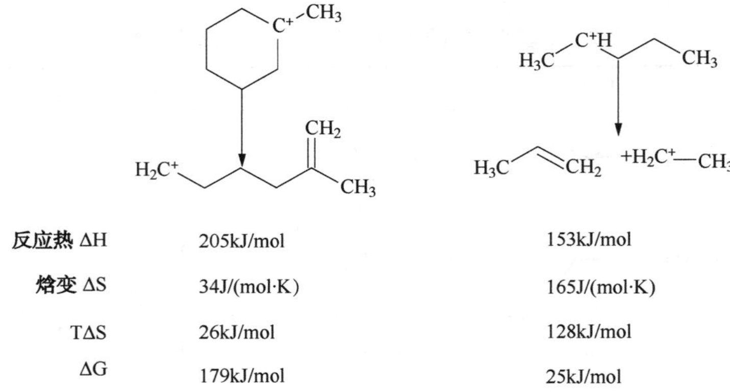

图3 环正碳离子与烷基正碳离子裂化反应比较

从图3中可以看出：环正碳离子裂化的熵变不足，导致反应的ΔG很正，反应发生的热力学难度非常大。

环烷烃的开环裂化反应与烯基正碳离子的环化反应互为逆反应，从热力学平衡的角度来说，烯基正碳离子的环化反应有一定优势，故催化裂化反应产物中环状结构的产物较多。

4.3 环烷基正碳离子裂化与烯基正碳离子环化

经过进一步分析研究可以发现：环烷基正碳离子的裂化反应与烯基正碳离子的环化反应互为逆反应，其 ΔG 的绝对值相同，而方向相反。当一个反应在热力学上很容易发生时，其逆反应在热力学上就很难发生。

表 9 为部分烯基正碳离子环化反应的能量数据。

表 9　部分烯基正碳离子环化反应能量数据

反应类型	ΔG(500℃)/(kJ/mol)	能量势垒/(kJ/mol)
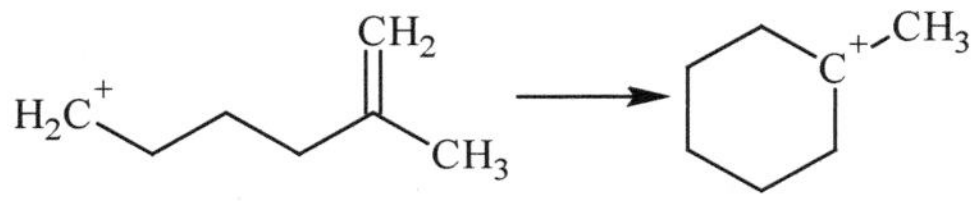 H_2C^+ CH_2 CH_3 → C^+ CH_3	-179	36
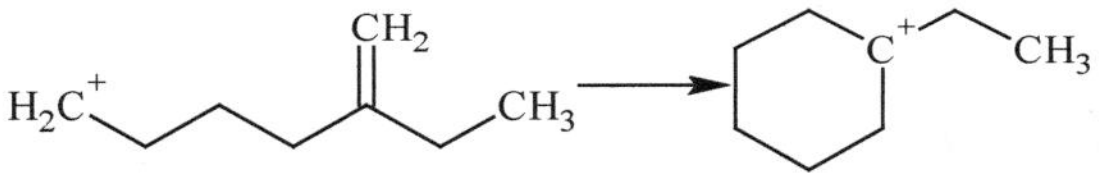 H_2C^+ CH_2 CH_3 → C^+ CH_3	-199	43
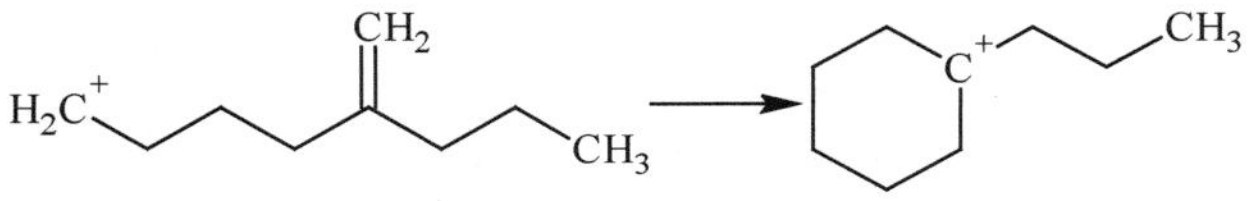 H_2C^+ CH_2 CH_3 → C^+ CH_3	-198	45
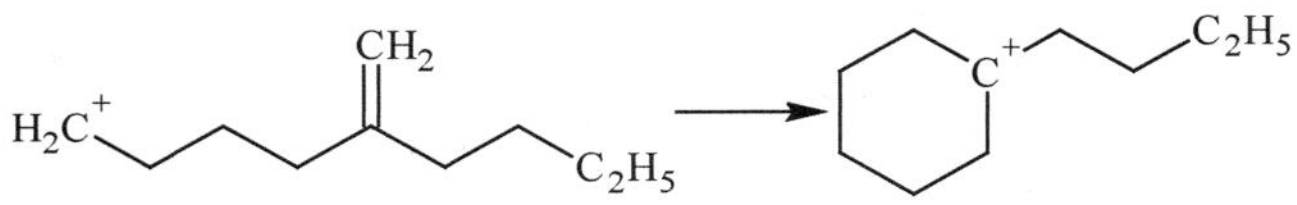 H_2C^+ CH_2 C_2H_5 → C^+ C_2H_5	-198	47
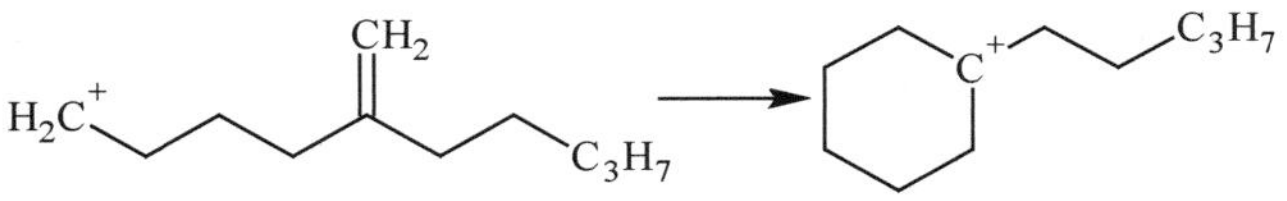 H_2C^+ CH_2 C_3H_7 → C^+ C_3H_7	-192	49

从表 9 中可以看出：烯基正碳离子发生环化反应，能量势垒很低，反应平衡常数很大，表面反应在热力学和动力学上都很容易发生。烯基正碳离子的环化反应与环烷基正碳离子的裂化反应互为逆反应，烯基正碳离子的环化反应在热力学上很容易发生，环烷基正碳离子的裂化反应在热力学上很难发生。

4.4 环烷烃催化裂化反应规律小结

环烷烃在催化裂化过程中，容易在叔 C 原子上生成环烷基正碳离子，环烷基正碳离子发生开环裂化反应的 ΔG 很正，其反应平衡常数非常小，反应受到了热力学的限制，因此环烷基正碳离子发生开环裂化的难度很高，更容易发生侧链的裂化，生成环烯烃和烷基正碳离子。以丁基环己烷为模型化合物，列出其正碳离子反应网络图，如图 4 和图 5 所示。

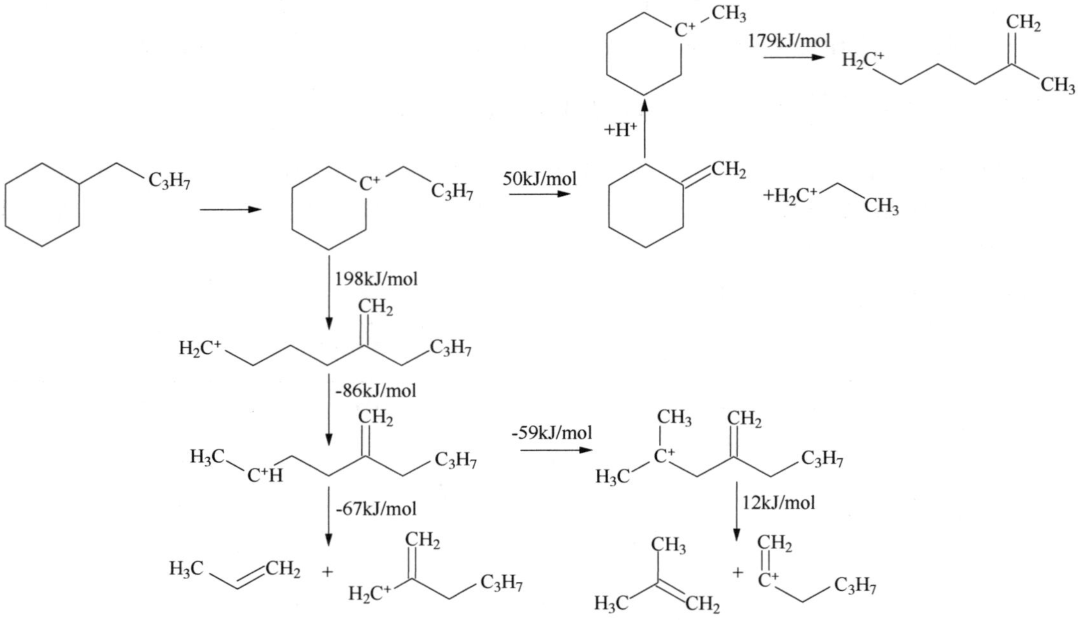

图4 丁基环己烷正碳离子裂化反应网络(ΔG，500℃)

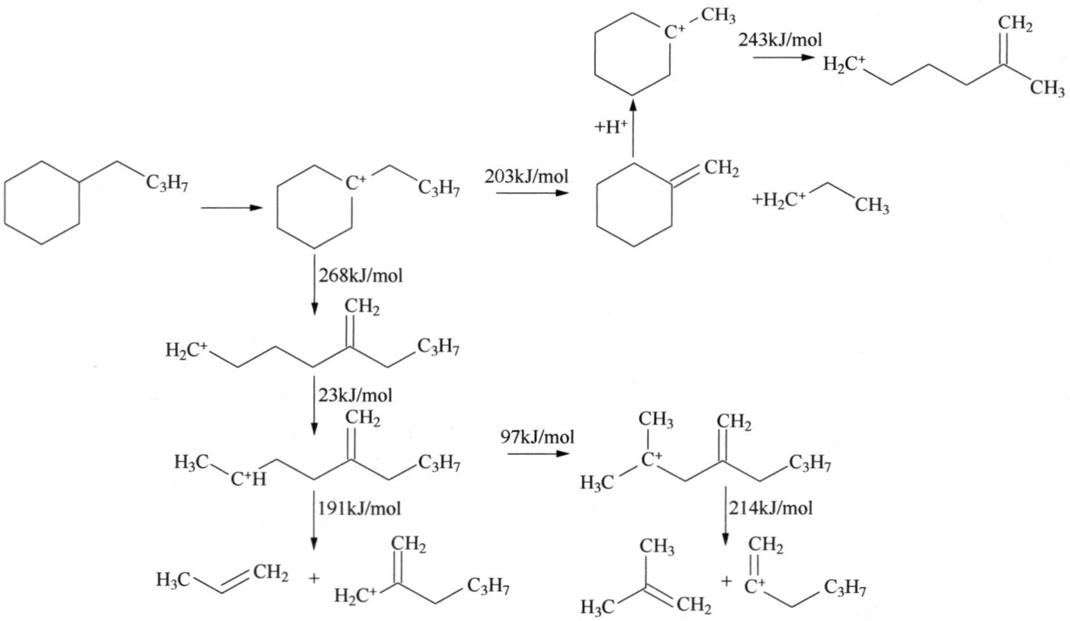

图5 丁基环己烷正碳离子裂化反应网络(能量势垒)

5 总结

烯烃与环烷烃是催化裂化原料中两类常见的烃分子，研究其反应特点和反应规律对于深入认识催化裂化反应具有重要的意义。

烯烃在B酸中心上容易生成烷基正碳离子，进一步发生烷基正碳离子的特征反应，包括移位反应、异构化反应和裂化反应，产物以丙烯和异丁烯为主；烯烃在L酸中心上容易在双键αC原子上被抽取H—，生成烯基正碳离子，烯基正碳离子除了可以发生移位反应、异构化反应和裂化反应之外，还可以发生环化反应，生成环烷基正碳离子，并进一步发生裂化生成环烷烃和环烯烃。

环烷烃在催化裂化过程中，容易在叔C原子上生成环烷基正碳离子，环烷基正碳离子发生开环裂化反应的ΔG很正，其反应平衡常数非常小，反应受到了热力学的限制，因此环烷基正碳离子发生开环裂化的难度很高，更容易发生侧链的裂化，生成环烯烃和烷基正碳离子。

烯基正碳离子的环化反应与环烷基正碳离子的裂化反应互为逆反应，烯基正碳离子的环化反应在热力学上很容易发生，环烷基正碳离子的裂化反应在热力学上很难发生。

参考文献

[1] 赵辉．烯烃催化裂化反应规律及氢转移反应机理研究[D]．石油大学，2002.

[2] 袁裕霞，杨朝合，山红红，等．烯烃在催化裂化催化剂上反应机理的初步研究[J]．燃料化学学报，2005，33(4)：435-439.

[3] 杨光福，徐春明，高金森等．催化裂化汽油改质过程中积炭历程及其对烯烃转化的影响[J]．石油学报：石油加工，2008，24(1)：15-21.

[4] 张旭，郭锦标，周祥等．单环环烷烃催化裂化动力学模型的建立——指前因子的计算[J]．石油学报：石油加工，2013，29(2)：283-288.

[5] 唐津莲，许友好，汪燮卿，等．全氢菲在分子筛催化剂上环烷环开环反应的研究[J]．燃料化学学报，2012，40(6)：721-726.

[6] 张旭，周祥，郭锦标，等．甲基环己烷催化裂化的研究进展[J]．石油化工，2013，42(1)：104-110.

[7] 董南，吴念慈，金松寿，等．丙酮溴化反应机理的研究(I) 从头计算法研究反应中间体[J]．分子科学学报，1981，12，(2)：1-6.

[8] 张瑞勤，黄建华，步宇翔，等．一种选择从头算基函数的有效方法[J]．中国科学(B辑)，2000，30(5)：419-427.

[9] Zavitsas, The relation between bond lengths and dissociation energies of carbon-carbon bonds, Andreas A. Source: Journal of Physical Chemistry, 2003.

[10] 王红明．密度泛函方法对有机反应和有机催化体系反应的理论研究[D]．大连：中国科学院大连化学物理研究所，2006.

杜邦 STRATCO 烷基化工艺在中海油惠州炼厂的应用

周学俊

（中海石油炼化有限责任公司惠州炼化分公司，惠州　516086）

摘　要　本文对中海炼化惠州炼化分公司引进的杜邦硫酸法烷基化装置工艺过程进行了介绍，并对装置的建设、开工及后期运行情况进行了分析总结，文章对装置减缓硫酸腐蚀的方法提出了建议，为国内同类技术的开工生产提供了参考。

关键词　杜邦硫酸法烷基化工艺、装置建设与开工、长周期运行。

1　前言

随着环境保护对汽油产品质量要求的提升，具有高辛烷值、低蒸汽压、不含烯烃、不含芳烃、低硫含量等优点的烷基化油也日渐成为炼油厂清洁燃料产品组成中的重要调和组分。近年来，在我国车用汽油的调和组分中，烷基化油产品所占的比重也在逐步增加，烷基化工艺在我国炼油企业中的重要性将会不断提高。

2　工艺流程介绍

中海炼化惠州炼化分公司烷基化装置是引进美国杜邦专利技术，采用美国 STRATCO® 反应器，利用反应流出物(即反应产物)制冷的方式带走反应热，反应产物采用酸洗、碱洗、水洗精制工艺以及两塔分馏的方式生产高辛烷值的烷基化油组分。

装置加工原料为 MTBE 装置的醚后碳四以及加氢裂化的液化气，醚后碳四经过原料预加氢单元去除丁二烯组分，然后与加氢裂化液化气进料混合，再经分馏塔共沸脱除甲醇、二甲醚等有害杂质，同时控制塔底碳四组分异丁烷/烯烃比例在(1~1.5)：1，塔底混合碳四组分即作为烷基化部分的烯烃原料。

混合碳四烯烃原料与来自分馏系统的循环异丁烷及来自压缩机制冷系统的冷剂异丁烷混合在一起进入烷基化反应器。从沉降器来的浓硫酸也自相近的部位进入反应器内，进料中的烯烃与异丁烷在浓硫酸催化剂的作用下发生烷基化反应，生成的烷基化油混合产物经酸烃分离后进入酸碱精制系统进行精制处理。

流出物酸碱精制过程分为酸洗、碱洗、水洗三个过程，精制后的反应流出物送至分馏塔进行分离。脱异丁烷塔顶分离出的异丁烷作为装置循环异丁烷送回反应器，脱正丁烷塔顶分离出正丁烷，塔底即最终的烷基化油产品。

3 装置建设与开工介绍

烷基化装置随惠州炼油项目整体建设开工，2007 年 3 月开始基础施工，2007 年 9 月土建交安，2009 年 9 月烷基化装置完成施工中交，建设期限历时 2 年。

装置于 2009 年 10 月开工起步，20 日开始自行制备异丁烷，至 11 月 2 日转入正式开车程序，11 月 12 日装置开车一次成功。

装置建成后的首次开车受许多因素影响而中途停滞，诸如设计缺陷、新设备运行不稳定、仪表问题多、工艺流程不完善、碳四原料调配困难等，开工中边改造、边摸索、边开工，造成开车时间较长。同时，受原料条件限制，实际开工中打破了固有的开工思路，自行制备异丁烷，并用自制异丁烷取代开工烷基化油，也实现了烷基化装置无烷基化油开工尝试的成功。

烷基化装置采用倒开车的方式，即先完成装料、注酸、制冷以及过程中建立各项相应的循环，等待反应系统具备接收烯烃条件，最后引入烯烃原料完成开工，具体开工步骤如下：

(1) 收料(烯烃原料、烷基化油、异丁烷、酸碱等)；

(2) 建立异丁烷、油循环(反应、分馏系统正常循环建立)；

(3) 反应系统低温脱水(开压缩机降温脱水)；

(4) 原料加氢系统开工备料(原料加氢单独开工备料)；

(5) 系统注酸；

(6) 酸烃乳化(开压缩机降温、开搅拌机酸烃乳化)；

(7) 烯烃进料(引入烯烃原料，完成开工)。

4 装置运行综述

4.1 设计条件

惠炼烷基化装置的设计加工能力为 16 万吨烷基化油/年，项目基础设计方为中国石化工程建设公司(SEI)，由中国石化集团洛阳石油化工工程公司(LPEC)完成详细设计。装置与常减压、催化裂化、气体分馏、MTBE 装置布置在一起，组成了一个联合装置。

烷基化装置部分设计经济指标见表 1。

表 1 烷基化装置部分设计经济技术指标

序号	指标名称	数值	备注
1	年运行时间/h	8400	
2	烷基化油产量/(万 t/a)	16.07	
3	烷基化油产率/%	2.05	相对于烯烃
4	装置能耗	6112.3MJ/t 烷基化油 146kgEO/t 烷基化油	含所有公用消耗 含所有公用消耗
5	MON	93.5	
6	RON	96.5	
7	装置酸耗/(kg/t 烷基化油)	57.6	
8	装置碱耗/(kg/t 烷基化油)	1.0	
9	装置占地面积/m^2	7330	

4.2 装置标定情况

惠炼烷基化装置在首次开工运行一个半月后开始了性能考核标定，标定按两个阶段进行，前三天主要标定装置的生产能力、物料平衡、工艺生产条件、设备性能、安全环保及关键性能指标，后期主要为酸耗标定数据的准确性而延长标定时间。标定期间，生产负荷主要控制在100%，考核90%、110%的加工负荷各1天时间，调整时以烯烃进料量为变动参数，其他生产参数均不做调整。

4.2.1 装置物料平衡(见表2)

表2 烷基化装置标定物料平衡表

装置投入				装置产出				
物料名称	设计/(t/h)	标定数据		物料名称	设计/(t/h)	标定数据		
		3天综合/t	t/h			3天综合/t	t/h	收率/%
剩余碳四	19.6	1440.07	20.001	烷基化油	19.165	1468.476	20.40	79.50
加裂LPG	4.902	406.80	5.65	丙烷	0	0.000	0	0.00
氢气	0.005	0.14	0.0019	正丁烷	3.422	135.000	1.875	7.31
				液化气	1.46	114.000	1.583	6.17
				异丁烷	0	122.000	1.694	6.61
				燃料气	0.49	3.170	0.044	0.17
				损失	0	4.364	0.061	0.24
合计	24.51	1847.01	25.653	合计	24.51	1847.01	25.653	100.0

4.2.2 烷基化油产量

烷基化油产量是杜邦技术协议保证值之一，在100%加工负荷条件下，烷基化油产量为19165kg/h，实际标定值为20395.5kg/h(罐区检尺结果)。

4.2.3 烷基化油产率

实际计算中采用烷基化油产量/烷基化原料中烯烃总流量，标定结果为2.054。

4.2.4 烷基化油辛烷值

杜邦的技术协议对烷基化油辛烷值的保证值为93.5(MON)、96.5(RON)，实际标定结果为94.35(MON)、97.1(RON)。

4.2.5 装置能耗

杜邦公司对烷基化装置能耗的评测仅列出1.0MPa蒸汽与电耗两项，其他项目不在保证值范畴。其中1.0MPa蒸汽消耗保证值为不高于23210kg/h，实际标定结果为21372.53kg/h；装置电耗保证值为不超过3438kW·h，实际标定结果为3308.448kW·h。

4.2.6 装置酸耗

烷基化装置的酸耗是重要的经济性能指标，也是衡量烷基化装置运行水平的标志性指标。杜邦对装置酸耗的保证值是不超过26.5 t/d，折合为吨烷基化油指标即57.6kg/t油，实际标定结果为25.2504 t/d，折合为吨烷基化油指标即为51.58kg/t油。

4.3 装置运行分析与控制

4.3.1 生产操作与控制总述

杜邦硫酸法烷基化技术经过长期的生产及改进，其技术条件已经非常成熟。惠炼烷基化装置采用 DCS 远程集中控制，装置的自动化控制程度较高，在正常生产情况下，装置的自控率、联锁投用率均达到 100%，在很大程度上既减轻了操作人员的工作负荷，又避免了因人工操控带来的失误。

流程的连续性是保证装置生产稳定的重要因素，对于硫酸法烷基化工艺来说，除了主要物流的稳定控制之外，其他辅助物流如硫酸催化剂的注入与排出；碱液、水洗水的注入与排出；酸性及碱性水的中和控制等工艺流程的连续性也是决定装置稳定运行的条件。

4.3.2 原料的控制

原料中许多杂质会对烷基化过程产生影响，或造成酸耗增加，或影响烷基化油产品质量，或导致酸液品质变差。所以，生产中我们要严格控制原料中以下各类有害杂质的含量，能为装置长周期运行创造良好的条件：①乙烯；②丁二烯；③硫化物；④水；⑤二甲醚、甲醇等含氧化合物。

4.3.3 反应条件的控制

从烷基化反应机理分析，烷基化反应的最佳条件有以下几个方面。

（1）控制总进料烷烯比在 7~10 即可满足高辛烷值烷基化油产品质量的需要，也可使装置的经济性能达到较佳的条件。

（2）反应温度在 4~12℃即可获得高质量烷基化油产品。

（3）酸烃乳化程度取决于烃类总进料量与硫酸进料量的大小，生产中可以用酸烃比进行模糊判断，酸烃比一般控制在 1~1.5：1。合适的酸烃比可使烯烃及异丁烷分子与硫酸充分的混合而发生生产期望的反应，减少副反应发生。避免产生“酸包油”或“油包酸”现象。

（4）合适的硫酸浓度范围是 89%~99%，下图为硫酸浓度对辛烷值的影响变化趋势。

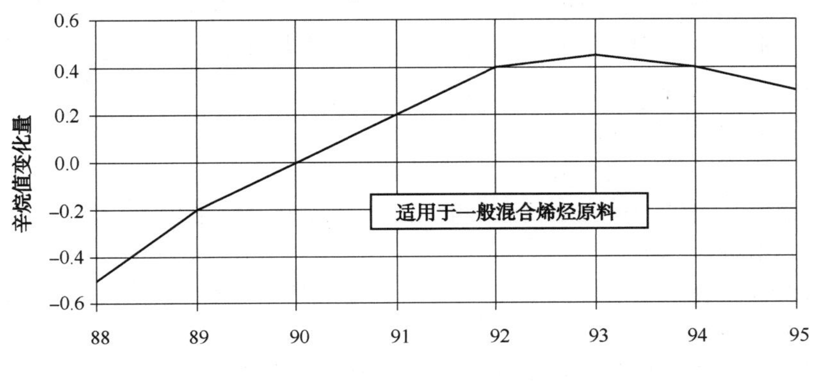

图 1　硫酸浓度对辛烷值的影响

4.3.4 流出物酸洗过程的分析与控制

酸洗过程有两个作用，其一是除去反应流出物中携带的烷基硫酸酯。其二是吸收除去流出物中夹带的硫酸。酸洗过程作为防止硫酸带入下游含水环境的关键环节，对缓解后续系统的腐蚀起着关键作用。

生产中一般控制浓硫酸循环量为反应流出物流量的3%~5%(vol)，在酸洗系统中，还应监测酸洗罐入口的酸烃混合器差压、酸洗罐本体的水平入口段和垂直出口段差压以及酸洗罐出入口总差压，酸烃混合器的差压控制范围在60~100kPa区间较佳，其他差压控制不大于100kPa即可。

4.3.5 流出物碱洗过程的分析与控制

流出物碱洗过程有两个作用，其一是中和自酸洗罐来流出物中携带的微量酸液；其二是将流出物中携带的二烷基硫酸酯用热水解的方式分解除去，以减轻下游设备的腐蚀与结垢。

酸碱中和过程不需要特殊的条件即可完成，而烷基硫酸酯的水解则需要一定的条件，相关工艺条件如下：

循环碱水量应为反应流出物量的20%~30%(v)；

循环碱水pH值10~12；

热碱水温度一般控制在70℃左右；

控制碱洗罐出口反应流出物温度50~55℃；

碱洗罐入口静态混合器差压控制在60~100kPa；

碱洗罐的碱水/烃界位保持在65%左右；

循环碱水的电导率保持在5000~8000μΩ/cm。

4.4 确保装置长周期运行

制约烷基化装置长周期运行的重要因素是硫酸的腐蚀，所以，保证烷基化装置长周期运行的关键基本是围绕减轻酸腐蚀来进行的。

4.4.1 控制好原料质量

按照国内石化行业常规工艺加工过程，可以作为烷基化装置的烯烃原料中携带的杂质一般有乙烯、丁二烯、甲醇、二甲醚、硫醇硫、二乙醇胺、甲基叔丁基醚、环戊烷、水等多种。丁二烯一般采用选择性加氢的方法除去，醚类可采用共沸塔蒸馏除掉，甲醇及胺类利用水洗的方法可去除，原料中携带的水在烷基化反应器进料前经过低温脱水器脱除，使反应器进料中水含量不超过15ppm。

4.4.2 防止反应产物带酸

影响反应产物带酸的因素一般有：

(1) 反应温度：过低的反应温度会影响硫酸的沉降速率，造成沉降器出口流出物中含酸量增加，这种跑酸称为“物理跑酸”。

(2) 硫酸浓度：硫酸浓度达到88%以下，会造成烯烃聚合反应的显著发生，从而使酸浓度进一步降低而造成“化学跑酸”。

(3) 进料中的杂质：部分杂质如丁二烯、醇类、醚类等可与硫酸反应生成酸性烃类产品，如酸性硫酸酯类，这些酯类物质会造成硫酸稀释，导致酸烃过度乳化而增加酸烃分离难度，未经正常分离的酸烃乳化液随反应流出物带出沉降器，从而造成“化学跑酸”。

(4) 酸烃比：酸烃比控制不当，不但影响搅拌机的功率，还会影响酸烃乳化效果，延长乳化液破乳时间。

（5）酸烃过乳化：酸烃过乳化现象也是上述各类带酸因素综合作用的结果，在各类带酸中是最致命的。产生酸烃过度乳化的原因一般有进料中存在大量会导致硫酸发泡的杂质、酸浓度过低、反应温度过高、酸烃混合效果不好、烷烯比太低、酸烃比控制不当、发生较多的副反应等。

4.4.3 避免换热器结垢

脱异丁烷塔塔底重沸器管束结垢也是制约装置长周期运行的关键因素，产生结垢的原因是进料中携带较多的大分子酸酯类物质(称为 ASO 即红油，图 2 为自废酸中提取的红油)，要避免这类酸酯进入分馏塔，需要从以下几个方面做好控制。

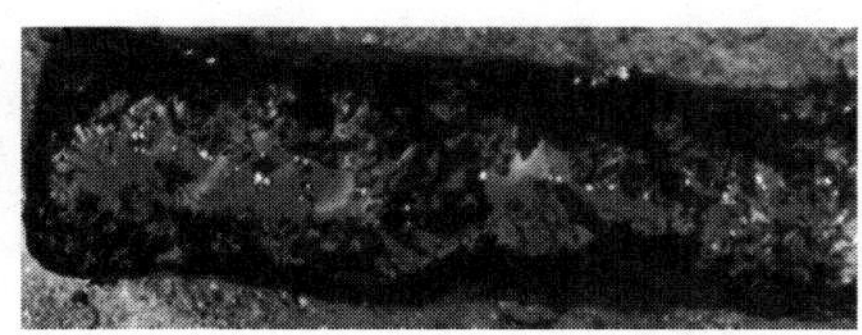

图 2 自废酸中提取的红油(ASO)

（1）控制好烯烃碳四进料中的各类杂质含量。

（2）尽量保持较高的总进料烷烯比，减少反应过程中副反应的发生。

（3）控制较低的反应温度以及较高的硫酸浓度。

（4）控制好反应流出物的酸洗过程，保证酸洗罐聚结介质的分离效果。

（5）控制好流出物碱洗过程的温度，保证流出物出口温度在 50~55℃范围，以利于酸酯类的水解。

4.4.4 改善含酸设备的腐蚀

烷基化装置使用浓硫酸作为催化剂，所有接触到硫酸的设备都不可避免的存在腐蚀，特别是含酸流出物与碱水混合部位的腐蚀更加严重。

表 3 烷基化装置易腐蚀/冲蚀的部位列表

序号	设备名称	易腐蚀部位	腐蚀原因	备注
1	流出物碱洗罐	入口混合器前管段 入口混合器	稀酸冲蚀	中和过程混合不均匀
2	流出物酸洗罐	入口聚结填料段 入口混合器	冲刷腐蚀	
3	碱洗循环泵	泵壳	操作波动时稀酸腐蚀	
4	反应器	压控调节阀阀芯	减压冲蚀	
5	废酸脱烃罐	入口处器壁 废酸泵返回线	冲刷腐蚀	
6	注酸泵	出口管段高变低弯头	冲刷腐蚀	
7	新酸罐	入口线	冲刷腐蚀	入口线在罐顶
8	脱异丁烷塔	塔顶空冷器管束	二氧化硫腐蚀	酸酯分解
9	分馏塔重沸器	管束	酸酯类物质附着	

要缓解含酸设备的腐蚀，提供如下建议可供参考。

(1) 升级管道材质。对酸碱物料混合部位的管线、含酸介质调节阀组压降较大的管线以及反应总进料处宜发生硫酸反串的管段可采用如哈氏C、ALLOY20等合金管材。图3为反应流出物与碱水混合部位管段内部出现螺旋冲蚀的图片，2011年将该段管线更换为哈氏C合金材质，至今检测未发现异常。

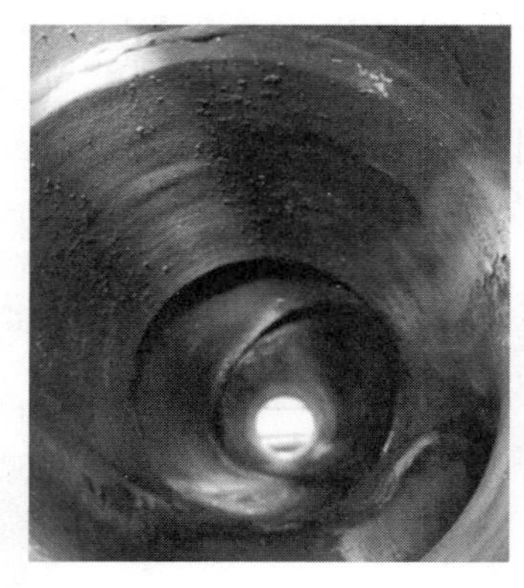

图3 管道内的螺旋冲蚀

(2) 控制含酸管线内硫酸线速≯0.3 m/sec。

(3) 管道内硫酸介质的温度控制不大于38℃。

(4) 保持管线内硫酸平稳流动，输送硫酸的管线尽量采用步步高的配管方式，减少管道由高变低过程中因流体流态变化对弯头的冲蚀。易腐蚀部位：酸泵的出口管。

(5) 避免酸液流体经常冲刷设备器壁表面。

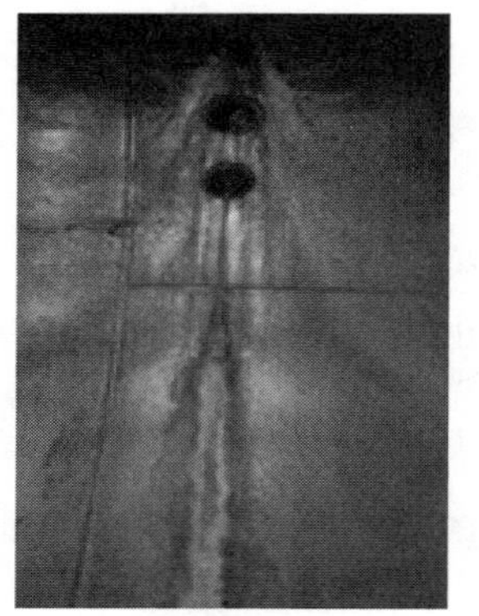

图4 废酸脱烃罐

图5 热电偶套管

(6) 对于输送硫酸介质管道的阀门，特别是存在节流现象的管道阀门，尽量采用耐腐蚀的材质，如ALLOY 20合金等。如果条件允许，尽量保持阀门处于全开或全关状态，以防介质节流对阀门密封面造成冲刷。

(7) 含酸管道执行定期检测的措施，根据测厚数据掌握管道腐蚀趋势。

(8) 含酸系统的调节阀、测量仪表类设备，尽量采用耐腐蚀的材质。

5 结语

惠州炼化烷基化装置从2009年开工至今已经运行近六年，期间经历了三次消缺或检修停工开工，有四次因装置腐蚀或市场影响的临时停工与开工。从近六年的生产实践情况来看，装置的工艺技术是成熟的，生产可操作性较强，装置关键性技术指标均可满足达标控制要求。

对于多台反应器设计的装置，单台反应器可实现单独灵活停工与开工，装置辅助部分如新酸系统、废酸脱烃、丙烷抽出、化学处理等系统在故障状态可实现单独隔离处置而不影响主流程正常运行。

装置安全与环保控制措施完善，正常生产中，装置内部环境友好，后续三废处理系统可实现自动联锁控制。废酸渣配套废酸再生装置、中和池化学处理系统可以得到很好的处置；系统产生的废水也利用中和池回收处理送往含盐污水处理场；含酸的烃类气体利用碱洗可直接送往火炬系统回收，含酸的氮气类废气经过碱洗、活性炭吸收可以直排大气。

参　考　文　献

[1] 耿英杰．烷基化生产工艺与技术[M]．北京：中国石化出版社，1993.

[2] 甘敏．烷基化原料预加氢工艺应用分析[J]．石油化工设计，2002.

[3] 史一．硫酸法异丁烷/丁烯烷基化反应研究[R]．华东理工大学，2012.

石蜡加氢装置生产瓶颈问题的剖析

李　实，姬长伟，刘国刚

（中国石油大庆石化公司炼油厂，黑龙江大庆　163711）

摘　要　大庆石化公司炼油厂石蜡生产能力为 18 万 t/a，而石蜡加氢装置初始设计处理量仅为 10 万 t/a，近几年随着石蜡价格逐渐升高，特别是粗石蜡与半精炼石蜡差价逐年递增，石蜡加氢装置生产能力明显不足。为了多创效益，对石蜡加氢装置生产瓶径问题进行剖析，通过优化工艺、技术改造等措施将石蜡加氢装置处理量提升至 13 万 t/a，结合目前装置生产现状，提出新的扩能改造方案，力求将石蜡产品效益最大化。

关键词　生产能力　优化工艺　瓶颈

1　装置工艺过程介绍

石蜡加氢精制装置主要包括预加氢和主加氢两台反应器，气相主动力来源为氢压机 C-01AB，液相主动力来源于高速泵 P-02AB，原料蜡由低压原料泵打入原料产品换热器与产品换热后进入脱气塔进行真空脱气，脱气后的原料经高压原料泵加压后与循环氢混合，然后与反应产物换热，再进入加热炉，氢蜡混合物料在炉管中被加热到 220～310℃进入预加氢反应器、加氢反应器，在催化剂存在的条件下，发生脱硫、脱氮、脱氧、烯烃饱和芳烃转化等加氢反应，反应产物与氢蜡混合物料换热后进入高分，进行油气分离，分离出的氢气经两次分蜡及冷却后循环使用，高分分离出来的蜡油经减压后进入低分进行低压油气分离，分离后的蜡油进入汽提塔，用过热蒸汽（230℃）进行汽提脱气、脱水，汽提后的蜡油进入干燥塔真空干燥，最后由产品泵抽出，经过产品过滤器过滤，原料产品换热器与原料换热，最后经产品冷却器冷却至 80℃左右进入产品罐。

2　现状分析

2.1　现状调查

大庆石化分公司炼油厂中压石蜡加氢精制装置 1993 年 4 月建成投产，设计加工能力为 10 万 t/a，所加工的原料为溶剂脱蜡脱油后的减二线、减三线粗石蜡，其产品为各种牌号的半精炼石蜡、全精炼石蜡及食品用石蜡。装置于 2005 年 5 月首次应用研究院研制的新一代 SD-2 石蜡加氢精制催化剂，先后经过催化剂干燥、硫化，装置于 5 月 26 日投料，27 日生产出合格的石蜡产品，从 2005 年装置开工以来，装置在超负荷运行时高压分离器（规格 $\phi1400\times6958\times52$，总容积 10.1m^3，停留时间 9 分钟）内循环氢和液体石蜡分离效果不好，循环氢携带的蜡油沉积在低温的冷却器 E-04 管束中，不但影响冷却效果还会引起较大压力降，系统差压增大，使氢压机电流上升，只能进行化蜡操作。在设计负荷下每半年化蜡一次，在目前生产负荷下每月需化蜡一次，化蜡频次的增加不利于安全生产，系统压差频繁变化会降低催化剂的使用寿命。

2.2 原因分析

2.2.1 主要生产数据分析

为了寻找影响石蜡加氢装置加工负荷的各种原因，我们对装置在不同负荷条件下的主要工艺生产数据进行对比，详细见表 1。

表 1 石蜡加氢装置不同生产负荷条件下工艺数据对比

原料蜡流量/(t/h)	12.5	13.69	15.60
预反应器			
入口压力/MPa	7.1	7.15	7.3
出口压力/MPa	6.9	6.9	6.9
主反应器			
入口温度/℃	254	254	254
入口压力/MPa	7.05	7.06	7.02
出口压力/MPa	6.90	6.93	6.92
出口温度/℃	251	253	252
原料减压脱气塔			
温度/℃	33	27	33
压力/MPa	-0.021	-0.024	-0.024
产品汽提塔			
温度/℃	143	141	143
压力/MPa	-0.021	-0.024	-0.024
产品干燥塔			
温度/℃	108	103	113
压力/MPa	-0.021	-0.024	-0.024
新氢流量/(Nm^3/h)	262	234	282
混氢流量/(Nm^3/h)	3723	4175	5072
体积空速/h^{-1}	0.62	0.74	0.92
氢蜡比(v/v)	230	216	213
系统压差/MPa	0.4	0.5	0.6

由表 1 可以看出，加工负荷越大，装置要求的循环氢量越大，系统差压随着装置加工量的上升而增加，预反应器差压上升尤为明显。

2.2.2 动设备参数分析

表2 石蜡加氢装置不同生产负荷条件下动设备数据对比

序号	机泵名称	工艺编号	电压/V	电流/A	COSϕ	压力/MPa 入口	压力/MPa 出口	流量/(t/h)	介质
1	低压原料泵	P-01B	374.7	32.1	0.969	0.05	1.0	13.69	蜡油
			375.4	32.5	0.498	0.05	1.0	15.60	
			376.5	34.9	0.497	0.05	1.0	18.58	
2	高压原料泵	P-02B	377.4	291.2	0.492	0.01	8.60	13.69	蜡油
			377.2	291.3	0.490	0.01	8.70	15.60	
			377.5	292.4	0.492	0.01	8.60	18.58	
3	产品泵	P-03B	376.9	48.4	0.976	0.01	1.30	13.665	蜡油
			376.9	48.4	0.976	0.01	1.30	15.572	
			376.9	47.5	0.976	0.01	1.30	18.547	
4	真空泵	P-04A	396.3	14.4	0.820	-0.021	0.05	0.023	不凝气
			396.1	14.4	0.820	-0.021	0.05	0.026	
			396.3	14.4	0.820	-0.024	0.05	0.031	
5	氢压机	C-01B	396.8	114.5	0.915	6.80	7.20	0.334	循环氢
			396.9	114.3	0.916	6.80	7.30	0.381	
			395.5	123.4	0.916	6.80	7.40	0.455	

根据表2可以看出，随着负荷上升，各机泵除耗电量增加外，其他指标均处于正常。

2.2.2 静设备参数分析

表3 石蜡加氢装置不同生产负荷条件下静设备数据对比

项目	高压分离器V-01			低压分离器V-02			原料脱气塔T-01		
	12t/h	15t/h	18.75t/h	12t/h	15t/h	18.75t/h	12t/h	15t/h	18.75t/h
液位/%	18.96	19.12	18.29	40.91	40.01	40.33	55	55	55
温度/℃	175	174	178	177	176	180	28	31	33
压力/MPa	6.83	6.82	6.80	0.5	0.5	0.5	-0.021	-0.021	-0.024
项目	高压热分蜡罐V-03			高压冷分蜡器V-04			高分冷却器E-04压差		
	12t/h	15t/h	18.75t/h	12t/h	15t/h	18.75t/h	12t/h	15t/h	18.75t/h
压力/MPa	7.10	7.10	7.10	6.96	6.95	6.90	0.14	0.15	0.20
气相带液量/(t/h)	V-03、04脱液量(4小时一次)			V-05脱液量(4小时一次)					
	12t/h	15t/h	18.75t/h	12t/h	15t/h	18.75t/h			
	0.0001	0.0002	0.0003	0.00005	0.00007	0.00010			
项目	常压气提塔T-02			减压干燥塔T-03					
	12t/h	15t/h	18.75t/h	12t/h	15t/h	18.75t/h			
液位/%	43	42	41	37	38	38			
温度/℃	143	141	143	96	105	113			
压力/MPa	-0.021	-0.024	-0.024	-0.021	-0.024	-0.024			

根据表 3 可以看出，随着负荷的上升，气相带液量逐渐增加，冷却器 E-04 差压也呈现递增趋势。

2.3 问题汇总与分析

通过对工艺、设备参数在不同装置负荷条件下的情况进行汇总，在高负荷条件下(18.75t/h)装置在运行中存在以下问题：

(1) 系统差压大，特别是预反应器差压达到 0.4MPa，不利于氢压机的正常运行和装置安全操作。

(2) 循环氢气液分离效果逐渐降低，蜡油损失增加，循环氢存在带蜡现象。

(3) 循环氢冷却器 E-04 差压升高，说明冷却器存在挂蜡问题，影响循环氢冷却效果。

上述问题的形成与装置设备设计条件有着直接的关系：

(1) 预加氢反应器 R-02 内径、容积过小(ϕ1000×8724×75)，导致催化剂装填量在 1.2~1.5m^3之间，在高负荷 18.75t/h 的生产条件下反应器内空速过快(蜡油密度为 0.7767t/m^3，催化剂装填量按照最大装填量 1.5m^3计算：18.75t/h÷0.7767t/m^3÷1.5 m^3=16.09(h^{-1})，每小时单位截面积通过物料量为 23.89t/m^2，流速过大、空速过快会导致反应器内催化剂极易粉碎并结焦，介质流动过程中阻力将逐渐增加，最终造成催化剂床层差压上升。

(2) 进料量 18.75t/h 时，高压分离器(规格 ϕ1400×6958×52，总容积 10.1m^3，停留时间 9 分钟)内循环氢和液体石蜡分离效果不好。

(3) 循环氢携带的蜡油沉积在低温的冷却器 E-04 管束中，不但影响冷却效果还会引起较大压力降，系统差压增大，使氢压机电流上升，只能进行化蜡操作。

3 解决装置生产瓶径问题的建议

(1) 建议高压分离器 V-01 容积增大为 15~20m^3，高压热分蜡罐 V-03 增大为 8~10m^3，高压冷分蜡罐 V-04 增大为 8~10m^3。

高压分离器核算过程：

① 工艺条件：温度 200℃；压力 80 大气压；液体石蜡工况下密度 ρ_L=700kg/m^3。

② 进料组分及流量：

液相　蜡油 23000kg/h

气相　循环氢气流量 8000m^3/h(工况)

氢气　8000×0.97×0.0898=696.8kg/h　相对分子质量 2

甲烷　8000×0.018×0.424=61kg/h　相对分子质量 16

氮气　8000×0.012×1.25=120kg/h　相对分子质量 28

气体流率　8000×(2473÷273)×(1÷80)=173m^3/h=0.048m^3/s

气体密度　(696.8+61+120)÷173=5.074kg/m^3

循环氢临界速度的计算：

$V_c=0.0478\times[(\rho_L-\rho_v)/\rho_v]^{1/2}=0.0478\times[(720-5.07)/5.07]^{1/2}=0.567$m/s

因 V-01 采用破沫网作为安全措施，取 80%临界。循环氢允许速度为 80%临界速度：

$V=0.80\quad V_c=0.80\times0.567=0.45$m/s

而目前高压分离器最大处(液面为50%)约为10m^2，则：

工况流量为0.048/10=0.0048m^3/s。

油气分离罐液体停留时间一般取10~20min，若按最低量10min作为停留时间，即t=10min；23t/h约为33m^3/h，应设计分离器的容积：33m^3/h×10min÷60×2=16.5m^3。

综上所述，为提高高压分离器分离效果，消除制约生产的瓶颈，建议增大高压分离器V-01容积为15~20 m^3，材质为16MnR。操作条件为：压力8.0MPa，温度220℃；使用介质：氢气、蜡油。增设ϕ150管线2m，材质1Cr18Ni9Ti；增设设备基础框架一座。

更新一台高压分离器V-03：容积为8~10m^3，材质为16MnR；操作条件为：压力8.0MPa，温度220℃；使用介质：氢气、蜡油。

更新一台高压分离器V-04：容积为8~10m^3，材质为16MnR；操作条件为：压力8.0MPa，温度60℃；使用介质：氢气、蜡油。

（2）建议更新一台内径较大的预加氢反应器，其规格为ϕ1600×8724×75。操作条件为：压力8.0MPa，温度320℃；使用介质：氢气、蜡油。增设ϕ150管线10m，材质1Cr18Ni9Ti；增设设备基础框架一座。目的是解决预反应器内径小、差压大的问题。改造后的预反应器催化剂装填量将增加至5 m^3，空速可降低至4.83h^{-1}(18.75t/h÷0.7767t/ m^3÷5 m^3=4.83h^{-1})，此空速条件下催化剂受物料冲击程度将大幅度降低。

4 措施实施后的经济效益

目前炼油厂的石蜡产量为18万t/a，其中精白蜡13万t/a，粗石蜡6万t/a。项目实施后，可多生产精白蜡6万t/a。

粗石蜡与精白蜡的价格差按照500元计算，效益计算如下：

6万t/a×500元/t=3000万元/a

杜邦硫黄回收解决方案在工业装置的应用

杜邦可持续解决方案事业部清洁技术团队

（杜邦中国集团有限公司，北京　100022）

摘　要　结合国内即将实施的新的《大气污染物综合排放标准》，采用杜邦硫黄回收解决方案对克劳斯硫黄回收装置的首端-燃烧炉部分采用 VectorWall® 燃烧优化技术改造，对于尾端-尾气回收部分增加 Dynawave® 动力波脱硫装置，以较低的成本和高可靠性对各种硫黄回收装置的燃烧效率和尾气排放进行优化并使之满足最新的排放标准。

关键词　硫黄回收 VectorWall®　燃烧炉　尾气回收　动力波

硫黄回收装置是石油化工、天然气净化和煤化工企业的关键环保装置。随着硫黄回收装置的大型化和装置数量的日趋增加，排放烟气中 SO_2对环境的影响日益受到重视。为有效降低 SO_2对环境造成的影响，国家环境保护部已经对 GB 16297—1996《大气污染物综合排放标准》作了修订，从 2014 年开始执行新标准，不仅对含硫化合物的排放浓度有明确规定，而且对排放总量也有严格限制，企业需要重新审核现有脱硫装置的处理能力和尾气排放限值。

从 188 年英国化学家克劳斯(Claus) 提出原始的克劳斯法制硫工艺至今已有 100 多年历史。以此为基础不断发展演化，形成今天各种固定床催化氧化法硫黄回收工艺。然而无论哪种工艺，反应燃烧炉始终是这些脱硫工艺流程的首端。通常燃烧炉部分生成的硫黄可占到总流程的 65~70%左右，提高燃烧炉的燃烧效率显而易见的可以提高全流程的硫黄回收率，杜邦公司联合 Blasch 公司推出的全新 VectorWall® 克劳斯燃烧炉花墙设计不仅可以彻底解决传统花墙的机械可靠性问题，还通过对工艺流体特性的利用提高了燃烧效率，在商业运行装置中得到了广泛应用。

此外，针对不断收紧的环保排放标准，硫黄回收装置的尾端-尾气处理部分也面临着严峻的挑战，传统的尾气处理工艺已不能适应最新实施的排放标准，同时环保部门在重点炼化工业装置的排放区域安置了相应的实时在线监测系统，硫黄回收装置及配套的尾气处理部分在开停车及事故状态会导致硫化物排放不达标。杜邦公司的 DynaWave® 动力波尾气脱硫技术可以和现有的各种主流硫黄回收/尾气处理技术实现无缝结合，以低成本，高可靠性实现 5~10ppm 的超低 SO_2排放。

本文对杜邦硫黄回收解决方案技术在国内外的各种商业应用情况予以介绍。

1　VectorWall® 燃烧流体优化工艺

1.1　工艺简介

在燃烧炉设计要素中，“3T”—时间（Time）、温度（Temperature）和混合程度

(Turbulance)共同构成了对工艺参数影响最大的变量。对于燃烧炉的停留时间和温度，已经有过大量的相关研究及文献，而对于炉内混合程度的管理甚至于利用方面的研究则相对较少。通过一种可以套在特殊花墙组件(HexWall®)上的矢量罩，让每一块墙砖都对流经气体的流向产生导向作用，通过精密的模拟计算可以改变或“定制”流经气体的流向。这种花墙设计被命名为 VectorWall® 工艺。

最简单的燃烧炉结构就是直通式结构(见图1)。所有反应物一次性从一个地点进入，并发生燃烧反应。这种情况下的理想燃烧效率的前提是设计出产生最紧凑停留时间分布的流体形态，并形成围绕该特定工艺的最佳停留时间。然而实践证明该理想状态是难以达到的。

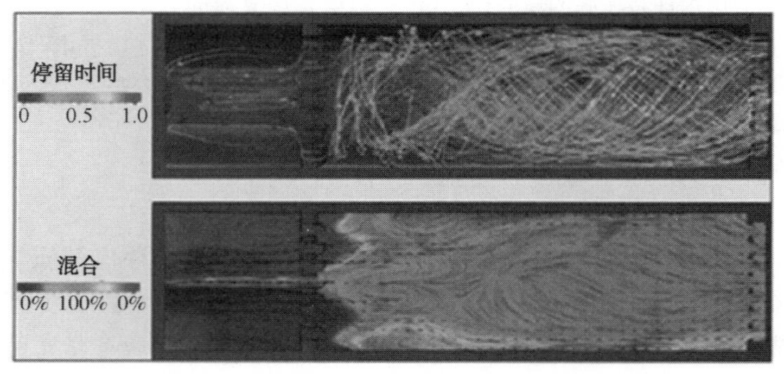

图1 直通式燃烧炉设计

此外，在克劳斯工艺中需要经常处理含氨的酸水汽提气，氨如果得不到适当处理，就会产生各种下游问题。传统的节流环/花墙设计，虽然总会产生部分返混以提高燃烧区温度，但同时有大量的流体直接通过节流环/花墙的中央，对于分流法燃烧工艺，在节流环/花墙下游将剩余酸气送入流程(甚至更靠近管板处)会形成分散的停留时间分布。而 VectorWall® 工艺不仅会形成返混，而且通过花墙的流体会进入旋涡运动，产生强烈混合及较长的行程，形成活塞流形式并消除管板上的热斑(请参见图2)。

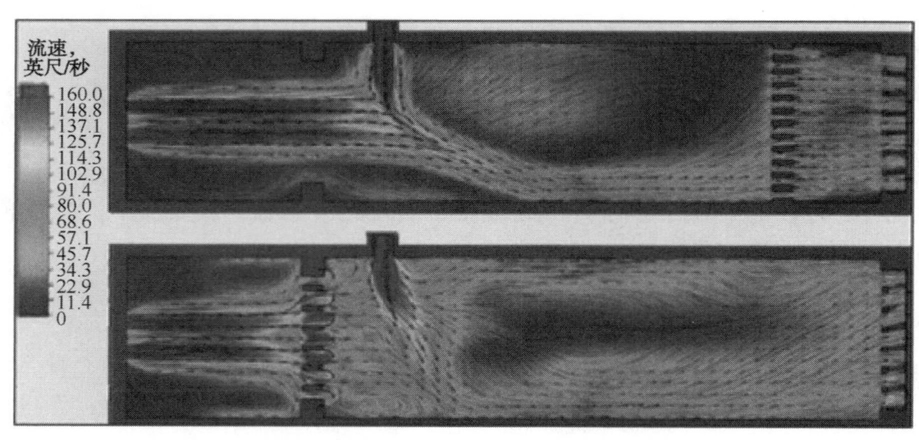

图2 上图扼流圈结构，下图 VectorWall® 结构

根据停留时间分布模拟，VectorWall® 及形成的漩涡使流体比用扼流环设计能更快地进入活塞流形式，而后者在扼流环后注入的一部分分流在满足理论上的最低停留时间前就喷出反应炉(请参见图 3)。从现场观察到的工艺大幅度改善也是因为这种紧凑的停留时间分布且未反应的物料流出反应炉的量保持在最低水平。

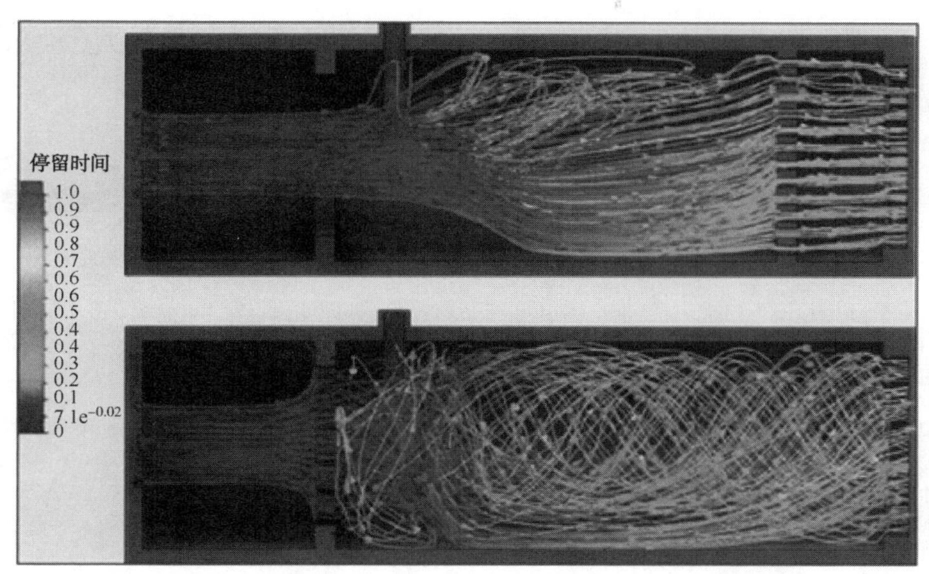

图 3　上图扼流圈结构，下图 Vectorwall® 结构

1.2　VectorWall® 花墙的结构和机械可靠性

VectorWall® 花墙砖设计为干砌，通过一系列的榫铆结构咬合，所以即使直径达到数米的炉壁也特别稳定。花墙可以采用多种方式在现有的燃烧炉内就地安装。该墙砖的互锁特性使膨胀管理措施简单有效。墙砖中的开口为圆形，所以墙砖中任何没有被其他砖支撑的部分都呈圆弧状，因此机械稳定性比平直边更高。墙砖之间并不使用浆料，组装后可以承受燃烧炉运行过程中存在的热胀冷缩及交变热冲击，墙砖大修时可拆卸并可以重复利用。

目前全球有多套 VectorWall® 工艺应用在各种燃烧炉环境，其中一个大直径的 VectorWall® 安装在沙特阿美的贝里天然气处理厂的硫黄回收装置 SRU200 上。该回收装置的正常燃烧炉操作温度为 980~1090℃。但是，装置首次开车时，因为冷酸性气体的燃烧特性较差，需要用燃料气提高反应炉内的温度，其炉内加热面材料必须能够承受可能出现的 1370~1650℃温度。

原有的花墙系统已经使用了超过 20 年，要么是通过圆筒的形状来抵抗高应力，要么是用浆料粘接的空心砖系统，常常因为装置开停车过程中的热冲击循环，进入燃烧室的液体夹带使墙砖发生松动和装置超设计能力运行带来的高振动使传统的花墙损坏。如图 4 和图 5 所示。

进一步调查表明，考虑到内部燃烧量、气体成分和外部环境条件等并没有明显变化，现有花墙及耐火系统过早损坏是因为包括设计、壁砖质量、安装等在内的多重因素引起的。

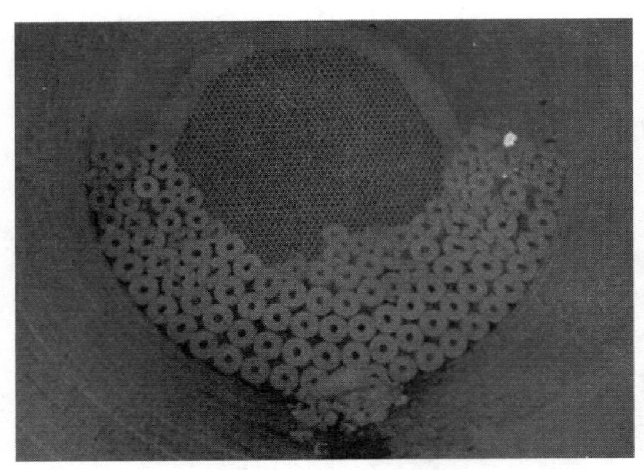

图4 传统的圆柱形花墙

图5 传统的空心砖花墙

如图6所示，采用了VectorWall®的工艺设计在重新开车之后的运行中，没有再出现之前的损坏甚至倒塌的情形，同时燃烧炉振动的情况也完全消除。

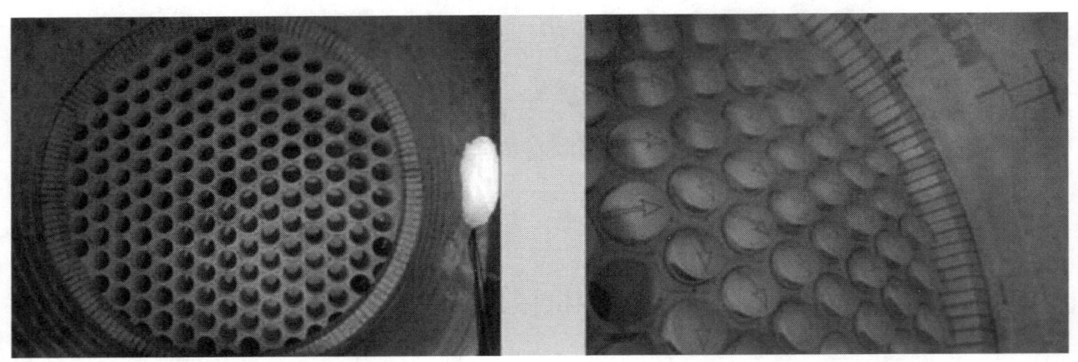

图6 贝里天然气处理厂中的VectorWall®设计

1.3 VectorWall®技术对燃烧炉的工艺优化

中国台湾地区的“中油”公司共有15套硫黄回收装置。F6301反应炉是桃园炼厂3号硫黄回收装置的核心，设计处理来自该炼厂加氢脱硫(HSD)装置的酸性气体。酸性气体的来源包括两处：胺再生装置(ARU)的“清洁酸性气体”，主要含硫化氢；酸性水汽提塔(SWS)“脏的酸性气体”，其中氨、硫化氢和水蒸汽含量大致相当。

如图7所示为F6301反应炉的示意图。该炉为耐火材料衬里的反应炉，内径2.1m，长约9m，原来由标准的9in砖式花墙将炉膛分隔成两个分区。来自加氢脱硫的酸性气体同时从烧嘴和紧挨花墙下游处送入。

改造前，观察到严重的反应炉振动和噪音，尤其在反应炉高负荷时。据信是因为受损的花墙产生的振动而引起。因此，无法在高温条件下操作反应炉，尤其在第一分区。另外，下游设备发现了因反应炉内氨分解不彻底而出现的硫酸氢铵/硫酸铵沉积。

鉴于上述问题，“中油”决定于2012年5月对该反应炉进行改造。改造内容包括全炉新

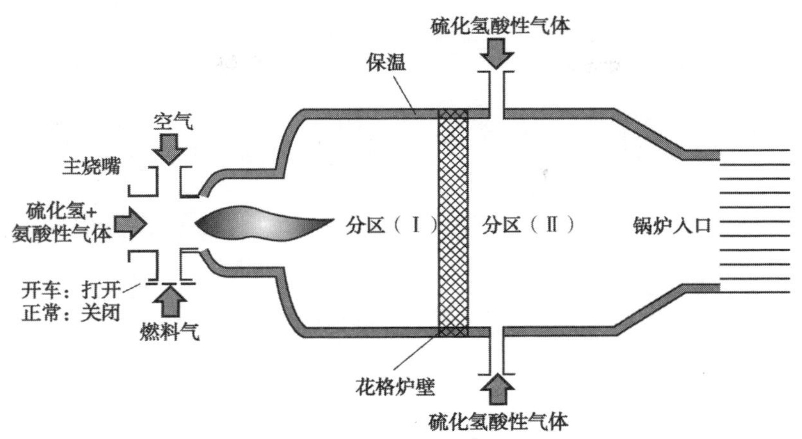

图 7　桃园炼油厂 F6301 反应燃烧炉示意图

的隔热耐火材料并用 VectorWall® 更换原来的花墙。如图 8 所示为安装中的 VectorWall®，建在用高氧化铝炉砖做基层并用密致的浇注料填充的隔离层上。

如图 9 所示比较了改造前后的炉温。可以发现改造后，分区 I 的温度上升到大约 1400℃。但是，分区 II 的温度下降了大约 200℃至 1000℃以下。分区 I 温度更高不仅对硫化氢转化有利，而且有利于酸性气体中氨的消除。据信改造后更多的氨在分区 I 转换成氮气，所以进入分区 II 发生氧化的量更少。因此，分区 II 的温度下降了。同时分区 II 利用生成的漩涡流如 1. 1 节所示原理优化了反应物的停留时间，

图 8　部分完工的 VectorWall® 花墙

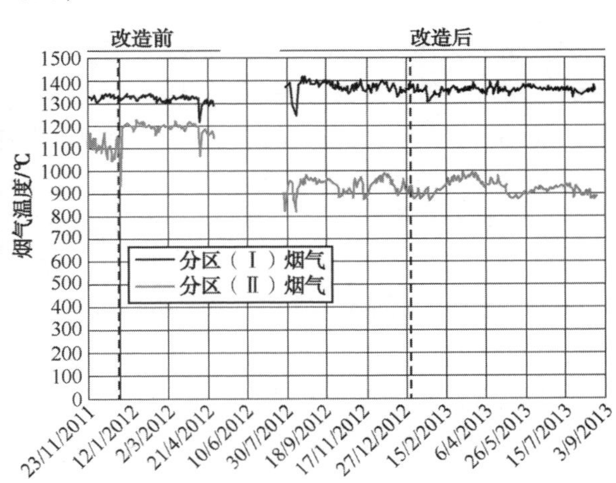

图 9　改造前后烟气温度

如图 10 所示比较了脏酸气的处理量。处理的酸气量上升了大约 30% 至 2000m^3/h。另外，再也没有观察到反应炉振动。

如图 11 所示比较了硫黄产量。改造后，平均硫黄产量从大约 105t/d 上升到大约 120t/d。这是因为反应炉内处理的酸气量增加了。

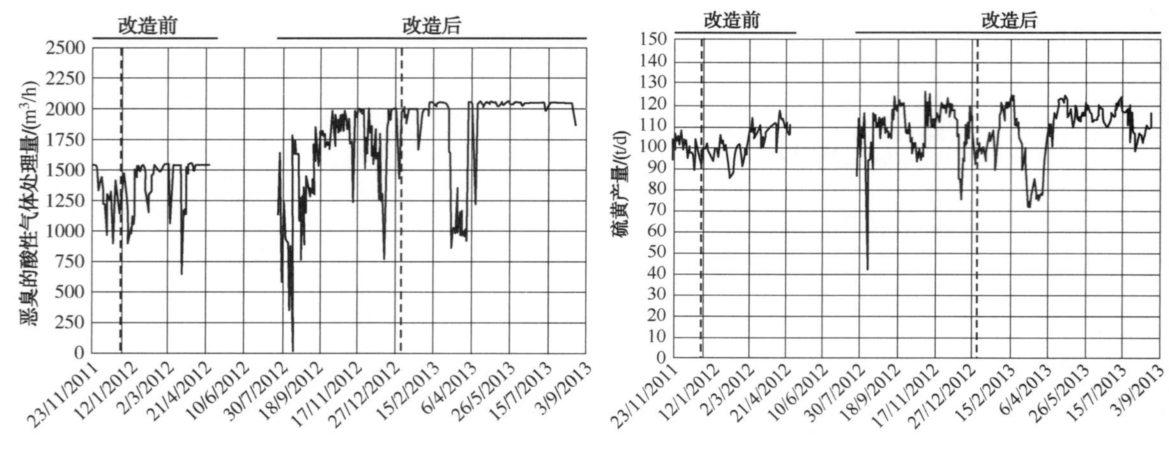

图 10 改造前后酸性气体处理量比较

图 11 改造前后硫黄产量比较

2 DynaWave® 动力波湿洗脱硫工艺

2.1 DynaWave® 动力波工艺特性

动力波(DynaWave®)洗涤装置从 1970 年开始商业运行以来，全球已有 400 多套装置。动力波逆喷塔的技术核心为泡沫区的吸收，即吸收液与烟气流向相反，使吸收液与烟气保持动量平衡，形成泡沫区。泡沫区是一个激烈湍动的、气-液逆向碰撞的、液体表面快速更新的气液混合区域。举例来说，传统的填料塔结构湿洗器的典型液气比为(300m^3/h 液体)/(1000m^3/h 气体)，而 DynaWave® 湿洗器泡沫区的液气比可以达到(2200m^3/h 液体)/(1000m^3/h 气体)，是前者的 7~8 倍。吸收液的湍动膜包裹了烟气中的粉尘及气态污染物，使烟气骤然冷却，酸性气体被吸收。泡沫区在逆喷塔内的上下移动取决于烟气和吸收液的相对冲力。由于独特的开孔结构采用大口径敞口喷头，排放烟气中不存在因雾化而产生的细小液滴，烟气与吸收液在逆喷管中相撞后，一起通过逆喷塔到分离装置，由于重力作用，吸收液与烟气分离，烟气通过除雾器排出。吸收液收集于分离装置底部，用泵打回逆喷头。动力波逆喷塔技术原理示意见图 12，具有如下特性：

(1) 有 400 多套商业化装置的成熟运行经验。工艺流程短，操作简单，投资少。没有催化剂及相应的反应器，也没有了胺系统，避免了在非正常工况下面临的许多操作和维护的问题。

(2) 能够在同一塔中完成气体急冷，酸性气体脱除和固体粉尘的脱除 3 种功能 。

(3) 能够在同一系统内对亚硫酸盐进行氧化生成硫酸盐，减少了后续的再处理设施 。

(4) 反应区(吸收区)和汽液分离区在不同的部分进行，从而使得汽液分离区的材质可以采用较低等级的合金钢，节省投资费用。

(5) 大口径的喷头设计从根本上解决了系统的堵塞问题，通常按照至少 20% 含固浆液浓度的循环液操作，不但减少了装置的维护和检修，也相应节省了能耗和管道方面的投资成

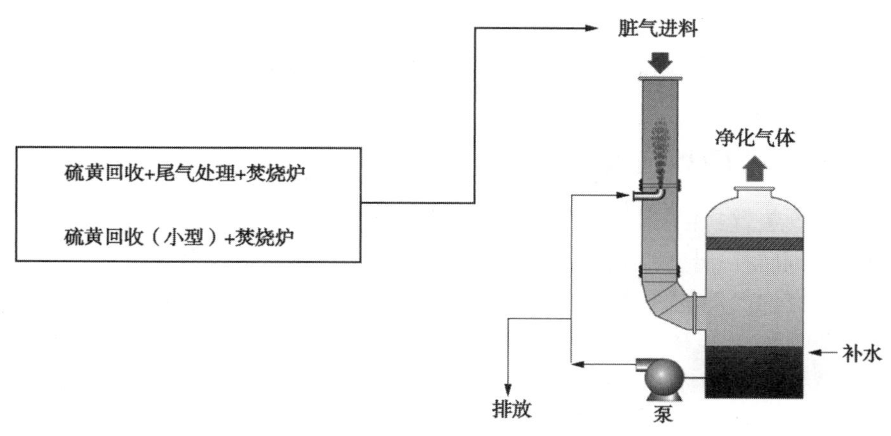

图 12　DynaWave® 动力波技术原理

本。

（6）管径的选择和流速的合理设计，加上高耐磨的逆喷头，完全解决了常规逆喷塔中的冲蚀磨损问题。

（7）以典型的克劳斯+尾气处理装置为例，在尾气处理装置事故状态下，只要安装在尾气焚烧炉和烟囱之间，动力波洗涤塔能处理克劳斯尾气的全部载荷，维持烟囱的 SO_2 排放达标。其烟气负荷的操作条件可以在 50%～120%之间变化。

（8）动力波碱来源可以从氢氧化钠，石灰石，生石灰，氨水，废碱液甚至海水中灵活选择。

（9）占地面积少。一套典型的动力波装置仅仅需要 $400m^2$ 左右的面积，包括塔体，泵和其他硬件。

2.2　投资比较

如表 1 所示，以 140ton/d 的硫黄回收装置为例，处理酸气含 77%molH_2S 和 8%molNH_3。对几种工艺组合的投资进行了分析比较，假定装置为新建，两级克劳斯和燃烧炉被包括在内，也包括了所有的必要辅助设备，例如废锅、焚烧炉、烟囱、胺/碱储罐、排放罐、泵、湿洗器等等，用于催化剂、化学药剂及专利转让的费用也包括在内进行更综合性的比较。

表 1　几种脱硫技术组合的投资比较

投资比较(140MTPD SRU)				
项目	装置描述	相对投资	节省比例	比较基础
1	2 级克劳斯 SRU	100		
2	2 级克劳斯 SRU+胺法 TGTU	185		
3	2 级克劳斯 SRU+超级克劳斯/动力波	140	24%	3 vs. 2
4	胺法 TUTG	85		
5	超级克劳斯/动力波	40	53%	5 vs. 4

常见的超级克劳斯+DynaWave® 动力波组合可大大降低投资成本，动力波工艺由于自

身较低的投资。也可加在其他常见的 TGTU 和焚烧炉后，可以以少量的运营成本一步将尾气排放降低到 5~10ppmv 以下，甚至有装置报道过 1ppmv 的排放值。对于一些小型的克劳斯硫黄回收装置，可以完全用动力波技术代替其他尾气处理工艺，用最小的成本实现排放达标。

2.3 高效的施工/改造流程

在某硫黄回收装置，由于原有的尾气洗涤塔因严重事故导致无法使用，原承包商提出需要 18 个月的时间重新设计、制造、施工来翻修该洗涤设备，而这会导致业主无法正常生产以及面临着环保机构严厉的处罚。通过采用 Dynawave® 技术及和杜邦的紧密合作，最大限度利用现有设备管线，在 18 周内完成从设计、制造、施工到开车的流程。使尾气重新满足排放要求并且产生良好的经济效益。同时，根据业主的特别要求，改造的 Dynawave® 洗涤器设计了应急处理模式，可以在热氧化尾气处理单元事故停车期间，在短时间内直接处理上游 CBA 硫黄回收单元来的高 H_2S 尾气。表 2 是整体项目进度。

表 2 总体项目进度

第 1~4 周	拆除现有设备
	决定可利用的设备
	设计文件审查，HAZOP 分析
第 4 周	采购阀门和仪表
	采购烟囱
	采购循环泵
第 4~12 周	审核湿洗器进出口的管路
	采购钢材
	基础施工
	DCS 整合
第 12~15 周	安装罐体
	管路和仪表
	完成接线
	界区公用工程对接
	碱/工艺补水/排放/紧急补水
第 14 周	培训
第 16 周	开车

3 结论

（1）VectorWall@ 燃烧炉花墙设计在保证优异的机械性能的基础上，通过优化停留时间及分布，提高燃烧效率，进而提高处理量和硫产率，可用于硫黄回收燃烧炉改造及新建燃烧炉的设计优化。

（2）DynaWave® 动力波技术工艺简单，可靠性高，施工周期短，可以使现有的硫黄回收装置以低成本满足超低硫排放标准的要求。

延迟焦化装置掺炼脱油沥青的运行分析

杜才万

（中国石化九江分公司炼油运行四部，江西九江　332004）

摘　要　焦化装置掺炼脱油沥青后，运行苛刻度明显增加，通过制定相应的措施可解决装置运行稳定性问题。从全公司整体效益看，有利于改善全厂产品分布，提高汽柴油产量，减少低价值的石油焦产品，年增效在1亿元以上，经济效益十分可观。

关键词　延迟焦化　溶剂脱沥青　掺炼　残炭

伴随着原油资源劣质化和重质化的总趋势，油品需求却呈现出轻质化、清洁化的发展态势，石油焦等低附加值产品价格与原油、液体油品价格差越来越大，因此重油加工路线优化业已成为炼油企业的重要课题。延迟焦化炼油工艺作为一种重油加工工艺，具有技术成熟、原料适应性强的特点，为此中国石油化工有限公司九江分公司结合现有的重油加工装置结构，提出了新的重油加工组合工艺路线，即“催化裂化-溶剂脱沥青-延迟焦化-油浆拔头”组合工艺路线。催化装置在满足全部加工蜡油的前提下，渣油优先进入催化加工；其后渣油进入溶脱装置加工，做大溶脱装置处理量，在焦化装置操作许可的条件下尽可能掺炼脱油沥青，剩余脱油沥青调与油浆拔头装置的重油浆调和道路沥青，最后考虑渣油进焦化加工处理。下面就对该组合工艺路线中的核心装置（焦化装置）开展运行工况分析。

中国石化九江分公司1.0 Mt/a延迟焦化装置于2006年3月20日开工投产，该装置由中国石化工程建设公司（SEI）总体设计，采用1炉2塔的工艺路线，设计原料为减压渣油+催化油浆（比例为9：1），产品分布为净化干气、凝缩油、汽油、柴油、蜡油、焦炭和甩油。

1　前期准备工作

1.1　技术准备

由表1可知，脱油沥青的性质明显比渣油更加要劣质化，不利于加热炉长周期运行，需要对脱油沥青的掺炼量进行优化比选，以保证装置长周期运行。

与减压渣油相比，脱油沥青氢含量低、饱和份含量低、胶质和沥青质含量有较大的增加、残炭和黏度变大、金属含量增多。脱油沥青作为焦化原料时，由于其富集了渣油中大部分的金属以及全部的沥青质，结焦倾向增加，容易引起加热炉的结焦从而影响焦化装置的运转周期[1]。因此，延迟焦化装置在掺炼脱油沥青的过程中，必须针对脱油沥青带来的负面因素，从工艺上控制结焦因素、减少生焦率，从设备上考虑加热炉在线清焦手段，延长装置运行周期。

表1 原料性质一览表

项目		减压渣油	脱油沥青	油浆
馏程/℃	初馏点	424		305
	10%	555		388
	50%			447
	90%			533
	终馏点			575
密度(20℃)/(kg/m^3)		1002	1061	1133
黏度(80℃)/(mm^2/s)		1912.54		71.61
残炭/%		18.96	32.47	5.79
硫/%		1.56	1.86	1.86
铁/(mg/kg)		28.95	39	21.91
镍/(mg/kg)		61.18	105	7.05
钒/(mg/kg)		25.18	62.5	11.34
钙/(mg/kg)		64.95	100.5	44.07
饱和烃/%		16.22	4.36	8.5
芳烃/%		44.19	32.91	81.04
沥青质+胶质/%		39.6	62.73	10.47
氮/(mg/kg)		4371		2467
碱氮/(mg/kg)		2741		1100

由重油胶体结构体系理论可知，重质油中的分散相是由沥青质及重胶质构成的超分子结构，分散介质则为轻胶质、芳香份和饱和份组成的混合物。重质油的胶体稳定性取决于其中分散相和分散介质两者在组成、性质及数量上的相容匹配性。在体系中，沥青质、胶质和油分、芳香度要连续分布，形成一个梯度，且一般来说，芳香度越高的重质油体系，其稳定性也提高，否则易发生沥青质聚沉现象，产生焦的前身物；而重油热转化时胶体分散状态将被破坏。因此，为了缓和打破这一分散状态，掺炼部分芳烃含量高、且组成介于减压渣油和脱油沥青的催化油浆，可提高热稳定性，减少沥青质转化为焦的倾向，一定程度上缓解石油焦的产生。

原料热稳定性也可以用稳定因子 *SF* 来描述，稳定因子越大表示焦化原料的热稳定性越好。稳定因子是原料四组分组成和残炭的函数。

$$SF=(A+R)/(S\cdot CCR)$$

其中 A——芳香烃含量,%；

R——胶质含量,%；

S——饱和烃含量,%；

CCR——康氏残炭,%。

根据该函数可以看出，当芳香烃和胶质含量增加，沥青质和饱和分含量较低时，焦化原料的热稳定性较好，不容易在焦化加热炉发生结焦，有利于焦化装置长周期运行。因此适当掺炼催化油浆，提高焦化原料的芳香烃含量，有助于延缓加热炉炉管结焦速度。有利于装置长周期运行。

为此，装置在掺炼脱油沥青的同时必须掺炼催化油浆，以减少原料劣质化对装置生产带来的负面影响。

1.2 现场设备准备

（1）增加脱油沥青进焦化装置管线。利用装置检修机会，新增了脱油沥青进装置线，将溶脱沥青经过混合器与渣油混合后进入原料缓冲罐。为了减少油品分层，将脱油沥青与减压渣油和油浆的混合点设置点混合前，同时利用在后续流程中多个换热器的剧烈折返湍流，强化混合重质油品的稳定性。

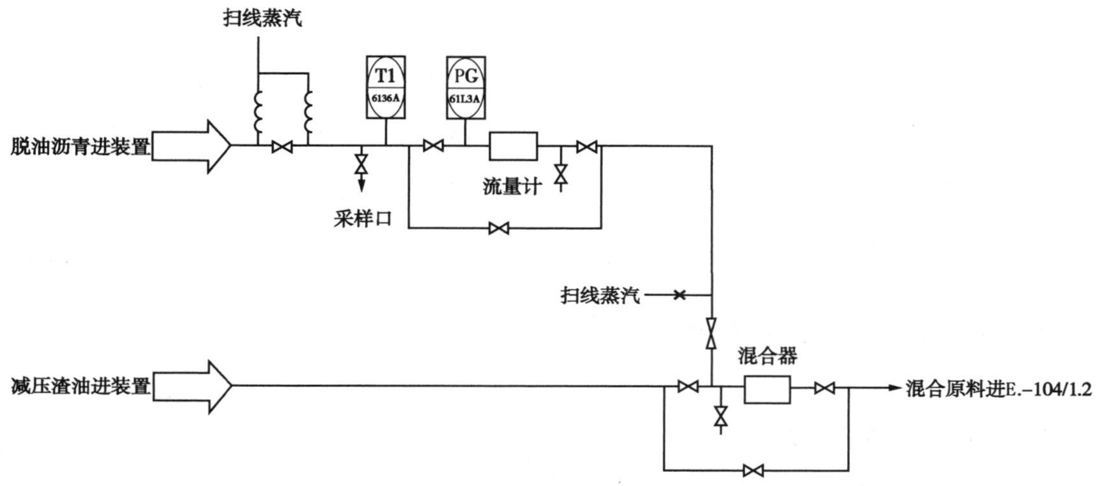

图 1　掺炼脱油沥青流程图

（2）增设在线清焦设施。针对装置掺炼沥青后，炉管结焦速度加快的情况，为确保装置长周期运行，需要实施焦化加热炉在线清焦，因此在加热炉出口管线上增设了高温旋塞阀与进口威兰球阀，保证了装置具备加热炉在线清焦能力，如图 2 所示。

图 2　加热炉出口管线新增特阀

1.3 掺炼脱油沥青运行方案

鉴于九江分公司只有一套延迟焦化装置，在重质油加工线路上只能单线运行，且原始设计上并未考虑掺炼脱油沥青，为确保掺炼脱油沥青工作安全稳定有序进行，通过技术论证分析，特制订了运行方案，逐步提高掺炼比例，严格监控苛刻度变化。见表2。

表2 掺炼脱油沥青计划安排表

阶 段	时 间	油浆量	脱油沥青量	渣油量	循环比	加热炉出口温度	生焦周期
单位		t/h	t/h	t/h		℃	h
第1阶段	2013年6月~7月	5	15	105	0.12	501	20
第2阶段	2013年8月~9月	5	20	105	0.13	501	20
第3阶段	2013年10月~11月	5	22~23	100	0.14	500	20
第4阶段	2013年12月~	5	25	100	0.14	500	20

2 装置工艺运行分析

2.1 原料性质变化

实施掺炼脱油沥青后，随着掺炼脱油沥青比例提高，混合原料残炭上升至23.15%（最高达到25.64%），饱和烃含量持续下降，芳烃、胶质和沥青质含量上升，且混合原料的硫含量也显著上升。

表3 原料性质变化一览表

项 目	掺 炼 前	第1阶段	第2阶段	第3阶段	第4阶段
脱油沥青掺炼量/(t/h)	0	15	20	23	25
脱油沥青掺炼比例/%		12	15.38	17.97	19.23
焦化原料残炭/%	17.15	19.21	20.43	21.5	23.15
饱和烃/%	14.77	13.82	12.81	11.93	9.38
芳烃/%	46.72	45.66	45.42	45.77	46.96
胶质+沥青质/%	38.49	40.51	41.77	42.3	43.66
硫含量/%	1.55	1.74	1.81	1.85	1.91

2.2 产品分布变化

焦化装置掺炼脱油沥青后，受原料性质变差的影响，从统计数据看，石油焦和蜡油收率分别上升1.51和1.63个百分点，汽油和柴油收率分别下降0.49和2.9个百分点。轻油收率下降2.11个百分点。

表4　装置掺炼沥青产品分布变化一览表

项　　目	掺　炼　前	掺　炼　后	差
沥青掺炼量/(t/h)	0	24	
酸性气/%	0.15	0.3	0.15
干气/%	2.72	3.17	0.45
焦化液化气/%	2.32	1.97	-0.35
焦化汽油/%	14.46	13.97	-0.49
焦化柴油/%	32.77	29.87	-2.9
焦化蜡油/%	19.02	20.65	1.63
石油焦/%	28.47	29.98	1.51
损失/%	0.09	0.09	0
轻液收率/%	68.57	66.46	-2.11

2.3　产品质量变化

随着原料的劣质化，装置液体产品性质总体变重变差，主要表现在硫含量上升、密度增加，残炭值提高，如表5。但汽柴油可以进加氢装置处理，仍可满足柴油质量要求，而焦化蜡油进入催化装置加工，总体影响不大。

表5　汽油、柴油和蜡油产品性质变化一览表

项　　目		汽　　油		柴　　油		蜡　　油	
		掺炼前	掺炼后	掺炼前	掺炼后	掺炼前	掺炼后
密度/(kg/cm^3)		726.9	748.1	857.4	869.3	923.2	935.6
馏程/℃	初馏点	32.3	35	187	193	284.67	289.1
	10%	60.2	62	238	239	356.42	358.7
	50%	130	129	291	292	411.42	414.6
	90%	180.5	182	350.6	351	496.38	514.8
	95%			362.2	360		
	终馏点	199.8	204			549.21	564.5
总硫/%		0.6294	0.8226	1.017	0.865	0.886	1.341
残炭/%						0.25	0.46
氮含量/(mg/kg)		347.3	717				
实际胶质/(mg/100mL)		7.15	10.2	464.5	486		

随着掺炼脱油沥青量的增加，石油焦质量发生明显变化，主要表现：一是石油焦挥发分

下降，并且粉状焦减少，焦块增加；二是硫含量上升幅度较大，仅能满足3B等级的石油焦标准要，如表6所示。

表6　石油焦质量变化一览表

项　　目	掺　炼　前	掺　炼　后
灰分/%	0.21	0.28
挥发分/%	11.86	10.48
硫含量/%	1.56	2.08

3　装置设备运行分析

3.1　加热炉炉管结焦速度加快

加热炉是延迟焦化装置的核心设备，抑制加热炉炉管结焦是决定装置长周期高效益运行的关键点。根据重质油胶体体系理论和结焦原理，焦化加热炉炉管结焦存在一个动态平衡：一方面随着温度的上升，重质油胶体体系受到破坏，分散相能力下降，沥青质逐渐析出，同时沥青质的侧链断裂反应伴随着缩合、聚合、脱氢和脱烷基等过程，最终形成焦炭状沥青质附着在炉管内壁并缩合脱氢，导致加热炉炉管结焦；另一方面油品在炉管内的强烈湍流及气化，撞击、剥落和携带了炉管内壁的结焦[2]。随着掺炼脱油沥青比例增加，油品临界温度降低、黏度增加、沥青质浓度增加，促进了油品在炉管内的结焦过程，而油品湍流剥离的效用明显下降，加热炉管壁结焦的动态平衡被打破，朝着提前快速结焦的不利方向进行。

图3、图4为加热炉管壁温度上升趋势图，数据为每周平均值，时间段为掺炼脱油沥青的4个阶段，与未掺炼沥青相比，加热炉炉管管壁上升速度呈现快速上升的趋势，尤其是在启动掺炼沥青第1阶段有快速上升的过程，其后逐步稳步上升，在管壁温度接近600℃时，即2014年3月组织了一次加热炉清焦。与上一个运行周期相比，清焦时间由2年一次改为1年一次。

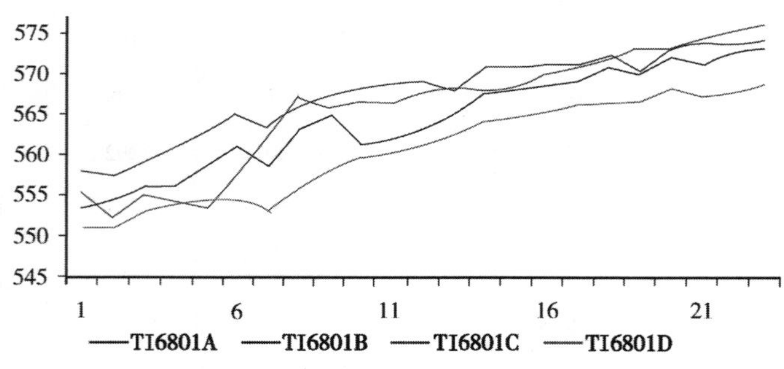

图3　加热炉第一根炉管壁温度TI6801A-D每周变化示意图

为了缓解加热炉炉管温升速度，根据结焦理论和现场工艺特性，采取如下措施：

（1）调整加热炉炉膛的氧含量及副烟道挡板，控稳炉膛负压及炉膛辐射热，减少炉膛温度波动较大。

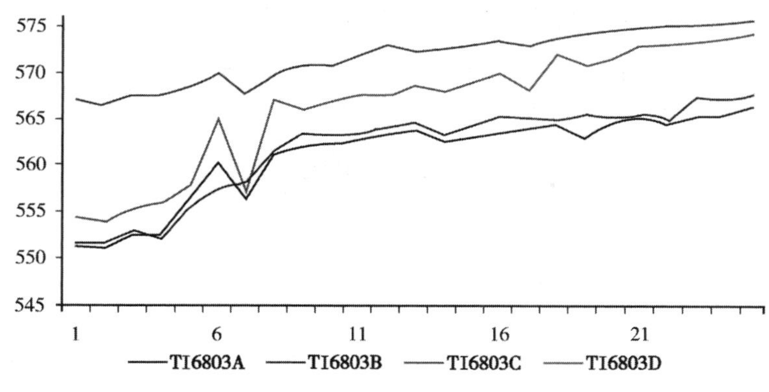

图 4　加热炉第三根炉管壁温度 TI6803A-D 每周变化示意图

(2) 由于第三路的第一根、第三根及第五根炉管温度较高，达到管壁温度报警值。适当增加第三路第三点注汽量，提高物流的体积流速，提高管内介质冲击剥离结焦物的能力。经过观察，加热炉第三路的管壁温度上升趋势有所减缓。

(3) 充分应用 APC 先进控制系统，控稳加热炉各项操作参数，减少加热炉操作波动，平稳加热炉操作。

(4) 严格控制循环比。根据脱油沥青掺炼量的变化，装置循环比由 0. 13 调整至 0. 14 甚至更高，有利于提高加热炉进料的芳香度，提高油品临界温度，抑制炉管内结焦。

3. 2　焦炭塔生焦高度增加，影响装置稳定运行

随着装置原料进一步劣质化，原料的生焦率和气体产率上升，焦炭塔内气速和泡沫层较多，造成焦炭塔的泡沫层较高，焦位上升较快，导致发生如下现象：一是原料残炭值在 24. 00%左右时，焦炭塔料位居高不下，经常需要提前切塔，影响装置运行；二是因焦粉携带，油气管线结焦加剧(见图 5)，即导致焦炭塔压力上升明显，又存在一旦焦块脱落会堵塞油汽通道；三是由于生焦率较高，焦层较高，高温油气易携带部分焦粉至分馏系统。分馏塔循环油过滤器焦块明显增多。为此通过以下措施控制焦层高度和稳定分馏系统运行：

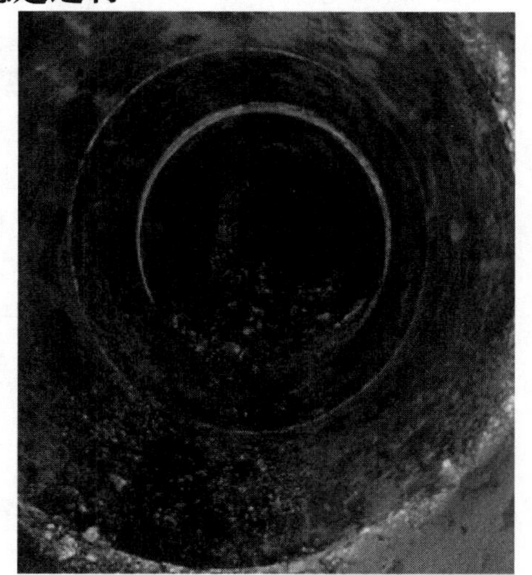

图 5　焦炭塔油气管线结焦图

(1) 加强消泡剂的使用管理规定。为了维持焦炭塔的安全空高，保证焦炭塔高料位操作，采用生焦前期“小量早注入”的方式，要求焦炭塔料位达到 21m 时就开始注入消泡剂，提前将料位压住；后期“大量注入”的方式，尽量控制焦炭塔料位不超过 25m 切塔。同时在维持目前的配剂方案，但稍开消泡剂搅拌氮气，加强搅动，提高消泡剂和柴油混合均匀度从而提高消泡效果。

(2) 每月安排清理分馏塔循环油过滤器，减少分馏系统的焦粉量，维持分馏系统的正常运行。

(3) 当焦炭塔压力上升至0.24MPa安排清大油汽管线的三通，降低焦炭塔压力。

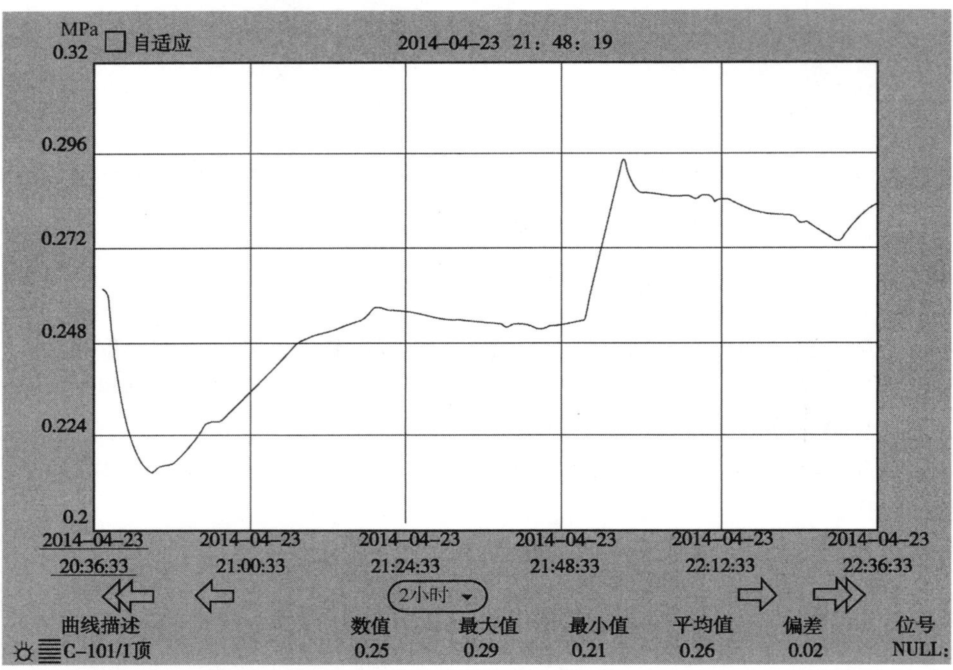

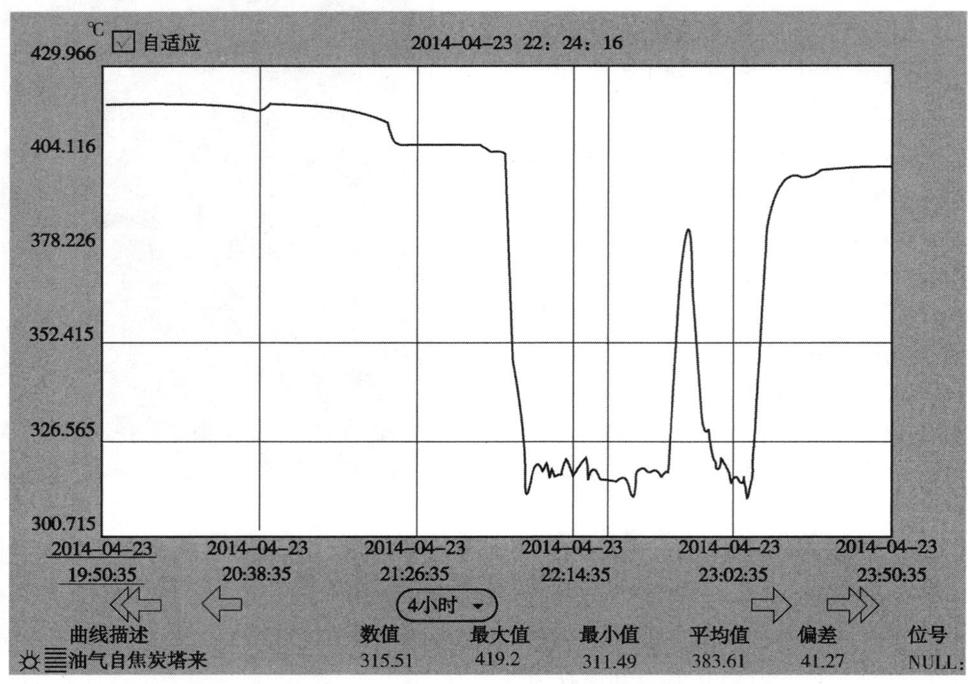

图6 焦炭塔压力变化和分馏塔油气温度变化图

3.3 冷焦操作风险增加

掺炼脱油沥青后，焦炭塔生焦焦层变硬，在给水冷焦过程中，冷焦水很难渗透塔壁，造成塔壁的温度下降变慢。当塔壁温度较周围焦层温度高出太多时，焦炭塔极易发生炸焦。为此增加焦炭塔塔壁测温点，加强焦炭塔塔壁温度的监控。由于焦炭塔高 32.5m，直径 8.4m，体积较大，而各塔壁热电偶间距达到 6m，且测量点较少，因此现有热电偶无法反映焦炭塔塔壁温度的整体情况。经过技术分析后，在焦炭塔东塔的测温点（TI6152A、TI6153A、TI6154A）的对位方向增设三支新热电偶（TI6160A、TI6161A、TI6162A），提高原热电偶的监控作用。安装完毕后，焦炭塔给水及预热过程趋势如下图所示。由图可以看出，TI6160A、TI6161A 温度与同一高度西侧原热电偶温度指示相差 20℃左右，TI6162A 相差 50℃左右，其运行趋势与原热电偶指示相同，对焦炭塔安全生产具有较好的指导作用。

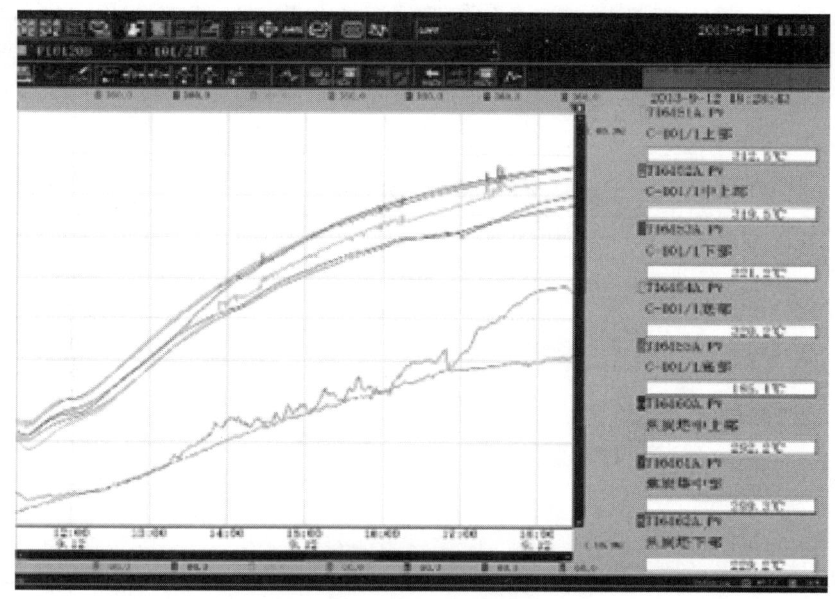

图 7 热电偶测量值对比图

3.4 除焦风险增加

掺炼脱油沥青后，焦炭塔生焦焦层变硬，焦炭挥发分降低，除焦操作难度加大，多次出现顶钻、埋钻及塌方现象，设备故障率高，先后多次出现卡钻更换切焦器现象。针对此情况采取了以下措施：

（1）将切焦器切焦钻头由 3 个 φ10 及 1 个 φ9 改为 4 个 φ9，改变钻头后高压水压力由 26MPa 升到 28MPa，同时对高压水涡轮的密封件进行了更换，防止因为密封圈老化腐蚀造成高压除焦水压力下降，除焦操作明显感觉比较顺利。

（2）将除焦钻机绞车电机频率由 30 改为 20，除焦操作切割长度由每次 1.5m 调整为 1.0 米。

（3）减慢除焦速度，延长除焦时间。原除焦操作时间约为 100min，现除焦操作时间约为130分钟。

3.5 设备腐蚀风险增加

掺炼脱沥青油后，焦化原料中硫和有机酸含量将进一步升高，从而加剧焦化装置设备的腐蚀。在国内焦化装置掺炼脱油沥青的过程中，曾出现分馏塔底部循环泵进口管线穿孔、蜡油换热器管束腐蚀穿孔、分馏塔顶油气换热器管束腐蚀穿孔等现象，同时脱油沥青掺炼量过大，也容易造成原料泵抽空[3]。

4 经济效益分析

由于焦化掺炼脱油沥青后，公司做大了溶脱装置负荷，降低焦化装置运行负荷，在原油处理量相同情况下，实施重油加工组合加工路线后，焦化装置处理量由 119×10^4t/a 下降到 103×10^4t/a，溶脱装置处理量由 24×10^4t/a 提高到 42×10^4t/a。从表7中可知，在实施组合工艺后，即掺炼脱油沥青的7个月时间里，与前期同一时段比，汽煤柴合计收率上升1.19个百分点，石油焦+沥青收率下降了2.27个百分点，单减少石油焦一项就增加效益1.1亿元。

表7 全厂主要物料分布变化一览表

	2013年6月~2014年1月		2012年6月~2013年1月	
	实物量/t	收率/%	实物量/t	收率/%
原油加工量	3537762		3458118	
液化气	206937	5.85	188602	5.45
干气	126527	3.58	120227	3.48
汽煤柴油	2657675	75.12	2548596	73.70
沥青	80622	2.28	125125	3.62
石油焦	204372	5.78	231938	6.71
轻质油产品		76.79		75.10

另外，对于溶剂脱沥青—延迟焦化组合工艺，提高溶剂脱沥青过程中DAO的抽出率，组合工艺的总液体收率就会增加。中国石油大学(华东)重质油国家重点实验室李波海等的研究表明，在可实现的范围内，DAO抽出率提高20个百分点，总的液体收率也相应增加5个百分点左右[4]。

5 结论

焦化装置实施掺炼脱油沥青后，装置运行苛刻度明显增加，装置原料及其产品性质变差，加热炉结焦速度加快，焦炭塔和分馏塔系统都有不同程度设备问题，但通过制定相应的应对措施是可以防止和缓解的。但从全公司整体效益看，有利于改善全厂产品分布，提高汽柴油产量，减少低价值的石油焦产品，年增效在1亿元以上，效益十分可观，因此延迟焦化装置掺炼脱油沥青的工业应用具有较大的借鉴作用，值得大力推广应用。

参 考 文 献

[1] 瞿国华．延迟焦化工艺与工程[M]．北京：中国石化出版社，2008.

[2] 王玉章．延迟焦化加热炉辐射进料结焦性能的研究[J.]炼油技术与工程，2004，34(12)：9-14.

[3] 王敬波．掺炼丙脱沥青对焦化装置安全运行及产品的影响[J]．炼油技术与工程，2005，35(8)：15-17.

[4] 李波海，张玉贞．减压渣油溶剂脱沥青——焦化总液体收率的研究[J]．石油炼制与化工，2006，37(7)：30-33.

乌鲁木齐石化公司汽油质量升级清洁技术应用

王红晨[1]，蔡海军[1]，徐　俊[2]

（1. 中国石油乌鲁木齐石化分公司炼油厂，新疆乌鲁木齐　830019；
2. 中国石油工程建设公司）

摘　要　随着对清洁燃料的日益苛严，清洁汽油的生产已提到十分紧迫的日程上来了，而且对加工灵活性的要求越来越高，以更好地应对市场变化。本文分析了生产清洁汽油所面临的问题，指出生产清洁汽油面临的主要问题硫含量超标、烯烃含量高、辛烷值不足；介绍了 DSO-M、M-DSO 催化汽油加氢脱硫降烯烃工艺技术及轻汽油醚化工艺技术实际应用情况，同时采用轻汽油醚化技术，将 LCN 中的 C5/C6 异烯烃与甲醇进行醚化反应，高效益地降低烯烃含量、提升甲醇价值、提升辛烷值并且提高汽油产量，同时降低 LCN 中的总硫。

关键词　清洁汽油　选择性　加氢脱硫　轻汽油醚化

1　目前汽油生产现状分析

世界原油质量逐渐趋于高硫化、重质化、劣质化，二次加工装置 FCC 汽油产品硫含量呈上升趋势，清洁燃料汽油标准逐步提升，加工难度增加。2010 年～2020 年我国汽油需求量不断增大，特别是高标号汽油需求量逐渐增大，2020 年高标号汽油所占比例将达到 94%，见图 1。

在中国，FCC 汽油占汽油的 75%左右。FCC 汽油中的硫含量为 300～2000μg/g，烯烃含量为 40～60v%。为了满足我国未来清洁汽油中低硫和烯烃含量的要求，FCC 汽油加氢脱硫和降低烯烃含量是必需的。

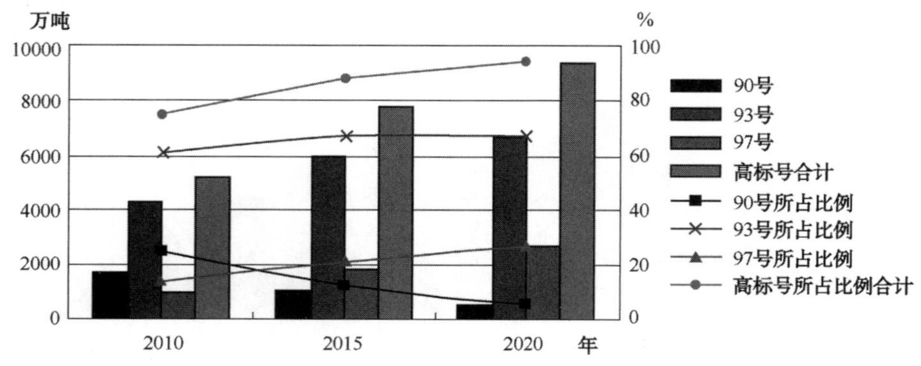

图 1　高标号汽油需求趋势图

欧美及中国当前均致力于清洁燃料汽油生产，且随着环境保护压力增长，排放标准提高步伐加快，汽油产品质量要求越来越苛刻，清洁汽油标准日趋严格。表1为目前国内外清洁汽油规格主要指标。

表1 国内外清洁汽油规格主要指标

项目	硫/(μg/g)	烯烃/v%	芳烃/v%	苯/v%	实施时间
欧Ⅳ，EURO Ⅳ	≯50	≯18	≯35	≯1.0	2005
欧Ⅴ，EURO Ⅴ	≯10	≯18	≯35	≯1.0	2009
US TIER Ⅱ-3	≯30	≯14	≯30	≯1.0	2006
国Ⅲ汽油，	≯150	≯30	≯40	≯1.0	2009
国Ⅳ汽油	≯50	≯28	≯40	≯1.0	2014
国Ⅴ汽油	≯10	≯25	≯35	≯1.0	—

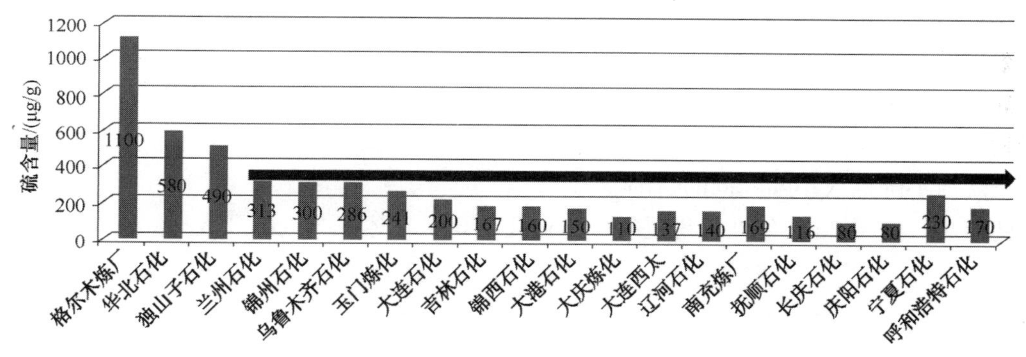

图2 中国石油各炼厂FCC汽油硫含量

中国石油的26家炼厂每年生产的汽油接近2500万t，目前已经达到国Ⅳ标准，迎接未来的国Ⅴ汽油标准，最大的挑战是降硫，最大的难点是降硫同时减少辛烷值损失。

2 汽油产品质量升级对策

加氢技术是今后一段时期内实施清洁生产油品最有效、最快捷的方式之一。现阶段FCC汽油清洁化技术主要有以下几个方面：

(1) 选择性加氢脱硫：主流技术，能使FCC汽油中的硫呈级数倍降低，工业应用最多的如Prime-G+技术、SCANFining、CDHydro/CDHDS技术等，国内选择性加氢脱硫技术有中石油自主研发的DSO技术，中国石油与中国石油大学合作研发的GARDES技术。

(2) 加氢脱硫—辛烷值恢复技术：该组合技术主要考虑弥补高硫原料汽油加氢脱硫后因烯烃饱和带来的辛烷值损失。由于操作温度相对较高，工业应用不多，如DSO-M组合技术。

(3) 吸附脱硫技术：具有脱硫率高、辛烷值损失小、氢耗低等特点，在生产硫含量小于

10μg/g 的汽油质量升级过程中应用步伐较快，如 S Zorb 技术。

3　汽油质量升级工艺技术应用

3.1　DSO-M 组合工艺技术石化在乌公司的应用

2011 年中国石油乌鲁木齐石化公司炼油厂 60 万 t/a 汽油升级改造项目按 DSO-M 组合工艺进行工业化设计，该装置于 2011 年 7 月 24 日试车一次成功，生产出了满足国Ⅲ、Ⅳ标准的精制汽油产品。同年乌石化西峰工贸总公司 40 万 t/a 轻汽油醚化装置采用 CDT-ECH 公司的 FCC GASOLINE ETHERIFICATION 技术，装置于 2011 年 11 月 28 日试车一次成功，轻汽油产品硫含量<10μg/g，辛烷值提高约 3.3 个单位，轻汽油烯烃含量下降 10~15 个单位。

乌鲁木齐石化公司炼油厂国Ⅳ汽油生产路线(一)：采用 DSO-M 催化汽油加氢脱硫降烯烃组合技术。

DSO 技术：中国石油石油化工研究院开发的一种催化汽油选择性加氢脱硫技术，具有脱硫效果好、辛烷值降低少、汽油收率不损失等技术特点。

M 技术：中国石油抚顺石化公司开发的一种催化汽油改质(芳构化降烯烃)技术，即通过芳构化反应，使生成油中烯烃含量下降，芳烃含量得到增加，从而达到汽油在降烯烃的同时，辛烷值不降低或小幅降低的目的。

此组合技术于 2011 年九月份进行了工业化标定，具体工艺流程及数据如图 3、表 2、表 3、表 4。

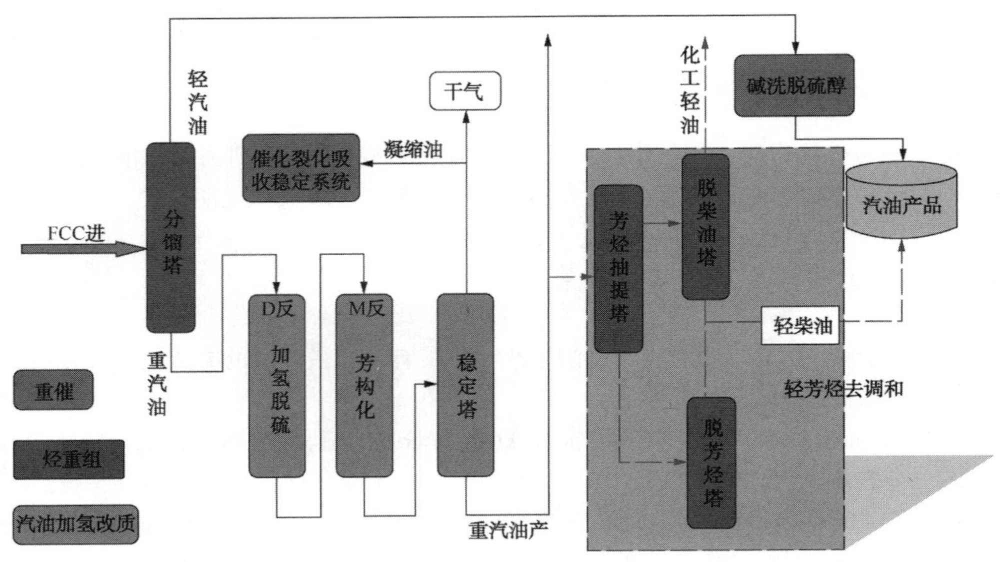

图 3　工艺流程

表 2 工艺运行参数表

参数名称	9月20日	9月21日	9月22日	9月23日	9月24日
装置加工量/(t/h)	61.8	62.5	60.2	62.5	62.3
循环量/(t/h)	12.7	15.8	12.6	7.8	7.2
D反入口温度/℃	220	220	220	220	220
M反入口温度/℃	347	347	346	348	348
高分罐顶部压力/MPa	1.36	1.36	1.36	1.36	1.36
稳定塔底部温度/℃	192	198	189	193	197
稳定顶部压力/MPa	0.91	0.91	0.91	0.91	0.91
稳定顶部温度/℃	126	123	126	125	125

表 3 重汽油加工前后对比表

项目	9.20		9.21		9.22		9.23		9.24	
	原料重汽油	产品重汽油	原料重汽油	产品重汽油	原料重汽油	产品重汽油	原料重汽油	产品重汽油	原料重汽油	产品重汽油
初馏点/℃	73	61	75	58	72	62		59	76	62
终馏点/℃	187	198	186	196	186	198		196	187	198
芳烃含量/v%	24.2	33	23.8	26.7	26.4	30.5	25.8	28.2	25.4	27.8
烯烃含量/v%	35.8	17.4	35.9	22	32.6	19.2	33.6	22.4	34.3	22
饱和烃含量/v%	39.9	49.6	40.3	51.4	41		40.6	49.4	40.3	50.2
硫含量/(mg/kg)	370	39	366	44	319	40	362	46	403	62
研究法辛烷值	89.3	86.2	89.3	86.5	89.3	86.5	89.3	86.5	86.7	84.9
芳烃提高/v%	+8.8		+2.9		+4.1		+2.4		+2.4	
烯烃降低/v%	-18.4		-13.9		-13.4		-11.2		-12.3	
辛烷值损失/%	-3.1		-2.8		-2.8		-2.8		-1.8	
脱硫率/%	89.46		87.98		87.46		87.29		84.62	

表 4 调和后汽油与全馏分汽油对比

项目	9.20		9.21		9.22		9.23		9.24	
	全馏分汽油	调合后汽油	全馏分汽油	调合后汽油	全馏分汽油	调合后汽油	全馏分汽油	调合后汽油	全馏分汽油	调合后汽油
芳烃含量/v%	19.9	22.4	16.2	20.4	16.2	21.8	16.6	18.9	16.9	19.8
烯烃含量/v%	41.4	26.5	37.9	27.6	44.7	28.3	36.6	25.8	38.6	28.4
硫含量/(mg/kg)	295	41	296	50	248	47	302	54	320	78
研究法辛烷值	91.3	90	91.6	90.3	91.4	90.1	89.6	88.8	89.6	88.7
芳烃提高/v%	+2.5		+4.2		+5.6		+2.3		+2.9	
烯烃损失/v%	-14.9		-10.3		-16.4		-10.8		-10.2	
辛烷值损失/%	-1.3		-1.3		-1.3		-0.8		-0.9	
脱硫率/%	86.10		83.11		81.05		82.12		75.63	

DSO-M催化汽油加氢脱硫降烯烃组合技术在乌石化炼油厂工业应用表明：

催化裂化汽油硫含量由285.25mg/kg降低至48 mg/kg，脱硫率在80%以上；烯烃体积分数由40.15v%降低至27.05v%，烯烃降低了13.1个单位，芳烃体积分数由17.225v%提高至20.875v%，提高了3.65个单位。汽油研究法辛烷值损失1个单位左右，采用DSO-M技术，完全可以生产出符合国Ⅳ车用汽油标准的产品。

3.2 轻汽油醚化技术在乌石化公司的应用

2011年11月底乌鲁木齐石化公司炼油厂40万t/a轻汽油醚化装置投产，进一步拓展了国Ⅲ、Ⅳ汽油生产路线。

乌鲁木齐石化公司炼油厂国Ⅳ汽油生产路线(二)：采用轻汽油醚化+DSO-M催化汽油加氢脱硫降烯烃。该组合工艺于2011年12月份进行了标定，具体工艺流程及数据如图4、表5至表10。

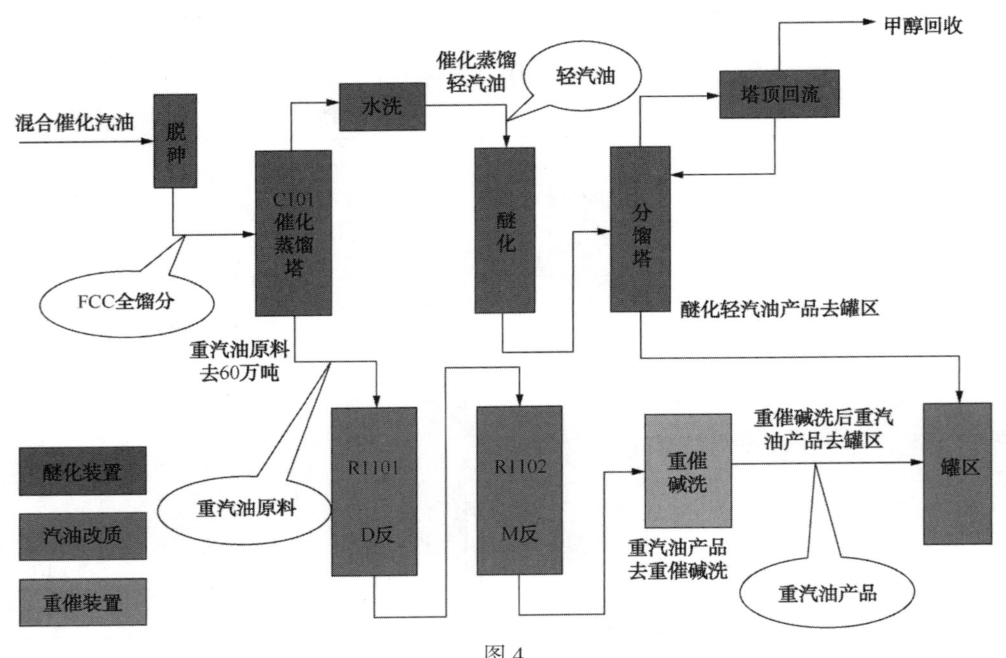

图4

表5 工艺运行参数表

参数	12月15日	12月16日	平均值
装置加工量/(t/h)	59.2	60.1	59.3
循环量/(t/h)	12.8	6	8.8
D反入口温度/℃	227.4	227.6	227.5
M反入口温度/℃	349.3	350.5	349.9
高分罐顶部压力/MPa	1.481	1.485	1.483
稳定塔底部温度/℃	180.8	195.8	188.3
稳定塔顶部压力/MPa	0.919	0.914	0.917
稳定塔顶部温度/℃	112.4	111.6	112.0

表 6　FCC 汽油全馏分原料性质

项　　目	设 计 值	12 月 15 日	12 月 16 日
密度/(kg/m^3)	725	723.2	738.9
初馏点/10%馏出温度/℃	30/51	35/52	34/52
50%/90%馏出温度/℃	92/164	92/ 163	95/ 159
终馏点/全馏/(℃/mL)	194/97	192/97	195/ 97
芳烃含量/v%	14.2	18.5	17.9
烯烃含量/v%	40.7	30.1	28.1
饱和烃含量/v%	45.1	51.4	54.0
硫含量/(mg/kg)	实测	315	254
辛烷值(RON)	88.5	89.7	89.4
蒸汽压/kPa	实测	60	59
硫醇硫含量/%	0.0036	0.0061	0.0056

表 7　重汽油原料性质

项　　目	12 月 15 日	12 月 16 日	平均值
密度/(kg/m^3)	768.4	768.9	768.7
初馏点/℃	78	74	76
10%馏出温度/℃	96	91	93.5
50%馏出温度/℃	123	119	121
90%馏出温度/℃	170	169	169.5
终馏点/℃	197	195	196
芳烃含量/v%	30.4	27.6	29.0
烯烃含量/v%	29.0	29.7	29.4
饱和烃含量/v%	40.6	42.7	41.7
硫含量/(mg/kg)	379	352	365.5
辛烷值(RON)	87.6	87.3	87.5

表 8　重汽油产品性质

项　　目	12 月 15 日	12 月 16 日	平均值
密度/(kg/m^3)	773.8	770.2	772
初馏点/℃	67	68	67.5
10%馏出温度/℃	91	92	91.5
50%馏出温度/℃	122	123	122.5
90%馏出温度/℃	172	170	171
终馏点/℃	205	198	201.5
芳烃含量/v%	30.9	28.1	29.5
烯烃含量/v%	18	19.5	18.75
饱和烃含量/v%	51.2	52.4	51.80
硫含量/(mg/kg)	65	66	65.5
辛烷值(RON)	85.2	85	85.1

表9 重汽油原料与产品分析数据对比

项　目	12月15日		12月16日		平　均　值	
	原料重汽油	产品重汽油	原料重汽油	产品重汽油	原料重汽油	产品重汽油
初馏点/℃	78	67	74	68	76	67
终馏点/℃	197	205	195	198	196	201
全馏/mL	97	97	97	97	97	97
芳烃含量/v%	30.4	30.9	27.6	28.1	29.0	29.5
芳烃提高/v%	+0.5		+0.5		+0.5	
烯烃含量/v%	29	18	29.7	19.5	29.35	18.75
烯烃降低/v%	-11		-10.2		-10.6	
饱和烃含量/v%	40.6	51.1	42.7	52.4	41.65	51.75
硫含量/(mg/kg)	379	65	352	66	365.5	65.7
脱硫率/%	82.85		81.25		82.47	
辛烷值(RON)	87.6	85.2	87.3	85	87.45	85.2
辛烷值损失/%	-2.4		-2.3		-2.35	

表10 回调后全馏分汽油与原料分析数据对比

项　目	12月15日		12月16日		平　均　值	
	全馏分汽油	回调后汽油	全馏分汽油	回调后汽油	全馏分汽油	回调后汽油
芳烃含量/v%	18.5	20.7	17.9	19.2	18.2	19.95
芳烃提高/v%	+2.2		+1.3		+1.75	
烯烃含量/v%	30.1	21.2	28.1	22.7	29.1	21.95
烯烃降低/v%	-8.9		-5.4		-7.15	
饱和烃含量/v%	51.4	58.1	54	58.1	52.7	58.1
硫含量/(mg/kg)	304	43	239	48	288	45
脱硫率/%	85.9		80.0		83.0	
辛烷值(RON)	89.7	89.1	89.4	88.9	89.55	89.0
辛烷值损失/%	-0.6		-0.5		-0.55	

DSO-M催化汽油加氢脱硫降烯烃组合技术在乌石化炼油厂的工业应用表明：

(1) 催化汽油硫含量降低至48 mg/kg以内，脱硫率在80%以上；

(2) 调和后全馏分催化汽油产品芳烃含量平均值为19.95v% ；

(3) 调和后全馏分催化汽油产品烯烃含量平均值 21.95v% ；

(4) 汽油研究法辛烷值损失 0.7 个单位以下；

(5) 调和后汽油总液收率为 99.01%；

(6) 完全可以生产出符合国Ⅳ标准要求的清洁汽油。

3.3 对 DSO-M 工艺流程改造后的生产情况

DSO-M 催化汽油加氢脱硫降烯烃组合技术能够满足乌石化公司国Ⅳ汽油生产的需要，但是采用先脱硫后改质的流程造成了具有改质效果的烯烃组分被饱和，降低了改质效率，乌石化公司于 2013 年 3 月对 60 万 t/a 汽油改质装置的流程进行了调整，将反应单元的先 D 后 M 流程调整为先 M 后 D 流程，流程调整后与 5 月 21 日对进行了国Ⅳ汽油生产标定，具体流程及标定数据如图 5、表 11、表 12。

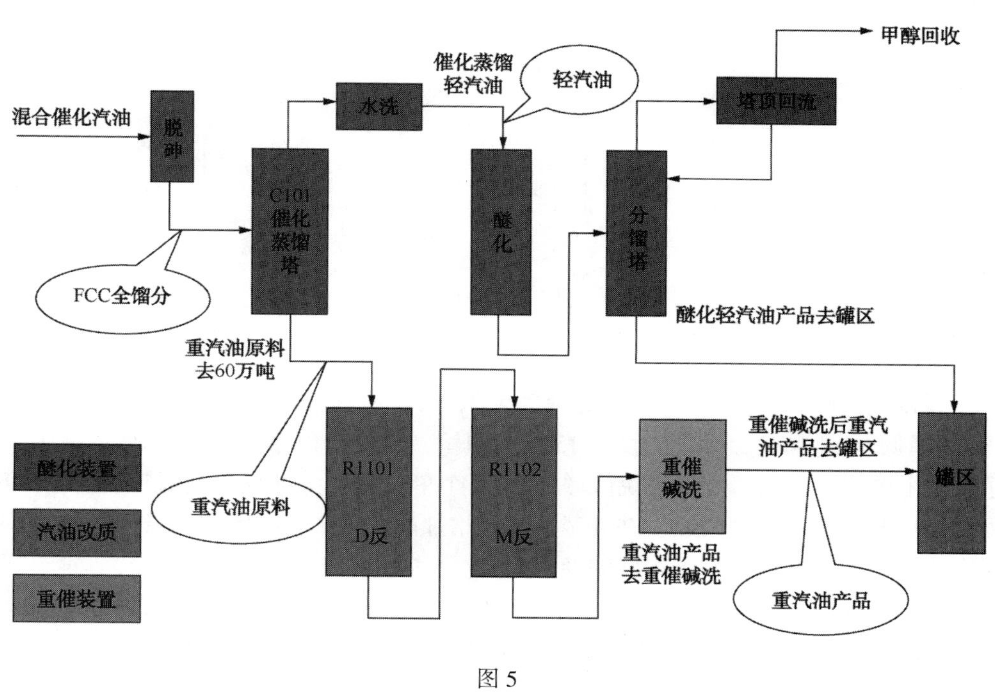

图 5

表 11 工艺运行参数表

参 数 名 称	5 月 21 日	5 月 22 日	5 月 23 日
装置加工量/(t/h)	46	46	46
循环量/(t/h)	0	0	0
D 反入口温度/℃	246	247	247.5
M 反入口温度/℃	387	387	387
高分罐顶部压力/MPa	1.7	1.7	1.7

表12　重汽油加工前后对比表

项　　目	5月21日		5月22日		5月23日	
	原料	产品	原料	产品	原料	产品
密度/(kg/m³)	781	766.7	—	774.4	—	776.1
馏程/℃　初馏	90	47	90	46	96	45
10%	106	94	106	94	106	91
50%	133	132	132	132	132	131
90%	182	183	182	186	181	183
终馏点	203	209	204	210	201	209
全馏/mL	97	97	97	97	97	97
干点后移	6		6		8	
芳烃/v%	27.2	29.8	30.9	32.8	28.8	30.5
烯烃/v%	35.8	19.2	33	19.2	30.7	15.2
饱和烃/v%	37	51	36	48		
硫含量/(mg/kg)	312	44.7	259.6	33	255.7	30.2
辛烷值	88.3	89.2	87.9	89.1	87.3	87.5
辛烷值增长	0.9		1.2		0.2	
烯烃降低/v%	16.6		13.8		15.5	
芳烃增长/v%	2.6		1.9		1.7	

将反应单元流程调整为先M后D，通过进行国Ⅳ汽油的标的情况表明：

催化裂化汽油硫含量由275.8mg/kg降低至36 mg/kg，脱硫率在86.9%；烯烃体积分数由33.2v%降低至17.9v%，烯烃降低了15.3个单位，芳烃体积分数由28.9v%提高至31v%，提高了2.1个单位。汽油研究法辛烷值增加0.77个单位左右，对DSO-M技术进行反应单元的流程调整后芳烃含量上升明显，并且辛烷值是增加的，该工艺技术不但可以满足乌石化公司国Ⅳ生产需要，并且也带来了较好的经济效益。

为了进一步验证乌鲁木齐石化公司在现有的技术路线下生产国Ⅴ汽油的能力，与2014年10月对60万t/a汽油升级改造装置进行了国Ⅴ汽油的生产标定，具体标定数据如表13、表14。

表13　国Ⅴ汽油标定工艺运行参数表

参数名称	10月30日	10月31日
装置加工量/(t/h)	45	46
循环量/(t/h)	15	15
D反入口温度/℃	252	252
M反入口温度/℃	385	385
高分罐顶部压力/MPa	1.7	1.7

表 14 国Ⅴ汽油标定重汽油加工前后对比表

项目		2014-10-30		2014-10-31	
		原料	产品	原料	产品
馏程/℃	初馏	96	58	97	57
	10%	107	101	110	98
	50%	131	135	131	134
	90%	173	177	174	178
	终馏点	204	210	200	210
全馏/mL		97	97	97	97
干点后移		6		10	
芳烃/v%		21.4	28.2	19.8	25
烯烃/v%		42.8	17.8	43.9	17.9
饱和烃/v%		35.9	54	36.4	57
硫含量/(mg/kg)		165	11	141	8.9
辛烷值		88.4	89.0	88.3	88.5
辛烷值增长		0.6		0.2	
烯烃降低/v%		25		26	
芳烃增长/v%		6.8		5.2	

DSO-M 催化汽油加氢脱硫降烯烃组合技术在乌石化炼油厂生产国Ⅴ汽油的标定情况表明：

催化裂化汽油硫含量由 153 mg/kg 降低至 10 mg/kg，脱硫率在 93.5%；烯烃体积分数由 43.35v%降低至 17.85v%，烯烃降低了 25.5 个单位，芳烃体积分数由 20.6v%提高至 26.6v%，提高了 6 个单位。汽油研究法辛烷值增加 0.4 个单位左右，采用 M-DSO 技术，乌石化公司完全可以生产出符合国Ⅴ车用汽油标准的产品。

3.4 清洁汽油生产方案的拓展

乌石化公司炼油厂各类轻烃总量较大，其中重整拔头油约 19 万 t/a，加氢裂化轻石脑油约 11 万 t/a，重整拔头油和加氢裂化轻石脑油中的碳五和碳六异构烃含量比较多，这部分组分的烯烃含量低，不含硫、苯和氧，是极好的汽油调和组分，乌石化公司新建了一套 30 万 t/a 轻烃分离装置，该装置已经于 2014 年 10 月底投料运行。该装置分离出的异戊烷和异构己烷产品纯度高达 98%，辛烷值约 90，已经成功调入至汽油中，产品质量见表 15。该装置满负荷情况下可增产 21.3 万 t 汽油调和组分，该装置的投用进一步扩展了乌石化公司清洁汽油的生产方案，并创造了较为客观的经济效益。

表 15 轻烃分离装置产品质量

名称	11 月 13 日	11 月 12 日	11 月 11 日
异戊烷纯度	98.20%	98.26%	98.71%
异构己烷纯度	99.36%	98.57%	99.38%
异戊烷饱和蒸汽压	129kPa	135kPa	—
异构己烷饱和蒸汽压	54kPa	59kPa	—

乌石化公司加工的原油种类多，主要加工原油具有密度大、高酸、高硫等特点，其中以

哈油和西北局油硫含量高。由于各种类原油经常切换，所以催化汽油硫含量在150～400mg/kg之间波动，60万t汽油改质装置在原料硫含量低于200 mg/kg时，经过标定硫可以脱到10mg/kg，但是原料硫含量超过200 mg/kg后，经过标定脱后硫约在20 mg/kg，为了确保乌石化公司国Ⅴ汽油的全面生产，乌石化公司开发了催化汽油+汽油醚化+烃重组+汽油改质的组合生产工艺，见图6。该工艺路线可将催化汽油中硫含量较高的芳烃组分分离出来，对富含芳烃的组分进行深度脱硫，对于催化汽油中富含烯烃并且硫含量低的组分，进入到DSO-M工艺下进行改质和脱硫。该工艺路线具有汽油改质效率高，脱硫深度高，辛烷值损失小等优点。

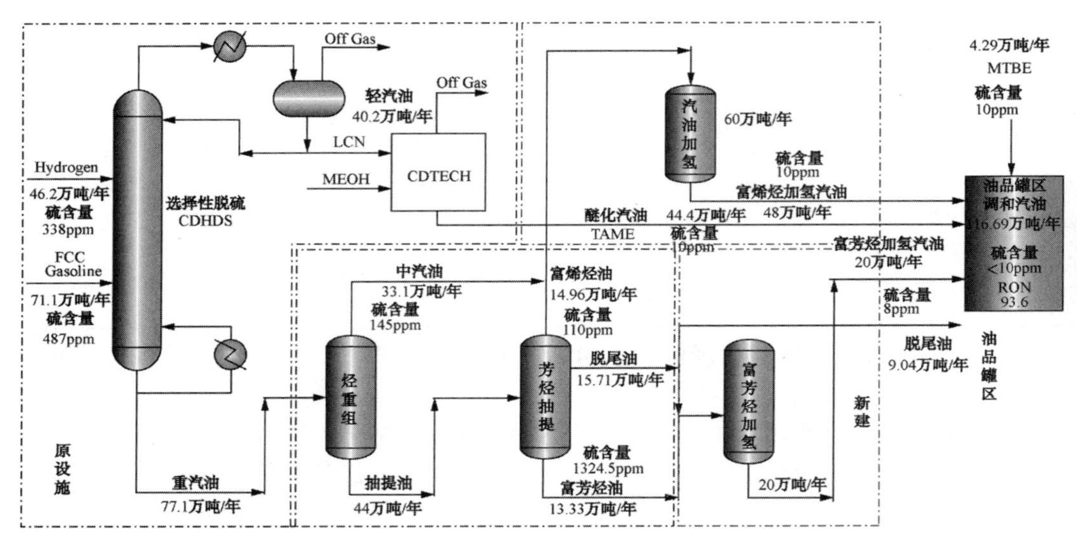

图6

4 结语

（1）DSO-M、M-DSO催化汽油加氢脱硫降烯烃组合技术在乌石化炼油厂的工业应用表明：完全可以生产出符合国Ⅳ及国Ⅴ标准要求的清洁汽油。

（2）乌石化公司开发了Ⅰ催化汽油+汽油醚化+汽油改质（低硫原油：催化重汽油硫小于200mg/kg）的组合生产工艺；Ⅱ催化汽油+汽油醚化+烃重组+汽油改质（高硫原油：催化重汽油硫大于200mg/kg）的组合生产工艺，确保乌石化公司国Ⅴ汽油的全面生产。

（3）轻烃分离装置所产异构烷烃可以作为优良的国Ⅴ汽油调和组分，将会进一步优化M-DSO装置的脱硫率及运行难度。

（4）M-DSO装置稳定运行40个月以上，催化汽油+汽油醚化+汽油改质组合工艺稳定运行36个月以上，证明以上工艺成熟可靠。

（5）从国外清洁燃料的发展进程来看，世界各国关注的汽油质量控制主要集中在降低硫含量、烯烃、苯，从发展趋势来看，我们的清洁燃料油生产也将遵循这一过程，这不仅是我国环境保护的需要，也是企业生存发展的必经手段，我国已制定严格的清洁燃料标准及时间表，我们必须进一步整合炼油资源，结合实际情况，采用国内外先进成熟的工艺技术，以期赶上我国新一轮清洁燃料升级的脚步。

参 考 文 献

[1] 陆士庆. 炼油工艺学[M]. 北京：中国石化出版社. 2005.

[2] 郑冬梅. C_5/C_6烷烃异构化生产工艺及进展[J]. 石油化工设计：2004，21(3) 1-5.

[3] 沈耀亚，王桂明. 高桥分公司清洁燃料生产现状分析及对策探讨[C]//2007 年中国石油炼制技术大会论文集，2007：277-284.

[4] 濮仲英. C_5/C_6烷烃异构化技术. 催化重整通讯，2002，44-50.

FCC 汽油窄馏分辛烷值变化规律与分析

陈学峰

（中国石化石油化工科学研究院，北京　100083）

摘　要　不同工艺的汽油样品按 10℃为一馏程切割获得汽油窄馏分，分析其辛烷值变化规律和烃族组成的变化规律。结果表明，80~130℃的中心馏分是制约催化汽油辛烷值提高的关键馏分；RON 较低的单甲基异构烷烃和长链烯烃是制约催化汽油辛烷值提高的关键组分；多支链异构烷烃、多支链烯烃和高度对称的多支链芳烃是理想的高辛烷值组分。

关键词　催化裂化　辛烷值　窄馏分

1　实验部分

1.1　FCC 汽油样品

收集沧州中捷 MIP 装置、胜利化工厂催化裂化装置和燕山二催化装置所产稳定汽油，以及沧州、金山和燕山等炼厂的 S Zorb 装置的原料汽油。

1.2　油品分馏及色谱分析

首先在实沸点蒸馏装置上将汽油样品按照 10℃为一个馏程切割，获得不同馏程段的 FCC 汽油窄馏分。分析汽油样品和汽油窄馏分的单体烃组成和研究法辛烷值(RON)。

2　实验结果与讨论

2.1　汽油样品组成和性质分析

各汽油样品的烃类质量组成及生产工艺列于表 1 中。从表 1 中数据可知，1#和 3#汽油样品的烃类质量组成相差不大，但在馏程上有较大区别，50%馏出温度两者分别为 115℃和 123℃，RON 相差了 2 个单位。4#和 5#汽油样品的 50%馏出温度相同，但烃类质量组成却有较大差别，RON 差值达到 2.6 个单位。以上结果表明，仅以汽油的烃类质量组成为依据分析导致汽油辛烷值不同的原因是不全面的。汽油轻重组分的差异，碳数分布的不同，以及汽油窄馏分内的烃类质量组成和碳数分布对汽油的辛烷值均有较大影响。

表 1　汽油样品性质

	生产工艺	MON	RON	烃类质量组成/%					50%馏出温度/℃
				nP	iP	O	N	A	
1#	MIP	87.4	94.2	3.75	31.06	24.7	8.81	30.86	115

续表

	生产工艺	MON	RON	烃类质量组成/%					50%馏出温度/℃
				nP	iP	O	N	A	
2#	MIP	86.3	91.5	4.33	39.11	21.95	9.73	24.78	98
3#	MIP	85.6	92.2	4.34	30.40	25.04	7.87	31.17	123
4#	FDFCC	86.4	92.1	5.39	33.76	26.09	5.85	28.73	114
5#	MIP+VRCC	84.9	89.5	5.54	35.28	24.6	7.46	25.79	114
6#	VRCC	85.3	91.4	5.77	31.71	30.35	6.09	25.69	106

2.2 汽油窄馏分分析

图 1 至图 4 为汽油窄馏分辛烷值随馏程变化曲线。从图中可知，随着馏程的升高，汽油窄馏分的辛烷值均呈现为先降低后升高之后又略有降低，总体表现为两头高中间低的规律。辛烷值最高的馏分段为初馏分段，其 RON 均在为 100 以上，辛烷值最低的馏分段基本在 110~120℃馏分，其 RON 最低者仅为 71.6，且均在 80 以下。以 RON85 为分界线时，可以看到，各汽油样品 RON 低于 85 的馏分均集中在 80~130℃范围内。由此可以判断，80~130℃的中心馏分是制约辛烷值提高的关键馏分。

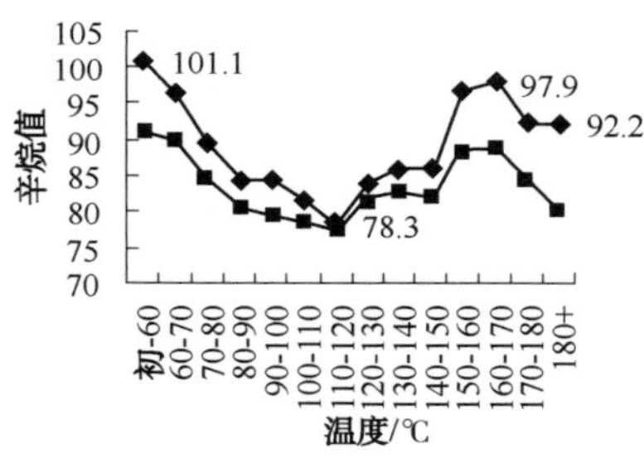

图 1 1#汽油窄馏分辛烷值随馏程变化曲线

◆—RON；■—MON

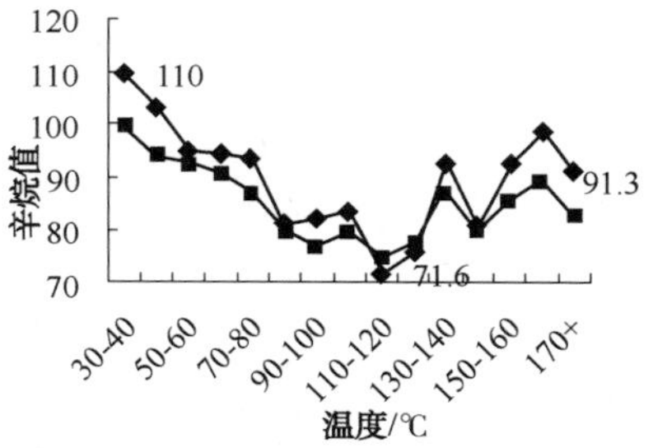

图 2 2#汽油窄馏分辛烷值随馏程变化曲线

◆—RON；■—MON

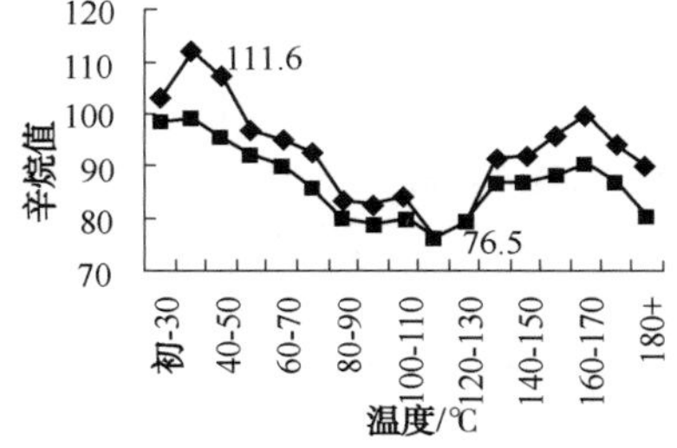

图 3 4#汽油窄馏分辛烷值随馏程变化曲线

◆—RON；■—MON

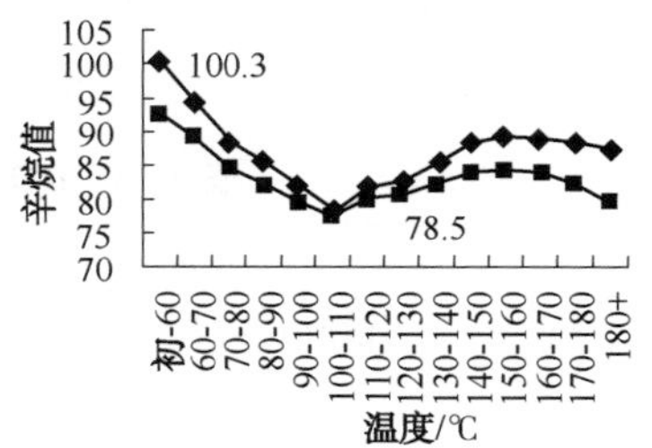

图 4 5#汽油窄馏分辛烷值随馏程变化曲线

◆—RON；■—MON

以 1#汽油为例，从表 2 中 1#汽油的窄馏分辛烷值及烃类质量组成可知，在初馏点到 80℃的馏分段内，异构烷烃和烯烃是汽油窄馏分的主要组分，两者的质量分数之和可到

70%以上，是辛烷值的主要贡献组分。随着馏程升高，汽油窄馏分中异构烷烃和烯烃的含量下降，环烷烃和芳烃的含量上升，但芳烃比例极低，此时 RON 快速降低。当馏程高于100℃时，环烷烃含量开始下降。馏程高于 120℃时，芳烃在汽油窄馏分中的质量分数已达到 40%以上，成为汽油窄馏分辛烷值的主要贡献者。以往的研究认为烃族组成的变化决定了汽油窄馏分的辛烷值的变化规律。但在 RON 最低点即 110~120℃的馏分段内，异构烷烃和烯烃的含量仍有较高的比例，此时芳烃质量分数也达到了 24%，但 RON 却是最低的。由此证明，虽然同碳数的异构烷烃、烯烃和芳烃相对来说是高辛烷值组分，但仅以汽油的族组成的变化判断窄馏分辛烷值的变化规律，是有局限性的。

表 2　1#汽油的窄馏分辛烷值及烃类质量组成

馏程/℃	MON	RON	烃族质量组成/%				
			NP	IP	O	N	A
初~60	91.2	101.1	7.25	44.65	46.54	1.28	0.29
60~70	90.02	96.5	5.55	37.85	40.4	12.23	3.94
70~80	84.8	89.8	4.77	34.31	37.95	18.18	4.67
80~90	80.7	84.7	5.04	37.3	30.53	21.42	5.61
90~100	79.9	84.8	5.09	30.36	26.26	21.44	16.72
100~110	78.9	81.8	3.66	32.43	23.56	16.71	23.52
110~120	77.7	78.3	4.4	32.21	24.65	14.23	24.1
120~130	81.8	84	3.46	26	18.37	11.68	40.11
130~140	83	86	2.56	12.23	29.97	11.13	43.29
140~150	82.2	85.9	2.68	18.83	28.54	6.07	43.26
150~160	88.5	96.7	2.49	18.05	7.01	2.65	69.02
160~170	88.8	97.9	2.49	18.05	7.01	2.65	69.02
170~180	84.7	92.4	2.78	23.06	5.06	1.09	67.27

表 3 为各汽油样品 RON 最低的馏分段的烃族组成，由表 3 可知，RON 最低馏分段的碳数分布主要集中于 C_8，而且主要是异构烷烃和烯烃组分。在 C_8 异构烷烃中，主要的结构形式是单甲基异构烷烃(MP)亦即甲基庚烷，而二甲基异构烷烃(DP)含量相当低，三甲基异构烷烃(TP)含量微乎其微。分析汽油的单体烃组成分布，单体烯烃的主要结构形式也是以辛烯、反式辛烯、甲基庚烯等长链烯烃为主。因此，在 RON 较低的馏分段，汽油中占主要比例的组分是单甲基异构烷烃和长链烯烃。

表 3　低 RON 汽油馏分段的烃族组成

样品馏程段/℃	RON	碳数	质量分数/%							合计
			nP	iP			O	N	A	
				MP	DP	TP				
2#110~120	71.6	8	2.39	26.94	12.16	0.01	15.23	15.9	2.06	74.69
4#110~120	76.5	8	3.60	24.45	7.35	0.05	19.28	7.19	4.21	66.13
5#100~110	78.5	8	2.13	14.14	6.08	0.27	10.6	5.65	1.61	40.48

表 4 为 4#汽油样品 80~130℃馏分的烃族质量组成。由表 4 中数据可知，该馏分的 RON 为 81.6，MON 为 79.1，辛烷值较低。80~130℃馏分的碳数分布集中于 C_7、C_8，两者的质

量分数分别为58.48%和32.83%。由烃族质量组成可知，80~130℃馏分中含量较高的为异构烷烃和烯烃，且主要是碳数为C_7和C_8的异构烷烃和烯烃。在单体烃分布中，这两种碳数的异构烷烃和烯烃的主要结构形式也是单甲基异构烷烃和长链烯烃。该馏分段的烃族组分分布规律与辛烷值最低的馏分段的烃族组分分布规律是一致的。而在表5单体烃的RON可以看到，除2-甲基-1-庚烯外，甲基庚烷和长链烯烃等主要的单体烃其RON均处于较低水平，甲基庚烷的RON更是仅在20左右。由上述分析可知，制约中心馏分辛烷值提高的组分主要是单甲基异构烷烃和长链烯烃等低辛烷值组分。

表4 4#汽油样品80~130℃馏分的烃族质量组成

CNum	质量分数/%					CSum
	nP	iP	O	N	A	
5	—	0.01	0.01	—	—	0.02
6	0.39	0.68	3.00	1.16	0.71	5.93
7	3.26	16.86	14.25	9.41	14.70	58.48
8	1.48	14.85	8.80	3.46	4.24	32.83
9	0.01	1.62	0.57	0.27	\	2.47
Total:	5.14	34.02	26.63	14.3	19.65	99.73
MON	79.1		RON	81.6		

表5中为单体烃结构与RON的关系，由表5可以看到C_6烯烃随着支链靠近碳链中心且支链数目的增加，其RON逐渐提高；而芳烃则随着支链的增加同时支链对称度的增加，RON逐渐提高。图5为C_2~C_9链烷烃的研究法辛烷值，以C_8链烷烃为例，从图中可以看到，同碳数的异构烷烃随着支链的增加，其RON逐渐提高。因此多支链异构烷烃、多支链异构烯烃和高度对称的多支链芳烃具有较高的RON，是理想的汽油高辛烷值组分。在实际生产中，若能在催化装置中实现低辛烷值组分转化为理想的高辛烷值组分，将可最终实现提高催化裂化汽油辛烷值的目的。

表5 部分单体烃与RON

项目	结构	RON	项目	结构	RON
低RON馏分段主要组分		72.5	C_6烯烃	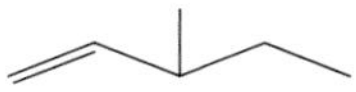	96.0
		90.2			101.7
		26.8	芳烃	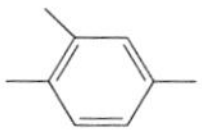	101.4
	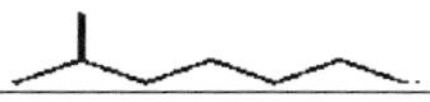	20.7		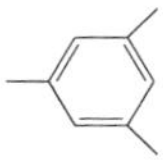	>106.0
C_6烯烃	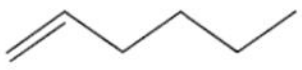	76.3		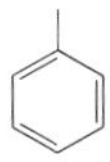	105.6
	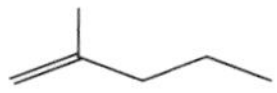	94.2		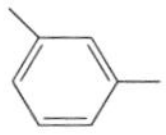	103.4

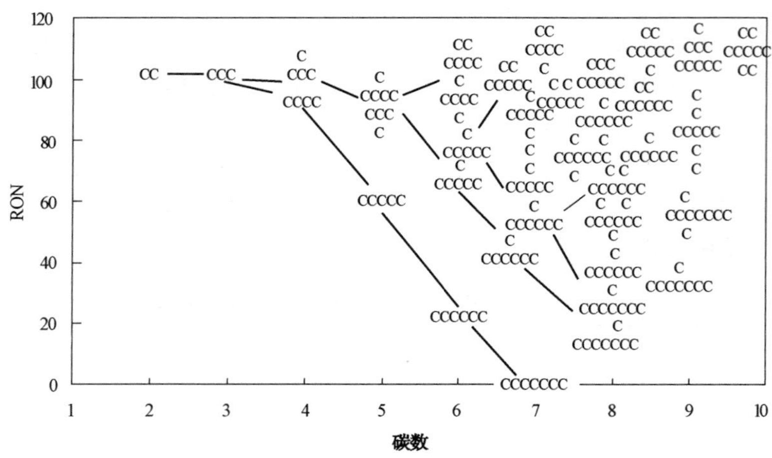

图5 $C_2 \sim C_9$链烷烃的研究法辛烷值

3 结论

（1）汽油窄馏分的RON随馏程变化表现为两头高中间低的规律，FCC汽油中心馏分（馏程80~130℃）的辛烷值较低，是制约催化裂化汽油辛烷值提高的关键馏分。

（2）RON较低的单支链异构烷烃和长链烯烃是中心馏分的主要组分，是制约催化裂化汽油辛烷值提高的关键组……

（3）多支链异构烷烃、多支链烯烃和高度对称的多支链芳烃是理想的高辛烷值汽油组分，将低RON的关键组分转化为理想组分是提高催化汽油辛烷值的有效途径。

参 考 文 献

[1] 梁文杰．石油化学[M]．第1版．东营：石油大学出版社，1995.172.

[2] 陈俊武．催化裂化工艺与工程[M]．第2版．北京：中国石化出版社，2005.461.

[3] 蔡有军，曹祖宾．催化裂化汽油窄馏分辛烷值与烃类组成分析[J]．当代化工，2006，35(5)：371-375.

[4] 曹祖宾．沈北催化裂化汽油窄馏分辛烷值与烃类组成分析[J]．抚顺石油学院学报，1996，16(1)：10-14.

炼油分析、设备与信息技术

固定床渣油加氢失活剂的积炭分布及金属沉积研究

刁玉霞，孙淑玲，张　进，徐广通

（中国石化石油化工科学研究院，北京　100083）

摘　要　对工业运转后的金山石化系列渣油加氢催化剂进行物理化学性质的表征，运用SEM-EDS、元素分析、XRF等手段获得了金属和积炭在失活剂上的沉积规律，考察了催化剂的容金属和脱碳性能。

关键词　渣油加氢　催化剂　失活　SEM-EDS

1　前言

固定床渣油加氢催化剂一般不再生使用，因此延长工业装置的运转使用周期将有利于降低运转费用。分析固定床渣油加氢催化剂的失活并探讨失活原因及采取相应的对策，对延长催化剂的使用周期提高市场竞争力具有积极的意义[1-2]。

催化剂失活是一种复杂的现象，通常认为，引起催化剂失活的主要原因有：中毒、烧结、机械磨损、积炭和重金属沉积。关于一整套渣油加氢装置中系列失活剂的详细研究未见报道。本课题研究了运转后不同床层位置的催化剂，分析了焦炭和金属在催化剂颗粒中的沉积状况，为剖析工业废催化剂提供了有力的技术支持。

2　实验部分

2.1　催化剂样品来源

实验选用来自上海金山石化炼厂的渣油加氢装置中卸出的失活剂。沿着反应物料的方向依次取样，样品编号分别为R1801-1，R1801-2，R1801-3，R1801-4，R1802-1，R1802-3，R1803-1，R1803-7，R1803-8，R1804-1，R1804-2，R1805-4，R1805-5。

2.2　样品制备

对五个反应器中的若干样品在约110℃下经甲苯充分抽提，洗脱粘附在失活剂上的油品组分，干燥后利用多种分析手段对其进行表征。

2.3　分析仪器及方法

SEM实验是在FEI Quanta 200型场发射扫描电镜上进行，加速电压20kV，沉积金属的空间分布利用 SEM-EDX 的线扫描和面分析功能完成。

3 结果与讨论

3.1 一反装置中保护剂的物化表征

上海金山石化的渣油加氢装置，运转大约1年3个月，保护剂床层主要装填多孔圆柱或者拉西环状催化剂，主要成分为负载 Ni、Mo 的 Al_2O_3。

针对保护剂床层的失活剂，对 V、Ni、Fe、S 的微区分布进行分析。图1是 EDS-mapping 的结果，保护剂捕获了大量的 Fe、V、Ni 等元素。Fe 主要沉积在保护剂的边缘或空隙处，R1801-1 的失活剂显示，Fe 元素大量沉积在催化剂的孔隙处，这是由于在渣油中，Fe 主要以环烷酸盐的形式存在，它的沉积主要受到热分解的影响，因此，容易分解沉积在催化剂的表面上；V 元素的沉积在不同催化剂上都比较显著，R1801-1 和 R1801-2 由于孔径较大，所以 V 的大分子化合物可以进入催化剂的内部，从剖面上来看，V 在这两个催化剂上呈现均匀分布，随着孔径的降低，R1801-3 催化剂的剖面结果显示，V 在该保护剂边缘处出现明显的富集；Ni 元素的沉积较为均匀，说明 Ni 卟啉类大分子化合物受到催化剂孔径的影响较小；S 元素沉积的位置与金属 Fe、Ni、V 的沉积位置形成很好的对应关系。

保护剂床层的 EDS-mapping 结果表明，渣油在反应器中最先接触的是大孔径催化剂，这种催化剂可以从渣油中脱除并容纳 Ni、V 等金属杂质，已脱除了 Ni、V 的渣油再与孔径较小、表面活性较高的脱硫、脱氮催化剂接触，从而保护剂床层的催化剂，解决了小孔径和大分子的矛盾，使催化剂活性随着渣油在反应器中前进方向而逐渐增加。

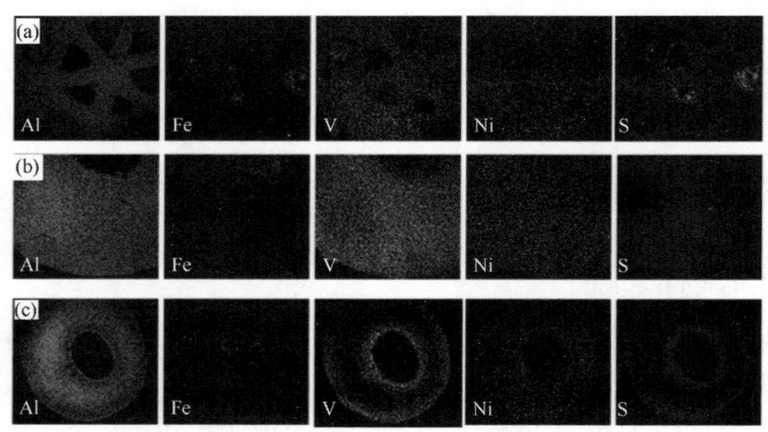

图1 一反装置中保护剂的金属分布 SEM-EDS mapping 图

(a)1801-1；(b)1801-2；(c)1801-3 的催化剂剖面元素分布

从以上分析结果可以看出，第一反应器中，保护剂由于颗粒较大，堆积较为松散，有利于过滤渣油原料中的较大颗粒物，起到拦截颗粒物的作用；脱除 Fe、Ca 以及部分 Ni、V 沉积在催化剂中；第一反应器中保护剂还起到了部分转化沥青质和胶质的作用，主要反应包括加氢反应、HDM、HDS、大分子变小分子反应。

3.2 积炭在催化剂上的分布及影响

研究表明，积炭的沉积总量来自两个方面：一是沉积在催化剂颗粒之间的焦炭；二是沉积在催化剂孔道中的焦炭。图 2 是对五个反应器中的 10 个失活剂进行的积炭微区分析，旨在研究催化剂孔道内的积炭。结果表明，R1801-1 催化剂不但该床层的总积炭量最大，R1801-1 内部的积炭也最为严重，积炭在催化剂的剖面上呈现明显的“U”形分布。失活剂剖面的分布特点表明了在催化剂的颗粒之间有更多的焦炭沉积，这与该催化剂最先接触物料，沉积物较多有关系。失活剂内部的分布曲线表明，沉积在催化剂孔径中的积炭含量依次为 R1801-1> R1801-4> R1803-7> R1804-2> R1802-3> R1805-5。一反装置中催化剂的积炭量主要是由于物料原因引起的偏高，其他催化剂积炭含量高的可能原因是催化剂的脱硫脱残炭活性高引起的。

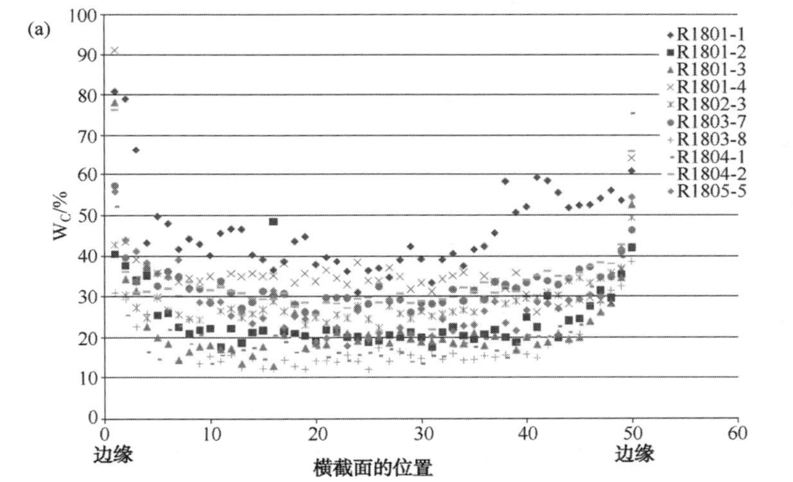

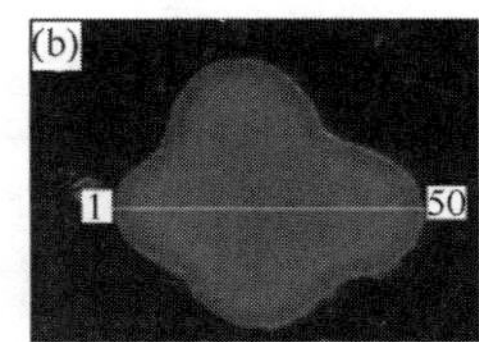

图 2 沿着渣油加氢失活剂剖面的积炭的分布

(a)图为 10 个催化剂的积炭含量变化；(b)图为催化剂的剖面取点方式

3.3 金属沉积物在催化剂剖面的分布

在积炭径向分布的基础上，进一步考察积炭与金属沉积的协同作用。图 3 是 5 个反应器中沿物料方向级配的 10 个失活剂的剖面 V 元素沉积图。由于 R1801-1 是多孔圆柱结构，它的沉积规律呈现中心富集的情况。除此之外，蝶形催化剂沿对角线方向的 V 元素沉积呈现明显的“M”形，V 元素在催化剂的边缘出现富集，在催化剂的中心部位由于传质受限，V 元素存在的卟啉大分子类化合物无法进入催化剂内部，因此中心位置的 V 元素的含量偏低。从剖面分布上来看，V 的沉积量呈现 R1801-4> R1801-3> R1801-2> R1802-3> R1803-7> R1804-2，一反装置不仅积炭量大，而且位于一反装置中的 RDM-35 脱金属剂也捕获了大量的金属 V，一反装置中保护剂起到了很好的保护下游催化剂的作用。二、三、四反应器中对应的 RDM-32，RDM-33 以及 RCS-30 催化剂也起到了很好的脱金属 V 元素的作用。从图 6 的趋势分布图上可以明显的看出级配方案的合理性，经过多种催化剂的逐级脱金属、脱残炭，位于出口处的 R1805-5 催化剂上金属 V 元素的沉积量为最低。关于 V 元素对催化剂活性影响的报道表明[3]，含 V 元素的 $NiMo/Al_2O_3$ 催化剂加氢活性明显低于不含 V 元素的 $NiMo/Al_2O_3$ 催化剂；随着催化剂上 V_2O_5 质量分数的增加，多聚体 V 的出现导致 V-S 相的加氢活性增加，催化剂加氢活性先迅速下降，再逐渐趋于平稳。因此，沿着物料方向最大程度地捕获 V 元素，让渣油中的 V 元素逐渐减低，有利于保护下游催化剂的加氢活性。

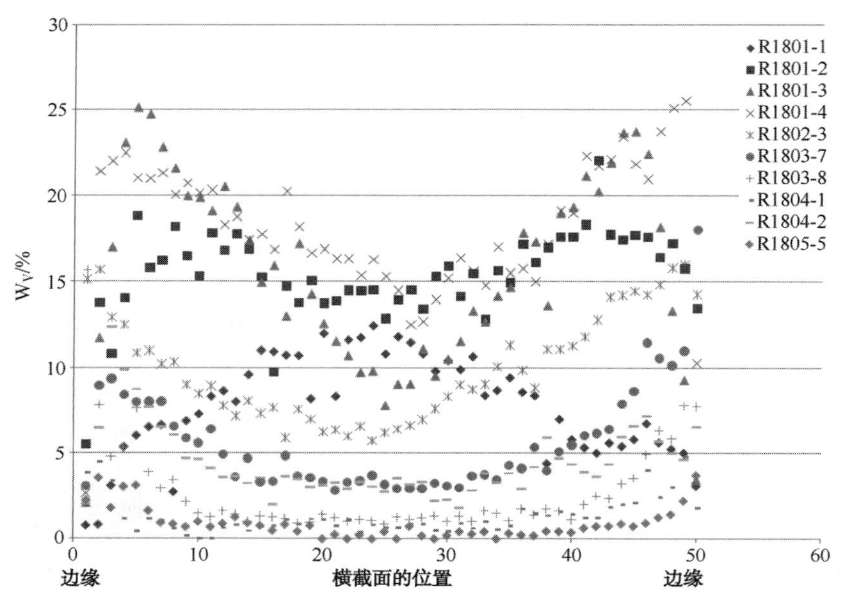

图 3 沿着渣油加氢失活剂剖面的 V 元素的分布

与 V 元素对催化剂有害不同，Ni 元素一方面来自渣油中的金属沉积，另一方面还作为活性相存在渣油加氢催化剂中。Ni 与 V 元素的沉积存在明显的差别，Ni 的沉积贯穿蝶形催化剂的对角线，元素的沉积明显不受孔径的限制。说明 Ni 大分子化合物的尺寸较催化剂孔径小，传质和分解的共同作用，导致了 Ni 元素在催化剂剖面上的均匀分布。

金属和积炭在加氢催化剂上的沉积影响了催化剂的比表面积和孔结构。根据 SEM-EDS 的结果，催化剂的失活最主要的原因是催化剂外表面的中毒以及大部分的孔在孔口处发生堵塞或者缩小引起的。

4 结论

从积炭沿着物料方向分布和沿着催化剂剖面分布的比较来看，最大积炭量均出现在物料入口处，这与渣油的性质有关系，此外，个别床层上，积炭的总沉积量和径向沉积量稍有差别，这是由于积炭沉积在颗粒间和沉积在催化剂孔道中有差别。

金属在催化剂上的沉积集中在一反、二反装置中，有效地保护了下游活性较高的催化剂。根据文献报道，讨论了金属的沉积对催化剂的活性有影响。

参 考 文 献

[1] Moulijn J A, Diepen A E, Kapteijn F. Catalyst deactivation: is it predictable? What to do? [J]. Appl Catal A:

Gen, 2001, 212: 3-16.
[2] 孙昱东，杨朝合，山红红．渣油加氢催化剂构型失活因素综述[J]. 石化技术与应用，2009，27(5)：464-469.
[3] 贾燕子，孙淑玲，杨清河．钒作为加氢催化剂活性组分的研究，I 钒对 NiMo/Al_2O_3催化剂加氢性能的影响及表征[J]. 石油学报：石油加工，2011，27(5)：663-667.

球形度表征技术研究催化裂化平衡剂

陈　妍，郭瑶庆，朱玉霞，田辉平

（中国石化石油化工科学研究院，北京　100083）

摘　要　采用动态数字成像颗粒分析仪测定催化裂化平衡剂的球形度，与显微镜图像有比较好的一致性，能够对大量平衡剂微球的接近球形程度进行量化计算。另外也发现，球形度较差的平衡剂的差角也较小，表明球形度对流化性能有一定影响。

关键词　催化裂化平衡剂　球形度　流化指数

催化裂化催化剂是一种微球催化剂，但由于制备过程中喷雾成型及干燥条件的影响，催化剂微球也往往会有凸起、粘连或者凹陷。另外，一些采用原位晶化制备的全合成的催化剂形状也不规则，这就造成催化剂不完全是圆球状。催化裂化平衡剂在装置中经过一段时间的运转，催化剂微球之间、催化剂微球与管道设备之间经过高速摩擦及碰撞，凸起及粘连会被磨平，更接近圆球状；如果微球机械强度差则会发生破碎，导致形状更加不规则。因此新鲜剂的性质、反应装置、反应条件等均对平衡剂的球形度具有直接影响。催化剂的球形度对反应系统的流化状况有一定影响[1]，同时也对催化剂的磨损，对设备的磨损磨蚀也有一定影响，因此需要可靠的检测技术及手段对平衡剂的球形度进行表征。

球形度的定义有多种，其中常见的有 Wadell 法和 Krumbein 法[2]：Wadell 球形度定义为颗粒等体积球体的表面积与颗粒的表面积比值，这种方法不容易测量计算，使用并不广泛；Krumbein 球形度需要对物体的三维形貌进行测量，由于多个颗粒的三维形貌很难同时进行测量，因此适用性也不强。而将三维形貌简化为二维图像便可以大大方便测量，目前二维图像法相对应的形状参数的主要有圆度、长短度等，主要是借助电镜、显微镜等对样品进行图像采集，再利用相关软件对采集的图像进行分析处理和计算。然而这些传统的图像方法所测到的颗粒个数有限，且颗粒往往静止平铺于样品台上，并不能真实反映颗粒群体立体的形貌特征。因此本研究采用颗粒自由下落过程中的快速成像技术，采集大量细粉的随机侧面的投影，再对多个投影得到的圆度进行分析计算，统计平均后可以表征颗粒的球形度，并且数量越多，测试结果越稳定，真实性也越大。

1　测试方法及设备

1.1　球形度测试方法

采用德国莱驰公司的 CamsizerXT 动态数字成像颗粒分析仪测定平衡剂球形度，本测试仪基于数字成像原理，当大量分散均匀的颗粒从光源和快速成像的高分辨率摄像机镜头前通过时，颗粒形貌被记录并数字化，经计算机处理大量成像图片，获得基于体积百分数的颗粒形貌分布的统计数据。摄像机得到的图像是具有一定灰度值的图像，需按一定的阈值转变为二值图像，颗粒的二值图像经实域分割、补洞运算、去孤立点、目标分离等处理后，将每个颗粒单独提取出来，逐个测量其面积、周长等形状参数，将所测得的形状参数按圆度公式(1)进行计算[3]，进一步将大量圆度数据统计计算得到颗粒的球形度公式(2)。本颗粒分析仪的颗粒检测范围是1μm~30mm。

圆度公式：$\varphi_c = 4\pi * A/P^2$ (1)

球形度公式：$SPH = \sum(\varphi_{ci})/\sum i = \sum(4\pi * A_i/P_i^2)/\sum i$ (2)

其中 φ_c 为颗粒圆度，A 为颗粒的投影面积，P 为颗粒的投影周长，i 为颗粒投影的个数，为了保证分析结果的准确性和重复性，i 值应应大于1000000。

CamsizerXT动态数字成像颗粒分析仪有两种测量方式：水分散颗粒湿法测定和颗粒自由落体干法测定，本研究采用的干法分散测定方法：将1.1~1.4g样品加入进样槽中，设定样品在进料槽中快进速率为仪器规定的最大振动速率的60%，样品进入测量窗口的速率为仪器规定的最大振动速率的55%，使颗粒在进料槽单层分散均匀并到达平板边缘，以自由落体方式通过摄像机测量窗口进行测量。

1.2 其他测试方法及计算

平衡剂的表观流化性能的测定是采用粉体综合特性测试仪测定休止角、崩溃角及差角，其中休止角是指粉体堆积层的自由表面在静平衡下，与水平面形成的最大角度，休止角能够表征粉体颗粒的流动性；崩溃角是指对测量休止角的堆积粉体给予一定的冲击，使其表面崩溃后圆锥体的底角；差角是休止角与崩溃角的差值

平衡剂的表观形貌采用光学显微镜进行观测。粒度分布采用激光粒度仪Mastersizer-2000测定得到0~20μm、0~40μm、0~45μm、0~105μm、0~149μm的体积百分比，以及平均粒径(APS)。表观松密度ABD按照中石化石科院标准Q/SH 3360 207—2012进行测定。YL平衡剂采用扫描电镜进行微球表面形态的观测，并采用EDX进行表面某处Fe、Ni、V及Ca含量的测定。

目前催化裂化领域常用流化指数(U_{mb}/U_{mf})计算表征平衡剂的流化性能[4]，流化指数是指最小鼓泡速度(U_{mb})与最小流化速度(U_{mf})的比值，在催化裂化反应中，流化指数可按照简化公式(3)进行计算。

$$\frac{U_{mb}}{U_{mf}} = \frac{\exp(0.176F_{45})}{\overline{APS}^{0.8} \times ABD^{0.934}} \tag{3}$$

其中 F_{45} 为催化剂中0~45μm的颗粒体积分数，APS 为平衡剂的平均粒径，ABD 为平衡剂的表观松密度。

2 结果与讨论

2.1 平衡剂样品选择与基本性质

选择国内外典型炼厂的平衡剂，代表了目前主要FCC催化剂供货商的制造技术，平衡剂的粒度分布及表观松密度等主要的物理性质如表1所示，采用动态数字成像技术得到的衡

剂球形度SPH，以及采用式(3)计算得到的流化指数 U_{mb}/U_{mf} 也列于表1中，并将表1中平衡剂物理性质按照SPH从小到大排列。平衡剂Fe、Ni、V、Na、Ca及Sb等主要金属含量列于表2。

表1 平衡剂的主要物理性质

平衡剂	ABD/(g/mL)	0~20μm/%	0~40μm/%	0~45μm/%	0~80μm/%	0~149μm/%	APS/μm	U_{mb}/U_{mf}	SPH
KW	0.9	0	3.48	7.57	56.29	97.6	75.38	3.52	0.920
SR	0.73	0	3.00	6.52	48.14	93.24	81.58	4.01	0.921
TY2	0.95	0	4.2	8.54	56.92	97.58	74.83	3.37	0.922
KP	0.90	0	1.86	5.40	47.48	95.22	81.95	3.28	0.926
BK1	0.87	0	1.66	4.30	46.85	95.33	82.40	3.37	0.928
TY1	0.91	0	7.45	12.83	59.01	96.68	72.51	3.63	0.929
AR	0.77	0	5.31	9.91	54.81	95.61	76.01	4.06	0.929
WK	0.91	0	6.88	12.13	58.58	96.68	72.96	3.61	0.93
BK2	0.85	0	4.75	9.00	52.85	95.33	77.63	3.64	0.934
TR	0.81	0	0.81	3.02	57.21	99.49	75.83	3.84	0.934
GE	0.84	0.07	14.6	21.35	66.63	97.28	65.37	4.31	0.937
YA	0.82	0.41	13.17	18.39	56.12	92.42	73.66	3.99	0.939
DL	0.76	0	15.32	22.88	70.94	98.50	62.52	4.92	0.942
WL2	0.92	3.71	27.42	34.39	72.35	96.97	57.04	4.52	0.943
YL	0.81	0.10	17.44	3.03	69.13	97.40	62.64	4.47	0.944
WL1	0.93	0.12	19.64	27.74	74.71	98.85	58.96	4.31	0.946

表2 平衡剂的主要金属含量 μg/g

平衡剂	Fe	Ni	V	Na	Sb	Ca
KW	7000	3100	2400	1300	1230	1800
SR	7500	2100	2900	2600	950	800
TY2	7400	5400	4200	2300	1200	3700
TR	3100	<100	160	1050	<100	370
KP	6170	4080	7140	4980	1200	2230
BK1	4210	3520	4710	2760	550	1050
TY1	7100	4600	3800	2200	1200	3500
AR	2300	3700	8200	1600	<100	900
WK	2660	<100	700	1730	<100	280
BK2	3960	3330	4740	2620	690	1040
GE	7800	15100	<100	3265	4800	<100
YA	11800	4700	2000	2523	1300	1700
DL	6700	4500	5200	4700	940	1300
WL2	5700	<100	<100	1855	<100	<100
YL	11600	7000	3100	4155	2900	2600
WL1	4000	<100	<100	1484	<100	<100

分析表 1 中的数据发现不同炼厂的平衡剂的粒度分布、表观松密度的差异均比较大，流化指数 U_{mb}/U_{mf} 差异也比较大。一般认为粒度分布 0~40μm 的体积分数在 10%以上时，流化比较好、操作稳定、循环量容易控制，而 BK1，KP，TR、SR 及 KW 等平衡剂的 0~40μm 及 0~45μm 的体积分数均低于 5%，其原因可能是由于反应装置中催化剂细粉的跑损造成细粉大量减少，与之相对应其流化指数 U_{mb}/U_{mf} 也相对较低。WL1 和 WL2 的 0~45μm 的体积分数相对过大(≈30%)，且平均粒径 APS 也很低(<60μm)，其原因可能是新鲜剂本身细粉含量高，也可能是催化剂在装置中的大量破碎导致细粉量的大量增加，其中催化剂的破碎可能与催化剂的强度有关，也可能与反应装置的运行状况相关，细粉增加虽然使计算得到的流化指数 U_{mb}/U_{mf} 很高，但粒度分布不在正常范围内，同样会影响催化裂化反应装置的正常运行。考察平衡剂的主要金属含量(见表 2)发现：YL 及 YA 的 Fe 含量均高于 10000ppm，另外 AR 的 V 含量，GE 的 Ni 含量也明显高于其他平衡剂。

从表 1 中也可以发现，采用动态数字成像颗粒分析仪测得的平衡剂的球形度 SPH 主要在 0. 920~0. 946 之间，一般认为平衡剂 SPH 小于 0. 928 为球形度较差，大于 0. 936 为球形度较好。

2. 2　球形度与显微镜图片对照

选取几种球形度较好的平衡剂(如 DL、WL2、GE 及 YL)及较差的平衡剂(如 KP、KW、SR 及 TY2)，将其 SPH 与显微镜图像进行对照，如图 1 所示：发现 TY2 中大部分颗粒形状极其不规则，这是因为该装置使用的催化剂为全合成剂，对应的球形度相对较低；KP、SR 及 KW 的颗粒形状也普遍具有粘连、凸起等，对应的球形度也很低；而 DL、YL、GE 及 WL2 显微镜图片中的颗粒规整性比较好，相对应的球形度指数也较高。因此可以认为本研究中球形度测定方法在一定程度上可量化反映平衡剂颗粒的球形近似度。值得注意的是 WL2 的球形度虽然很高，但较细小的微球特别多，这也与表 1 中的筛分数据相对应。

根据显微镜图像中微球的颜色深浅也可区分年龄分布及运行状况，循环次数较多的微球会沉积较多的 Fe、Ni 和 V 等金属，导致颜色较深，如 YL 整体偏红褐色，可能与其表面有铁富集有关；另外再生不均匀也会造成催化剂微球颜色较深，如 TY2 中及 KW 中的某些微球呈深黑色。

2. 3　球形度对表观流化性能的影响

表征粉体颗粒流化性能的方法有很多，其中休止角法和差角法是一种比较简单易操作的方法，也是一种能够直观表征流化性的方法。休止角可表观反映粉末颗粒的流动性，休止角越大，流动性越差。差角可表观反映粉末颗粒的流动性和喷流性，差角越大，粉体颗粒的流动性及喷流性越好。粉体的流动性好，在管路中就容易输送，不易堵管；喷流性是指粉体颗粒在外力的作用下在气液介质中的流化性。影响催化裂化催化剂流化性的因素有很多，如粒度分布、振实密度、表观松密度及颗粒形状规整程度等。

本研究通过测试得到十几种平衡剂的休止角、差角，并按照差角由小到大顺序排列，如表 3 所示。

TY2(SPH=0.922)　KP(SPH=0.926)

KW(SPH=0.920)　SR(SPH=0.921)

DL(SPH=0.942)　GE(SPH=0.937)

WL2(SPH=0.943)　YL(SPH=0.944)

图1　显微镜图片与球形度SPH的对照

表 3　平衡剂的流化性相关测试及参数

平衡剂	U_{mb}/U_{mf}	SPH	休止角/(°)	崩溃角/(°)	差角/(°)
WL1	4.31	0.946	28.50	17.75	10.75
TR	3.84	0.924	27.33	15.50	11.83
WK	3.61	0.930	28.50	16.00	12.50
SR	4.01	0.921	28.83	16.25	12.58
KW	3.52	0.920	30.17	17.00	13.17
GE	4.31	0.937	30.33	16.25	14.08
B1	3.37	0.928	30.17	16.00	14.17
WL2	4.52	0.943	31.67	17.5	14.17
YL	4.47	0.944	30.50	16.25	14.25
KP	3.28	0.926	31.33	17.00	14.33
TY1	3.63	0.929	32.00	17.25	14.75
B2	3.64	0.934	30.00	15.25	14.75
DL	4.92	0.942	28.83	13.50	15.33
TY2	3.37	0.922	31.83	16.00	15.83
AR	4.06	0.929	29.50	13.50	16.00
YA	3.99	0.939	31.17	14.50	16.67

研究发现，不同平衡剂的休止角及差角均有一定差异，表明流化性能有一定差别，且发现休止角及差角没有直接关联。目前催化裂化领域常用流化指数 U_{mb}/U_{mf} 表征计算催化剂流化性能的参数[见式(3)]，本研究将平衡剂的休止角与流化指数 U_{mb}/U_{mf} 相关联，发现两者呈一定的反相关(见图 2)，休止角增加，流化指数降低，与一般规律相符。然而流化指数仅考虑粉末颗粒的粒度分布(0~45μm 百分数及平均粒径)及表观松密度(ABD)，并没有考虑颗粒形貌形状的影响。因此本文需要结合球形度，考察平衡剂球形接近程度对流化性能的影响。

一般认为颗粒形状越不规则，颗粒间咬合作用越明显，流化性能受影响越大，但是在本研究中球形度与休止角之间没有发现特别的规律，这可能是因为影响休止角因素较多，平衡剂之间的球形度差异相对不大，因此看不出明显规律。值得注意的是，休止角超过 30.5°的 6 个平衡剂中，有以下几种情况：

(1) TY1、TY2、KP 的球形度(小于 0.930)及流化指数 U_{mb}/U_{mf} 均较小，休止角因此较大；

(2) WL2 的流化指数极高(4.52)，球形度为 0.943，但休止角仍很大，这主要是因为 WL2 细粉颗粒特别多，更容易堆积，使得休止角特别大；

(3) YA 及 YL 的流化指数 U_{mb}/U_{mf} 较高(均在 4.00 左右)，球形度均在 0.940 左右，然而休止角也很大，这是因为这两种平衡剂受铁污染严重(如表 2)，铁元素在表面的富集形成了榴莲状的凸起(见图 3)[5,6]，凸起之间的咬合使催化剂流动性变差，从而使休止角很高。

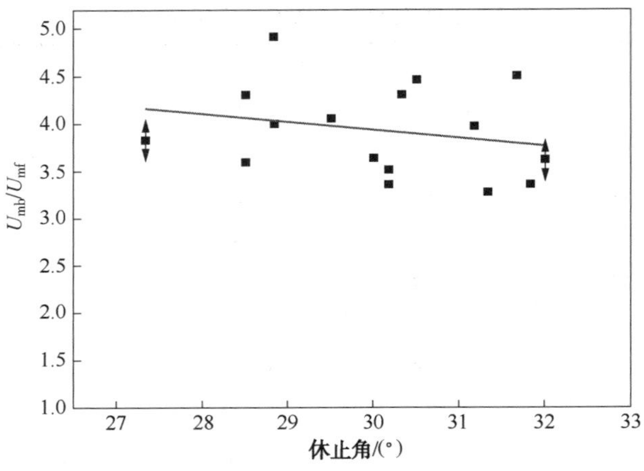

图2　休止角与流化指数的关联

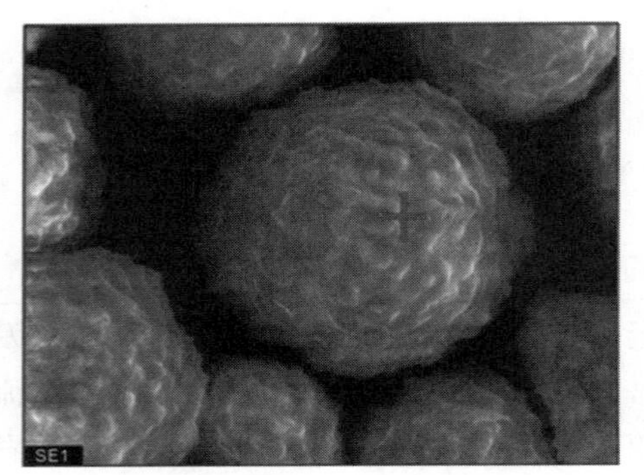

元　　素	EDX①/%	XRF②/%
Ca	0.42	0.26
V	0.44	0.31
Fe	3.89	1.16
Ni	1.70	0.7

① 左图十字标记凸起处的EDX能谱分析；

② YL平衡剂的XRF元素分析

图3　YL平衡剂的扫描电镜图片，十字标记处EDX元素分析及平衡剂XRF元素分析对比

然而将平衡剂的差角与球形度相关联，发现有相对较好的正相关性，如图4所示，球形度越高，差角越大；差角越大，说明喷流性越好。说明球形度对催化剂的流化性还是有明显影响。

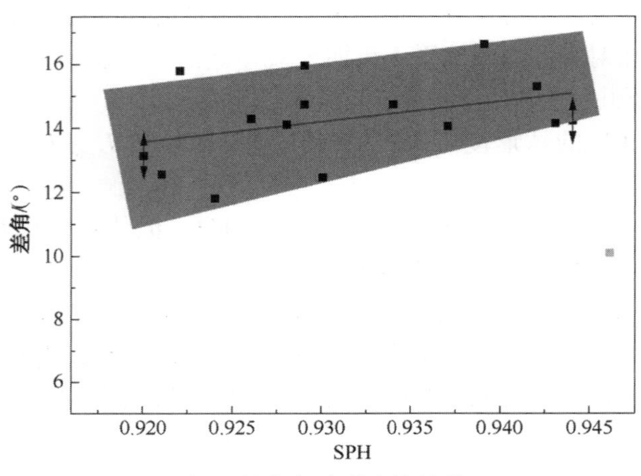

图4　差角与球形度的关联

3 结论

采用动态数字成像颗粒分析仪，能够快速量化大量平衡剂颗粒的球形接近程度，并与显微镜图像反映出的颗粒形貌具有很好的一致性。

平衡剂的球形度与能够反映粉体喷流性的差角具有一定的关联性，说明平衡剂的球形接近度对平衡剂在系统中的流化性影响也比较大，对新鲜催化剂和平衡剂进行球形度监测具有一定意义。

参 考 文 献

[1] Liu B, Zhang X, Wang L, et al, Fluidization of non-spherical particles: Sphericity, Zingg factor and other fluidization parameters. Particuology, 2008, 6(2): 125-129.

[2] 刘柏谦，苏伟强，洪慧，等．流化床床料与燃煤颗粒的形貌分析[J]．热能动力工程，2007，22.(01)：46-51.

[3] Kennet h R, Cast leman. 数字图像处理[M]. 北京：电子工业出版社，1998.

[4] 陈俊武．催化裂化工艺与工程[M]. 北京：中国石化出版社，2005.

[5] 杜泉盛，朱玉霞，林伟．催化裂化催化剂铁污染研究[J]. 石油学报：石油加工，2007 23(03)：37-40.

[6] 杜泉盛，朱玉霞，林伟．污染铁在 FCC 催化剂上的分布研究[J]. 石油炼制与化工．2007 38(02)：19-22.

焦化柴油碱性含氮化合物的分子表征

史得军，马晨菲，王春燕，杨晓彦，林 骏，曹 青，喻 昊，薛慧峰，肖占敏

（中国石油石油化工研究院，北京 100195）

摘 要 采用盐酸萃取的方法富集焦化柴油中的碱性含氮化合物，并通过气相色谱-质谱、全二维气相色谱-飞行时间质谱分析了酸萃取液的组成。气相色谱-质谱的分析结果表明，酸萃取液中芳烃化合物的含量仅为6.8%。全二维气相色谱-飞行时间质谱分析结果表明，酸萃取液中主要有423种含氮化合物，其中399种为碱性含氮化合物，并且分子类型以吡啶类、喹啉类、吖啶类、苯并喹啉类、苯胺类等含氮化合物为主。

关键词 焦化柴油 碱性含氮化合物 分子表征 全二维气相色谱-飞行时间质谱

焦化柴油是延迟焦化工艺的重要副产物之一，其氧化安定性较差。这是由于焦化柴油硫、氮等非烃化合物含量较高，其中含氮化合物容易氧化，对油品的安定性不利[1]。焦化柴油一般需要经过加氢精制脱除硫、氮等杂原子化合物，以满足车用柴油的质量标准。焦化柴油中含氮化合物，尤其是碱性含氮化合物极易吸附在加氢催化剂的酸性位上，容易引起催化剂中毒、降低催化剂寿命。因此，研究焦化柴油中碱性含氮化合物的分子形态，可以针对性的开发加氢脱氮催化剂，有效降低焦化柴油中氮化合物的含量，提高加氢精制的深度和催化剂寿命。此外，目前研究的工作主要集中在催化裂化柴油含氮化合物的分子形态分析上，对于焦化柴油含氮化合物分子形态的研究重视不足[2]。本文通过酸萃取法富集焦化柴油中的碱性含氮化合物，采用气相色谱-质谱考察了富集效果，采用全二维气相色谱-飞行时间质谱得到了碱性含氮化合物的详细分子单体组成，为加氢催化剂的开发提供了丰富的分子组成信息。

1 实验

1.1 试剂

盐酸，分析纯，HCl体积含量36%~38%，北京化工厂。氢氧化钠，分析纯，北京化工厂。正戊烷，含量≥95.0%，国药集团化学试剂有限公司。二氯甲烷，分析纯，国药集团化学试剂有限公司。无水硫酸钠，分析纯，国药集团化学试剂有限公司。

1.2 仪器与设备

气相色谱-质谱仪：Aglient GC 7890A-5975MSD。全二维气相色谱-飞行时间质谱：Aglient GC 7890A- Leco公司 Pegasus III TOF MS。

1.3 焦化柴油中碱性含氮化合物的萃取

参考梁永梅等[3]、石科院[4]的富集方法，取 30 mL 某炼厂焦化柴油移入到 50 mL 的分液漏斗中。向分液漏斗加入 8 mL 浓度为 1 mol/L 的盐酸溶液，机械振荡 10min 后收集下层酸液。再次向分液漏斗中加入 8 mL 的 1 mol/L 的盐酸溶液，机械振荡 10min 后收集下层酸液。合并两次收集的酸液，用 6 mL、6 mL、4 mL 的正戊烷抽提三次，去除溶解在水溶液中的烷烃、芳烃化合物。

将正戊烷抽提后的酸液用浓度为 1 mol/L 的氢氧化钠溶液中和至碱性。用 6 mL 二氯甲烷抽提处理后的碱液三次，合并抽提液。用 3 mL 去离子水洗涤二氯甲烷抽提液两次，去除抽提液中的盐分。用无水 Na_2SO_4 干燥抽提液，并用氮气吹扫浓缩至 1 mL 左右备用。

1.4 GC-MS-FID 分析条件

GC 条件：HP-5MS 毛细管色谱柱(30 m×0.25 mm×0.25 μm)；程序升温的初温 120 ℃，升温速率 2℃/min，终温 300 ℃，保持 10min；载气为高纯氦，恒流操作，流量 0.5 mL/min；进样口温度 300 ℃，分流比 30：1，进样量 0.2 μL。

MS 条件：EI 电离源(70 eV)，离子源温度 230 ℃，四级杆温度 130℃，全扫描质量范围 30~500 u，接口温度 300 ℃，溶剂延迟时间 4min。

FID 条件：检测器温度 350 ℃，空气流量 300 mL/min，氢气流量 30 mL/min。

1.5 GC×GC-MS 分析条件

GC×GC 条件：第一维色谱柱为 DB-Petro 柱(50 m×200 μm×0.5 μm)，第二维色谱柱为 DB-17Ht 柱(2 m×100 μm×0.1 μm)；进样口温度 280 ℃，分流比 30：1，进样量 1 μL；载气为高纯氦，恒流操作，流量 1.2 mL/min；第一维色谱柱程序升温的初温为 110 ℃，保持 2min 后以 3 ℃/min 升温到 300 ℃，保持 10min；第二维色谱柱程序升温的初温为 115 ℃，保持 2min 后以 3 ℃/min 升温到 305 ℃，保持 10min；调制周期 6 s。

TOF MS 条件为：溶剂延迟时间 4min，质量扫描范围 30~500 u；采集速度 50 Hz；离子源温度 200 ℃，传输线温度 305 ℃；电子轰击电离源的电压 70 eV。

2 结果与讨论

2.1 一维色谱分析结果

图 1 为焦化柴油酸萃取液 GC-MS-FID 分析结果。由图 1 可见，两图的峰形分布基本相同，表明酸萃取液中各类化合物在质谱与 FID 上的影响因子基本相同，说明酸萃取液中各类化合物分子类型比较相似。对酸萃取液的 TIC 图进行 NIST 检索，结果表明酸萃取液主要为碱性含氮化合物，此外还含有少量的苯类、萘类等芳烃化合物。采用面积归一化法，萃取液的 FID 谱图计算结果表明，芳烃化合物占酸萃取液总量的 6.8%。由此可见，采用本文所述的酸萃取法可以有效的富集焦化柴油中的含氮化合物。由 NIST 检索结果可知，酸萃取液中共有 126 种碱性含氮化合物，主要为苯胺类、吡啶类、喹啉类、吖啶类等含氮化合物。

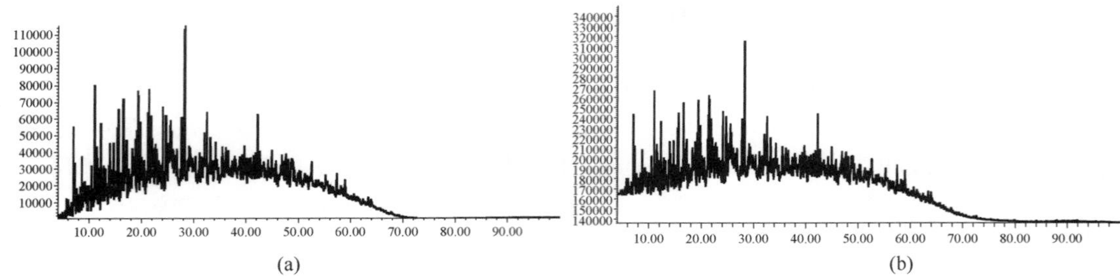

图1 焦化柴油酸萃取液的TIC图(a)与FID图(b)

2.2 二维色谱分析结果

由于焦化柴油中碱性含氮化合物异构体众多，一维色谱根本不可能将这些含氮化合物全部分离[2]。图1(a)中含氮化合物的馒头峰分布也说明萃取液中各类化合物同分异构体较多且极性相近，无法实现基线分离，因此仅仅通过GC-MS难以得到准确可靠地碱性含氮化合物的定性结果。与常规的气相色谱相比，全二维气相色谱通过两根极性不同的色谱柱的串联实现了对化合物的正交分离，具有分辨率高、灵敏度好、分析速度快等特点，与飞行时间质谱联用，有可能解决复杂样品的分离和结构鉴定难题[5]。

本文采用全二维气相色谱-飞行时间质谱分析了焦化柴油酸萃取液，结果见图2。由图2可见，含氮化合物与芳烃化合物完全分离开来，并且不同类型化合物的分布呈现瓦片效应；通过NIST检索，共定性分析出423种含氮化合物，其中碱性含氮化合物为399种。与GC-MS的分析结果相比，全二维气相色谱-飞行时间质谱的分析结果大大提高了对焦化柴油中碱性含氮化合物的认识深度。

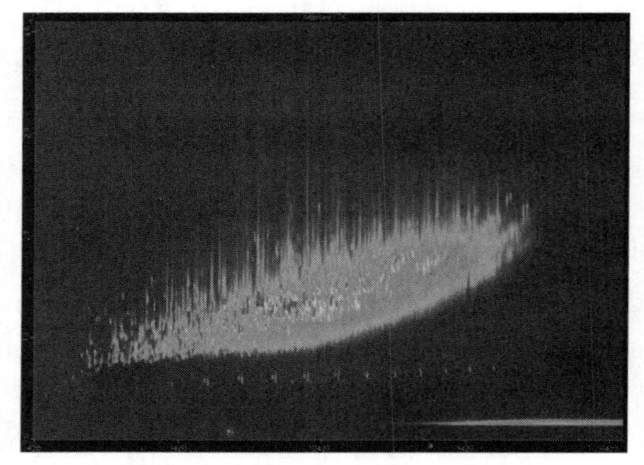

图2 焦化柴油酸萃取液的GC×GC二维色谱图

采用面积归一化法计算焦化柴油酸萃取液中各类含氮化合物的相对含量，结果见图3。由图3可见，焦化柴油碱性含氮化合物中喹啉类化合物含量最高，其次为苯并喹啉类化合物；苯并喹啉类与吖啶类化合物虽然均为渺位缩合，但是角型缩合的苯并喹啉类化合物要明显高于线性缩合的吖啶类化合物，这与柴油中角型缩合的菲类化合物要高于线性缩合的蒽类化合物相似；二环的喹啉类化合物含量与三环的吖啶类与苯并喹啉类化合物的含量之和基本相当，明显高于一环的吡啶类化合物与四环的苯并吖啶类化合物的含量；焦化柴油中含有相当量的二氮化合物，如吡嗪类、哌啶类化合物；焦化柴油中存在NO类化合物如3-甲基-2-喹啉酮，其含量为酸萃取液中含氮化合物的总量的5.4%，可能是焦化柴油中的碱性含氮化合物氧化反应的产物；焦化柴油酸萃取液吲哚类、咔唑类非碱性含氮化合物，其含量为酸萃取液中含氮化合物的总量的4.7%，说明本文所述的酸萃取法对焦化柴油碱性含氮化合物的富集、纯化效果较佳。

图4为几类具有代表性的、含量较高的含氮化合物的碳数分布。由图4(a)可以看出，吡啶类化合物的含量分布呈现明显的偶碳优势特点，即偶数碳的吡啶化合物含量明显高于奇数碳的吡啶化合物。由图4(b)可以看出，喹啉类化合物的含量随着碳数的增加呈现先增加

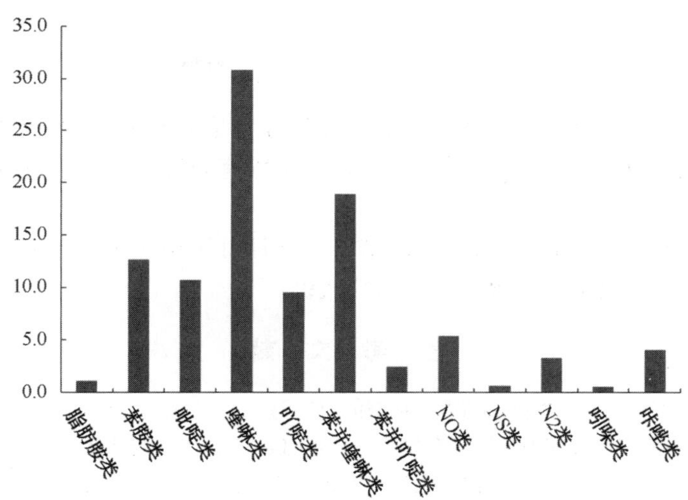

图 3　焦化柴油酸萃取液的氮分布

后降低的现象；喹啉类化合物最多只有三个取代基，碳数为 15、16、17、18 的喹啉类化合物为苯基喹啉及其衍生物，并未检测到四烷基取代和五烷基取代的喹啉类化合物。图 4(c)可以看出，甲基取代的吖啶类化合物含量明显高于母体吖啶化合物的含量。由图 4(d)可以看出，喹啉类化合物的含量随着碳数的增加呈现先增加后降低的现象，二甲基取代的苯并喹啉类化合物含量最高。

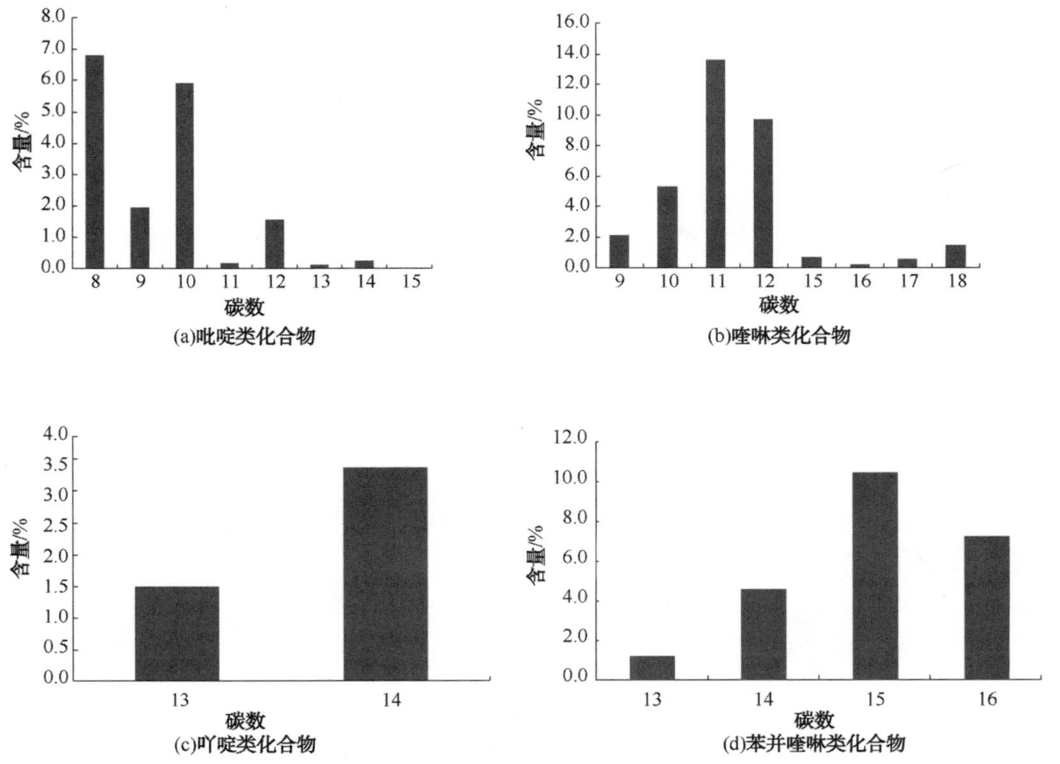

图 4　几种碱性含氮化合物的碳数分布

3 结论

（1）焦化柴油碱性含氮化合物酸萃取液中芳烃等含量为6.8%，吲哚类、咔唑类等非碱性含氮化合物的含量为4.7%，说明采用酸萃取法可以有效地富集纯化焦化柴油中的碱性含氮化合物。

（2）采用全二维气相色谱-飞行时间质谱可以定性分析出焦化柴油中399种碱性含氮化合物，大大提高了对焦化柴油中含氮化合物的认识。

参 考 文 献

[1] 许立兴，刘洁，李文深，等．焦化柴油溶剂精制的研究[J]．石油炼制与化工，2007，38(6)：1-5.

[2] 张月琴．直馏柴油和焦化柴油中含氮化合物类型分布[J]．石油炼制与化工，2013，44(1)：41-45.

[3] 梁永梅，刘文惠，史权，等．重油催化裂化汽油中含氮化合物的分析[J]．分析测试学报，2002，21(1)：84-86.

[4] 石油化工科学研究院一室．色谱/质谱联用分析胜利催化裂化柴油中碱性氮化物组成[J]．石油炼制与化工，1979，(11)：42-49.

[5] 路鑫，武建芳，吴建华，等．全二维气相色谱/飞行时间质谱用于柴油组成的研究[J]．色谱，2004，22(1)：5-11.

船用柴油发动机检测用油国家标准样品的研制

孙 艳，任立华，徐新良，张 艺

（中国石油乌鲁木齐石化公司研究院，新疆乌鲁木齐 830019）

摘 要 确定了船用柴油发动机检测用油技术指标、制备方案并进行了标准样品的制备，对标准样品均匀性、稳定性进行了研究，并开展了样品定值、台架测试等研制工作。研制出的船用柴油发动机检测用油通过了国家标准样品技术委员会组织的鉴定，取得了国家标准样品证书，为我国船用柴油发动机检测解决了统一的参比燃料问题。

关键词 船用柴油发动机检测用用油 标准样品 研制

1 前言

近几年来，随着我国船舶工业的迅速发展，对船用柴油发动机检测用油的需求日益增加。目前国内普遍采用当地生产的0#普通柴油作为发动机研发、生产和检测用油，由于不同性质、不同来源的原油以及不同工艺生产的柴油性质会出现一定差异，造成发动机检测结果可比性差、缺乏可靠的比较基础等问题。而船用柴油发动机检测用油标准样品(以下简称标准船柴)是发动机性能和水平测试的统一参比燃料，广泛应用于发动机功率、油耗、废气排放等性能的鉴定、验收、检测、评定以及仲裁试验。长期以来，我国没有自己的船用柴油发动机检测用油，因此，研制我国自己的船用柴油发动机检测用油具有十分重要的意义。

2 技术指标制订

标准船柴样品性能的优劣，对发动机的动力性、经济性、可靠性以及使用寿命均有很大影响。因此，技术指标的确定非常关键。在技术指标制定阶段，考虑到我国目前尚无标准船柴样品，因此，主要结合我国现行《轻柴油》标准 GB252-2000，参考欧洲标准燃料(Diesel Reference Fuel)、美国标准燃料 2-D(Diesel Reference Fuel 2-D)和日本标准燃料(Diesel Reference Fuel)，以及国内标准 GB 17691—2005(车用压燃式、气体燃料点燃式发动机与汽车排气污染物排放限值及测量方法)的基准燃料部分和 GB 18325. 3—2005(轻型汽车污染物排放限值及测量方法(中国Ⅲ、Ⅳ阶段))的基准燃料柴油部分，并结合我国车用柴油标准 GB/T 19147—2003 和欧洲柴油标准 EN 590—2004，以及世界燃油规范中关于柴油的技术条件要求[1-2]。

同时，项目组与石科院、武汉水运、上海内燃机研究所、沪东重机、ABS 等柴油发动机设计、使用和检测单位专家建立联系，进行技术指标意见征询和讨论，与石科院合作对样品的氧化安定性、腐蚀性、十六烷值等关键技术指标开展大量评定试验，结合实验结果，初定技术指标，对初定指标开展台架试验确定标准船柴技术指标。召开技术指标研讨会，对标准样品技术指标进行逐项讨论，最终确定形成标准船柴样品技术指标。表 1 为标准船柴技术指标与国外检测用基准燃料指标对比。

表1　船用柴油发动机检测用油技术指标与国外基准燃料指标对比

项　　目	标准船柴	欧　　洲	美国2-D	日　　本
馏程/℃	—	—	ASTM D86	ISO3405
初馏点	—	ISO3405	171~204	90%(vol):
10%馏出温度	50% 255~ 285	50%vol>245	204~238	350(2级), 360(1级)
50%馏出温度	90% 315~ 345	95%vol:	243~282	—
90%馏出温度	95% 345~ 365	345~350	293~332	—
终馏点	—	370	321~366	—
酸度/(mgKOH/100mL)	7	max 0.02	—	—
水分/%(质量分数)	0.03	EN-ISO12937	—	—
		max 0.02 (m/m)		
闪点(闭口杯法)/℃	55	ISO2719	ASTM D93	ISO3405
		min 55	min 54	min 50
运动黏度(20℃)/(mm^2/s)	3~ 6	ISO3104(40℃)	ASTM D445 (37.9℃)	ISO2909
		—	2~3.2	(30℃)
		2.3~3.3	—	1级 min2.7
		—	—	2级 min2.5
硫(质量分数)/%	0.1	EN-ISO14596	ASTM D2785	ISO4260
		(mg/kg)	7~15ppm	Max 0.005%
		max 10	—	—
灰分/ %(质量分数)	0.01	EN-ISO6245	—	—
		max 0.01		
机械杂质	无	—	—	—
密度(20℃)/(g/cm^3)	820~ 845	ISO3675	ASTMD1298 (15℃)	—
		(15℃)	0.840~0.865	
		0.833~0.837	—	
颜色/色号　不深于	3.5	—	—	—
氧化安定性; 总不溶物(沉渣)/(mg/100mL)	2.5	EN-ISO12205	—	—
		max 2.5		
十六烷值	50~54	ISO5165	ASTM D613	—
		50~54	40~50	
十六烷指数	—	—	ASTM D976	ISO4264
			40~50	1级 min50
			—	2级 min45
冷滤点/℃	4	EN116	—	ICS 75.160.20
		-5		1级 max －1
		—		2级 max －5
凝点/℃	0	—	—	ISO 3015(倾点)
				1级 max －2.5
				2级 max －7.5

由表 1 可以看出，我国的船用柴油发动机检测用油技术指标在闪点的制定上严格和苛刻于国外基准燃料；馏程、密度、黏度、十六烷值等指标与国外的基准燃料制订基本相当，且都有严格的指标区间范围；硫含量、凝点、冷滤点等指标符合我国 GB 252—2011《普通柴油》要求。我国的柴油发动机检测用油与国外基准燃料相比性能基本相当，且符合我国国情。

3 标准样品的研制

3.1 标准样品制备方案的确定

在实验室研制阶段，根据表 2 制定的样品关键指标兼顾重要性能指标，针对关键指标逐项开展优化调和试验，考察不同的调和方案对样品技术指标的影响，并进行调和方案的优化最终确定标样制备方案，见表 3。

表 2　指标分类表

项　　目	船用标柴
关键指标	密度 馏程 十六烷值 运动黏度 硫含量
重要指标	酸度 闪点 水分 残炭

表 3　两种调和方案对比

调和方案	调和组分	调和组分配比%(v/v)
方案一	一套常减压装置常二线馏分	15
	二套常减压装置常二线馏分(航煤方案)	30
	加氢柴油	55
方案二	二常三线	20
	加氢柴油	40
	加氢裂化柴油	40

采用方案一和方案二均能研制出合格的标准样品，但采用方案二更具有优势，主要体现在以下几个方面：

(1) 方案二采用的基础油不受装置生产方案的限制，具有更大的灵活性。

(2) 采用方案二能够更合理的优化乌石化公司基础柴油组分，充分利用常三线馏分，使我厂在实际生产中能够集中优势组分生产其他高牌号产品，有利于装置经济效益的提高。

(3) 采用优质的加氢裂化组分生产船用柴油样品，各项技术指标更容易达到标准样品技术指标要求，同时更低的硫含量符合当前和今后标准样品的发展趋势。因此采用方案二作为标准样品制备方案。

3.2 标准船柴样品的测试

3.2.1 理化性质检验

委托通过国家实验室认可的权威油品检测实验室国家石化产品检测中心(新疆)对标准样品进行了理化性质分析，分析结果表明标准船柴样品的各项理化性能指标均达到技术指标要求。

3.2.2 样品均匀性研究

均匀性检验是标准样品最重要的技术指标[3]。根据GB/T 15000《标准样品工作导则》以数理统计的方差分析法检验其均匀性。GB 4756液体石油产品取样标准认为密度可用来表征油品均匀性，因此选择测定密度进行均匀性检验 。共抽取15个样品由专业技术人员进行测试，为减少分析误差对均匀性测定的影响，保证同一实验室、同一仪器、同一操作人员全过程的测量，每个测定3次，以避免出现系统误差。样品均匀性检测结果见表4。

表4 标准样品均匀性检验结果(单位：kg/m^3)

序　号	测 量 1	测 量 2	测 量 3	平 均 值
1号	831.4	831.4	831.4	831.4
2号	831.4	831.3	831.4	831.4
3号	831.2	831.2	831.2	831.2
4号	831.2	831.4	831.3	831.3
5号	831.4	831.4	831.4	831.4
6号	831.2	831.2	831	831.1
7号	831.2	831.2	831	831.1
8号	831.4	831.4	831.4	831.4
9号	831.2	831.1	831.2	831.2
10号	831.2	831.2	831.2	831.2
11号	831	831	831	831
12号	831.2	831.2	831.2	831.2
13号	831.2	831.3	831.2	831.2
14号	831.2	831.4	831.3	831.3
15号	831.4	831.4	831.4	831.4

$\overline{X}=831.3$

$Q_g=0.78$　　$v_g=15-1=14$

$Q_e=0.93$　　$v_e=45-15=30$

$F=1.80<F_{(0.05,14,30)}=2.04$

统计量 F 小于 $F_{(0.05,14,30)}$，说明在95%的置信区间内，样品密度无明显差异，说明样品均匀性良好。

3.2.3 样品稳定性研究

标准样品的稳定性检验是标准样品的基本要求，氧化安定性是评定柴油样品稳定性的主要指标，在样品储存过程中，相关的影响稳定性易变的有代表性的性能指标还有铜片腐蚀、10%蒸余物残炭和酸度。这几项性能指标最易随时间延长而发生变化，是表征稳定性的典型参数。根据 GB/T 15000《标准样品工作导则》要求：不同时间间隔内结果的偏差不超过测试方法的精密度时，认为该样品在试验时间内是稳定的。样品稳定性考察期为一年。表5是在不同时间间隔内的标准样品测量结果。

表5 标准船柴稳定性试验结果

项目 \ 时间	2010.8	2011.1	2011.6	2011.10	质量指标	分析方法
氧化安定性，总不溶物/(mg/100mL)	1.0	1.09	1.0	1.23	≯2.5	SH/T 0175
酸度/(mgKOH/100ml)	0.76	0.7	0.7	0.5	≯7	GB/T 258
铜片腐蚀(50℃，3h)/级	1b	1b	1b	1b	≯1	GB/T 5096
10%蒸余物残炭	<0.1%	<0.1%	<0.1%	<0.1%	≯0.2	GB/T 7144

根据表5试验结果可以看出，在考察期内，样品的氧化安定性、酸度、铜片腐蚀、10%蒸余物残炭在不同时间间隔内检测结果的偏差均不超过其测试方法的精度，说明标准样品在规定的储存条件下，质量稳定可靠。

3.2.4 标准样品的定值

按照国家标准 GB/T 15000.3《标准样品工作导则》的规定[4]，标准样品的定值就是采用技术上正确的方法，对与标准样品最终用途有关的一个或多个化学的、物理的、生物学的、工程技术的特性值进行测定。

研究表明，柴油的馏程范围对柴油的使用性能具有较大的影响，十六烷值影响整个燃烧过程，柴油的密度不同，其馏程、50%回收温度、烃组成等不同，直接影响柴油的热值。综上原因，选定密度、十六烷值、50%回收温度、90%回收温度、95%回收温度作为标准船柴样品的定值项目。标准样品采用多家实验室(6家)协作方式，采用经过计量检定合格的分析仪器和权威测定方法共同测定。六家试验室协作定值结果见表6。

表6 船用柴油发动机检测用油标准样品定值结果

定值参数	定值结果	测定方法
密度/(kg/m^3)	831.2±0.4，$k=2$	GB/T 1884 GB/T 1885
十六烷值	52.1±1.0，$k=2$	GB/T 386
50%馏出温度/℃	265.9±3.0，$k=2$	GB/T 6536
90%馏出温度/℃	334.5±3.0，$k=2$	
95%馏出温度/℃	352.4±3.0，$k=2$	

3.3.5 标准样品台架评定

为进一步验证项目研制的标准样品的使用性能，委托上海内燃机研究所和武汉水运行业能源利用监测中心对项目研制的标准样品分别与上海、武汉市售0#柴油进行发动机台架对比检测，以比较不同型号柴油对发动机性能的影响。主要考察了不同油样对发动机台架的推进特性、负荷特性、万有特性、排气烟度及废气的影响。从台架评价结果来看：在相同工作条件下，采用标准样品，船用柴油发动机台架运行平稳，机况稳定，动力性、油耗及尾气排放性能与普通燃油基本相当，能够满足试验发动机检测的需求。

4 总结

（1）通过项目研究，制定了我国标准船柴的文字标准，为船用柴油发动机检测用油的研制提供了技术依据。

（2）研制出了符合技术指标要求的船用柴油标准样品，并获得了国家标准化管理委员会颁发的证书。

（3）研制的标准船柴样品，为船用柴油发动机设计、制造以及检测单位提供了统一的参比燃料，填补了国内空白。

参考文献

[1] 付子文等．船用燃料油相关国际法规及标准的分析．世界海运，2007(4)：48-49.

[2] 郑爱民等．国内外船用柴油机标准对比分析综述．舰船标准化工程师，2005(3)：14-16.

[3] GB/T 15000 标准样品工作导则．北京：中国标准出版社，2008.

[4] 全国标准物质管理委员会编著．标准物质的研制管理与应用．北京：中国计量出版社，2010.

汽油分子组成模拟

崔　晨，张霖宙，胡　森，郭　闯，史　权，赵锁奇

（中国石油大学(北京)；重质油国家重点实验室，北京　102249）

摘　要　针对汽油建立了分子库，并开发了汽油分子组成模拟的方法，使所得结果可以用于以后的加工模拟和调和模拟中。本文用一套催化裂化汽油的数据验证了模型的准确性。所得关键性质的预测值与实验值平均相对偏差小于2%，全性质平均相对偏差小于5%。所得PIONA组成分布趋势与实验值基本一致，可以认为模型模拟所得的汽油分子组成能够代表该汽油样品的实际组成。

关键词　汽油　分子管理　分子组成　模拟

1　简介

如今，轻质油品的加工及使用对其质量和组成的要求十分苛刻。为了满足炼厂效益和产品质量标准，对轻质油品的加工和调和过程实行分子管理变得越来越重要。而实行分子管理首先需要解决的问题即是获取原料的分子组成。

由于轻质油品通过仪器手段，如GC，GC-MS，可以对其组成进行详细检测，但是用仪器检测的方法仍然会遇到一些问题。一是虽然分析仪器对低碳数部分(通常为C8以前)的检测效果很好，但随着碳数增加，异构体数目显著上升，导致目前的分析手段会不可避免地遇到无法完全将异构体分开并准确识别的情况。而这会在处理分析结果时，干扰研究者对分子类型的判断，造成分子组成含量不准的情况出现。另一方面，仪器分析处理所得信息太过详细，难以用于后续的加工模拟。最后，仪器分析方法还需考虑实验成本和人员培训成本的问题。因此，使用计算模拟的方法来获取油品的分子组成受到了广泛关注，即将有限的宏观性质信息作为约束，求解对应的关键分子组成，实现基于模型的组成“软检测”。

对于组成相对简单的汽油，通常采用预先确定分子库的方法来模拟其分子组成。Albahri等[1]，Van Geem等[2]分别模拟了石脑油的分子组成。分子库通常会根据仪器分析检测结果和研究者的需要共同确定。由于所选原料的不同，Albahri的分子库只覆盖了最多至C9的分子，并包含了许多同分异构体。而Van Geem指出，太详细的异构体信息并不会对模拟有帮助，甚至会起到反作用。因此，Van Geem的分子库包含的分子总数相对Albahri少了很多，并覆盖到了C11的分子。此外，由于针对的对象是石脑油，所以这两种分子库都未包含烯烃分子。Ghosh等[3]为了解决分子层面汽油调和的问题，建立的分子库包含了汽油中可能出现的所有分子类型，但对部分分子类型的高碳数部分做了集总处理。Wu等[4]用MTHS方法建立了分子库，但并未明确规定具体分子。此外，目前所有针对汽油的分子库都未涉及杂原子组成，从而，难以满足一些特殊场景的需求，如加氢脱硫的过程模拟，汽油调和过程中对

硫含量的约束等。因此，迫切需要建立一个简单易用，并可以满足所有加工和调和模拟需求的汽油分子库和模拟方法。

2 方法

2.1 模拟计算流程

图1为模拟计算的流程图。首先在建立分子库后，查找或计算库中分子的热力学性质。然后，以汽油宏观性质的实验值，如馏程分布，PIONA 含量，RVP 等，为模型的输入项，并通过关联方程估算其他的宏观性质。用宏观性质的实验值经关联方程计算所得的性质值，也视为实验值。通过优化方法，本文中为模拟退火法(Simulated Annealing，SA)，生成汽油的分子组成，结合各分子的性质和混合规则，计算所得的汽油性质视为预测值。不断循环优化后，得到最佳的分子组成，使汽油性质的预测值与实验值差异达到最小。

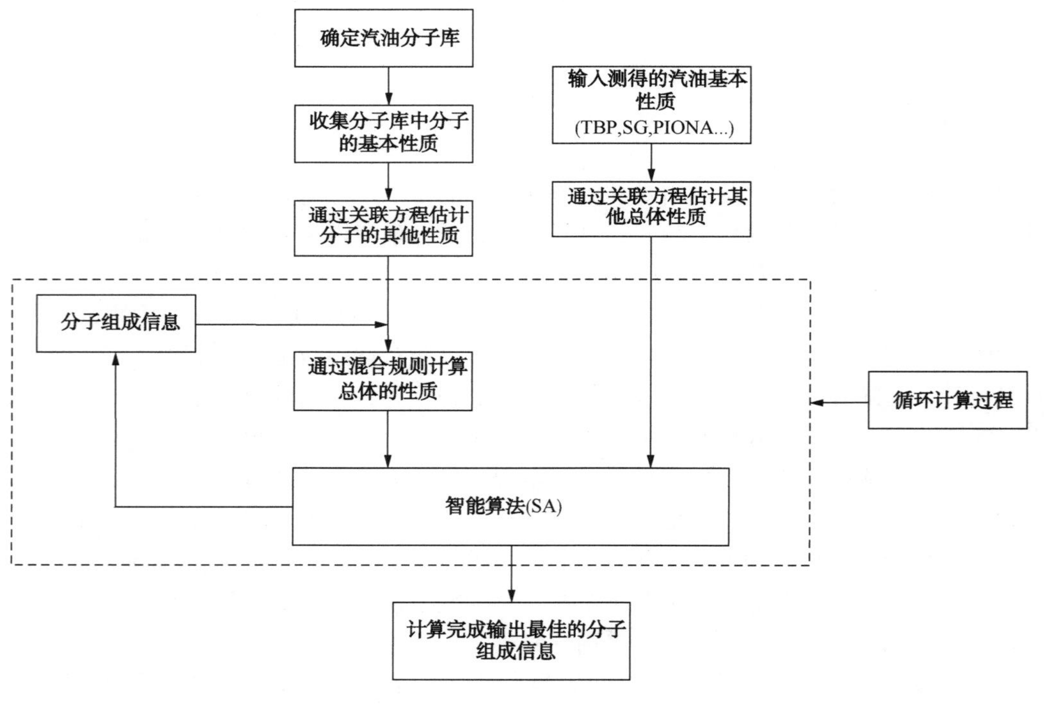

图1 模拟计算流程

2.2 确定分子库

通过总结前人的工作，并结合国内某些炼厂的 GC，GC-MS，GC-SCD 分析结果(图2)。本文建立了一套新的分子库，覆盖 C4 到 C12 的分子，分为烃类部分和非烃类部分。烃类部分含正构烷烃(NP)，单甲基异构烷烃(MP)，二甲基异构烷烃(DP)，三甲基异构烷烃(TP)，正构烯烃(NO)，异构烯烃(BO)，五元环烯烃(CO_ 5)，六元环烯烃(CO_ 6)，五元环烷烃(N5)，六元环烷烃(N6)，芳烃(A)，共十一个系列。非烃类部分含硫醇(SI)，硫醚(SII)，环硫醚(SIII)，噻吩(SIV)，苯并噻吩(SV)，苯胺(NI)，吡啶(NII)，吡咯(NIII)，四氢吡咯(NIV)以及苯酚(O)，共十个系列。分子库共含分子166个。

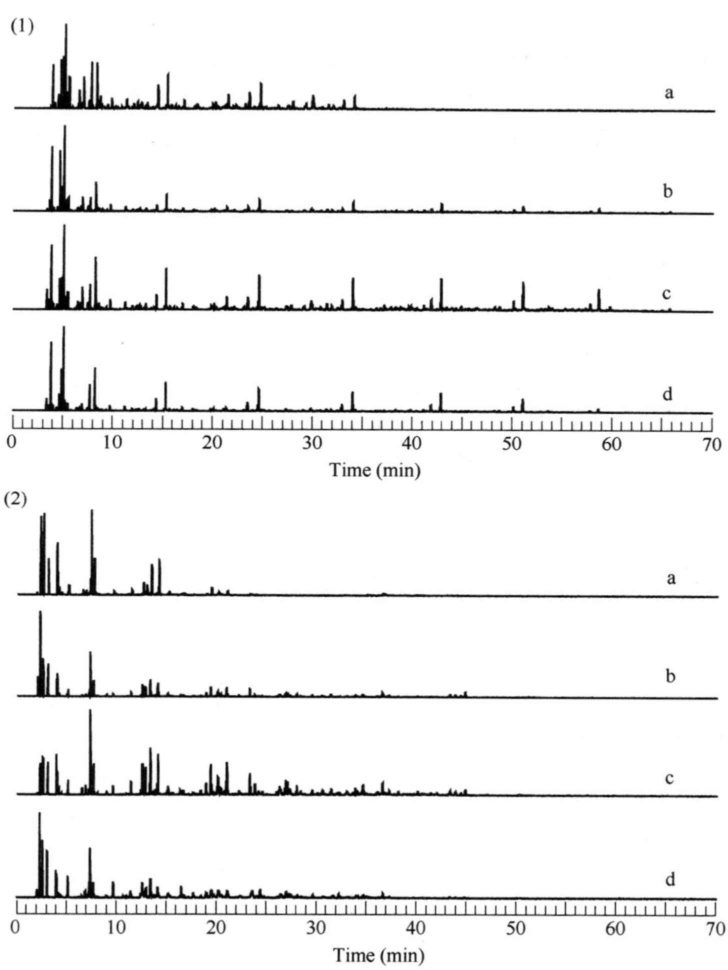

图2　汽油样品的气相色谱图

1—样品的GC分析结果；2—样品的GC-SCD分析结果

2.3　分子组成转化方法

2.3.1　假设

该方法在计算汽油的分子组成时采用了两个基本假设，一是各系列分子组成遵循一定的统计分布规律，Klein等[5]推荐使用gamma分布，因其有优秀的可调节性。另一个假设是汽油的宏观性质可以通过汽油中各分子的性质经由混合规则计算得到。

2.3.2　数学模型及优化方法

优化过程使用的目标函数为：

$$Obj = \sum \left(\frac{P_i^{msd} - P_i^{pred}}{P_i^{msd}} \times w_i \right)^2 \tag{1}$$

其中，P^{msd}表示性质的实验值，P^{pred}表示性质的预测值，w 表示权重。性质的实验值作为模型的输入项，这些性质通常为馏程分布，比重，分子量，PIONA 含量，PIONA 组成，RVP，RON 以及 MON 等。通过优化方法不断的搜索可能的分子组成，当目标函数达到最低时，即认为已经达到最优化状态，此时所得分子组成即为最优分子组成。

本文采用的优化方法为模拟退火算法。模拟退火是一种通用的随机搜索算法，它以一定的概率选择邻域中目标值相对较小的状态，是一种理论上的全局最优算法。

3 结果与讨论

为了验证模型，本文选用了文献中的一套催化裂化汽油数据为案例进行研究。需要说明的是，由于这套汽油的数据并未提供硫氮含量的数据。因此，模拟时暂时不考虑杂原子分子。本次模拟用到的输入项为馏程分布，PIONA 含量，RVP，RON 以及 MON。所得模拟结果不仅可以得到与输入项吻合较好的性质，更可以预测出近三十种汽油的宏观性质，以及详细的分子组成分布情况。从性质与组成两方面的模拟结果来看，该方法都能得到较好结果，可以认为模拟所得汽油分子组成可以代表样品汽油的组成，从而为以后的汽油加工和调和模拟建立了基础。

3.1 馏程分布对比

馏程是石油产品的主要指标之一，主要用于判定油品轻、重馏分组成的多少，控制产品的质量和使用性能等，对于汽油有重要意义。从图 3 可以看出，馏程分布的实验值与预测值吻合较好。

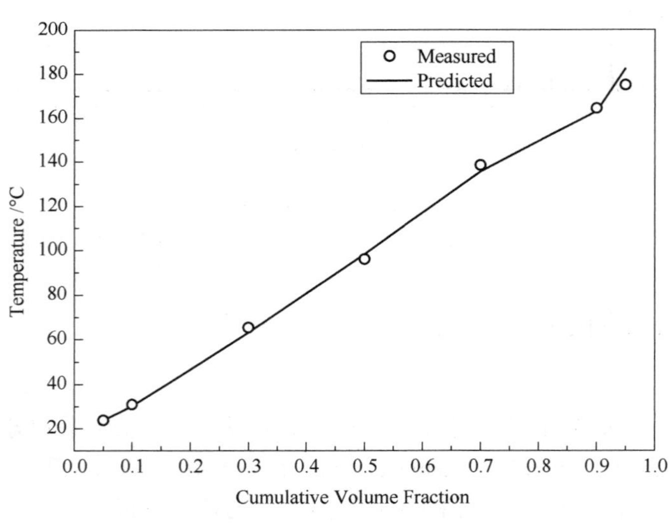

图 3 馏程分布对比

3.2 PIONA 含量对比

图 4 为 PIONA 含量的实验值与预测值的对比，可以看出预测值与实验值基本吻合。

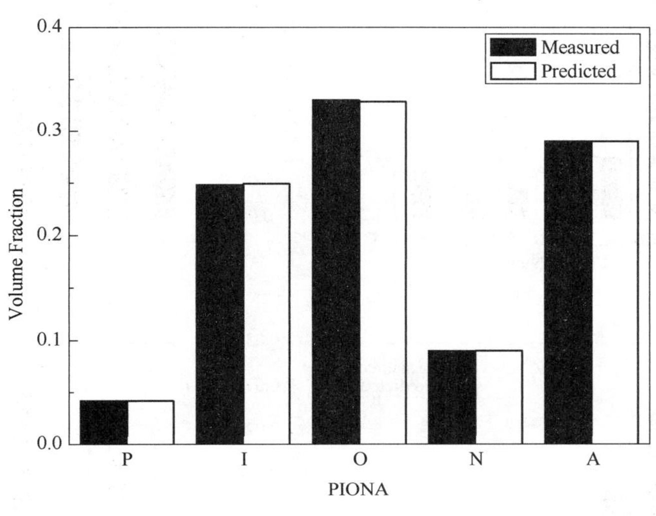

图 4　PIONA 含量对比

3.3 PIONA 含量分布对比

需要说明的是，馏程分布与 PIONA 含量在模拟中均作为输入项，模拟结果是在向输入值拟合。而 PIONA 含量的具体分布情况则为纯模型预测。从图 5 可以看出，，PIONA 含量按碳数分布的趋势基本一致，符合我们的预期，对于后续的加工模拟有参考意义。从图上还可以发现环烷烃的预测值与实验值差异较大。这是由于我们在模拟时假设了各系列含量的遵循 gamma 分布，而显然该汽油样品的环烷烃含量分布的实验值没有明显的规律性，从而导致预测值与实验值有较大差异。这也可能与 GC 分析造成的误差有关。

3.4 全性质对比图

虽然做为输入项的性质只有几种，但通过模型预测可得近三十种汽油的性质数据，因此可对样品汽油有个较全面的认识。图 6 为所有性质的对比，作图取对数坐标。所有性质实验值与预测值的平均相对偏差小于 5%。其中，作为输入项的关键性质平均相对偏差小于 2%。表 1 列出了计算时用到的所有性质的实验值和预测值。值得注意的是，由关联方程所得的汽油实验值对平均相对偏差的贡献较大，这与关联方程自身的误差有关。性质计算时用到的关联方程和混合规则均来自文献[6,7]。在汽油调和过程中意义重大的性质 RVP，RON，MON，其相对偏差分别为 0.38%，0.79%，1.67%。表中详细列出了各性质的实验值和预测值。由于这套汽油数据未提供杂原子含量，因此，模拟结果中不含杂原子含量项。

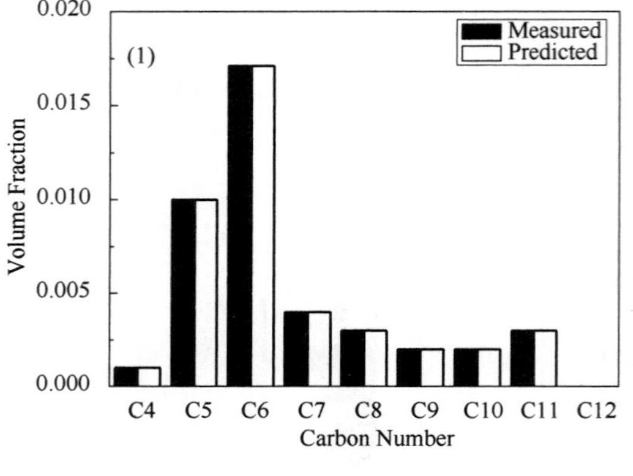

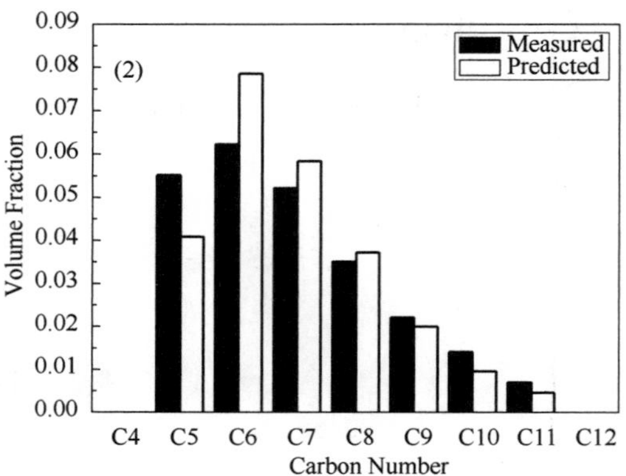

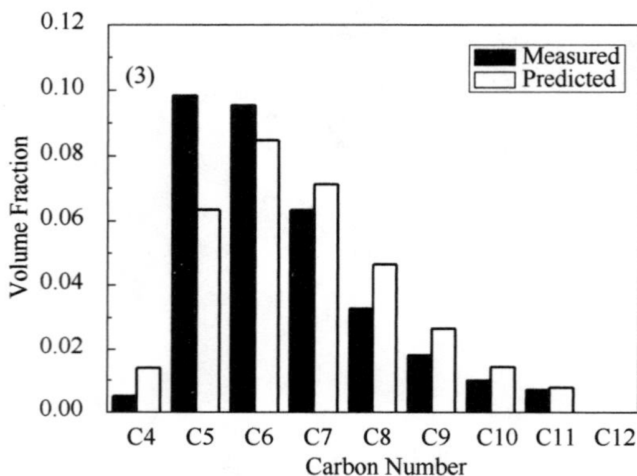

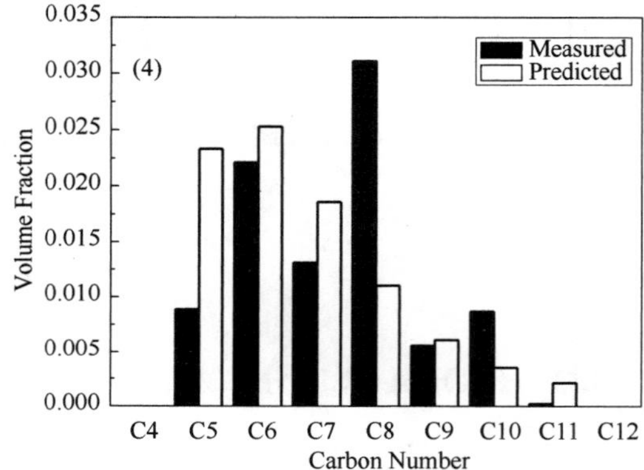

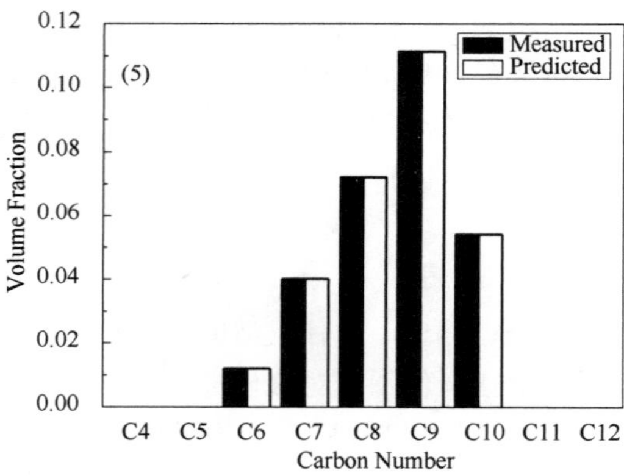

图 5 PIONA 含量分布对比

1—正构烷烃含量分布对比；2—异构烷烃含量分布对比；
3—烯烃含量分布对比；4—环烷烃含量分布对比；
5—芳香烃含量分布对比

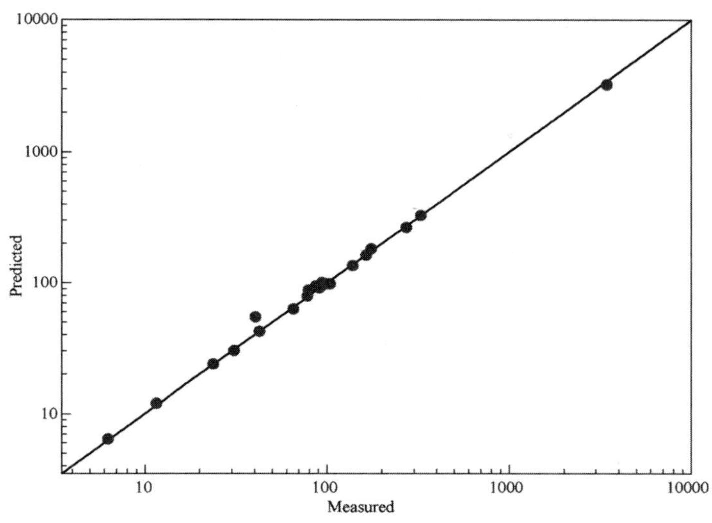

图6 全性质对比

表1 性质列表

性质名称	实验值	预测值
5%馏出温度/℃	23.8	23.8
10%馏出温度/℃	30.9	30.2
30%馏出温度/℃	65.3	63.1
50%馏出温度/℃	96.1	98.3
70%馏出温度/℃	138.5	135.7
90%馏出温度/℃	164.5	163.1
95%馏出温度/℃	175.1	182.5
相对密度	0.75	0.746
RVP/kPa	42.54	42.38
RON	90.89	91.61
MON	78.06	79.37
碳氢质量比	6.28	6.43
相对分子质量	93.8	94.8
质量平均沸点/℃	104.2	98.4

续表

性质名称	实验值	预测值
摩尔平均沸点/℃	79.1	87.9
立方平均沸点/℃	94.3	100.6
中平均沸点/℃	86.6	94.2
体积平均沸点/℃	99.1	98.1
临界压力/kPa	3443.42	3235.04
临界温度/℃	272.4	265.2
临界体积/(cum/kg)	0.00382	0.00407
折射率	1.416	1.418
特性因素	11.54	11.95
苯胺点/℃	40.5	54.7
偏心因子	0.275	0.297
临界压缩因子	0.267	0.270
运动黏度(100℉)/(mm^2/s)	0.536	0.537
运动黏度(210℉)/(mm^2/s)	0.311	0.377
液体热容/[kJ/(kg·℃)]	2.056	2.095
理想气体热容/[kJ/(kg·℃)]	1.414	1.443
正常沸点下的蒸发热/(kJ/kg)	327.2	328.9
浊点/℃	-115.2	-78.6
P/v%	4.21	4.21
I/v%	24.80	24.93
O/v%	32.99	32.83
N/v%	8.97	9.00
A/v%	29.02	29.02

3.5 各系列分子含量分布

除了得到PIONA含量按碳数的分布，我们可以预测得到更详细的分子组成信息。图7

反应了我们规定的分子库中十一类烃类分子的详细分布情况，这对于加工模拟和调和模拟都有指导意义。

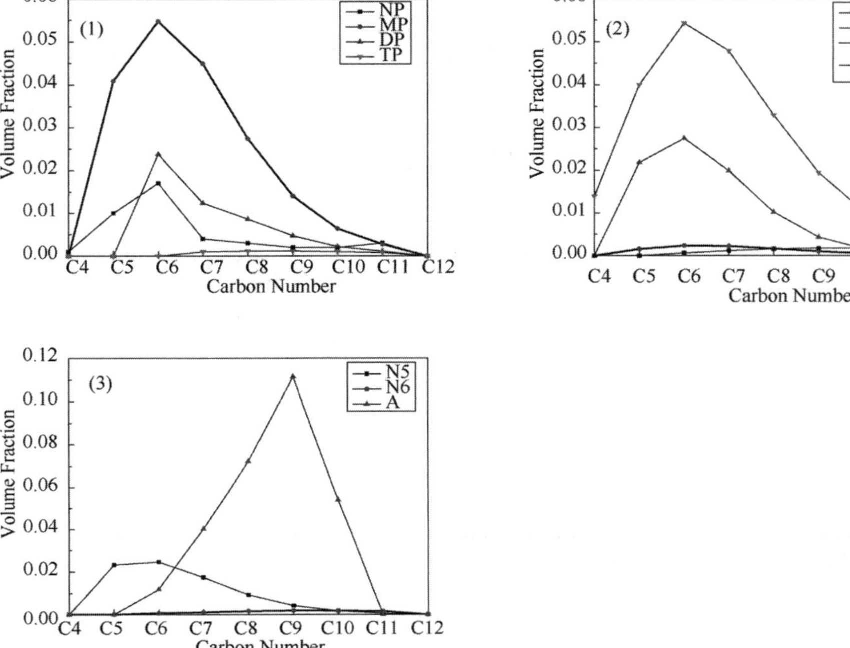

图 7 分子组成分布

1—烷烃分子组成分布；2—烯烃分子组成分布；3—环烷烃及芳烃分子组成分布

3.6 杂原子分子含量分布

若样品汽油提供了硫、氮、氧含量的数据，即可预测其相应的杂原子分子含量分布。本文以某炼厂提供了总硫总氮含量的催化裂化汽油为例，进行预测。表 2 中样品汽油的宏观性质的实验值均由实际测量得到，并都作为输入项输入模型中，预测值为模型模拟所得。

表 2 宏观性质的实验值和预测值

项 目	实 验 值	预 测 值
相对密度	0. 7312	0. 7499
RON	88. 7	88. 4481
MON	77. 4	78. 4095
碳氢质量比	6. 4597	6. 66
P/v%	0. 0543	0. 053
I/v%	0. 2993	0. 2965

续表

项　　目	实验值	预测值
O/v%	0.3379	0.3408
N/v%	0.0862	0.0855
A/v%	0.2223	0.2244
总硫/(μg/g)	1.00E-04	1.13E-04
总氮/(μg/g)	7.70E-05	8.90E-05
碱性氮/(μg/g)	5.30E-05	5.10E-05
10%馏出温度/℃	56	58.1
30%馏出温度/℃	76	80.8
50%馏出温度/℃	104	103
70%馏出温度/℃	139	135.9
90%馏出温度/℃	175	183

图8即为含硫分子和含氮分子的含量分布。

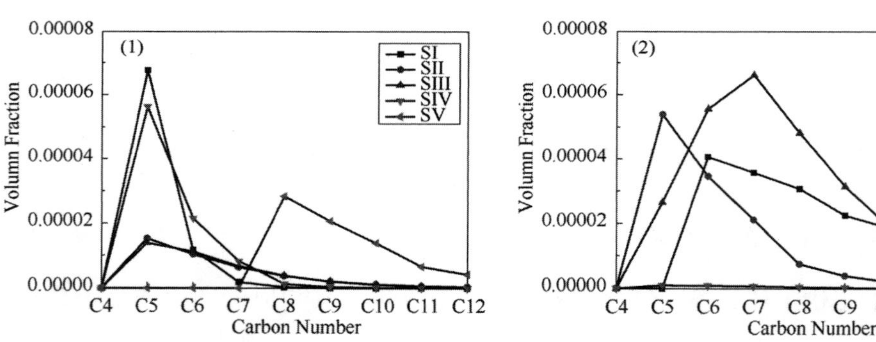

图8　杂原子分子含量分布

1—含硫分子含量分布；2—含氮分子含量分布

4　结论

本文针对汽油建立了一个新的分子库，并开发了相应的组成模拟方法。新的分子库中包含了烃类和非烃类部分，覆盖了C_4到C_{12}的分子，可以用于各种来源汽油的组成模拟。模拟结果可以用于后续的加工模拟和调和模拟中。通过一个催化裂化汽油案例的研究，验证了模拟了准确性。所得关键性质的预测值与实验值平均相对偏差小于2%，全性质的平均相对偏差小于5%。总体来说PIONA含量分布的趋势比较一致，可以认为模型模拟所得的汽油分子组成能够代表该汽油样品的实际组成。

参 考 文 献

[1] Albahri T A. Molecularly Explicit Characterization Model (MECM) for Light Petroleum Fractions[J]. Industrial & Engineering Chemistry Research, 2005, 44(24): 9286-9298.

[2] Van Geem K M, Hudebine D, Reyniers M F, et al. Molecular reconstruction of naphtha steam cracking feedstocks based on commercial indices[J]. Computers & Chemical Engineering, 2007, 31(9): 1020-1034.

[3] Ghosh P, Hickey K J, Jaffe S B. Development of a Detailed Gasoline Composition-Based Octane Model[J]. Industrial & Engineering Chemistry Research, 2006, 45(1): 337-345.

[4] Wu Y, Zhang N. Molecular Characterization of Gasoline and Diesel Streams[J]. Industrial & Engineering Chemistry Research, 2010, 49(24): 12773-12782.

[5] Klein M T, Hou G, Bertolacini R J, et al. Molecular modelling in heavy hydrocarbon conversions[M]. 2006.

[6] Riazi M R. Characterization and properties of petroleum fractions[M], 2005.

[7] Technical data book- petroleum refining[M]. American Petroleum Institute, 1997.

天津石化 SMES3.0 系统的功能架构与应用

郭科跃

（中国石化天津分公司信息档案管理中心，天津　300271）

摘　要　本文分析了中国石化生产执行系统（SMES3.0）在天津石化的建设背景，阐述了SMES3.0 系统的主要功能和集成架构，总结了 SMES3.0 系统在企业生产执行过程和精细化管理中的应用效果。

关键词　SMES3.0　功能　集成架构　应用效果

随着我国石油石化市场逐步全面开放，石化企业面临着日趋加剧的竞争压力，利用信息技术提升企业竞争力，已经成为企业的一项重要工作内容。随着目前企业实施 ERP 系统经验的增加以及企业界和理论界对 ERP 系统认识的不断加深，MES 系统作为 ERP 系统的执行机构，对生产指令下达到产品完成的整个生产过程进行监控与优化管理，并实时将生产过程信息（主要是罐区收拨存信息、仓储出入库及库存、装置投入产出、进出厂信息及能耗信息等）反馈给企业 ERP 系统、TBM 系统、技术经济指标统计系统和总部生产营运指挥系统等，从而将生产执行与经营管理活动信息有效的集成起来，在企业的综合自动化中起到了承上启下的关键作用。本文主要基于天津石化 SEMES3.0 项目的建设实施，介绍了 SMES3.0 系统的功能架构和应用。

1　SMES3.0 建设背景

中国石化天津分公司的 SMES 2.0 系统在 2007 年成功上线，通过 SMES2.0 系统的成功应用以及客户应用的不断深化，MES 在生产管理中发挥的作用越来越大。原有的 SMES 2.0 系统虽然稳定可靠，较好地满足了企业的需求，但是系统功能的覆盖范围有限，未包含 100 万吨/年乙烯和 1000 万吨/年炼油及配套工程，并且软件在多工厂调度平衡推量和调度日报生成等方面的性能还有待提升，很难再适应天津分公司新发展、新形势的需要。因此在满足天津分公司 100 万 t/a 乙烯和 1000 万 t/a 炼油大项目及配套工程对于 MES 系统需求的前提下，充分整合和利用已有 SMES2.0 建设和应用的成果，利用最新版 SMES 3.0 软件，对天津分公司的 MES 建设和应用水平进行了整体和全面的提升。

2　SMES3.0 主要功能

SMES3.0 系统采用多项先进技术，如物料组分跟踪技术、大误差侦破技术、物料移动超差报警、物流的可视化技术等，以物料平衡为手段，实现企业物料数据的“日平衡、旬确认、月结算”。系统主要由 6 个核心业务模块（生产统计、生产调度、物料移动、能源管理、综合展示和报表管理)和1个平台(集成平台)构成。

2.1 集成平台

集成平台基于核心数据库，提供统一工厂模型库、业务模型库、规则库和算法库和集成接口，通过统一访问控制技术实现用户访问权限认证、安全认证、单点登陆验证，实现整个系统内静态数据和动态数据的存储与交换，实现与外部系统(RTDB、LIMS和计量管理系统)的数据集成及数据支撑服务。集成平台提供统一的建模组态工具，维护统一的用户权限信息，提供日志服务。

2.2 物料移动

物料移动模块主要包括炼油装置、化工装置、罐区、进出厂和仓储五个基础子模块。

2.2.1 炼油装置

炼油装置模块对装置间侧线互供和侧线投入产出计量等操作实现班次级的记录与管理，利用数据集成平台提供的实时数据访问服务，集成装置侧线仪表班结点实时数据，通过侧线计算和逐级校正计算，生成装置投入产出班台帐。炼油装置提供基于不同加工方案下的装置投入产出模型、装置物理侧线计量模型与计量精度，提供基于多种收率模型的装置物料自动校正平衡计算，支持人工修正计算结果。

2.2.2 化工装置

化工装置模块对装置间侧线互供和侧线投入产出计量等操作实现班次级的记录与管理，利用数据集成平台提供的实时数据访问服务，集成装置侧线仪表班结点实时数据，通过对装置侧线进行仪表计量、料仓计量和投入产计算等操作，生成装置投入产出班台账，支持人工修正计算结果。

2.2.3 罐区模块

罐区模块对罐收付、罐检尺、交退库、状态监测、罐存物料变更、罐存量计算、化验分析与质量信息采集、切水、复尺、清罐、扫线等操作实现事件级和班次级的记录与管理，利用数据集成平台提供的实时数据访问服务和LIMS访问服务，按需集成储罐实时检尺数据和化验分析等数据，提供储罐收付台帐等数据管理业务，提供统计周期内所需要的储罐库存计量盘点数据。

2.2.4 进出厂模块(包括部际互供)

进出厂模块基于装置侧线、罐、装卸台、互供点之间的收付操作记录，对部际互供、原料进厂和产成品出厂操作按事件进行记录与管理。进出厂模块实现了以班为单位采集各MES工厂进出厂计量原始数据和工厂间物料互供计量原始数据，提供互供数据仲裁功能，提供统计周期内所需要的装卸台库存，提供按物料分类的计量盘点。

依据我公司特点，为规避用户多系统重复操作，充分融合现有的信息系统，在原有进出厂模块功能架构基础上提供了计量管理系统数据接口。即通过计量管理系统汇总衡器及其他计量相关数据，由计量中心人员完成计量管理系统进出厂操作的同时发送至MES系统，实现了计量管理系统进出厂业务与MES系统进出厂模块的无缝集成。

2.2.5 仓储模块

仓储模块对固体产成品入库、出库、移库、升降级以及三剂辅料的入库、出库等操作实现事件级的记录与管理，提供统计周期内所需要的仓库库存按物料分类的计量盘点数据。通过解析操作业务数据，完成物料移动管理模块所需的仓储移动关系数据以及仓库库存数据的解析。

2.3 生产调度

生产调度模块主要包括物料移动解析、生产平衡两个功能。

移动解析模块利用物理拓扑模型，通过解析其将每班装置、罐、进出厂、部际互供等操作记录转换为动态的移动关系，检验审核操作记录的完整性和合理性，为生产平衡求解器提供数据来源。

生产平衡功能基于物料移动模块解析后的物理节点量和物理移动关系，利用统一的规则库和模型求解器，自动完成节点拓补模型动态生成和节点量平衡计算，达到炼化企业的调度级平衡，为生产调度提供数据支撑。通过提供平衡工具，实现生产平衡前节点间移动关系和节点量的检查，实现生产平衡过程的人机交互，提高平衡效率，降低平衡周期。

2.4 生产统计

生产统计模块主要包括物料统计平衡、辅料消耗统计和ERP支撑三个功能。

统计平衡功能依据生产平衡推量后的生产数据进行归并汇总，按照逻辑节点量和逻辑移动关系与物理节点量和物理移动关系之间的对应关系，实现统计层逻辑节点拓补模型的动态生成，并以规则库、模型库和求解器，完成模型平衡计算，将实际的物流逻辑转化为统计的数据流，达到炼化企业的车间、MES工厂、公司三级物料统计原始日平衡。基于实物罐存、实物库存和进出厂计量单实现MES工厂和公司物料统计实物"日平衡、旬确认、月结算"。基于销售结算及进出厂计量单数据实现物料所有权转换，实现物料统计所有权"日平衡、旬确认、月结算"。实现基于装置的物料投入产出平衡，基于统计物料的原油、原料、成品、半成品的收、发、存平衡及产、销、存平衡，为基础统计报表、技术经济指标统计和ERP系统提供数据支撑。

辅料消耗统计功能依据采集的生产装置三剂辅料日消耗数据，通过平衡工具，生成三剂辅料消耗统计报表，实现对每套装置三剂辅料消耗情况的动态跟踪与监控，为生产装置绩效考核和成本跟踪提供数据支撑。

ERP支撑功能依据物料统计平衡结果和能源统计平衡结果，通过支撑模型，实现对ERP系统生产订单收发货、日交库、主产品销售订单发货、原料采购订单收货和公用工程完工确认等业务的数据等支撑。

2.5 能源管理

能源管理以能源介质为基本对象，通过建立各种介质的能源管网和能源节点，构建企业能源拓扑模型，建立以能源管网为平衡中心的平衡体系，通过核算单元体系进行能源核算，为能耗统计和ERP确认提供有效数据支撑。能源管理模块主要包括企业能源数据采集、能源节点计算、管网产耗平衡、能耗统计和ERP支撑等五项功能。

2.6 报表管理及综合展示

报表管理模块支持客户化报表的设计与开发，实现企业生产调度日报、车间生产报表及各类综合报表的发布与展示。目前实现的主要报表有生产调度日报、各种油品台账及能耗报表。

综合展示主要包括日生产数据跟踪、技经指标、生产流程图监控等功能，通过表格、曲线或图形的方式直观展示生产数据，实现了炼油和化工生产的可视化分析和监控。

3 SMES3.0集成架构

SMES3.0系统作为中国石化炼化企业以物流管理为主线的生产管理业务平台，同时也是炼化企业生产层面数据集中管理和交换的中心。系统在ERP-MES-PCS三层体系架构中属于中间层的信息系统，向上支撑企业ERP系统、技术经济指标统计系统、TBM系统和总部生产营运指挥系统，向下集成实时数据库系统(RTDB)、实验室信息管理系统(LIMS)和计量管理系统，总体集成架构如图1所示。

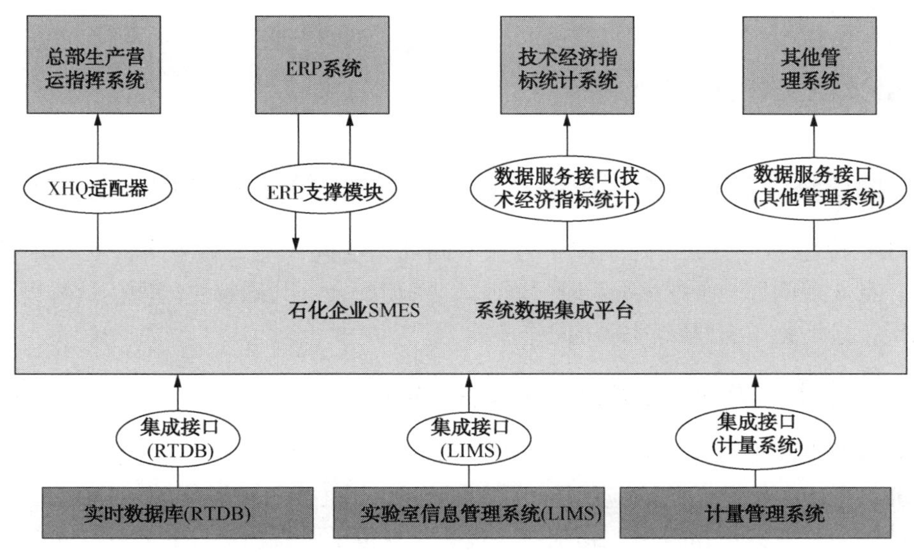

图1 系统总体集成架构

SMES3.0系统利用Web Service技术，通过集成平台实现与其他系统的集成和数据交换，总体集成架构描述如下：

3.1 集成接口

(1) 通过与实时数据库系统集成接口，自动集成实时数据库系统物料仪表数据、公用工程仪表数据、进出厂互供仪表数据以及罐区各油罐液位、温度、压力等数据。

(2) 通过与LIMS系统集成接口，自动集成LIMS系统装置侧线及储罐油品的化验分析和质量数据，主要包括油品(组分)的密度、水分含量等数据。如果LIMS化验分析数据已经集成到实时数据库，则直接通过实时数据库集成此部分数据。

（3）通过与计量管理系统集成接口，实现与企业计量管理系统集成，集成进出厂计量单、部际互供的班数据以及日、旬、月互供仲裁数据。

3.2 支撑模块

（1）通过ERP支撑模块，将物料平衡数据和能源平衡数据，按照ERP系统数据接口标准，通过模型转换后，提供给ERP系统PP模块和MM等模块。

（2）通过总部生产营运指挥支撑模块，将炼油事业部、化工事业部需要的每天生产调度日报数据，生产经营管理部原油资源调运业务需要的原油进厂、原油库存、原油加工方面的数据，提供给总部生产营运指挥系统。

3.3 数据服务接口

（1）通过数据服务接口，与技术经济指标系统集成，将物料平衡数据按照技术经济指标系统数据模板格式，经过模型转换后，提供给技术经济指标系统。

（2）通过数据服务接口，与其他管理系统集成，为其他管理系统获取MES生产数据提供标准访问接口。

4 SEMS3.0应用效果

4.1 构建统一数据平台，增强企业各业务部门之间的协同作业能力

SMES3.0构建了一个统一的系统平台，不同部门在同一平台做业务，实现了业务数据的共享。一旦发现问题，要求各部门通力合作，密切配合，共同解决问题。这样既纠正了基层数据错误，又增强了管理部门的协同作业能力。

4.2 规范业务流程，实现了生产过程的闭环管理

SMES3.0将基层业务逐级归并，从装置、罐区开始，到车间，再到工厂，直至公司级，缩短了业务链条上各个环节的响应周期，实现企业生产执行的一级管理。SMES3.0使计量、调度、统计等全厂业务平衡模型达到统一，进一步规范了装置、罐区、仓储、进出厂等基层岗位的操作流程。同时，通过集中调度和统一指挥，整合了计划、统计和调度三大业务数据平台，实现了生产计划、调度管理、执行跟踪、统计分析整个过程的闭环管理。

4.3 提供辅助决策功能，注重预判、预警方向的延伸

SMES3.0系统新增了综合展示等辅助决策的功能模块，通过表格、曲线、图形，把系统数据直观表现出来，为领导预测、发现运营风险及生产异常提供了便利，为专业管理人员提供直观的生产状态，提高了生产绩效、技术、质量等专业分析并优化生产的能力，提升了调度指挥提前预警、可视化监控生产过程、统计分析、资源配置的能力。

4.4 按时发布调度日报，为生产管理决策提供及时准确的数据依据

SMES3.0 系统推量和提取报表的性能大幅提高，为提供及时准确的调度报表创造了条件。SMES3.0 正式运行后，每天 7 点 30 分前作业部完成报表提报，8 点前公司调度报表可送达给主管领导，为企业生产管理决策提供数据支持。

4.5 应用多层数据平衡，实现统计“日平衡、旬确认、月结算”和 ERP 支撑

MES3.0 系统在统计平衡过程中设置多个数据层面，应用统计平衡规则，方便统计业务人员关注账面和实际库存差异，发现生产过程中的问题场景，并可以借此追查到问题岗位和个人，真正实现了全公司范围内生产数据的全面监控和分析，较调度日报更全面、更具体、更真实。

4.6 大量集成现场数据，提高数据的及时性和准确性

SMES3.0 系统通过与实时数据库、计量管理系统等集成接口，使得进出厂业务、部际互供业务以及装置投入产出管理业务实现无缝集成，为生产管理部门提供一致的、共享的数据源。这种以大量实时的现场数据为数据源的集成模式，减少人工录入数据量，提高了数据的及时性和准确性。

5 结语

SMES3.0 系统建立了一套统一高效的生产业务管理操作平台，在完成生产执行工作的过程中，有效地将各个专业信息化系统数据集成并合理的应用。SMES3.0 系统覆盖了生产装置、罐区、生产调度、计划统计、计量等主要生产岗位和管理业务，规范了企业从原料进厂、产品加工、产品储运到成品出厂整个生产增值过程的业务操作，实现了与 ERP 系统的有效集成，消除了企业生产经营管理层和生产过程控制层之间信息及时传递的间隙问题，为企业生产经营提供了准确、及时的物料和生产过程信息，为企业生产业务管理和资源优化起到了重要的支撑作用。SMES 系统管理理念的引入和深化应用，为企业的生产管理提供信息化管理工具，有助于企业生产管理部门及时发现并解决生产执行过程中出现的问题，提升企业精细化管理水平，增强企业的核心竞争力，为管理部门提供更科学的生产指挥和经营决策依据，为企业生产的安、稳、长、满、优做出了贡献。

基于节能减排的FCC再生脱炭及其物化性能的研究

忻睦迪

（中国石化石油化工科学研究院，北京 100083）

摘 要 在温度为570~710℃，气氛为24%氧体积分数的富氧空气的再生环境下对某炼厂FCC装置中的待生剂进行再生，获得了具有不同积炭量的系列催化剂。对比模拟再生与工况条件下再生后再生剂的酸性和比表面积等物化性能，研究了再生工艺与再生剂上积炭、酸性、比表面积等物化性质之间的关系和规律。研究发现当再生剂碳质量分数适当提高时，其物化性质与工况条件下的相近。若要得到与工况相同碳质量分数的再生剂，采用富氧再生工艺可大大降低再生温度，减少再生气体的流量。采用两种方法可使FCC再生剂具备良好物化性能的同时，达到节能减排的目的。

关键词 FCC催化剂 积炭 比表面积 酸性

1 前言

在FCC催化剂上沉积的焦炭是影响催化剂酸性、孔结构、反应活性的重要因素之一。[1] FCC催化剂上积炭量过高可使催化活性大幅度降低，并且影响产品分布与性质[2-5]，前人工作中指出再生后催化剂的碳质量分数越小越好，这可使汽油辛烷值和选择性得到提高[6-8]。但FCC催化剂的深度再生必然会带来能耗增加，催化剂强度降低，使用寿命缩短，粉尘排放量增高等一系列问题。为了满足FCC装置工艺发展以及市场和环保提出的节能减排新要求，同时也为了最大程度地保留FCC催化剂反应活性的同时降低能耗，研究人员发展了一系列强化再生的技术，如富氧再生技术[9-10]等。但这些工作的研究重点均集中在工艺本身的改进，没有对催化剂本身的物化性能进行系统的表征。因此本文系统研究对比了富氧再生与常规再生后FCC催化剂的脱炭深度和脱炭工艺与其各物化性质之间的影响，为再生过程中的节能减排提供理论上的依据。

2 实验方法

实验采用的FCC待生剂取自国内某炼厂的FCC装置。利用AutoChem II 2920全自动程序升温化学吸附分析仪将FCC待生剂进行再生处理，通过改变再生条件得到具有不同碳质量分数的样品用于进一步表征。实验中改变的再生条件包括：再生温度，再生气中氧含量，再生气体流速和再生时间。

3 结果与讨论

3.1 常规再生工艺对催化剂物化性能的影响

将FCC待生剂用空气进行再生处理，通过改变再生温度、单位质量催化剂所消耗掉的空气体积得到具有不同碳质量分数的再生剂，结果如图1(a)所示。当单位质量催化剂所消耗掉的空气体积较小时，随着再生温度的升高，再生剂中碳的质量分数逐渐减小。当单位质量催化剂所消耗掉的空气体积大于160mL/g时，即使再生温度低至630℃，再生剂中碳质量分数也可达到0.047%，脱炭率达到97%，低于工况再生条件下再生剂的碳质量分数。因此，可以通过增大单位质量催化剂上所消耗掉空气体积的方法降低再生温度，但过高的再生温度以及过量的再生空气很难除去分子筛孔内的积炭，再生后的碳质量分数最低可达0.047%。

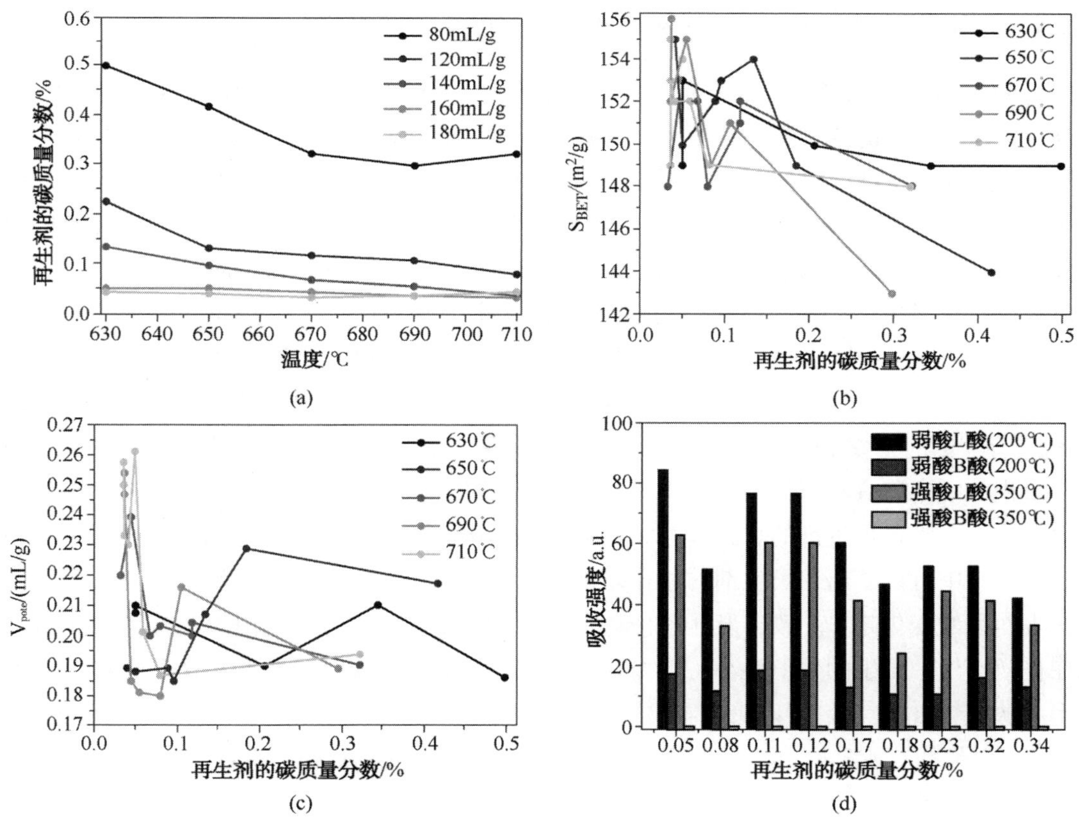

图1 空气再生下再生工艺对催化剂性能的影响

(a)再生剂的碳质量分数随再生温度的变化规律；(b)再生剂的总比表面积随碳质量分数的变化规律；(c)再生剂的总孔体积随碳质量分数的变化规律；(d)再生剂的酸性随碳质量分数的变化规律

各再生剂的总比表面积 S_{BET}随碳质量分数的变化规律如图1(b)所示。从图中可看出，经过再生后总比表面积较再生前(131m^2/g)有较明显的提高，且总比表面积随着再生剂碳质量分数的降低呈现缓慢上升趋势。当再生剂碳质量分数低于0.2%时，总比表面积处于148～156m^2/g范围内波动，这与工况下再生剂的总比表面积(151m^2/g)表征结果相近。当进一步升高温度或提高单位质量催化剂所消耗的空气体积时，总比表面积不会继续恢复，再次证明了分子筛孔道内微量的积炭很难除去。各再生剂的总孔体积 V_{pote}随再生后碳质量分数的变化规律如图1(c)所示。从图中可看出，再生剂的总孔体积随碳质量分数的降低略微增加，与总比表面积的变化趋势一致。且再生温度越高，在再生剂碳质量分数相同的情况下，总孔体积越大(0.23～0.26mL/g)，尤其是对碳质量分数小于0.08%，现象更加明显。选择有代表性的样品进行原位红外酸性表征，如图1(d)所示。从图中可看出，随着碳质量分数的降低，各再生剂的弱酸和强酸的L酸中心数量均有所升高，而B酸中心的数量变化并不明显。说明造成B酸中心数量损失的积炭很难去除，导致B酸中心难以恢复。

3.2 富氧空气再生后催化剂的物化性能表征

将FCC待生剂用氧体积分数为24%的富氧空气进行再生，通过改变再生温度、单位质量催化剂所消耗掉的富氧空气体积得到具有不同碳质量分数的再生剂，结果如图2(a)所示。从图2(a)中可以看出，当再生温度在较大范围内发生变化时，再生剂的碳质量分数没有发生明显变化。当单位质量催化剂所消耗掉的富氧空气体积为120mL/g时，再生剂的碳质量分数平均可达0.18%左右。当单位质量催化剂所消耗掉的富氧空气体积增大时，再生剂的碳质量分数可降为0.05%～0.09%，相对应的脱炭率为94%～97%，达到甚至低于工况再生条件下的碳质量分数。上述实验结果证明：过高的再生温度以及过量的再生空气也很难除去分子筛孔内的积炭，FCC再生剂的碳质量分数最低可以达到0.05%。各再生剂的总比表面积 S_{BET}随碳质量分数的变化如图2(b)所示。从图中我们可以看出，样品经过富氧再生后总比表面积较再生前有较明显的提高，所有样品的比表面积与经过普通空气再生过的样品的比表面积接近。将各再生剂的总孔体积 V_{pote}随再生剂碳质量分数的变化进行对比，如图2(c)所示。从图中可以看出，再生剂的总孔体积随碳质量分数的减少变化不大，与在富氧再生下总比表面积的变化趋势一致，当再生剂碳质量分数低于0.06%时，总孔体积均约为0.19mL/g，比在普通空气中再生的数值略小。选择有代表性的样品进行原位红外酸性表征，如图2(d)所示。从图2(d)中我们可以明显看出，随着碳质量分数的降低，各再生剂弱酸和强酸中的L酸中心数量均有所升高，而B酸中心的数量变化并不明显。这与在普通空气中酸性中心数量的变化规律相同。

3.3 普通空气与富氧空气再生后催化剂的物化性能对比

将两种再生工艺对再生剂物化性质的影响从再生剂碳质量分数、比表面积、总孔体积和酸性中心四个方面分别进行了对比。空气再生与富氧再生后再生剂的碳质量分数随再生温度

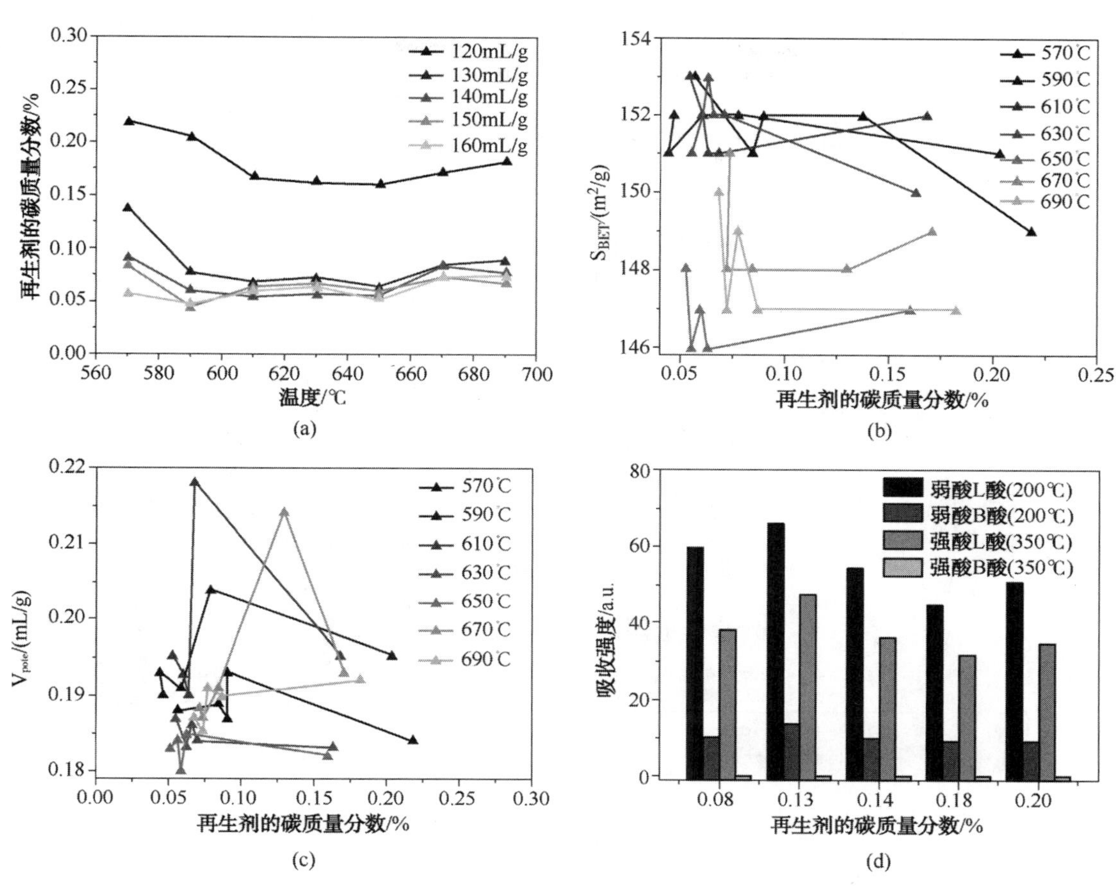

图 2　富氧再生下再生工艺对催化剂性能的影响

(a)再生剂的碳质量分数随再生温度的变化规律；(b)再生剂的总比表面积随碳质量分数的变化规律；(c)再生剂的总孔体积随碳质量分数的变化规律；(d)再生剂的酸性随碳质量分数的变化规律

的变化如图3(a)所示。在图3(a)中可以看到，在温度较低时(630℃)富氧再生后的碳质量分数即可达到或接近温度较高时(650~690℃)空气再生后的碳质量分数，说明富氧有利于烧焦能力的提升。对比两种再生工艺下，再生剂总比表面积和孔体积的变化，如图3(b)，3(c)所示。从图中可以得出，再生温度、再生气氛和气体流量等再生工艺条件不会给总比表面积和总孔体积的恢复带来显著的影响。再生剂的碳质量分数一定，则其总比表面积和总孔体积也基本上是一定的。对比在两种不同气氛下再生后具有相同碳质量分数的再生剂的酸性中心，如图3(d)所示。从图中可以明显看出，通过富氧再生后，再生剂的弱酸和强酸中的L酸中心数量均有所升高，而B酸中心的数量变化并不明显。这说明富氧再生工艺能更有效去除覆盖L酸中心上的积炭，而造成B酸中心数量损失的积炭很难去除，导致B酸中心难以恢复。

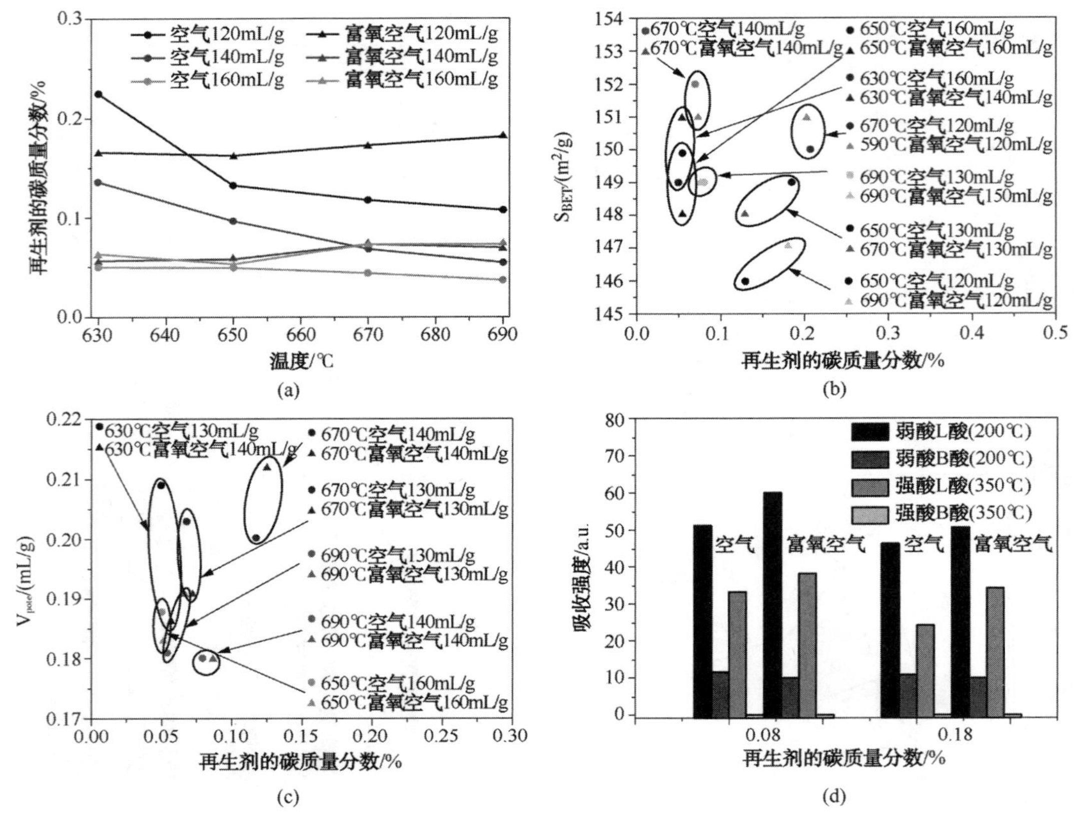

图3 空气和富氧再生后催化剂的物化性能对比

(a)再生剂碳质量分数随再生温度的变化规律；(b)再生剂的总比表面积随碳质量分数的变化规律；(c)再生剂的总孔体积随碳质量分数的变化规律；(d)再生剂的酸性随碳质量分数的变化规律

4 结论

常规再生条件下，碳质量分数等于或小于0.23%的再生剂的总比表面积和孔体积与工况下再生剂的相同，L酸中心数量略低于工况下再生剂，而B酸中心的数量与工况下再生剂的相同。因此，单从催化剂物化性质上分析，适当提高再生剂碳质量分数(小于0.23%)，也可使再生剂具有与工况条件下再生剂相近的物化性质，碳质量分数并不是越低越好。

富氧再生条件下，若要得到与工况相同碳质量分数的再生剂，再生温度可以大大降低，再生气体的流量也可以减少。经过富氧再生后，催化剂的总比表面积和孔体积较普通再生没有明显变化，L酸中心数量有少量提高，而B酸中心的数量也没有明显变化。

采用上述两种方法，不仅可以使FCC再生剂具备与工况下同样的物化性能，而且可以降低再生工艺条件的苛刻度，达到节能减排的目的。

参 考 文 献

[1] Cerqueira H S, Ayrault P, Datka J, et al. m-Xylene transformation over a USHY Zeolite: Influence of coke deposits on activity, acidity, and porosity[J]. J Catal, 2000, 196(1): 149-157.

[2] Boonthnam P. Coking and deactivation during n-hexane cracking in ultrastable zeolite[J]. Appl Catal A: General, 1999, 185(2): 259-268.

[3] Bayraktar O, Kugler E L. Coke Content of Spent Commercial Fluid Catalytic Cracking (FCC) Catalysts Determination by temperature-programmed oxidation[J]. J Therm Anal Calorim, 2003, 71(3): 867-874.

[4] Quintana-Solorzano R, Thybaut J W, Marin G B. Catalytic cracking and coking of (cyclo) alkane/1-octene mixtures on an equilibrium catalyst[J]. Appl Catal A-Gen, 2006, 314(2): 184-199.

[5] Zhang X J; Lu L J; Xu G T. Identification of the organic adsorptive species on fluid-bed catalytic cracking coking catalysts[J]. Chinese J Anal Chem, 2006, 34: S199-S202.

[6] 张瑞驰, 施文元, 舒兴田. USY 催化剂再生后碳含量对催化裂化性能的影响[J]. 石油炼制, 1991, 22(10): 28-34.

[7] 任杰, 沈健. 裂化催化剂碳含量与催化性能的关联研究[J]. 抚顺石油学院学报, 1999, 19(1): 10-14.

[8] Song H T, Da Z J, Zhu Y X, et al. Effect of coke deposition on the remaining activity of FCC catalysts during gas oil and residue cracking [J]. Catal Commun, 2011, 16(1): 70-74.

[9] 杨宝康, 吴秀章. 采用富氧再生工艺提高催化裂化再生器烧焦能力[J]. 石油炼制与化工, 2000, 31(8): 8-11.

[10] 王明哲, 华炜. 富氧再生技术在催化裂化装置上的应用[J]. 化工进展, 2007, 26(2): 262-266.

Petro-SIM™ 延迟焦化加热炉模拟

Sim Romero

（KBC 先进技术有限公司，美国德克萨斯州 77094）

摘 要 详细介绍了 KBC 最新开发的焦化加热炉模型，它是一种复杂、详细的热动力学模型，集成了辐射段炉膛的热传递，可以模拟从加热炉入口管线、加热炉、转油线直至焦炭塔。该模型是独一无二的，它能够确定加热炉与转油线结焦与加热炉运行周期的函数关系，预测不同原料性质和操作条件下加热炉可以运行的天数。在延迟焦化装置加热炉的优化、设计或故障排查方面，KBC 的延迟焦化加热炉模型是一种非常宝贵的工具。

关键词 Petro-SIM™ 焦化加热炉 加热炉动力学模型 结焦 压降 运行天数

1 工艺背景

延迟焦化过程以及与该过程相关的热裂化靠的是加热炉。加热炉提供了该工艺过程所需的能量。勿庸置疑，焦化加热炉是延迟焦化装置操作的关键设备。

延迟焦化装置加热炉在运行过程中，除了会发生裂化反应，还会发生一些聚合反应或结焦反应。这类缩合反应或结焦反应发生在加热炉炉管内或盘管内，导致加热炉慢慢结垢。随着时间(加热炉运行周期)的推移，结垢会导致焦炭沉积在加热炉炉管上，因此，必须对加热炉进行清理或清焦。由于结焦对延迟焦化装置的操作非常重要，因此，确定或估测加热炉的结垢或结焦速度，并制定方法以延缓加热炉的结垢/结焦，就变得至关重要。

KBC 公司已开发出了一种详细的延迟焦化加热炉热动力学模型，它包括了加热炉炉管内发生的两个工艺步骤：裂化和焦化。该模型能准确预测加热炉在给定时间段以及在任一炉管位置的流体力学性能和传热性能。结焦由在炉管流体边界层的缩合反应以及流体的速度(剪切力)所决定，而焦炭是否沉降或沉积在管壁上又取决于后者。总之，该模型能够在确定的运行时间内对几何形状既定的延迟焦化加热炉进行模拟，以确定详尽的热动力学性能、流体力学性能以及传热性能，它还有一个独特的能力，就是估测结焦量与运行天数的关系。

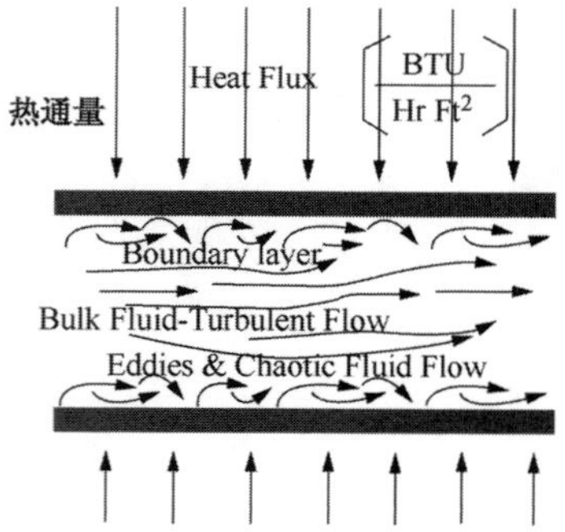

图 1

图 1 表明，当大量流体通过管壁有边界层的炉管时，流体与炉管金属高温相接触，管壁上形成焦炭。热通量越高，管壁的膜温度就越高；而流体速度越高，就会带走越多的焦炭，防止其沉积在管壁上。

2 工艺动力学概述

从根本上来说，燃料(燃料气或燃料油)在加热炉炉膛内燃烧，是为了给输重油(减渣)的工艺炉管提供充分的传热。控制燃烧的燃料量，可以达到期望的加热炉出口温度(COT)。

随着工艺介质(渣油)流过炉管，其温度逐渐上升，开始发生裂化反应，并伴有少量聚合反应。裂化反应模型采用典型的阿伦尼乌斯一级反应动力学，因此它取决于工艺流体流过加热炉炉管的时间-温度特性。流体温度由辐射和对流传热所决定，而停留时间由通过炉管的流体速度决定。时间和温度这两个因素是决定加热炉总的热反应的关键变量。

随着炉管内的流体介质反应生成轻组份，并且温度越来越高，汽化量会增大，从而使流体速度改变。流体速度的变化会改变流体通过炉管的时间(时间-温度关系)和系统流体力学，从而改变压力分布(压降)以及传热或传热系数。由于时间与温度的这种相互作用使得计算变得很复杂，有一些相互关联的变化，必须通过迭代法来解决。

除了通过数学方法来计算炉管内动态裂化反应引起的时间-温度关系，还要确定结垢动力学。采用两个相互竞争的步骤来模拟炉管上的结垢或结焦。第一个步骤是在炉管内壁或炉管边界层内形成焦炭；其竞争步骤是剪切力，它迫使焦炭从炉壁上剥离，然后返回流体。

来自流体的沥青质含量首先确定了炉管内壁结焦的动力学。随着炉管内流过的介质温度越来越高，会发生缩合反应或聚合反应，并且反应速度会越来越快。然后决定每段炉管边界层管壁上的积炭量。总的反应动力学如下所示：

Bulk Phase Reaction 主体相反应

$$\mathrm{BRxn}_{\mathrm{n}}=\mathrm{Residence\ Time}\times U_1\times A_1\times \mathrm{e}(-T_{\mathrm{bulk}}+C_1\times K_1)+\mathrm{BRxn}_{\mathrm{n-1}}$$

Wall Film Reaction 管壁油膜反应

$$\mathrm{WRxn}_{\mathrm{n}}=\mathrm{Residence\ Time}\times \mathrm{BRxn}_{\mathrm{n}}\times A_2\times \mathrm{e}(-T_{\mathrm{film}}+C_2\times K_2)$$

Coking Thickness 结焦厚度

$$\mathrm{Cok}_{\mathrm{n}}=\mathrm{Initial\ Coke\ Thickness}+\left\{\mathrm{Days}\times\frac{A_3}{\mathrm{TubeIS}}\times\left[\mathrm{WRxn}_{\mathrm{n}}\times\left(1-\frac{\mathrm{Velocity}}{MV1\times \mathrm{Max\ Velocity}}\right)\right]\right\}$$

Colloid Instability Index 胶质不稳定指数

$$\mathrm{CII}=(\mathrm{Saturates}+\mathrm{Asphaltenes})/(\mathrm{Resins}+\mathrm{Aromatics})$$

这里：

T_{bulk}——流体温度，°R；

T_{film}——油膜温度，°R；

Initial Coke Thickness——初始的结焦厚度，in；

Max Velocity——最大流速，200 ft/s；

TubeIS——炉管内表面积，in^2；

U_1——每根炉管的 CII 校正参数，用于校正 CII 稳定因子。

3 压降与加热炉传热详述

由于焦炭会随时间沉积，造成炉管内高压及/或炉管高温，所以必须对延迟焦化加热炉进行除焦。图2是清焦过程中从加热炉炉管中清出来的焦样。由于结焦限制了加热炉炉管内的介质流动，导致操作压力过高，最终造成因高压而除焦。同样道理，焦炭聚积限制了热传递，因此需要提高炉管外表面(火焰侧)的温度，最终造成因高温而除焦。

KBC焦化加热炉模型采用两相流贝格斯-布里尔方法来计算加热炉炉管系统的压降。采用这种方法，再加上经过充分定义的加热炉几何形状，就能非常精确地确定清焦之前压降与运行天数的关系。

图2 加热炉炉管中的焦

从加热炉火焰侧到介质的传热一般分两段进行：辐射段和对流段，主要是辐射段。加热炉炉管的结垢或积炭几乎都发生在辐射段，因为这里的温度和时间最容易产生结焦。最容易预测传热的也是辐射段。采用下面定义的Stefan-Boltzmann/Lobo-Evans(斯蒂芬-玻尔兹曼/罗伯-依万斯)辐射热通量方法，KBC焦化模型可计算辐射传热。

$$\text{Total radiant flux} = q_r + q_c \quad 总辐射通量 = q_r + q_c$$

$$q_r = \sigma\alpha A_{cp} F(T_g^4 - T_w^4)$$

式中 q_r——辐射传热，Btu/h；

σ——斯蒂芬-玻尔兹曼常数，0.173E-8，Btu/ft^2-h-R4；

α——管束相对效率系数；

A_{cp}——管束的冷面面积，in^2；

F——交换系数；

T_g——炉膛内的有效气体温度，°R；

T_w——管壁平均温度，°R；

斯蒂芬-玻尔兹曼通量常数1 = σ = 0.173(在模型中是固定值)；

斯蒂芬-玻尔兹曼通量常数2 = $\alpha \times A_{cp} \times F$(模型默认值=0.7，可调整)。

辐射段的对流传热(罗伯-依万斯法)可采用下式计算：

$$q_c = h_c A_t (T_g - T_w)$$

式中 q_c——对流传热，Btu/h；

h_c——膜传热系数，Btu/h-ft^2-°R；

A_t——管束炉管面积，ft^2；

T_g——炉膛内的有效气体温度，°R；

T_w——管壁平均温度，°R。

模型假定：$h_c \cdot A_t = 7$

就加热炉管上的结焦而言，对流段相对来说不是那么重要。热传递取决于对流段和辐射段的温差(指横跨温度)。

集成了辐射段热传递，就有可能不需要运行第二个程序(模型)来模拟火焰侧或燃烧段的情况。因为不需要用到另一程序(加热炉炉膛燃烧模型)，就能容易、快速地模拟焦化加热炉及相关辐射室的传热。以前用户必须在两个模型之间(焦化加热炉模型和炉膛模型)进行迭代。KBC焦化模型中纳入了辐射传热计算，因此它不需要这种迭代。这样就能进行快速参数研究，诸如：

(1) 炉管注汽的最佳注入点位置以及炉管注汽是如何影响传热、压降及加热炉结垢的；

(2) 炉管尺寸或炉管数量改变对加热炉的操作会有什么影响；

(3) 因火焰型态不好导致火焰舔炉管，这对焦化加热炉结垢会有什么影响？

(4) 原料质量和流量的变化对加热炉能力和结垢速率的影响

这里只是列出了很少的一部分，还可以进行其他很多参数变化的研究，如进/出加热炉的管线。

加热炉与焦炭塔之间的管道(转油线)对焦化加热炉的整体分析也至关重要。从加热炉出口到焦炭塔入口之间的转油线，会出现明显的压降、额外的热裂化以及热损失，这些问题不可忽视。KBC 加热炉模型可以模拟包括从加热炉到焦炭塔之间的转油线。此外，对流转辐射管线和进料管线(如需要)也作为延迟焦化加热炉模型的一部分进行建模。

转油线中的详细热损失与压降可以被确定，这有助于验证模型的总精度。如果模型建的不正确，则焦炭塔入口温度和加热炉出口温度将与实际操作不符。

KBC 模型是一种稳健的、极其详尽的模型，它能够模拟任何加热炉配置(包括到焦炭塔的转油线)。

4 典型结果

KBC 模型可生成详尽、完整的延迟焦化装置性能分析数据。该数据可以很容易地拷到 Excel 作进一步分析。下图显示的是介质流过炉管时热通量或传热的变化情况，及其与运行天数或炉管结焦的关系。

图 3、图 4 是炉管注汽最佳位置研究的一部分。由于该加热炉的结垢非常快，并且需要保持低压降，因此，炉管注汽点选择在加热炉入口、对流转辐射以及辐射段的中部注入。此外，模拟还包括从辐射泵到加热炉入口的原料管线以及加热炉转油线到焦炭塔的管线。

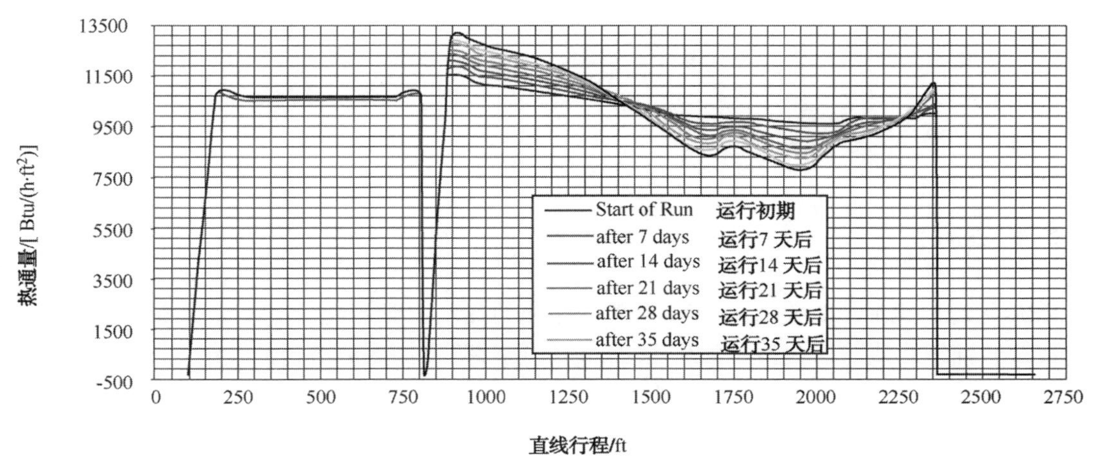

图 3

图 4 是估计的炉管结焦情况，它取决于在炉管/转油线中的位置以及加热炉的运行周期。此分析结果表明，转油线存在问题，预计这里会出现结垢，因为出口管线的这一段速度较低。

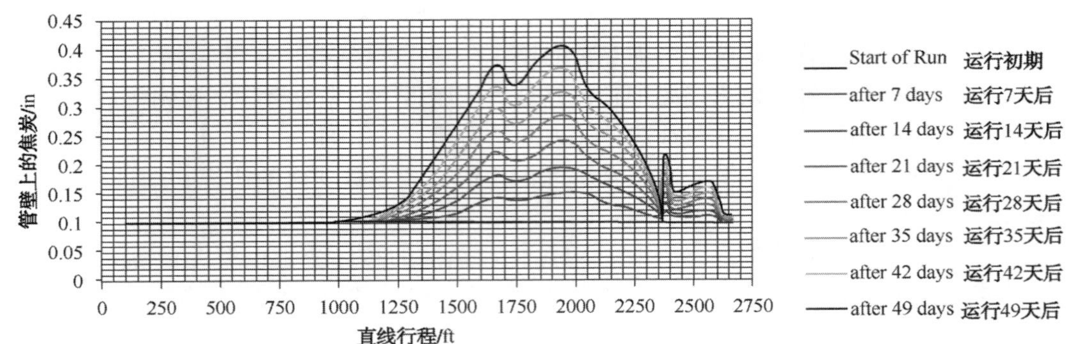

图 4

图 5 是炉管和转油线中的压降分布情况，它取决于在炉管和转油线中的位置以及运行天数。

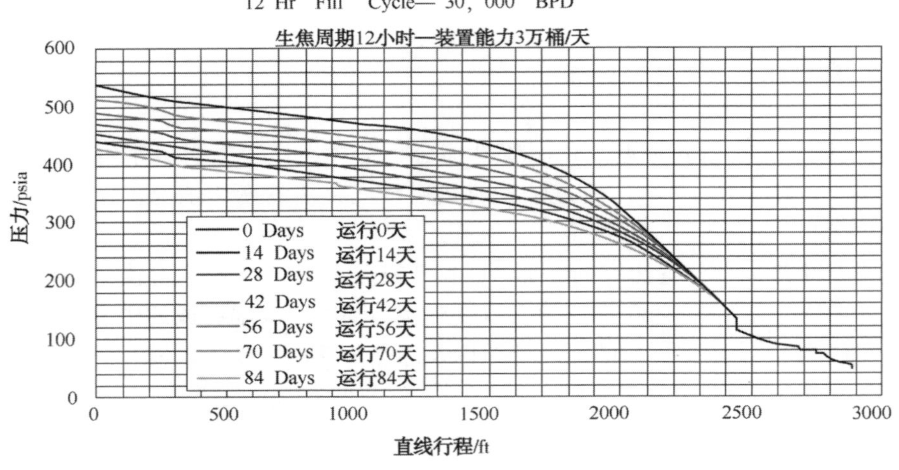

图 5

5 总结

KBC 延迟焦化加热炉模型是一种复杂、详细的热动力学模型，它集成了辐射段炉膛热传递以及转油线管线。该模型是独一无二的，它能够确定加热炉与转油线结焦与加热炉运行周期的函数关系。在延迟焦化装置加热炉的优化、设计或故障排查方面，KBC 延迟焦化加热炉模型是一种非常宝贵的工具。

浅谈电位滴定方法在柴油酸度分析中的应用

张钟文

（中海石油宁波大榭石化有限公司，浙江宁　315800）

摘　要　探讨了酸度与酸值的区别与联系，将电位滴定测定石油产品中酸值的方法应用到柴油酸度分析中，代替传统的手动滴定。

关键词　酸值　酸度　滴定溶剂

1　前言

柴油的酸度是柴油产品主要质量指标之一。根据油品中酸度的大小，可以判断油品中酸性物质的量。根据酸度的大小可以概略的判断油品对金属的腐蚀性。柴油的酸度对柴油发动机工作状况有较大影响。酸度大会增加发动机的积碳，积碳会造成活塞磨损和喷嘴堵塞。

中和1g油品中的酸性物质，所需氢氧化钾毫克数，称为酸值。以mgKOH/g表示[1]。中和100mL油品中的酸性物质，所需氢氧化钾毫克数，称为酸度。以mgKOH/100mL表示[2]。酸度(值)是表示油品中酸性物质的总含量，包括无机和有机酸类、脂类、酚类、树脂、沥青质等酸性化合物。通常润滑油中酸的总含量用酸值表示，轻质燃料油中酸的总含量用酸度表示。

国标酸度测定(GB/T 258—1997)是利用沸腾的乙醇抽出试样中的有机酸，用氢氧化钾乙醇溶液滴定[2]。停止加热后要在3分钟内滴定完成，整个滴定过程试样温度在80℃~90℃。

国标酸值测定(GB/T 7304—2014)是将试样溶解在5mL水、495mL异丙醇和500mL甲苯组成的滴定溶剂中，以氢氧化钾异丙醇溶液进行电位滴定[1]。

根据以上国标要求可知，酸度测定国标需要反复蒸馏分析时间长，手动滴定认为误差大。单纯将酸度测定中手动滴定改为电位滴定，电极无法在80~90℃实验温度中工作。所以利用国标酸值测定条件来测定柴油中的酸度。

2　实验部分

2.1　主要样品

10个酸度不同的柴油。

2.2　实验仪器

万通916电位滴定仪；加热器；蒸馏烧瓶，冷凝管；烧杯；滴定管。

2.3 样品制备与测量

样品制备严格按照 GB/T 7304—2014 石油产品酸值测定法中要求的进行测量。

3 结果与讨论

3.1 电位滴定分析柴油酸度的方法可靠性

如果其他分析步骤不变，单纯将柴油酸度测定(GB/T 258—1997)中手动滴定变为电位滴定。现在还没有电极能在 80~90℃的环境下工作。实验中沸煮的主要原因是为了驱除二氧化碳对测酸度的影响。更换二氧化碳溶解度低的滴定溶剂就可以避免沸煮。参照石油产品酸值测定(GB/T 7304—2014)中的滴定溶剂和标准溶剂。取 20mL 样品加入滴定溶剂中进行电位滴定根据电位突越来判断滴定终点。根据柴油酸度测定(GB/T 258—1997)中酸度计算公式对结果进行计算。

柴油酸度测定(GB/T 258—1997)中规定，重复测定两个结果之间的差数不超过 0.3mgKOH/100mL[2]。分析同种样品电位滴定与手动滴定数值之间的差数，如果小于 0.3mgKOH/100mL 认为两个方法可以通用。

表 1 同种样品手动滴定与电位滴定酸度数据对比

样品序号	手动滴定酸度平均值/(mgKOH/100mL)	电位滴定酸度平均值/(mgKOH/100mL)	电位滴定酸度重复性/(mgKOH/100mL)	两种方式数值差数/(mgKOH/100mL)
1号	7.35	7.50	0.05	0.15
2号	5.46	5.55	0.06	0.09
3号	3.45	3.61	0.07	0.16
4号	2.95	3.02	0.04	0.07
5号	6.72	6.85	0.05	0.07
6号	1.78	1.83	0.06	0.05
7号	4.35	4.49	0.04	0.14
8号	6.13	6.25	0.07	0.12
9号	2.28	2.33	0.06	0.05
10号	4.96	5.07	0.05	0.11

由表 1 可以看出两种方法分析柴油酸度最大的数值差为 0.16mgKOH/100mL。完全符合柴油酸度测定(GB/T 258—1997)中重复性的要求，认为电位滴定分析柴油酸度的方法可靠。电位滴定分析之间重复性最大为 0.07 mgKOH/100mL，完全符合柴油酸度的重复性要求。

3.2 电位滴定方法存在的影响因素

3.2.1 终点电位滴定对分析结果的影响

采用自动电位滴定仪进行定量分析，滴定终点的判定极为关键。只有确定合适的滴定终点才能保证结果的准确度。利用 10 个酸度不同的柴油中的 8 个样品在不同终点电位下的结果值可以判断出最佳终点电位值。

表 2 终点电位对分析结果的影响

终点电位设定/mV	滴定终点个数	结果值/(mgKOH/100mL)							
		1号	2号	3号	4号	5号	6号	7号	8号
65	0	未检出	未检出	未检出	未检出	未检出	未检出	未检出	未检出
55	1个或0	未检出	5.52	3.59	未检出	6.86	未检出	4.51	未检出
50	1个	7.48	5.57	3.63	3.03	6.84	1.82	4.49	6.23
45	1个	7.51	5.56	3.61	3.00	6.84	1.84	4.51	6.26
40	2或3个	7.45	5.50	3.655	2.98	6.82	1.80	4.47	6.20

根据表 2 可以看出，终点电位设置在 45mV 以下，微小的波动即被认为成滴定终点，造成结果偏小，影响数据的准确性。终点电位设置在 50mv 以上，无法检测到滴定终点。因此，选择滴定终点电位在 45~50mV 之间，仪器能稳定准确的测定出柴油的酸度。

3.2.2 滴定溶剂对分析结果的影响

样品需要溶解到滴定溶剂中才能分析，因此，滴定溶剂作为样品的背景必须从数据中扣除。根据 GB/T 7304—2014 方法，滴定溶剂是由甲苯和异丙醇配置的有较强的挥发性，所以需要每次实验前都需要对滴定溶剂进行空白分析。

通过上述实验分析可以看出只要确认好终点电位，每次实验前对滴定溶剂进行空白分析，那么在中控分析中完全可以用电位滴定法来代替手动滴定分析。

参考文献

[1] 石油化工科学研究院综合研究所．汽油、煤油、柴油酸度测定法．北京：中国标准出版社，2005(上)：16-17.

[2] 张大华、周亚斌、魏晓娜，等．石油产品酸值的测定：电位滴定法．北京：中国标准出版社，2014：2-9.

200万 t/a 蜡油加氢裂化装置高压进料泵密封国产化改造

高仁鹏，周伟华，纳赛尔·热依木，杜胜利，吴长春

（中国石油独山子石化公司炼油厂加氢联合车间，独山子 833600）

摘　要　200万 t/a 蜡油加氢裂化装置的反应高压进料泵是加氢裂化装置的关键设备，该泵是国外进口泵组，而且进口配件订货周期一般在8个月以上，在设备的检维修上存在很大困难。由于反应进料性质的特点，该密封经常出现泄漏，有时因泄漏而进行的检修时间比较频繁。该文主要介绍了进料泵的密封结构、改造前后的检修工作量和经济效性的对比。

关键词　加氢　进料泵　密封　泄漏

200万蜡油加氢裂化装置以减压蜡油、焦化蜡油为原料，采用UOP公司的单段一次通过工艺流程，最大限度生产尾油（乙烯料）及柴油，同时副产轻烃气体、液化气、石脑油。操作弹性50%～110%，年开工时数8400h。原料油泵采用垂直剖分筒型多级离心泵8WCC15-10，主泵由防爆电机和液力透平联合驱动，备泵由电机单独驱动；电机容量为2300kW，液力透平可回收功率约650kW，泵组国外引进。两台机泵一开一备，正常生产时主泵运行。

1　加氢裂化装置进料泵密封结构

200万 t/a 加氢裂化进料泵P101所输送的介质为原料蜡油（焦化蜡油20%+减压蜡油80%），温度为140℃，出口压力为16.5 MPa，介质密度889kg/m^3 进料泵前采用原料油过滤器对原料油进行反洗过滤过滤精度为20μm，反应进料泵8WCC15-10密封为进口密封，结构为单端面多弹簧集装式机械密封，如图1所示。密封结构采用PLAN23的冲洗方案，PLAN23冲洗方案是密封腔中的介质通过泵效环从密封腔中流出，经过油冷器再返回到密封中，形成自封闭循环，形成封闭的冷却回路，如图2所示。

2　加氢裂化装置进料泵密封失效原因分析

油冷器设计密封油温度进/出：149℃/70℃；循环油量：5L/min；循环水量：7L/min。实际监测油冷器密封油温度进/出为105/90℃；循环水温度进/出为30/31℃。由此可看出该PLAN23的冲洗方案根本没有起到任何作用。通过几次检修期间对进料泵密封的拆检，发现有以下几点问题重复出现，且现象基本一致，具体如下：

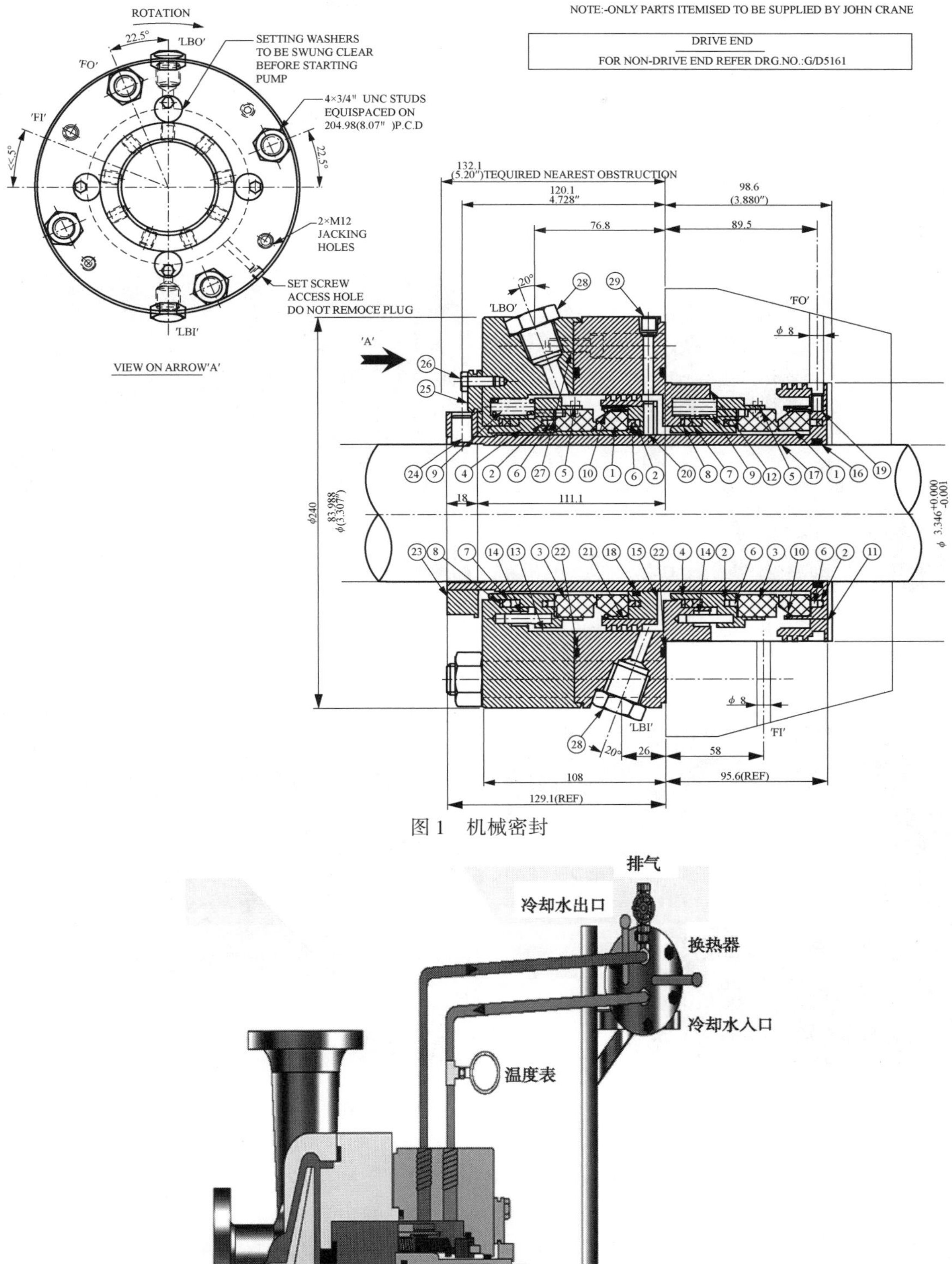

图 1　机械密封

图 2　PLAN23 的冲洗方案

（1）密封压盖及轴套O型圈完好、无老化现象。且未发现从压盖或轴套内侧泄漏痕迹。

（2）密封动静环与轴套之间间隙处以及动静环密封垫片处有大量深黑色焦状物，但观察密封面并没有明显的磨损痕迹，由于进料泵入口有原料油过滤器，其过滤精度为20μm，工作运行状态一直良好，排除了进入异物的可能。由于介质温度只有140℃，该温度下不会结焦，从图3~图7中可以看出初步判断是由于自冲洗冷却效果不好，导致密封动静环磨擦副热量累积造成结焦。

图3　动环垫片表面有明显结焦物堆积

图4　动环密封垫片内侧有结焦物

图5　动环表面有明显结焦物

图6　动静环结合处有明显碳化发黑现象

通过以上情况分析，初步判断此密封失效的原因可能主要是以下两个原因造成：

（1）动静环密封垫片（掺25%玻璃纤维的聚四氟乙烯）密封效果差，易在波动情况下造成密封垫片泄漏，长时间微量泄漏后，由于热量无法带走造成结焦导致泄漏。

（2）由于密封磨擦副间产生热量过多，自冲洗冷却效果不好，造成动静环端面因热量累积，介质结焦导致泄漏。其中，动、静环密封圈采用的是橡胶O型圈（在内）和掺25%玻璃纤维的聚四氟乙烯垫片(在外)组合使用。聚四氟乙烯垫片与动静环端面靠均布的多弹簧推力(压缩量)来达到密封效果，密封结构示意如图 8。

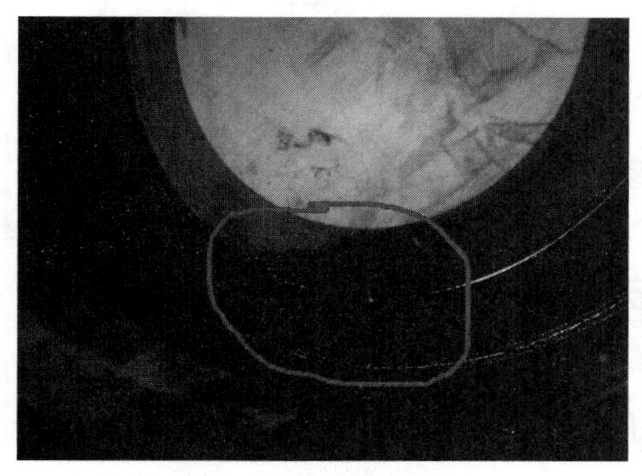

图 7　静环内侧有结焦物堆积

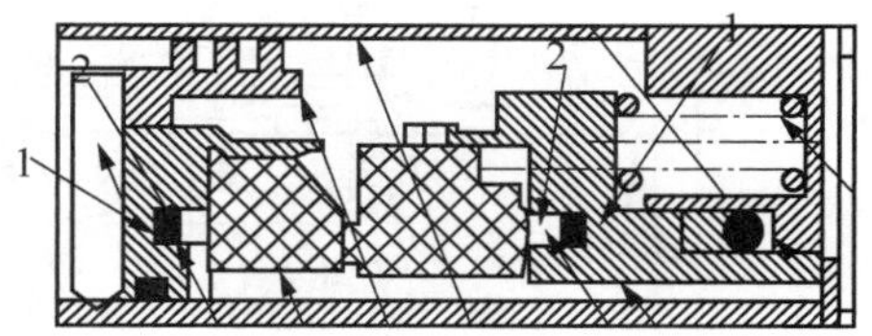

图 8　密封结构

图中标注处即为动、静环密封垫片及 O 型圈(1 为橡胶 O 型圈；2 为聚四氟乙烯垫片)。由于几次密封泄漏后拆解检查均在动、静环密封垫片处发现大量介质结焦碳化堆积现象，尤其以静环处为严重，可以初步得出结论，介质可能从动静环与密封垫片间泄漏。根据动静环端面介质结焦碳化堆积情况，由于该密封密封介质温度只有 140℃，冲洗介质冷却后的冲洗温度在 90~100℃之间，该温度下不会产生结焦，因此初步判断是自冲洗冷却效果不好，导致密封动静环磨擦副热量累积造成结焦。造成此原因可能由于泵效环的循环能力较弱、冲洗量较小。

3　加氢裂化装置进料泵密封改造方案

经过密封改造厂家设计该泵密封采用波纹管集装式机械密封(如图 9)，该密封密封特点：静止式克服设备轴不对中，耐高温，波纹管辅助密封保证绝对无泄漏，波纹管在大轴径下追随性更加可靠。动环密封端面采用国产无压烧结碳化硅，静环密封端面采用优质耐高温进口抗起泡石墨，辅助密封圈采用进口柔性石墨，弹性元件采用进口 Inconel718，轴套/压盖采用国产 316 不锈钢，从密封材质上有了进一步升级。根据现场实际情况油冷器采取特殊设计(如图 10)：冷却水增加防沉淀排放，在油冷器底部安装放开可通过定期排放，排出油冷器内部的沉淀物，增加换热效果；增加蒸汽接入口，在冬季温度较低时可以通过关闭冷却水进出口闸阀，通入蒸汽进行加热，避免了油冷器内部换热管中介质凝固；增加冷却水和介质进出口闸阀。

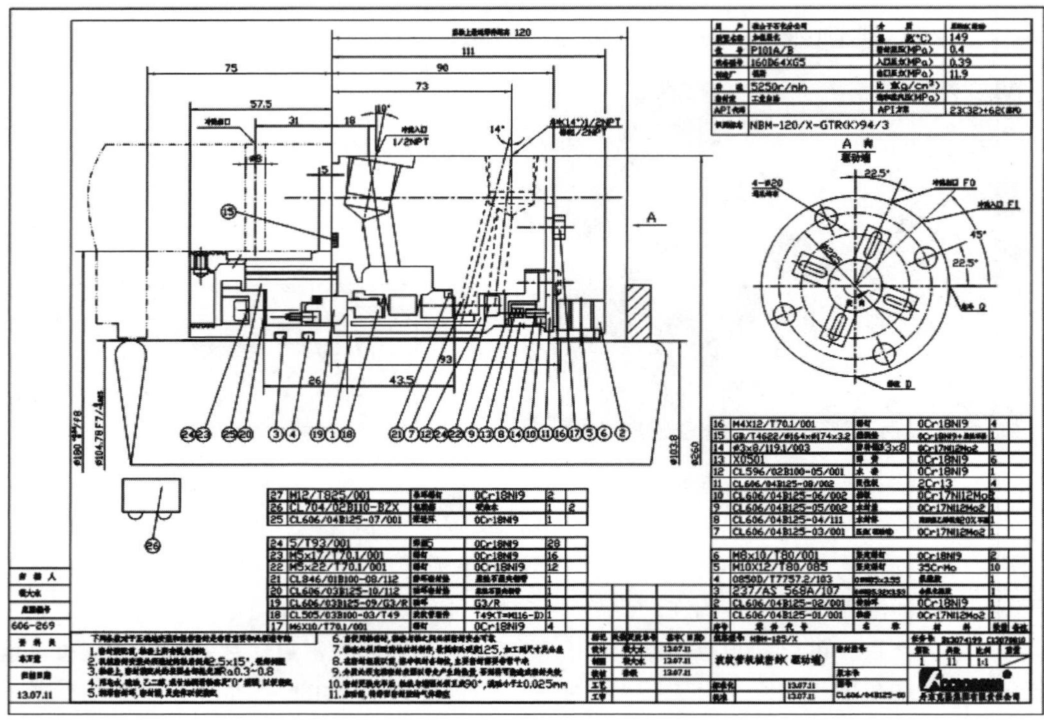
图9　机械密封

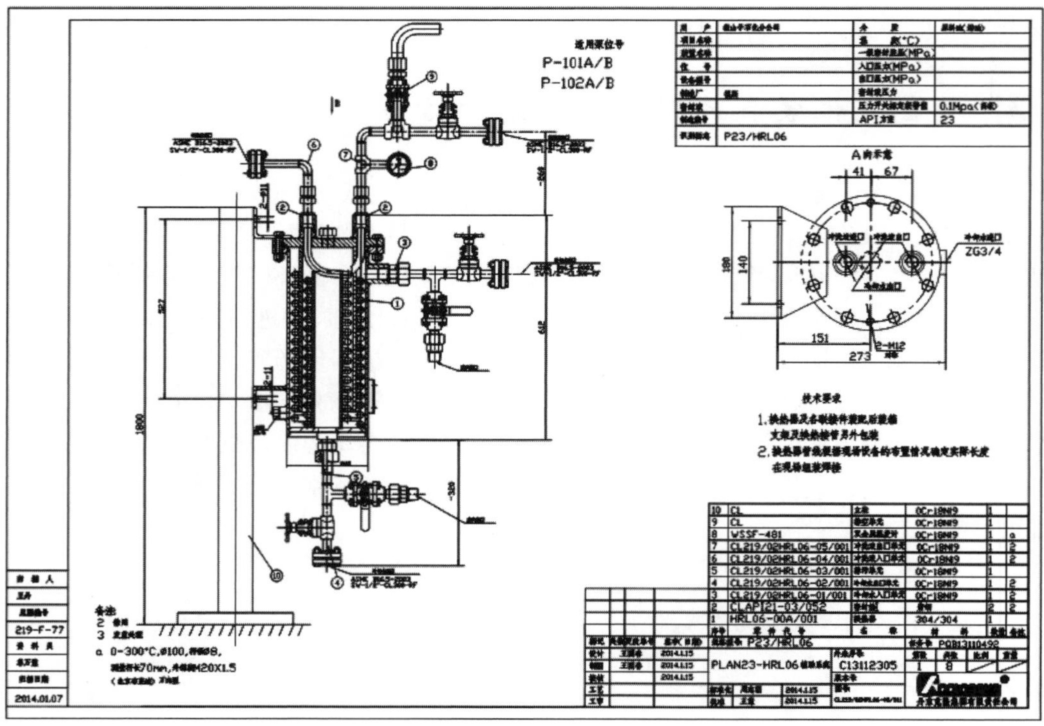
图10　油冷器

4 加氢裂化装置进料泵密封检修

4.1 加氢裂化装置进料泵密封检修情况分析

表 1 2009 年开工至今进料泵密封检修频率

装 置	工艺编号	检修时间	故障现象	原因分析	故障前累计运行/d
1	10211-P-101B	2009. 12. 05	泄漏	密封结焦	240
2	10211-P-101A	2010. 06. 25	泄漏	密封结焦	240
3	10211-P-101A	2010. 08. 18	泄漏	密封结焦	23
4	10211-P-101A	2010. 11. 15	泄漏	密封结焦	87
5	10211-P-101A	2010. 11. 24	泄漏	密封结焦	9
6	10211-P-101A	2011. 12. 20	泄漏	密封结焦	30
7	10211-P-101A	2012. 03. 19	泄漏	密封结焦	90
8	10211-P-101A	2013. 07. 24	泄漏	密封结焦	480
9	10211-P-101B	2013. 07. 31	电机振动超标	联轴器膜片损坏	1
10	10211-P-101A	2013. 08. 15	泄漏	密封结焦	2
11	10211-P-101A	2013. 12. 11	泄漏	密封结焦	116
12	10211-P-101A	2013. 12. 28	泄漏	密封结焦	17
13	10211-P-101B	2014. 01. 03	泄漏	密封结焦	180

从表 1 可以看出，进料泵 P-101A/B 从开工至今因密封故障检修共 12 次．密封失效特点如下：故障前累计运行时间超过 1 年的 1 次，6 个月至 1 年的 2 次，3 个月至 6 个月的有 2 次，少于 3 个月的 7 次。关键机组的频繁切换，不但对机组本身产生了巨大的损失，也降低了机组的使用寿命。同时无论是检修人员还是车间技术人员都面临这巨大的压力。

4.2 加氢裂化装置进料泵密封改造前后经济性对比

表 2 进料泵改造前密封配件的消耗情况

装 置	工艺编号	检修时间	原因分析	配件消耗	数 量	单 位
1	10211-P-101B	2009. 12. 05	密封结焦	密封	2	套
2	10211-P-101A	2010. 06. 25	密封结焦	密封	2	套
3	10211-P-101A	2010. 08. 18	密封结焦	密封	2	套
4	10211-P-101A	2010. 11. 15	密封结焦	密封	2	套
5	10211-P-101A	2010. 11. 24	密封结焦	密封	1	套
6	10211-P-101A	2011. 12. 20	密封结焦	配件包	1	套
7	10211-P-101A	2012. 03. 19	密封结焦	密封	2	套
8	10211-P-101A	2013. 07. 24	密封结焦	配件包	2	套
9	10211-P-101A	2013. 08. 15	密封结焦	密封	1	套
10	10211-P-101A	2013. 12. 11	密封结焦	配件包	1	套
11	10211-P-101A	2013. 12. 28	密封结焦	配件包	2	套
12	10211-P-101B	2014. 01. 03	密封结焦	密封	1	套

该进口密封价格约为12万元/套，配件包约为8万元/套。

开工至今5年共更换配件价格为密封消耗数量×密封单价+配件包消耗数量×配件包单价，13×12+6×8=204万元。改造后使用国产密封，价格为5万元/套，预计寿命6个月，全年检修费用10万元，预计5年内配件消耗50万元。从而不但大幅度降低了车间的检修费用，而且也减少了维护单位和车间技术人员的工作量。

5 结论

机泵的平稳运行是一个装置能安全、平稳、长周期运行的一个前提，加氢裂化装置反应进料泵的运行更是关键中的关键。反应进料泵是为整个生产提供原料，一旦进料泵出现问题不但面临装置循环，更会严重威胁到设备和人员的安全，这就要求我们基层车间的管理人员和操作人员，在日常的巡检当中要更加细心的检查进料泵的运行情况，各个参数出现异常变化要及时分析原因，并在最短的时间将问题消灭在萌芽状态。这样才可以保证装置安全、平稳、长周期运行。

机组状态监测及诊断系统的分析和应用

钟　远[1]，郝丹妮[2]，卢永飞[1]，蒋　伟[1]，孟亚强[1]

（1. 中国石油呼和浩特石化公司三修车间；
2. 内蒙古工业大学工训中心，内蒙古呼和浩特　010070）

摘　要　本文从石化行业装置上主要机组的应用背景出发，以机组状态信号的传输、变换为主线，从开始的无线频率信号到直流/交流电压信号、到标准的4~20mA信号信号，再到最后的各种波形频谱，阐述了机组状态信号的检测、变换、传输及上位系统的提取、分析、处理到最后得出诊断结论等各个环节的实现方式，同时也有力证明机组状态监控及诊断系统的应用对于石化装置重要机组故障停车次数，保障安全生产，节能减排，增加经济效益具有重要意义。

关键词　机组　状态监测　信号分析　故障诊断

1　课题研究的意义及发展趋势

1.1　课题研究的意义

在石化行业的机组尤其是关键装置的大型机组像催化装置主风机，富气压缩机、连续重整装置的循环氢压缩机等是整个工艺装置的关键特护设备，必须连续安全运转，一旦故障停机，则装置将停产亏损，甚至引发安全事故。机组状态分析与诊断系统的研发与应用能提前发现机组设备隐患及时处理设备问题，对保护机组设备安全，维持石化装置工艺流程的连续平稳及工厂节能减排，增效创收具有重大意义。

1.2　机组进行状态分析与诊断发展趋势

状态分析与故障诊断技术涉及信号采集、特征信号提取与处理和故障种类判断及原因分析三个基本环节，目前国内外对机组的检测诊断技术的研究主要体现在传感器向着专业化、智能化、便携化、标准化与网络化的方向发展；信号分析与处理技术从线性单元到非线性多元，传统方法与最新理论结果相结合、对信号的分析处理技术手段已经日趋成熟，分析结果也是日益可靠并被广泛共享；专家系统的研发应用有待进一步推广，其数据经验有待于进一步积累共享；诊断系统的会进一步的网络化、便捷化。

2　状态信号采集与监测诊断平台

本文将从石化行业的背景出发，分析研究机组的状态分析与诊断系统的构成及工作机制，从现场状态信号的获取、传送到信号的分析处理，最后得出结果的各个环节，具体信号流向和分析思路如图 1 所示。

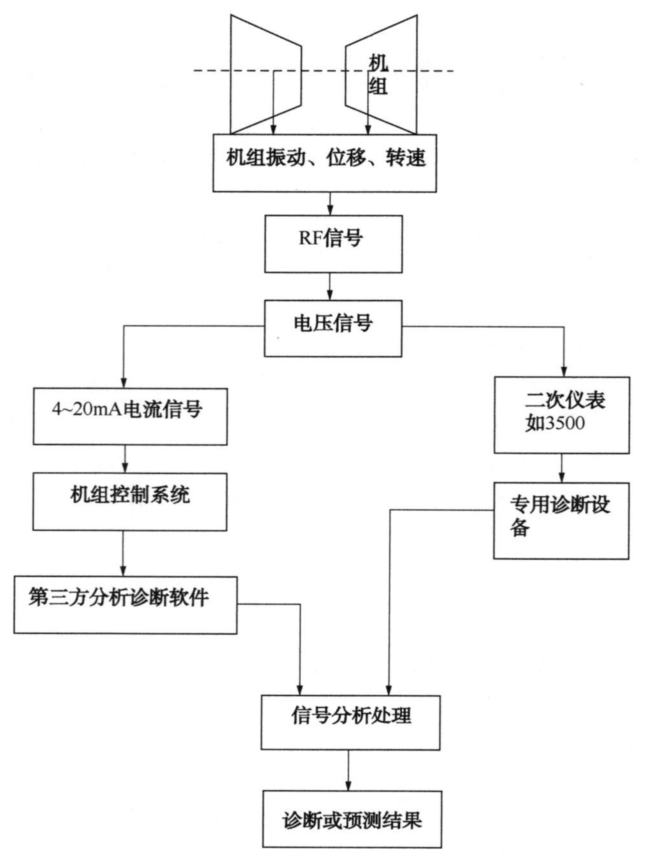

图 1 状态信号分析诊断流程

2.1 压缩机状态信号的采集

压缩机状态信号的采集工作大体由现场仪表系统，DCS/SIS/CCS 控制系统，及上位专用机组状态分析系统三部分完成。原始信号数据是一切信息、控制系统的源头所在，业内人士都讲过："进去的是垃圾，出去的也是垃圾!"如何保证现场所采集数据参数的正确性、实时性及稳定性是整个个机组状态分析诊断系统的必要基础工作。

2.1.1 现场仪表系统

现场仪表系统主要用来检测现场机组本身轴位移、轴振动、转速、温度及电机电流和工况信号如出入口流量、压力、润滑油压力和温度等参数信号。

为保证检测结果的精确性，石化装置大型机组对轴位移、轴振动、转速、加速度等参数一般采用电涡流传感器。电涡流传感器是是探头、延伸电缆、前置器以及被测体构成基本工作系统，其基本原理是以高频电涡流效应，输出信号的大小随探头到被测体表面之间的间距而变化，根据这一原理可实现对金属物体的位移、振动等参数的测量。

像机组轴承温度，压缩机出入口流量、压力、润滑油压力和温度等参数信号一般是常规的化工仪表。温度一般采用热电组 Pt100，一般是一个机组上 4~6 个，压缩机出入口各 1~2 个。压力测量采用普通压力变送器即可，出入口各 1~2 个。压缩机出入口流量，尤其是出口流量一般机组保护联锁点，要求测点冗余至少为两个。电机电流值来自电气控制系统，直接进机组控制系统 SIS/CCS 卡件。

2.1.2 二次仪表

来自现场仪表的信号参数进入机组二次仪表系统，进入信号统一转换和集中显示、监控。大多厂家采用的是美国本特利公司的 TSI 3500。

3500 系统提供连续、在线监测功能，适用于机械保护应用，并为早期识别机械故障提供重要的信息。该系统高度模块化的设计、带电插拔特点、专用组态软件及数据通讯能力都为维护扩展及数据提取分析提供了便捷。

2.2 状态信号监测诊断平台

机组状态分析诊断系统的上位监控包括现场和中央控制室的控制站、操作站、工程师站及专用的分析诊断设备等等。机组控制保护系统采用的是行业内广泛采用的有 TRICONEX 公司的 TS3000 系统，具有三重冗余功能，该机组控制系统本身就集成一定的状态报警诊断功能。上位系统可以集成专业的机组状态分析及诊断系统——比如阿尔斯通创为实公司 S8000 工厂监测和诊断平台或是北京化工大学的 BH5000C 旋转机械在线监测系统等。

本论文所采用的机组状态信号的分析、处理及诊断平台为阿尔斯通创为实技术发展(深圳)有限公司开发 S8000 系统，该系统由一个中心服务器 WEB8000 及若干个现场数据采集和监测分站 NET8000 等组成：

S8000 工厂监测和诊断平台的数据源可以是机组控制系统 TS3000 的通信卡件，也可以是二次仪表 BENTLY 的 TSI 3500。由现场数据采集和监测分站(NET8000)通过专用的接口进行连接通信。

(1) NET8000 安装在控制室或操作间；负责对大机组的振动、键相、过程量等信号进行调理、采集、图谱分析，启停机数据等有用数据的临时存贮，并向 WEB8000 上传数据。

(2) 中心服务器(WEB8000)安装在企业局域网上的任一地方；进行数据的存贮与管理、数据的网上传输与发布，负责对各监测分站的设置与管理，以及其他的信息管理。

(3) 浏览站为电厂局域网或 Internet 网上的任何一台计算机。

(4) S8000 系统可以零费用方便地接入 RMD8000 远程监测和诊断中心，从而增加了如：远程图谱浏览、远程专家会诊、诊断案例论文、故障诊断论坛等的额外增值功能。

3 状态信号的分析、处理及诊断

3.1 状态信号分析诊断理论

大型机组故障诊断(又称为设备诊断)的基本宗旨就是运用当代一切科学技术的新成就，发现机械设备的故障隐患，以期对设备事故防患于未然。机组状态诊断的基本内容包括设备运行状态的监测、运行状态的趋势预报(故障预报)和故障类型、程度、部位、原因等的确定及预防处理措施等多个方面。

状态信号的变换分析大致分为时域和频域及时频域的复合分析等几种方法：时域是描述数学函数或物理信号对时间的关系时域分析是普遍的信号分析方法，像趋势图、参数-时间变化关系图等。

频谱分析也是信号处理的基本方法，振动信号经传感器拾取进行预处理后，经过一定的数学方法将信号由时域变换到频域进行分析，和正常振动信号频谱进行比较，找出故障特征，确定故障类型。频域分析的现代谱估计的主要有：短时傅立叶变换(STFT)、Wigner时频分布，小波变换(Wavelet Transform)，cohen类时频分布、Wigner-Ville分布，Radon—Wigner变换、Gabor变换等方法。

目前，在振动信号的分析处理方面，除了经典的统计分析、时频域分析、时序模型分析、参数辨识外，近来又发展了频率细化技术、倒频谱分析、共振解调分析、三维全息谱分析、轴心轨迹分析以及基于非平稳信号假设的短时傅里叶变换、Winger分布和小波变换等。

3.2 机组状态信号分析诊断步骤

机组状态信号的分析诊断步骤大体可分为看趋势，特征值变换分析，得出故障诊断及建议三个步骤。

3.2.1 看趋势

查看轴振动、位移、转速等特征信号的历史趋势将会对最终的分析诊断有重要借鉴意义。一些有经验的老师傅安全凭借历史趋势就能对某些事故进行基本正确的分析诊断结果。

3.2.2 状态信号分析处理

这是机组状态分析诊断中技术理论上最为复杂的关键一步，其结果的科学性、可靠性非经验法可比，但其他对于相关参数的选取和特征值的提取也是有严格要求的，不同的参数得出的结论可能差别很大，正因如此这一步骤也正是机组分析诊断技术的难点所在。状态信号的变换分析处理前面已有介绍这里不再赘述。S8000系统本身集成以上各种信号分析处理的图形界面算法，对采集上来的源信号有线性的时域、根轨迹析、频域分析及非线性相关的多种分析方法，集成单值/多值棒图，频谱图、轴心轨迹图、Nyquist图、Bode图等许多显示变换工具，非常方便信号的分析、处理及事故诊断。

3.2.3 得出故障诊断结果及故障处理建议

这是机组状态分析和诊断的最后一步，也是整个系统的意义所在，经过看相关机组状态信号的历史趋势图，再对其进行提取特征值得用频谱图、轴心图、柏德图、根轨迹图等进行变换分析后就可以得到比较全面科学的结论。我们得希望所得出的结果是正确的，建议措施也合理实施，机组设备度过了危险没有停机，长期安稳运行，最大限度的保障企业效益。

3 分析、诊断系统的应用问题与建议

根据笔者的使用维护经验，现有的分析诊断系统在大致有两方面的问题影响差诊断结果的准确性与用户使用体验。首先在信号采集方面建议系统厂家能提供机组相关工况参数例如入口流量、压力、温度及出口压力等相关参数的采集信号，而且建议这些信号最好系统由诊断系统的硬件采集直接集标准的物理信号(如4~20mA)以确保信号的真实性与实时性。因为机组设备毕竟在一定的工况下工作，其设备状态与当时工况密切相关，相关工况参数对于分析诊断有重要的参考价值。其次在分析软件上能添加相关机组设备的相关设备参数及铭牌信息以供参考，同时提升软件的易用性，增加相关帮助说明信息(毕竟并不是所有使用者都是自控相关专业，熟悉根轨迹析、频域、Bode 图等诸多术语)最终能提升用户体验，成为用户喜爱的得力助手。

4 结论

综上所述，本论文从石化行业催化裂化装置上主风机组的应用背景出发，以机组状态信号的传输、变换为主线，得出诊断结论得各个环节的实现方式，并在论文最后例举笔者的使用经验及建议，例证明机组状态监控及诊断系统的成熟性与可靠性，其应用对于减少停车次数，节能减排，增加经济效益具有重要意义，机组应用企业在重要机组方面的财力、人力、设备及培训研发等方面的投资是必要的，研究、发展并应用先进的状态监测与故障诊断技术，对保护机组设备，保障安全生产，避免巨额的经济损失和灾难性事故发生，对于提高经济效益和社会效益具有重大的意义。

参 考 文 献

[1] 于晓红，张来斌，王朝晖．基于 Browser/Server 模式的烟气轮机远程诊断系统[J]. 炼油技术与工程，2006(8).

[2] 李念强，魏长智．数据采集技术与系统设计．北京：机械工业出版社，2009.

[3] 徐红森．离心压缩机振动故障分析与处理[D]. 沈阳：沈阳工业大学，2009.

激光衍射法分析催化剂粒度影响因素的讨论

石琰美

（中海炼化惠州炼化分公司，惠州　516084）

摘　要　利用 Microtrac S3500 型激光粒度仪对催化剂样品进行粒径分析，研究了分散质、泵速、分散时间和气泡对测试结果的影响。结果表明，要根据样品的性质选择合适的分散质，调整适当的泵速，选择恰当的分散时间，消除测试中气泡的干扰，将提高激光粒度测试的准确度。

关键词　激光粒度分析　分散质　泵速　分散时间　气泡

在石化工业生产中，不仅对催化剂的活性、转化率、寿命等有要求，有时对催化剂的颗粒大小和粒度分布也有要求。催化剂形态的好坏和催化剂颗粒尺寸的大小会影响生产过程中物料填充状态，反应物料的流动以及传质传热等情况[1]，从而影响到反应器生产能力，甚至对某些下游产品的加工处理，如物料的包装、运输和加工等也有重要影响，因此对催化剂粒度分布的测定有着重要意义。

粒度分布的测量方法有很多[2]，从粒度分布测量的历史发展过程来看，包括筛选法、显微镜法、沉降法、电感应法和激光衍射法等，而激光衍射法由于其测量速度快、重复性好、适于在线非接触测量等特点而被广泛应用。

激光衍射光散射法是建立在光的夫朗和弗衍射原理基础上的。根据衍射原理，当一束平行光通过一个直径为 d 的颗粒时，在光幕上的衍射光强分布为：

$$(\theta)=\frac{k^2d^4}{4f^2}\left[\frac{2J_1\ (kd\sin\theta)^2}{kd\sin\theta}\right]$$

式中，k 为入射光的波数；J_1为一阶贝塞尔函数；f 为接受透镜的焦距；θ 为衍射光与入射光之间的角度。光电探测器第 n 个光环上所接受的衍射光能量为：

$$E_n=\frac{k^2d^4}{4f^2}\{[1-J_0^2(kd\theta_{n+1})-J_1^2(kd\theta_{n+1})]-[1-J_0^2(kd\theta_n)-J_1^2(kd\theta_n)]\}$$

由于被测颗粒群中颗粒数很多，相互之间也没有固定的相位，因此，照射在任意一个光环上的总的衍射能量可视为每个单独颗粒的衍射光能量的总和。设尺寸为 d 的颗粒数共有 N 个，则第 n 个环上的总光能量为：

$$E_n=\sum N_i d^2[J_0^2(kd_i\theta_n)+J_1^2(kd_i\theta_n)-J_0^2(kd_i\theta_{n+1})-J_1^2(kd_i\theta_{n+1})]$$

由上式可看出，只要待测粒子群的尺寸一定，就有一个相应的光能分布。相反，测得一个光能分布，就可以计算出相应的粒子尺寸分布。

用激光衍射法测定粉体时，固相是否均匀分散于分散介质中是测量结果准确与否的关键，在实验中需要选择合适的测定条件，防止粒子在测定过程中出现团聚、多次散射、气泡等干扰因素。本文采用 Microtrac S3500 型激光粒度分析仪测定催化剂的粒度，研究分散质、泵速、分散时间以及气泡对粒度测定结果的影响。

1 实验内容

1.1 主要实验仪器与试剂

激光粒度分析仪 Microtrac S3500；己烷(分析纯)；去离子水(实验室制备，电阻率大于 5MΩ · cm)。

1.2 实验方法

分别采用正己烷和去离子水作为分散质，启动标准操作程序，进行光路校正，检测激光强度(最好大于 80)。当测试步骤提示加入样品时，用小药勺将少量催化剂小心加入测量池中，直至于遮光度达到 10%~20%，按 start 键开始测量，仪器自动给出粒度分布数据。

2 结果与讨论

2.1 分散质对结果的影响

在使用湿法进样时，一般选用去离子水作为分散质，因其容易获得、成本低、对很多材料微粒能较好的分散。但是在实际中，有时待测样品会发生溶于水或者与水发生反应、在水中团聚等现象，这样就需要选择更合适的分散质。

用激光粒度分析催化剂样品 Samp1，分别用去离子水和正己烷作为分散质(测试时在仪器设置中修改分散质折光率)，在分散质中每隔 15s 测一次，结果见图 1、图 2。

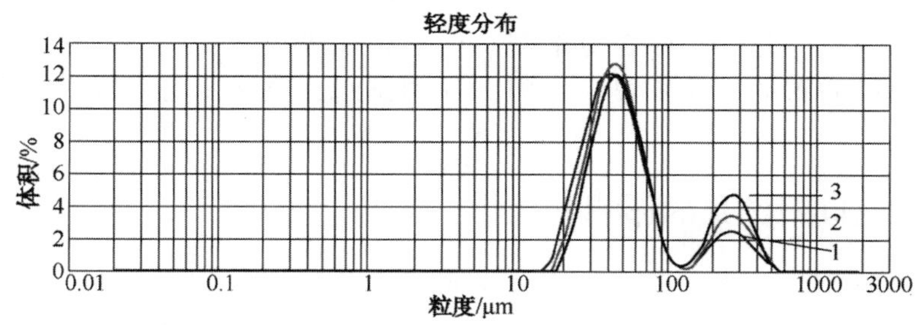

图 1 Samp1 的粒径分布曲线，水作为分散质

在图 1 中，以水作为分散质时，随着分散时间的增长，样品的粒径分布曲线在 100~1000μm 之间的峰逐渐增大，说明在水中，Samp1 发生团聚，造成大粒径部分的分布逐渐增加。在图 2 中，以正己烷作为分散剂时，三次测得样品的粒径分布曲线重合，说明样品在正

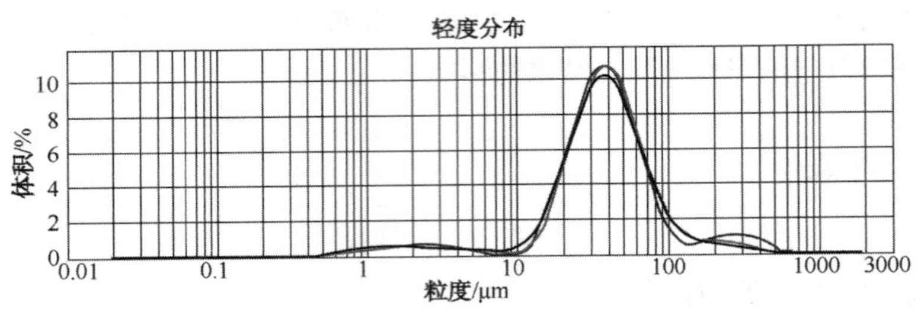

图2　Samp1的粒径分布曲线，正己烷作为分散质

己烷中分散性好，没有发生团聚。对比图1和图2中小粒径部分，0.1~1000μm之间，在正己烷作为分散质时该范围内存在一个小峰，但是以水为分散质时，该范围内不存在分布。说明Samp1存在一些可以溶于水中的细粉，当以水为分散质时，细粉溶剂，激光粒度无法测量。因此选择一个合适的分散质对样品的准确测量是非常重要的。

2.2　泵速对结果的影响

泵速的快慢会影响样品进入检测器时的状态，且较高的泵速可能对粉体造成影响。对Samp2进行分析，分散质采用正己烷，结果见图3。

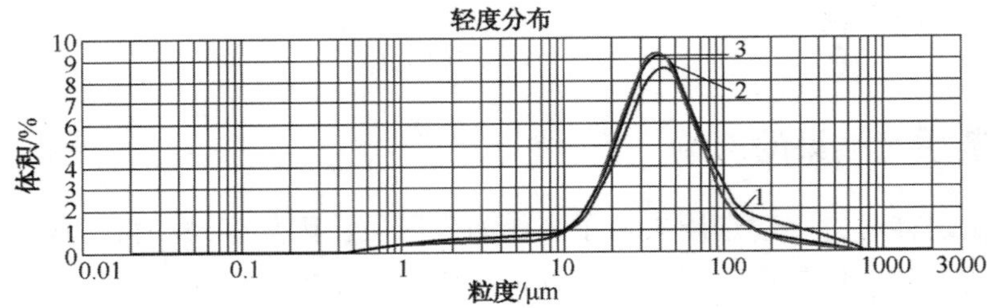

图3　Samp2的粒径分布曲线，正己烷作为分散质

泵速：1—1500r/min；2—2200r/min；3—3000r/min

随着泵速的调高，样品的粒径分布曲线向小粒径方向移动，说明提高转速有利于样品的分散，使团聚在一起的小颗粒分散开。但是转速进一步提高后，粒径分布曲线基本重合，转速对粒径分布的影响不显著。因此在测试时，泵速不必过大，选择合适的速度就可以了。

2.3　分散时间对结果的影响

不同分散时间测试Samp3的粒径分布(分散质为正己烷，泵速2200 r/min)，结果列于表1。从表中可以看到，刚加入样品时，分散时间较短不能有效的分散样品，样品团聚在一起，得到的结果平均粒径偏大。随着分散时间的增长，样品逐渐分散开，平均粒径下降。当分散时间进一步延长时，平均粒径又增加，这是因为随着测试系统暴露在空气中，空气中的水分进入正己烷中，Samp3在水中会发生团聚，因此测试结果平均粒径增大。所以在测试过程中，分散时间要控制，即要使样品得到充分分散，又要避免不利因素的产生。

表 1 不同分散时间 Samp3 的体积平均粒径

分散时间	体积平均粒径
5s	169.71μm
20s	78.64μm
35s	61.99μm
50s	107.05μm
65s	197.05μm
85s	223.74μm

2.4 气泡对结果的影响

使用激光粒度仪时，气泡会被当作颗粒与其他催化剂颗粒同时进行测量，从而对粒度分析结果产生较大影响，造成测量数据严重失真，因此必须采取有效措施来消除气泡的影响[5]。

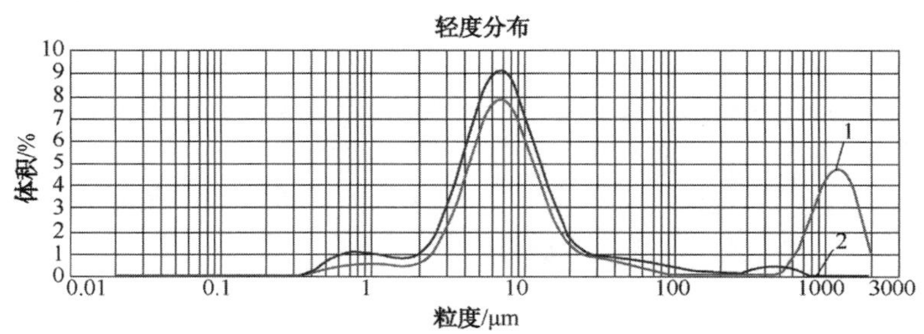

图 4 Samp4 的粒径分布曲线

Samp4 的粒径分布曲线见图 3(分散质为正己烷，泵速 2200rpm，分散 20s)。曲线 1 在 500~3000μm 之间的峰存在一个强度较大的峰，这是在测试过程中由于搅拌产生的气泡造成的。在激光粒度测试样品粒度分布时，气泡产生的分布一般在 1000~3000μm 之间。

分析产生气泡的原因发现时在搅拌过程中，分散质和搅拌桨接触的地方太浅，造成在搅拌时由于离心力分散质被甩开，搅拌桨暴露在空气中，搅拌产生大量气泡。于是通过添加分散质，使搅拌桨在旋转过程中保持浸没在分散质中，减少气泡的产生。曲线 2 是消除气泡后得到的测试结果，在 1000~3000μm 之间的峰消失。由于排除了气泡的干扰，样品的粒径分布曲线在 0.10~100μm 之间的峰得到加强，结果更加真实。

3 结论

本文采用激光粒度分析仪测定催化剂的粒度，研究分散质、泵速、分散时间以及气泡对粒度测定结果的影响。

(1) 要根据待测样品的性质选择分散质，使样品在分散质中可以有效分散，不发生反应或者团聚。

(2) 泵速对样品的分散会造成影响，适当提高泵速有利于样品在分散质中的分散，但是过高的泵速对分散的提高影响不显著。

（3）分散时间对样品的测试存在影响，极短的分散时间不利于样品在分散质中充分分散，过长的分散时间可能会产生一些不利的因素，因此要选择恰当的分散时间。

（4）气泡的存在对样品测试造成极大的影响，数据严重失真，要分析产生气泡的原因加以改进测试方法，消除气泡。

参考文献

[1] 甘霖，徐懋生，朱炳辰．环柱形催化剂颗粒尺寸对填充床传热参数的影响[J]．华东理工大学学报，2000，26(3)：221~224.

[2] 童祜嵩．颗粒粒度与比表面测量原理．上海：上海科学技术文献出版社，1989：146~152.

[3] 蒋宜捷．激光衍射光散射法在聚氯乙烯树脂粒度分析中的应用[J]．聚氯乙烯，2000，(3)：7~10.

[4] 米凤文．激光衍射粒度分析仪粒度分布求解方法的研究[J]．光子学报，1999，28(2)：151~154.

[5] 林美群，莫伟．浅谈在激光粒度分析中如何消除气泡的影响[J]．有色矿冶，2007，23(5)：85~87.

液压拉伸器在压力容器法兰紧固中的应用

刘继国，郑明光

（中海炼化惠州炼化分公司，惠州　516084）

摘　要　本文从 ASME 及 DIN 标准和规范入手，列举了压力容器法兰紧固的不同紧固方式，分析了各种紧固方式的优劣势。期望压力容器的管理者及施工者能正确对待压力容器法兰紧固工程，进一步提高压力容器关键连接紧固质量，提高设备关键连接的使用寿命和安全性。

关键词　法兰　螺栓　压力容器　关键连接　液压拉伸器　同步紧固

1　前言

在炼油、石化、化学、核电等电力装置中，压力容器和压力管道大量应用螺栓法兰连接。由于螺栓法兰连接数量庞大且工况复杂，法兰连接系统的泄漏事故也不断增多，法兰连接泄漏造成的直接经济损失每年都达数亿元。

法兰连接系统主要由法兰，垫片和螺栓螺母组成，法兰提供了连接容器或管道两个组成部分，并提供了垫片的安装位置，而螺栓作为一弹性体将法兰及垫片连接在一起，从而产生并留存在垫片上的预紧力，施加在螺栓上的载荷必须满足垫片密封所需的比压力。施加在螺栓上的载荷过小，密封不严密，法兰连接系统会造成泄露；而载荷过大，会使垫片乃至螺栓产生塑性变形，失效，法兰连接系统也会泄露[1]。故该系统内任一组成部分出现问题，都会影响到整个系统的使用。

为了能确保法兰连接系统零泄露，能安全可靠地长周期运行，必须保证整个法兰系统有足够且精确的预紧力。那么如何实现预紧力的加载及如何准确控制加载到螺栓上的预紧力呢？针对不同的工况，不同条件的法兰连接紧固，该选用什么样的工具和紧固步骤来实现零泄露的紧固呢？我国的 GB150－1998、美国 ASME Section VIII Div. 1，德国 DIN2505 标准、ASME 在 2010 更新版 ASME PCC-1-2010[2-5]中都有关描述，在本文中也会做详细阐述。

2　螺栓紧固方式

在现代的螺栓紧固方式中，人们已经不再单纯使用大锤来紧固螺栓，尤其是大尺寸螺栓（M36 以上），越来越多的紧固工具可供选择，如手动扭矩扳手，液压扳手、电动扳手，风动扳手、液压拉伸器等。而在加氢反应器、LDPE 或 EO/EG 等压力容器的螺栓紧固中，由于其工作的压力高，为了准确控制螺栓预紧力，大尺寸螺栓（M36 以上）只允许使用液压拉伸器作为紧固工具[6]。工具选择的分类情况，详见表 1、表 2。

表1 一般应用的螺栓紧固[6]

法兰磅级	法兰尺寸/mm																						
	15	25	40	50	80	100	150	200	250	300	350	400	450	500	600	750	900	1050	1200	1350	1500	1800	2400
150#			用呆扳手或敲击扳手手动紧固*											11/8”螺栓M36									
300#											11/8”螺栓M36						2”M52螺栓						
600#								11/8”螺栓M36								2”M52螺栓							
900#														2”M52螺栓									
1500#		用手动扭力扳手或动力型扭力扳手紧固						15/8”M48螺栓							用液压拉伸器紧固								
2500#						11/2 M140螺栓																	

*使用呆扳手紧固的螺栓尺寸应小于1英寸(M24)敲击扳手的重量不能超过5LBS(2.3kg)，紧固螺栓应大于1英寸(M24)

表 2　关键连接的螺栓紧固[6]

法兰磅级		法兰尺寸/mm																					
		15	25	40	50	80	100	150	200	250	300	350	400	450	500	600	750	900	1050	1200	1350	1500	1800	2400
	150#														111/8” 螺栓 M36									
	300#				用手动扭力扳手或动力型扭力扳手紧固							11/8” 螺栓 M36							用液压拉伸器紧固					
	600#								11/8” 螺栓 M36															
	900#							11/8” 螺栓 M36																
	1500#					11/8” 螺栓 M36																		
	2500#			11/8” 螺栓 M36																				

关键连接是根据以下操作介质或条件下的法兰连接[2,3]：

(1) 极端易燃：介质及准备工作在常温常压下和空气接触是易燃的。

(2) 强毒性：介质及准备工作，当吸入，吞入，或由皮肤吸收少量就会导致死亡或极慢性伤害。

(3) 曾经有泄漏历史记录。

(4) 热瞬间温度超过 38℃/h。

(5) 循环应用(温度或压力)。

(6) 操作温度从 300℃及以上。

(7) 操作温度从-50℃及以下。

(8) LDPE 装置的高压设备。

(9) 目前以拉伸器紧固的法兰。

(10) 在运转温度下结冰的法兰。

3 液压拉伸器的优点

从表1、表2中能看出：关键连接、LDPE 等高压设备、螺栓尺寸超过 M36 以上的连接，都要求使用液压拉伸器紧固。使用液压拉伸器作为压力容器的法兰螺栓紧固，是最严谨最安全的紧固工具。

3.1 纯粹轴向作用力，保证螺栓载荷最大程度的精确性

3.1.1 液压拉伸器的工作原理

通过超高液压系统拉伸螺栓，拉伸螺母通过油缸直接对螺栓施加外力，使被施加力的螺栓在其弹性变形区内被拉长，从而使螺母以零扭矩紧固。

图1 液压拉伸器工作原理

从图1可知，液压拉伸器通过液压系统提供高压动力源，通过液压螺母直接作用于螺栓上，利用材料的弹性形变，在弹性范围内拉伸螺栓，使螺母以零扭矩紧固。

液压拉伸器在弹性范围内螺栓的加载，伸长量与所受载荷之间的关系可用胡克定律来精确描述。

胡克定律如下：

$$\Delta l=\frac{F_{\mathrm{N}}l}{EA}$$

式中　Δl——变形量，m；

F_N——拉伸力，N；

l——长度，m；

E——材料弹性模量，Pa；

A——截面积，m^2。

对于某一确定直径的螺栓有：

$$A_0=\frac{\pi}{4}d_1^2$$

$$F_{max}=\sigma_s A_0$$

式中　A_0——螺栓受力面积，m^2；

d_1——螺栓小径，m；

F_{max}——螺栓屈服极限内所能承受的最大拉力，N；

σ_s——螺栓屈服极限，Pa。

因此，对于此被拉伸螺栓，可直接计算出最终由液压拉伸器直接作用的载荷为：

$$F_N=p\times A$$

式中　F_N——被拉伸螺栓留存载荷，N；

P——最大可施加液压拉伸器压力，Pa；

A——承压面积，m^2。

3.1.2　力矩扳手、液压扳手、电动扳手等紧固方式

使用力矩扳手、液压扳手、电动扳手等方式紧固时，工具直接作用在螺母上，通过产生扭矩来紧固螺栓。

安装扭矩分为三个部分：螺栓与螺母间的扭转摩擦，螺母与法兰平面之间的平面摩擦，转化紧固轴力的安装扭矩。

在安装时，大部分安装扭矩都在前两个摩擦中损耗，而直接转化为预紧力的，只占紧固扭矩的10%左右，如图2所示：

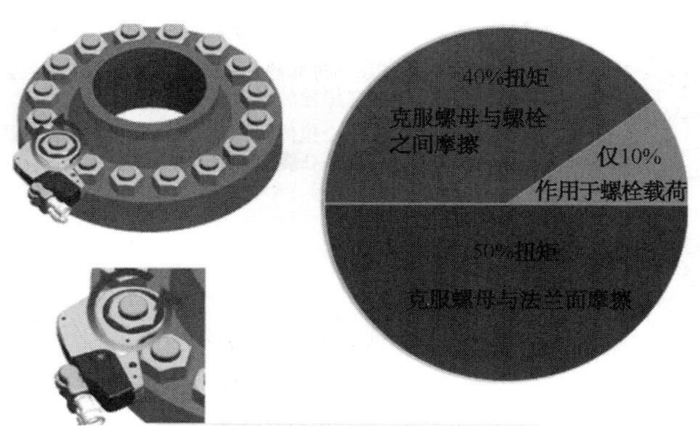

图2　扳手紧固示意图

3.1.3　力矩扳手，液压扳手，电动/风动扳手紧固具有很大的误差

使用力矩扳手，液压扳手，电动/风动扳手紧固螺栓时，需要计算紧固螺栓的扭矩值，

此时需要将扳手、螺母、螺栓及法兰面之间的磨擦系数考虑在内。根据材料的不同及表面光洁度不同，该摩擦系数的差异会很大，通常会在0.08到0.35之间[7]，差距高达400%，这就意味着，同样规格的螺栓，因为计算扭矩时选用磨擦系数的不确定性，将使计算的扭矩值误差高达400%，影响正确选用合适的工具来紧固螺栓，大大增加整个法兰系统的泄露可能性。

3.2　可真正实现同步紧固

在实际的螺栓紧固操作时，工具与螺栓数量之比往往无法做到1∶1，例如一个法兰共有16条螺栓(见图3)需要紧固时，一般不会配置16台扳手或液压拉伸器同时紧固螺栓。而当工具数量/螺栓数量无法做到100%同步紧固，需要进行分步分阶段紧固，分步紧固时会出现相临螺栓影响效应[8]，即在完成下一组螺栓紧固后，前一组的螺栓已经松弛，预紧力损失率最高可达95%，所以同步紧固显得尤为重要!

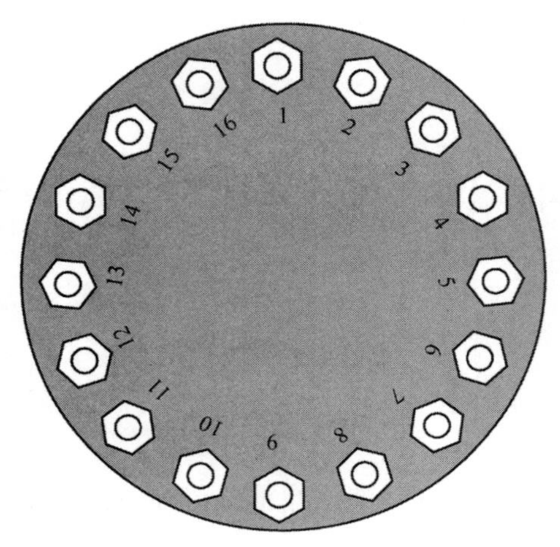

图3　螺栓分布图

液压拉伸器工作时纯轴向作用力，无需找相邻螺栓做支点，且可以串联使用，能够真正实现100%同步紧固，使紧固一步到位，准确控制留存预紧力。

使用一个液压扳手紧固、使用50%液压拉伸器紧固及使用100%液压拉伸器同步紧固三种不同方式紧固后，各个螺栓留存预紧力分布情况见图4。

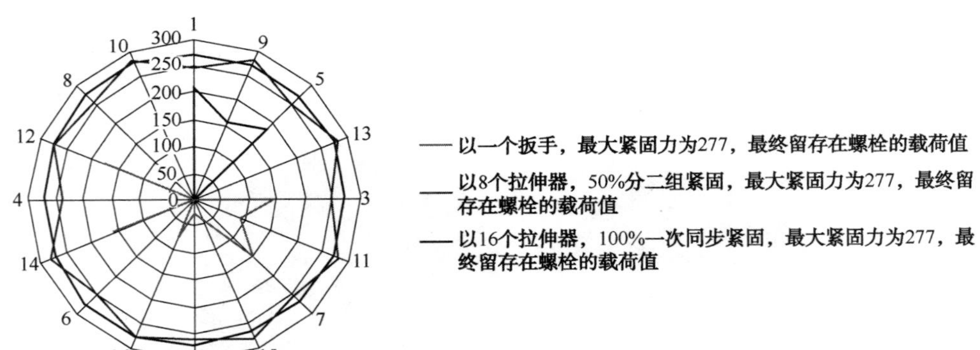

图4　螺栓留存载荷雷达图*

*以上数据由惠炼一期拉伸器制造厂家北京科路工业装备有限公司提供。

由图4可知，若想使法兰连接系的每条螺栓能达到设计载荷，且平均分布，从而保证垫片的平行密封，系统的零泄露运行，使用同步液压拉伸器是最佳选择。

3.3 可以检验最终留存载荷

在紧固螺栓的工作完成之后，留存在法兰连接系统中的载荷是看不见摸不着，非常难以测量及量化的一个参数。那么紧固后的每条螺栓是否能达到额定载荷，法兰连接系统能否在气密性测试中一次性通过，能否在日后的生产运营中零泄露运行呢？紧固螺栓之后的螺栓留存载荷检测就变得非常重要。

因为液压拉伸器的工作原理，是利用纯粹轴向拉伸力拉伸螺栓，在弹性范围内对螺栓进行加载，所以利用液压拉伸器对紧固后的螺栓进行反向拆松，可通过液压系统的压力值，计算出螺栓留存载荷，这是其他紧固工具无法做到的。

计算公式：

$$F_N = P \times A$$

式中 F_N——单个螺栓留存载荷，N；

P——液压系统压力值，Pa；

A——所使用液压拉伸器截面积，mm^2。

检测方式：

（1）在完成紧固的螺栓上，按照标准作业流程中的规范中，选定需检测螺栓，安装液压拉伸器系统。

（2）液压泵缓慢升压，同时另一操作者用手拨动拉伸器拨盘。

（3）当拉伸器拨盘拨松螺母的时候，停止液压泵升压，并记录下此刻压力值。

（4）根据上述计算公式，可直接计算出螺栓留存载荷。

4 结论

压力容器的法兰系统螺栓紧固，是一个复杂且精细的工作，选择一个好的工具进行紧固，是保证压力容器正常运行的第一步，也是最基础的一步。液压拉伸器，尤其是多个拉伸器同步紧固的使用，是压力容器的法兰系统紧固的最佳选择。

参 考 文 献

[1] 沈铁，陆晓峰．高温法兰连接系统的失效分析[J]．润滑与密封，2006，176(4)：163-166.

[2] GB 150，钢制压力容器[S]，1998.

[3] ASME Boiler and Pressure Vessel Coda，Section VIII[S]，1998.

[4] DIN 2505，Stress Calculations of Bolted Flanged Connections[M]，1989.

[5] ASME PCC-1 Guidelines for Pressure Boundary Bolted Flange Joint Assembly[M]，2010.

[6] CSPC MS PR-MFEM-0000-0044.

[7] 李丹．液压扭矩扳手与螺栓拉伸器的原理及对比分析[J]．重工与起重技术，2013，40(4)：21-22.

[8] Bibel G，Ezell R. An Improved Flange Bolt-Up Procedure Using Experimentally Determined Elastic Interaction Coefficients[J]. ASME J. Pressure Vessel Technol，1992，114(1)：439-442.

喷气燃料烟点测定手动分析与自动仪器测定结果的对比讨论

邱 伟，孔德铭，刘立志

（中海炼化惠州炼化分公司化验中心，惠州 516084）

摘 要 本文采用手动烟点仪与自动烟点仪对不同厂家喷气燃料进行测定，自动烟点仪测定结果完全符合 ASTM D 1322—2014 规定的精密度要求，自动烟点相比手动仪器，最大限度杜绝了不同的操作者对观测值的影响，减少人为的误差且提高工作效率，将操作危险性降至最低，实现快速便捷安全的烟点测定。

关键词 烟点 手动分析 自动仪器

烟点是衡量喷气燃料和灯用煤油燃烧是否完全和生成积炭倾向的重要指标之一。煤油的烟点与油品本身烃类组成和馏分组成有关。芳烃特别是双环及多环芳烃及胶质的含最，对烟点影响最大。不饱和烃含量增加、油料变重都会使烟点值变小。因此，产品规格中除限制烟点外还限制芳烃含量，喷气燃料≯20%，灯煤≯10%。但灯煤中保留少量芳烃，燃烧后产生的炭粒可增加灯焰的亮度。

烟点对于衡量喷气燃料燃烧是否完全和生成积炭倾向有重要的意义，同时也可控制喷气燃料中有适当的化学组成，以保证喷气燃料正常燃烧的主要质量指标。

喷气燃料的烟点与喷气式发动机燃烧室中生成的积炭有密切的关系。喷气燃料的烟点越低，生成的积炭量越多，当烟点高度超过 25~30mm 以后，其积炭生成量会降到很小的值。

积炭的生成对发动机的正常运行有着极大的危害。若喷嘴上生成积炭，则能破坏燃料雾化效果，使燃烧状况恶化，加速火焰筒壁生成更多的积炭，而产生局部过热，导致筒壁变形甚至破裂；若点火器电极生成积炭，则会出现电极间“连桥”而无法点火启动；积炭如果脱落下来，随燃气进入燃气涡轮，会损伤涡轮叶片。上述情况都会给发动机造成严重事故。

1 烟点测定原理

喷气燃料无烟火焰是在煤油无烟火焰高度测定器中进行测定的。在储油器内加入 10mL 试油，它借灯芯的毛细管作用，在室温下放置规定时间后，吸上芯端，挥发成可燃气体，点燃时既燃烧。空气是从对流室平面周围的小孔进人，在火焰周围的空气是比较热的，热空气与燃气一起上升，从烟道排出。由于燃烧室前面的玻璃窗测定时是盖严的，空气上升后不会散开，它里面所含的氧气就和灯芯上挥发出来的煤油蒸气混合，点燃后便发出红黄色有光的火焰。储油器的位置通过调节螺旋是可以上升下降的。当储油器上升到一定程度，从烟道上即可发现有火焰冒黑烟，这是燃烧不完全的结果。烃类和氧作用，实际上可认为烃类先分解成碳和氢，燃烧时再分别和氧化合。如果分解出来的碳较多，来不及和氧化合，便升到火焰上面，那里的温度低，周围氧气又供应不够，使芯端上的煤油不能完全燃烧，所以看到冒烟了。这种黑烟其实就是没有和氧化合的碳粒。当把储油器及灯芯位置往下降，使芯端低于对流室平面燃烧管口，沿灯芯吸上芯端的煤油就离火焰远一些。它要挥发成可燃气体，连同对流室平面周围通气孔进人的空气一起上升。在上升这段时间里，空气与煤油蒸汽混合得较均匀，使可燃气体有足够的氧气去供它燃烧。这样，火焰里的微细红热炭粒，只使火焰显示黄色光亮，而不至于冒黑烟。把观察到的最大无烟火焰，从标尺中读出其毫米高度，即得出结果。

2 对比实验测定过程

2.1 手动法

仪器型号：KOEHIER。

执行标准：GB/T 382—83。

适用范围：适用于灯用煤油和喷气燃料烟点测定。

方法概要：先取一定量的试油注人储油器中，点燃灯芯。试油在标准灯内燃烧，火焰高度的变化反映在毫米刻度尺背景上。测量时把灯芯升高到出现有烟的火焰，然后再降低到烟尾刚刚消失的一点，这点的火焰高度即为试样的烟点。通过烟点测定仪检测煤油烟点时典型的火焰形状，如图 1 所示。

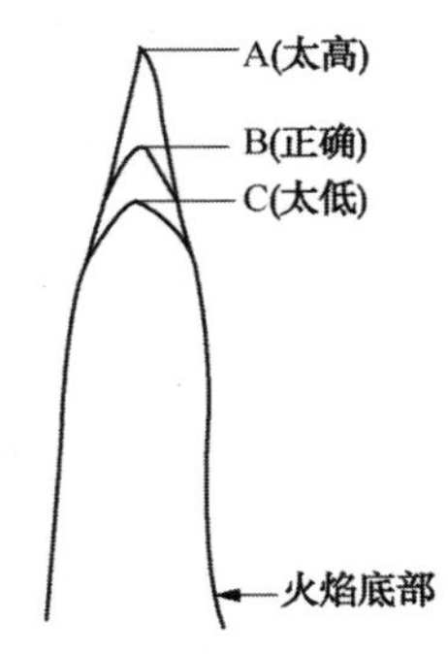

图 1　典型的火焰形状

2.2 自动仪器

仪器型号：喷气燃料自动烟点测定仪 RD-YD-I。

执行标准：GB/T 382-83。

适用范围：适用于灯用煤油和喷气燃料烟点测定。

测定原理：该仪器采用了国际测控领域前沿的“机器视觉”技术，运用其自主研发的烟点测定软件，采用工业级高保真高速相机，实现视频图像采集，传送。仪器将自动实现点燃灯芯，自动调整火焰高度至 10mm，燃烧 5min，自动调整火焰高度直到呈现油烟，然后下降灯芯高度至无烟且火焰外形相似与 GB/T 382—83 中所规定的标准火焰外形，自动捕获，判断，测量，记录存储无烟火焰的高度值，重复测定三次，直到符合 GB/T 382—83 中结果测定要求。

2.3 实验过程

2.3.1 前期准备

（1）所用试剂：甲苯，分析纯；异辛烷，分析纯；无水甲醇，分析纯；正庚烷，分析纯。

（2）标油的配制及标准值见表 1。

表1 标油标准值

甲苯/v%	异辛烷/v%	大气压为760mm汞柱时的烟点标准值/mm
40	60	14.7
25	75	20.2
20	80	22.7
15	85	25.8
10	90	30.2
5	95	35.4
0	100	42.8

2.3.2 仪器准备

（1）手动仪器。

把灯垂直安装在完全避风的房间，仔细检查每盏新灯，确保平台的空气孔和烛台的空气入口洁净，畅通且具有合适的尺寸，安装好的平台应使气孔完全畅通。

（2）自动仪器。

按照制造商的操作手册进行仪器的准备。

（3）将灯芯用石油醚或直馏轻质汽油洗涤，在100~105℃下干燥30min，取出放在干燥器中备用。

（4）将贮油器用石油醚或轻质直馏汽油洗干净，用空气吹干。

（5）标油保持在室温，如果有雾状或杂质用定量滤纸过滤。

（6）用标油将灯芯润湿，装入灯芯管中，如果灯芯有卷曲的地方，应将其仔细捻平，并使灯芯在灯芯管中突出6mm，重新将上端用标油润湿。

（7）所用灯芯规格见表2。

表2 标准灯芯规格

灯芯规格	标准
面径纱	17根，3股66支纱
内径纱	9根，4股100支纱
纬纱	2股40支纱
纬密	6根/cm

2.3.3 仪器校准

（1）手动仪器

参照GB/T 382—83仪器校准，用所配置标准燃料对仪器进行校准并计算出校正系数，若仪器操作者改变或当大气压读数变化大于0.7kPa时，重新校准仪器。

（2）自动仪器

自动仪器自带一个校准数据库用来储存表1中标准燃料混合物的数值，标准燃料混合物每次的校正试验数值及当时观测的大气压都要储存在数据库中，仪器按照GB/T 382—83计算出校正系数。

2.3.4 测量试验结果对比

表 3　自动仪器重复性测定试验　　mm

大气压	99.8kPa				100.9kPa				102.5kPa		
样品名称	A	B	C	D	A	B	C	D	A	B	C
烟点值 1	23.7	25.9	34.9	30.6	23.5	25.7	34.7	30.3	23.5	25.8	34.7
烟点值 2	23.6	25.8	34.8	30.7	23.5	25.3	34.9	30.6	23.6	25.7	34.6
平均值	23.6	25.8	34.8	30.6	23.5	25.5	34.8	30.4	23.5	25.7	34.6
实测误差	0.1	0.1	0.1	0.1	0	0.4	0.2	0.3	0.1	0.1	0.1
允许误差	0.5	0.6	0.8	0.7	0.5	0.6	0.8	0.7	0.5	0.6	0.8

注：以上数据是使用北京润东仪器厂仪器测定抚顺石化与哈尔滨炼油厂喷气燃料的实测数据。

从表 3 可以看出，在同一实验室，同一操作者，用同一台仪器，在同样恒定的条件下，对同一被测样品连续测定所得两个试验之差符合 ASTM D1322—2014 对精密度的要求。

表 4　自动仪器再现性测定试验　　mm

大气压	99.8kPa				100.9kPa				102.5kPa		
样品名称	A	B	C	D	A	B	C	D	A	B	C
仪器 1 烟点值	23.7	25.9	34.9	30.6	23.5	25.5	34.8	30.4	23.5	25.7	34.6
仪器 2 烟点值	23.1	25.5	34.7	30.2	22.9	25.4	34.4	29.8	23.2	25.6	34.7
平均值	23.4	25.7	34.8	30.4	23.2	25.4	34.6	30.1	23.3	25.6	34.6
实测误差	0.6	0.4	0.2	0.4	0.6	0.1	0.4	0.6	0.3	0.1	0.1
允许误差	0.9	0.9	1.1	1.0	0.9	0.9	1.1	1.0	0.9	0.9	1.1

注：(1) 表 4 内单个测量数据均为多次测量结果的平均值。
(2) 以上数据是使用北京润东仪器厂仪器测定抚顺石化与哈尔滨炼油厂喷气燃料的实测数据。

从表 4 可以看出，不同仪器不同的操作者对同一被测试样测定所得的两个试验结果之差，符合 ASTM D1322—2014 对精密度的要求。

表 5　自动仪器测定标油试验结果　　mm

标油值	14.7	20.2	22.7	25.8	30.2	35.4	42.8
测定值 1	14.5	19.9	22.8	25.5	29.8	34.9	42.3
测定值 2	14.6	20.0	22.8	25.5	29.7	34.8	42.4
平均值	14.5	19.9	22.8	25.5	29.7	34.8	42.3
实测误差	0.1	0.1	0	0	0.1	0.1	0.1
允许误差	0.3	0.4	0.5	0.6	0.7	0.8	0.9

从表 5 可看出，自动仪器分析标油的两个试验结果之差，符合 ASTM D1322—2014 对精密度的要求。

表6 自动仪器与手动仪器测定结果对比 mm

样品名称	喷气燃料1				喷气燃料2				喷气燃料3			
手动测定值	26.6	26.4	26.7	26.7	26.5	26.7	26.6	26.5	26.5	26.7	26.5	26.6
自动测定值	26.6	26.5	26.4	26.3	26.3	26.6	26.4	26.5	26.3	26.7	26.3	26.4

注：以上单个数据均为惠州炼化不同日期不同装置所生产喷气燃料的烟点测定平均值。

表6中，手动仪器和自动程序之间存在一个相对偏差，在整个烟点值范围内，偏差有着近似一致的比率，相应偏差的关联见式(1)。

$$(A+16)=(M+16)/1.016 \tag{1}$$

式中 M——手动程序测定结果，mm；

A——自动程序测定结果，mm。

表7 自动仪器与石科院测定结果对比 mm

样品名称	样品序号	烟点值		实测误差
		石科院结果	自动仪器结果	
A	1	23.3	23.5	0.2
	2	23.5	23.6	0.1
B	1	25.8	25.8	0
	2	25.6	25.7	0.1
C	1	34.9	34.7	0.2
	2	34.5	34.6	0.1

注：(1)表7内所有样品序号1为石科院自动仪器分析结果，样品序号2为石科院手动分析结果。

(2)从表7可以看出，不同仪器不同的操作者对同一被测试样测定所得的两个试验结果之差，符合ASTM D1322-2014对精密度的要求。

表8 典型精密度值 mm

烟点平均值	手动程度		自动程序	
	r	R	r	R
15	2.12	2.90	0.33	0.74
20	2.46	3.37	0.45	0.83
25	2.80	3.84	0.56	0.91
30	3.15	4.31	0.67	0.99
35	3.49	4.78	0.78	1.07
40	3.83	5.24	0.89	1.16
42	3.97	5.43	0.94	1.19

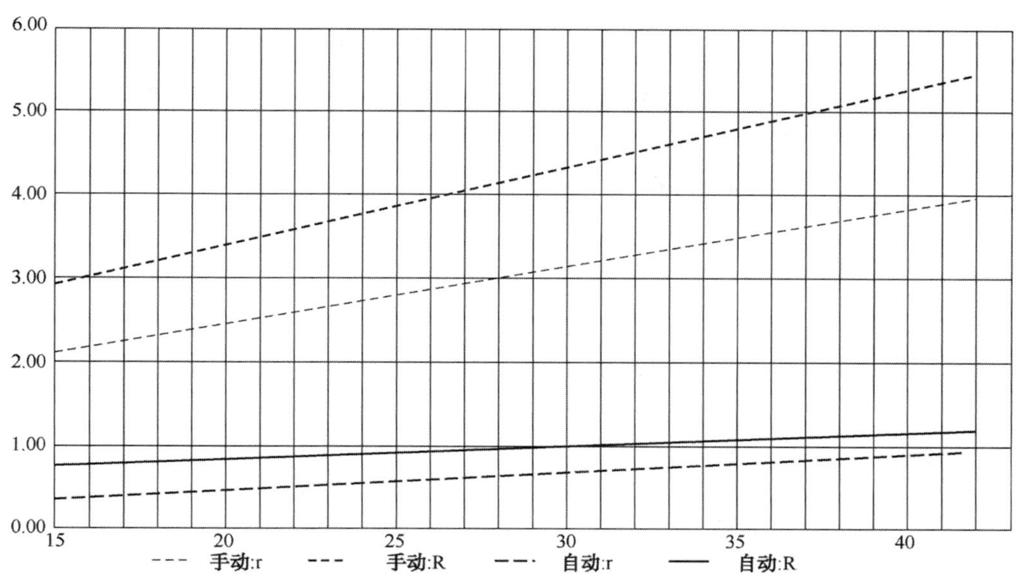

3 手动分析与自动仪器优缺点

	优　点	缺　点
手动分析	完全符合 ASTM D1322－2012 及 GB/T382－83 要求	(1) 实验过程繁琐； (2) 劳动效率较低； (3) 操作过程中存在安全风险； (4) 存在较大人为误差
自动仪器	(1) 严格模拟手动测试方法，提高实验精度，设计紧凑； (2) 提高劳动效率； (3) 安全性高； (4) 快速方便测试，客观评价，避免人为误差	(1) 要定期与手动分析进行对比； (2) 分析成本过高

4 结论

通过上述对比实验可知，喷气燃料自动烟点测定仪测定的数据符合 ASTM D1322—2014 标准精密度要求，与手动仪器偏差符合关联公式(1)，与手动仪器相比较，最大限度的消除因操作人员在火焰大小的调整、火焰高度目测过程中，由于人为因素产生的误差，大大提高了测定精确度，提高了分析效率。

关键指标移动监控在济南炼化的应用

刘宏志，王双恩，段　利，苑钧宏

（中国石化济南分公司，山东济南　250101）

摘　要　为实现关键工艺指标和重要操作参数的实时有效传递，使管理人员与专业技术人员能够远程监控生产与设备，提前或第一时间处置突发问题，济南炼化开发了关键指标移动监控系统。介绍了该系统的结构、特点及其在济南炼化的应用效果。

关键词　工艺指标　操作参数　移动　监控

炼化企业一般有四大基础工作或任务：安全环保生产、管理与技术创新、价值创造和人才培养。近年来由于设备、控制缺陷或原油劣质化等因素非计划停工常常困扰着每个炼化企业，如何变被动为主动，变事后抢修为提前预防是摆在每个企业面前的重要课题。根据这一思路，中国石化济南分公司(下简称济南炼化)自行开发了关键指标移动监控系统，实现了关键工艺指标和重要操作参数的实时有效传递，使管理人员与专业技术人员能够远程监控生产与设备，提前或第一时间处置突发问题，为企业安稳长优运行提供了可靠的技术支撑和保障。

1　系统运行原理

关键指标移动监控系统以 PI(Plant Information System)实时数据库中的生产、环保、设备、质量和公用工程数据作为基础数据，根据各车间指定的工艺、质量指标参数从 PI 中抽取数据进行监控。该系统配置中国移动短信机，提供 java 调用接口和 Web service 接口。PI 实时数据库对外提供了 API(Application Programming Interface)、SDK (Software Development Kit)、ODBC(Open Database Connectivity)调用接口，系统结构见图 1。

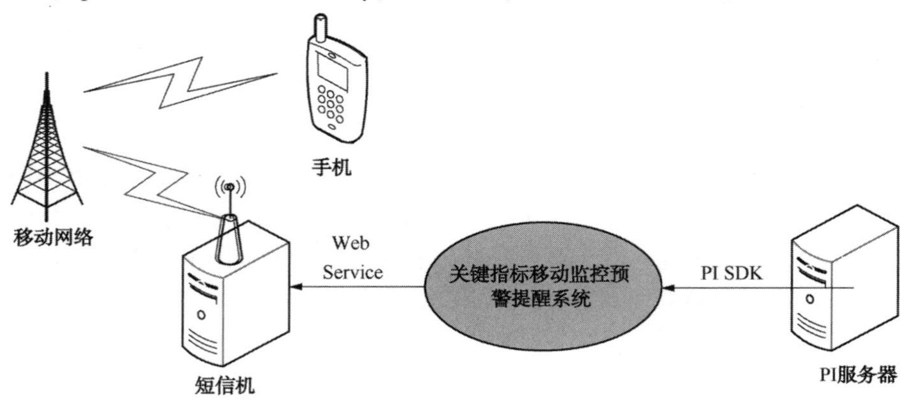

图 1　关键指标移动监控系统结构

系统采用.NET开发技术，利用PI SDK获取实时数据，通过web service调用短信机接口向有关人员发送关键指标短信。

2 系统主要特点

关键指标移动监控系统上线以来运行平稳，将重要工艺、质量指标参数按要求发送至管理人员和专业技术人员手机，其特点如下：

（1）关键参数定义与定时发送

从每套生产和辅助生产装置、大机组、环保等工艺指标中各选取10个主要指标，系统的定时短信会将所选参数的位号名称和实时数据作为一整条短信发送，每行由一个位号名称和位号数据组成，每天7点、15点、21点向指定人员的手机发送本装置的关键参数。

（2）报警实时检测

每个关键指标都设置了上下限报警，系统监测用户所配置的关键参数的数据是否超过报警上下限。如果超标随时向本装置所指定的手机发送报警短信，对生产情况实时跟踪查看，24h无缝连接监控，便于及时发现问题，解决问题。

（3）个性化发送

由于不同的业务部门对重要参数位号的熟悉程度不一样，系统增加了个性定义，可以有选择地发送位号名称或位号描述。针对个别部门提出不同的短信发送周期需求，系统增加了各部门自定义短信发送周期的功能，实现不同部门不同的定时短信发送周期。

3 实施效果

移动监控系统覆盖了济南炼化30余套生产装置及公用系统共193个关键工艺指标、质量指标和环境保护指标的信息发送，发送范围为相关部门负责人、单位负责人、技术员等177人，实现了对生产操作和系统运行的提前预警和远程移动监控，全年生产装置和关键设备无非计划停工。

（1）在装置长周期安全运行方面发挥了关键作用

车间管理技术人员，在工作时间之外无法取得操作信息，会失去对装置运行情况的适度掌控。通过“关键指标移动监控预警提醒系统”，管理人员能够得到设定的重要参数实时数据，并通过这些数据初步分析当前装置的运行状态及发生的变化，在必要时能够及时与生产岗位操作人员进行沟通和交流，了解并指导生产。同时，系统实时监测参数变化，一旦波动较大或超出报警界限，立即发出超限报警短信。如2014年5月29日外电网故障，一催化车间领导当时正在外培训学习，通过手机短信第一时间接到生产关键参数报警信息，及时组织协调处理。8月26日凌晨4点常减压蒸馏装置常压塔底液位计失灵，车间主任第一时间接到报警信息，及时落实处理，避免了生产的混乱和非计划停工，保证了装置的安全平稳运行。系统应用后关键指标报警情况见表1。

表1 关键指标报警次数统计

单　　位	报警总次数	典型报警次数分析						
		温度	压力	液位	线路故障	设备故障	系统波动	生产波动
生产调度处	18					5		5
常减压车间	177	3		2	2		3	
一催化车间	107	3			1	2		4
二催化车间	30		2					
加氢重整车间	45				3	5	1	1
二加氢车间	31					4	5	
聚丙烯车间	19	4						4
润滑油车间	110	1				1	1	
沥青车间	1266					1	2	
硫磺回收车间	33						3	7
气分车间	13	3	3				1	3
供排水车间	56						10	
动力车间	10						10	
仪表车间	8				1	7		
维修车间	2000					1		1
油品车间	30		2			1	1	
计量中心	200						4	
合计	4153	14	7	2	7	27	41	25

系统自2014年运行以来，共发出报警信息4153条，其中比较重要的信息103条。这让管理人员、技术人员有了“千里眼”，可于生产区域、工作时间之外，24h了解掌握装置运行状态和工艺、环保、质量情况，若发现异常，以最快速度解决问题，消除隐患。管理技术人员的生产管理水平和突发问题的应急处理能力大幅提高。

（2）在员工操作技能培训中发挥指导作用

系统将生产装置关键工艺参数定点发送至生产管理人员，每天采集分析，实时传送生产线的工艺、质量、环保关键指标190多个，加强了相关管理人员对于操作状况的重视，是对在岗人员生产操作的一种有效监管，在潜移默化中强化职工对于生产的责任意识，促使操作人员更多地关注运行情况，每个指标变化的原因、可能产生的后果，指标之间的相互关系、指标与现场之间的关联等信息，经梳理讨论后，大大提高了员工分析问题、解决问题的能力，极大地提高了操作水平。表2为重油催化裂化装置选取监控的关键指标。

表2 800kt/a重油催化裂化装置关键指标监控

控制参数	DCS表号	DCS报警	
		下限	上限
重反沉降器顶部压力/MPa	PI6102B	0.07	0.28
再生器顶部压力/MPa	PIC6103	0.1	0.24
汽反沉降器顶部压力/MPa	PI6410	0	0.4
重反提升管出口温度/℃	TIC6101	460	520
汽反提升管出口温度/℃	TIC6414	460	560
塔-201顶油气温度/℃	TIC6202	110	130
塔-204顶油气温度/℃	TIC6278	0	250
重油反应器总进料/(t/h)	FIC6201	48	125
苯抽提C_5苯含量/%	LM-BEX0005	0.8	2.3
苯抽提C-602底重馏分苯含量/%	LM-BEX0003	0.8	2.3

系统上线之初，全厂生产装置每天共有工艺操作参数等超限报警500多条，系统运行后，已减少到平均每天30多条。在岗一线员工的操作水平和安全责任心有了明显提升。

（3）在绩效考核管理中发挥监督作用

合理有效的绩效考核管理对实现企业的目标和提高员工的工作水平有着深远的影响和意义，关键指标移动监控系统为企业的绩效考核提供了一个合理的奖惩依据。工艺及质量指标参数报警通过短信发送到生产管理人员手机时，相关负责人可以查看生产操作岗位员工是否在第一时间发现报警并及时采取处理措施，以此作为员工操作考核的依据。8月26日晚上2点，常减压装置常压塔底液位计失灵报警，车间领导深夜接到报警信息联系在岗操作员工时，当班人员未及时发现问题并进行处理。这在车间内部当月绩效考核中予以通报，相关人员受到考核扣奖。部分关键指标的报警监控情况见表3。

表3　部分关键指标报警监控

时间	单位	监控指标	正常值	报警值	报警原因分析
2014-05-29	一催化车间	主分馏塔顶温度/℃	110~130	138.6	电路晃电，回流中断
2014-10-25	二催化车间	油浆外甩出装量/(t/h)	5~10	4	原料性质大幅变轻
2014-03-22	供排水车间	三循冷水压力/MPa	0.36~0.5	0.328	压力突然降低，调整泵运行，导致压力不稳
2014-06-07	气分车间	催化蒸馏塔顶温度/℃	30~70	70.5	冲塔导致温度升高
2014-08-26	常减压车间	常压塔底液位	30%~70%	100%	常压塔底液位计指示失灵
2014-11-17	聚丙烯车间	环管反应器浆液密度/(kg/m^3)	430~590	420	在线混合器堵塞
2014-08-12	油品车间	Φ325mm原油进厂含水率	0%~6%	6.01%~14%	Φ325mm原油含水量偏高
2014-09-24	生产处	COD在线/(mg/L)	≯50	50.71	水质波动
2014-10-25	维修车间	二催化三机组烟机2#瓦轴振值/μm	<80	80~101.6	烟机催化剂堆积，气封、油挡等零部件磨损引起振动

系统运行一年来，针对常减压蒸馏装置常压塔底液位指示失灵等造成装置生产波动等报警，绩效考核兑现共计20余次。正如该车间领导所说，“关键指标移动监控，便于纠正职工工作中的懒、散、慢等不良作风。现在半夜接收报警短信极少发生，生产平稳让人放心了，也能睡个安稳觉”。关键指标移动监控让公司的考核文化和氛围更加成熟，企业赢得了效益，员工赢得了自我认识与改进。

（4）对企业经营管理创新发挥了推动作用

信息化和工业化融合是企业发展到一定阶段的必然结果。做好两化融合对于我们来说不仅涉及到技术的融合，更是一个管理优化与创新的过程。在以往，工艺、质量指标数据收集及分析等工作十分繁杂，且数据不能有效共享。关键指标移动监控系统的应用，充分利用了我们随身携带的手机作为信息平台，将外排污水COD、烟气中氮氧化物等指标都实现了在线测量，手机实时传送，体现了信息化与工业化管理相结合的理念。关键信息直接传递给相关管理人员，利于各职能部门间沟通协调工作，提高工作效率，实现了信息传递高效化，对丰富生产管理体系具有积极意义，建立了全体职工主动关心生产的格局，推动了企业经营管理的创新。

4 结语

近年来，济南炼化不断开展管理创新、技术创新、产品创新和操作创新等活动，都取得了较好的成效。2014 全年实现安全长周期运行，加工原料油 5040kt，实现利润 2.96 亿元，税金 48.8 亿元，吨油盈利水平处于中国石化领先水平，实现了公司提出的“安全可靠、清洁环保、效益领先”的生产目标和经营理念。实践证明，创新没有止境，关键指标移动监控系统利用个人手机作为应用平台，相当于不仅是操作人员在监督生产运行过程，还有车间技术和管理人员时时监督生产运行过程，而且移动监控没有“偷懒”的时候，大大提升了装置运行的可靠度，该系统具有较好的应用价值和推广价值。

CODmax plus sc 在线自动监测仪的应用

肖慧鹰

（中国石化九江分公司安全环保处环境监测站，江西九江 332004）

摘 要 介绍了CODmax plus sc型COD在线自动监测仪的测定原理、分析流程和性能特点。仪器采用重铬酸钾氧化水中有机物和还原性无机物，通过分光光度法测定化学需氧量(COD值)。与国标方法进行线性回归校正后，仪器测定值与国标方法测得的COD_{Cr}值具有较好的一致性。

关键词 化学需氧量 重铬酸钾氧化 分光光度法

1 前言

化学需氧量(Chemical Oxygen Demand，简称COD)是指水体中易被强氧化剂氧化的还原性物质所消耗的氧化剂的量，结果折算成氧的量(以mg/L计)[1]。它是表征水体中还原性物质的综合指标，是污染物排放监控中的重要指标，是反应水污染程度的重要指标。测定COD可以间接测量水体中有机物的含量。根据氧化剂的种类，COD可以分为高锰酸钾COD_{Mn}指数和重铬酸钾COD_{Cr}指数[2]。

为了准确监测水体中有机物的变化，及时掌握排放水体的水质状况，监督污染源排放总量及排放达标情况，需要使用水质在线自动监测仪。化学需氧量在线自动监测仪是实时监测有机污染物含量的主要手段。

CODmax puls sc型COD在线自动监测仪是哈希公司针对中国市场对COD的监测需求开发的第二代铬法COD在线监测仪。CODmax puls sc型COD在线仪自动监测仪全面超越了上一代产品，具有扩展性更好、准确度更高、维护量更低、符合国标(GB11914-89)的方法，在线监测结果更易与实验室滴定法比对、更易传输和远程控制，与国标方法对比具有良好的一致性，以下主要介绍CODmax puls sc型COD在线仪的应用情况。

2 试验方法及测量原理

其测定原理符合国家标准重铬酸钾法(GB 11914—89)，采用重铬酸钾氧化回流、625nm冷光源下进行光电比色测定Cr^{3+}的增加量；测定范围10~5000mg/L，仪器稳定性好。

CODmax puls sc型在线自动监测仪是与重铬酸钾法所测得结果相对应的仪表，其原理为：采用重铬酸钾密闭回流比色法使样品氧化，在sc主控制器控制下，将水样与重铬酸钾、硫酸-硫酸银混合，加硫酸汞消除氯离子干扰，混合液在175℃条件下回流消解30min，然后进行光电比色，测得Cr^{3+}的增加量，从而计算样品的COD浓度。

CODmax puls sc 型在线自动监测仪由电器部分和样品液路部分组成[3]。其分析流程如图1。

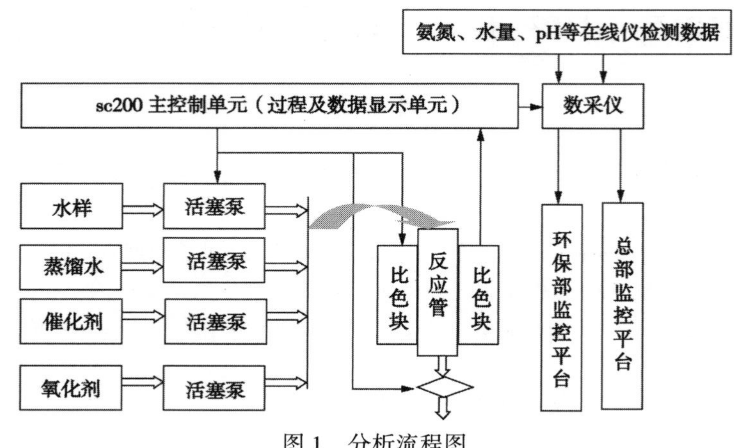

图1　分析流程图

测定时需要用蒸馏水、催化剂、氧化剂、标液四种试剂。

所有电磁阀、活塞泵和比色块都有微机控制单元控制。被测水样、催化剂、氧化剂都按一定流量由活塞泵根据时间程序抽入反应管，接着加热块开始加热至175℃，累计30min。风扇冷却5min，比色计进行比色，显示电压值，随后打开电磁阀排废液；然后蒸馏水泵启动按同样程序做空白试验(此步不加热)，显示电压值，根据电压差值转换成COD值。最后用蒸馏水清洗反应管并保留1/3管蒸馏水，仪器显示正在等待下次分析，显示本次COD值。等到达设定时间时，仪器重复进行分析。如此循环往复。测量过程中无需手工校准，可设置定期自动校准。通过校正菜单可以随时进行曲线校正、标液校正、活塞泵流量校正。校正用标液应与仪器所用的量程匹配。

3　结果与讨论

2015年2月，九江石化废水总排口开始安装、调试好了哈希CODmax puls sc型在线自动监测仪，2015年3月地方环保局对该仪器进行了比对监测和验收。CODmax puls sc型在线仪调试、比对及质控监测数据如表1、表2、表3所示。

表1　仪器零点和量程漂移绝对误差测量数据结果表

次数	零点读数/(mg/L)		零点漂移绝对误差/(mg/L)	上标校准读数/(mg/L)		量程漂移绝对误差/(mg/L)
	起始	最终		起始	最终	
1	3.0	3.2	0.2	1500	1499.6	0.4
2	2.0	2.1	0.1	1500	1547	47
3	2.3	3.0	0.7	1500	1519.2	19.2
4	2.5	2.8	0.3	1500	1498	2
5	2.1	2.6	0.5	1500	1514	14
6	2.6	2.7	0.1	1500	1512	12
	绝对误差最大值		0.7(符合要求)	绝对误差最大值		47(符合要求)

表 2 仪器重复性检测数据结果表

次数	零点校正液测量值/(mg/L)	零点校正液测量平均值/(mg/L)	量程校正液测量值/(mg/L)	量程校正液测量平均值/(mg/L)	重复性测量值/(mg/L)(标样：59.7)	相对标准偏差(≤5%)/%
1	3.0	2.8	1499.6	1514.9	57.8	1.14
2	3.2		1547.0		57.2	
3	2.0		1519.2		59.5	
4	2.5		1498		58.2	
5	3.1		1514		57.6	
6	3.0		1512		58.1	

表 3 实验室化学法与在线仪测定标液数据结果表

次　数	标　液	COD 值/(mg/L)(化学法)	COD 值/(mg/L)(在线仪)	相对误差/%
1	蒸馏水	11	13	18.1
2	蒸馏水	12	14	16.7
3	60	60	61	1.7
4	100	102	103	0.98
5	200	201	196	2.0
6	400	408	396	1.0
7	800	796	811	1.4
8	1000	988	991	0.9

由表 1 至表 3 可知，仪器零点和量程漂移绝对误差测量结果均符合要求，仪器重复性好，仪器对蒸馏水(较低浓度水样)的测定结果误差较大，对标样仪器测定结果和化学法测定结果具有较好的一致性，符合 COD 测定误差要求[4]。

该仪器测量范围广、准确度高，几乎能满足所有污水和废水处理过程中入水口和出水口的水质监测。2015 年 4 月 1 日起，哈希 CODmax puls sc 型在线自动监测仪在九江石化废水总排放口开始正式运行使用。取不同时间的总排口废水，通过实验室化学法与在线仪测定水中 COD 值比较、以及在线仪在不同时间测量总排口废水中 COD 值来看，在线仪测定水样结果和化学法测定水样结果具有较好的一致性，符合 COD 测定误差要求，哈希 CODmax puls sc 型在线自动监测仪运行测量正常，具体见表 4。

表 4 实验室化学法与在线仪测定水样数据结果表

次　数	测 定 时 间	COD 值/(mg/L)(化学法)	COD 值/(mg/L)(在线仪)	相对误差/%
1	2015-04-01	37	36	2.7
2	2015-04-02	42	41	2.3
3	2015-03-03	52	50	3.8
4	2015-03-04	50	49	2.0
5	2015-03-05	32	32	0.0
6	2015-03-06	47	48	2.1

4 结论

（1）哈希 CODmax puls 型在线自动监测仪测量方法基于中国国家标准（GB 11914—89）水质需氧量测定-重铬酸钾法，适合于测试化学需氧量在10~5000mg/L范围内的废水。

（2）该分析仪器是经典的重铬酸钾氧化与分光光度测试技术的有机统一。采用sc200控制器作控制核心，具有自动校准和自动清洗的功能；采用活塞泵技术和抗腐蚀管路，有效降低了维护量、试剂消耗量，使整机运转稳定可靠；采用精确的光路计量系统，使仪器测量结果更可靠、更准确。

（3）哈希 CODmax puls sc 型在线自动监测仪应用于石化各装置分级监控点污水、污水处理场总进、总出口等水质中COD的监测是可行的，监测数据是准确、可靠的。

参 考 文 献

[1] 国家环保总局. 水和废水监测分析方法指南（上册）[M]. 北京：中国环境科学出版社，1992.
[2] 国家环保总局. 水和废水监测分析方法[M]. 第4版. 北京：中国环境科学出版社，2003.
[3] CODmax puls sc 型在线自动监测仪使用说明书. 上海四椂仪器有限公司.
[4] 中国环境监测总站. 环境水质监测质量保证手册[M]. 第2版. 北京：化学工业出版社，2001.

GC/MS快速分析汽油中锰含量研究

赵惠菊

（中国石化九江分公司技术中心，江西九江　332004）

摘　要　在气相色谱/质谱(GC/MS)联用仪上，采用汽油直接注射进样，外标法定量，开发出了汽油中锰含量测定的新方法。研究了中国石化九江分公司生产现场使用的甲基环戊二烯三羰基锰(MMT)助剂的组成。采用三因素三水平正交试验确定了仪器的最佳分析条件，使用无水乙醇作溶剂，建立了汽油中锰的定量工作曲线。该分析方法简便、快速、灵敏、精确，最小检测量为0.38pg，相对标准偏差小于6%，加标回收率在90%～110%之间。与九江分公司质管中心原子吸收光谱法的分析进行比对，取得了良好的结果，油样分析相对偏差的绝对值小于8%。

关键词　气相色谱/质谱　汽油　甲基环戊二烯三羰基锰　锰

随着汽车工业的迅速发展和环保要求及节省能源的需要，对无铅汽油的需求量和汽油品质的要求越来越高。甲基环戊二烯三羰基锰(MMT)因具有显著提高汽油辛烷值、增加燃料燃烧效率、减少汽车尾气排放、节省汽油等作用，目前在国内被广泛用作汽油抗爆剂。现在国家标准车用汽油(Ⅳ)规定加入抗爆剂使汽油中锰含量不高于8mg/L。

目前，国内测定汽油中锰含量一般采用原子吸收光谱法SH/T 0711-2002[1]，汽油试样经溴-四氯化碳溶液或碘—甲苯溶液处理，用甲基异丁基酮或氯化甲基三辛基铵—甲基异丁基酮溶液稀释后，用火焰原子吸收光谱仪在279.5nm处测定试样中的锰含量。该分析方法灵敏度不够高，最低检测浓度仅为0.25mg/L，且样品前处理环境污染大，对操作人员有一定危害。有文献[2]报导采用微波消解法处理汽油样品，由于微波消解在密闭容器中进行，所用试剂量少，污染少，而且微波对样品是一种内加热方式，消解速度快，处理后的样品用石墨炉原子吸收光谱法测定锰含量，分析方法的灵敏度高，但样品前处理麻烦。本文在气相色谱/质谱(GC/MS)联用[3~5]仪上，采用汽油直接注射进样，开发一个汽油中锰含量的精确分析方法[6~8]。

1　实验部分

1.1　仪器和试剂

主机为日本岛津产GC-17A与QP-5000型GC/MS联用仪，色谱柱为DB-1石英毛细管柱(30m×0.25mm i.d.，0.25μm)。柱头压：90kPa；注射口温度：250℃；接口温度：230℃；电离方式：电子电离(EI)，电子能量：70eV，检测器电压：1.5kV；扫描质量范围(m/z)：33～350，扫描间隔：0.5s，扫描速度：1000u/s，阀值：1000。

载气：高纯氦，99.999%；MMT标样：沸点为232～233℃，密度为25℃下1.38g/mL，纯度为97%；无水乙醇：优级纯。

1.2 定性分析

MMT是有机金属液态化合物，中国石化九江分公司生产现场使用的锰添加剂，MMT含量为62%，相对密度为15.6℃下1.15。为了确定该助剂主要组分，在载气线速度：41.0cm/s；分流比：6∶1；柱温：初温为100℃，程序升温速率为5℃/min，终温为200℃的条件下，进行扫描(SCAN)分析。

分析所得总离子流谱图见图1，图2为7号峰对应的质谱谱图。根据各峰所得质谱谱图的解析，结合质谱标准谱库检索，可知该MMT助剂所含其它组分基本为芳烃，其中1~7号峰分别为1，2-二乙基苯、4-乙基-1，2-二甲基苯、1-乙基-2，3-二甲基苯、1，2，4，5-四甲基苯、1-乙基-2，4-二甲基苯、茂并芳庚、甲基环戊二烯三羰基锰。

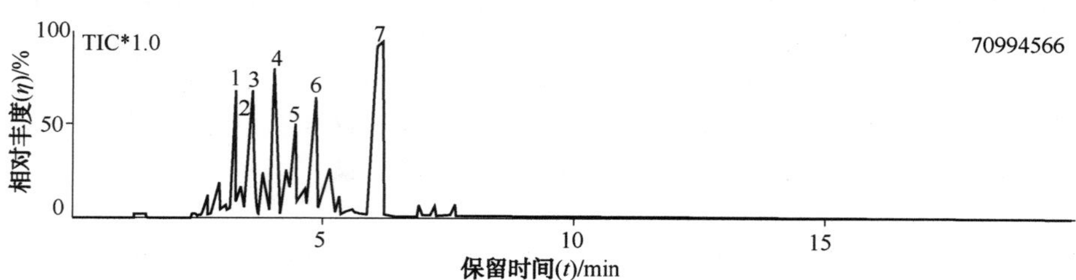

图1 生产现场所用的MMT助剂分析的总离子谱图

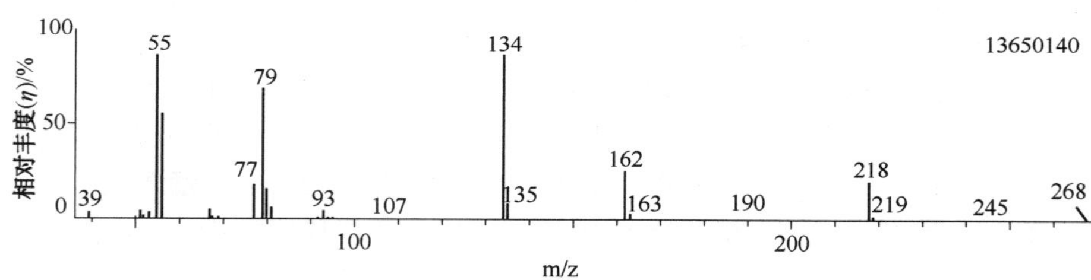

图2 图1中7号峰为甲基环戊二烯三羰基锰

2 结果与讨论

2.1 色谱分离条件的确定

通过选择MMT特有的离子碎片进行计量，这样MMT中锰的定量就不会受共流出物的干扰。要使MMT峰的响应最好，关键是MMT出峰前的温度设置。通过正交试验来确定最佳色谱分离条件，分别对初始温度、初始时间、一阶升温速率3个因素，各取3个位级数，制定的因素位级表见表1。同时设置一阶终温为250℃，保持6.4min。在第1节条件下，采用不分流进样，进样量为1μL。

以无水乙醇为溶剂，使用MMT标样，配制10mg/L的锰标准溶液，在选择离子监测(SIM)方式下进行正交试验，以分子离子m/z 218峰高为衡量标准。根据因素位级表，选$L_9(3^4)$正交表来确定试验方案，方案各次试验结果分子离子m/z 218峰高见表2。

表 1　三因素三水平正交试验因素位级表

位级	A 初始温度/℃	B 初始时间/min	C 一阶升温速率/(℃/min)
1	60	0	25
2	70	1	20
3	80	2	15

表 2　三因素三水平正交试验方案及试验结果

试验号	A 初始温度/℃	B 初始时间/min	C 一阶升温速率/(℃/min)	m/z 218 峰高 $\times 10^5$
1	1(60℃)	1(0min)	1(25℃/min)	9.60
2	2(70℃)	1	2(20℃/min)	6.35
3	3(80℃)	1	3(15℃/min)	4.20
4	1	2(1min)	2	10.92
5	2	2	3	7.93
6	3	2	1	5.96
7	1	3(2min)	3	8.79
8	2	3	1	7.91
9	3	3	2	4.55
Ⅰ=位级 1 三次试验之和	29.31	20.15	23.47	
Ⅱ=位级 2 三次试验之和	22.19	24.81	21.82	T=66.21
Ⅲ=位级 3 三次试验之和	14.71	21.25	20.92	T=Ⅰ+Ⅱ+Ⅲ
极差 R	14.60	4.66	2.55	

直接看，9 个试验中 4 号 $A_1B_2C_2$ 最好。从 T 值来看，较优是 $A_1B_2C_1$，通过试验发现其 m/z 218 峰高接近于 4 号 $A_1B_2C_2$，但分析时间缩短。对整个试验的结果进行方差分析，见表 3，得到因素的显著性高低次序为：ABC。若显著性水平均取 0.05，则 A 因素显著，B、C 因素不显著。显著的因素选取最好的位级，其余因素可综合色谱峰分离、分析时间等具体状况来选取。得到最优位级组合为：$A_1B_2C_1$，即初温为 60℃，保持 1min，一阶升温速率为 25℃/min。

表 3　方差分析表

因素	偏差平方和 S	自由度 ν	均方差 V	F 值	显著性
A	35.54	2	17.77	58.26	* *
B	3.96	2	1.98	6.49	(*)
C	1.12	2	0.56	1.84	
残差值 E	0.61	2	0.31		
总计	41.23	8			

2.2 汽油中锰定量工作曲线的建立

在以上分析条件下，用外标法，对汽油中所含锰进行定量。采用所购买的高纯 MMT 标样，锰含量为 24.43%。将 0.0410g MMT 标样溶于 100mL 无水乙醇溶液中，制备成锰含量为 100mg/L 的标准溶液。将该溶液分别稀释成 0.001、0.01、0.10、0.50、1.00、5.00、10.00、15.00、20.00mg/L 的锰标准溶液，进行选择离子监测（SIM）定量分析，定量离子选择为 *m/z* 218 分子离子。将每个稀释标准溶液分别测定 3 次，取平均值。经实验考察，定量离子采用峰高或峰面积进行定量，所得结果基本没有区别，本文采用峰高进行定量。图 3 为锰含量为 0.10mg/L 标准溶液的 SIM 分析谱图，MMT 的保留时间为 5.621min，可见该条件下对标准溶液中锰的定量分析无干扰。

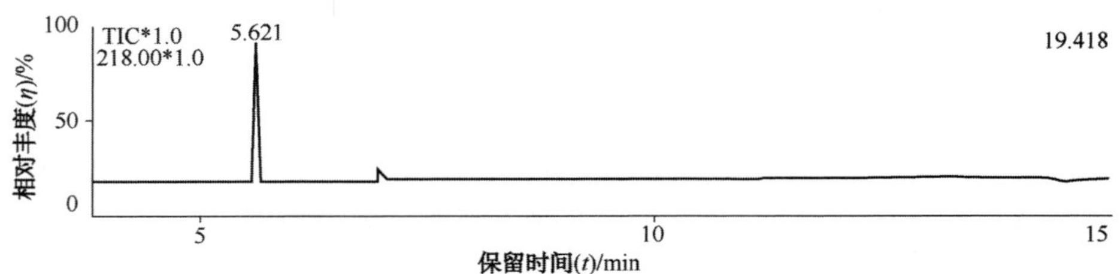

图 3　0.10mg/L 锰标准溶液的 SIM 分析谱图

采用最小二乘法的线性回归来绘制工作曲线，以锰含量为横坐标，以其定量离子的峰高为纵坐标，R 为线性相关系数，可得到两条定量工作曲线，分别见图 4、图 5。

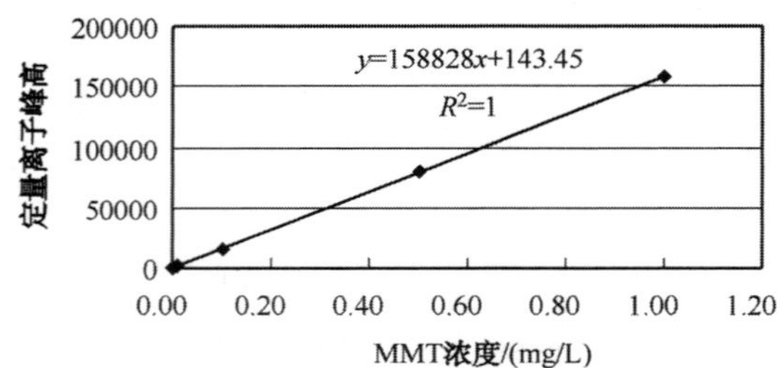

图 4　0.001~1.00mg/L 锰定量工作曲线

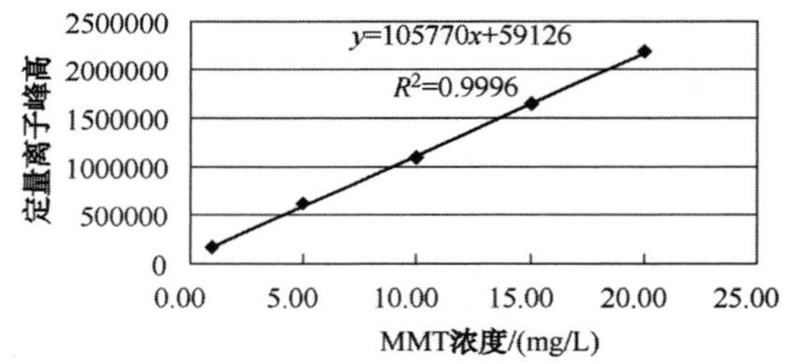

图 5　1.00~20.00mg/L 锰定量工作曲线

2.3 分析仪器的最小检测量

在以上定量分析条件下，采用 SIM 方式分析锰含量为 0.001mg/L 的标准溶液 6 次。图 6 为该标准溶液 6.9min 之前的 SIM 分析谱图，MMT 的保留时间为 5.639min，图中锰的定量离子峰 M/Z 218 能明显地观察到，变异系数为 5.8%，锰的最小检测量（MDQ）为 0.38×10^{-12}g（信噪比为 2）。

2.4 分析方法的精确度

将锰含量为 0.40mg/L 的标准溶液测定 6 次，测定的标准偏差为 0.02mg/L，相对标准偏差为 5.0%；将锰含量为 12.00mg/L 的标准溶液测定 6 次，测定的标准偏差为 0.66mg/L，相对标准偏差为 5.5%。

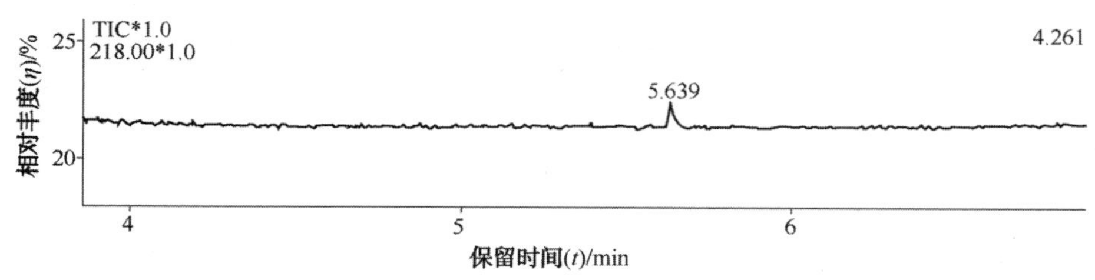

图 6　0.001mg/L 锰标准溶液 6.9min 之前的 SIM 分析谱图

在 2 个 10mL 容量瓶中，分别加入 0.2mL 和 0.7mL 第 2.2 节的 100mg/L 锰标准溶液，再在这 2 个容量瓶中，分别加入 2013 年 1 月 11 日的 302#罐(上)油样 9.8mL 和 9.3mL，这样便配制了 A 样和 B 样。A 样和 B 样中，302#罐(上)油样的锰含量为 2.01mg/L，则 A 样和 B 样的锰含量分别为 3.97mg/L 和 8.87mg/L。将 A 样和 B 样分别测定 6 次，对这 2 个容量瓶中所含锰进行加标回收试验，所得结果见表 4，锰含量分析的相对标准偏差<5%，回收率在 90%~110%之间。使用该 GC/MS 分析方法对九江分公司成品汽油进行了分析，302#罐(上)油样的 SIM 分析谱图见图 7。与九江分公司质管中心的美国 PE 公司原子吸收光谱仪(AA)的分析结果进行了比对，见表 5。从加标回收试验和比对试验可见，该分析方法有较好的精密度和准确度。

表 4　分析方法的精密度与回收率

锰质量/μg					标准偏差/μg	相对标准偏差/%	回收率/%
本底值	添加值	配制值	实测值	平均值			
19.7	20.0	39.7	41.7	39.9	1.5	3.8	110
			41.3				108
			38.1				92
			39.1				97
			38.5				94
			40.7				105
18.7	70.0	88.7	88.4	90.1	3.8	4.2	100
			87.5				98
			95.0				109
			91.2				104
			93.6				107
			85.1				95

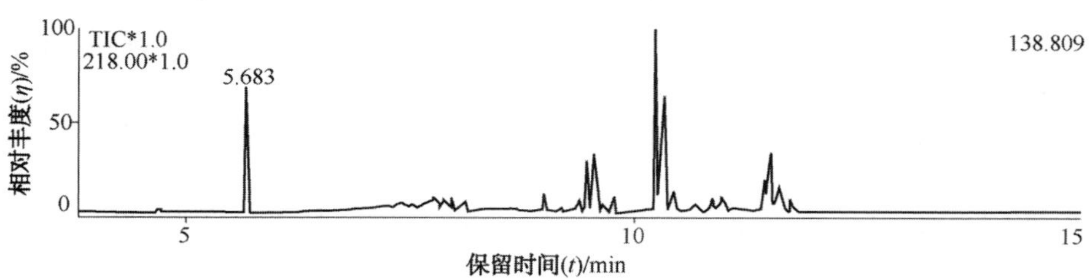

图 7　302#罐(上)油样的 SIM 分析谱图

表5 九江分公司成品汽油中锰含量的分析

序号	样品名称	采样时间	锰含量/(mg/L)		偏差/(mg/L)	相对偏差/%
			GC/MS	AA		
1	302#罐(上)	2013-01-11	2.01	1.9	0.11	5.8
2	302#罐(中)	2013-01-11	2.14	2.0	0.14	7.0
3	302#罐(下)	2013-01-11	5.89	5.5	0.39	7.1
4	303#罐(混)	2013-01-12	5.03	4.8	0.23	4.8
5	304#罐(上)	2013-04-28	5.71	6.0	-0.29	-4.8
6	304#罐(中)	2013-04-28	6.29	6.6	-0.31	-4.7
7	304#罐(下)	2013-04-28	6.89	7.1	-0.21	-3.0
8	317#罐(混)	2013-05-12	5.82	6.2	-0.38	-6.1

3 结论

(1)在GC/MS联用仪上，对九江分公司生产现场所使用的MMT助剂的组分进行分析，根据各峰所得质谱谱图的解析，结合质谱标准谱库检索，可知该MMT助剂所含其它组分基本为芳烃。

(2)在GC/MS联用仪上，采用三因素三水平正交试验确定了仪器的最佳分析条件，采用SIM方式，外标法定量，对汽油中锰含量进行测定。所开发的分析方法灵敏度高，最小检测量为0.38 pg；方法简便快速，单次运行时间为15min；方法样品用量少，进样量为1μL。样品直接注射进样，无环境污染。

(3)以优级纯无水乙醇作溶剂，采用高纯MMT标样，锰含量为24.43%，配制一系列不同浓度的锰标准溶液。采用线性回归，建立汽油中锰的定量工作曲线。对汽油中锰含量的测定有较好的精密度和准确度，相对标准偏差小于6%，回收率在90%~110%之间；与九江分公司质管中心AA法进行了比对试验，油样分析相对偏差的绝对值小于8%。该分析方法有较高的精密度和准确度。

参考文献

[1] 中华人民共和国石油化工行业标准：SH/T 0711-2002 汽油中锰含量测定法(原子吸收光谱法).

[2] 雷存喜，刘长辉，董萌．微波消解-石墨炉原子吸收法测定汽油中的锰[J]．光谱实验室，2009，26(6)：1609~1612.

[3] 李浩春，卢佩章．气相色谱法[M]．北京：科学出版社，1993：156~169.

[4] 张祥民，叶芬，邸凌，罗春荣，等．气相色谱模糊定性研究[J]．分析测试学报，1993，12(01)：15~20.

[5] 刘泽龙，李云龙，高红，等．四极杆GC/MS测定石油馏分烃类组成的研究及其分析软件的开发[J]．石油炼制与化工，2001，32(03)：44~48.

[6] 黄慕斌，张渡溪，阎长泰，等．气相色谱和气相色谱/质谱方法用于枳壳挥发油的定性鉴定和定量分析[J]．色谱，1990，8(05)：321~325.

[7] 赵惠菊．汽油中元素硫含量的分析[J]．石油学报：石油加工，2004，20(3)：67~71.

[8] Chen Y W, Joly H A, Belzile N. Determination of elemental sulfur in environmental samples by gas chromatography-mass spectrometry[J]. Chemical Geology, 1997, 137: 195-200.

三维数字化装置与平台在石化装置的应用

王艳玲

（中国石化九江分公司信息中心，江西九江　332004）

摘　要　简要介绍了 1.20Mt/a 连续重整装置数字化装置及平台基于三维可视化技术的设计理念，为企业提供三维漫游、工艺管理、操作培训、数字化档案、HSE 管理、资产管理的业务深化应用，以及在系统建设和运行过程中存在的问题，提出了具体的解决方案和意见建议，为石化行业数字化装置及平台项目的建设和应用提供借鉴意义。

关键词　数字化装置及平台 工艺管理 操作培训 数字化档案

2012 年 2 月 8 日，“九江石化信息化规划暨中国石化智能工厂试点方案”通过了总部专家组的评审，成为 4 家“智能工厂”试点单位中首家方案通过评审的单位。2013 年 8 月 8 日，九江分公司与石化盈科签订了项目建设合作框架协议，标志“智能工厂”项目建设进入实质性运作阶段。建设智能工厂是九江石化“突破瓶颈上台阶”、解决深层次管理问题、摘“高处桃子”的梯子，是提升经济效益、打造“标杆工程”的有力武器，是实现后发先至、建设一流炼化企业的重要法宝。

九江石化数字化装置及平台系统作为智能工厂建设的基础性平台，基于设计院提供的三维模型及集成生产运营、设备管理、环保安全等工程文件数据、生产运行数据、业务管理数据为基础，通过平台的三维可视化技术，为企业生产、安全、运行维护提供三维漫游、工艺管理、操作培训、数字化档案、HSE 管理、资产管理的业务深化应用，提供直观的信息管理和展示手段。目前，在国内石化行业尚无应用，没有成熟的先例，在国内的在世界范围内仍是一个新课题，没有前人的经验可借鉴，需要摸着石头过河。九江石化数字化装置及平台项目分 3 期建设，确定为 150Mt/a 柴油加氢裂化、120Mt/a 连续重整装置（含 0.25Mt/a 苯抽提装置）、CFB 锅炉三大装置进行试点。2014 年 6 月 4 日，九江石化 120Mt/a 连续重整数字化装置及平台系统实现上线试运行。

1　项目实施前的准备工作

1.1　开展交流调研

公司先后组织前往中海壳牌（惠州）公司进行调研、交流，学习取经，为进一步推进项目建设和完善项目可研整体方案提供宝贵经验。信息中心就组织与盈科、英图、AVAWA 等 IT 公司开展技术交流，完成了对加氢、重整、锅炉装置资料现状的调研，并提出了三维模型和数据文件格式规范。

1.2 实施方案对接

按照“需求驱动、业务主导”原则，生产经营部、发展计划部、信息中心、技术中心、连续重整车间与石化盈科顾问，开展了超过10余次全方位的方案对接，为方案“落地”奠定了基础。

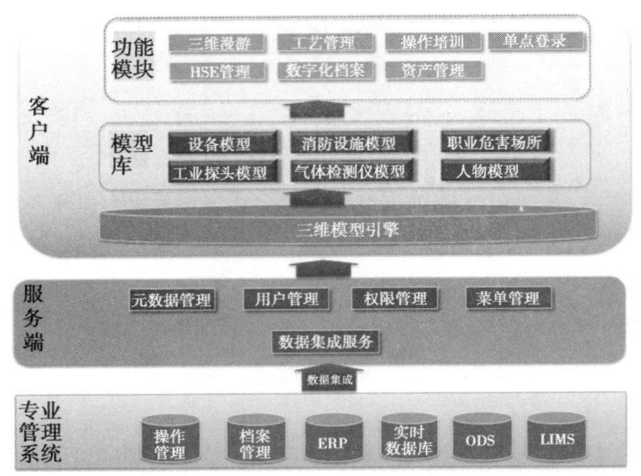

图1 系统功能架构示意

2 系统设计

2.1 功能架构

(1) 连续重整装置三维模型客户端功能主要实现三维漫游、HSE管理、工艺管理、操作培训、数字化档案和资产管理六大应用主题。

(2) 服务端主要实现元数据管理、菜单管理、用户管理、权限管理、数据集成服务及为后期提供使用的资源更新服务。

2.2 系统集成

与实时数据库系统集成获取设备运行数据信息；与操作管理系统集成获取工艺参数信息，及操作平稳率、质量合格率、班组收率、班组核算等统计信息；与大机组监测系统集成获取机组振动、温度、压力等实时检测信息；与环境监测系统集成获取废水烟气环境监测数据；与EM系统集成获取设备基本信息、技术参数、故障信息、维修信息、配件及库存信息；与档案管理系统集成获取设备档案信息；与LIMS系统集成获取采样点产品质量化验数据信息。

3 主要应用功能

3.1 三维漫游

在三维场景中通过按照规定线路空中漫游介绍装置相关情况，包括装置建设情况、投产情况、装置主要工艺特点及反应原理等信息。通过自动漫游的方式实现关键设备逐个漫游，在漫游过程中显示关键设备的工艺参数实时数据信息、工艺卡片信息及工艺参数运行是否正常等信息。此项功能可用于装置介绍性展示。

图 2　关键设备漫游

3.2　关键设备查找功能

在关键设备查找框中输入关键设备名称，查找到需要查看的关键设备，点击该设备，通过飞行模式定位到该设备处并高亮显示，在右下侧数据展示区域显示该设备的实时数据信息。

图 3　关键设备查找

3.3　HSE 管理

3.3.1　检测仪

通过固定飞行路线展现气体检测仪全貌，在飞行过程中可通过空格键暂停，查看气体检测仪或设备的运行数据或设备信息。在展示全貌后，不同装置检测的介质进行检测仪分类，点击不同介质的检测仪进行自动漫游并展示实时数据及个人防护措施。

3.3.2　废水烟气

按照各装置废水烟气检测点进行分类展示。点击监测点名称自动漫游到监测点位置，并展示监测点的实时数据，如超出报警值，检测条目变成“红色”。

3.3.3　消防设备

消防设备主要是展示消防栓、消防水炮、消防通道、消防车位及逃生通道所在位置。通过固定路线自动漫游展现消防设备的位置，并通过高亮或闪烁进行展示。

3.3.4　职业危害场所

在装置中按照职业危害因素划定职业危害区域，标示危害因素及个人防护措施，主要针对危害因素有放射源、高温、硫化氢、苯、氨气。

图4　气体检测仪

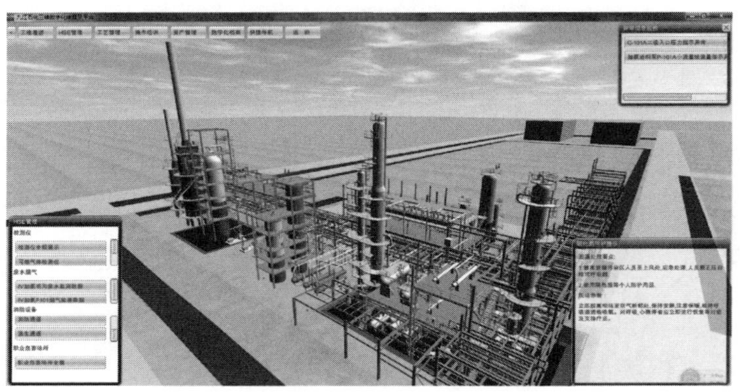

图5　职业危害场所

3.4　工艺管理

3.4.1　巡检路线漫游

将现实巡检路线虚拟到三维场景中，按照外操巡检点顺序进行虚拟巡检。对每个巡检点进行巡检内容提示。在巡检过程中可以选中关键设备查看设备静动态信息。相关展示信息在展示区域进行展示。

3.4.2　工艺流程展示

在装置中模拟展示主要介质在设备中的走向，通过高亮或流红的方式在模型中进行展现，并在数据展示区域展示不同介质信息。

3.5　操作培训

按照不同的要求实施模拟装置停工或应急停工，流程达到培训演示功能。在演示过程中通过语音介绍停工场景，再通过自动飞行模型飞行至停工场景，结合阀门操作动画进行停工演示。

3.6　数字化档案

在三维模型中通过交互式漫游或者通过设备查找功能漫游至关键设备查看相关联的设备

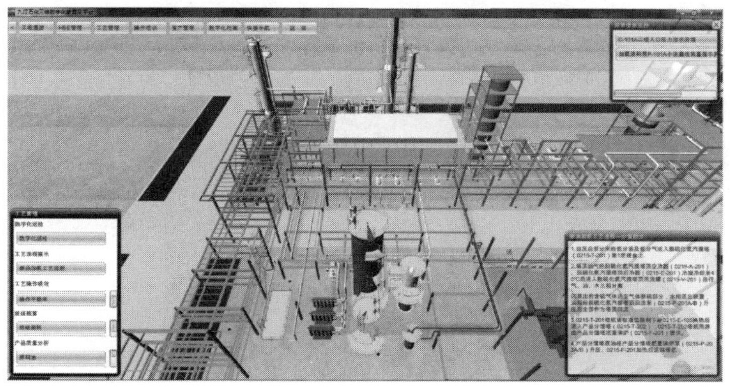

图 6　工艺流程展示

图 7　操作培训

档案信息，包括设备信息、技术参数、故障信息、维修记录等信息。默认定位到设备信息。

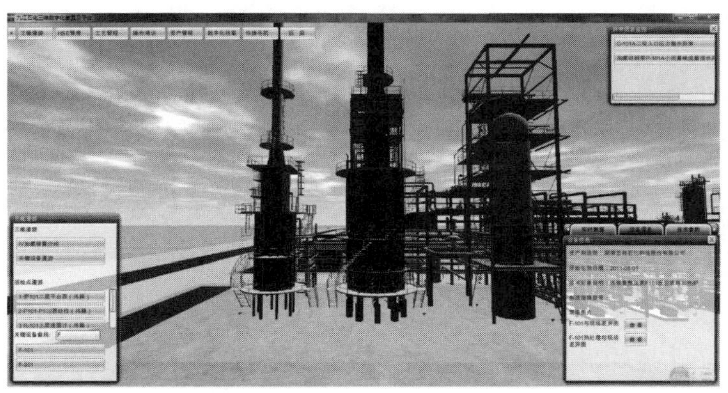

图 8　数字化档案

3.7　资产管理

在三维模型中通过交互式漫游或者通过设备查找功能漫游至关键设备查看相关联的配件信息及配件关联的库存信息，默认定位到配件及库存信息。

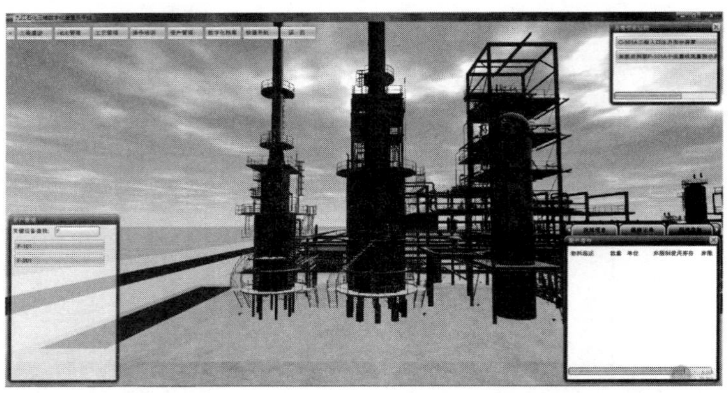

图9 资产管理

4 数字化装置与平台的环境搭建

4.1 系统硬件及网络配置

表1 硬件配置要求

服务器	处理器	内存/GB	显卡	网卡/M	硬盘
SQL Server 数据库服务器	Xeon-3.0GHz x16 Core	32	—	1 000	1000GB，(RAID 0+1)
应用服务器	Xeon-3.0GHz x16 Core	32	—	1 000	1000GB
客户端机器	Intel(R) Core(TM) i5	8	2G 独显	1 000	SSD 120GB

4.2 系统软件配置

本系统建设主要采用 Unity3D 技术，需要单独采购 Unity3D 产品软件，其他系统配置要如表2。

表2 系统软件要求

服务器	操作系统		Internet Explorer 7/8/9	IIS 7.0	.NET Framework 3.5 SP1	SQL Server 2008 Standard x64
	Windows Server 2008 R2 x64	Windows7 x64 及以上				
SQL Server 服务器	√		√	√	√	√
应用服务器	√			√	√	
客户端机器		√	√			

5 三维数字化装置与平台建设存在的主要问题

5.1 设计移交三维模型资料与现场装置不符

从某设计单位移交的120Mt/a 连续重整装置三维模型资料来看，存在工艺流程、设备信息与现场装置不符，设计的数据、信息缺少，要达到整个三维模型与现场相符的要求，必须进行大量动改工作。

5.2 设计单位提交的三维模型数据无法修改

设计单位移交用户的三维模型采用 RVM 格式，并且进行了加密处理，在进一步进行深化应用时，用户无法进行修改。

5.3 对三维软件的运用不够熟练

由于是初次使用三维软件，在国内也没有应用的先例，对三维技术、软件的功能了解掌握深度不够，有些技术还不了解，有些功能还不清楚。

5.4 实施团队开发经验和力量不足

石化盈科的实施团队，缺少三维数字化应用开发的经验，需要模着石头过河，在方案形成、实施策划中需要不断总结，这也是导致开发力量安排不足的原因。

5.5 模型关联设计数据存在垃圾信息

目前三维模型热点关联的原则是：凡是在三维、二维图纸上能采集到的现所有信息全部关联，势必导致系统中产生很多无用的信息，不仅查找不方便，而且将会影响系统运行性能。

6 意见和建议

6.1 完善设计模型

要继续与设计单位对接，一方面要求设计移交 PDMS 格式的三维模型，以便于用户可以修改；另一方面要设计移交与现场装置相符的三维模型，并完善设计信息。

6.2 加大技术交流

除要进一步了解三维软件技术外，还需要对采用激光技术等搭建三维模型平台的方法了解和掌握。

6.3 建立信息类库

三维模型搭建中，应该确定不同类型的动设备、静设备最基本的热点关联数据，系统中该要有的数据必须要有，无关的数据坚决去掉，需要建立信息类库。

6.4 确定平台架构

在掌握三维软件功能的基础上，结合系统的扩展性和进一步深化应用需要，建立的三维数字化应用平台是在三维模型上直接搭建还是以三维模型平台为基础进行重新开发的整体架构需要确定。

6.5 严格移交规范

导致设计移交的三维模型资料不完整，应制定具有强制可执行和统一的数字化移交规范，确保用户提出的设计要求具备约束力，确保移交资料的完整性，需要初步制定满足三维数字化应用要求的移交规范。

6.6 系统的安全性

（1）项目实施过程的信息管理，保护建设中形成的知识产权，维护商业秘密、合法权益不受侵犯，实施单位石化盈科签订保密协议和知识产权保护协议。

（2）网络系统、服务器系统、数据库系统、中间件

6.7 获取工艺数据后续挖掘

7 结论

九江石化数字化装置及平台项目在公司领导高位推进下，整体进度走在了总部4家试点企业之前，120Mt/a连续重整装置项目成功上线试运行，为装置生产、安全、运行维护提供三维漫游、工艺管理、操作培训、数字化档案、HSE管理、资产管理的业务深化应用。虽然该系统在建设和应用过程中发现了不少存在的问题，但根据需求不断完善和提升系统功能，形成“总流程设计—IT整体解决方案—数字化移交—智能工厂—深度应用”的模式，并在分公司范围内进行推广使用，实现全装置覆盖，为石化行业数字化装置及平台项目的建设和应用提供指导和借鉴意义。

质量控制方法在实验室的应用

张文生

（中国石化九江分公司质量管理中心，江西九江　332004）

摘　要　检测实验室的“产品”是检测结果，确保检测结果的公正、准确、可靠是检测实验室的最终质量目标，也是通过国家实验室认可的必要条件。当发现质量控制数据将要超出预先确定的判据时，应采取有计划的措施来纠正出现的问题，并防止报告错误的结果。在日常工作中，为做到对检测结果进行有效监控，本文结合实际情况就质量控制在实验室的应用进行浅析。

关键词　质量控制　实验室　检测　校准

现在越来越多的实验室通过了中国合格评定国家认可委员会(简称 CNAS)的认可，ISO/IEC 17025：2005《检测和校准实验室能力认可准则》中规定，实验室应有质量控制程序以监控检测和校准的有效性。所得数据的记录方式应便于可发现其发展趋势，如可行，应采用统计技术对结果进行审查。实验室的质量控制已成为一种规范化的质量管理工作。为保证检测数据的准确性，实验室需要采取多种有效的质量控制方法，以便发现问题及时纠正，使实验室的检测数据得到有效监控。

1　实验室质量控制的方法

1.1　质量控制图

质量控制图是运用数理统计方法对检测过程进行全面监控。当某一个结果超出了随机误差的允许范围时，可以判断这个结果是异常的、不足信的。质量控制图可以起到这种监测的仲裁作用，对经常性的分析项目常用控制图来控制质量。编制控制图的基本假设是测定结果在受控的条件下具有一定的精密度和准确度，并按正态分布。若以一个控制样品，用一种方法，由一个分析人员在一定时间内进行分析，累积一定数据。如这些数据达到规定的精密度、准确度(即处于控制状态)，以其结果一一分析次序编制控制图。在以后的经常分析过程中，取每份(或多次)平行的控制样品随机地编入环境样品中一起分析，根据控制样品的分析结果，推断环境样品的分析质量。

质量控制图通过统计上均值 μ 和标准差 σ 的状况来衡量指标是否在稳定状态，同时选择 3σ 来确定一个正常波动的上下限范围，使用均值 μ 作为控制图的中心线(CL)，用 $\mu+3\sigma$ 作为控制上限(UCL)，用 $\mu-3\sigma$ 作为控制下限(LCL)。检测结果在 $\pm\sigma$ 之内为有效，检测结果在 $\pm2\sigma$ 之内为应查找原因，检测结果在 $\pm3\sigma$ 之内应重新检测。

常用控制图的种类有：均值-极差控制图、均值-标准偏差控制图、中位数-极差控制图、单值-移动极差控制图、不合格品控制图、不合格品控制图、单位不合格数控制图、不合格数控制图。

1.2 定期使用有证标准物质

借助于有证标准物质，可以评定其测量方法的准确度和精密度，并能够实现测定结果的计量溯源性。

在实验室的正常操作中，无任是使用有证标准物质还是自制标准物质，每次的一组分析结果都应首先进行评价，结果的满意程度参照CNAS-GL02《能力验证结果的统计处理和能力评价指南》中的方法进行。具体的做法是将检测结果 x 与标准值 X 进行比较，对 En 进行评价，

$$En = \frac{X_{\text{lab}} - X_{\text{ref}}}{\sqrt{U_{\text{lab}}^2 + U_{\text{ref}}^2}}$$

上式中 X_{lab} 为实验室检测结果，X_{ref} 为标准物质的参考值，U_{lab} 为实验室此项目的扩展不确定度，U_{ref} 为参考值的扩展不确定度。若 $|En| \leqslant 1$，判定结果为满意，否则判定结果为不满意。

当扩展不确定度 U_{lab} 和 U_{ref} 缺乏正确评定时，相应专业标准规定了允许差 Δ，可按下式计算 Z 值：

$$Z = \frac{X_{\text{lab}} - X_{\text{ref}}}{\Delta}$$

若 $|Z| \leqslant 1$，则判定实验室的结果为满意。

1.3 实验室间的比对或能力验证

能力验证是利用实验室间比对来确定实验室能力的活动，它是认可机构为确保实验室维持较高的校准和检测水平而对其能力进行考核、监督和确认的1种验证活动，也是认可机构加入和维持国际相互承认协议(MRA)的必要条件之一。能力验证活动由3个内容组成：能力验证计划、实验室间比对计划和测量审核计划，它们互为补充，从而确保CNAS的能力验证满足国际上的相关要求。实验室每年必须参加一项由中国合格评定国家委员会组织的实验室间比对能力验证。

判定单个检测项目能力(Z 比分数)的依据是CNAS-GL02。即 $|Z| \leqslant 2$ 为满意结果，$2<|Z|<3$ 为有问题结果；$|Z| \geqslant 3$ 为不满意或离群结果。

Z 比分数定义为 $Z=\frac{x-X}{S}$，x 是实验室比对检测结果，X 为指定值，S 是合适的估计值/度量。利用四分位数稳健统计方法处理结果时，$Z=\frac{x-X}{0.7413NIQR}$，式中NIQR为标准化四分位距。

1.4 重复性和再现性试验

重复性试验是同一实验室，分析人员用相同的方法在短时间内对同一样品重复测定结果之间的相对标准偏差。再现性试验是不同实验室不同分析人员用相同的方法对同一被测对象

测定结果之间的相对标准偏差。重复性标准差 σ_r，再现性性标准差 σ_R 的计算可依据 GB/T 6379 进行。同一人，同一检测方法平行双样测定值误差≤$2\sigma_r$，不同人或不同检测方法平行双样测定值误差≤$2\sigma_R$。

当实验室对检测的不确定度缺乏正确评定时，可用该标准方法提供的重复性标准差 σ_r 和再现性标准差 σ_R 建立 *CD* 值：

$$CD = \frac{1}{\sqrt{2}}\sqrt{(2.8\sigma_R)^2 - (2.8\sigma_r)^2\left|\frac{n-1}{n}\right|}$$

实验室在重复条件下 n 次测量的平均值 $\bar{y}$ 与参考值 μ_0 之差 $|\bar{y}-\mu_0|$ 小于临界值 *CD*，则该实验室的测量结果可以接受。

1.5 对存留物品再检测

留样再检，就是对一些可以留存的样品，在样品的有效期内，再进行重复检测，以检验其再现性。对无标准物质的检测参数，可对易保存的样品采取留样再测方法进行质量控制。对存留物品再检测，检测条件尽量追溯到前次检测过程的条件。若两次测量结果之差的绝对值小于等于其测量不确定度，则说明实验室该项目的检测能力有效，反之应采取纠正措施，必要时追溯前期的检测结果。

1.6 分析一个物品不同特性结果的相关性

对同一物品不同特性参数之间的相关性进行分析，可以得出相关参数之间的经验公式，从而可以用一个参数的量值来核查另一个参数的准确程度。通常采取不同特性参数之间存在线性关系的检验方法，即用直线方程 $y=ax+b$，其中斜率 a，截距 b 以及相关系数 r 可用最小二乘法求得。

为了判断两个变量之间的关系示范符合线性关系，必须对线性回归进行显著性试验，检验方法有 t 检验法、F 检验法相关系数 r 检验法等。

2 质量控制方法在实验室的应用

2.1 航煤加氢精制航煤均值-极差控制图

表 1 是闪点数据 $\overline{X}$-R 图计算表。先计算 R 图的参数，上控制限 $UCL_R=D_4\overline{R}=2.114\times3.92=8.286$；中心线 $CL_R=\overline{R}=3.920$ 制限 $LCL_R=\overline{R}D_3=-$。参见图 1，图 R 判稳。接着建立 $\overline{X}$ 图。计算 $\overline{X}$ 图的参数，上控制限 $UCL_{\overline{X}}=\overline{X}+A_2\overline{R}=44.8+0.577\times3.92=47.06$；中心线 $CL_{\overline{X}}=\overline{X}=44.80$；$LCL_{\overline{X}}=\overline{X}-A_2\overline{R}=44.8-0.577\times3.92=42.54$。参见图 2，根据 GB/T 4091-2001《常规控制图》判据，质量控制图可控。在此基础上延长上下控制线，可作为今后精制航煤闪点分析的质量控制图。

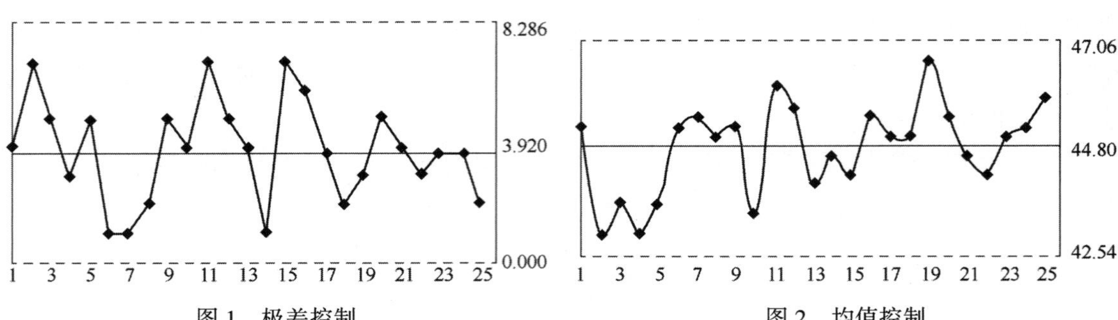

图1 极差控制　　图2 均值控制

表1 精制航煤的闪点数据 $\overline{X}$-R 图计算

序号	试验数据					$\sum_{j=1}^{25} X_ij$	$\bar{x}_i$	R
	X_{i1}	X_{i2}	X_{i3}	X_{i4}	X_{i5}	$i=1,\cdots,25$		
1	46	47	38	44	46	221	44.2	9
2	43	44	43	46	39	215	43.0	7
3	43	45	43	41	46	218	43.6	5
4	45	43	42	42	43	215	43.0	3
5	43	46	46	42	41	218	43.6	5
6	45	45	45	45	46	226	45.2	1
7	45	45	45	46	46	227	45.4	1
8	45	46	44	46	44	225	45.0	2
9	45	48	46	43	44	226	45.2	5
10	44	46	42	43	42	217	43.4	4
11	48	47	47	41	47	230	46.0	7
12	46	44	43	47	48	218	43.6	5
13	44	44	46	44	42	220	44.0	4
14	45	45	45	44	44	223	44.6	1
15	44	40	47	46	44	221	44.2	7
16	46	39	48	45	46	224	44.8	9
17	45	47	43	45	45	225	45.0	4
18	45	45	46	44	45	225	45.0	2
19	46	48	47	45	47	233	46.6	3
20	47	47	46	42	45	227	45.4	5
21	43	44	47	45	44	223	44.6	4
22	46	44	43	43	45	221	44.2	3
23	46	45	44	43	47	225	45.0	4
24	47	47	45	43	44	226	45.2	4
25	45	47	46	45	46	229	45.8	2
均值							44.8	3.92

2.2 有证 Mn 标准物质的质量控制

按照 SH/T 0711—2002《汽油中锰含量测定法(原子吸收光谱法)》标准对 Mn 标准溶液(2.64mg/L)进行测定，5 次结果如下：2.64；2.66；2.67；2.65；2.63mg/L，均值 $\overline{X}$ = 2.65mg/L。标准 SH/T 0711—2002 规定允许差 $\Delta = 0.42\sqrt{X_{lab}}$，按下式计算 Z 值：

$$Z = \frac{X_{lab} - X_{ref}}{\Delta}, \quad |Z| = 0.015 \leqslant 1$$

为此，判定实验室测试的结果为满意结果。

2.3 实验室能力评定

2013 年 11 月九江石化参加了中国航空油料有限责任公司安全技术监督部组织的喷气燃料实验室能力验证，共有 36 家实验室参加，验证样品的馏程、密度(20℃)、闪点(闭口)和冰点的检测能力。表 2 为验证数据。

表 2 能力验证数据

单位代码	密度(20℃)/(kg/m³)	闪点/℃	冰点/℃	初馏点/℃	馏程(50%)/℃	馏程(终馏点)/℃
1	792.6	42.0	-53.5	152	195	258
2	792.9	44.0	-54	155	195	256
3	793.1	45.5	-53.5	154	194	259.5
4	792.7	44.5	-53.5	151	195	258
5	792.9	43.5	-53	155.5	194.5	257.5
6	793	46.5	-53	151	194.5	257.3
7	793.1	43.5	-53	150.5	194.5	260.5
8	793.1	45.0	-54.2	152.4	195	257.2
9	793	46	-55	152	195	258.5
10	793.1	45.5	-53.5	150	195.5	258
11	793.1	45	-51.8	149.7	194.6	258.4
12	792.9	45.5	-53	152.5	195	257.5
13	793.1	45.5	-54.2	149.5	194.2	257.2
14	793.1	45	-53	152	195.2	257.8
15	792.9	45	-54	154.7	192.9	255.5
16	793.1	46	-53	153.2	195.3	260.7
17	792.8	43.5	-53	154.2	195.4	259.8
18	793.2	44.5	-52.5	152	194.5	259.5
19	794.4	44	-53.7	145	191	254
20	792.7	45	-54	152	196	259
21	793	46	-53.5	152.2	194.9	258.3

续表

单位代码	密度(20℃)/(kg/m³)	闪点/℃	冰点/℃	初馏点/℃	馏程(50%)/℃	馏程(终馏点)/℃
22	793.1	45.5	-52.5	152	196	264
23	793	49	—	151.2	194.6	257
24	793.1	46	-54	153.5	195.2	259.5
25	793	46.5	-54	152	194	262
26	793	46	-53.5	154	195	259.5
27	793.1	45.5	-53	153	194	260
28	793.2	44	-53.5	151.5	194.5	259.5
29	793	46	-53.9	152.2	194.4	258.3
30	793.1	46	-53.8	152	195	257.5
31	793	46	-53	153	195.5	259
32	792.8	44	-53.5	151.5	192.5	254
33	793	43.5	-52.5	154	194.3	257.2
34	793.1	45.5	-53	153	196	257
35	793.1	45	-53	152.1	194.6	257.8
36	792.7	45.5	-52.5	152	194.5	258

本次能力验证统计分析采用稳健(Robust)技术处理，即采用稳健统计的中位值作为指定值、标准化四分位距(NIQR)为变动性度量值(目标标准偏差)，计算各实验室结果的 Z 比分数(Z 值)。

对本次能力验证实验室的检测结果，按式：$Z=\frac{x-X}{\sigma}$ 计算 Z 值，式中：x—实验室测试结果，X—指定值，σ—变动性度量值(目标标准偏差)。

本次能力验证以 Z 比分数评价实验室的结果，即：$|Z|\leqslant 2$ 为满意结果；$2<|Z|<3$ 为可疑结果；$|Z|\geqslant 3$ 为不满意结果(离群值)。

各单位验证项目的 Z 值见表 3。

表 3　能力验证 Z 值

单位代码	密度(20℃)/(kg/m³)	闪点/℃	冰点/℃	初馏点/℃	馏程 50%/℃	终馏点/℃
1	-2.7	-2.91	0	0	0.59	0
2	-0.67	-1.25	-0.79	2.61	0.59	-1.21
3	0.67	0	0	1.74	-1.76	0.91
4	2.02	-0.83	0	-0.87	0.59	0
5	-0.67	-1.66	0.79	3.05	-0.59	-0.3
6	0	0.83	0.79	-0.87	-0.59	-0.42
7	0.67	-1.66	0.79	-1.31	-0.59	1.52

续表

单位代码	密度(20℃)/(kg/m³)	闪点/℃	冰点/℃	初馏点/℃	馏程 50%/℃	终馏点/℃
8	0.67	-0.42	-1.11	0.35	0.59	-0.49
9	0	0.42	-2.38	0	0.59	0.3
10	0.67	0	0	-1.74	1.76	0
11	0.67	-0.42	2.7	-2	-0.35	0.24
12	-0.67	0	0.79	0.44	0.59	-0.3
13	0.67	0	-1.11	-2.18	-1.29	-0.49
14	0.67	-0.42	0.79	0	1.06	-0.12
15	-0.67	-0.42	-0.79	2.35	-4.34	-1.52
16	0.67	0.42	0.79	1.04	1.29	1.64
17	-1.35	-1.66	0.79	1.91	1.52	1.09
18	1.35	-0.83	1.59	0	-0.59	0.91
19	9.44	-1.25	-0.32	-16.65	-8.8	-2.43
20	2.02	-0.42	-0.79	0	2.93	0.61
21	0	0.42	0	0.17	0.35	0.18
22	0.67	0	1.59	0	2.93	3.64
23	0	2.91	/	-0.7	-0.35	-0.61
24	0.67	0.42	-0.79	1.31	1.06	0.91
25	0	0.83	-0.79	0	-1.76	2.43
26	0	0.42	0	1.74	0.59	0.91
27	0.67	0	0.79	0.87	-1.76	1.21
28	1.35	-1.25	0	-0.44	-0.59	0.91
29	0	0.42	-0.63	0.17	-0.82	0.18
30	0.67	0.42	-0.48	0	0.59	-0.3
31	0	0.42	0.79	0.87	1.76	0.61
32	-1.35	-1.25	0	-0.44	-5.28	-2.43
33	0	-1.66	1.59	1.74	-1.06	-0.49
34	0.67	0	0.79	0.87	2.93	-0.61
35	0.67	-0.42	0.79	0.09	-0.35	-0.12
36	2.02	0	1.59	0	-0.59	0

此次能力验证九江石化结果均为满意，说明九江石化化验室的试验条件，仪器的状态、计量器具的检定、人员对方法的理解、操作条件的控制以及试验环境等都符合要求。

2.4 重复性和再现性的评定

取一样品，重复测量 10 次，结果见表 4。

表4　样品硫含量测定数据　　mg/kg

序号	1	2	3	4	5	6	7	8	9	10
硫含量	50.1	49.7	49.8	49.5	50.2	50.0	50.1	50.0	49.6	50.0
平均	49.9									

标准SH/T 0689《轻质烃及发动机燃料和其他油品的总硫含量测定法(紫外荧光法)》重复性方差 $r=0.1867X^{0.63}$，再现性方差 $R=0.2217X^{0.92}$，均值 $\bar{y}=49.9$。那么

$$CD=\frac{1}{\sqrt{2}}\sqrt{(2.8\sigma_R)^2-(2.8\sigma_r)^2\left|\frac{n-1}{n}\right|}=15.61$$

硫样参考值 μ_0 为50.0，则平均值 $\bar{y}$ 与参考值 μ_0 之差 $|\bar{y}-\mu_0|=0.1<CD$,，实验室结果可以接受。

2.5　留样再测

3号喷气燃料电导率测定是依据GB/T 6539—1997《航空燃料与馏分燃料电导率测定法》而进行的。先对3号喷气燃料电导率测定的不确定度进行评定。取一3号喷气燃料样品，进行重复10次测量，测得的数据列于表5中。

表5　柴3号喷气燃料电导率测定数据　　pS/m

序号	1	2	3	4	5	6	7	8	9	10
电导率	224	223	225	224	226	224	223	225	224	223
平均	224.1									

2.5.1　电导率测定的重复性引入的不确定度计算

按贝塞尔公式计算测量重复性标准偏差：

$$s=\sqrt{\frac{\sum(K_i-\bar{K})^2}{n-1}}=0.99\text{pS/m}$$

式中，s 为标准偏差，K 为电导率，n 为测定次数。在日常分析中，测定三份样品报告平均值，故平均值的标准偏差应为：

$$s(\bar{K})=\frac{s(K)}{\sqrt{3}}=\frac{0.99}{1.73}=0.57\text{pS/m}$$

平均值的相对标准偏差应为：

$$u_{rel}(\bar{K})=\frac{s(\bar{K})}{\bar{K}}=\frac{0.57}{224.1}=0.0025$$

2.5.2　电导率仪校准引入的不确定度计算

查编号为18083电导率仪($k=1.03$)校准证书可知电导率仪校准的相对不确定度为0.3%($k=3$)，电导率仪校准引入的标准不确定度应为：

$$u(k)=\frac{0.003}{3}=0.001$$

2.5.3　合成标准不确定度

将上述两个分量合成

$$u_c(K) = K \times \sqrt{u_{rel}^2(\overline{K}) + u^2(k)} = 224 \times \sqrt{0.0025^2 + 0.001^2} = 0.6\text{pS/m}$$

2.5.4　扩展不确定度

取包含因子 $k=2$，置放水平约为 0.95，得扩展不确定度：

$$U(K) = k \times u_c(K) = 2 \times 0.6 = 1.2\text{pS/m}$$

对一 3 号喷气燃料样品的电导率进行测定，结果为：202 pS/m、203 pS/m，，两次测量结果之差的绝对值小于测量不确定度，实验室的能力持续有效。

2.6　分析一个物品不同特性结果的相关性

对于柴油，闪点与其馏分组成密切相关，油品的沸程越高其闪点越高。柴油的闪点与其初馏点(IBP)、5%和 10%点馏出温度之间具有线性相关关系。应用三元线性回归分析方法求出相关系数，通过馏程的数据可以对闪点结果准确性进行判断。

2.6.1　设立关系式

柴油的闪点 Tf 与其初馏点(IBP)、5%和 10%点馏出温度之间的其回归关系式为：

$$Tf = a + bTIBP + cT5\% + dT10\% \tag{1}$$

其中：a、b、c、d 为回归系数。

2.6.2　选取样本

选取某一段时间内的 110 组实际分析数据，剔除个别明显异常值后即为样本。

2.6.3　参数计算

Σy = 9498.0　　$\overline{y}$ = 86.3

ΣX1 = 15939.0　　$\overline{X}_1$ = 144.9

ΣX2 = 21872.9　　$\overline{X}_2$ = 198.8

ΣX3 = 23931.7　　$\overline{X}_3$ = 217.6

Σy2 = 891386.0　　ΣX12 = 2418646.0

ΣX22 = 4500966.5　　ΣX32 = 5390175.4

ΣX1 · X2 = 3290488　　ΣX1 · X3 = 3595955.6

ΣX2 · X3 = 4924173.4　　ΣX1 · y = 1462613.7

ΣX2 · y = 1988716.5　　ΣX3 · y = 2174560

L11 = ΣX12 − (ΣX1)2/n = 109084.86

L22 = ΣX22 − (ΣX2)2/n = 151659.65

L33 = ΣX32 − (ΣX3)2/n = 183572.94

L12 = L21 = ΣX1 · X2 − ΣX1 · ΣX2/n = 121104.74

L13 = L31 = ΣX1 · X3 − ΣX1 · ΣX3/n = 128252.23

L23 = L32 = ΣX2 · X3 − ΣX2 · ΣX3/n = 165485.42

L10 = ΣX1 · y − ΣX1 · Σy/n = 86353.50

L20 = ΣX2 · y − ΣX2 · Σy/n = 100091.01

L30=ΣX3 · y-ΣX3 · Σy/n=108175.49

L00=Σy2-(Σy)2/n=71276.87

各回归系数应满足以下正规方程组：

L11b+ L12c+ L13d=L10

L21b+ L22c+ L23d=L20 (2)

L31b+ L32c+ L33d=L30

将上列各系数代入方程组，并解方程组

得 b=0.6928　c=-0.4956　d=0.5520

将(2)式代入(1)式并求得蒸馏数据与柴油闪点的关系式为：

Tf=-35.68+0.6928TIBP-0.4956T5%+ 0.5520T10%

2.6.4 关系式效果检验

选取某一段时间内的15组实际分析数据，见表，通过实测和特性结果的相关性进行比较，结果符合标准重复性要求。

表6 馏程与闪点相关性数据

序号	T_{IBP}	$T_{5\%}$	$T_{10\%}$	计算闪点	实测闪点
1	130.0	170.0	184.0	72	72
2	141.0	194.5	206.5	80	82
3	135.0	183.5	197.5	76	76
4	134.5	181.5	195.5	75	75
5	133.5	192.5	205.5	75	77
6	133.5	187.5	201.0	75	77
7	132.5	190.5	204.0	74	75
8	132.5	190.5	203.5	74	74
9	134.0	193.5	207.5	76	76
10	132.5	191.0	205.0	75	73
11	133.0	189.0	203.5	75	77
12	136.5	195.5	209.5	78	80
13	131.5	189.0	202.5	74	75
14	134.0	192.0	205.0	75	76
15	132.5	187.0	200.5	74	75

3 结束语

通过对以上6个检测项目进行监控，结合实验室的实际情况，建立和运行符合自身实验室的质量控制方法，使实验室的检测结果处于受控状态。检测结果的内部质量控制实质就是通过使用特定的方法，对检测的检测结果是否准确、可靠进行实验论证，找出造成检测结果偏离的因素，或者发现检测结果发展的趋势，以便及时采取纠正措施或预防措施，以防止检测结果的偏离的再一次发生，真正做到实验室有效的质量控制和管理。

参 考 文 献

[1] ISO/IEC 17025：2005《检测和校准实验室能力的通用要求》，国合格评定国家认可委员会，2006.
[2] 国家质量监督检验检疫总局质量管理司主编．质量专业理论与实务．北京：中国人事出版社，2002.
[3] 中国石油化工股份有限公司科技开发部．石油和石油产品试验方法国家标准汇编．北京：中国标准出版社，2010.

Ⅰ套高压加氢装置自动化技术改进与提高

董　霖，严锡琳，张景伟，谢建生

（中石油克拉玛依石化有限责任公司，新疆克拉玛依　834003）

摘　要　主要针对克拉玛依石化公司炼油第三联合车间Ⅰ套高压加氢装置，讨论了近些年来装置在自动控制方面所做的改进，并分析了这些改进所带来的效果。经观察发现这些改进的实施不仅降低了能耗，减少了操作风险，同时提高了装置自动化的水平，具有较好的实际应用价值。

关键词　变频　调节阀　ESD　自动化　高压加氢

1　引言

石油加氢技术是石油产品精制、改质和重油加工的重要手段[1]。中石油克拉玛依石化公司第三联合Ⅰ套高压加氢装置即采用了石油加氢技术对原料油进行加工，获得了较好性质的目的产品。

面向21世纪的新时代，“自动化科学技术的发展方向与开发策略”是同行们共同关心的问题[2]。在工业生产过程中，自动化技术的应用亦有助于提高产品质量和数量，节约原材料和能源，降低生产成本，提高设备的利用率，使生产保持在较佳状况。故而在现代化生产过程中，如何运用自动化技术提高装置生产运营状况显得尤为重要。针对上述问题，本文面向克拉玛依石化公司第三联合Ⅰ套高压加氢装置，总结了近些年来该装置在自动控制方面所做的改进，并分析讨论了这些改进所带来的成效，为后续工作打下坚实的基础。

2　变频技术的应用

2.1　问题提出

Ⅰ套高压加氢装置建设时，考虑到装置的平稳、连续运行，对于主流程中的低压离心泵均设有A、B两台。正常运行过程中，若其中一台出现故障，可及时切换至另一台，以维持装置的正常生产。然而在Ⅰ套高压加氢装置建成时，其低压离心泵均为工频设备，泵体转速不可根据生产情况进行调整。以装置中常压汽提塔（C-301）顶汽油泵（P-301）为例，流程如图1所示。

该泵主要介质是汽油，其出口分为两路：一路为汽油出装置，控制调节阀为FIC3105；另一路返回常压汽提塔C-301顶，用于控制常压汽提塔C-301顶温，该路控制调节阀为FIC3102。

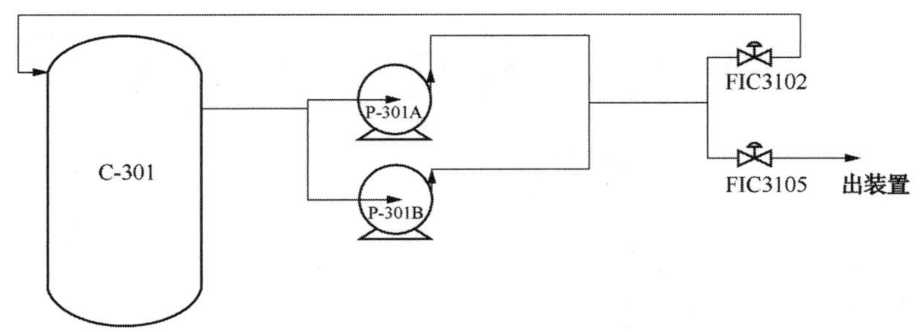

图 1 机泵抽出及回流图

在启动该离心泵时，其转速较高，这使得泵有较大的扬程。此时，若全开泵出口调节阀 FIC3102 和 FIC3105 则泵出口流量将过大，造成常压汽提塔 C-301 轻组分抽出较多甚至引起抽空。为降低泵出口流量，采用了泵出口调节阀限量的方式，控制方式如图 2 所示。这样，泵出口调节阀开度大幅度减小，尤其是调节阀 FIC3102，其开度很小。调节阀限量所带来的直接后果是降低了调节阀的可调比，更甚因为调节范围的过小而使得调节阀失去了原有的调节功能。对于常压汽提塔 C-301 而言，其通过汽油泵 P-301 所进行的顶温控制，其可控程度大大降低。

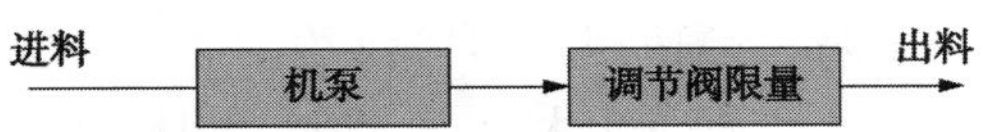

图 2 初始机泵出口输出控制方式

I 套高压加氢装置中，除 P-301 以外，上述问题亦存在于其他部分机泵当中。这些问题对装置的自控能力起到了抑制作用。为提高自动化程度，同时降低能耗提高效率，装置对上述泵进行了改造。

2.2 变频改造与实现

变频器(Variable-frequency Drive，VFD)是应用变频技术与微电子技术，通过改变电机工作电源频率方式来控制交流电动机的电力控制设备。变频器的安装使机泵具有很好的调节功能，操作人员可根据操作生产需要对机泵的运行进行调节，控制机泵的输出量。针对上文所提的 P-301 控制问题，装置采用了为机泵增加变频器的方法。在增加变频器以后，该机泵可以根据装置加工量的不同对离心泵的输出进行控制。如当离心泵输出量过大时，操作人员可通过远程控制降低离心泵的变频进行限量；如机泵输出过低时，操作人员又可提高该泵的变频。通过对机泵变频的调节，使其达到一个恰当的输出量，既满足了装置生产，同时为泵出口的调节阀增加了调节余度。此时，装置的操作人员只需对调节阀相关参数进行设置，调节阀便可根据设定的参数对该部分油品输出进行自动调节。这使得装置在保证平稳生产的同时降低了设备的操作频次，提高了自动控制能力。机泵改造后的调节方式如图 3 所示。

采用上述方式对装置部分低压离心泵进行变频改造，并在改造后进行了一段时间的使用和观察，发现泵出口调节阀可调比在一定程度上有所提高，自动化程度得到提升，同时降低了能耗。

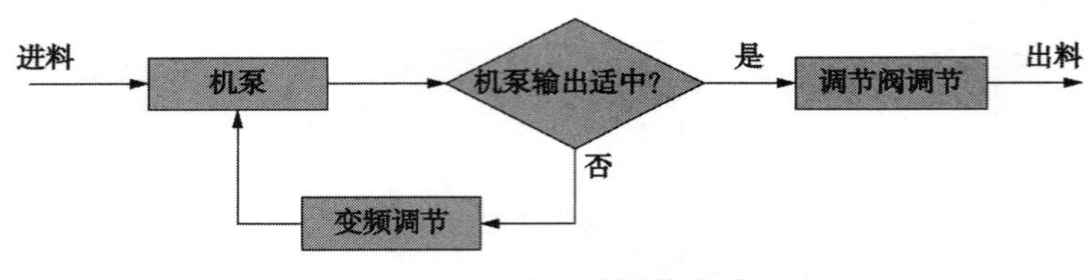

图3 机泵改造后调节方式

2.3 变频改造成效与收益

变频技术改造的成效与收益主要体现于装置自动化能力的提高和装置能耗的降低两方面:

(1) 自动化能力的提高

离心泵增加变频后装置的自动化能力得到了提高,如柴油泵P-306增加变频后其出口调节阀调节范围从0~3%增至0~30% 。又如汽油泵P-301,在更改变频前,泵出口调节阀FIC3102基本不能调节,造成常压汽提塔C-301顶温的控制不便。2012年将汽油泵P301B改为变频,使得FIC3102在一定程度上可对常压汽提塔C301顶温进行控制和调节。

(2) 装置能耗的降低

以柴油泵P-306为例,该泵工频使用时其电流约为45A,增加变频后,该泵的电流降至15A,一度电为0.414元,一年为365天,即8760小时,则计算一年节省电费金额为63732.37元,此外,装置还对汽油泵等离心泵进行了变频改造,这些改造亦对装置能耗的降低带来的益处。

综上所述,装置对柴油泵、汽油泵等机泵进行了变频改造,这些改造不仅在一定程度上增加了调节阀的可调范围,提升了装置的自动化能力,同时由于变频器对机泵输出进行了控制,减少了一些不必要的输出,也使得装置的生产能耗有所减低。

3 调节阀的改进

3.1 问题提出

高压分离器D-107液界位、D-201液界位和D-106液位控制调节阀同时设有A、B两个阀门。正常使用时,使用其中一个阀进行操作,另一个作为备用,使用的阀门出现问题时及时切换以保证正常生产。以A阀切换B阀为例,其切换步骤如下:1)关闭B阀,并开启其前后手阀;2)转动A阀手轮,卡住A阀阀位,内操将阀位给0;3)扳动A、B阀切换四通阀手柄,将A阀三通切换手柄由AUTO切向MANUAL,内外操配合完成切换。

两阀在切换过程中需内外操共同配合完成,其步骤较为繁琐,可能出现仪表卡件进而引起仪表故障出现假显示甚至可能发生报警,产生装置运行不稳的情况。同时,在切换过程中外操人员现场操作复杂,需要较多的人力进行现场的作业,自动化程度较低。

3.2 调节阀改进与实现

阀门定位器是调节阀的主要附件,通常与气动调节阀配套使用。它将阀杆位移信号作为输入的反馈测量信号，以控制器输出信号作为设定信号，进行比较，当两者有偏差时，改变其到执行机构的输出信号，使执行机构动作，建立了阀杆位移量与控制器输出信号之间的一一对应关系。因此，阀门定位器组成以阀杆位移为测量信号，以控制器输出为设定信号的反馈控制系统。该控制系统的操纵变量是阀门定位器去执行机构的输出信号。

对于高压分离器 D107 液界位、D201 液界位和 D106 液位控制调节阀，只需在该特种高压调节角阀上加上一个阀门定位器，便可解决上节中所述的 A、B 阀之间切换的问题。通过阀门定位器对调节阀的阀杆位移信号的反馈，将该信号与控制器输出信号对比，更精确的控制了执行机构的输出信号。在该特种阀门上加上阀门定位器后，当需要对 A、B 阀切换时，只需内操人员在 DCS 上对 A、B 两阀进行同步开启与关闭即可，无需外操人员在装置上进行繁复的作业，其操作较为简单便捷。此外，在切换过程中，内操人员只要保持两阀开关同步、平稳便可，而该项控制主要由计算机完成，其精确度远远高于认为的手动操作，操作更加安全。

装置上所安装的阀门定位器安装方式简单且风险系数小。在其安装后不仅降低了操作难度提高了装置的运行平稳程度，同时进一步的提升了装置的自动化程度，具有较好的效果。

4 ESD 技术的应用

4.1 问题提出

P102A、P102B、P201A、P201B 为Ⅰ套高压加氢装置的四台高压泵设备，该四台设备于 2012 年 4 月以前一直采用现场的 4 套就地 AB PLC 设备来分别实现联锁保护。然而由于该四台设备的 PLC 监控需要通过现场触屏得以实现，属于现场控制，故其须由操作人员于现场进行检查，无法进行实时监控及远程控制，且不易于紧急情况下快速查找故障。此外，由于该 PLC 设备已连续工作十年以上，设备已出现老化现象，并曾多次因老化而引起的装置波动。另外，由于该设备型号老旧其部分设备配件已不再生产，导致该控制设备备件紧缺，为装置的长周期连续平稳运行带来了极大隐患。

ESD(Emergency Shutdown Device)即紧急停车系统，该系统从 90 年代发展至今，是专用的安全保护系统，具有较好的可靠性和灵活性。基于上述背景，装置对设备进行改进，将Ⅰ套高压加氢装置高压泵联锁保护系统改为更安全可靠并更容易掌握的 Tricon ESD 系统控制，以期达到提高装置自控率、增长生产效率并降低误动作风险的目的。

4.2 ESD 的设计与实施

（1）根据实际硬件安装位置，tricon ESD 组态中在原一套高压加氢基础上新增硬件节点及 I/O 卡件组态如图 4 所示。

（2）装置联锁逻辑组态，包括：I/O 数据显示点组态、P102A/B 及 P201A/B 机组允启、联停及报警组态。以 P102A 机组联锁停机为例如下图：

（3）新增高压泵逻辑组态 InTouch 组态及绘制，合计新增流程图画面 13 幅，可以实时显示现场所有测量点的当前值并调用所有回路的实时趋势和历史趋势，并完成新增高压泵信号的测试与联锁调校。

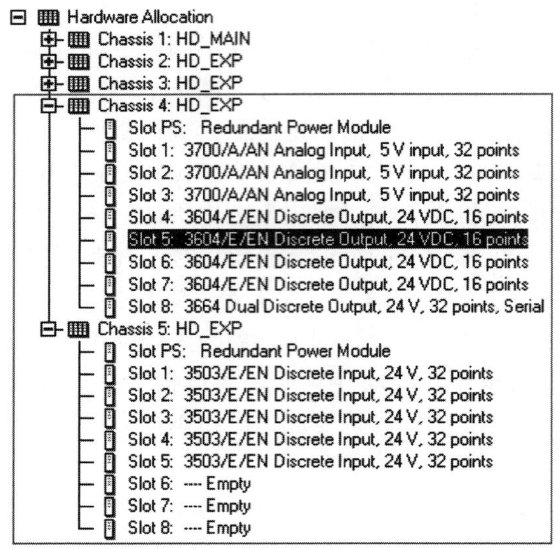

图 4　新增硬件节点及 I/O 卡件组态

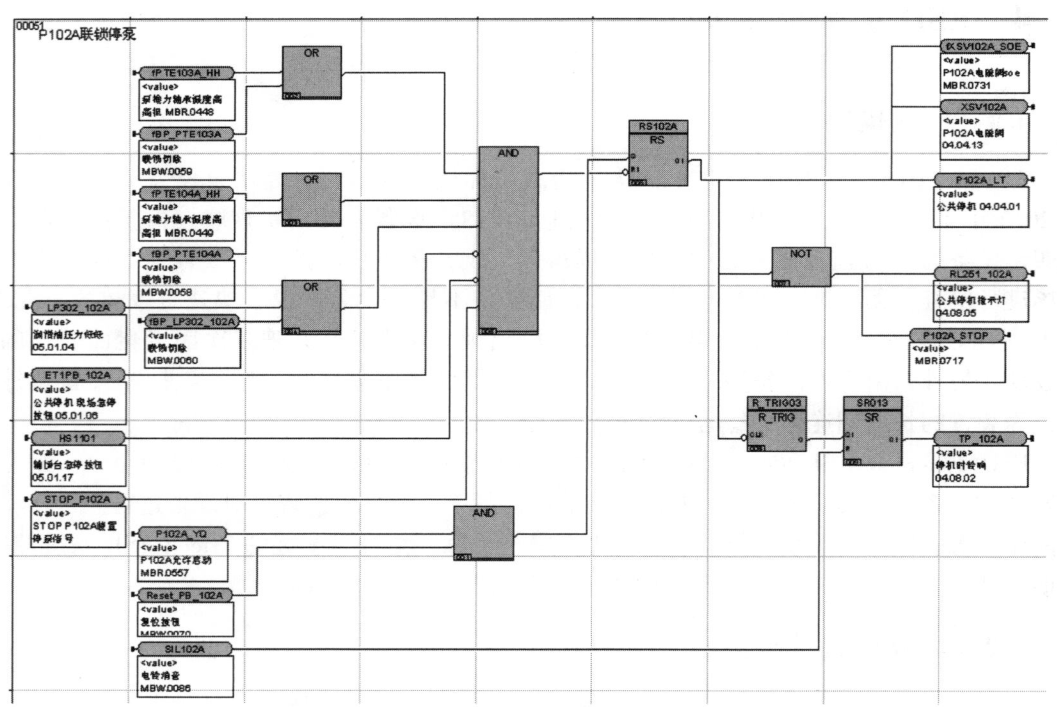

图 5　P102A 机组联锁停机逻辑

（4）蒸汽透平泵与电泵因共用 1 套润滑油系统，将 2 个控制柜的润滑油系统的显示与手动操作合并在蒸汽泵所在的控制柜实现，取消电泵的润滑油系统的显示与手动操作，共取消回路 40 个。

4.3 成效及技术创新

采用 ESD 技术对装置安全平稳的运行带来了一定的帮助，其主要表现为：

(1) 解决监控不便。INTOUCH 监控系统可将重要参数设置为分级报警，通过报警、联锁及一般监控画面进行实施监控与观测，使操作人员对设备进行远程监控。

(2) 降低维护难度，仪表车间操作人员对 TRICON1131 组态软件较为熟悉，其简便易懂，便于操作人员及时查找并排除故障。

(3) TRICON 采用结构 TMR(Triple-Modular Redundant 三重冗余系统)，具有较高的容错能力。

(4) 简化了日常维护过程中的工作流程。TRICON 系统可以通过其自身的故障诊断功能，快速准确定位故障所在，尤其可以通过其 SOE 动作记录功能查询已发生故障的产生原因，简化了故障查找及处理中的工作流程。

TRICON 和 INTOUCH 系统界面较为简易，更好的实现了人机交互。操作人员通过该系统可以实现对现场的远程实时监控，更好的完成操作。此外，TRICON 系统软件，大大降低了维护难度，提高了故障处理能力，特别是故障停机后，通过 1131 程序在线分析，操作人员更易查处故障原因。Ⅰ套高压加氢装置高压泵联锁保护系统自采用 ESD 系统以来，其操作简易，运行平稳。通过本次改造，提高了自动化控制水平，有效地保障了生产装置的“安、稳、长、满、优”地运行。

5 结论

本文主要对克石化炼油第三联合车间Ⅰ套高压加氢装置的机泵变频调节、调节阀及 ESD 的改造进行了研究，讨论了这些技术对装置自动化程度的影响。通过对这些设备改进后的运行情况观察发现，上述改进提高了装置的自动化水平，此外，变频技术的应用也在一定程度上降低了装置能耗。通过对这些技术的研究学习，也为装置工作人员对装置自动化的研究打下了基础，带来了帮助。

参考文献

[1] 杨启明，马欣. 炼油设备技术[M]. 北京：中国石化出版社，2011.

[2] 涂序彦.“自动化科学技术”的发展方向与开发策略[J]. 自动化博览，2010，10：34-39.

矿物绝缘油中二苄基二硫醚(DBDS)测定方法的研究

罗　翔，赵小峰，栾利新

（中石油克拉玛依石化有限责任公司，新疆克拉玛依　834000）

摘　要　利用气相色谱-质谱、SCD技术，以二苯基二硫化物为内标物，可以对电气绝缘油等石油产品中的二苄基二硫醚进行测定。二苄基二硫醚(DBDS)在1ng/ul～600ng/ul时其峰面积与质量浓度呈较好的线性关系，相关系数达0.999，矿物绝缘油中二苄基二硫醚(DBDS)浓度测定值重现性的相对标准偏差(RSD)均小于5.0%。可简便快捷，定性、定量准确可靠，完善了现有的石油产品腐蚀性硫测试手段，促使矿物绝缘油的质量水平与国际先进标准接轨。

关键词　气相色谱　质谱　硫化学发光检测器　矿物绝缘油　二苄基二硫醚

腐蚀性硫的存在会影响电气设备的安全运行。对电气设备的金属部件会产生很强的腐蚀性。这些腐蚀性硫的存在会使发电，输电，配电电气设备发生故障。因此，IEC标准声明在未使用和已使用过的绝缘液中都不允许腐蚀性硫化物存在。

油品中存在的硫成分主要有：单质硫、硫醇、硫醚、二硫化物和噻吩等，一般认为前三种物质活性较强，二硫化物和噻吩活性较差，不易与其他物质发生反应。但近年来人们对二硫化物性质稳定的观点持相反态度，认为二苄基二硫醚(DBDS)这种二硫化物才是造成铜线圈组发生腐蚀的主要原因。目前关于油品中腐蚀性硫的研究大多也是围绕DBDS展开的。

DBDS的存在，有利于提高液体的氧化安定性。然而，DBDS会与变压器，电抗器或其它类似设备中的铜或其它金属反应生成硫化铜或其它金属硫化物。因此，这类化合物被归为潜在腐蚀性硫。当前腐蚀性硫检测方法(ASTM D1275 方法 A 和 B，DIN 51353)和(IEC 62535)均为经验方法且只能定性。这些方法主要依赖于肉眼观察和与色板的主观判断，对于DBDS或其它腐蚀性硫化物均无定量结果。而且，上述方法只适用于不含金属减活剂的矿物绝缘油，否则会提供错误试验结果。

国外明确规定绝缘油禁止添加金属钝化剂和含硫抗氧剂，出口国外的产品必须要求检测DBDS的含量，由于目前国内没有相关的检测方法，为了完善现有的石油产品腐蚀性硫测试手段，与国际先进标准接轨，需要建立我国绝缘油中DBDS含量测定的行业标准。

1　实验部分

1.1　仪器与试剂

7890C-5975A气相色谱-质谱仪，安捷轮公司；HP6890-SCD(Agillent)色谱仪；甲苯：色谱纯；标准物：二苄基二硫醚(DBDS)，纯度大于99%；内标物：二苯基二硫化物

(DPDS)，纯度大于99%。量取适量的DBDS及DPDS化合物标样，用甲苯溶解，配置成所需浓度的标准溶液及内标溶液。

1.2 实验条件

7890C-5975A色谱条件：HP-5MS弹性石英毛细管柱(30m×0.25mm×0.25μm)；进样口温度275℃；载气：氦气；分流比：10∶1；升温程序：起始温度90℃，以10/min升至275℃，保持5min，进样量：1uL。

质谱条件：GC/MS接口温度280℃；质谱扫描范围25-500amu；电子轰击离子化能量70eV；EI离子源温度230℃。

HP6890色谱条件：DB-5色谱柱(30M×0.25mm i.d.×0.32um)；进样口温度275℃；载气为：氦气；分流比：20∶1；起始温度90℃，以10/min升至275℃，保持5min，进样量：1uL。

硫化学发光检测器(SCD)条件：硫在355nm处检测。燃烧器的温度为：800℃。氢气、空气用硫净化器净化。氢气的流速为：100ml/min，空气的流速为：40ml/min。前门内空气控制器的压力为：35KPa。数据的采集频率为：10Hz。

1.3 标准曲线绘制

以变压器油为基础油，配置不同浓度的DBDS标准溶液，以DPDS为内标物，进行GCMS分析，建立内标曲线。其中DBDS以分子离子246作为定量离子，DPDS以分子离子218作为定量离子。

1.4 样品分析

向待测样品中加入一定量的DPDS，按上述条件进行分析，根据色谱峰保留时间定性，内标法定量。

2 结果与讨论

2.1 质谱对二苄基二硫醚的定性及定量

试验对DBDS标样及DPDS内标物进行质谱测定，如图1、图2所示。

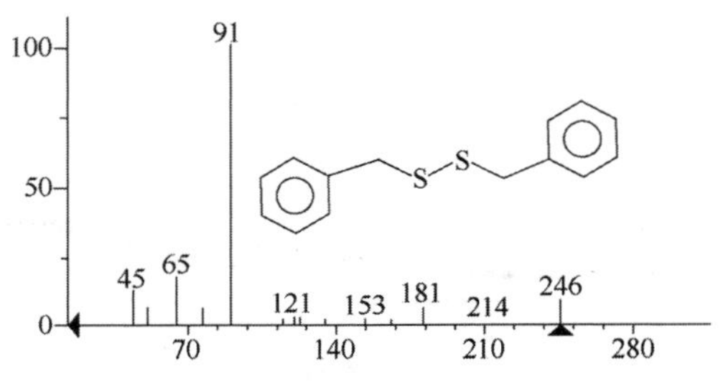

图1 DBDS的质谱图

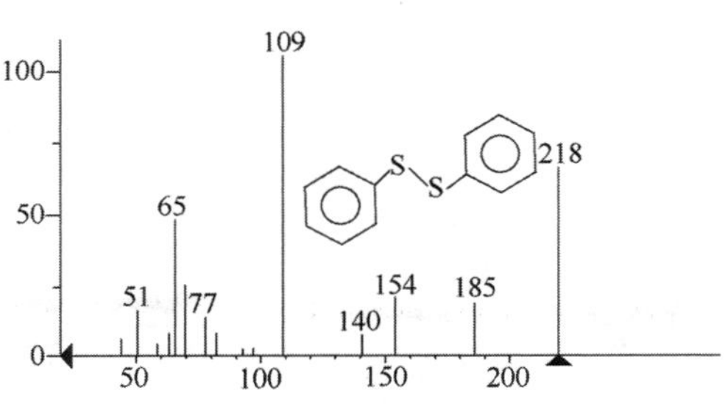

图2 DPDS的质谱图

由图，DBDS、DPDS 均为芳香基有机硫化物，具有较强的分子离子峰[2]，为获得最大灵敏度和精确度，试验选定 DPDS m/z218 为内标物定量离子，选择 DBDS m/z246 作为待测组分定量离子。

图 3 为实际样品中 DBDS 测定结果，图 4 为 DPDS-DBDS 校准曲线，曲线由工作站自动绘制，相关系数 R 值为 0.9992

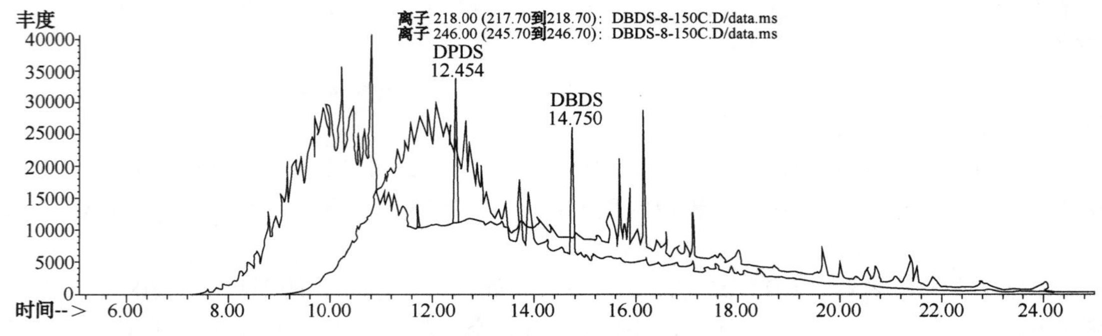

图 3　为实际样品中 DBDS 测定结果

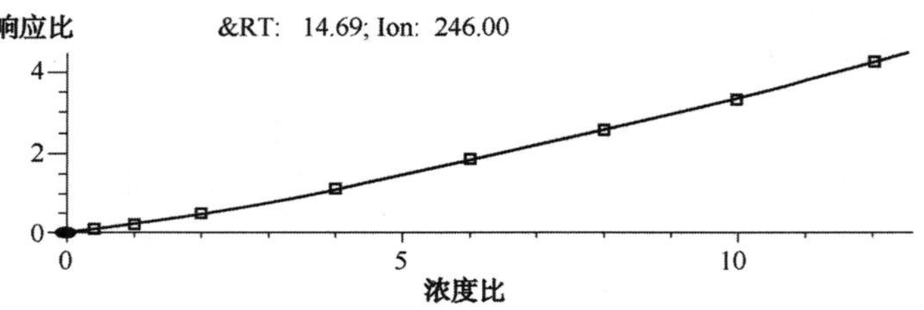

图 4　为 DPDS-DBDS 校准曲线

由图可知，用上述条件对绝缘油中的 DBDS 进行测定，采用内标校准曲线定量可以得到较满意的结果。

2.2　SCD 对二苄基二硫醚的定性定量及检测下限

对 DBDS 标样及 DPDS 内标物进行测定，如图 5、图 6 所示。

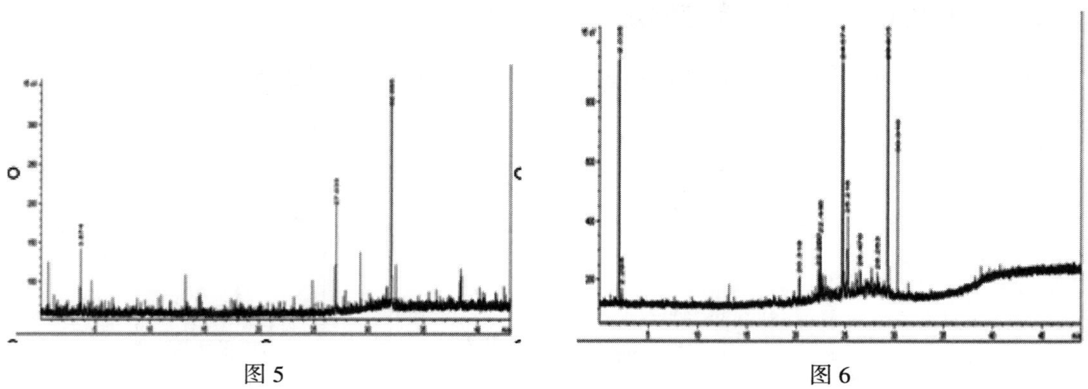

图 5　　　　图 6

采用硫化学发光检测器(SCD)在一定范围内，硫化物的响应与硫化物的结构和种类无关。可以根据已知某样品中硫的响应，来定量测定矿物绝缘油中二苄基二硫醚(DBDS)的含量。从图 7 中得知二苄基二硫醚(DBDS)的检测下限为 50ppb。图 8 为两个绝缘油样品中的 DBDS 测定谱图。

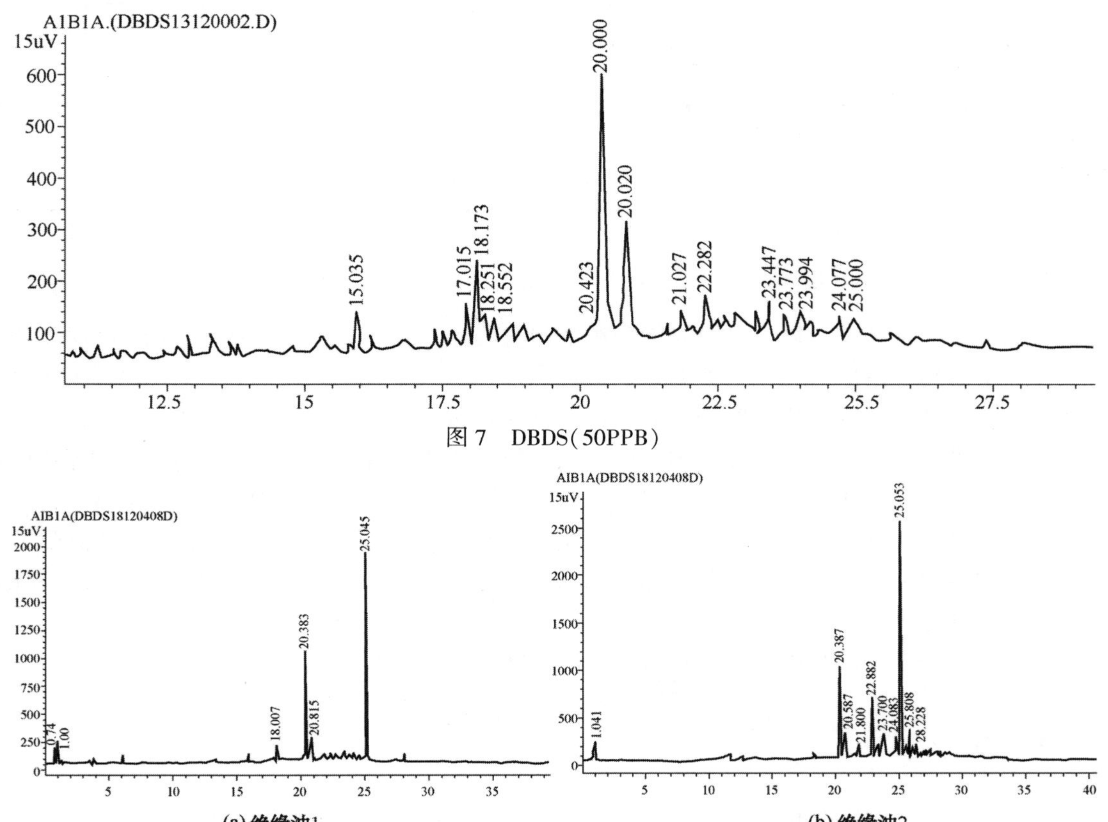

图 7　DBDS(50PPB)

图 8　绝缘油中 DBDS 测定谱图

2.3　精密度的考察

在选定条件下，对含有 DBDS 的变压器油馏分进行测定，每个样品测定 8 次，考察方法精密度，见表 1。由表可知，测定结果的相对标准偏差小于 10.0%，方法的重复性较好，可满足精密度要求。

表 1　精密度试验($n=8$)

质谱	SCD	质谱	SCD	质谱	SCD
DPDS/(mg/L)		DBDS/(mg/L)		相对标准偏差/%	
50	50	55	38	9.62	2.1
50	50	108	50	7.85	2.9
50	50	210	160	4.25	1.9
50	50	406	234	3.98	3.4
50	50	580	406	8.62	2.4

2.4　准确度考察

向样品中加入一定量的标准试样，用回收率试验，考察方法的准确度，结果见表 2。

表2 准确度试验

DBDS 加入量/(mg/L)	DBDS 原含量/(mg/L)	DBDS 实测值/(mg/L)	回收率/%
10	55	68	104.62
10	86	102	106.25
20	118	143	103.62
50	260	296	95.48
35	556	582	98.47

2.5 定量方法的选择

外标法优点是简单易操作，只对欲分析的组分峰做校正，无需所有的峰都能被检测。缺点是进样量必须严格准确，且仪器有良好的稳定性，每次分析都要重新校正。在本方法种由于外标法每次都需要校正比较麻烦，故选择内标法定量。

本方法采用内标法定量，加入内标的原则是样品中不存在的，可容易得到，化学性质与待测物相似，响应值接近，可得到良好的分离且性质稳定，所以选择 DPDS 作为内标物。加入内标是定量用，优点是响应因子的比值恒定，消除了对仪器稳定性和进样量的严格要求。采用称重加入内标法且标样和待测样品中加入量相等。对内标法分析误差考察见表2，加标回收率可达到分析要求。

由于本方法选择的是内标法定量故未对外标法定量做结果对比。

3 结论

利用气相色谱-质谱和气相色谱-SCD 联用技术，选择二硫化物分子离子为定性定量离子，以二苯基二硫化物为内标物，可以对电气绝缘油等石油产品中的二苄基二硫醚进行测定。而硫化学发光检测器(SCD)是一种专门对硫响应的检测器，比气相色谱-质谱具有更高的灵敏度和选择性，并且硫化学发光检测器(SCD)具有对硫的线性响应与硫化物的类型无关等特点。方法更为简单准确，可满足分析试验的要求。

本方法的建立，完善了现有的石油产品腐蚀性硫测试手段，为绝缘油产品的研制和生产提供技术支持，促使矿物绝缘油的质量水平与国际先进标准接轨，同时也填补了国内一项空白。

参考文献

[1] IEC 60296, Fluids for electrotechnical applications-Unusedmineral insulating oils for.
[2] 王光辉，熊少祥．有机质谱解析[M]．北京：化学工业出版社，2005：81~82.

加氢改质液力透平机封泄漏的原因分析及改进

潘　强

（中石油克拉玛依石化有限责任公司，新疆克拉玛依　834003）

摘　要　克拉玛依石化公司 120 万 t/a 柴油加氢改质装置液力透平机械密封采用国产化旋转式串联设计，辅助密封系统采用 API 标准的 PLAN 53B 冲洗方案设计，在试运时发现机械密封泄漏严重，隔离液补压频繁，液力透平因其机械密封泄漏问题多次被迫停机。本文主要从液力透平机械密封的设计结构和辅助密封冲洗系统设计方案两方面着手对其泄漏原因进行了分析和探讨，在此基础上进行了设计改进，为今后国内同类设备处理类似问题提供可借鉴的方法和参考。

关键词　液力透平　机械密封　泄漏　改进

目前国内外加氢裂化装置中使用液力透平节能效果十分显著，因此液力透平技术得到了较为广泛的应用，但查阅相关文献资料发现，液力透平在国内各大加氢裂化装置上的运行情况并不理想，问题主要集中在其机械密封泄漏上，加氢改质装置液力透平驱动介质是高温、高压、易燃易爆的柴油，其机械密封一旦失效，高温高压介质泄漏出来，将会造成严重的人员伤害和火灾事故，所以其机械密封运行的好坏直接决定了液力透平能否长周期安稳运行，克拉玛依石化公司 120 万 t/a 柴油加氢改质装置液力透平机械密封采用国产化串联式机械密封设计，辅助密封系统采用 API 标准的 PLAN 53B 冲洗方案设计，在试运时发现其机封泄漏严重，液力透平不能正常投用，本文主要从液力透平机械密封的设计结构和辅助密封冲洗系统设计方案两方面着手对其泄漏原因进行了分析和探讨，在此基础上进行了设计改进，取得了很好的效果，目前该装置液力透平已长周期运行 6000h，年节约资金 136.5 万元。

1　概况

1.1　设备简介及主要参数

120 万 t/a 柴油加氢改质装置反应进料泵 P-3101/A 采用电机和液力透平共同驱动的双驱动方案，电机按额定功率选取，以保证在无液力透平助力的情况下足以驱动高压进料泵，电机和液力透平之间用联轴器和离合器连接，进料泵和液力透平位于泵组的两侧端，排列方式为泵—电机—离合器—液力透平。泵正常运行时，由电机带动叶轮旋转，同时液力透平由热高分油驱动旋转给泵做功。液力透平的驱动介质为热高分油，热高分油由热高压分离器底部进入透平入口，介质温度为 240℃，压力 11.5MPa，热高分油冲转透平后减压为 2.6MPa，从液力透平出口进入热低压分离器，液力透平技术的应用有效地回收了反应生成油从热高分至热低分的压力能和热能，并将其转化为旋转的机械能驱动反应进料泵，从而降低装置能耗。

表1 反应进料泵和液力透平基本设计参数

设备名称	反应进料泵 P-3101/A	液力透平 HT-3101
设备规格	TDF220-160×11	150×100DCS(C)11
操作介质	柴油	热高分油
泵送温度	100℃	240℃(正常)/250℃(最大)
压力	0.234/1.24MPaG(入); 13.5MPaG(出)	11.2MPaG(入) /2.65MPaG(出)
流量	(额定/最小): 204/106.4 m^3/h	147 m^3/h
平衡管压力	0.45 MPa(g)	2.65 MPa(g)
转速	2980r/min	2980r/min

1.2 液力透平 HT-3101 机械密封简介

液力透平机械密封结构：采用国产化旋转式串联机械密封。辅助密封系统采用 API 标准的 PLAN53B 冲洗方案设计，由外部管道系统为加压双密封提供隔离液，加压后的蓄能器提供循环系统压力源，循环系统中的热量由盘管式换热器冷却，系统循环由密封内部泵(泵送环)输送来保持，隔离液系统压力保持高于密封腔压力，以保证介质零泄漏到大气中，隔离液选用工业 15# 白油。机械密封隔离液系统由油箱、手压泵、排气阀、水冷却器、蓄能器、压力变送器、温度表、不锈钢管线及阀门等组成，系统压力为 3.0~3.1MPa，压力报警值设为 2.8MPa，如图 1 所示。

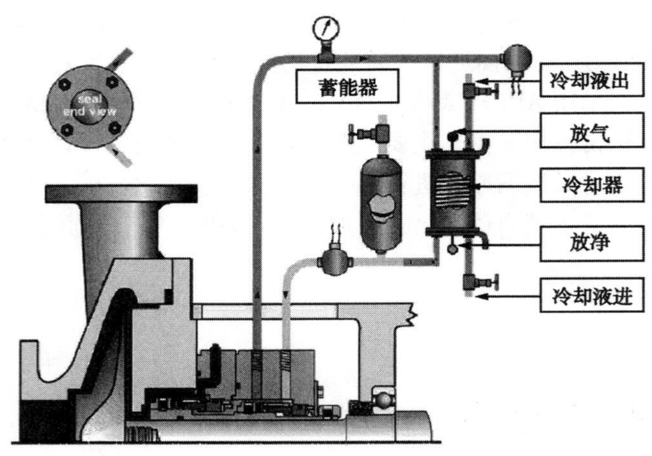

图1 API 标准的 PLAN 53B 辅助密封冲洗方案示意图

2 液力透平机械密封泄漏问题

液力透平试运过程中机械密封泄漏问题主要表现在如下几方面：

(1) 隔离液冷却循环不畅导致密封运转产生的摩擦热和介质的传导热不能及时被带走，高温使隔离液汽化后在密封腔内产生气堵，造成机封泄漏，此种泄漏量不均匀，忽大忽小，没有规律。其主要表现在密封压盖温度偏高、密封腔进出口管线的温差太大、进出口水线的无温差，实测温度如表2所示。

（2）机械密封出现外漏，表现为隔离液通过第二道密封面向大气侧泄漏，从密封外部可以明显观察到泄漏情况并能判断出泄漏介质为隔离液，前、后端机械密封隔离液压力下降较快，外漏达到40滴/min以上，而且逐渐增大，补油频繁。

（3）机械密封出现内漏，表现为隔离液的压力逐渐降低，但从密封外部观察不到明显的泄漏迹象。如果泄漏不严重，可以通过手动补压来维持隔离液的压力；泄漏严重或补压过于频繁时，则需要停机处理。

（4）机械密封同时出现内漏和外漏情况，即两个密封面同时存在泄漏现象。当外漏严重，补压不及时或泄漏加剧时，会造成隔离液压力低于被密封介质压力。这时液力透平内部的介质就会泄漏到隔离腔中，进而通过第二道密封泄漏到大气，出现这种情况需将液力透平紧急停运。

（5）机封隔离液选型不对，容易汽化，隔离液汽化后进一步破坏机械密封动、静环之间的油膜形成，加剧密封面磨损，造成泄漏进一步增大。

表2　密封系统改造前各部位温度监测数据

	压盖温度	进口管线温度	出口管线温度	进水管线温度	出水管线温度
前端	135℃	90℃	140℃	26℃	26℃
后端	140℃	95℃	140℃	26℃	26℃

3　液力透平机械密封泄漏原因分析

3.1　机封泵送环的扬程不足和换热器管路阻力过大

压盖外表温度太高，说明密封运转产生的摩擦热和介质的传导热过度集中在隔离液腔，没有被循环的隔离液把热量带走，或者说明隔离液循环速度带不走这么多的热，出现气化现象，密封腔气堵，隔离液不能循环。

密封腔进出口管线的温差太大，说明密封在运行时隔离液温度升高太快，摩擦热和介质传导热还是没有被隔离液完全带走，有几种原因会造成这种现象：

（1）隔离液腔出现气堵现象，隔离液腔可能有气体；

（2）换热器设计不合理，管程太长管阻太大，盘管直径小，循环不畅，无法起到换热的作用；

（3）机封的泵送环能力不足，产生的泵送能力无法让隔离液循环起来。

进出口水线的温差没有，说明隔离液进入换热器后，没有热交换，隔离液不流动，或者冷却水过大使隔离液急剧冷却变粘稠阻塞盘管，没有形成循环，在现场调整了换热器的进出水的流量后，进出水管线有了温差，但是其它的数据没有改善，验证了和冷却水的流量，压力没有关系。

根据对系统的调试和分析，上述问题可以造成机封泄漏，所以换热器设计不合理和机封泵送环的泵送能力不足是机封泄漏的原因之一。

3.2 机封结构设计缺陷

原密封为旋转式串联密封，波纹管组件作为动环是旋转的，在介质侧，波纹管要承受隔离液给它带来的反压3.1MPa和介质的正压2.65MPa，在这种工况下，波纹管工作时，补偿力会因为波纹管的旋转和波动出现不足，补偿速度也会因为压力大而减慢，所以，开机时，在介质压力不稳定状况下，密封会出现内漏，隔离液压力下降的情况，当隔离液和介质压力平衡时，介质会回窜到隔离液腔，出现气化，对外侧密封造成损伤；在隔离液侧，泵送环和波纹管组件一起旋转，波纹管组件的波动会影响泵送环的泵送质量不稳定，隔离液腔的摩擦热和介质传导热因泵送质量不稳定而无法有效置换，这样也会出现热量聚集，造成气蚀、气堵、外漏的现象。

3.3 机封隔离液选型不对

原机封隔离液选用15#工业白油作为补充液，在选用隔离液时只考虑到了其化学性能满足液力透平工作介质的要求，而在实际使用中发现，该型号的隔离液只适用在温度较低的工作介质的情况下使用，未充分考虑其物理特性，不能在液力透平工作介质为230℃高温的工况下运行，如此高的温度会使其充分汽化，对整个管路和密封腔产生气阻，达不到润滑冲洗密封面的作用，反而会造成密封忽大忽小的泄漏。

4 液力透平机械密封系统改造

4.1 换热器和泵送环的改造

换热器的改造，换热器的盘管由原来ϕ14mm的管径改为ϕ20mm的管径，由于管径的变化，盘管的长度由原来的19.5M改为现在的7.9M，这样换热器的管程变短，圈数减少，管阻也减小了，隔离液流量加大了，满足换热所需的流量，也保证了隔离液的流速，隔离液可以有效地带走腔体的热量，同时换热面积由原来的0.6m^{2}变成了现在的0.4m^2，换热器外壳不变，还有换热器的面积变小，盘管所占空间也变小，冷却水的流量就增大，换热效率增加，更大的换热效率，更多的换热流量，更快的流速解决了隔离液腔温度带不走的问题。

泵送环的改造，这次选用的泵送环是三级增压，内外翻滚的形式，如图2所示，隔离液由BI孔进入密封腔，在压力差的作用下，由泵送环上的通槽通过进入另一侧密封，在通槽前端加工斜角，是增加隔离液的吸入能力，让足够的隔离液进入另一侧，对介质侧密封产生的热量进行交换，这是第一级增压，进入第一级密封的隔离液在循环过程中，内侧泵送环的半通槽槽口加工斜角，增加吸入槽内的隔离液流量，带走两侧密封摩擦产生的热量，这是第二级增压的过程，压力增大后的隔离液由介质侧经过通槽返回后，再由BO孔流出，由于加工了斜角，泵送能力增强，有效地把换热后的隔离液甩出，这是第三级增压过程，因为两侧都有槽，所以称为内外翻滚；经过这样的循环过程，密封腔的热量会被最大程度的带出。

4.2 机械密封的改造

将原有旋转式串联密封(波纹管组件作为动环)改为静止式双端面密封(波纹管组件作为

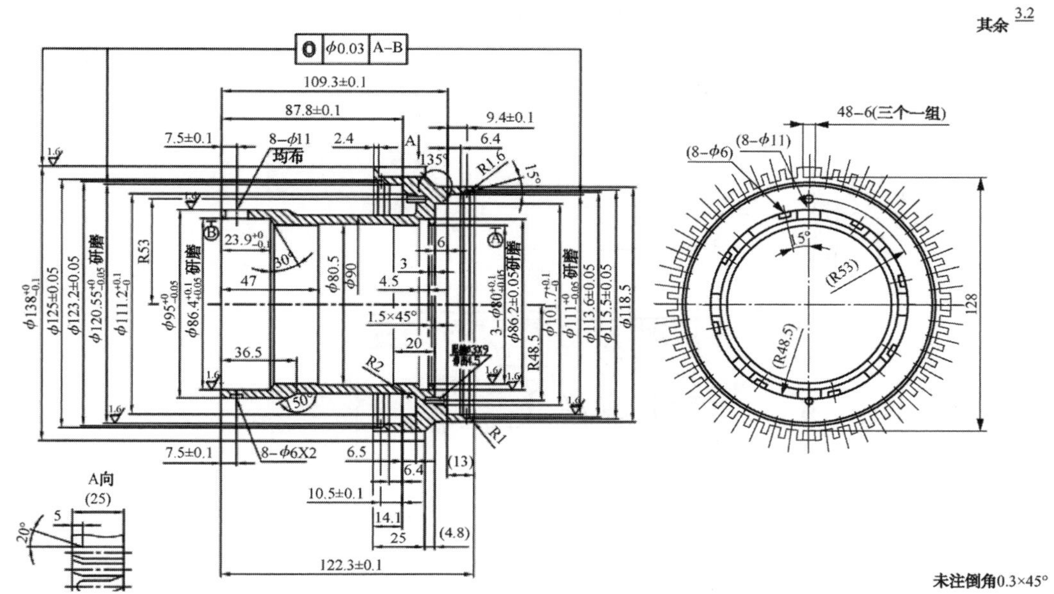

图 2　泵送环改造设计图

静环)，这样波纹管在密封运行时不旋转，面对面的密封形式，这样的设计克服了介质侧密封承受大的反压，补偿力不足的状况，介质侧波纹管承受的压力是隔离液的压力减去介质压力的压力差，也就是 0.3MPa 左右，所以，介质侧密封的泄漏几率就小很多；隔离液侧密封在运行中承受的完全是正压，但是波纹管不旋转，波纹管波动对泵送环的泵送质量没有影响，因此泵送环的泵送能力就相对稳定，这样循环的隔离液也相对稳定的带走摩擦热和传导热，换热效率提高，出现集热和气化现象就可以避免，机封泄漏的机会就减少，可以提高密封的运行周期。

4.3　更换隔离液型号

综合考虑隔离液的理化特性，并结合液力透平实际工作介质工况，将原来的 15# 白油改为 HVIP-8 油，杜绝了密封在运行时，隔离液出现汽化的问题，进一步延长密封的使用周期.

5　改造效果

经过整体改造后，对现场数据做了监测，如表 3 所示。

表 3　密封系统改造后各部位温度监测数据

	压盖温度	进口管线温度	出口管线温度	进水管线温度	出水管线温度
前端	72℃	65℃	75℃	23℃	27℃
后端	75℃	68℃	79℃	23℃	27℃

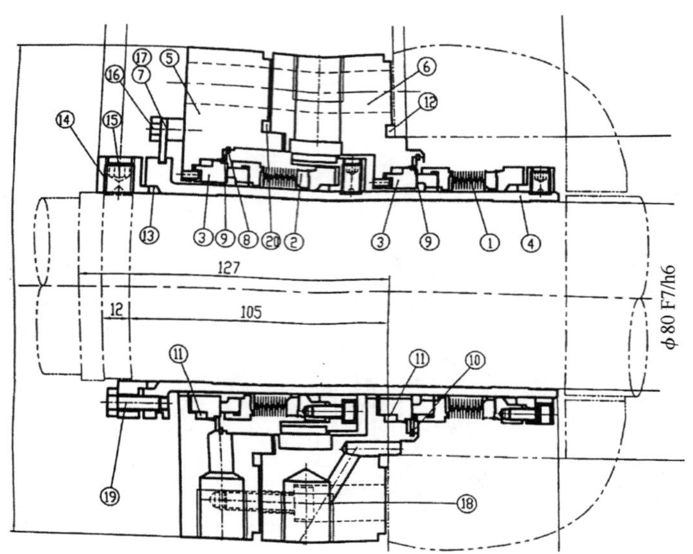

图3　改造前的串联机械密封结构图

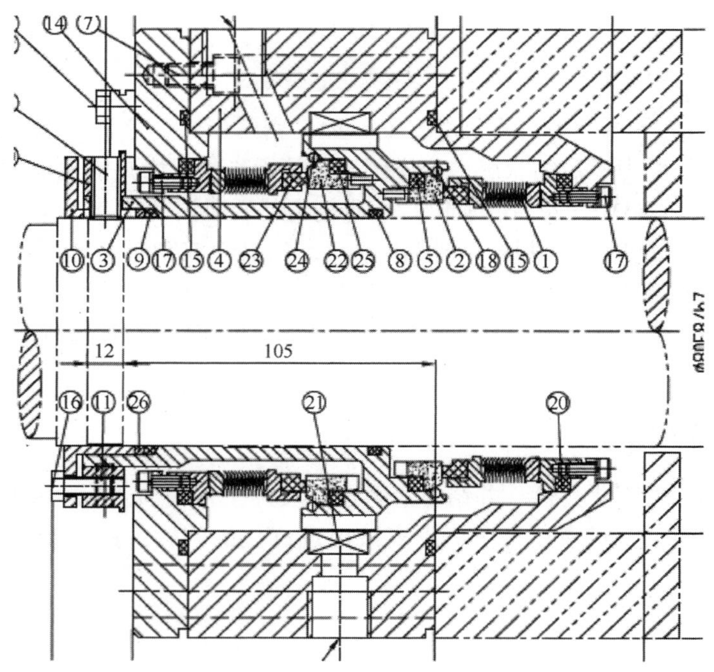

图4　改造后的双端面机械密封结构图

从这组数据看，满足API标准，为了验证数据，本文在开机后连续又核对了很多次，数据基本相同，说明此次改造达到预期的效果。

机封系统改造后，于2013年7月6日安装完成，16日开机运行，一直运行至今，运行周期8个月，前端密封的泄漏量是3分钟有1滴，后端密封的泄漏量1~2滴/min，取得了较为理想的效果。

液力透平正常运行后，减轻了电机的负荷，电机电流由 115A 降低至 83A，节约功率：$P=\sqrt{3}UI\cos\psi=1.732\times6000\times(115-83)\times0.9=1.732\times6000\times(115-83)\times0.9=299.3kW\cdot h$，按每年运行 8000h，工业用电每度 0.57 元算，年节约资金 136.5 万元.

参 考 文 献

[1] 顾永泉．机械密封实用技术[M]．北京：机械工业出版社，2001：10.

[2] 王汝美．实用机械密封技术问答[M]．2 版．北京：中国石化出版社，2004：21.

[3] Pumps—Shaft Sealing Systems for Centrifugal and Rotary Pumps，APIstandard 682 third edttion，July 2004.

[4] 刘永利．高压柱塞泵填料密封失效原因及解决办法[J]．中国小企业科技信息，1994(1)：17-18.

[5] API standard 682 3rd edition. Pumps-Shaft sealing systems for centrifugal and rotary pumps [S]. American Petroleum Institute，2004.

[6] API standard 610 11th edition. Centrifugal Pumps for Petroleum，Petrochemical and Natural Gas Industries[S]. American Petroleum Institute，2010.

[7] 刁望升．高压加氢装置应用液力透平可行性研究[J]．炼油技术与工程，2008，38(7)：33-35.

[8] American Petroleum Institute. Centrifugal Pumps For Petroleum. Petrochemical And Natural Gas Industries [S]. API Standard 610 Tenth Edition. June 2004：13-15.

柴油标定用体积管中不明物分析及清洗方案探索

李　欣，代　敏，熊冬梅，吴叶荣

（中石油克拉玛依石化有限责任公司，新疆克拉玛依　834000）

摘　要　某公司贸易计量柴油标定用体积管使用4年后出现不明物，影响计量准确性，需要采取有效措施对不明物进行清洗。目前现有参考资料中只有针对原油体积管清洗的参考文献与资料，对柴油标定用体积管却无任何清洗等等相关方面资料作参考。本文针对贸易计量柴油标定用体积管内出现的不明物组成和可能性进行了分析与判断，并针对不明物进行了实验室清洗方案的探索，最终提出三种有效的清洗方案供车间选择清洗。

关键词　标定用柴油体积管　不明物　分析　清洗

某公司车间所管辖的贸易计量柴油标定用体积管于2009年设计施工，该贸易计量标定用体积管中流动的介质只限于-0#和-20#柴油，于2010年投用，2012年曾经采用水循环清洗的方式进行了简单清洗。在2014年6月拆开进行换球时，发现不明胶状物，而且从取出的球体表面上也发现了该不明物附着严重情况，该不明黏状物体影响球在管内的正常流动速度，进而影响计量准确性。该黏附物及产生原因、具体性质，以及如何清理消除，这些都没有任何资料和专利可循。科研人员对贸易计量柴油标定用体积管内出现的不明物组成和可能性进行了分析与判断，并针对不明物进行了实验室清洗方案的探索，最终提出三种有效的清洗方案供车间选择清洗。

1　借助实验仪器对不明物分析

1.1　不明物外观

图1和图2为车间提供的贸易计量柴油标定用体积管不明物样品的情况。观察该不明物为红色黏稠状，有很强的拉丝性，类似带有弹性的橡皮状。

1.2　不明物性质分析

1.2.1　不明物与柴油两者红外光谱对比分析

对计量标定用柴油体积管中不明物不明胶状物质进行官能团鉴定，具体红外谱图见图3。从网站上搜索的柴油红外光谱，具体见图4。分析对比图3和图4。可以看出不明物在波长为2000～1500cm^{-1}之间多有一个峰，查询相关文献得知1900～1200cm^{-1}为双键伸缩振动区，该区域重要包括三种伸缩振动：C ═O 伸缩振动出现在1900～1650cm^{-1}，是红外光谱中特征的且往往是最强的吸收，以此很容易判断酮类、醛类、酸类、酯类以及酸酐等有机化合物；酸酐的羰基吸收带由于振动耦合而呈现双峰；苯的衍生物的泛频谱带，出现在 2000～1650cm^{-1} 范围，是 C—H 面外和 C ═C 面内变形振动的泛频吸收，虽然强度很弱，但它们的吸收面貌在表征芳核取代类型上有一定的作用。[1]

图 1　取出不明物情况图

图 2　不明物样品

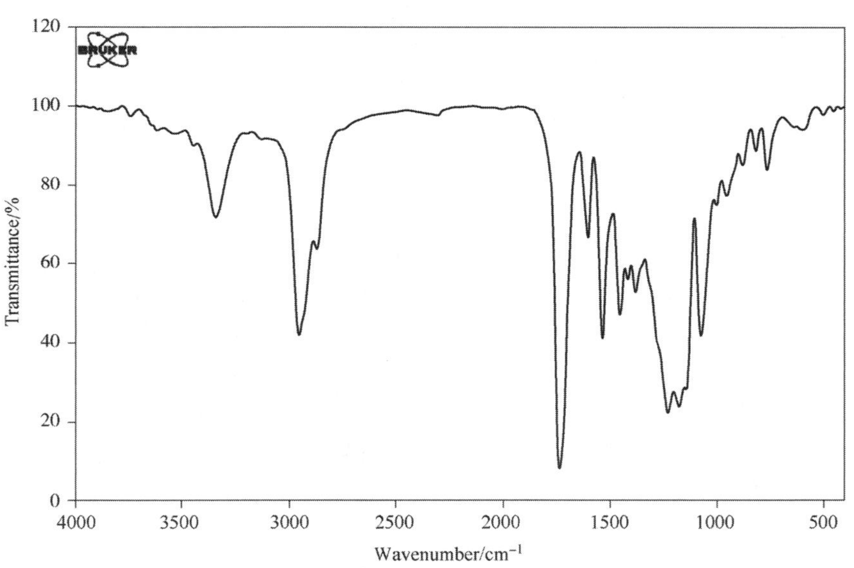

图 3　不明胶状物红外谱图

通过不明物与管内介质柴油的红外光谱图相对比，首先广泛定位不明胶状物可能为酮类、或者醛类、或者酸类、或者酯类、酸酐等有机化合物或者是苯的衍生物。

1.2.2　不明物与涂料两者红外光谱对比分析

该柴油计量体积管的涂料为酚醛环氧树脂。酚醛环氧树脂的红外谱图见图 5，谱图清晰反映出 910-840cm^{-1} 处是环氧基的特征吸收峰，1030cm^{-1} 处是伯醇的 C—O 伸缩振动吸收峰，1250cm^{-1} 处是芳醚的吸收峰，1600～1500cm^{-1} 是苯环的特征吸收峰，3500cm^{-1} 处是羟基的吸收峰。[2]

通过对比图 5 和图 7 对比可以看出，3500～3000cm^{-1} 处，1600～1500cm^{-1}，1500～1000cm^{-1} 范围在有相似的峰，表示有苯环、羟基、芳醚的相似的吸收峰。

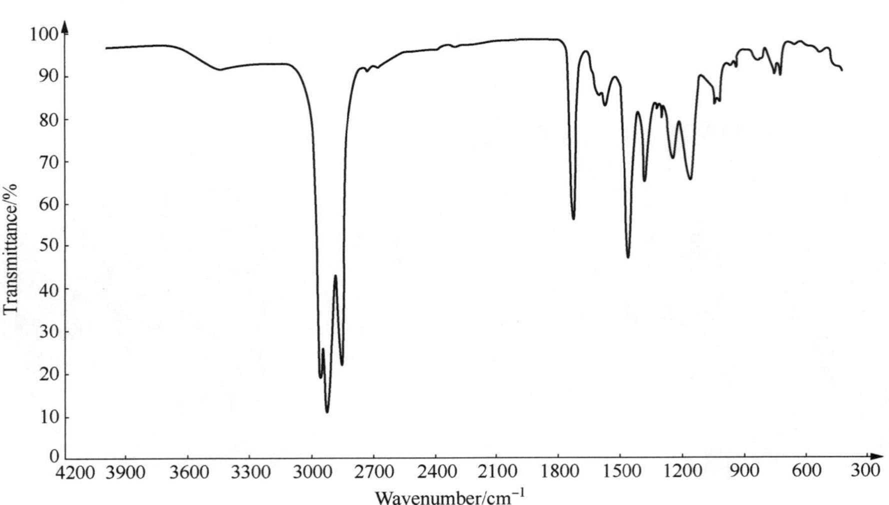

图4　网上查询的柴油红外谱图[3]

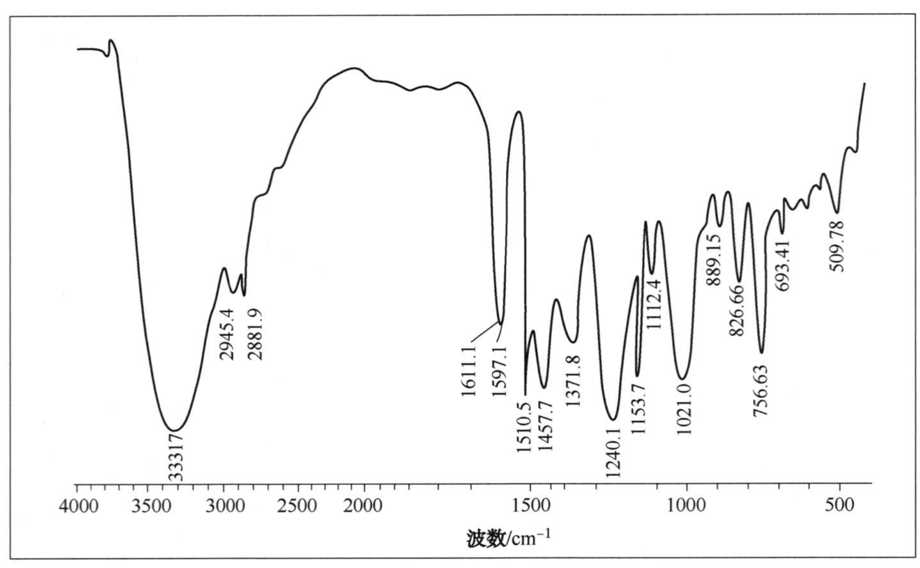

图5　网上查询的酚醛环氧树脂红外谱图[4]

1.2.3　不明物的非金属含量分析

通过表1中不明物的非金属分析，可以看出碳氢化合物存在。

表1　不明物的非金属含量分析

分析项目	氧含量/%	氢/%	氮/%	碳/%
含量	31.96	7.26	1.09	58.84
分析标准	Q/LHY 037—2011	SH/T 0656—1998		

2 实验室探索清洗方案

2.1 体积管资料网上查询情况

依据国家计量检定规程 JJG20-94《体积管检定规程》规定：体积管的检定周期为 3 年。[3] 目前只有针对计量标定用原油体积管的清洗的参考文献，而且这些参考文献中均提到对于原油体积管是把柴油作为一种清洗原油体积管的的一种清洗剂，是因为柴油的燃点相对高，可在原油较多的情况下溶解体积管内壁的原油和石蜡，效果比较明显。[5] 而对于计量标定用柴油体积管的清洗方法均无文献和专利可查。针对以上对不明物的分析，鉴于此，试验人员开展实验室清除不明物的探索工作具体如下。

2.2 不溶物溶解温度考察

对不明物进行单独加热，当温度升温到 140℃时候，不明物开始溶解。

2.3 各种试剂对不溶物溶解情况考察

考虑到体积管内壁涂有防腐层以及管壁材质为碳钢，若采用强碱性、强酸性溶剂进行清洗、溶解不溶物，涂层将破坏比较严重。所以选择了溶剂油、酸、碱、苯类溶剂、酮类有机溶剂、无机溶剂等几类溶剂对不溶物进行溶解实验，具体溶解结果见表 2。清净剂、分散剂、三氯甲烷、丙酮、丁酮、环己酮溶解不明物图片分别见图 6 至图 11。

表 2 考察溶剂溶解不明物情况汇总表

序号	溶解剂名称	溶解温度	溶解时间	是否溶解	备注
1	减三轻润	室温	10h	否	不明物无显著变化
2	无水乙醇	室温	10h	否	不明物无显著变化
3	10%盐酸	室温	10h	否	不明物无显著变化
4	10%氢氧化钠	室温	10h	否	不明物无显著变化
5	30%氢氧化钠	室温	10h	否	不明物无显著变化
6	二甲苯	室温	10h	否	不明物无显著变化
7	清净剂	加热到 140℃	0. 5h	是	不明物变软、分散、溶解
8	分散剂和清净剂	加热到 140℃	0. 5h	是	不明物变软、分散、溶解
9	三氯甲烷	室温	0. 5h	是	不明物缓慢消融，溶剂半透明
10	丙酮	室温	0. 5h	是	不明物逐渐消融，溶剂呈现浅黄色
11	丁酮	室温	0. 5h	是	不明物逐渐消融，溶剂呈现浅黄色
12	环己酮	室温	0. 5h	是	不明物逐渐消融，溶剂呈现浅黄色

图6 清净剂加热溶解不明物效果图

图7 清净剂和分散剂同时加热溶解不明物效果图

图8 三氯甲烷溶解不明物效果图

图9 丙酮溶解不明物效果图

图10 丁酮溶解不明物效果图

图11 环己酮溶解不明物效果图

3 结论

3.1 不明物可能性判断

去现场调研得知该柴油计量标定用体积管管路材质为碳钢，体积管直管段内壁涂抹了一层耐磨、耐腐蚀的涂料，涂料主要成分为酚醛环氧树脂。酚醛环氧树脂(EPN)化学名称为线型酚醛多缩水甘油醚，平均分子量600，浅棕黄色黏稠液体，相对密度1.220，黏度(66℃)5000mPa·s，是一种耐热性环氧树脂。化学性质为对水、弱酸、弱碱溶液的性质稳定，遇强酸发生分解，遇强碱发生腐蚀，不溶于水，溶于丙酮、酒精等有机溶剂中。酚醛树脂具有良好的耐酸性能。[4]

因为环氧树脂是粘胶剂的一种材质，多处相关文献报道，柴油中由于含有小分子烃类，长时间接触环氧树脂会对固化不完全的EP和其他组分溶于其中，失去原有性能。[4]

作者对不明物在短时间内借助现有手段和方法，初步定义含有酮类、或者醛类、或者酸类、或者酯类、酸酐等有机化合物或者是苯的衍生物。该物质含有有苯环、羟基、芳醚的相似峰。又根据采用的多种化学试剂清洗效果，初步判定为涂层酚醛环氧树脂脱落可能性，但是具体导致脱落原因还需要进一步验证和确认。

涂层为酚醛环氧树脂，初步结论是不适合作为柴油体积管涂料，建议更换柴油计量标定用体积管内的涂料。或者提高酚醛环氧树脂性质，防止脱落。

3.2 消除不明物质的建议

(1) 采用清净剂或者清净剂加分散剂进行清洗方法。

该方法需要外接清洗装置，具体流程可以参考图12，同时需要先对清洗剂加热到100℃，注入体积管内，并在体积管内保持恒温100℃、打循环、待不明物溶解后，排放出溶解的废液。

这种采用清净剂或者清净剂加分散剂进行清洗方法。该方法需要借助外接装置，同时需要并在保持清洗剂在体积管内恒温140℃以上、打循环、待不明物溶解后，排放出溶解的废液。但是该剂和该种清洗方法对环境没有特殊要求，对涂层更是没有影响。

(2) 采用三氯甲烷(别名氯仿)常温浸泡的清洗方法

该方法采用在室温下对体积管内充满三氯甲烷溶液，进行10小时以上浸泡，待不明物溶解后，外排清理。

这种采用三氯甲烷(别名氯仿)常温浸泡的清洗方法。该方法短时间可以溶解不明物，清洗效果明显，而且不需要借助外界设备。但是需要考虑三氯甲烷危险特性，该物质与明火或灼热的物体接触时能产生剧毒的光气，所以保持体积管内部以及外部环境常温干燥；该物质燃爆危险为该品不燃但是有毒，具刺激性，操作人员必须做好相应的防护措施。

(3) 采用酮类有机溶剂常温浸泡的清洗方法。

该方法采用在室温下对体积管内充满酮类有机溶剂，如环己酮、丙酮、丁酮，进行浸泡，待不明物溶解后，外排清理。

这种采用酮类有机溶剂常温浸泡的清洗方法。虽然经过实验室实验，酮类溶剂均有对该

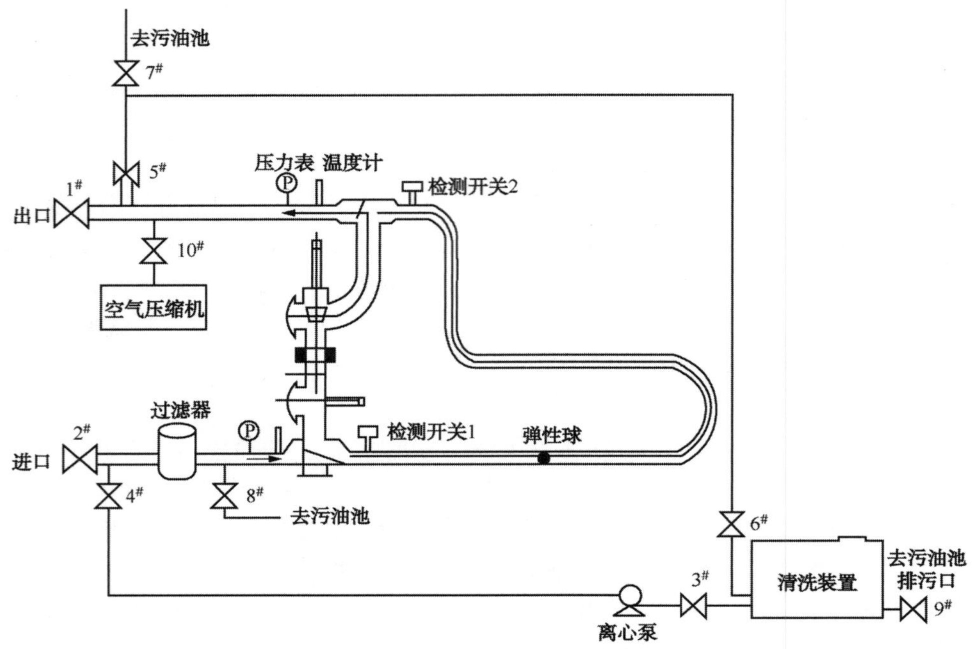

图 12 网络查询的单球无阀体积管清洗流程简图[5]

物质良好的溶解性，但是涂层酚醛环氧树脂有易溶于酮类溶剂的特性，而且初步判断该不明物有为酚醛环氧树脂脱落的可能性，所以采用该清洗方法，结果可能是对涂层造成大面积溶解脱落。采用该方法需要短时间操作后，用清水大量冲洗，对管道少量脱落涂层清洗干净后防止大面积涂层继续脱落。

三种清洗方法，均是在实验室实验结果，建议车间还需要结合实际流程、设备状况、安全操作进行综合考虑以上三种清洗方式。此工作是首次开展柴油标定用体积管的清洗方案的探索工作，也为今后其他同类装置清洗柴油标定用体积管提供借鉴。

参 考 文 献

[1] http://www.baidu.com/link? url=7xgZ9cGDekKSbnVYC-HCYCemYZQf_ mhjvEo4uCUiDcAfcdJl0VIPN-5gic2BpXd4_ Dy3tgjVNlpgZY3j35y6-zi_ OPTvxr4Czj4FYa-fGaOa

[2] http://baike.baidu.com/view/649457.htm? fr=aladdin

[3] http://baike.baidu.com/album/139960/139960? fr=lemma

[4] http://image.baidu.com/i? tn=baiduimage&ct=201326592&lm=-1&cl=2&fr=ala1&word=%B7%D3%C8%A9%CA%F7%D6%AC%BA%EC%CD%E2%B9%E2%C6%D7%CD%BC

[5] http://www.fm369.cn/news/Aview.asp? id=9623

Ⅱ套焦化空气预热器更换配套设计中存在问题及解决方法

牛燕红，杨启宁，何秀英

（中石油克拉玛依石化有限责任公司，新疆克拉玛依　834003）

摘　要　本文就Ⅱ套焦化空气预热器更换项目的配套设计中所遇到的预热器基础与电缆槽盒相碰、预热器混凝土支柱的设置、以及热烟道支撑的设置实际问题，从设计的角度分析问题，提出以上问题的解决方法。

关键词　空气预热器　烟道　风道　支撑　问题　解决方法

1　前言

克石化公司Ⅱ套焦化装置目前在用的水热媒空气预热器在使用过程中出现泄漏，许多换热管内壁出现腐蚀减薄，经过换热后的烟气出口温度为170℃左右，高于理想排烟温度（120~130℃），换热效果降低，热能损失大。在此种情况下，公司决定用换热及防腐效果更好的板式空气预热器更换在用的水热媒空气预热器。

要将板式空气预热器现场更换安装，需将现用的水热媒空气预热器拆除，在现有的位置完成板式空气预热器与原加热炉烟风系统的对接。以下是Ⅱ套焦化空气预热器更换项目的配套设计中遇到的问题及解决方法。

2　空预器的基础与现有电缆槽盒相碰的问题及解决方法

2.1　存在问题

Ⅱ套焦化空气预热器（下文简称为预热器）更换属于改造项目，首先将原有水热媒预热器拆除，将板式预热器放入，若预热器居中放置，则易于完成预热器与原热烟道、冷烟道、热风道、冷风道四口对接。但由于板式预热器的外形结构较以前的水热媒预热器扩大很多，若预热器居中放置，其西面的两个基础与现有的加热炉电缆槽盒相碰。

2.2　问题分析及解决

预热器基础与现有电缆槽盒相碰，其最直接的解决方法可将电缆槽盒移位，以避让基础。即在电缆与基础相碰处将电缆截断，向西移位避开预热器基础，但由于电缆槽盒内电缆较多，很多是加热炉的重要控制点电缆，若按照上述方案将电缆截断移位，电缆的接头增多，接头处往往是故障点，采用此种方案会增加仪表维修频次，不利于加热炉的安全运行。

因此只有将预热器由居中放置改为偏心放置，以避让电缆槽盒(见图1)。根据现场位置，预热器以东为空地，无障碍物，因此预热器中心可向东偏移500mm，保证预热器的西面基础不与电缆槽盒相碰。预热器中心位置东移，加大了预热器与原热烟道、冷烟道、热风道、冷风道四个口的对接难度，以下是预热器与原烟风道口的具体对接方法。

热烟道口对接：从烟囱伸出的热烟道中心标高与板式预热器顶高仅差1358mm，对于*DN*2200的热烟道拐弯半径太小，无法沿用原有热烟道水平管加弯头与预热器热烟口对接的方式，改为水平热烟道先进入封闭箱体，箱体的五面封闭，仅留一面与预热器热烟口对接。

冷烟道口对接：在预热器下方接一方箱，先保证预热器冷烟道出口与原冷烟道处于同一标高(▽1580mm)，然后从方箱一侧开口，接偏心天圆地方(偏心500mm)与原冷烟道对接。

冷风道口对接：预热器的更换应尽可能不影响周边设备的放置及运行，在冷风道与预热器的对接过程中，保证鼓风机与冷风道的连接不变，在预热器与冷风道间设置一箱体，箱体一端连接预热器冷风口，一端连接冷风道，实现与原冷风道对接。

热风道口对接：预热器出来的热风道先连接矩形大小头，缩颈后再连接矩形弯头变向后与原热风口对接。

通过预热器偏心放置，使预热器与电缆槽盒相碰的问题得到解决。

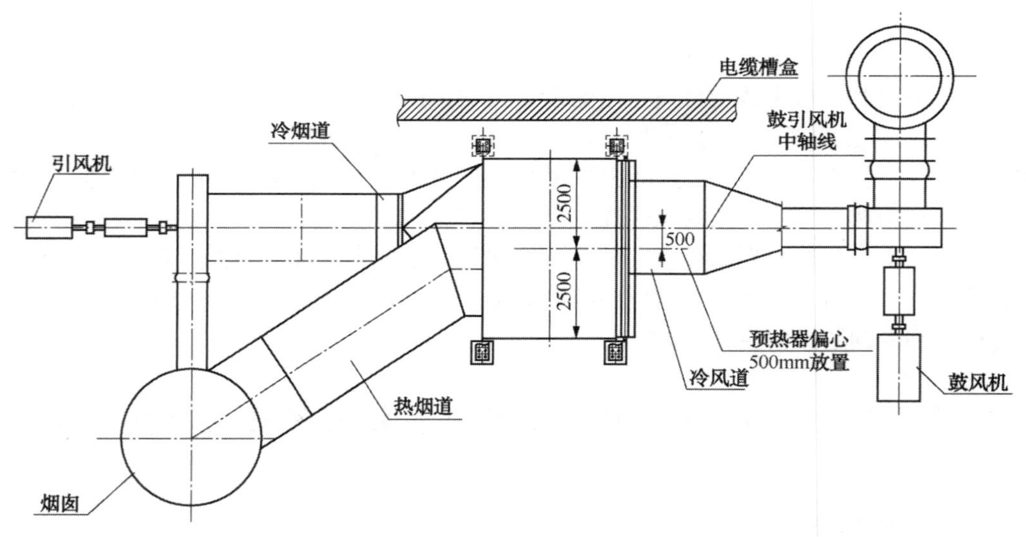

图1 预热器偏心放置

3 预热器混凝土支柱的现场设置问题及解决方法

3.1 存在问题

依据厂家预热器的结构，为实现预热器与现场烟风道口对接，预热器混凝土基础高度需抬高至地面以上4088mm处，预热器本体载荷重达120t。混凝土基础高度抬高，其抵抗风载荷、地震载荷的能力相对下降，预热器厂家提供的500mm×500mm的混凝土支柱截面不能够承载相应的重力载荷、风载及地震载荷，而加大基础截面将受到现场空间位置的限制。

3.2 问题分析及解决

预热器混凝土支柱截面需由500mm×500mm加大至700mm×700mm，才能够承载相应的重力载荷、风载及地震载荷。而加大基础截面，就会与预热器箱体相碰，为防止相碰，经过与厂家协商，将预热器东西向基础间距由5000mm，扩为5200mm(见图2)，使基础与预热器的箱体不相碰，混凝土支柱的现场设置问题得到解决。同时为增强预热器4个混凝土支柱的稳固性，在4个混凝土支柱间设置混凝土横梁，同时加大地脚螺栓根径(由M30加大为M36)加强基础的整体承载能力。

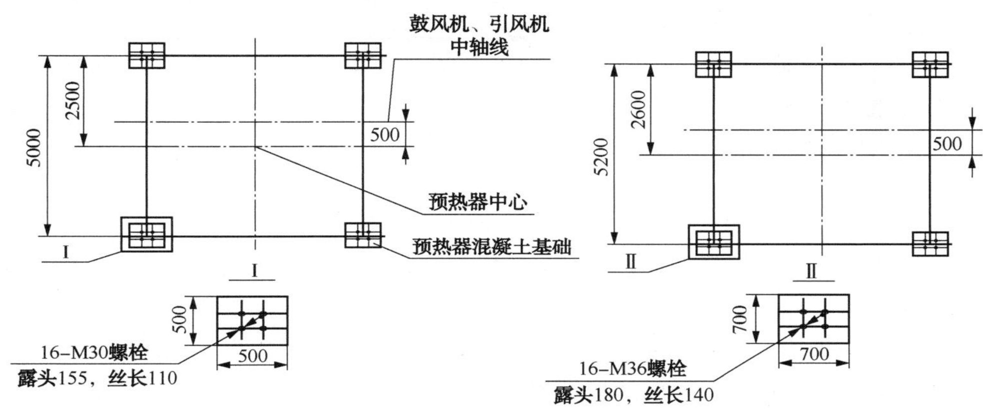

图2 预热器基础间距及大小调整前后比较

4 热烟道支撑的设置问题及解决方法

4.1 存在问题

原有水热媒预热器热烟道(ϕ2200，重量达10吨左右)，一端固定在烟囱外壁，一端固定在预热器顶部(预热器上方无膨胀节)，实现热烟道支撑。而现有板式预热器的保温形式为外保温，为消减高温烟气(约400℃)对预热器产生的热膨胀量的影响，需在预热器上方安装膨胀节，而膨胀节的特性决定其不能承受重力载荷，即预热器一端不能成为热烟道的另一支撑点，热烟道如何支撑成为配套设计中的一个难题。

4.2 问题分析及解决

若预热器厂家能将预热器由外保温改为内保温，这样预热器壁板不直接接触高温烟气，预热器可不考虑热膨胀量的影响，可以取消膨胀节设置，这样预热器仍可作为支撑点，不用新增热烟道支撑，但将此建议与厂家技术人员沟通后，预热器厂家表示其内部结构决定预热器保温形式只能为外保温，此方法不可行。

若能在预热器膨胀节上端安装合适的弹簧支座(见图3)，即可以支撑热烟道重力载荷，又不影响膨胀节伸缩性能，这是解决热烟道支撑的一个好方法，但由于预热器上方没有弹簧支座支撑点的安装位置，此方法不可行。

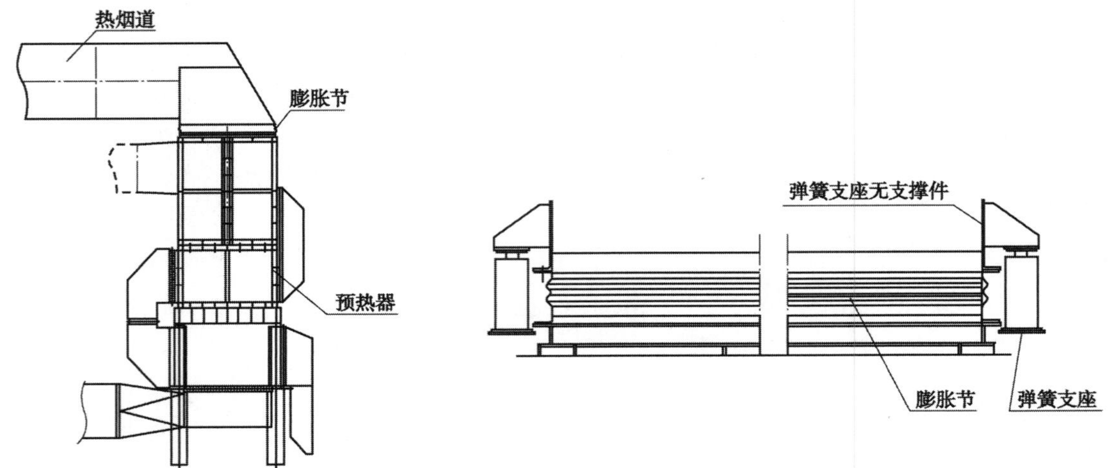

图 3 膨胀节上部安装弹簧支座

由于既不能更改预热器保温形式，又无法安装弹簧支座，只能在热烟道下方靠近预热器端从地面生根新增支撑，使预热器端热烟道的重力载荷由新增支撑承载。根据力学原理，热烟道支撑沿热烟道轴线方向越靠近预热器，其承载的重力载荷就越小。根据现场情况，热烟道支撑最近可设置在沿热烟道轴向距离烟囱中心 5100 处(见图 4)。将支撑设置于此，热烟道在支撑位置能否达到其轴向应力、周向应力、及剪应力的承载要求而不发生失稳变形，需进行相应的计算。

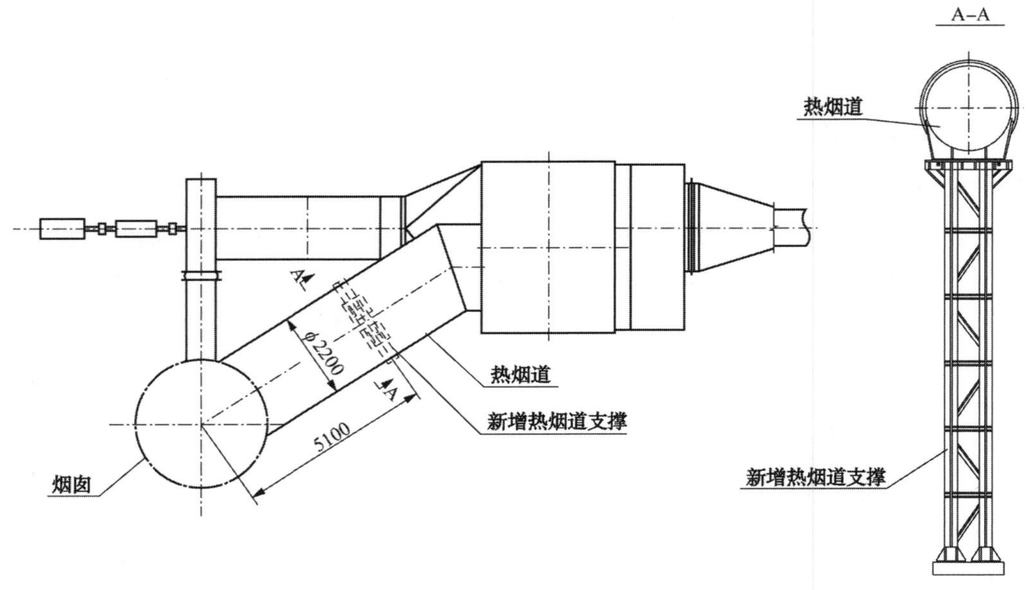

图 4 热烟道下方新增支撑

4.3 热烟道支撑的校核计算

4.3.1 支座处热烟道的轴向应力计算及校核

（1）支座处热烟道轴向弯矩计算

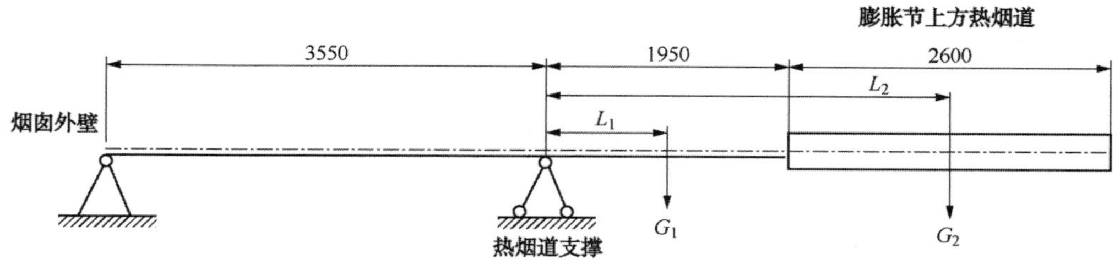

$$G_1=1712\text{kg}\quad G_2=5400\text{kg}$$

$$\begin{aligned}M&=G_1L_1+G_2L_2\\&=1712\times9.8\times\frac{1.95}{2}+5400\times9.8\times\left(1.95+\frac{2.6}{2}\right)\\&=1.88\times10^8\text{N}\cdot\text{mm}\end{aligned}$$

（2）支座平面上，由压力及轴向弯矩引起的轴向应力按下式计算

位于横截面最高点处的轴向应力

$$\sigma_3=\frac{p_cR_a}{2\delta_e}-\frac{M}{3.14K_1R_a^2\delta_e}$$

$p_c=-2\times10^{-3}\text{MPa}$

$R_a=1100\text{mm}$

$\delta_e=5.4\text{mm}$

$M=1.88\times10^8\text{N}\cdot\text{mm}$

K_1 取 1.0，K_2 取 1.0

则：$\sigma_3=\dfrac{p_cR_a}{2\delta_e}-\dfrac{M}{3.14K_1R_a^2\delta_e}=\dfrac{-2\times10^{-3}\times1100}{2\times5.4}-\dfrac{1.88\times10^8}{3.14\times1.0\times1100^2\times5.4}=-9.38\text{MPa}$

横截面最低点处的轴向应力 σ_4：

$$\sigma_4=\frac{p_cR_a}{2\delta_e}+\frac{M}{3.14K_2R_a^2\delta_e}=\frac{-2\times10^{-3}\times1100}{2\times5.4}+\frac{1.88\times10^8}{3.14\times1.0\times1100^2\times5.4}=8.98\text{MPa}$$

$\sigma_3=-9.38\text{MPa}$，$\sigma_4=8.98\text{MPa}$

$\phi[\sigma]^t=0.85\times113.75=96.7\text{MPa}$

$|\sigma_3|\leqslant\phi[\sigma]^t$，$|\sigma_4|\leqslant\phi[\sigma]^t$

支座处的轴向应力校核合格。

4.3.2 支座处热烟道的周向应力计算及校核

（1）支座反力 F 的计算

假设热烟道东南端与烟囱接触点的合力矩为零。

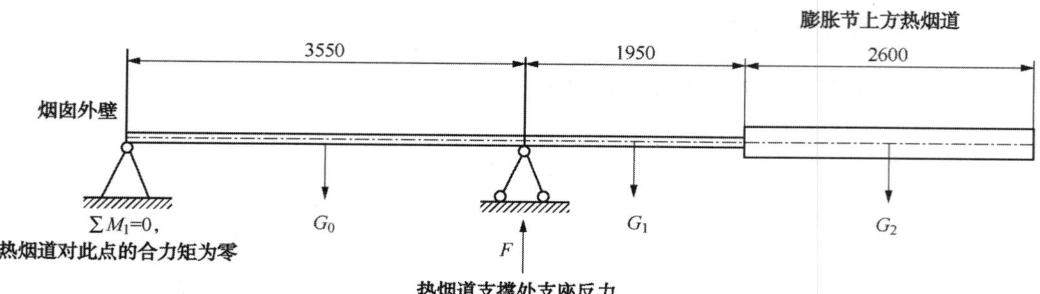

$\sum M_1=0$，即：$FL_0=G_0\left(\frac{L_0}{2}\right)+G_1\left(L_0+\frac{L_1}{2}\right)+G_2\left(L_0+L_1+\frac{L_2}{2}\right)$ MPa

F：支座反力

$L_0=3.55\text{m}$，$G_0=3118\text{kg}$

$L_1=1.95\text{m}$，$G_1=1712\text{kg}$

$L_2=2.6\text{m}$，$G_2=5400\text{kg}$

$$FL_0=G_0\left(\frac{L_0}{2}\right)+G_1\left(L_0+\frac{L_1}{2}\right)+G_2\left(L_0+L_1+\frac{L_2}{2}\right)$$

$$F\times3.55=3118\times\frac{3.55}{2}+1712\times\left(3.55+\frac{1.95}{2}\right)+5400\times\left(3.55+1.95+\frac{2.6}{2}\right)$$

$F=138032\text{N}$

（2）当有加强圈位于鞍座平面上，在鞍座边角处热烟道的周向应力计算如下：

$$\sigma_7=-\frac{K_8F}{A_0}+\frac{C_4K_7FR_ae}{I_0}$$

式中 $C_4=1$，$C_5=1$，$K_7=0.032$，$K_8=0.302$，$A_0=9014.2\text{mm}^2$，$I_0=3.209\times10^7\text{mm}^4$，$F=138032\text{N}$，$R_a=1100\text{mm}$，$e=74\text{mm}$，$d=66.9\text{mm}$

$$\sigma_7=-\frac{K_8F}{A_0}+\frac{C_4K_7FR_ae}{I_0}$$

$$=-\frac{0.302\times138032}{9014.2}+\frac{1\times0.032\times138032\times1100\times74}{3.209\times10^7}$$

$$=6.58\text{MPa}$$

$1.25[\sigma^t]=1.25\times113.7=142.2\text{MPa}$，$|\sigma_7|\leqslant1.25[\sigma^t]$

鞍座边角处热烟道的周向应力校核合格。

在鞍在鞍座边角处，加强圈内缘或外缘表面的周向应力计算如下：

$$\sigma_8=-\frac{K_8F}{A_0}+\frac{C_5K_7FR_ad}{I_0}$$

$$=-\frac{0.302\times138032}{9014.2}-\frac{1\times0.032\times138032\times1100\times66.9}{3.209\times10^7}$$

$$=-10.56\text{MPa}$$

$1.25[\sigma^t]=1.25\times113.7=142.2\text{MPa}$，$|\sigma_8|\leqslant1.25[\sigma^t]$

在鞍座边角处加强圈内缘或外缘表面的周向应力校核合格。

4.3.3 热烟道所受切向剪应力的计算及校核

热烟道所受切向剪应力：

$$\tau = \frac{K_3 F}{R_a \delta_e}\left(\frac{L - 2A}{L + \frac{4}{3}h_i}\right)$$

$K_3 = 0.319$，$F = 138032N$，$R_a = 1100mm$，$\delta_e = 5.4mm$

$\because A \geqslant 0$，$h_i \geqslant 0$，$\therefore$ 可推断 $\left(\frac{L-2A}{L+\frac{4}{3}h_i}\right) \leqslant 1$ 即：$\frac{K_3 F}{R_a \delta_e}\left(\frac{L-2A}{L+\frac{4}{3}h_i}\right) \leqslant \frac{K_3 F}{R_a \delta_e}$

$\therefore$ 可判定热烟道在支座处所受的最大剪应力为

$$\tau = \frac{K_3 F}{R_a \delta_e} = \frac{0.319 \times 138032}{1100 \times 5.4} = 7.4MPa$$

热烟道的切向剪应力不应超过设计温度下材料许用应力的0.8倍，即

$\tau \leqslant 0.8[\sigma^t]$

$0.8[\sigma^t] = 0.8 \times 113.7 = 91MPa$，$\tau \leqslant 0.8[\sigma^t]$

热烟道在支座处的剪应力校核合格。

通过强度计算，支座处热烟道所受的轴向应力、周向应力、剪应力校核合格。

在热烟道下方距离烟囱中心5100处设置支撑可避免膨胀节承受重力载荷，同时支撑处热烟道所受的轴向应力、周向应力、剪应力校核合格，热烟道支撑的设置问题得到解决。

5 结语

本文针对Ⅱ套焦化空气预热器更换及安装过程遇到的预热器基础与电缆槽盒相碰、预热器混凝土支柱的设置、以及热烟道支撑的设置等实际问题，从设计的角度分析问题，提出以上问题的解决方法，保证Ⅱ套焦化空气预热器更换项目的顺利实施，以达到预热器更换改造的目的。

改造项目的配套设计，要服务于项目功能的实现，首先要依据相应的设计规范保证项目设计的质量，同时要考虑现场的实际情况，保证设计方案的切实可行，这需要针对设计中遇到的实际问题从多方位考虑，找出解决问题的方法。

参考文献

[1] 寿比南，顾振铭，李建国，等. JB/T 4731—2005 钢制卧式容器. 新华出版社，2005.
[2] 谢萌，盛志伟，刘吉祥. JB/T 4712.1~4712.4—2007 容器支座. 新华出版社，2007.
[3] 刘洪坤，陈传金，黄左坚. SH/T 3055—2007 石油化工管架设计规范. 北京：中国石化出版社，2008.
[4] 沈祖炎，陈扬骥，陈以一. 钢结构基本原理. 北京：中国建筑工业出版社，2000.

新型 ADV 微分浮阀塔盘在重油催化装置中的应用

韩胜显，潘从锦，张华东，梁德印

（中石油克拉玛依石化有限责任公司，新疆克拉玛依　834003）

摘　要　某石化公司催化裂化装置分馏塔高负荷下的运行情况，存在操作不稳定、全塔压降大、分离效率低、产品质量不合格等问题。分析原因后对装置分馏塔进行新型 ADV 微分浮阀塔盘优化改造。新塔盘压降低、抗堵塞能力强、分离效率高、操作弹性大。改造后的应用结果表明，在高负荷下，装置操作弹性及运行平稳率得到提高，产品质量合格。

关键词　重油催化裂化　分馏塔　ADV 微分浮阀塔盘　塔板压降　产品质量

重油催化裂化技术在汽油和柴油等轻质油品的生产中具有不可替代的地位。我国轻质油池中 FCC 轻质油的比例高达 70%以上[1]，FCC 装置轻质油产率的高低将直接影响到整体轻质油市场的供给能力。分馏塔是重油催化裂化装置中关键的设备，它把催化裂化后的油气混合物按沸点范围分割为富气、汽油、轻柴油和油浆等馏分。高效的塔盘及内构件和合适的操作条件是保证各侧线产品分割精度和产品质量合格的关键。文章就分馏塔塔盘运行中出现的问题及新 ADV 微分浮阀塔盘的应用展开讨论。

1　分馏塔在运行中存在的问题

1.1　全塔压降大，操作不稳定

近年来，某石化公司催化裂化装置受原料和产品结构影响，加工量和生产方案频繁调整。多数情况加工能力达到满负荷，分馏塔存在操作不稳定、全塔压降大、上部经常出现液泛，中部轻柴油馏不出，下部漏液现象。

2011 年冬季至 2012 年 6 月期间，塔内回炼油抽出板明显漏液，出现了没有回炼油馏出的现象。2012 年 6 月分馏塔中大量浮阀被吹落，同时发现 15 层一中段抽出处两块塔盘被吹翻。在操作中一中段泵由于循环量不足经常抽空、流量大幅度波动，一中段供给吸收稳定系统的热源不稳定。当装置负荷在 92%以上运行时，分馏塔压降明显上升。日常操作中，分馏塔 8-15 层之间经常出现液泛，当局部塔盘满后，随着分馏塔内气、液相波动，柴油汽提塔、回炼油罐液面波动非常大，外送量忽大忽小。

1.2　各馏分分割不清，分离效率低

由于塔板的操作点接近于上限临界点，影响了塔的分离效果。从产品的馏程分析数据可知，各组分的馏程都有所重叠，粗汽油的干点与柴油的初馏点之间有 10℃的重叠，柴油的

干点与回炼油的初馏点有200℃的重叠，即使柴油的干点与回炼油的10%馏出温度也有11℃的重叠，导致部分柴油组分混入到回炼油中，降低了柴油的收率。油浆的馏程与回炼油的馏程差别很小，表明油浆中也混入了少量的柴油。装置的总转化率为57.45%，轻质油收率为76.57%，总液收为87.99%，说明原料的转化深度较浅。

1.3 产品质量不合格

由于塔内各点的气液相负荷均较大，操作一旦发生波动，就会造成产品质量不合格，2010年7月轻柴油几组馏程分析数据见表1，轻柴油90%馏出温度、95%馏出温度24小时3组分析有两组不合格，闪点均不合格。

表1 轻柴油性质

馏程/℃	11日16:00	12日10:00	12日16:00	质量标准 GB252—2000
10%	191.5	187.5	187.5	
50%	254.5	252	246.5	≯300
90%	357.5	359.5	352.5	≯355
95%	368.5	369.5	363.5	≯365
终馏点	374.5	376.5	373.5	
闪点(闭口)/℃	38	40	39	≮55

2 原因分析

2.1 塔盘结构参数校核

装置技术人员对整个分馏塔进行了水力学计算，主要包括：最大允许气速、空塔气速、操作气速、降液管流速、降液管停留时间、阀孔动能因数、塔板压力降、雾沫夹带、泄漏、降液管超负荷及淹塔等项目。从计算结果来看，分馏塔在满负荷工况下运行，塔盘结构参数不合理主要表现在顶循段和一中段，有以下几点：

(1) 溢流强度均大于100m^3/(m·h)，一中甚至高达144m^3/(m·h)；

(2) 阀孔动能因子增大(15以上)；

(3) 塔盘压降高，均大于10mmHg，结果造成全塔压降高，影响全装置的稳定运行；

(4) 液泛率高，这两段均超过80%。

综上几点，由于塔盘结构参数的不合适，不能适应高负荷工况运行，形成塔上部液泛，最终影响装置稳定运行，影响产品质量。

2.2 调整生产方案的影响

装置执行增产柴油方案，为保证柴油收率最大化，分馏塔顶温降低到95℃左右。顶部温度的降低，存在局部过冷的现象，进一步加剧塔上部液泛。另外，如图1所示由于顶循环是从第27层抽出，因此只能脱出27层以上塔盘的水，27层以下水无法脱出，只能通过柴油流出口流出，水的存在分馏塔可能结盐，结盐就会出现柴油流出量不稳定现象，同时塔盘

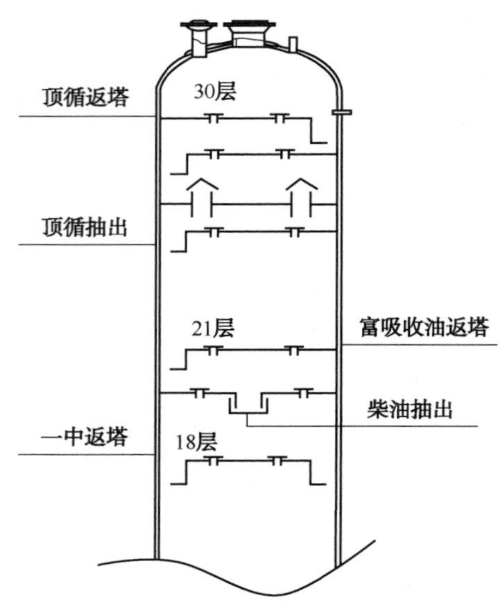

图1 分馏塔上部内结构

结盐后分馏塔压降也会增加。

柴油抽出口的塔盘为全抽出口，从19层下来的液相回流全部进入接受槽，然后去柴油汽提塔-202，当抽出管线由于结盐不畅或塔-202液面波动不正常的时候会使液相从接受槽溢出，当水和部分轻柴油组分落入第18层塔盘后，汽化造成18层塔盘气相超负荷，重组分从18层携带到19层塔盘。

3 新型ADV微分浮阀塔盘技术

由塔板水力学计算结果来看，16#塔板和27#塔板的阀孔动能因数较大，操作点接近于淹塔线，在操作波动的情况下，会发生淹塔现象。可以对此处的塔板进行适当改造，如增大塔板开孔率以降低阀孔气速等，提高塔板的操作弹性。

大多数塔板的压降均在10mmHg左右，在操作不稳定的情况下，将导致塔的总压降较大，这主要与塔内各部位的气、液相负荷分布情况及塔板结构不合理有关，应对部分塔板的开孔率和降液管进行改造，改善塔板的分离效果，提高轻油的拔出率和收率。

3.1 新型ADV微分浮阀塔盘技术特点[2]

新型ADV微分浮阀塔盘是在F1型浮阀塔盘的基础上，对浮阀结构和塔板结构进行了创新。

浮阀结构的优化主要是两个方面，其一是在阀面上增加三个切口，其作用是：①使气流分散得更细，消除传统Fl浮阀顶部传质死区，提高效率；②有利于降低雾沫夹带，增加生产能力；③有利于减少漏液，增加操作弹性。其二是特殊的阀腿设计使ADV浮阀具有导向性，其作用在于：①降低塔盘上的液面梯度，减少夹带，使生产能力提高；②消除塔盘上液体停滞区，使液流均匀分布，从而使效率提高；③减少返混，提高效率。

塔板连接结构的优化：采用铰接式塔板连接结构，使得在塔板连接处也可排布浮阀，消除传统塔板连接处的传质死区，其作用为（1）增加塔盘开孔率，提高生产能力；（2）使整个塔盘浮阀均匀排布，改善气液接触状态，提高分离效率；（3）易于安装，缩短安装工时。

液体入口区的结构优化：在液体入口区安装鼓泡促进器。（1）气流将降液管中流出的液体吹松，有利于形成鼓泡；（2）防止入口区漏液；（3）使气流分布更加均匀；（4）有利于提高效率，提高生产能力，增大操作弹性。

降液管结构的优化：（1）降液管出口截面形状的优化，减少受液盘的面积，使塔盘鼓泡区面积增加；（2）提高降液管的液体通过能力，使 ADV 塔盘的生产能力提高。

图 2　F1 型浮阀

图 3　ADV 微分浮阀

3.2　实施技术方案

根据分馏塔塔盘的运行分析和新 ADV 微分浮阀塔盘的特点分析，装置对分馏塔进行了新 ADV 微分浮阀塔盘改造。

通过取不同的液相负荷值，计算出相应的气相负荷，然后以液相负荷为横坐标，以气相负荷为纵坐标，即可绘得适宜操作区域图。其中分馏塔 27-30 层塔板 100%负荷性能图见图 4。

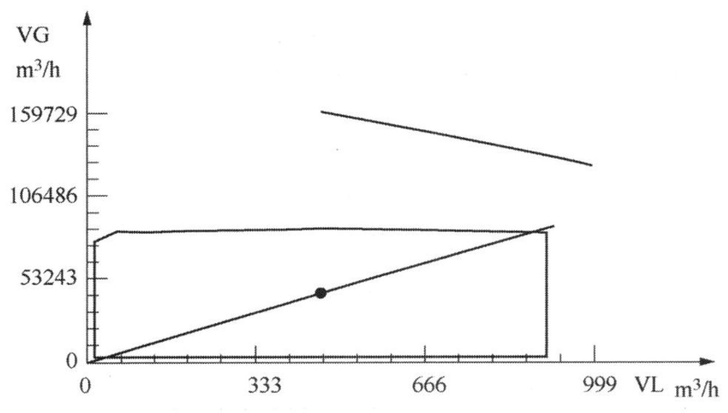

图 4　分馏塔 27-30 层浮阀塔盘 100%负荷性能

根据上述图表，2012 年 6 月大检修时对分馏塔塔盘进行更换，改造方案如下：

（1）27-30 层：利旧固定件，更换塔盘板，主要目的是增加开孔率，降低液泛率；

（2）19-26 层：利旧固定件，更换塔盘板，主要目的是增加开孔率，提高效率；

（3）15-18 层：更换全部塔盘，将单溢流改为双溢流，以降低溢流强度，降低压降，15 层改造成集油箱，目的是完成双溢流向单溢流的转换；

（4）6-14 层：利旧固定件，更换为浮阀塔盘板，主要目的是增加塔板效率；

(5) 1-5 层更换为固舌塔盘板。将 3#塔盘改造为集油箱，便于控制回炼油抽出量。

4 应用效果

装置分馏塔塔盘更换后已运行 33 个月，操作平稳，未出现异常现象，各项指标均达到设计要求。2012 年 11 月对装置分馏塔塔盘的性能进行标定。ADV 微分浮阀塔盘在制定设计方案时是按照增产柴油生产方案设计，而装置标定期间则是根据公司汽油、柴油调配的要求，执行增产汽油生产方案。

4.1 分馏塔压降减小，操作平稳

分馏塔按照设计标定进料量为 100t/h，分馏塔顶循环回流量和一中段循环回流量明显低于设计值，全塔压降小于设计值 20.40kPa，塔底循环油浆上返塔量高于设计值 8t/h，下返塔量高于设计值 61.7t/h。说明解决了在高负荷工况运行下分馏塔上部液泛问题，全塔压降大幅度下降，特别是一中段形成的通量瓶颈被消除了，保证装置稳定运行。另外，降低塔顶循环量和一中段循环量，而增加了塔底循环油浆总量，有利于高温位热源的充分利用，增加 3.5MPa 蒸汽的产率，提高了装置效益。

4.2 分离效率提高，收率提高

由装置标定期间的产品收率表 2，可见：与设计值相比，汽油产率提高至 50.75%，增加了 10.25 个百分点；柴油产率降低了 7.75 个百分点；轻质油(汽油+柴油)产率增加了 2.5 个百分点，虽然液化气产率减少了，但总液体产品(液化气+轻质油)产率增加了 0.88 个百分点。说明 ADV 微分浮阀塔盘操作灵活，能够根据公司的生产方案要求，同时适用于增产汽油方案和增产柴油方案，而且分离效率较高，保证总液体产品产率。

表 2 产品收率

项目	标定值	设计值
干气	1.69	2.5
液化气	10.88	12.5
汽油	50.75	40.5
柴油	31.25	39.0
油浆	1.25	1.0
液收	92.88	92.0

4.3 产品质量合格

塔盘改造设计时为增产柴油方案，汽油终馏点按不大于 180℃控制，标定时为增产汽油方案，汽油终馏点按不大于 205℃控制。由产品质量表 3 可见：汽油终馏点高于设计值，但是因为柴油 5%远远大于 160℃，说明汽、柴油基本脱空，馏分重叠小；回炼油 5%高于设计值 15℃，油浆 5%高于设计值 32℃，说明柴油和回炼油、油浆之间分割较好，馏分间隙大，重叠小，回炼油中柴油组分不超过 6%，油浆中不含柴油组分，保证了产品质量。

表 3 产品质量

馏程/℃	标定值	设计值
汽油，终馏点	188.5	≯165
柴油，5%	211.7	≮160
柴油，95%	357.7	≯365
回炼油，5%	380.0	≮365
油浆，5%	397.0	≮365

5 结论

（1）新型 ADV 微分浮阀塔盘有效解决了装置生产瓶颈，使分馏塔改造之后，处理能力操作弹性 60%~110%，达到了预期效果。

（2）装置分馏塔改造后各项操作参数达到工艺控制要求，操作弹性及运行平稳率得到提高，汽柴油基本脱空，回炼油中柴油组分不超过 6%，油浆中不含柴油组分，总液收增加 0.88 百分点，经济效益显著。

（3）更换新型 ADV 微分浮阀塔盘后，全塔压力降没有出现异常，可满足长周期运行。

（4）改造方案安全、可靠，运行平稳，具有很好的可推广性。

参 考 文 献

[1] 陈俊武. 催化裂化工艺与工程[M]. 2 版. 北京：中国石化出版社，2005：44-45.

[2] 刘吉，孔育红，王国旗，等. ADV 微分浮阀塔盘在大型常压塔中的应用[J]. 石油化工设计，2009，26(3)：26-28.

DCS 控制系统在润滑油“老三套”生产装置中的应用

王小华

（中国石油兰州石化分公司炼油厂，甘肃兰州　730060）

摘　要　中国石油兰州石化公司炼油厂润滑油生产工艺是通过溶剂精制、溶剂脱蜡、白土补充精制（或加氢精制），以实现对润滑油基础油的精制，这一生产系统俗称“老三套”润滑油生产装置。“老三套”润滑油生产装置的控制系统 DCS 改造，是在原有装置工艺流程不变的基础上，对仪表及控制系统设备进行了更新，采用上海 EMERSON 公司 DeltaV 系统软件技术，将原来的气动仪表全部更新为 DCS 集成控制系统，6 套生产装置的控制室集中在中控室，中控室与外操室分离，改造后，装置自动化水平和控制精度显著提高。DCS 控制系统自 2014 年 8 月建成投用后，确保了装置生产过程中各项环节安全稳定运行，对降低装置运行费用、提升装置整体管理水平、减轻工作劳动强度起到了促进作用，产生了明显的经济效益和社会效益。

关键词　润滑油生产　DCS 控制系统　应用　效益

1　DCS 控制系统的构成及特点

1.1　DCS 控制系统的构成

（1）系统组成：DCS 控制系统是在微处理器的基础上，运用了计算机技术、通信技术等对生产过程进行集中的监视管理等综合控制系统。在“老三套”改造中，DCS 控制系统的系统结构如图 1。

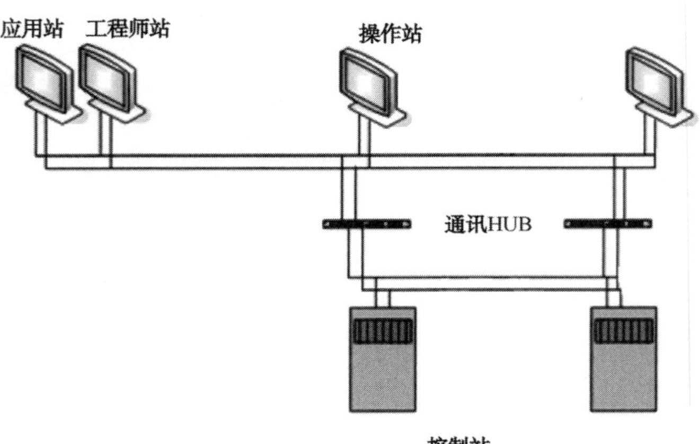

图 1　DCS 控制系统的整体结构图

DCS 控制系统主要包括了以下几个模块：

① 数据通信模块，主要功能就是负责现场保护、智能仪表的数据通信，完成与主站之间的数据通信。

② 数据分析处理模块。通过人、机界面，可以随时浏览生产过程，对下位机的运行情况进行在线的监测。

③ 数据的上传和发布，对监测的数据要通过局域网进行上传，同时还具备事故处理的能力。

（2）DCS 控制系统的网络结构，主要包括底层控制网络和上层操作网络。底层控制网络是工艺控制的主要部分，通过在 ACM 与 I/O 模块中实现了各分站之间的通讯，完成了系统的要求。上层操作网络主要是给人、机界面提供监控数据，在网络系统中采用了以太网的结构，通过在冗余服务器的作用下可以将监控的数据传输到以太网上，然后在分站中进行数据的交换，在这种网络的作用下主要消除了各分站与相关控制器之间的直接通讯的麻烦，很大程度上减轻了 ACM 的通讯负荷。

（3）人机界面：人机界面是用于用户通过网络环境对于动态数据的浏览、分析等功能，对于各仪表参数的处理具有简洁，可操作性强的特点，它具有多层次的机构，有浏览器、服务系统、以及数据处理系统，是基于 ACtivex 方法以及 COM 模型上的一种电子浏览系统。主要包括以下三个层面：

① 数据库服务层，数据库服务层基于 Windows NT 的数据服务引擎，是将系统中所需的数据进行结合，实现数据层的有序管理以及优化，用户通过浏览器生产过程中的各项数据传给数据库，然后据引擎进行工作，不需要用户进行继续的操作，对数据层的分类很明确，减少了用户操作时间，从而对系统的使用以及安全性都有提高。

② 应用服务层。应用服务层是属于数据库服务层的下一步骤，它的平台以及操作的软件技术都与数据库服务层是一样的，但是该服务层是针对用户的数据处理都能在应用服务层实现。

③ 浏览器层。浏览器是用户最直接的观测各压力表、流量表等信息的，所有组织机构通过信息传送以及处理，将设备的运行信息加工后传达到浏览器是最后的组成部分，是将所有的数据信息汇总，对用用户的浏览，查问等都能简单的操纵。

1.2 DCS 控制系统的特点

（1）综合能力强，兼容性好，DCS 控制系统能够实现安全与生产监测控制，视频显示，安防报警为一体的综合应用，对于生产过程的传输通道能及时反映，将动态的监控数据传递给监控中处进行安全监测。能够与局域网网络联系进行信息技术操纵。这种系统能够利用在生产中所用的网络设备，为系统扩展应用技术，这样可减少很多设备资源的使用。

（2）传输网络简单可靠。在传输的过程中，采用标准的网络通信协议和光纤通讯技术，信息传输及时可靠，抗干扰能力强，一般的磁场不会影响扰到信息的传输速度。

（3）分站独立情况适应性强。在现场的总布置中有监控的分站点、传感器以及开关控制单元组成的监测系统，当监控中的主机与其他的分站点，当外界因素或者人为干扰不能够进行信息的传输时，分站能够独立进行工作，保证了对生产过程监控安全稳定。分站点的监控也能够通过液晶显示器显示每个系统的工作状况以及开关量的控制。当监控中的主机与空位器由于管线或者其他的障碍不能进行信息的传输时，定位器能够独立工作，起到与分站点监测相同的作用，从而正常接收、识别和记录传来的信号，这样就能够保证信息的准确保存以及传递。

2 润滑油“老三套”DCS控制水平及主要控制方案

2.1 DCS主要控制方案

本次改造，对于“老三套”润滑油生产系统中的酚精炼车间、酮苯脱蜡车间等六套装置，其原有自控方案保持不变，个别单元现场原有气动仪表仅作原位更新。

各装置炉区部分无复杂控制回路，均为常规的控制回路和常规模拟量的检测、指示、报警。第一套溶剂精制装置(22 单元)更新 1 台加热炉，信号进装置现场机柜间(FAR22)，控制室仪表采用改造后的 DCS 系统；第二套溶剂精制装置(23/1 单元)更新 2 台加热炉，信号进装置现场机柜间(FAR23)，控制室仪表采用改造后的 DCS 系统；第一套溶剂脱蜡装置(24 单元)新增 3 台加热炉，信号进装置现场机柜间(FAR24)，控制室仪表采用改造后的 DCS 系统。

(1) 原料进炉采用流量控制，炉出口采用温度控制。

(2) 炉对流室、辐射室、烟囱出口温度、空气预热器出口温度等采用集中记录。

(3) 燃料油采用流量累积指示。

(4) 燃料油进炉线阀组附近设置可燃气体报警器。

(5) 每台加热炉均设 1 套火焰监测系统，并和燃料气管线上的切断阀联锁控制，当火焰监测系统检测到火嘴火焰熄灭时，联锁切断燃料气，从而保证加热炉安全。

(6) 在每台加热炉的燃料气管线和空气管线上均增设流量计，用于燃料气和空气量的比例控制，同时和测烟道气氧含量的氧化锆分析数值对应燃料气量，从而间接控制空气量，使加热炉燃料气和空气量达到最佳混合比，提高热效率。

2.2 DCS主要控制水平

(1) 将现有装置各控制室仪表气动二次仪表更新为 DCS 系统，从而提高装置控制管理水平，满足润滑油各单元装置的发展要求。

(2) 润滑油系统各单元的控制室控制系统采用 DCS 系统，配有 DCS 工程师站、操作员站等设施，并配备打印机打印报表。DCS 控制系统要求采用先进、性能价格比好，稳定可靠和扩展方便及适用性强的系统。对重要的控制回路和监测点应考虑冗余。按规定各类 I/O 点、插件和槽位应有 15%~20%的富余量。

(3) 工程师站、操作员站、控制器、电源、通讯网络等按照规定必须冗余配置。DCS 集散控制系统应具有数据采集、控制运算、控制输出、设备和状态监视、报警监视、远程通信、实时数据处理和显示、历史数据管理、日志记录、事故顺序识别、事故追忆、图形显示、控制调节、报表打印、高级计算，以及所有这些信息的组态、调试、打印、诊断、系统下装、在线增量下装等功能。

(4) DCS 集散控制系统由工程师站、操作员站、控制器、I/O 模块、系统软件、应用软件、操作台、打印机等组成。工程师站、操作站、控制器、电源、通讯网络等按照规定进行冗余配置，控制回路和监测回路根据装置的需要也可采用冗余配置。DCS 可以对润滑油系统各单元装置进行自动控制和参数检测，并留有一定的扩展空间和接口，以满足以后的需求。

（5）系统还应提供标准的 OPC 接口，保证系统软件的开放性和高性能的人机界面要求，同时满足润滑油控制系统与厂级网络的数据通信。对重要的控制回路和监测点应考虑冗余。实际配置应根据需要考虑富余量，按规定各类 I/O 点、插件和槽位应有 15%~20%的富余量。

（6）各单元 I/O 汇总表见表 1。

表 1　润滑油系统各单元 I/O 汇总表

单元号	20	22	23/1	27	24	26	备注
AI 点	157	168	149	83	440	220	
AO 点	18	46	43	11	119	62	
DI 点		10	14		16	25	
DO 点	6	2	3		8	15	
合计	181	226	209	94	583	375	

上述六个单元合用 1 套 DCS 系统，其 I/O 点数共计 1668 点，该 DCS 系统由控制柜(6 套)、辅助柜(14 套)、UPS 电源(酚精炼车间的每个现场机柜间 10kVA 各 1 套，酮苯脱蜡车间的每个现场机柜间 15kVA 各 1 套，新建中央控制室 10kVA 1 套)、操作员站(20 套)、工程师站(2 套)、气体监测站(1 套)、可视监控站(1 套)等硬件组成。同时，在 DCS 系统设置 OPC 接口模板，实现润滑油系统所有装置信息和厂级信息管理网络的互联和数据信息的交换。另外考虑到装置开车初期和维修时需要就近调试组态，因此增加六台便携式工程师站。

3　DCS 控制系统应用情况

3.1　操作界面

DeltaV 软件操作界面如图 2，包含三部分：工具栏窗口、工作区主窗口、报警栏窗口。通过这三部分窗口，操作者只要选择好要查看的页面，轻点鼠标即可进行下一步操作。

3.2　流程图画面调用

操作员站计算机启动后，打开 DCS 操作软件，显示系统的初始画面如图 3。

该图操作人员无法进行操作和查看装置运行情况，应先进入流程图目录，选择具体的流程图画面才能进行查看或操作。具体步骤如下：

（1）操作画面打开后点击流程图目录按钮可以调出操作画面目录。

（2）打开流程图目录画面后，点击(鼠标左键点击)汉字前的文件夹图标进入相应流程图画面(流程图目录操作画面见图 4)，点击序号后所查画面名称即可进行操作查看和具体操作(以苯酚溶剂精制装置 DCS 使用为例)。

图 2 DeltaV 操作画面

图 3 DCS 操作站初始画面

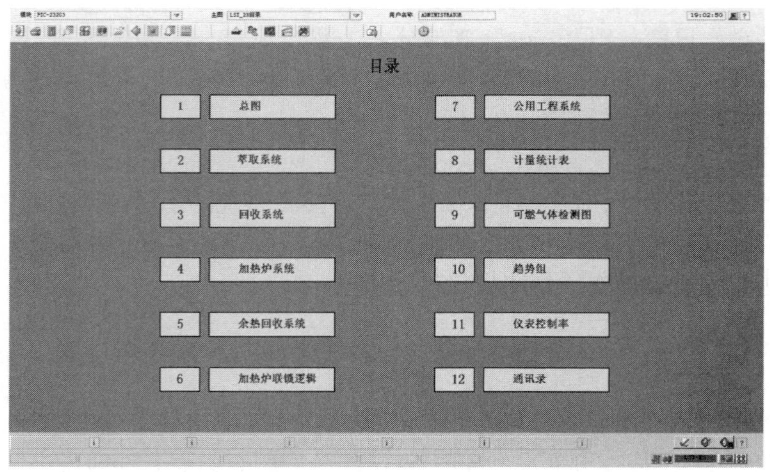

图 4 流程图目录操作画面目录

3.3 操作面板

进入到流程图目录操作画面后，点击序号后所查画面名称，通过点击流程图中所需调用的仪表位号，可以显示该位号的显示/操作面板。

例如：左键单击炉-1炉膛负压指示控制PIC23201，即可显示相应仪表面板，选择“自动”或“手动”等模式，对话框将显示目前所执行操作，选择自动，在对话框内输入工艺指标范围内数值确认后就执行最新数值指标。如图5所示：

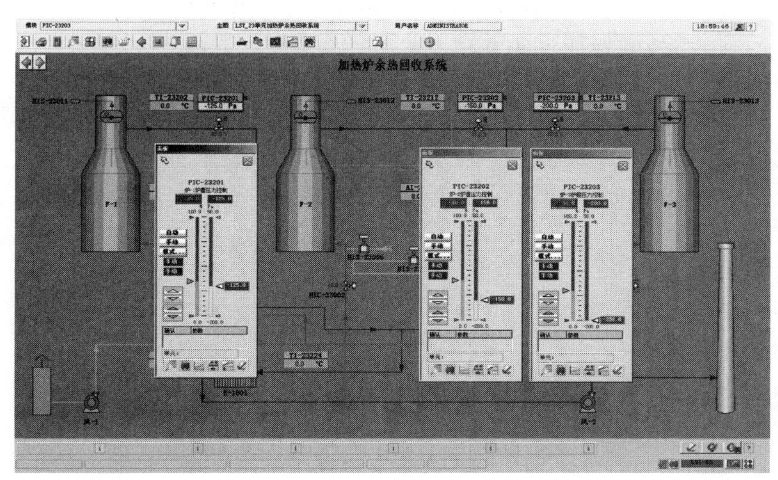

图5 显示/操作面板

4 “老三套”润滑油生产装置改造技术创新点

“老三套”润滑油生产装置建于60年代，曾经多次更新改造，部分加热炉设备自1960年投用至今，仍为老式的双斜顶炉、热效率不足70%，装置所使用的控制及显示仪表，多数还使用气动单元组合仪表，控制方法落后，信号传送慢，可靠度差。由于控制手段落后，一些关键仪表精度低，常常造成装置控制难以达到工艺要求，影响产品质量、收率，增加能耗、物耗等，从而使装置技术经济指标落后于国内外同类装置，本次改造具有以下创新点。

（1）将炉型陈旧、炉体漏风严重的老式双斜顶炉更新为圆筒炉。

（2）去蜡油、蜡、蜡下油回收系统各用一台加热炉，使三个回收系统独立运行，简化操作难度，消除生产隐患；同时降低燃料气消耗。

（3）增加一套加热炉烟气低温余热的回收利用系统，降低加热炉外排烟气温度，提高加热炉热效率达到90%以上。

（4）将现有装置各控制室仪表气动二次仪表更新为DCS系统，从而提高装置控制管理水平，确保了装置生产安全、平稳运行，满足润滑油各单元装置的发展要求

5 改造效果与展望

5.1 加热炉热效率显著提高

“老三套”润滑油生产装置自控系统、加热炉节能改造项目，自控系统升级后对装置安全生产、平稳运行有很大的提高，而本装置加热炉更新并增上烟气余热利用系统后、火焰检测摄像头传输到电视画面中，大幅度提高了加热炉热效率及装置安全性，减少了天然气的用量；改造前后加热炉热效率对比如表2。

表2 加热炉热效率改造前后对比

加热炉名	改造前热效率/%	改造后热效率/%	热效率变化
第一套溶剂精制炉-1	68.1	90.7	↑22.6
第一套溶剂精制炉-2	80	90.7	↑10.7
第二套溶剂精制炉-1	67	89.7	↑22.7
第二套溶剂精制炉-2	77.4	90.5	↑13.1
第二套溶剂精制炉-3	65.3	89.5	↑24.2
第三套溶剂脱蜡炉-1	78	90	↑12.0
第三套溶剂脱蜡炉-2	78	91	↑13.0
第三套溶剂脱蜡炉-3	78	91	↑13.0

从表2中可看出通过对第一套溶剂精制装置炉-1更新、第二套溶剂精制装置炉-1和炉-3更新和第三套溶剂脱蜡炉-2新增、炉-1、炉-3进行更新，以及三套装置增上烟气余热回收利用系统，大大提高了加热炉热效率。

5.2 生产装置经济效益增加

(1) 溶剂精制(22单元、23单元)装置的加热炉及仪表系统改造后，装置的控制系统更加平稳，仪表传送信号不滞后、不失真，操作参数得到了进一步优化，溶剂比控制的更精确，产品收率0.1%提高以上，每年可增产精制油451t。

(2) 溶剂脱蜡(24单元)加热炉改造后，消除“一炉两用”及蜡下油加热炉缺陷造成的安全隐患，装置处理量达到设计的90%运行，可增产高附加值的去蜡油14790t，蜡膏减少321.69t。

(3) 通过对6套加热炉的改造，每年可节约天然气7002076.13Nm^3。

5.3 节能环保效果明显

DCS控制系统改造后实现了精、细化操作，各操作参数得到了及时调整，加热炉热效率显著提高，装置烟气排放量由27166.2Nm^3/h降低到了22985.9Nm^3/h，烟气量降低了4180.3Nm^3/h，通过降低烟气量，每年共减少SO_2排放量12.44t，(装置烟气中SO_2含量按改造前372mg/Nm^3)具有非常明显的社会效益。作为公司重要的环保装置，烟气SO_2达标排放，对于公司缓解环保压力，做出了特别的贡献，为兰州大气环境的改善，做出了积极贡献。

5.4 问题与展望

中国石油兰州石化分公司“老三套”生产润滑油基础油的 6 套装置大多建于 60 年代，受原装置布局及工艺条件限制，此次仅限对装置气动仪表及测量仪表改为 DCS 集中控制系统，许多阀门控制还需人工手动操作，装置整个自动化控制水平有待继续提高。

本次“老三套”仪表部分改为 DCS 集中控制系统，系统集控制、调整、趋势流程图、回路一览、报警一览、批量控制、报表管理、操作指导等画面于一身，唯独缺少视频监控系统，建议继续加大改造力度，早日建成视频监控系统，方便内、外操联络和对现场变化进行有效的监控和调整，以进一步提高装置管理水平。

参 考 文 献

[1] 王常力，罗安．集散型控制系统的选型与应用[M]．北京：清华大学出版社．

[2] 侯自林，过程控制与自动化仪表[M]．北京：机械工业出版社．

炼油循环水在线诊断与优化系统的开发与应用

赵建忠[1]，余金森[2]

（1. 中国石化洛阳分公司，河南洛阳　471012；
2. 上海优华系统集成技术股份有限公司，上海　200127）

摘　要　通过分析炼化企业的循环水系统生产应用特点，对炼油部分循环水系统的循环水场、管网和循环水冷却器，特别是循环水冷却器用水存在的问题进行研究，应用在线诊断和优化技术，综合利用实时数据库、关系数据库技术和企业已有数据源，采用三层架构模式，开发符合石化企业需要的炼油循环水在线诊断和优化系统，提高工业循环水系统整体能效，促进能量管理从“结果”向“过程”的转变，实现对循环水冷却器的在线监控、诊断和操作优化，达到装置长周期运行与节能节水的双重目标。本文针对该系统的设计实现和应用，进行了论述。

关键词　循环水系统　在线诊断与优化　RTDB(实时数据库)　LIMS(实验室信息管理系统)　三层架构(3-Tier Architecture)

1　循环水系统运行问题分析

中国石化洛阳分公司(以下简称公司)炼油循环水系统在运行中，存在以下问题：

(1) 循环水系统缺乏整体监控。

循环水系统作为生产辅助系统，一般只对循环水场和装置上回水进行一些简单监控，包括流量、温度、压力、机泵电流等，未对循环水系统中的循环水管网和终端用户进行监控，无法从整体上监控循环水系统，如循环水泵运行效率、凉水塔冷却效率、管网压力分布、水冷器循环水用量等。

(2) 循环水场缺乏实时诊断与优化。

由于无法对循环水系统进行整体监控，循环水系统管理人员无法对循环水系统运行状态和风险做出准确评估，难于提出较合理的运行方案。当装置负荷或其他生产工况发生变化时，对循环水需求相应发生了改变，管理人员不能及时对循环水系统供水流程和运行参数(流量、压力、温度)进行优化调整。

(3) 循环水冷却器缺乏实时诊断和优化。

由于缺少对水冷器的实时监控和诊断分析，技术人员和管理人员无法掌握各水冷器的真正循环水需求量、需求压力等信息，更不清楚水冷器的循环水流速、出口温度、结垢速度、污垢热阻、压降等实时数据，对发生的结垢、泄漏、耗水量大等问题只能在发生后做事故处理，甚至由于缺少关键信息都难以做出准确的事故分析，循环水用水操作和管理都难以实现优化的目标。

(4) 循环水系统缺乏数据化管理。

循环水管理人员难于对循环水系统运行参数进行在线统计分析和对比分析，如无法对循环水水质进行在线监控和分析，不能自动生成报表，没有在线设备管理系统等。

(5) 循环水系统节能改造缺乏系统性。

由于无法从整体上诊断循环水系统，循环水系统的节能改造往往比较片面，甚至本末倒置，如未对管网压力分布优化和终端用户循环水用量优化前，进行循环水泵的节电改造；再如过分强调节水引起水冷器结垢，影响水冷器的安全运行。

为解决上述问题，并结合公司保证正常生产、延长运行周期、降低成本、改善管理的要求，迫切需要对炼油部分循环水系统进行研究，采用先进的技术手段，提升工业循环水系统现代化管理水平，达到装置长周期运行与节能节水的双重目标。

优化运行是工业企业提升运行管理效能的一种较新的方法，是随着优化理论、计算技术的发展而产生的，研究寻求循环水系统最佳运行方式，对企业降本减费，提高企业经济效益，具有重要的现实意义。

2 系统设计目标的确定

通过调研分析公司炼油部分循环水业务管理现状和应用需求，确定采用计算机实时监控技术、优化技术，研究开发循环水在线监测与优化管理系统，实现循环水系统的优化运行，具体设计目标如下：

(1) 开发水冷器实时监测功能，实现对重点水冷器实时监控，有效降低结垢倾向，延长水冷器寿命，促进装置平稳运行。

(2) 降低水冷器泄漏风险，减少循环水污染，促进节水减排。

(3) 集成 RTDB、LIMS 等系统数据，开发循环水场设备、循环水水质等实时监测功能，实现相关现场业务的实时监测管理。

(4) 优化循环水用量，在设备安全运行下实现节能。

(5) 根据诊断结果，实时给出操作优化调整指导方案。

(6) 实时诊断循环水冷却器和循环水水厂运行中的问题。

(7) 通过整合各种日常报表，实现各种报表的自动生成、修改和导出功能，对循环水厂实现数据化、精细化管理，提高工作效率，提高水务管理的信息化水平。

3 系统技术方案的设计

3.1 设计思路

通过综合分析公司炼油部分循环水业务应用情况，并结合公司已有的信息化条件，提出了如下设计思路：依托企业实时数据库系统实现循环水系统装置运行数据的实时化采集，综合应用 LIMS 等已有的重点信息系统数据源，充分发挥企业已有信息系统集成和协同的作用，充分考虑炼油循环水日常业务管理需要，为炼油循环水系统运行管理提供一套符合实际需要的信息化管理，功能开发强化实时监测、动态调优、安全高效总体目标的实现，并兼顾水务管理日常业务应用需求的实现。

3.2 技术路线和关键技术

系统开发技术平台为：

（1）硬件平台：采用公司已有的虚拟化服务器平台。

（2）开发环境：Visual Studio 2010。

（3）主数据库：Oracle 11g。

（4）软件支撑：IIS、Microsoft. NET Framework 4.0、Office 2007。

（5）实时数据库数据采集使用InfoPlus21API接口进行连接；LIMS数据通过Oracle进行连接。

（6）数据集成主要采用数据视图模式，实现对RTDB 、LIMS等系统的数据访问与集成。

（7）系统模式：B/S模式(IIS 7.0)

“循环水在线诊断与优化系统”涉及的关键技术有：流程模拟、数学规划、数据集成等技术的综合应用。在软件实现上，采用了.NET三层软件体系架构模式，分层开发模式更有利于快速开发实现和日后的应用提升。

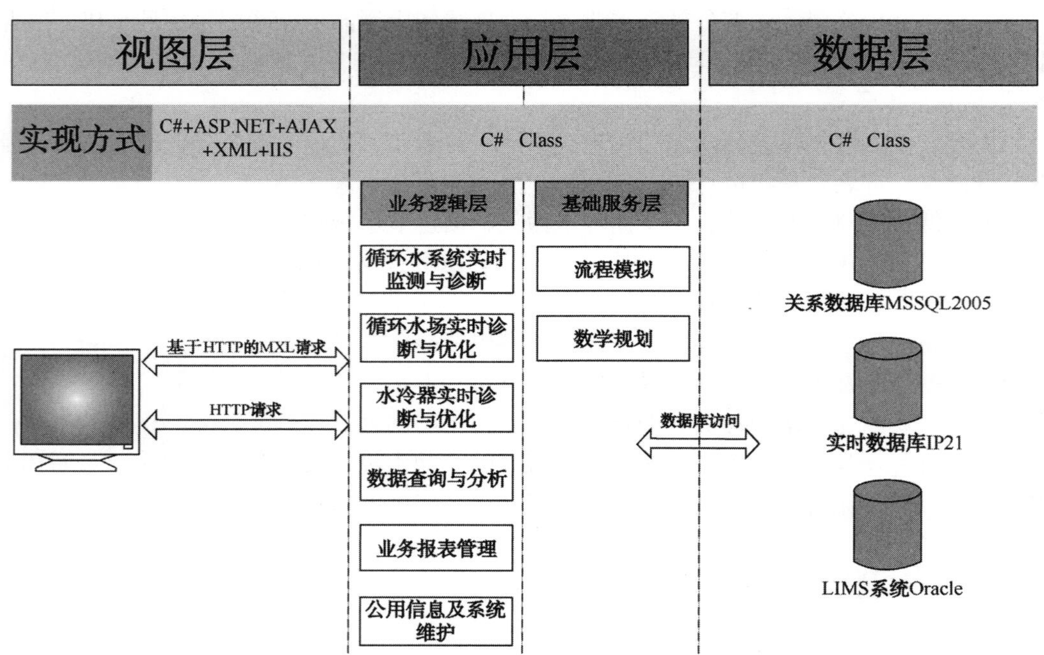

图1 炼油循环水在线诊断与优化系统架构图

3.3 主要功能模块设计

通过与应用人员沟通和分析，系统开发最终确定了循环水系统实时监测与诊断、循环水场实时诊断与优化、水冷器实时诊断与优化、数据查询与分析、业务报表管理、公用信息及系统维护等6大功能模块。具体模块功能概述如下：

（1）循环水系统实时监测与诊断

循环水系统实时监测与诊断可以实时显示循环水系统总体运行情况，包含循环水场进出水的流量、压力、温度和各装置上回水的流量、压力和温度以及回水含油量等。当循环水系统运行参数超出控制指标范围则进行预警。

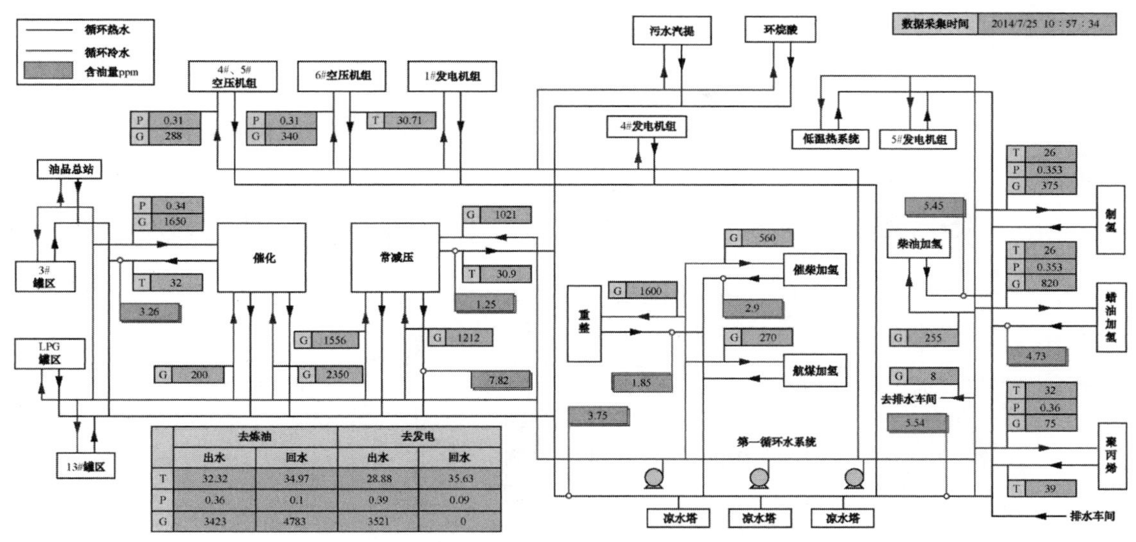

图 2　循环水系统实时监测与诊断图

(2) 循环水场实时诊断与优化

循环水场实时诊断与优化是对循环水场的运行情况进行实时监测、诊断和优化，包括循环水场的工艺、设备运行参数和循环水水质进行监测，当运行参数不在控制指标时，进行预警。该模块可以实时监测循环水场的循环水量、补水量、旁滤量、排污量和用电量等，并可根据循环水系统运行情况计算理论补水量；监测循环水和补水水质，计算水质结垢或腐蚀指标，并对水质分析数据进行统计分析；实时监测循环水泵和风机电流，并根据电流参数计算循环水泵消耗的实际轴功率；监测循环水泵出口压力与总管压力，根据循环水泵特性曲线计算判断循环水泵是否在高效区工作；根据循环水需求量，以最小功率消耗为目标进行多台泵的组合优化；根据气象条件、循环水、风量等计算循环水冷却塔的实际冷却效率。根据循环水系统诊断结果，进行离线操作优化，或进一步进行改造优化，可取得一定的节电节水效益。

该模块开发的难点有两点，一是循环水泵的优化运行计算，需要结合循环水泵特性曲线和数学规划求解。二是冷水塔的冷却效率计算，需要根据凉水塔的工艺、设备参数和热力计算方法进行开发。

(3) 水冷器实时诊断与优化

水冷器实时诊断与优化可以根据循环水冷却器工艺和设备参数，通过流程模拟，计算出水冷器循环水侧参数，包括流速、管壁温度、污垢热阻等，使循环水冷却器运行更加透明直观，并根据计算结果对水冷器进行诊断、预警和提出优化建议，优化循环水用量，保证水冷器安全运行。

该模块开发的难点有 3 个：一是循环水系统中的关键水冷器的筛选，二是水冷器工艺物流数据的确定，三是水冷器优化方案的确定。解决这些难点的关键在于与生产工艺人员反复沟通确认。

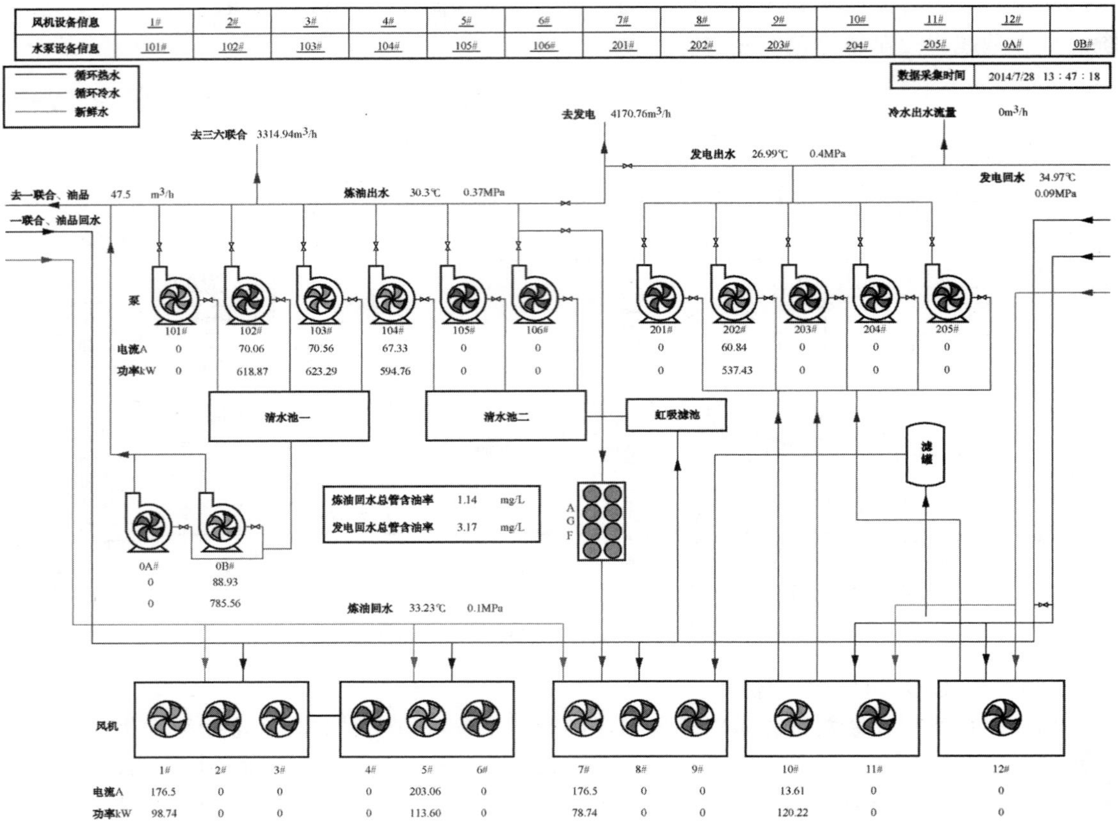

风机设备信息	1#	2#	3#	4#	5#	6#	7#	8#	9#	10#	11#	12#	
水泵设备信息	101#	102#	103#	104#	105#	106#	201#	202#	203#	204#	205#	0A#	0B#

图3 循环水场实时诊断与优化图

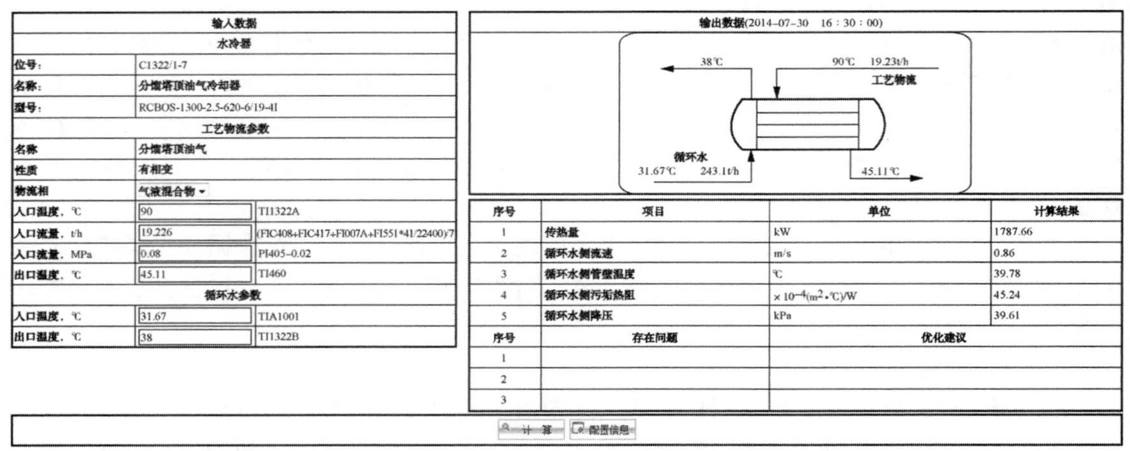

输入数据		
水冷器		
位号：	C1322/1-7	
名称：	分馏塔顶油气冷却器	
型号：	RCBOS-1300-2.5-620-6/19-4I	
工艺物流参数		
名称	分馏塔顶油气	
性质	有相变	
物流相	气液混合物	
入口温度，℃	90	TI1322A
入口流量，t/h	19.226	(FIC408+FIC417+FI007A+FI551*41/22400)/7
入口流量，MPa	0.08	PI405-0.02
出口温度，℃	45.11	TI460
循环水参数		
入口温度，℃	31.67	TIA1001
出口温度，℃	38	TI1322B

输出数据(2014-07-30 16：30：00)

序号	项目	单位	计算结果
1	传热量	kW	1787.66
2	循环水侧流速	m/s	0.86
3	循环水侧管壁温度	℃	39.78
4	循环水侧污垢热阻	$\times 10^{-4}$(m^2·℃)/W	45.24
5	循环水侧降压	kPa	39.61

序号	存在问题	优化建议
1		
2		
3		

计算 配置信息

图4 循环水冷却器实时诊断与优化图

（4）数据查询与分析

数据查询功能可以查询循环水系统中工艺、设备运行参数，以及循环水水质分析数据，包括实时数据查询、LIMS数据查询和水冷器运行参数查询。通过对一些重要参数进行历史数据查询，方便生产管理人员分析与查找问题。将部分关键参数的实际数据与理论计算结果进行对比和数据分析，达到循环水系统精细化管理。

(5) 业务报表管理

业务报表管理模块可以根据用户的实际需求，开发特定的业务报表，如循环水水质报表、班组竞赛报表等，该报表自动生成，并存入系统数据库，方便查询和使用。报表功能的开发，提高了循环水系统管理人员的工作效率，减少用户日常工作量。

(6) 系统管理模块

包括基础数据维护、用户管理、权限设置、班组排班与查询等功能。

4 应用效果

洛阳分公司炼油循环水在线诊断与优化系统于 2013 年 9 月份立项实施，至 2014 年 9 月份实现正式上线运行，2014 年 10 月份，通过了企业组织的科研项目验收。

通过投用循环水在线诊断与优化系统，可以取得三方面的效益，包括经济、安全和管理效益。一方面可以根据实时诊断出的循环水系统存在的问题，进行操作优化和改造优化，取得经济效益；另一方面，通过对循环水水质和装置水冷器进行实时监测，可以保证设备的安全运行；此外，还可以提高循环水系统信息化管理水平，提升管理效率。

4.1 经济效益

(1) 节水节电效益

通过循环水在线诊断与优化系统，可以实时诊断出 1#循环水系统运行中存在的问题，包括循环水回水与上水温差偏小(全年平均温差只有 3.5℃左右)、循环水泵出口节流(出口阀门开度小于 30°)、管网压力不平衡(供水压力偏高)、水冷器压降较高等，并在诊断基础上提高操作优化和改造优化建议，从而可以取得节水节电效益。

(2) 操作优化效益

根据循环水泵在线组合优化功能，实时计算出在系统所需的循环水流量和供水压力条件下循环水泵的开停和出口阀门的大小，降低循环水泵的电耗约 150kW，年运行时间按 8400h，电价按 0.56 元/kW·h 计算，则年效益为 70 万元/年。

通过对装置循环水换热器进出口阀门开度进行调整优化，降低 1#循循环水量约 1600m^3/h 循环水量，提高回水与上水温差约 0.5℃。

(3) 改造优化效益

根据 1#炼油循环水系统实际所需的压力和流量，对循环水泵进行改造，重新选择高效的循环水泵，预计可节电 15%，降低循环水泵电耗 390kW，年运行时间按 8400h，电价按 0.56 元/kW·h 计算，则年效益为 183 万元/年。

4.2 安全效益

根据循环水在线诊断与优化系统，对循环水水质和循环水冷却器进行实时监控，可以降低循环水冷却器泄漏和结垢风险，延长循环水冷却器寿命，促进装置长周期平稳运行。

4.3 管理效益

该系统投用后，满足了炼油循环水日常管理应用需要，功能符合要求，操作使用方便，提高循环水系统管理人员工作效率，取得了较好的应用效果，表1为该系统投用前后的业务管理模式上的变化对比情况。

表1 炼油循环水在线诊断与优化系统投用前后对比

序号	功能模块	投用前操作模式	投用后操作模式
1	循环水场工艺参数	在不同DCS界面查看循环水进出循环水场、各装置的流量、温度、压力、油含量	可在同一界面上以图表形式同时监测和预警循环水进出一循、三循和各装置的工艺参数，便于循环水管理人员整体了解循环水场的运行工况，实时提出操作调整方案
2	循环水泵、凉水塔运行工况	不能实时监测循环水泵和凉水塔运行工况，其运行效率只能离线进行计算	可以实时监测循环水泵和凉水塔运行工况，并实时计算其运行效率，同时还能计算循环水泵、凉水塔风机的电耗，便于设备管理人员及时了解设备运行工况，并进行操作调整，提高设备运行效率
3	循环水水质分析数据	不能进行在线分析统计	可以实时监测和预警循环水和补水的水质，同时可以进行水质统计分析，班组查询，水质指标计算，判断水质类型，便于循环水水质管理人员及时发现问题，并采取解决措施，有利水冷器的长周期运行
4	循环水冷却器运行工况	只能在DCS上查看部分运行参数，对设备运行状态比较模糊，无法知晓其结垢倾向	可以实时监测水冷器工艺侧和循环水侧的流量、温度、压力、冷却负荷等，同时对循环水侧流速、管壁温度、污垢热阻等进行诊断，并进行操作优化，降低设备的结垢倾向，提高设备的运行寿命，促进装置的长周期平稳运行
5	数据分析与统计	对循环水系统重要工艺参数无法进行在线分析和统计	可以在线监测循环水系统的流量、压力、温差、水质和电耗等，并进行对比和统计分析，便于循环水管理人员判断循环水系统的运行能效
6	日常报表编制	只能进行线下整理编制，工作量大	可以根据需求设计和自动生成特定的报表，减轻了工作强度，提高了管理效率

5 技术创新分析

（1）利用信息化手段提升传统业务

系统开发通过综合应用流程模拟、数学规划、数据集成等技术，创造性地将循环水各个环节整合起来，包括供水端即循环水场的工艺、设备和水质管理、用水端即装置水冷器的用水管理、以及连接供水端和用水端的循环水系统管网管理，使循环水系统管理透明化、集约化和精细化，实现了炼油循环水系统的在线诊断与优化，并完成了相关报表的开发，实现了炼油循环水日常业务应用的信息化管理。

（2）系统集中集成，发挥信息化协同效用

集中集成，综合应用，是当前工业化与信息化融合发展应用的重点方向，在本项目的开发中，通过整合应用公司已有实时数据库、LIMS系统等数据源，综合利用采用成熟的信息化开发技术，采用RTDB-API、VS-ODBC技术，分别实现了与实时数据库、LIMS等系统的集成接口，实现了各项在线实时监测与优化功能，达到了预期目标。

(3) 三层架构开发模式，支撑高效开发和安全应用

在软件开发实现上，采用了目前比较先进的 B/S 模式下三层架构开发模式，三层架构模式是传统的客户/服务器结构的发展，是一种严格的分层定义，它首先将真格软件系统的卡法分成相对简单的几个小分块，然后在每一层中只实现系统相应层的功能设计，层间的交互由相邻层对应的功能模块进行调用，信息传递只由接口进行传送。通常意义上的三层架构就是将整个业务应用划分为：表示层(UI)、业务逻辑层(BLL)、数据访问层(DAL)。从开发角度和应用角度来看，三层架构比双层或单层结构都有更大优势：一是团队开发，协同工作，效率倍增；二是采用瘦客户模式，利于应用；三是具有更高的安全性，三层架构的最大优点是它的安全性，用户端只能通过逻辑层来访问数据层，减少了入口点，屏蔽了风险。

(4) 实时化监控，提升业务管理效能

系统实现了对重点水冷器实时监控，有效降低结垢倾向，延长水冷器寿命，促进装置平稳运行，实时诊断循环水冷却器和循环水水厂运行中的问题，根据诊断结果，实时给出操作优化调整指导方案对循环水厂实现了数据化、精细化管理，提高了企业生产层面的信息化应用水平。

6 改进方向

目前新系统处于上线初期，用户使用熟练度不够，系统功能也需要进一步细化调优，用户后期提出的部分新增需求也需要完善，另外，该系统应用数据源来自于公司已有的实时数据库、LIMS 等多套系统，保持稳定运行涉及公司信息系统整体层面，运维支持具有较高难度。对于以上问题，建议从以下几个方面做好应用提升：

(1) 加强培训，优化操作

业务单位要有计划地组织关键用户及时开展操作培训，提升应用人员的操作水平，挖掘系统资源，做好深化应用，发挥应用效果。

(2) 完善在线仪表

本系统的可靠运行有赖于计量仪表的准确性，软件部分功能的实现也需在线仪表的支持，目前还有较多仪表存在失真、不全的问题，因此增上必要的在线仪表，完善计量手段，提高仪表数据准确率，可有效提高优化运行的可靠度。

(3) 做好功能完善和应用扩充

在今后实际应用中，一是做好现有系统的完善提升，不断丰富系统功能，二是适时将该系统扩充到化纤化工等生产板块，通过推广应用，更好地发挥该系统的作用。

参 考 文 献

[1] 孙灿辉，周涛，裘洵隽，等．热电厂循环水系统实时优化分析软件开发研究，华北电力技术，2011(1).

[2] 王进．B/S 模式下的三层架构模式，软件导刊，2011，3.

[3] 胡爱英．工业循环冷却水系统节水节能措施分析[J]．工业用水与废水，2011，42(3)：1-4.

[4] 李本高．炼化装置循环冷却水质特性与水处理效果的关系研究[D]．2007：93-98.

[5] 官庆杰．公用工程系统节能技术与实例分析[M]．北京：中国石化出版社，2010：25-26.

[6] 赵振国．冷却塔[M]. 北京：中国水利水电出版社，2001.
[7] 汤跃，马正军，戴盛．冷却循环水系统节能及应用[J]. 排灌机械工程学报，2012，30(6)：705-709.
[8] 宋晓辉，王兴武，任宗艳等．循环水系统的优化设计[J]. 中国给水排水，2004，20(12)：67-69.
[9] 方明霞，康治国，唐宜君，等．逆流式冷却塔优化计算软件的开发与运用[R]. 复合材料学术论文集，2001，23-26.
[10] 冯琼，张秋红，冯平平．工业循环水运行评价和处理方案[J]. 橡塑技术与装，2009，35(8)：46-50.

气动阀门执行机构在高温机泵上的应用

张　力，刘战峰，刘向阳，杨晓刚

（中国石化洛阳分公司一联合车间，河南洛阳　471012）

摘　要　介绍一种气动执行机构在高温机泵出入口阀门上的应用，包括工作原理，结构形式，现场使用情况，该气动执行机构具有安全可靠，结实耐用，操作方便，行程快捷的特点。

关键词　气动　高温机泵　执行机构

洛阳分公司一联合车间高温机泵出入口阀门口径较大（*DN*250mm～*DN*400mm），手动开关阀门费时费力，由于车间两套装置建造时间久，受现场位安装条件影响，部分高温机泵出入口阀门安装在机械密封的正上方，在紧急情况下手动难以切断物料，存在相当大的安全隐患。

为了确保装置安全平稳生产，同时降低操作人员工作强度，提高工作效率，需要一种本质安全的执行机构来代替手动操作。

1　工作原理及结构形式

1.1　工作原理

以压缩空气作为工作介质，利用压缩气体的膨胀力推动执行器内部多组组合气缸活塞运动，传力给横梁和内曲线轨道的特性，带动空心主轴作旋转运动，压缩空气通过配气盘输送至各缸，改变进出气位置就可以改变执行机构旋转方向，最终实现阀门开关。系统控制原理如图 1 所示。

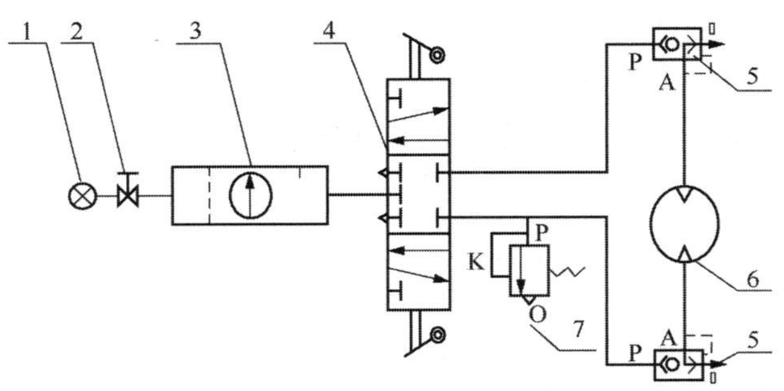

图 1　气动执行机构控制原理

1—气源；2—气源球阀；3—气动三联件；4—换向阀；
5—快速排气阀；6—气动执行器；7—溢流阀

1.2 结构形式

气动马达阀门执机构由气动控制箱和气动头本体两部分组成。气动控制箱包括气源球阀、气动三联件、换向阀、溢流阀、控制箱体，气动头包括手轮、套筒、保护罩、马达、行星减速机构、活接头等。该执行机构是一种多回转型阀门驱动装置，其马达为特殊设计的横梁传力型多作用内曲线径向柱塞气动马达。由叠层组合气缸、柱塞、横梁、滚轮、内曲线导轨、配气盘及中空通轴组成。当气缸中冲入压缩空气时，径向柱塞产生推力，通过横梁及滚轮与内曲线导轨相互作用，产生扭矩输出，经行星减速机构后产生大扭矩，驱动闸阀的阀杆螺母旋转，使阀杆做升降运动，图2是气动执行机构安装示意图。

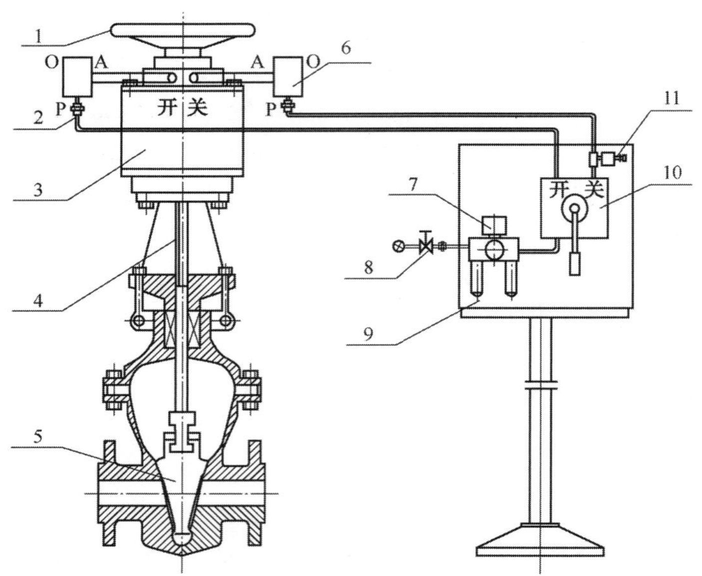

图2 气动执行机构安装示意图

1—手轮；2—活接；3—气动执行器；4—阀杆；5—闸阀；6—快速排气阀；7—气动三联件；8—气源球阀；9—控制箱；10—换向阀；11—溢流阀

该气动马达的主轴为中空结构，阀杆穿过主轴，手动手轮设在中空主轴顶端。气动操作时，手轮会随之转动，便于操作人员了解执行机构动作情况。需要手动操作时，将气源切断转动作手轮即可开关阀门，手轮转向与普通手动闸阀一致。

2 执行机构特点

(1) 是一种本质安全型设备。采用0.3~0.6MPa仪表风作为动力源，适用于各种防爆场合，气动手动可以随时切换，动力源中断情况下，可以保持阀位不变，无需额外锁定。

(2) 与电动、液动执行机构相比，是一种比较节能的设备。该执行机构使用时耗气量很小(0.1~0.3m^3/min)，输出扭矩大(600~1400N·m)，转速稳定。

(3) 执行机构的工作部件安装在钢制的外壳内，可以在较长时间内承受高温。对于初期火灾，操作人员在安全地点可以迅速关闭阀门，这一特点在确保设备安全方面具有重要意义。

（4）结实耐用，故障率低，不需要其他保护设施。

（5）结构简单，操作方便，一个人可以同时操作多台阀门，大大降低操作人员劳动强度。

（6）安装方便，可在装置正常开工条件下现场施工，短时间内完成安装。

3 使用与维护

3.1 使用情况

2012 年 5 月，一联合车间对高温机泵出入口 17 台阀门进行气动执行机构改造，截至目前，各执行机构使用状况良好。表 1 是高温机泵各型号气动头参数统计，表 2 是车间在用气动执行机构选型统计。

表 1 一联合高温机泵气动头参数统计

型号	输出力矩/Nm	外形尺寸（$\phi \times h$）/mm	质量/kg	转速/（r/min）	适用范围
QLM-50	600-1000	ϕ292×596	117	24	PN16～40 DN150-400 阀杆直径≤44mm
QLMD-30	600-1000	ϕ292×596	118	18	PN16～40
QLMD-40	800-1200	ϕ350×591	130	17	DN300～800
QLMD-50	1000-1400	ϕ350×643	142	13	阀杆直径≤64mm

表 2 一联合高温机泵气动执行机构统计

序号	阀门编号及名称	气动头型号	阀门规格
1	油浆泵 P1329/1 入口阀门	QLMD-40	PN64 DN400
2	油浆泵 P1329/1 出口阀门	QLM-50	PN40 DN300
3	油浆泵 P1329/2 入口阀门	QLMD-40	PN64 DN400
4	油浆泵 P1329/2 出口阀门	QLM-50	PN40 DN300
5	油浆泵 P1329/3 入口阀门	QLMD-40	PN64 DN400
6	油浆泵 P1329/3 出口阀门	QLM-50	PN40 DN300
7	减三线泵 P1020A 入口阀门	QLM-50	PN25 DN400
8	减三线泵 P1020B 入口阀门	QLM-50	PN25 DN400
9	减三线泵 P1020A 出口阀门	QLMD-30	PN40 DN350
10	减二线泵 P1019A 入口阀门	QLMD-30	PN25 DN350
11	减二线泵 P1019B 入口阀门	QLMD-30	PN25 DN350
12	减压渣油泵 P1021A 入口阀门	QLMD-30	PN25 DN350
13	减压渣油泵 P1021B 入口阀门	QLMD-30	PN25 DN350

续表

序号	阀门编号及名称	气动头型号	阀门规格
14	初馏塔底泵 P1005B 出口阀门	QLMD-30	PN40 DN350
15	初馏塔底泵 P1005C 出口阀门	QLMD-30	PN40 DN350
16	常压塔底泵 P1014A 入口阀门	QLMD-50	PN25 DN400
17	常压塔底泵 P1014B 入口阀门	QLMD-50	PN25 DN400

常减压装置常压塔底泵 P1014AB 介质温度 365℃，泵入口闸阀安装在距离地面 3 米的高空处，机械密封位于阀门正下方，阀门开关难度很大，紧急情况时难以处理；催化装置油浆泵 P1329/123 介质温度 360℃，介质中含有催化剂等颗粒状物质，备用泵阀门开关难度大，正常开关阀门需要两人交替进行。安装气动执行机构后，一名操作人员可以在距离机泵 10 余米远的控制柜处快速操作机泵阀门，工作效率大大提高，更重要的是在紧急情况下，操作人员可以安全迅速切断机泵进料，有利于应急事故处理。以催化装置油浆泵 P1329/1 入口闸阀(PN64 DN400)为例，对比手动开关阀和气动开关阀情况，由表 3 可以看出，气动开关阀门比手动开关阀门效率要高出 2 倍。

表 3 手动操作和气动操作阀门对比

操作方式	全开/全关阀门所用时间/min	人数
手动操作	4.5	2
气动操作	1.5	1

3.2 日常维护

(1) 正常生产时保持油雾器内有润滑油，滴油速度 10~30 滴/min。
(2) 检修时，打开执行器下部减速机构和轴端轴承添加润滑脂。

4 结束语

该气动执行机构在高温机泵出入口阀门上的使用优势非常明显，高温设备安全有了重要保障，操作人员劳动强度和操作难度大大减轻，由此可见，该气动执行机构是一种安全、便捷、高效的设备。

液态烃泵机械密封泄漏原因分析及建议措施

匡　亮，杜小丁，韩　哲

（中国石化洛阳分公司一联合车间，河南洛阳　471012）

摘　要　在石油化工企业中，液态烃泵类介质机械密封易发生泄漏，一直是困扰炼油化工装置安全生产的一大难题。本文对液态烃介质输送泵机械密封故障产生的原因进行了分析并提出改造建议，可以从根本上解决炼油生产装置中液态烃泵机封泄漏带来的重大安全隐患。

关键词　液态烃　端面液膜　机械密封　泄漏　串联式机械密封

1　问题概述

洛阳石化一联合车间液态烃泵 1348/1、2 是装置的重点设备之一，选用的是由苏尔寿厂家生产的 ZE100-4400 型号机泵，采用波纹管单端面机械密封，输送介质为液态烃，介质出口压力为 1.8MPa，介质温度约为 38～45℃。该介质具有沸点低、易汽化、粘度小、引燃能低、饱和蒸汽压高等特点，此泵在运转过程中曾多次出现机械密封突然泄漏故障，外泄的液态烃迅速气化，成白色雾状易燃易爆气体不断向周围扩散，给装置的安全生产带来极大威胁。

2　故障分析

2.1　机械密封泄漏检修情况

泵 1348/1、2 使用的机械密封型号为集 YH680-42DP \ SiCTF 的单端面波纹管机械密封，自 2013 年 11 月至 2014 年 9 月，共发现泵 1348 机封突然发生泄漏 5 次，每次都会有大量液化烃呲出，现场弥漫着大量液态烃，情况相当危险，由于班组巡检及时发现，避免了事态进一步恶化。将泄漏机泵交付检修后，钳工拆开机封发现动静环密封面有明显的干磨痕迹，并有局部泡巴和损伤，动环处的破损是此次机封泄漏的主要原因。如图 1 所示（静环处损伤由拆卸过程中造成）

2.2　引起液态烃泵机械密封易泄漏的原因分析

2.2.1　介质自身的组分因素及杂质因素影响

（1）组分因素

液态烃自身组分具备一些特殊的物理、化学性质，介质在泵体内输送过程中呈低沸点液体形态，存在低温状态下密封材料发生脆化、液态不稳定易汽化等问题，并且还具有闪点

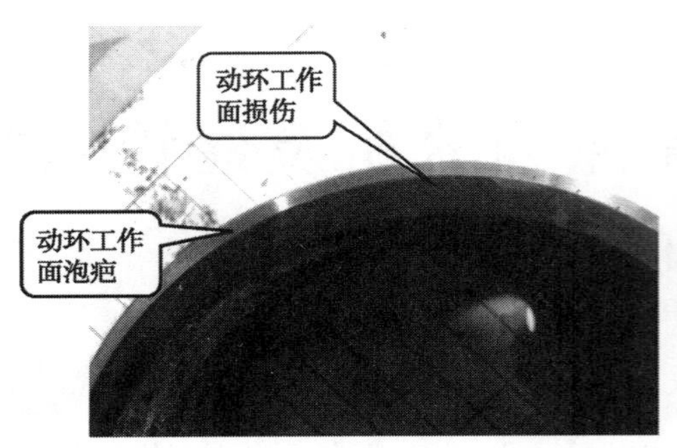

图1 动环、静环摩擦副

低、高蒸汽压等特征。液态烃类介质在泵密封腔内，会有部分介质在密封的摩擦副端面汽化，产生气液混合相，造成摩擦副端面无法维持和形成稳定连续的流体膜，直接导致密封面因流体膜汽化而产生的干摩擦，使摩擦副端面加快磨损。这是引起液态烃泵机械密封失效的最主要原因。

(2) 杂质因素

液态烃介质中一般都会含有水、硫化物、碱液等杂质，这些杂质对普通的油品介质密封来讲，受影响的程度要比液态烃介质小得多。而液态烃这种介质中夹带有这些杂质后，在泵高速运行状态时容易因液态烃密封膜相态变化引起闪蒸吸热，从而在密封面上形成水-烃固体混合物或结晶碱微粒，造成密封面在高速旋转中擦伤损坏引起泄漏故障，这种因含有杂质的因素引起液态烃泵机封故障在装置中也是较为多见的。(如图2所示)而且介质中的腐蚀产物，也会对密封造成一定的腐蚀损伤。

图2 轴套、动环黏附的杂质

2.2.2 工艺操作参数的影响

由于普通油品介质密封膜具有稳定的单相形态，所以膜压系数和端面比压等技术参数处于相对稳定状态。但是液态烃这类介质的密封膜形态呈现出不稳定性和多样性，其密封膜压系数和端面密封比压容易受到操作条件压力温度流量等变化而变化。因此在烃类泵上的这些技术参数是一个动态变化值，容易造成其端面比压产生脉动，端面比压连续波动，不仅会造成密封件疲劳损坏，而且使密封膜相态处于不稳定状态，最终导致机械密封产生不良工况。

(1) 温度参数的影响

一般介质在一定较宽的温度范围内变化是不会发生密封膜相态的改变，因此，机械密封的稳定运行不会受到小范围温度变化的影响。但是液态烃介质就完全不一样，小小的温度变化，它的饱和蒸汽压就会发生明显改变，如图 3 所示，温度升高后液态烃饱和蒸汽压由 P_i 变为 P'_i，密封膜压曲线由 r_1AC 变为 r_1BC，液膜密封段由 r_ir_2 减小至 r'_ir_2，密封膜的相态在 $r_ir'_i$ 段发生了改变，密封面半径变大，而液膜宽度减小，汽膜宽度增大，会造成密封膜的不稳定性增加。一旦温升过多，将导致密封液膜段减小甚至消失形成完全的汽膜，由于汽膜的膜厚较小，而介质相对于密封面粗糙度来说并不清洁，必然会导致密封面的磨损损伤直至失效。

（2）压力参数影响

在正常生产中为配合生产需要，对一些操作参数的调整是经常会有的情况，泵在运行过程中会受到调整影响造成工作压力的波动，这就可能会引起液态烃泵的密封面上介质汽液相状态发生变化，使密封面工作的稳定性受到影响。当工作压力提高时，端面比压也会相应增加，此时普通介质因密封液膜有良好的润滑性，通常能保持密封工作的稳定性。而对液态烃介质来说却有可能造成端面比压提高后，因其润滑性不是很好，产生过多的摩擦热而引起介质汽化，造成密封膜状态的改变，反而加剧了密封面的磨损。此外当工作压力降低时，如图 4 所示，工作压力由 P_2 降至 P'_2，密封膜压力将受其影响，膜压曲线从 r_1AC 变成 $r_1A'C'$，密封面上介质有部分会出现相态转变，密封径向的汽相段由 r_1r_i 变为 $r_1r'_i$，液相段由 r_ir_2缩短成 r'_ir_2，这显然改变了密封面的稳定性，甚至液相段变小直至完全消失，所以因压力参数变化也会影响密封处汽膜状态，造成密封面的损伤。

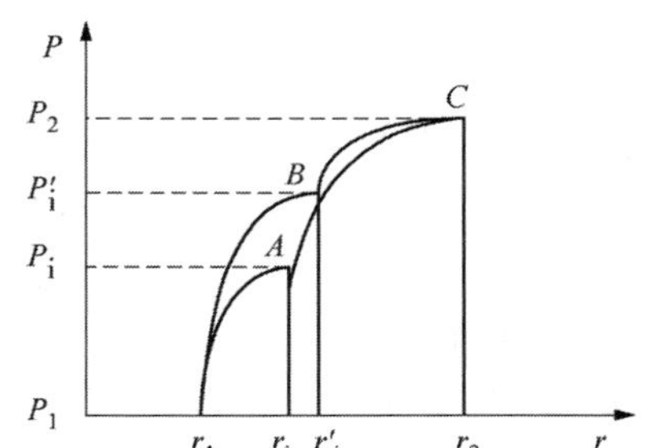

图 3　饱和蒸汽压变化对膜压分布的影响

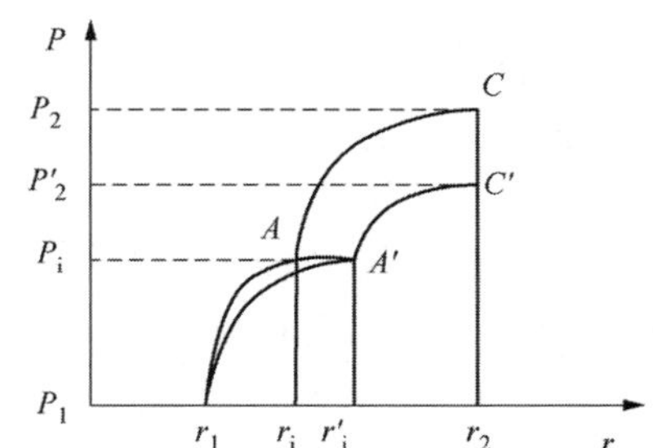

图 4　压力变化对密封膜压分布的影响

（3）操作参数影响

因生产需要，经常需要对泵进行流量调节。从泵的特性曲线和管路特性曲线可知道，当泵流量增加时，出口压力会降低，当泵的流量减小时，其工作压力会增大。因此，流量参数变化对密封的影响，与压力参数变化造成的影响是类同的。另外需要指出的是，当泵在低流量运行时会引发泵的抽空，一旦发生抽空不仅会致泵体设备产生强烈的机械振动，同时也造成其密封工作压力连续起伏波动，负荷的不断交变导致密封比压产生脉动，导致密封面疲劳点蚀而出现损伤，同时还会引起密封膜相态发生变化，造成介质的闪蒸从而加剧密封面的损坏。此外在装置异常处理的情况下，曾经发生过因泵抽空持续时间较长后，机封动静环密封面因缺少介质自润滑而发生干摩擦，产生高温后波纹管因过烧后弹性失效造成密封面的泄漏情况，如图 5 所示。

（4）备用机泵密封面杂质沉积

因泵 1348 机械密封采用冲洗方式为 Plan11，当机泵处于备用情况下时，密封面不能得

图5

到有效冲洗保护，波纹管及轴套周围会逐渐沉积黏附杂质，在开机状态下有可能造成机械密封工作面的损伤。这就是为什么有时候刚启用的备用泵，在运行很短时间就会发生机械密封泄漏的原因。

3 分析建议

通过对液态烃泵机封泄漏原因的分析，明确了其影响主要因素，建议日常工作中应注意以下几个方面改善其密封效果。

（1）操作上要注意各工艺参数的控制保持稳定，尤其是温度、压力、流量等关键参数尽量减小变化。另外加强工艺产品的质量控制，提高其组分的稳定性，并减少介质中的其它杂质含量，从工艺方面尽量降低对密封的影响。

（2）日常维护上要定期对液态烃灌进行脱水、脱碱工作，尽量避免液态烃含水到泵体内。另外注意检查泵的密封冲洗设施是否正常，机械密封处有无干摩擦异响，做好日常监测巡检工作，避免机泵的振动超指标运行。

（3）检维修时要结合液态烃介质泵的特点，调整适合的密封技术参数，采取合理的密封比压，提高机封安装质量。

（4）针对备用泵密封面易沉积杂质的情况，定期对备用机泵进行切换，尽量避免密封腔内杂质的沉积和黏附。

若能严格执行以上措施，必定可以有效的提高液态烃泵机械密封的使用效率。然而通过对其泄漏原因分析可以看到，液态烃泵的机械密封工况较为复杂，要想从根本上提高原有机械密封的使用寿命，建议对现有机封形式进行改进，将其改为新型串联式机械密封，达到更加理想的安全使用效果。

4 建议改造方案

通过借鉴其他同类装置经验和相关文献，建议对液态烃泵采用plan11+52冲洗方案。该方案适用于不允许输送介质泄漏到大气中的密封要求，如果介质侧密封突然发生泄漏时大气侧密封要起到主要密封作用，防止泵送介质泄漏产生安全危害。如图 6 所示。

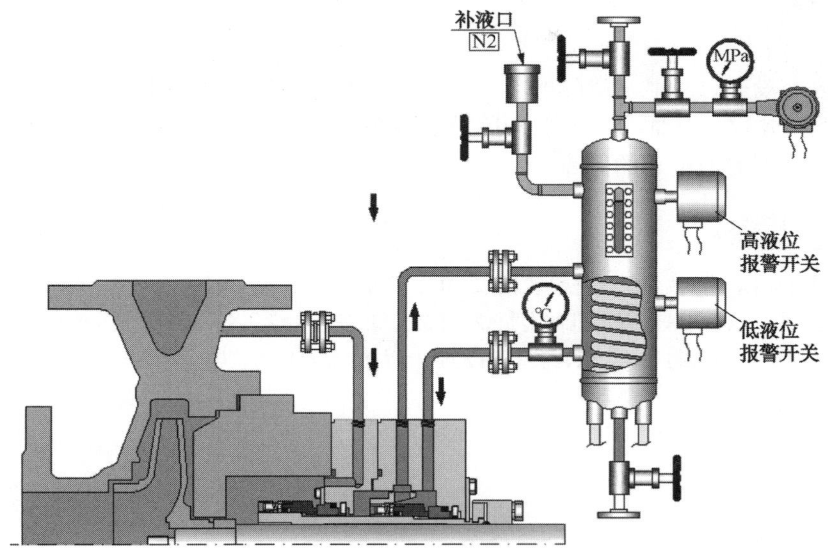

图 6 Plan11+52 冲洗方案

Plan11 方案是介质从泵的出口通过限流板到密封的循环过程，冲洗液进入密封腔靠近机械密封端面处冲洗端面，然后穿过密封腔回流到泵的循环过程。API52 方案是串联在 Plan11 系统后，安装在介质侧密封后面，介质侧密封和大气侧密封间形成一个密封腔，外部有一个封液罐，罐内装的是常温常压与泵送介质相融的无毒无害的白油作为清洁封液，并为大气侧密封提供润滑，密封腔内有泵效环对封液进行循环、冷却，正常运转时主密封若发生泄漏介质将进到封液罐内，避免直接泄漏周围环境中造成安全隐患。在此方案中，储液罐与排空管线相通，封液罐的压力接近于大气压力。所以当主密封泄漏后，介质只会向封液罐一侧泄漏，当其液态烃泄漏到储液罐中会发生闪蒸，可以通过火炬管线进行排放，确保装置内的安全。一旦主密封发生失效时封液罐的液位和压力参数超过设定值后 DCS 会发出提示报警信号，或巡检时发现连接火炬线有白霜现象时就可判断主密封失效发生泄漏，可对其及时检修处理。避免了因不能及时发现液态烃泄漏，给装置带来的重大安全隐患。

我装置泵 1348 选用的是苏尔寿厂家生产的 ZE100-4400 型号机泵，选用的机械密封型号为集 YH680-42DP \ SiCTF 单端面波纹管机械密封，密封端面材料采用的是碳化钨，“O”型圈采用的是氟橡胶(FKM)，弹性元件采用的是 C-276 合金材料，机封的金属材料采用的是 316L，密封的材料配置方面完全执行 API682-2004，而且泵腔尺寸也符合该标准，完全具备改造 plan11+52 冲洗方案的条件。据了解国内多套同类装置已采用这种方式密封，并取得了良好的使用效果。

采用此方案具有以下优点：

(1) 储液罐配置液位及压力报警开关，可实时监控机封泄漏情况，进行及时维护；

(2) 机封为密封配置，在一级密封失效时二级密封实现主密封功能，提高安全等级；

(3) 该方案可实现工艺介质零排放。

5 总结

通过对液态烃泵机封泄漏故障的深入分析，找到了引发泄漏的主要原因，并提出可行的优化措施及改造建议，从而可以有效消除液态烃泵机封泄漏所带来的安全隐患，为装置的安全平稳运行提供了更加可靠的保障。

参 考 文 献

[1] 北京石油设计院编．石油化工工艺计算图表[M]．北京：烃加工出版社，1985.
[2] 李继和，蔡纪宁，林学海合编．机械密封技术[M]．北京：化学工业出版社，1988.
[3] 顾永泉著．机械端面密封[M]．东营：石油大学出版社，1994.

加氢反应器管式气液分配器的研究

陈　强，蔡连波，李小婷，盛维武，赵晓青

（中石化炼化工程(集团)股份有限公司工程技术研发中心，河南洛阳　471003）

摘　要　依据溢流型气液分配器的特点，设计了管式气液分布管，优化液相入口结构，在底部出口采用碎流板来扩散气液，实现液体的均匀分布。介绍了在 ϕ600mm 冷模试验装置中对新型管式气液分配器的流体力学特性、液相分配特性进行的评定，观察不同工况下的工作特性和液面位置，同时应用计算流体力学 CFX 软件对管式气液分配器进行了数值模拟。通过试验得出了该分配器的液相分布特性曲线、分配工况最佳点和适宜操作区。试验结果与数值模拟结果较为一致，为该分配器的推广应用提供了一定的依据。

关键词　管式气液分配器　分散流　CFX　内构件

加氢反应器中物流分配性能直接影响反应物与催化剂接触时间的均衡性，物流宏观的沟流和短路最终会影响床层温度的分布和产品的质量。特别是近几年反应器向大型化方向发展时，流体分布的均匀性显得更加突出，因此气液分配器是加氢反应器中的重要内构件，属各公司的专利技术。据近年来国内有关文献的报道及会议资料来看，国内外管式气液分布器应用效果较好，是今后气液分配器开发的一个方向。

根据溢流型气液分配器的基本特点和油品性质，开发了新型管式气液分配器，在 ϕ600 固定床反应器冷模试验装置上对该分配器单体结构的流体力学、液相分配特性和结构进行了冷模试验研究，同时借助 CFX 数值模拟的方法，与冷模试验相对照，对分配器内气液两相流进行研究，为推广应用提供一定的依据。

1　研究方法

1.1　试验方法

图 1 为管式气液分配器的结构简图，主要是单管与碎流板的组合体[1]。正常运行时，液相物流从两层切口溢流管进入中心管，气相物流从分配器上部进入中心管，气液两相在溢流管切口位置发生第一次碰撞混合并流向下，在碎流板处发生第二次碰撞混合折流扩散到分配器四周，特殊的出口结构使气液相物流以较高的速度喷出，达到气液喷射状态，在气液比较大时甚至出现雾化的状态，到达催化剂床层时实现气液相的均匀分配；液量较大时，分配板上部积液累积较大，也可能发生部分液体从上部溢流槽进入中心管。溢流管端部开有槽口可以延缓油品结垢，延长使用周期。单从流体通道结构布局来看，管式气液分配器适应操作范围更广，用于易结垢的油品加氢时运行周期更长。

图 2 为单体冷模试验测试布局图，在 ϕ600 的试验装置上进行管式分配器的单体试验，一方面观察分配器的流体力学特性和工作特性，另一方面测试气液物流经分配器后的液相分

布特性，寻求最佳工作范围。工业装置中管式分配器的不需要级配物质，直接在催化剂床层上方200mm，因此选择分配器底部以下200mm处作为测试位置。测试过程中为了得到整个测试面的情况，布点越多越准确，越能描述出真实情况。根据试验装置的具体情况，在评价截面的某一径向设置多点接液槽。

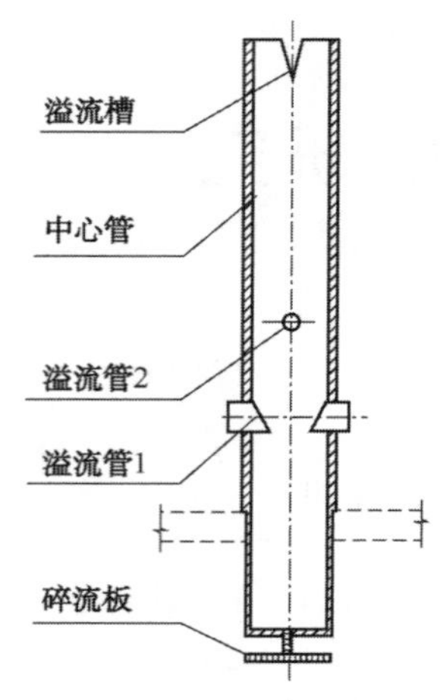

图1 管式分配器模型

1.2 CFX数值模拟

应用计算流体力学软件CFX14.0来对管式分配器进行模拟计算，针对分配器内气液两相流特性，作如下假设[2]：(1)分配器内气液相为常温、不可压缩湍流流动；(2)不考虑质量传递；(3)两相间压力相同。

依据分配器的结构，建立分配器三维模型，采用非结构化网格对模型进行网格划分，网格划分如图3所示。选用标准 $k-\varepsilon$ 湍流模型对管式分配器进行数值模拟。上端边界为速度入口，下端为压力出口。

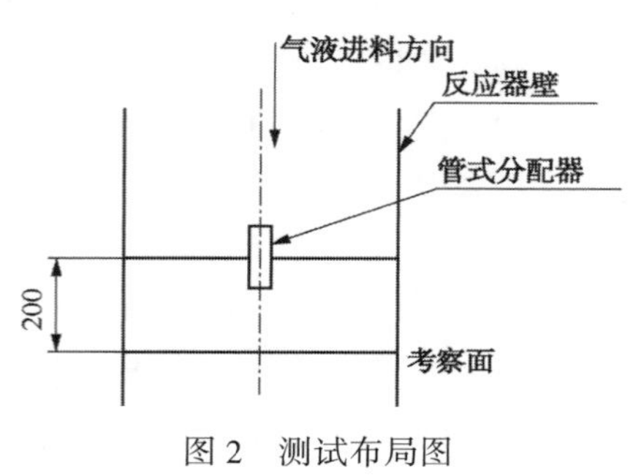

图2 测试布局图

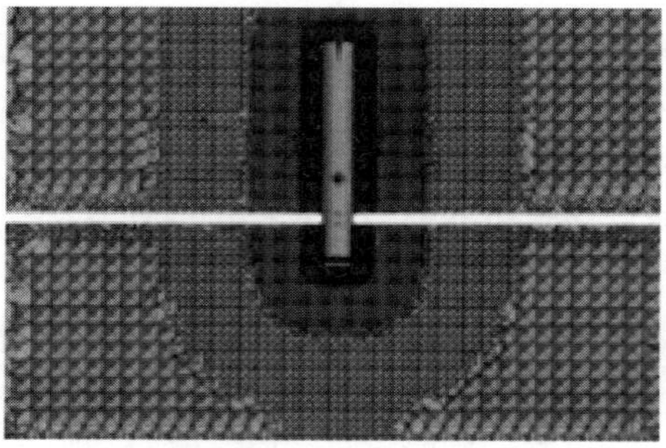

图3 几何体网格

2 分配器冷模试验

2.1 试验装置及工作原理

分配器采用有机玻璃模型，以便观察分配器内部介质的流动状况。试验以空气-水为测试介质，根据相似原理确定冷模试验参数。

冷模试验装置如图4所示，气液相经预分配器进入分配盘上部筒体后，气体由上部流过中心管，而液相则在盘上逐渐建立起液面，当液面高度超过下部溢流管1时，液相开始溢流，分配器开始工作。此后，液面高度随气液相负荷的变化而上下变化。气液相在中心管内部冲击碰撞进行能量传递。在中心管内，气体流速比液相高，液相被撞击分散，由管口碎流板侧隙及条缝喷洒而出。

2.2 分配器冷模试验结果

国内分配器的大量冷模试验表明，采用液量沿径向的分布曲线来评定分配特性是比较准

图 4　冷模试验装置

确和直观的[3]。图 5 为管式分配器 2 种液量下不同进气量的径向液量分配特性曲线图，它反映了不同工况下，液体沿径向的分布规律。

从图 5 可以看出，管式气液分配器的液相喷洒面较宽，液相分配峰值极小，这表明管式气液分配器的分配均匀性能比较好。从结构上看，这主要是由于管式气液分配器增设的碎流板的作用，冲击破碎和文丘里效益，使大液滴被破碎成细小液滴，并扩大了液体分配范围。

在液量为 0.3m³/h 左右时，液面稳定在上下溢

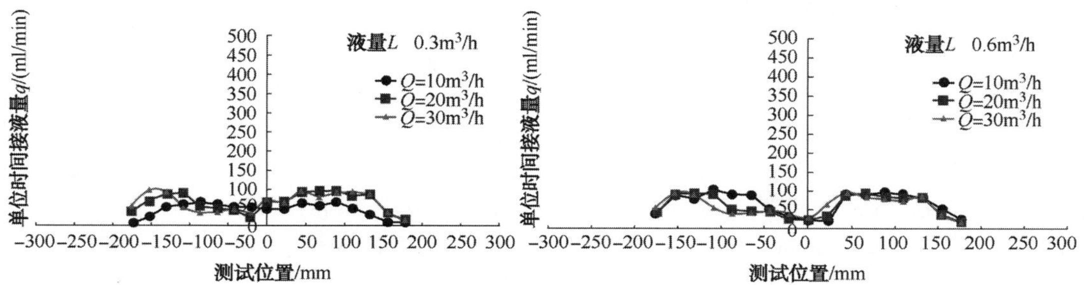

图 5　分配均匀性试验结果

流管中间某位置，细小液滴在气相的携带下，呈雾化状态喷出，基本类似于雾化喷嘴的效果；在液量为 0.3m³/h 左右时，液面稳定在上溢流管上方某位置，上下两溢流管同时进液。

压力降是评价气液分配器性能的另一项重要指标，合理的压降范围是分配器正常工作和整个装置节能的重要基础[4]。在 4 种不同进液量的工况下，管式分配器的压降随进气量变化曲线如图 6 所示。

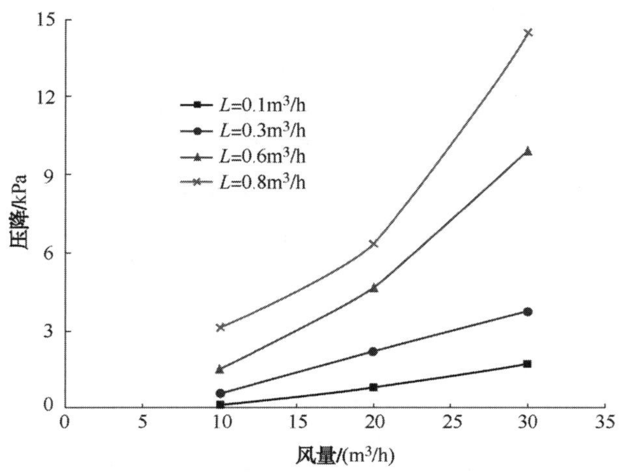

图 6　压降随气量变化的关系

分配器的压降都随进气量的增大而增大，都随进液量的增大而增大。在进液量不大于

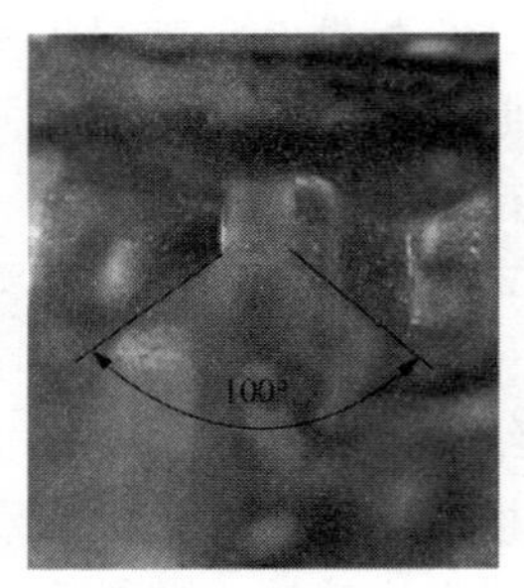

图7 喷射角

0.3m³/h 时，压降随进气量的变化基本呈倾斜直线，保持一个斜率，说明这种下，阻力系数一定，分配器正常工作，运行平稳。在进液量大于0.6m³/h 时，压降随进气量的变化基本呈陡升曲线，这种工况下，进气量大，分配器压降陡增，不能正常工作。

图7是冷模试验中实测进液量0.3m³/h 时的喷射角，通过照片处理得到喷射角为100°，管式分配器分配器正常工作时类似气液雾化喷嘴，因此喷射角直接影响分配器组合的间距设计和分配板的边缘布局。

3 CFX数值模拟结果

选用标准 k-ε 湍流模型，以100kPa和293.15K条件下的空气和水作为模拟介质。对管式分配器进行不同工况条件下的数值模拟，得到了分配器内特征流场信息，观察气液混合机理，与冷模试验结果相对应，深入了解分配器的工作特性。在液相工况为0.3 m³/h，气相分别为10~30m³/h 时，测试面径向位置上液相速度分布如图8所示，表1是液相工况为0.3m³/h，气相工况为20m³/h 时液相速度的模拟值与试验值比较。液相速度的模拟值低于试验值，且均匀性好(这是因为模拟过程中忽略了液体与壁面的粘性力及装置的宏观影响)，但总体结果吻合较好，可以认为模拟结果是合理的。

径向液相速度表征该位置液体流量较大，将接收到的液体份额也较多，可以反映径向的液体分布规律。图8中三种工况的数据显示，管式分配器分配均匀性较好，在测试面基本能实现液相的完全均布，不需要级配物质的补充作用。

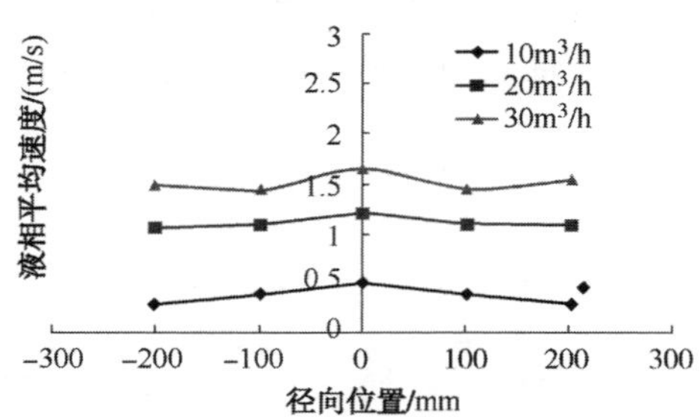

图8 径向液相速度分布

表1 模拟值与试验值比较

项目	径向位置/mm				
	−200	−100	0	100	200
模拟值/(m/s)	1.05	1.13	1.21	1.15	1.11
试验值/(m/s)	1.12	1.21	1.37	1.03	0.95
相对误差/%	6.3	6.6	11.7	11.7	16.8

图9为液相体积份额云图和液相速度云图，从图可以定性看出，在模拟条件下，管式分配器扩散角100°左右，分布面积广，整个测试面上均匀性也较好。从模拟结果图上可以看

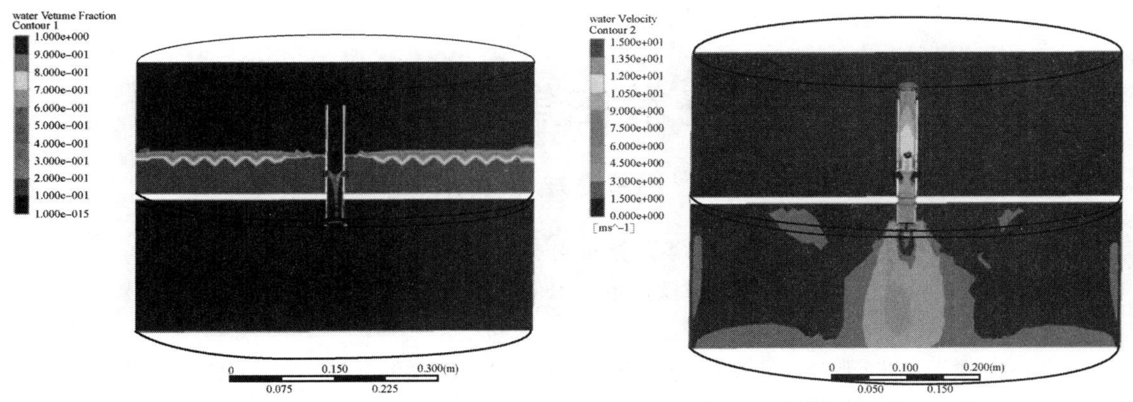

图 9　数值模拟云图

出，分配器内部气液混合的位置和流型，气体在溢流孔处和碎流板加速，冲击雾化液体，同时由于溢流管切口伸入中心管，液体进主体管以后壁流较小。

4　结束语

采用冷模试验和 CFX 数值模拟两种方法对管式气液分配器进行了研究，综合分析冷模试验结果与 CFX 数值模拟计算结果表明：

(1) 管式气液分配器采用管式结构，侧壁两层溢流管，切口进入，气体垂直冲击喷射，对液相物流分散程度高，液相甚至可以被雾化，粒径较小，气液间交流性好，有利于份额和温度趋于一致；

(2) 管式气液分配器的最佳工作范围，液相量为 0.3 m^3/h 左右，气相量 10~30 m^3/h；

(3) 管式气液分配器管径小，相同分配板上安装数量是泡罩型分配器的 4 倍多，同时扩散性能好，液相喷射角在 100°左右，在较小的高度空间(≤200mm)就能实现均匀混合；

(4) 管式气液分配器由于结构简单，可靠性高，尺寸小，单位面积布点多，同比情况下阻力一般可以比泡帽型分配器减少 20%~30%。

参　考　文　献

[1] 蔡连波，陈强，盛维武等．一种溢流型气液分配器：中国，CN203764228U[P].2014-08-13.

[2] 曾祥根，张占柱，王少兵等．加氢反应器分配器的数值模拟[J]．计算机与应用化学，2005，22(2)：148-152.

[3] 褚家瑞，戴渝城，马小珍等．用于气液分配器的同步多点三维测液试验系统[J]．化工炼油机械，1982，11(3)：12-17.

[4] 蔡连波，王冕，盛维武等．溢流碎流型气液分配器的开发研究[J]．炼油技术与工程，2009，39(12)：23-25.

先进控制技术在焦化装置的应用

刘健[1]，王燮理[2]，黄永芳[2]

（1. 中国石化洛阳分公司，河南洛阳　471012；
2. 洛阳石化工程设计有限公司，河南洛阳　471012）

摘　要　先进控制技术采用科学、先进的控制理论和控制方法，以工艺过程分析和数学模型计算为核心，以工厂控制网络和管理网络为信息载体，充分发挥 DCS 和常规控制系统的潜力，保障生产装置始终运转在最佳状态，通过多变量协调和约束控制降低装置能耗，卡边操作，以获取最大的经济利益。介绍了先进控制技术在中国石化洛阳分公司延迟焦化装置的应用情况，以及先进控制系统的运行效果。实践表明：控制器性能较好，有效地提高生产过程控制精度的同时，基本实现了提高装置运行平稳率、降低操作劳动强度、提高目的产品收率和节能降耗的控制目标。

关键词　先进控制　延迟焦化　卡边操作　效果分析

1　前言

近年随着原油重质化趋势的与日俱增，以及重油轻质化的需要，发展重油加工技术是目前炼油工业的突出任务之一。延迟焦化工艺具有原料适应性强、技术成熟可靠、投资和操作费用较低等优势，成为最主要的重油加工手段之一[1]。但是，由于延迟焦化是一个包含多塔串联和物料循环的的复杂工业过程，原料来源复杂，单元之间以及各单元变量之间的关联性强，过程控制的难度大。特别是延迟焦化过程的半间歇式特性，使延迟焦化成为最难操作和控制的炼油装置之一。另外，由于延迟焦化加工硫、重金属和沥青质含量高的渣油，而带来的产品质量、设备腐蚀、环境污染等方面的问题日益严重，对延迟焦化装置的操作提出了更高的要求。为此，中国石化洛阳分公司延迟焦化装置在现有 DCS 的基础上，委托石化盈科信息技术有限责任公司(上海)实施并投用了先进控制系统。

2　工艺特点

中国石化洛阳分公司 1.4Mt/a 延迟焦化装置由中国石化洛阳石油化工工程公司设计，于 2008 年 6 月投产。该装置采用一炉二塔流程，设计循环比 0.30，生焦周期 20h，装置主要设备包括加热炉、焦炭塔、分馏塔、吸收塔、解吸塔、再吸收塔、稳定塔等，主要产品有干气、液态烃、汽油、柴油、蜡油、焦炭等。装置工艺原则流程如图 1 所示。

由于焦化装置采用一炉两塔流程，一塔生产另一塔则处理。两塔轮流切换，处理塔在一个生焦周期内分别经历预热前期、预热后期、换塔、小吹汽、大吹汽、给水冷焦、放水、水力除焦等过程。其中给水冷焦前的几个过程都会对装置操作带来明显影响，特别是会引起分馏塔各部分温度波动。焦炭塔的不同节点对分馏塔的影响具体体现在以下几方面：①处理塔预热前期，一般持续2h，由于油气隔断阀开度较小，由生产塔进入处理塔的油气量有限，对分馏塔冲击较小。②处理塔预热后期，整个过程持续3~4h，生产塔的油气被大量引入处理塔进行预热升温，加上预热后期产生的甩油进入分馏塔回炼对分馏塔冲击较大，初期会造成分馏塔温度大幅下降，随着处理塔预热温度的升高，分馏塔温度也会回升，但是过程缓慢。③换塔和小吹汽阶段，整个过程持续1.5~2h，此过程对分馏塔的冲击很大，初期温度会急剧下降，到小吹汽后期温度又会快速上升。④大吹汽阶段一般持续2h，初期会引起分馏塔上部温度下降，随后分馏塔各段温度逐步回升并达到平稳。

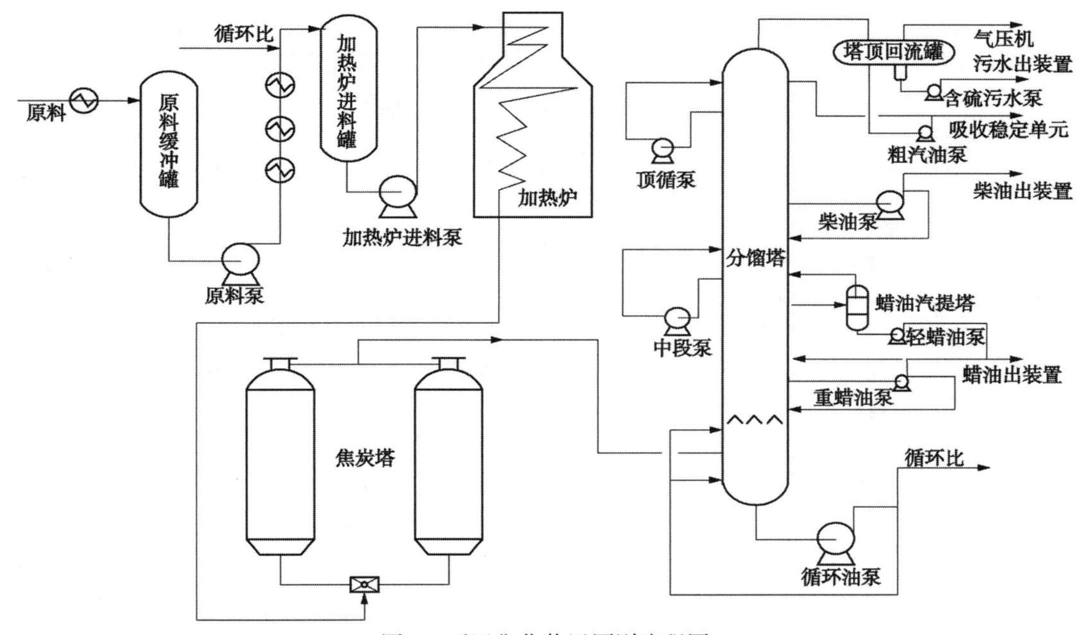

图1　延迟焦化装置原则流程图

3　先进控制策略

先进控制技术(简称APC)的应用是信息化在生产装置的应用。它使石油化工生产过程控制实现革命性的突破，由原来的常规控制过渡到多变量模型预估控制，工艺生产控制更加合理、优化。基于延迟焦化装置的半连续性生产特性，以多变量模型预测控制[2]为主要特征的先进控制是比传统的PID控制更优异的一种控制策略。因为常规单变量PID控制对于线性过程控制效果比较好，延迟焦化生产过程非线性特性强，单纯的PID控制很难将装置控制平稳，产品质量波动大，装置经济效益进一步提高困难。而先进控制开放式的控制策略能有效克服传统单变量控制的不足。延迟焦化装置先进控制系统包含加热炉、分馏塔和吸收稳定三个控制器。

加热炉先进控制器的控制目标为稳定炉膛负压、优化烟气氧含量和排烟温度，提高加热炉热效率，平稳过渡提降进料量、提降炉出口温度、焦炭塔预热、换塔以及大给汽事件等对加热炉余热回收部分的影响。鉴于加热炉在不同生产节点时面临的不同干扰和冲击，为提高控制精确度，降低仪表指示偏差对模型预测的影响，充分发挥多变量模型预测控制多变量实时调节的优势，控制器包含12个被控变量(CV)和6个操作变量(MV)，如表1所示，控制器设定控制周期为1.2min。

分馏塔先进控制器的控制目标为克服焦炭塔从预热到大吹汽各阶段不同工况对分馏塔的干扰，优化分馏塔温度，提高目的产品收率。为达到最佳效果，控制器加入了柴油95%点和汽油干点软测量预测[3]，实时预测汽柴油质量，优化汽油、柴油和蜡油的切割，可根据需要提高目的产品收率。控制器包含14个CV和12个MV，如表2所示，控制器设定控制周期为2.5min。

吸收稳定先进控制器的控制目标为优化吸收塔液气比、解吸塔底温度、稳定塔底温度等关键操作参数，优化补充吸收剂流量，降低干气C_3^+组分含量，降低液态烃中C_2^-和C_5^+组分含量。控制器包含10个CV和7个MV，如表3所示，控制器设定控制周期为1.2min。

表1 加热率APC控制器变量表

序号	描述	序号	描述
CV1	一室炉膛烟气氧含量	MV1	鼓风机变频开度
CV2	二室炉膛烟气氧含量	MV2	引风机变频开度
CV3	一室炉膛烟气氧含量(新增)	MV3	一室空气挡板开度
CV4	二室炉膛烟气氧含量(新增)	MV4	二室空气挡板开度
CV5	一室炉膛负压	MV5	一室烟气挡板开度
CV6	二室炉膛负压	MV6	二室烟气挡板开度
CV7	加热炉热效率		
CV8	排烟温度		
CV9	炉膛烟气氧含量偏差		
CV10	炉膛负压偏差		
CV11	预热器后烟道氧含量		
CV12	空气挡板开度偏差		

表2 分馏塔APC控制器变量表

序号	描述	序号	描述
CV1	分馏塔顶温	MV1	顶循变频流量设定
CV2	柴油液相抽出温度	MV2	顶循工频阀位
CV3	柴油气相温度	MV3	柴油上回流流量设定
CV4	蒸发段温度	MV4	柴油下回流阀位
CV5	分馏塔底温	MV5	中段回流变频流量设定
CV6	分馏塔塔底液位	MV6	中段回流工频阀位
CV7	循环比	MV7	轻蜡油抽出流量设定
CV8	顶循环气相温度	MV8	重蜡油上回流阀位
CV9	轻蜡油气相温度	MV9	重蜡油下回流流量设定
CV10	汽油干点	MV10	循环油上回流流量设定
CV11	柴油95%点	MV11	循环油下回流阀位
CV12	顶循变频阀位	MV12	循环油返原料罐流量设定
CV13	循环油上回流阀位		
CV14	轻蜡油抽出阀位		

表 3 吸收稳定 APC 控制器变量表

序号	描述	序号	描述
CV1	干气 C_3^+ 含量	MV1	补充吸收剂流量设定
CV2	液化气 C_2^- 含量	MV2	再吸收塔顶压力设定
CV3	液化气 C_5^+ 含量	MV3	再吸收塔吸收剂柴油流量设定
CV4	解吸塔底温度	MV4	解吸塔中段返塔温控阀阀位
CV5	稳定塔底温度	MV5	解吸塔底温控阀阀位
CV6	吸收塔进料液气比	MV6	稳定塔顶回流流量设定
CV7	再吸收塔液气比	MV7	稳定塔底温控阀阀位
CV8	解吸塔脱吸量		
CV9	稳定塔回流比		
CV10	稳定塔顶温度		

4 投用效果分析

通过对延迟焦化装置先进控制系统投用前后的大量数据进行对比分析可知，先进控制系统的投用对装置的运行水平确实有所改善，主要表现在以下几个方面：(1)烟气氧含量和炉膛负压明显平稳，炉效率提高；(2)分馏塔顶温度、柴油气相温度、轻蜡油气相温度、蒸发段温度以及塔底液位都较以前平稳，轻蜡油气相温度平均值提高；(3)控制器会根据进吸收塔富气流量的变化而实时优化补充吸收剂流量，从而达到节能降耗的目的，解吸塔底温度、稳定塔顶温度和稳定塔底温度较以前平稳；(4)控制器投用后，自动过渡预热、换塔、大给汽等过程，减轻了操作人员劳动强度。下面选取装置部分数据对三个控制器的控制效果进行分析说明(用标准方差反映数据的离散程度)。

4.1 加热炉先进控制器效果

如图 2 所示，加热炉炉膛烟气氧含量较以前明显平稳，第一炉膛烟气氧含量标准方差由原来的 0.462 降为 0.175，降低 62.1%；第二炉膛烟气氧含量标准方差由原来的 0.339 降为 0.201，降低 40.7%。加热炉炉效率较以前有所提高，标准方差由原来的 0.159 降为 0.126，降低 20.8%，平均值由原来的 92.43%提高为 92.63%，提高 0.2%，有效降低了装置能耗；加热炉膛负压较以前平稳，第一炉膛负压标准方差由原来的 7.31 降为 4.00，降低 45.3%；第二炉膛负压标准方差由原来的 5.85 降为 4.26，降低 27.0%；加热炉排烟温度较以前平稳，标准方差由原来的 2.81 降为 2.27，降低 19.2%。

4.2 分馏塔先进控制器效果

分馏塔先进控制器的应用有效地平稳并优化了分馏塔关键操作参数，平稳了焦炭塔操作对分馏系统的冲击和影响，提供的汽油干点和柴油 95%点软测量预测可辅助操作人员对产品质量进行优化，对比化验分析数据和软测量预测数据可知，软测量的预测精度基本可以满足操作人员的日常参考需求，为产品质量的卡边控制提供参考和支撑，从而达到优化高价值

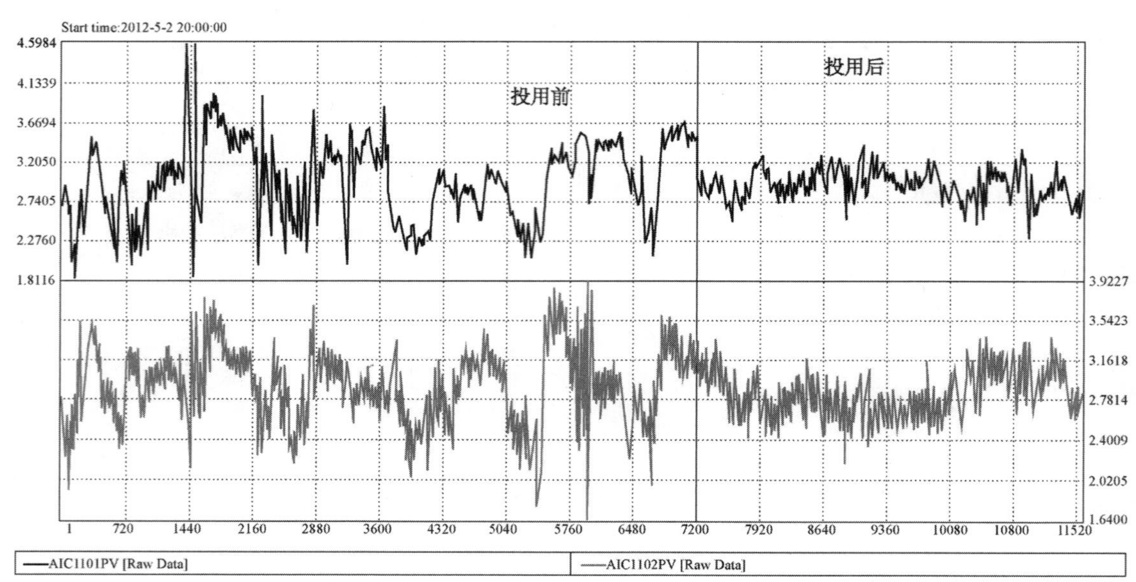

图2 加热炉烟气氧含量数据对比

产品切割的目的。分馏塔顶温度和柴油气相温度较以前平稳，分馏塔顶温度标准方差由原来的1.75降为1.21，降低30.9%；柴油气相温度标准方差由原来的3.65降为2.76，降低24.4%。如图6所示，轻蜡油气相温度较以前平稳，标准方差由原来的6.11降为3.86，降低36.8%，轻蜡油气相温度平均值由原来的345.6℃上升为349.2℃，提高了3.6℃，这也从侧面说明在一定程度上提高了轻油收率。蒸发段温度和分馏塔塔底液位较以前平稳，蒸发段温度标准方差由原来的3.38降为2.71，降低19.8%；分馏塔塔底液位标准方差由原来的5.17降为4.25，降低17.8%。

4.3 吸收稳定先进控制器效果

解吸塔底温度、稳定塔顶温度和稳定塔底温度较投用前平稳，解吸塔底温度标准方差由原来的1.88降为1.09，降低42.0%；稳定塔顶温度标准方差由原来的3.57降为1.54，降低56.9%，稳定塔底温度标准方差由原来的1.74降为1.27，降低27.0%。如图3所示，换塔、大吹汽阶段，在富气流量出现大幅度变化时，吸收稳定控制器会根据吸收塔底富气流量的变化而实时优化补充吸收剂流量，从而达到节能降耗的目的。

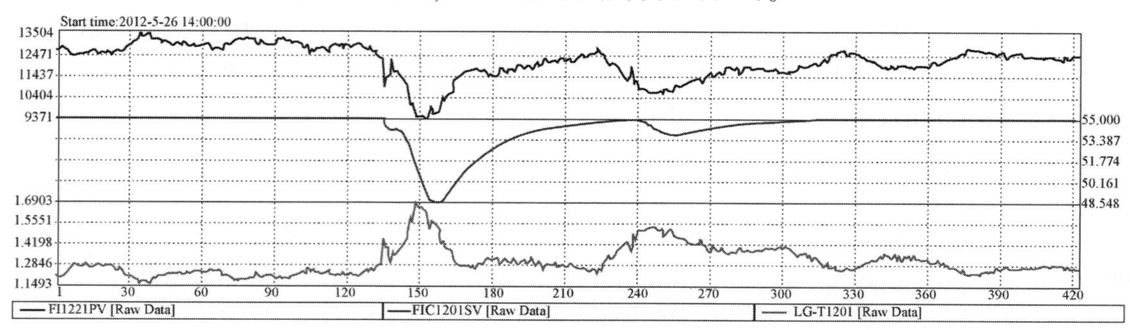

图3 换塔、大吹汽阶段补充吸收剂流量与吸收塔底富气流量对应关系

5 小结

实际生产运行结果表明，先进控制系统投用后装置运行较之前更加平稳、优化，主要表现在以下几个方面：(1)提高装置运行平稳率和降低操作人员劳动强度的同时，实现了装置安全、优化、可控的临界卡边操作，增强了装置抗干扰能力；(2)基本实现了产品质量的卡边控制，提高了目的产品的收率；(3)有效提高了加热炉热效率和优化了补充吸收剂流量，节能降耗效果明显。装置在低处理量生产换塔阶段分馏塔上部热源不足，各回流卡工艺考核下限，无调节余地，APC控制器无法克服此种装置工艺约束；另外，产品质量软测量预测精准度有待进一步优化和提高。

参考文献

[1] 瞿国华，黄大智，梁文杰．延迟焦化在我国石油加工中的地位和前景[J]．石油学报：石油加工，2005，21(3)：47-53.

[2] 王树青．先进控制技术及应用[M]．北京：化学工业出版社，2001.

[3] 俞金寿，刘爱伦，张克进．软测量技术及其在石油化工中的应用[M]．北京：化学工业出版社，2000.

利用 KBC 模拟软件优化富吸收油在催化装置中的回炼流程

张宪宝

（中国石化齐鲁分公司炼油厂，山东淄博　255434）

摘　要　由于干气制乙烯装置吸收油中含有较高的液化气组分（C_3、C_4），质量含量达到 26.74%，直接送至 S Zorb 装置后造成该部分组分难以有效回收利用，大大增加了装置的加工损失。为了优化加工流程，降低加工损失，本文利用 KBC 软件建立催化装置的计算模型，模拟干气制乙烯装置汽油进一催化装置吸收稳定系统进行回炼，优化回炼流程，既保证富吸收油中的 C_3、C_4 组分得到充分的回收，又最大限度的降低对装置正常操作带来的影响，明确调整方向，确定最为优化合理的操作条件，减少繁琐的人工计算工作以及装置反复摸索调整操作，指导实际生产操作。

关键词　KBC 软件　催化　吸收稳定　方案优化　产品质量

1　前言

胜利炼油厂第一催化裂化装置于 1977 年建成投产，1990 年经过改造后加工能力为 140 万 t/a，采用外置式提升管，前置烧焦罐完全再生的高低并列式常规催化裂化型式。

本次为了回收干气制乙烯装置吸收油中液化气组分，降低全厂加工损失，考虑将该部分吸收油改进第一催化裂化装置吸收稳定系统进行回炼。目前吸收稳定系统处于满负荷生产状态，操作弹性很小，需要根据目前装置的实际结构条件，首先需要明确富吸收油的进料位置，以保证满足现有操作条件的前提下，既可以保证回收富吸收油中 C_3、C_4 组分的效果，又可以保证吸收稳定系统的正常操作以及产品质量合格。

依据装置目前的操作条件，及富吸收汽油的组成性质，利用炼油全流程优化模拟软件 KBC 模拟建立催化裂化单装置模型，利用软件模型模拟了该部分汽油分别改进一催化装置解析塔 22#、24#塔盘进料口以及吸收塔前分液罐 V301（现场最为合适的三个进料位置）三种情况下，对装置产品质量、产品收率、装置操作条件等影响，以及为保证该部分汽油改进一催化进行回炼后，保证装置产品质量合格，通过软件模拟装置的操作调整及装置限制，为实际流程动改及优化操作提供指导。

2　装置近期操作情况简述

（1）近期一催化装置反应部分操作情况为：处理量按照 165t/h 控制，其中：渣油量 50~55t/h，焦化蜡油量 55t/h，加氢裂化尾油 29t/h；反应温度按照 506℃控制，系统平衡剂活性按照 65%控制。本次软件模拟均按照以上基本参数进行。装置实际操作情况如图 1 所示。

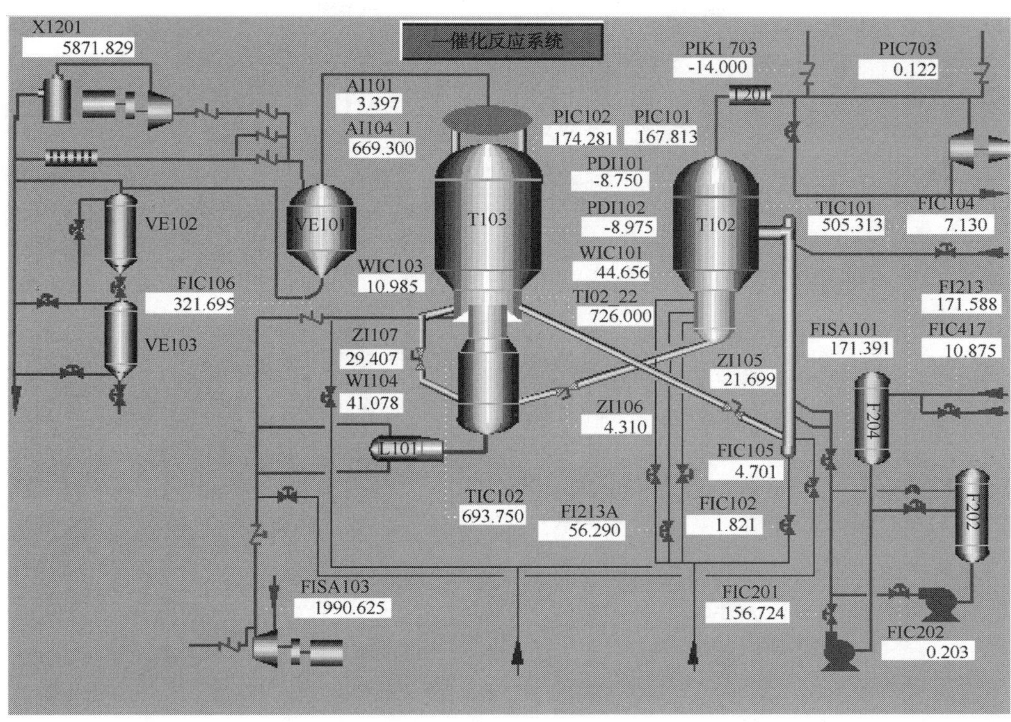

图 1

（2）近期一催化装置分馏系统操作情况如图 2 所示。

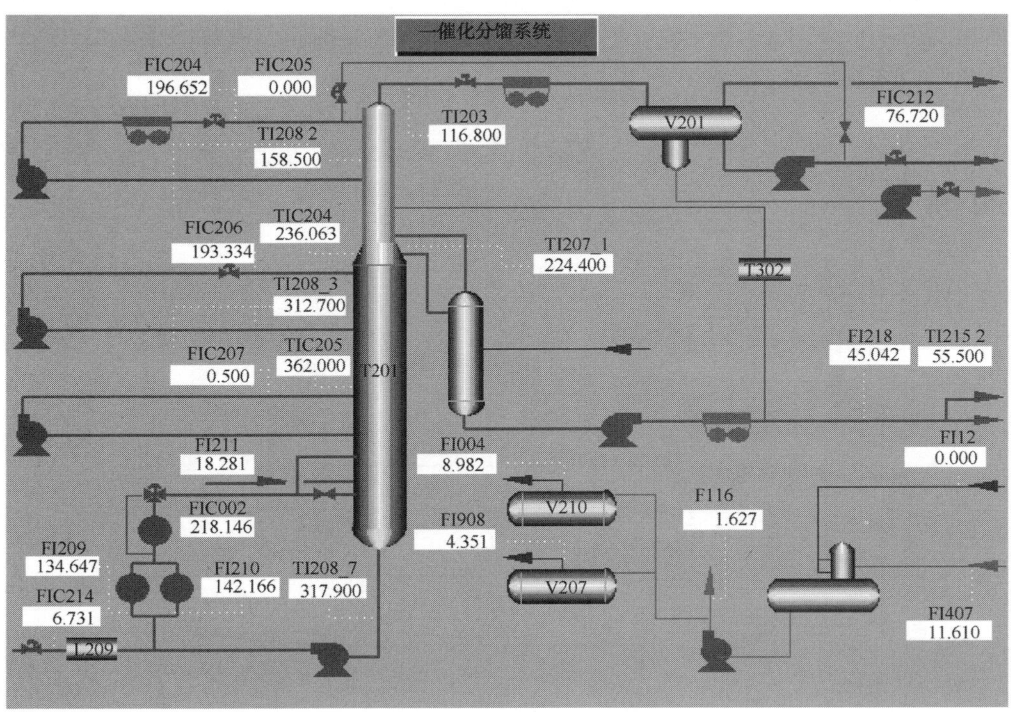

图 2

（3）近期一催化装置吸收稳定系统操作情况如图3所示。

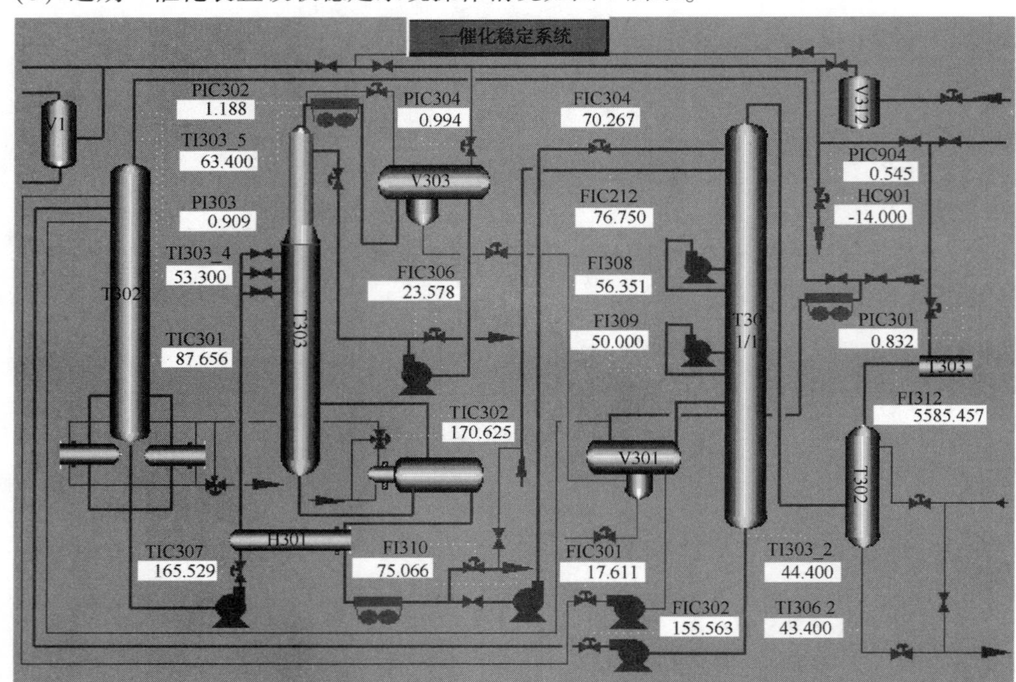

图3

稳定塔底温度TIC302控制171℃，解析塔1#塔盘温度TIC301控制88℃，在吸收塔顶压力PIC301控制0.84MPa，补充吸收剂量FIC304按照70t/h控制，吸收塔顶温度TI303/1为33℃，再吸收塔顶温度TI306/1为39℃。

3 软件模拟干气制乙烯装置吸收油改进一催化装置解析塔301/2情况

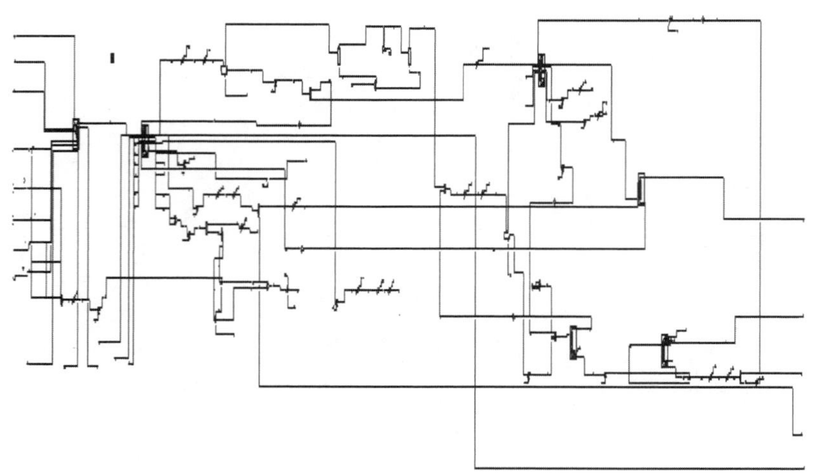

图4

干气制乙烯装置流程如图 4，吸收油性质如表 1，由表 1 数据可以看出，吸收油中 C_4 组分含量高达 26.48%。

表 1　干气制乙烯装置吸收油性质

组成	含量/v%	组成	含量/v%
C_1	11.86	H_2	18.89
C_2	14.47	N_2	13.44
C_3	2.75	O_2	15.5
C_4	26.48	CO_x	2.2

目前气温条件及吸收剂冷后温度条件下(25℃)，吸收油不进一催化装置时，装置操作情况模拟：

(1) 吸收稳定系统目前的操作条件如表 2，反应分馏操作条件不变。

表 2　吸收稳定系统操作条件

操作条件	位号	数量
解析塔 1#温度	TIC301	84℃
稳定塔底温度	TIC3O2	175℃
补充吸收剂量	FIC304	70t/h
吸收剂等冷后温度	25℃	

(2) 产品物料平衡及产品质量情况分别如表 3、表 4。

表 3　物料平衡情况

项目	流量/(t/h)	收率/%
进料	165.00	100
干气	5.01	3.04
液化气	29.04	17.60
汽油	69.27	41.98
柴油	44.75	27.12
油浆	6.26	3.80

表 4　主要产品质量情况

项目	模拟结果	化验分析结果
干气 C_3^+/%	2.53	1.45
液化气 C_2/%	0.02	0.01
液化气 C_5/%	1.52	1.34
汽油 C_4/%	7.54	4.37

4　目前气温条件及吸收剂冷后温度条件下(25℃)产品分布情况

通过利用模拟软件模拟干气制乙烯装置吸收油改进一催化装置吸收稳定系统不同位置

时，装置产品分布发生的变化情况如表5、图5、图6。

表5 装置物料平衡变化情况

项目	不进		22#		24#		V301	
	流量/(t/h)	收率/%	流量/(t/h)	收率/%	流量/(t/h)	收率/%	流量/(t/h)	收率/%
总进料	165.00		165.00		165.00		165.00	
干气	5.01	3.04	5.27	3.19	5.14	3.11	5.10	3.09
液化气	29.04	17.60	32.04	19.42	32.58	19.74	31.63	19.17
汽油	69.27	41.98	80.05	48.51	79.63	48.26	80.62	48.86
柴油	44.75	27.12	44.04	26.69	44.04	26.69	44.05	26.70
油浆	6.26	3.80	6.32	3.83	6.32	3.83	6.32	3.83

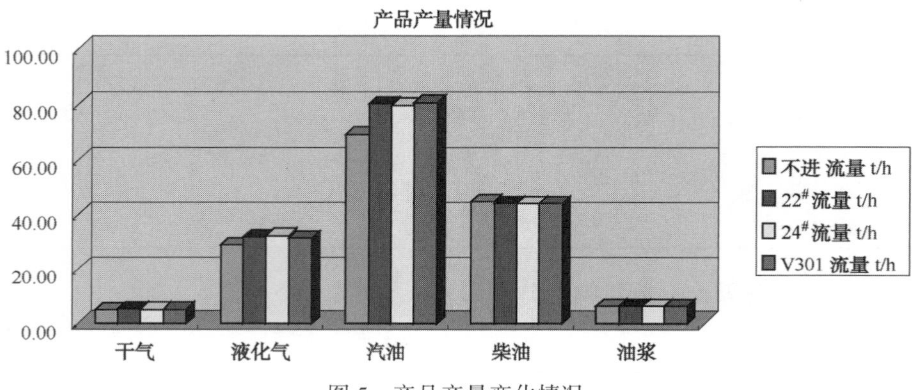

图5 产品产量变化情况

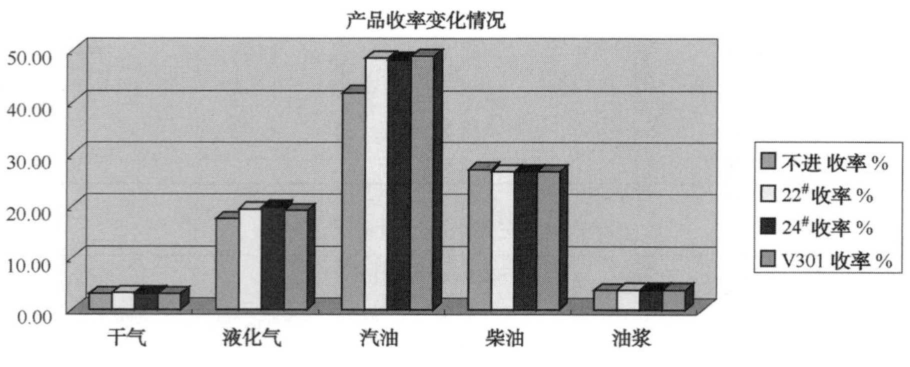

图6 产品收率变化情况

可以看出，吸收油改进V301时，汽油的收率增加幅度相对稍大，增加了0.35%~0.6%；改进解析塔24#塔盘时液化气收率增加幅度相对稍大，增加了0.32%~0.57%。增加的主要原因为产品组成的变化，汽油中油中气、液化气中C_2、C_5组分发生了变化，具体如下面所述。

5 吸收油进解析塔24#塔盘时，装置的产品组成分布变化及操作变化情况

表6 不同温度下吸收油改进解析塔24#塔盘时，操作情况模拟对比

项目	吸收油不进解析塔	吸收油改进解析塔24#塔盘13t/h				
吸收油温度的影响	—	5℃	20℃	30℃	40℃	50℃
稳定塔底温度	175℃	174℃	174℃	174℃	174℃	174℃
解析塔底温度	84℃	86℃	86℃	86℃	86℃	86℃
补充吸收剂量	70t/h	73t/h	73t/h	73t/h	73t/h	73t/h
干气中 C_3 及以上含量	2.53%	2.55%	2.55%	2.55%	2.55%	2.54%
液化气中 C_5 含量	1.52%	2.52%	2.52%	2.52%	2.51%	2.51%
液化气中 C_2 含量	0.02%	0.00%	0.00%	0.00%	0.00%	0.00%
稳定汽油中油中气含量	7.54%	8.25%	8.25%	8.24%	8.24%	8.24%

由表6数据可以看出，吸收油改进解析塔301/2第24#塔盘时，利用模拟软件进行模拟进料温度由5℃提高至50℃的过程中，在装置不做任何调整的情况下，干气中 C_3^+、液化气中 C_2、C_5 含量基本没有变化，C_5 含量增加明显。可见12t/h吸收油改进解析塔301/2第24层塔盘后，进料温度的变化对吸收稳定系统操作的影响并不明显，可以忽略温度的影响。

由表6数据，以及根据软件模拟运算情况，干气制乙烯装置吸收油改进一催化装置后，稳定塔底温度TIC302需要提高2℃才能保证液化气中 C_2 含量<0.3%，干气中 C_3^+ 含量<3%，补充吸收剂量需要进一步提大；液化气中 C_5 含量升高较为明显，达到2.5%。

目前装置的处理量较大，分馏一中回流在190~200t/h左右，通过计算提供的热量在(4.2~4.5)E+07kJ/h左右(表7)，车间通过实际调整分馏一中回流量及抽出温度后，可以满足吸收油改进解析塔时热量的需要。

表7 吸收油改进解析塔顶22#及24#时，需要增加的热量情况

塔301/2	温度及热量		增加幅度
温度	84℃	86℃	2℃
热量/(kJ/h)	3.65E+07	4.10E+07	12.30%

由表8、图7数据可以看出，随着吸收油量不断增大，干气中 C_3^+ 及液化气中 C_2 含量增加明显，吸收油流量对产品质量影响很大，并且在利用软件进行模拟调整时，模型较难收敛，运算困难，模拟调整效果不好。

表8 吸收油流量对产品质量的影响

项目	吸收油的流量的影响			
30℃的流量影响	8t/h	10t/h	13t/h	15t/h
稳定塔底温度TIC302	174℃	174℃	174℃	174℃

续表

项目	吸收油的流量的影响			
解析塔底温度 TIC301	86℃	86℃	86℃	86℃
补充吸收剂量 FIC304	73t/h	73t/h	73t/h	73t/h
干气中 C_3 及以上含量	2.65%	2.62%	2.55%	2.49%
液化气中 C_5 含量	1.8%	2.09%	2.52%	2.85%
液化气中 C_2 含量	0.00%	0.00%	0.00%	0.01%
稳定汽油中油中气含量	8.10%	8.15%	8.24%	8.29%

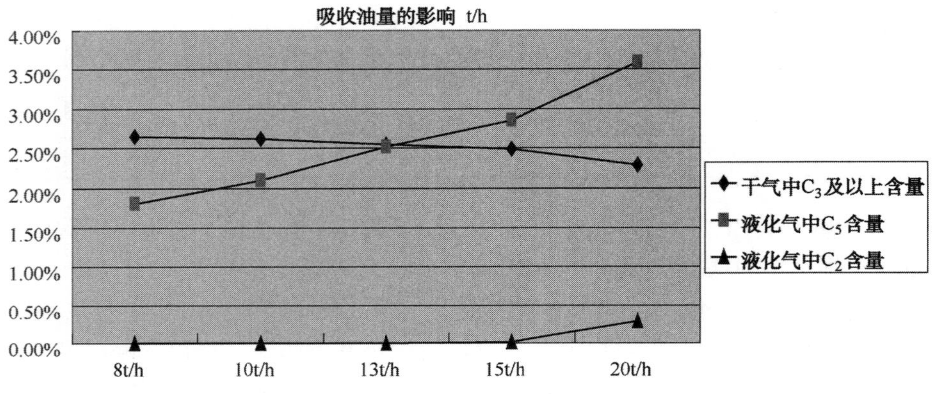

图7 吸收油量对产品的影响

由表9、图8可以看出，随着气温的升高，干气中 C_3^+、液化气中 C_5、C_2 均呈现上升的趋势，气温越高，增加幅度越大。在气温30℃时，经过调整稳定塔顶回流量等因素可以实现产品质量的合格，但当温度继续升高至35℃时，模拟操作变得很难调整，产品质量的调整变得很困难。

表9 气温变化影响到空冷水冷冷却效果后，对产品质量的影响

项目	汽油不进解析塔	气温变化的影响			相应调整后结果	
吸收油温度的影响	—	25℃	30℃	35℃	30℃调整后	35℃调整后
稳定塔底温度 TIC302	175℃	174℃	174℃	174℃	174℃	175℃
解析塔底温度 TIC301	84℃	86℃	86℃	86℃	86℃	87℃
补充吸收剂量 FIC304	70t/h	73t/h	73t/h	73t/h	73t/h	73t/h
干气中 C_3 及以上含量	2.53%	2.74%	3.01%	3.82%	2.84%	3.38%
液化气中 C_5 含量	1.52%	2.46%	3.73%	3.67%	2.63%	2.65%
液化气中 C_2 含量	0.02%	0.07%	0.19%	0.35%	0.20%	0.42%
稳定汽油中油中气含量	7.54%	8.25%	8.64%	8.63%	8.29%	7.78%

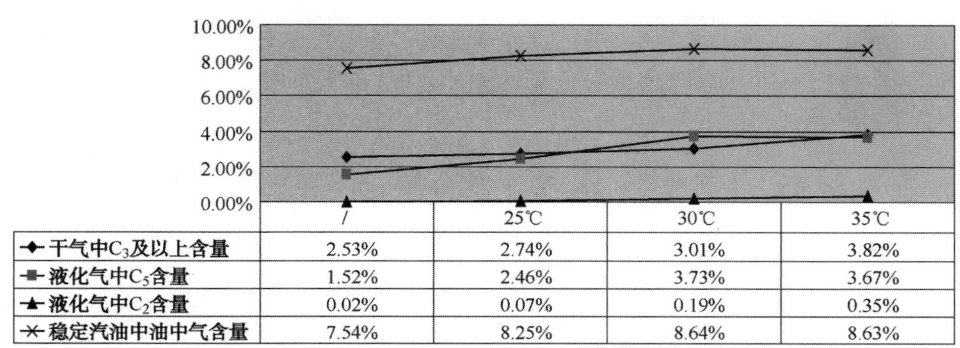

	/	25℃	30℃	35℃
干气中C_3及以上含量	2.53%	2.74%	3.01%	3.82%
液化气中C_5含量	1.52%	2.46%	3.73%	3.67%
液化气中C_2含量	0.02%	0.07%	0.19%	0.35%
稳定汽油中油中气含量	7.54%	8.25%	8.64%	8.63%

图 8　气温变化对产品的影响

6　吸收油改进一催化装置解析塔 22# 塔盘时，操作情况模拟对比

表 10　不同进料温度下吸收油进解析塔 22# 塔盘时，对产品质量的影响

项目	汽油不进解析塔	吸收油进塔 22#温度变化的影响			
吸收油温度的影响	—	25℃	30℃	35℃	40℃
稳定塔底温度 TIC302	175℃	172℃	174℃	174℃	174℃
解析塔底温度 TIC301	84℃	87℃	87℃	87℃	87℃
补充吸收剂量 FIC304	70t/h	73t/h	73t/h	73t/h	73t/h
干气中 C_3 及以上含量	2. 53%	2. 90%	2. 92%	2. 90%	2. 89%
液化气中 C_5 含量	1. 52%	2. 32%	2. 32%	2. 32%	2. 29%
液化气中 C_2 含量	0. 02%	0. 11%	0. 12%	0. 13%	0. 14%
稳定汽油中油中气含量	7. 54%	8. 18%	8. 18%	8. 18%	8. 18%

由表 10 数据可以看出，吸收油进塔 301/2 温度的变化，对操作影响不大。

表 11　不同气温条件下，吸收油改进塔 301/2 对产品质量的影响

吸收油温度的影响	—	25℃	30℃	35℃	30℃调整后	35℃调整后
稳定塔底温度 TIC302	175℃	173℃	173℃	173℃	173℃	175℃
解析塔底温度 TIC301	84℃	87℃	87℃	87℃	87℃	87℃
补充吸收剂量 FIC304	70t/h	74t/h	74t/h	74t/h	75t/h	75t/h
干气中 C_3 及以上含量	2. 53%	2. 83%	3. 40%	4. 11%	3. 00%	3. 54%
液化气中 C_5 含量	1. 52%	2. 52%	2. 46%	2. 39%	2. 89%	2. 84%
液化气中 C_2 含量	0. 02%	0. 02%	0. 03%	0. 07%	0. 04%	0. 12%
稳定汽油中油中气含量	7. 54%	8. 73%	8. 72%	8. 70%	7. 83%	7. 81%

由表 11 数据可以看出，随着气温的升高，空冷及水冷冷却效果变差，吸收塔吸收剂温度升高，吸收效果变差，干气中 C_3^+、液化气中 C_5 含量升高明显。

气温升高，冷后温度30℃时，经过调整后，产品质量容易合格，气温继续升高至35℃时，干气中 C_3 含量升高比较快，而且调整较困难，说明温度越高，吸收效果越差，并且由于受到装置自身结构条件以及塔盘效率偏低等因素的影响，装置的操作难度随之加大。

7 吸收油改进一催化装置V301时，操作情况模拟对比

表12 吸收油改进一催化装置V301时，气温变化对产品的影响

项目	汽油不进解析塔	气温变化的影响			相应调整后结果	
吸收油温度的影响	—	25℃	30℃	35℃	30℃调整后	35℃调整后
稳定塔底温度TIC302	175℃	174℃	174℃	174℃	174℃	175℃
解析塔底温度TIC301	84℃	86℃	86℃	86℃	86℃	87℃
补充吸收剂量FIC304	70t/h	73t/h	73t/h	73t/h	75t/h	75t/h
干气中 C_3 及以上含量	2.53%	2.52%	2.82%	3.55%	2.82%	3.20%
液化气中 C_5 含量	1.52%	2.76%	2.71%	2.66%	2.71%	2.62%
液化气中 C_2 含量	0.02%	0.01%	0.15%	0.35%	0.15%	0.02%

由表12数据可以看出，随着气温不断升高，富气及吸收油进V301冷后温度不断升高，吸收塔301/1的吸收剂及补充吸收剂温度不断升高后，吸收效果明显变差，干气中 C_3^+ 及液化气中 C_2、C_5 含量增加明显，具体如图9所示。

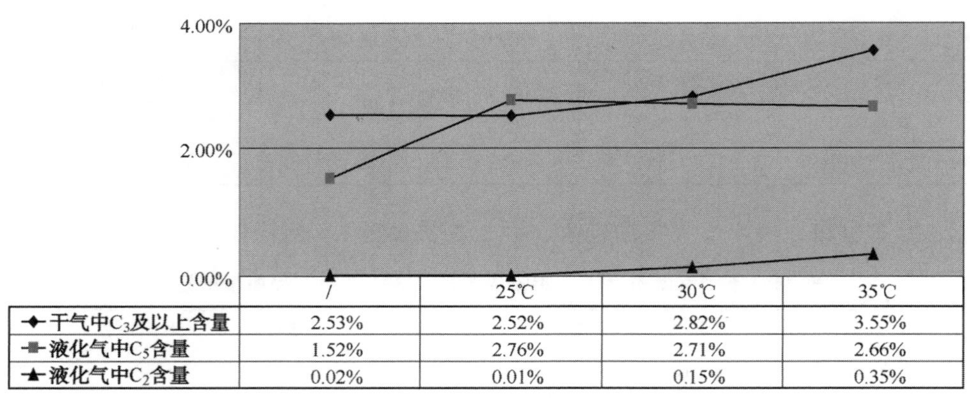

图9 气温对产品质量影响变化趋势

气温升高后，吸收效果明显变差，干气中 C_3^+，液化气中 C_2 含量增加明显，气温越高，升高越明显，增加幅度越大。

通过提高解析塔底温度，提高稳定塔底温度及适当提大补充吸收剂量，提大稳定塔顶回流量，可以尽量降低干气中 C_3^+，液化气中 C_2 含量以及液化气中 C_5 含量；但当气温继续升高后，尤其干气中 C_3^+ 含量降低较为困难，调整难度加大。并且根据装置目前实际情况，需要运行两台凝缩油泵才能满足流量需要，电耗增加。

8 结论

干气制乙烯装置吸收油分别改进一催化装置吸收稳定系统不同位置时，对产品质量及对操作调整的影响对比说明如下：

（1）由以上分析数据可以看出，干气制乙烯装置吸收油改进一催化装置解析塔 301/2 第 24#塔盘时，对装置的干气中 C_3 及液化气中 C_2、C_5 含量的影响最大，并且通过模型模拟调整时，调整难度较大。

（2）进解析塔 301/2 第 22#塔盘时，对装置干气中 C_3 及液化气中 C_2、C_5 含量的影响与进 24#塔盘时相比稍小，并且通过模型模拟调整时，调整余地相对较大，相比进 24#塔盘时较易调整。

装置最终选定将吸收油改进解析塔 22#塔盘，并且通过装置实际操作验证，达到了预期的效果。

（3）进 V301 时，对装置产品质量影响最小，并且模拟调整余地较大；但是直接进 V301 后造成装置的凝缩油量增加 10t/h 左右，使 V301 总的凝缩油量增加至 35～40t/h，需要同时运行 B301/1. 2 两台泵，增大了装置电耗。

干气制乙烯装置吸收油改进一催化装置吸收稳定系统解析塔 301/2 顶部 22#、24#塔盘及改进富气进稳定前油气分离罐 V301 时，均能实现产品质量的合格，并且在装置目前处理量较大的情况下，均不需要新增加热源；但是随着气温的升高，空冷及水冷冷后温度升高，以及其它操作条件发生变化后，装置的操作难度及产品质量调整难度呈现出不同，通过模拟预测对比，最终确定了最为合理的进料位置。

本次通过利用 KBC 软件建立催化装置计算模型的方式，模拟装置解析塔富吸收油的进料位置变化后，预测装置操作条件变化及产品质量变化趋势，从而实现了指导生产操作调整的目的，大大降低了装置操作调整的难度，并且与以往通过人工计算甚至是经验摸索等方法相比较，更加的简便、准确、可靠、省时、高效，能够提供大量的数据及变化趋势支持，更为直观明确，并且大大降低了设计及施工改造成本，为装置分析问题和解决问题提供了更为可靠的依据及技术支持。

参 考 文 献

[1] 陈俊武．催化裂化工艺与工程．北京：中国石化出版社，2005.
[2] 张韩．催化裂化装置操作指南．北京：中国石化出版社，2003.
[3] 曹汉昌．催化裂化工艺计算与技术分析．北京：石油工业出版社，2000.

P403A 摘除一级叶轮可行性分析

吴传军

（中国石化齐鲁分公司胜利炼油厂，山东淄博　255400）

摘　要　本文基于生产现场实际，分析论证了一台高压泵抽级的可行性，并通过生产实际验证了本文论证的正确性，解决了工艺生产上的疑难问题，同时也可作为其它多级泵抽级的借鉴。

关键词　多级泵　摘除叶轮　抽级

1　问题由来

P403A 为加氢裂化贫胺液泵，该泵在运行过程中出口压力及流量过大，远远超过工艺实际需求量，长时间运行，不但会导致后路控制阀冲刷腐蚀，而且浪费大量电能，在 A 泵和 B 泵切换过程中，存在流量、扬程不匹配问题，也会影响装置的安全运行，基于以上存在的问题，决定对 P403A 进行摘除一级叶轮处理。P403A 流程见图 1。

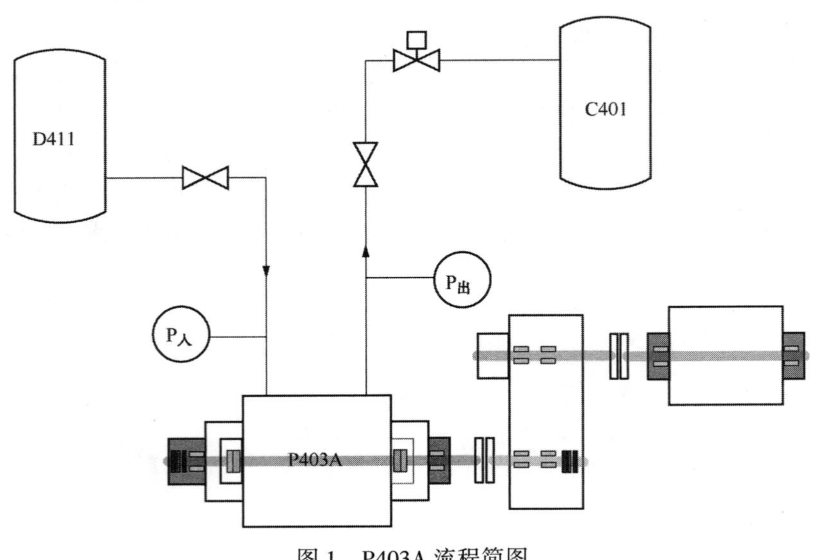

图 1　P403A 流程简图

2　泵相关参数

泵生产厂家：美国 Ingersoll-Dresser 公司。
叶轮级数：6 级。

输送介质：贫胺液。

介质密度：990kg/m^3。

入口压力：4×10^{5}Pa。

介质温度：50℃。

流量扬程曲线见图 2。

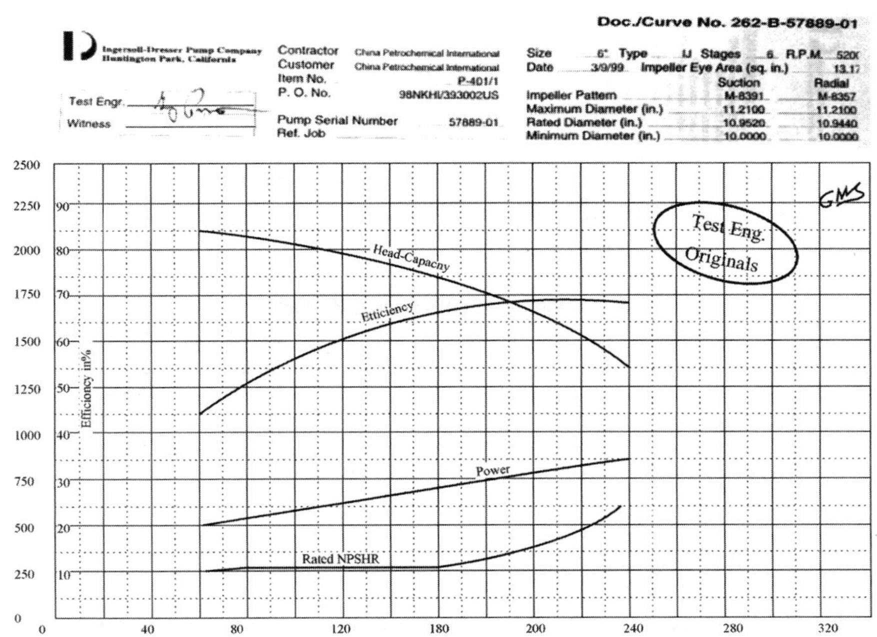

图 2　P403A 原厂流量-扬程曲线图

3　可行性分析

因厂家在测试该泵流量—扬程过程中使用水作为实验介质，由以上参数可知，$\rho_{贫胺液}/\rho_{水}\approx 1$，则在计算过程中，可以按着厂家提供的实验数据进行核算。多级泵可以按着多个单级泵串联进行分析，该泵为 6 级，则按着 6 台单级泵的流量—扬程曲线进行叠加处理。现场工艺实际需要的流量按着峰值 110m^3/h，查性能曲线，对应的扬程为 2040m，可计算每级扬程为 3040/6＝340m。

泵出口压力：$P_{出口}=P_{入口}+(2040\times1.0\times10^3\times9.8)$

$$=0.4+19.992\approx20.4\text{MPa}$$

塔 C401 的峰值压力按 16MPa 计算，后路控制阀全开，则得出扬程富余量：

$$P_{(理论-实际)}=20.4-16=4.4\text{MPa}$$

因 C401 按着峰值压力 16MPa 已经按着工艺最大压力考虑了，在这里为了安全，再次加上 0.4MPa 余量考虑管路及阀门压降损失，则最后得出富裕 4MPa 的扬程。

在 110m^3/h 的流量下，每级叶轮输出的扬程为：

$$h=340\times 1.0\times 10^3\times 9.8=3.332\text{MPa}$$

最后得出在 110m³/h 的流量下，摘除一级叶轮，可将该泵扬程降低至：

$$h=(20.4-3.332)\times 10^6/(1.0\times 10^3\times 9.8)=1741.6\text{m}\approx 1742\text{m}$$

经过分析计算，摘除一级叶轮刚好可以满足生产要求，当然，扬程仍然存在过量的情况，这需要经过生产的进一步验证，如果确认扬程还有较大的余量，以后可以再次进行叶轮切割来满足生产要求。

4 生产验证

该泵摘除叶轮投入生产后，经过验证，在 110m³/h 的流量下，该泵出口扬程为 1716m，证明通过理论分析计算进行摘除叶轮得出的数据是正确的。泵运行后各个工况点的数据见表 1。

表 1 P403A 摘除叶轮前后扬程对比

流量/(m³/h)	40	60	80	100	110	120	130	160	180	200
原扬程/m	2150	2130	2120	2100	2040	2020	2000	1900	1790	1650
摘后扬程/m	1791	1775	1767	1750	1716	1683	1667	1583	1492	1375

5 结论

通过理论计算分析，我们成功摘除了该泵的一级叶轮，降低了泵的扬程，延长了后路控制控制阀的寿命，节省了电能。需要说明的是，本文计算仅仅考虑工艺上流量扬程的变化关系，而未对泵轴向力及功率进行核算。

（1）关于轴向力：因为该泵采用平衡鼓与平衡套的结构，轴向力的平衡除平衡鼓承担外，止推轴承承受一部分，当该泵扬程降低后，止推轴承上的受力势必会减少，这样止推轴承的温度也会下降。

（2）关于功率：扬程降低后，该泵功率也会相应下降，节能不在本文的论述范围，故省略。

加工高氯原油对炼油装置的影响

付士义，胡洋，虞志华

（中国石化齐鲁分公司炼油厂，山东淄博　255434）

摘　要　本文通过对加工高氯原油期间常减压装置工艺参数变化的分析，阐述了加工高氯原油对电脱盐、馏分油、三顶系统的影响，分析了对高低温部位设备的腐蚀情况，简要分析了对二次加工装置的影响。

关键词　高氯原油　电脱盐　馏分油　三顶系统　探针　腐蚀

1　前言

1.1　高氯原油情况

原油中的氯含量分两种情况存在，一种是以无机氯盐的形式存在，这种无机氯盐可以通过电脱盐进行去除。另一种是以有机氯代烷烃的形式存在，氯代烷烃又分为大分子和小分子的烷烃，小分子烷烃（如氯乙烷、氯甲烷等）可以使用脱氯剂在电脱盐中进行部分脱出；而大分子烷烃（如氯代芳烃等）无法用原油预处理方式进行脱出。高氯原油对一次加工和二次加工的工艺和设备带来较为严重的影响。2014 年 12 月炼油厂计划加工含有大分子有机氯的高氯原油，高氯原油的氯含量情况如表 1。

表 1　高氯原油有机氯含量分析情况

罐号	有机氯含量/（μg/g）	备注
025#	145. 24	均值
032#	219. 6	上部
	219. 86	中部
	224. 66	下部

1.2　加工过程

炼油厂在 2014 年 12 月 16 日 9：00 正式开始加工高氯原油，17 日 1：00 开始切换到 032 罐后，直至 17 日 9：00 停止加工高氯原油，共计加工高氯原油 18501t，其中 025 罐油（有机氯含量约为 145. 24μg/g）12932 吨，032 罐油（有机氯含量约为 220μg/g）5568t。由于高氯原油的馏分油中氯含量较高，不能直接进入二次加工装置，必须单独贮存掺炼加工，因此炼油厂对各馏分油制定了详细的贮存计划和掺炼计划。且对高氯原油开始及停止加工过程中的切入点，以常一线的氯含量不大于 10mg/L 为界限。表 2 为加工过程中常一线总氯含量变化表。

表2 常一线总氯含量变化表

日期+时间	总氯/(μg/g)	备注
2014. 12. 16 11：00	2. 1	
2014. 12. 16 12：00	5. 1	
2014. 12. 16 13：00	108	
2014. 12. 16 14：00	778	
2014. 12. 16 15：00	910	
2014. 12. 16 17：00	1785	
2014. 12. 17 0：00	1925	
2014. 12. 17 5：00	1946	
2014. 12. 17 8：00	2738	
2014. 12. 17 10：00	2907	
2014. 12. 17 13：00	2871	
2014. 12. 17 15：00	2698	
2014. 12. 17 16：00	762	
2014. 12. 17 17：00	455	
2014. 12. 17 18：00	436	
2014. 12. 17 19：00	120	
2014. 12. 17 20：00	84	
2014. 12. 17 21：00	416	
2014. 12. 17 22：00	31. 5	
2014. 12. 17 23：00	31	
2014. 12. 18 00：00	22	
2014. 12. 18 01：00	13. 9	
2014. 12. 18 02：00	13	
2014. 12. 18 03：00	19. 2	
2014. 12. 18 04：00	20. 3	
2014. 12. 18 05：00	12. 9	
2014. 12. 18 06：00	9. 4	
2014. 12. 18 16：00	7. 7	

1.3 加工过程中的工艺参数变化

加工过程中由于原油性质及处理量变化，使得常减压的操作出现了一系列工艺参数的波动。从而引起原油的各路进料，电脱盐操作参数，常压各侧线，减压各侧线发生不同程度的波动，对整个常减压的设备造成冲击。

2 加工高氯原油对装置的影响

2.1 高氯原油中有机氯分布情况

本次加工的高氯原油为2013年5月接收入厂的不同批次原油，经过了近一年半的沉降，有机氯仍均匀的分布于原油中。与 2013 年 5 月 29 日加工时的高氯原油对比，各馏分油中有机氯分布情况基本相似，有机氯仍然主要分布在常一线、常二线、常三线、减一线中。对比情况如表 3。

表 3　高氯原油各馏分油中有机氯对比表

氯含量	日期	
	2013-5-29	2014-12-16
初顶(重整料)	424.2	115
常顶	208.9	75
常一	8891.2	1785
常二(柴油)	3527.2	608
常三	594.3	145
减一线	611	284
减二(加氢裂化原料)	53.12	28.06
减三(加氢裂化原料)	26.31	19.25
原油	610.2	165.9

2.2　对电脱盐的影响

加工高氯原油后，原油密度上升为 941.0kg/m^3，黏度增大，轻油组分减少，原油输送温度提高近 20℃。脱前含盐和含水较低。为了降低净化水对电脱盐的影响，电脱盐注水由净化水改为除盐水。加工高氯油的前后采样过程中发现，未加工高氯原油前，三级含盐污水的油含量较高，样品采集比较困难，但仍能看到明水样。加工高氯原油后三级含盐污水几乎采不出切水样，说明加工高氯原油期间，原油乳化严重，电脱盐罐的过渡层明显加厚，引起电脱盐的弱电场降低，脱后含盐含水超标。引起常顶含硫污水大幅度上升，由原来的 5t/h 左右，上升为 15t/h，即使扣除增加的汽提量(5t/h)，含硫污水也增加了近 1 倍。

由图 1 可知，加工高氯原油期间三级电脱盐的电流产生了较大的波动，尤其是第三级电脱盐的波动幅度最大。电流波动引起电脱盐电场强度波动，从而影响电脱盐的脱盐脱水效

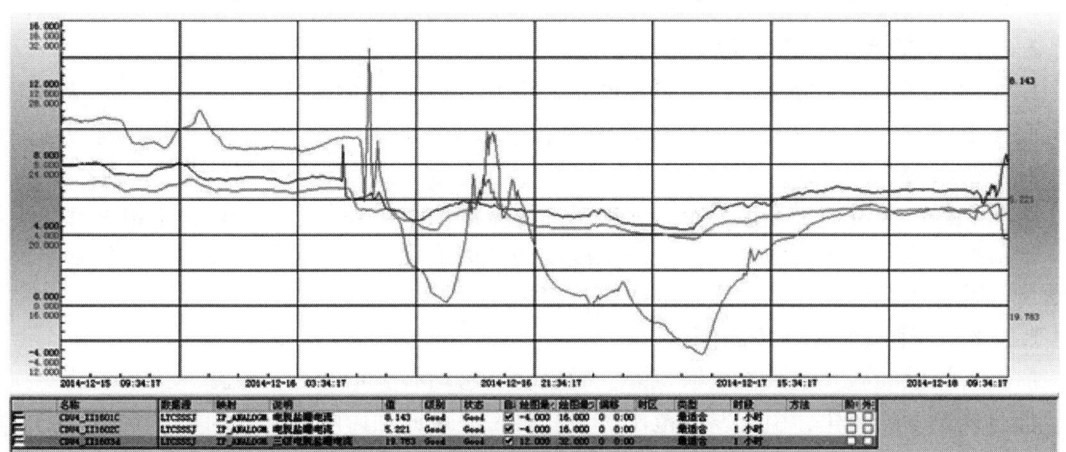

图 1　三级电脱盐罐电流的变化情况图

果，使得电脱盐效果变差。

对比分析三级电脱盐的情况，加工高氯原油对每级电脱盐效果有所影响。

由表4可知，脱前脱后有机氯变化不大，说明电脱盐无法脱出高氯原油中所含的有机氯。脱前原油含水只有0.25%，而一脱后含水增加到了3.2%，二级为1.2%，三级为0.4%。说明原油注水增加了原油中的含水量，造成了常顶含硫污水含量的增加，如图2。

表4　三级电脱盐罐脱盐脱水情况表

采样时间	采样点	水分/%	氯盐/(μgNaCl/g)	有机氯含量/(μg/g)
2014-12-16 17：00	三脱后原油	0.40	5.30	162.44
2014-12-16 17：00	二脱后原油	1.20	14.8	
2014-12-16 17：00	一脱后原油	3.23	18	
2014-12-16 17：00	原油脱盐前	0.25	33.1	141.81

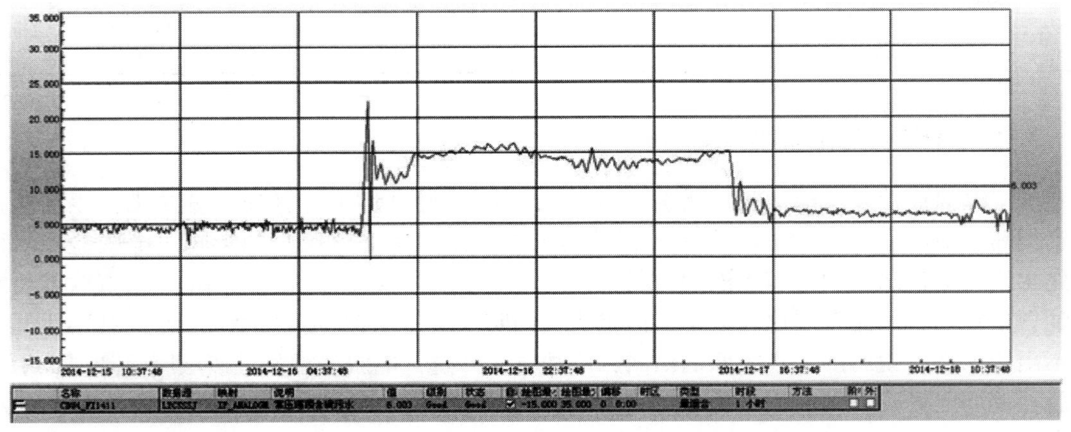

图2　常顶含硫污水变化图

2.3　对三顶系统的影响

2.3.1　三顶系统工艺变化情况

原油性质变重轻组分减少，三顶温度有所降低，且波动范围较大。因此三顶冷却系统的露点变化也较大，从而引起三顶冷却系统的腐蚀加剧，增加了三顶工艺防腐措施的调整难度，如图3至图5。

由图3到图5可知，三顶系统压力加工高氯原油期间比较平稳，初顶、常顶温度明显降低，常顶波动范围大于初顶温度。减顶温度波动范围更大。温度大范围波动，不仅影响了产品质量，对常顶系统的设备管线将造成严重腐蚀。

2.3.2　三顶系统探针检测情况

加工高氯原油后，电脱盐效果变差，脱后盐、水均有少量增加，致使三顶系统的腐蚀加剧。且三顶温度的变化，引起腐蚀范围扩大，加工高氯原油影响最大的为初、常顶系统，如图6至图8。

由此可知，随着高氯原油掺入，腐蚀率逐渐上升，其中初顶瞬时最高腐蚀率为4.0mm/

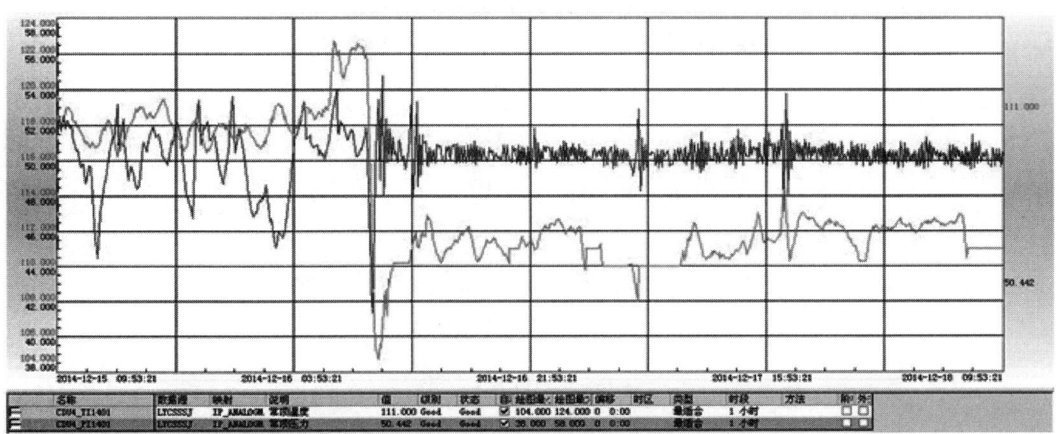

图 3 常顶温度及压力变化图

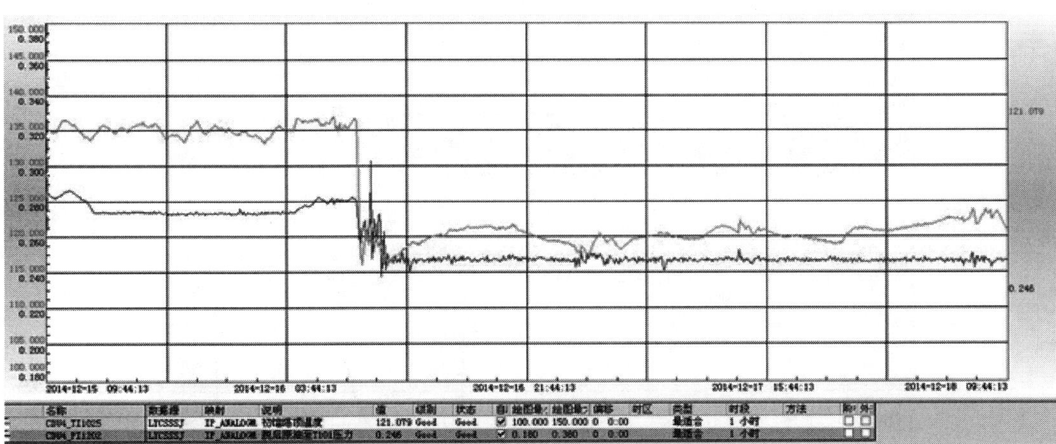

图 4 初顶温度及压力变化图

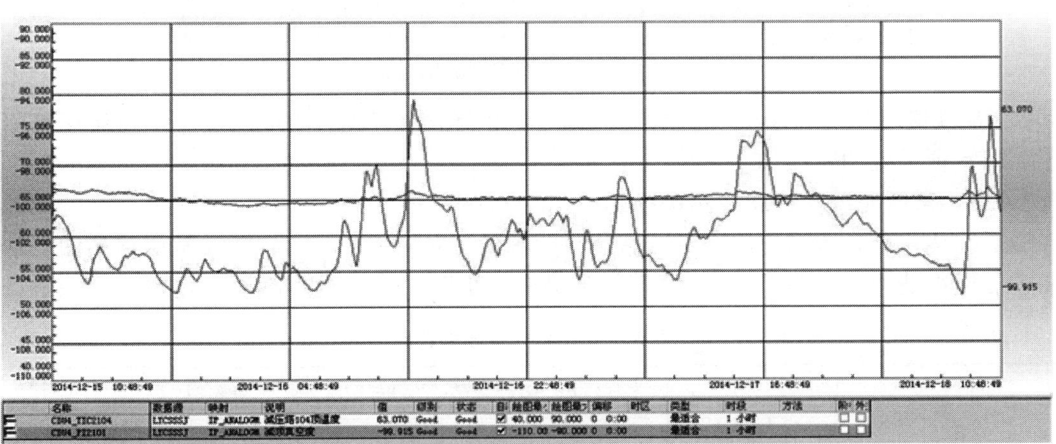

图 5 减顶温度及压力变化图

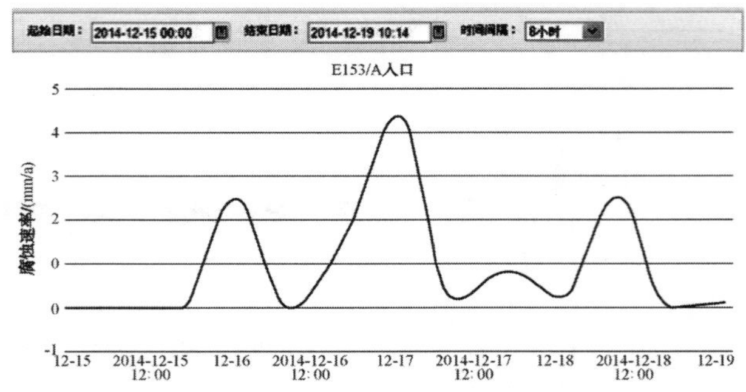

图6　初顶换热器腐蚀情况图

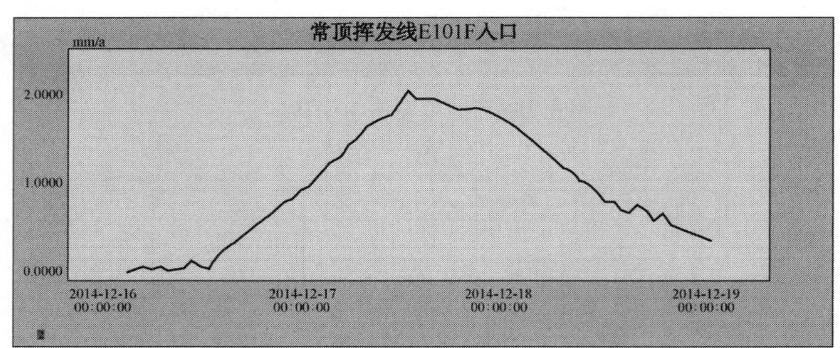

图7　常顶空冷探针检测情况

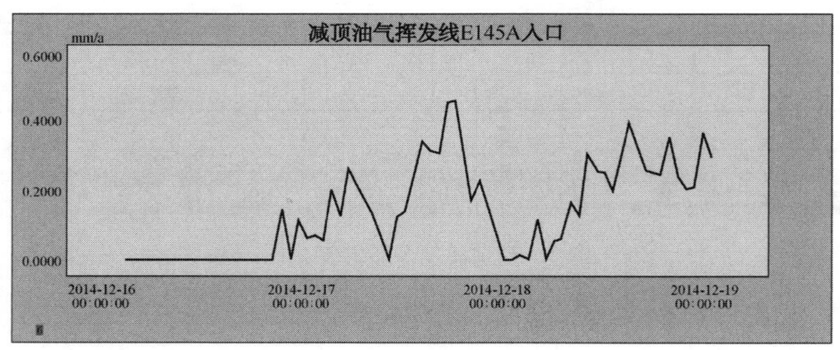

图8　减顶空冷探针检测情况

a以上，常顶最高超过2.0mm/a，最高点对应于馏分油中有机氯的最高点，说明在高氯原油加工期间常顶系统的腐蚀加剧。

2.3.3　常压系统水洗油检测情况

为了确认常压系统馏分油中腐蚀性介质的含量，对初顶油、常顶油、常压顶循油、常一线油进行了水洗分析实验，如表5。确认油品中无机腐蚀性介质的含量。

表5　水洗馏分油分析数据

部位	日期	氨氮/(μg/g)	氯离子/(μg/g)	总铁/(μg/g)	备注
初顶洗油水	12月15日	3.22	0.61	0.08	加工高氯油前
	12月16日	1.68	1.53	0.20	加工高氯油中
	12月18日	2.55	0.46	0.16	加工高氯油后

续表

部位	日期	氨氮/(μg/g)	氯离子/(μg/g)	总铁/(μg/g)	备注
常顶洗油水	12月15日	2.09	0.46	0.02	加工高氯油前
	12月16日	2.85	0.37	0.37	加工高氯油中
	12月18日	1.33	0.51	0.13	加工高氯油后
常一线洗油水	12月15日	2.46	0.46	0.43	加工高氯油前
	12月16日	3.35	1.38	1.15	加工高氯油中
	12月18日	3.02	12.2	3.11	加工高氯油后
常顶循环洗油水	12月18日	3.57	10.4	2.66	加工高氯油后

由表5可知，初顶油在加工高氯油中氨氮含量降低，氯离子增加1倍多，总铁含量增加较多。常顶油在加工高氯油期间氨氮略有增加，氯离子减少，但总铁含量增加。常一线油氨氮略有增加，氯离子及总铁持续增加，当加工完高氯油后，常顶循和常一线的氯离子增加到最大，除了采样原因外，有可能塔内结盐后续冲洗造成，引起常顶循及常一线设备管线的腐蚀，如图9、图10。

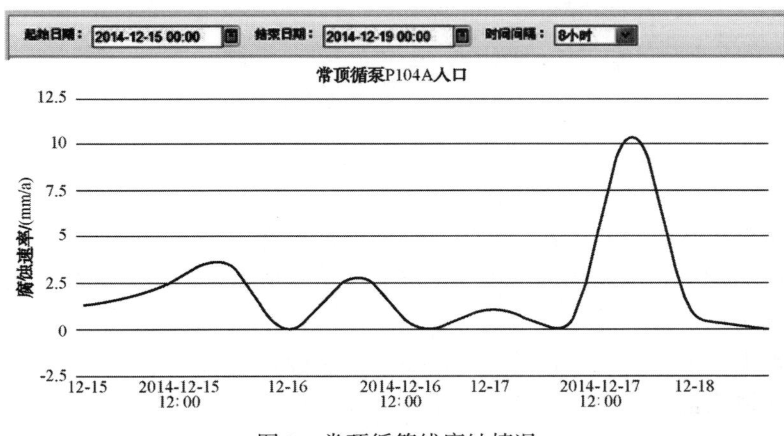

图9 常顶循管线腐蚀情况

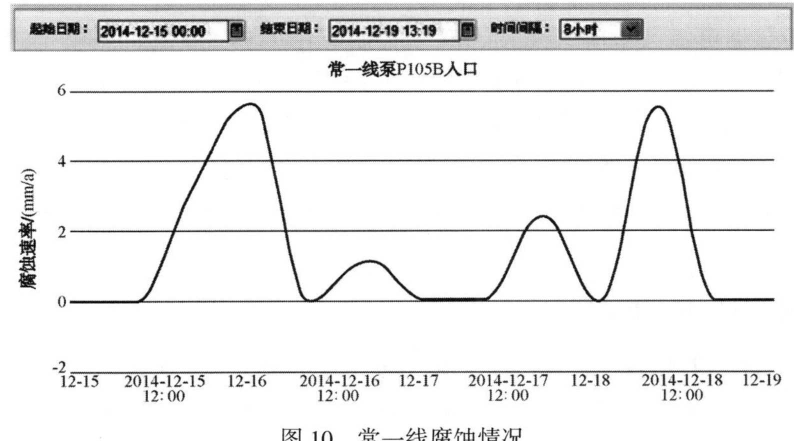

图10 常一线腐蚀情况

2.3.4 三顶含硫污水分析数据

三顶在加工高氯原油过程中初顶采用注水、注氨水、注缓蚀剂工艺防腐措施，常顶采用的是注水、注有机中和剂、注缓蚀剂的措施，缓蚀剂及注水量按计划相应提高，减顶采用注有机中和剂的措施，三顶含硫污水反映的是油水分离罐之前的腐蚀状况，工艺防腐调整情况，腐蚀性介质的含量情况。

表6 三顶含硫污水的分析数据

部位	日期	氯离子/(μg/g)	总铁/(μg/g)	pH
四常初顶 D129	12月15日	27.54	0.86	6.7
	12月16日13：00	22.04	0.70	7.5
	12月16日17：00	36.70	4.27	6.5
	12月18日	18.35	4.20	7.3
四常常顶 D102	12月15日	18.36	0.78	6.5
	12月16日13：00	66.11	6.30	6.0
	12月16日17：00	77.07	6.53	5.6
	12月18日	18.35	5.75	6.0
四常减顶 D103	12月15日	73.36	2.64	9.0
	12月16日13：00	69.78	3.19	9.3
	12月16日17：00	69.73	1.48	9.6
	12月18日	106.42	2.57	9.1

三顶氯离子分析数据可知，初顶氯离子略有增加，常顶氯离子增加较大，减顶氯离子略有增加，由此说明加工高氯原油过程中，可能有少量有机氯在常压系统发生水解，造成常顶含硫污水的氯离子增加。

总铁分析数据可知，初顶、常顶加工高氯油后腐蚀性增加，总铁含量超标。减顶系统略有降低。但常压塔内部及常顶空冷器全部采用不锈钢材质，抗腐蚀能力强，常顶含硫污水总铁升高有可能是局部腐蚀引起。初馏塔内部采用不锈钢，而冷却系统使用低合金钢钢，腐蚀可能为均匀腐蚀造成。

pH值分析数据可知，初顶注氨水，pH值控制应在7.5~8.5之间，整个过程中pH值在6.5~7.5之间严重偏低，大大增加初顶系统的腐蚀程度。常顶系统注有机中和剂，pH值控制应在6.5~7.5之间，但加工高氯原油过程中，原油盐、水变化及有机氯的水解，造成了常顶系统酸性介质波动，常顶含硫污水的pH值控制偏低，最低时小于6.0，增加了常顶系统腐蚀的可能性。减顶在高氯原油加工过程中改注有机中和剂，pH值控制较高，减顶系统的腐蚀较轻。

2.4 对高温部位的影响

高氯原油氯含量主要分布在常一线、常二线、常三线、减一线等馏分油中，大分子有机氯在不转化的情况下对设备管线的腐蚀较轻，这些馏分油中总氯含量虽然升高但未发现明显腐蚀迹象，如表7、图11、图12。

表 7　高温各侧线腐蚀性介质分析数据

分析介质	采样时间		总氯/(μg/g)	硫含量/%	酸值(度)/[mgKOH/g(100ml)]
常二	加工高氯原油前	2014. 10. 22 8：00	<1. 0		
	加工高氯原油中	2014. 12. 16 17：00	608	0. 667	40. 19(酸度)
	加工高氯原油后	2014. 12. 17 20：00	13. 6		
		2014. 12. 17 22：00	6. 9		
常三	加工高氯原油前	2014. 8. 12 14：00	<1. 0		
	加工高氯原油中	2014. 12. 16 17：00	145	0. 799	88. 30(酸度)
	加工高氯原油后	2014. 12. 17 17：00	5. 2		
		2014. 12. 17 20：00	2. 1		
		2014. 12. 17 22：00	1. 1		
减一线	加工高氯原油前	2014. 10. 07 8：00	1. 8		
	加工高氯原油中	2014. 12. 16 17：00	284	1. 17	77. 65(酸度)
	加工高氯原油后	2014. 12. 17 17：00	125		
		2014. 12. 17 20：00	53. 2		
		2014. 12. 17 22：00	31. 7		
减二	加工高氯原油前	2014. 3. 3 8：00	1. 24		
	加工高氯原油中	2014. 12. 16 17：00	28. 06	1. 04	1. 91
减三	加工高氯原油前	2014. 3. 3 8：00	1. 42		
	加工高氯原油中	2014. 12. 16 17：00	19. 25	1. 14	2. 29
减四	加工高氯原油前	2014. 12. 07 8：00		1. 94	2. 87
	加工高氯原油中	2014. 12. 16 17：00		1. 58	1. 89

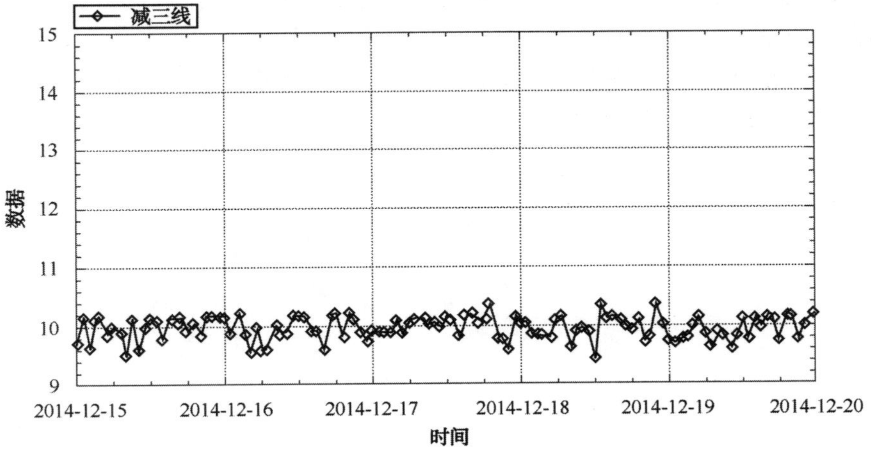

图 11　减三线高温测厚变化图

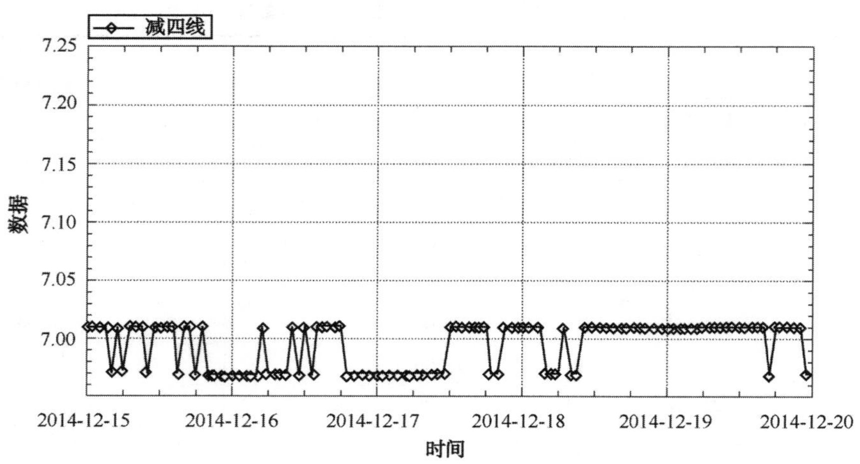

图 12　减四线高温测厚变化图

3　结论

（1）从监测效果可知，加工高氯原油对四常设备及管线的腐蚀略有加重。

（2）高氯原油中氯的存在形式虽为大分子有机氯，但加工过程中水洗油发现顶循及常一线的无机氯略有增加，有可能对顶循、常一线及常压塔内相对应部位的不锈钢设备造成影响。

（3）制定方案时电脱盐注水由净化水改为除盐水，减少了注水水质对电脱盐的影响，但加工高氯原油对四常电脱盐正常运转影响较大。高氯原油增加了电脱盐的脱水和脱盐难度，使得电脱盐效果变差。建议今后加工高氯原油时优化电脱盐的操作参数，比如混合强度调整，投注高效破乳剂等。

（4）高氯原油在常减压加工过程中有一定的分解，致使三顶系统氯离子含量增高，引起三顶系统探针腐蚀率严重超出规定指标。

（5）加工高氯原油引起常减压各侧线的有机氯含量大幅度增加。但由于大分子有机氯腐蚀性较差，高温部位没有明显腐蚀迹象。

浅谈碘量法测定炼油厂凝结水中硫化物的影响因素

姜桂芬，胡　洋，虞志华

（中国石化齐鲁分公司胜利炼油厂，山东淄博　255434）

摘　要　本文从样品采集及固定、样品的预处理、试验操作过程几方面出发分析了碘量法测定炼油厂凝结水中硫化物含量的影响因素。通过分析可知造成硫化物含量分析偏差的主要因素包括样品的采集方法、反应条件和滴定条件的控制、取样的准确性、硫化物的沉淀是否完全、试验中各种试剂的加入顺序、终点指示的准确等。并从以上几个方面提出了减小分析误差的措施。

关键词　凝结水　硫化物　碘量法　影响因素

1　前言

腐蚀介质分析是监控装置腐蚀状况、预测腐蚀变化趋势的有效手段。目前国内许多炼油厂为提高企业效益，大量加工高硫劣质原油，造成设备腐蚀加剧。高硫油的腐蚀主要来自油品中的硫化物，如硫化氢、单质硫、硫醇等，这些物质在原油加工过程中单独或与其他物质组合形成多种腐蚀环境，如高温硫腐蚀、高温硫/H_2S 腐蚀、低温湿 H_2S 腐蚀等。其中常减压塔顶等低温部位的硫腐蚀可以通过分析凝结水中的硫含量来监控。但在化学分析操作过程中，尤其是采样过程和试验操作步骤中，有很多因素会影响分析结果的准确性和可靠性。

2　分析方法及原理[1,2]

目前炼油厂分析凝结水中硫化物采用的分析方法为《HJ/T 60—2000 水质 硫化物的测定 碘量法》，主要原理如下：

首先，凝结水水中硫化物与醋酸锌生成沉淀，反应如下：

$$H_2S+Zn^{2+}\longrightarrow ZnS\downarrow(白)+2H^+$$

$$HS^-+Zn^{2+}\longrightarrow ZnS\downarrow+H^+$$

$$S^{2-}+Zn^{2+}\longrightarrow ZnS\downarrow$$

然后过滤使硫化锌与水中其它干扰物质分离，用硫酸溶解硫化锌沉淀，并在酸性溶液中与碘反应生成单质硫。过量的碘用硫代硫酸钠滴定，同时作空白试验。用差减法计算水中硫化物含量。反应如下：

$$ZnS+2H^+\longrightarrow H_2S+Zn^{2+}$$

$$H_2S+I_2\longrightarrow 2HI+S\downarrow$$

$$I_2+2S_2O_3^{2-} \longrightarrow 2I^-+S_4O_6^{2-}$$

3 结果与讨论

3.1 采样过程中的影响因素

一般来说采样造成的分析结果误差大于分析过程造成的误差。因此样品的采集十分重要。如果采样方法不正确，即使分析工做的非常仔细和正确，分析结果也毫无意义。

采样的基本原则是使样品具有代表性。正确的采样是取得数据的关键一步，在采样过程中要关注以下几方面的问题：

(1) 采样瓶应采用大小合适的无色磨口塞的硬质玻璃细口瓶，以保证密封效果，减少硫化氢跑失。

(2) 采样瓶必须清洁干燥。采样前应用所采水样冲洗采样瓶至少三次，以保证样品原样。

(3) 所采的水样应为流动试样，采样时应注意工艺操作条件的改变，保证采的水样是流动水样，而不是积存的死水。采样口如有半堵塞情况，应将采样口处理畅通后再采样，以保证数据的真实性。表1列出了同一个样品两种状态下采样分析得到的硫化物含量。

表1 采样情况不同对分析结果的影响

样品部位	硫化物/(mg/L)	
	积存水样	排放后流动水样
重油加氢脱硫单元 V1705	121890.32	71579.08

从表1可以看出，积存水样中的硫化物含量比流动水样高出50311.24mg/L，超出70.3%。积存水样中的硫化物分析数据是采样口处积存的硫化物数据，不具代表性。

(4) 水样中硫化物极不稳定，容易从水样中溢出，也容易被氧化。一般情况下采样后应立即进行分析。如因故不能立即分析时，应先用醋酸锌固定。表2列出了两个样品中硫化物当天及第二天的分析结果对比情况。

表2 样品分析时间对分析结果的影响

样品部位	硫化物/(mg/L)	
	当天	第二天
二加氢冷高分 D103	34610.32	11244.93
二加氢冷高分 D203	11244.93	9931.66

从表2可以看出，第二天水样中硫化物的含量比当天水样中的硫化物含量低很多，这是由于硫化物不稳定容易发生化学反应生成其他物质，如单质硫(第二天水样中有硫析出挂壁)。

3.2 试验操作过程中的影响因素

(1) 取样的准确程度直接影响结果的准确性。首先所用取样器精度要好。因炼油厂脱硫装置、再生塔顶凝结水中硫化物含量相对较高，用同体积的醋酸锌吸收所需取样量较少(有时取 0. 02mL)，必须用精确度高取样器，以减少因取样而带来较大的误差。

(2) 对硫化物的沉淀是否完全，是实验成败的关键。为能完全沉淀硫化物，取样时要视沉淀的多少而定，保证醋酸锌过量，否则结果偏小。

(3) 样品中其他物质的影响。凝结水中溶解性硫化物不仅是以 H_2S、HS^-存在，还有硫代硫酸盐、亚硫酸盐等干扰物质，这些物质都能与碘反应而产生正干扰。试验过程中加醋酸锌使硫化物生成 ZnS 析出就是排出由硫代硫酸盐、亚硫酸盐等物质的干扰；另外过滤过程中，一定要把沉淀冲洗干净，残留的醋酸锌也影响滴定结果。

(4) 测定中不能将加碘和加酸的次序颠倒。要先加碘，后加酸。否则生成硫化氢跑掉，造成结果偏小。表 3 为加碘和加酸的顺序变化后硫化物分析结果的比较。

表 3 加碘加酸顺序变化对分析结果的影响

样品	硫化物/(mg/L)	
	先加碘，后加酸	先加酸，后加碘
三硫磺胺液再生 R302	35297. 75	7579. 08

从表 3 可以看出将加碘和加酸的次序颠倒，测的硫化物结果低很多，若操作速度再慢一点，硫化物有可能完全反应生成硫化氢，从溶液中释放出去。

(5) 加碘后溶液应保持有碘的颜色，如果碘不足应进行补充。一定要保证碘过量，如果碘不足，会造成分析结果偏小，见表 4。

表 4 碘加入量对分析结果的影响

样品	硫化物/(mg/L)	
	碘足量	碘不足
重油 VRDS 单元冷高分 V1330	30643. 26	24856. 69

从表 4 可以看出，碘加入量不足时，测得的硫化物含量比较低，这是由于碘不足造成碘与硫化物不能完全反应导致的。

(6) 碘量法属于氧化还原滴定法，反应条件和滴定条件的控制是否合理会直接影响测定结果。

① 溶液的酸度。

碘与硫代硫酸钠的反应必须在中性或弱酸性溶液中进行。

在碱性溶液中会同时发生以下反应：

$$S_2O_3^{2-}+4I_2+10OH^-=\!=\!=2SO_4^{2-}+8I^-+5H_2O$$

这样造成氧化还原反应复杂化，无法定量计算。

在较强的碱性溶液中，碘会发生歧化反应，造成测量误差：

$$3I_2+6OH^-=\!=\!=IO_3^-+5I^-+3H_2O$$

在强酸性溶液中，硫代硫酸钠标准滴定溶液会分解，同时碘也易被空气氧化：

$$S_2O_3^{2-}+2H^-=\!=\!=SO_2+S\downarrow+H_2O$$

$$4H^++4I^-+O_2=\!=\!=2I_2+2H_2O$$

光照会促进碘被空气氧化，为避免光照，滴定速度要适当加快。

② 防止碘挥发。

碘易挥发，会给测定带来误差。通常要加入过量3~4倍的碘化钾使 I_2 与 I^- 生成 I_3^- 络离子，既适合滴定又防止碘的挥发。

此外，为避免碘挥发，反应温度不能过高，应在室温下进行，操作滴定时不要剧烈摇动碘量瓶。

（7）淀粉溶液应用新鲜配制的，若放置过久，淀粉与 I^- 形成的络合物不呈蓝色而呈紫或红色。这种红紫色吸附络合物在用 $Na_2S_2O_3$ 溶液滴定时褪色慢，终点不敏锐。

（8）滴定终点的正确判断。实验过程中溶液由褐黄-金黄-浅黄-蓝色-无色变化，淀粉指示剂应近终点时加入，即溶液呈浅黄色时(此时大部分碘已作用)，加入淀粉，用 $Na_2S_2O_3$ 溶液继续滴定至蓝色恰好消失，即为终点。淀粉指示剂若加入太早，溶液中就有大量碘存在，则大量的碘与淀粉结合成蓝色物质吸附在淀粉表面，这一部分碘不容易与 $Na_2S_2O_3$ 反应，因而会使滴定发生误差，同时也影响终点的正确判断。

（9）应控制好滴定前放置的时间确定在5~10min。既保证硫化锌全部溶解，也防止了碘因放置时间长被氧化。这样保证了测定结果的准确。

4 结论

采用碘量法测定炼油厂凝结水中硫化物含量时，影响测定结果的因素很多，主要包括以下几个方面：样品的采集、反应条件和滴定条件控制、取样的准确性、硫化物的沉淀是否完全、试验中各种试剂的加入顺序、终点指示的准确等。在日常操作中，要关注以上几个方面的操作细节，减小分析结果的偏差，保证数据的可靠性。

参考文献

[1] 华东化工学院分析化学教研组，成都科学技术大学分析化验教研组．分析化学[M]．北京：高等教育出版社，1988.

[2] HJ/T 60—2000. 水质硫化物的测定[S].

[3] 罗智．碘量法测定硫化物的探讨[J]．广州化工，2011，39(10)：113.

[4] 马锦．采样碘量法测定硫化物中值得注意的问题[J]．干旱环境监测，2002，16(1)：56-57.

[5] 陶晓红，唐莉，李军．碘量法测定硫化物实验研究[J]．监测油气田环境保护，2006，16(2)：37-38.

纤维膜接触器在焦化装置中的应用

林　肖，张万河，于福东，雷云龙

（中国石化青岛石油化工有限责任公司，山东青岛　266043）

摘　要　本文介绍了纤维膜接触器的工作原理及我公司160万t/a焦化装置中的应用情况，结果表明运行状态良好，性能稳定，脱硫醇效果好。

关键词　纤维膜接触器　硫化氢　脱硫醇

随着原油性质的日渐恶劣，原油特别是渣油中的总硫含量也越来越高，炼油行业开始炼制高硫高酸原油，中国石化在青岛石化试点炼制高酸原油基地。160万t/a焦化装置是含酸原油项目里的重中之重。原料为常减压装置的减压渣油，设计高酸油工况含硫是0.64%，掺炼重油工况含硫是1.34%质量分数，设计高酸油工况液化气含硫是4402 mg/m^3，掺炼重油工况液化气含硫是10641mg/m^3。LPG中总硫超标严重威胁装置安全长周期生产。实践证明，液化气中硫质量分数大于400mg/m^3时，液化气管线、容器及储罐的晶间腐蚀率和氢脆腐蚀率成倍增长，影响设备的使用寿命，极易形成安全隐患。为解决LPG含硫高问题，装置设计安装了上海华阜的纤维膜接触器，经纤维膜接触器脱硫后可以达到产品质量要求液化气产品总硫≤50mg/m^3，硫化氢≤1mg/m^3，硫醇硫≤10mg/m^3，按照设计要求硫含量会大大减小，确保装置长周期、安全运行。

1　纤维膜接触器工作原理

1.1　纤维膜接触器设备原理

纤维膜接触器是一种静态接触设备，是由一束束长而连续的小直径纤维丝组成的，包裹在一根圆柱型的容器中，使有效的横截面足够填充纤维以提供发生传质所需的大量的表面积。这种应用界面扩张原理的纤维膜接触器，解决了传统的混合-沉降系统中发生的拔出效率和碱浓度上的限制，大大提高了烃—碱比，从而有利于增加萃取效率。

进入纤维膜接触器一般有两相，一是连续相如液化气，二是分散相如碱液。当液化气流体以连续相流过纤维束时，碱液通过毛细作用和表面张力已经优先裹在和附着在纤维表面上。当两相流体同时流经纤维束时，两相间的拉力是碱液相的主要的推动力。碱液相的表面张力使得它顺着纤维束进入分离罐底部。连续相液化气脱离纤维束而从分离罐的顶部流出。在多根相互独立的纤维丝上依靠碱液相的包裹作用，产生一个很大的表面积，这个表面积通过连续相沿着纤维的拖动不断更新。结果产生非常高的传质效率、低的能量消耗和可忽略不计的碱夹带。

碱相通过接触器顶部的歧管入口引入，沿着纤维丝向下流并在分离罐底部沉降。在大多数应用场合，碱相是连续循环回到接触器的顶部。

烃相也通过接触器顶部的入口歧管引入，并流过被碱相湿润过的纤维丝系统。当烃相到达套筒的末端，不会被束缚，而是从纤维系统上脱离下来，流过分离罐，并从远端流出。通过这种方法进行两相分离，产生干净的无碱夹带的烃相和无烃夹带的碱相。

1.2 纤维膜接触器工艺原理

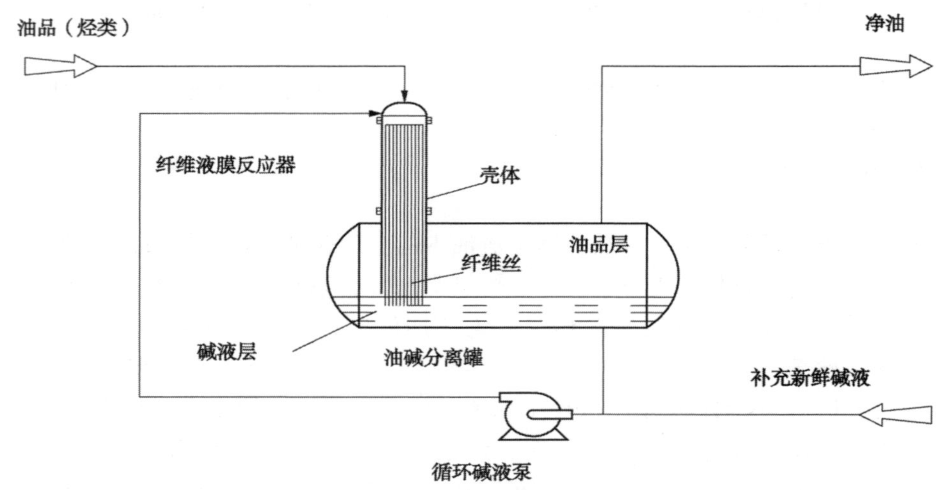

图1 纤维液膜接触器工艺原理

2 脱硫醇工艺

脱除硫化氢后的液化气都有很臭的气味，产生臭味的物质之一就是硫醇，硫醇不仅是最难闻的有机化合物之一，而且它是活性硫化物，是一种氧化诱发剂，使油品中的不稳定物容易氧化，叠合生成胶状物质。另外硫醇还有腐蚀性，它对铜、铝及其合金都有强烈的腐蚀作用，并能使元素硫的腐蚀性显著增加。它还影响油品对添加剂，如抗爆剂、抗氧化剂、金属钝化剂等的感受性。

纤维膜接触器是一种全新的传质设备，两相在纤维膜接触器内的接触方式不是常规的混合分散式雾滴之间的球面接触，而是特殊的非分散式液膜之间的平面接触，当油品烃类和碱液分别顺着金属纤维向下流动时，因表面张力不同，它们对金属纤维的附着力就不同，碱液的附着力要大于烃类。当碱液顺着纵横交错的金属纤维流动时，就会被纵横的金属纤维拉成一层极薄的膜，从而使小体积的碱液扩展成极大面积的碱膜，此时如果让烃类从已被碱液浸润湿透的金属纤维丝上同时流下，则烃类与碱液之间的摩擦力使碱膜更薄，两相之间的接触是平面膜上接触，在接触过程中便进行酸碱反应，在一定的时间内就能完成传质的过程。

纤维液膜接触器之所以能做到烃相和碱液相非弥散态的质量传递，使烃相的杂质去除，并能大大提高质量传递的速率，可用以下的传质方程来解释：

$$M = J \cdot A \cdot \Delta F$$

式中 M——传质反应速率；

J——烃碱体系的传质常数；

A——烃碱两相接触的有效面积；

ΔF——杂质从烃相转移到碱相的浓度差推动力。

J 与温度有关，大小随烃相和碱液相性质的不同而略有差异，从上式可以看出，J 和 ΔF 的变化都不大，但纤维液膜反应器中的大量纤维使得两相的有效接触面积 A 大大增加，因此传质速率也随之增大。

从操作上来说，纤维摸接触器取决于当第二相流体以连续相流过纤维束时，第一相流体通过毛细作用和表面张力已经优先裹在和附着在纤维表面上。当两相流体同时流经纤维束时，两相间的拉力是束缚相的主要推动力。束缚相的表面张力使得它顺着纤维以束缚相层流进分离罐底部。连续相脱离纤维束而从分离罐的顶部流出。在多根相互独立的纤维丝上依靠束缚相的包裹作用，产生一个很大的表面积，这个表面积通过连续相沿着纤维的拖动不断更新。结果产生非常高的传质效率、低的能量消耗和可忽略不计的夹带。它的使用使得两相流体的体积比范围可以大大扩展。纤维系统为改善油品中杂质的拔出，增加碱相的使用和绝佳的调节能力创造了条件。

纤维膜接触器既可用于气-液，也可用于不易混合的液体系统，只要系统中有一相具有显著的湿润纤维表面的趋势。同依靠扩散作用达到界面传质效果的扩散—分离系统相比较，纤维膜接触器依靠：

（1）缩短交换距离。

（2）延长两相亲密接触的时间的合成来促进传质。

纤维膜脱硫工艺应用重力场和表面亲和力原理，将碱液在特殊填料表面拉成液膜，使二相接触面积剧增，传质距离大大缩短。在不改变脱硫机理氢氧化钠碱液抽提液化气中的硫醇，不改变主要脱硫工况温度、压力的情况下，由于大幅度提高了传质效率约 50 倍左右的情况下，大大提高了脱硫效率。是一种高效率的液化气脱硫新工艺。与传统填料塔、塔板塔比较具有许多独特优点。

统纤维膜脱硫工艺使用氢氧化钠水溶液脱除液化气中的有机硫。氢氧化钠将其中的甲硫醇、乙硫醇和少量的硫化氢分别转化为甲硫醇钠、乙硫醇钠和硫化钠，使之溶于碱液中，从液化气中抽提到碱液中达到脱硫的目的。硫醇钠和硫化钠混于碱液中形成碱渣。碱渣通过催化剂液态聚酞氰钴的作用，氧化再生，循环使用。

液化气中硫醇、硫化氢碱洗脱除的化学反应如下：

$$RSH+NaOH \longrightarrow NaSR+H_2O$$

$$H_2S+2NaOH \longrightarrow Na_2S+2H_2O$$

在碱精制系统中，这些反应产生的水最终将冲淡配制好的碱液。必需及时更换或补充新鲜碱，以维持 NaOH 的有效的高浓度，足够脱除硫化氢、硫醇，以满足油品指标。

在碱液氧化再生塔中，废碱液在液态聚酞氰钴催化剂作用下，与氧气反应，氧化后其中的硫醇钠转变成二硫化物和氢氧化钠，与尾气一起进入到碱液二硫化物分离罐。在罐中由于密度和极性的差别，绝大部分二硫化物浮于上层，通过罐内的分离管排出，去焦化装置和或其它环保装置处理。罐底的碱液送到碱液再生纤维膜接触器中与轻石脑油进行反抽提。

在氧化塔中，NaSR 和 Na_2S 就与氧气发生了氧化反应。液态聚酞菁钴催化剂促进这些氧化反应。Na_2S 被氧化成硫代硫酸钠 $Na_2S_2O_3$ 而依然留在碱液中，NaSR 被氧化成一种难溶于水的二硫化物，浮在碱液上面。

Na_2S 的氧化反应式如下：

$$2Na_2S+2O_2+H_2O \xrightarrow{\text{催化剂}} Na_2S_2O_3+2NaOH \quad (1)$$

RSH 的氧化反应式如下：

$$2NaSR + 1/2O_2+H_2O \xrightarrow{\text{催化剂}} RSSR+2NaOH \quad (2)$$

对于油品脱硫醇的深度主要取决于纤维膜接触器内的反应，催化剂对这一步反应是起作用的。但由于实际生产工艺过程中碱液 NaOH 是循环使用的，因而氧化塔里的反应就在催化剂的作用下，将 NaSR 转化为不溶于水的二硫化物，而使碱液得到再生。

3 设计条件

表1 设计条件

项目	规格、参数	项目	规格、参数
烃类型	焦化液化气	总硫	4000 硫醇硫大于 99%
流量/(t/h)		入口操作条件	
设计	9.3	温度/℃	40 范围 30~45
正常	6.4	进口压力/MPa(g)	1.6
最小	3.8	处理介质	
年开工时数/h	8400	氢氧化钠/%	15~25
密度(40°C)/(kg/m³)	510	氧化催化剂	液态聚酞氰钴
入口杂质/(mg/m³)	水洗水	除盐水	
硫化氢，正常	20	反抽提溶剂	石脑油 $H_2S<1mg/m^3$，硫醇硫 $<10mg/m^3$，总硫 $<200\ mg/m^3$
		净化干气	$107Nm^3/h$

4 纤维膜接触器脱硫醇单元工艺流程说明

4.1 焦化液化气脱硫醇流程

焦化液化气自脱硫单元进入本单元后，经过焦化原料篮式过滤器 FI601A/B 过滤掉其中的杂质后进入焦化液化气一级碱洗罐 V604 上部的第一级纤维膜接触器 FFC601 的顶部，与经焦化液化气碱洗泵 P601A/B 循环的碱和从第二级碱洗罐 V605 界面控制流出来的碱液接触。碱液在开工前已循环，首先润湿接触器中的金属纤维，并沿纤维丝向下流动，焦化液化气顺着纤维束与碱液同方向平行流动，使得液化气与碱液之间在纤维束上形成一层流动的薄膜，从而增大了传质面积，提高了传质速率，硫化氢和硫醇被抽提到碱中，含有硫化钠和硫醇钠的碱液脱开纤维，在第一级碱洗罐 V604 的底部沉降，碱渣经界面控制去再生处理。一级碱洗后的液化气从一级碱洗罐 V604 顶部出来进入二级碱洗罐 V605 上的第二级纤维膜接触器 FFC602，再与由碱液循环泵 P601A/B 泵送的循环碱液或由碱液输送泵 P605A/B 泵送来的再生碱液在纤维束上相互接触，脱除剩余的有机硫；液化气和碱液在二级碱洗罐 V605 中沉降分离，分离后的碱液循环使用。经过二级碱洗后的精制液化气从二级碱洗罐 V605 顶部出，再进入焦化液化气水洗罐 V606 上的纤维膜接触器 FFC-603 顶部，在焦化液化气水洗罐 V606 中与经水洗泵 P602A/B 来的水接触，洗去液化气中可能夹带的碱滴，经过水洗后的液化气出装置。

4.2 碱液再生工艺流程

从焦化液化气一级碱洗罐 V604 底部和二级碱洗罐 V605 底部经界面控制流出的碱液和与从管网来的压缩空气接触进入碱液氧化塔 T603 中，再从碱液氧化塔 T603 顶部流出，再进入二硫化物分离罐 V607 中分离二硫化物，二硫化物从二硫化物分离罐 V607 中部自压排入二硫化物储罐 V614 中，分离过二硫化物的碱液还含有一定的硫化物，如直接再利用去进行液化气脱硫将造成硫化物返回到液化气中，必须再进一步用轻石脑油在碱液反抽提纤维膜接触器 FFC-604 中反抽提，将碱液中硫化物反抽提到轻石脑油中，轻石脑油进入轻石脑油聚结器 SR601 分离碱液后至重整装置。再生后的碱液从碱液反抽提沉降罐 V608 底部抽出，再由碱液输送泵 P605A/B 泵送返回到焦化液化气二级碱洗罐 V605 上的二级纤维膜接触器 FFC602 的顶部循环使用。

自二硫化物分离罐 V607 分出的含氧尾气体送至硫磺装置焚烧炉少掉处；二硫化物从排出管自压排入二硫化物储罐 V614 中。

5 流程图

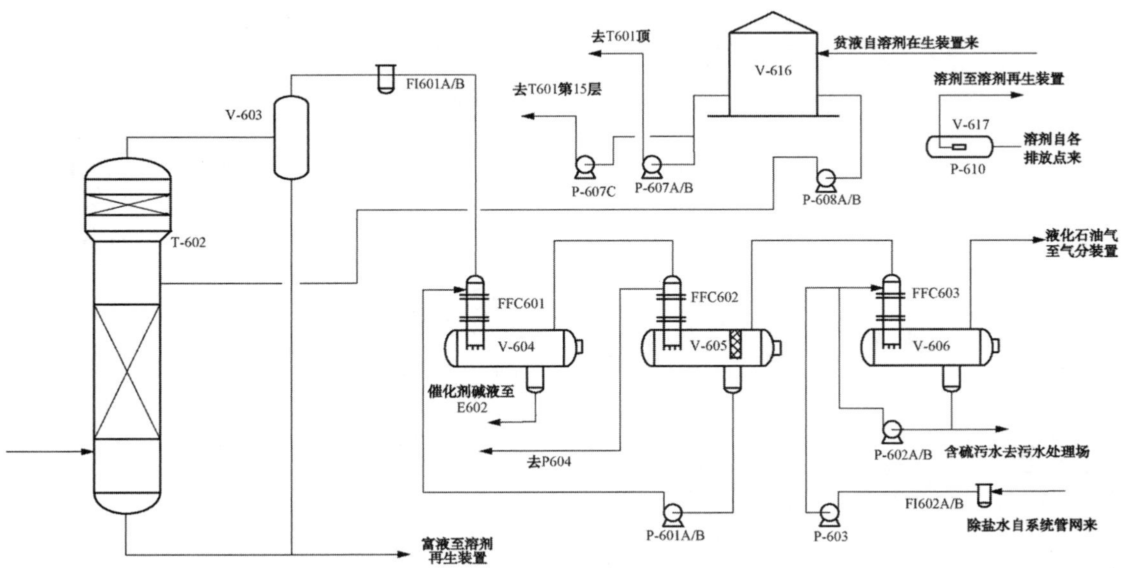

图 2 纤维膜脱硫部分流程

5.1 纤维膜脱硫部分

来自溶剂再生装置的贫液进入溶剂缓冲罐(V616)，经贫液泵(P608A/B)升压后送至液化石油气脱硫抽提塔(T602)。

来自吸收稳定部分的液化气进入液化石油气脱硫抽提塔(T602)下部，在塔内液化气和自塔上部进入的贫胺液逆流接触，贫胺液由贫液泵(P608A/B)提供，液化气中的硫化氢被胺液吸收并随胺液自塔底流出，与干气脱硫塔底富液汇合至溶剂再生装置，贫胺液的量由流量控制阀调节。净化液化气自塔顶流出经液化石油气胺液回收器(V603)沉降脱除可能携带的胺液后，至液化气脱硫醇。

脱硫后的液化石油气经液化石油气过滤器(FI601A/B)过滤后，从液化石油气一级碱洗沉降罐(V604)上部进入液化石油气一级碱洗接触器(FFC601)，在纤维膜的表面液化石油气与自液化石油气二级碱洗沉降罐(V605)来的催化剂碱液接触，使其中含有的少量硫化氢以及硫醇被催化剂碱液抽提出来，之后液化石油气和催化剂碱液依靠重力在液化石油气一级碱洗沉降罐(V604)中沉降分离。为保证液化气中的硫醇脱除至满意的效果，串级设置两台碱洗接触器。脱除了硫化氢及硫醇的液化石油气从液化石油气一级碱洗沉降罐(V604)的顶部流出，从上部进入液化石油气二级碱洗接触器(FFC602)，在纤维膜的表面液化石油气与再生后的碱液接触，进一步脱除硫醇，经液化石油气二级碱洗沉降罐(V605)沉降聚结分离后，进入液化石油气水洗接触器(FFC603)与除盐水接触，使液化石油气中的溶解性杂质溶于水中。从液化石油气水洗沉降罐(V606)顶出来的精制液化石油气至罐区。分离后的水洗水经液化石油气水洗泵(P602A/B)增压后循环使用；除盐水经除盐水过滤器(FI602A/B)过滤后，由除盐水泵(P603)间断加入至水洗沉降罐，含油污水间断排出。

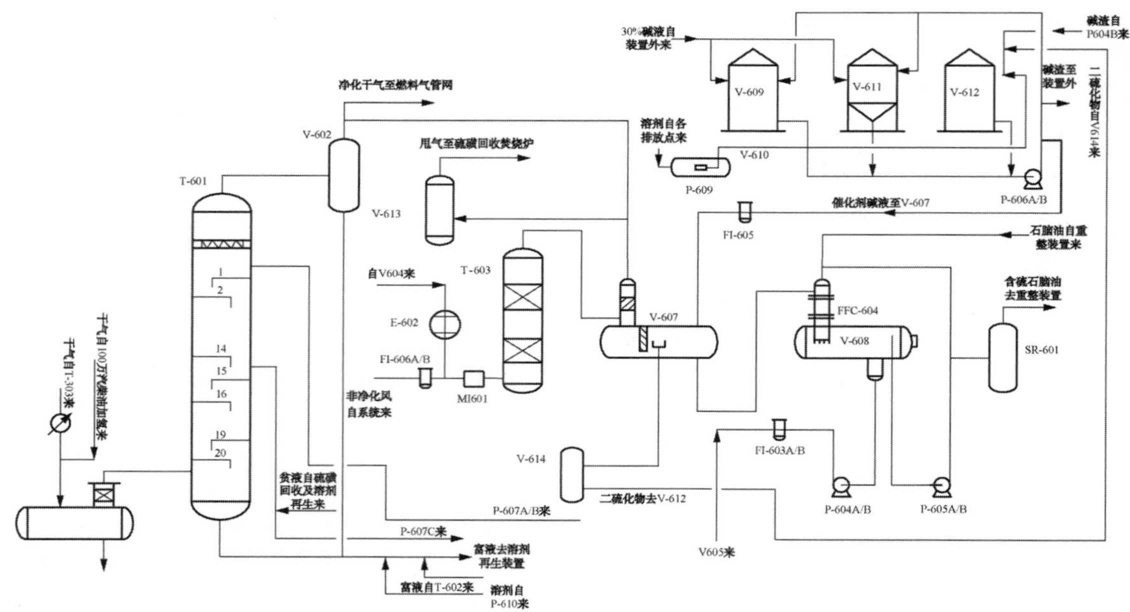

图3 纤维膜碱液再生反抽提部分流程

5.2 纤维膜碱液再生反抽提部分

来自溶剂再生装置的贫液进入溶剂缓冲罐(V616)，经贫液泵(P607A/B)升压后送至干气脱硫塔(T601)。

来自吸收稳定部分的焦化干气与来自100万t/a汽柴油加氢装置的低分气混合，由干气冷却器(E601)冷却后，经干气分液罐(V601)分离出气体中携带的凝液和细小液滴后进入干气脱硫塔(T601)下部，在塔内气体和自塔上部进入的贫胺液逆流接触，贫胺液由贫液泵(P607A/B)提供，贫胺液的量由流量控制阀调节。气体中的硫化氢和MDEA发生反应随富胺液自塔底流出至溶剂再生装置。净化干气自塔顶流出，经干气胺液回收器(V602)除去可能携带的胺液，经压力控制阀后进入燃料气管网。

从液化石油气一级碱洗沉降罐(V604)底出来的催化剂碱液经碱液加热器(E602)加热至60℃并与一定量的空气混合后进入氧化塔(T603)，在催化剂的作用下，碱液中的硫醇钠被空气氧化为二硫化物，碱液得到再生。再生后的催化剂碱液经二硫化物分离罐(V607)分离出二硫化物，经碱液冷却器(E603)冷却至40℃后，从碱液再生沉降罐(V608)上部进入碱液再生接触器(FFC604)，在纤维膜的表面催化剂碱液与石脑油接触，使催化剂碱液中的少量二硫化物被石脑油抽提出来。石脑油作为抽提溶剂经石脑油循环泵(P605A/B)循环使用，部分含硫石脑油外甩出装置，同时补充少量新鲜的石脑油，以控制抽提溶剂的总硫含量。再生后的催化剂碱液经碱液循环泵(P604A/B)送至液化石油气二级碱洗接触器(FFC602)循环使用。

6 焦化液化气脱硫醇系统工艺参数

表2 设计及工艺控制比较表

设备名称	项目	设计值	实际控制值
碱洗纤维膜接触器FFC601、FFC602及沉降罐V604	液态烃流量/(t/h)	9.42	5.5
	碱液循环量/(m^3/h)	3.2	3.0
	操作压力/MPa	1.57	1.2
	温度/℃	40	32
	碱液离罐底液位/mm	400	400
尾气分液罐(V613)	尾气含燃料气流量/(Nm^3/h)	54	15
	燃料气流量/(Nm^3/h)	20	0
	操作压力/MPa	0.3	0.2
	温度/℃	30	30
水洗纤维膜接触器FFC603及沉降罐V606	液态烃流量/(t/h)	9.42	5.5
	水循环量/(m^3/h)	3.2	3.0
	操作压力/MPa	1.57	1.2
	温度/℃	40	32
	碱液离罐底液位/mm	450	400

续表

设备名称	项目	设计值	实际控制值
碱液氧化塔(T603)	碱液循环量/(m^3/h)	3.2	6.0
	空气流量/(Nm^3/h)	39	10
	操作压力/MPa	0.4	0.2
	温度/℃	50	50
二硫化物分离罐(V607)	空气、碱液混合流量/(m^3/h)	42.2	19
	碱液流量/(m^3/h)	3.2	6
	尾气流量/(Nm^3/h)	34	10
	操作压力/MPa	0.3	0.2
	温度/℃	50	40
	碱液离罐底液位/mm	1650	1600

7 结论

纤维膜接触器既可用于气—液，也可用于不易混合的液体系统，只要系统中有一相具有显著的湿润纤维表面的趋势。同依靠扩散作用达到界面传质效果的扩散—分离系统相比较，纤维膜接触器具有以下优点：

(1) 单位体积的传质面积大。

(2) 传质距离缩短，有效时间延长，传质表面不断更新，传质的效率大大提高。

(3) 在没有相分离的情况下，实现界面传质，避免了夹带。

(4) 大大减少了相分离的停留时间，从而减小了设备尺寸。

(5) 能耗低。

(6) 能容纳较宽的烃-碱比例，使参数能进一步接近最佳匹配。

(7) 设备简单，而且均为静设备，节约投资和操作成本。

(8) 便于在老装置上改造。

(9) 碱耗小，碱渣排放量小。

(10) 连续开工率接近100%。

开工以来因为种种原因没有炼制设计的高硫高酸原油品种，但纤维膜接触器的效果还是比较明显的，运行状态良好，性能稳定，脱硫醇效果好。

多导流筒中心气升式环流反应器流体力学特性研究

左　晶，王　娟，王江云，毛　羽，赵　凡，孙中卫

（中国石油大学；重质油国家重点实验室，北京　102200）

摘　要　为提高中心气升式环流反应器气液分布效果，本文采用 RNG $k-\varepsilon$ 湍流模型、欧拉-欧拉双流体模型对多导流筒中心气升式环流反应器的内部流场进行了二维数值模拟。模拟结果表明，二级导流筒对多导流筒中心气升式环流反应器内部的环流效果影响很大，当二、三级导流筒高度相等时可以实现四级环流，并消除中心区域小速度环流，提高外环循环液速。相比于具有单级环流的传统单导流筒环流反应器，多导流筒中心气升式环流反应器有利于气液分布及传质效果的提高，为推动其工业应用提供参考。

关键词　气升式环流反应器　多导流筒　流动特性　气含率　循环液速

气升式环流反应器是在鼓泡反应器的基础上发展而来[1-4]，依靠气相浮力和液相动能实现反应器内部规则的循环流动，结构简单，流体力学性能好，是一种高效的多相反应器。在化学工业、生物工程、冶金等方面有广泛的应用[5]。

为提高环流反应器内部的气含率、循环液速及横向混合效果，众多学者对环流反应器的结构参数及操作参数进行了研究。导流筒作为环流反应器的关键部件，对其气液分布效果及传质性能有很大的影响。研究者提出多导流筒中心气升式环流反应器，即在普通单级环流反应器内部加设多级同轴导流筒，从而形成具有多筒串级环流的流场分布[6-7]。由于受到多导流筒环流反应器内外筒多层筒壁的影响，针对局部气含率的试验测量难以获得有效结果，笔者采用计算流体力学(CFD)的方法对这种多导流筒中心气升式环流反应器的内部流场进行数值模拟，考察了各级导流筒高度对气含率、循环液速及气液两相流动特性的影响，确定了最佳导流筒结构。

1　多导流筒气升式环流反应器模型建立及网格划分

图 1 为多导流筒中心气升式环流反应器结构示意图，表 1 为多导流筒中心气升式环流反应器的关键尺寸。外筒直径 $D=1200$mm，外筒高度 $H=4600$mm，自内向外分别为一级导流筒、二级导流筒和三级导流筒，一级导流筒直径 $D_1=300$mm，二级导流筒直径 $D_2=600$mm，三级导流筒直径 $D_3=900$mm。一级导流筒底部为一级气体分布器，二、三级导流筒环隙空间底部为二级气体分布器。采用 Gambit 软件对不同结构多导流筒中心气升式环流反应器进行了完全结构化网格划分，节点数为 29142 个，并使用 Fluent 计算软件进行数值模拟。

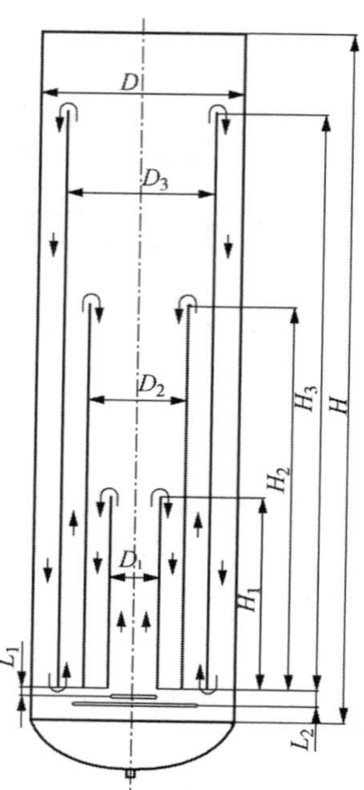

图1 环流反应器结构示意图

表1 多导流筒气升式环流反应器结构尺寸表

结构参数	结构一	结构二	结构三	结构四	结构五	结构六
H_1/mm	1200	2400	3600	1200	2400	3600
H_2/mm	2400	2400	2400	3600	3600	3600
H_3/mm	3600	3600	3600	3600	3600	3600

2 数学模型

2.1 双流体模型

双流体模型的优点是可全面考虑颗粒相的湍流输送，并用同一方法处理颗粒相(气相)及连续相(液相)。相较于欧拉-拉格朗日法，欧拉-欧拉双流体模型假定气泡离散相为拟流体，具有较低的计算量。因此，本工作采用欧拉-欧拉双流体模型对环流反应器进行数值模拟，具体方程如下所示，

连续性方程为：

$$\frac{\partial}{\partial t}(\alpha_q\rho_q) + \nabla\cdot(\alpha_q\rho_q\vec{u}_q) = 0 \tag{1}$$

动量守恒方程为：

$$\frac{\partial}{\partial t}(\alpha_q\rho_q\vec{u}_q) + \nabla\cdot(\alpha_q\rho_q\vec{u}_q\vec{u}_q) = m_{pq}\vec{u}_{pq} + \nabla\cdot\vec{\tau}_q - \alpha_q(\nabla p - \rho_q F_L - \rho_q F_{Vm} - \rho_q F_q) + \vec{R}_{pq} \tag{2}$$

$$\sum_{p=1}^{n} \vec{R}_{pq} = \sum_{p=1}^{n} K_{pq}(\vec{u}_p - \vec{u}_q) \tag{3}$$

2.2 数值模拟条件

数值模拟的条件为：多导流筒中心气升式环流反应器顶部采用压力出口边界，空气入口采用速度入口边界，其余壁面采用非滑移边界，壁面处湍流模拟采用标准壁面函数。湍流模型选择 RNG $k-\varepsilon$ 模型，气-液两相模型选择欧拉-欧拉双流体模型，压力-速度耦合采用 SIMPLE 算法，动量、湍动能和湍流耗散率的离散格式选择 QUICK 格式。流体介质采用空气-水，静止操作液位高度 $H_L=4310$mm，表观气速 $u_g=0.01$m/s。

3 结果与讨论

3.1 基本流场分析

图 2 为多导流筒中心气升式环流反应器的液相速度矢量及流线图，可以看出在结构一环流反应器中，气体从一级气体分布器喷出，带动液体流入三级导流筒外侧环隙空间，形成一级环流；二级气体分布器喷出的气体带动周围液体自二、三级导流筒环隙空间流入三级导流筒外侧环隙空间，形成二级环流；部分气液两相流自三级导流筒外侧环隙空间流入一、二级导流筒环隙空间，形成三级环流。相比于只能形成一级环流的单导流筒中心气升式环流反应器，多导流筒中心气升式环流反应器在其内部可以形成三级环流，有效地减小了壁效应及二次流，增强横向混合效果，从而提高反应器内部的气液分布及传质效果。

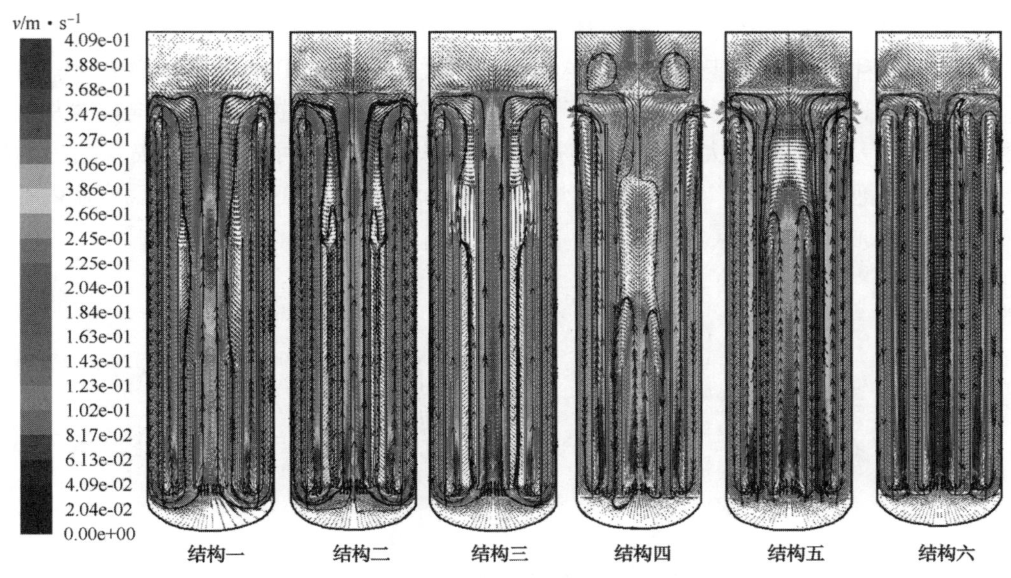

图 2　六种结构速度矢量及流线图

3.2 改进结构流场分析

虽然在结构一环流反应器内部形成了规则的三级气液环流，但是由图 2 可以看出，结构一环流反应器一、二级导流筒环隙空间内流速较慢，且气液两相流向上流动，不利于第四级环流的生成及传质效率的提高。为进一步提高传质效果，分别对一、二级导流筒高度进行调整，对改进结构后的环流反应器内部流场进行相同条件下的数值模拟。结构改进方案如表1所示。分析各方案多导流筒中心气升式环流反应器内部流场速度矢量及流线图可以得出，一级导流筒的高度对一、二级导流筒环隙空间内部的气液两相流动特性影响较小。二级导流筒的高度对一、二级导流筒环隙空间内部的气液两相流动特性影响很大，当二级导流筒高度增加到与三级导流筒高度相等时，一、二级导流筒环隙空间内的流速向上，且流速明显增大，如结构四所示。此外，虽然结构四可以实现四级环流，但是中心区域速度较低，存在小速度环流，而且中心区形成负压区，使边壁区域气液两相流从反应器顶部中心区域逃逸，造成反应器内部整体气含率降低，气液混合效果较差。这主要是由于一级导流筒高度过低引起的，因此一级导流筒高度需要进一步调整。

由图2结构五及结构六的速度矢量及流线图可以看出，随着一级导流筒高度的增加，中心区域速度逐渐增大，小速度环流区域逐渐减小，当一级导流筒高度增大到与二、三级导流筒高度相等时小速度环流消失，气液混合作用增强。由结构六流场速度矢量及流线图可以看出，由一级气体分布器及二级气体分布器喷出的气体带动周围液体分别流向一、二级导流筒环隙空间及三级导流筒外环区域，共形成四级环流。而且相比于其他结构，结构六整体流速较大。因此，结构六的气液分布效果最好。

3.3 气含率及循环液速分析

图3为结构六环流反应器不同轴向高度各径向位置局部气含率，可以看出当径向位置从0.05m增大到0.12m和从0.40m增大到0.45m时，各轴向高度处局部气含率随径向位置的增大而减小，但是并没有出现单导流筒环流反应器内气含率的分布随轴向高度的增加而逐渐变宽的现象，这种现象一般是由气泡的径向扩散导致的[8]。说明相比于传统单导流筒环流反应器，多导流筒中心气升式环流反应器可以有效减小气泡径向扩散。当径向位置从0.15m增大到0.30m和从0.45m增大到0.60m时，气含率非常小，这可能是由于喷嘴喷出的气泡粒径较大，使气泡浮力增大，上升速度过快导致的，而且表观气速过低会使反应器内部的气泡数量减小，从而减小局部气含率。

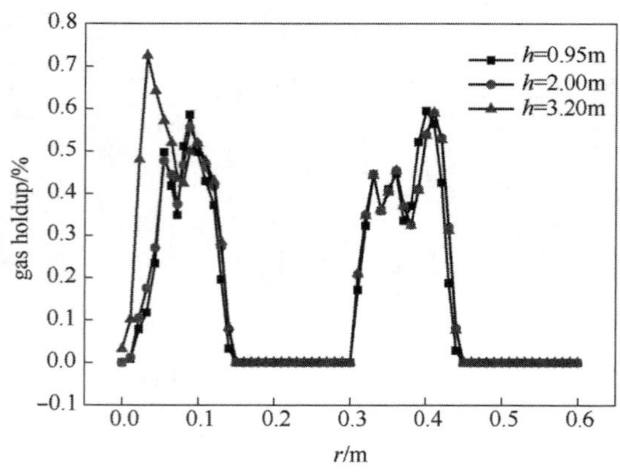

图3 结构六不同轴向高度各径向位置气含率

表 2 为六种结构总体气含率及外环循环液速对照表，可以看出结构改进虽然对总体气含率的影响不大，但是对最外环循环液速有较大的影响。通过导流筒高度的调整，结构六多导流筒气升式环流反应器可以形成较好的气液分布效果及较高的整体循环液速，并保持较大的最外环循环液速。因此，相较于其他五种结构，结构六可以使传质效果达到最优。

表 2　各结构总体气含率及外环循环液速对照表

结构	总体气含率/%	外环循环液速/(m/s)
结构一	0. 3491	0. 2114
结构二	0. 3502	0. 2081
结构三	0. 3502	0. 2097
结构四	0. 3320	0. 1363
结构五	0. 3485	0. 1542
结构六	0. 3587	0. 2095

4　结论

（1）对多导流筒中心气升式环流反应器进行了结构化网格划分，通过 RNG $k-\varepsilon$ 湍流模型和欧拉-欧拉双流体模型得到了多导流筒中心气升式环流反应器内部的流场分布特性，通过流场分析改进了反应器结构，在其内部形成了四级环流，减小了二次流及壁效应，增强了横向混合效果。

（2）多导流筒中心气升式环流反应器在低气速下气含率不高，但能有效地减小气泡径向扩散。改进后的多导流筒中心气升式环流反应器实现了四级环流，并保持较大外环循环液速，有利于加强气液两相流的湍动程度，提高传质效率。

符号说明：

L_1——一级气体分布器距导流筒底部距离，mm；

L_2——二级气体分布器距导流筒底部距离，mm；

α_q——q 相体积分数；

α_g——局部气含率；

t——时间，s；

ρ——密度，kg/m^3；

$\vec{u}_q$、$\vec{u}_p$——速度矢量，m/s；

$\vec{\tau}_q$——剪切应力，N/m^2；

P——压力，N；

F_L——升力，N；

F_{Vm}——虚拟质量力，N；

F_q——外部体积力，N；

$\vec{R}_{pq}$、$\vec{R}_{qp}$——相间作用力，N；

K_{pq}——第 p、q 相的相间动量变换系数；

H_L——静止操作液位，mm；

u_g——表观气速，m/s；

r——径向位置，m；

h——轴向高度，m。

参 考 文 献

[1] Kemblowski Z，Przywarsky J D iab A. An Average Gas Holdup and Liquid Circulation Velocity in Airlift Reactors with External Loop [J]. Chemical Engineering Science，1993；48：4023-4035.

[2] 林文才，毛在砂，陈家镛．气升式环流反应器中的流体动力学研究——一维两流体模型 [J]. 化工学报，1995，46(3)：282-289.

[3] 汪洋，徐春明，高金森，等．液固环流反应器中固体流速及固含率分布[J]. 化学反应工程与工艺，2003；19(3)：284-288.

[4] Carcia C E，Rodriguez A，Prados A，et al. A Fluid Dynamic Model for Three-Phase Airlift Reactors [J]. Chemical Engineering Science，1999，54：2359-2370.

[5] 董永刚，严超宇．环流反应器的研究现状与展望[J]. 现代机械，2009；4：85-89.

[6] 刘德华．低高径比同心多导流筒环流反应器：中国，ZL9202129483. 6 [P]. 2004-10-20.

[7] 王娟．具有同轴不同高度多导流筒的多级气升式环流反应器：中国，ZL 2012 2 0533361. 9 [P]. 2013-04-10.

[8] Sanyal J，Vasquez S，et al. Numerical Simulation of Gas-liquid Dynamics in Cylindrical Bubble Column Reactors [J]. Chemical Engineering Science，1991，54(21)：5071-5083.

加氢反应器内多孔介质流动的数值模拟

赵　凡，王　娟，王江云，毛　羽，左　晶，孙中卫

（中国石油大学；重质油国家重点实验室，北京　102200）

摘　要　高温高压条件下工作的加氢反应器内部流动复杂，实验研究难度较大，通过数值模拟能经济有效地获得其内部流动规律。基于控制方程和输运方程组，添加多孔介质模型和相间作用力模型，对加氢反应器内部的多相流动进行了数值模拟研究，获得了反应器内压力分布、速度变化和两相分布规律。研究结果表明，反应器内压降主要集中在入口分配器区域和催化剂床层区域，其中催化剂床层区域压降呈线性变化。入口分配器区域存在积液，对气液物料混合和整体反应效率有不利影响。

关键词　加氢反应　多孔介质　物料分配　压降

近年来，随着我国经济的持续快速发展，汽车尾气的排放是空气污染的重要原因之一。原油品质对汽车尾气中的污染物有很大影响。研究表明，世界原油含硫量已从 2000 年以前的 0.9%上升到 2010 年之后的 1.6%[1]。

油品质量升级的关键在于脱硫，而高压加氢精制反应器是油品深度脱硫的核心设备。加氢精制反应器的操作条件苛刻，反应器内多相物料的流动非常复杂，集多种化学反应过程同时进行，实验研究难度大，国内外学者研究反应器内复杂流动多通过数学理论方式推导[2~3]。

本文采用三维数值模拟的方法研究加氢精制反应器内部多相流动规律，获得了反应器内各个参数的分布情况，旨在对加氢精制反应器的优化设计提供理论指导。

1　多孔介质加氢精制反应器几何模型

图 1(a)是加氢精制反应器的基本结构示意图。反应器由上部封头、入口分配器、气液分配盘、催化剂床层以及下封头及出口段组成。反应器整体高度 10940mm，反应器直径 1400mm。图 1(b)和图 1(c)分别是入口分配器和塔盘分配器结构示意图。

塔盘上分配器采用中心对称式分布，分配盘上共 65 个分配器。分配盘上的开孔率 $\varepsilon=14.01\%$，符合分配盘 13%~15%的开孔率要求[4]。

利用 Gambit 软件对加氢精制反应器进行几何建模和结构化网格划分，由于反应器为对称结构，仅对实际结构的 1/4 进行了建模。模型全部采用收敛性好、计算精度高的结构化网格，网格总数约为 76 万。

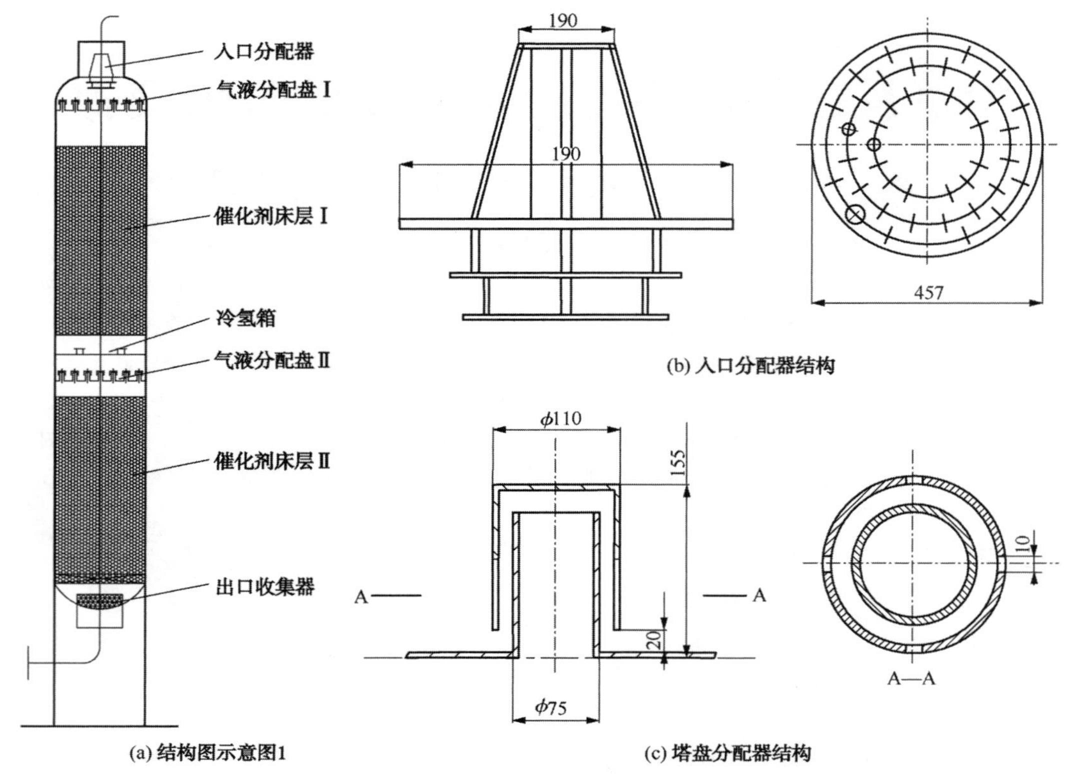

(a) 结构图示意图1

(b) 入口分配器结构

(c) 塔盘分配器结构

图1 加氢反应器结构示意图(单位：mm)

2 数学模型

为了考察催化剂床层的流动特性，笔者基于控制方程和输运方程组，在模拟计算中添加了多孔介质模型，多孔介质区域的流动阻力由欧根方程经验公式[5]来表征。

2.1 基本控制方程

连续性方程：
$$\frac{\partial \rho}{\partial t}+\frac{\partial(\rho u)}{\partial x}+\frac{\partial(\rho v)}{\partial y}+\frac{\partial(\rho w)}{\partial z}=0 \tag{1}$$

动量守恒方程：
$$\frac{\partial(\rho u)}{\partial t}+div(\rho u u)=-\frac{\partial p}{\partial x}+div(\mu grad u)+S_{u} \tag{2}$$

$$\frac{\partial(\rho v)}{\partial t}+div(\rho v u)=-\frac{\partial p}{\partial y}+div(\mu grad v)+S_{v} \tag{3}$$

$$\frac{\partial(\rho w)}{\partial t}+div(\rho w u)=-\frac{\partial p}{\partial z}+div(\mu grad w)+S_{w} \tag{4}$$

2.2 多孔介质区域数学模型

多孔介质区域模型的实质是将代表动量消耗的源项添加到标准的流体动力学方程中，均匀多孔介质区域源项可以用式(5)来表征：

$$S_{u,v,w} = -\left(\frac{\mu}{\alpha}\nu_{u,v,w} + C_2\frac{1}{2}\rho\nu_{mag}\nu_{u,v,w}\right) \quad (5)$$

其中 α 为渗透率

$$\alpha = \frac{D_p^2}{150}\cdot\frac{\varepsilon^3}{(1-\varepsilon)^2} \quad (6)$$

C_2 为惯性阻力因子

$$C_2 = \frac{3.5}{D_p}\cdot\frac{(1-\varepsilon)}{\varepsilon^3} \quad (7)$$

3 模拟模型初始条件和求解方法的确定

3.1 反应物料物性参数及床层阻力系数的确定

笔者对 5MPa、350℃条件下加氢反应器内多相流动进行模拟研究，反应物料物性参数由高温高压条件下原油密度经验公式[6]得出，操作参数由反应器处理量 40t/a 确定，液相速度为 0.24m/s，气相速度为 0.23m/s；催化剂床层颗粒粒径 1.8mm，空隙率 0.4，床层阻力系数由欧根方程经验公式[5]获得，求得粘性阻力系数为 2.6×10^8，惯性阻力系数 18229。

3.2 求解方法的选择

模拟选用欧拉气液两相流流动模型，其中氢气为主要相，原料油为次要相。两相之间选用 schiller-naumann 曳力模型，湍流模型采用标准的 k-ε 模型。入口设置为速度入口，出口设置为压力出口，时间步长为 0.005s，壁面条件为无滑移壁面条件，压力-速度耦合选择 SIMPLE 算法，离散格式选择 QUICK 格式。

4 反应器内部多相流动模拟结果分析

4.1 入口分配器分配性能分析

图 2 为入口分配器气相体积分率云图，其中图 2(a)反映了纵截面气相分布情况，从该云图看出，在锥形体底部外侧环形板、孔板以及分配塔盘上存在着液体积聚现象，特别是在分配塔盘上积液现象比较严重，这不利于气液两相反应物的混合，对反应效率有较大影响，应对塔盘及塔盘上分配器进行结构优化。图 2(b)反映了物料经过分配器后在横截面上的分布情况，从该图看出在分配盘正下方液相较气相集中分布，但整体分布均匀，无喷洒死区。

4.2 反应器内部多相流动特性分析

4.2.1 压力场分析

图 3(a)为加氢精制反应器的中心截面上的静压分布云图。从图中可以看出，反应器内

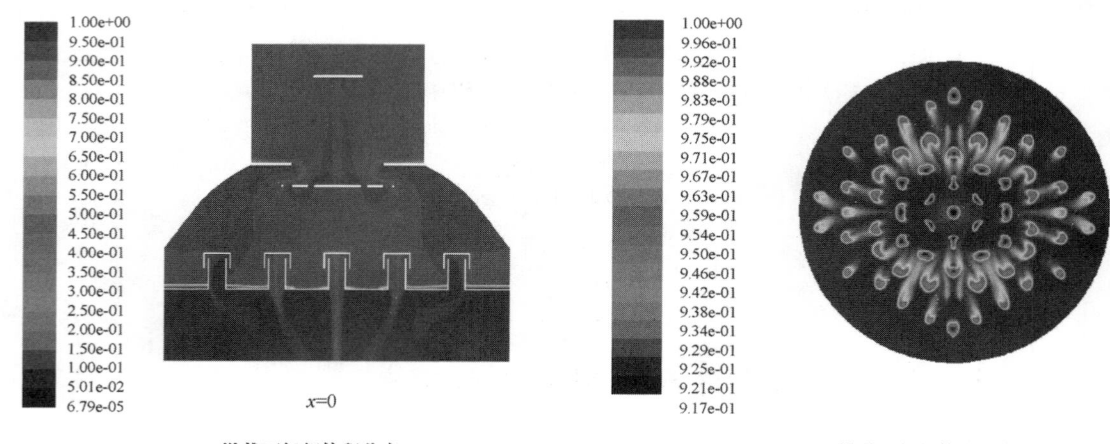

(a) 纵截面气相体积分率　　(b) 横截面气相体积分率

图 2　气相体积分率云图

的总体压降为7kPa，相对于反应器的反应压力5MPa而言，其数值较小。该压降值与中高压催化剂床层压降相符，在实际的压降范围内[6]。在气液分配盘和两段床层之间滞留的物料导致这两个位置的压力略有升高。图3(b)为加氢精制反应器中心轴线上的静压分布曲线图。结合图3(a)和图3(b)可以发现，反应器内的压降主要发生在催化剂床层，与之相比，其他部分的压降相对较小。催化剂床层的压力变化近似满足线性关系，这是由于模拟中假设了多孔介质区域满足各向同性。

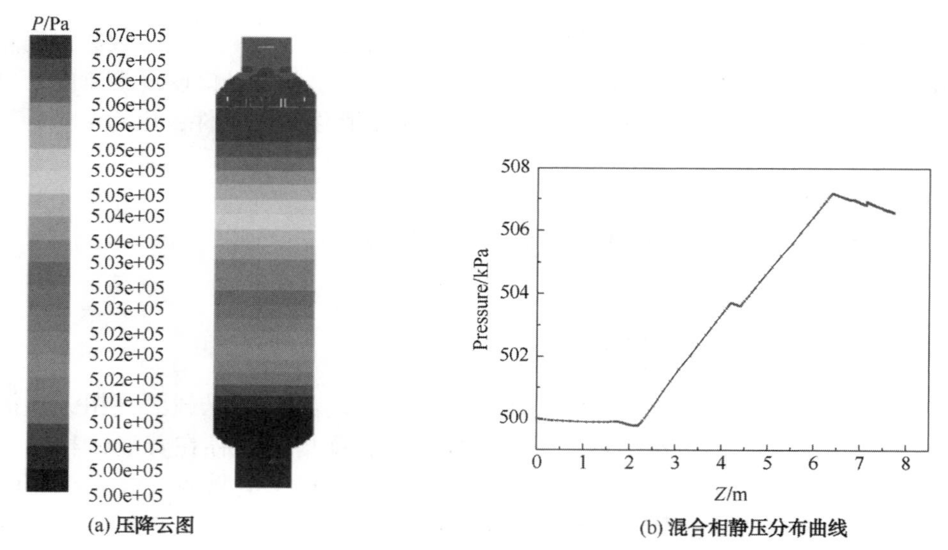

(a) 压降云图　　(b) 混合相静压分布曲线

图 3　反应器内压力分布

4.2.2　速度场分析

图4为反应器内速度变化曲线图。图4(a)为中心轴线上的两相速度变化曲线，气相和液相在反应器内有相似的速度变化趋势。从反应器入口处到气液分配器的上部，物料速度的波动性较大。在催化剂床层区域，物料速度平缓，无较大的波动。在反应器出口处，由于流动截面积的突然减小，物料速度急剧增大，最高可达4m/s，出口处的物料回流了造成出口

处物料速度的波动。由图4(b)可知，在催化剂床层区域，气相速度比液相速度略大，这主要是由气液两相粘度不同导致的气固曳力小于液固曳力造成的。在两段床层之间，气液两相在重力作用下速度略有增加，但两相速度相差很小，两相速度从0.05m/s增加至0.15m/s，随后物料在第二段床层上不断累积并进入第二段床层，速度逐渐降低至0.05m/s。

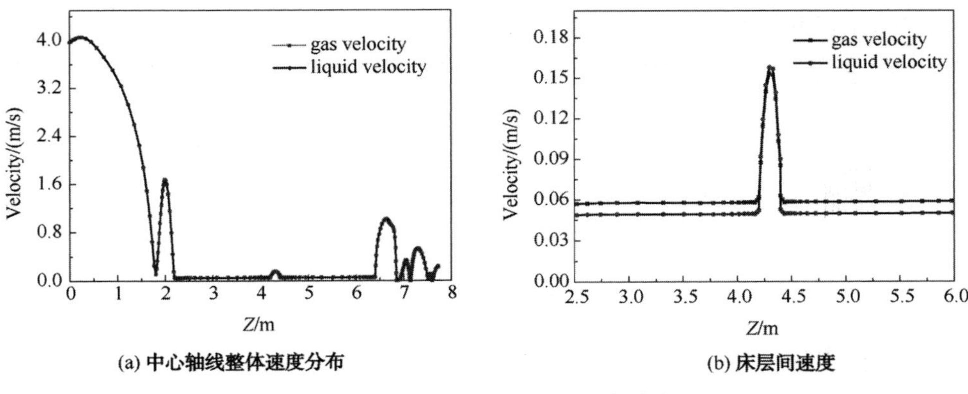

图4 反应器中心轴线上的速度分布

5 结论

(1) 通过研究发现在入口分配器外侧环形板、孔板以及分配塔盘处存在液相积聚，不利于气液两相反应物的混合，对反应效率有很大影响。

(2) 通过考虑相间作用力，利用多孔介质模型对高温高压条件件下加氢反应器内气、液、固三相并存的复杂工况进行了数值模拟，得到了反应器内床层压力变化和流动分布规律。

符号说明：

p——压力，MPa；

t——时间，s；

u，v，w ——速度，m/s；

ρ——流体密度，kg/m^3；

μ——动力粘度，kg/m·s；

S——源项；

α——黏性阻力系数；

C_2——惯性阻力系数；

D_p——催化剂粒径，mm；

ε——床层空隙率。

参考文献

[1] 方向晨主编．加氢精制[M]．北京：中国石化出版社，2010：1-12.

[2] Lopes R J G，Quinta-Ferreira R M. Turbulence modelling of multiphase flow in high-pressure trickle-bed reactors[J]. Chemical Engineering Science，2009，64(8)：1806-1819.

[3] Atta A, Roy S, Nigam K D P. Investigation of liquid mal-distribution in trickle-bed reactors using porous media concept in CFD[J]. Chemical Engineering Science, 2007, 62(24): 7033-7044.

[4] 叶文源. 加氢反应器结构的初步探讨[J]. 石油化工设备技术, 1981, (1): 17-21.

[5] Ergun S. Fluid flow through packed columns[J]. Chem. EngProg. 1952: 89-94.

[6] Korsten H, Hoffmann U. Three-phase reactor model for hydro treating in pilot trickle-bed reactor, AIChE J, 1996, 42(5): 1350-1360.

[7] XIA Bokang. Development of hydrogenation reactor component[J]. Petro-Chemical Equipment Technology, 1995, 16(1): 13-19.

底部汽提对旋流式喷雾造粒塔分离空间流场影响规律的数值模拟

孙中卫，王　娟，王江云，毛　羽，冯留海，周冠辰，赵　凡，左　晶

（中国石油大学；重质油国家重点实验室，北京　102249）

摘　要　为了减少下行戊烷气量，改善底部沥青的排料，在造粒塔的底部增设了汽提段，底部汽提会对造粒塔分离空间的流场产生干扰，甚至有可能对分离过程产生不利的影响。本文采用 RNG $k-\varepsilon$ 湍流模型和欧拉多相流模型对底部加汽提段的新型喷雾造粒塔中气固两相流场进行了数值模拟，得到了汽提汽对造粒塔分离空间造成的影响规律。研究结果表明，适量的汽提汽对造粒塔内部流场及分离效率影响较小，且对改善锥段及锥段下部的气固两相流动，减小下行戊烷气量，改善沥青的排料大有好处。

关键词　喷雾造粒塔　汽提　分离效率　两相流动　数值模拟

超临界萃取重油中的沥青、胶质等残渣，是一种加工劣质重油的加工工业。通过超临界萃取从重油中脱离的、溶解在超临界状态溶剂中的沥青和胶质等难于加工的部分可以利用超临界流体系统本身的温度和压力，通过闪蒸雾化及溶剂 · 汽化过程形成沥青颗粒，再通过阵列旋转射流的新型喷雾造粒塔[1]，将气固两相进行有效的分离，造粒塔分离下来的沥青颗粒夹带着部分戊烷气体沿着筒壁向下流动，戊烷气体随着沥青相一起进入排料口排出，这不利于戊烷溶剂的回收[2]。

在造粒塔锥段下部增设了汽提氮气分布管，由此管引入的氮气向上流动，汽提氮气与颗粒和戊烷相的混合物在锥段下部形成逆流流动，达到对戊烷气体汽提的效果。不同气量的汽提汽，对造粒塔分离空间的流场造成的影响也不同。因此，有必要对带有汽提段的旋流式造粒分离塔内的流场进行研究，以优选一个最优的汽提汽吹入量，以便使汽提式造粒塔既具有良好的汽提效果，又保持较高的分离效率。

数值模拟的方法经济方便，能够克服实验方法易受测量手段和环境限制的弊端[2]，因此本文采用数值模拟的方法来研究底部加汽提的旋流式喷雾造粒分离塔内部气固两相流场的流动情况，为新型喷雾造粒分离塔的工业应用提供理论指导。

1　数值模拟

1.1　计算物理模型

底部加汽提的阵列旋流喷雾造粒分离塔的计算几何模型如图 1 所示。筒体直径 500mm，阵列旋流喷嘴呈 45°斜向下喷射，喷嘴之间相距 280mm，汽提分布器喷嘴直径 2mm，布置在汽提段总高的 1/3 处。

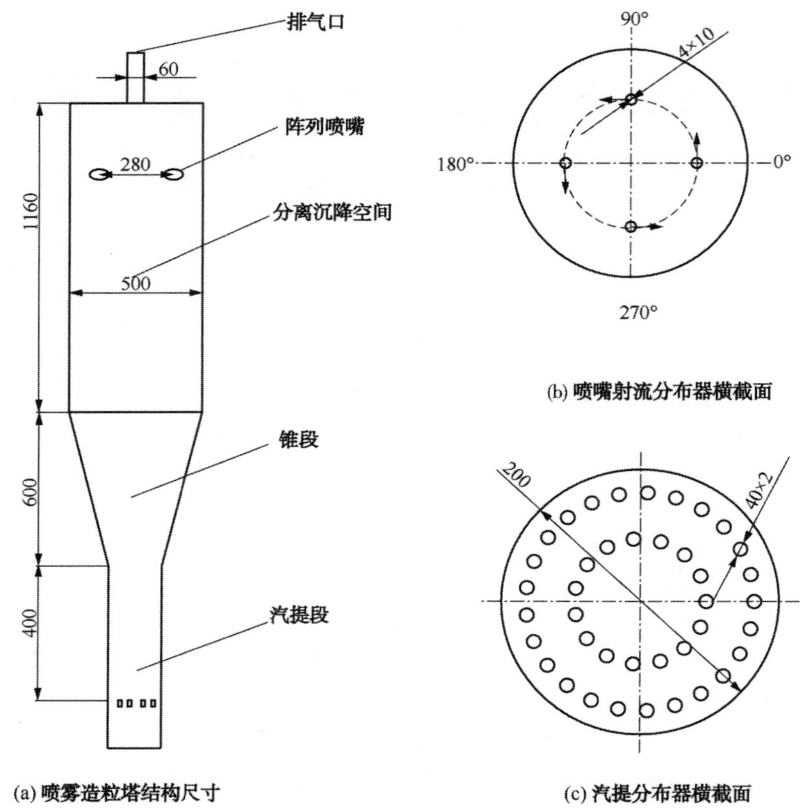

图1　造粒塔结构(单位：mm)

1.2　计算参数及终端沉降速度

冷态实验选用空气和玻璃微珠，与实际工况下的戊烷和沥青颗粒有相似的物性。因此，本文模拟选择气相为空气，固相颗粒为玻璃微珠，密度为110kg/m^3，中位粒径为100μm。球形颗粒在分离中的沉降速度与气相对它的阻力有关，对直径为d的球形颗粒，当重力的作用和浮力、空气阻力的作用相平衡时，有下式成立[6]：

$$\frac{1}{6}\pi d^3\rho_p g = \frac{1}{6}\pi d^3\rho_g g + C_D\frac{1}{4}\pi d^2 \cdot \frac{1}{2}\rho U_f^2$$

式中，ρ_p为粒子的密度(kg/m^3)；ρ_g为空气的密度(kg/m^3)，C_D为阻力系数。阻力系数C_D随雷诺数Re的变化而变化，即：

$$C_D = f(Re)$$

因此微粒沉降公式可表达为：

$$U_f = \frac{2}{9}\frac{g}{\gamma}\frac{\rho_p - \rho_g}{\rho_g}r_p^2 \tag{2}$$

在20℃下，空气的粘度值为$\gamma = 1.57\times10^{-6}$m^2/s，空气的密度为$\rho_g = 1.20$kg/m^3。计算得到自由沉降阶段颗粒的终端沉降速度：

$$U_f = \frac{2}{9}\frac{g}{\gamma}\frac{\rho_p - \rho_g}{\rho_g}r_p^2 = \frac{2\times9.81\times(110-1.2)}{9\times1.2\times(1.57\times10^{-6})}\cdot\left(\frac{100}{2}\times10^{-6}\right)^2 = 0.315\text{m/s}$$

1.3 网格划分和边界条件

使用 Gambit 建立造粒塔模型并进行网格划分，得到结构化六面体网格单元，计算网格数 30 万左右。在数值计算中，采用 RNG$k-\varepsilon$ 双方程模型和欧拉多相流模型来模拟造粒塔内的气固两相流动过程，采用 QUICK 差分格式，压力–速度耦合选择 SIMPLE 算法[3]。

入口边界条件为均一速度，同时给定固相的体积分数，出口边界条件按充分发展管流条件处理，流动壁面处采用无滑移固壁条件，并使用标准壁面函数法确定固壁附近流动[4-5]。

主风入口流量为 $Q=40\text{kg}\cdot\text{m}^{-3}$，颗粒浓度为 0.508kg/m^3。计算了 6 组不同的汽提汽入口参数，如表 1 所示。

表 1 汽提汽量 q 的调节

汽提线速度(v)/(m/s)	0	0.05	0.1	0.2	0.25	0.3
汽提汽量比例(q：Q)/%	0	4.02	8.05	16.1	20.1	24.1

2 流场数值模拟结果与讨论

图 2 是造粒塔内颗粒迹线图。喷雾造粒塔内部是三维弱旋流，主流是双层旋流，外侧旋转向下流动，中心旋转向上，但旋转方向相同。通过数值模拟分析发现，加汽提段后喷雾造粒分离塔的流场仍然符合上述基本规律。

2.1 汽提汽的吹入对切向速度和轴向速度的影响

选择造粒塔锥体中下部位截面的流场进行对比分析，在这一截面上可以看到稳定的但已受干扰的流场分布。总操作气量为 40m^3/h，图 3 和图 4 分别是不同汽提线速度下的切向速度和轴向速度的分布。

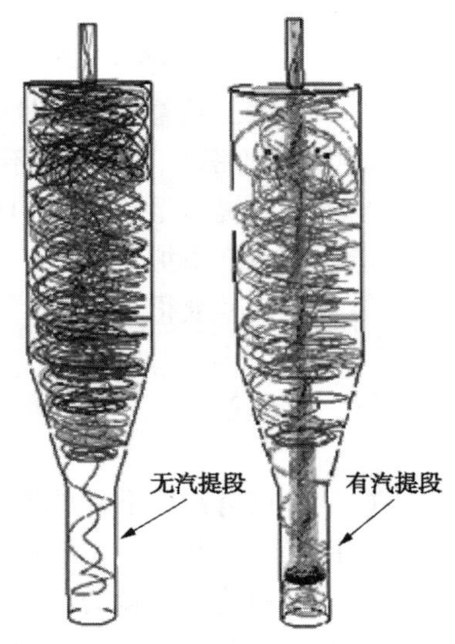

图 2 颗粒迹线图

由图 3 所示，汽提汽的吹入使切向速度减小，并且随着汽提线速度的增大，即汽提汽量的增大，切向速度逐渐减小。在整个横截面上，内旋流的切向速度受到的影响较大，而外旋流的切向速度则基本上不发生改变，内外旋流的分界点随着汽提汽量的增大而稍外侧移动。当汽提线速度控制在 0.1m/s 以下即汽提汽量占旋流喷嘴总汽量的比例控制在 8%以下时，外旋流的速度分布变化不大。由图 4 所示，汽提汽的吹入使上行流轴向速度增大，下行流轴向速度减小。并且随着汽提汽量比的增大，轴向速度的变化越大，而上下行流的分界点逐渐向外流动。

2.2 汽提汽的吹入对压降和效率的影响

图 5 和图 6 分别是不同汽提线速度下的压降和效率分布。由图 5 所示，压降随着汽提汽量的增加而增大，当汽提汽量的比例大于 8%时，压降增加的幅度增加较大。

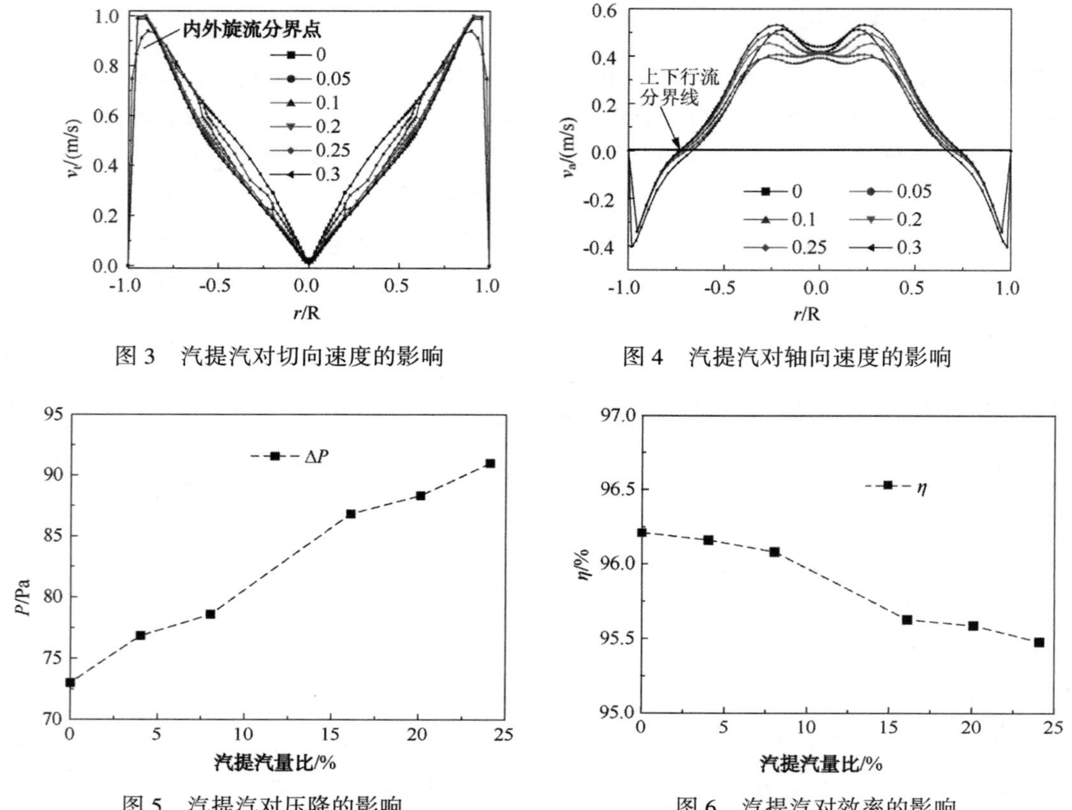

图3 汽提汽对切向速度的影响

图4 汽提汽对轴向速度的影响

图5 汽提汽对压降的影响

图6 汽提汽对效率的影响

图6可见，随着汽提汽量的增加，效率不断下降，但是下降的幅度很小。当汽提汽量在8%以内时，效率下降的趋势不是很明显。

当整体汽提汽量比在24.1%时，整体的效率下降约0.6个百分点。正如前面对流场的分析，造粒塔内部添加汽提后，其分离空间的流场变化不大，所以其分离效率虽然略有所下降，但是下降幅度很小。

3 结论

（1）造粒塔锥段下部的流场受到汽提汽的干扰最大，这一部分速度分布变化较大，而且流动不稳定。外旋流的切向速度分量对造粒塔分离效率影响最大，而适量的汽提汽的吹入对影响很小，因此，适量的汽提汽的吹入不会影响造粒塔的分离效率。

（2）压降随汽提线速度的增加而增大，当汽提气量占总气量的比例小于8%时，压降增加幅度较小，当大于8%时，压降随汽提线速的增加变化较大。随着汽提线速度的增加，分离效率略有所下降，但下降的幅度不明显。

（3）适量汽提汽并未对造粒塔分离空间的流场产生不利影响，同时使之保持较高的分离效率。这些结果将对底部加汽提的旋流式喷雾造粒塔的工业应用提供有用的参考。

参 考 文 献

[1] 王娟，毛羽，王江云．具有离心分离功能的新型喷雾造粒分离塔：中国，2008201002045[P].2009-10-7.

[2] 范勐，孙学文等．脱油沥青喷雾造粒过程影响因素分析[J]．高校化学工程学报，2011，25(5)：888-892.

[3] 徐春明，赵锁奇等．重质油梯级分离新工艺的工程基础研究[J]．化工学报，2010，61(9)：2393-2400.

[4] 王娟，毛羽，刘美丽，等．新型喷雾造粒分离塔内的气固两相流动与分离特性的实验研究[C]// 中国颗粒学会第六届学术年会暨海峡两岸颗粒技术研讨会论文集(下)，2008.

[5] 周力行．湍流气粒两相流动和燃烧的理论与模拟[M]．北京：清华大学出版社，1991：153-177.

[6] 朱晨光，潘功配．对烟幕微粒的终端沉降速度研究[J]．含能材料，2005，13(6)：412-415.

气固鼓泡流化床取热器流动特性的 CPFD 模拟

魏　庆，姚秀颖，张永民

（中国石油大学（北京）；重质油国家重点实验室，北京　102249）

摘　要　应用计算颗粒流体力学（CPFD）方法对气固鼓泡流化床取热器内流动特性进行数值模拟，以探索鼓泡床取热器的传热机理。考察不同气速下鼓泡床的时均固含率、加热管表面密度、床层颗粒内循环流率和加热管壁面更新通量的分布，揭示了取热器内的气固流动特性与传热特性的耦合规律。模拟结果与实验数据吻合较好，表明该模型可以用于描述鼓泡流化床取热器内气固两相的流动规律。

关键词　CPFD　鼓泡床　流动特性　传热

1　引言

近几十年来，随着催化裂化加工原料的不断重质化和劣质化，国内催化裂化装置的生焦量不断增加，催化剂再生-烧焦过程放出的热量远大于系统所需要的热量，因此取热器已经成为重油催化裂化装置的关键设备[1]。取热器本质上是一个带有垂直内构件的气固流化床。气固鼓泡流化床取热器中的气固两相传热性质从本质上来说是由床层气固流动特性决定[2]。

Looi 等[3]指出床层压力对床层与换热面之间换热有影响，认为床层压力增大，换热系数增大。Stefanova 等[4]研究发现气固鼓泡流化床中，床层与壁面之间传热系数随着表观气速的增加而逐渐增大后减小。虽然多数研究者对气固鼓泡流化床取热器的传热进行了研究，但是对床层内气固流动特性与传热特性的耦合关系的研究较少。本文应用 Dale Snider[5]提出的计算颗粒流体力学（CPFD）方法，在前期实验[6]的基础上，系统模拟不同气速下鼓泡流化床取热器内时均固含率、加热管表面密度、床层颗粒内循环流率及加热管壁面更新通量的分布规律，并基于颗粒团更新模型[7]深入分析气固流动特性对传热的影响。

2　数值模拟的建立

2.1　数学模型

本文在 Barracuda 15.2.1 软件平台上采用 CPFD 方法对鼓泡流化床取热器内气固两相流动进行模拟。在 CPFD 方法中，气相被当做连续介质，运用欧拉方法进行求解，而颗粒相则被视为离散颗粒，用拉格朗日方法计算。当无相间质量传递时，气相连续性方程为：

$$\frac{\partial\theta_g\rho_g}{\partial t}+\nabla\cdot(\theta_g\rho_g u_g)=0 \tag{1}$$

其中 u_g 为气相速度，ρ_g 为气相密度，θ_g 为气相的体积分数，t 是时间。

假设气固两相间没有热量传递、气相可压缩，气相动量方程为：

$$\frac{\partial \theta_g \rho_g u_g}{\partial t} + \nabla \cdot (\theta_g \rho_g u_g u_g) = -\nabla p - \nabla \cdot (\theta_g \tau_g) + \theta_g \rho_g g - F \tag{2}$$

其中 p 是气相压力，τ_g 是气相应力张量，g 是重力加速度，F 为单位体积气相和颗粒相动量交换速率。

对牛顿型流体而言，应力张量为：

$$\tau_{ij} = \mu_g \left(\frac{\partial u_i}{\partial x_j} + \frac{\partial u_j}{\partial x_i} \right) - \frac{2}{3} \mu_g \delta_{ij} \frac{\partial u_i}{\partial x_j} \tag{3}$$

其中 μ_g 是气相黏度，δ 为单位矩阵。

颗粒相的运动方程：

$$a = D(u_g - u_p) - \frac{1}{\rho_p} \nabla p + g - \frac{1}{\theta_p \rho_p} \nabla \tau_p \tag{4}$$

其中 u_p 为颗粒相的速度，τ_p 为颗粒相应力，g 为重力加速度，D 是相间曳力。

气固间曳力采用修正的 Gidaspow 模型[8]。颗粒之间的应力 τ_p 采用 Harris & Crighton[9] 模型作为颗粒相应力模型。

2.2 数值模拟的建立

姚秀颖等[6]在一套中试规模冷模实验装置(如图 1)上研究了流化床中不同因素对床层-壁面传热特性的影响以及传热表面的局部气固流动特性。通过简化实验装置，建立三维模拟结构，如图 2 所示。模拟中流化床总高度为 1520mm，筒体尺寸为 ID286mm；板式分布器的直径为 194mm，开孔率为 0.9%；换热管尺寸为 40mm×812mm，换热管由 5 个加热节组成，5 个加热节中点与底部距分布板的距离分别为 222mm、367mm、512mm、657mm、802mm。

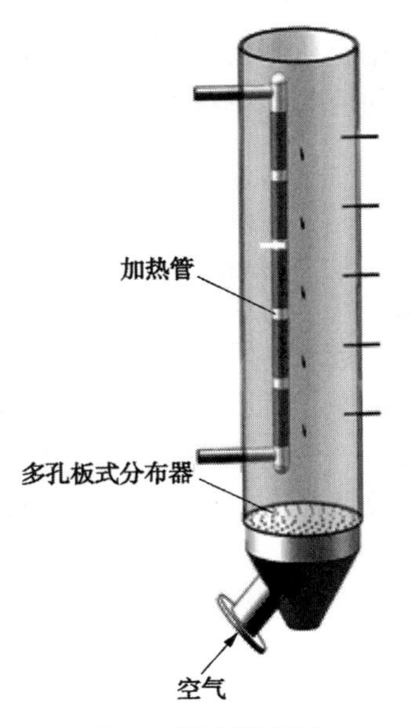

图 1　实验装置图

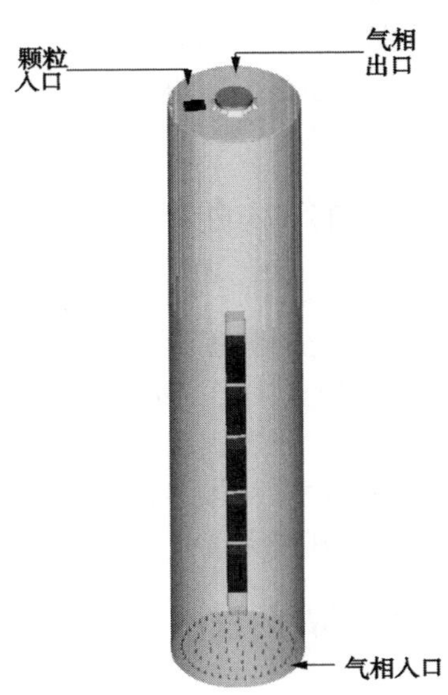

图 2　鼓泡床三维简化结构示意图

如图1所示，气体经分布器分配后进入流化床，使床层中固体颗粒流化，并夹带着部分颗粒从流化床的顶部气相空间离开，进入旋风分离器，最终经旋风分离器分离的固体颗粒又返回到流化床，从而保证装置内物料平衡。

模拟采用平均粒径为69.4μm的FCC平衡催化剂，颗粒密度1500kg/m^3，静床高度600mm，表观气速为0.1~0.4m/s。

如图2所示，气相入口设定在鼓泡床底部，采用速度入口边界条件；气相出口设定在鼓泡床顶部，采用压力出口边界条件，压力设为常压；气相出口边界允许少量细分颗粒被带出，为模拟旋风分离器的作用，在流化床顶部设催化剂补偿流。为保证气体在装置中的流动状况及气泡在流动过程中的形状等与实验接近，本模拟采用点源注射的进气方式。下面将模拟过程中使用的主要参数汇总，如表1所示。

表1 Barracuda中主要的模拟参数

主要模拟参数	数值或类型	主要模拟参数	数值或类型
颗粒最大堆积体积分数	0.62	壁面切向动量保留系数	0.99
网格数	71344	壁面法向动量保留系数	0.3
时间步长	由CFL参数决定，CFL：0.8~1.5s	差分格式	PDC差分格式
模拟时间	30~100s	湍流模型	层流模型[10]

3 模拟结果与讨论

3.1 模型验证

为验证所建模型的正确性，将模拟结果与实验数据进行比较。图3为气速为0.1m/s时，床层时均固含率轴向分布的对比图。模拟结果与实验数据变化趋势相吻合，验证了随着轴向高度增加，固含率在逐渐减小。综上可知，本文所建立的模型能够很好地分析气固鼓泡床取热器中流动特征。

3.2 时均固含率的分布

图4为气速对床层时均固含率轴向分布影响图。随着气速增加，床层轴向固含率逐渐减小，且沿轴向的变化趋势逐渐趋于平缓。图5为气速对床层时均固含率径向分布影响图。随着气速增加，床层径向固含率减小；固含率在径向分布是中心低，边壁高的环核结构。这是因为随着气速增加，床层固含率减小，床内气泡数量增多，气泡的存在增强了床内气体、颗粒的混合，加快了颗粒从床层到换热表面的交换速度以及颗粒在传热面上的更新速度，传热系数逐渐增加并达到最大值。

3.3 加热管表面密度

Chen等[11]提出床层主体的固含率与靠近换热表面的颗粒层和换热表面之间的固含率不同，考虑到壁面效应，因此不能用床层内局部流动特性来推断换热表面的两相流动情况，需要对加热管表面密度进行研究。图 6 为不同气速下加热管表面密度分布图。本文针对换热节表面中部一点表面密度如图 7(a)中 E 点所示进行分析。实验值与模拟值最大误差不超过 11.9%，且加热节表面密度模拟值与实验值变化趋势一致，都随着气速增加而减小。但由颗粒团更新模型可知换热系数与加热节表面密度成正比，因此随着气速的增加，尽管表面密度降低，但加热管表面的气固两相运动必然增强，从而提高换热系数。

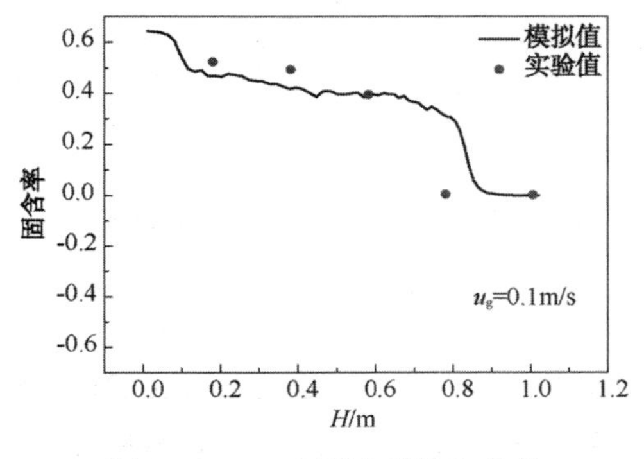

图 3　0.1m/s 时固含率轴向分布

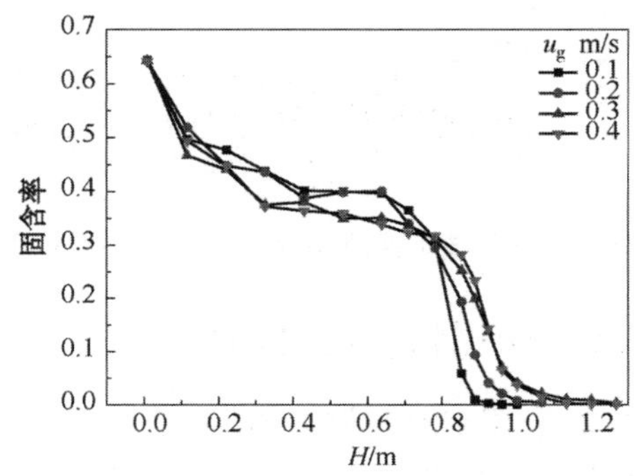

图 4　不同气速下固含率轴向分布

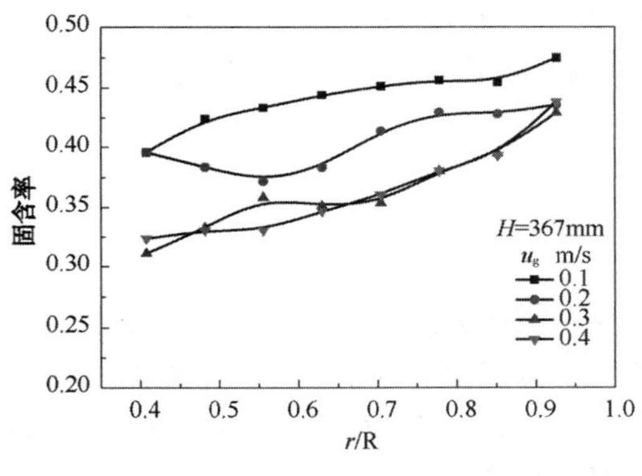

图 5　不同气速下固含率径向分布

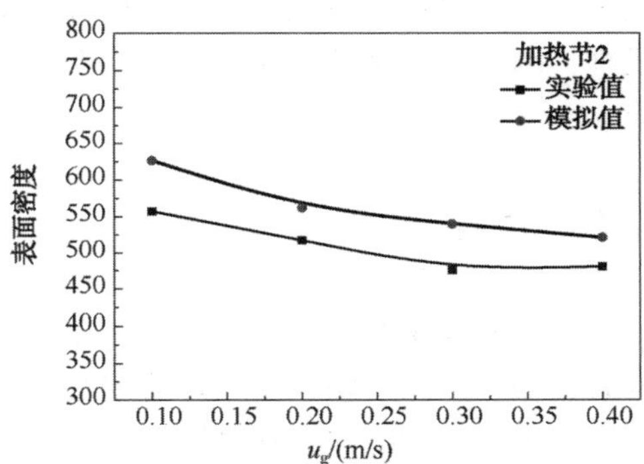

图 6　不同气速下加热管表面密度分布

3.4　加热管壁面更新通量

为了解与加热管壁面碰撞的颗粒数，在模拟过程中设置跟加热管的轴线相平行的 4 个面(考虑到网格的原因，这 4 个面与加热管距离为 8mm 且截面长度比加热管长)将加热管包裹住，如图 7 所示。本文所述加热管壁面更新通量是指单位面积上流入截面的颗粒流量。图 8 为不同气速下加热节 2 的换热系数和截面 A 颗粒通量分布图。随着气速的增加，截面 A 的颗粒通量增加，加热节换热系数增加，这表明随着气速的增加，与换热管碰撞的颗粒数增加，从而提高了换热管的换热系数。

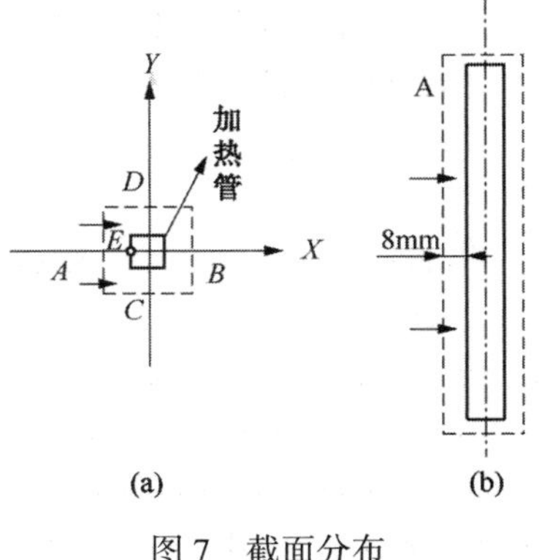

图 7　截面分布

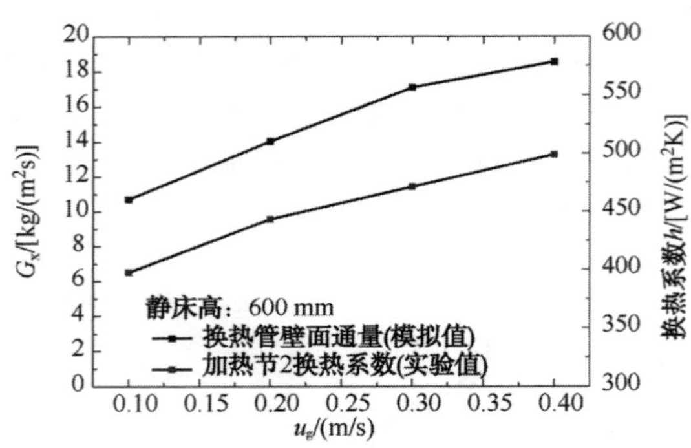

图8 不同气速下换热系数和截面A的颗粒通量

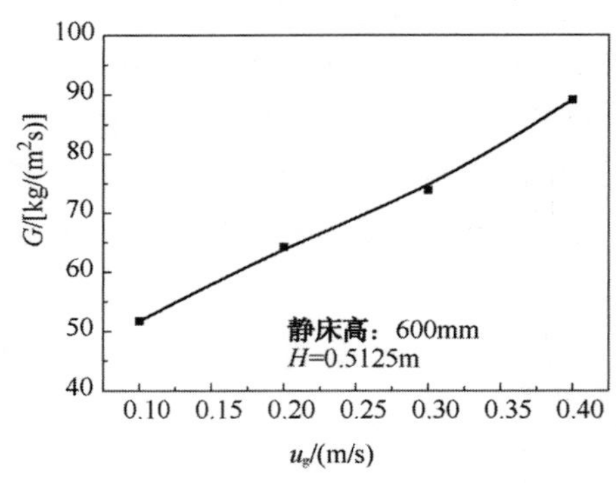

图9 不同气速下床层颗粒内循环流率

3.5 床层颗粒内循环流率

本文所述床层颗粒内循环流率是指当床层达到稳定后，在某一高度处流进或流出整个横截面的单位面积颗粒流率。图9为气速对床层颗粒内循环流率影响图。改横截面与分布板的距离为512mm。随着气速增加，床层颗粒内循环流率增加，表明床层内部宏观的颗粒循环运动增强，并且由于颗粒的比热容远大于比气体的，所以颗粒对流传热是床层与壁面主要传热机理，因此从这个角度也说明在一定气速范围内，随着气速增加，换热管换热系数逐渐增大。

4 结论

本文用CPFD方法对气固鼓泡流化床取热器进行数值模拟，考察床层中时均固含率、加热管表面密度、床层颗粒内循环流率及加热管壁面更新通量的分布规律，得到以下结论：

（1）采用CPFD方法模拟气固鼓泡流化床的气固流动特性，所得到的时均固含率随轴向高度变化的趋势与实验数据吻合较好，证明该模型的可靠性；

（2）随着气速增加，时均固含率减小；随着轴向高度增加，时均固含率都减小；

（3）随着气速增加，加热管表面密度降低，但加热管表面的气固两相流动增强；

（4）随着气速增加，床层颗粒内循环流率增加，颗粒对流传热增强。

参考文献

[1] 张荫荣，亓玉台，李淑勋等．重油催化裂化取热技术及其进展[J]．抚顺石油学院学报，2002，03：22-26.

[2] 金涌，祝京旭，汪展文等．流态化工程原理[M]．北京：清华大学出版社，2001.

[3] Looi A Y，Mao Q. Rhodes M. Experimental study of pressurized gas-fluidized bed heat transfer[J]. International journal of heat and mass transfer，2002，45(2)：255-265.

[4] Stefanova A，Bi H T，Lim C J，et al. Heat transfer from immersed vertical tube in a fluidized bed of group A particles near the transition to the turbulent fluidization flow regime[J]. International Journal of Heat and Mass Transfer，2008，51(7-8)：2020-2028.

[5] Snider D M. An incompressible three-dimensional multiphase particle-in-cell model for dense particle flows[J].

Journal of Computational Physics, 2001, 170 (2): 523-549.

[6] Yao X, Zhang Y, Lu C, et al. Systematic study on heat transfer and surface hydrodynamics of a vertical heat tube in a fluidized bed of FCC particles[J]. AIChE Journal, 2015, 61(1): 68-83.

[7] Mickley H S, Fairbanks D F. Mechanism of heat transfer to fluidized bed[J]. AIChE Journal, 1955, 3 (1): 374-384.

[8] Gidaspow D. Multiphase Flow and Fluidization: Continuum and Kinetic Theory Descriptions[M]. Boston: American Press, 1994.

[9] Harris S E, Crighton D G. Solutions, solitary waves and voidage disturbances in gas-fluidized beds[J]. Journal of Fluid Mechanics, 1994, 266: 243-276.

[10] Liang Y, Zhang Y, LI T, et al. A critical validation study on CPFD model in simulating gas-solid bubbling fluidized beds[J]. Powder Technology, 2014, 263: 121-134.

[11] Chen J C, Grace J R, Golriz M R. Heat transfer in fluidized beds: design methods[J]. Powder Technology, 2005, 150(2): 123-132.

新型电离源 DART 结合傅立叶变换离子回旋共振质谱在石油分析中的应用

任丽敏，韩晔华，史　权

（中国石油大学（北京）；重质油国家重点实验室，北京　102249）

摘　要　从分子水平实现对石油组成的表征是当前石油化学领域的重要课题，傅立叶离子回旋共振质谱（FT-ICR MS）具有超高的质量精确度和质量分辨率，是目前从分子水平研究石油复杂体系化学组成的最有力的工具。电离源是质谱的“眼睛”，它直接决定了质谱能“看到”什么及“看到”多少的问题。目前用于石油分析的电离源主要有电喷雾电离源（ESI）和大气压光致电离源（APPI），分别针对石油中的极性组分和非极性组分。但两种电离源均具有较强的电离选择性，尚不能实现对石油组分较全面客观的直接分析。本论文依托仪器分析领域最新质谱电离源-实时分析电离源（DART），利用其电离极性兼容性好的特点，通过研究石油组分中常见的模型化合物的电离规律以及石油样品的电离行为，初步探索了这种新型常温常压敞开模式离子源在石油分析中应用的可行性。实验结果表明该离子源具有实现石油组分同时分析，等效评价的潜能。

关键词　实时分析离子源　FT-ICR MS　石油组学

从分子水平认识石油加工过程，优化加工工艺及预测产品性质，提升分子价值是当前炼油技术发展的趋势。然而，石油的组成极其复杂，所含化合物种类和异构体数目十分庞大。现代分析仪器多种多样，如紫外光谱（UV）、红外光谱（IR）及核磁共振光谱（NMR）等，但它们都不能深入到石油的分子组成层面，由于质谱能给出精准的分子式，因而成为目前石油分子组成分析的最有力的分析手段。FT-ICR MS 的应用推动了这一领域研究的发展，使得“石油组学”的研究成为可能。

电离技术是质谱技术的核心，已用于石油分析中的常用的电离源（IS）有：电子轰击电离源（EI）、场解析/场致电离源（FD/FI）、电喷雾电离源（ESI）、大气压光致电离源（APPI）等，正是由于它们的应用促使我们对石油组成的认知开始进入“石油组学”的发展阶段[1,3,5]。由于电离源具有选择性电离的局限性，在现有电离源的基础上，关于石油分子组成的研究已经进入了一个新的发展瓶颈[2]。新的电离源的发明及在石油分析中做出的突出贡献，为我们石油分析提供新的思路和新契机。

DART 电离源作为一种新型电离技术，由于其对分析物的极性兼容性好、抗基质能力强，适合石油这类复杂体系的分析[4]。正基于此，本论文的研究目的是探索新型电离源 DART 在石油分析领域的应用并期待其在石油分析中取得新的突破。

1　实验部分

1.1　仪器和试剂

Apex-Ultra FT-ICR MS（美国 Bruker 公司，配备 9.4T 超导磁体）；甲苯、甲醇等试剂均

为色谱纯。

1.2 样品制备与仪器条件

分别取适量模型化合物或石油样品溶于甲苯中，放于超声池中超声至完全溶解，在进行仪器分析前，将其用甲醇或甲苯溶液稀释到一定浓度。

质谱条件：样品溶液通过蠕动泵，以500μL/h的速度注射到激发态等离子气流中，采用正离子模式分析。DART采用He和N_2作为载气，载气流速设为2.5mL/min，载气的加热温度为400℃。

离子在源六级杆中存储0.001s，在碰撞池中存储0.5s，碰撞电压为1.5V，四级杆Q1设为200，飞行时间(TOF)依据样品的轻重进行调节，范围为0.7~1.3ms。分析池激发幅度设为11dB，质量范围为150~1000Da，采样点为4M，扫描次数为128次。

数据处理：分别使用内部和外部校准的方法对采集的质谱数据进行校准，校准后各化合物的偏差<1ppm。在质量数m/z=400 Da处的分辨率m/Δm50%>800000。将信噪比大于6的质谱峰导入到Excell表中，采用自编软件进行数据处理。

2 结果与讨论

2.1 DART与FT-ICR MS联用

由于DART源与Bruker公司的FT-ICR MS不能直接对接，需要定制一个转接模块，使得二者能够密封对接。另外，通过使用机械泵进行前级抽真空，抽取部分未电离的中性离子以提高仪器的检测灵敏度。

石油的组成极其复杂，再加上FT-ICR MS分析池本身能够容纳的离子数量少，因此质谱单次采集的信号比较弱，信噪比比较差。为了提高谱图质量，增强谱图的可读性，需要将多次采集样品的质谱图进行叠加，这就要求离子源能够提供长时间稳定的离子流。通过对进样方式进行改进和优化，搭建了适合石油等复杂体系稳定性高、兼容性强的进样系统。

2.2 不同类型模型化合物的电离规律

考察了石油样品中常见的含氮，含氧，含硫及烃类化合物在DART-FT-ICR MS下的电离规律，实验结果表明：一方面，DART可以对极性较强的羧酸类化合物和碱性氮化物进行有效的电离，这一结果和ESI-FT-ICR MS分析结果较为吻合；另一方面，还可以电离极性较弱的含硫化合物和烃类化合物，这一结果扩充了ESI-FT-ICR MS的分析结果。图1是多环芳烃类化合物和含硫化合物在DART-FT-ICR MS下的质谱图，从图1中可以看出，多环芳烃在DART下主要产生分子离子峰$[M]^+$；硫化物在DART-FT-ICR MS下的电离现象较为特殊，其中噻吩类化合物在DART下主要产生分子离子峰$[M]^+$，硫醚类化合物主要产生$[M+O+H]^+$的离子峰，这可能是硫醚类化合物被氧化的结果，这一结果与文献[6]的分析结果一致。这一特殊的电离现象有可能为石油中含硫化合物的直接分析提供新的思路，深层的电离机理尚在研究中。

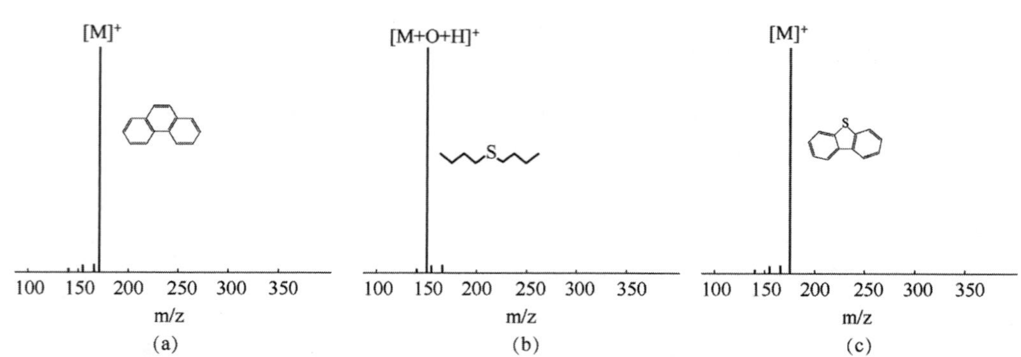

图 1 石油中典型的烃类化合物和含硫化合物在 DART-FT-ICR MS 下的质谱图

(a)，(b)，(c)分别为菲、丁硫醚、二苯并噻吩在 DART-FT-ICR MS 下的质谱图

2.3 DART-FT-ICR MS 应用于石油样品的分析

如图 2 所示，为科威特原油在 400～450℃的窄馏分分别在 DART-FT-ICR MS 和 ESI-FT-ICR MS 下的质谱图。

从图 2 中可以看出，两种电离源都能够对科威特窄馏分进行有效的电离。就分子量分布范围和质谱相应信号来看，二者比较吻合。

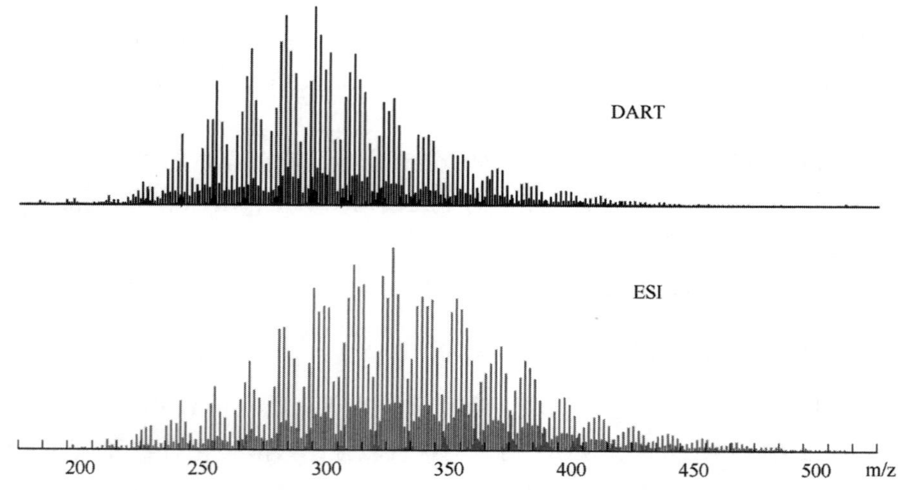

图 2 科威特 400～450℃馏分油在 DART-FT-ICR MS 和 ESI-FT-ICR MS 下的质谱图

图 3 是上述样品经过数据处理之后得出的不同类型化合物相对丰度分布柱状图，从图中可以看出，ESI 能够强烈的选择性电离含氮化合物，对含硫化合物和烃类化合物几乎不电离。DART 不仅能够电离 ESI 能够电离的化合物，同时还能电离 O1S1，O2，HC 和 S1 类化合物，这一结果可以扩充 ESI-FT-ICR MS 的分析结果，使得石油组分同时分析，等效评价成为可能。

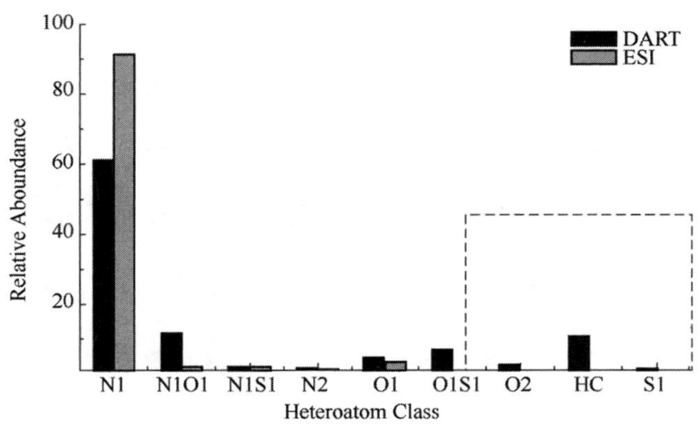

图3 科威特400~450℃馏分油中不同类型化合物在DART-FT-ICR MS和ESI-FT-ICR MS下相对丰度分布柱状图

3 结论

从分子水平对石油进行表征，对石油炼制行业催化剂设计及提高石油产品产率方面十分重要。此外，石油作为重要的化工资源，从分子水平认识石油的组成对石油加工路线的设计和工艺条件优化具有非常重要的意义。社会的进步和生产的需要都要求我们能够更加深入的认识石油的分子组成。石油的分子组成一直是国内外科研人员的研究热点，但是石油的分子组成极其复杂，从分子水平上研究石油组成依然困难重重。本工作将新型电离源DART结合FT-ICR MS应用于石油分子组成的分析，首先通过对模型化合物在DART-FT-ICR MS电离规律的研究，揭示了不同类型的化合物的电离特性。随后，将其应用于石油实际样品的分析，可以得出DART电离源应用于石油等复杂体系分析的可行性，DART-FT-ICR MS很可能补充和扩展目前我们对石油分子组成的认识。

参考文献

[1] Hughey C A, Rodgers R P, Marshall A G, et al. Identification of acidic NSO compounds in crude oils of different geochemical origins by negative ion electrospray Fourier transform ion cyclotron resonance mass spectrometry [J]. Organic Geochemistry, 2002, 33(7): 743-759.

[2] Marshall A G, Rodgers R P. Petroloeumics: The Next Grand Challenge for Chemical Analysis [J]. Acc Chem Res, 2004, 37(1): 53-59.

[3] Purcell J M, Juyal P, Kim D G, et al. Sulfur Speciation in Petroleum: Atmospheric Pressure Photoionization or Chemical Derivatization and Electrospray Ionization Fourier Transform Ion Cyclotron Resonance Mass Spectrometry [J]. Energy & Fuels, 2007, 21(5): 2869-2874.

[4] Cody, R. B., Laramée, J. A., Durst, H. D. Versatile New Ion Source for the Analysis of Materials in Open Air under Ambient Conditions. Anal. Chem. 2005, 77(8): 2297-2302.

[5] Jeremiah M. Purcell, Christopher L, et al. Atmospheric pressure photoionization Fourier Transform Ion Cyclotron Resonance Mass Spectrometry for complex mixture analysis [J]. Anal. Chem. 2006, 78(16): 5906-5912.

[6] J. Michael Nilles, Theresa R. Connell, and H. Dupont Durst. Quantitation of Chemical Warfare Agents Using the Direct Analysis in Real Time (DART) Technique[J]. Anal. Chem. 2009, 81: 6744-6749.

加氢裂化装置运用重芳烃清洗技术解决高压换热器结垢问题

郭振刚，蔡海军，殷纪国，王新栋，刘世强

（中国石油乌鲁木齐石化公司炼油厂，新疆乌鲁木齐　830019）

摘　要　分析了乌鲁木齐石化公司炼油厂100万t/a加氢裂化装置生产运行中出现的高压换热器结垢导致换热效率下降、加热炉负荷过高、装置加工负荷受限的问题，提出运用了重芳烃清洗技术对换热器进行清洗。通过加临时流程引重芳烃对高压换热器及加热炉炉管进行清洗，由清洗后运行工况可知，清洗后换热器传热效率提高65W/(m^2·℃)，加热炉热负荷降低、燃料气单耗降低0.0005t/t，解决了装置加工负荷受限的问题。同时，运用重芳烃清洗有效缩短了装置停工高压换热器检修的时间。

关键词　高压换热器　重芳烃　胶质　换热效率

1　装置简介

中国石油乌鲁木齐石化公司100万t/a加氢裂化装置由中国石化建设工程公司(SEI)设计，于2007年9月30日建成中交，2010年10月试车成功。装置由反应、分馏吸收稳定两部分组成，采用炉前混氢、双剂串联尾油全循环的加氢裂化工艺，目前主要加工一套常减压减二线和部分三常减二线蜡油。

2014年9月上旬开始出现混氢油与反应产物换热器(E-101)结垢使其换热效率降低，换热器出口混氢油温度下降，导致反应进料加热炉的热负荷增加，受其管壁温度的制约，装置的加工量受限。高压换热器E-101(操作条件390℃、16.5MPa)属于Ω环双壳程双弓U型管换热器，要解决换热器结垢问题有两个方案：一是返回制造厂对换热器进行清洗，装置开停工加换热器检修时间需要50天左右，二是装置停工后在线换热器进行重芳烃清洗，装置开停工加在线清洗时间需要20天左右，考虑到全厂生产计划安排和经济效益最大化采取重芳烃清洗方案。

2　高压换热器结垢与分析

2.1　存在的问题

加氢裂化装置中混氢油与反应产物高压换热器的传热效果直接决定着加热炉负荷和反应操作的调整。由表1中2014年6~9月E-101运行参数对比可知，原料混氢蜡油出E-101壳程温度逐渐下降，同时为保证反应产物进出E-101壳程温度均在逐步提高。在反应进料温度不变的情况下，E101 对数平均温升增大换热器所需的传热推动力增大，说明换热器结垢倾向严重。从 6~9 月 E101 的传热系数降低 46.1W/(m^2·℃)，平均传热系数降低速率为 0.384W/(m^2·℃·d)，并且传热系数降低速率在逐渐增大。经过上述分析说明 E-101 换热效果逐渐变差，换热器传热系数降低，为提高所需反应热必须通过提高加热炉 F-101 负荷，反应进料加热炉负荷增加，影响到装置加工负荷的提高。

表 1 2014 年 6~9 月换热器运行参数

日期	加工负荷/(t/h)	E-101 壳程温度/℃		E-101 管程温度/℃		E101 对数平均温差/℃	E101 传热系数/[W/(m^2·℃)]
		入口	出口	入口	出口		
2014.6.9	110	146	342	388	239	69.5	169.5
2014.6.10	110	145	342	388	238	69.5	170.4
2014.7.3	110	147	342	390	237	69	169.9
2014.7.4	108	145	341	389	238	70.5	164.1
2014.8.9	96	143	340	393	238	74	139.7
2014.8.10	100	145	338	392	242	75.5	139.7
2014.9.11	103	135	334	397	251	89.5	125.1
2014.9.12	100	145	338	401	253	85.5	123.4

2.2 原因分析

加氢裂化装置高压换热器结垢机理较复杂，高压换热器壳程混氢油侧的污垢主要由无机微粒的沉积和沥青质等有机微粒的黏附和沉积形成，是加氢裂化装置导致原料油换热器传热系数下降的主要原因。换热器结垢的主要原因有：①尽管罐区原料蜡油采取了氮封保护，在 100~300℃条件下，原料蜡油中微量级的氧与烷烃、烯烃、芳烃引起氧化自由基聚合反应或链反应生成游离基聚合物、缩合物，缩聚合物沉积或黏附在设备管线上；②在 200~400℃条件下，原料油中烷烃、烯烃发生自聚环化，并逐步脱氢缩合，有低级芳烃转化为多环芳烃，进而转化为稠环芳烃生成有机油垢；③原料蜡油中的胶质、沥青质形成有机垢；④原料蜡油中析出的盐类物质、沉积的各金属元素(铁、镍、钠、钙、钒)、杂质颗粒和腐蚀物在设备管线的低速部位不断沉积形成结垢层。

由表 2 所示可知，原料蜡油中胶质含量 2014 年平均为 4.32wt%超设计值 5.5 倍，金属钙、钠含量均超于设计值，说明装置长期加工此种原料蜡油容易在高压换热器 E-101/A，B 中结垢。

表 2 2014 年 6~9 月加氢裂化原料蜡油组成分析

项目	设计值		(2014 年平均值)
	减压蜡油	焦化蜡油	一常、三常减二线
新鲜进料/(kg/h)	100881	18167	85340
比例/%	84.74	15.26	
相对密度(20℃)/(g/cm^3)	0.8946	0.922	0.885
饱和烃/%	78.5	64.22	80.65

续表

项目	设计值		(2014年平均值)
	减压蜡油	焦化蜡油	一常、三常减二线
芳烃/%	21.4	31.22	16.2
胶质/%	0.1	4.56	4.32
硫含量/(μg/g)	3300	4200	1820
氮含量/(μg/g)	2000	1926	954
Fe/(μg/g)	5	3.52	2.09
Ni+V/(μg/g)	<1	<1	0.202
Ca/(μg/g)	2	2	2.52
Na/(μg/g)	2	2	4.36

由换热器总传热系数的公式：

$$Q = k_0 A \Delta t_{\mathrm{m}} \tag{1}$$

$$\frac{1}{k_0} = \frac{1}{\alpha_i} + R_i + R_0 + \frac{1}{\alpha_0} \tag{2}$$

式中 Q——热负荷；

A——换热器的传热面积；

Δt_{m}——管、壳程两流体的平均温差；

k_0——总传热系数；

α_i，α_0——管、壳程对流传热系数；

R_i，R_0——管、壳程污垢热阻。

$$\alpha_i = 0.023\,\frac{\lambda}{d_i} \times \left(\frac{d_i u_i \rho}{\mu}\right)^{0.8} \times \left(\frac{c_{\mathrm{p}}\mu}{\lambda}\right)^{0.3} \tag{3}$$

$$\alpha_0 = 0.36\,\frac{\lambda}{d_{\mathrm{e}}} \times \left(\frac{d_{\mathrm{e}} u_0 \rho}{\mu}\right)^{0.55} \times \left(\frac{c_{\mathrm{p}}\mu}{\lambda}\right)^{1/3} \times \left(\frac{\mu}{\mu_{\mathrm{w}}}\right)^{0.34} \tag{4}$$

式中 u——流速；

λ——导热系数；

μ——黏度；

μ_{w}——流体在壁温下的黏度；

ρ——密度；

c_{p}——比热容；

d_i——管内经；

d_{e}—— 当量直径、有管子排列情况决定。

由式(1)、式(2)可知当流体的物理性质和处理量不变时[1]，污垢热阻增大，k_0减小。当流体的物性改变，其他条件不变时，比热减小，黏度增大，导热系数增大，k_0都会减小。由式(3)、式(4)可知管程和壳程对流传热系数主要受物性、处理量及换热器污垢热阻的影响；当处理量较低时换热器管壳程流体流速降低，管程和壳程对流传热系数减小，整个换热器的总传热系数减小。从图1可知，2014年6~11月加氢裂化装置加工负荷波动较大，特别是从 7 月下旬至 9 月初装置负荷维持在 60%~65%之间，换热器长时间低负荷低流速使得结垢杂质容易沉积结垢，换热器管壳程对流传热系数减小、总传热系数减小。

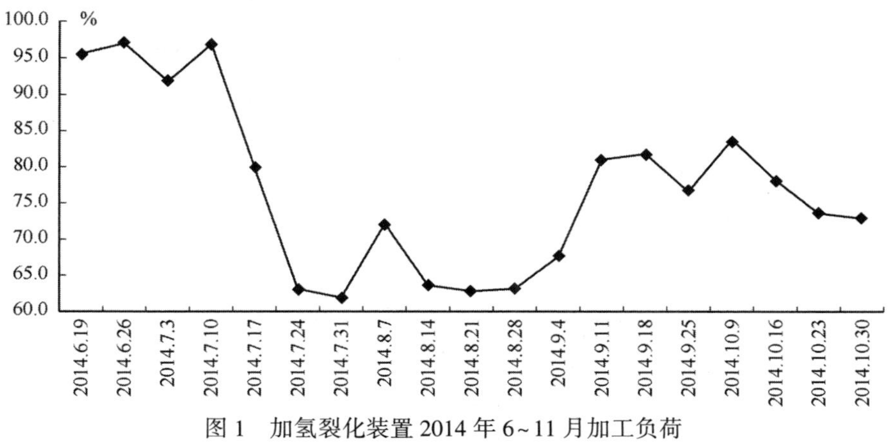

图 1　加氢裂化装置 2014 年 6~11 月加工负荷

3　换热器重芳烃清洗

3.1　重芳烃清洗方案

经谭荣辉[2]等人研究发现重芳烃对重油换热器中胶质沥青质的溶解度明显优于烷烃和烯烃等溶剂，可以通过运用重芳烃清洗增加胶质沥青质的溶级，有效减少沥青质和胶质的析出，提高胶质稳定性，从而降低换热器结垢，同时溶解的温度在 130℃时对垢样的溶解效果较好。

利用装置现有 F202 烧焦蒸汽线流程，增加临时重芳烃清洗线(如图 2 中黑线所示)，将 F202 烧焦蒸汽线与 P110 来开工循环线跨级，通过调换 F101 出口烧焦弯头，实现 F101 出口→烧焦先集合管→P110 来开工循环线→热低分罐 D104→反冲洗过滤器 SR101→原料缓冲罐 D102→反应进料泵 P102→E-101/A，B 壳程→F101 入口闭路循环清洗流程。通过控制 P102 出口流量、F101 出口温度，实现了在 90t/h、140℃条件下对 E-101/A，B 壳程及炉管的重芳烃恒温循环清洗。

3.2　重芳烃清洗实施

18 日 2：30F101 出口弯头调向完成，装置进入重芳烃清洗阶段。18 日 23：00 引罐区 309 号罐重芳烃建立循环清洗流程，19 日 1：00 点 F101 进行升温进行重芳烃清洗，6：30 熄炉降温，现循环降温至 60℃以下退重芳烃，引低凝柴油置换防冻。21 日 19：40、22 日 11：30 分别引低凝柴油置换，22 日 22：00 向罐区退重芳烃结束。23 日 11：00 开始对 P-102 管线爆破吹扫，14：00 炉出口弯头开始调向，装置进入开工阶段，装置 E101 重芳烃清洗共计用时 5 天。

从表 4 可知，随着重芳烃清洗时间的增加，重芳烃溶剂黏度及密度增加，胶质含量也明显增加。由于，清洗期间反冲洗过滤器每 4 小时手动反冲一次将杂质过滤掉，清洗 24h 后重芳烃中胶质含量有所下降。装置重芳烃冲洗系统共引入重芳烃 140t，由重芳烃密度、胶质含量变化可知本次共清洗出胶质 314. 5kg，结垢杂质 1. 4233t。

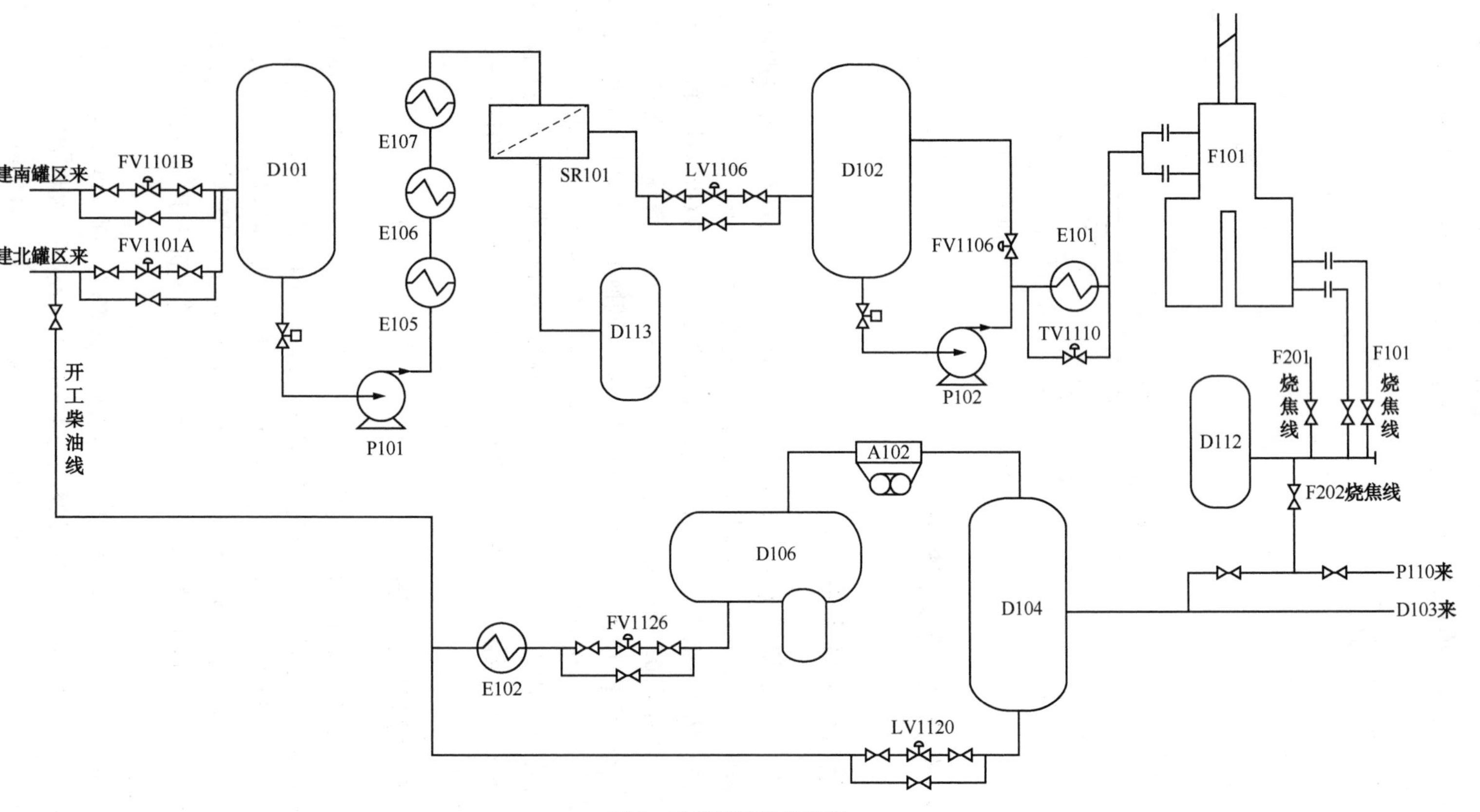

建南罐区来
FV1101B
建北罐区来
FV1101A
开工柴油线
D101
P101
E107
E106
E105
SR101
D113
LV1106
D102
FV1106
P102
E101
TV1110
F101
F201
烧焦线
F101
烧焦线
D112
F202烧焦线
P110来
D103来
A102
D106
D104
FV1126
E102
LV1120

图2 重芳烃清洗流程图

表 3　重芳烃清洗实施过程

日期	重芳烃清洗措施	操作参数	备注
12.18	18 日 23：00 引罐区重芳烃 140t	液位 D10185%、D102 90%	反冲洗过滤器 4h/次手动冲洗，每 12 小时取样(见图 3)
12.19	1：00 点 F101 升温重芳烃清洗	140℃，90t/h	
12.20	恒温重芳烃清洗	140℃，90t/h	
12.21	恒温重芳烃清洗，19：40 引低凝柴油置换	140℃，90t/h	
12.22	11：30 引低凝柴油置换，退重芳烃	降温至 70℃	对管线爆破吹扫

图 3　不同清洗阶段重芳烃溶剂

表 4　不同清洗阶段重芳烃化验分析

样品名称	原始重芳烃样	清洗 12h 重芳烃样	清洗 24h 重芳烃样
取样时间	12 月 18 日 23：00	12 月 19 日 12：30	12 月 20 日 00：10
取样地点	原料取样器	D104 热低分油取样器	D104 热低分油取样器
黏度(20℃)/(mm^2/s)	2.9	3.1	3.0/3.0
密度/(kg/m^3)	908	916	917.2 /918.8
机械杂质(目测)	无	无	无
胶质含量/(mg/100mL)	48	252	120 /160

为防止管线残留重芳烃及所含胶质杂质等在装置开工进入精制反应器 R101 造成床层压降上升，分别于 21 日 19：40、22 日 11：30 引低凝柴油对重芳烃进行置换，对置换稀释后重芳烃取样分析，胶质含量为 70.8 mg/100mL 达到退油条件。同时，重芳烃清洗完后用氮气对 P102 出口管线进行爆破吹扫，在重芳烃冲洗流程最低点取样验证无油品后确认爆破吹扫完成。

4　换热器重芳烃清洗后效果

4.1　换热器运行情况

由表 5 可知，E101 重芳烃清洗后原料混氢蜡油出 E-101 壳程温度提高 10℃，在裂化反应温度满足的情况下裂化反应器出口温度降低 15℃，反应产物出 E-101 壳程温度降低 18℃。在反应进料温度不变的情况下，E101 对数平均温升降低，从图 4、图 5 可以看出，重芳烃清洗前后 E101 的传热系数提高较多，清洗后传热系数达到 195 W/(m^2·℃)，比清洗前提高 65W/(m^2·℃)，换热器整体换热效果明显提高。

表5　重芳烃清洗后E101运行参数

日期	加工负荷/(t/h)	E-101壳程温度/℃		E-101管程温度/℃		E101对数平均温差/℃	E101传热系数/[W/(m^2·℃)]
		入口	出口	入口	出口		
2015.1.4	103	162	355	394	230	53.5	203.0
2015.1.6	103	164	351	388	233	53	198.6
2015.1.8	103	168	347	382	235	51	197.5
2015.1.10	103	167	347	383	235	52	194.8
2015.1.12	102	164	348	384	233	52	195.3
2015.1.14	105	162	346	382	232	52.5	199.2
2015.1.16	104	165	347	383	234	53	197.0

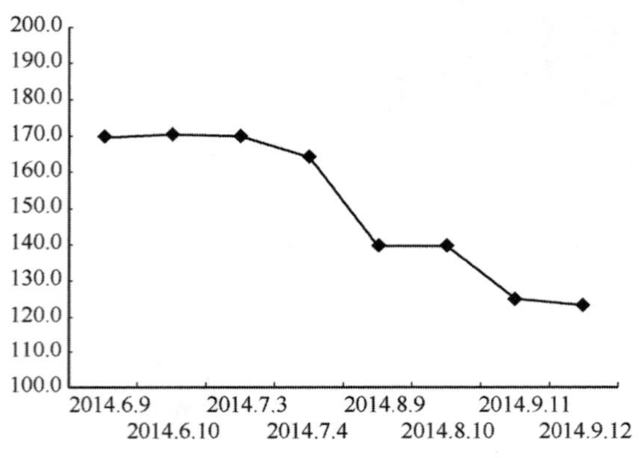

图4　重芳烃清洗前E101传热系数

图5　重芳烃清洗后E101传热系数

4.2　加热炉运行情况

由表6可知，重芳烃清洗后E101壳程出口至F101反应加热炉进料温度提高10℃，随着加工量提高至106t/h，精制反应器入口温度提高至382℃，F101炉膛温度维持在783℃，加热炉负荷较清洗前有所降低。结合图6、图7可以看出，重芳烃清洗后F101运行工况，F101燃料气单耗降低0.0005t/t。

表6　重芳烃清洗后F101运行参数

日期	加工负荷/(t/h)	F101入口温度/℃	F101出口温度/℃	炉膛最高温度/℃	进出口温差/℃	F101燃料气单耗/(t/t原料)
2015.1.4	103	355	379	701	23	0.00589
2015.1.6	103	351	380	739	28	0.00626
2015.1.8	103	347	381	770	32	0.00608
2015.1.10	103	347	380	773	33	0.00603
2015.1.12	102	348	379	772	31	0.00624
2015.1.14	105	346	379	784	33	0.00619
2015.1.16	104	347	379	782	32	0.00624

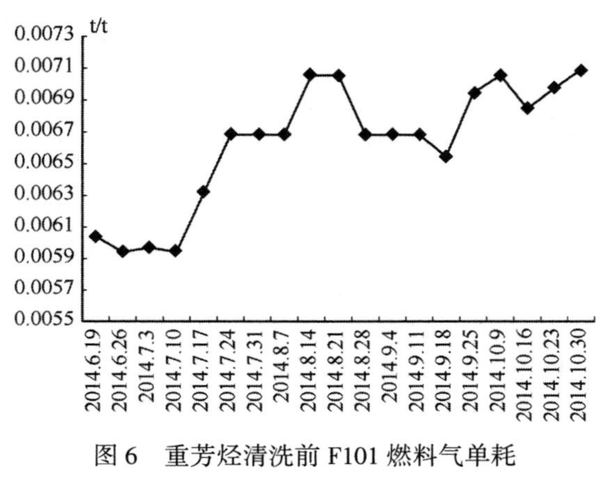

图 6　重芳烃清洗前 F101 燃料气单耗

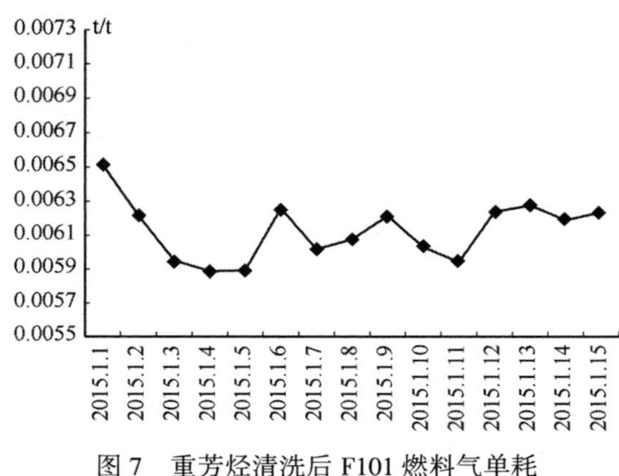

图 7　重芳烃清洗后 F101 燃料气单耗

5　结论

针对装置实际找出混氢油与反应产物高压换热器 E101 结垢传热效果下降的原因，运行重芳烃清洗技术对换热器进行清洗，共清洗出胶质 314. 5kg，结垢杂质 1. 4233t。由清洗后运行工况可知：清洗后换热器传热效率提高 65W/(m^2 · ℃)，加热炉热负荷降低、燃料气单耗降低 0. 0005t/t，解决了装置加工负荷受限的问题。同时，运用重芳烃清洗可以有效缩短了装置停工高压换热器检修的时间。

参　考　文　献

[1] 楼剑常，张映旭 . 中压加氢裂化装置原料油换热器传热系数下降的原因及对策[J]. 石油炼制与化工，2005，36 (12)：21-23.

[2] 谭荣辉，陈永志，杨胜年 . 常减压装置运用在线清洗技术解决换热器的结垢问题[J]. 乌石化科技，2010，105，(1)：1-5.

[3] 一种重油换热器结垢清洗设施[P]. 中华人民共和国 . 实用新型专利 . ZL 2012 2 0399479. 7. 2013.

近红外光谱预测原油密度

胡卫平，孙　甲，孟　伟

（中国石油乌鲁木齐石化公司研究院，新疆乌鲁木齐　830019）

摘　要　密度在原油评价中的作用非常重要，国内外大型石化企业都正在基于多种现代仪器分析手段研发原油密度及其他性质的快速检测技术，近红外光谱分析方法由于测量方便、速率快、成本低，我们使用近红外光谱方法对密度的分析方法进行了研究。

关键词　近红外　光谱　密度

原油及各个馏分油的密度在原油评价中的作用是重中之重，原油评价在原油开采、原油贸易和原油加工等方面发挥着十分重要的作用。尽管现在已经建立了一套较为完整的测量原油及各个馏分油密度的方法（GB/T 1884—2000 和 SH/T 0604—2000 等），但这些方法测量原油密度时，准备工作、清洗工作较复杂，需要样品较多。针对以上情况，国内外大型石化企业都正在基于多种现代仪器分析手段研发原油密度及其他性质的快速检测技术，包括色谱一质谱联用（GC-MS）、核磁共振（NMR）和近红外光谱（NIR）等，其中近红外光谱方法由于测量方便、速率快、成本低，所以我们使用近红外光谱方法对密度的分析方法进行了研究。

近红外光是介于紫外可见光和中红外光之间的电磁波，其波长范围 780~2526nm，由分子振动的非谐振性使分子振动从基态向高能级跃迁时产生的，主要反映的是含氢基团（C—H、N—H 和 S—H 等）振动的倍频和合频吸收，具有丰富的结构和组成信息[1]。

1　原油近红外光谱数据库的建立

1.1　原油样本的收集

收集我厂加工过及调研过的有代表性的原油样本 17 种，120 批次，原油种类基本覆盖了新疆的主要原油产区，密度（20℃）的分布范围为 777~952kg/m^3。17 种原油中，石蜡基原油 12 个、中间基原油 2 个、环烷基原油 1 个、石蜡一中间基原油 2 个。这些原油均为乌石化进厂加工的原油及乌石化研究院调研评价过的原油，原油的密度及其他基本性质均由现行的标准方法测得。

1.2　近红外光谱的测定

采用傅立叶变换近红外光谱仪 Spectrum 100N 测定已经收集的 120 批次原油的近红外光谱，光谱范围为 2100~10000cm^{-1}，光谱分辨率：0.5cm^{-1}，累积扫描次数 32 次，采用透射测量方式。通过近红外光谱仪器进行光谱测量得到这些原油的的近红外光谱图，我们选择了 4 种典型原油的近红外光谱图作为图例，见图 1。

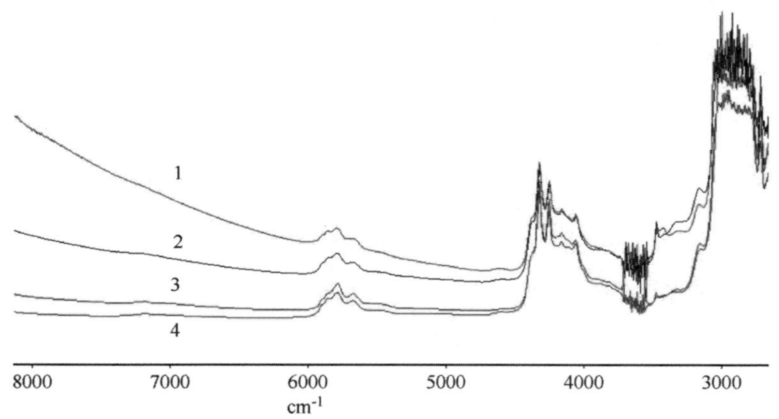

图 1　4 种典型原油的近红外光谱图

1—西北局原油；2—北疆原油；3—东疆原油；4—哈萨克斯坦原油

1.3　建立光谱—性质数据库

我们将已经测定的每一张原油光谱图进行数字化转化，得到相应的原油数字化光谱图，然后在实验室用标准试验方法(SH/T 0604—2000)测得每一种原油的密度(20℃)，将得到的原油密度数据通过北京化工大学编制的“化学计量学光谱分析软件”进行编辑输入，再将每一种原油的数字化光谱图导入光谱分析软件，使原油的数字化光谱图与标准试验方法(SH/T 0604—2000)测得的原油密度(20℃)值形成一一对应的关系，生成原油近红外光谱数据库。

2　建立原油密度的定量分析模型

2.1　建立原油密度的定量分析模型

进行近红外定量分析首先必须建立校正模型，即收集一定数量的建模样品，分别测定样品的近红外光谱和参考分析数据，通过化学计量学方法建立二者之间的数学关系，得到模型后必须对模型进行验证，即采用一定数量的验证集样品(参考分析数据已知)，测定近红外光谱，然后采用模型对这些样品的性质进行预测，并且和已知的参考分析数据进行比较，通过统计学的方法对模型进行评估，模型通过验证后就可以对未知样品进行测定，在模型使用时，需要经常对模型性能进行监控，必要时进行模型维护。

我们采用北京化工大学编制的“化学计量学光谱分析软件”中的偏最小二乘(PLS)方法建立分析校正模型。模型建立前，首先选取 120 个原油构成校正集样本，另外取 20 个原油样品作为验证集样本。光谱先经一阶微分处理，以消除样品颜色及基线漂移等因素的影响，然后由近红外光谱—性质相关系数图选取光谱区间 4000~6000cm^{-1}参与模型的建立，光谱最佳主因子数采用交互验证法所得的预测残差平方和(PRESS)确定，采用马氏距离、光谱残差和最邻近距离三个指标判断模型对未知原油样本的适用性[2]。

交互验证过程中密度(20℃)的近红外光谱测定结果与标准方法所测的实际值之间的相关性用图表示，见图 2，从图 2 可以看出，校正集样品均匀的分布在回归线的两侧，说明两种方法得到的结果之间具有很好的相关性，统计结果表明，密度(20℃)交互验证得到的校正标准偏差(RMSECV)为1.29kg/m^3。

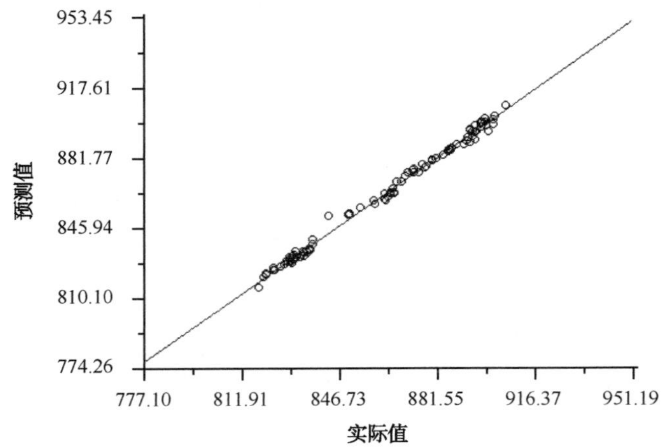

图2 密度(20℃)的近红外预测值与实际值的相关性图

3 模型的验证

3.1 对验证集中原油样品的进行性质预测分析

我们用近红外光谱仪分别测定验证集中原油样品的近红外光谱并且转换成原油数字化光谱图，然后用标准试验方法在实验室测得验证集中每一种原油样品的密度(20℃)。将每一种原油数字化光谱图导入化学计量学光谱分析软件，用已经建立的原油密度的定量分析模型分别对验证集中的20个原油的密度(20℃)进行验证预测分析，分析结果见表1。

表1 近红外光谱与标准方法测定原油密度对比表

样品	实际值/(kg/m^3)	近红外预测值/(kg/m^3)	性质偏差	准确率/%
1	886.1	880.22	-5.88	99.34
2	896.9	891.27	-5.63	99.37
3	899.6	895.06	-4.54	99.50
4	892.2	891.23	-0.97	99.89
5	885.6	883.71	-1.89	99.79
6	886.7	886.46	-0.24	99.97
7	897	894.01	-2.99	99.67
8	885.5	884.93	-0.57	99.94
9	858.9	859.93	1.03	99.88
10	859.1	856.09	-3.01	99.65
11	831.1	830.21	-0.89	99.89
12	829	829.7	0.7	99.92

续表

样品	实际值/(kg/m³)	近红外预测值/(kg/m³)	性质偏差	准确率/%
13	827.9	824.87	-3.03	99.63
14	828.2	827.81	-0.39	99.95
15	829	828.86	-0.14	99.98
16	829	828.52	-0.48	99.94
17	829.8	830.05	0.25	99.97
18	830.5	830.05	-0.45	99.95
19	831	828.92	-2.08	99.75
20	831.5	829	-2.5	99.70

3.2 原油密度的定量分析模型验证

模型的验证方法有很多，我们用验证集预测标准偏差法、验证集偏差的显著性检验法、近红外分析方法与参考分析方法之间的一致性检验法对我们建立的原油密度的定量分析模型进行验证。

3.2.1 验证集预测标准偏差法

我们通过计算得到验证集的预测标准偏差为 1.1kg/m³，结果小于建立原油密度的定量分析模型时的校正预测标准偏差 1.29kg/m³，所以原油密度的定量分析模型可以适用与模型覆盖范围内原油样品。

3.2.2 验证集偏差的显著性检验法

我们采用 t 检验的方式检验验证集预测值与参考分析测定值之间有无显著性的差别。我们给定显著性水平 $\alpha=0.05$，通过查表对应的临界 t 值是 1.960。

通过对同一原油样品的用近红外模型预测法与参考分析方法得到的数值，计算 t 检验数值，均小于给定显著性水平 $\alpha=0.05$ 时对应的临界 t 值 1.960，说明两种分析方法的分析结果没有显著性差异。

3.2.3 近红外分析方法与参考分析方法之间的一致性检验法

从表 1 原油密度的近红外光谱预测值及标准方法分析实际值可以看到，验证集近红外光谱预测分析数据与标准方法分析数据之间的偏差小于 1%，准确率大于 99% 的数据分布大于验证集总样品数的 95%，表明两者的分析结果是一致的。

综上所述，以上结果说明所建模型通过验证，原油密度的定量分析模型可以适用于分析预测模型覆盖范围内的原油样品的密度(20℃)[3]。

4 结论

经过以上对原油光谱的研究与原油密度(20℃)性质研究，我们找到了可以通过原油光谱来测定分析原油密度性质的方法。

我们用验证集预测标准偏差法、验证集偏差的显著性检验法、近红外分析方法与参考分析方法之间的一致性检验法对我们建立的原油密度的定量分析模型进行验证，验证结果说明所建模型通过验证，原油密度的定量分析模型可以适用于分析预测模型覆盖范围内的原油样品的密度(20℃)。

参 考 文 献

[1] 陆婉珍，袁洪福．现代近红外光谱分析技术[M]．第二版．中国石化出版社，2010：16.
[2] 刘建学．实用近红外光谱分析技术[M]．科学出版社，2008：108.
[3] 李民赞．光谱分析技术及其应用[M]．科学出版社，2008：159.

加氢装置孔板流量计引压管开裂失效分析

刘小春，蒋良雄

（中国石化扬子石油化工有限公司炼油厂，江苏南京　210048）

摘　要　某石化公司加氢装置孔板流量计引压管在使用约一周后出现裂纹，发生泄漏失效，严重影响装置的正常生产。为了弄清该引压管开裂失效的原因，采用直读光谱、金相观察、SEM 等方法对失效引压管材料的宏微观断口、化学成分、硬度、金相组织等进行检验分析。结果表明，引压管的开裂是由于引压管内部含有氧化铝等夹杂物和类似疏松孔洞，在内压的作用下产生应力集中，最终引压管发生快速脆性断裂失效。

关键词　加氢　孔板流量计　引压管　开裂　失效分析　应力集中

某公司的加氢装置孔板流量计引压管在使用约一周后出现裂纹，发生泄漏失效，严重影响装置的正常生产。为分析失效原因，对引压管断口进行外观检查、化学成分、金相检验等分析并得出结论[1~4]。

引压管材质为 20 钢，工作介质为氢气，实际操作温度为 40℃，工作压强为 9MPa。对失效的引压管进行观察；在引压管的外壁可以明显的看到一条细长的裂纹，如图 1 所示。

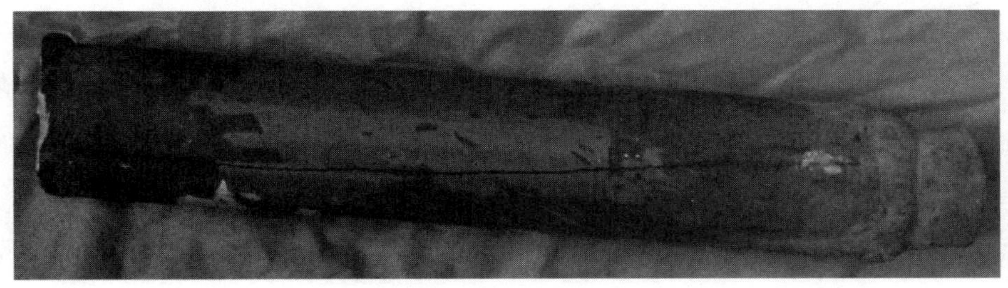

图 1　引压管宏观图

1　断口分析

1.1　宏观断口分析

对引压管沿轴向方向进行切开，得到引压管沿裂纹方向的部分管壁，引压管试样断口宏观形貌如图 2 所示。从外部观察，引压管内外壁除存在一条细长的裂纹外，其它部分基本完好，干净无垢污，且没有其它明显的裂纹、孔洞或缺陷。

1.2　微观断口分析

对引压管裂纹断口进行取样，利用 SEM 扫描电镜对断口进行微观分析，不同位置的

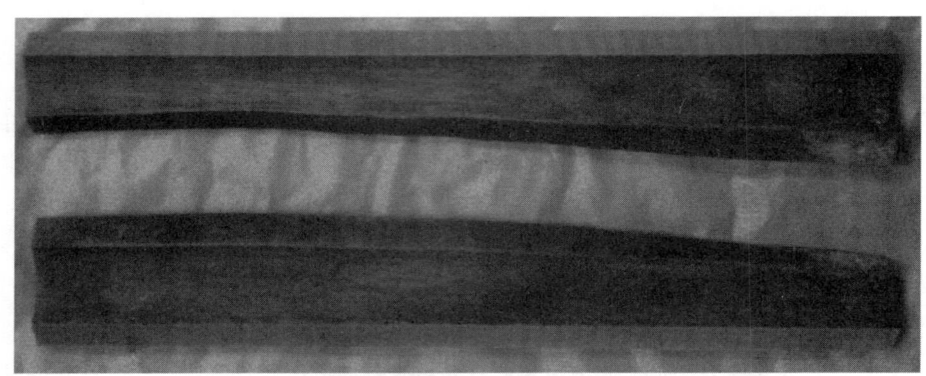

图2　引压管沿裂纹方向的部分管壁

SEM照片如图3所示。从图3(a)可知，管壁中央部分细长的裂纹源以及裂纹的扩展纹路，裂纹以启裂源为中心呈圆形呈四周向外扩展；图3(b)中可以看出断口呈现出明显的“河流花样”的特征，河流的流向与裂纹扩展的方向一致，说明引压管发生了快速脆性断裂；图3(c)中可以看出裂纹呈“人”字形花样沿轴向向内外壁扩展，壁面可以看到明显的撕裂棱；图3(d)中可以看出引压管材质中存在细小类似疏松的孔洞，这些缺陷的存在破坏了金属基体的连续性，导致材质力学性能的降低。

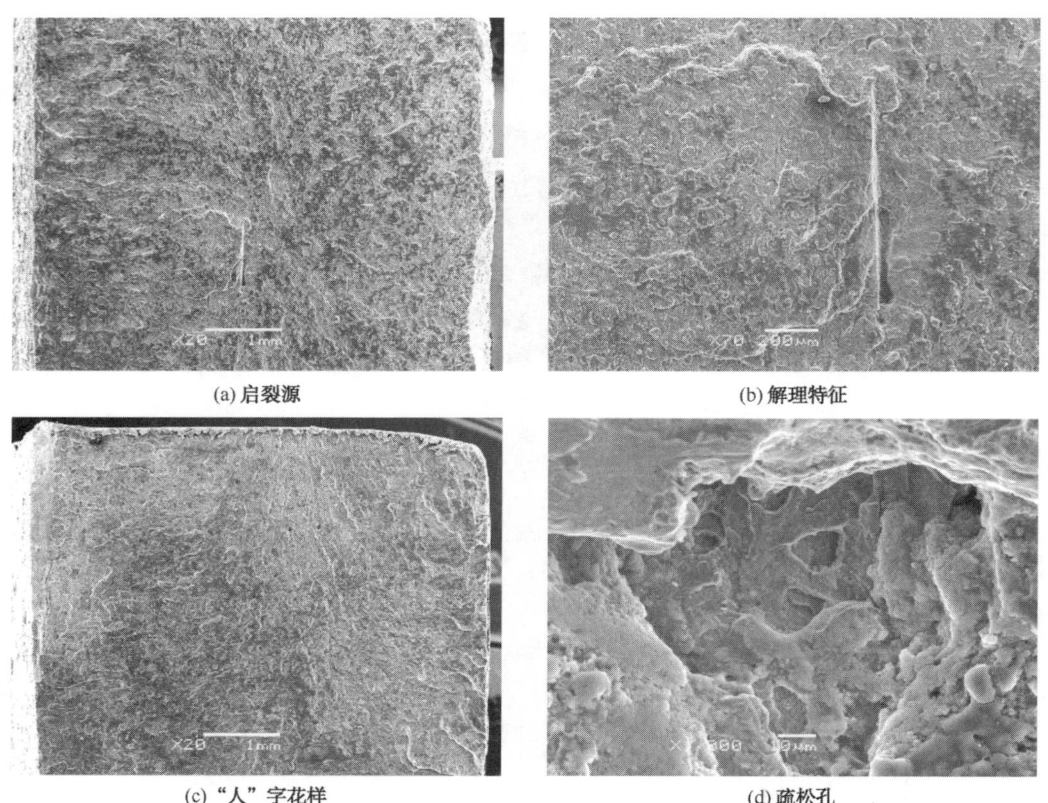

(a) 启裂源　　(b) 解理特征

(c) “人”字花样　　(d) 疏松孔

图3　试样断口不同倍率下的扫描结果

对裂纹源内部进行 EDS 能谱分析，如图 4、图 5 和表 1 所示。从表 1 的数据分析可以发现：裂纹源内部材质中 O、Mg 和 Al 含量严重偏高，分别为 17.89%、13.65% 和 29.87%。这些夹杂物缺陷在外力作用下会导致应力集中，这是导致引压管失效的主要原因。

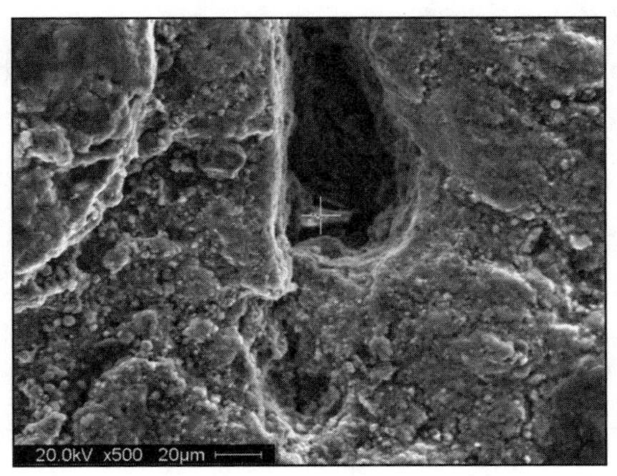

图 4　启裂源

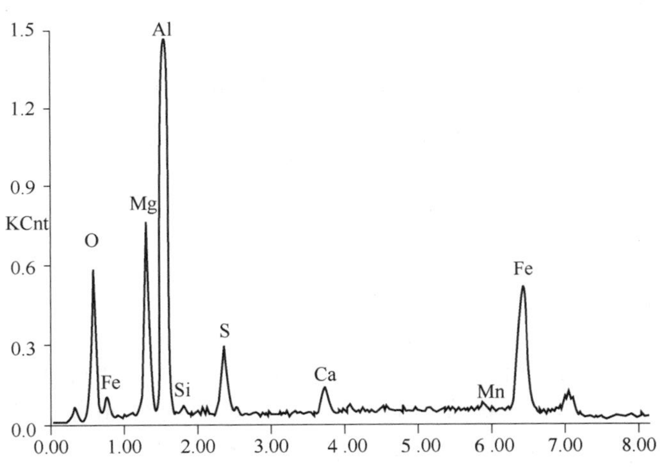

图 5　启裂源 EDS 能谱分析结果

表 1　启裂源处的化学成分　　%

元素	O	Mg	Al	Si	S	Ca	Mn	Fe
含量	17.89	13.65	29.87	0.73	4.34	2.03	2.30	29.20

据此，可以判定引压管发生失效的主要原因是引压管内部含有氧化铝等夹杂物和类似疏松孔洞，在管道内约 9MPa 的压力作用下在缺陷处萌生了裂纹缺陷，在内压的作用下产生应力集中，裂纹以启裂源为中心呈“人”字形花样沿轴向向内外壁快速扩展，最终导致引压管发生快速脆性断裂失效。

2 综合分析

2.1 化学成分分析

利用德国SPECTRO MAXx直读光谱仪，对失效引压管进行成分检测。结果如表2所示。引压管实测值中C含量0.288%高于GB/T 699—1999标准中20钢的C含量(0.17%~0.23%)，且他元素均在标准规定范围内。碳含量偏高可能会使材质的硬度增加，材质的塑性和冲击性降低。

表2 引压管材料化学成分及标准值 %

元素	C	Si	Mn	P	S	Cr	Ni	Fe及其他
测定值	0.288	0.226	0.393	0.015	0.013	0.012	0.017	99.036
标准值	0.17~0.23	0.17~0.37	0.35~0.65	≤0.035	≤0.035	≤0.25	≤0.30	-

2.2 硬度分析

用维氏显微硬度仪对20钢管的硬度进行测量，结果如表3所示。对失效的引压管进行测定，硬度为257.9HBW，远高于标准值，材料硬度偏大，这也与上述引压管材质的化学成分分析中碳含量偏高相对应，材质碳含量的偏高导致其硬度偏高。

表3 引压管硬度测量值(HBW)(实验温度20℃)

编号	1#	2#	3#	4#	5#	平均值	标准硬度
布氏硬度	265.7	250.9	263.6	256.4	253.1	257.9	≤165

2.3 金相检验

对引压管断口附近进行取样分析，典型组织如图6所示。通过观察显微的金相组织发现：试样金相组织为铁素体和块状的珠光体，与标准热轧状态20钢组织基本一致。本文用引压管局部组织代表整体组织情况，初步判断材质整体金相组织合格，但不能保证引压管材质整体每一个部分的组织都满足要求，可能在材质局部存在一些组织不连续的部分，如夹杂，孔洞等。

3 开裂原因分析

引压管发生失效的主要原因是引压管内部含有氧化铝等夹杂物和类似疏松孔洞，在管道内约9MPa的压力作用下在缺陷处萌生了裂纹缺陷，在内压的作用下产生应力集中，裂纹以起裂源为中心呈“人”字形花样沿轴向向内外壁快速扩展，且接管轴向承载能力小于周向承载能力，接管会在组织不连续位置优先发生轴向裂纹失效，最终引压管发生快速脆性轴向断裂失效。材质成分C含量偏高，引起材质硬度偏高，韧性降低，导致材质力学性能的降低则加快了失效过程。

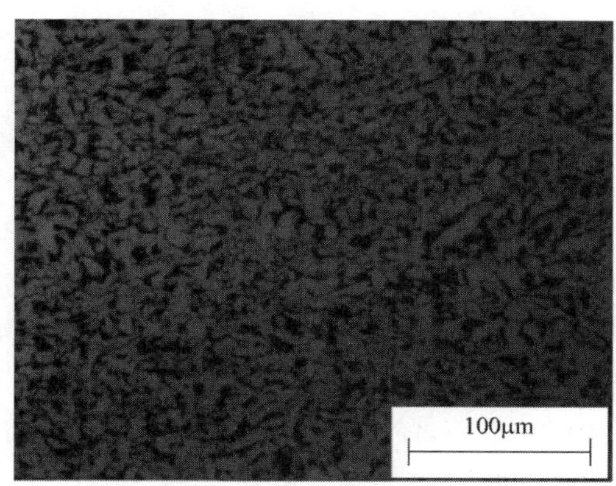

图 6　金相显微组织图

4　结论与改进措施

（1）引压管失效主要原因是管内有氧化铝等夹杂物和疏松孔洞，在内压的作用下产生应力集中，产生裂纹，且材料 C 含量偏高，韧性降低，加速了失效过程，最终开裂。

（2）对管线中同材质同批号的引压管进行更换；

（3）对现有的引压管进行无损检测，查看材质内部是否存在缺陷。

参考文献

[1] 张延年，李永清，陈彦泽．加氢改质装置反应器馏出物管道失效分析[J]．石油化工设备，2011(01)：96-98.

[2] 李永清等．加氢装置加热炉出口管道开裂失效分析[J]．石油化工设备，2012(06)：85-89.

[3] 杨峰，崔玮，韩福全．火电厂锅炉水冷壁管横向裂纹开裂原因分析[J]．热加工工艺，2011(05)：189-191.

[4] 苗兴等．火力发电机组锅炉水冷壁管开裂原因分析[J]．热加工工艺，2014(16)：215-217.

3D软件在石化企业虚拟事故演练中的探索

潘民龙

(中国石化长岭分公司信息技术中心，湖南岳阳 414012)

摘 要 本文主要对3D软件在石化企业安全演练、教学等方面应用的探索，根据企业事故预演的要求，采用三维建模软件创建虚拟场景、道具、角色，通过三维引擎实时渲染来构建一个“虚拟事故演练系统”。让参演人员通过计算机键盘鼠标，在虚拟的场景中实现角色和场景的选择，进行现场漫游、事故虚拟演练、联合演习等功能，具有高安全、高仿真、低成本、可重复、易学习等多种优点，可以在石化企业HSE管理中发挥重要作用。

关键词 模型 虚拟现实 粒子 3D引擎 漫游 碰撞

1 前言

石油化工企业具有高温、高压、生产装置复杂、生产工艺连续、原料及产品易燃易爆的特点，极具危险性，一旦发生火灾事故并处置不当就会带来严重后果。因而日常的应急演练也就成为进一步提高石化企业员工处置突发事故的能力、熟悉处置突发事故的流程，有效遏制事态进一步发展的有效途径和重要工作。但是传统的实战演练方式既影响企业生产，在训练过程中还具有一定的危险性，并且这种演练消耗大量了的人力物力，仍然无法让全员得到全方位的演练，因而急需要有新的演练手段来弥补这些不足。

随着信息技术的发展，虚拟现实技术的成熟，计算机模拟现实环境下的演练即将成为可能。以计算机信息网络为平台的现实虚拟演练可以解决实战演练过程中存在的诸多不足，通过键盘鼠标实现人机交互，模拟事故现场环境，使参演人员身临其境，严格按照应急预案及相关操作规程获取装备，按照流程进行演练，将对提高员工的事故处置能力和心里适应能力起到积极的作用。

2 开发环境的介绍及功能分析

在“虚拟事故演练系统”中的场景、人物角色、道具(器材、装备)模型以及烟雾、火焰等特效通过建模软件创建，在三维建模软件中应用较为广泛的主要是Autodesk公司3Ds Max和Maya软件，均具有建模、渲染、动画、特效和脚本编程等各大功能模块，并得到多数3D引擎的支持，所以可根据开发人员特长选用。各种模型、道具创建完成后，导入到3D引擎软件中，根据设定好的规则，调用所需场景和道具，实现各种实时的交互操作，控制虚拟环境中的模型。

2.1 建模软件

3Ds Max 属于三维制作软件中的中端系统，强调流程的便捷和高效，易学易用，但在高端方面有所欠缺，如角色动画、运动学模拟主要依赖大量的插件才能完成。其应用方向主要面向建筑行业，在建筑漫游及室内设计方面得到广泛的应用，同时在对精细度要求不是十分苛刻的游戏、动画片的制作方面也大量应用。但是 3Ds Max 不支持通用脚本语言 JAVASCRIPT。

Maya 属于电影级别的高端三维动画软件。用户界面比较人性化，其自由度、精细度较高，功能全面，特别是 NURBS 建模适合工业模型。内建粒子系统、毛发生成、植物创建、布料仿真等。主要应用方向是电影特效、电视广告、游戏动画的制作，特别在特效方面具有较强的优势，并且支持通用脚本语言 JAVASCRIPT。

2.2 3D 引擎

3D 引擎是将模型中的多边形、NURBS 或者各种曲线等，在计算机中进行相关计算并输出最终图像，实现各种算法的集合，也就是计算物体碰撞、角色道具的位移、操作者的输入以及声音图像的输出。最基本的功能主要有：数据管理、场景管理、渲染器、交互控制等。目前应用较广的 3D 引擎主要有 Unity 3D 和 Virtools，它们各有优劣，可根据具体应用方向选择。

Unity 3D：Unity 3D 是由丹麦 Unity 公司开发的一个让开发者创建诸如三维视频游戏、现实虚拟、实时三维动画等多平台的综合型开发工具，是一个全面整合的专业 3D 游戏引擎，通过碰撞检测和实时模拟反应进行互动。是利用交互的图型化开发环境为主要方式的编辑器，可发布游戏至 Windows、Mac、IPhone、Windows phone 8 和 Android 等多种平台。也可以利用 Unity web player 插件发布至网络平台，实现单人到实时多人操作。它虽然具有强大的互动功能，但功能模块较少，大部分依靠 JAVASCRIPT 脚本完成，其在网络游戏中应用较为广泛。

Virtools 是法国达索飞机公司六大 3D 软件之一，是一套具备丰富的互动行为模块的实时 3D 环境虚拟现实编辑软件，起初定义为 3D 游戏引擎，后来发展方向以虚拟现实为主，为 2010 年上海网上世博会指定为唯一的 3D 开发引擎。它自带的物理引擎功能强大，互动几乎无所不能，模块分得很细，自由度很大，基本可以让没有程序基础的开发人员利用内置的行为模块快速制作出三维视频游戏、交互式电视、仿真训练与现实虚拟等作品。但由于网络发布具有一些功能限制，所以在网络功能方面略逊于 Unity 3D。

3 虚拟功能的设计架构

“虚拟事故演练系统”，可根据所需要求构建出一个具有演练管理(应急指挥)、虚拟演练、现场漫游、演练考核等多个功能模块的虚拟系统，所有参演者的操作均通过键盘鼠标完成，其系统结构见图 1。

参演人员登录后根据后台设定各自角色进入相应的功能模块，在虚拟场景中选择进行漫游、演练、接受联合演习任务等。

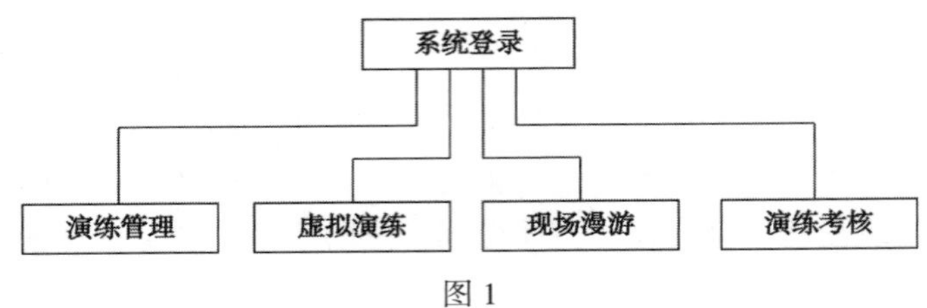

图 1

演练管理(应急指挥)：设定参演人员的现实角色、演练时间、设定演练任务、发布各种指令、演练现场漫游、考核统计等；

虚拟演练：分为单人演练和联合演练，主要任务包括装备的佩戴、器材的使用、事故的处理。单人演练可自主选择演练项目进行演练，包括由参演人员自行选定场景、事故类型、装备等；而联合演习则根据指定任务中设定好的角色参加演练，演练过程中可接受上级发出的指令(信息传递)也可发出请求、报告等；

现场漫游：采用第一人称摄像机视角移动和自动寻路功能，通过键盘、鼠标选择场景进行漫游移动，实现现场环境的熟悉及其他学习功能。Unity 3D 和 Virtools 均带有第一人称和第三人称两个角色移动组件。

演练考核：演练过程中的考核，参演人员在演练过程中未按演练规则操作，可能会导致本人或他人受到伤害，或引起事态的进一步扩散，可对其违规行为采取血条显示的方式扣除其分值甚至终止其生命。

4 系统的开发及功能模块的实现

完整的系统在实际开发过程中涉及多方面的技术，系统登录界面及系统管理模块须由计算机编程语言来实现，通过数据库管理对参演人员进行权限管理、角色赋予等。

虚拟事故演练中各种场景、演练中所使用的所有器材装备、道具、人物角色等通过 Maya 或 3Ds Max 各种强大功能预先创建。这些模型通过其丰富的材质库和强大的渲染功能对它们赋予材质、添加颜色、灯光进行渲染等；人物的各种动作则通过创建骨骼、绑定、设定人体关节活动范围、增加动作约束、蒙皮等实现；而烟雾、火焰、流体或爆炸等场景模型通过粒子系统创建，由流体发射器其解算出设定好的浓度、热量、燃料、重力等，实现不同效果的浓烟、颜色和火焰区等。

在虚拟演练方面可将所有创建好的模型预先导入到 3D 引擎系统中，通过各种行为模块实现所需动作。演练中所使用到的行为动作主要包括：

(1) 参演角色、器材、装备的控制及处理；

(2) 演练场景及路线的动态获取；

(3) 火焰、烟雾及流体的模拟；

(4) 血条的显示及信息传递。

演练场景及路线的动态获取：在系统中预设多个演练场景，将场景中所使用到的模型均作为所对应场景的子物体，通过触发进行场景和器材道具的选择。行动路线可事先在场景中通过曲线设定运动线路也通过其自身的寻路功能实现自由移动。

参演角色控制及碰撞处理：事先将所有的行为动作通过行为模块指定到角色身上并选择

控制方式及其他多种属性，并将其属性赋予到鼠标等待模块，当鼠标点击时，此时人物或道具就能根据我们的要求通过不同行为模块做出相应的动作、位移等。

对于器材、装备的获取及使用，首先对器材、装备及其他道具的名称、实体、位置等信息录入，同时为器材、装备添加设置碰撞检测，当角色走近器材一定范围内，系统进行碰撞测试，判断器材是否可以被角色获取。如果被获取则将该器材加入到参演角色装备包器材数组中，并将模型放置到参演者手上或预制的虚拟对象的位置，根据需要设置方向和大小，如果该器材没有被获取，则无法完成与该器材相关的操作，但可以执行其他操作。

另外对场景中的参演角色、器材装备还要添加一些用于碰撞侦测的行为模块和地板属性，解决角色道具碰到障碍物直接穿过或穿透地板、以及漂浮在空中的问题。

火焰和烟雾的模拟：在消防演练中对虚拟火灾现场处理，可直接引入相应的模型，也可利用 3D 引擎软件本身创建，将起火的位置进行分析计算并为其添加权重，将起火点空间坐标、权重、起火点的模糊次序等信息、火势信息通过数组存储起来，分别对应不同粒子系统、大小和各种不同属性等。在进行演练时，参演人员或者演练指挥者选择起火场景、大小、方向等，系统从起火点数组中调用其位置、大小、权重等信息。通过碰撞检测和计算是否有灭火操作和灭火的时间来动态控制各粒子系统的属性设置或选择不同火焰场景，并判断是否激活附近位置的着火场景，实现火灾发展、蔓延和灭火过程与真实火灾保持一致。

血条的显示及信息传递：血条的创建可通过脚本编写，再设置一个或若干个碰撞，然后挂至相应的参演者头顶，提示参演人员的生命值。当事先设定好的某些模型若与参演者发生碰撞则执行减分，并由血条直接显示。如在演练现场放置有含硫化氢气体的模型，参演人员进入该模型范围而没有选择防毒面具，则参演角色就会与该气体模型产生碰撞，分值降低，血条显示生命值减少。而在消息传递方面 Virtools 比 Unity 3D 易于实现，Virtools 采用多种消息映射机制，对不同类型的信息可使用不同的行为交互模块，运用这些行为交互模块实现不同对象间信息的灵活传递，并能按照用户习惯和要求对虚拟角色进行灵活控制。Unity 3D 的消息推送需要通过服务器实现。

5 总结

本文借鉴了 3D 网络游戏开发实例，作为石化企业虚拟事故演练平台的一种构想，同时也可以在机械设备装配、动设备原理教学、恶劣环境作业等方面作为教学平台开发的新思路。目前在展示方面由 3D 建模软件作为场景设计，通过 Virtools 引擎开发虚拟漫游已经比较普遍，这种具有较强沉浸式和可操作性的虚拟演练也必将成为可能，将为企业员工增加安全意识和提高事故处理能力、实现石化企业先进的安全管理等方面提供更有效的便捷方法。

本质安全 DCS 隔离技术在工控数采中的应用

何杨欢

（中国石化长岭分公司信息技术中心，湖南岳阳　414012）

摘　要　随着企业信息化和自动化技术的不断发展，工业控制系统面临的网络安全问题日益严重。针对工业控制系统网络病毒防护手段的弱点，长岭分公司在全厂的生产装置上应用了一种新的安全技术——本质安全 DCS 隔离系统。该系统采用数据照相和机器图像识别技术，实现了在网络完全物理断开的情况下，从 DCS 网络采集数据并传送到实时数据库，从本质上保证了 DCS 系统免受病毒和黑客的非法入侵，为工业生产提供了强有力的网络安全保障。

关键词　DCS　OPC　InfoPlus. 21　监控与数据采集　网络安全　工业控制

1　引言

目前，在石油化工生产过程中，广泛采用计算机（DCS，分布式控制系统）控制生产过程，而这些 DCS 系统通过数据采集接口机又与厂内实时数据库、办公网络相连，这就不可避免地产生了网络的安全问题。生产装置的过程数据通过数据采机上传到公司办公网络中的实时数据库，办公网络中的某一台计算机如果感染了病毒，就有可能通过计算机网络传送到 DCS 系统中。由于办公网络使用的复杂性，其受病毒侵扰和黑客攻击的可能性要大得多，安全性非常差。与普通的办公和家用计算机不同，DCS 一旦中了病毒，将对生产过程的安全产生严重的影响，可能引发紧急停车，甚至爆炸，损失几百上千万。据控制系统安全专家 Joseph Weiss2009 年在美国参议院作证时说，基于网络的工业控制系统在过去的 10 年中被攻破 125 次以上，其范围涉及核子发电厂、水电厂、水处理设施、石油工业和农产品行业。这些攻击造成了从轻微到严重的环境损害和严重设备破坏以及人员死亡。2010 年的“网震”病毒也曾导致伊朗核设施内约 20% 的离心机运转失灵且无法修复。目前采用的反病毒措施从机理上看，都是从时间上要滞后于新病毒的产生，不能从根本上防止 DCS 系统感染病毒。通常是网上先有了新病毒，反病毒公司发现后取样进行技术分析，然后根据新病毒的特点制定反病毒新措施，让用户升级反病毒软件。而取样分析，制定措施，发布软件，用户升级都需要时间。在新病毒产生到用户升级反病毒软件这段时间内，计算机网络系统对新病毒无法防范[1]。而采用硬件防火墙技术（应用芯片级硬件防火墙）虽然可以把传入的数据报文进行有效过滤，但随着病毒和黑客攻击手段的不断更新和升级，硬件防火墙也不能保证没有任何漏洞被利用，也就不能保障生产过程控制系统的根本安全[2]。现实应用中，并非所有企业都架设了芯片级硬防火墙，一方面它的价格非常昂贵，另一方面它的实际应用也非常麻烦。另外，面对高性能处理需求的规模企业来说，硬件防火墙也总是力不从心。从实际的使用情况来看，由于生产网与办公网的连接，造成生产装置计算机系统事故发生的频率也大大增加，如黑屏、死机等时常出现，有的工厂甚至出现了被迫停工等恶性事故。显然，在提高信息化管理水平的同时，网络的安全性也成为必须要解决的大课题。

2 本质安全DCS隔离技术简介

针对工业控制系统数据传输中存在的网络安全隐患，一种本质安全型远程数据监测系统及其监测方法的技术应运而生，该技术采用了数据照相和机器图像识别技术，在网络完全物理断开的情况下，实现了DCS数据向实时数据库的单向传递，从本质上保证了DCS控制系统不会被病毒和黑客入侵，为工业生产提供了强有力的网络安全保障。

2.1 本质安全DCS隔离技术的基本原理

本质安全DCS隔离技术的基本原理见图1。

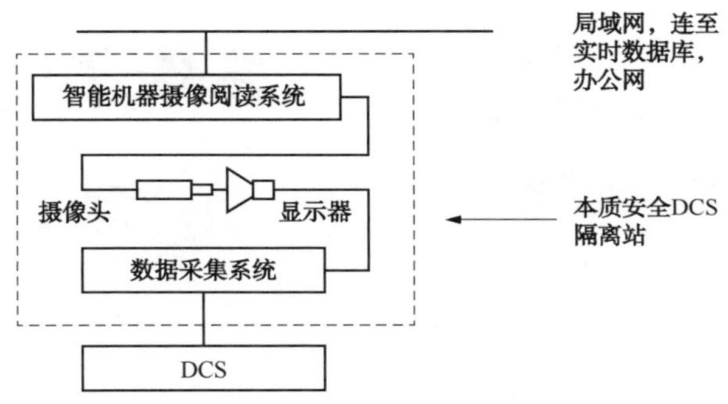

图1 本质安全DCS隔离技术原理图

数据采集系统模块通过OPC接口技术采集DCS数据并通过一定的映射规则将数据呈现在计算机的显示设备上；智能机器阅读系统模块通过专业摄像设备，以一定频率周期性采集并识别图像，同时提供数据传输通道。

2.2 本质安全DCS隔离系统

应用上述的基本原理，本质安全DCS隔离系统实现了数据采集计算机，显示、摄像系统和智能机器阅读系统的集成，硬件产品为本质安全DCS隔离站，如图2所示。

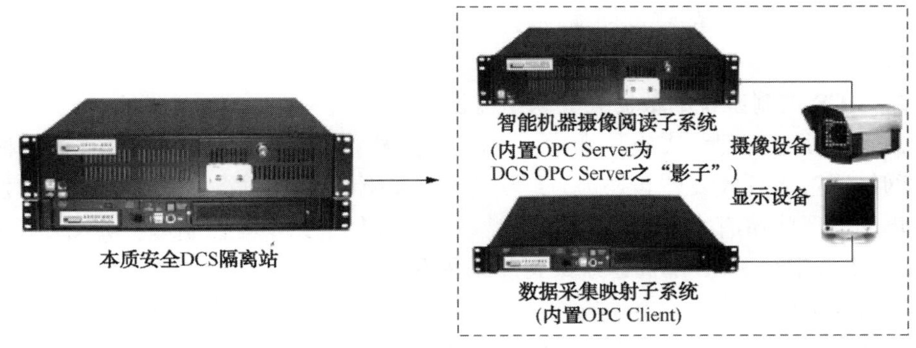

图2 本质安全DCS隔离站

2.3 本质安全DCS隔离系统在应用中的网络结构图

如图3所示，本质安全DCS隔离系统包括数据采集映射子系统和智能机器阅读子系统。数据采集映射子系统采集DCS数据，并显示在采集系统的显示器上。智能机器阅读子系统对显示器上的数据图像自动拍照和实时图像识别，再将转换出来的数据传送到实时数据库中。

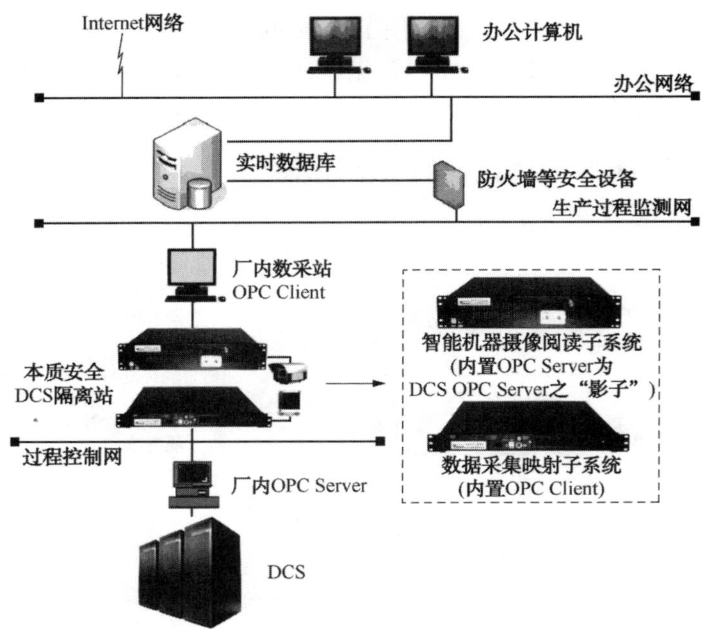

图3 本质安全的数据监测系统网络结构图

3 本质安全DCS隔离系统在中国石化长岭分公司的应用

3.1 技术方案和实施

3.1.1 系统功能架构图

结合InfoPlus.21软件的特点和现场装置、罐区的实际情况，系统采用了图4所示的系统功能架构。

3.1.2 DCS控制系统的数据采集网络建设

为了使系统便于管理、实施和维护，长岭分公司采用集中式DCS隔离方式，将现场的数据采集网络通过光纤收发器转换为光纤引入到中心控制室，再将光纤通过光纤收发器转换为数据采集网络，将所有本质安全DCS隔离站都可以集中到中心控制室，如图5所示。

3.1.3 本质安全DCS隔离系统配置和采集系统方案

长岭分公司通过实施两期本质安全DCS隔离项目，目前已实现了全厂所有装置和罐区的DCS安全隔离，具体的装置和罐区有：1#联合装置、脱硫、硫酸、2#联合装置、重整、芳烃罐区、王龙坡罐区、二垅罐区、动力热力车间、动力CFBDCS、CFB组网、CFB化水、

120万加氢、铁路装车、北火炬、南火炬、大聚丙烯、一污、二污、新MTBE、气分、环氧丙烷。根据各装置的实际情况，结合本质安全DCS隔离站的处理能力，设计并实现了隔离站的参数配置和采集系统方案，具体见表1。

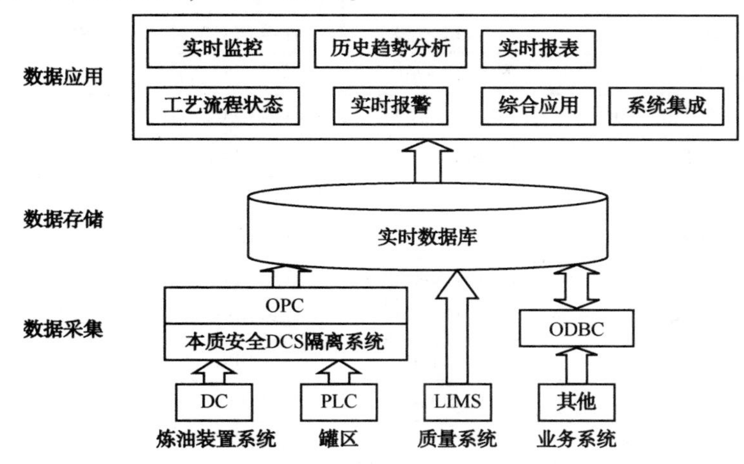

图4 系统功能架构图

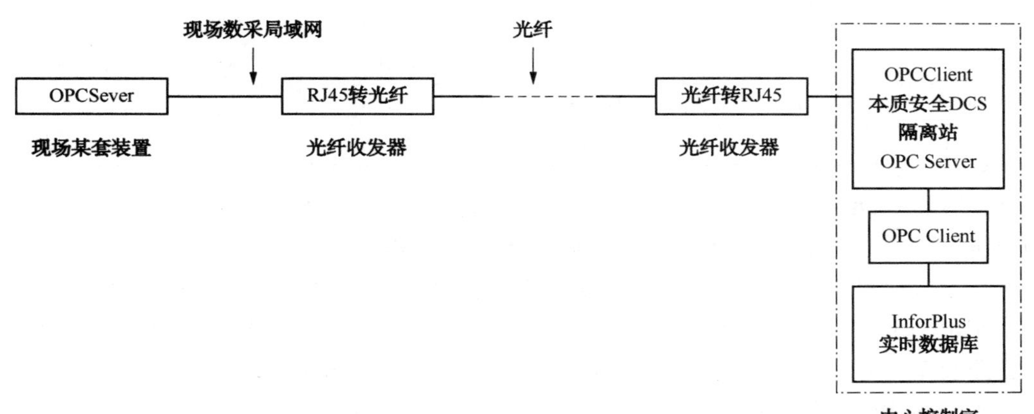

图5 DCS系统数采网络转换结构

表1 本质安全DCS隔离站配置表

编号	装置名称	DCS类型	接口	点数	隔离站型号
10021	2#常减压、2#催化、乙苯、轻烃回收、航煤加氢	ECS700	远程OPC	2600	PDT3060-S
10022	硫磺回收	ECS700	远程OPC	1800	PDT3060-S
10023	汽柴油加氢、气体分馏、制氢、产品精制	ECS700	远程OPC	2300	PDT3060-S
10024	渣油加氢	ECS700	远程OPC	1800	PDT3060-S
10025	1#常减压、1#催化、延迟焦化、脱硫、硫酸	ECS700	远程OPC	2500	PDT3060-S
10026	重整	ECS700	远程OPC	2100	PDT3060-S

续表

编号	装置名称	DCS类型	接口	点数	隔离站型号
10028	芳烃罐区	Intouch	远程OPC	500	PDT3060-M3
	王龙坡罐区	ECS700	远程OPC	260	
	二垅罐区	ECS700	远程OPC	1400	
10030	动力热力车间	ECS700	远程OPC	800	PDT3060-M4
	动力CFB DCS	Honeywell TPS	远程OPC	2500	
	CFB组网	Wincc	远程OPC	400	
	CFB化水	Ifix	远程OPC	50	
10031	120万加氢	Honeywell PKS	远程OPC	2500	PDT3060-M5
	铁路装车	ECS700	远程OPC	226	
	北火炬	Intouch	远程OPC	500	
	南火炬	CIMPLICITY	远程OPC	500	
	大聚丙烯	ECS700	远程OPC	800	
10032	一污	ECS700	远程OPC	500	PDT3060-M5
	二污	ECS700	远程OPC	500	
	甲醇	ABB	远程OPC	300	
	新MTBE	横河CS3000	远程OPC	400	
	气分	横河CS3000	远程OPC	600	

1#常减压、1#催化、延迟焦化、重整等装置选用了PDT3060-S型单输入站，可以对单个DCS进行安全隔离；芳烃罐区、王龙坡罐区、二垅罐区采用PDT3060-M3型多输入站，一个隔离站可以对3套DCS进行安全隔离；动力热力车间、动力CFBDCS、CFB组网、CFB化水采用PDT3060-M4型多输入站，一个隔离站可以对4套DCS进行安全隔离；120万加氢、铁路装车、北火炬、南火炬、大聚丙烯、一污、二污、新MTBE、气分、环氧丙烷采用2套PDT3060-M5型多输入站，每一个隔离站可以对5套DCS进行安全隔离。各类单套隔离站最多都只能采集6000个TAG(位号)，数据更新速率最快为每秒1次。

3.1.4 应用本质安全DCS隔离系统的数采网络结构

长岭分公司在装置的DCS网络与生产办公网之间建立本质安全DCS隔离站，实现基于网络的物理隔离的数据采集，保证了生产的安全、可靠。实现本质安全DCS隔离系统后，部分网络结构如图6。

3.1.5 本质安全DCS隔离系统的测试和完善

在项目实施过程中，长岭分公司信息技术中心对本质安全DCS隔离系统进行了严格的测试，并根据测试中发现的问题进行不断的改进，优化了实时数据库安全隔离系统的数据采集方式，由原来单个位号采集修改为批量采集位号数据，极大的缩短首次采集数据时间，满足了系统应用的需求。

为验证本质安全DCS隔离系统数据传输的及时性和准确性，长岭分公司信息技术中心专门搭建了InfoPlus.21测试数据库，本质安全DCS隔离系统采集数据送入测试数据库，原数采系统采集的数据进入正式数据库，并行运行一段时间后，将两数据库的历史数据趋势进行比对，如图 7 所示。确认了数据传输的及时性和准确性后，切换本质安全 DCS 隔离系统采集数据送入正式数据库。

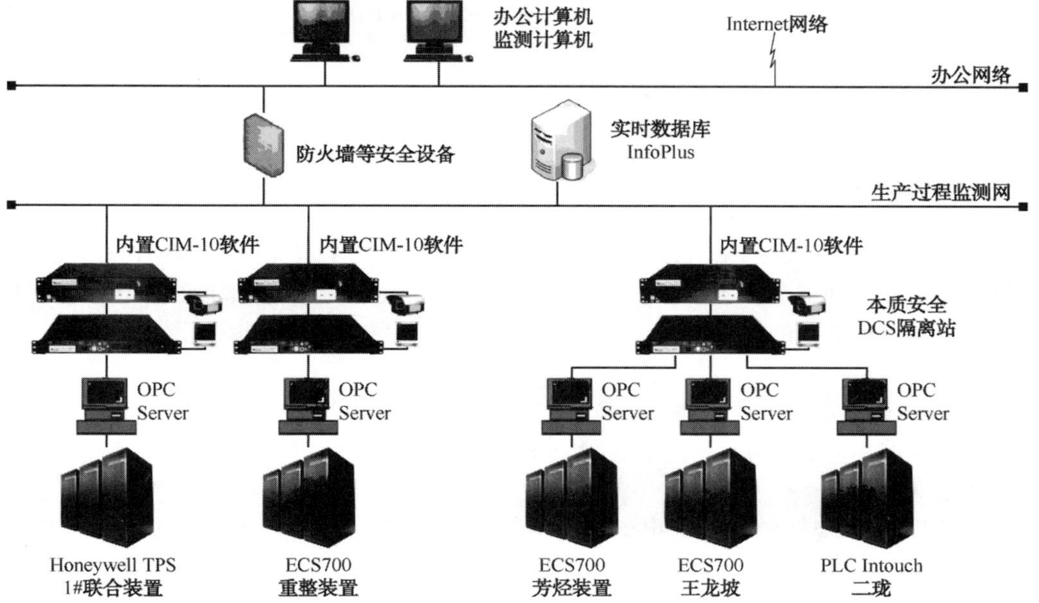

图 6　长岭炼化应用本质安全 DCS 隔离系统的数采网络结构图

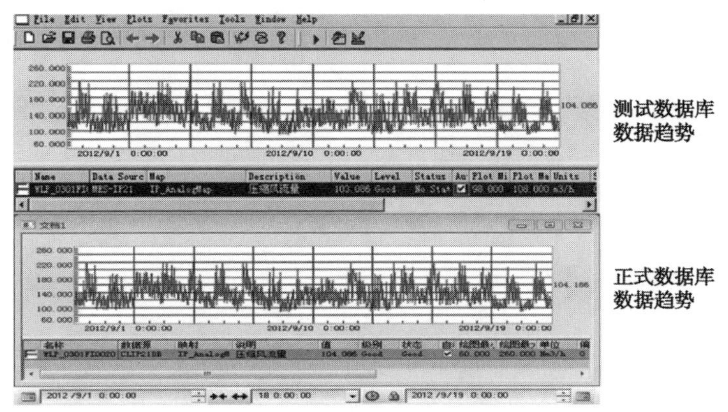

图 7　本质安全 DCS 隔离系统与原数采系统的数据对比

3.2　应用情况

自 2012 年 8 月份本质安全 DCS 隔离站投运以来，系统运行情况良好，各应用部门对该系统都给予了充分肯定。具体表现在：

（1）各本质安全 DCS 隔离站系统运行稳定、正常；

（2）各本质安全 DCS 隔离站系统采集的数据完整、准确；

（3）数据刷新频率为 1 秒到 15 秒钟，满足生产管理的要求；

（4）新增在线追加位号功能，最大程度地保证了数据采集的连续性，方便系统的管理和维护。

（5）实现DCS隔离站的人工不定期备份，在硬件方面实现了磁盘镜像，保证了本质安全DCS隔离系统在发生故障时能紧急恢复；

（6）系统响应快速，系统恢复用时短，系统应用影响小。

4 结束语

中国石化长岭分公司经过较长时间的应用实践证明，本质安全DCS隔离站技术是一种彻底、有效的DCS网络安全防护策略。本质安全DCS隔离站系统采用数据照相和机器图像识别技术实现了生产控制网络与办公网之间的物理隔离，完全避免了生产网络受到来自办公网络和互联网的各种病毒，木马和黑客的攻击，确保了生产的安全，为工业控制系统网络安全防护提供了一种全新的模式。

参考文献

[1] 国家计算机病毒应急处理中心，计算机病毒防治产品检验中心.2009年中国计算机病毒疫情调查技术分析报告.

[2] 国家计算机网络应急技术处理协调中心.防范针对西门子工业控制系统的STUXNET木马，2010.

色谱模拟蒸馏技术应用进展

王春燕，林　骏，安　谧，史得军，马晨菲，许　蔷，肖占敏

（中国石油石油化工研究院，北京　100195）

摘　要　本文先简述模拟蒸馏的原理，列出了色谱模拟蒸馏技术对不同的检测对象的具体应用，其中指明了三种可用于模拟蒸馏过程中测定硫、氮的检测器，最后提出模拟蒸馏在线测定将是未来的研究热点之一。

关键词　色谱　模拟蒸馏　在线测定

1　前言

在石油化工产品理化性能的检测和生产控制中馏程数据是一个常见重要指标[1]。经典的实沸点蒸馏方法所用设备便宜，操作简单，但所需样品量大，人工依赖大，蒸馏曲线不连续。气相色谱模拟蒸馏方法所需样品量小，自动化程度高，蒸馏曲线连续，可检出的实际馏程上限比实沸点蒸馏的要高，结果精密度高。所以气相色谱模拟蒸馏技术被广泛用于石油化工产品的检测和生产控制中，具体的检测对象广泛，可以是汽油、煤油、柴油、重馏分油、原油、润滑油、石油蜡等。虽然模拟蒸馏检测对象的理化性质，特别是馏程特点大不相同，但模拟蒸馏方法的基本原理大致一样：采用一非极性色谱柱，在线性程序升温条件下先测定已知正构烷烃组分的混合物(沸点校正标样)，得到沸点-时间校正曲线，然后在相同实验条件下测定实际石油样品，样品按沸点顺序依次分离，通过切片积分，得到相应的累加面积及保留时间，经过沸点-时间的校正曲线进行关联计算进而得到样品的馏程数据。

2　模拟蒸馏技术的应用现状

从20世纪70年代中期开始，色谱模拟蒸馏技术在国内外石化领域研究应用至今，已成为一种较为成熟的实验技术，广泛应用于石油及石油产品的性能评价及质量监控等很多方面。下面列出针对不同石油产品的色谱模拟蒸馏技术发展概况[2]。

2.1　汽油、煤油

汽油和煤油是燃料中轻质油，其馏程分布窄，轻组分比重大；国内目前采用恩氏蒸馏方法GB/T 6536测定汽油的沸程，因测定过程中挥发损失，回收率一般为97%~98%，测定时间为30~40min，而且需要对温度进行压力校正。气相色谱模拟蒸馏技术测定汽油的沸程，可实现回收率达到100%，无需压力校正，分析速度快、样品用量少，已经广泛用于生产控制检测和科研开发，国外已有模拟蒸馏测定汽油的沸程分布的标准方法ASTM D7096和

D3710，其中 ASTM D7096 比 D3710 的使用范围更宽，使用范围不仅包括汽油还可检测乙醇汽油和液体汽油调合组分，ASTM D7096 使用大口径毛细管柱技术，测定时间约为 10min。由于其起始温度为室温且检测范围相对窄，其测定上限仅可达到 280℃，从而该方法在轻组分段的分离度较高，现被广泛适用于汽油、煤油的模拟蒸馏测定。目前国内尚没有气相色谱模拟蒸馏法测定汽油沸程的标准方法。

2.2 柴油、蜡油等宽馏分油

ASTM D2887 的建立是气相色谱油品分析方法的一个里程碑，该方法用归一法定量，多用于干点低于 538℃的馏分油或宽馏分油的馏程测定，对轻柴油(沸点范围约为 180~370℃)和重柴油(沸点范围约为 350~410℃)都适用。其对一些蜡油也适用[3,4]。该方法揭示了馏分油组成与油品沸点分布的内在关系，提供了关联油品其他物理性质的基础数据。2013 年美国试验材料协会对该方法进行了修订，在原有测定方法的基础上，增加了测定生物柴油 B5、B10 和 B20 的混合样品沸程的标准方法，并且时间缩短到 8min。目前国内等效采标的行业标准 SH/T 0558—1993(2004 年确认)《石油馏分沸程分布测定法(气相色谱法)》也正在修订中。ASTM D2887 方法要求采用美国 HP 公司的 RGO1#参考样来进行准确性的验证，包括验证色谱系统(含进样器、进样口、色谱柱及检测器)和计算公式。

2.3 原油

原油的馏程分布宽，重组分多等特性引起其模拟蒸馏的测定用时长且精密度差等问题。原先的测定依据是 ASTM D5307(测定上限为 538℃)，用内标法定量。其缺点是原油中仍有部分重组分沸点超过检测限，使得结果不是很准确并且重组分残留在色谱柱中影响下次检测。2005 年后开始使用 ASTM D7169(测定上限为 700℃)，用外标法定量。在提高检测上限的同时又使用耐高温的不锈钢毛细管色谱柱也可以一定程度上进一步减少重组分在色谱柱上的残留。在实际操作中为避免样品在柱中的残存而引起的数据不精确，可在原油分析前反复运行柱补偿，直到补偿基线干净并具有稳定的高温平台为止，同时注意定期更换进样衬管[5]。ASTM D7169 实际上仅对 C_8以上的组分有效，C_4~C_8的组分需用其它标准测定。目前国内有相应行业标准 NB/SH/T 0829—2010《沸程范围 174~700℃石油馏分沸程分布的测定 气相色谱法》。

2.4 润滑油

针对基础油馏分和润滑油的模拟蒸馏测定是 ASTM D6352(测定范围为 174~700℃)和 ASTM D7213(测定范围为 100~615℃)，用归一法定量。这两个方法使用耐高温大孔径毛细管柱，并使用冷柱头进样口，能够保证高沸点组分不会瞬时汽化裂解，从而使终馏点 700℃的高沸点组分也能从色谱柱中洗脱出来。

在实际操作过程中我们可根据具体样品的馏程特性，选取一种相对较为适合的测定方法，然后在测定方法的基础上根据样品的特点对参数进行调整来达到准确测定的目的。例如测定高黏度白油的馏程。介于高黏度白油的终沸点较高、重组分较多，为使样品出峰完整无残留，在选定的 ASTM D6352 方法的基础上提高升温终点、延长保留时间和降低升温速率从而能够快速、精确而可靠测定高黏度白油的馏程[6]。表 1 给出了测定不同石油及石油产品的气相色谱模拟蒸馏的对应 ASTM 国际标准，以及标准能够测定的碳数分布范围。

表 1 现有模拟蒸馏标准及碳数分布范围

测定对象	ASTM 标准	国内对应标准	碳数分布范围
汽油、煤油	D3710		初馏点～260℃（nC_3～C_{15}）
汽油、煤油	D7096	在建	初馏点～280℃（nC_3～C_{16}）
柴油	D2887	SH/T 0558	55～538℃（nC_5～C_{40}）
原油	D5307		初馏点～538℃（nC_5～C_{40}）
原油	D7169	NB/SH/T 0829	初馏点～700℃（nC_5～C_{90}）
润滑油	D6352		174～700℃（nC_{10}～C_{90}）
润滑油	D7213		100～615℃（nC_6～C_{60}）

2.5 多元素模拟蒸馏

随着国家环保及生产工艺对 S/N 等杂原子的严格要求，S/N 化合物的分布和含量常作为评价石油产品的一项重要指标。但是 S/N 化合物的成分较复杂，很难一一给出单个 S/N 化合物的类型，因此有必要尝试对 S/N 化合物的沸点分布做出精确的测定。常规的氢火焰离子化检测器仅提供 C 元素(即烃类化合物)随沸点分布的模拟蒸馏数据，这已不能满足现在的工艺要求。因此可以采用气相色谱结合特征元素 S/N 选择性检测器方法来实现测定。荷兰 AC 公司开发了一套专门测定 C/S/N 三元素模拟蒸馏分析的色谱系统——AC 烃硫氮模拟蒸馏分析仪，其中 S/N 通道采用的是安泰克 S/N 元素分析仪。梁岩[7]等采用美国安捷伦公司的色谱系统开发了 C/S/N 化合物测定方法，选用的是 SCD 和 NCD 检测器。国内外很多学者还采用气相色谱-原子发射光谱检测器(GC-AED)[8]开展了馏分油中 S/N 化合物的模拟蒸馏方法的研究。这些方法的开发为脱硫工艺和相应催化剂的选择提供了数据支持，对于清洁油品的炼制过程有重要意义。

3 色谱模拟蒸馏技术的未来发展

不管是实沸点蒸馏还是色谱模拟蒸馏方法，它们都是实验室方法，不能实时反映生产工艺的变化，采样有滞后性，而在线模拟蒸馏分析仪则不存在这个问题，能为炼厂的油品生产、加工和质检提供实时准确的馏程数据，模拟蒸馏在线测定将是未来的热点之一。目前我国的在线模拟蒸馏分析仪几乎都依赖进口，不仅仪器本身价格昂贵，而且日常的维护费用也很高。我国自主研发可远程操作的在线色谱模拟蒸馏仪需求紧迫，现已起步并取得一定成绩[9,10]。

参 考 文 献

[1] 杨海鹰. 气相色谱在石油化工中的应用[M]. 北京：化学工业出版社，2005：208-210.
[2] 金珂. 第九届全国石油化工色谱学术会论文集[C]，2012：22-24.
[3] 乔宗祥. 石油化工技术与经济[J]，2014，30(5)：29-32.
[4] 徐志鸿，温利新. 色谱模拟蒸馏测定条件优化及蜡油快速馏程分析[C]. 第七届全国石油化工色谱学术报告会论文集，2004.
[5] 赵惠菊. 分析测试学报[J]，2008，27(5)：513-516.
[6] 林立. 杭州化工[J]，2013，43(2)：27-36.
[7] 梁岩，马波，凌凤香，等. 当代化工[J]，2013，42(1)：39-43.
[8] 王征，杨永坛，杨海鹰，等. 分析测试技术与仪器[J]，2005，11(4)：250-254.
[9] 楼秀钦，王瑞萍，王东亮，等. 化工自动化及仪表[J]，2009，36(3)：42-45.
[10] 侯莉莉，张岩，贾存德. 中国仪器仪表[J]，2009，5：60-62.

烟机轮盘叶片断裂失效分析

黄桂秋，焦立军

（中国石油大庆石化公司炼油厂，黑龙江大庆　163711）

摘　要　2014 年 8 月大庆石化炼油厂重油催化裂化车间由于烟机叶片疲劳断裂引起轴振动值严重超标，导致故障停机。本文对烟机叶片断裂的原因进行分析，并提出了相应的对策，仅供参考。

关键词　催化剂粉尘冲刷　疲劳断裂　谐振加快疲劳断裂

1　前言

大庆石化公司重油催化裂化装置的主风机-烟机能量回收大机组为重油催化裂化装置的关键设备，采用三机组配置型式，即“烟气轮机-轴流压缩机-增速箱-电动/发电机”。烟机型号为 YLII-10000K，属双级悬臂形式。

2014 年 8 月底烟机轴振动联锁动作，现场高温闸阀开始关闭，操作室 ITCC 控制站发出主风机停机报警，伴随烟机轴振动大联锁报警、烟机轴位移大联锁报警。同时触发 DCS 工艺联锁，切断喷嘴进料，事故蒸汽引入，装置紧急停工。检修时发现一级静叶中，叶片大面积断裂，其余局部损坏。二级静叶全部断裂。一级动叶中 4 片断裂，约 1/3 弯曲、其余全部破损，二级动叶约 25 断裂，其余全部破损(图 1)。轴承箱整个有大约 10cm 的位移，中分面等部件有明显损伤，北侧中分面螺栓全部脱落，南侧剩余 3 条，但均已松动。小盖板轴向固定螺栓脱落，气封严重磨损。所有瓦全部磨损，有一前瓦瓦块落入轴承箱底部轴承箱有明显损伤，前瓦壳嵌入箱体。二级静叶座圈磨损联轴器、轴流机瓦、变速箱等解体检查未见明显异常。仪表元件损伤较多。

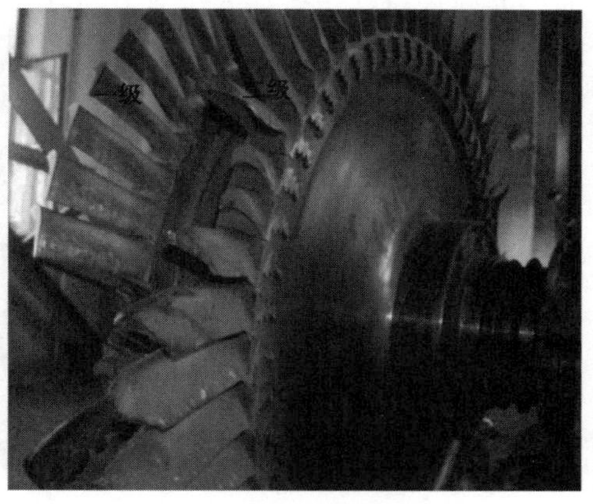

图 1　二级动叶片损伤形貌

2　原因分析

事后对事故进行原因分析，并对装置烟机轮盘机叶片断裂原因进行失效分析。

对运行过程中振值偏大的原因分析：2014 年 7 月在装置检修期间对烟机转子进行检测，

将全部动叶片拆下，清洗后对烟机榫槽及叶片的叶根进行着色探伤，未发现裂纹等缺陷，级别为一级，合格。烟机检修完后开至8月底故障发生之间各点振值偏大、最小值也在30μm以上最大振值达60μm，与2013年10月检修后的振值(≤25μm)相比明显增大。运行期间为了判断烟机振值偏大的原因对主风机-烟机的润滑油上油总管压力及上油总管温度在可允许范围内进行调节，未发现烟机振值有明显变化说明轴瓦间隙安装尚可，不是影响振值的主要原因(如果振动值随润滑油油温升高而增大，可能是间隙过大；如果振动值随润滑油油温升高而减小，可能是间隙过小)。对润滑油油压进行调节，未发现振值有大的变化，也排除烟机的振动为油膜涡动的可能；对烟机轮盘轮盘温度尽可能靠上限的情况下烟机轮盘冷却蒸汽流量由2.25T/h降到1.25T/h烟机振值仍在逐步升高，排除轮盘冷却蒸汽流量增大是影响烟机振值的主因素。

7月末烟机后轴瓦振动值XI901A最大值达到60μm，前轴瓦振动XI902B最大值达到57μm，后又逐渐恢复到烟机开机状态值。很明显振动大小呈方向性，在某个方向会明显偏大。发生事故后根据烟机转子损坏程度初步分析存在动静摩擦。以下图2中给出了事故前烟机通频历史趋势图，5V、5H、6H振值达到400~500μm(6V因探头脱落无法显示)，但烟机仍在继续运行。对于烟机来说，由于高温变形，烟气粉尘堆积作用更容易发生故障(尤其是二级式的烟气轮机)。另外，气封间隙过小，同轴度偏差过大，油膜不稳，承载力减低等因素都会导致摩擦发生。动静摩擦会产生切向摩擦力，使转子产生涡动，转子的强迫振动、碰摩自由振动和摩擦涡动运动叠加在一起，产生出复杂的、特有的振动响应，摩擦力表象具有明显的非线性特征。振动大小有方向性，可能在某个方向会明显偏大。

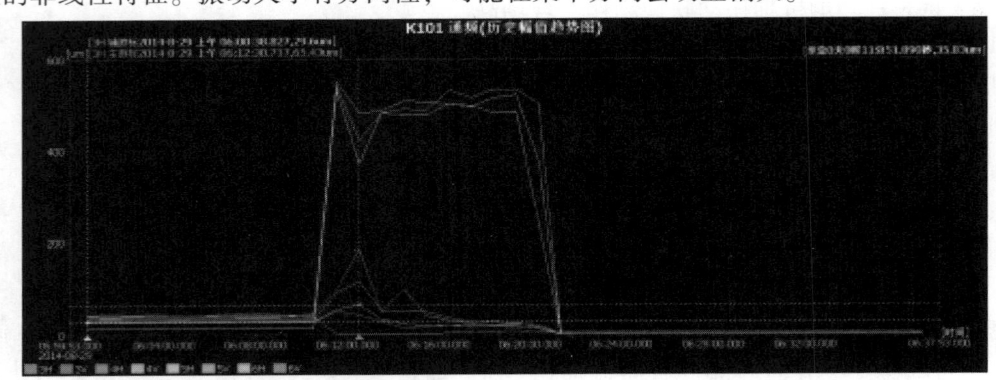

图2

注：5V、5H分别为烟机联轴器侧垂直和水平振动探头测量值；6V、6H分别为烟机轮盘测垂直和水平振动探头测量值。

对装置烟机轮盘机叶片断裂原因进行宏观检查中发现一级和二机动叶片有多处断裂(断裂部位为榫头、叶根、叶片中部和叶尖，有的叶片还有撞击的痕迹，有的叶片断裂形成缺口状)，一级轮盘榫槽处有断裂，部分叶片上还可见明显冲刷磨损痕迹(图3)。取样部位的端口除叶片和叶身的排气端存在裂纹，断口上观察到疲劳断裂特征，裂纹金相和微观端口分析结果表明这些裂纹属于疲劳断裂性质，由此可以判断出在烟机轮盘叶片断裂前许多轮盘叶片的叶身已经发生了疲劳损伤，并存在叶身(特别是叶尖部位)局部破损脱落现象。其它叶片断裂(榫头、叶根)和轮盘断裂(榫槽)部位的取样口均为受外力冲击而导致发生快速断裂特征。而受到外力冲击的前提条件是烟机运行过程中叶片与断裂的叶片分离物发生高速碰撞。

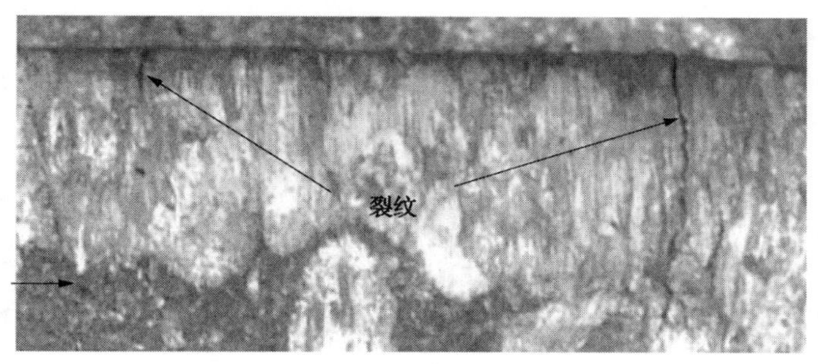

图 3

(1) 烟气中催化剂对烟机叶片冲蚀形态分析：烟气中的催化剂粒子随着烟气具有很高的速度，这些粒子在高速条件下撞向叶片，经过长期的积累可能导致动叶片局部、如根部位的磨损；同样，在叶片出口处由于附面层的分离而导致涡流，形成二次流动，也可造成催化剂颗粒对出口处不断地的冲蚀；另外，在冷却蒸汽的作用下是叶片压力面叶根位置的气体产生叶高方向的速度，在叶根和叶顶的背弧进气边也可能产生冲蚀。

(2) 从烟气中催化剂粉尘对烟机叶片形成冲蚀及影响烟机动平衡的过程分析：催化裂化装置烟气所含催化剂为主的烟气粉尘，随烟气一起高速通过叶片，对烟机流道产生冲刷，在高温的作用下(通常烟气入口温度在 650℃以上)本装置烟机出口温度在 660℃以上，烟气粉尘对转子的磨损加剧，磨损严重的部位通常发生在叶片的叶顶、动叶片根部、榫槽等部位。当叶片均匀冲刷时，磨损对烟机转子平衡的影响不大，而当出现不均匀磨损时，转子动平衡破坏，机组振动值上升。当冲刷现象日益加剧，叶片受损严重，同时机组振动逐渐加大，受损叶片在长期振动产生的交变应力的破坏下极易发生断裂，因为叶片突然断裂又会使烟机烟机转子动平衡破坏，振动值巨幅上升。

(3) 从所取分析样品来看，出现疲劳开裂的叶片叶身存在明显的冲刷现象，这将耗损叶片的疲劳寿命，使受到冲刷的叶片更早发生疲劳损伤。叶片冲刷严重的最可能的原因是烟气中固体颗粒超标(即催化剂跑剂)，因此需要从工艺操作上改进措施，避免跑剂现象发生。

2014 年 6 月底装置因反-再系统的反应器里焦块脱落。影响旋风分离器对催化剂的分离效果，造成催化剂大量跑损。检修过程中虽对烟道进行催化剂清理，不排除有部分催化剂未清理干净，造成烟机检修投用时，这部分催化剂进入烟气轮机高温的烟气，通过混有较低温度的蒸汽时(此时烟机轮盘冷却蒸汽已投用)，或吹扫蒸汽本身带有不饱和蒸汽时，在水分凝结作用下，烟气粉尘会大量附着在烟机流道及叶片上。另外蒸汽品质下降，如蒸汽中盐分含量较高，容易在叶片上结盐。这些结焦物增多，增重后，附着在叶片某部位的结焦物受离心力作用被甩脱，这样就严重破坏了转子的动平衡，引起机组振动突发性升高。而当结焦物大部分被甩掉后，烟机的振动又会降下来。很多烟机在运行时振动情况波动都是这一过程引起的。

对于烟机转子的初始不平衡和运行过程中逐渐产生的不平衡故障应区别对待。对于后者可以采取调整工艺参数，提升烟气质量、优化操作手段等方法加以克服，避免非计划停机。

3 结论

(1) 本装置烟机在7月份检修后投用到8月末故障停机运行40多天，烟机叶片在运行中发生断裂而引起烟机振值突然增大造成故障停机。从烟机一级、二级叶片、榫槽等破损状态机故障前期运行状态来看，造成烟机叶片脱落的主要原因是由于开机时烟气中携带大量催化剂，在低品质烟机轮盘冷却蒸汽作用下烟气粉尘大量附着在烟机流道及叶片上，随着连续运转结焦物增多，破坏了转子的动平衡引起机组振动值较以往状态偏高。

(2) 随着烟气粉尘聚集增多气封间隙过小，同轴度偏差过大，油膜不稳，承载力减低等因素导致摩擦发生，转子的强迫振动、碰摩自由振动和摩擦涡动运动叠加在一起产生出振动大小具有方向性，可能在某个方向会明显偏大的谐振引起叶片发生快速疲劳断裂。

(3) 由于烟气中催化剂含量较大引起烟气粉尘对转子的磨损加剧，磨损严重的部位通常发生在叶片的叶顶、动叶片根部、榫槽等部位。当冲刷现象日益加剧，叶片受损严重，随着机组振动逐渐加大，受损叶片在长期振动产生的交变应力的破坏下发生断裂，进而造成烟机振值剧烈增大，引起故障停机。

这里引起烟机叶片产生疲劳断裂既有烟气中催化剂冲刷所致，还有运行中的谐振加快叶片的疲劳断裂。

4 建议的措施

(1) 检测三级旋风分离器催化剂颗粒浓度与粒度分布：①分析一下催化剂是不是质量原因；②是不是有松动上的蒸汽漏到再生器，使催化剂热崩；③旋分器原因(入口线速，催化剂入口密度，催化剂颗粒密度，催化剂的颗粒分布，气体粘度)；④三旋工作情况；⑤烟机前烟气湿度(密封冷却蒸汽量的大小是否蒸汽带水)。

(2) 尽量把烟机入口温度提起来(不超温)，轮盘冷却蒸汽品质看一下，有无带盐的问题。

(3) 反应再生系统操作是否稳定。

(4) 充分利用状态检测技术：关键机组的运行时振动值不超标并不能说明机组的运行状态良好，可以运用现有的检测技术。例如：轴心轨迹图、波形频谱图等技术从不同的角度对机组的运行状态进行分析，找到引起故障的原因，能够及时对症下药，及时消除隐患，保证关键设备的高效运行。

正构烷烃深度催化裂化的反应化学研究

周　翔，龙　军，田辉平

（中国石化石油化工科学研究院，北京，100083）

摘　要　选择了代表不同结构的模型化合物，分子模拟发现，链烷烃与环烷烃或者环烷芳烃等强供氢体的氢转移反应导致了混合体系中链烷烃的转化率下降。另外，小分子正碳离子可以夺取链烷烃的负氢离子生成链烷烃正碳离子，而促进链烷烃的转化。针对这两种不同的反应，需要分别进行促进和抑制，进而提高正构烷烃的深度催化裂化能力。

关键词　正构烷烃　氢转移反应　反应化学

1　引言

催化裂化技术是我国重要的重质原料油轻质化的手段，提高催化裂化技术中烃类的高效转化能力，具有非常重要的意义[1]。然而对催化裂化油浆的四组分分析发现，油浆中含有大量的饱和烃，甚至高达50%以上。通常认为饱和烃是较容易发生裂化的，这种能裂化的烃类未充分转化会造成轻质油收率下降以及需要后续处理等问题。通过文献调研[2-5]，国内外目前对如何后续利用方面开展了广泛的研究，但是缺少对饱和烃未充分裂化的原因进行分析，如果能在催化裂化过程中提高饱和烃的裂化选择性，可以提高轻质油品的收率，且避免后续的处理操作，对提高催化裂化技术中的高效转化具有重要意义。

因此，选择代表不同结构烃类的模型化合物，采用分子模拟的方法对混合原料中影响正构烷烃裂化的因素进行分析。为了便于分析，所选取的模型化合物有正十二烷、丁基环己烷、十氢萘、四氢萘等。

2　混合烃类对正构烷烃催化裂化的影响

催化裂化原料体系是不同结构烃类的混合物，催化裂化反应也是一种平行-顺序反应体系，因此不同结构的烃类相互之间容易发生反应。而这种相互之间的反应是否会对正十二烷的转化产生影响，下面主要从反应化学角度来说明这种混合烃反应的规律。

2.1　正十二烷的基元反应历程研究

从图1可以看出，正十二烷正碳离子主要发生的基元反应有移位反应、裂化反应、和氢转移反应，从能垒的差异性看，移位反应的能垒最低，倾向于先移位后裂化反应。氢转移反应的能垒也较低，较容易发生，因此催化裂化的产物有大量的氢转移产物。而先移位生成仲正碳离子，再经过β裂化就可以得到丙烯，这是催化裂化产物中丙烯选择性较高的原因。

伯正碳正碳离子经过一次移位生成仲正碳离子，很容易再经过骨架异构化生成叔碳正碳离子，这是催化裂化产物中有大量异构产物的内在原因。

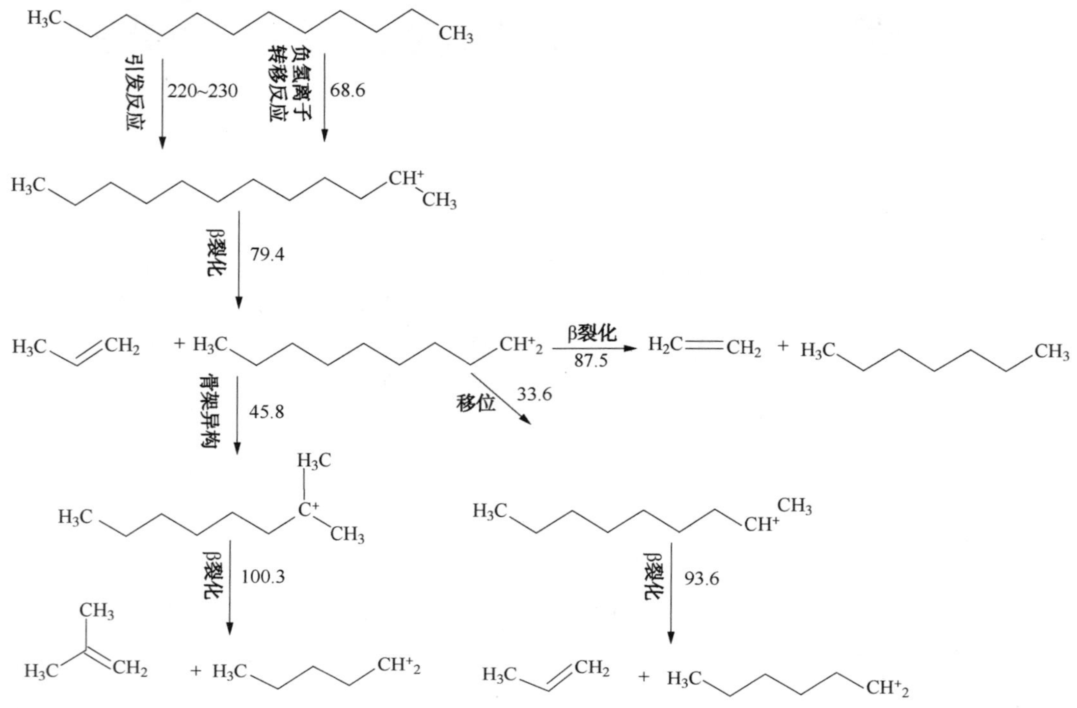

图1 正十二烷正碳离子基元反应能垒(kJ/mol)

当体系中存在已经裂化得到的小分子正碳离子以后，容易与正十二烷发生负氢离子转移反应生成小分子烷烃和正十二烷正碳离子，这个反应的能垒(68.6kJ/mol)较酸催化引发反应的能垒(220~230kJ/mol)明显更低，因此链烷烃之间的氢转移反应能显著的促进原料链烷烃的转化。

2.2 其他烃类对正十二烷转化的影响的反应化学分析

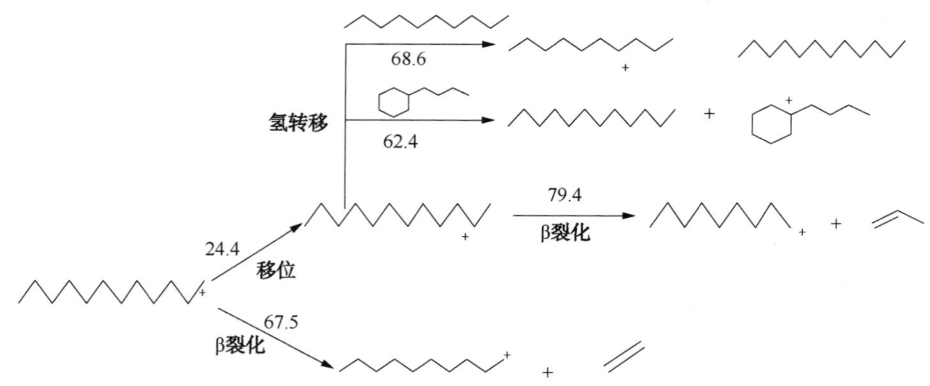

图2 正十二烷和丁基环己烷混合的基元反应(kJ/mol)

正十二烷和丁基环己烷混合后，主要是二者之间发生氢转移反应对转化率有影响，正十二烷的伯正碳离子很容易先发生移位反应得到仲正碳离子，仲正碳离子可以发生裂化反应，也可以发生氢转移反应，但氢转移反应的能垒相对较低，更容易发生，生成新的正碳离子。由于氢转移反应的能垒远低于正碳离子的引发反应能垒，所以不同烃类之间的氢转移反应是主要的产生正碳离子的反应。链烷烃正碳离子和丁基环己烷发生氢转移反应的能垒接近于链烷烃之间发生氢转移反应的能垒，所以正十二烷和丁基环己烷混合后，对正十二烷的转化影响不大。

正十二烷和十氢萘或四氢萘混合后，氢转移反应的能垒更低，只有 50. 4kJ/mol、42. 2kJ/mol，而正十二烷仲正碳离子的 β 裂化能垒为 79. 4kJ/mol，因此，在十氢萘四氢萘的那个强供氢体存在情况下，正十二烷形成仲正碳离子后更倾向于和供氢剂发生负氢离子转化反应，生成不具有活性的正十二烷烃分子，导致正十二烷正碳离子的浓度下降，从而抑制了正十二烷的转化。

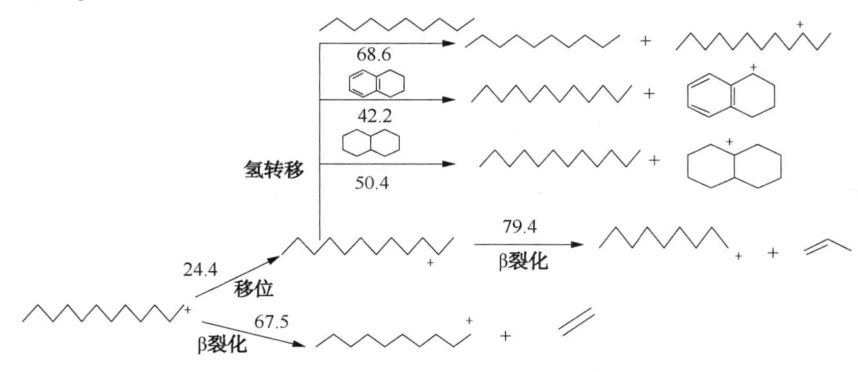

图 3　正十二烷和十氢萘、四氢萘混合的基元反应(kJ/mol)

3　结论

采用分子模拟的方式对混合烃类中其他烃类对正构烷烃裂化的影响进行分析，比较了链烷烃之间以及链烷烃和环烷烃或环烷芳烃之间发生的两种不同的氢转移反应对正构烷烃正碳离子浓度的不同影响。研究表明，对链烷烃之间的氢转移反应进行促进，对链烷烃和环烷烃或环烷芳烃之间的氢转移反应进行抑制，进而促进正构烷烃的深度催化裂化。

参　考　文　献

[1] 高志伟，张海涛. 国内重油催化裂化催化剂工业应用现状[J]. 现代化工，2011，31(8)：9-12.

[2] 龙军. 催化裂化油浆脱沥青的研究[J]. 石油炼制与化工，1997(3)：6-9.

[3] 旷俊杰，杨基和，刘英杰，等. 催化裂化回炼油溶剂精制新工艺的研究[J]. 精细石油化工，2011，28(6)：52-54.

[4] Eser S，Wang G. A Laboratory Study of a Pretreatment Approach To Accommodate High-Sulfur FCC Decant Oils as Feedstocks for Commercial Needle Coke[J]. Energy Fuels，2007，21(6)：3573-3582.

[5] Gül，Mitchell G，Etter R，et al. Characterization of Cokes from Delayed Co-Coking of Decant Oil，Coal，Resid，and Cracking Catalyst[J]. Energy Fuels，2014，29(1)：21-34.

一种新型检测炼厂气中 H_2 、N_2 、O_2 、CH_4 、CO 及 CO_2 的测定方法

陈莉蓥

（中海油东方石化有限责任公司化验中心，海南东方 572600）

摘 要 为保证东方石化化验中心实验室仪器的合理使用，节约分析成本，缩短分析时间，结合实验室仪器特点，提出一种新型检测炼厂气中 H_2、N_2、O_2、CH_4、CO 及 CO_2的测定方法，即将相对空置的高纯氢测定仪进行功能改造，以满足测定加制氢装置气体组成（H_2、N_2、O_2、CH_4、CO 及 CO_2）的分析要求。根据测定方法原理，通过实验分析，当 Porapak Q 柱长度为 15ft、5A 分子筛柱长度为 2ft、切阀时间为 4.4min 时，可以检测加制氢装置气体组成（H_2、N_2、O_2、CH_4、CO 及 CO_2），实验结果准确度较高，从而验证了该测定方法的可行性。

关键词 测定方法 高纯氢测定仪 实验分析 Porapak Q 柱 5A 分子筛柱

1 引言

炼厂气组成分析是炼油厂气体常规分析项目，对其分析的准确程度直接关系到原油加工过程工艺条件的控制；其次，炼厂气是非常重要和宝贵的石油化工原料，分析其组成对进一步加工应用有重要意义。

东方石化对炼厂气组成的分析频率较大，造成分析炼厂气组成的实验设备使用频率高，报出数据用时长，此外，由于炼厂气测定仪分析原理复杂，其中所涉及柱、阀较多，因此炼厂气测定仪载气用量大，分析成本高；与此同时高纯氢测定仪相对空置，结合化验中心实验室仪器特点，提出一种新的检测炼厂气中 H_2、N_2、O_2、CH_4、CO 及 CO_2的测定方法，即将高纯氢测定仪进行功能改造，利用一阀双柱，加制氢装置气体中 N_2、O_2、CH_4、CO 及 CO_2 有效分离，使其具备检测加制氢装置气体（H_2、N_2、O_2、CH_4、CO 及 CO_2）组成的功能，以达到降低分析成本、缩短分析时间的目的。

2 仪器及方法

2.1 实验设备

安捷伦 7820A 气相色谱仪，色谱柱 Porapak Q（15ft×1/8×2.0mm、6ft×1/8×2.0mm）5A 分子筛（2ft×1/8×2.0mm、6ft×1/8×2.0mm），热导检测器，Open LAB CDS EZ Chrome Edition 工作站，载气：氮气（>99.9995%）、氢气（>99.9995%），标气：氮气（78.37%）、二氧化碳（18.02%）、氧气（3.12%）、一氧化碳（0.49%）、甲烷（0.11%）、氢气（>99.9995%）。

2.2 测定条件及方法原理

载气：氮气、氢气。

进样口温度：100℃。

进样量：1.0mL。

Porapak Q：前部信号 0.0min～4.4min 恒定速率 30mL/min、4.4min～9.0min 以 50mL/min^2升至 35mL/min 恒定；后部信号：恒定压力 0psi。

5A 分子筛前部信号：恒定压力 15psi；后部信号：恒定流速 30mL/min。

运行时间：阀 1 开启时间 0.01min，关闭时间 1.0min；阀 2 开启时间 0.01min，关闭时间 4.4min。

柱箱：温度 35℃，保持时间 9min。

检测器(前/后)：TCD 检测器，检测器温度 250℃，参比流量 45mL/min，尾吹气流量 2mL/min。

安捷伦 7820A 气相色谱仪分析氢气纯度时，有双通道以进行平行实验，该实验保留通道一以测定氢气纯度，改造通道二以符合测定 N_2、O_2、CH_4、CO、CO_2要求。

氢气纯度分析原理：采用气动进样阀将一定量的样品气注入 Porapak Q 柱进行预切割，当氢气完全进入分子筛柱时，切换进样/反吹阀，将 Porapak Q 柱样品中的除氢以外的其他组分从柱中反吹放空，氢组分在分子筛柱中与其他杂质得到完全分离从分子筛柱洗脱后，被高灵敏度的 TCD 检测器检测，采用保留时间定性，外标法定量，CDS 辨认色谱峰、计算和显示打印测试结果。

色谱流程图如图 1、图 2。

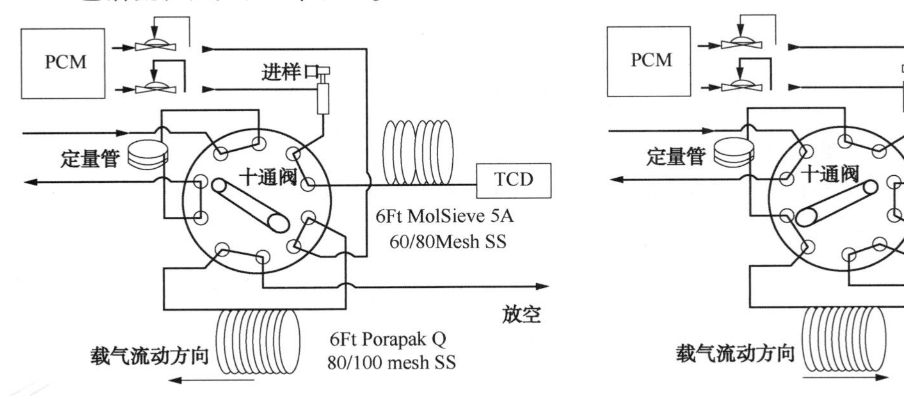

图 1 氢气通道(后部通道)采样、反吹流程

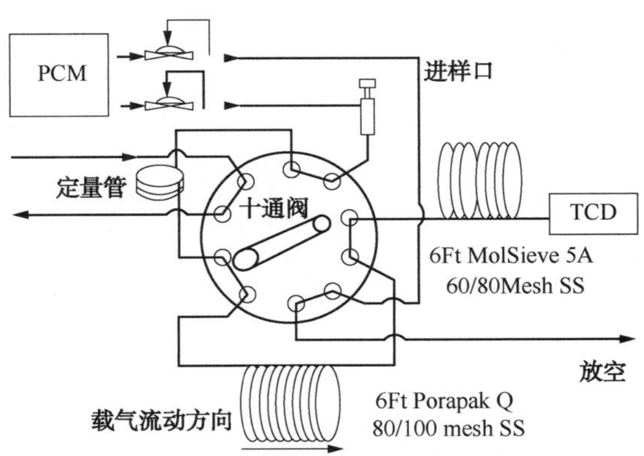

图 2 氢气通道(后部通道)分析流程

改造后实验原理：采用气动进样阀将一定量的样品气注入 Porapak Q 柱(以下称为柱 1)中进行预切割，根据不同气体吸附/解析速率不同，气体通过柱 1 到达 5A 分子筛柱(以下称为柱 2)时间不同以实现不同组分的分离，由于柱 2 对 CO_2有吸附作用，所以 CO_2不可进入柱 2。因 CO_2在柱 1 中吸附/解析速率最慢，即当 N_2、O_2、CH_4及 CO 进入柱 2 后切换进样/反吹阀，阻断 CO_2进入柱 2，该四种组分在柱 2 中得以完全分离，并从柱 2 洗脱后，被高灵敏度的 TCD 检测器检测；此后反吹的 CO_2通过柱 1 后被 TCD 检测器检测。该方法要求当 N_2、O_2、CH_4及 CO 进入柱 2 时 CO_2仍停留在柱 1 中，柱 1 的长度与柱 2 柱长度比值应增大至一

定值，所以该实验旨在找出柱1长度与柱2长度的合适比值及切阀时间，以保证 N_2、O_2、CH_4及CO进入柱2得以充分分离且 CO_2未进入柱2。采用保留时间定性，外标法定量，CDS辨认色谱峰、计算，显示测试结果，并将得出结果与通道一所得氢气含量结果进行结果归一化计算，最后打印测试结果。

色谱流程图如图3、图4。

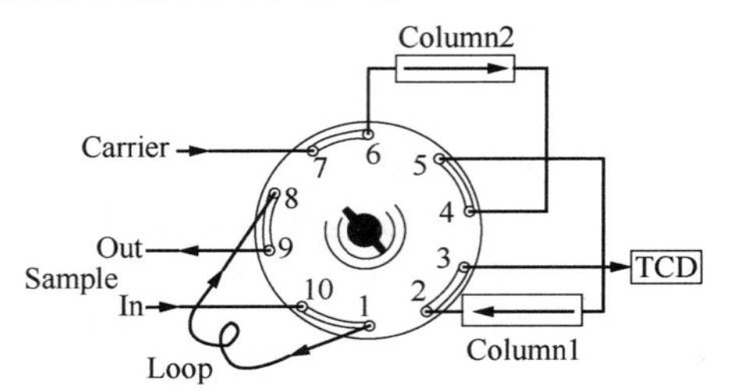

图3 其余组分(前部通道)采样流程

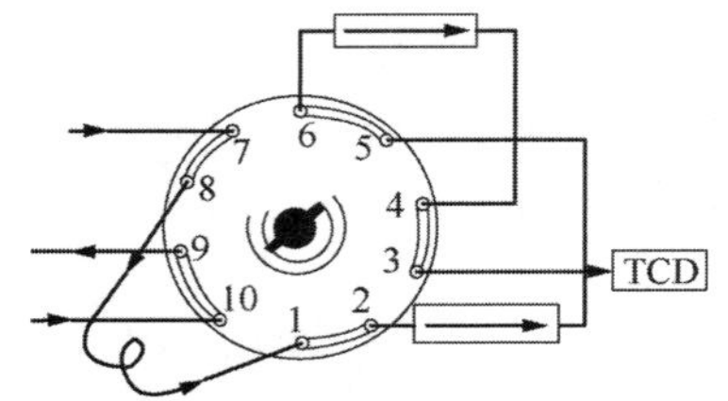

图4 其余组分(前部通道)分析流程

3 实验分析

根据 CO_2峰面积选定切阀时间后，再使用标气对该五种组分利用外标法进行定性定量，验证所选柱长及切阀时间是否满足检测加制氢装置气体组成的分析要求。该检测方法的实验条件要求为 N_2、O_2、CH_4及CO进入柱2得以分离并且 CO_2仍停留在柱1中，为满足该要求，柱1应逐渐增长，柱2应逐渐减短，当柱1长度与柱2长度比值达到要求并且用料最省时，即为最佳平衡点，此时，即可满足加制氢装置气体组成的分析要求。

3.1 高纯氢仪器测定效果

当柱1长为6ft、柱2长为6ft时(仪器原始柱长)，切阀时间由大及小递减，CO_2(以人体呼出气为样品)含量及峰面积如表1。

表1 柱1长为6ft、柱2长为6ft时 CO_2含量变化

切阀时间/min	含量/%	峰面积/pA
4.4	1.992	1256066
	2.013	1278403
4.2	3.635	2308492
	3.655	2321194
4.0	6.375	4048650
	6.383	4053731

由表1可知，当切阀时间逐渐减小时，CO_2峰面积逐渐增大，说明 CO_2进入柱2含量越来越小，即越接近分析要求。但 N_2出峰完全的保留时间在4.0min，故当切阀时间为4.0min时，既不能保证 CO_2已出峰完全，又无 CH_4和CO的出峰的预留时间，故当柱1长为6ft、柱2长为6ft时无法满足分析要求，不能达到检测加制氢装置气体组成的功能。

3.2 新型测定方法测定效果

在实验过程中，保持柱 2 长度为 3ft 不变，柱 1 长度依次增加为 6ft、9ft、15ft，发现在以上实验条件下，当保证 N_2、O_2、CH_4及 CO 进入柱 2 得以分离进入检测器时，CO_2也已部分被柱 2 吸附造成样品损失；当保证 CO_2未被吸附即得以完全反吹时，CH_4及 CO 并未得以完全检测，同样造成样品损失，为保证 N_2、O_2、CH_4、CO 及 CO_2得以完全检测，需增大柱 1 长度与柱 2 长度的比值。通过实验验证，当柱 1 为 15ft、柱 2 为 2ft 时，N_2、O_2、CH_4、CO 及 CO_2得以完全检测，且分离效果较好。

当柱 1 长为 15ft、柱 2 长为 2ft 时，切阀时间由大及小递减，CO_2(以标气为样品)含量及峰面积如表 2。

表 2　柱 1 长为 15ft、柱 2 长为 2ft 时 CO_2含量变化

切阀时间/min	含量/%	峰面积/pA
4.8	6.010	37759679
4.7	16.388	62110046
4.6	17.012	63998003
4.5	17.050	64000711
4.4	17.486	64607526
4.3	17.441	64392113

由表 2 可知，当切阀时间逐渐减小时，CO_2峰面积逐渐增大，说明 CO_2进入柱 2 含量越来越小；当切阀时间不大于 4.4min 时，CO_2峰面积基本不变，并接近标气含量值，故选择切阀时间为 4.4min。

根据以上实验结果确定柱 1 长为 15ft、柱 2 长为 2ft、切阀时间为 4.4min 时，N_2、O_2、CH_4及 CO 进入柱 2 得以分离并且 CO_2仍停留在柱 1 未进入柱 2，即此时符合检测加制氢装置气体的条件。

使用标气($CH_4$0.11%、氮气平衡)对 CH_4进行定性定量，色谱图如图 5。

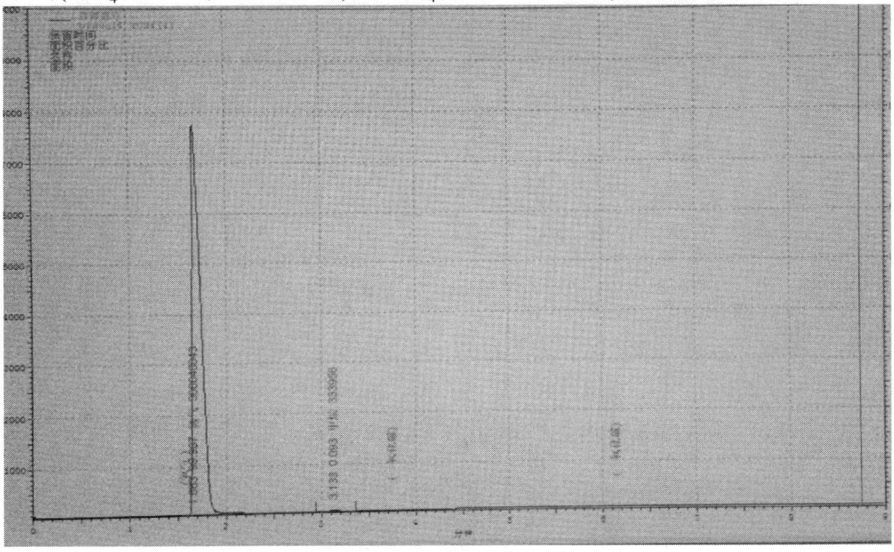

图 5　CH_4峰面积及保留时间

使用标气（$O_2$3.12%、CO0.49%、$CO_2$18.02%、氮气平衡）对N_2、O_2、CO、CO_2进行定性定量，色谱图如图6。

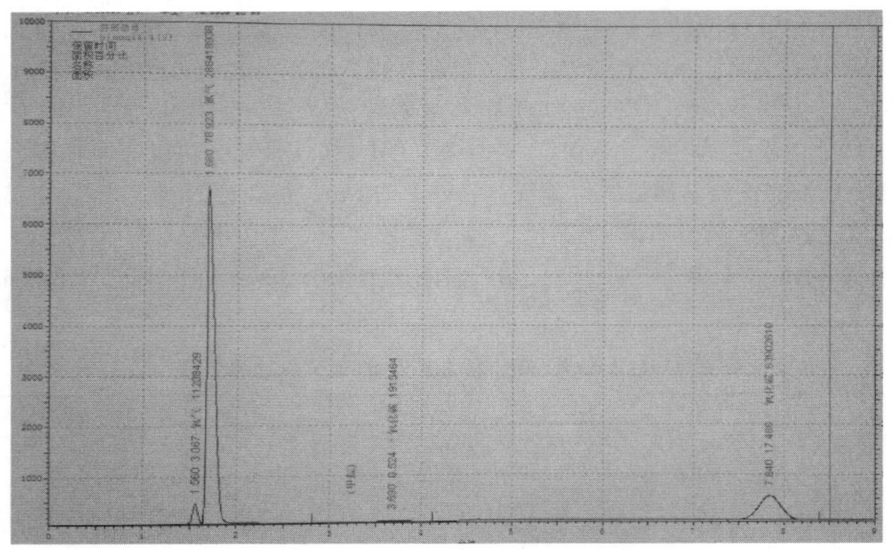

图6 N_2、O_2、CO、CO_2峰面积及保留时间

使用标气（H_2>99.9995%）对H_2进行定性定量，色谱图如图7。

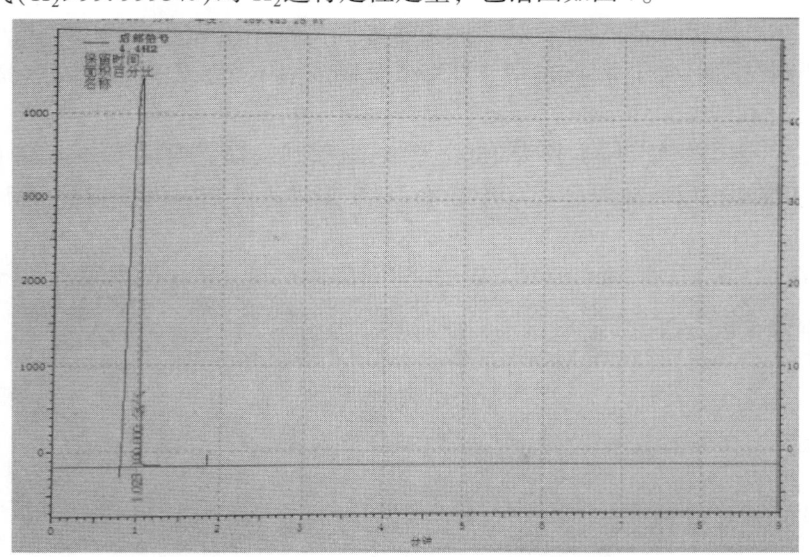

图7 H_2峰面积及保留时间

仪器柱1长度改为15ft、柱2长度改为2ft后，用标气对H_2、N_2、O_2、CH_4、CO及CO_2进行定性定量后，组分保留时间依次为：H_2 1.02min、N_2 1.57min、O_2 1.70min、CH_4 3.23min、CO3.75min、$CO_2$7.84min，可满足加制氢装置气体组成分析的要求，因此，该测定方法可完成检测炼厂气中H_2、N_2、O_2、CH_4、CO及CO_2的功能。

4 数据分析

由于该仪器为双通道检测器，故利用外标法所得数据必须对其进行结果归一化。
组分A归一化含量%=所测组分A含量/总含量×100%。

4.1 线性测定

标样各组分线性测定如表3。

表3 标样各组分线性测定

组　分	线性方程	线性相关系数	保留时间/min
氧气	$y=ax+b$ $a=2.78531e-007$ $b=0.00000$	1.00000	1.57
氮气	$y=ax+b$ $a=2.72746e-007$ $b=0.00000$	1.00000	1.70
甲烷	$y=ax+b$ $a=3.22121e-007$ $b=0.00000$	1.00000	3.23
一氧化碳	$y=ax+b$ $a=2.57852e-007$ $b=0.00000$	1.00000	3.75
二氧化碳	$y=ax+b$ $a=2.83360e-007$ $b=0.00000$	1.00000	7.84
氢气	$y=ax+b$ $a=3.19258e-007$ $b=0.00000$	1.00000	1.02

4.2 准确度及精密度实验

使用标气在实验所得条件柱1长为15ft、柱2长为2ft、切阀时间为4.4min下进行准确度及精密度实验，实验结果如表4。

表4 准确度及精密度实验

组　分	标气含量/%	实验所得含量1%	实验所得含量2%	实验所得含量3%	准确度/%	RSD/%
氧气	3.12	3.03	3.07	3.11	1.603	1.303
氮气	78.37	78.92	78.57	78.40	0.332	0.337

续表

组　分	标气含量/%	实验所得含量1%	实验所得含量2%	实验所得含量3%	准确度/%	RSD/%
甲烷	0.11	0.10	0.11	0.10	6.061	5.587
一氧化碳	0.49	0.47	0.52	0.51	2.041	5.291
二氧化碳	18.02	17.89	17.49	17.31	2.534	1.690

其中，准确度指测量结果与被测量真值之间的一致程度，准确度=｜测量值-真实值｜/真实值×100%。RSD为标准偏差与计算结果算术平均值的比值，即：相对标准偏差(RSD)=标准偏差(*SD*)/计算结果的算术平均值(*X*)×100%，该值通常用来表示分析测试结果的精密度。

由表4可以看出，使用该测定方法可检测的气体含量且准确度较高。

5　实验结论

当Porapak Q柱长为15ft、5A分子筛柱长为2ft、切阀时间为4.4min时，N_2、O_2、CH_4及CO进入5A分子筛得以分离并且CO_2仍停留在Porapak Q柱未进入5A分子筛，可满足加制氢装置气体组成分析的要求且实验结果准确度较高。因此，本文提出的检测方法可完成检测炼厂气中H_2、N_2、O_2、CH_4、CO及CO_2的功能。

FCC 再生器树枝状气体分布器的冲蚀磨损分析

魏志刚，韩天竹，李晓曼，严超宇，魏耀东

（中国石油大学（北京）；重质油国家重点实验室，北京 102249）

摘　要　针对催化裂化装置再生器树枝状气体分布器普遍存在的磨损问题，从气固两相流的流动冲蚀磨损的角度对其进行了分析。根据现场树枝状气体分布器的冲蚀磨损形态，将分布器的磨损划分为喷嘴的内壁磨损、舔舐磨损、涡流磨损，分支管的喷嘴对吹磨损等类型，各种类型的磨损与造成冲蚀磨损的气固两相流动的流动形式密切相关。

关键词　催化裂化　气体分布器　冲蚀　磨损

1　前言

催化裂化装置再生器下部的气体分布器的主要作用，一是均匀分布流化风以维持再生催化剂的流化状态，二是提供进行再生反应的气体以保证催化剂再生工艺过程的进行[1]。目前我国催化裂化装置主风分布器大多采用树枝状结构，主要由主管、支管、分支管及喷嘴构成。在实际运行过程中，树枝状分布器普遍存在磨损问题，主要表现为布气喷嘴的磨损和分支管的磨损。气体分布器发生磨损后，对催化剂颗粒流化床而言会导致不均匀分布气体，而且严重时会形成沟流，直接影响到再生催化剂的流化质量。主风分布器的非正常工作不仅会使催化剂的再生效率下降，床层温差过大；而且局部过大的上行气流夹带大量颗粒，使旋风分离器的分离负荷增大，导致催化剂跑损剧增，甚至可能导致整个装置的非计划停工。因此，主风分布器的磨损问题是催化裂化装置安全运行的一个隐患，是目前迫切需要解决的问题。

近些年来，国内对分布器磨损问题进行了一系列研究，从设备结构、操作管理等方面进行了积极的探索[2-4]。虽然某些措施起到了一定的效果，但由于催化裂化的工艺特点、高温环境以及分布器区流动的复杂性，也缺少理论上的分析，磨损问题并未从根本上消除。分布器磨损是催化剂颗粒对分布器壁面造成的冲蚀磨损，与磨损发生的环境流场密切相关，与气固两相的流动过程密切相关。为此，本文针对气体分布器的磨损现象，从气固两相流的流场出发，分析分布器区域的流场气固两相流动特性，探讨造成树枝状气体分布器磨损的原因，进而为主风分布器的防磨损技术的开发提供帮助。

2　分支管喷嘴的流场特点

树枝状气体分布器的分支管有加耐磨衬里和无衬里分支管，喷嘴与分支管的连接结构有喷嘴出口与分支管外壁平齐式和伸出式两种形式，还有一些加耐磨陶瓷管的喷嘴。分支管和喷嘴的流场的数值模拟结果[5-7]见图1，表明分支管内部的流场是一个动力型变质量流动[8]。分支管内沿程的压力和流量沿程存在着较大的变化，表现为非均匀分布。分支管入口处的静压最低，末端最高；分支管截面的流速入口端最大，末端最小。这种不均匀的压力和速度的分布直接影响到各个喷嘴的出口流量布，上游喷嘴的出口流量小，下游喷嘴的出口流量大。由于分支管入口处的速度高静压低，当操作不稳定时，就有可能导致外部催化剂倒吸进入分支管，带来分支管和喷嘴的磨损。

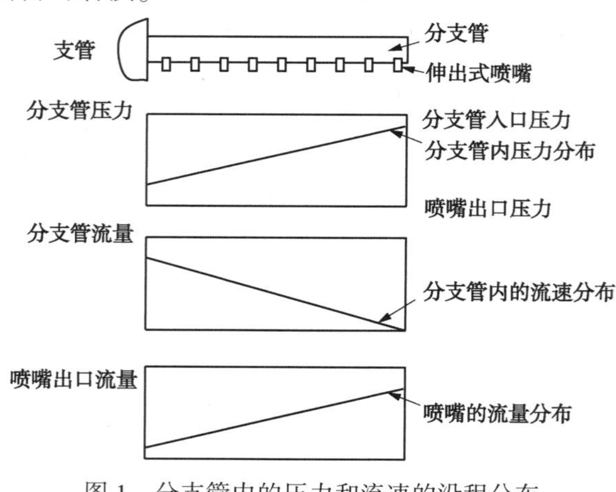

图1 分支管内的压力和流速的沿程分布

3 喷嘴的磨损

3.1 喷嘴内壁磨损

图2是一种典型的喷嘴内壁磨损的现场照片。喷嘴的内壁被冲蚀磨损，喷嘴呈现喇叭口形式。造成这种磨损的原因是喷嘴的变径出口，导致喷出气流在扩径段形成涡流，涡流携带颗粒对器壁冲蚀磨损，见图3(a)。或是分支管的上游喷嘴倒吸入催化剂颗粒，这些催化剂颗粒从下游喷嘴流出形成对器壁的冲蚀磨损图3(b)。这种磨损通常发生在比较长的分支管末端的喷嘴上。

图2 喷嘴内壁磨损照片

喷嘴倒吸入催化剂颗粒是由于喷嘴入口压力偏低造成的。根据图1，当分支管入口端喷嘴的入口压力低于喷嘴外部的压力就会造成颗粒倒吸进入分支管，从下游喷嘴流出。

3.2 喷嘴口舔舐磨损

图 4 是一种喷嘴口附近磨损的现场照片，可见喷嘴口附近发生明显的磨损，甚至将喷嘴磨掉。这种磨损特点是发生在喷嘴口四周，与喷嘴的出口射流有关。喷嘴喷出的气体向下射出，由于喷嘴下方是一个催化剂堆积的密相床。若是平齐式喷嘴结构，射出的气流反转向上流动，在孔口附近形成涡流，见图 5，涡流夹带催化剂颗粒导致了喷嘴口的舔舐磨损。若是伸出式喷嘴结构，则涡流舔舐磨损喷嘴的器壁，在口边形成一个凹槽，见图 4。

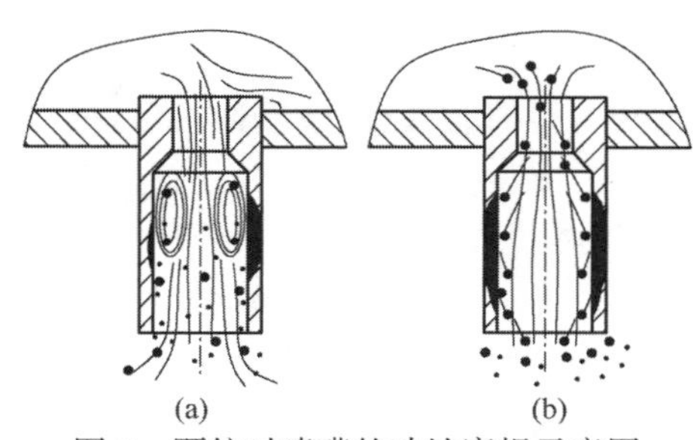

图 3　颗粒对喷嘴的冲蚀磨损示意图

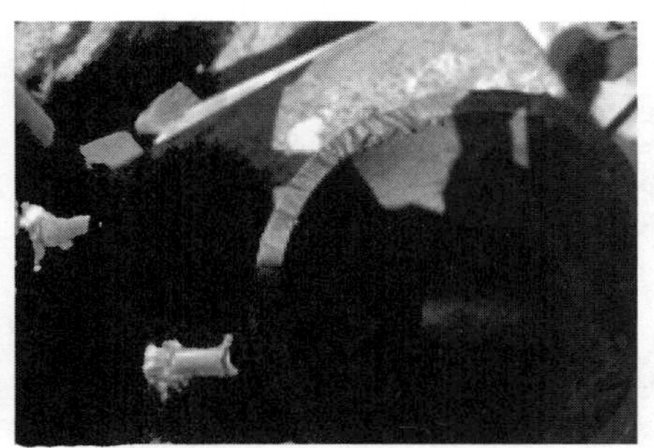
图 4　喷嘴口附近磨损的照片

图 5　喷嘴出口的涡流冲蚀磨损示意图

3.3 喷嘴外涡流磨损

图 6 是一种喷嘴侧壁磨损的现场照片。喷嘴喷出的气体向下进入密相床后反转侧向向上流动，在喷嘴侧壁附近形成一个旋转的涡流，这个涡流夹带催化剂颗粒导致了喷嘴侧壁的磨损，见图 7。图 2 照片中的一个喷嘴侧壁也出现了这种涡流磨损。这种磨损通常发生在伸出式结构的喷嘴上。同时旋转的涡流也会对分支管的外壁形成磨损，见图 7。

图 6　喷嘴侧壁磨损的照片

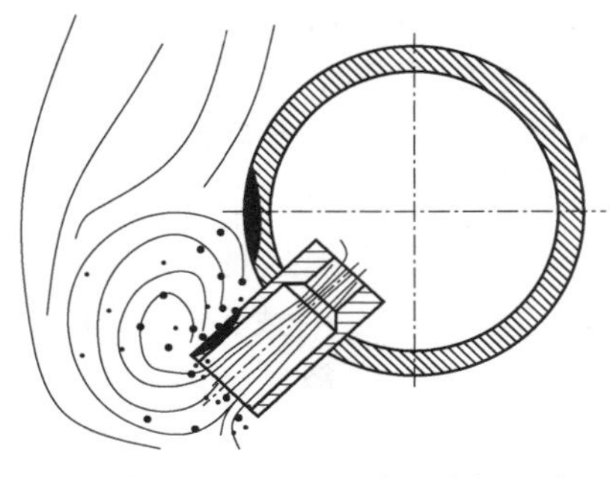
图 7　喷嘴侧壁的涡流冲蚀磨损示意图

4 分支管的磨损

分支管的磨损有分支管内壁磨损和分支管外壁磨损。图8是一个分支管外壁磨损的现场照片。内壁磨损的原因是分支管上游喷嘴倒吸催化剂颗粒，这些颗粒沿着分支管下部贴壁流动形成的对管壁的摩擦磨损，见图9。这种内壁磨损一般发生在分支管器壁的下部。外壁磨损有两种形式，一种是喷嘴出口形成的涡流对分支管的外壁磨损，见图7；另一种是喷嘴直接冲击到对面的分支管造成的，见图8和图9。这种磨损通常发生在分支管间距比较小，过管速度比较高的场合。过管速度是分布器下部气体上行流动通过分支管间隙的速度。由于过管速度高，颗粒不宜下落至分布管的下方，使得分布器下方的颗粒浓度比较低，喷嘴的射流比较长，容易冲击到对面的分支管上。通常平齐式喷嘴的出口距对面的分支管比较近，相对于伸出式喷嘴，平齐式喷嘴更容易造成对面的分支管的冲击磨损。

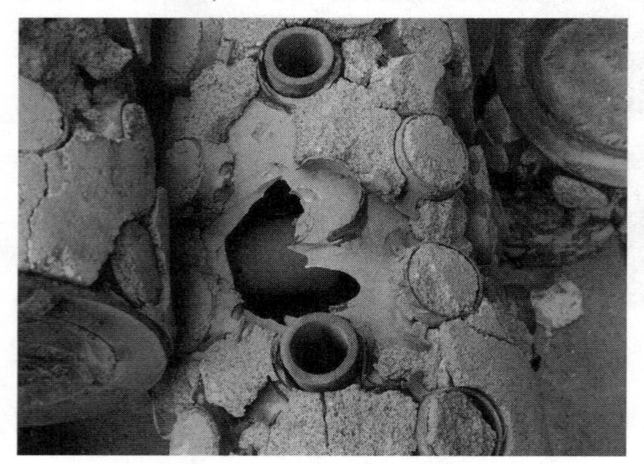

图8 喷嘴冲击分支管的磨损照片

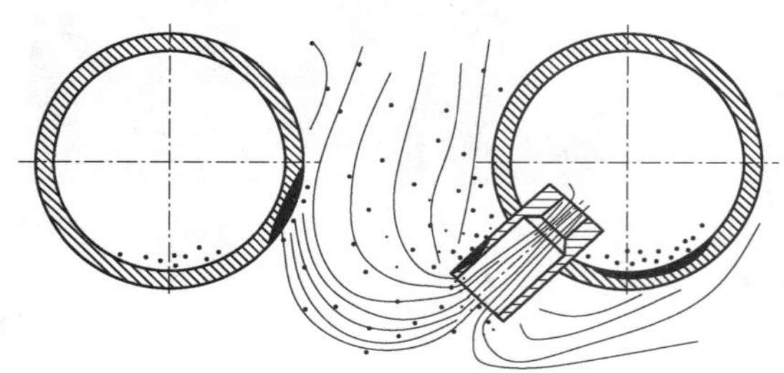

图9 分支管内壁磨损和喷嘴对分支管外壁的冲击磨损示意图

5 分支管和喷嘴的防磨损措施初步建议

分支管和喷嘴的磨损依据上述分析是一种气体携带颗粒形成的冲蚀磨损。依据冲蚀磨损的理论，冲蚀量的大小与颗粒速度的3次方，颗粒浓度的1次方成比例，与颗粒的冲击角有关，当冲击角为20~30°时磨损量最大。因此分支管和喷嘴的磨损主要受气固两相流的流场影响，而流场的特性与分支管和喷嘴的结构有密切关系。

常规的设计方法是保证喷嘴的压降和喷出速度达到设计值。但由于分支管上的压力分布不均匀，难以保证各个喷嘴的压降和喷出速度一致，所以在分支管和喷嘴的防磨损措施上，设计时要考虑这种分支管的沿程压力的不均匀性。在结构上尽可能保持各个喷嘴的压降和出口速度一致，如选择比较粗短的分支管或变径分支管。在喷嘴的设计上，注意变径的方式，变径尺寸不宜过大，出口尽可能采用伸出式结构。另外是过管速度对分支管和喷嘴的影响，这一点常常被忽略。过管速度尽可能的降低，维持分布器下部的颗粒浓度，防止分支管下部形成稀相空间，使得喷嘴喷出的射流尽快衰减，避免冲击到对面的分支管上形成涡流。

参 考 文 献

[1] 陈俊武．催化裂化工艺与工程[M]．第 2 版．北京：中国石化出版社，2005：548-558.

[2] 马艳梅，王松江，张振千，等．催化裂化气体分布器的 CFD 模拟及优化[J]．炼油技术与工程，2014，44(6)：52-54.

[3] 张韩．流化催化裂化再生器主风分布管的设计改进[J]．炼油设计，1998，28(5)：20-24.

[4] 张振千．催化裂化装置主风分布器改造[J]．炼油技术与工程，2002，32(8)：29-31.

[5] 李晓曼，万古军，魏耀东．FCC 装置主风分布管喷嘴磨损的气相流场分析[J]．炼油技术与工程，2006，36(6)：13-16.

[6] 万古军，魏耀东，时铭显．催化裂化再生器树枝状主风分布管磨损的气相流场分析[J]．炼油技术与工程，2006，36(3)：21-24.

[7] 徐俊，秦新潮，李晓曼，等．流化床管式分布器内流场模拟和布气性能分析[J]．化工学报，2010，61(9)：2280-2286.

[8] 金涌，俞芷青，孙竹范，等．流化床多管式气流分布器的研究(II)分布器设计参数的确定[J]．化工学报，1984，3：203-212.

壁面粗糙度对旋风分离器分离性能影响的研究

慈　卉，孙国刚，韩　笑，袁　怡，张学仕

（中国石油大学(北京)化工学院；过程流体过滤与分离技术北京市重点实验室，北京　102249）

摘　要　壁面粗糙度是旋风分离器重要的结构参数之一，同时对旋风分离器分离效率和压降有着重要的影响。本文同时采用数值模拟及实验研究了壁面粗糙度对分离器内气固两相流场的影响。数值计算结果表明，随分离器壁面粗糙度增加分离器切向速度减小，分离器内旋转强度减弱，轴向速度滞留区滞留现象缓解，轴向速度曲线由“双峰”转为“单峰”，同时压降降低。通过实验验证发现旋风分离总压降减小，但分离效率降低，有效分离空间缩小。

关键词　旋风分离器　器壁粗糙度　效率　压降　自然旋风长度

旋风分离器的分离效率、总压降与自然旋风长度是研究旋风分离器的重要性能指标，受分离器各结构参数及操作参数影响。壁面粗糙度，也就是壁面的粗糙厚度(ks，单位：mm)是旋风分离器的重要结构参数之一，影响着分离器的分离性能。对于粗糙耐火砖、砖砌衬里的器壁、颗粒结构的粗糙器壁以及在使用过程中由于磨损及颗粒沉积而变得粗糙的器壁，壁面粗糙度对分离器性能的影响就显得尤为突出。尽管霍夫曼[1]等人认识到壁面粗糙度对分离器分离性能有重要影响，但并未对此进行深入研究。本文通过 CFD 流体力学计算软件进行数值模拟计算及实验验证考察了改变分离器壁面粗糙度，对分离器流场及分离性能的影响。

1　数值模拟方法

1.1　计算模型

旋风分离器内部流场复杂，属于三维强旋流，在对旋风分离器作模拟研究时，采用雷诺应力模型能够更好的反映旋风分离器内流场的真实情况[2-3]，所以本文所作的数值模拟采用的是 RSM 湍流模型。

1.2　控制方程

本文采用 RSM 模型对旋流器内气相流场进行数值计算，基本控制方程如下：

连续性方程：

$$\frac{\partial \overline{u_i}}{\partial x_i}=0 \tag{1}$$

动量方程：

$$\frac{\partial \overline{u_i}}{\partial t}+\overline{u_j}\frac{\partial \overline{u_i}}{\partial x_j}=-\frac{1}{\rho}\frac{\partial \bar{p}}{\partial x_i}+\nu\frac{\partial^2 \overline{u_i}}{\partial x_j \partial x_j}-\frac{\partial}{\partial x_j} \tag{2}$$

Reynolds 应力方程：

$$\frac{\partial(\rho\,\overline{u'_i u'_j})}{\partial t}+C_{ij}=D_{\tau,ij}+D_{L,ij}+P_{ij}+\phi_{ij}+\varepsilon_{ij} \tag{3}$$

1.3 边界条件设定

分离器入口设置为速度入口，连续相介质为空气，入口流速为20m/s；出口条件为充分发展出口，其他壁面均设置为无滑移边界条件，近壁处用标准的壁面函数处理。

1.4 物理模型与网格划分

选用直径 190mm 的蜗壳式旋风分离器为计算模型，具体尺寸及特征见图 1。入口截面 38×95 料腿长度 100mm. 计算采用 Fluent 软件，压力速度耦合选用 SIMPLE 算法；压力差补格式采用 Presto!。

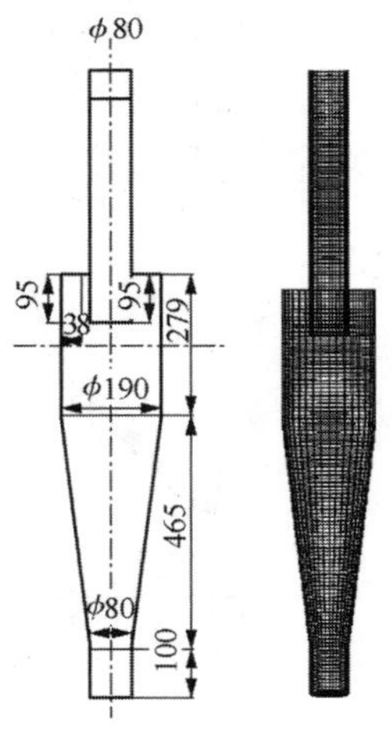

图 1 190mm 蜗壳式旋风分离器尺寸图及网格划分

2 模拟结果与分析

2.1 分离器内速度场分析

图 2、图 3 分别为分离器的筒体、锥体两个代表截面的切向速度及轴向速度在不同粗糙度下的速度分布。从图 2 可以看出，随粗糙度增加，分离器最大切向速度减小，流场内旋转强度降低，但分离器中心区轴向速度增加(如图 3 所示)，中心区滞留现象得到缓解，但粗糙度增加到一定程度，轴向速度基本不再发生变化。

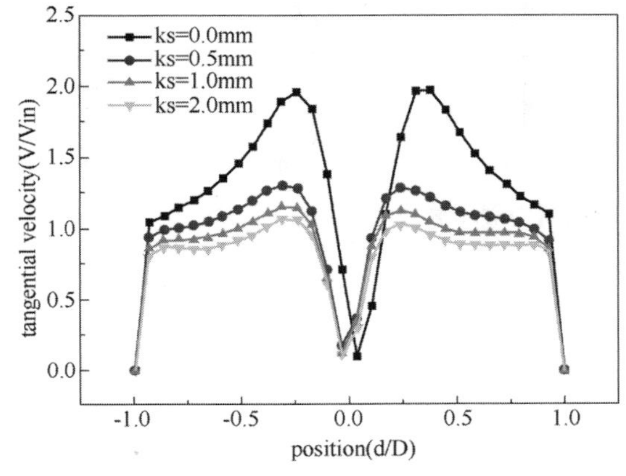

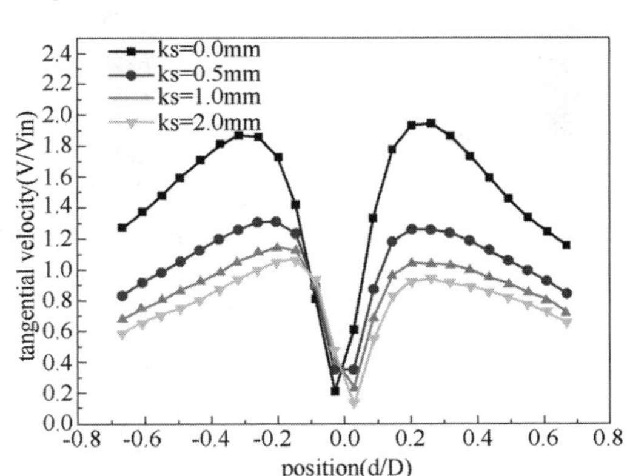

图 2 不同粗糙度对分离器切向速度的影响

1-z=150mm 切向速度(筒体截面)；2-z=512mm 切向速度(锥体截面)

2.2 分离器内压力场分析

图 4 为分离器内静压分布，从图中可以看出，随粗糙度增加，分离器内静压分布依然呈现较好的轴对称性，但静压值有所减小，负压区域减小。从图 5 可以看出，由于粗糙度增加导致

分离器内气体与固体间摩擦减小，分离器压降降低。但随着粗糙度增加，降低程度减缓。

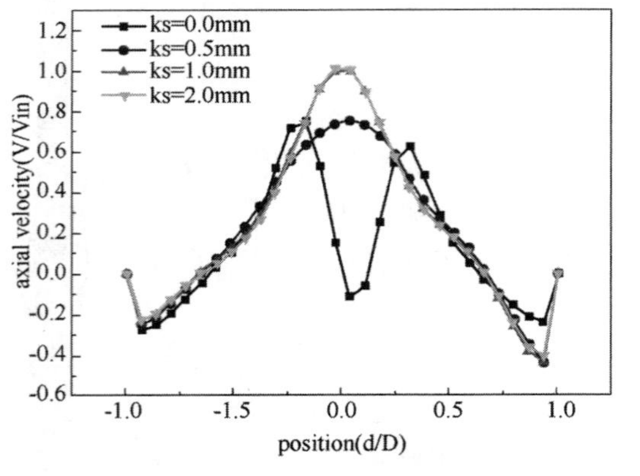

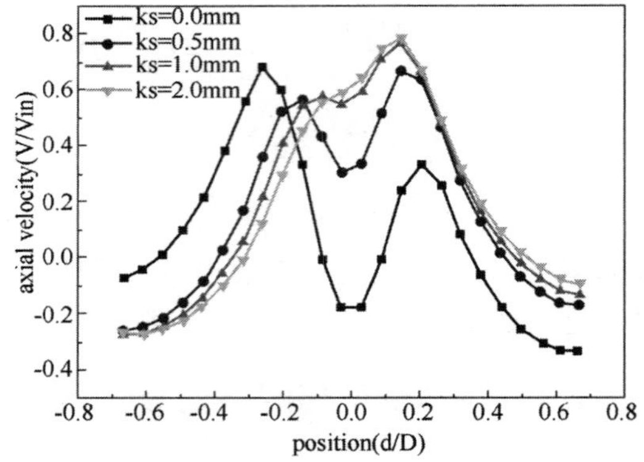

图3　不同粗糙度对分离器轴向速度的影响

1—z=150mm轴向速度(筒体截面)；2—z=512mm轴向速度(锥体截面)

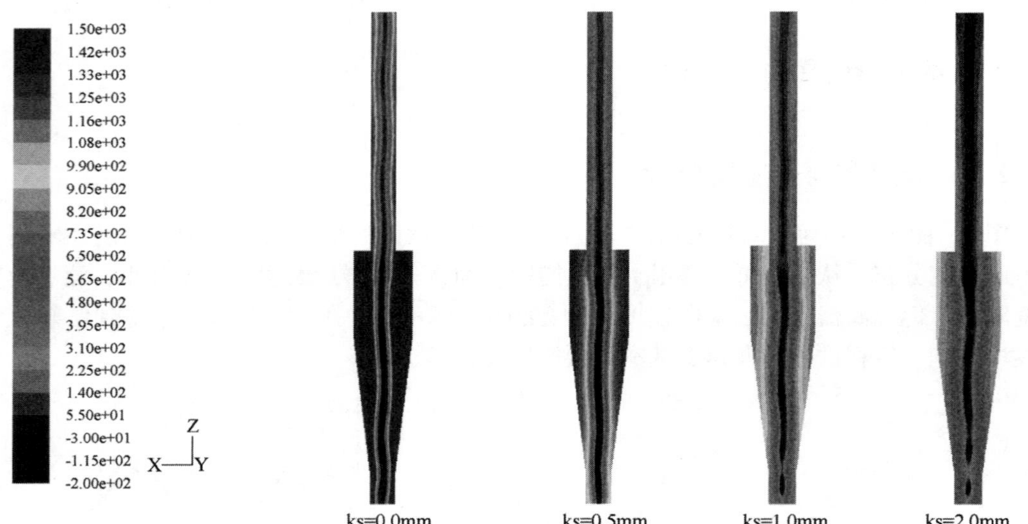

图4　不同粗糙度下分离器内静压分布

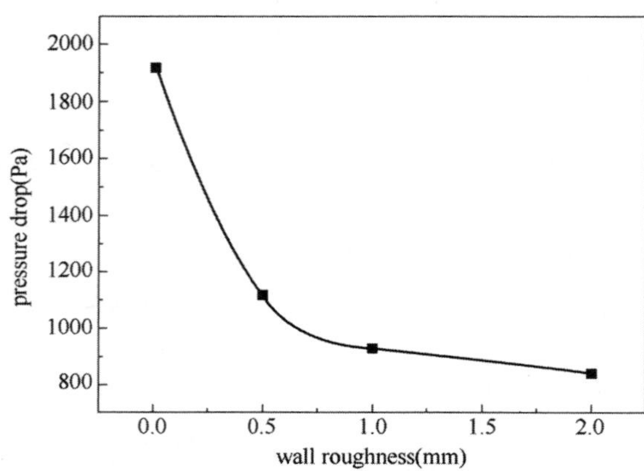

图5　粗糙度对分离器压降的影响

3 实验装置及方法

3.1 实验装置

本实验选用与数值模拟尺寸相同的筒径190mm的矩形直切式旋风分离器。分离器排气管直径90mm，排尘口直径为75mm，有机玻璃制造。实验在吸风负压状态下进行，气体介质为常温空气，实验所用粉料为800目滑石粉，入口气速10~25m/s，实验流程图如图6所示。

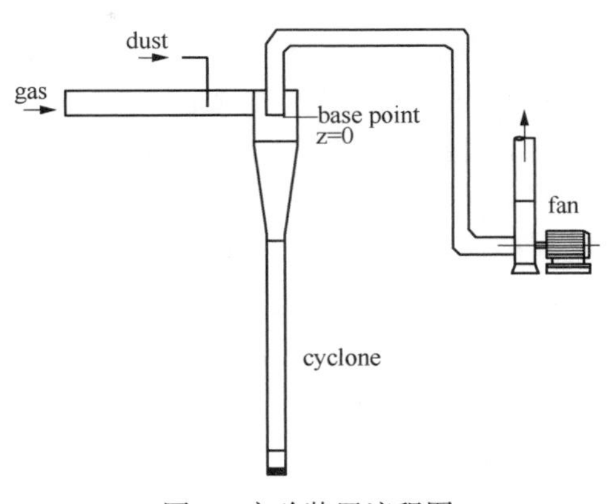

图6 实验装置流程图

由于旋风分离器环形空间为分离器使用过程中磨损最为严重的区域之一，如图7所示，故实验通过在分离器顶部环形空间内壁粘贴不同粗糙度的砂纸来改变分离器的壁面粗糙度，实验所用砂纸及所对应的粗糙度值如图8所示。

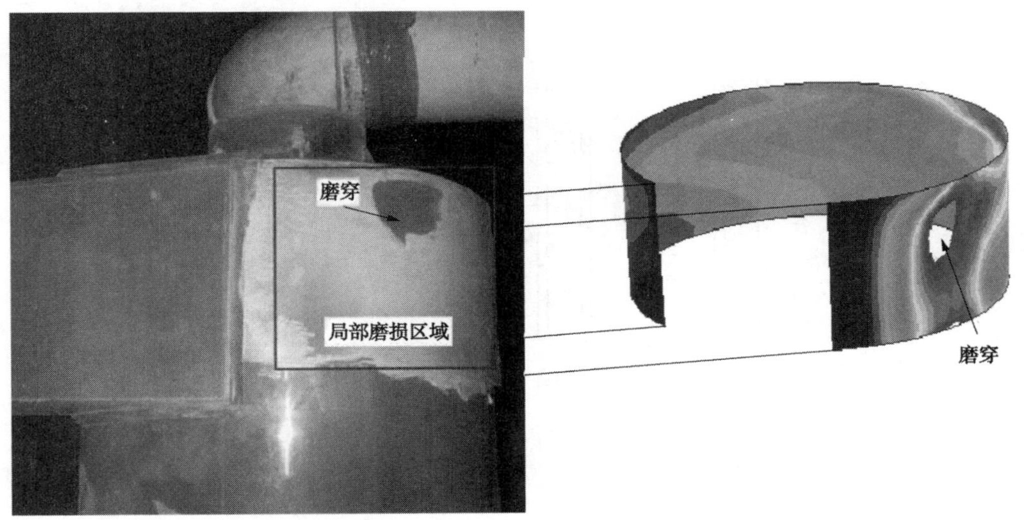

图7 入口环形空间磨损区域图[4]

36目(ks=0.43mm)

360目(ks=0.04mm)

2000目(ks=0.0065mm)

图8 实验所用砂纸及其壁面粗糙度

3.2 实验方法

实验通过皮托管确定入口气速，皮托管与U型管的连接方式如图9所示。实验采用压力传感器测量实验装置压降，实验入口浓度取为$C_i = 50\text{g/m}^3$。

分离器效率用称重法测定。为使实验数据稳定而可靠，每次加料量为350g，尽量减小取样、粘附、称量产生的误差。

本文采用示踪法研究分离器尾端位置及自然旋风长。Alexander[5]试验发现在长旋风分离器内存在着一个稳定的旋转流转折点，并将从芯管下口到此转折点之间的距离定义为自然旋风长。本文以分离过程中固体颗粒不再旋转开始直接掉落的位置作为旋风尾端，以分离器排气管下端面到分离器尾端的位置作为自然旋风长。本实验过程中拍照记录确定旋风分离器的尾端位置。如图10所示在实验装料腿上每10cm标记一次位置，结合实验现象最终确定尾端位置。

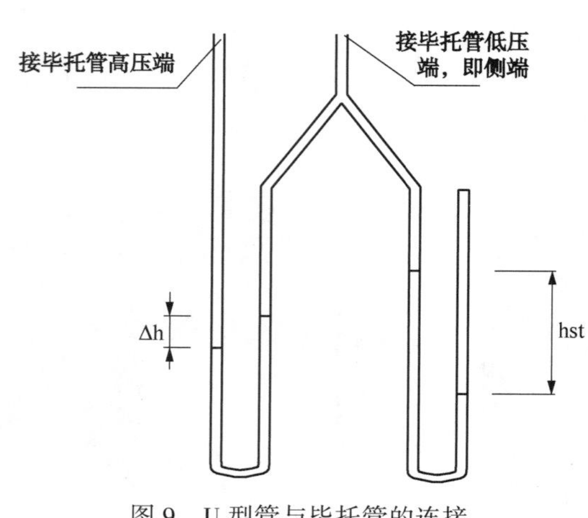

图9　U型管与毕托管的连接

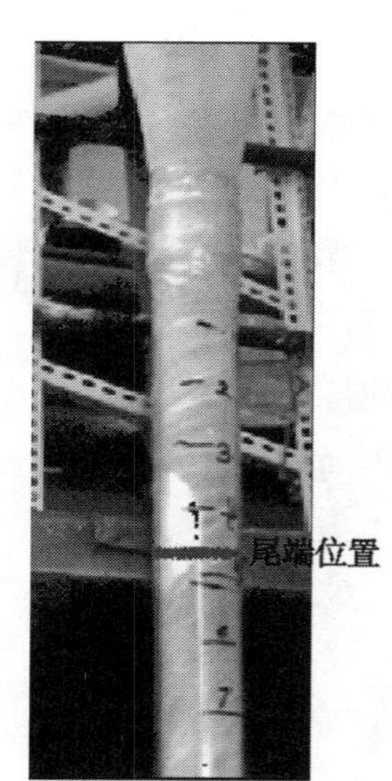

图10　旋风分离器尾端位置标记

4　实验结果与分析

为研究颗粒浓度及壁面粗糙度对分离器分离性能的影响，实验采用内径190mm的直切式旋风分离器进行反复实验。

4.1 壁面粗糙度对压降的影响

实验入口气速在10~25m/s之间选择四档，纯气流状态下不同壁面粗糙度对分离器总压降影响如图11所示。从图中可以看出，随壁面粗糙度的增加，分离器总压降呈下降趋势并且气速高时压降变化曲线更为陡峭，表明高气速时，分离器压降受粗糙度影响更为明显。

4.2 壁面粗糙度对分离效率的影响

在相同实验条件下，加入浓度为$C_i = 50\text{g/m}^3$的800目滑石粉，研究粗糙度对分离器效率的影响如图12所示。由图可见，壁面粗糙度对分离效率的影响还与入口气速大小有关，低入口气速情况下(<15m/s)，粗糙度增大效率降低；高入口气速时，壁面粗糙度由零增加，效率先是略有增加然后才随粗糙度增大而明显下降。也就是说，在较高入口气速下工作的旋风分离器，其效率并不是壁面光滑情况下最高，壁面有一点粗糙度反而对效率有利。这一现象估计和壁面的边界层流动状况有关，有待进一步研究。同时从图中还可以看出，入口气速对分离器效率存在峰值，就本文实验模型入口气速为 Vin = 20m/s 时分离效率最高，且入口气速越低，分离器分离效率越低。这与崔茂林[6]等人研究出随着入口速度的增加，效率也会出现转折点，即存在一个最大效率气速的结论一致。

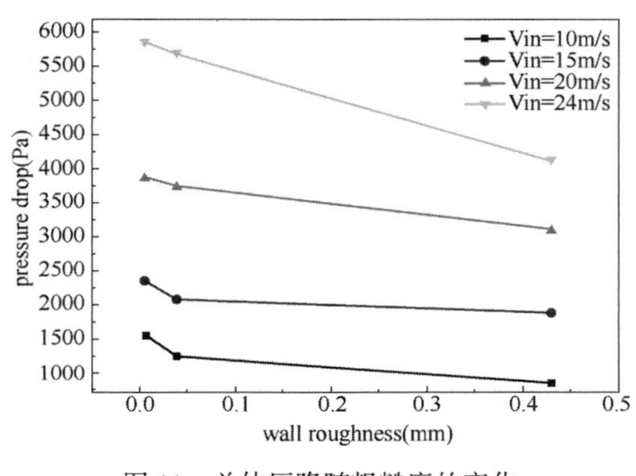

图 11 总体压降随粗糙度的变化

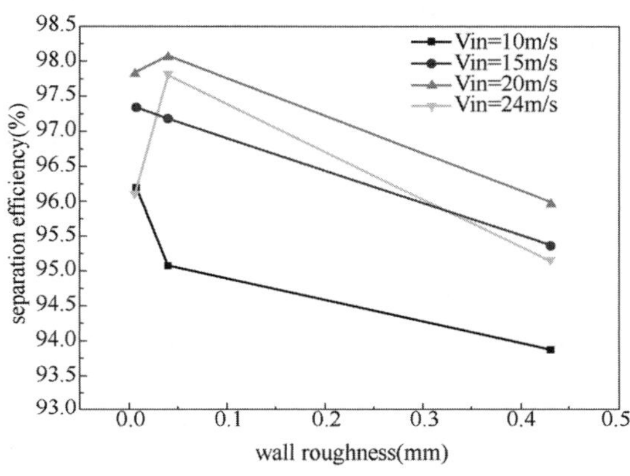

图 12 分离效率随粗糙度的变化

4.3 壁面粗糙度对自然旋风长度的影响

实验考察入口气速 Vin = 15m/s 与 24m/s 两种操作条件下，壁面粗糙度对分离器自然旋风长的影响。实验得到，当加料浓度 $C_i = 50g/m^3$时，随器壁粗糙度的增加，自然旋风长度逐渐减小，如图 13 所示。同时可以看出，风速为 15m/s 时的自然旋风长度长于风速为 24m/s 时的自然旋风长度。且在粗糙度为 0 ~ 0.05mm 时自然旋风长度变化明显，在粗糙度大于 0.05mm 时变化减缓。本文入口气速对自然旋风长影响不大，这与姬忠礼等[7]得出的加尘试验中，自然旋风长近似与入口气速无关的结论一致。

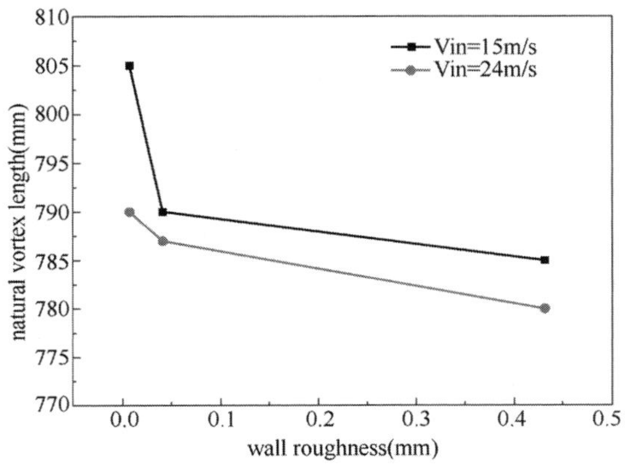

图 13 自然旋风长度随粗糙度的变化

5 结论

通过研究壁面粗糙度对分离器分离性能的影响发现：

(1) 随分离器壁面粗糙度增加分离器切向速度减小，分离器内旋转强度减弱，轴向速度滞留区滞留现象缓解，轴向速度曲线由‘双峰’转为‘单峰’，同时压降降低。

(2) 通过在分离器环形空间粘贴砂纸实验发现，随着壁面粗糙度增加分离器总体压降减小，分离效率减小，自然旋风长减小。

(3) 实验中发现存在最大效率气速，本文四组气速中 Vin=20m/s 时分离效率最高。

参考文献

[1] A. C. Hoffmann 著，彭维明，姬忠礼译．旋风分离器-原理、设计和工程应用[M]．北京：化学工业出版社．

[2] Anderson J D. Computational fluid dynamics[M]. [S. l.]：VDM Publishing House，2002.

[3] Bernardo S，Mori M，Peres A，et al. 3-D computational fluid dynamics for gas and gas-particle flows in a cyclone with different inlet section angles[J]. Powder Technology，2006，162(3)：190-200.

[4] 金有海，于长录，赵新学．旋风分离器环形空间壁面磨损的数值研究[D]．高校化学工程学报．2012(4) 26(2)：196-202.

[5] Alexander R M. Aust Inst Min Met Proc[J]. 152-3，1949：203.

[6] 崔茂林，孙国刚，孙帅．旋风分离器最大效率高度及入口气速的初步试验[D]．第十四届中国科协年会，2012.

[7] 姬忠礼，吴小林，时铭显．旋风分离器自然旋风长的实验研究[J]．石油学报：石油加工．1993，9(4)：86-91.

催化裂化装置旋风分离器料腿漏风对压降的影响

李晓曼，孔文文，孙国刚，严超宇，魏耀东

（中国石油大学(北京)；重质油国家重点实验室，北京 102249）

摘 要 针对催化裂化装置旋风分离器压降出现的不稳定波动变化问题，从料腿漏风影响压降的观点进行了实验和分析。实验测量表明旋风分离器下部料腿是一个负压差立管，外部的压力大于料腿内的压力而产生漏风，即外部气体进入料腿形成上窜的气流。这种上窜气流不仅使旋风分离器的分离效率下降，而且使旋风分离器内部的旋转流体的切向速度降低，中心区域的压力升高，导致旋风分离器的压降降低。在实际操作中这种漏风量会随着旋风分离器料腿颗粒量的变化而变化，形成不稳定的漏风，从而导致旋风分离器的压降发生不稳定的波动变化。

关键词 催化裂化 旋风分离器 压降 料腿 漏风

1 前言

催化裂化装置中再生器和沉降器内的旋风分离器是重要的气固分离设备。现场催化裂化装置旋风分离器的压降常常发生不稳定的变化问题，而且波动的幅度比较大。这种波动是涉及有关旋风分离器的流动参数发生变化所致，由此造成了旋风分离器操作压降的改变，这是一个潜在的事故隐患，需要给予分析。

为此本文从旋风分离器入口风量，入口浓度和下部料腿漏风的观点，对旋风分离器压降的波动变化进行实验和分析，为旋风分离器的稳定操作和设计提供帮助。

2 旋风分离器压降的波动

图 1 是某催化裂化装置再生器旋风分离器压降随时间变化的测量记录曲线，记录过程中主风量 50000Nm^3/h 维持恒定没有改变。图 1 表明两级串联旋风分离器压降发生了比较大的波动变化，最大波动幅度达 3kPa，约占平均压降的 20%，并且这种变化的一个重要特点是从平均压降向压降减小方向的变化。

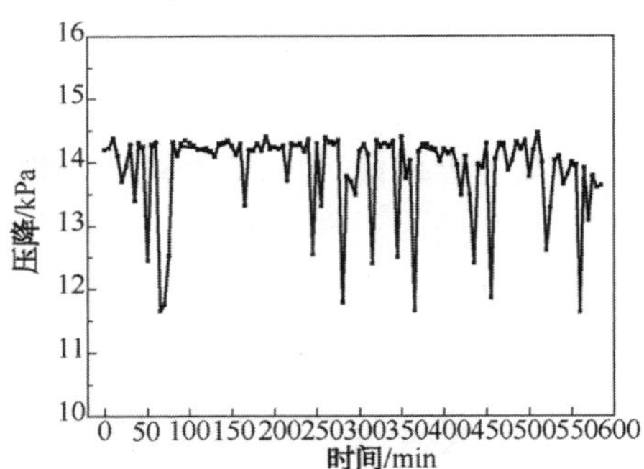

图 1 某再生器旋风分离器的压降变化曲线

3 入口速度和入口浓度对旋风分离器压降波动的影响

再生器旋风分离器的压降变化说明有影响旋风分离器压降的操作参数发生了改变。一般影响旋风分离器的压降的操作因素比较多，主要有入口速度、入口浓度和料腿漏风的影响。

入口速度 V_i 与旋风分离器压降 ΔP 的关系式是

$$\Delta P = \xi \times \frac{1}{2}\rho V_i^2 \tag{1}$$

ΔP 是旋风分离器的压降，ξ 是阻力系数。式(1)表明在入口速度不变的条件下压降是维持不变的。

入口浓度 C_i 对旋风分离器的影响比较大，一方面是分离的颗粒在器壁堆积使器壁表面的摩擦阻力增加，造成旋转流的切向速度降低，另一方面是气固混合密度的增加，使动量损失增大。很多学者提出了各自不同的经验公式[1]，例如 Baskakov[2] 的经验公式是

$$\Delta P_s = \Delta P\left(\frac{1}{1+3.1C_i^{0.7}}+0.67C_i\right) \tag{2}$$

ΔP_s 是气固两相流情况下的旋风分离器压降。针对催化裂化装置旋风分离器而言，入口浓度比较高。采用式(2)计算，当入口浓度由 5kg/(kg · gas)变化到 10kg/(kg · gas)时，压降变化接近 1 倍，但这种压降的变化是向压降增大的方向进行的。催化裂化装置旋风分离器的入口浓度受到多种因素的作用，主要是流化床下部流化风变化的影响。通常旋风分离器的入口设置在流化床的 TDH[3](Transport Disengaging Height，输送分离高度)之上，在稳定操作条件下旋风分离器的入口浓度的变化有限。

4 料腿漏风对旋风分离器压降波动的影响

4.1 旋风分离器料腿的排料和漏风

对于旋风分离器料腿出口悬空安装在再生器或沉降器稀相空间的结构，其排料出口的压力高于旋风分离器的入口压力，由此造成了旋风分离器的料腿排料是一个负压力差排料过程，即收集的颗粒需要从旋风分离器内部的低压区通过料腿流向外部的高压区。这就需要在料腿出口设置翼阀，在料腿内建立一个料柱平衡负压差，同时还具有料封作用防止外部的气体反窜进入料腿，维持锁气排料[3,4]。但在翼阀开启排料过程中，翼阀斜管下部排料，上部形成了空腔，是一个半管排料过程，气体会通过阀板缝隙进入翼阀上窜到料腿中形成漏风。或者是对于颗粒在料腿内堆积的过程中，由于此时没有建立料封，气体会上窜进入料腿形成漏风。漏风一方面会导致翼阀的磨损[5]，另一方面也会导致旋风分离器内部的流场发生变化，使旋风分离器的分离效率[6]和压降发生变化，甚至导致旋风分离器的压降波动。

4.2 实验装置及测量方法

图 2 为本研究采用的旋风分离器实验装置，其筒体内直径 300mm，排气管内直径为

110mm，分离器矩形入口尺寸为 175mm×85mm。为保证进入旋风分离器的气体流动平稳，实验采用负压操作。实验气体介质为常温气体，气体速度由标准毕托管测量。漏风量通过料腿下部的阀门控制。

实验中固定一个旋风分离器的入口速度 V_i，然后通过改变料腿下部的漏风量 Q_l 测量旋风分离器的压降变化。

4.3 实验结果与讨论

图 3 为不同入口速度下 V_i，改变旋风分离器料腿的漏风量 Q_l，测量得到的旋风分离器压降 ΔP_l 的变化曲线。图 3 的实验结果表明，料腿漏风后旋风分离器的压降是逐渐减小的，符合图 1 的压降减小变化趋势。图 3 还表明在不同的入口速度下，漏风量对旋风分离器的压降影响是不同的，入口速度越低影响的程度越明显。例如，漏风量 Q_l 为分离器入口风量 Q_0 的 20%时，在入口速度 V_i = 18m/s，分离器的压降降低了约 8%；在入口速度 V_i = 10m/s，压降降低了约 25%。

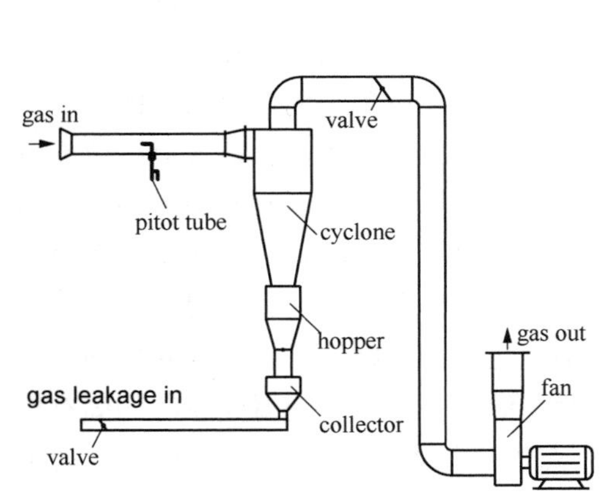

图 2 旋风分离器实验装置

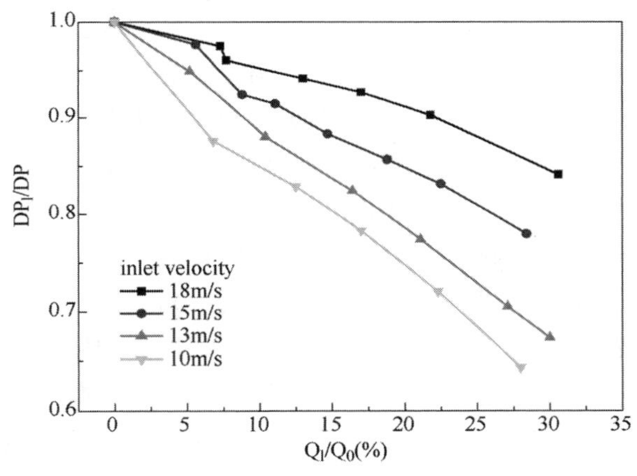

图 3 旋风分离器压降与漏风量的关系

流场测量表明[7]，旋风分离器中心区域在切向速度的作用下是一个低压区，而升气管处于这个低压区的中心。旋风分离器料腿漏风后，气流上窜进入旋风分离器，提高了中心区域上行的轴向速度，外部的气体不宜进入内旋流，导致旋风分离器内切向速度的减小，中心区域的压力上升，从而导致升气管的压力增大，旋风分离器的压降降低。

旋风分离器的漏风与料腿的排料方式密相相关。若料腿出口处于流化床的稀相空间，料腿翼阀系统有两种排料方式[5]，见图 4。一种是连续式滴流排料，图 4(a)，阀板常开，并轻微摆动，颗粒连续地流出阀口，料腿内颗粒呈现稀相雨状下落流态；另一种是间歇式周期性排料，图 4(b)，阀板间歇式一开一关周期性变化，颗粒间断地流出阀口，流出时是一种密相倾泻式下落流态。

当颗粒质量流率比较大，负压差比较小时是连续式滴流排料，此时漏风是连续的；当颗粒质量流率比较小，负压差比较大时，是间歇式周期性排料，此时的漏风是间歇式的。间歇式排料的周期与料腿内的颗粒下料量有关，当颗粒下料量比较小时，例如再生器二级旋风分离器的料腿，需要比较长的时间，颗粒积累达到一定的颗粒料柱高度时才能推动阀板，排料后重新开始累积颗粒。两种排料方式随着颗粒质量流率与负压差的变化可以互相变换。

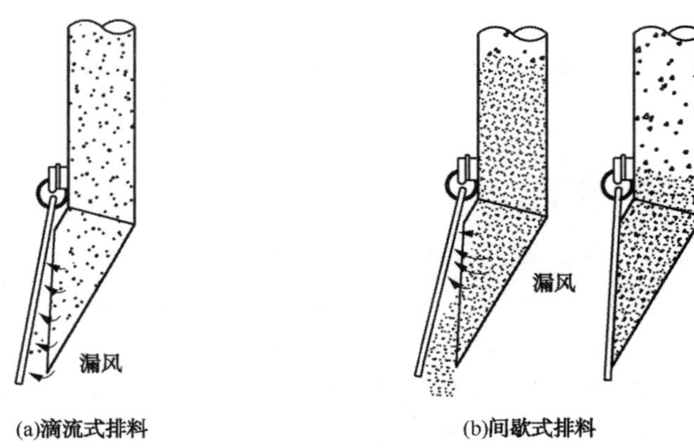

图4　料腿翼阀的两种排料状态示意图

若旋风分离器的料腿插入密相床层内，则料腿内的流态是稀密相共存流态，漏风量比较小，但上窜漏风以气泡上行的方式流动，在料腿内形成节涌，具有很大的波动特性。

因此催化裂化装置现场的旋风分离器的压降波动主要是存在不稳定的漏风造成的。

漏风对旋风分离器的分离效率也有很大影响，使分离下来的颗粒逃逸，造成分离效率下降。此外，这种不稳定漏风还有可能造成设备的破坏，一种破坏形式是翼阀阀板的磨损。当漏风携带颗粒进入翼阀时，气体转弯上行，而颗粒由于惯性直接冲击阀板，形成比较严重的冲蚀磨损。两种排料的方式不同，漏风位置不同(图4)，冲蚀磨损的位置也不同[5]。另一种破坏形式是旋风分离器设备本体和拉杆的疲劳断裂。不稳定的漏风将诱发料腿翼阀内两相流的压力脉动，形成旋风分离器系统的激振源，当这个激振源的频率与料腿翼阀系统的固有振动频率接近时，就会产生比较大的共振，导致旋风分离器设备本体和拉杆金属材料的疲劳断裂[8-10]。

参　考　文　献

[1] Cristóbal Cortés，Antonia Gil. Modeling the gas and particle flow inside cyclone separators[J]. Progress in Energy and Combustion Science，2007，33：409-452.

[2] Baskakov A P，Dolgov V N，Goldovin Yu M. Aerodynamics and heat transfer in cyclones with particle-laden gas flow[J]. Exp. Therm Fluid Sci，1990，3：597-602.

[3] D KUNNI，O LEVENSPIEL. Fluidization Engineering[M]. Boston：Butterworth - Heinemann：2nd ed.，1991. 359-396，165.

[4] 魏耀东，刘仁桓，孙国刚，等．负压差立管内的气固两相流的流态特性及分析[J]．过程工程学报，2003，3(5)：385-389.

[5] 刘人锋，刘晓欣，王仲霞，等．FCC沉降器旋风分离器翼阀磨损实验分析[J]，炼油技术与工程，2013，43(12)：38-41.

[6] 郭大江，朱治平，刘志成，等．窜气对旋风分离器性能影响的实验研究和数值模拟[J]．锅炉技术，2010，41(2)：38-42.

[7] 吴小林，姬忠礼，田彦辉，等．PV型旋风分离器内流场的试验研究[J]，石油学报：石油加工，1997，

13(3)：93-99.

[8] 汪洋，王伟庆，李开岐，王雷，岳东利，罗英杰，常江 . FCCU 单级旋风分离器壳体断裂失效分析[J]，炼油与化工，2010，21(6)：34-37

[9] 孙长海，郭超，郝相民，等 . 炼油厂催化裂化装置第二再生器旋风分离器断裂分析[J]，金属热处理，2011，36(增刊)：215-218.

[10] Mianbin Zheng，Guohua Chen，Jianyu Han. Failure analysis on two austenitic stainless steels applied in cyclone separators of catalytic cracking unit[J]，Engineering Failure Analysis，2011，18：88-96.

螺线式气液旋风分离器的试验研究

陆元宝[1,2]，孙国刚[1,2]，王青莲[1]，韩晓鹏[1]，杨振兴[1]

(1. 中国石油大学(北京)化学工程学院；
2. 过程流体过滤与分离技术北京市重点实验室，北京　102249)

摘　要　设计了3种不同筒体结构(Type Ⅰ、Ⅱ、Ⅲ)的气液旋风分离器，采用试验的方法研究剖析了入口气速、液滴粒径大小等工艺参数对分离器性能的影响。试验结果表明：气液旋风分离器的分离效率随入口气速的增加先增后减，随液滴粒径的增大而增大；分离器的筒体结构对气液旋风分离器的性能有重要影响，分离器筒体采用螺线型通道能够有效提升分离器对液滴的捕集效率，降低分离器的压降；此外，排气管插入深度及螺线通道延伸对分离器性能也有重要影响；对三种结构气液旋流分离器进行性能对比，综合除液性能评价为：Type Ⅲ优于 Type Ⅱ优于 Type Ⅰ。

关键词　气液分离　筒体结构　螺线型通道　分离效率　压降

气液旋风分离器是一种结构简单、操作稳定、高效、纳污能力强，从气体中除去悬浮液滴的设备，广泛应用于石油、化工、能源以及环境等许多领域，但是由于其内部流场的不合理性，仍然存在操作弹性较小，逆流旋风压降较高的特点[1,2]。近年来大部分研究主要集中于气液旋风分离器的结构优化设计，主要体现在：提高其对细粒的捕集能力，设计出高效低阻的分离器。金向红等[3]研究了排气管结构形式对旋风分离器的影响，发现采用扩散锥形排气管能够在压降不变的情况下有效提升分离器效率；周云龙等[4]还对排气管扩散锥角做了优化数值模拟；闫一野[5]、邱林宾[6]等研究了在气液旋风分离器圆筒内壁和锥体上沿液带轨迹开缝对分离器效率的影响，发现开缝能提升分离器效率；曹学文[7]则对管柱式旋风分离器的入口进行了改进，提出了一种倾斜入口的管柱式气液旋风分离器。樊大风[8]、张智广[9]、戚金洲[10]等人研究了气流外循环对气液旋风分离器的性能影响，研究结果表明添加旁路循环能将分离器的效率提升1%~6%。

本文针对气液旋风分离器存在的问题，考虑从分离器筒体结构改进着手，基于前人对螺线式旋风分离器气固分离的研究成果[11,12]，创新性地提出将螺线式旋风分离器用于气液分离的设想。为此，采用试验手段对比考察了三种不同筒体结构的气液旋风分离器的分离性能，以期待为气液旋风分离器的改进提供依据。

1　试验系统

1.1　试验装置

气液旋风分离器冷模试验装置如图1所示。整个试验系统由供风系统、进料雾化系统、分离系统和测量系统4部分组成。试验采用负压操作，由罗茨鼓风机供风，实验空气流量控制在 265~890m³/h。通过调节进入喷嘴的压缩空气的水量和喷嘴给水量来获得不同的液滴粒径和含液量。

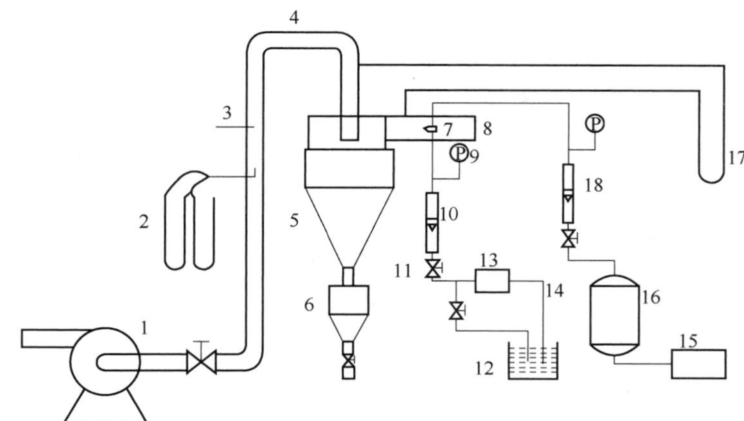

图 1　实验装置

1—风机；2—毕托管；3—温度计；4—升气管；5—气液旋风分离器；6—收液斗；7—雾化喷嘴；8—进气管；9—压力表；10—液体流量计；11—阀门；12—水槽；13—水泵；14—水管；15—空气压缩机；16—缓冲罐；17—U 形管；18—空气流量计

1.2　测试方法

（1）流量测量。气液旋风分离器入口流量通过毕托管进行测量，过喷嘴的液体流量由转子流量计直接读出。

（2）压力测量。压力采用 *U* 型管压差计进行测量，试验中测量的是分离器入口和气体出口之间的静压差，该静压差称为溢流压差。一般来说，溢流压差 ΔP 是气液旋流分离器的主要能耗参数。

（3）分离效率。由于试验中空气的湿度远未达到饱和值，当质量流量为 m_i 的水经喷嘴雾化后喷入气液旋风分离器入口气流中，由于动蒸发效应的存在会导致部分液滴汽化不参与气液分离而直接由排气管排出。因此，为考虑蒸发效应对气液分离试验时除液效率测定的影响，通常采用空气—稀盐水体系进行试验，用摩尔滴定法来估算液滴的动蒸发量。故气液旋流分离器的除雾效率 η 可表示为：

$$\eta=\frac{C_{\mathrm{clc}}}{C_{\mathrm{ch}}}\times\frac{m_c}{m_i} \tag{1}$$

式中，m_i 为单位时间内加入到气液分离器入口处水的质量；m_c 为单位时间从气液分离器的收液口收得的水量；C_{clc}为收液口水样中Cl^-浓度，C_{ch}为入口水样中Cl^-浓度。

（4）粒径测量。雾化喷嘴喷雾的液滴直径采用 Malvern 粒子分析仪测量，试验时保持雾化喷嘴的操作参数不变，即认为加入到气液旋风分离器入口气流中的液滴直径分布不变。

1.3　待考察结构

Type Ⅰ structure 为常规形式的气液旋风分离器，分离器采用直切入口、筒体加长锥体的组合形式，排气管插入深度与分离器入口底端平齐；Type Ⅱ structure 为普通形式的螺线式旋风分离器，其与常规形式的气液旋风分离器不同之处在于：分离器筒体由螺线板等距卷成，螺线型通道宽度与入口宽度一致，排气管下端与筒体上盖板相连，不插入分离器内部；Type Ⅲ structure[13]是对Type Ⅱ structure的该进其改进之处在于：排气管插入筒体内部，插入深度与入口底端平齐，围成筒体的螺线板在竖直方向上是逐渐向下螺旋延伸的，距离排气管越近，延伸高度越大。

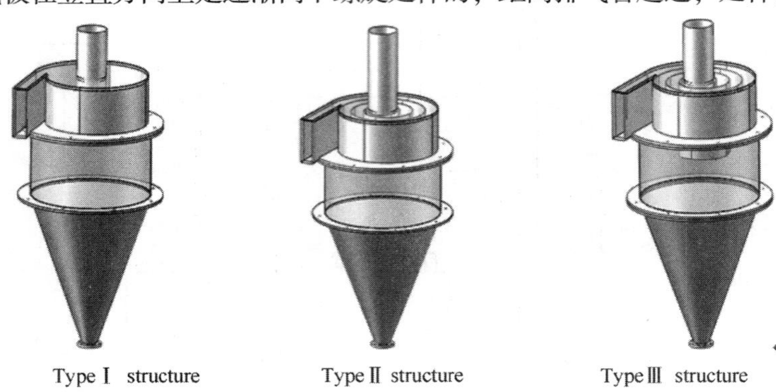

图2　三种不同结构形式的气液旋风分离器

2　实验结果及讨论

2.1　入口气速对分离性能的影响

图3显示了不同结构气液旋风分离器下，分离效率随入口气速变化的情况。

从图3中可以看出，当筒体结构一定时，分离器的效率随入口气速的增加呈先增加后减小的趋势，在入口气速约为11m/s时，效率曲线出现拐点，即分离临界速度点[3,14]。当入口气速小于临界分离速度点时，随着入口气速的增加，液滴的切向速度增加，液滴所受的离心力增加，分离效率也随之提高。当入口气速超过临界速度后，分离效率随流速的增大反而下降，这主要可以归结为以下原因：一是尽管入口气速的增加能使气液分的离心力场加强，但是分离器内的湍流流场强度也大大增加，湍流流场的增加使得液滴的碰撞、破碎雾化加剧，使分离难度加剧；其次，湍流强度的增加，使得器壁上由已分离液滴形成的液膜产生湍流弥散，出现雾沫夹带现象，夹带的液滴直接进入内旋流进而由排气管排出；三是入口气速的增加使得进出口短路流流量增加[15~17]，从而使得分离效率下降。

同时，从图3中可以看出，在入口气速一定时，不同筒体结构的分离效率不同，分离效率依次为TypeⅢ>Type Ⅱ>Type Ⅰ。Type Ⅲ和Type Ⅱ相对于Type Ⅰ分离效率有提高的主要原因在于，前两种结构采用螺线型通道，这种结构缩短了液滴径向运动的距离，大大延长分离器的切向流场，增加了液滴的捕集壁面面积。而Type Ⅲ相对于Type Ⅱ分离效率有提升的原因在于，一方面前者排气管采用插深结构，适当的排气管插入深度有利于减少分离器的短路流量[18,19]，另一方面就是螺线通道延伸段的设置增加了液滴在径向方向的捕集概率。

2.2　液滴粒径对分离效率的影响

图4为气液旋风分离器入口液滴粒径对分离器效率的影响。如图4所示，在相同的入口浓度和入口气速下，液滴粒径越大，分离器的效率越高。这是因为液滴粒径越大，其在分离器内

部所受的离心力也越大，液滴更容易被甩向壁面被捕集。雾化液滴粒径一定时，三种气液分离器的效率依次为 Type Ⅲ>Type Ⅱ>Type Ⅰ，Type Ⅲ比 Type Ⅱ和 Type Ⅰ效率分别高出 1%和 3%。

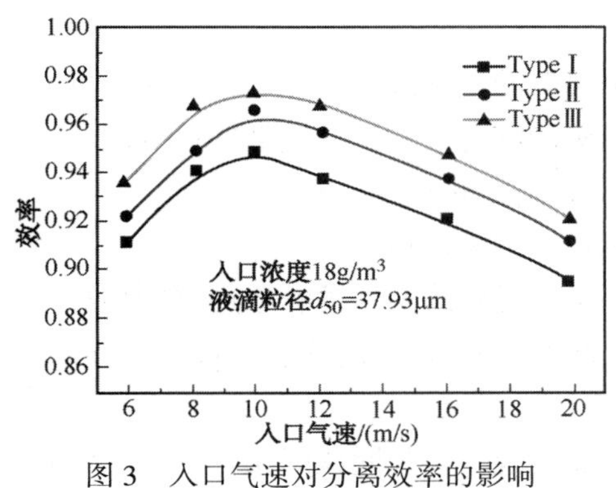

图 3 入口气速对分离效率的影响

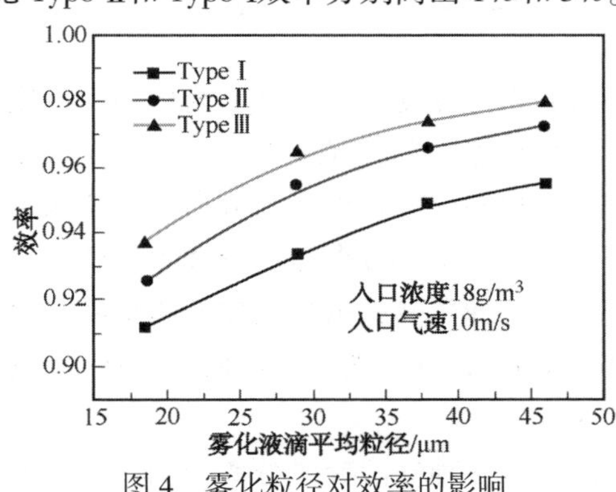

图 4 雾化粒径对效率的影响

2.3 气流速度对压降的影响

图 5 为不同筒体结构分离器的压力随入口气速的变化关系。从图中可以看出，三种结构的压降大小依次为：Type Ⅰ>Type Ⅲ>Type Ⅱ。

分离器的压降损失主要由 3 部分组成：进气口损失、漩涡流场损失和排气口损失[20]。与 Type Ⅰ相比，Type Ⅲ和 Type Ⅱ两种分离器于采用等距螺线通道，其通道宽度与分离器入口宽度相等，能有效地避免进气口流通面积突然扩大所带来射流损失；其次，螺线通道能够有效地避免内外旋流的互相干扰，有利于减小由于漩涡流场所带来的动能损失；此外，螺旋通道的存在缩小了中心流动区域和排气管的流通截面比，使得分离器排气口损失减小，因此 Type Ⅲ和 Type Ⅱ两者的压降远低于 Type Ⅰ。Type Ⅲ的压降比 Type Ⅱ稍高，这是由于 Type Ⅲ的排气管采用插深结构，排气管插入分离器内部增加了“旋转涡核”的耗散效应，另外，螺旋通道延伸也使得分离器气壁摩擦带来的阻力损失有增加，综合以上两因素，Type Ⅲ的压降高于 Type Ⅱ。

2.4 三种分离器综合性能比较

图 6 为对比试验测得的三种结构气液旋风分离器的压降—效率曲线，从图中可以看出，在相同压降条件下，Type Ⅲ比 Type Ⅱ的效率高，Type Ⅱ比 Type Ⅰ的效率高。综合比较，Type Ⅲ结构的综合除液性能最好。

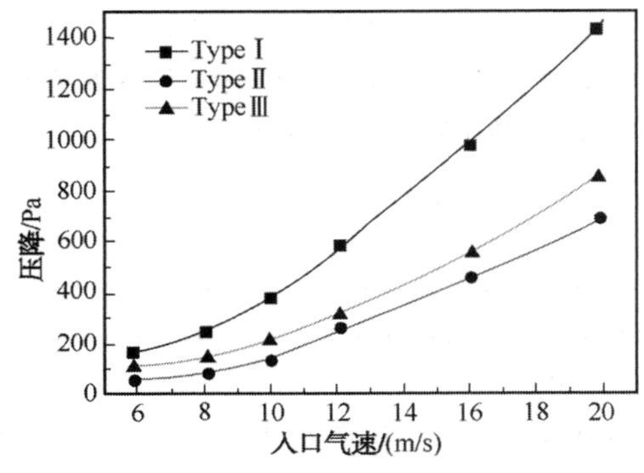

图 5 入口气速对压降的影响

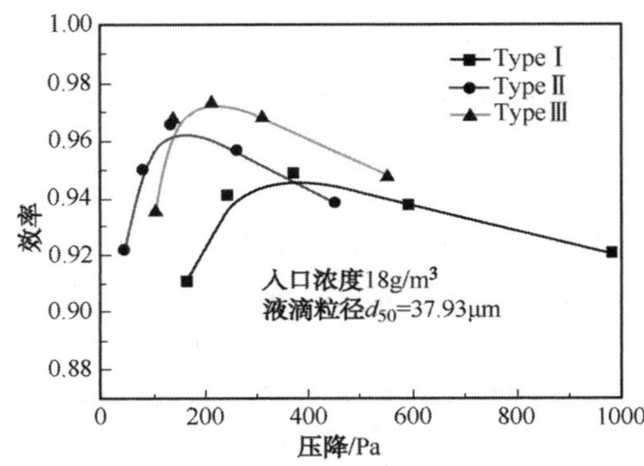

图 6 不同筒体结构气液旋风分离器压降-效率性能曲线

3 结论

（1）当气液旋风分离器的筒体结构一定时，分离器的效率随入口气速呈现先增后减，存在效率最高点，即临界速度点。采用螺线型筒体结构能够有效地提升气液旋风分离器的分离效率，在相同气速条件下，分离效率依次为Type Ⅲ>Type Ⅱ>Type Ⅰ。

（2）气液旋风分离器的分离效率随入口液滴粒径的增大而增大。

（3）三种气液旋风分离器的压降随入口气速均呈现抛物线型增长，采用螺线型进气通道能够有效降低分离器的压降，三种气液旋风分离器的压降依次为：Type Ⅰ>Type Ⅲ>Type Ⅱ。

（4）对三种气液旋风分离器的综合性能进行对比发现，在相同压降条件下，除液效率依次为Type Ⅲ>Type Ⅱ>Type Ⅰ，综合比较，Type Ⅲ的综合除液性能最好。

参考文献

[1] Búrkhoz A. Droplet separation[M]. Verlagsgesellschaft, New York, 1989.
[2] 王抚华．化工工程使用专题设计手册(下)．北京：化学工业出版社，2002.
[3] 金向红，金友海，王振波，等．气液旋流分离器排气管结构试验[J]．中国石油大学学报(自然科学版)，2008，32(02)108-113.
[4] 周云龙，米列东，杨美．气液旋流分离器排气管结构优化的数值模拟[J]．化工机械，2013，40(05)620-624.
[5] 闫一野．气液旋流分离器结构改进及数值模拟[J]．甘肃石油和化工，2012(01)46-51.
[6] 邱林宾．旋风分离器气液分离内壁液膜特性试验研究[D]．北京：中国石油大学(北京)，2014.
[7] 曹学文，林宗虎，黄庆宣，等．新型管柱式气液旋流分离器[J]．天然气工业，2002，22(02)71-75.
[8] 樊大风，孙国刚，张丽丽，等．循环氢气液凝聚器的性能试验研究[J]．石油炼制与化工，2004，35(11)60-64.
[9] 张智广．气-液旋风分离器的试验研究[D]．北京：中国石油大学(北京)，2004.
[10] 戚金洲．新型旁路式直流旋风除雾器的研究[D]．北京：中国石油大学(北京)，2012.
[11] 崔亚伟，叶菁．新型多层式旋风除尘器性能理论与实验研究[J]．武汉工业大学学报，1992，14(1)：13-17.
[12] 潘孝良，赵家林，高庆友．螺线型旋风收尘器的研究[J]．中国建材，1995(8)：37-40.
[13] 孙国刚，陆元宝，孙占朋，等．一种改进的螺线型旋风分离器[P]．中国，201520264659. 8. X. 2015.
[14] 金向红，金友海，王振波，等．筒体结构对轴流式气液旋流分离器性能的影响[J]．流体机械，2008，36(01)10-13.
[15] 孔珑．两项流体力学[M]．北京：高等教育出版社，2004.
[16] Gomez，Eduardo L. Dispersed Two-Phase Swirling Flow Characterization For Predicting Gas Carry-Under In Gas-Liquid Cylindrical Cyclone Compact Separators. [J]. Dissertation Abstracts International，Volume：62-02，Section：B，page：1050.；Directors：Ovadia Shoh，2001.
[17] 付烜，孙国刚，刘佳，等．旋风分离器短路流的估算问题及其数值计算方法的讨论[J]．化工学报，2011，62(9)：2535-2540.
[18] 高翠芝，孙国刚，等．排气管插入深度对旋风分离器性能影响的试验和模拟研究[C]//2009全国化工

过程机械博士研究生创新研讨会暨江苏省化工过程机械博士研究生学术论坛．南京，2009：70.

[19] Hugi E, Reh L. Focus on solids strand formation improves separation performance of highly loaded circulating fluidized bed recycle cyclone [J]. Chemical Engineering and Processing, 2000, 39(2): 263-273.

[20] Hoffmann A C, Stein L E. Gas cyclones and swirl tubes: principles, design and operation [M]. Berlin Heidelberg: Springer-Verlag, 2002.

双棒层文氏棒喷淋塔的流体力学性能

王新成[1,2]，孙国刚[1,2]，王晓晗[1]，张玉明[1]，李首壮[1]

（1. 中国石油大学（北京）化学工程学院；
2. 过程流体过滤与分离技术北京市重点实验室，北京　102249）

摘　要　通过冷模实验研究了分别安装单棒层和双棒层文氏棒的文氏棒喷淋塔的流体力学特性，测得了棒层压降数据以及文氏棒层上的流动区域演化规律，考察了双棒层文氏棒的组合方式对压降的影响，对比分析了单棒层文氏棒的实验结果。结果表明：文氏棒棒层压降曲线与穿流栅板的压降曲线趋势相似。与单棒层文氏棒相比，双棒层文氏棒压降增加一倍左右，双棒层文氏棒空隙率组合方式、棒缝布置方式对压降影响不大。双棒层文氏棒的上限气速比单棒层文氏棒有较大幅度的减小，双棒层文氏棒的组合方式对双棒层文氏棒下限气速影响很小。

关键词　文氏棒层　流体力学　压降　极限气速

文氏棒喷淋塔是在传统喷淋空塔内添加一层或多层文氏棒而构成[1-3]，因气体经过棒间渐缩渐扩通道的文氏棒层产生的文丘里过流效应而得名[4-5]。由于喷淋空塔内安装有文氏棒层，当液气比适宜时，气体托举下落的液滴，会在文氏棒层上建立起泡沫层，从而显著提高气液接触与传质效率。同时由于气体在棒缝时的剧烈湍动流动，对棒层产生很好的自清洁作用，使文氏棒层不易结垢和堵塞。可广泛应用于气体吸收、净化、烟气脱硫脱硝除尘等场合[6-9]。文氏棒塔为新型无溢流式的板式塔，在结构上与穿流栅板塔[10]、筛板塔[11]相似，具有类似的流体力学演变规律。前人对单层管栅塔的流体力学性能已有一些研究，冯朴荪等[12]对管状栅板塔的流体力学与塔板传热性能，先后测定了塔板干板阻力和泡沫层阻力。吴鹤峰等[13]对管栅塔板进行了流体力学和传质性能初试，并与筛板做对比，结果表明，管栅塔板具有更小的压降。赵文凯等[10]对穿流栅板的冷模实验提出了形式简单的极限气速公式。为获得更高的气液传质效率，单层文氏棒已不能满足要求，前人还并为对双层文氏棒进行实验研究，为了更好的了解文氏棒在气液传质方面的特点，本文对单、双层文氏棒进行对比实验，为文氏棒塔的设计和应用提供理论依据。

1　实验装置

文氏棒塔实验系统如图1，包括供气系统、喷淋除雾系统、测量系统等部分。塔内径为 ϕ286mm，塔高3000mm，文氏棒层位于进气口之上400mm处。实验测试了两个不同尺寸的文氏棒层，缝宽棒径比 b/d 分别为3/10（1#文氏棒）、3/12（2#文氏棒），对应的空隙率 ε 分别为22.6%、19.4%。实验介质为空气、水。进气管中的风速用皮托管3测量，并由此换算为进塔的气量；全塔压降采用U形管4测量，文氏棒层压降用斜压差计8测量。为保证测量的精确性，实验时采用多点测压、多次测量的平均值为最终的实验数据。

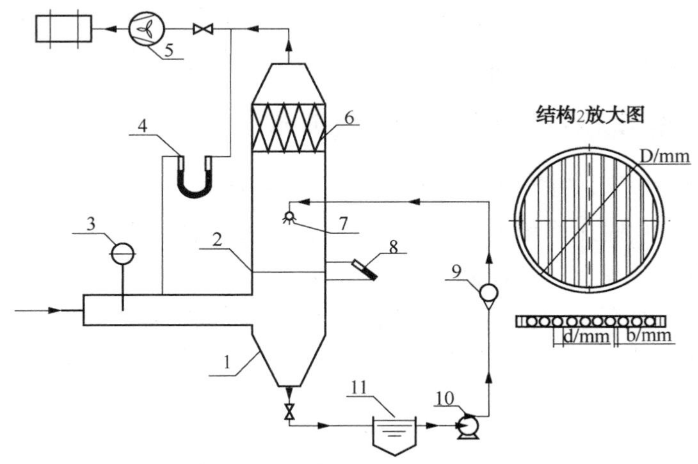

图 1　文氏棒喷淋塔实验装置示意图

1—喷淋塔；2—文氏棒；3—皮托管；4—U 形管；5—风机；6—丝网除雾器；7—螺旋喷嘴；8—斜压差计；9—转子流量计；10—泵；11—储水槽

2　单棒层文氏棒喷淋塔的压降特性

图 2 是 3/10 文氏棒的棒层压降随塔截面气速 v_g 的变化曲线。由图可见，棒层压降变化状态呈现三个区域：润湿区Ⅰ、泡沫区Ⅱ、溅沫区Ⅲ。润湿区，气速较小，棒层上存液很少，气液两相交替通过棒缝，气液为膜式接触；随着气速增大，开始有少量液体覆盖在棒层上，形成液层，棒层压降突增(图 2 中 A 点，一般称 A 点为“拦液点”)，进一步增加气速，在棒层上则形成扰动的泡沫层，气泡通过液层，气泡不断破裂、更新，形成“液包气”传质及传热。继续增加气速(超越图中 B 点，称溅沫点)，泡沫层破裂，产生大量溅沫，阻力也快速增加，便进入了溅沫区。在溅沫区仍有较高的气液传质效果，但雾沫夹带较大。

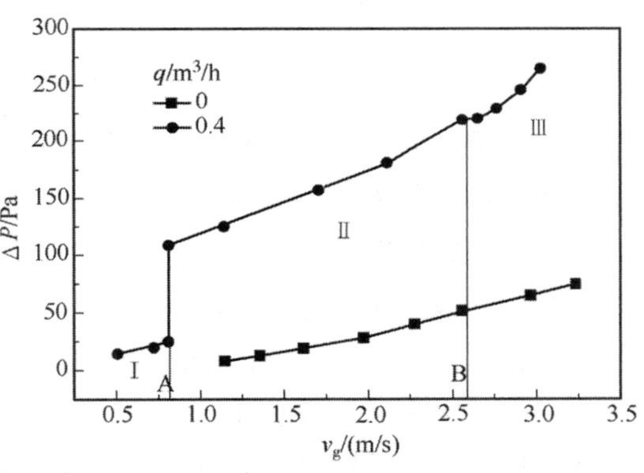

图 2　单棒层文氏棒压降曲线

由文献[10-13]可知，文氏棒压降曲线与穿流栅板塔和筛板塔有相似的变化趋势，由于文氏棒棒缝渐缩渐扩的截面，与穿流栅板、筛板相比，文氏棒塔具有较小流体阻力、较大的操作负荷。

3　双棒层文氏棒喷淋塔的压降特性

文氏棒喷淋塔较传统喷淋塔建立起的泡沫层大幅的提升了传质效果，但为了进一步提高传质效率，延长气液传质时间，本实验采取双棒层文氏棒，双棒层文氏棒间距[14]为 110mm，双棒层文氏棒互相配合、协同作用，大大增加气液传质面积，对传质效果进一步改善。考察的组合方式包括双棒层文氏棒的空隙率组合方式、间隙布置方式。

3.1 双棒层文氏棒空隙率的组合方式

图3为双棒层文氏棒在不同空隙率组合方式时 $\Delta P-v_g$ 曲线。由图3可知，1#棒层在上层，2#棒层在下层时压降稍大，这是由于气体经过下层空隙率小的文氏棒后，对气体的均布作用更好，气相负荷大，故压降会更大，即空隙率较大的在上层时气体均布效果好，压降大。双层文氏棒拦液点先出现在下层文氏棒，而液泛点先出现在上层文氏棒。间距为110mm时，下层先出现“拦液”现象，随气速增大，上层逐渐出现泡沫层，上下层文氏棒具有不同步性。

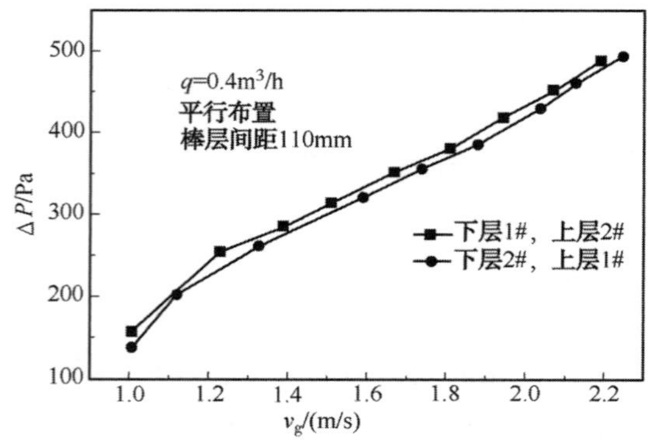

图3 双棒层文氏棒空隙率组合方式对棒层压降影响

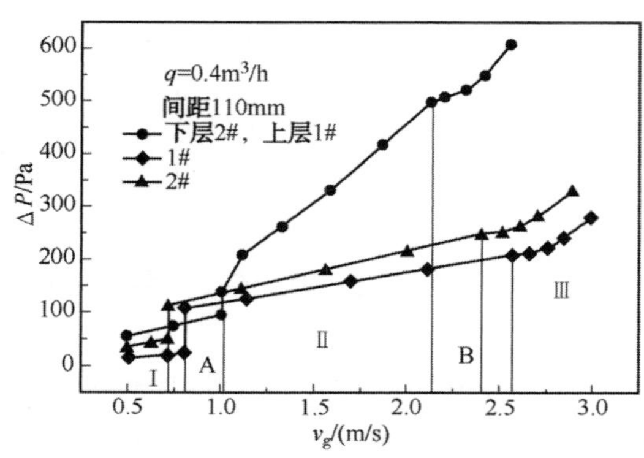

图4 单、双棒层文氏棒棒层压降曲线

图4为单、双棒层文氏棒的棒层压降曲线。由图4可知，双棒层文氏棒比单棒层文氏棒棒层压降增加一倍左右。可定义双棒层文氏棒的下层文氏棒拦液点(双棒层文氏棒的拦液点)与上层文氏棒溅沫点(双棒层文氏棒的溅沫点)的气速比值为双层文氏棒的弹性系数 f_d。图4中1#、2#文氏棒对应的弹性系数 f 分别为3.12、3.54。图3中双棒层文氏棒的弹性系数 f_d 分别为2.14、2.19，f_d 的变化量为0.05较 f_d 的绝对值很小，故空隙率组合方式对双棒层文氏棒气相负荷无显著影响，由于 $f_d<f$，可知双棒层文氏棒的稳定操作范围更小。原因是同一塔截面气速下，双棒层文氏棒比单棒层文氏棒对气液两相的扰动大，双层文氏棒上湍动更剧烈，当湍动程度达到一个某个点就会发生“溅沫”现象，从而进入溅沫区，所以双棒层文氏棒在相对较小的气速下达到溅沫点。

3.2 双棒层文氏棒棒缝布置方式

图5、图6分别为双棒层文氏棒棒缝布置方式示意图及不同的棒缝布置方式时 $\Delta P-v_g$ 曲线。由图6知，不同棒缝布置方式其压降相差不多，相差20~30Pa左右，垂直方式压降略低，这是由于当文氏棒棒缝平行时，上下两层文氏棒的棒径不同，就造成了上下层的棒径与棒缝交错对应，气体通过棒缝的路径弯曲延长，利于气体均布，使气相负荷增大，因此平行布置时较垂直布置压降稍大。与单棒层文氏棒相比，双棒层文氏棒的下限气速要比其中任意两个文氏棒在单个状态下稍大，而上限气速要比两个文氏棒在单个状态下小的多；垂直和平

行布置方式的弹性系数f_d分别为2.23、2.11，即不同的文氏棒棒缝布置方式对双层文氏棒极限气速影响很小。

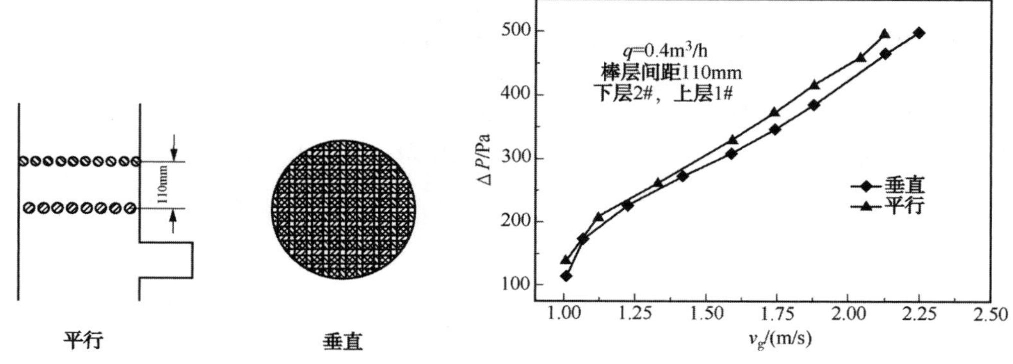

图5 双棒层文氏棒棒缝布置方式　　图6 双棒层文氏棒棒缝布置方式对棒层压降影响

4 结论

（1）通过实验发现文氏棒流体力学状态和穿流栅板流体力学状态相似，主要包括三个区域：润湿区，泡沫区，溅沫区；但文氏棒塔的阻力低、操作弹性范围宽。

（2）与单棒层文氏棒相比，双棒层文氏棒棒层压降大约增加一倍，双层文氏棒空隙率组合方式、棒缝布置方式对压降影响不大。

（3）双棒层文氏棒的下限气速较单棒层文氏棒略大，上限气速较单棒层文氏棒有较大幅度的减小。双棒层文氏棒的组合方式对双棒层文氏棒下限气速影响很小，即对气相负荷无显著影响。

参 考 文 献

[1] 孙锦余，陈亮．喷淋塔、鼓泡塔烟气脱硫技术的比较[J]．广东电力，2009，22(11)：50-53.

[2] 王丽丽，李定龙，林海鹏．喷淋塔的流体力学特性与脱硫特性研究[J]．工业安全与环保，2008，34(9)：37-39.

[3] 孙国刚，张玉明，黄雪峰，等．一种双循环文氏棒塔烟气除尘脱硫系统[P]，中国专利：103908879A，2014-07-09.

[4] 孙国刚，王晓晗，王新成，等．烟气脱硫除尘的新解决方案——文氏棒塔洗涤技术[J]．炼油技术与工程，2015，45(4)：20-23.

[5] 孙国刚，张玉明，朱哲，等．一种非均匀棒距的文丘里棒层[P]，中国专利：103908855A，2014-07-09.

[6] Zhongwei Sun，Shengwei Wang，Qulan Zhou，et al. Experimental study on desulfurization efficiency and gas-liquid mass transferin a new liquid-screen desulfurization system[J]. Applied Energy，2010，87：1505-1512.

[7] 潘利祥，孙国刚．液柱脱硫塔流动特性的实验研究[J]．煤炭转化，2004，27(3)：64-67.

[8] 潘利祥，孙国刚．液柱脱硫塔压力特性研究[J]．化学工程，2006，34(6)：12-16.

[9] 蔡战胜，等．文氏棒塔湿法烟气脱硫技术及其工业应用[J]．石油化工安全环保技术，2015，31(2)：61-64.

[10] 赵文凯，匡国柱，于士君．穿流栅板塔冷模实验[J]．沈阳工业大学学报，2008，30(3)：356-360.
[11] 郭英锋，刘辉，陈标华，等．大型筛板塔上两相湍流的数值模拟[J]．北京化工大学学报，2014，31(1)：1-5.
[12] 冯朴荪，张盛广，张诗，等．无溢流式管状栅板塔的流体力学与传热性能[J]．大连工学院学刊，1959(9)：33-45.
[13] 吴鹤峰，卜广琳．管栅塔板的流体力学和传质性能初试[J]．化学工程，1986(1)：16-24.
[14] 张桂昭，洪大章，蒋述曾，等．非均匀开孔率穿流塔的设计[J]．化工设计，1997(2)：7-11.

提升管不同预提升结构内气固两相流的压力脉动特性的实验研究

周发戚[1]，陈勇[1,2]，曹晓阳[1]，孙国刚[1]，魏耀东[1]，严超宇[1]

（1. 中国石油大学(北京)化工学院，北京 102249；
2. 浙江海洋学院石化与能源学院，浙江舟山 316000）

摘 要 在循环流化床装置上，使用FCC催化剂颗粒，实验测量了提升管反应器传统Y型预提升结构和实验室自行开发的新型预提升结构内气固两相流的压力脉动信号，并利用标准差系数和功率谱密度等方法分析了两种结构内压力脉动特性。结果表明，同一预提升器结构下，气固提升管入口处各点的压力脉动是相似的。相较于Y型预提升结构，新型预提升结构各测压点的压力脉动标准差系数较小，压力脉动强度较弱，流动相对更为稳定。压力信号的功率谱分析可知，新型预提升结构内只产生一个压力脉动主频，并传递进入提升管内，削弱了由传统Y型预提升结构内产生的颗粒沿斜管波动进料对提升管内气固两相流的影响，使得提升管内气固相波动较少，流动更为平稳。

关键词 提升管 Y型预提升结构 新型预提升结构 压力脉动

目前，工业中提升管反应器底部普遍采用单侧进料的Y型预提升结构。相关研究[1-3]表明，传统Y型预提升结构存在以下缺点：①预提升段内催化剂颗粒径向偏流严重；②催化剂颗粒在轴向易形成“S”型运动，加剧提升管下部区域边壁效应所造成的径向分布不均；③催化剂流动存在周期性波动，催化剂循环强度偏低，再生斜管振动大。这些缺点不仅影响着油剂的接触、混合以及产品的分布，还会影响装置的平稳运行。

为解决上述问题，许多学者对传统Y型预提升结构进行了研究与改进。Van der Meer[4]和Schut[5]为改变催化剂入口方式，开发了一种流化床与提升管耦合的预提升器。一些学者通过改变提升管底部入口结构的流通面积，改善了催化剂径向分布，强化了气固接触效率，如渐缩渐扩式[6,7]、二次提升气式[8,9]、变径式[10-13]。还有一些研究者[14-18]通过在扩径式入口结构增加内构件，以解决催化剂径向分布不均匀的问题。陈志伟[19]在文献[14]提出的结构的基础上增加了补气装置，通过补气来遏制边壁区颗粒的“贴壁效应”。甘洁清[20]提出了多流型新型预提升结构，该预提升结构内可同时存在多种流型，使催化剂分布较为均匀，提高催化剂循环量。

但是，上述对于提升管预提升结构的研究和改进都是围绕着静态流动参数进行的，对于提升管而言，气固之间表现出压力、浓度、温度等不同形式的脉动，具有很强的流动瞬变性。这种瞬态特性可以通过分析不同类型脉动信号进行描述，但对于提升管预提升结构内气固两相流的动态参数的研究未见报道。为此，本文在循环流化床装置上，以FCC催化剂颗粒为物料，对提升管两种不同结构的预提升器内的压力脉动进行实验测量，考察两种预提升结构内部气固两相流的压力脉动特性，提高对提升管入口结构内部气固两相流动态特性的认识，以期为工程设计和装置长周期平稳生产提供基础数据。

1 试验装置及试验方法

1.1 试验装置

提升管入口结构采用实验室自行开发的新型预提升器(已在牡丹江炼厂投产使用)，具体结构尺寸如图1所示。为对比分析新型预提升结构和传统的Y型预提升结构气固两相流的流动特性差异，采用与新型预提升器相同斜直管径比的Y型预提升器结构装置进行对比实验，即新型预提升器斜管直径/提升管直径为200mm/200mm，Y型预提升器斜管直径/提升管直径为90mm/90mm，Y型预提升器结构装置如图2所示。

实验所用流化气体为常温空气，由罗茨鼓风机提供，用转子流量计计量流量。实验所用FCC催化剂颗粒平均粒径约为67μm，堆积密度为940kg/m^3，颗粒密度约为1500kg/m^3。

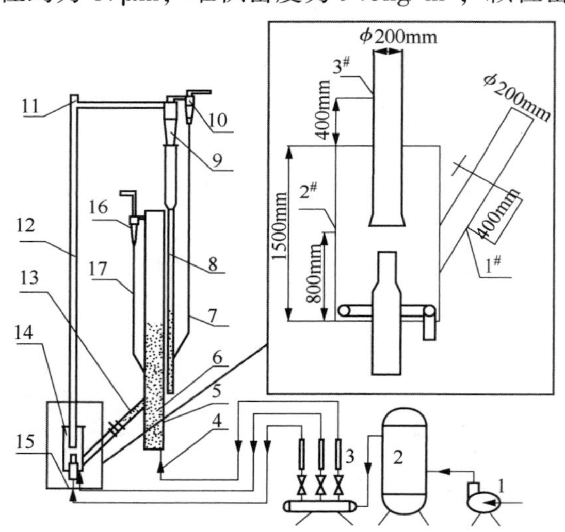

图1 新型预提升结构循环流化床装置

1—风机；2—缓冲罐；3—流量计；4—流化风；5—流化床；6—料腿；7—立管；8—插板阀；9，10，16—旋风分离器；11—T形弯头；12—提升管；13—斜管；14—预提升器；15—主风；17—立管

1.2 试验方法

两种预提升器结构内动态压力采用多点压力传感器测量，具体测压点布置见图1和图2。同一预提升器结构下的测压点1#、2#、3#用动态压力传感器同时测量其压力脉动。动态压力传感器的量程为0~0.01MPa，灵敏度25Pa/mV，采样频率500Hz，采样时间60s。颗粒质量流率由阀8进行计量，由返料斜管13上的蝶阀调节。实验中，提升管的颗粒质量流率G_s范围为0~118.2kg/(m^2·s)。

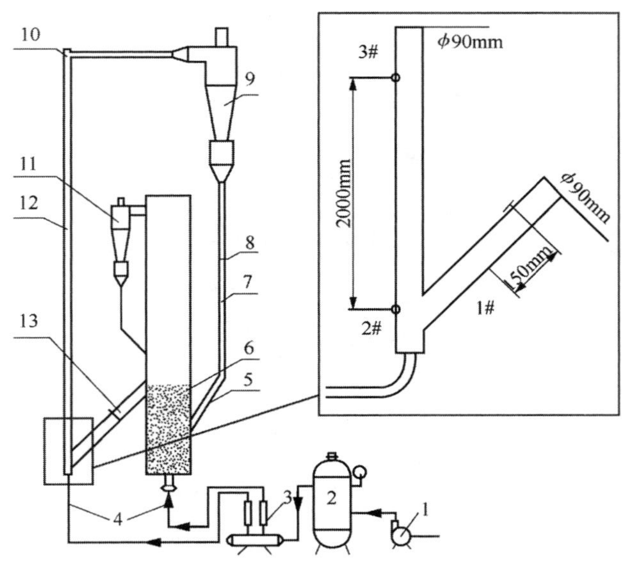

图 2　Y 型预提升结构循环流化床装置

1—风机；2—缓冲罐；3—流量计；4—流化风；5—料腿；6—流化床；7—立管；8—闸阀；9，11—旋风分离器；10—T 形弯头；12—提升管；13—斜管

2　结果讨论

2.1　压力脉动对比分析

为消除实验中噪声及其他干扰的影响，对所测压力信号采用傅里叶滤波处理，将大于 20Hz 的频率成分滤除。为对比分析新型预提升结构和传统 Y 型预提升结构气固两相流压力脉动，将采集到的压力信号进行无量纲处理，得到无量纲压力($P_i/\bar{P}$)关于时间 t 的变化曲线，如图 3 和图 4 所示。

图 3 为提升管表观气速 U_g 为 7.2m/s 时，颗粒质量流率为 5.8kg/(m^2·s)，48.6kg/(m^2·s)和 95.5kg/(m^2·s)条件下，提升管 Y 型预提升结构测压点 1#、2#、3#的无量纲压力脉动曲线。由图中可以看出，不同颗粒质量流率下各测压点的压力脉动曲线呈锯齿形状，且各点的压力脉动是相似的。图 4 为提升管表观气速为 7.2m/s 时，颗粒质量流率为 0kg/(m^2·s)，46.3kg/(m^2·s)和 103.9kg/(m^2·s)条件下，提升管新型预提升结构测压点 1#、2#、3#的无量纲压力脉动曲线。由图中可以看出，不同颗粒质量流率下各测压点的压力脉动也是相似的。对比图 3 可知，新型预提升结构各点的无量纲压力脉动的幅值波动小于 Y 型预提升结构，脉动强度相对较弱。

2.2　标准偏差系数对比分析

压力信号的标准差系数[21,22](coefficient of variation，CV)是信号处理的常用方法，不仅能定量地反映出脉动的强度，还可以简单有效地用来比较不同工况流动过程的相对稳定性，即

$$CV=\frac{压力信号标准差}{压力信号平均值} \tag{1}$$

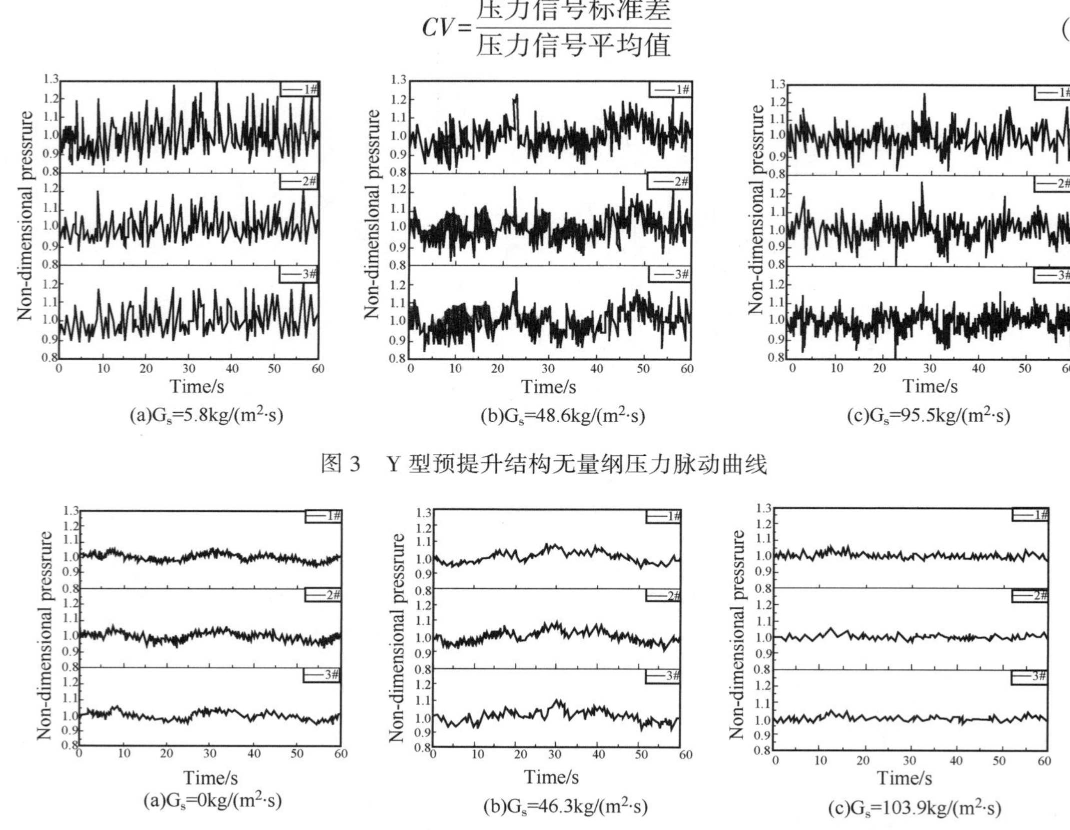

(a)G_s=5.8kg/(m²·s) (b)G_s=48.6kg/(m²·s) (c)G_s=95.5kg/(m²·s)

图 3 Y 型预提升结构无量纲压力脉动曲线

(a)G_s=0kg/(m²·s) (b)G_s=46.3kg/(m²·s) (c)G_s=103.9kg/(m²·s)

图 4 新型预提升结构无量纲压力脉动曲线

图 5 为不同颗粒质量流率下，传统 Y 型预提升结构和新型预提升结构内各测压点的压力信号标准差系数。由图 5(a)中可以看出，提升管表观气速为 7.2m/s，不同颗粒质量流率条件下，Y 型预提升结构测压点 1#、2#、3#的压力脉动标准差系数都在 0.05~0.07 范围内，且随着颗粒质量流率的增加，标准偏差系数变化不大。这说明，在提升管 Y 型入口结构中，各点的压力脉动强度和流动相对稳定性受颗粒质量流率影响不大，主要与结构本身密切相关。

图 5(b)所示为新型预提升结构各测压点的压力脉动标准差系数随颗粒质量流率的变化。由图中可以看出，随着颗粒质量流率的增加，测压点 1#、2#、3#的压力脉动标准差系数是逐渐增大的。这说明，新型入口结构内部压力脉动的标准差系数受颗粒量的影响较大，随着颗粒量的增加，压力脉动强度增大，流动相对不稳定性增加。从图中还可以看出，在同一颗粒质量流率下，各测压点的标准差系数大小相当。

对比图 5(a)和(b)还可以看出，新型预提升结构各测压点的压力脉动标准差系数(0.012-0.036)小于 Y 型入口结构(0.052-0.07)。这说明，改进的提升管新型入口结构内的压力脉动强度相对较弱，流体流动相对稳定性较高，有利于装置的长周期平稳运行。这是因为，新型预提升结构存在一较大的缓冲空间，不仅使得进入提升管中的催化剂颗粒浓度和速度得以重新分配，而且减弱了气固流动的波动性，使流动更为平缓。

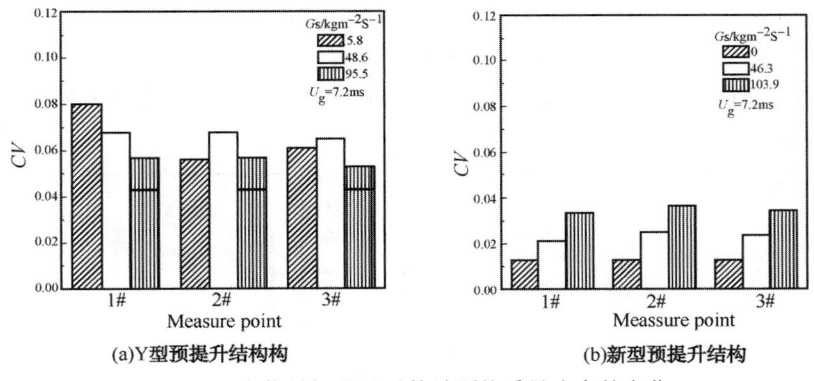

图 5　压力信号标准差系数随颗粒质量流率的变化

2.3　功率谱密度分析

功率谱密度(PSD)可以用来表征压力信号的能量在频域上的分布，是认识气固两相流瞬态信号的有效方法[23-24]。对实验中采集的压力信号进行功率谱分析得到如图 6 所示的功率谱密度图，图中横坐标表示压力脉动的各种频率，纵坐标为各种脉动频率所具有的相对能量，能量最大点对应的频率称为主频，表示此时压力脉动由该频率起主导作用。

图 6(a)、(b)分别为表观气速为 7.2m·s^{-1}，颗粒质量流率为 48.6kg·m^{-2}·s^{-1}和 95.5kg·m^{-2}·s^{-1}下提升管 Y 型预提升结构各测压点的功率谱密度图。由图 6(a)、(b)中可以看出，压力脉动能量存在 2 个峰值，对应着 2 个频率，分别为主频 0.13~0.16Hz 和次频 1.5~1.6Hz。随着颗粒量的增加，主频和次频能量均增加，而且，主频能量增加的幅度大于次频能量。

由图 6(a)、(b)中还可以看出，对于不同颗粒质量流率，压力脉动主频的能量始终在测压点 2#最高，即进料入口处。这是因为，相较于测压点 1#和 3#，在测压点 2#处，沿斜管进入提升管的颗粒与提升管内上行气体相遇，气体与颗粒、颗粒与颗粒之间的碰撞和动量交换最为剧烈，脉动能量较大。同样，对于不同颗粒质量流率，压力脉动次频的能量始终在测压点 1#最大，即斜管蝶阀下方。这是因为，颗粒沿斜管进入提升管的过程中，始终受到蝶阀的阻挡作用，造成斜管颗粒周期波动下料，具有较高的脉动能量，严重时还会造成再生斜管的振动。

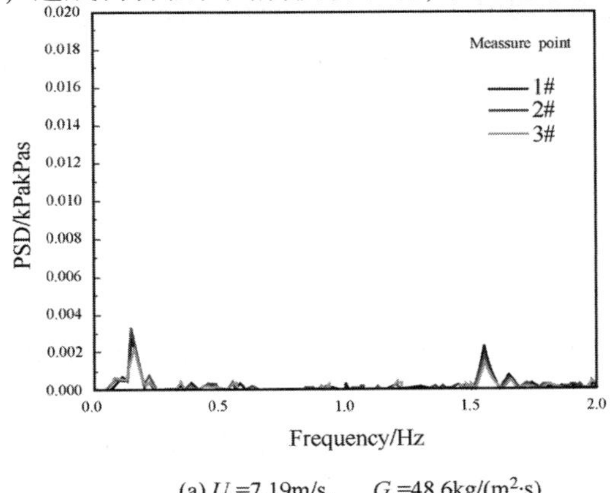

(a) U_g=7.19m/s,　G_s=48.6kg/(m^2·s)

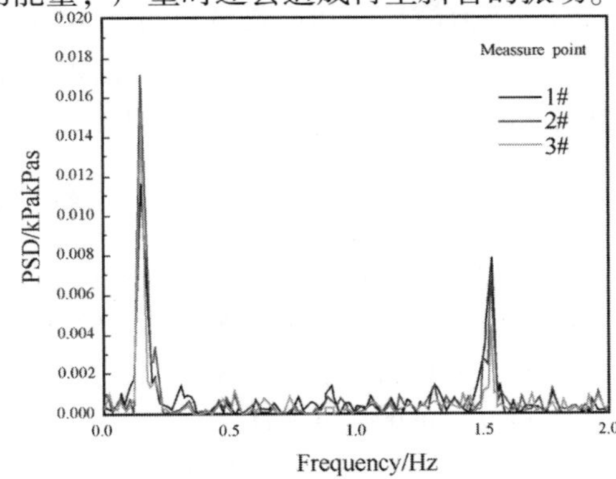

(b) U_g=7.19m/s,　G_s=95.5kg/(m^2·s)

图 6　Y 型入口结构各点功率谱密度

图 7(a)、(b)分别为表观气速为 7.2m/s，颗粒质量流率为 46.3kg/(m^2·s)、102.3kg/(m^2·s)条件下提升管新型预提升结构各测压点的功率谱密度图。由图中可以看出，测压点 1#、2#、3#都只存在一个压力脉动主频，主频为 0.1~0.15Hz。且随着颗粒质量流率的增加，主频能量增加。

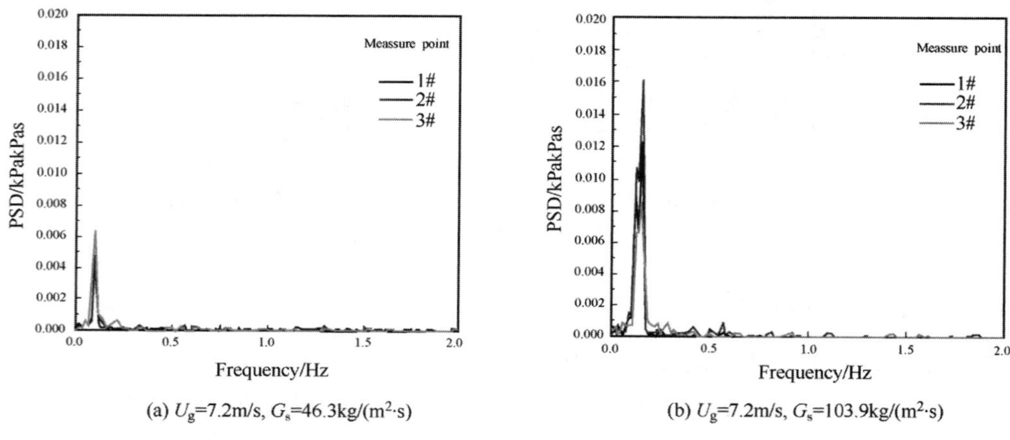

(a) U_g=7.2m/s, G_s=46.3kg/(m^2·s)　(b) U_g=7.2m/s, G_s=103.9kg/(m^2·s)

图 7　新型入口结构各点功率谱密度

对比图 6 和 7 可以看出，传统 Y 型预提升结构内产生 2 个主要的脉动(主频和次频)，均传递进入提升管，对提升管内气固两相流动造成影响。新型预提升结构内只产生一个压力脉动主频，并传递进入提升管内。

4　结论

本文实验测量了提升管反应器传统 Y 型预提升结构和实验室自行开发的新型预提升结构内气固两相流的压力脉动信号，并分析了两种结构内压力脉动特性，得出以下结论：

(1) 同一预提升器结构下，气固提升管入口处各点的压力脉动是相似的。

(2) 相较于 Y 型预提升结构，新型预提升结构各测压点的压力脉动标准差系数较小，压力脉动强度较弱，流动相对更为稳定。

(3) 压力信号的功率谱分析可知，新型预提升结构内只产生一个压力脉动主频，并传递进入提升管内，削弱了由传统 Y 型预提升结构内产生的颗粒沿斜管波动进料对提升管内气固两相流的影响，使得提升管内气固相波动较少，流动更为平稳。

参考文献

[1] Fan Y, Ye S, Chao Z, et al. Gas-solid two-phase flow in FCC riser. American Institute of Chemical Engineers [J]. AIChE Journal, 2002, 48(9): 1869-1887.

[2] 范怡平，晁忠喜，卢春喜，等．催化裂化提升管预提升段气固两相流动特性的研究[J]．石油炼制与化工，1999，30(09)：43-47.

[3] 范怡平，卢春喜，时铭显．提升管预提升段内颗粒径向密度分布的特点[J]．石油炼制与化工，1999，30(11)：56-59.

[4] van der Meer E H, Thorpe R B, Davidson J F. Flow patterns in the square cross-section riser of acirculating flui-

dised bed and the effect of riser exit design[J]. Chemical Engineering Science，2000，55(19)：4079-4099.
[5] Schut S B，van der Meer E H，Davidson J F，et al. Gas-solids flow in the diffuser of a circulating fluidised bed riser[J]. Powder Technology，2000，111(1)：94-103.
[6] 别如山，杨励丹，李静海．渐缩渐扩管内径向颗粒浓度不均匀性的实验研究[J]. 化学反应工程与工艺，1996，12(01)：106-109.
[7] 李松年，汪燮卿，钟孝湘，等．一种用于流化催化转化的提升管反应器：中国，CN98125665.1，2002.
[8] 郑茂军，侯栓弟，钟孝湘，等．两种提升管反应器中颗粒速度分布的测定[J]. 石油炼制与化工，2000，31(02)：45-51.
[9] 宫海峰，杨朝合，徐令宝，等．多层进气变径提升管内颗粒固含率分布研究[J]. 当代化工．2011(01)：41-44.
[10] Zhu X，Yang C，Li C，et al. Comparative study of gas-solids flow patterns inside novel multi-regime riser and conventional riser[J]. Chemical Engineering Journal，2013，215-216：188-201.
[11] Zhu X，Li C，Yang C，et al. Gas-solids flow structure and prediction of solids concentration distribution inside a novel multi-regime riser[J]. Chemical Engineering Journal，2013，232：290-301.
[12] Zhu X，Geng Q，Wang G，et al. Hydrodynamics and catalytic reaction inside a novel multi-regime riser[J]. Chemical Engineering Journal，2014，246：150-159.
[13] Geng Q，Zhu X，Yang J，et al. Flow regime identification in a novel circulating-turbulent fluidized bed[J]. Chemical Engineering Journal，2014，244：493-504.
[14] 刘献玲，雷世远，陈志，等．新型预提升器在催化裂化装置上的工业应用[J]. 石油炼制与化工，2001，32(03)：5-7.
[15] 马达，霍拥军，王文婷．催化裂化反应提升管新型预提升段的工业应用[J]. 炼油设计，2000，30(06)：24-26.
[16] 冯伟，徐秀兵，刘翠云等．新型预提升技术研究[J]. 河南大学学报(自然科学版)，2001，31(04)：51-55.
[17] 刘翠云，冯伟，张玉清等．FCC 提升管反应器新型预提升结构开发[J]. 炼油技术与工程，2007，37(09)：24-27.
[18] 厉勇．催化裂化装置重油提升管预提升段的应用效果[J]. 化学工业与工程技术，2011，32(01)：46-49.
[19] 陈志伟，罗保林，冯伟等．管型结构对提升管流动特性的影响．过程工程学报，2002，2(06)：485-490.
[20] 甘洁清，赵辉，李春义等．多流型新型提升管冷模实验研究[J]. 石油学报(石油加工)，2012，28(02)：188-194.
[21] Tomita Y，Asou H. Low-velocity pneumatic conveying of coarse particles in a horizontal pipe[J]. Powder Technology，2009，196(1)：14-21.
[22] 谢锴，郭晓镭，丛星亮等．工业级水平管粉煤气力输送的最小压降速度和稳定性[J]. 化工学报，2013，64(6)：1969-1975.
[23] Lu Huilin，Dimitri Gidaspow，Jacques Bouillard. Chaotic behavior of local temperature fluctuations in a laboratory-scale circulating fluidized bed [J]. Powder Technology，2002，123(1)：59-68.
[24] 胡小康，刘小成，徐俊，等．循环流化床提升管内压力脉动特性[J]. 化工学报，2010，61(4)：825-831.

气体分馏装置应用高效新型塔盘及新技术的优化改造

高　健，张　兵

（中国石油大庆石化公司炼油厂重油催化一车间，黑龙江大庆　163711）

摘　要　介绍了炼油厂气体分馏装置扩能改造和能量优化的情况。工业实施表明，通过更换高效塔盘、降液管等塔内件的方式，能够提高装置处理量，保证产品质量合格；同时利用催化装置顶循环油作脱丙烷塔热源，停止使用 1.0MPa 蒸汽对热水进行加热，装置综合能耗大幅降低。

关键词　气体分馏　催化裂化　处理量　能耗　优化

炼油厂内，气体分馏装置一般是催化裂化装置的配套。近年来由于汽油品质升级的要求，我国大量的催化裂化装置进行升级改造，气体产量增大，这就要求其配套的气体分馏装置也要进行相对应的扩能改造。同时，在能源危机日益严重的形势下，节能降耗、综合利用已经成为炼化企业的工作重点，这还要求气体分馏装置在扩能改造的同时，进一步降低装置能耗。本文提出更换高效塔盘、优化供热流程等，以增大装置处理量，提高能源利用率。

1　改进依据

中国石油大庆石化公司二套气体分馏装置建于 1992 年，原设计规模为 11.5×10^4t/a，2004 年大庆石油化工设计院对装置进行了丙烯塔改造，改造后装置处理能力为 12.7×10^4t/a。2009 年一套催化裂化装置进行 MIP 技术改造后，液化气年产量增加到 17×10^4t/a，因此二套气体分馏装置必须进行适应性配套改造，提高装置的处理能力。

气体分馏装置温度较低，且本身的热源不能满足装置的需要，是很好的低温热阱；而催化裂化装置温度较高，有足够的低温热可以输出，在大系统范围内进行热匹配，也就是通常所说的热联合，使这些热阱充分利用低温余热源，实现优化匹配[1]。二套气体分馏装置热源流程设计不合理，不仅催化装置的低温热不能充分利用，而且气分装置消耗大量 1.0MPa 蒸汽。因此，必须对二套气体分馏装置的热源进行改造，运用三环节过程能量结构理论[2]进行能量综合优化，进一步完善催化气分装置热联合，降低二套气体分馏装置能耗。

2　改造的技术特点

（1）一套催化裂化装置应用 MIP 技术改造后，二套气体分馏装置原料量大幅增加。为了降低改造费用，本次改造没有更换塔体。装置在不改变塔径和管口方位的情况下，保证原有产品质量，并提高处理量超过 30%。

除对丙烯塔配套部分设备、仪表管道及阀门进行更换外，还采用复合孔微型阀高效塔板更换原塔板，塔板采用双溢流结构。

这是一种采用以多个半圆孔光滑连接的曲线为周边的微型浮阀作为基本汽液接触单元的高效精馏塔板。具有复合孔周边的微型阀可以有效地将一个阀孔流出的气体分为多股细小的气流，从而大大增加汽液接触面积，提高塔板的传质效率和流通能力。该塔板具有分离效率高、流通能力大，雾沫夹带少，压降低等特点，对产品精度、节能降耗等方面有明显的提高。

除复合孔微型阀外，本高效塔板还采用底部多折边的倾斜式降液管以增加塔板鼓泡面积，改造时将：将现有降液管下部挖去一部分，上部仍旧保留，将折弯的降液管直接焊接在保留的降液管之上，形成一种多折边倾斜降液管(见图 1)，解决普通降液管的液体流动死区问题，消除气体流动的不均匀性，提高传质效率。降液管出口处安置三角形鼓泡促进器以加快气体与刚刚流出降液管的液体的混合。该降液管具有流通能力大，节约塔盘活性面积、改善液体分布效果等特点。

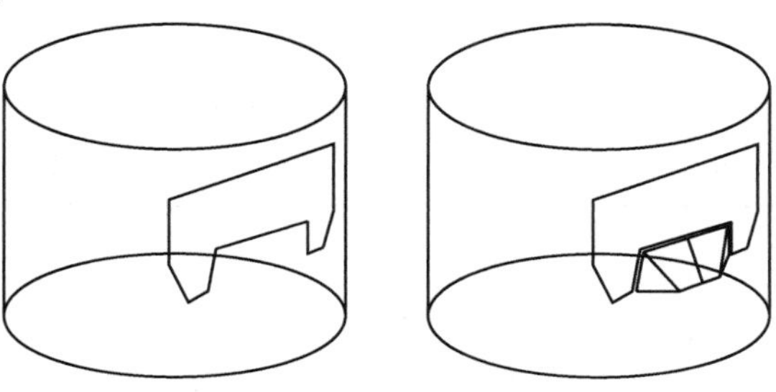

图 1　降液管改造示意图

(2) 脱丙烷塔重沸器改用催化裂化顶循环油作为热源；脱乙烷塔、丙烯塔重沸器采用催化装置直接来的热水(见图 2)。重沸器热源原来均使用经过 1.0MPa 蒸汽加热的催化装置热水。

(3) 装置现有的脱乙烷塔顶不凝气排至燃料气管网，其中 70%以上组分是 C_3，其余的才是 C_2，这样就造成了高附加值产品 C_3的浪费。改造时增加由脱乙烷塔回流罐至催化裂化装置气压机出口油气分离罐的流程(见图 3)，当脱乙烷塔顶需要排放不凝气时，能够实现 C_3的回收。

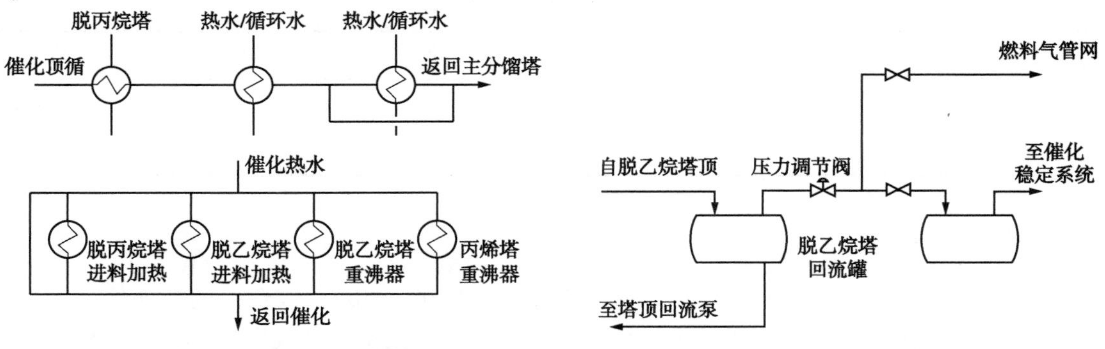

图 2　气分装置利用催化装置外供热流程

图 3　改造后脱乙烷塔顶流程

(4) 增设原料-碳四碳五换热器，充分回收热量，减少热水和循环水消耗。

(5) 丙烯塔底增设一台丙烯塔釜罐，与丙烯塔塔釜并联，从而保证丙烯塔底液体停留时间在 3 分钟以上，达到防止丙烯塔中间泵抽空的目的。

3 装置运行状况分析

本次二套气分装置改造和一套催化装置 MIP 改造同步进行，开工一次成功，运行安全平稳。

3.1 物料平衡

装置优化改造前后的处理量分别为 12.82×10^4t/a 和 17.23×10^4t/a(见表1)，改造后的处理量达到了设计值 17.07×10^4t/a。

表1 装置改造前后的物料平衡

项 目	改造前	改造后	项 目	改造前	改造后
液化气原料/(kg/h)	16022	21540	碳四产品/(kg/h)	10315	13687
精丙烯产品/(kg/h)	4468	6008	燃料气产品/(kg/h)	83	62
丙烷产品/(kg/h)	1156	1783			

3.2 产品质量

气分装置产品质量主要考察 C_3H_6 和 C_3H_8，优化改造后 C_3H_6 纯度为 99.85%，比设计值高 0.33%；C_3H_8 纯度 93.45%，比设计高 0.18%(见表2、表3)。装置处理量大幅提高的同时，产品质量能够满足工艺要求。

表2 丙烯塔底组成分析

项 目	设计值	改造后	项 目	设计值	改造后
C_3H_6/%	4.09	3.85	C_4/%	3.64	2.70
C_3H_8/%	92.27	93.45			

表3 丙烯塔顶组成分析

项 目	设计值	改造后	项 目	设计值	改造后
C_2/%	0.04	—	C_3H_8/%	0.44	0.15
C_3H_6/%	99.52	99.85			

3.3 能耗

装置优化改造前后的能耗分别为 4303.7MJ/t 和 1634.4MJ/t，改造后的能耗低于设计值 1639.0MJ/t(见表4)。这其中的主要原因，一是脱丙烷塔底重沸器改用重油催化裂化装置顶循环油作为热源；二是优化热水流程，避免了用蒸汽加热热水带来的能源消耗，使装置正常生产时，彻底不使用蒸汽。

表 4 装置改造前后的能耗

项　　目	改造前	改造后	项　　目	改造前	改造后
循环水/(MJ/t)	174.3	106.2	催化热水/(MJ/t)	2353.8	1312.5
电/(MJ/t)	242.4	104.5	顶循环油/(MJ/t)	—	111.2
1.0MPa 蒸汽/(MJ/t)	1533.2	—	合计/(MJ/t)	4303.7	1634.4

4 结论

通过更换新技术塔盘，装置处理能力大幅提升，并能保证产品质量合格；同时，装置综合能耗大大降低，取消了气分装置能级高的蒸汽热源，使炼厂热能的梯级利用更趋合理。装置改造后，有着的经济效益和社会效益。

参 考 文 献

[1] 曾敏刚，华贲，尹清华，等．催化裂化-气体分馏热联合装置的能量优化方案[J]．石油炼制与化工，2000，31(11)：30-33.

[2] 华贲．工艺过程用能分析及综合[M]．北京：中国石化出版社，1989.

提高工业燃料油品质的研究

林志强

（中海石油宁波大榭石化有限公司生产运行一部，浙江宁波　315812）

摘　要　大榭石化 225 万 t/a 沥青装置，由于加工原油品种多，原油性质差别大，生产负荷调整频繁等多方面原因，使常压系统侧线存在带水现象，使装置工业燃料油外观出现浑浊，影响产品质量。本文通过对引起该现象进行分析研究、从原因分析查找到工艺摸索，通过生产工艺调整操作，目前装置工业燃料油品质有明显的改善。

关键词　工业浑浊　常顶回炼

1　前言

大榭石化 225 万 t/a 沥青装置，由于加工原油品种多，原油性质差别大，生产负荷调整频繁，装置设计时将原油闪蒸塔的闪顶油气、水蒸汽由常二中进常压塔，部分水分子随常一、常二馏出进入产品导致工业燃料油浑浊。对此，为改善工业燃料油外观，提高产品品质，通过分析、生产操作优化，目前已明显改善了工业燃料油品质。

2　存在的问题及原因分析

2.1　存在的问题

装置在加工秦皇岛 32-6 原油期间，常压塔上部负荷偏低，大量的汽提水蒸汽上升至常压塔上部就被迅速冷凝，导致常顶循、常一中循环带水，使工业燃料油出现浑浊的现象，影响工业燃料油品质。

2.2　原料因素

装置设计原油为曹妃甸原油，常压塔各段组分相对均匀。由于目前加工原油品种较多，特别是以加工海洋重质原油为主，常压上部组分收率少，其中加工秦皇岛 32-6 原油时常顶收率仅为 0.8%，常压塔上部负荷极低，水蒸汽上升时被塔板上下降的液相回流冷凝，造成常一中、常顶循、常一、常二系统出现明显带水现象。

装置经常加工流花等劣质原油，造成电脱盐效率降低，脱后原油进入闪蒸塔后，原油中部分杂质随水蒸汽一同进入常压塔，在塔盘上聚结，同时少量的杂质被带入产品，降低了产品品质。

2.3 操作负荷因素

装置按600万t/a进行设计，折合约715t/h，而装置实际加工负荷相对较低，在420~600t/h不等，基本在60%~80%之间运行。

2.4 生产因素影响

受常顶油干点指标限制原因，塔顶温度控制较低，水蒸汽在塔内被冷凝，无法蒸出塔外，促使塔内带水运行，水分子随侧线油品抽出，从而造成常压侧线带水乳化。

3 主要原因分析

通过对上述三方面原因进行分析总结，认为导致工业燃料油浑浊，产品品质差的主要原因是：受原油性质变化、常顶油干点指标控制等因素影响，引起常压塔上部负荷较低，原油闪蒸塔挥发进入常压塔的水蒸汽上升到常压塔上部时，被塔内液相回流迅速冷凝，导致常压塔带水运行，使部分水分子进入常一、常二侧线后被拔出，而常一、常二、常三混合作为工业燃料油时，故出现工业燃料油浑浊的现象。

4 摸索调整

为改善工业燃料油带水引起的外观浑浊、影响品质的现象，通过对引起该现象的原因进行分析后，针对不同原因采取不同的调整措施。

4.1 提高化轻干点控制指标

装置在加工QHD32-6原油时，由于常顶油收率低(0.8%)，在生产时提高干点控制指标，产品进轻污罐，可有效提高常顶温度，有利于水蒸汽挥发。通过摸索，在装置加工QHD32-6原油期间，常顶油干点按≯210℃进行控制，常顶油改进轻污罐。经调整，常顶顶温度由107℃提高到了117℃，提高了近10℃。通过观察，常一、常二带水情况有所好转，但观察常顶循仍存在带水循环现象。

4.2 优化常压塔中段回流取热

提高常压塔上部负荷，能有效的降低塔内存水现象，故在操作中通过降低常二中、常一中回流取热，使常压塔负荷上移，促进常压塔操作平衡。

4.3 生产优化操作

根据实际操作需要，优化生产流程和操作方案调整，促使常压稳定操作，主要采取：

(1) 通过将轻污油回炼装置常一中，进而提高常压塔负荷。因常一中返回温度较低，通过此举，常压塔内仍存在水蒸汽被冷凝带水的情况。

(2) 通过将轻污油回炼改至原油换热系统，通过操作发现，此举仍未改善常压侧线带水现象，同时使原油换热终温降低约3℃。

（3）通过将装置内常顶油在装置内部分回炼于常一中。通过跟踪发现，此举对改善工业燃料油外观有明显效果，但常顶循带水现象仍存在。

（4）通过前几次的摸索调整以及总结，在结合常顶防腐、装置能耗、产品质量等多方面因素考虑，认为在加工QHD32-6原油期间，通过：

① 停常顶循泵，为提高常一中回流温度；

② 将常顶油在装置内通过常二中回炼常压塔；

③ 常顶温度控制在115~120℃之间。

经采取上述措施后，常压塔各中段、侧线油均未出现带水现象，工业燃料油品质得到明显的改善。

5 效果检定

通过不断的摸索和优化操作，工业燃料油外观基本实现透明，同时常顶防腐效果也有很大程度的改善。

5.1 工业燃料油外观

通过采取上述措施后，工业燃料油外观透明，基本趋于稳定，油品外观变化见图1、图2。

取样口　　冷后

图1 调整操作前工业燃料油外观

取样口　　冷后

图2 优化调整后工业燃料油外观

5.2 常顶防腐

通过各项操作调整方案的实施，常顶循、常一中循环带水现象得到明显改善，促进了常顶腐蚀环境的明显改善，见表1。

表1 优化调整期间(2014年)各月常顶防腐合格率情况

月份	1月	2月	3月	4月	5月	6月	7月	8月	9月	10月
合格率	29	39.2	33.3	58.3	51.6	47.8	54.8	88.7	70	80.6

5.3 效益分析

（1）按 QHD32-6 加工时停轻污回炼泵 P162、常顶循泵 P1207。其中轻污回炼泵 P162 运行功率 7.5kW · h，常顶循泵 P1207/1 运行功率 15.8kW · h，每批次原油加工量 600t/h，每批 6 万 t 加工 100 小时计算，两项操作合计可节省用电约 2330kW · h，按每年加工 150 万 tQHD32-6 原油计算，全年可节约用电 58250kW · h。

（2）通过优化操作，工业燃料油品质得到明显改善，为公司产品市场销售提供了有利条件。

6 结论

装置在加工 QHD32-6 等类似常压塔负荷较低的原油时，常压上部中段、侧线出现不同程度的带水现象，进而影响着塔的操作和工业燃料油品质。通过对引起该现象进行分析，通过提高常顶温度、常顶油回炼常压塔、优化中段回流取热等措施，进而有效的提高了常压系统负荷，较好的改善常压塔运行工况，降低了常压各中段、侧线的带水现象，明显的提高了工业燃料油品质。

参考文献

[1] 唐孟海，胡兆灵．常减压蒸馏装置技术问答．北京：中国石化出版社，2006.

[2] 王兵．常减压蒸馏装置操作指南．北京：中国石化出版社，2006.

常减压装置加工高酸原油的应对措施

杨　威，胡林杰

（中海炼化惠州炼化分公司，惠州，516086）

摘　要　介绍了中海油惠州炼化分公司12Mt/a常减压蒸馏装置加工高酸原油的防腐工作现状，阐述了该装置在设备选材、工艺防腐及腐蚀监测等方面的应对措施，对装置防腐过程中出现的问题进行了分析并提出了进一步的改进手段。

关键词　高酸原油　常减压　工艺防腐　腐蚀监测

1　前言

随着石油资源的日益枯竭和开采深度的不断增大，大量高酸值原油被开采出来，目前世界上高酸原油的产量占总产量的5%左右，且该比例还在以每年0.3%的速度增长。与其它油种相比，高酸原油的价格普遍比较低，因此为降低成本，提升企业竞争力，加工劣质原油成为炼油企业的发展趋势[1,2]。为了配合渤海高酸重质原油的大规模开发和加工，中国海洋石油总公司依据南海石化炼油项目可行性研究，筹建并投产了该公司的首个大型炼油项目——中海石油炼化有限责任公司惠州炼化项目(以下简称惠炼)。惠炼作为100%加工高酸重质原油的大型炼油企业，拥一套12Mt/a的高酸原油常减压装置，为国内首套千万吨级高酸原油加工装置。该装置自2009年3月首次投产成功以来，运行良好，各项指标均达到设计要求。

2　惠炼加工的高酸原油的性质

2.1　惠炼加工的几种国内外典型高酸原油性质

惠炼常减压装置按照加工蓬莱19-3海洋高酸原油设计，属低硫环烷-中间基原油，其特点为高含酸、高含盐、密度大和黏度大。实际生产中，自2009年开工以来，惠炼常减压装置掺炼过十多种其它品种的原油，其中绝大部分为高酸原油，表1为几种典型的高酸原油的性质。

表1　惠炼加工的几种国内外典型高酸原油的主要性质

项　目	蓬莱	流花	杜里	达里亚	曹妃甸	文森特
密度(20℃)/(g/cm^3)	0.919	0.9258	0.929	0.9115	0.929	0.9444
API度	21.9	20.9	20.3	23.7	20.7	18.3

续表

项　目	蓬莱	流花	杜里	达里亚	曹妃甸	文森特
黏度(80℃)/(mm^2/s)	20.9	25.7	49.5	10.6	19.5	19.4
凝点/℃	-30	-30	8	-45	-18	-24
酸值/(mgKOH/g)	3.57	2.38	1.34	1.5	2.84	1.53
硫/%	0.28	0.28	0.23	0.49	0.2	0.55
氮/%	0.41	0.3	0.31	0.25	0.3	0.06
蜡含量/%	3.8	5.21	15.3	1.35	7.17	0.31
胶质+沥青质/%	17.9	15.04	20.2	11.65	14.97	9.82
镍/(μg/g)	27.27	16.8	38.5	18.7	8	<1
钒/(μg/g)	0.99	2.9	1.6	7	<1	<1
盐含量/(mgNaCl/L)	228	53.1	13	18.68	28.6	122
原油类别	环烷中间基	环烷中间基	环烷-中间基	环烷中间基	环烷中间基	中间基

由表1数据可知，这些高酸原油具有以下特点：①密度大、黏度高，沥青和胶质含量较高，多为中间基或者环烷中间基原油；②酸值高，但是硫含量相对较低；③蜡含量相对较低，凝点相对较低；④氮含量和重金属含量较高。

2.2 混合原油的性质

原油种类多，原油性质及产品分布变化大，不同种类的原油配比不仅对常减压以及后续的各个装置的生产有影响，更影响着装置防腐效果。表2列出了几种不同原油配比下的混合原油的典型性质。

表2 不同原油配比下的混合原油的典型性质

原油掺炼情况	硫含量/% ≤0.5	酸值/(mgKOH/g) ≤3.57
蓬莱70%：达里亚5%：培恩斯25%	0.33	2.47
蓬莱60%：培恩斯20%：曹妃甸20%	0.32	2.26
蓬莱75%：达里亚10%：新西江15%	0.32	2.65
蓬莱40%：巴斯洛25%：新文昌20%：新西江15%	0.27	2.3
蓬莱50%：新文昌25%：新西江25%	0.26	2.05

从表2数据可见，惠炼加工的混合原油的酸值几乎都在2mgKOH/g以上，属于高酸原油；而硫含量基本都在0.3%(m/m)左右，属于低硫原油。

3 高酸原油加工过程对常减压装置的影响

3.1 高酸原油对设备的酸腐蚀

在原油开采过程中，为防止环烷酸钙等化合物形成沉积，会加入小分子的有机酸，另外大分子的有机酸在加热或催化剂存在的条件下也会分解生成一部分小分子的有机酸。这些小分子的有机酸酸性较强，对设备有一定的腐蚀。

高酸原油中的酸性绝大部分来自环烷酸，环烷酸约占石油中酸性含氧化合物的90%，设备的腐蚀主要由环烷酸引起。环烷酸的腐蚀与硫腐蚀不同，它不是均匀腐蚀，而是局部腐蚀或点蚀，而且环烷酸腐蚀受酸值、温度、流速、介质、物态变化等多方面因素的影响，不容易检测。环烷酸沸点大约在177~343℃范围内，尤以230~280℃范围内居多，这刚好是常减压装置中间侧线馏分油的沸程范围。环烷酸腐蚀主要发生在220~420℃高温区间，且存在两个腐蚀高峰，分别为232~288℃和350~400℃区间。因此，高酸原油的加工主要是解决加工过程中的高温环烷酸腐蚀问题[5]。

3.2　高酸原油对电脱盐脱盐效率的影响

高酸原油一般具有密度大、黏度高和金属含量高等特点，而脱盐效果与原油的密度、黏度、固体物含量、导电率及表面活性物质含量等有关，通常，高酸原油脱盐脱水均比较困难。另外，原油中存在一些天然的表面活性剂，特别是含酸原油中含量较高，而在原油开采过程中人为加入的表面活性剂具有比天然表面活性剂更强的表面活性，表面活性剂使原油乳状液更加稳定，加大了破乳难度[2-4]。原油电脱盐效率的降低将直接影响一次、二次加工装置的安全运转，可能引起后续加工装置设备腐蚀、塔顶空冷器穿孔、加热炉管结垢，甚至导致操作紊乱、冲塔、催化剂中毒、加氢催化剂撇头等事故。

3.3　高酸原油对总拔出率的影响

高酸原油普遍属于中间基、环烷基或环烷中间基原油，原油中环烷烃和芳烃的含量比较高，高温下结焦倾向大，通过提高加热炉出口温度来提高总拔出率存在风险[3]。

4　惠炼常减压装置加工高酸原油主要措施

4.1　做好材质选择，提高抗腐蚀能力

针对惠炼原油酸值高，硫含量低的特点，在总体设计阶段，惠炼公司就与专业的防腐蚀科研院所合作，进行综合原油评价分析原油特性，模拟生产过程进行各种材料的腐蚀试验，研究环烷酸的腐蚀特性。通过多次模拟试验，建立了不同材质在蓬莱19-3原油加工过程中的腐蚀模型，见图1。

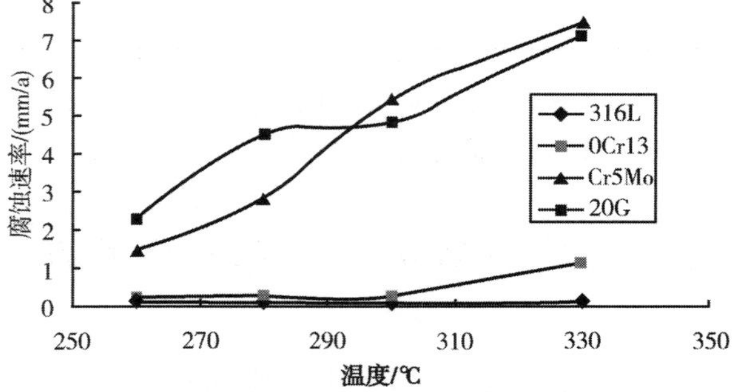

图1　不同材质在高酸原油中的腐蚀评价结果

基于完善的腐蚀特性研究成果，为解决原油一次加工过程中的腐蚀问题，惠炼公司制定了高酸原油加工的设备基本选材原则，主要有：①工艺管道介质温度小于220℃时，选用碳钢材质，但是要求介质流速不大于30m/s；②工艺管道介质温度在220~288℃时，宜选用

1Cr5Mo、1Cr9Mo、0Cr19Ni10Ti 和 00Crl7Nil4Mo2 材质；③工艺管道介质温度大于等于 288℃时，宜选用 00Cr17Ni14Mo2 奥氏体不锈钢材质；④工艺管道介质的温度大于等于 220℃且流速大于等于 30m/s 时，可选用 00Cr17Ni14Mo2 奥氏体不锈钢材质；⑤对大口径（超过 DN400）管道且介质温度不小于 288℃时，可采用碳钢-00Cr17Ni14Mo2 不锈钢复合板卷制钢管。较高的材质等级，提高了装置的抗腐蚀能力，为加工高酸原油奠定了硬件基础。

4.2 抓好电脱盐操作，实现深度脱盐

原油电脱盐是控制腐蚀的关键步骤，充分脱除盐类是防止低温 $H_2S-HCl-H_2O$ 型腐蚀的根本方法。通过有效的脱盐，实现脱后原油含盐不大于 3mg/L，可对低温部位腐蚀进行有效的控制。此外，原油电脱盐还可脱除钠离子及其它有害后续加工过程等杂质，防止后续加工装置的催化剂中毒，同时原油电脱盐可有效的脱除水分，保证后续加工操作的正常，降低加工能耗。

针对惠炼常减压混合原油含盐量高、酸值高、密度大和黏度大的特点，惠炼常减压设置三级电脱盐，第一级为高速电脱盐，第二、第三级为交直流电脱盐。并通过优化原油电脱盐其它工艺条件，如原油进脱盐罐温度、电场强度、原油混合强度、注水量、选用高效破乳剂等一系列措施，来进一步改善原油脱盐效率。经实际运行，能够保证原油脱后含盐≯3mgNaCl/L，含水≯0.2%，达到深度脱盐的目的，如图 2 所示。

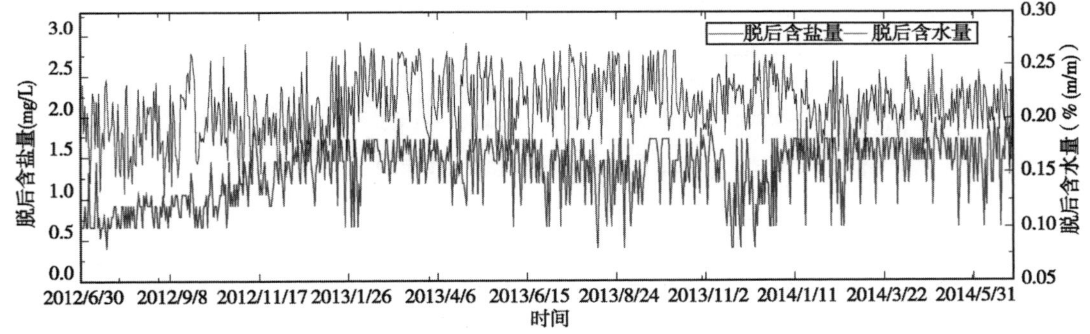

图 2 电脱盐脱前含盐量、脱后含盐量和脱后含水量的变化趋势

4.3 注重工艺防腐，实现助剂服务专业化管理

工艺防腐是装置防腐的重要手段，应结合具体腐蚀环境确定合理的防腐措施。具体措施主要有在原油电脱盐处注入破乳剂、脱金属剂，在塔顶挥发线处注入中和剂、缓蚀剂以及注水，在高温部位注入高温缓蚀剂等。该工艺措施能有效改变惠炼常减压装置的腐蚀环境，减少或抑制腐蚀介质的作用。

为提高工艺防腐效果，惠炼常减压装置选择由专业助剂服务公司提供的工艺助剂防腐总承包服务，将常减压装置的六种工艺防腐助剂（破乳剂、反向破乳剂、中和剂、低温缓蚀剂、高温缓蚀剂、脱金属剂、阻垢剂）的产品选择及研发、生产、运输、现场加注、监测分析服务等打包交助剂专业服务管理管理，业主执行指导、监督、检查和考核的工作。惠炼采用此管理模式后，有效地保证了装置工艺防腐的稳定和质量。

4.4 强化腐蚀监控，完善监测手段

为保证有效地监测和掌握生产设备及管道的腐蚀情况，惠炼常减压装置采用了在线检测、离线检测和化学分析相结合的腐蚀监控方案。共设计了163个低温部位定点测厚点和477个高温部位定点测厚点，安装腐蚀挂片22点，设置在线电感探针监测17个点，并在生产中安排针对性的化验分析项目。每月均对所有定点测厚点监测，并有专职防腐工程师监测和分析定点测厚数据和在线监测数据，对可能出现的问题进行预测，以指导工艺防腐操作。

通过上述防腐监测手段可见，装置的高温防腐部位的腐蚀速率均低于0.2mm/a（见图3），日常侧线油品Fe^{2+}分析全部小于1mg/kg。检修期间，检查设备及管线，发现内件、内壁规整光亮，无明显腐蚀迹象（见图4）。由此可见，在装置关键部位的防腐选材合理、可靠，工艺防腐措施得当，能够适应加工高酸原油的需要。

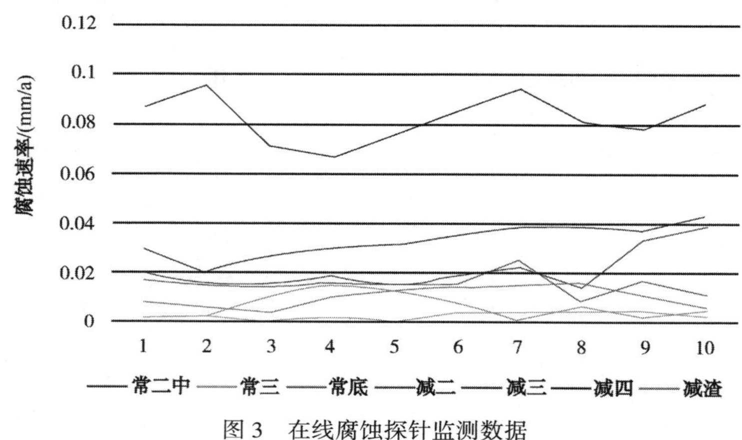

图3 在线腐蚀探针监测数据

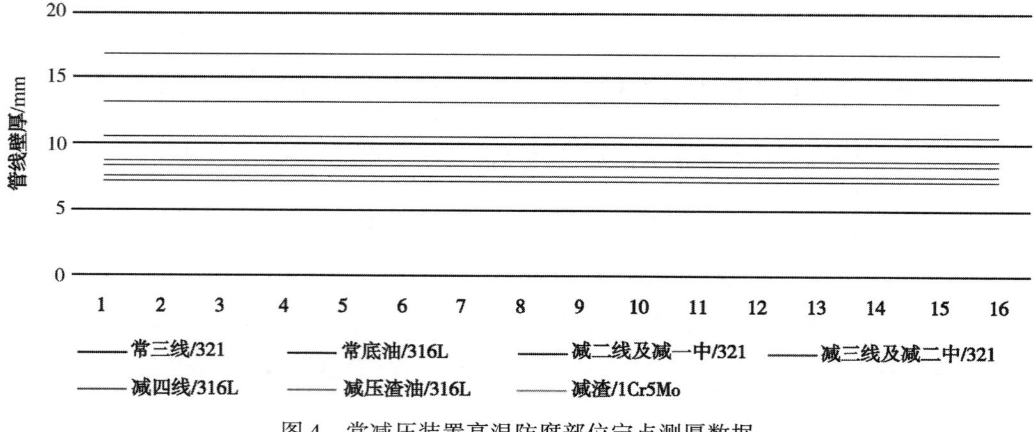

图4 常减压装置高温防腐部位定点测厚数据

4.5 采用先进技术，保证总拔出率

为了降低高酸原油的结焦倾向，保证总的拔出率，惠炼常减压装置在塔的设计上采用先进的技术。常压塔塔板采用组合导向浮阀塔板，该塔板与普通塔板相比处理能力可提高30%，塔板效率提高10%~20%，塔板压降减小20%左右，在不提高炉温的情况下保证了常

压塔的拔出效果。减压塔方面，采用 Sulzer 先进的减压塔填料及内件技术，保证了减压塔的低压降和高真空度，从而能够保证减压塔的拔出率。

5 目前在应对高酸原油加工过程中存在的一些问题

5.1 塔顶腐蚀问题

从目前的运行状况来看，惠炼常减压的腐蚀问题主要集中在塔顶系统，常顶循换热器和常顶水冷器均出现过腐蚀穿孔泄漏问题。另从日常的腐蚀监测手段的分析和大检修时的拆检的来看，常顶管线及常顶油汽换热器的腐蚀也较为严重。发生腐蚀的原因主要是低温 $H_2S-HCl-H_2O$ 腐蚀和小分子有机酸腐蚀。通过采取调整防腐助剂手段的调节以及对部分材质的升级，此问题得到很大改善。

5.2 减压塔填料及内件腐蚀问题

虽然减压塔采用了较高等级的材质，但是从近两次检修的结果来看，减压塔的第 5 段填料及内件腐蚀严重，从分析来看，腐蚀机理主要是气相负荷过高及冲洗油量不足，在高温环烷酸腐蚀环境下发生腐蚀。减压塔填料的腐蚀状况将影响着装置的长周期运行，决定着“四年一修”的长周期运行目标能否实现。针对这一问题，需要进一步强化工艺防腐手段及加强对腐蚀的监测。

6 结论

由于石油资源的日益匮乏，再加上高酸原油的价格优势，高酸原油的加工将会越来越受重视。高酸原油的加工对常减压装置的设备和工艺都是很大的考验，因此在加工方案选择、设备选材、原油掺炼、工艺防腐、设备腐蚀控制等方面应综合考虑。惠炼常减压装置作为国内首座集中加工高酸原油的千万吨级装置，通过采用先进的流程和优良的设备，并得益于装置大型化的规模效益和助剂专业化管理，装置运行六年多，达到了对高酸重质原油适应性强、装置防腐可控、清洁化生产较好的水平。

参 考 文 献

[1] 徐涛，王鹏．高油价下加工高酸原油可行性探讨[J]．石油化工管理干部学院学报，2006，43(2)：27-31.

[2] 张德义．含硫含酸原油加工技术进展[J]．炼油技术与工程，2012，42(1)：1-13.

[3] 张德义．含硫含酸原油加工技术[M]．北京：中国石化出版社，2013.

[4] 赵增强，张茂，张鸿勋．高酸原油电脱盐存在的问题及对策[J]．石油化工腐蚀与防护，2012，29(2)：27-30.

[5] 胡铁．含酸原油蒸馏加工过程中的腐蚀与防护研究[D]．天津：天津大学，2008.

常减压电脱盐装置运行优化及实践

韩跃辉

（中国石化九江分公司，江西九江　332004）

摘　要　介绍了中国石化九江分公司在1#常减压电脱盐装置方面采取的技术改进及参数优化，通过实践电脱盐装置切水含油量由最高280mg/L降低至120mg/L以下，实现了节能减排。

关键词　超声波破乳　旋油分离器　流程动改　优化

中国石化九江分公司（简称九江石化）1#常减压电脱盐装置由于加工盐含量、酸值大幅上升、乳化严重的管输原油，造成电脱盐装置切水含油量大，最高达280mg/L，使得装置加工损失大，造成资源浪费。

通过增加超声波破乳器、旋油分离器等设备，对电脱盐切水流程进行动改，优化电脱盐操作参数后，电脱盐切水含油量大幅下降。

1　电脱盐装置当前主要存在问题

1.1　加工的管输原油乳化严重

九江石化1#常减压电脱盐装置原设计加工仪-长管输原油，但根据生产经营需要，逐渐开始加工大量的、不同种类、不同性质的进口原油，原油化学成分和油水乳状结构变得及其复杂。

1.2　电脱盐装置切水含油量大

由于原油乳化严重，电脱盐操作不能满足新要求，切水颜色经常发黑、带油，特别是换罐或掺炼造成原油带水严重时，切水含油量难以控制，切水携带部分油进入下水井去污水处理系统，造成装置加工损失大。

2　主要优化措施及实践

针对目前存在的问题，1#常减压电脱盐装置采取了相对应的技术动改及运行参数优化。

2.1　技术动改

2.1.1　增设超声波破乳器

（1）超声波破乳器原理

超声波破乳器采用物理手段对原油进行破乳，在原油进入电脱盐罐前的管道上设置若干锥形超声作用区，采用顺流和逆流超声波联合作用强化原油破乳效果，其编程原理是根据原油性质变化调整超声波的输出功率，即根据电脱盐电流变化调整超声波的输出功率，实现破乳脱水、脱盐的目的。根据原油的性质变化与经验公式确定的超声波破乳的适宜功率进行调节。

（2）超声波破乳器效果分析

超声波破乳器在电脱盐装置投用后，在电脱盐操作参数基本上保持不变的情况下，电脱盐的脱后含盐量明显下降，期间切水含油量降低至 250mg/L 以下，但仍不能完全达到环保指标要求。

2.1.2 增上旋油分离器

（1）旋油分离器原理

油水旋流分离技术关键部分是水力旋流器，混合物物料沿切向进入旋流器时，在圆柱内产生高速旋转流场，混合物中密度大的组分在旋转流场的作用下，同时沿轴向向下运动、沿径向向外运动，在到达锥体段沿器壁向下运动，并由底流口排出；这样就形成了外旋涡流场；密度小的组分向中心轴线调和运动，并在轴线中心形成一向上运动的内旋涡，然后由溢流口排出，这样就达到了两相分离的目的。其工作原理如图 1 所示。

电脱盐切水进入一级分离器，分离出部分含水污油，污油送至沉降罐沉降，污水进入二级分离器，经过二级分离器后的污水直接排至含盐污水井，污油送至污油罐沉降。污油经过污油沉降罐，去初馏塔回炼；污油沉降罐底部的污水，经过升压后，送至一级分离器进行分离。

（2）旋油分离器投用效果

在试投用期间，通过分析旋流分离器的出、入口水样的含油量，计算除油率如图 2 所示。

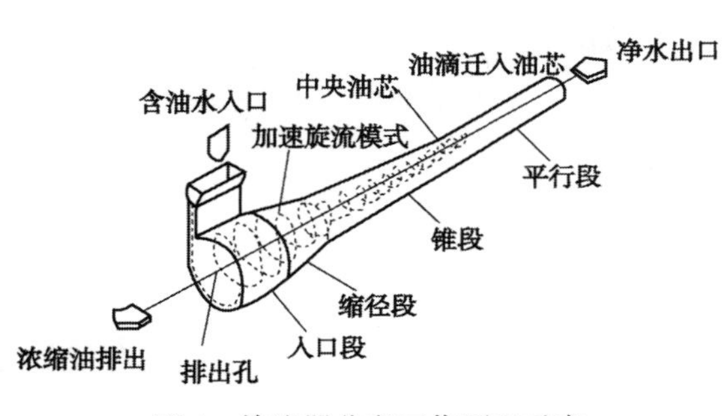

图 1 旋流器分离工作原理示意

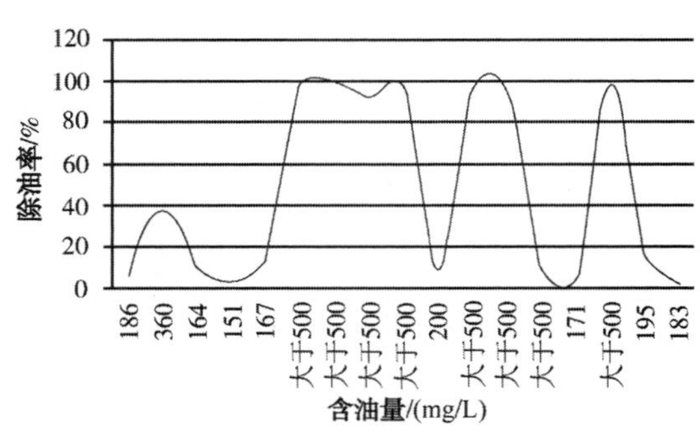

图 2 旋油分离器除油率示意图

切水经过旋流除油设备后，部分污油被分离出来，在大部分时间里污水含油量降低至 180mg/L 以下。但随切水含油量的变化，旋流分离器除油率极其不稳定，不满完全满足要求。

2.1.3 电脱盐切水流程动改

（1）动改后流程

切水经旋油分离器后，进入新增污水沉降罐沉降，污水沉降罐顶部的污油经升压后回炼，污水沉降罐底部的水直接排至污水井。

电脱盐切水流程动改后流程图如图 3 所示。

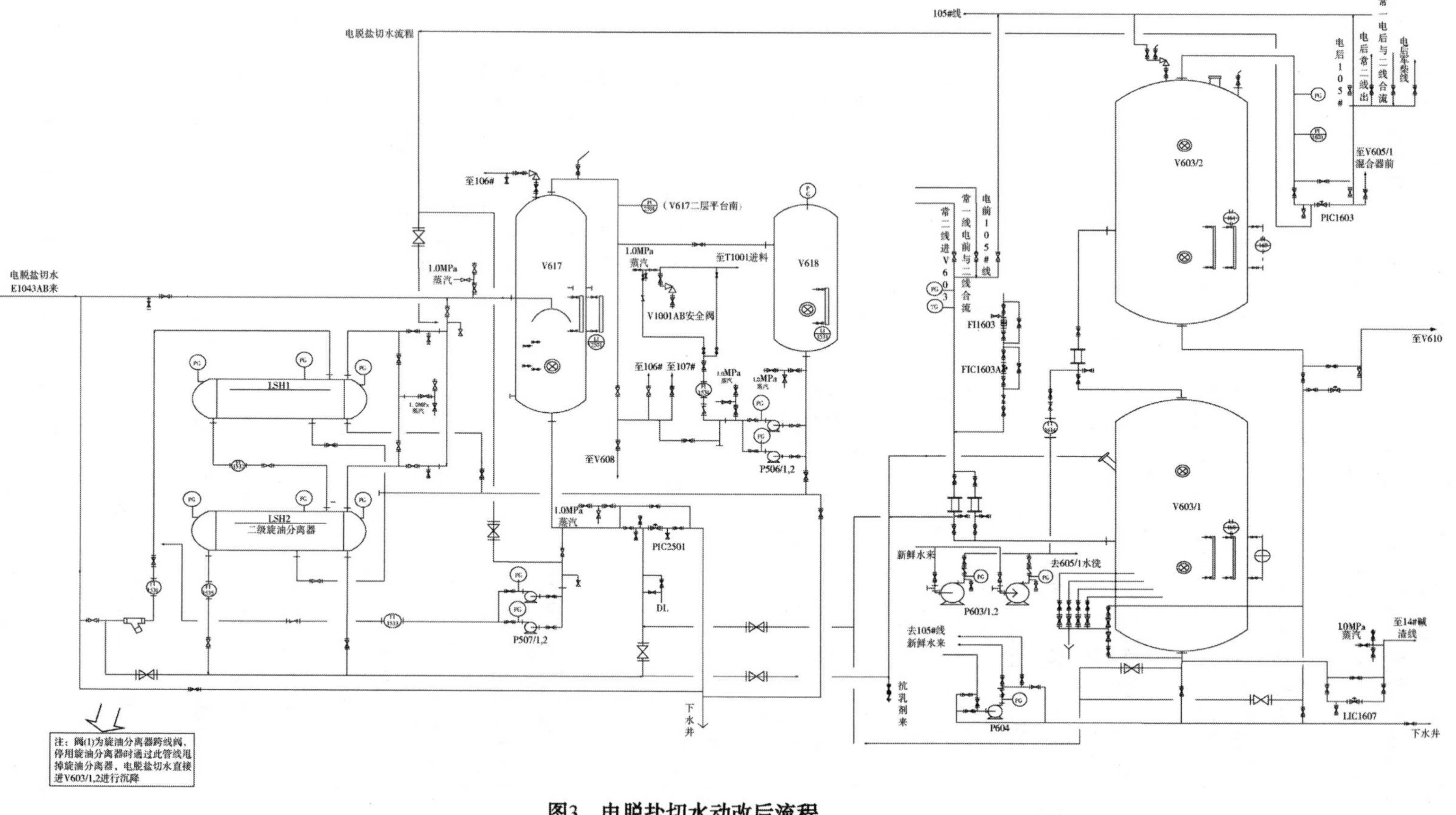

图3 电脱盐切水动改后流程

(2) 效果分析

切水经污水沉降罐沉降后可保持清澈，含油量由前期的平均 180mg/L 下降至当前的 120mg/L，大幅降低了切水含油量。

2.2 电脱盐主要操作参数优化

2.2.1 混合强度的优化

当原油性质变差时，过高的混合强度可导致原油乳化加剧，原油和水分离效果变差，切水易发生含油量高的现象。当原油性质较好时，混合强度较低导致水、破乳剂与原油混合不均，造成水包油型的乳化物随水流出，造成切水含油量高。

在原油性质、电脱盐罐其他操作基本不变的情况下，电脱盐装置混合强度调整过程及切水含油量如表 1 所示。

表 1 电脱盐混合强度优化

		V1001A 混合强度/kPa												
	含油量/(mg/L)	0	1	2	3	4	5	6	7	8	9	10	11	12
V1001B 混合强度/kPa	0	169	158	149	137	124	128	123	136	143	153	162	175	189
	1	157	146	138	142	139	125	120	139	141	159	162	170	177
	2	141	139	133	124	124	128	136	141	150	152	160	168	168
	3	152	145	130	129	132	138	145	151	159	160	156	160	160
	4	139	159	149	148	147	145	150	157	162	168	154	152	159
	5	167	162	152	150	147	152	159	163	174	158	151	149	152
	6	159	170	167	162	144	149	138	157	147	149	146	150	147
	7	184	178	171	168	140	138	124	130	132	134	139	141	148
	8	197	162	161	157	111	104	119	137	138	140	142	146	157
	9	183	151	149	146	106	112	108	132	141	151	139	148	162
	10	172	149	144	140	113	117	114	128	134	148	159	177	179
	11	156	147	141	142	139	150	145	158	162	173	180	184	187
	12	138	152	147	139	148	159	160	179	169	175	189	197	201

通过分析，V1001A 混合强度按 4~6kPa，V1001B 混合强度按 8~10kPa 控制时，可将切水含油量降低至最低水平。

2.2.2 注水量的调整

电脱盐装置 V1001B 切水回注至 V1001A，V1001B 全部注净化水，V1001A 还注部分净化水。工艺指标要求注水比例为 2%~8%，但旋油分离器处理能力有限，且要保证电脱盐切水在切水沉降罐中的沉降时间，电脱盐装置切水量不宜太大。

在保证其他操作参数基本不变的情况下，电脱盐装置注水比例调整过程中，切水含油量记录如表 2 所示。

表 2 电脱盐注水比例优化

	V1001A 注水比例/%							
	含油量/(mg/L)	2	3	4	5	6	7	8
V1001B 注水比例/%	2	159	152	148	145	141	139	137
	3	154	150	145	140	137	132	130
	4	151	148	144	138	137	124	124
	5	148	141	138	136	120	113	104
	6	142	140	138	142	124	117	107
	7	140	138	146	145	142	147	151
	8	139	146	143	137	139	143	150

通过分析，在满足工艺指标要求的基础上，V1001A 注水比例按 6%~7%，V1001B 注水比例按 5%~6%控制时，可将切水含油量降低至最低。

2.2.3 电脱盐温度的调整

温度过低，油水分层困难，严重影响脱盐效率；温度升高可以显著降低原油粘度，有效改善乳化液的破乳效果，提高脱盐率。但是，温度过高则会减小油水比重差，并提高油水之间的互溶度从而降低沉降速度，严重时造成水汽化而影响到电场的稳定性，甚至还会造成脱盐罐压力升高影响到装置的安全运行。

1#常减压电脱盐装置由于原油进装置温度维持在 30℃左右，脱前原油换热器换热效果有限，电脱盐罐 V1001A 温度在 120℃左右，如要提要电脱盐罐温度需要尽量调整换热器 E1021A，B、E1015A，B、E1012 热端副线阀开度，将热量尽量后移。但换热器热端副线打开后，原油换热终温会有所降低，在考虑对原油换热终温影响较小的情况下，通过检测切水含油量，电脱盐罐温度在 125℃±1℃为最佳。

2.2.4 油水界面的合理控制

界面过高，会使油层和水层之间的乳化层上移，造成脱盐罐送电困难；界面过低则会使罐底切出的脱盐污水的含油量增加而造成过高的加工损失。在日常控制过程中，V1001A 的界位超过 98%、V1001B 界位超过 58%，电脱盐罐的电压会急剧下降，严重影响电脱盐罐的电场强度。

在保证其他操作参数基本不变的情况下，电脱盐装置油水界位调整过程中，切水含油量记录如表 3 所示。

表 3 电脱盐油水界位优化

	V1001A 界位/%							
	含油量/(mg/L)	92	93	94	95	96	97	98
V1001B 界位/%	52	169	164	163	159	157	156	152
	53	167	161	160	158	154	151	147
	54	165	160	159	152	149	148	145
	55	164	158	155	150	146	145	140
	56	162	155	150	147	141	140	133
	57	160	155	149	144	138	136	128
	58	160	154	146	141	136	130	125

电脱盐罐 V1001A 油水界位按 96%～98%控制、V1001B 油水界位严格按 56%～58%控制，可使切水含油量最低。

2.2.5 电场强度的调整

九江石化电脱盐装置电脱盐罐顶部从进口至出口依次为 1#、2#、3#变压器，每个变压器含 5 个档位，最低档时电压为 13kV，每增加 1 个档位，电压增加 3kV。

在保证其他操作参数基本不变的情况下，电脱盐装置电场强度调整过程中，切水含油量记录如表 4 至表 8 所示。

表 4 V1001A-1#变压器维持在 13kV 档位时，电压优化

	V1001A-2#变压器电压/kV					
	含油量/(mg/L)	13	16	19	22	25
V1001A-3#变压器电压/kV	13	167	161	154	150	146
	16	161	158	150	148	140
	19	154	151	146	145	137
	22	146	144	143	143	138
	25	141	143	144	142	144

表 5 V1001A-1#变压器维持在 16kV 档位时，电压优化

	V1001A-2#变压器电压/kV					
	含油量/(mg/L)	13	16	19	22	25
V1001A-3#变压器电压/kV	13	160	157	153	151	150
	16	159	155	151	145	146
	19	155	152	147	140	140
	22	154	150	143	136	137
	25	151	142	138	130	135

表 6 V1001A-1#变压器维持在 19kV 档位时，电压优化

	V1001A-2#变压器电压/kV					
	含油量/(mg/L)	13	16	19	22	25
V1001A-3#变压器电压/kV	13	152	157	159	160	162
	16	153	156	160	162	168
	19	152	156	159	161	165
	22	155	157	158	161	161
	25	156	159	162	136	160

实践表明，电脱盐罐变压器从进口至出口电压为 16kV、22kV、25kV 时，可有效降低切水含油量。

为适应原油劣质化的趋势，除了对以上工艺参数的优化调整以外，还要做好脱盐罐压力、破乳剂注入量等其它一些操作指标的优化调整。

表7 V1001A-1#变压器维持在22kV档位时，电压优化

	V1001A-2#变压器电压/kV					
	含油量/(mg/L)	13	16	19	22	25
V1001A-3#变压器电压/kV	13	148	153	158	161	163
	16	150	153	158	160	163
	19	152	157	160	161	162
	22	158	160	161	162	164
	25	160	162	164	166	164

表8 V1001A-1#变压器维持在25kV档位时，电压优化

	V1001A-2#变压器电压/kV					
	含油量/(mg/L)	13	16	19	22	25
V1001A-3#变压器电压/kV	13	146	150	157	160	159
	16	151	153	158	162	160
	19	155	157	161	165	165
	22	160	161	167	170	172
	25	163	166	170	174	179

3 优化前后对比

电脱盐装置运行优化前后如表9所示。

表9 优化前后，各参数对比

序 号	参 数 名 称	优 化 前	优 化 后
1	原油走向	换热后直接进罐	换热后经过超声波破乳器，再进罐
2	V1001A 混合强度	3~8kPa	4~6kPa
3	V1001B 混合强度	6~12kPa	6~10kPa
4	V1001A 注水比例	2%~8%	6%~8%
5	V1001B 注水比例	2%~8%	5%~6%
6	V1001A 温度	120℃左右	125℃±1℃
7	V1001A 界位	92%~98%	96%~98%
8	V1001B 界位	52%~58%	56%~58%
9	V1001A-1#变压器电压	22kV	16kV
10	V1001A-2#变压器电压	22kV	22kV
11	V1001A-3#变压器电压	22kV	25kV
12	V1001B-1#变压器电压	22kV	16kV
13	V1001B-2#变压器电压	22kV	22kV
14	V1001B-3#变压器电压	22kV	25kV

续表

序号	参数名称	优化前	优化后
15	切水走向	经污油沉降罐后，出装置	经旋油分离器、污水沉降罐、污油沉降罐后出装置
16	切水含油量	280mg/L	120mg/L 以下

经过电脱盐装置运行优化及实践探索，大幅降低了切水含油量，减轻了环保压力。优化前污水平均含油以 280mg/L 计，优化后污水含油以 120mg/L 计，则 1a 可减少污油排放达 60t，降低了装置加工损失。

4 结论

为了有效控制和降低电脱盐装置切水含油量，提高装置运行水平，九江石化 1#常减压电脱盐装置针对存在的问题，通过技术改进及参数优化，大幅降低了切水含油量和装置加工损失，也减轻了污水处理场处理污水的压力，使公司全年排水 COD 指标大幅下降。

石油产品与添加剂

面向2025的润滑脂新技术

姚立丹，杨海宁，王鲁强

（中国石化石油化工科学研究院，北京 100083）

摘　要　阐述了润滑脂基础油、添加剂、制备技术和标准等方面的最新进展。其中包括采用费托合成技术生产的性能优良的基础油、打破国外垄断的高黏度PAO产品、新型抗氧剂、润滑脂专用复合添加剂、以及为满足不断发展的工业应用而新制、修订的润滑脂分析方法及产品标准，为保证润滑脂技术满足中国制造2025奠定了坚实的基础。

关键词　2025　润滑脂　新技术

1　前言

润滑脂广泛应用于各种机械设备，作为工业发展的基础材料，润滑脂的节能效果也引起了行业的重视。初步研究表明，性能优异的润滑脂不仅能够延长零部件的使用寿命，减少零部件的损坏和润滑脂的消耗，而且在减少设备能源消耗方面也有重要作用[1]。

尽管全球近1/3的润滑脂是中国生产的，但是润滑脂的应用仍然较为落后，最主要的表现是润滑脂添加剂的用量较低，大部分润滑脂几乎不添加任何添加剂，普遍缺乏抗氧性能和防锈性能，在一般条件下（夏季、潮湿），润滑脂的使用寿命较短，不仅造成润滑脂的浪费[2]，而且机械设备的维修保养周期短；基础油应用方面也同样落后，一些黏温性能极差的基础油制造的润滑脂，在冬季往往造成设备能耗大幅增加。由此造成的能源浪费无法统计。

近年来，我国在基础油、添加剂、新型稠化剂、高性能润滑脂等方面的研究已经取得了新的成果，为满足中国制造2025机械设备润滑的需要提供了技术保证。

2　基础油

费托合成（F-T）是将小分子有机物变成大分子有机物的工艺过程。CO和H_2在高压下和催化剂的作用下合成烷烃的一种方法[3]。根据下游产品（如燃料、润滑油、蜡）的要求，F-T工艺可以合成，并采取蒸馏的办法分离烷烃。

对浆态床和固定床的研究结果表明[4,5]，通过F-T工艺合成的基础油性能优良，几乎与PAO（聚α烯烃）性能相当（对比见表1）。对低黏度的PAO基础油形成竞争。

采用研制的高黏度PAO（40℃黏度300mm^2/s）制成的润滑脂典型性能见表2。

我国已有企业投产高黏度[6]PAO，这是即ExxonMobil化学、CHEMTURA之后全球第三家可以提供高黏度PAO的工厂，PAO的典型性能[7]见表3。

表1 F-T基础油与其他基础油的对比

项　　目	费托蜡异构产品		加氢油	PAO
	浆态床	固定床		
运动黏度(40℃)/(mm²/s)	43.75	29.64	29.71	31.2
运动黏度(100℃)/(mm²/s)	7.686	5.679	5.634	5.812
黏度指数	145	135	132	138
倾点/℃	<-60	-60	-18	-57
闪点(开口)/℃	222	222	222	246
蒸发损失质量分数(Noack法)/%	7.5	8	8.07	6
-30℃低温动力黏度/(mPa·s)	2400	2100	3250	2200
-25℃低温动力黏度/(mPa·s)	1600	1400	1900	1400
氧化安定性/min	402	390	314	368

表2 高黏度PAO制成的润滑脂典型性能

项　　目	ASTM 4950	典型性能	试验方法
基础油类型		高黏度PAO	
工作锥入度/(0.1mm)	265~310	282	GB/T269
滚筒安定性/(0.1mm)	—	294	SH/T0122
滴点/℃	≮250	>280	GB/T3498
水淋流失量(80℃, 1h)/%	≯15	1.79	SH/T0109
钢网分油(100℃, 24h)/%	≯6	2.39	SH/T0324
腐蚀(T2铜片100℃, 24h)	不变黑或绿	合格	GB/T7326乙法
防锈性能(52℃, 48h)	合格	通过	GB/T5018
极压性能(4球法)P_D/N	≮2450	3090	SH/T0202
抗磨性能(四球法, 392N, 60min)/mm	≯0.6	0.50	SH/T0204
微动磨损(3368N, 24h)/mg	≯15.5	4.85	SH/T 0716
氧化安定性(99℃, 100h, 0.758MPa)压力降/kPa	≯40	8	SH/T0325
氧化诱导期(230℃)/min	—	15.23	ASTM D6185
轮毂轴承寿命(160℃)/h	≮80	500	SH/T0773

表3 上海纳克PAO典型数据

项　目	SinoSyn 10	SinoSyn 25	SinoSyn 30	SinoSyn 40A	SinoSyn 100A	试验方法(ASTM D)
黏度/(mm²/s)						
100℃	9.9	26	31.3	40.5	101	445
40℃	61	220	280	387.4	1150	
黏度指数	148	151	152	156	179	2270
闪点(开口)/℃	260	275	275	295	300	92
倾点/℃	-52	-47	-46	-40	-30	97
ASTM色度	<0.5	<0.5	<0.5	<0.5	<0.5	1500
蒸发(Noack)/%	3.2	1.5	1.3	0.7	0.6	5800

3 新添加剂

添加剂的研究取得了新的进展。与几种典型的抗氧剂对比(氧化诱导期，试验温度为210℃)可知，新研制的抗氧剂仅需0.5%的用量就能明显改进矿物油复合锂基润滑脂的抗氧化性能，对比见表4。

表4 抗氧剂效果对比

抗氧剂名称	氧化诱导期/min	抗氧剂名称	氧化诱导期/min
新型抗氧剂	15.09	T202	7.23
MD-51	8.07	T512	3.29
V81	6.05		

添加剂的复合研究工作也取得了明显进展，制成的复合添加剂(TG1)在锂基润滑脂、复合锂基润滑脂、脲基润滑脂中都有明显的增效作用，TG1的典型数据见表5。TG1在润滑脂中的典型性能见表6(TG1的加入量为3%)。

表5 TG1典型数据

项　　目	分析结果	项　　目	分析结果
外观	浅棕色透明液体	离心分油(36000G，10min)	不分层
40℃黏度/(mm^2/s)	221.2	硫含量/%	24.9
闪点/℃	>99	磷含量/%	0.7
铜片腐蚀(T_2铜片，120℃，3h)	合格		

表6 TG1在润滑脂中的性能

项　　目	锂基脂	复合锂	脲基脂	标准
工作锥入度(60次)/(0.1mm)	268	272	273	GB/T 269
滚筒安定性/(0.1mm)	279	282	286	SH/T 0122
滴点/℃	186	>280	>280	GB/T 3498
钢网分油(100℃，24h)/%	0.54	0.63	0.78	NB/SH/T 0324
水淋流失量(38℃，1h)/%	1.29	1.08	1.44	SH/T 0109
腐蚀(T_2铜片，100℃，24h)	合格	合格	合格	GB/T 7326
防腐蚀性(52℃，48h)	合格	合格	合格	GB/T 5018
氧化诱导期(210℃)/min	8.93	11.05	9.78	SH/T 0790
极压性能				
P_B/N	981	981	981	SH/T 0202
P_D/N	3089	3923	3089	
抗磨性能/mm	0.50	0.46	0.45	SH/T 0204

4 新的润滑脂技术

为满足不断发展的汽车应用，研制成功了新型的HWG通用车用润滑脂。典型性能见表7。

表7 HWG轮毂轴承润滑脂典型性能

项 目	ASTM D4950	HWG脂	试验方法
基础油类型		矿物油	
工作锥入度/(0.1mm)	265~310	285	GB/T269
滚筒安定性/(0.1mm)	—	+50	SH/T0122
滴点/℃	≮250	>280	GB/T3498
低温转矩(-40℃)/(N·m)	≯15.5	4.8	ASTMD4693
水淋流失量(80℃，1h)/%	≯15	2.30	SH/T0109
钢网分油(100℃，24h)/%	≯6	2.50	SH/T0324
腐蚀(T_2铜片100℃，24h)	不变黑不变绿	合格	GB/T7326乙法
防锈性能(52℃，48h)	合格	合格	GB/T5018
极压性能(4球法)			
P_D/N	≮2450	3924	SH/T0202
ZMZ/N	≮294.3	493.2	
抗磨性能(四球法，60min)/mm			
392N	≯0.6	0.40	SH/T0204
589N	—	0.61	
微动磨损(3368N，24h)/mg	—	8.4	SH/T 0716
氧化安定性(99℃，100h，0.758MPa)压力降/kPa	≯40	10	SH/T0325
氧化诱导期(230℃)/min	—	12.97	ASTM D6185
漏失量(160℃，20h)/g	≯10	5.2	ASTMD4290
轮毂轴承寿命(160℃)/h	≮80	160	SH/T0773

不仅如此，稠化剂的探索也取得了新的成果。一种新型的皂基[8]润滑脂已经研制成功。

利用$ZrOCl_2 \cdot 8H_2O$与NaOH反应生成的氢氧化锆与12羟基硬脂酸和癸二酸反应，稠化基础油，制备成锆基润滑脂，若将癸二酸换成芳香酸，则可以制成复合锆基润滑脂[9]，典型数据见表8。与锆基润滑脂相比，复合锆基润滑脂的性能更为优异，不仅滴点很高，而且具有天然的极压和抗磨性能，在不加任何添加剂情况下，这种润滑脂的P_D值达到7848N。而且与脲基润滑脂或磺酸盐复合钙基润滑脂混合后，性能可以得到进一步改善[10]。

表8 系列锆基润滑脂典型数据

专利号	CN102234557	CN102952619	试验方法
类型	锆基润滑脂	复合锆基润滑脂	
脂肪酸	12羟基硬脂酸	12羟基硬脂酸	
二元酸	癸二酸	—	
芳香酸	—	邻苯二甲酸	

续表

专利号	CN102234557	CN102952619	试验方法
锆源	氢氧化锆	氢氧化锆	
稠化剂含量/%	14.0	24.0	
工作锥入度/(0.1mm)	265	225	GB/T269
滴点/℃	188	315	GB/T3498
钢网分油/%	2.56	1.31	SH/T0324
极压性能(4 球法)/N			
P_B	785	785	SH/T0202
P_D	1569	7848	
抗磨性能(4 球法)/mm	0.79	0.46	SH/T 0.04

5 新标准

为满足不断发展的润滑脂分析需要，国内外更新了润滑脂的分析方法和产品标准，表 9 列出了 2013 年和 2014 年两年中国、美国和日本新制定或修订的标准。

表 9 2014 年和 2013 年修订或增订的标准

国别	标 准 号	标 准 名 称
中国	NB/SH/T 0203-2014	润滑脂承载能力的测定 梯姆肯法
	NB/SH/T 0872-2013	水存在下润滑脂剪切稳定性测定法 水稳定性试验
	NB/SH/T 0869-2013	润滑脂离心分油测定法
	NB/SH/T 0864-2013	润滑脂中金属元素的测定 电感耦合等离子体发射光谱法
	NB/SH/T 0858-2013	润滑脂低温锥入度测定法
	NB/SH/T 0854-2013	润滑脂对滚动轴承振动性能的影响测量方法
	GB/T 5671-2014	汽车通用锂基润滑脂
	NB/SH/T 0437-2014	7007、7008 号通用航空润滑脂
	NB/SH/T 0459-2014	特 221 号润滑脂
	JG/T 430-2014	无黏结预应力筋用防腐润滑脂
	NB/SH/T 0373-2013	铁道润滑脂(硬干油)
美国	ASTM D1742-06(2013)	润滑脂贮存分油测定法
	ASTM D4950-13	车用润滑脂规范
	ASTM D4289-13(2014)e1	润滑油脂橡胶相容性测定法
	ASTM D6138-13	在动态潮湿条件下润滑脂防锈测定法(EMCOR 法)
	ASTM D128-98(2014)	润滑脂成分分析方法
	ASTM D1404/D1404M-99(2014)	润滑脂杂质测定法
	ASTM D2265-06(2014)	润滑脂宽温滴点测定法
	ASTM D4950-14	车用润滑脂规范
日本	JIS/K 2220-2013	润滑脂

2013年和2014年，中国、美国和日本都对在用的润滑脂分析方法标准和产品标准进行了修订，其中中国新增标准较多，NB/SH/T 0854-2013、NB/SH/T 0858-2013、NB/SH/T 0864-2013、NB/SH/T 0869-2013、NB/SH/T 0872-2013均为新增加的标准，而汽车通用锂基润滑脂的产品标准GB/T 5671-2014，在修订之后，也与上一版本最大区别在于，采用低温转矩代替相似黏度，使得润滑脂的性能与实际应用更加相近；另外加严了对润滑脂含机械杂质的要求，对于10μm、25μm、75μm大小的机械杂质个数的限制从5000个、3000个和500个降低到2000个、1000个和200个；为满足更多的应用需求增加了3号脂。

6 总结

面向2025新一轮的工业革命，各类型高效率、自动化、免维护的机械设备将进入未来社会的方方面面，成为人类的有力助手，对润滑也将提出新的更高的要求，润滑脂将成为标准化的零件，成为各种机械设备不可分割的一部分。

正因如此，就要求组成润滑脂的基础油、添加剂和稠化剂具有稳定的性能，这以便更容易生产出性能一致性很强的润滑脂产品，满足未来的润滑脂将实现标准化定制化生产的需要。而符合实际工况的润滑脂分析方法是鉴别润滑脂性能的主要手段。

近年来我国在基础油、添加剂、新型稠化剂、标准方法等多方面取得的新的进步，为保证我国润滑脂产品满足新一轮设备发展的需要奠定了坚实的基础。

参考文献

[1] 李京鲲．减少电机能量损失-润滑脂对电机能效的影响．全国第十八届润滑脂技术交流会论文集，广西，南宁，2015.10.10.

[2] 杨海宁，姚立丹．国内润滑脂产品及其应用技术的进步简述[J]．石油商技，2010，3：18-25.

[3] 沈和平，王昊，刘瑞民，等．费托合成制取高端润滑油基础油的研究[J]．科技资讯，2013，11：88-91.

[4] 陈祖庇．炼油厂与GTL[J]．石油学报：石油加工．2004，4：1-4.

[5] 王鲁强，郭庆洲，康小红，等．润滑油基础油生产技术现状及发展趋势[J]．石油商技，2011，2：6-12.

[6] Lisa Tocci. Naco to stream PAO in China. Lube report. http：//www.lubesngreases.com/lubereport/14_ 23/china/-7026-1.html. 2014.4.6.

[7] SinoSyn系列产品．http：//www.nacosynthetics.com/SinoSynTDS/2015.8.5

[8] 何懿峰，孙洪伟，刘中其，等．一种锆基润滑脂及其制备方法[P].CN102234557.

[9] 何懿峰，孙洪伟，刘中其，等．一种复合锆基润滑脂及其制备方法[P].CN102952619.

[10] 何懿峰，孙洪伟，刘中其，等．一种复合钙锆基六聚脲润滑脂及其制备方法[P].CN104513688.

新型卡车轮毂轴承润滑脂的应用研究

石俊峰，康　军，高艳青，冯　强

（中国石化润滑油有限公司天津分公司，天津　300480）

摘　要　选择具有代表性的4个润滑脂产品，进行机械安定性、流变性能、抗水性、黏附性、分油性能的测试，对比4个润滑脂样品的使用性能，选择相同的车辆类型、轴承和试验条件进行行车试验。各项性能测试和行车试验进行综合分析，得出新型复合锂稠化剂结构的润滑脂样品C各项性能指标优良，行驶里程达到20万公里，能为轮毂轴承提供良好的润滑，提供了车辆行驶的安全性和可靠性。

关键词　复合锂基脂　流变性　黏附性　行车试验

1　前言

汽车轮毂轴承润滑脂的发展，经历了从钙基脂→锂基脂→复合皂基脂(聚脲基脂)的过程，各国因发展程度的不同，汽车用润滑脂的标准在不同时期有很大差别。在1989年为满足汽车工业全局性规范化发展要求，国际汽车工程师协会(SAE)、美国试验和材料协会(ASTM)和国际润滑脂协会(NLGI)三方联合，统一了汽车润滑脂分类，制定了汽车用润滑脂标准ASTM D4950，其中轮毂轴承(WB)润滑脂划分成GA、GB、GC三个等级。

当今是高滴点、多效能、长寿命润滑脂的发展时代，今后的主要方向仍然是发展复合锂基润滑脂、聚脲润滑脂等高档润滑脂为主流产品，工业界也提出了“终身润滑”要求。目前国内卡车轮毂轴承润滑脂主要以锂基脂和复合锂基脂为主，能够满足ASTM D4950中提到的GC标准的润滑脂产品很少。随着中国经济的崛起和汽车行业的发展，对汽车用润滑脂的长寿命和耐温性能提出了更苛刻的要求，尤其是高速重载情况下轮毂轴承，对润滑剂的高温性、防护性、极压抗磨性、黏附性、长寿命等提出了更高的要求。

2　实验

轮毂轴承的正常运转时的温度范围60~90℃，但当轴承出现润滑不良或异常磨损时，轴承的温度会升高，有时会达到120℃。根据轮毂轴承的运行温度和环境温度，以下的部分试验的温度范围在20~120℃。

2.1　润滑脂样品的准备

本实验选取了四个润滑脂样品，这四个润滑脂样品均是在卡车轮毂轴承部位使用的成熟产品，见表1。A和B满足ASTM D4950中的GB标准，C和D满足GC标准。其中A，B，

C 产品是中国石化的工业化产品，目前广泛应用在中国的各类型卡车上，D 产品是国外的知名品牌。上述四个润滑脂产品均采用矿物油制备的皂基润滑脂，并包含一些功能性的添加剂。

表 1　润滑脂样品的性能指标

样品	生产厂家	基础油种类	基础油黏度/(mm^2/s)	稠化剂种类	稠化剂含量/%	工作锥入度/0.1mm	滴点/℃
A	中国石化	矿物油	160	锂皂	8	275	203
B	中国石化	矿物油	200	复合锂皂	10	278	290
C	中国石化	矿物油	200	新型复合锂皂	10	280	295
D	国外公司	矿物油	200	复合锂皂	10	280	280

2.2　分析方法

（1）润滑脂的测试方法见表 2。

表 2　润滑脂的测试方法

试 验 项 目	试 验 方 法	试 验 项 目	试 验 方 法
润滑脂的锥入度测定法	ASTM D217	润滑脂滴点测定法	ASTM D566
润滑脂滚筒安定性测定法	ASTM D1831	采用 ICP 测定润滑脂中的元素含量	ASTM D7303
润滑脂耐水喷雾试验法	ASTM D4049	润滑脂的流变学测试	DIN 51810
润滑脂储存期间分油量测定法	DIN 51817		

（2）台架测试采用舍弗勒公司(FAG)的 FE8 台架进行测试，具体的试验条件见表 3。

表 3　台架试验条件

轴承类型	圆锥棍子轴承(d=60mm)	测试时间/h	100
转速/(r/min)	500	装填方式	半毂装填
试验温度	室温	检测方式	温升
载荷/kN	30		

（3）行车试验选择四辆相同型号的六轴重载卡车进行，润滑脂样品装填在承重的后面三根车桥上。在轴承型号、路况相同的情况下，对比四个润滑脂样品的实际使用性能，行车试验条件见表 4。

表 4　行车试验条件

润滑脂样品	A，B，C，D	路况	高速，山路等
试验里程/km	200000	装填方式	半毂装填
载荷/t	4	轴承类型	圆锥棍子轴承
速度/(km/h)	60~100		

3 结果与讨论

3.1 机械安定性

在本文中，通过10万次剪切和滚筒试验来测试润滑脂样品的机械安定性。图1显示，锂基脂A的机械安定性最差，十万次剪切的锥入度变化值为51，滚筒试验后的锥入度变化值为83。复合锂基润滑脂样品中，机械安定性最好的是样品C，十万次剪切后的锥入度变化值为12，滚筒试验后的锥入度变化值为27。润滑脂样品B在实际使用中经常发生甩脂流失现象，主要原因是其剪切安定性差造成。通过改进稠化剂的皂纤维结构，制备的样品C的皂结构更加紧密，抗剪切能力更强，解决了复合锂基润滑脂在高速、重载环境下机械安定性差的问题。通过对比，样品C在样品B的基础上十万次剪切后锥入度变化值减少了57%，滚筒试验后的锥入度变化值减少了49%。

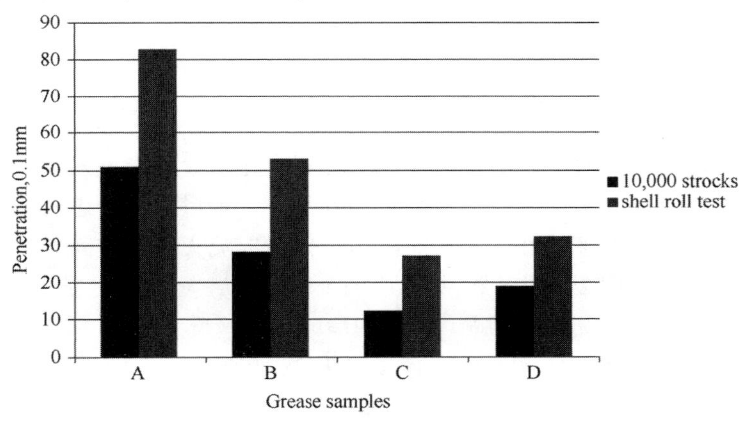

图1 机械安定性的测试结果

3.2 流变学测试

表5中给出了4个润滑脂样品不同温度下的储能模量(G’)、损耗模量(G”)和流动点时的剪切应变(γ_f)的数据。G’和G’’相交的点为流动点，经过流动点后，润滑脂的流变性由弹性为主导转变成以黏性为主导，润滑脂开始呈现流动的性质。

润滑脂的结构受温度和剪切两种作用，在低温时，如60℃以下时，润滑脂结构受温度影响较小，主要是随着剪切作用，其结构逐渐受到破坏，这是一个逐渐变化的过程，所以此时流动点较低。在80~120℃温度范围内，稠化剂胶团颗粒得到膨化使纤维对基础油的束缚力相对增加，润滑脂总体上的弹性增强。

一般来说，稠化剂的的网状结构能够把基础油维系在结构中。本文中样品A、B、D均加有一定量的高分子增黏剂，像OCP和PIB等类型的聚合物添加到润滑脂中能够改善其润滑性能。因而这三种润滑脂通过增黏剂的作用增强了其皂纤维的弹性，表现出较高的弹性模量数值，而且样品B更因其较高的增黏剂数量和特殊的类型一直表现了良好的弹性。样品C是改进了皂纤维结构的新型复合锂稠化剂，其形成的互穿的网状结构更加紧密。因此，样品

C表现出良好的机械安定性、黏附性和抗水性，在使用了实际轴承的试验中也显示出较良好的性能。

表5　不同温度下润滑脂样品流变学数据

样品		温度					
		20℃	40℃	60℃	80℃	100℃	120℃
A	γ_f,%	56.52	51.03	40.35	24.19	5.78	1.17
	G'，Pa	930	745	738	652	1090	1250
B	γ_f,%	82.29	81.77	65.28	44.77	26.90	12.94
	G'，Pa	1953	1576	1897	1897	1905	1943
C	γ_f,%	85.09	90.44	60.95	30.88	24.38	12.40
	G'，Pa	753	628	796	877	908	956
D	γ_f,%	49.57	44.96	33.85	8.59	6.39	3.46
	G'，Pa	738	686	907	1361	1405	1560

3.3　抗水性能

润滑脂与润滑油比较，有一定的密封作用，能够阻止少量的水进入轴承。由于使用环境和密封的原因，卡车轮毂轴承润滑脂会经常接触到水。一定量的水分进入轴承，会引起轴承造成锈蚀、影响润滑油膜的连续性、破坏润滑脂结构造成流失等严重问题。

耐水喷雾试验结果见图2，锂基脂A的几乎全部冲走，复合锂基脂B，C，D有不同程度的质量损失，抗水性能和黏附性的顺序是C>D>B>A。

图3数据显示，样品A水喷实验的质量损失为98.45%，复合锂基脂B水喷实验的质量损失为59.11%。比较来看，样品B的抗水性能比样品A的提升了40%。样品C水喷实验的质量损失为10.35%。与样品B比较，样品C的抗水性能提升了82%以上。样品C与外样D相比，样品C的抗水性和黏附性能也优于样品D。

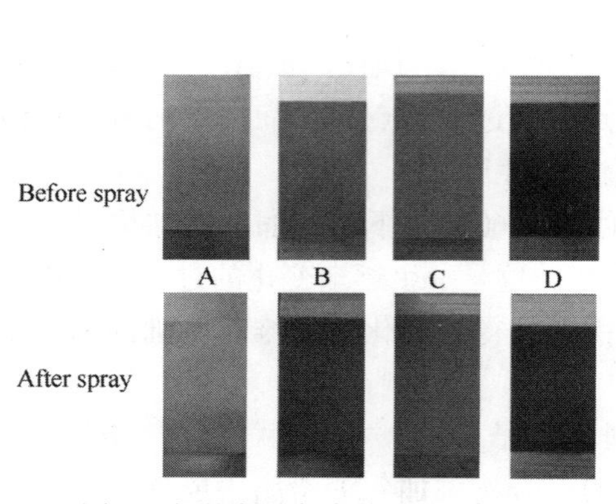

图2　润滑脂耐水喷雾试验的图片

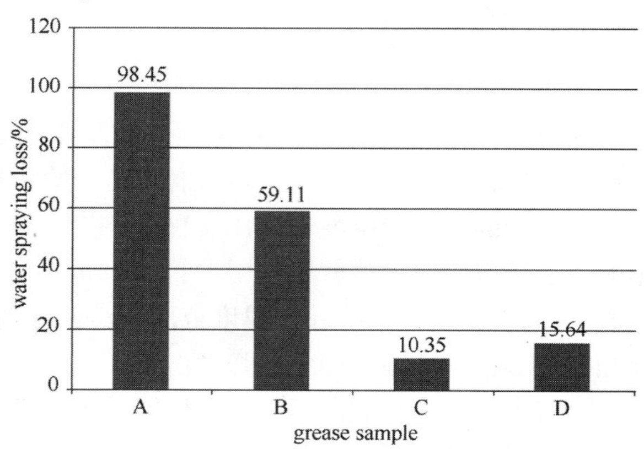

图3　润滑脂耐水喷雾试验数据

3.4 分油性能

有文献指出，对于卡车的圆锥滚子轴承，方法 DIN 51 817 测得的润滑脂 40℃的分油量最适合的范围是 1%~3%。图 4 显示四个润滑脂样品分油量的温度曲线，在 40℃的温度下，样品 A，C，D 的分油量在 1%~3%的范围内，而样品 B 的分油量明显不足。

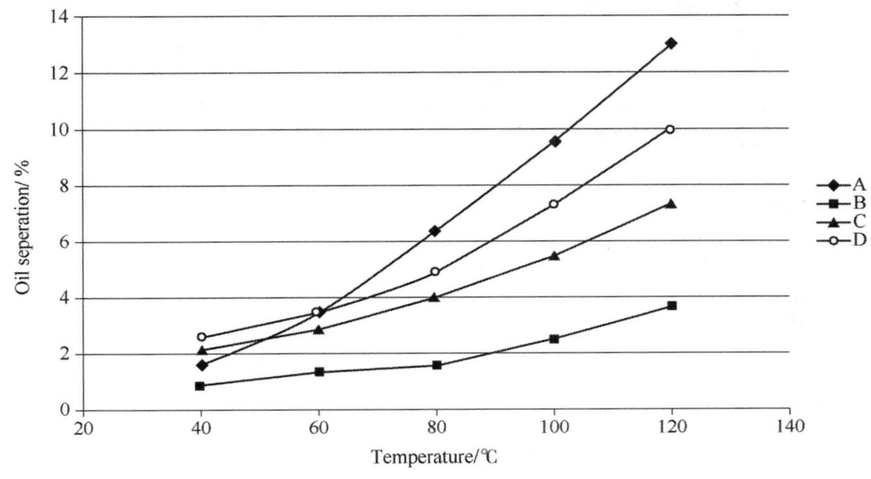

图 4 润滑脂样品在不同温度下的分油量

润滑脂的分油能力取决有稠化剂的结构和基础油黏度，在润滑脂的使用中受温度、载荷、转速的影响。随着温度的增加，基础油分子的布朗运动加剧，当基础油分子的热运动达到能够摆脱皂纤维的束缚后，润滑脂样品的分油量急剧增加。因此，随着温度的升高，润滑脂的分油量呈显著增长趋势。样品 A 的分油量受温度的影响最大，随着温度的升高，分油量急剧增加。分析原因，一方面是由于样品 A 的基础油黏度低于其他 3 个润滑脂样品，另一方面锂基脂皂分子束缚基础油的能力要弱于复合锂基脂束缚基础油的能力。

在圆锥滚子轴承中，起润滑作用的润滑脂主要集中在滚道附近和保持架上，轴承在运转过程中，通过离心力和表面张力分出的基础油到达 Hertz 接触区，形成稳定的润滑油膜，降低轴承的温升，起到良好的润滑作用。润滑脂样品测试轴承温度的台架试验在 FE8 上进行，观察图 5 中的温度曲线，样品 A 由于分油量较大，在运行的前 50 小时，轴承温度很平稳在 95℃左右，50 小时后，由于锂基脂的机械安定性和黏附性差等原因，没有润滑脂的阻挡，分出的基础油被甩出接触区，而造成“乏油”现象，导致轴承的温度升高。样品 B 由于分油量不足，轴承的温度始终在 105℃到 110℃波动，随着运行时间的增加磨损不断加剧，严重影响轴承的使用寿命。改进皂结构后的样品 C 分油量较 B 有了显著地增加，轴承的运行温度也降低了超过 10℃，并且样品 C 的分油量随着温度的升高平稳增加这样有助于对轴承产生持续的润滑作用，有利于延长轴承的使用寿命。样品 D 运行开始轴承温度较高，可能是因为轴承的温度有一部分来自润滑脂的搅动热。随着运行时间的增加 D 的轴承温度有明显下降，80 小时后由于 D 的分油量过大或是被氧化，轴承温升又有增加的趋势。

3.5 行车试验

装填样品 A 的试验车辆行驶到 70000km，轮毂出现明显的析出油现象，轮毂轴承振动增加，磨损严重，因此样品A行驶70000km时达到使用寿命，终止试验。取样品进行分析。其他3个润滑脂样品均行驶200000km无明显甩出润滑脂，析出油的现象，样品B，C，D均行驶200000km结束试验后进行取样品分析。

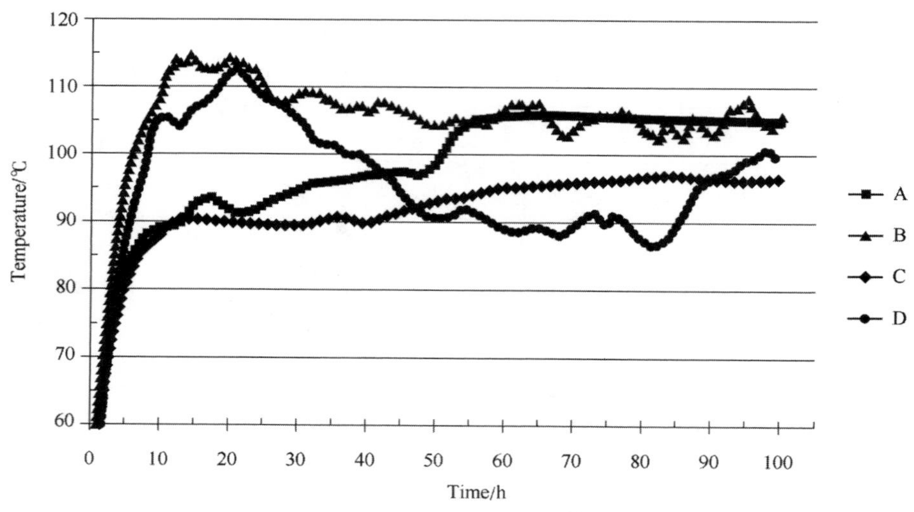

图5 润滑脂样品FE8台架试验的温升曲线

见表6，四个润滑脂样品行车试验后样品的理化指标的分析，样品A和样品B的滴点下降明显，下降约10℃。样品C和样品D的滴点变化不明显，下降2℃左右。样品A的锥入度变化值最大，增加了42,，样品B的锥入度增加了30，样品D的锥入度增加25，样品C的锥入度变化最小，只增加了15。样品C与样品B比较，在实际行车中剪切安定性提高了47%。四个样品行车试验后的锥入度变化趋势正符合前面机械安定性的分析结果。

表6 行车试验后润滑脂的理化指标分析

样品	取样位置	滴点变化/℃	锥入度变化值/0.1mm	铁含量/%(ICP分析)
A	保持架	-10	—	0.5305
	轴承端面	-8	42	0.2946
B	保持架	-12	—	0.2508
	轴承端面	-2	30	0.2432
C	保持架	-2	—	0.1008
	轴承端面	0	16	0.0985
D	保持架	-3	—	0.1407
	轴承端面	0	25	0.0920

造成滴点和锥入度下降主要是因为润滑脂在轮毂轴承中受到长时间的剪切，皂纤维被破坏(见图6)，使润滑脂的皂分子束缚基础油的能力下降。图6显示，锂基脂A的皂纤维破坏最严重，几乎所有的皂纤维都被剪断。其他3个复合锂基润滑脂的皂纤维也都有一定程度的破坏，样品B的大部分皂结构被剪断，网状结构的主体被破坏。由于样品C的皂分子间结合力更强，因此C的破坏程度明显比B的要轻，虽然样品C接近50%的皂结构被破坏，但还存在大量完整的皂纤维结构。样品D的皂纤维主体破坏，大量长纤维被剪断，一些扭绳

结构变得松散。

选取了使用四个润滑脂样品的轮毂轴承进行分析见图7，使用样品A的轴承无腐蚀和锈蚀现象，滚动体有严重的磨损和变色现象，对样品A进行ICP分析，铁含量超过0.5%。由于样品A的耐高温和机械安定性差，导致轮毂轴承严重的磨损现象，使卡车轴承早期失效。由于样品B的分油量不足，会导致“乏油”现象，使轴承产生磨损和轻微的变色现象。使用样品D的轴承只有轻微的变色现象，无明显的磨损现象，变色时由于轴承运行时的局部温度高引起的。使用样品C的轴承无变色和磨损现象，轴承表面光亮无明显的压痕和凹坑。通过行车试验可知，样品C能为轮毂轴承提高良好的润滑保护，完全满足卡车轮毂轴承行驶200000km的要求。

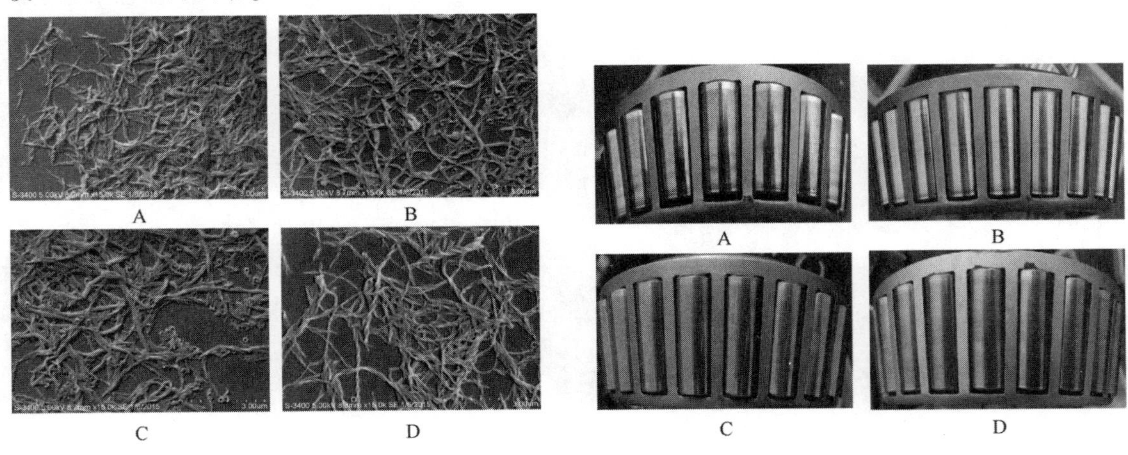

图6　行车试验后皂纤维变化

图7　行车试验后轴承外观变化

4　结论

通过改善稠化剂的结构，提高了皂纤维的机械强度和抗水能力，改进了复合锂基润滑脂的流变性能。使制备的新型复合锂基润滑脂，具有良好的机械安定性、抗水性、黏附性和防护性能。通过实验室分析、台架试验和行车试验来验证产品的各项性能和实际使用效果。行车试验结果显示，新型复合锂基润滑脂能够满足卡车轮毂轴承20万公里的润滑要求，特别是在高温、高速、重载等苛刻的条件下能够提高车辆行驶的可靠性和安全性。

参　考　文　献

[1] ASTM D4950：Standard Classification and Specification for Automotive Service Greases.

[2] ASTM D217：Standard Test Methods for Cone Penetration of Lubricating Grease.

[3] ASTM D1831：Standard Test Method for Roll Stability of Lubricating Grease.

[4] ASTM D4049：Standard Test Method for Determining the Resistance of Lubricating Grease to Water Spray.

[5] DIN 51817：Prüfung von Schmierstoffen-Bestimmung der Ölabscheidung aus Schmierfetten unter statischen Bedingungen.

[6] ASTM D566：Standard Test Method for Dropping Point of Lubricating Grease.

[7] ASTM D7303：Standard Test Method for Determination of Metals in Lubricating Greases by Inductively Coupled

Plasma Atomic Emission Spectrometry.

[8] DIN 51810：Bestimmung der Scher-Viskosität von Schmierfetten mit dem Rotationsviskosimeter，Beuth Verlag Berlin.

[9] Grease Lubrication in Rolling Bearings. First Edition. Piet M Lugt.

[10] S. K. Yeong，P. F. Luckham，Th. F. Tadros. Steady flow and viscoelastic properties of lubricating grease containing various thickener concentrations. Journal of Colloid and Interface Science，274：285-293，2004.

[11] Mezger，Th. Das Rheologie-Handbuch Für Anwender von Rotations- und Oszillations-Rheometern，Vincentz-Verlag Hannover，2002.

[12] C. Gay，L. Leibler. Theory of tackiness. Physical Review Letters，82：936-939，1999.

[13] Deutsches Institut für Normung. Bestimmung derö labscheidung aus Schmierfetten unter statischen Bedingungen. DIN 51817，1998.

基础油及黏度指数改进剂对高档柴油机油烟炱分散性能影响

夏青虹，徐　杰，武志强

（中国石化石油化工科学研究院七室，北京　100083）

摘　要　利用CH-4复合剂与各类基础油复配，对复配后的油品烟炱分散性能进行考察，结果表明API Ⅰ、Ⅱ、Ⅲ类基础油分散性能逐步提高。考察了不同的黏度指数改进剂对油品分散性的影响。调配的柴油机油各项理化指标满足规格要求，模拟评定结果与已通过Mark T-8E发动机台架评定油相当。

关键词　柴油机油　基础油　黏度指数改进剂　分散性能

1　前言

高档柴油机油要求有较高的烟炱分散能力。大功率重负荷柴油机采用直喷技术，燃料喷入量大，未完全燃烧的柴油容易生成烟炱窜入曲轴箱。烟炱进入柴油机油后，若油品不能有效地分散烟炱，烟炱便聚集形成网状结构，少量的烟炱即可引起油品黏度的成倍增长[1]。黏度增长的程度与柴油机油的烟炱分散性能有关[2]。研究基础油对油品烟炱分散性能的影响对于高档柴油机油的拓展应用具有很大的实用意义。

2　试验方法和设备

油品的理化指标测定方法：运动黏度GB/T 265、黏度指数GB/T 2541。

采用模拟试验方法如下：

烟炱分散性：烟炱分散性的模拟试验采用碳黑作模拟物，评价试油加入质量分数为3%的碳黑后相对于新油在100℃下的黏度增长率来区分试样的分散性，采用逆流管测黏度法。

高温清净性：成焦板试验。

成焦板间歇试验：试验时间1h。

成焦板连续试验：试验时间5h。

抗氧化性能：薄膜氧化试验：ASTM D4742。

3　试验结果与讨论

3.1　基础油烟炱分散性能的考察

基础油是添加剂的载体，在润滑油中占有较大比例，对油品性能影响很大。

CH-4柴油机油需要通过8个发动机台架试验评定和4个模拟试验评定[3]。对油品烟炱分散性能进行考察的柴油机油Mack T-8台架试验中，在保持油品正常黏度的前提下，从CF-4(Mack T8-A)、CG-4(Mack T8)到CH-4(Mack T8-E)，允许的烟炱质量分数从2.0%、3.8%到4.8%，表明CH-4柴油机油比CF-4油和CG-4油要求更高的烟炱分散能力。

采用碳黑分散试验来模拟Mack T-8发动机试验，评价试油中加入质量分数为3%的碳黑后相对于新油在100℃下的黏度增长率来区分试样的分散性。

分别往API Ⅰ类基础油、API Ⅱ类基础油和API Ⅲ类基础油中，加入质量分数为1%的黏度指数改进剂和CH-4复合剂，调合成全配方油。考察基础油对柴油机油烟炱分散性能的影响。结果见表1。

表1 基础油对分散性的影响考察

油样	基础油	黏度增长率/%
2-1	APIⅠ类基础油+OCP	37
2-2	APIⅡ类基础油+OCP	30
2-3	APIⅢ类基础油+OCP	29

表1的结果表明，不同类型基础油的烟炱分散能力不同。在加入相同黏度指数改进剂的前提下，从API Ⅰ类基础油到API Ⅲ类基础油黏度增长率逐渐下降，烟炱分散性能逐渐变好。在实际生产中，往往采用两种或更多基础油进行复配来调合油品，在满足性能要求的前提下尽量采用低成本基础油来达到最佳经济效益。试验中对不同类型基础油复配对烟炱分散性能的影响进行了考察，结果见表2。3-6号、3-7号、3-12号油分散性较好，为优选方案。

表2 基础油复配对分散性的影响考察

油样	基础油复配	黏度增长率/%
3-1	HVI I 150+HVI I 500+ HVI I 150BS	827
3-2	HVI I 150+ HVI II 500-3+HVI I 150BS	113
3-3	HVI I 150+HVI HVI I 650	166
3-4	HVI I 150+HVI HVI I 650+ HVI II 500-3	210
3-5	HVI I 150+HVI HVI I 650+ HVI II 150-2	314
3-6	HVI I 150+ HVI II 500-3	72
3-7	HVI II 350+ HVI II 500-3+ HVI I 150BS	55
3-8	HVI II 350+HVI I 500+ HVI I 150BS	103
3-9	HVI II 150-2+ HVI II 500-3+ HVI I 150BS	801
3-10	HVI II 150-2+HVI I 150+ HVI II 500-3+ HVI I 150BS	806
3-11	HVI II 150-2+HVI I 500+HVI I 150BS	449
3-12	HVI I 150+HVI I 650+HVI II 150-2+ HVI Ⅲ150	66
3-13	HVI I 500+HVI I 650+HVI II 150-2+ HVI Ⅲ150	85

3.2 黏度指数改进剂烟炱分散性能考察

黏度指数改进剂是一种油溶性高分子化合物，在运动黏度较低的基础油中添加黏度指数改进剂，可以提高运动黏度，改善基础油黏温性能[4]。柴油机油中常用的黏度指数改进剂主要有乙丙共聚物(OCP)、聚甲基丙烯酸酯(PMA)、氢化苯乙烯/双烯共聚物(HSD)、混合聚物(MP)及聚异丁烯(PIB)等。使用分散型黏度指数改进剂可以在维持对烟炱分散效果不变的前提下，降低分散剂的用量[5]。不同的黏度指数改进剂对柴油机油烟炱分散性能影响各异。黏度指数改进剂对油品的烟炱分散性能影响见表3。

表3　不同类型黏度指数改进剂对烟炱分散性影响的考察

黏度指数改进剂	黏度增长率/%	黏度指数改进剂	黏度增长率/%
乙丙共聚物	17~1172	氢化苯乙烯/双烯共聚物	964~1292
聚甲基丙烯酸酯	1796		

由表3可以看出，不同黏度指数改进剂调合的全配方油烟炱分散性能差异很大。乙丙共聚物型黏度指数改进剂调合的全配方油，烟炱分散性能最好；聚甲基丙烯酸酯型黏度指数改进剂调合的全配方油烟炱分散性能最差。选择合适的黏度指数改进剂对柴油机油烟炱分散性至关重要。OCP型黏度指数改进剂价格低廉，且烟炱分散性能好，为优选黏度指数改进剂。

往API Ⅰ类、Ⅱ类和Ⅲ类基础油中，分别加入质量分数为1%的不同OCP型黏度指数改进剂和CH-4复合剂，调合成全配方油。考察黏度指数改进剂对柴油机油烟炱分散性能的影响。试验结果见图1。

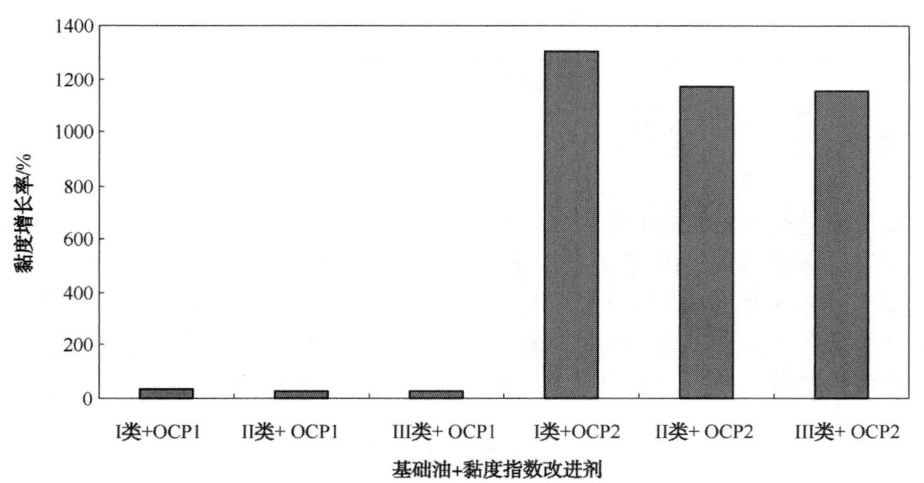

图1　黏度指数改进剂对油品烟炱分散性能影响

由图1可见，在两种不同黏度指数改进剂情况下，油品分散性能表现出较大差别，OCP2调制的油品黏度增长率远远高于用OCP1调制的油品。

从前面的试验结果可知，基础油和黏度指数改进剂对柴油机油烟炱分散性能有较强的影响。从API Ⅰ类基础油到API Ⅲ类基础油，油样黏度增长率逐渐下降，油品的烟炱分散性能逐渐变好。黏度指数改进剂对油品的烟炱分散性能有较大影响。试验对4种OCP型黏度指数改进剂对油品烟炱分散性的影响进行了考察，结果见表4。

表4 OCP型黏度指数改进剂对烟炱分散性影响的考察

黏度指数改进剂	黏度增长率/%	黏度指数改进剂	黏度增长率/%
OCP-1	346	OCP-3	450
OCP-2	162	OCP-4	86

由表4可以看出，编号OCP4的乙丙共聚物型黏度指数改进剂调制的油品黏度增长率最低，试验结果再次表明黏度指数改进剂对油品的烟炱分散性能有主要影响。

4 CH-4柴油机油的性能评定

经过实验室模拟评定，确定了CH-4柴油机油基础油配方的组成。组成为HVI Ⅱ 6+HVI Ⅰ650+HVI Ⅰ150+OCP型黏度指数改进剂+降凝剂。对调配的CH-4柴油机油高温清净性、烟炱分散性、抗氧性进行评定，研制油的实验室模拟评定结果见表5。参比油为Mark T8-E发动机台架试验通过油，试验结果表明研制油与参比油性能相当。

表5 油品模拟评定结果

项　目	研　制　油	参　比　油
碳黑分散试验黏度增长率/%	47	69
薄层氧化时间/min	134	161
成焦板间歇试验焦重/mg	26	46
成焦板连续试验焦重/mg	54	24

5 结论

黏度指数改进剂对油品的烟炱分散性能有较大影响。在加入相同黏度指数改进剂的前提下，从API Ⅰ类基础油到API Ⅲ类基础油黏度增长率逐渐下降，烟炱分散性能逐渐变好。

采用国产API Ⅰ类基础油为主体，加入适量的OCP型黏度指数改进剂、降凝剂，并加入CH-4功能复合剂，调配成CH-4柴油机油。调配的CH-4柴油机油所有理化指标符合规格要求，模拟评定结果与通过Mark T8-E发动机台架评定油相当。

参 考 文 献

[1] Bardasz E A，Cowling S V，Ebeling V L，et al. Understanding soot mediated oil thickening through designed experimentation-part 1：Mack EM6-287，GM 6. 2L. SAE Paper 952527，1995.

[2] George S，Balla S，Gautam V，et al. Effect of diesel soot on lubricant oil viscosity[J]. Tribology International，2007，(40)：809-818.

[3] Mc Geehan J A，Franklin T M，Bondarowicz F，et al. New diesel engine oil category for 1998：API CH-4. SAE Paper 981371，1998.

[4] 黄文轩编．润滑剂添加剂应用指南[M]. 北京：中国石化出版社，2003：116.

[5] Goldblatt I，Mchenry M，Henderson K，et al. Lubricant for use in diesel engines. US Patent ，6187721. 2001.

航煤质量影响因素解析及对策

唐 彬，赵雨生

（中国石油大庆石化分公司炼油厂，黑龙江大庆 163711）

摘 要 简要介绍了装置航煤生产的重要意义及简要生产过程、产品现状、主要控制指标，从航煤生产的各个层面包括原料、主要操作条件、航煤收率及设备运行状态分析了影响航煤质量的主要因素，针对主观及客观因素提出了稳定航煤质量的措施。

关键词 航煤 质量 原油 换热器 过滤器

1 前言

喷气燃料主要用于喷气式发动机，对燃料的质量要求非常严格，要求喷气燃料使用时应具有：适当的蒸发性能、较高的热值和密度，使其具有良好的燃烧性能；清洁、无腐蚀、安定性能好；良好的低温性能；较小的起电性能并具有一定的润滑性能。大庆石化公司炼油厂二套常减压装置常一线生产的航煤馏分按 3 号喷气燃料规格设计。

装置采用国内已成熟的 13X 铜分子筛氧化脱硫醇工艺，将航煤馏分在 130±15℃，反应空速为 $3h^{-1}$（重时空速）下，通入少量空气进行氧化脱硫醇，后设活性炭脱色及过滤器流程来确保航煤各项指标合格。

2 产品现状

3 号喷气燃料（以下简称航煤）是我厂一个拳头产品，在 2001 年航煤荣获全国用户满意产品，同时也是炼油厂的主要效益点。为此车间从原料进装置抓起，从每一个控制指标抓起，切实做好全员、全过程、全方位、全天候、多方法的质量控制和管理，航煤质量控制一直处于较高水平，航煤合格率 99.5%以上。

表 1 常一线控制指标

序 号	分析项目	控制指标	分析频率
1	密度（20℃）/（kg/m^3）	≮775.5	1 次/4 小时
2	终馏点/℃	≯300	1 次/4 小时
3	冰点/℃	≯-48	1 次/4 小时
4	闪点/℃	40~50	1 次/4 小时
5	硫醇性硫/%	≯0.0009	1 次/4 小时
6	铜离子/（μg/kg）	≯20	1 次/4 小时

续表

序　号	分 析 项 目	控 制 指 标	分 析 频 率
7	颜色/号	≮26	1次/4小时
8	水含量/(mg/kg)	≯100	2次/月

3　航煤流程

如图1，常一线油经常压塔第34层塔盘馏出，进入汽提塔上部，一线油自汽提塔集油箱流经再沸器换-40，用常三线做热源，把一线油加热至200~203℃，靠热虹吸返回汽提塔汽化段，轻组分在汽提塔顶部经挥发线进入常压塔第36层，汽提后的3号航煤在汽提塔底部经泵-9抽出，送至换-5与原油换热，注入适量空气后，进入脱硫醇反应器。经脱硫反应的3号航煤自反应器顶部出来，经换-41与伴热水换热，再经空冷-3冷却到40~50℃，进入中间罐容-14中部，剩余空气在容-14顶部排入大气，3号航煤经过泵-30抽出，运至脱色罐(容-8/1.2)及玻璃纤维过滤器，再至陶瓷过滤器过滤后送出装置入后路航煤罐区。

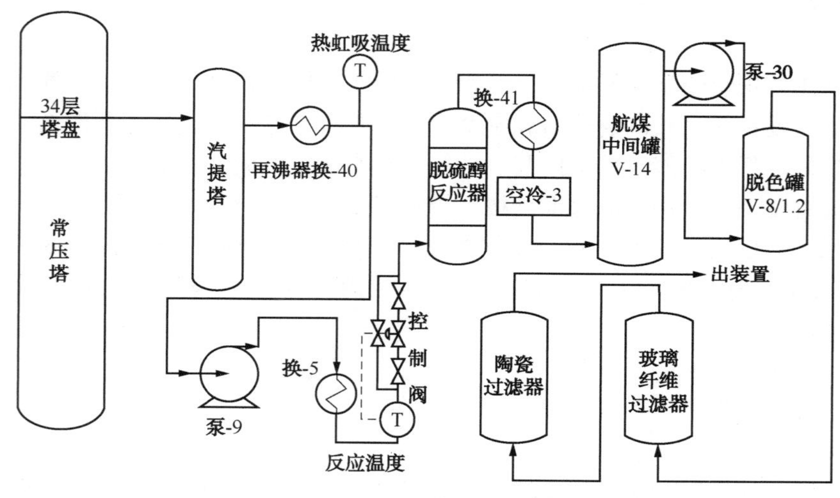

图1　航煤流程

4　航煤质量影响因素分析

4.1　原料影响

4.1.1　原油性质

如表2，随着大庆油田的持续开采，原油逐渐劣质化，原油含硫量增加，导致航煤进反应器前硫醇性硫含量升高，设计小于0.01%，实际大于0.012%，如果要达到相同的质量条件，必然需要更加苛刻的操作条件配合，造成反应器反应强度增加，航煤颜色加深，脱色罐负荷增加，容易导致航煤颜色不合格，同时降低了反应器和脱色罐内催化剂使用寿命。

表 2 原油硫含量

采样时间	原油含硫量/(μg/g)
2009 年 1 月 20 日	981.84
2010 年 1 月 6 日	987.6
2011 年 2 月 15 日	1026.5
2012 年 1 月 31 日	1115.0

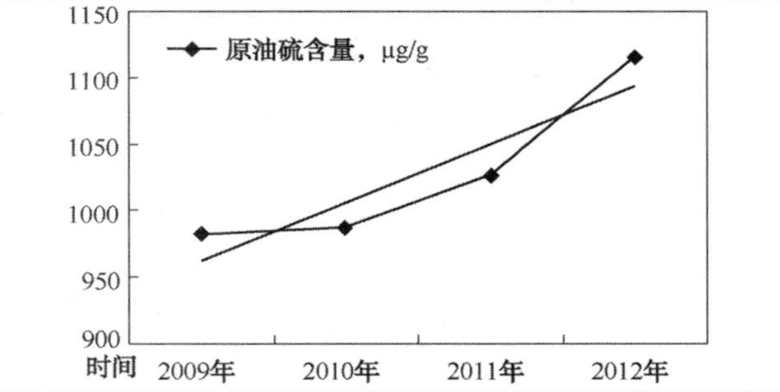

4.1.2 原油带水

2011 年 10 月 15 日～16 日原油大量带水，分析原油含水 8.5%，造成航煤颜色连续不合格，为保护航煤催化剂，装置 15 日 7 点将脱色罐容-8/2 切除，17 日 14 点脱色罐容-8/2 投用，航煤颜色仍然连续不合格。10 月 20 日将脱色罐容-8/1 与容-8/2 串联运行，直至 10 月 22 容-8/2 罐后采样颜色分析为+26，航煤质量合格。原油带水对航煤质量影响非常大，水可破坏分子筛和活性炭，使其强度降低，最终泥化，造成航煤质量不合格，同时降低催化剂寿命。

4.1.3 原油品质

2012 年 2 月 21 日～26 日装置航煤冰点、闪点、颜色出现多个不合格，车间对常顶压力、馏出温度、热虹吸温度等操作参数进行了调整，没有效果，后经证实为原油中混兑了其它油品，被迫降低常一线收率 6.8%↓6.1%。航煤质量才合格。2012 年 3 月 24 日、26 日航煤冰点、闪点连续出现不合格，主要原因还是原油品质问题，装置降低常一线收率 6.5%↓6.3%质量合格。原油品质下降，对航煤冰点、闪点影响较大，通过操作调整难以达到航煤指标要求，降低收率虽然质量合格，但是效益下降。

4.2 操作条件影响

4.2.1 常顶压力高

常压塔顶压力偏高，进入 6 月份以后常顶压力在 65～70kPa 左右，最高达到 74kPa，油品汽化率降低，蒸出同样组分的油品所需温度就高，常一线油品为炼油厂高附加值产品，为了保证常一线有较高收率，适当提高常一线馏出温度 171↗175℃，常一线油入 E-5 的温度也随之升高。导致换热器负荷增加，常一线油在全走换热器 E-5 的情况下反应温度也居高不下，对航煤颜色有一定影响。

4.2.2 原油入装置温度高

常一线油入反应器的温度控制方法是，通过三通阀控制常一线油进入与原油换热器 E-5(原油/常一线换热)的流量比率。常一线油全部流入 E-5 时常一线油入反应器的温度最低。目前由于原油入装置温度 TI-123，由设计的 45℃上升到目前的 57～65℃左右，导致换热器 E-5(原油/常一线)冷介质换热温差下降，换热器 E-5 取热能力相对下降，导致降低反应温度的能力不足，航煤反应温度居高不下，对航煤颜色指标控制产生负面影响。

4.3 航煤收率高

近几年，装置基本为满负荷生产，每天原油量10500t/d，航煤设计收率6.8%，实际为6.85%~7.1%(图2)，较高的航煤收率使航煤在反应器及脱色罐内停留时间缩短，相对减弱了催化剂作用。

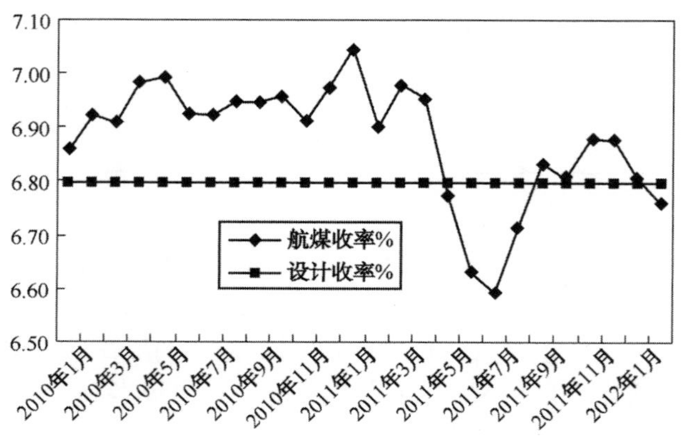

图2 航煤收率变化

4.4 设备影响

4.4.1 换热器结垢

随着装置长周期运行，换热器存在结垢现象，造成换热器效率下降，冷、热物流换热后温度均不能达到设计要求，影响航煤反应温度，对航煤颜色有一定影响。

表3 航煤反应温度、控制伐输出风压变化情况

日期	控制反应温度/℃	实测反应温度均值/℃	输出风压均值/%
2008年	135	135	9
2009年	135	136	8
2010年	135	138	5
2011年	135	142	0
2012年	135	144	0

从表3可以看出，在装置2008年9月~2012年4月生产周期期间，反应温度控制阀的输出风压，随装置运行时间的延长失去调节作用。控制系统已经不起任何作用，反应温度居高不下，严重影响了航煤质量，同时造成反应器在使用初期反应温度就已经处于使用末期的操作条件，降低了催化剂的使用寿命。

4.4.2 过滤器失效

2009年9月16日14：00时起，装置生产的航煤发现有絮状物及黑色杂质，常一线改入次品罐。在E-5处加样，也发现了杂质，可以排除反应器、脱色罐内介质脱落的可能。分析原因主要为常压塔顶缓蚀剂注入不稳定，酸性腐蚀物质与碱性缓蚀剂反复与常顶管线发生反应，造成杂质不断由管线上剥落，由常顶回流带入常压塔，并由常一线馏出，常一线玻璃毛纤维过滤器、陶瓷罐过滤器失效，过滤器没有起到应有的过滤作用。

4.4.3 换热器内漏

2011 年 8 月 4 日 17 时，航煤冰点突然出现+7℃（指标≯-48℃），不合格，航煤颜色+14（指标≮+26）不合格，通过原因排查，确定航煤再沸器（换-40）内漏，常三线重柴油漏入航煤系统；停换-40 检查管束发现泄漏较严重（见图 3），堵管 10 根（见图 4），影响了航煤质量。

图 3 换-40 内漏

图 4 换-40 管束堵塞

5 结论及建议

5.1 影响航煤质量因素

（1）原油含硫量增加，造成反应器反应强度增加，航煤颜色加深，脱色罐负荷增加，容易导致航煤颜色不合格，同时降低了反应器和脱色罐内催化剂使用寿命。

（2）原油带水可破坏分子筛和活性炭，使其强度降低，最终泥化，造成航煤质量不合格，同时降低催化剂寿命。

（3）原油中混兑其它油品，容易造成航煤冰点、闪点、颜色出现不合格，通过操作调整难以达到航煤指标要求，降低航煤收率保证航煤质量。

（4）装置长周期运行造成换热器结垢，航煤反应温度控制困难，较高的反应温度容易造成航煤颜色不合格。

（5）再沸器（换-40）内漏，造成航煤冰点和颜色不合格。

5.2 建议

（1）增加常一线/原油换热器 E-5 的传热面积或新增常一线/原油换热器一台，根据原油性质的变化随时调整反应温度，保证常一线脱硫醇反应在最适宜的条件下进行。

（2）随着原油含硫量的不断增加，现有的反应器及脱色罐内催化剂已经不能满足生产需要，建议扩大反应器及脱色罐面积，增加催化剂用量，确保航煤硫醇和颜色合格。

（3）常一线玻璃毛纤维过滤器、陶瓷罐过滤器定期切换，定期检修。

（4）原油罐区加强脱水和原油含水分析，发现原油带水严重，及时通知装置操作人员将航煤反应器及脱色罐切除，确保催化剂质量不受影响。

（5）筛选更加高效的催化剂应对航煤高收率问题。

（6）针对换热器内漏问题，应该提高管束材质，选用耐蚀材料的换热器，或采用耐腐蚀涂层，同时加强生产与技术管理，避免因工艺操作不当而引起设备的不应有的腐蚀泄露，定期对换-40进行在线检测工作。

（7）换热器结垢影响装置航煤生产，造成反应温度控制困难，可以采用化学清洗技术，但是化学清洗液不稳定，要考虑对航煤质量是否有影响；机械在线除垢技术也是针对运行设备除垢开发的一项新技术，如果能够解决换热器结垢问题，对航煤的硫醇和颜色控制非常有利。

（8）航煤颜色出现不合格，非操作条件变化引起，将脱色罐串联可在30分钟内将质量调节合格，是最快捷的调节方式。

3 号喷气燃料水分离指数探讨

彭汉初

（中国石化九江分公司质管中心，江西九江　332004）

摘　要　对美国 EMCEE 生产的水分离组件、微量水、添加剂、反应深度及油品循环沉降时间对 3 号喷气燃料水分离指数的影响进行了考察，结果表明不同批号水分离组件、不同反应深度、油品沉降时间长短、不同抗静电剂含量、微量水含量大小对 3 号喷气燃料水分离指数的影响较大，抗氧剂和抗磨剂对 3 号喷气燃料水分离指数的影响很小。

关键词　3 号喷气燃料　水分离指数　影响

3 号喷气燃料的水分离指数是表示喷气燃料通过凝聚过滤介质时分离水的难易程度的数值，它可以反映燃料中是否存在磺酸盐和环烷酸盐等表面活性物质。除了 3 号喷气燃料本身所含的表面活性物质以外，各种改善 3 号喷气燃料性质所使用的添加剂，如抗氧剂、抗静电剂或抗磨剂等，大多具有较高的表面活性，它们会降低 3 号喷气燃料的水分离指数。3 号喷气燃料水分离指数以 0~100 的整数值表示，其中洁净透明的 3 号喷气燃料的水分离指数定为 100。水分离指数越高，表示燃料所含表面活性物质越少。GB 6537—2006《3 号喷气燃料》标准规定 3 号喷气燃料（加入抗静电剂后）水分离指数不小于 70。

中国石油化工股份有限公司九江分公司从 2012 年 10 月将 0.30Mt/a 重整装置预加氢单元改造成以 RSS-2 为主催化剂，采用成熟的 RIPP“低压 3 号喷气燃料临氢脱硫醇（RHSS）工艺”生产 3 号喷气燃料。2013 年 1 月份，3 号喷气燃料水分离指数出现波动，为分析引起 3 号喷气燃料水分离指数波动原因，对 3 号喷气燃料水分离指数进行了长时间跟踪并开展了大量试验探讨。

1　试验部分

1.1　试验方法

SH/T 0616— 2004《喷气燃料水分离指数测定法（手提式分离仪法）》。

1.2　试验仪器

美国 EMCEE 公司生产的 1140 型航空油料水分离指数仪。

1.3　试验材料

（1）进口注射器（组件）：包括 50mL 塑料注射器筒和柱塞、注射器堵头、直颈瓶、铝质聚结器、微量水注射器；

（2）抗氧剂：2，6-二叔丁基对甲基苯酚；
（3）抗磨剂：环烷酸型（T1602）；
（4）抗静电剂：Stadis450。

2 结果与讨论

2.1 水分离组件的影响

2013年2月初，九江分公司3号喷气燃料水分离指数出现偏低现象，对不同水分离组件进行水分离指数测试，结果见表1和表2。

表1 12192批次水分离指数组件测试及相关结果

罐号	样品日期	电导率/（pS/m）	抗静电剂含量/（mg/L）	水分离指数（未加抗静电剂）	水分离指数（加剂后）			
G502	20121227	303	0.8	97	24℃	24℃	26℃	26℃
					87	93	52	96
G504	20130103	372	0.8	98	20℃	20℃	26℃	26℃
					58	85	74	92
G505	20130104	327	0.8	98	22℃	22℃	—	—
					71	90	—	—
G504	20130111	313	0.8	98	23℃	23℃	—	—
					86	91	—	—
G503	20130112	317	—	98	20℃	20℃	20℃	20℃
					58	66	94	67

表2 12199批次水分离指数组件测试及相关结果

罐号	样品日期	电导率/（pS/m）	抗静电剂含量/（mg/L）	水分离指数（未加抗静电剂）	水分离指数（加剂后）	
G503	20130112	317	0.7	98	78	82
G508	20130114	177	0.8	98	84	87
G508	20130115	270	0.7	98	73	77
G501	20130117	259	0.7	98	80	81
G504	20130118	247	0.7	97	70	74
G505	20130119	277	0.7	98	72	73
G503	20130120	286	0.7	98	78	80
G502	20130122	256	0.7	98	93	95
公路油头	20130122	268	0.7	98	88	91
铁路首车	20130122	226	0.7	98	81	—
G508	20130125	278	0.7	98	81	84

续表

罐号	样品日期	电导率/(pS/m)	抗静电剂含量/(mg/L)	水分离指数(未加抗静电剂)	水分离指数(加剂后)	
G501	20130126	272	0.7	98	85	86
G501	20130127	280	0.7	98	82	85
G504	20130128	268	0.7	98	84	84
G507	20130131	302	0.7	98	83	87
G502	20130203	254	0.7	98	84	86

由表 1 和表 2 分析数据可得出

(1) 3 号喷气燃料半成品水分离指数不受水分离组件的影响;

(2) 采用 12192 批次的水分离组件测定 3 号喷气燃料成品水分离指数数据呈现跳跃性，重复性差，而采用 12199 批次的水分离组件测定 3 号喷气燃料成品水分离指数数据重复性好。

2.2 添加剂的影响

抗氧剂对 3 号喷气燃料水分离指数的影响试验，结果见表 3。

表 3 抗氧剂加入前后 3 号喷气燃料水分离指数检测情况

分析项目	未加抗氧剂	按 20mg/L 添加抗氧剂 T501
水分离指数	99	99

从表 3 可以看出，抗氧剂对 3 号喷气燃料水分离指数没有影响。

抗磨剂对 3 号喷气燃料水分离指数的影响试验，结果见表 4。

表 4 3 号喷气燃料抗磨剂试验结果

分析项目	未加加抗磨剂	加入抗磨剂(14mg/L)
水分离指数	99	99

从表 4 可以看出，抗磨剂对 3 号喷气燃料水分离指数没有影响。

抗静电剂对 3 号喷气燃料水分离指数的影响试验，结果见表 5。

表 5 3 号喷气燃料加抗静电剂前后水分离指数分析数值

日期时间	采样点	水分离指数(未加抗静电剂)	水分离指数(加剂后)
2012-10-06T09:00	504#罐	99	92
2012-10-11T08:00	503#罐	98	83
2012-10-20T08:00	507#罐	98	96
2012-10-21T08:00	502#罐	99	88
2012-10-25T10:00	504#罐	99	91
2012-10-26T19:00	502#罐	99	82
2012-10-27T08:00	503#罐	99	81
2012-10-29T10:00	504#罐	99	81
2012-10-31T08:00	507#罐	99	83

由表5可见3号喷气燃料在未加抗静电剂之前水分离指数都在98以上，油水分离效果非常理想；加入抗静电剂后水分离指数下降，证明抗静电剂含有表面活性物质，影响油水分离。

3号喷气燃料中不同抗静电剂含量对其水分离指数的影响试验，结果见表6。

表6 不同抗静电剂含量对3号喷气燃料水分离指数影响

日期时间	采样点	抗静电剂含量/(mg/L)(≯3.0)	水分离指数(≮70)
2013-05-14T14：00	505#罐	0.7	84
2013-05-19T08：00	502#罐	0.7	87
2013-05-23T08：00	508#罐	0.7	83
2013-07-24T08：00	505#罐	1.1	77
2013-07-28T08：00	504#罐	1.1	77
2013-08-12T22：00	508#罐	1.5	75
2013-08-13T08：00	507#罐	1.5	74

从表6可见，当3号喷气燃料抗静电剂调和浓度为0.7mg/L时，3号喷气燃料水分离指数均在80以上，当提高3号喷气燃料抗静电剂浓度时，3号喷气燃料水分离指数会随之下降。

2.3 沉降时间的影响

针对3号喷气燃料加剂循环后沉降时间对其水分离指数的影响进行跟踪，分析数据见表7。

表7 3号喷气燃料静置时间与水分离指数的关系

日期时间	采样点	水分离指数(≮70)	静止时间/h
2013-08-25T08：00	501#罐	72	<1
2013-08-26T11：00	501#罐	85	24
2013-08-29T22：00	502#罐	72	<1
2013-08-30T10：10	502#罐	81	12

从表7可见，3号喷气燃料水分离指数与3号喷气燃料沉降时间有关，沉降时间长，3号喷气燃料中带表面活性的颗粒进行了充分沉降后油水分离效果明显，3号喷气燃料水分离指数上升。

2.4 微量水的影响

针对3号喷气燃料中微量水含量对其水分离指数的影响进行了统计，具体情况见表8。

表8 3号喷气燃料微量水含量对其水分离指数的影响

日期时间	采样点	水分离指数(≮70)	水含量/(mg/kg)
2013-02-18T08：00	508#罐	76	34
2013-02-21T08：00	505#罐	75	41

续表

日 期 时 间	采 样 点	水分离指数(≮70)	水含量/(mg/kg)
2013-02-23T08：00	501#罐	90	16
2013-02-24T08：00	503#罐	79	18
2013-03-01T10：00	507#罐	88	13
2013-03-02T20：00	508#罐	83	18
2013-03-15T08：00	501#罐	86	22
2013-03-27T08：00	507#罐	77	30
2013-04-05T08：00	505#罐	87	26
2013-04-09T08：00	504#罐	85	21
2013-04-10T22：00	504#罐	77	23
2013-04-13T08：00	505#罐	76	31
2013-04-13T20：00	503#罐	77	27
2013-04-15T10：00	508#罐	75	31
2013-04-18T10：00	502#罐	81	19

从表 8 可见，3 号喷气燃料中微量水含量对其水分离指数有影响，当 3 号喷气燃料微量水含量小于 20mg/kg 时，其水分离指数都能达到 80 以上。

2.5 反应深度的影响

针对加氢反应深度对 3 号喷气燃料水分离指数的影响进行了试验。在其它条件不变的情况下，将 3 号喷气燃料加氢反应温度从 260℃ 逐步提高到 270℃，对 3 号喷气燃料水分离指数和氮含量进行了跟踪分析，结果见表 9。

表 9 3 号喷气燃料加氢反应深度提高前后 3 号喷气燃料水分离指数变化情况

日 期 时 间	采 样 点	水分离指数(≮70)	氮含量/(mg/kg)	3 号喷气燃料加氢反应温度/℃
2013-08-01T08：00	504#罐	74	11.79	260
2013-08-06T08：00	501#罐	72	13.15	
2013-08-07T08：00	505#罐	72	9.03	
2013-08-11T08：00	503#罐	72	7.80	
2013-08-11T15：00	504#罐	72	—	
2013-08-12T22：00	508#罐	75	9.52	265
2013-08-13T08：00	507#罐	74	8.16	
2013-08-14T08：00	503#罐	72	7.85	
2013-08-17T08：00	501#罐	72	8.10	
2013-08-17T18：00	505#罐	74	—	
2013-08-18T08：：00	503#罐	72	6.81	
2013-08-20T08：00	504#罐	82	5.59	
2013-08-21T08：00	508#罐	72	5.92	

续表

日期时间	采样点	水分离指数(≮70)	氮含量/(mg/kg)	3号喷气燃料加氢反应温度/℃
2013-08-26T11：00	501#罐	85	—	270
2013-08-27T08：00	507#罐	87	—	
2013-08-27T18：00	505#罐	91	6.50	
2013-08-31T08：00	503#罐	83	5.30	
2013-09-02T09：00	508#罐	82	4.85	
2013-09-03T08：00	504#罐	82	4.99	
2013-09-04T08：00	505#罐	88	5.46	
2013-09-06T08：00	501#罐	82	5.74	
2013-09-08T08：00	502#罐	87	5.80	

从表9可见：随着3号喷气燃料加氢装置反应温度提高，3号喷气燃料中氮含量逐步下降；2、3号喷气燃料加氢装置反应温度在260℃时，3号喷气燃料水分离指数均值在723号喷气燃料加氢装置反应温度提高到270℃时，3号喷气燃料水分离指数上升到均值85。

3 结论

(1) 提高3号喷气燃料加氢装置反应温度，有效地脱除3号喷气燃料中含氮等表面活性物质，有利于提高3号喷气燃料的水分离指数。

(2) 3号喷气燃料调和添加剂中抗氧剂和抗磨剂对3号喷气燃料水分离指数没有影响，抗静电剂对3号喷气燃料水分离指数影响较大，且3号喷气燃料水分离指数随着抗静电剂浓度增大而降低，因此在3号喷气燃料调和过程中尽量控制抗静电剂加入量。

(3) 不同批号的水分离组件对同一个试样在相同条件下测量结果重复性不相同。说明一次性注射器组件的质量对喷气燃料水分离指数测试结果的一致性有不良影响，应引起足够的重视，应选择品质好的水分离组件，以确保喷气燃料水分离指数分析结果准确。

(4) 3号喷气燃料调和沉降时间对其水分离指数有影响，应保证3号喷气燃料调和循环后有充分的沉降时间，让油品中分散的固体颗粒表面活性物质充分沉降。

(5) 微量水含量对3号喷气燃料水分离指数有影响，3号喷气燃料生产车间应加强界区过滤器脱水管理、油储部应加强3号喷气燃料3级过滤器脱水管理，严格控制3号喷气燃料微量水含量。

参 考 文 献

[1] 谢怀忠.3号喷气燃料水分离指数仪分析和校准的探究[J]. 广东化工，2005，3(2)：18-20.

汽油质量升级的技术分析及应对措施

雷　凡

（中国石化九江分公司生产经营部，江西九江　332004）

摘　要　中国石化九江分公司通过对炼厂现有汽油池组分的技术剖析，提出汽油产品升级思路，并对催化吸收稳定、汽油精制以及 MTBE 等单元开展操作优化和局部的技术改造，成功将汽油池中硫含量较高的催化汽油和 MTBE 的硫含量降低至 50mg/kg 以下，实现了成品汽油满足车用汽油国Ⅳ质量标准的要求。

关键词　汽油　质量升级　MTBE　硫含量　加氢精制

汽油是汽车的主要燃料（占 65%），因此减少汽油燃料汽车尾气中污染物排放量成为最首要的问题。近 20 年来，虽然在改进发动机中油品燃烧过程、汽车尾气净化等方面都取得了较大的进展，但仍不能满足环境保护的要求[1]。随着汽车保有量快速增长，汽车尾气排放对大气污染的影响日益增加，面对中国雾霾天气的困扰，社会对油品质量的关注也越来越多。国家标准要求从 2014 年 1 月 1 日起，车用汽油必须达到国Ⅳ标准，中国石油化工股份有限公司（以下简称中国石化）要求下属的各炼油企业从 2013 年 10 月 1 日起，出厂车用汽油需达到新标准要求。

中国石化九江分公司（以下简称该公司）是一家具有 5.00Mt/a 原油综合加工能力的燃料型炼厂，主要有常减压蒸馏、催化裂化、连续重整、延迟焦化、汽油加氢和柴油加氢等装置。为了考察汽油产品质量升级存在的问题和瓶颈，该公司自 6 份开始进行国Ⅳ汽油试生产工作。

1　基本情况

1.1　汽油池构成

该公司车用汽油产量约为 135kt/月，主要由催化汽油和重整汽油组成，还有少量的 MT-BE，其中催化汽油经 RSDS 选择性加氢装置精制后与其他调和组分混合进入汽油罐。汽油池各组分所占比例和主要性质如表 1 所示。

表 1　汽油池的构成及各组分主要性质

项　　目	比例/%	RON	硫含/（mg/kg）	蒸汽/kPa	烯烃/v%	苯/v%	芳烃/v%
催化汽油	67.07	92.6	714	82/71	30.8	0.26	21.4
轻汽油	20.11	99.0	136		44.6	0.07	0.1
精制重汽油	46.96	89.0	117		15.5	0.36	30.5

续表

项　　目	比例/%	RON	硫含/(mg/kg)	蒸汽/kPa	烯烃/v%	苯/v%	芳烃/v%
重整脱苯汽油	16.08	104.3	0		0.03	0	90.06
芳烃抽提重汽油	3.67	105	0		0.04	0	93.59
抽余油	8.47	80	0			0	0
甲苯	1.76	110	0			0	100
MTBE	2.95	115	616				

1.2　汽油生产、调和过程

该公司车用汽油有93#和97#2个牌号，其中97#车用汽油产品约为50000t/月。生产93#车用汽油时以精制催化汽油、重整脱苯汽油、芳烃抽提重汽油、抽余油和少量MTBE为组分，生产97#汽油时则以催化精制汽油、重整脱苯汽油、甲苯和MTBE为组分，调和比例和性质如表2和表3所示。

表2　93#汽油调和

项　　目	流量/(t/月)	RON	硫含量/(mg/kg)	烯烃/v%	苯/v%	芳烃/v%
精制催化汽油	54300	91.6	114	30.8	0.26	21.4
重整脱苯汽油	13111	104.3	0	0.03	0	90.06
芳烃抽提重汽油	4954	105	0	0.04	0	93.59
抽余油	11435	80	0		0	0
甲苯	0	110	0		0	100
MTBE	1200	115	616			
MMT		1				
合流汽油	85000	94.1	89	19.7	0.2	34.6

表3　97#汽油调和

项　　目	流量/(t/月)	RON	硫含量/(mg/kg)	烯烃/v%	苯/v%	芳烃/v%
精制催化汽油	36244	91.6	114	30.8	0.26	21.4
重整脱苯汽油	8597	104.3	0	0.03	0	90.06
芳烃抽提重汽油	0	105	0	0.04	0	93.59
抽余油	0	80	0		0	0
甲苯	2376	110	0		0	100
MTBE	2783	115	616			
MMT		1.2				
合流汽油	50000	97.1	117	22.3	0.2	33.1

1.3　国Ⅲ汽油质量

2013年1~5月，该公司出厂车用汽油执行国Ⅲ标准，主要性质如表4所示。

表 4 2013 年 1~5 月份出厂汽油质量情况

项 目	93#车用汽油	97#车用汽油
馏程/℃		
初馏点	33.10	33.89
10%	49.89	50.99
50%	93.11	99.45
90%	166.49	169.32
终馏点	200.55	201.18
硫含量/(mg/kg)	94	123
密度(20℃)/(kg/m)	742.70	753.11
马达法辛烷值 MON	82.23	84.33
研究法辛烷值 RON	94.11	97.14
抗爆指数	88.17	90.73
蒸气压/kPa	67.9	66.5
锰含量/(g/L)	0.005	0.011
饱和烃/v%	50.63	40.77
芳烃/v%	31.88	34.20
苯含量/v%	0.30	0.29
烯烃/v%	16.97	17.36
博士	通过	通过
铜片腐蚀	1a	1a
铁含量/(g/L)	0.00	0.00
铅含量/(g/L)	<0.003	<0.003
总氧/%	0.68	1.42
甲醇含量/%	0	0
残留量/mL	1.13	1.12
损失量/mL	0.87	0.88
实际胶质/(mg/100mL)	<2.0	<2.0
未洗胶质/(mg/100mL)	2.06	2.1
诱导期/min	600	600
水溶性酸或碱	无	无
机械杂质	无	无
水分	无	无

2 技术分析及应对思路

由表 5 可知，国Ⅳ汽油与国Ⅲ质量标准相比，主要体现在蒸汽压、烯烃含量、锰含量和硫含量等 4 个指标要求更为苛刻。其中对汽油生产影响最大的就是硫含量的变化，由国Ⅲ标准的≯150mg/kg 升级国Ⅳ标准的≯50mg/kg。对照比表 4 可以看到，该公司出厂车用汽油硫含量和锰含量超过国Ⅳ标准，夏季时蒸汽压有超标的风险，烯烃含量指标仍有较大富余。因此结合表 1 汽油池的调和组分看，可分别从如下的工艺处理手段和措施开展汽油质量升级：

表5 国Ⅲ和国Ⅳ汽油质量标准中发生变化的指标对比

标准与技术要求	车用汽油(Ⅲ)	车用汽油(Ⅳ)
蒸气压/kPa		
11-01~04-30	≯88	≯42~85
05-01~10-31	≯74	≯40~68
硫含量/(mg/kg)	≯150	≯50
烯烃含量/v%	≯30	≯28
锰含量/(g/L)	≯0.016	≯0.008

(1)导致汽油蒸汽压变化的汽油组分主要来自催化汽油，可过优化催化吸收稳定操作，以实现降低蒸汽压；

(2)通过降低MMT的加入量可有效控制汽油中的锰含量。

(3)重整汽油组分都是低硫的组分，降低汽油硫含量关键在于降低催化汽油硫含量和MTBE硫含量。

由于该公司没有蜡油加氢装置，催化稳定汽油的硫含量较高(约700mg/kg)，经过0.9Mt/a汽油加氢装置(以下简称3#加氢)精制后去调合汽油。3#加氢装置采用某研究院RSDS-Ⅱ[2]技术，催化稳定汽油经过分馏塔切割为30~90℃的轻汽油和70~205℃的重汽油。其中轻汽油硫含量约为130mg/kg，可以直接满足国Ⅲ标准；重汽油硫含量约为900mg/kg，经过加氢精制可以将硫含量降至10mg/kg以下。在生产国Ⅲ汽油时，精制重汽油硫含量控制在100mg/kg，再和轻汽油一起进入固定床反应器脱除硫醇性硫，加工原则流程见图1。

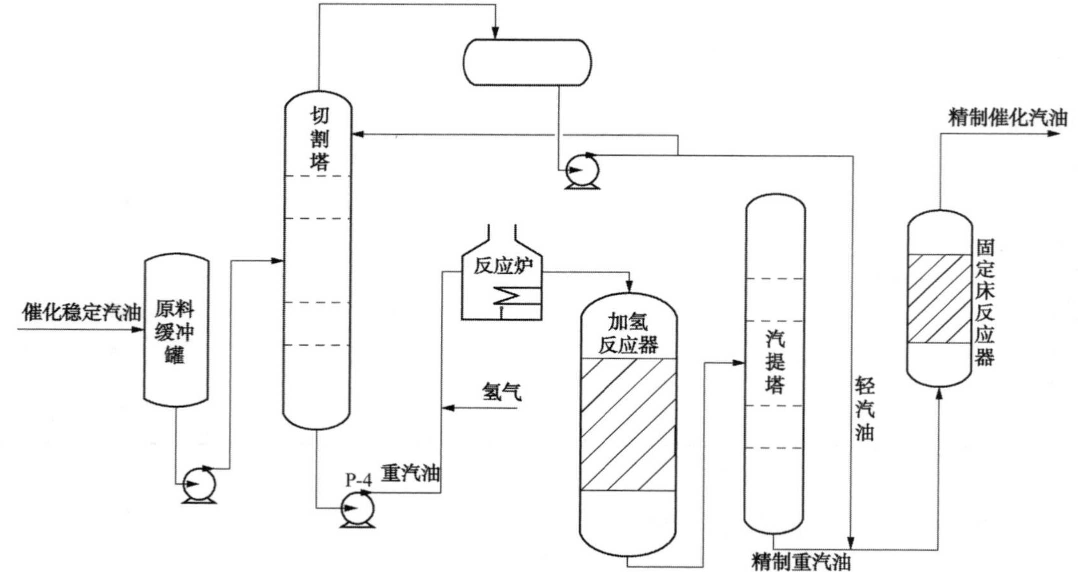

图1 生产国Ⅲ汽油时催化汽油精制原则流程

要进一步降低精制催化汽油的硫含量，需要同时降低轻汽油和精制重汽油的硫含量。精制重汽油可以通过提高加氢深度来达到目的，而轻汽油则需要通过脱除硫醇性硫达到降低总硫的目的。轻汽油脱硫[3]的工艺原理是：轻汽油中的硫醇硫和碱液(氢氧化钠)在抽提塔中发生反应，生成的硫醇钠随碱液进入氧化再生塔，在催化剂和空气的作用下分解为二硫化物和氢氧化钠，再生后的碱液进入反抽提罐中，利用二硫化物溶于汽油而不溶于碱液的特性，用汽油将碱液中的二硫化物反抽提出来，反抽提油送至催化分馏塔顶回流罐，反抽提后的碱液进入抽提塔循环使用，工艺原则流程如图 2 所示。

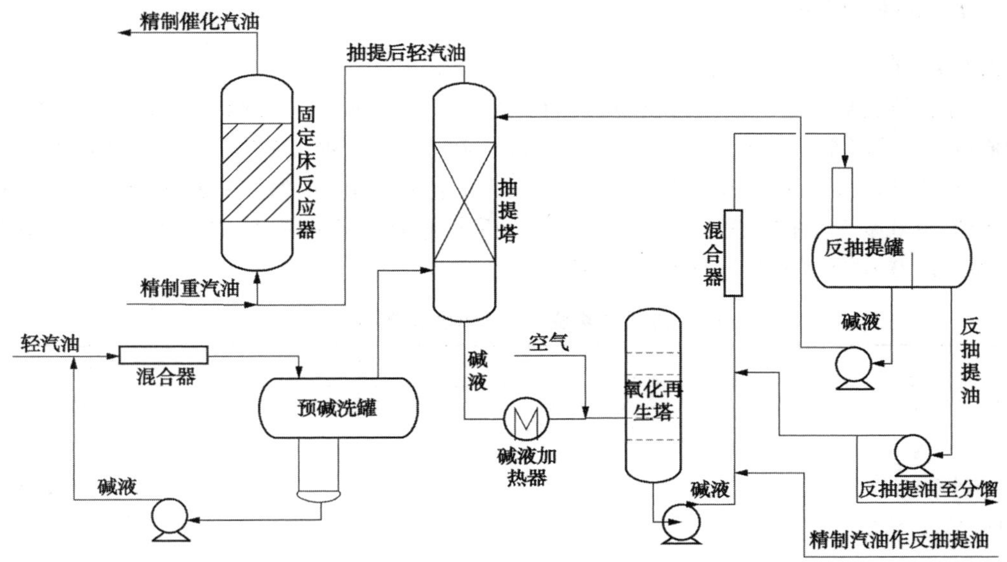

图 2　轻汽油脱硫原则流程

MTBE 硫含量高是由于催化液化气精制效果较差，精制液化气总硫较高（159mg/m^3）。MTBE 对硫化物有比烃类具有更高的溶解性，在 MTBE 与醚后碳四分离时，碳四中含硫化合物与碳四烯烃反应生成的硫化物和碳四馏分中的硫化物几乎全部被产品 MTBE 所富集，导致 MTBE 产品中硫化物含量高（616mg/kg）。为了降低 MTBE 产品中的硫含量，需要增设了 MTBE 脱硫精制塔，见图 3。

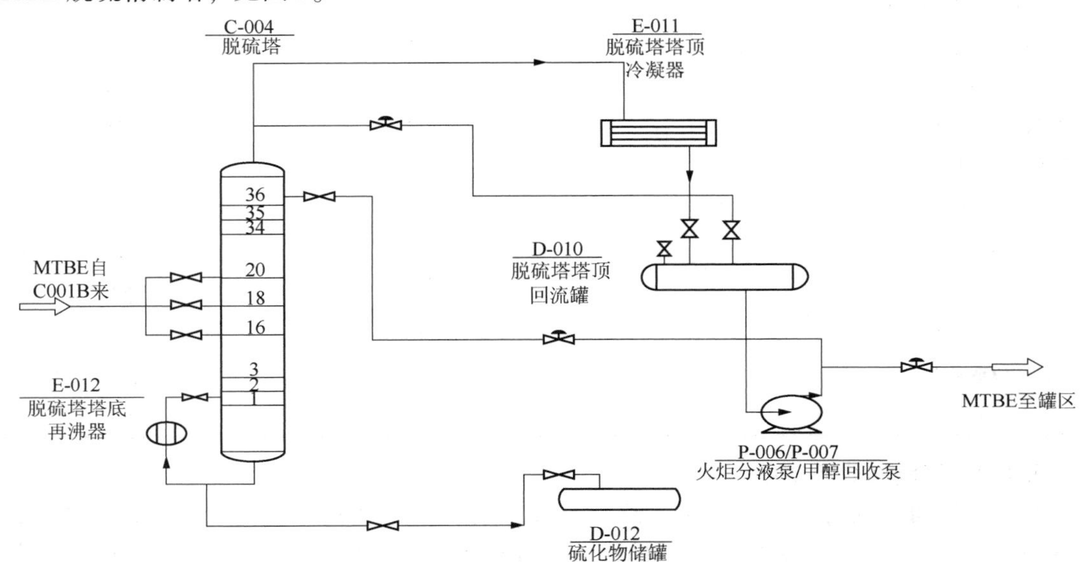

图 3　MTBE 脱硫精制部分流程

3 具体实施及运行效果

3.1 降硫方面

3.1.1 重汽油加氢情况

为了降低精制重汽油，将反应炉出口温度由253℃提高至284℃，精制重汽油硫含量由106mg/kg下降至31.7mg/kg，脱硫率由88.04%上升至96.74%，氢气消耗量略有增加，催化剂床层温升由15℃上升至28℃，重汽油烯烃饱和率由30.21%上升至39.73%，重汽油RON损失由0.9个单位上升至1.82个单位，折合全馏分脱硫率由82.17%上升至90.22%，RON损失由0.6个单位上升至1.27个单位。

表6 操作调整前后操作参数和产品质量对比

项　目	操作调整前	操作调整后
3#加氢处理量/(t/h)	125.2	124.3
新氢流量/(Nm^3/h)	3116	3404
切割塔回流比	0.73	0.75
切割塔塔底温度/℃	125.8	126.4
轻汽油流量/(t/h)	37.6	37.3
重汽油流量/(t/h)	87.6	87.0
反应炉出口温度/℃	253	284
床层温升/℃	15	28
原料硫含量/(mg/kg)	636	699
轻汽油硫含量/(mg/kg)	130	141
重汽油硫含量/(mg/kg)	886	973
重汽油烯烃含量/v%	28.8	29.7
重汽油RON	90.27	90.31
精制重汽油硫含量/(mg/kg)	106	31.7
精制重汽油烯烃含量/v%	20.1	17.9
精制重汽油RON	89.37	88.49
重汽油RON损失	0.9	1.82
重汽油烯烃饱和率/%	30.21	39.73
重汽油脱硫率/%	88.04	96.74
全馏分RON损失	0.60	1.27
全馏分脱硫率/%	82.17	90.22

3.1.2 轻汽油脱硫效果

在生产国Ⅲ汽油时，轻汽油硫含量在150mg/kg以下，因此轻汽油脱硫设施并未投用。在5月底试运时发现反抽提罐内部反抽提油和碱液之间的隔板漏，检修后重新引精制汽油作反抽提油并循环正常。但轻汽油硫含量在80~100mg/kg，平均脱硫率只有35.36%。

分析发现，轻汽油干点达到了 90℃，造成非硫醇性硫含量高，由于“碱液抽提—反抽提”工艺只能脱除硫醇性硫，因此总硫脱除率低。轻汽油中的非硫醇性硫主要为噻吩[5][6]，石科院研究轻汽油中的噻吩硫沸点约为 78℃，因此将轻汽油干点降低至 80℃以下，可以大大降低非硫醇性硫含量。通过优化切割塔操作将轻汽油干点由 90℃下降至 83℃后，轻汽油中硫醇硫占总硫比例由 40.13%上升至 64.01%，但抽提后轻汽油总硫仍然在 70mg/kg 左右。经过分析反抽提后的碱液性质发现，碱液中的二硫化物含量仍然有 600mg/kg，说明反抽提效果不佳。由于碱液是循环使用，碱液中的二硫化物在抽提塔中溶解于轻汽油，造成“尽管硫醇硫的脱除率很高(分析轻汽油中的硫醇硫含量<3mg/kg)，但轻汽油的总硫仍然偏高”的情况。因此将反抽提油由定期置换改为开路循环，反抽提油中的总硫含量逐渐下降，反抽提后的碱液中二硫化物也下降至 23mg/kg，抽提后的轻汽油硫含量下降至 41mg/kg，达到了质量要求。

表 7　轻汽油脱硫操作参数和效果对比

项　　目	基　　础	切割塔操作优化后	反抽提油开路循环后
3#加氢处理量/(t/h)	124.3	125.1	127.4
切割塔底温度/℃	125.7	131.2	130.4
切割塔回流比	0.7	0.9	0.91
轻汽油干点/℃	91	83	82
轻汽油流量/(t/h)	37.3	37.6	39.4
重汽油初馏点/℃	67	74	73
重汽油流量/(t/h)	87.0	87.5	88.0
轻汽油硫含量/(mg/kg)	137	117	109
轻汽油硫醇硫含量/(mg/kg)	54.98	74.89	75.06
轻汽油硫醇硫占总硫比例/%	40.13	64.01	68.86
抽提塔碱液循环量	4.70	4.70	4.65
碱液氧化再生塔操作温度/℃	50.4	50.2	50.1
反抽提油循环量/(t/h)	1.78	1.82	1.82
外排反抽提油量/(t/h)	0	0	0.63
反抽提后碱液中二硫化物/(mg/kg)	617	586	23
反抽提油中硫含量/(mg/kg)	9830	9351	2940
抽提后轻汽油总硫/(mg/kg)	89	69	41
抽提后轻汽油硫醇硫/(mg/kg)	<3	<3	<3

3.1.3　MTBE 脱硫

为降低 MTBE 硫含量增设了脱硫塔，工艺原理是利用 MTBE 中多组分物质相对挥发度不同蒸馏分离 MTBE 与重组分硫化物及 MTBE 中重质物，起到 MTBE 降硫[4]的作用。

由表 8 的运行参数看，投用 MTBE 脱硫精制塔后，精制后 MTBE 硫含量由 616mg/kg 下降至 34mg/kg，同时有副产物 36kg/h 硫化物的产生。根据表 9 硫化物性质安排送至催化提升管回炼处理。

表8 MTBE脱硫精制塔工艺参数

项目	设计值	实际值
进料量/(kg/h)	7300	7000
进料硫含量/(mg/kg)	600	616
加热蒸汽量/(kg/h)	800	800
塔顶温度/℃	76	54
塔底温度/℃	89	100-110
塔顶压力/kPa	200	200
回流流量/(kg/h)	3250	4200
MTBE/(kg/h)	7262.5	6964
MTBE 硫含量/(mg/kg)	35	34
硫化物/(kg/h)	37.5	36

表9 硫化物分析数据

组分	含量/%	组分	含量/%
二甲基二硫醚	42.11	异丙烷二硫醚	1.18
二乙基二硫醚	13.54	C_8硫醚+C_8	29.88
2-乙甲醛噻吩	2.77	MTBE	1.5
2，4-二甲醛四氢噻吩	2.55		

3.2 蒸汽压控制

为控制汽油蒸汽压，催化吸收稳定单元采取了“深度稳定”的操作方法，适当提高了稳定塔底温度，并提高了回流比。操作调整后，保持液化气产品质量合格稳定，1#催化稳定汽油蒸汽压由71.4kPa下降至62.3kPa，2#催化稳定汽油蒸汽压由70.2kPa下降至61.9kPa。如表10所示，稳定汽油蒸汽压降低后，RON也有所下降，1#催化稳定汽油RON下降了0.6个单位，2#催化稳定汽油RON下降了0.5个单位。

表10 催化稳定塔操作调整前后对比

项目	1#催化		2#催化	
	调整前	调整后	调整前	调整后
稳定塔顶温度/℃	58	56	52	56
稳定塔底温度/℃	158	169	153	165
稳定塔回流比	1.4	1.9	1.2	1.8
稳定塔顶压力/MPa	0.98	1.04	0.89	0.94
液化气中 C_2 含量/v%	0.64	0.71	0.01	0.05
液化气中 C_5 含量/v%		0.08	0.78	0.21
稳定汽油蒸汽压/kPa		62.3	70.2	61.9
稳定汽油 RON	91.8	91.2	93.1	92.6

3.3 国Ⅳ汽油产品质量

汽油质量升级相关所有装置操作调整到位后，9 月份出厂车用汽油主要质量如表 11 所示，93#汽油和 97#汽油硫含量分别下降至 28.3mg/kg 和 37.1mg/kg，蒸汽压、锰含量、烯烃含量等其余指标也都达到国Ⅳ标准，该公司汽油质量升级工作提前达到目标。

表 11　操作调整后出厂车用汽油主要质量

项　　目	93#车用汽油	97#车用汽油
馏程/℃		
初馏点	38.40	34.94
10%	56.55	53.41
50%	99.25	101.73
90%	165.96	169.70
终馏点	198.24	199.18
硫含量/(mg/kg)	28.3	37.1
密度(20℃)/(kg/m^3)	747.28	751.19
马达法辛烷值 MON	82.23	84.23
研究法辛烷值 RON	94.17	97.21
抗爆指数	88.19	90.71
蒸气压/kPa	59.78	60.88
锰含量/(g/L)	0.0052	0.0079
饱和烃/v%	49.23	40.35
芳烃/v%	34.18	33.81
苯含量/v%	0.28	0.28
烯烃/v%	15.68	17.29
总氮/%	0.40	1.52
甲醇含量/%	0.004	0.01

3.4 汽油升级成本核算

质量升级增加了车用汽油的生产成本，不考虑技术改造、新建精制装置投入的情况下，主要有以下几个方面：

(1) 车用汽油升级至国Ⅳ标准后，硫含量、蒸汽压和锰含量的降低都增加了辛烷值损失，对该公司而言，合计增加了 RON 损失 1.59 个单位(见表 12)。损失的 RON 需要用高辛烷值的 MTBE 或者芳烃产品来弥补，折合 93#车用汽油增加成本 88.67 元/t，97#车用汽油增加成本 46.74 元/t，合计增加汽油生产成本 74.7 元/t。

(2) 3#加氢提高反应深度、投用轻汽油抽提系统、降低催化稳定汽油蒸汽压、MTBE 增加脱硫设施等措施合计增加能耗 0.82kgEO/t 汽油，折合增加成本 2.1 元/t；

(3) 3#加氢提高反应深度增加了氢气消耗，增加成本 5.6 元/t；

(4) 轻汽油抽提增加碱液和磺化钛氰钴的消耗，增加成本 0.6 元/t。

RON损失、氢气消耗和能耗上升合计增加车用汽油生产成本83.0元/t。

表12 质量升级对汽油RON影响

项　目	影响因素	汽油RON损失
硫含量	精制催化汽油硫含量从116μg/g降低至35μg/g	+0.47
硫含量	MTBE硫含量自616μg/g降低至34μg/g	+0.02
锰含量	锰含量从0.016g/L降低至0.008g/L	+0.8
蒸汽压	催化稳定汽油蒸汽压自70kPa降低至62kPa	+0.3
合计		+1.59

4 存在的问题和建议

通过优化操作和适当的技术改造，9月该公司生产的车用汽油全面达到了国Ⅳ标准，但仍然存在以下几个方面的问题亟需解决：

（1）辛烷值损失大。催化汽油采取石科院的RSDS-Ⅱ选择性加氢技术，可以满足国Ⅳ汽油质量要求，但重汽油加氢辛烷值损失较大，折合全馏分RON损失达到了1.27个单位，再加上国Ⅳ质量标准对锰含量、蒸汽压的严格控制，对该公司汽油池来讲，RON损失增加了1.59个单位。建议硫含量较高的催化稳定汽油优先选择S-Zorb[7,8]（吸附脱硫）工艺，可以大幅度降低RON损失。

（2）催化汽油加氢装置能力不足。3#加氢设计处理能力为0.90Mt/a，其中轻汽油（LCN）0.315Mt/a、重汽油（HCN）0.585Mt/a。而实际3#加氢实际运行负荷超过了117%，重汽油加氢单元更是达到了设计负荷的126%，造成实际轻汽油干点（83℃）超过了设计值（75℃），并且装置几乎没有调整空间。建议对3#加氢装置重新核算，并择机实施扩能改造或者新增1套S-Zorb装置。

（3）轻汽油反抽提油后续处理存在运行隐患。轻汽油脱硫系统中反抽提油只能返回至分馏塔顶回流罐，虽然经过了富气水洗等流程，反抽提油中携带的碱液和胶质仍然会造成稳定汽油钠离子和胶质含量上升，钠离子和胶质都会造成3#加氢装置催化剂床层上部结垢，使催化剂永久失活。虽然目前分析的钠离子（<0.1mg/kg）和胶质含量不高，但给催化剂造成的毒害无法估量。建议将反抽提油引至催化分馏塔中下部，以洗涤其中所含的碱液和胶质。

（4）MTBE深度脱硫问题。通过增加MTBE脱硫精制塔，可以将MTBE硫含量稳定控制在30mg/kg，但塔底硫化物的处置是一大难题，目前只能采取集中送至催化提升管回炼，给设备腐蚀带来不可预计的影响。而随着产品质量升级步伐的加快，继续降低硫含量会进一步增加塔底硫化物的流量，进一步增加处置的难度和风险。因此建议从源头控制MTBE硫含量，优选高效成熟的催化液化气精制[9,10]技术，降低精制液化气的总硫含量。

5 结论

通过对炼厂现有汽油池组分的技术剖析，提出汽油产品升级思路，并辅以单元操作优化和局部的技术改造，成功将汽油池中硫含量较高的催化汽油和MTBE的硫含量降低至50mg/kg以下，汽油产品提前达到车用汽油国Ⅳ质量标准的要求，但存在 RON 损失偏大、反抽提油携带胶质和钠离子对加氢催化剂毒害、汽油加氢装置超负荷运转、MTBE 脱硫硫化物难以处置等遗留问题，需要进一步通过技术改造或者技术进步来解决。

参 考 文 献

[1] 许友好，龚剑洪，张九顺，等．多产异构烷烃的催化裂化工艺两个反应区概念实验研究[J]．石油学报：石油加工，2004，20(4)：1~5.

[2] 朱渝，王一冠，陈巨星，等．催化裂化汽油选择性加氢脱硫技术(RSDS)工业应用实验[J]．石油炼制与化工，2005，36(12)：6~10.

[3] 潘光成，李涛，陶志平，等．催化裂化汽油轻馏分碱液抽提脱硫醇的实验室研究[J]．石油炼制与化工，2005，34(10)：24~27.

[4] 武文钊，韩志忠，张玉东．MTBE 蒸馏脱硫工艺模拟[J]．计算机与应用化学，2011，28(8)：991~994.

[5] 邢金仙，刘晨光．催化裂化汽油中硫和族组成及硫化物类型的馏分分布[J]．炼油技术与工程，2003，33(6)：6~9.

[6] 于善青，朱玉霞．催化裂化汽油中含硫化合物的分析[C]．中国化工学会 2005 年石油化工学术年会论文集，2005.

[7] 朱云德，徐惠．S-Zorb 技术的完善及发展[J]．炼油技术与工程，2009，39(8)：7~12.

[8] 邢尚策．催化裂化汽油脱硫技术的研究发展状况[J]．化工时刊，2009，23(7)：68~70.

[9] 聂通元．提高液化气脱硫净化效果的技术开发研究[D]．上海：华东理工大学，2010.

[10] 孟庆飞，郝天臻．液化石油气深度脱硫技术探讨[J]．炼油技术与工程，2010，40(11)：16~19.

矿物油农药的应用概况及研究进展

张美琮，张霞玲，王凯明，王　燕

（中石油克拉玛依石化有限责任公司，新疆克拉玛依　834000）

摘　要　介绍了矿物油农药的作用机理和优点、性能影响因素、质量分类、国内外应用情况以及主要产品，综述了国内外在矿物油农药药效、与其他农药混配效果以及药害三个方面的研究进展。

关键词　矿物油农药　作用机理　绿颖　研究进展

当今社会，很多人仍然会谈农药而“色变”，正是因为高毒化学农药长时间、大范围的使用，对人、畜及环境造成的危害给几代人留下了阴影。矿物油农药作为一种绿色农药，有一个多世纪的应用历史，在重视绿色环保的21世纪，更是给该农药的发展创造了一个良好的机遇。

作为农药应用的矿物油主要有润滑油、柴油、煤油和焦油等几种，目前生产上应用最广泛的是机械润滑油添加乳化剂制成的农药（即机油乳剂），其次是柴油，煤油和焦油应用较少[1]。

1　矿物油农药的作用机理及优点

1.1　作用机理

1.1.1　作为杀虫剂

（1）在虫体、卵粒表面形成油膜，封闭气孔，导致其窒息死亡，属物理灭杀作用；

（2）机油乳剂在昆虫体表和植物表面形成油膜，可封闭昆虫感触器或阻隔感触器与寄主植物直接接触，使害虫失去或削弱对寄主植物的辨别能力，从而影响其取食和产卵。

1.1.2　作为杀菌剂

破坏病菌的细胞壁，干扰真菌的呼吸，也干扰病原体对寄主植物的附着。

1.1.3　作为增效剂

喷淋油与化学农药混用，能提高药液的附着性和帮助杀虫剂穿透植物表面的蜡质层，现有的研究[1,2]还证明，矿物油可增强对害虫表皮的渗透，减少蒸发流失和雾滴的漂移，减轻紫外线照射影响，保持化学农药喷到植物上后的稳定性，从而提高药效和延长持效期。

1.2　矿物油农药的优点

符合产品质量标准的精炼矿物油有以下优点：一是害虫对其不易产生抗性，可持续使用，矿物油至今在世界各国使用极其广泛，始终未有抗性报道，且不刺激其他害虫发生，不易杀伤自然天敌[3]；二是物理窒息杀虫(螨)，非神经毒剂，急性毒性低，对人、畜安全；三是尽管矿物油中主要成分普通烷烃和环烷烃的光裂解非常缓慢，但在有氧条件下能很快被微生物降解成水和二氧化碳，无作物和环境残留。

矿物油乳剂防治的单次使用成本较高，在较短时间内也不能明显表现其优势，但是持续使用，果园天敌种类和密度会增加，用药频度将明显减少，防治成本明显降低[4]。

2 矿物油农药的性能影响因素和质量分类

2.1 性能影响因素

矿物油农药能封闭昆虫气孔，也就可能封闭植物叶片气孔，干扰光合作用、蒸腾作用和呼吸作用；另外油的的不饱和烃成分在阳光下和空气中的氧作用产生酸性物质，使植物中毒。相关研究者在该领域进行了大量研究，探究出影响安全性和药效的主要因素有：

(1) 碳氢化合物的结构影响药效，链烷烃药效最佳，环烷烃次之，芳香烃等不饱和烃不仅药效差，还是导致植物药害的主要原因。1942 年 Pearce et al 发现基础油中烷烃的含量越高，药效也越高，此后就规定农用矿物油一定要用石蜡类基础油为原料[5]。

(2) 矿物油在一定范围内越重，药效越好，但油越重，药害越重。现在用相对正构烷烃碳数 nC_y来表示矿物油的轻重，一般农用矿物油理想的范围为 $nC_{20}\sim nC_{25}$[6]。

(3) 蒸馏法测定的 90% 馏出点和 10% 馏出点之间温差或碳原子数(测定方法 ASTM D2887，在 101.33kPa 下)反应产品的安全性和杀虫效果，通常温差小，对作物安全，温差大，安全性较差。

(4) 非磺化物含量。不饱和键在室温下与硫酸起磺化作用生成磺化物，除去磺化物即为非磺化物，其数值越大，饱和度就越高。非磺化物含量通常被作为评价矿物油质量和药害风险的最主要依据。一般要求农用矿物油非磺化物含量不小于 92%，而小于 95%(测定方法 ASTM D483)的矿物油不宜推荐在作物生长季节使用。

此外，下列性质也影响矿物油的使用性能：

(1) 含水量，用来保证产品稳定性。

(2) 倾点，用以评价矿物油在低温下保持液态和流动性的能力，同时也用来确定是否含有过量的石蜡，石蜡含量过高会影响油的流动性，从而间接影响杀虫效果和安全性。

(3) 闪点，决定产品运输、储存过程中的安全性。

(4) 黏度，黏度小的油在植物表面更易流动，并扩展，重油在植物上易形成油珠，多在休眠期使用，以减少安全性差的危害性。

矿物油农药的农业生产使用时期、使用范围以及质量级别等实际情况不同，对这些性质指标要求也就不同。

2.2 质量分类

根据质量等级区分，矿物油农药可以分为白矿油、园艺矿油和休眠油三个等级[7]。

白矿油是高度精炼的矿物油，必须达到美国食品和医药管理局(FDA)规章和美国药典中规定的用于食品、医药和化妆品的标准。这种矿物油必须无色无味，非磺化物含量≥99%(用

ASTM D483测定），不能检出芳香族化合物，对光有很高的化学稳定性，不易被紫外线氧化。

园艺矿油由天然烷烃或加氢处理来生产，可在植物的生长期使用，非磺化物含量≥92%，链烷烃含量≥60%（用ASTM D2140测定），分子大小相当于链烷烃碳数中值在21~25间（用ASTM D2887测定）的馏分，油品色值为0.5左右（用ASTM D1500测定）。

休眠油的非磺化物含量为50%~92%，仅用于木本植物的休眠期。

3 国内外矿物油农药的应用情况

3.1 国外应用概况

针对矿物油的不同特性和农业生产使用时期、使用范围等实际情况，发达国家开发了多种产品。有单相和多相（矿物油与水、乳化剂等加工）两大类型。此外，还可按季节分类：对夏天使用的矿物油沸程（烷烃的碳数范围）有严格的要求，因温度较高，为了避免药害的发生，要限制高沸程的馏分，为了保证药效，要限制低沸程的馏分；对冬天在农作物休眠期使用的产品，因温度较低，产生药害的可能性相对较小，为了保证其药效，主要限制低沸程的馏分[8]。

作为农药助剂也是矿物油的一种重要使用形式。在美国，被认为可以作为农药助剂的矿物油[9]主要有：一是组成在C_8~C_{12}的一些特定品牌的精炼矿物油；二是C_{25}~C_{85}的矿物油（难以被人体吸收）。不过，国际组织和发达国家目前均未发布有关矿物油与其他农药成分混配的产品质量控制要求。特别是联合国粮农组织（FAO）所公布的有关矿物油的质量控制项目和检测方法中明确规定，其方法不适合矿物油与其他农药的混配产品。

国外相关法律规定，对严格控制产品质量的矿物油，可以减免毒理、残留和环境影响资料。

3.2 国内矿物油农药的应用现状及问题对策

农业部第1133号公告[10]规定：生产企业应选择精炼矿物油而不得使用普通石化产品生产矿物油农药产品；精炼矿物油的相对正构烷烃碳数差应当不大于8，相对正构烷烃平均碳数应当在21~24之间，非磺化物含量应当不小于92%；减免矿物油农药产品登记的残留、环境资料。本公告自2009年3月1日起施行，但规定的质量理化指标基本上仍属休眠油的标准，即用于果树休眠期的清园。

尽管有1133号公告的约束，但我国对矿物油农药的质量监管不够严格，导致市售的部分国内产品含有环烷烃、芳香烃等不饱和烃，沸程范围较宽[5]，甚至还有企业直接购买加油站的油进行制剂加工[11]，药效不高而且易产生药害，引起环境污染。

矿物油农药早就从国外引进，国内虽有厂家自己研发产品，但一直都是处于探索试用阶段，很少有厂家规模化生产，且国内产品基本局限在果树的休眠期使用，能满足高效低毒要求的高端产品还必须依赖进口。究其原因，我国矿物油农药的开发、生产和应用等许多方面都存在问题，将目前的主要问题及相应对策归纳整理如下：

（1）很多厂家资金投入量小，新产品开发后劲不足，要想发展矿物油农药产品，国家应加大扶持政策，增加新产品的资金投入和技术投入。

(2) 国内涉足于研究开发矿物油农药的石油石化单位很少，而这方面的科研人员更熟悉矿物油知识，农业机构在开发产品时，如加强与石油石化行业的合作，效果会更好。

(3) 目前矿物油农药不做农药残留和环境污染检测，而国内很多厂家没有足够的职业道德，导致不合格的安全隐患产品出现。因此，我国不能盲目地跟着国外走，农业部应根据我国的实际情况，要求对矿物油农药做相关检测。

(4) 国家相关法律条款设置不明确，对现有的假冒伪劣等违法现象起不到震慑和阻挡作用，法律法规还需进一步完善。

(5) 农户急于防治病虫草害，认为矿物油农药见效慢，不能达到立竿见影的效果，导致终端农户依旧使用传统的化学农药。对此，国家和媒体应加大力量宣传矿物油农药的优点和化学农药的毒性，加深农民对两者的认识，从而做出明智的选择。

3.3 主要产品

在美国、澳大利亚、欧盟、韩国等国家，开发了一系列的矿物油农药产品，其中有些已达到日用化学品甚至食品级标准，在园艺作物(特别是果树)上得到了非常广泛的使用，成为重要的农药品种。

在我国市场上较为常见的有韩国 SK 商事株式会社生产的 Enspray99(绿颖)、美国加德士石油公司的 D-C-Tron(敌死虫)和 Lovis、美国太阳公司的 Sunspray(杀死倍)系列产品，均优于国产品种[12]。它们与广东省罗定市生物化工有限公司的广东机油乳剂性质对比如表1[13,14,15]所示。

表 1　我国市场上几种矿物油农药性质对比

项　目	测试方法	矿物油农药名称			
		Enspray 99(绿颖)	D-C-tron (敌死虫)	Sunspray 8N①	广东机油乳剂
蒸馏温度/℃	ASTM D2887				
10%馏出点		344	355	338	364
90%馏出点		426	421	396	469
非磺化物含量/%	ASTM D483	99	94	92	86.7
分子类型/%	ASTM D2140				
饱和烃				89.5	
链烷烃		74	69		
环烷烃		26	28		
芳香烃		0	3	10.3	
极性物质		0	0	0.2	
运动黏度(40℃)/(mm²/s)或SUS(100℉)/s		12.6(mm²/s)	12.0(mm²/s)	85(s)	
闪点/℃		198	193		
倾点/℃			−15	0	
密度(15℃)/(g/cm³)	ASTM D1298	0.830	0.846		

① 美国太阳公司有多种矿物油农药产品，Sunspray 8N 不是该公司质量最好的产品。

从表1可以看出，Enspray 99(绿颖)的非磺化物和链烷烃含量均比其他几种产品高；D-C-tron(敌死虫)和Sunspray 8N的质量指标基本上符合园艺矿油的标准，以休眠油投放市场；广东机油乳剂的非磺化物含量最低，与园艺矿油标准还有一定差距，应属休眠油。

绿颖是由非回收的石蜡类基础油高度精炼成的一种窄馏程机油乳剂产品，已被美国食品和药品管理局评定为食品级农用喷淋油[16]，可在作物整个生长季节使用。其在许多国家已广泛应用于防治蔬菜、果树、灌木、花卉等绿化植物的害螨、蚧类、蚜虫、粉虱、蓟马、橘小实蝇等害虫及部分真菌病害，在柑桔上除可防治害虫外，还用于防治柑桔脂点黄斑病，能有效清除煤烟病[17]。2001年我国开始登记绿颖，2004年销售量仅70吨，2005年就达350吨，2006年翻了一番达700吨[12]。

浙江省农科院2003年在草莓、丝瓜、苦瓜等10种作物上用稀释50倍的绿颖进行安全性试验，证明是对幼叶、老叶、花、幼果、成熟果是安全的。它可与大多数杀虫剂和杀菌剂混配使用，因磺化物对其杀虫效果影响较大，不得与硫磺和部分含硫的杀虫剂、杀菌剂混用，以免影响效果，甚至造成作物药害[18]。

4 研究进展

为了矿物油农药能够高效安全的使用，国内外做了大量研究工作，主要研究内容分布在三个方面：将矿物油农药跟植物农药、生物农药以及传统化学农药进行药效对比；矿物油跟其他农药(包括捕食螨)混配时的效果；矿物油的药害问题。

4.1 药效的研究

熊忠华[19]防治柑橘全爪螨的试验结果为，一次施药后21d，绿颖农用喷洒油的防效仍高达89.34%，比植物源农药苦参碱、鱼藤酮和对照药剂阿维菌素(生物农药)高，二次施药后绿颖农用喷洒油的防效在96.69%以上；绿颖对芦柑红蜘蛛，红圆蚧的防治效果优于阿维菌素、速扑杀等常用药剂[20]，可大面积推广应用；绿颖100倍液防治龙眼白蛾蜡蝉的效果与吡虫啉、乐斯本及好年冬相当，而且矿物油杀虫剂对龙眼不产生药害[21]；某99%矿物油乳油150和50倍2种浓度处理对茶橙瘿螨的防效优于15%哒螨灵乳油3000倍液(对照药剂)，250倍液与对照药剂相当[22]。

4.2 矿物油农药与其他农药混配的研究

O. Nicetic等[23]防治玫瑰二斑叶螨试验表明，智利小植绥螨(捕食螨)和D-C-tron结合使用比二者单独使用效果更加理想，能解决常规化学农药防治因产生抗药性使得害虫种群数量成倍增长的难题；控制柑橘木虱成虫时，在以矿物油乳剂为基础的与印楝素乳油的推-拉式组合可起到明显的协同增效作用[24,25]；某种矿物油农药兑水稀释后浓度在0.65%以上时，防治柑桔潜叶蛾的效果跟吡虫啉、毒死蜱相当，该矿物油跟阿维菌素以适当浓度混配后，效果更好，幼虫减退率高达85%[26]，解决了阿维菌素单独使用的抗药性；室内及田间试验均表明，矿物油类助剂对苯唑草酮除牛筋草、马唐、反枝苋及苘麻具有药效增强作用[27]，对某些除单子叶杂草的除草剂，如“fops”系列，矿物油类乳剂增效作用比植物油类要好[28,29]。

矿物油除做农药有效成分外，还可代替传统的芳烃做农药溶剂。陈丽华等[30]用环烷基轻质油为溶剂的5%氯氟氰菊酯乳油(试验药剂)与市售50g/L氯氟氰菊酯乳油(二甲苯为溶剂，对比药剂)进行大棚试验对比，二者对叶螨的防治效果相当，且试验药剂没有环境污染。CN 102258029A[31]以哒螨灵为活性成分，以法国道达尔流体公司生产的高度精炼白油(基本组成为饱和烃结构)为溶剂并添加乳化剂和助溶剂复配而成的乳油，与传统哒螨灵矿物油乳油相比，不仅药效好，且对环境、人畜及其它有益生物安全，无抗药性问题，持效期长，贮存稳定。

4.3 药害的研究

张志恒等[14]在宫川早熟温州蜜柑(果实种类)果实膨大末期，用绿颖200倍液分别与可杀得、壬菌铜、必备、尿素等的常用浓度混用，或在喷波尔多液后经过8天以上的间隔期再喷绿颖，对柑桔都是安全的。但绿颖与成标混用，可致果面出现褐斑等药害症状，生产上应禁止混用[32]。

在对柑橘全爪螨等害虫的防治试验中，以巴氏新小绥螨(捕食螨)混配美国太阳石油公司的矿物油乳剂为主的果园内，自然天敌有一定伤害，但能很快恢复增长，天敌丰富度高于以阿维菌素为主的果园，且前者对害虫的田间持续控制效果更好[33]。大鼠和家兔试验表明，精炼矿物油乳剂对脊椎动物是安全的[34]。

5 结论

矿物油农药可用做杀虫剂、杀菌剂和增效剂，作用机理为封闭害虫气孔或封闭害虫感触器，干扰真菌呼吸，使害虫窒息死亡或使其削弱甚至失去对寄主植物的辨别能力，属物理灭杀作用。

多种因素影响矿物油农药的药效和安全性。链烷烃药效最佳，芳香烃等不饱和烃不仅药效差，还是导致植物药害的主要原因；一般，农用矿物油理想的相对正构烷烃碳数范围为$nC_{20}\sim nC_{25}$，非磺化物含量应不小于92%，而小于95%的矿物油不宜推荐在作物生长季节使用；蒸馏法测定的90%馏出点和10%馏出点之间温差小，对作物安全，温差大，安全性较差。符合质量标准的精炼矿物油具有不易杀伤自然天敌、对人畜安全、无作物和环境残留且害虫不易产生抗性的优点。

大量试验研究表明：绿颖等精炼矿物油单独使用时的药效跟很多生物农药、植物农药和化学农药的药效相当甚至更好；跟这些农药或捕食螨混配使用，效果比单独使用好，矿物油替代传统的芳烃做农药溶剂可解决环境污染问题；精炼矿物油对作物和脊椎动物安全。

发达国家开发了多种产品，有些已达到日用化学品甚至食品级标准，在各个季节应用都很广泛，而目前国内产品基本局限在果树的休眠期使用，能满足高效低毒要求的高端产品还必须依赖进口。我国矿物油农药想要发展，需要政府扶持、企业用心和媒体宣传等多方面的共同努力。

参考文献

[1] Buteler M, Stadler T. Pesticides in the Modern World-Pesticides Use and Management [M]. Rijeka, Croatia: INTECH Open Access Publisher, 2011: 5-6.

[2] Najar-Rodriguez A J, Walter G H, Mensah R K. The efficacy of a petroleum spray oil against Aphis gossypii Glover on cotton. Part 2: Indirect effects of oil deposits[J]. Pest. Manag. Sci., 2007, 63(6): 5-10.

[3] Chen Cixiang, Zheng Jihuan, Xie Jinzhao, *et al.* Pest management based on petroleum spray oil in navel orange orchard in Ganzhou, South China[J]. Pest Science, 2009, 82(2): 155-162.

[4] Rae D J, Beattie G A C, Huang M D, *et al.* Mineral Oil and the Application-Sustainable Control of Pest and Green Agriculture [M]. Guangzhou: Guangdong Science and Technology Press, 2006: 66-92.

[5] 周蔚，王雪娟，刘绍仁．国外矿物油农药管理概况[J]．农药科学与管理，2009，30(5)：18-21.

[6] Walker L A. Properties of Banana Spray Oils in Relation to Sigatoka Disease Control and Phytotoxicity on Banana Leaves[J]. International Journal of Pest Management, 1972, 18 (1): 12-15.

[7] 张志恒，陈丽萍．矿物油的安全性及其在植物病虫害防治中的应用[A]．江树人．农药与环境安全国际会议论文集[C]．北京：中国农业大学出版社，2005. 358-362.

[8] Najar-Rodriguez A J, Walter G H, Mensah R K. The efficacy of a petroleum spray oil against Aphis gossypii Glover on cotton. Part 1: Mortality rates and sources of variation [J]. Pest. Manag. Sci., 2007, 63(6): 4-7.

[9] Hodgkinson M C, Joyce D C, Sagatys D S, *et al.* Compatibility of a petroleum spray oil and foliar zinc fertilisers [J]. Australian Journal of Experimental Agriculture, 1996, 36 (3): 331.

[10] 刘刚．农业部加强矿物油农药产品质量管理[J]．农药市场信息 2009，(3)：7.

[11] 刘海全，洪天求．安徽省矿物油农药现状及发展前景[J]．安徽农学通报，2011，17(07)：120.

[12] 吕劳富．B 型烟粉虱防治技术[J]．农药市场信息，2007，(6)：37.

[13] 陈正冬．绿颖应用概述[J]．农药科学与管理，2007，28(10)：25-29.

[14] 毛润乾，陆雨丽，华献君，等．矿物油农药中基础油的研究[A]．李典谟．当代昆虫学研究-中国昆虫学会成立 60 周年纪念大会暨学术讨论会论文集[C]．北京：中国农业科学技术出版社，2004. 421-429.

[15] 张志恒，王强，吴电．机油乳剂绿颖与 12 种农用化学品混用对柑橘的安全性试验[J]．中国南方果树，2004，33(6)：27-28.

[16] Dr RODRIGUEZ P P. Food grade mineral oil(FGMO) as an alternative treatment for honey bee mites [J]. American Bee Journal, 2003, 143(1): 39-41.

[17] Reddy G P, Bautista J R. Integration of the predatory mite Neoseiulus californicus with petroleum spray oil treatments for control of Tetranychus marianae on eggplant [J]. Biocontrol Science and Technology, 2012, 22 (10): 1211-1220.

[18] 莫海源，邹贵宏，尹红．SK 矿物油(绿颖)在广西防治果树病虫害药效及使用技术[J]．南方园艺，2012，23(3)：30-32.

[19] 熊忠华，席运官，陈小俊，等．4 种天然源农药对有机橘园柑橘全爪螨的防治技术研究[J]．江西农业大学学报，2013，35(1)：97-101.

[20] 柯其洪，潘恩霖，蔡国隆，等．99%矿物油(绿颖)对芦柑主要病虫害的防治效果[J]．中国园艺文摘，2010，26(12)：38-41.

[21] 甘炯城，石文彬，陆丽美，等．矿物油杀虫剂防治白蛾蜡蝉效果的研究[J]．安徽农业科学，2008，36(30)：13254-13255.

[22] 郭华伟，唐美君，姚惠明，等．99%矿物油对茶橙瘿螨和茶炭疽病的防治效果[J]．中国茶叶，2012，(5)：22-23.

[23] Nicetic O, Waston D M, Beattie G A C, *et al.* Integrated pest management of two-spotted mite Tetranychus urticae on greenhouse roses using petroleum spray oil and the predatory mite Phytoseiulus persimilis [J]. Experimental& Applied Acarology, 2001, 25(1): 37-53.

[24] Samantha M C, Zeyaur R K, John A P. The use of push-pull strategies in integrated pest management [J]. Annual Review of Entomology, 2007, 52: 375-400.

[25] 欧阳革成，岑伊静，卢慧林，等．矿物油与印楝素对柑橘木虱的协同控制作用[A]．中国植物保护学会．中国植物保护学会成立50周年庆祝大会暨2012年学术年会论文集[C]．北京：[出版者不详]，2012. 307-310.

[26] Damavandian M R，Moosavi S F K. Comparison of mineral spray oil，Confidor，Dursban，and Abamectin used for the control of Phyllocnistis citrella（Lepidoptera：Gracillaridae），and an evaluation of the activity of this pest in citrus orchards in northern Iran[J]. Journal of Plant Protection Research，2014，54（2），156-163.

[27] 刘小民，王贵启，许贤，等．助剂对苯唑草酮增效作用研究[J]．东北农业大学学报，2014，45(5)：64-68.

[28] Nalewaja J D，Praczyk T，Matysiak R. Surfactants and oil adjuvants with nicosulfuron[J]. Weed Technolog，1995，9(4)：689-695.

[29] Cornish A，Battersby N S，Watkinson R J. Environmental fate of mineral，vegetable and transesterified vegetable oils[J]. Pesticide Science，1993，37(2)：173-178.

[30] 陈丽华，马清清，郝明，等．环烷基轻质油为介质菊酯乳油的田间试验[J]．现代农药，2014，13(5)：50-52.

[31] 陈重光．哒螨灵矿物油乳油：中国，102258029A[P]. 2011-11-30.

[32] Dr RODRIGUEZ P P. More about food grade mineral oil(FGMO) for mite control[J]. American Bee Journal，2003，143(3)：207-209.

[33] 方小端，欧阳革成，卢慧林，等．不同防治措施对柑橘全爪螨及橘园天敌类群的影响[J]．应用昆虫学报，2013，50(2)：413-420.

[34] 陶松垒，盛清，陶钧炳，等．绿色安全农药：中国，1742576A[P]. 2006-3-8.

润滑油基础油芳烃对抗磨剂低温溶解性的影响

王　燕，张霞玲，王凯明，张美琼

（中石油克拉玛依石化有限责任公司，新疆克拉玛依　834000）

摘　要　本文对润滑油基础油-添加剂二元体系中基础油芳烃与抗磨剂在低温下溶解性的关系进行了研究。结果表明，运动黏度较低的润滑油基础油对于抗磨剂的溶解性更好；油品在低温下与抗磨剂的溶解性随基础油芳烃含量的增加而增大，芳烃可以改善油品在低温下对抗磨剂的溶解性；高芳烃油品对润滑油基础油-抗磨剂低温溶解性的影响顺序与油品中所含芳烃呈正比，但芳烃加入量应适量，否则会影响油品的抗磨性能。

关键词　芳烃　润滑油基础油　抗磨剂　低温溶解性

润滑油一般是由基础油和添加剂两部分构成的，其被广泛应用于国民经济的各个方面，其中基础油一方面起润滑、密封、缓冲、冷却、防锈、清洁的作用，另一方面起添加剂载体的作用。润滑油基础油的结构特征对其使用性能有着相当大的影响，在影响润滑油使用性能的诸多因素中，基础油中芳烃含量的不同造成油品在使用性能上的差异是不容忽视的[1]。

芳烃对润滑油基础油性质的影响主要体现在苯胺点、感受性、氧化安定性等方面，少量芳烃又可以作为润滑油天然的清净剂，因此，虽然芳烃在基础油中的含量远不及饱和烃，但其对油品的影响却是不容忽略的[2]。在研制新型全封闭式空调制冷压缩机用冷冻机油过程中，发现低芳烃的润滑油基础油对极性较强的磷类抗磨剂在低温下的溶解能力会变差，会析出抗磨剂，影响油品的使用性能，因此本文着重研究润滑油基础油中的芳烃对抗磨剂在低温下溶解性能的影响。

1　试验部分

1.1　润滑油基础油

选用低芳烃润滑油基础油 A 和 B 作为原料油；选用高芳烃润滑油基础油 C 和 D 作为改变原料油芳烃含量的添加剂。碳型组成列于表 1。由表 1 可以看出，两种原料油 A 和 B 的 C_A值很低，运动黏度差距较大；两种作为改变原料油芳烃含量添加剂的润滑油基础油 C 和 D 的 C_A值较高且不相等，运动黏度差距较大。

1.2　抗磨剂

选用生产中较常使用的磷类抗磨剂-磷酸三甲酚酯，主要性质见表 2。

表 1　基础油的碳型分析

分析项目		A	B	C	D	试验方法
40℃运动黏度/(mm^2/s)		479.1	102.7	833.5	56.92	GB/T 265
碳型组成(质量分数)/%	C_A	0	0	10.4	9.3	ASTM D2140
	C_P	73.6	60.5	54.1	46.9	
	C_N	26.4	39.5	35.5	43.8	

表 2　抗磨剂的性质

化学名	主要性质
磷酸三甲酚酯	透明油状液体，闪点(开口)：≥220℃，密度(20℃)：1190kg/m^3，酸值≤0.25mgKOH/g，熔点：-33℃，沸点：420℃，蒸汽压：225℃，稳定，不溶于水，溶于醇、苯等多有机溶剂

1.3　试验方法

通过逐渐降低油品环境温度，测定润滑油基础油对抗磨剂在低温下的溶解性，即油品在低温下出现浑浊时的温度。具体方法：用注射器将 10mL 的试样注入直径为 16mm 的试验管内，并密封试验管口，然后把试验管放入装有酒精的冷浴中(试验管中的试样液面至少在冷浴液面以下 50mm 处)，开启搅拌系统，通过程序降温逐渐降低冷浴温度，降温速度为 2℃/min，直到在光照下观察到试样有浑浊出现(如图 1)，这时试样虽浑浊但能透光，读取并记录此时的温度。

图 1　低温下油品浑浊图

2　结果与讨论

2.1　原料油对抗磨剂的低温溶解性

2.1.1　原料油对抗磨剂加入量的低温溶解性

在原料油 A、B 中分别加入 0.5%、0.8%、1.0%、1.2%、1.6%、2.0%的抗磨剂(重量外加法)，通过逐渐降低使用温度，测出原料油 A、B 在抗磨剂不同加入量下的浑浊温度，试验结果见图 2 所示(由于原料油 B-0.8%抗磨剂浑浊温度≤70℃，故原料油 B 没有测加入 0.5%抗磨剂时的浑浊温度)。

从图 1 中可以看出，黏度较小的原料油 B 对抗磨剂在低温下的溶解性更好。原料油 A、B 的浑浊温度均随着抗磨剂加入量的增多而升高，对抗磨剂的溶解性变差，抗磨剂从油中析出，使油品浑浊，其原因是磷类抗磨剂是一种极性较强的抗磨剂，因此低芳烃的原料油 A、B 对其溶解性不好。

2.1.2　芳烃对原料油-抗磨剂低温溶解性的影响

在原料油 A/B-2.0%/1.6%抗磨剂 T306 的油品中分别加入 5.0%、10.0%的 C 和 D(重量外加法)，通过逐渐降低使用温度，测出原料油 A、B 在低温下的浑浊温度，试验结果见图 3 所示。

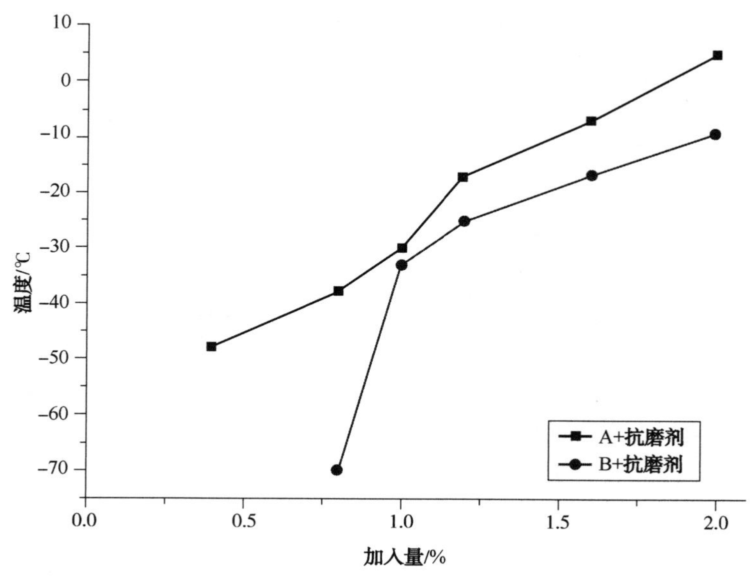

图2 磷类抗磨剂加入量对原料油浑浊温度的影响

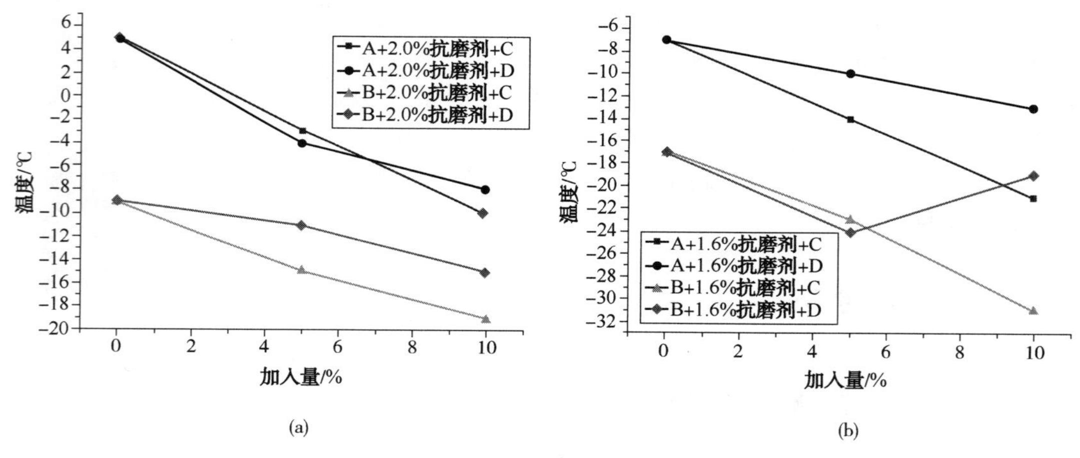

图3 C、D加入量对原料油浑浊温度的影响

从图2中可以看出，虽然C、D的运动黏度不同，但原料油A、B的浑浊温度均随着C、D加入量的增多而降低，芳烃能改善原料油A、B对抗磨剂在低温下的溶解性，这是由于芳烃有极性，是抗磨剂较好的溶剂，能防止抗磨剂从油中析出，提高油品在低温下的使用稳定性；C对A浑浊温度的影响要优于D，是因为C的芳烃含量高于D。但是芳烃加入量也不能过量，因为抗磨剂的作用原理是在油品表面发生吸附，形成一层吸附膜，从而缓减在重负荷时金属表面的摩擦，而芳烃与抗磨剂分子间的相互作用会削弱抗磨剂分子对油品表面的吸附力，影响油品的抗磨性能[1]。

2.2 结论

（1）运动黏度较低的润滑油基础油对于抗磨剂的溶解性更好。

（2）芳烃可以改善润滑油基础油低温下对抗磨剂溶解性，即随着含芳烃油品加入量的增多，浑浊温度降低，与抗磨剂的低温溶解性变好，芳烃是添加剂较好的溶剂，能防止添加剂在低温下从油品中析出，提高油品的使用稳定性。

（3）高芳烃油品对润滑油基础油对抗磨剂低温溶解性的影响顺序与油品中所含芳烃呈正比，芳烃含量越高对油品的影响越大。但是芳烃加入量也应适量，否则会影响油品的抗磨性能。

综上所述，芳烃可以改善润滑油基础油在低温下对抗磨剂的溶解性，芳烃是抗磨剂较好的溶剂；在选用添加剂对油品性质进行改善时应注意其用量，达到更好地使用添加剂和确保润滑油质量的目的。

参 考 文 献

[1] 傅蓉．不同芳烃含量润滑油基础油对添加剂感受性的研究[D]．北京：石油化工科学研究院，1998.

[2] 顿静斌，忻欣．润滑油基础油芳烃含量对添加剂溶解性的影响[J]．润滑油与燃料，2004，14(71)：14-16.

南阳高含蜡脱油沥青化学缩合制备 $30^{\#}$ 建筑沥青研究

韩德奇

（中石化南阳能源化工有限公司，河南南阳　473132）

摘　要　介绍了化学缩合制备建筑沥青的技术方案，对中石化南阳能源化工有限公司副产的两种脱油沥青进行了化学缩合的实验研究，在脱蜡抽出油调合比例为20%以上，利用化学缩合技术可以获得满足要求的30#建筑沥青。对利用化学缩合获得的建筑沥青进行了热储存稳定性实验，结果说明，采用化学缩合剂获得的缩合沥青具有比较好的热稳定性和储存稳定性。结合研究结果，对利用化学缩合生产建筑沥青的技术方案进行了效益分析，利用化学缩合生产建筑沥青的技术方案具有明显的经济效益。

关键词　高含蜡脱油沥青　化学缩合　建筑沥青　脱蜡抽出油

石油加工企业溶剂脱沥青的脱油沥青合理利用问题一直是困扰业界的一个关键问题，通常情况下，脱油沥青可以调合道路沥青，调合重质燃料油或作为焦化原料，脱油沥青的应用方案与原油性质、企业的加工流程以及周边市场环境等有关，但是从节约资源角度出发，将脱油沥青调合燃料油直接燃烧不是一条合理技术路线，而将脱油沥青作为后续重油改质工艺过程的原料则受到企业加工流程的限制。

中石化南阳能源化工有限公司是以蜡产品为主打产品的特色石油加工企业，在石蜡、微晶蜡生产过程中，副产一定量的脱油沥青、糠醛抽出油，因含蜡量较高难以生产道路沥青，目前主要用作燃料油。随着有关重质油消费税政策的实施，企业每年的效益近一半被“吃掉”，而且燃料油用量逐年减少。为了扩展南阳脱油沥青的应用范围，抑制燃料油的直接消费，加大资源的利用率，利用脱油沥青制备建筑沥青产品是一条相对合理而实际的技术路线。结合中石化南阳能源化工有限公司的实际情况，本研究利用化学缩合技术对南阳脱油沥青制备建筑沥青的技术方案进行了研究。

1　化学缩合技术方案

传统生产高软化点建筑沥青采用的技术是氧化工艺，传统的氧化工艺通过氧化缩合反应提高沥青的软化点，使之满足建筑沥青的要求，但氧化技术存在投资高，过程成本高，环境污染等问题，对于中石化南阳能源化工有限公司，这种技术不具备可行性。

化学缩合技术的关键是通过筛选功能缩合反应剂，通过缩合剂的缩合作用，提高沥青的缩合程度，提高沥青的软化点。该技术方案见图1，在该技术方案中，脱油沥青与脱蜡抽出油调合，在调合沥青中添加一定比例的化学缩合剂，在一定的温度下反应缩合一定时间，获得缩合后的缩合沥青，分析缩合沥青的性能，对比建筑沥青的技术规范，获得制备合格建筑沥青的条件。

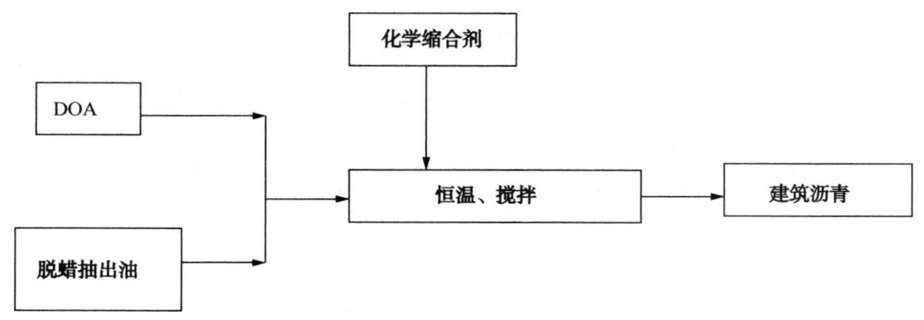

图1 化学缩合制备建筑沥青技术方案

2 化学缩合制备30# 建筑沥青研究

2.1 原料分析

本研究涉及的原料为南阳能源化工有限公司副产的两种脱油沥青及脱蜡抽出油，两种脱油沥青为不同脱沥青油收率下对应的脱油沥青，其中，2#脱油沥青的脱沥青油的拔出率要高于1#脱油沥青。

为了配合后续研究的开展，首先对这几种原料的性质进行了分析测试，此外还对不同原料调合沥青的蜡含量进行了分析测试。表1列出了三种原料的分析数据，表2是不同原料调合沥青的蜡含量分析数据，图2是脱油沥青与脱蜡抽出油调合沥青的蜡含量与调合比例之间的关系，

由表1、表2和图2中的数据可见，中石化南阳能源化工有限公司的脱油沥青具备典型的石蜡基油脱油沥青的典型性能，脱油沥青中的沥青质含量低，脱油沥青的蜡含量高(两种脱油沥青的蜡含量均高于5%)，脱蜡抽出油因经过溶剂脱蜡，蜡含量较低(<1%)。

在本项目中，脱蜡抽出油主要用于软化脱油沥青，降低调合沥青蜡含量，同时将脱蜡抽出油调合到脱油沥青中，可以改变脱油沥青的胶体性质，改善脱油沥青的某些性质，如调合沥青的延度等。

表1 原料性质

原料		脱油沥青-1	脱油沥青-2	脱蜡抽出油
软化点/℃		48.7	54.8	
针入度(25℃)/(1/10mm)		42	20	
蜡含量/%		5.98-	5.71-	0.12
黏度(100℃)/(Pa·s)		2.22	4.76	51.47mm^2/s
族组成/%	饱和分	24.3	23.8	4.1
	芳香分	37.6	37.1	47.6
	胶质	35.6	35.7	47.1
	沥青质	2.3	3.4	1.2
密度(20℃)/(g/mL)		0.9843	0.9911	0.9812

表2 调合沥青的蜡含量

原料调和比例	85：15	80：20	75：25	70：30
脱油沥青-1+脱蜡抽出油	3.87	3.31	3.01	2.76
脱油沥青-2+脱蜡抽出油	3.58	3.18	2.84	2.50

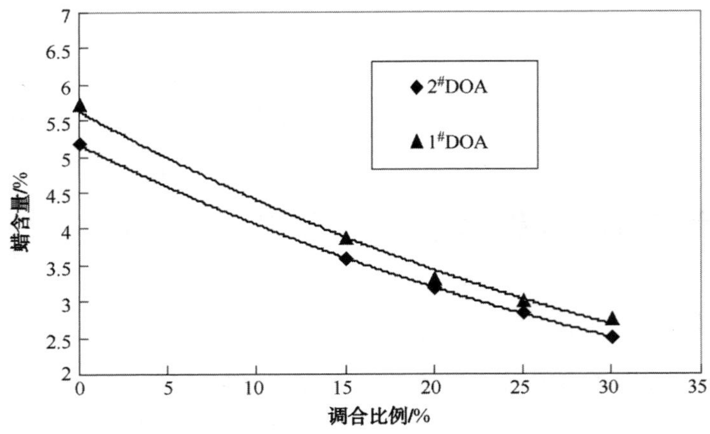

图2 调合沥青蜡含量与脱蜡抽出油调合比例关系

2.2 30#建筑沥青制备

依据图1的技术方案，对中石化南阳能源化工有限公司副产的两种脱油沥青进行了化学缩合的实验研究，研究结果列在表3中。

由表中的结果可见，在调和沥青中添加不同比例的缩合剂后，在脱油沥青与脱蜡抽出油调合比例一定时，随着化学缩合剂添加比例的提高，缩合沥青的针入度降低，软化点提高。在比较低的脱蜡抽出油调合比例下，虽然缩合沥青的针入度及延度可以满足30#建筑沥青的标准要求，但是软化点不能满足标准要求，提高脱蜡抽出油的掺兑比例后，通过缩合程度的有效控制，可以使缩合沥青的软化点针入度及延度均满足30#建筑沥青的标准要求。

对于两种脱油沥青，在脱蜡抽出油调合比例为20%以上，利用化学缩合技术可以获得满足要求的30#建筑沥青。

表3 脱油沥青-2缩合建筑沥青实验结果

性质 \ 编号		J-1	J-2	J-3	J-4	
脱蜡抽出油/脱油沥青(2)		5/95	5/95	5/95	5/95	
缩合剂添加量/%		0.5	1%	1.5	2	
缩合沥青性质	针入度(25℃)/(1/10mm)	33.8	27.1	23.3	22.0	
	软化点/℃	51.4	54.4	59.9	67	
	延度(25℃，5cm/min)/cm	27.7	12.8	6.8	4.1	
	蒸发后(163℃，5h)25℃针入度比/%	92	93	91	85	
	蒸发后质量变化/%	0.02	0.04	0.02	0.01	

续表

性质 \ 编号		J-5	J-6	J-7	J-8	J-9
脱蜡抽出油/脱油沥青(2)		10/90	10/90	10/90	10/90	10/90
缩合剂添加量/%		1	1.5	2	2.5	3
缩合沥青性质	针入度(25℃)/(1/10mm)	36.7	32.2	31.8	24.5	26.4
	软化点/℃	52.5	57.7	58.5	70.3	77.9
	延度(25℃,5cm/min)/cm		13	9.3	3.7	3.6
	蒸发后(163℃,5h)25℃针入度比/%				84	83
	蒸发后质量变化/%	0.01	0.03	0.01	0.02	
性质 \ 编号		J-10	J-11	J-12	J-13	
脱蜡抽出油/脱油沥青(2)		15/85	15/85	15/85	15/85	
缩合剂添加量/%		1	2	3	3.3	
缩合沥青性质	针入度(25℃)/(1/10mm)	57.2	32.8	28.3	27.6	
	软化点/℃	50.3	60.5	72.6	78.0	
	延度(25℃,5cm/min)/cm	24.1	8.9	4.3	3.5	
	蒸发后(163℃,5h)25℃针入度比/%	70.8	85.5	90	90	
	蒸发后质量变化/%	0.04	0.03	0.02	0.02	
性质 \ 编号		J-14	J-15	J-16	J-17	J-18
脱蜡抽出油/脱油沥青(2)		20/80	20/80	20/80	20/80	20/80
缩合剂添加量/%		1	2	3	3.5	4
缩合沥青性质	针入度(25℃)/(1/10mm)	72.3	39.5	31.3	29.0	22.3
	软化点/℃	47.4	56.9	67.5	77.2	85.0
	延度(25℃,5cm/min)/cm	13	10.8	5.3	3.6	3.1
	蒸发后(163℃,5h)25℃针入度比/%				86	82
	蒸发后质量变化/%	0.01	0.03	0.02	0.02	
性质 \ 编号		J-19	J-20	J-21	J-22	J-23
脱蜡抽出油/脱油沥青(2)		25/75	25/75	25/75	25/75	25/75
缩合剂添加量/%		1.5	2.5	3.5	4	4.5
缩合沥青性质	针入度(25℃)/(1/10mm)	78.7	44.3	34.8	33.0	27.6
	软化点/℃	48.4	58.8	71.7	73.7	85.1
	延度(25℃,5cm/min)/cm	52.4	10.5	4.3		2.6
	蒸发后(163℃,5h)25℃针入度比/%					
	蒸发后质量变化/%	0.03	0.04	0.02	0.03	

续表

性质 \ 编号		J-24	J-25	J-26	J-27	
脱蜡抽出油/脱油沥青(2)		30/70	30/70	30/70	30/70	
缩合剂添加量/%		2.5	3.5	4	4.5	
缩合沥青性质	针入度(25℃)/(1/10mm)	64.0	54.2	42.1	35.5	
	软化点/℃	53.9	63.9	73.3	80.9	
	延度(25℃, 5cm/min)/cm	10.5	4.3	3.8	2.9	
	蒸发后(163℃, 5h)25℃针入度比/%	87.1	83.5		89.0	
	蒸发后质量变化/%	0.04	0.01	0.02	0.03	

性质 \ 编号		J-28	J-29	J-30		
脱蜡抽出油/脱油沥青(1)		20/80	20/80	20/80		
缩合剂添加量/%		1	2	3		
缩合沥青性质	针入度(25℃)/(1/10mm)	45.5	36.9	25.7		
	软化点/℃	51.3	55.1	75.6		
	延度(25℃, 5cm/min)/cm	34.8	21.7	3.9		
	蒸发后(163℃, 5h)25℃针入度比/%	83	86	85		
	蒸发后质量变化/%	0.01	0.01	0.02	0.03	

性质 \ 编号		J-31	J-32	J-33	J-34	
脱蜡抽出油/脱油沥青(1)		25/75	25/75	25/75	25/75	
缩合剂添加量/%		1	2	3	3.5	
缩合沥青性质	针入度(25℃)/(1/10mm)	59.4	37.3	28.2	27.6	
	软化点/℃	48.3	58.1	73.1	78.2	
	延度(25℃, 5cm/min)/cm	45.7	14.0	4.8	3.6	
	蒸发后(163℃, 5h)25℃针入度比/%	86	79	83	82	
	蒸发后质量变化/%	0.03	0.02	0.01	0.03	

性质 \ 编号		J-35	J-36	J-37	J-38	
脱蜡抽出油/脱油沥青(1)		30/70	30/70	30/70	30/70	
缩合剂添加量/%		1.5	2.5	3.5	4	
缩合沥青性质	针入度(25℃)/(1/10mm)	63.0	41.6	33.9	30.1	
	软化点/℃	49.5	60.2	72.3	77.3	
	延度(25℃, 5cm/min)/cm	44.7	11.8	4.5	3.7	
	蒸发后(163℃, 5h)25℃针入度比/%	83	78	82	83	
	蒸发后质量变化/%	0.02	0.01	0.03	0.01	

3 化学缩合沥青的热储存稳定实验

由于利用化学法生产建筑沥青是一项新的技术思路，为了评价化学缩合剂在反应过程中是否反应完全，及缩合沥青的化学储存稳定性，对利用化学缩合获得的建筑沥青进行了热储存稳定性实验。

评价方案参考SBS改性沥青的储存稳定性实验方法，即将沥青放置在特定的容器内，在163℃温度下热储存48小时，分析热储存后不同位置沥青的软化点变化情况来判断沥青的热储存稳定性，表4列出了不同配方条件下获得的缩合沥青的热储存稳定性实验研究结果。

表中的数据说明，采用化学缩合剂获得的缩合沥青具有比较好的热稳定性和储存稳定性，经过48小时热储存后，缩合沥青的软化点与热储存前缩合沥青的软化点基本一致，不同位置的热储存后缩合沥青的软化点也基本一致，说明沥青化学缩合技术获得的30#建筑沥青具有良好的热稳定性和热储存稳定性。

表4 化学缩合沥青的热储存稳定实验结果

编号 \ 性能	DOA比例/%	缩合剂添加量/%	原缩合沥青软化点/℃	热储存后软化点(163℃，48h)/℃	
				上	下
1	95	2	67	65.3	66
2	90	3	77.9	77.0	77.1
3	92	3	76.4	75.7	75.8
4	85	3	72.6	71.4	70.6
5	80	3.5	77.2	78.3	78.3
6	75	4.5	85.1	82.0	82.1

4 南阳脱油沥青缩合沥青典型条件下缩合沥青性质分析

选择部分条件下的缩合沥青，对比相应的标准进行了分析，分析结果列在表5中。表中的结果表明：利用缩合技术，可以从南阳脱油沥青中制备合格的30#建筑沥青，在缩合过程中，需要在脱油沥青中添加一定比例的脱蜡抽出油，尽管在脱蜡抽出油掺兑比例在10%到30%之间均可以通过化学缩合获得30#建筑沥青，但是，如果掺对比小于15%，由表2可知，调和沥青的蜡含量较高，产品使用性质不稳定，如果脱蜡抽出油掺对比大于25%，化学缩合剂的添加量大。因此，推荐脱蜡抽出油的掺兑比例为20%～25%。

表5 典型条件下缩合建筑沥青性质分析

性质 \ 编号	dJ-9	dJ-27	dJ-17	dJ-34	30#建筑石油沥青(GB/T494-2010)
脱蜡抽出油/脱油沥青(m)	10/90	30/70	20/80	25/75	
缩合剂添加量/%	3.0	4.5	3.5	3.5	

续表

性质 \ 编号			dJ-9	dJ-27	dJ-17	dJ-34	30#建筑石油沥青（GB/T494-2010）
缩合沥青性质	针入度/（1/10mm）	（25℃，100g，5s）	26.4	33.5	29.1	27.6	26~35
		（46℃，100g，5s）		—	—	—	报告
		（0℃，200g，5s）	6	10	8	7	不小于6
	软化点/℃		76.4	80.9	77.2	78.2	不低于75
	延度（25℃，5cm/min）/cm		3.6	2.9	3.6	3.6	不小于2.5
	蒸发后质量变化（163℃，5h）/%		0.02	0.04	0.03	0.01	不大于1
	蒸法后25℃针入度比/%		83	89	86	89	不小于65
	溶解度（三氯乙烯）/%		99.5	99.8	99.7	99.2	不小于99.0
	闪点/℃		271	266	267	264	不低于260

5 效益分析

结合研究结果，对利用化学缩合生产建筑沥青的技术方案进行了效益分析。效益分析的基础条件如下：脱油沥青：脱蜡抽出油为75：25，缩合剂3.5%。效益分析结果列在表6中。此外，与作为燃料油相比，每吨可减少1000多元的消费税，企业经济效益更为明显。

表6 建筑沥青效益分析

项目		数量/t	单价/（元/t）	总支出/万元	总收入/万元
30#建筑沥青		51750	5000		25875
原料	脱蜡抽出油	12500	5000	6250	
	脱油沥青	37500	4000	15000	
	缩合剂	1750	8000	1400	
加工费			100	518	23168
税前利润/万元				2707	

6 结论

（1）南阳高含蜡脱油沥青利用化学缩合技术可以制备30#建筑沥青。

（2）稳定性实验表明，采用化学缩合获得的建筑沥青具有较好的热稳定性和储存稳定性。

（3）南阳脱油沥青制备30#建筑沥青适宜的脱蜡抽出油掺兑比例为20%~25%。

（4）利用化学缩合生产建筑沥青的技术方案具有明显的经济效益。

塔河劣质稠油生产90A高等级道路沥青适应性改造及生产应用

吴振华[1]，张　龙[2]，王小军[1]，姜　辉[1]，吕　曦[1]，李取武[1]

（1. 中国石化塔河炼化有限责任公司生产技术处，新疆库车县　842000；
2. 中国石化抚顺石油化工研究院，辽宁省抚顺　113000）

摘　要　中国石化塔河炼化有限责任公司加工原油为塔河劣质稠油，近年来原油性质不断变差，从而减压渣油沥青质含量逐渐升高、闪点逐步降低，已不能满足生产高等级沥青产品的需要；因此塔河炼化从优化减压装置进料，提高减压塔的分离精度的思路，对减压装置进行沥青适应性改造，并组织实际生产调试，解决了减渣闪点低、蜡含量高的问题，最终生产出合格的90A高等级道路沥青产品。

关键词　减压蒸馏　减压渣油　沥青　稠油

1　前言

中国石化塔河炼化有限责任公司（下文简称塔河炼化）2#常减压-焦化装置，加工原料为塔河劣质稠油，焦化原料为常压渣油。设计加工能力为常压350万t/a、减压50万t/a、焦化220万t/a。其中减压渣油是塔河道路沥青产品的主要调和原料，随着塔河原油性质劣质化程度不断加剧，其减压渣油沥青质含量逐渐升高、闪点逐步降低，沥青产品质量也逐步下降，越来越难以满足生产高等级沥青产品的需要。

大量研究表明沥青的性质在很大程度上取决于原油性质，也与其生产工艺及其所使用的调和组分性质有关。塔河炼化加工原油品种单一，生产沥青的原油和渣油没有选择性，同时也无法生产调和沥青所常用的抽出油和油浆等炼油副产品，这些不利因素将严重地制约塔河道路沥青产品的质量的提升；但是塔河炼化焦化蜡油和重循环油并没有合理加工利用，基本上都是回炼或循环后大部分生成焦炭，经济效益较差。如果将焦化蜡油和循环油在塔河沥青的生产中加以利用，不但有利于提高经济效益，也可为塔河沥青生产提供有益的软组分。基于优化减压装置进料以及生产高等级道路沥青的考虑，塔河炼化在2013年10月份采用抚顺石油化工研究院的工艺包完成了2#常减压-焦化装置生产90A沥青适应性的技术改造。

2　装置规模及组成

2.1　装置公称规模

公称规模：　　　350万t/a。

操作弹性：　60%~110%。
年开工时数：　8400h

2.2 常压塔/减压塔物料平衡

表1 常压塔/减压塔物料平衡表

序　号	物料名称	收率/%	kg/h	t/d	10^4t/a
一、	入方				
1	原料油	96.7	416671.0	10000.0	350.0
2	焦化重蜡油	1.9	8000.0	192.0	6.7
3	蒸汽	1.4	6210.0	149.0	5.2
	合计	100.0	430881.0	10341.0	361.9
二、	出方				
1	常顶油	8.3	35634.0	855.2	29.9
2	常顶水	1.4	5911.6	141.8	5.0
3	常一线	4.1	17514.0	420.3	14.7
4	常二线	14.1	60709.0	1457.0	51.0
5	常压渣油	61.0	262912.0	6309.9	220.9
6	减顶气	0.1	332.5	8.0	0.3
7	减一线	0.6	2644.6	63.5	2.2
8	减二线	0.7	3000.0	72.0	2.5
9	减三线	0.8	3271.6	78.5	2.7
10	减压渣油	9.0	38951.7	934.8	32.7
	合计	100.0	430881.0	10341.0	361.9

3 装置改造方案

3.1 改造目标

根据塔河炼化减压渣油满足A级沥青产品生产的原料要求，对2#常减压-焦化装置的减压塔进行改造，提高减压蒸馏的分离精度，以此改善减压渣油性质，降低A级沥青装置抽出油的调和比例，提高塔河A级沥青产品的闪点和针入度等性能指标。具体指标为：控制减压渣油闪点大于250℃，针入度大于55℃。

3.2 改造思路

为了保证减压渣油生产沥青产品闪点合格，采用中国石化抚顺石油化工研究院开发的“近空塔传热与复合床层”专利技术，进行应用性改造，降低减压塔压降，减少气相夹带，提升减压塔的气化率，改善产品切割精度。焦化重循环油或焦化重蜡油的引入，有效补充沥青产品生产中必需的适宜组分，在减压渣油针入度不小于60的条件下，将减压渣油的闪点提高到250℃以上。主要采取以下工艺方案。

3.2.1 停止现在焦化蜡油进料，改变焦化蜡油进料方式

因为全厂没有催化装置，焦化蜡油没有去处，只能外销，为提高装置总液收，增加经济效益，改造前2#焦化分馏塔抽出的350℃蜡油直接进减压塔回炼，虽然能够增加少量柴油组分，但是焦化蜡油进入减压塔影响了减二线与减压渣油的分离精度，从而影响到沥青品质；通过软件模拟计算，将焦化蜡油接至减压炉前，加热到370℃后再进减压塔，不但能增加减压塔的气相负荷，相应降低液相负荷，增加分离精度，提高沥青质量，而且还平衡了全厂焦化蜡油，增加了经济效益。

3.2.2 过汽化油接至减压炉前

抽出常压塔和减压塔的过汽化油，接至减压炉前，提高减压进料气化率，保证减压塔洗涤段有足够的内回流量，能有效提高减压塔的分离精度。

3.2.3 优化塔取热比例

增大减压塔减一中循环量，减少减二线采出，增大减二内回流量，以提高减一线柴油/减二线、减三线/减压渣油的分离精度。

3.3 主要改造内容

主要对2#常减压-焦化装置常压塔、减压塔、焦化分馏塔三塔塔内件、和新增侧线及流程进行工艺模拟后实施改造，不对原换热流程进行改造。具体改造内容为：对减压塔更换新型进料分布器、更换高效规整填料；新增减三线抽出并至焦炭塔做急冷油流程；新增焦化分馏塔底循环油至减压炉进口调节阀后；新增焦化重蜡油抽出并至减压炉进口调节阀前；新增减压过汽化油抽出并至减压炉进口调节阀前；新增常压过汽化油至减压炉进口调节阀前。

4 改造结果

4.1 减压渣油性质

2014年1月24日至1月28日，塔河炼化组织相关单位试生产1500t90A沥青，经过15天考察，除蜡含量外(实测值2.4%，指标值为2.2%)，其余指标均满足公路沥青路面施工技术规范(JTG F40-2004)道路石油沥青技术要求中90A指标。沥青技术指标见表2。

表2 90A道路沥青质量指标

项目/单位	密度/(kg/m³)	软化点/℃	针入度/0.1mm	PI	蜡含量/%	闪点/℃
90A指标	实测	>45.0	80.0-100.0	-1.5~+1.0	<2.2	>245.0
实验室	—	54.0	84.0	1.1	—	260.0
试生产	1026.0	53.0	90.0	0.6	2.4	253.0

项目/单位	动力黏度(60℃)/(Pa·s)	薄膜烘箱试验(163℃，5h)			
		质变/%	针比/%	延度(10℃)/cm	延度(15℃)/cm
90A指标	≮160.0	±0.8	≮57.0	≮8.0	≮20.0
实验室	635.0	-0.3	68.9	>150.0	>150.0
试生产	388.0	-0.7	61.1	>150.0	>150.0

装置改造前后减压渣油的主要性质变化见表3和表4。

表3 改造前塔河减压渣油主要性质一览表

时　　间	软化点/℃	针入度/0.1mm	蜡含量/%	闪点/℃
2013年8月1日	58.0	58.0		241.0
2013年8月3日	58.6	61.0		242.0
2013年8月5日	58.3	60.0		242.0
2013年8月7日	58.0	62.0	2.5	243.0
2013年8月9日	57.8	65.0		242.0
2013年8月11日	58.6	62.0		243.0
2013年8月13日	58.6	62.0		243.0
2013年8月14日	58.6	59.0	2.4	243.0
2013年8月16日	58.0	58.0		242.0
2013年8月18日	58.1	63.0		242.0
2013年8月20日	57.5	62.0		243.0
2013年8月22日	57.9	62.0		242.0

表4 改造后塔河减压渣油主要性质一览表

时间	软化点/℃	针入度/0.1mm	蜡含量/%	闪点/℃
2014年1月25日	54.1	55.0	—	249.0
2014年1月25日	53.8	53.0	—	250.0
2014年1月26日	54.6	58.0	—	250.0
2014年1月26日	54.2	55.0	—	252.0
2014年1月27日	54.6	56.0	—	250.0
2014年1月27日	54.5	62.0	2.4	252.0
2014年1月28日	54.8	62.0	—	251.0
2014年1月28日	54.0	52.0	2.5	251.0
2014年3月3日	52.5	70.0		250.0
2014年3月5日	56.4	55.0	2.3	253.0
2014年3月7日	57.2	47.0	2.2	253.0
2014年3月10日	56.4	60.0	2.3	251.0
2014年3月12日	58.2	50.0	2.2	255.0

从表3和表4数据可以看出，装置经过改造后，减压渣油蜡含量有降低趋势，闪点有所提高。

4.2 减压装置调试数据

2014年3月3日至3月15日，塔河炼化组织相关单位，重点针对降低减渣蜡含量进行生产调试，两次生产调试过程中减压炉和减压塔相关数据如表5和表6。

表5 改造后塔河减压炉操作数据一览表

日 期	常渣/t	常渣/t	重蜡油/t	减四/t	循环油/t	循环油/t	炉出口温度/℃
3月3日	13.0	13.0	4.7	2.4	5.6	4.8	368.0
3月4日	16.0	14.0	1.3	2.3	5.0	4.9	368.0
3月5日	15.5	14.5	0.5	2.3	4.5	4.8	368.0
3月6日	14.0	13.6	1.1	2.3	4.2	4.9	368.0
3月7日	15.6	14.3	0.0	2.4	4.2	4.8	368.0
3月8日	17.0	13.5	0.0	2.0	3.8	5.2	368.0
3月9日	16.0	13.0	0.0	2.0	3.5	3.2	368.0
3月10日	16.0	12.0	0.0	1.8	3.5	3.0	368.0
3月11日	15.5	12.0	0.0	1.8	3.4	3.2	368.0
3月12日	14.0	14.0	0.0	0.0	3.4	3.0	368.0
3月13日	14.0	14.0	0.0	0.0	3.4	3.0	369.0
3月14日	14.0	14.0	0.0	0.0	3.4	3.0	369.0
3月15日	14.0	14.0	0.0	0.0	3.2	2.9	370.0

注：① 减四即减压过汽化油。

② 3月3日是空白数据，未做调整；3月4日~3月7日逐渐停重蜡油进料；3月8日开始循环油进料降2t/h。

③ 3月9日两支循环油进料均降至最低量3t/h，总量降至6t/h。3月12日停减压过汽化油。

④ 3月14日减压炉出口温度提至370℃。

表6 改造后塔河减压塔操作数据一览表

日 期	减二抽出/t	减三抽出/t	塔底温度/℃	减二温度/℃	减三温度/℃	真空度/kPa
3月3日	7.8	1.4	317.0	274.0	249.0	-83.5
3月4日	7.2	1.1	324.0	274.0	254.0	-83.0
3月5日	6.2	1.2	325.0	276.0	254.0	-83.4
3月6日	6.2	1.2	322.0	276.0	265.0	-83.5
3月7日	5.2	1.1	327.0	276.0	258.0	-83.3
3月8日	5.1	1.1	324.5	274.0	257.0	-81.6
3月9日	3.8	1.1	330.0	272.0	254.0	-81.0
3月10日	2.8	1.2	320.0	272.0	245.0	-83.0
3月11日	2.6	1.1	316.0	269.0	254.0	-83.0
3月12日	2.8	1.1	321.0	280.0	254.0	-83.0
3月13日	3.0	1.4	320.0	269.0	257.0	-84.5
3月14日	2.5	1.4	323.0	270.0	254.0	-83.6
3月15日	2.7	1.4	318.0	267.0	254.0	-83.4

注：①3月8日现场用测温仪测减三线抽出，热电偶附近管线外表温度，上部255度，下部273度，偏差近20度。因此减三抽出温度，只用来分析温度变化趋势。

②3月9日，减压过汽化油波动，造成常渣进料波动；3月10日减压炉分支进料联锁流量突然由11.8t/h降至6.8t/h，造成减压炉联锁熄炉，分析原因是减压过汽化油影响；3月12日停减压过汽化油后，蜡油没有拔出来，落入塔底减渣中，造成减渣蜡含量升高，因此还是需要把减四抽出去，不过不能进减压炉，会造成常渣进料波动，建议接减三线合并去焦炭塔做急冷油。

4.3 减压塔分离精度分析

表7 改造前后减压塔侧线分离精度对比

馏程/℃	减一线		减二线		减三线		减四线		减压渣油	
	改造前	改造后	改造前	改造后	改造前	改造后	改造前	改造后	改造前	改造后
IBP	278.0	259.0	261.0	328.0	—	350.0	—	353.0	312.0	371.0
5%	—	285.0	293.0	357.0	—	369.0	—	404.0	351.0	407.0
10%	308.0	317.0	346.0	368.0	—	392.0	—	428.0	417.0	423.0
30%	—	336.0	—	381.0	—	416.0	—	448.0		496.0
50%	340.0	349.0	391.0	393.0	—	426.0	—	464.0	541.0	574.0
70%	—	358.0	—	401.0	—	437.0	—	475.0		671.0
90%	363.0	363.0	432.0	417.0	—	446.0	—	496.0	693.0	—
95%	373.0	367.0	448.0	424.0	—	452.0	—	509.0	—	—
FBP	379.0	373.0	494.0	462.0	—	473.0	—	—	—	—
<350℃/%	—	—	11.9	3.8	—	1.3	—	0.1	3.1	0.1

从表7对比分析看出：

(1) 首先在减压塔相邻侧线产品重叠度方面。改造前减二线与减一线间的产品重叠度$\Delta T=T$(减二线5%点)-T(减一线95%点)为-80℃，改造后为-10℃；减压渣油与减二线间的产品重叠度为-97℃，改造后减三线与减二线间为-55℃，减四线与减三线间为-48℃。改造后，减压塔各侧线产品之间的重叠度得到大幅改善，产品质量得到了保证。

(2) 减压渣油初馏点由改造前的312℃提高到371℃，5%及10%点温度得到大幅提升，保证了减压渣油闪点达标。同时可以看到：改造后减压塔最底侧线减三线的干点(473.3℃)较改造前最底侧线减二线干点(494.8℃)下降。但减压渣油的初馏点及10%点较改造前大幅提升。意味着虽然减压切割点降低了，但减压渣油的闪点却大幅上升，说明改造提高了最底侧线和减压渣油的分离精度，且降低了雾沫夹带率，降低了最底侧线产品的干点。

(3) 总之，改造不仅提高了减压塔分离精度，而且改善了减压渣油馏程分布，提高了减压渣油作为沥青调和原料闪点控制指标。

5 沥青质量指标

5.1 改造后减渣闪点变化趋势

在减压塔改造后的试生产中发现，循环油进料的增大及减压炉出口温度的提高，对提高减压基质沥青的闪点产生较大影响。

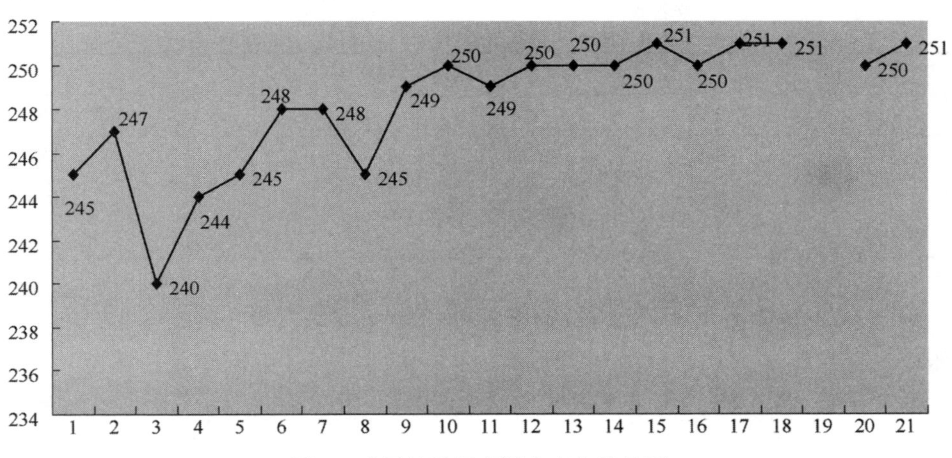

图1　减压基质沥青闪点变化趋势图

5.2　改造后沥青产品跟踪数据

表8　试验期间沥青产品跟踪数据

时　间	密度/(kg/m³)	软化点/℃	针入度/0.1mm	PI	蜡含量/%	闪点/℃
3月9日	1026.0	52.8	93.0	0.4	2.3	252.0
3月10日	1026.0	52.8	88.0	0.5		252.0
3月11日	1026.0	53.0	90.0	0.6		253.0
3月12日	1026.0	52.8	90.0	0.7	2.2	252.0
3月13日	1026.0	53.1	89.0	0.6		252.0
3月14日	1026.0	52.8	91.0	0.5	2.2	252.0

时　间	动力黏度(60℃)/(Pa·s)	薄膜烘箱试验(163℃，5h)			
		质变/%	针比/%	延度(10℃)/cm	延度(15℃)/cm
3月9日	384.6	-0.6	60.2	150.0	150.0
3月10日	389.9	-0.7	59.1	150.0	150.0
3月11日	388.1	-0.7	61.1	150.0	150.0
3月12日	389.2	-0.7	62.0	150.0	150.0
3月13日	385.7	-0.7	62.9	150.0	150.0
3月14日	386.5	-0.7	62.6	150.0	150.0

表9　沥青考查产品性质对比

时　间	软化点/℃	针入度/0.1mm	PI	蜡含量/%	闪点/℃
90A沥青指标	>45.0	80.0~100.0	-1.5~+1.0	<2.2	>245.0
考查第一天	52.8	93.0	0.4	2.2	252.0
考察第十五天	52.8	91.0	0.5	2.2	252.0

续表

时　间	薄膜烘箱试验(163℃，5h)			
	质变/%	针比/%	延度(10℃)/cm	延度(15℃)/cm
90A 沥青指标	±0.8	≮57.0	≮8.0	≮20.0
考查第一天	-0.6	60.2	150.0	150.0
考察第十五天	-0.7	62.6	150.0	150.0

注：成品沥青工艺是减压渣油调和糠醛抽出油及丁苯橡胶，目的是提高沥青产品的延度和针入度，而沥青闪点基本与减渣是一样的。

减压塔改造后调试初期，减渣蜡含量在2.4%左右，调试后期，减压塔经过操作优化，减渣蜡含量降到2.2%左右，已接近90A沥青质量标准蜡含量2.2%以下的指标要求；随后塔河炼化通过与新疆维吾尔自治区技术监督局、抚顺石油化工研究院、齐鲁石油化工研究院的化验分析比对，发现大气压及蒸馏速率等分析误差对减渣蜡含量分析指标有影响，通过校正改造后塔河减渣实际蜡含量均在2.0%以下，完全满足90A高等级成品沥青调和的需要。以下简要介绍抚研院减渣蜡含量对比试验交流情况。

3月18日~21日塔河炼化派专人去抚研院参加蜡含量对比试验交流，本次比对试验所需所有化学试剂及仪器由抚研院提供，由上海炼销公司、西安石化、塔河炼化及抚研院四家组成进行分析比对，要求各单位派一名做分析，其他人员均在旁边观察，共做5组分析。减渣蜡含量分析操作方法比对过程如下：

（1）规程操作手法分析：从做样手法，习惯上来看，在蒸馏步骤、馏出物称量上有一些差异，但基本都以操作规程进行分析，结果影响不大。

（2）仪器影响：从所使用的仪器方面来看，未发现异常，对结果影响不大。

（3）冷冻过滤：从使用各自实验室所带的砂芯漏斗做分析来看，各公司所使用的玻璃砂芯冷冻装置型号基本一致，分析过程中过滤速度差别不大，因无法测孔径大小，从过滤速度及结果看影响不大。

（4）试剂：从所使用试剂方面来看，石油醚，无水乙醇均一样，不一样就是所使用无水乙醚有所不同，我公司使用的是乙醚，而抚研院使用的是无水乙醚。

（5）蒸馏馏分油的影响：从裂解油过程来看，我公司和抚研院使用的都是喷灯进行加热，抚研院在蒸馏过程中主要控制初馏点及最后一分钟结束时对烧瓶的加热，以及总加热结束时间均符合规程要求，裂解过程中调整火焰的大小方面及控制流速方面略有差别，我化验室在整个裂解过程中严格控制初馏、在蒸馏过程中严格控制流速2滴/s，蒸馏完毕最后一分钟对烧瓶的底部加热，总加热结束时间均符合规程要求。分析第一个样品时由于所使用的秒表不同，在整个蒸馏过程中只关注总时间，每秒的流速只能凭经验判断，总馏出物在28.5克。第二次裂解时要求重新更换秒表，在整个蒸馏过程中流速符合2滴/s，总馏出物达到30.4克。同一样品分析数据馏分油为28.5克时蜡含量为1.70%、1.80%，分析数据馏分油为30.4克时蜡含量为1.95%、1.90%。本公司在化验室所裂解出的馏分油的量一般在32克左右，而抚研院所裂解出的馏分油的量在27~28g之间。

（6）从抽残压方面看，我化验室与西安石化实验室所给残压相同在0.021~0.035MPa之间，而抚研院与上海炼销公司实验室所给残压相同在0.067~0.081MPa之间，从分析结果看影响不是太大。本化验室用的残压对规程的理解与西安和镇海是一致的。

（7）根据SH/T 0425—2003标准要求蜡含量在>1.0-3.0%时重复性为0.3%，再现性为0.5%。在抚研院分析数据分别为1.7%、2.0%符合重复性要求。本单位分析数据为2.4%，符合再现性要求。

6 结论

从减压塔分离精度、减压渣油和沥青产品质量来看，本次技术应用改造完全达到了预期目的，可以得出如下结论：

（1）“高效塔内件及近空塔传热与复合床层技术”的应用改造，降低了减压塔压降，减少了气相夹带，提升了减压塔的气化率，有效改善了产品切割精度。

（2）新增侧线产品抽出使柴油和蜡油、蜡油和减压渣油切割清晰，既保证了减压渣油的质量，又有利于蜡含量的降低。

（3）焦化重循环油或焦化重蜡油的引入，有效地补充了沥青产品生产中必需的适宜组分。在减压渣油针入度不小于60的条件下，减压渣油的闪点提高至250℃以上。

综上所述，“2#常压-焦化装置沥青生产适应性改造项目”达到了预期目的，减压塔的分离精度得到较大改善，减压渣油的质量有了较大幅度提升，能够生产满足公路沥青路面施工技术规范(JTG F40-2004)道路石油沥青技术标准要求的90A高等级重交沥青。

参考文献

[1] 瞿国华．延迟焦化工艺与工程[M]．北京：中国石化出版社，2008.

[2] 李春年．渣油加工工艺[M]．北京：中国石化出版社，2002.

[3] David Whiteoak. The Shell Bitumen Handbook[M]. UK：Shell Bitumen，1990.

保护环境与节约能源

生化剩余污泥大幅减量 SMR 新技术

张　超

（中国石化石油化工科学研究院，北京　100083）

摘　要　污水生化处理产生的大量剩余污泥，成为亟需解决的环境问题。针对剩余活性污泥性质研发的 SMR 减量工艺，效果显著，结果显示：有机物减少 94%，污泥体积减少到常规方法的 15%，残留污泥的脱水性能得到显著改善，具有显著的社会、环境和经济效益。

关键词　剩余污泥，减量，SMR 技术

我国城市污水处理厂普遍采用活性污泥处理工艺，在处理污水的过程中，产生大量的剩余污泥。据报道，目前我国运营污水厂为 2000 余座，日处理水量 8000 多万 m^3。以污泥（含水率 98%）占污水质量比例为 0.6%计算，每天产生污泥产量为 48 万 m^3，年产生污泥 1.75 亿 m^3，今后十年处理厂污泥产量将达到年均增长 15%。污泥处置成为愈发重要的环境问题。

剩余污泥中含有大量的微生物、病毒、寄生虫等有毒有害物质以及有机物和氮、磷等营养物质，然而，由于剩余污泥含水率较高，这给处理带来了很大困难。传统的"调理+脱水+外运"工艺只能将污泥含水率降低到 80%左右，泥饼体积仍然十分庞大，并且几乎保留了原污泥所有的污染物。污泥焚烧虽然能够去除污泥中的污染物，但是投资和运行成本很高，产生大量有害烟气，公众心理接受程度较低。因此，亟需开发一种既能有效实现污泥体积大幅减量、又能实现污染物显著减量的剩余污泥处理技术。

1　生化污泥的基本特性

表 1 为某炼油企业污水处理厂生化污泥的基本组成。生化污泥取自回流污泥系统，其总固体浓度（TSS）5000mg/L 左右。回流污泥静置浓缩 24h 得到浓缩污泥，浓缩污泥 SS 约 20796mg/L，其中挥发性固体 VSS 浓度 14681mg/L，VSS/SS 为 0.67～0.74 之间，污泥总 COD（TCOD）为 24998mg/L，但是溶解性 COD（SCOD）非常低，仅有 451mg/L 左右。由于污泥中含有大量微生物，因此大分子的蛋白质和糖类浓度较高，两者约占 TCOD 的 40%。

表 1　某炼厂浓缩污泥组成

项　目	pH	TSS/（mg/L）	VSS/（mg/L）	VSS/SS	TCOD/（mg/L）	SCOD/（mg/L）	糖类/（mg/L）	蛋白质/（mg/L）
平均值	6.8	20796	14381	0.69	24988	451	1110	9005
标准偏差	0.1	1084	861	0.03	2016	45	215	316

大量研究结果表明，剩余活性污泥主要由水、微生物、微生物代谢物、无机固体构成，其中含水达到 99%。这些有机物和无机固体聚集形成大小约数百微米、结构疏松、含水率

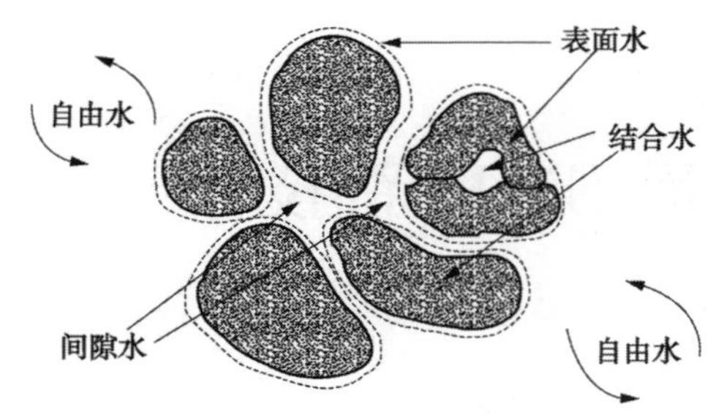

图1 污泥所含水分示意图

极高的污泥胶羽。按照污泥中水的存在形态分可分为四类：自由水、间隙水、表面水和结合水（图1）。其中自由水可自由流动，围绕在污泥四周但不与污泥附着或结合，这部分水约占污泥水分70%，分离较容易，可用重力进行分离；间隙水是污泥间因毛细管现象而保持的水，分离较难，需要使用离心、真空等方法才能分离；表面水是通过氢键附着在胶体表面的水分子层，分离困难，只有经过调理才能用机械方式脱水去除；结合水指的是通过化学键与污泥紧密结合的水，约占污泥水分的4%，分离十分困难，采用一般物理化学方法也很难分离。这部分水虽只占含水污泥水分的4%左右，但它是构成脱水污泥的主要水分，使脱水污泥含水高达80%。此外，微生物细胞内还含有一定量的内部水，这部分水分更难脱除。

目前污泥采用调理、沉降、过滤等脱水方法只能将污泥中大部分自由水脱除，对间隙水、表面水、特别是结合水的脱除效果很差。因此，通过调理、沉降和过滤方法，污泥含水仍然很高，导致污泥体积仍然很大。更为重要的是这些方法对污泥中有机物都没有减量效果。

2 SMR污泥减量技术

2.1 SMR技术原理

剩余活性污泥体积庞大的原因是含水率高，造成含水率高的根本原因是污泥中存在的具有特殊性能的有机物，是这些有机物导致水以间隙水、表面水和结合水形态存在，因此，研发降低和消除污泥中有机物方法，是污泥实现大幅减量的关键。为此，通过对污泥中有机物组成及其特性的深入研究，发现可以通过特定的化学方法将其降解，使其从固形的高分子形态转变为水溶性小分子形态。有机物转变为小分子水溶形态后，基本消除了污泥中水以间隙水、表面水、结合水形态存在条件，泥水很容易分离，剩余的少量残留污泥脱水容易，从而实现污泥体积的大幅度减量。另外，泥水分离得到含有小分子有机物的水溶液，可生化性很好，采用生物方法可实现彻底无害化处理。因此，SMR（Sludge Maximum Reduction）技术使污泥不但实现体积大大减量，而且也实现污染物大大减量。图2为处理能力为10000t/a的撬装式SMR污泥减量装置。

2.2 技术效果

表2为几种污泥处理工艺的处理效果。由表可知，SMR工艺的减量效果十分显著，污泥体积、TCOD和TN分别减量高达98.5%、93.7%和93.8%，减量效果仅次于焚烧工艺。

研究表明，经过物化处理和固体分离之后，脱水滤液B/C比大于0.5，可生化性良好，采用常规的生化方法处理，出水COD小于60mg/L，满足国家排放标准。

图 2　撬装式 SMR 污泥减量装置

表 2　几种工艺处理含水污泥效果对比

污泥指标	处理前	处　理　后			
		SMR	机械脱水	热干化	焚烧
体积/m^3	10，000	150	1000	330	70
含水率/%	98	60	80	40	10
TCOD/t	200	12	200	200	0
TN/t	18	1	18	18	0

3　经济技术评价

3.1　社会和环境效益评价

以日处理量 10000m^3/d 的污水处理厂为例，年产含水 98%的剩余污泥约 20000t。采用常规“调理+脱水”工艺处理，年产脱水污泥约 2000t；若采用 SMR 技术处理，仅剩余脱水污泥 300t，且减少 COD 376t。目前全国污水日处理量 8000 万 m^3，每年产生含水 80%的脱水污泥饼 1800 万 t。如果全部采用 SMR 处理，每年仅产生泥饼 270 万 t，污泥减量高达 1530 万 t，并减少 COD 约 340 万 t，社会、环境效益巨大。

3.2　经济效益评价

以含固率 1%污泥为基准，包括能耗、药剂、水耗等费用在内的分析结果如表 3。由表 3 可知，4 种不同处理方法的能耗由高到低顺序为：“干化+焚烧”>“脱水+干化+外运”>SMR>“调理+脱水+外运”；总运行成本由高到低的顺序为：“调理+脱水+外运”>“脱水+干化+外运”>“干化+焚烧”>SMR。以日处理量 10000m^3/d 炼化污水处理厂为例，采用“脱水+外运”工艺，每年污泥处理费用为 992 万元；采用 SMR 工艺年处理费用仅 552 万元，具有更显著的经济效益。

表 3 污泥处理成本对比(以SS为1%计)

处理方法	药剂/(元/t)	能耗/(元/t)	外委/(元/t)	合计/(元/t)	备 注
SMR	48	60	30	138	设备投资较大
调理+脱水+外运	3	10	235	248	设备投资小
脱水+干化+外运	3	160	66	229	设备投资大
干化+焚烧	3	210	14	227	不含飞灰和尾气治理费用，设备投资大

4 结语

随着国家法规的日趋严格和公众环保意识的增强，污泥处置成为愈发重要的环境问题。SMR技术不仅能够降低污泥90%以上的有机物、杀灭有害病菌、减小污泥体积、减少固体废物对环境的污染，而且具有操作简单、设备少、占地小等优点，具良好的社会、环境和经济效益。

POX 工艺用于炼厂含油污泥、含盐废水处理的经济环保性分析

崔海峰，段滩超，卢　磊，赵东风

（中国石油大学（华东）化学工程学院，山东青岛　266580）

摘　要　石油炼制行业所产生的含油污泥和含盐废水的处理问题一直是制约企业发展的一个重要因素，随着 POX 工艺的日益成熟，将其应用于炼厂含油污泥、含盐废水的处理已具有一定的理论基础和可行性，本文对 POX 工艺用于炼厂含油污泥、含盐废水处理的经济环保性进行分析。结果表明，将 POX 工艺用于炼厂含油污泥和废水的处理后不仅可以节省大量的新鲜水、添加剂费用，同时还可处理全部的含油污泥和部分含盐废水，降低炼厂的废弃物处理成本，为企业带来巨大的经济效益；污泥废水 POX 气化工艺 SO_2 排放量仅为 CFB 锅炉排放量的 1/179，NO_x 排放量仅为 CFB 锅炉排放量的 1/3。因此，污泥废水 POX 工艺不仅可以实现废物的资源化利用，同时使炼化企业的生产结构更加环保、合理。

关键词　POX 工艺　含油污泥　含盐废水　经济　环保

炼厂含油污泥中含有大量的铬、镍、钒、汞等重金属盐类以及苯系物等难降解的有毒有害物质，是石油加工过程中产生的主要污染物之一，属于国家危险固体废弃物（HW08），同时含油污泥含水率高且浓缩困难，脱水和处理技术难度大，处理成本高[1]，排放到环境将造成环境污染和资源的浪费。原油在炼制过程中产生大量的含硫、含油以及含盐废水，这些废水由于其成分复杂、浓度高、处理难度大、成本高，一直都是制约企业发展的一个重要因素[2~4]。因此，为炼厂含油污泥及废水寻找一条高效、环保的处理途径显得尤为重要。部分氧化技术（Partial Oxidation，下简称 POX 技术）由于其进料灵活、环境友好、且能提供廉价氢等优点[5~6]，近年来在我国发展迅速，积累了大量的运行经验，并取得良好的运行效果。将污泥、废水应用于 POX 技术与煤或石油焦进行共成浆气化[7~10]，不仅能够节省制浆新鲜水，有效提高浆体性能，同时还能为污泥、废水的处理提供一条新的思路。目前，关于 POX 工艺处理污泥、废水的经济环保性分析方面的报道较少，本文以某千万吨级炼厂为对象，分析探讨利用 POX 工艺处理炼厂含油污泥、含盐废水的经济效益和环保效益。

1　污泥废水 POX 工艺流程

部分氧化技术（POX）技术是指在高压条件下各种劣质含碳物料（煤/焦）与气化剂（O_2，CO_2，H_2O）之间进行的一种不完全反应，最终生成合成气（CO，H_2），部分氧化技术的主要反应如下：

$$C+O_2 = CO_2+409.4kJ$$

$$C+CO_2 = 2CO-160.7kJ$$

$$C+H_2O = CO+H_2-117.8kJ$$

$$CO+H_2O = CO_2+H_2-92.5kJ$$

产生的合成气根据需要可以通过氢气提纯系统制备洁净的氢气，供炼厂加氢装置提升油品质量使用，也可联产为炼厂提供蒸汽以及电力，是清洁利用高硫劣质原料的生产工艺。污泥废水POX工艺即依托POX工艺处理含油污泥与废水的工艺。其工艺流程简图如图1所示。

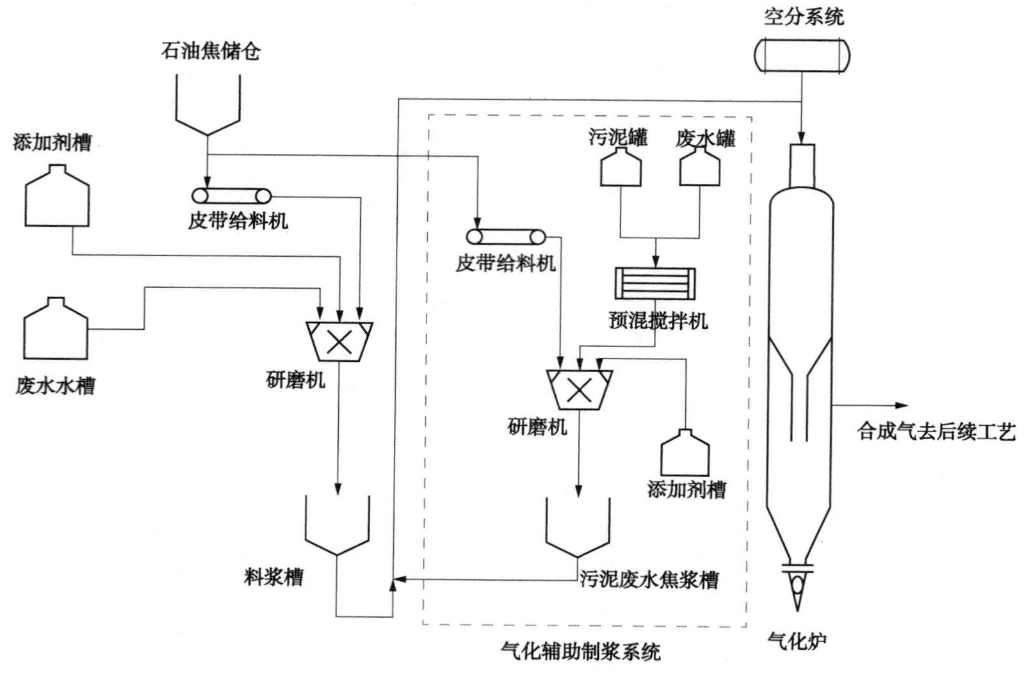

图1　污泥废水POX工艺流程简图

如图1所示，污泥废水POX工艺所有制浆用水均采用含盐废水，相比传统的POX工艺，增设了气化辅助制浆系统，系统间歇运行，包含废水罐、污泥罐、预混搅拌机、研磨机等装置。污泥脱水预处理后储存于污泥罐中，来自生产装置的含盐废水储存于废水罐中。待含油污泥、废水积累到一定量后，被泵送至预混搅拌机混合，然后与石油焦、添加剂共同进入研磨机破碎，制得的性质良好污泥废水石油焦浆与废水焦浆混合，进入后期处理气化反应单元。

该炼厂在生产加工过程中，共产生石油焦276.39×10^{4}t/a，其中205.80×10^{4}t/a供气化装置自用，设定浆体中固体浓度为64%，污泥干基添加量5%，采用含盐废水100%取代新鲜水制浆的污泥废水焦浆配方，气化过程制浆水需求量121.85×10^{4}t/a，污泥干基需求量10.83×10^{4}t/a。该炼厂含油污泥主要来自污水处理场、储运系统及中转油库油泥，产生量约5777.8t/a，含水率约95%。污泥干基的质量仅占到气化用石油焦质量0.014%，污泥脱水至73%后水分约占制浆水比例的0.064%。因此理论上，脱水后的含油污泥可全部进入POX气化系统参与制浆。该炼厂含盐废水主要来自常减压装置、循环水场等，水量约342.132×10^{4}t/a，脱水污泥参与制浆提供781.07t/a的水，剩余制浆水需求量约121.77×10^{4}t/a，小于炼厂自产含盐水量。因此，含盐废水中121.77×10^{4}t/a的水可全部取代新鲜水参与石油焦制浆，剩余220.362×10^{4}t/a的水进入污水处理场处理。

2 污泥废水 POX 工艺经济效益分析

在污泥废水 POX 工艺运行过程中，相比于传统的 POX 工艺，可节省制浆用新鲜水、制浆稳定剂[10]、污泥废水的处理处置费用，但同时也会增加额外的运行管理费用。

2.1 污泥废水 POX 工艺运行收益分析

炼厂中含盐污水以及含油污泥提供的污水可全部取代新鲜水参与制浆，共计 121.85×10^4t/a，工业用水每吨以 4.77 元计算，每年可节省制浆新鲜水 581.22×10^4元。传统 POX 工艺在制浆过程中需加入稳定剂，从而保证浆体长时间储存所需的稳定性。含油污泥可作为稳定剂参与制浆，5%的污泥干基添加量能够在保证良好的流动性和粒度分布的情况下，稳定浆体达到 194h。水焦浆制备取 0.3%的稳定剂用量，可节省稳定剂约 27.08t/a，每年节省费用 73.12×10^4元。该炼厂含油污泥产量约 5777.8t/a，按照常规的污泥脱水后外委处置流程，脱水后按照 73%的含水率计算，脱水污泥共计 1069.96t/a，每年可节省外委处置费用 224.69×10^4元。利用 POX 技术处理废水，每年可减少 121.77×10^4t 废水进入污水处理场，调研显示，炼厂污水处理场每吨含盐废水处理成本约 8.72 元，每年可节省费用 1061.8×10^4元。

2.2 污泥废水 POX 工艺运行损益分析

利用 POX 工艺处理含油污泥与含盐废水需额外投资建设 POX 气化辅助制浆系统，将污泥与废水预混后与石油焦进入研磨机制浆，在此过程中，各机泵、混合搅拌器、研磨机等装置每年共额外消耗电能以及人力约 11.78×10^4元。污泥废水 POX 工艺运行收/损益见表 1。

表 1 污泥废水 POX 工艺运行费用统计表

收/损益	装　置	费用/万元
收益	制浆用水	581.22
	稳定剂	73.12
	污泥处置	224.69
	废水处理	1061.8
损益	污泥废水预混制浆	11.78
共计费用	/	1929.05(收益)

3 污泥废水 POX 工艺环保效益分析

根据调研结果，污泥废水 POX 气化产物粗合成气的主要成分为 CO、H_2、CO_2，三者所占比例超过了 99%，另外，由于气化炉内为还原氛围，在反应过程中，含油污泥、石油焦中的硫转变为 H_2S 和 COS，氮转变为 NH_3，粗合成气中无 SO_2 以及 NO_X 的存在。NH_3 含量仅占到合成气总含量的 0.001%，这是因为合成气在出气化炉前被激冷水(富含 H_2S，为酸性水)洗涤吸收所致。在后续利用过程中，合成气中的 H_2S 经低温甲醇洗、Claus 硫回收工艺，以单质硫的形式被脱除，其SO_2的排放源主要为Claus单元尾气焚烧炉；由于合成气中几乎不含氮元素，在燃烧过程中，无燃料型氮氧化物的产生。合成气在后续利用过程中，大气污染物排放情况见表2。

表2 合成气综合利用大气污染物排放表

污染物名称	排放浓度/(mg/m^3)	排放量/(t/a)
SO_2	2.99	68.292
NO_x	55.00	1256.808
烟尘	5.00	114.240

为了更直观地描述污泥废水POX工艺的环保效益，采用CFB锅炉对205.80×10^4t/a的石油焦燃烧处理，对比目前主流的清洁燃煤工艺循环流化床燃烧技术(CFB锅炉)与污泥废水POX工艺两种不同的利用方式对大气污染物的贡献情况。经计算分析，假设CFB锅炉采用效率最高的大气污染物处理措施，其燃烧处理石油焦废气污染物排放量与合成气利用工艺对比见图2。

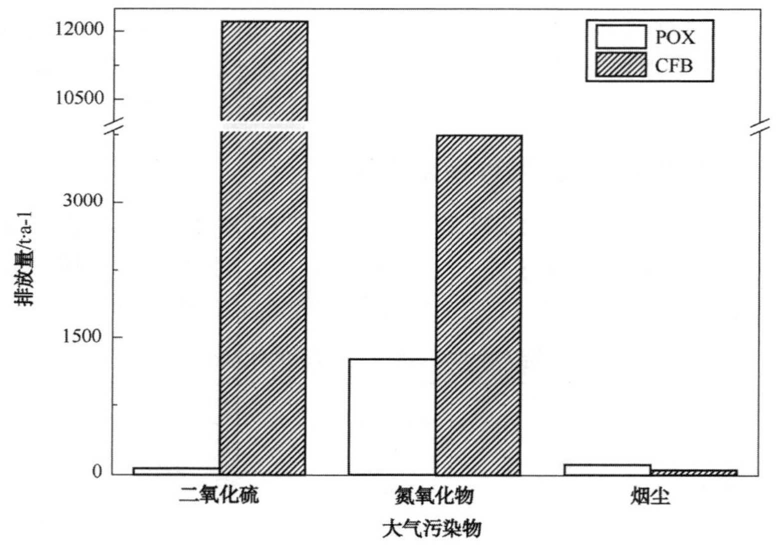

图2 CFB锅炉与合成气综合利用大气污染物排放图

从图2可以很直观地看到经气化工艺气化后产生的合成气在后续利用过程中，SO_2和NO_X排放量远少于CFB锅炉直接燃烧石油焦的排放量，SO_2的排放量仅占CFB锅炉排放量的1/179。正如前文所述，与CFB锅炉完全氧化直接热利用，硫转化为SO_2、氮转变为燃料型NO_X不同，污泥废水POX工艺利用石油焦、含油污泥是通过部分氧化反应，通过加氢的方式，将硫、氮与燃料分离，而后再进一步利用，这一过程类似于传统意义上的“预处理”，分离出的硫转化为硫磺，分离出的氨进入水相，实现了SO_2、NO_x减排的同时，还节省了湿法脱硫药剂的使用以及脱硫产物存放、处理的费用。另外，当CFB锅炉使用布袋/静电+布袋除尘工艺时，其烟尘排放量低于污泥废水POX工艺的排放量，但这种除尘方式耗能高，占地面积大，而单一使用静电除尘或机械除尘则无法达到污泥废水POX工艺的排放水平。

除大气污染物排放量具备优势外，污泥废水POX气化工艺每年还可处理1069.96t的含油污泥以及 121. 77×10^4t 的含盐废水。污泥、石油焦经 1250℃以上的高温处理后转化为气化残渣，可作为矿产资源进一步利用[11]；含盐废水中的有机物，尤其是 RO 浓水中难以生化分解的部分，经高温处理后，有机高分子长链及环状结构被打破，更易被微生物利用分解，转送污水处理场后可减少废水对生化单元的冲击。

污泥废水 POX 气化工艺不同于其它含油污泥、难降解废水资源化利用措施，需要为二者建造或提供专门的处理设施或处置条件，而是在目前 POX 气化工艺的基础上稍加改造。另外，污泥废水 POX 气化工艺还可与炼油装置形成良好的互补关系：炼油装置为气化装置提供高硫石油焦、含油污泥、难降解废水等劣质含碳物料作为气化原料，气化后，为炼油装置输出廉价氢气的同时，实现了污泥废水的资源化利用。

4 结论

污泥废水 POX 工艺通过增设气化辅助系统，可使含油污泥脱水预处理后不再需要外委处置，降低污水处理场运行负荷。相比传统 POX 工艺运行费用每年可节约约 1929. 05 万元。利用 POX 技术处理炼厂含油污泥、废水，可实现含油污泥减排 1069. 96t/a，废水减排 121. 77×10^4t/a。污泥废水 POX 气化工艺采用部分氧化技术，制得的粗合成气经后续净化等工艺处理后，硫元素以硫磺的形式被脱除，合成气后续利用过程中，SO_2排放量仅为 CFB 锅炉排放量的 1/179，NO_x排放量仅为 CFB 锅炉排放量的 1/3。在实现含油污泥、废水资源化利用的同时，为炼厂提供廉价的氢气，可与炼油装置实现良好的对接，使炼化企业的生产结构更加环保、合理。

参考文献

[1] 肖梓军，乔树苓，严勇，等 .“三泥”处理现状及资源化利用研究进展[J]. 长春理工大学学报：自然科学版，2010，3(33)：130-133.

[2] 化娜丽，赵东风，张钦辉，等 . 炼厂难降解废水的处理现状及资源化利用[J]. 化学与生物工程，2014，11(31)：22-24.

[3] 杨晔，陆芳，潘志彦 . 高盐度有机废水处理研究进展[J]. 中国沼气，2003，21(1)：22-25.

[4] 中国石油化工集团公司安全环保局 . 石油石化环境保护技术[M]. 北京：中国石化出版社，2006.

[5] 王峰 . 炼油厂制氢工艺的方案优化[J]. 当代化工，2007，36(6)：561-564.

[6] 郭新生，王璋 . IGCC 电站优良的环保特性和环保效益[J]. 燃气轮机技术，2005，18(3)：8-12.

[7] Liu Meng，Duan Yufeng，Ma Xiuyuan. Effect of surface chemistry and structure of sludge particales on their co-slurrying ability with petroleum coke[J]. International Journal of Chemical Reactor Engineering，2014，12(1)：429-439.

[8] Wang Ruikun，Liu Jianzhong，Gao Fuyan. The slurrying properties of slurry fuels made of petroleum coke and petrochemical sludge [J]. Fuel Processing Technology，2012，104：57-66.

[9] 郑福尔，刘以凡，许平凡 . 高浓度含酚废水对水煤浆流变性和稳定性的影响[J]. 环保与节能，2012，13(6)：48-52.

[10] 黄冰冰，刘猛，段钰锋 . 污泥增强水焦浆稳定性的机制及理论分析[J]. 中国电机工程学报，2014，34(17)：2747-2753.

[11] 贾嘉 . 煤气化灰渣与黑水对石油焦成浆性及气化活性的影响研究[D]. 上海：华东理工大学，2011.

生物滤池的快速启动研究

李　超，赵东风，张庆冬，刘　骏

（中国石油大学(华东)化学工程学院环境与安全工程系，山东青岛　266580）

摘　要　减少生物滤池的启动时间并提高降解性能有利于该技术的工业化推广，本文考察了4种不同的生物过滤实验方案对启动过程的影响。实验方案由不同的接种微生物(包括活性污泥和专性降解菌)和不同的填料组合(木片和木片泥炭混合物)两两组合而成。实验结果显示，在本文的操作条件下，接种专性降解菌同时混装有机填料木片和泥炭的生物滤池，可有效的缩短启动时间(缩短至6天)，增大降解菌的数量($10^{10}\sim10^{11}$ CFU/g)，并提高甲苯的去除率(≥91.9%)。本文对比了在启动阶段中的启动时间。

关键词　生物滤池　甲苯　启动　去除率　细菌量

1　前言

生物法早在20世纪80年代就被用于处理挥发性有机废气(VOCs)，由于低廉的投资与运行成本，较高的去除率以及环保等特点，现已被广泛用于工业产生的低浓度有机废气处理[1]。目前，工业应用较多的生物法主要是生物过滤技术。针对生物过滤法处理VOCs的研究有很多，主要集中在有机废气的进气浓度(或进气负荷)和气体在反应器中的停留时间[2]，生物床的温度[3]、湿度[4]、pH[5]，压降[6]，以及微生物的类型(真菌和细菌)[7-8]等方面。相对而言，鲜有研究关注和改善生物滤池的启动研究[9-10]。从工程角度上看，加速生物滤池的启动可减少装置低性能运行的时间，有利于生物滤池的工业化推广。

在本文中，选择一种最佳的微生物接种体和填料配比的组合，使得生物滤池可在较短的时间内启动。实验以甲苯作为VOCs的模式物，用于模拟工业上排放的有机废气；用于接种的微生物包括，活性污泥和三株甲苯降解菌；两种有机填料分别为木片和泥炭。

2　材料与方法

2.1　微生物接种与填料

活性污泥取自青岛某炼化企业污水处理车间曝气池。选择相同地点的活性污泥，以甲苯为碳源，分离出三株对甲苯有较高降解性能的细菌。分别取这两种微生物的悬浮液(8L)分别加入2L的营养液(初期启动的营养物质)，配成10L的接种液，用于生物滤池的接种。

木片和泥炭是两种工业上常用的有机填料(廉价易得)，具有坚硬质地的木片可作为生物床层的骨架(防止床层塌陷)，泥炭丰富的有机质和微量元素可持续的为微生物提供必要的营养。木片和泥炭的主要理化性质如表 1 所示。

表 1　实验用泥炭与木片的主要理化性质

泥炭[①]		木片[②]	
有机质/%	38.0	B. E. T. (N_2)比表面积/(m^2/g)	0.3491
总氮/%	0.9	BJH 吸附平均孔径/nm	7.80
P_2O_5/%	0.7	长度×宽度/mm	18.3×6.1
K_2O/%	1.0	厚度/mm	1.6
pH	6.8	pH	6.5
容重/(g/cm^3)	0.6	容重/(g/cm^3)	0.3

①由厂商提供；②由实验测得。

实验通过 4 个平行的生物过滤实验考察了不同的接种微生物与填料混合比的组合对生物滤池启动的影响。这 4 个生物过滤实验组合如表 2 所示。

表 2　生物过滤实验接种微生物与填料组合

生物滤池序号	接种微生物	填料(质量比，干重)
B-1	活性污泥	木片
B-2	活性污泥	木片+泥炭(1∶3.7)
B-3	甲苯降解菌	木片
B-4	甲苯降解菌	木片+泥炭(1∶4.7)

2.2　生物滤池及操作运行

实验所用生物反应单元由 4 个独立的生物滤池组成，每个生物滤池的结构示意图如图 1 所示。生物滤池的主体材料为有机玻璃，内径为 20cm，填料层的高度为 30cm(共 3 层，每层 10cm)，填料层的体积为 9.42L。硅胶管用于输送气体和反应器连接。

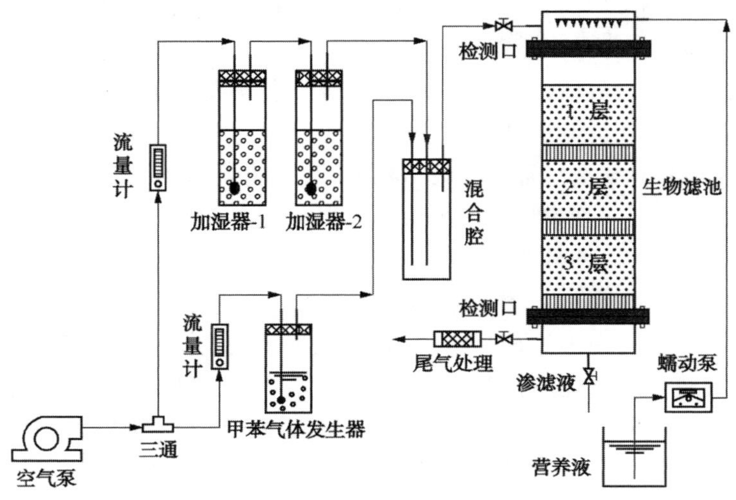

图 1　生物滤池装置示意图

运行条件为：室温28±3℃，进口温度和相对湿度分别保持30±2℃和100%，空床停留时间(EBRT)为165秒，甲苯进气浓度分为三个阶段，包括三个增长的浓度梯度200mg/m^3，500mg/m^{3}和1000mg/m^3。

2.3 分析方法

通过气体采样器(中间连接活性炭吸附管)分别抽取100ml的进出口甲苯气体，用二硫化碳解析，并通过气相色谱检测分析。气相色谱参数：BFRL3800型气相色谱，毛细管柱，FID检测器，柱温120℃，进口150℃，检测器200℃，载气为高纯氮气(≥99.999%)90ml/min，氢气60ml/min，空气500ml/min。

用甲苯去除率RE(%)表示生物滤池的去除性能。

$$RE(\%)=\frac{C_{in}-C_{out}}{C_{in}}\times 100$$

其中，C_{in}为进口甲苯浓度(mg/m^3)，C_{out}为出口甲苯浓度(mg/m^3)。

通过平板计数法测量生物床层中的细菌数量，采用牛肉膏蛋白胨固体培养基，并加入适量制霉菌素以抑制霉菌和真菌的生长。微生物采样在每个进气浓度阶段末期进行。

3 结果与讨论

3.1 VOCs去除性能

图2对比了4种不同组合下生物滤池启动所需的时间以及该过程中甲苯去除率的变化情况。对于B-1，第一阶段，甲苯去除率达到稳定需要12天，稳定后甲苯去除率约为84.6%；第二阶段，甲苯去除率达到稳定需要8天，稳定后甲苯去除率约为79.0%；第三阶段，甲苯去除率达到稳定需要5天，稳定后甲苯去除率约为80.3%。对于B-2，第一阶段，甲苯去除率达到稳定需要8天，稳定后甲苯去除率约为88.9%；第二阶段，甲苯去除率达到稳定需要7天，稳定后甲苯去除率约为91.0%；第三阶段，甲苯去除率达到稳定需要4天，稳定后甲苯去除率约为91.1%。对于B-3，第一级阶段，甲苯去除率达到稳定需要7天，稳定后甲苯去除率约为86.3%；第二阶段，甲苯去除率达到稳定需要4天，稳定后甲苯去除率约为85.9%；第三阶段，甲苯去除率达到稳定需要4天，稳定后甲苯去除率约为88.4%。对于B-4，第一阶段，甲苯去除率达到稳定需要3天，稳定后甲苯去除率约为93.9%；第二阶段，甲苯去除率达到稳定需要1天，稳定后甲苯去除率约为91.9%；第三阶段，甲苯去除率达到稳定需要2天，稳定后甲苯去除率约为92.5%。

显然，与B-1，B-2和B-3相比，接种甲苯专性降解菌并填装泥炭和木片的生物滤池B-4所需的启动时间最短(共6天)，在各阶段稳定时的去除率最高(≥91.9%)。这是因为接种专性降解菌可快速完成优势菌株的增殖，相较于驯化活性污泥，启动时间可以被有效的缩短。当然，对于实际复杂的多组分有机废气，选择嗅阈值低，对人体危害大的有机气体作为模式物，可以筛选高效的降解菌用于接种生物滤池。但需要注意的是，目标有机物浓度长时间过低，可能会导致专性降解菌被其它微生物取代。此外，将两种有机填料混合使用，可以使有机气体与填料表面的微生物更好的接触，有利于提高生物降解效率；相比而言，装填纯木片会导致床层的空隙率过大，微生物与有机气体接触不充分，导致甲苯去除率的下降。

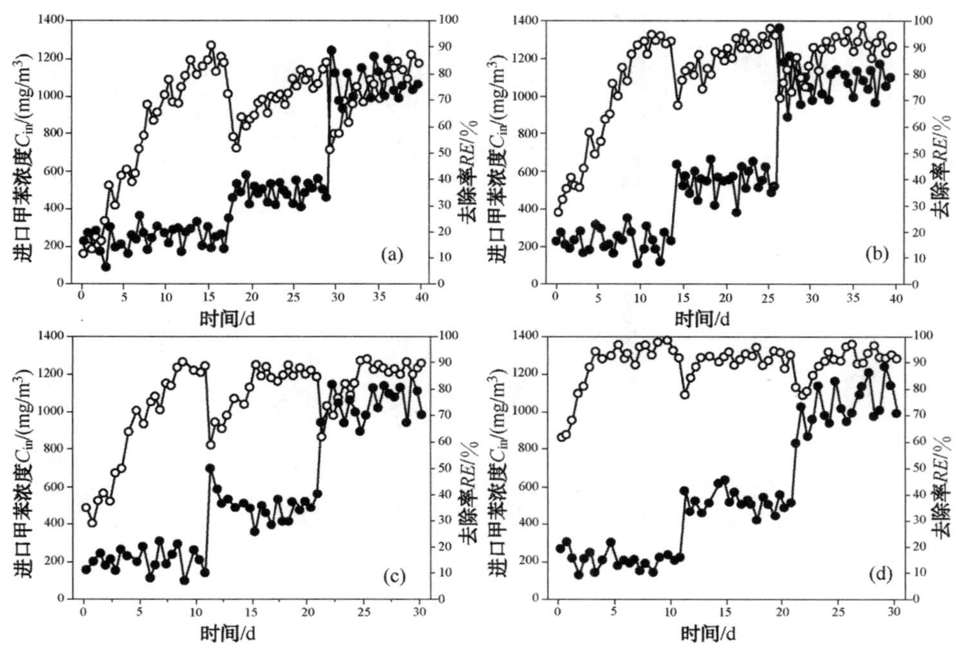

图 2　生物滤池启动过程中甲苯去除率随进气浓度的变化（C_{in}-○-，RE-●-）

(a)反应器 B-1；(b)反应器 B-2；(c)反应器 B-3；(d)反应器 B-4

3.2　细菌量变化

一般说来，降解苯系物的微生物主要是细菌，包括假单胞菌属，芽孢杆菌属和黄杆菌属。本实验分离的高效甲苯降解菌株属于芽孢杆菌属。因此，实验系统中生物群落的稳定性可以通过细菌量考察。图 3 对比了 4 种不同组合下生物滤池启动在不同进气浓度阶段生物床层中细菌数量的变化。可以看出，反应器 B-1 和 B-2 中的细菌量在第一阶段末下降明显，分别从 10^9CFU/g 下降到 $10^6\sim10^8$CFU/g，这是由于在活性污泥的驯化过程中，大量不适应甲苯的微生物死亡，从而导致微生物群落中细菌量急剧降低；随后在第二阶段和第三阶段，细菌量随着甲苯浓度升高逐渐增大，最终稳定在 $10^8\sim10^9$CFU/g，这表明甲苯降解菌在微生物群落中已占据主导地位。与 B-1 和 B-2 不同，反应器 B-3 和 B-4 中的细菌量随着甲苯浓度升高一直增大，由 10^8CFU/g 增大到 $10^{10}\sim10^{11}$CFU/g，这是由于使用由已筛选出的高效甲苯降解菌制成菌悬液挂膜，将复杂的活性污泥驯化过程简化成了单一的甲苯降解菌增殖过程。

此外，由图 2 还可以看出，生物滤池的每层的微生物数量由上至下是略微减少的，这是由于从顶端进气，导致了甲苯浓度随高度递减，从而影响了甲苯降解菌的数量。

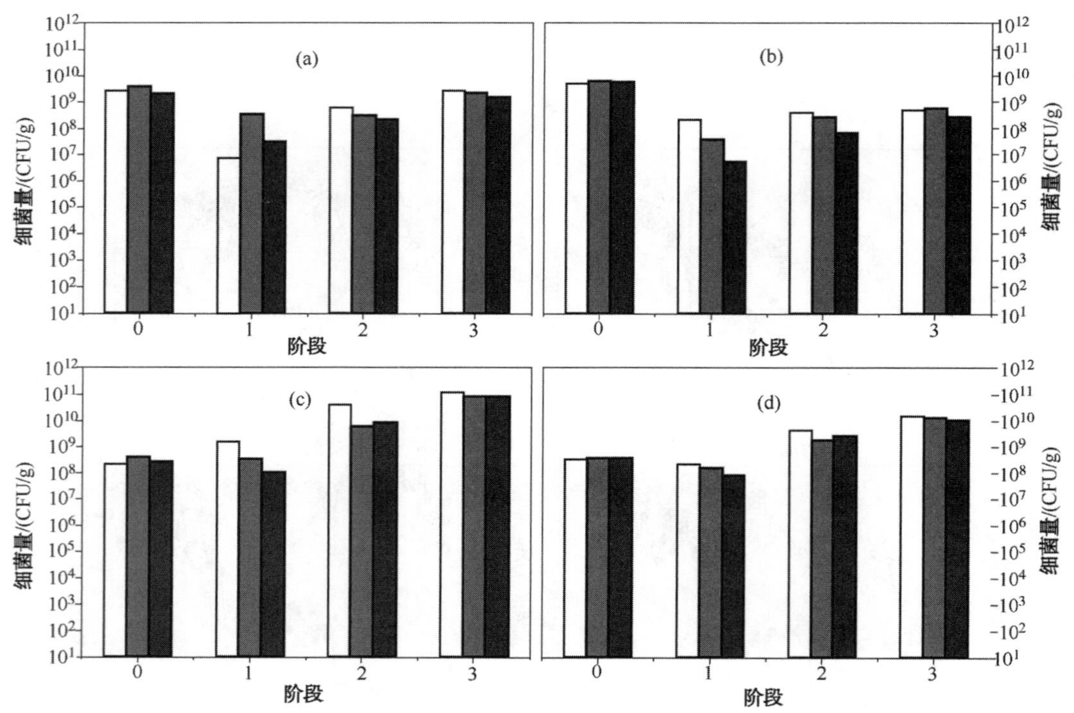

图3　生物滤池启动过程中细菌量随进气浓度的变化(1层□，2层■，3层■)

(a)反应器B-1；(b)反应器B-2；(c)反应器B-3；(d)反应器B-4

0—挂膜初期(实验开始)；1—第一阶段末；2—第二阶段末；3—第三阶段末(实验结束)

4　结论

实验对比了4种由不同接种微生物和填料混合比组合的生物滤池在启动过程中的甲苯去除率，启动时间及生物量的变化。实验结果显示，在本文的操作条件下，接种专性降解菌同时混装有机填料木片和泥炭，可有效缩短启动时间(缩短至6天)，增大甲苯降解菌的数量(10^{10}~10^{11}CFU/g)，并提高甲苯的去除率(≥91.9%)。相较于传统的活性污泥驯化以及单一的填料填装，选用优化的组合方案的生物滤池(B-4)，可有效的减少生物滤池启动周期，提高VOCs去除率。

参　考　文　献

[1] Detchanamurthy S, Gostomski P A. Biofiltration for treating VOCs: an overview[J]. Reviews in Environmental Science and Bio/Technology, 2012, 11(3): 231-241.

[2] Chen H, Yang C P, Zeng G M, et al. Tubular biofilter for toluene removal under various organic loading rates and gas empty bed residence times[J]. Bioresource Technology, 2012, 121: 199-204.

[3] Berge N D, Reinhart D R, Dietz J D, et al. The impact of temperature and gas-phase oxygen on kinetics of in situ ammonia removal in bioreactor landfill leachate[J]. Water Research, 2007, 41(9): 1907-1914.

[4] Maia GDN, Gates R S, Taraba J L, et al. Moisture effects on greenhouse gases generation in nitrifying gas-phase compost biofilters[J]. Water Research, 2012, 46(9): 3023-3031.

[5] Yang L C, Wang X L, Funk T L. Strong influence of medium pH condition on gas-phase biofilter ammonia removal, nitrous oxide generation and microbial communities[J]. Bioresource Technology, 2014, 152: 74-79.

[6] Andreasen R R, Nicolai R E, Poulsen T G. Pressure drop in biofilters as related to dust and biomass accumulation[J]. Journal of Chemical Technology and Biotechnology, 2011, 87(6): 806-816.

[7] Rene E R, Mohammad B T, Veiga M C, et al. Biodegradation of BTEX in a fungal biofilter: Influence of operational parameters, effect of shock-loads and substrate stratification[J]. Bioresource Technology, 2012, 116: 204-213.

[8] Zare H, Najafpour G, Rahimnejad M, et al. Biofiltration of ethyl acetate by Pseudomonas putida immobilized on walnut shell[J]. Bioresource Technology, 2012, 123: 419-423.

[9] Vergara-Fernández A, Hernández S, Revah S. Elimination of hydrophobic volatile organic compounds in fungal biofilters: Reducing start-up time using different carbon sources[J]. Biotechnology and Bioengineering, 2010, 108(4): 758-765.

[10] Elías A, Barona A, Gallastegi G, et al. Preliminary acclimation strategies for successful startup in conventional biofilters[J]. Journal of the Air & Waste Management Association, 2010, 60(8): 959-967.

关于炼油厂防渗技术的应用探讨

郭艳丽

（中海油山东化学工程有限责任公司，山东济南　250101）

摘　要　地下水一旦受到污染，治理难度大、时间长、费用高。为确保炼油厂所在区域地下水不受污染，结合工程实例，介绍了某炼油厂的防渗设计原则、污染防治分区，典型防渗结构设计等。

关键词　炼油厂　污染防治分区　防渗设计

近年来，石化领域由于各种原因引发的污染物泄漏导致地下水污染的事件屡有发生，由于地下水污染后治理难度大、周期长、费用高，修复起来十分困难，因此石化领域的防渗设计越来越受到人们的重视。随着国家环保制度的不断完善，2008 年以后国家环保部门在对石油化工项目环评报告的批复中，明确提出要对厂区采取可靠的防渗措施[1]，2013 年国家颁布了《石油化工工程防渗技术规范》[2]，可见我国石化项目的防渗设计和施工逐步步入正轨。

本文结合某石油炼化项目，根据项目环评报告批复的要求，通过学习国内外化工行业防渗工程技术和借鉴国内其他行业防渗工程技术，提出本项目的防渗设计方案，现对该项目的防渗设计综述如下。

1　工程概况

本项目为某石化公司二期改扩建项目，新建一大型燃料-化工型炼油厂，原油加工能力 1200 万 t/a，除生产汽、煤、柴等石油产品外，还为下游乙烯工厂提供原料，并且生产一定量附加值高的芳烃产品。

项目组成包括：工艺装置及与工艺装置相配套的油品储运、公用工程和辅助生产设施，年操作时间为 8400h/a。

2　防渗设计原则

本项目地下水污染防治措施坚持“源头控制、末端防治、污染监控、应急响应相结合”的原则，即采取主动控制和被动控制相结合的措施。

（1）主动控制即从源头控制措施，主要包括在工艺、管道、设备、污水储存及处理构筑物采取相应措施，防止和降低污染物跑、冒、滴、漏现象，将污染物泄露的环境风险降至最低。

（2）被动控制即末端控制措施，主要包括厂内污染区地面的防渗措施和泄露、渗漏污染物收集措施，即在污染区地面进行防渗处理，防止泄露的污染物渗入地下，并把滞留在地面的污染物收集起来并送至处理厂。

（3）实施覆盖生产区的地下水监控系统，包括建立完善的监测制度、配备先进的检测仪器，合理设置地下水污染监控井，做到及时发现及时控制。

（4）应急响应措施，一旦发现地下水污染事故，立即启动应急预案采取应急措施控制污染物扩散，使污染得到及时有效控制。

（5）坚持最大“可视化”原则，输送含有污染物的管道尽可能地上敷设。

3 污染防治分区

根据生产装置的特点、所用物料、产品特性、所处区域，以及污染物泄露后能否及时发现、停留时间长短及收集治理难易程度将厂区划分为非污染防治区、一般污染防治区和重点污染防治区[2,3]。

重点污染防治区：指污染物容易泄露的区域，以及物料泄漏后很难发现和处理的区域。本项目重点污染防治区包括：装置围堰内地面、储罐罐底、初期雨水池、事故水池、污水处理站、地下污油罐、污油沟等。

一般污染防治区：指发生污染物泄露易于发现，并且容易处理的区域或部位。本项目一般污染防治区包括：装置区围堰外、管廊阀门集中布置区、泵区、汽车装卸站台和维修中心地面等。

非污染防治区：指基本没有物料或污染物泄露，不会对地下水环境造成污染的区域或部位。本项目非污染防治区包括厂区道路、办公区、控制室、绿地等。

项目的污染防治分区见表1~表4。

表1 装置区污染防治分区表

序 号	工 程 内 容	污染防治区域及部位	污染防治分区类别
1	地下管道	生产污水、污油、各种污染物的地下管道	重点
2	地下罐	各种地下污油罐、废溶剂罐、碱渣罐、烯烃罐等基础的底板及壁板	重点
3	污水井、污水池	生产污水的检查井、水封井、渗漏液检查井、污水池、初期雨水池底板及壁板	重点

表2 储运区污染防治分区表

序号	工 程 内 容	污染防治区域及部位	污染防治分区类别
1	原料油、轻质油、化学品原料灌区	环墙式罐基础	重点
		承台式罐基础	一般
		储罐到防火堤之间的地面	一般
2	油泵及油品计量站	油泵及油品计量站界区的地面	一般
3	装卸车栈台	装卸车栈台界区内的地面	一般
4	油气回收设施	油气回收设施界区内的地面	一般

续表

序号	工程内容	污染防治区域及部位	污染防治分区类别
5	铁路槽车洗罐站	洗罐站界区内的地面	一般
6	地下罐	地下凝液管、污油罐、废溶剂罐等基础的底板及壁板	重点
7	地下管道	生产污水、污油、废溶剂等地下管道	重点

表3 公用工程区污染防治分区表

序号	工程内容		污染防治区域及部位	污染防治分区类别
1	锅炉事故油池		事故油池的底板及壁板	重点
2	变电所事故油池		事故油池的底板及壁板	重点
3	酸碱罐区		酸碱罐基础、罐至围堰之间的地面及围堰	重点
4	排污池		排污池的底板及壁板	重点
5	循环水站	排污水池	排污水池的底板及壁板	重点
6		冷却塔底水池及吸水池	塔底水池及吸水池的底板及壁板	一般
7		加药间	加药间地面	一般
8	雨水监控池		雨水监控池的底板及壁板	重点
9	事故水池		事故水池的底板及壁板	重点
10	污水处理场	地下管道	地下生产污水管道	重点
11		隔油罐、污油罐	罐基础	重点
12			罐至围堰之间的地面	一般
13		生产污水池、污油池、沉淀池、污水井	调节池、均质池、隔油池、气浮池、沉淀池、气浮池的底板及壁板、检查井、水封井的底板及壁板	重点
14		污泥储存池	污泥储存池的底板及壁板	重点

表4 公用工程区污染防治分区表

序号	工程内容	污染防治区域及部位	污染防治分区类别
1	液体化学品库	仓库内的地面	一般
2	分析化验室	室内地面	一般

4 防渗设计方案

根据选用的防渗材料及型式的不同，防渗结构主要分为天然防渗结构、刚性防渗结构、柔性防渗结构和复合防渗结构等型式。

天然防渗结构主要指由粘土构成的防渗结构，天然防渗结构其粘土的渗透系统不应大于1.0×10^{-7}cm/s，且应具有一定的厚度；刚性防渗结构指添加防水添加剂处理的混凝土结构、经表面涂层处理的混凝土结构或特殊配比的混凝土结构，其抗渗性能根据防水添加剂的种类，采用不同的配比其渗透系数可达到1.0×10^{-8}cm/s至1.0×10^{-12}cm/s；柔性防渗结构由土工膜及上下保护层结构组成，其渗透系数很容易达到1.0×10^{-12}cm/s以上。

4.1 地面防渗方案

项目的地面防渗采用刚性防渗结构，从下往上依次为夯实素土、砂石垫层和防渗混凝土面层。回填素土应分层夯实并确保压实度≥93%；防渗结构层与夯实土层之间铺设厚度200mm厚的砂石垫层为保护层，要求压实度≥93%，足够的压实系数可以提供足够的承托强度，并使整个防渗结构沉降均匀；混凝土面层的强度等级为C30、抗渗等级≥P8，厚度≥120mm，检修区的作业地面应采用防渗钢筋混凝土，厚度≥150mm。地面防渗结构示意图见图1。

4.2 缝处理

混凝土易受温度影响而产生干缩裂缝，石化项目厂区防渗设计的难点在于防渗区域的不同接口和各种裂缝等薄弱环节的处理。若不同接口和各种裂缝处理不妥，则防渗工程的防渗效果将大打折扣，因此胀缝、缩缝和衔接缝的合理设置对于防渗性能至关重要。

缩缝宜采用切缝，切缝宽度宜为6~10mm，深度宜为16~25mm；嵌缝密封料深度不宜小于6mm，且不宜大于10mm；缝内应填置嵌缝密封料和背衬材料，嵌缝密封料应低于地面，低温时可取2~3mm，高温时不应大于2mm，如图2所示。

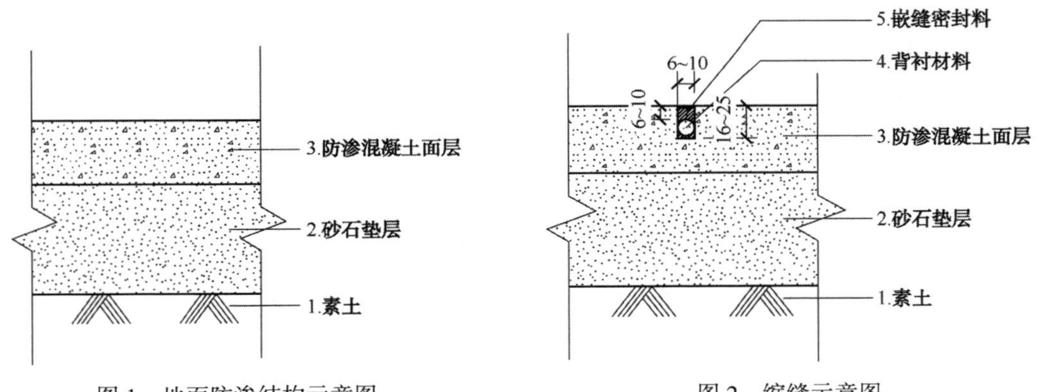

图1 地面防渗结构示意图

图2 缩缝示意图

胀缝宽度为25mm；嵌缝密封料宽深比宜为2∶1，深度为15mm；缝内填置嵌缝板、背衬材料和嵌缝密封料，嵌缝密封料应低于地面，低温时可取2~3mm，高温时不应大于2mm，如图3所示。嵌缝板采用闭孔型聚乙烯泡沫塑料板，嵌缝密封胶采用道路用硅酮密封胶。

项目施工中存在一些特殊部位如混凝土防渗层与墙、柱、基础的连接处，这些部位如果处理不当将导致整个防渗系统失去防渗作用，因此连接处衔接缝的设置和施工尤为重要。本项目衔接缝宽度为25mm；嵌缝密封料宽深比宜为2∶1，深度约15mm；衔接缝内应填置嵌缝板、背衬材料和嵌缝密封料，如图4所示。

4.3 罐基础防渗设计

4.3.1 环墙式罐基础防渗设计

环墙式罐基础最底层为分层夯实的回填土，压实度>97%；防渗结构层与回填土之间铺设厚度为200mm的细(中)砂垫层作为保护层，要求压实度>97%，足够的压实系数可以提供足够的承托强度，并使整个防渗结构沉降均匀，较小的粒径用于保护防渗层。

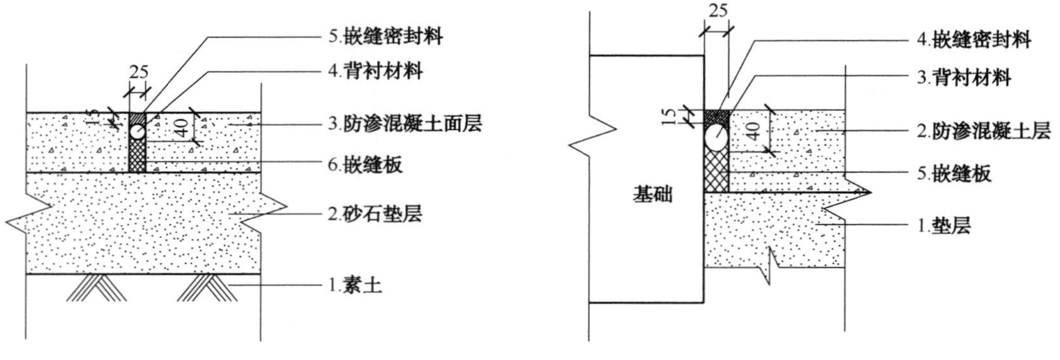

图3 胀缝示意图　　图4 衔接缝示意图

防渗结构层采用两布一膜的防渗结构，即上下各一层600g/m^{2}的长丝无纺土工布中间夹衬2.0mm厚的HDPE土工膜的方式。主防渗材料为具有较大延伸率的HDPE土工膜[4]，上下层无纺布用于防止施工砂垫层时对其产生破坏。防渗结构层之上依次为300mm厚的中(粗)砂垫层、沥青砂绝缘层和油罐钢底板。其中沥青砂绝缘层也起到一定的阻渗作用。

在罐环墙基础施工时预先埋设至少4根泄露管(管间距最大为15m)，泄漏液排出管选用HDPE管，管底与HDPE土工膜高差不宜大于30mm；回填夯实土层应从圆心向四周放坡，坡度为0.5%，用于收集可能渗漏出的液体介质到泄露管。防渗结构图见图5。

4.3.2 承台式罐基础防渗设计

承台式罐基础最底层为分层夯实的回填土，压实度>97%。防渗层从下往上依次为：混凝土垫层、抗渗钢筋混凝土承台和防水涂料层，详见图6。抗渗钢筋混凝土强度等级为C30、抗渗等级≥P8，混凝土属于不均匀的脆性材料面积较大时易产生裂缝，在承台及承台以上环墙内刷聚合物水泥防水涂料(厚度≥1mm)，渗透系数不大于1.0×10^{-12}cm/s。防渗结构层之上依次为300mm厚的中(粗)砂垫层、沥青砂绝缘层和油罐钢底板。其中沥青砂绝缘层也起到一定的阻渗作用。

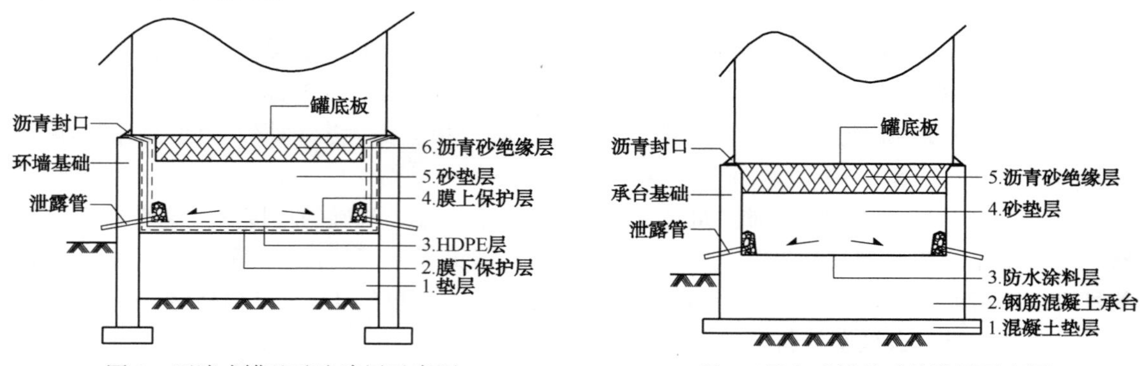

图5 环墙式罐基础防渗层示意图　　图6 承台式罐基础防渗层示意图

在油罐基础施工时预先埋设至少4根泄露液排出管，泄露管选用HDPE管，管底与承台顶面平齐；承台从圆心向四周放坡，坡度为0.5%，用于收集可能渗漏出的液体介质到泄露液排出管。

4.4 水池防渗设计

池体防渗采用刚性防渗结构，从下往上依次为：混凝土垫层、抗渗钢筋混凝土层和防渗涂料层，防渗结构见图7。抗渗钢筋混凝土强度等级为C30、抗渗等级≥P8，水池内壁刷聚合物水泥防水涂料(厚度≥1mm)，渗透系数不大于1.0×10^{-12}cm/s。为保证水池的质量，在刷防水涂料前先做蓄水试验，确保水池无质量问题后再刷防水涂层。

4.5 地下管道防渗设计

地下管道的防渗结构分为抗渗钢筋混凝土管沟和HDPE膜防渗层。两种防渗形式各有优缺点，防渗管沟占地面积大，易积聚可燃气体和液体存在火灾或爆炸危险，检漏时要揭开盖板进行检查比较费力，工程造价较低；HDPE防渗膜比较节约空间，不存在积聚可燃气体和液体的隐患，但是防渗膜的施工费用较高，可能对苯类物质缺乏耐受性[5]。

由于炼油厂地下管道、电线电缆密集，部分生产装置地下基础占地较大，地下管道与设备基础之间空间狭小，给地下管道的防渗施工带来众多不便，综合考虑本项目的地下管道防渗采用HDPE膜防渗层，防渗结构示意图见图8。

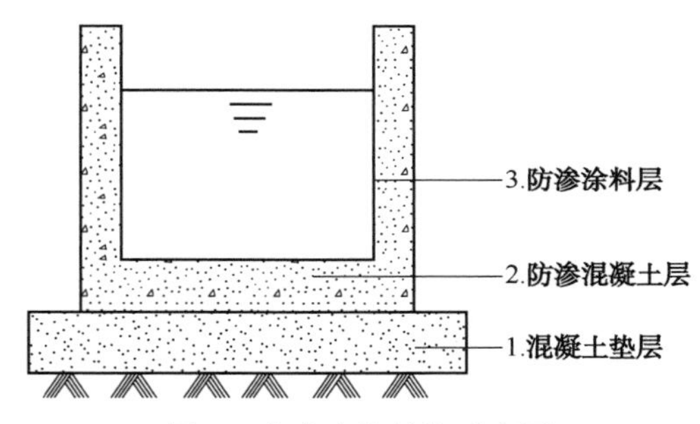

图7 水池防渗结构示意图

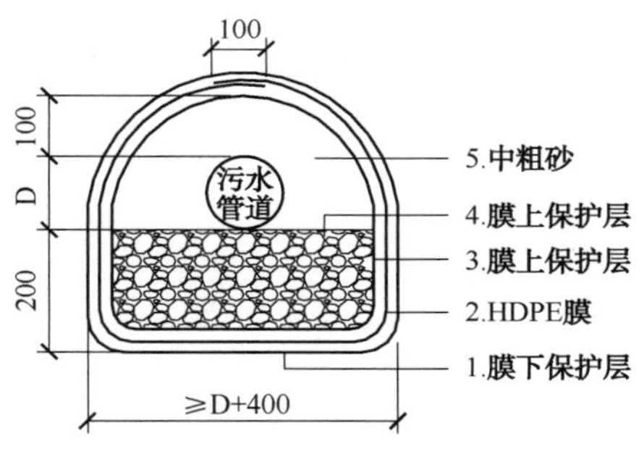

图8 地下管道防渗示意图

5 结论与建议

随着《石油化工工程防渗技术规范》的出台，石化企业的防渗设计工作正逐渐步入正轨，建设、设计和施工单位应高度重视厂区的防渗工作，为地下水的安全提供保障。

(1) 防渗区域的划分是石化装置防渗设计中的第一步，也是最重要的一步，因此合理划分防渗区域，是采取正确防渗措施的前提。设计中根据污染防治区的划分原则，合理确定污染防治区，选择适宜防渗材料和防渗结构型式，设置必要的污染监测方式和应急措施，为确保地下水的安全提供保障。

(2) 石化项目防渗设计的难点在于一些特殊部位和各种裂缝等薄弱环节的处理，这些部位如果处理不当将导致整个防渗系统失去防渗作用，因此胀缝裂缝和衔接缝的设置和施工尤为重要。

(3) 污水池、污水井的防渗重点在于提高池体本身的抗渗能力和裂缝的控制，内壁涂刷的防水涂料应优先采用可把防渗、防腐合二为一的柔性涂料。

(4) 在施工过程中防渗与土建、安装、防腐等专业存在交叉影响，由于防渗施工专业化程度高，对 HDPE 土工膜防渗层的成品保护要求较高，建议施工时合理安排工序，避免其他工序对防渗施工的影响。

参 考 文 献

[1] 申满对，朱华兴，付倩倩. 石化项目防渗设计的重点与难点问题探讨[J]. 炼油工程与技术，2012，42(4)：54-60.

[2] 石油化工工程防渗技术规范，GB/T50934-2013：5-8.

[3] 石油化工企业防渗设计通则，Q/SY1303-2010(中国石油天然气集团公司企业标准)：2-6.

[4] 许东卫. HDPE 膜在垃圾填埋场基底防渗层中的应用[J]. 河南化工，2002，12：32-33.

[5] Henri P Sangam，R Kerry Rowe. Migration of dilute aqueous organic pollutants through HDPE geomembranes [J]. Geotextiles and Geomembranes，2001，19：329-357.

浮压操作在化工生产中的应用

葛　新，史　刚

（中海油东方石化有限责任公司运行三部，海南东方　572600）

摘　要　浮压操为精馏塔节能生产提供了新思路，本文对脱丁烷塔操作中的能耗进行了分析，运用 BS 法研究了影响脱丁烷塔蒸汽量的变量因子，对变量因子进行回归分析，建立了相应的多元回归方程。在脱丁烷塔产品控制指标范围内运用回归方程对脱丁烷塔的塔底温度，灵敏板温度及塔顶压力等关键控制参数进行优化。结合新控制参数对控制回路进行调整，成功将浮压操作的理念运用在脱丁烷塔操作中，取得了良好的经济和社会效益。

关键词　浮压操作　节能降耗　脱丁烷塔

近年来，随着生产的发展和社会的进步，节能降耗逐渐成为化工企业面临的一项重要课题。作为传统的高耗能行业，节能降耗是缓解化工企业能源约束矛盾的根本措施，是增强企业核心竞争力和实现可持续发展的必然要求[1]。化工企业在生产过程中，精馏塔是暴露在外界中的，精馏塔的操作在季节及昼夜温差变化情况下，受环境温度影响较大，这给塔能量优化提供了有利条件。欧美先进企业利用环境温度变化对精馏塔进行能量优化技术已经日趋成熟，随着国内化工技术的进步和操作理念的更新，部分企业也已经在实施“浮压操作”并在节能增效方面取得良好的效果。

所谓的浮压操作是指在精馏塔操作控制过程中不人为刻意的改变塔顶的操作压力，从而使塔顶压力随着塔顶冷量、进料量、进料组成等外界干扰因素的变化而随之改变的一种操作模式[2~4]。

现在以甲乙酮装置脱丁烷塔为例阐述浮压操作理念在精馏塔操作中的应用。

脱丁烷塔是将仲丁醇和循环丁烯分离的塔。进料中仲丁醇含量在6%~8%，绝大多数 C_4 从塔顶馏出，塔顶气相负荷较大，塔顶的空冷器吸收环境的冷量较大，受环境温度变化影响较大，这为实施浮压操作提供了有利条件[5]。

流程说明：甲乙酮仲丁醇合成单元由反应和精馏两部分组成，正丁烯和水在仲丁醇反应器中反应生成仲丁醇和少量仲丁醚、叔丁醇等反应产物以及未反应的丁烯和少部分水进入分离罐首先将水分离掉，分离罐中的混合产物经过预热后进入脱丁烷塔。混合物料在塔底再沸器加热下进行分离，丁烯从塔顶馏出，塔底是含有部分副产物的仲丁醇产品，见图 1。

满负荷状态下脱丁烷塔能量分布如下：

（1）进料加热热水，热量相当于 400kg/h 蒸汽。

（2）塔底再沸器 E-105 蒸汽 1734kg/h。

（3）空冷，回流泵 P-104，功率均为 22kW。

（4）后冷器 E-106 循环水 70t/h。

对脱丁烷塔能耗分析：

(1) 从图2塔能量分布图可以看出，蒸汽消耗成本占塔总成本的88%，所以塔能量优化主要针对塔的蒸汽消耗量。

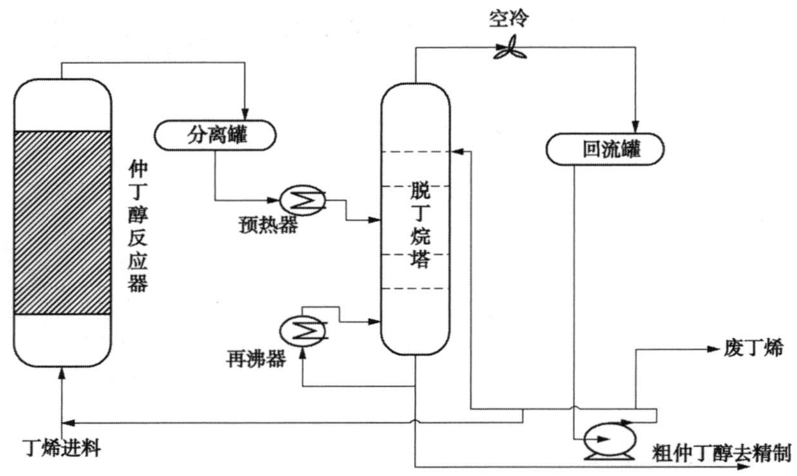

图1 丁烯-仲丁醇分离流程图

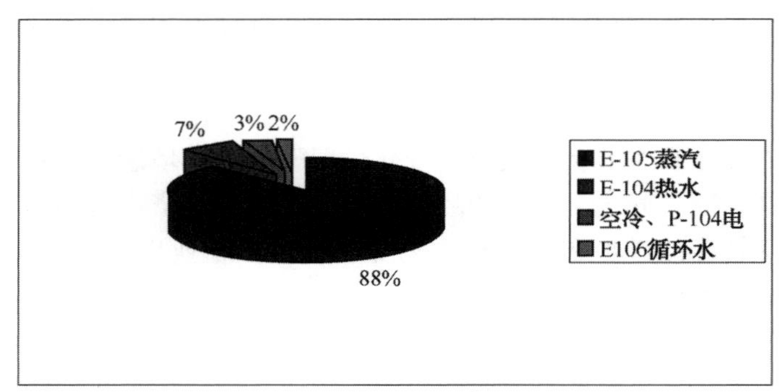

图2 脱丁烷塔能量分布图

(2) 对进行塔能量优化要保证产品质量，我们设定塔底再沸器蒸汽用量为 Y_1，塔的产品质量做为关联指标，即塔顶仲丁醇含量 $Y_2 \leqslant 0.40\%$，塔底 C_4 含量 $Y_3 \leqslant 0.40\%$。

明确了如何在保证产品质量的基础上降低脱丁烷塔蒸汽消耗量的研究对象后，运用BS法研究找出影响脱丁烷塔蒸汽消耗量的变量因子即塔顶压力、塔顶温度、塔釜温度、灵敏板温度，针对变量因子我们设计实验进行研究。

1 实验部分

1.1 实验设计

为研究变量因子X对蒸汽量影响，我们将装置运行过程DCS采集的历史数据汇总整理，绘制成散点图(图3)。

通过散点图可以看出塔底温、灵敏板温度和塔顶压力与E-105蒸汽用量成相关性分布，而塔顶温度分布与E-105蒸汽用量没有相关性。对脱丁烷塔塔顶体系运用吉布斯相律分析，该系统的自由度为2，即当塔顶压力与塔顶组分含量确定后塔顶温度固定，因此塔顶温度与塔釜蒸汽量之间没有明确的相关性，由此我们将变量因子缩减为塔顶压力、塔釜温度、灵敏板温度。

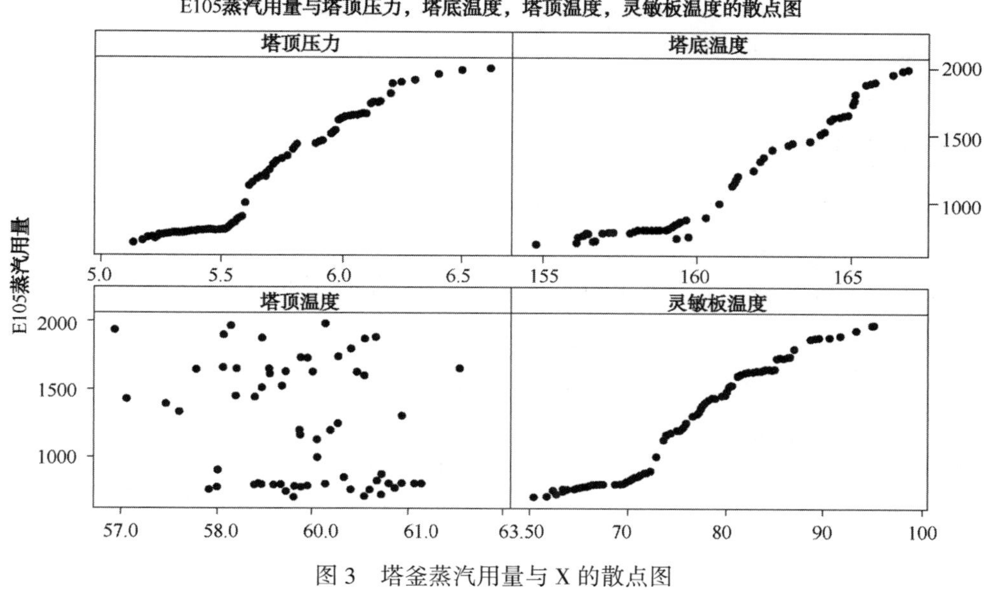

图3　塔釜蒸汽用量与X的散点图

我们运用Minitab系统对塔底温、灵敏板温度和塔顶压力与E-105蒸汽用量进行回归分析，得到多元回归方程(1)：

E105蒸汽用量=-9894+574塔顶压力+45.1塔底温度+8.00灵敏板温度　(S=87.8501　R-Sq=96.1%　R-Sq(调整)=95.9%)，对该多元回归方程进行的方差分析(SS=11550412，MS=3850137，F=498.87，P=0.000)。　(1)

为研究变量因子之间的关系，我们将装置运行期间DCS采集的数据绘制成散点图。

由图4我们可以看出，塔底温度与塔顶压力之间存在明显的相关性，对其进行线性拟合，得方程(2)：

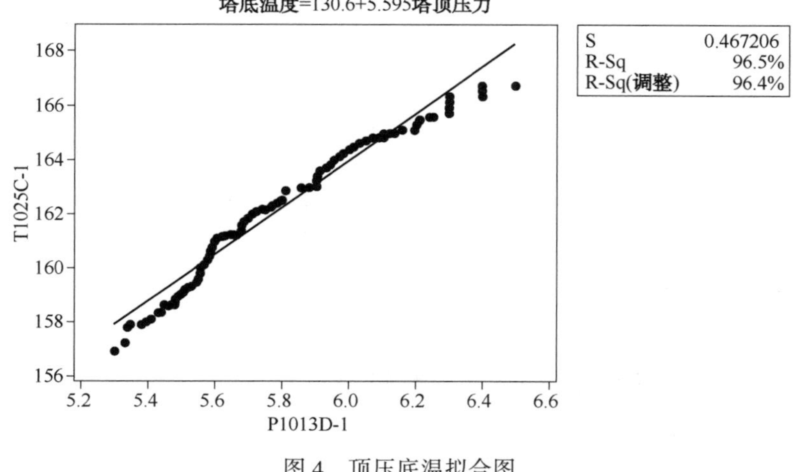

图4　顶压底温拟合图

塔底温度=130.6+5.595 塔顶压力(S=0.467206R-sq=96.5%R-sq(调整)=96.4%) (2)

同理我们对灵敏板与塔顶压力、塔釜温度进行回归分析，得方程(3)：

灵敏板温度=385+51.4 塔顶压力-3.77 塔底温度

(S=1.89753R-sq=92.0%R-sq(调整)=91.9%) (3)

在保证装置运转平稳，波动可控的条件下，我们采用迭代实验法，设计压力分段降低，并根据方程式(2)、式(3)预估计出在不同压力下塔底温度与灵敏板温度，指导塔操作。

1.2 实验结果

逐段降低塔顶压力后，分别采集不同压力下塔釜蒸汽量，塔顶 SBA 含量，塔底 C_4 含量等数据，并将部分实验数据绘制成表 1 以供参考。在实际操作过程中，塔低温度与灵敏板温度与预算值存在一定偏差，表 1 中所列的塔底温度与灵敏板温度为采集相应数据时所对应的塔的操作参数。

表 1 实验数据汇总

塔顶压力/10^5Pa	塔底温度/℃	灵敏板温度/℃	塔底蒸汽量/(kg/h)	塔顶 SBA 含量/%	塔底 C_4 含量/%
6.6	167.5	95.2	1986.5	0.14	0.039
6.5	167	91.8	1834.6	0.129	0.04
6.4	166.4	88.7	1786.7	0.138	0.043
6.3	165.8	83.5	1644.3	0.127	0.038
6.2	165.3	77.7	1582.4	0.141	0.039
6.1	164.7	74.1	1433.6	0.133	0.044
6	164.2	71.8	1327.2	0.143	0.043
5.9	163.6	70.5	1252.1	0.139	0.034
5.8	163.1	70	1117.2	0.131	0.039
5.7	162.5	69.1	974.6	0.14	0.042
5.6	161.9	68.2	832.4	0.135	0.04
5.5	161.4	67	766.3	0.143	0.037
5.4	160.8	66.2	734.2	0.167	0.015
5.3	160.3	71.4	722.8	0.374	0.011
5.2	159.7	67.3	708.6	0.746	0
5.1	159.1	76.7	695.8	0.723	0.001

2 结果与讨论

2.1 塔顶压力与塔顶 SBA 含量关系研究

将塔顶压力与对应的塔顶 SBA 含量数据整理，绘制成散点图 5。由图 5 可知，塔顶压力与对应的塔顶 SBA 含量之间存在一定的相关性，对其进行拟合，得方程(4)：

塔顶 SBA 含量 = 24.43 − 8.146 塔顶压力 + 0.6811(塔顶压力)^2 （S = 0.0908759　R−sq = 72.3% R−sq(调整) = 71.4%）　（4）

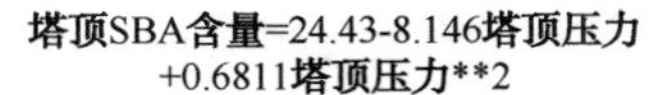

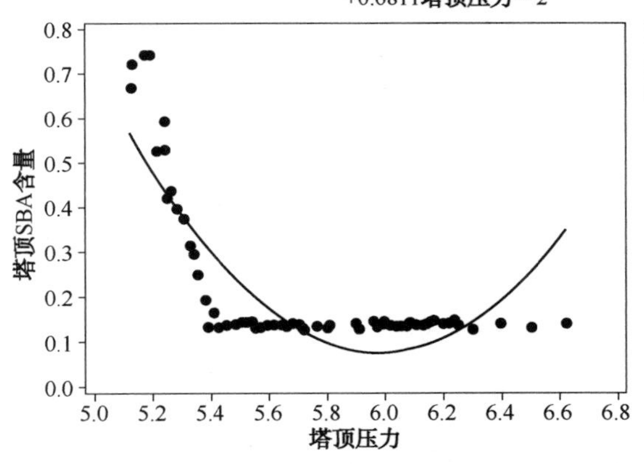

图 5　塔顶压力与塔顶 SBA 含量拟合图

从图 5 可以看出，当塔顶压力降到 5.36bar 以下时塔顶 SBA 含量急速上升，当塔压降到 5.30bar 以下时，塔底 SBA 含量高于 0.4%，不能满足生产需求，为操作时能够更好的控制产品质量，我们决定脱丁烷塔塔顶压立控制在 5.3bar 以上。

2.2　塔顶压与塔底 C_4 含量关系研究

将塔顶压力与对应的塔底 C_4 含量数据整理，绘制成散点图 6。由图 6 可知，塔顶压力与对应的塔底 C_4 含量之间存在一定的相关性，对其进行拟合，得方程(5)：

塔底 C_4 含量 = −1.836 + 0.6224 塔顶压力 − 0.05151(塔顶压力)^2 （S = 0.0066827　R−sq = 79.1%　R−sq(调整) = 78.5%）　（5）

由图 6 可以看出，塔底 C_4 含量是随着塔顶压力降低而降低的，当塔压降到 0.530MPa 以下时，塔底 C_4 含量为零，说明在底温符合压力同底温拟合方程条件下，当压力降到一定值以下时，塔底 C_4 含量可以为零。

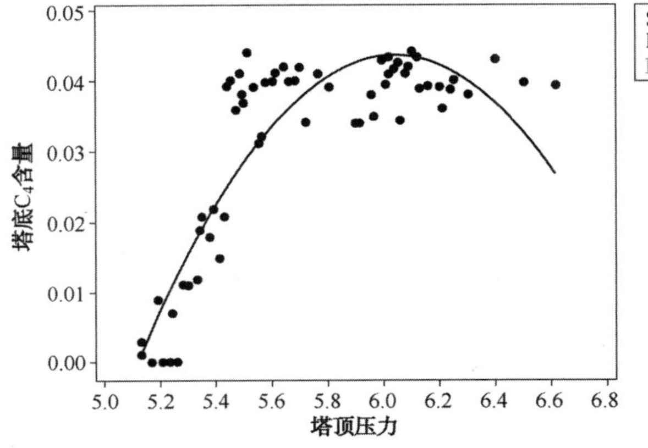

图 6　顶压与塔底 C_4 含量拟合图

2.3　控制参数的优化与控制回路的调整

脱丁烷塔产品质量与塔顶压力具有明显的相关性，因此据方程式(4)、式(5)可以对塔顶压力的操作范围进行限定，进而根据方程式(2)、式(3)，可对灵敏板温度、塔顶温度进行限定。根据方程计算值并结合实际生产进行优化，我们对脱丁烷塔的操作指标进行优化，结果见表2。

表2　脱丁烷塔控制指标

项　目	关键因素	控制指标
1	塔底温度	156.5~166.8℃
2	灵敏板温度	60~90℃
3	塔顶压力	0.53~0.65MPa

为更好实现新控制指标，我们对脱丁烷塔的自动控制方式进行了改良，使之能够更好匹配相应控制指标，如在底温和灵敏板温度低选一个输出作为蒸汽流量的给定值，当有一方低值时蒸汽靠串级调节自动增加，其次对回流控制方式进行了优化(详见2.5.2)。

2.4　试运行结果分析

2.4.1　塔顶仲丁醇含量变化

由图7可知，改善前和试运行期间塔顶仲丁醇含量没有明显变化，符合控制要求。

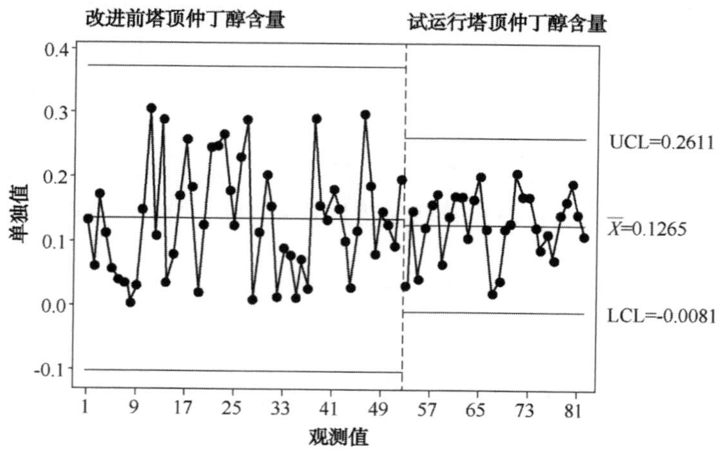

图7　塔顶仲丁醇含量变化图

2.4.2　塔底C_4含量变化

由图8可知，改善前和试运行期间塔底C_4含量没有明显变化，符合控制要求。

2.4.3　塔釜蒸汽用量变化

由图9可知，试运行蒸汽用量平均值为850kg/h较改进前的1734kg/h有了大幅下降，节能效果明显。

图9中“快赢后蒸汽用量”是我们运用BS法研究发现了脱丁烷塔回流波动大造成E105蒸汽用量波动大这个“快赢点”，通过对脱丁烷塔回流量控制方式进行改良，在回流控制增

加回流计算器，在回流控制回路增加比例调节器(带有回流比公式)，使回流量及时跟踪进料变化，有效避免了回流波动对产品质量造成影响，为研究浮压操作奠定了基础，同时回流稳定在一定程度上削减了塔釜蒸汽量，降低了能耗。

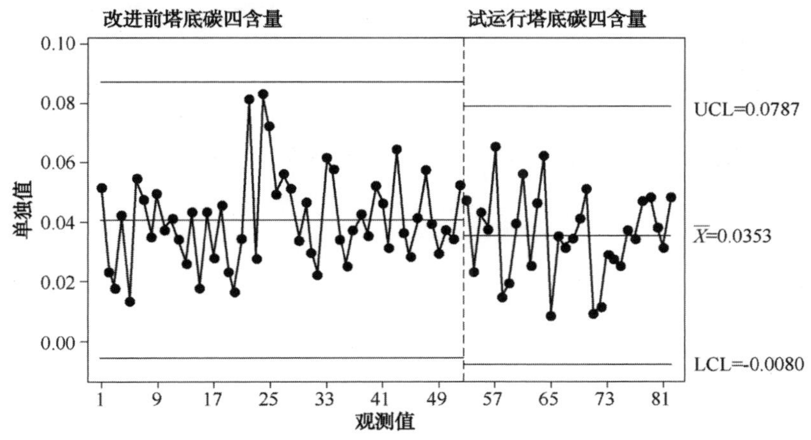

图 8　塔底 C_4 含量变化图

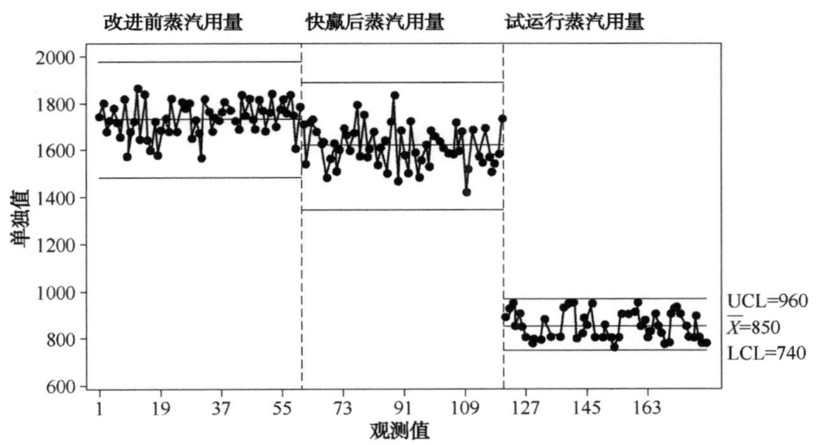

图 9　塔釜蒸汽用量变化图

3　结论

调整后的操作控制指标将 E-105 蒸汽耗量 1734kg/h 降到 850kg/h，节约量为 884kg/h，按蒸汽市场价格 160 元/t，改善后经济效益达到 113.72 万元，在节能降耗方面创造了可观的经济效益和社会效益。

浮压操作是一种全新的分离塔的操作概念，这一概念的提出为新形势下化工企业节能降耗方提供了新的思路。通过研究浮压操作在脱丁烷塔操作中的应用，为类似于脱丁烷操作条件的精馏塔的能量优化提供了一条新途径。

参 考 文 献

[1] 冷明辉．化工企业节能降耗的应对措施[J]，石油和化工节能，2009，(4)：12-15.

[2] 刘秀琴．精馏塔的浮压控制及其实现[J]，炼油化工自动化，1996，(6)：16-19.

[3] 张大年．精馏塔的浮压控制与节能[J]，江苏化工，2002，30(3)：33-36.

[4] 石惠州卿，徐文燕，王豪．乙醇精馏塔浮压控制节能系统的仿真研究[J]，化工自动化及仪表，2006，33(5)：26-28.

[5] 吴育爱．正丁烯水合法制甲乙酮装置运行分析[J]．石化技术与应用，2006，(4)：293-294.

催化再生烟气脱硫脱硝除尘装置开工及存在问题分析

卫纲领，胡　明，龚树鹏

（中国石油独山子石化公司炼油厂，独山子　833699）

摘　要　再生烟气脱硫脱硝除尘装置采用SCR氨法脱硝和美国贝尔格公司EDV湿法脱硫除尘工艺，2014年7月建成投产后，再生烟气SO_2含量小于5mg/m^3，烟尘浓度40~50mg/m^3，SCR反应器出口NO_x含量小于50mg/m^3，外排污水pH值7~9，COD<60mg/L，悬浮物<60mg/L，实现达标排放。但受液氨质量等影响，余热锅炉省煤器存在结垢及SCR反应器出口氨逃逸高等问题，需增加氨精制等措施进行解决。

关键词　催化裂化　再生烟气　脱硫脱硝　废液处理

1　前言

2011年11月国家环保部发出了《石油炼制工业污染物排放标准》(征求意见稿)，按照这个标准，现有企业从2014年7月1日，新建企业从2011年7月1日起，催化裂化装置再生烟气中SO_2排放浓度要求≤400mg/m^3、NO_x排放浓度要求≤200mg/m^3、颗粒物排放浓度要求≤50mg/m^3。对于环境承载能力弱容易发生严重大气环境污染问题而需要特别保护措施的地区，SO_2排放浓度要求≤200mg/m^3、NO_x排放浓度要求≤200mg/m^3、颗粒物排放浓度要求≤50mg/m^3。

独山子石化公司炼油厂I催化装置1978年建成投产，为高低并列式提升管蜡油催化裂化，原料为减压蜡油和焦化重蜡油的混合进料，随着加工进口含硫原油比例的增加，催化原料中硫含量0.5%~0.9%(m/m)，氮含量1500mg/kg左右。催化剂再生采用单段完全再生工艺技术，氧含量在3%~5%(v/v)，加注Pt助燃剂，再生床层温度680~700℃，富氧及Pt助燃剂的存在容易造成NO_x的产生，再生烟气中NO_x含量1200~1500mg/m^3，SO_2含量在1500~2000mg/m^3。

为降低再生烟气中NO_x、SO_x含量，通过优化操作条件，控制适宜的再生烟气氧含量，加注脱硫降氮助剂等措施，再生烟气中SO_2含量在1300mg/Nm^{3}左右，NO_x含量在800mg/m^{3}左右，仍超过国家对再生烟气NO_x、SO_2量的控制指标，必须新建再生烟气脱硫脱硝装置对烟气进行处理，实现再生烟气达标排放。

2　装置工艺技术概述

根据催化装置烟气排放量、烟气中SO_2、NO_x及粉尘含量、装置内外部资源条件等因素，综合考虑技术、经济、节能、安全、操作可靠性和加工灵活性等方面，通过对国内外现有脱硫、脱氮及除尘技术应用情况的调研及分析，选择成熟可靠的SCR还原脱硝技术及引进美国杜邦贝尔格专利技术EDV湿法洗涤法来处理烟气中的硫化物和粉尘。

新建脱硫脱硝除尘装置，脱硝部分包括液氨输送系统，氨站及液氨蒸发汽化，SCR反应器，余热锅炉系统；脱硫除尘部分包括洗涤单元，废液处理单元(包括澄清器，氧化罐，氧化风机，絮凝剂加注系统，滤液箱等。

2.1 工艺反应机理及流程

2.1.1 SCR还原脱硝技术

选择性催化还原工艺(简称SCR)是还原剂(NH_3)在催化剂作用下，选择性的与烟气中NO_x的还原反应，生成无害的N_2和H_2O的一种烟气脱硝工艺，其发生的主要反应为：

$$4NO+4NH_3+O_2 \longrightarrow 4N_2+6H_2O$$

$$NO+NO_2+2NH_3 \longrightarrow 4N_2+6H_2O$$

脱硝系统主要由液氨存储、液氨蒸发、SCR反应器组成。

液氨通过管道用液氨输送泵输送至液氨储罐，设液氨蒸发器，采用蒸汽作为热源将液氨气化为饱和氨蒸汽。液氨蒸发所需要的热量采用低压蒸汽加热来提供。蒸发器上装有压力控制阀将氨气压力控制在一定范围，当出口压力过高时，则切断液氨进料。在氨气出口管线上也装有温度检测器，当温度过低时切断液氨，使氨气至缓冲槽维持适当温度及压力，饱和氨气被送往SCR反应器区以供使用。

氨气与稀释空气在氨/空气混合器充分混合稀释到5vt%浓度以下，氨/空气混合气通过专利喷氨格栅喷入SCR反应器入口烟道与烟气充分混合，并进入SCR反应器在催化剂(分散在TIO_2上以V_2O_5为主要活性成分)作用下与烟气中NO_x发生反应。

SCR反应器内设1+1层催化剂，第一层和第二层催化剂为初装催化剂，不设预留催化剂层。每个反应器内初装催化剂约为24.39m^3。氨的注入量由SCR反应器进口NO_x浓度，烟气O_2含量、烟气温度、稀释空气流量、烟气流量等在线监视分析仪测量值来联锁控制。在SCR装置入口设置在线连续分析仪，出口设置NO_x、NH_3、O_2分析仪，检测氨的逃逸量等。氨和空气混合气体进入位于烟道内的氨喷射格栅，喷入烟道后，通过静态混合器再与烟气充分混合，然后进入SCR反应器，SCR反应器操作温度可在320~420℃范围内。温度测量点位于SCR反应器进口，当烟气温度在320~420℃范围以外时，温度信号将自动关闭氨进入氨/空气混合器的快速切断阀。

氨与NO_x在反应器内，在催化剂的作用下反应生成N_2和H_2O，N_2和H_2O随烟气进人下游受热面，并最后通过烟囱排出。在SCR进口设置NO_x在线分析仪，氨流量根据系统烟机负荷和再生烟气工况进行初步设定，精确的控制根据设置在脱硝系统进出口的氮氧化物分析仪进行调节，系统可以实现自动。

2.1.2 EDV湿法脱硫工艺

脱硫工艺采用的是Belco Technologies公司开发的EDV湿法洗涤技术，经过脱硝处理后的烟气经余热锅炉省煤器去热后进入脱硫除尘洗涤塔，设计烟气量为70000Nm^3/h，温度180~250℃左右，压力4.0kPa。工艺流程见图1、图2。

烟气洗涤塔分为激冷区、吸收区、气液分离器区以及烟囱等部分。烟气进入洗涤塔后，在激冷区达到降温饱和，并除去气体中较大的颗粒；在吸收区，随后与 G400 专用喷嘴喷出的 NaOH 吸收液逆向接触，脱去 SO_2。微细颗粒和微细水珠在喷嘴上方的滤清元件中被清除，净化的烟气进入液滴分离器进行液/气分离。

洗涤塔塔底废液在污水混合罐中混入一定浓度的絮凝剂，然后进入废液澄清器，颗粒物在澄清器内沉淀、浓缩，污泥从澄清器底部排到滤液箱，滤液箱脱水后的滤饼运出填埋，两台滤液箱切换使用，滤液箱滤液经滤液池收集后用滤液泵打回澄清器。

澄清器溢出的清液进入澄清器溢流箱，一部分进行回用，一部分进氧化罐，在氧化罐内通过氧化机鼓入空气对废液进行氧化，降低其 COD，氧化处理后的含盐废水经排液过滤器过滤后去排入下游污水系统，经进一步处理后达标排放。絮凝剂通过絮凝剂注入撬加入，絮凝剂采用聚合硫酸铁。澄清器中清液 pH 值偏低，通过碱液管道上的气动调节阀控制加碱量，在氧化罐中适量加碱，控制排污水 pH 值在 6.5~9。

其发生的主要反应为：

$$2NaOH+H_2O+SO_2 \longrightarrow Na_2SO_3+H_2O$$

$$Na_2SO_3+O_2 \longrightarrow Na_2SO_4$$

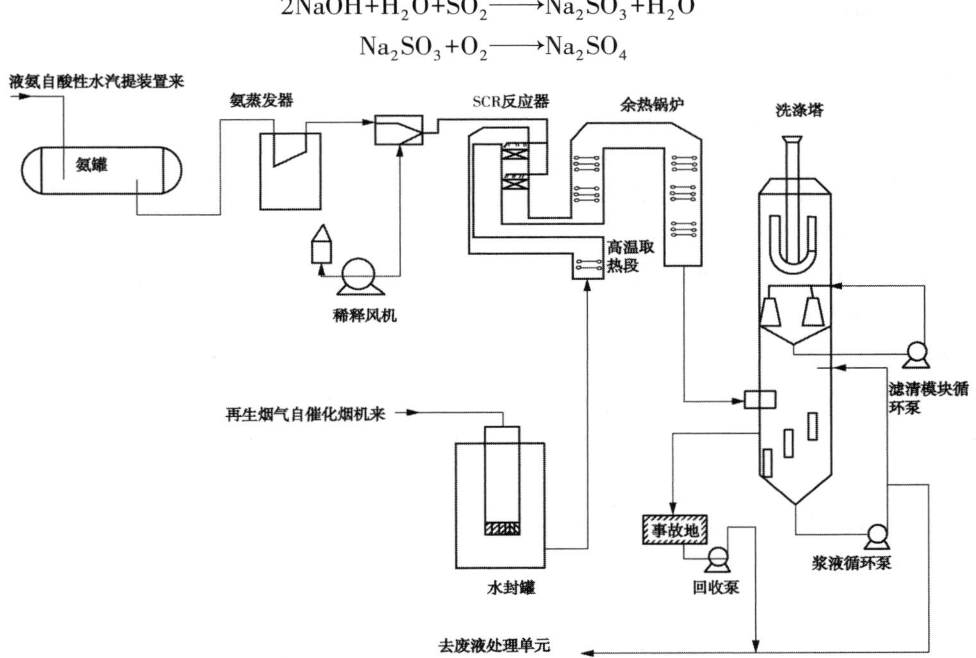

图 1　催化再生烟气脱硫脱硝除尘装置原则流程示意图

3　装置运行情况

催化再生烟气脱硫脱硝除尘装置 2014 年 7 月 27 日通过公司开工验收，7 月 28 日引液氨进装置，投用液氨蒸发器，余热锅炉引蒸汽暖管，脱硫系统洗涤塔装水，建立水循环；余热锅炉人口水封罐放水，投用脱硝反应器及洗涤塔，排液处理单元。SCR 反应器入口烟气中 NO_x 含量 600~1000mg/m^3，SO_2 含量 1200~1600mg/m^3，烟尘浓度在 480mg/m^3 左右，通过 SCR 脱硝反应器及通过 EDV 湿法洗涤脱硫除尘后，洗涤塔出口烟气 SO_2 含量小于 5mg/m^3，烟尘浓度 50mg/m^3 左右，NO_x 含量小于 50mg/m^3，除烟尘浓度接近设计的不大于 50mg/m^3 指标，SO_2含量、NO_x含量均优于设计要求。外排污水 pH 值 7.3，COD<60mg/L，悬浮物<60mg/L，满足设计要求。

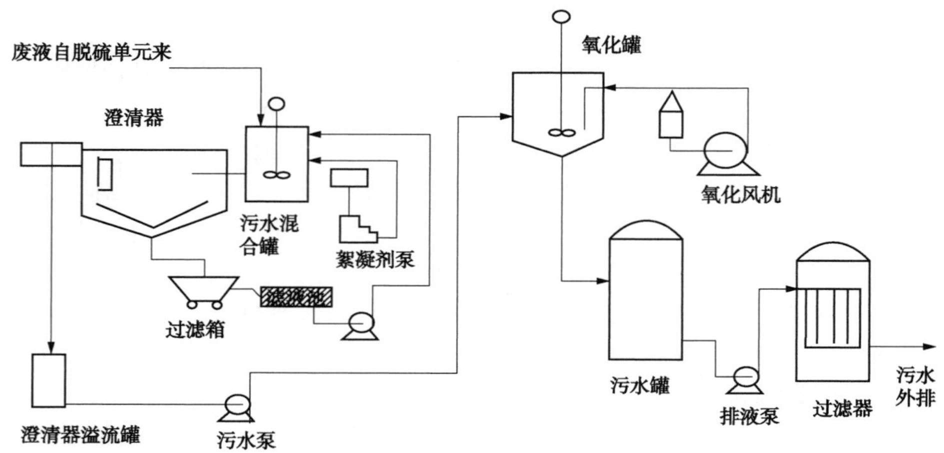

图2　催化再生烟气脱硫脱硝除尘装置废液处理单元示意图

针对开工初期装置运行中存在的液氨蒸发器结垢堵塞，氨气压力波动大，SCR 反应器出口氨逃逸高，省煤器铵盐结垢、出口烟气温度高，洗涤塔出口烟尘浓度超标等问题，与设计单位和工艺包提供单位进行分析，查找原因并制定措施。SCR 反应器出口氨逃逸波动较大的主要原因是酸性水汽提装置所供液氨带杂较多，造成氨蒸发器及出口减压阀结垢堵塞，从而造成氨气压力波动大，SCR 反应器氨供应波动，反应器出口氨逃逸超标，省煤器铵盐结垢堵塞，脱硝系统压降增加，开工一个多月即因省煤器结盐堵塞、压降上升而停工清洗处理。同时余热锅炉产汽下降，装置能耗上升。针对氨气压力波动问题，加强酸性水汽提装置所供液氨质量管理，减少带杂，对液氨罐出口流程进行调整并增加临时措施，对余热锅炉省煤器段增加取热管束，控制 SCR 反应器出口氨逃逸，减少省煤器铵盐结垢，降低省煤器出口烟气温度。

洗涤塔出口烟尘浓度超标问题，与贝尔格公司技术人员联系后，认为主要是滤清模块压降较小，将洗涤塔滤清模块6个封堵一个，增加滤清模块压降，洗涤塔出口烟尘浓度 40~50mg/m^3。

通过上述措施后，装置运行平稳，脱硫脱硝装置脱硫效率达到99.01%，脱硝效率达到90.8%，除尘效率达到81.9%(效率与装置入口烟气中SO_2，NO_x和颗粒物浓度有关)，具体见表1，操作参数见表2。

表1　Ⅰ催化再生烟气脱硫脱硝除尘装置主要技术指标

项　目			数　值		
			设计值	2014运行值	目前运行值
	烟气流量/(Nm^3/h)		70000	64000	67000
1	SO_2	入口浓度/(mg/Nm^3)	1300	1397	2030
		出口浓度/(mg/Nm^3)	100	13	20
		脱硫效率/%	92.3	99.07	99.01

续表

项目			数值		
			设计值	2014 运行值	目前运行值
2	NO_x	入口浓度/(mg/Nm^3)	800	745	433
		出口浓度/(mg/Nm^3)	100	22	40
		脱硝效率/%	72	97.05	90.8
3	颗粒物	入口浓度/(mg/Nm^3)	270	481.3(在线表)	193.5(在线表)
		出口浓度/(mg/Nm^3)	50	45	35
		脱硫效率/%	79	92.52	81.9

表 2 I 催化再生烟气脱硫脱硝除尘装置操作参数

项目单元	参数名称	设计值	2014 年值	目前运行值
余热锅炉	过热蒸汽温度/℃	183~280	260	267
	低温省煤器入口温度/℃	140	142	141
	无盐水温度/℃	60~90	61	62
	废锅发汽量/(t/h)	11.79	7	12
	省煤器出口烟气温度/℃	180	270	175
SCR 单元	氨气进混合器流量/m^3/h	19.6	12	8
	Ⅰ段反应器前温度/℃	320~400	330	387
	Ⅱ段反应器前温度/℃	320~400	325	389
	SCR 出口 NH_3逃逸率/ppm	≤3	≤5	≤2
EDV 脱硫	总补水量/(m^3/h)	9.7	11	9
	洗涤塔循环液密度/(kg/m^3)	1.05	1.035	1.035
	过滤模组压降/kPa	2.1	1.394	2.327
	洗涤塔循环液 pH 值	7	7	7
	过滤模组循环液 pH 值	7	7	7
	污水外放量/(m^3/h)	3	6	3
	洗涤塔出口 NO_x 含量/(mg/m^3)	≤100	40	40
	洗涤塔出口粉尘浓度/(mg/m^3)	≤50	45	35
	洗涤塔出口 SO_2浓度/(mg/m^3)	≤100	10	20

在催化装置开工前，EDV 脱硫系统提前建立水循环，随催化装置开工进程，烟气引入即可实现脱硫、除尘，保证烟气中 SO_2含量、烟尘浓度达标排放；随着烟气温度的升高，当 SCR 反应器温度达到设计温度 320℃以上时，开始喷氨，对烟气进行脱硝，保证烟气各项指标达标排放，从而实现脱硫脱硝除尘装置和催化装置同步开工运行。

4 装置运行存在问题分析

(1) 余热锅炉问题设计存在缺陷，取热负荷不足，余热锅炉产汽下降、省煤器出口烟气温度高。

余热锅炉及省煤器设计存在负荷不足的缺陷，造成余热锅炉产汽量与设计值相差较大，省煤器出口烟气温度高于设计值，为解决此问题，与余热锅炉设计单位(抚顺石油机械有限责任公司)进行联系，确定整改方案，省煤器增加一组管束($700m^2$)。于2014年8月19日至8月28日进行停工整改，8月29日开工，通过一系列的操作调整，省煤器出口烟气温度仍高达270℃左右(设计180℃)，余热锅炉产汽量为6~7t/h(设计11.79t/h)，发汽负荷达不到设计要求，造成装置能耗高。

余热锅炉低温省煤器入口无盐水温度目前在129℃，调整无盐水流程，无法提高该温度，存在换热量不足的问题，该温度低于140℃，容易造成低温省煤器漏点腐蚀。

委托711所对余热锅炉系统进行核算，认为后蒸发段及省煤器设计取热面积小；同时锅炉积灰严重，造成热量无法取出，2015年4月份检修对余热锅炉低温蒸发段及省煤器进行改造，增加管束及取热面积。6月开工后余热锅炉发蒸汽量达到12t/h，余热锅炉出口排烟温度175℃，达到了设计指标。

(2) 余热锅炉后蒸发段结垢堵塞、积灰严重

2014年11月11~18日停工对余热锅炉系统进行鉴定检查发现，省煤器管束表面积灰、结盐堵塞严重，同时存在与器壁间隙大等问题，用高压水射流、消防水清洗、并对后蒸发段及省煤器与器壁间隙进行了保温材料封堵，省煤器出口烟气温度在190℃左右、无盐水预热温度140℃以上、锅炉发汽9t/h左右，有一定的效果。

2015年4月份检修对蒸发段及省煤器结构进行优化设计改造，解决结垢堵塞和积灰严重造成的余热锅炉压降大问题，同时加强余热锅炉吹灰，减少积灰。目前激波吹灰器频次控制在2h/次，余热锅炉压降及省煤器出口排烟温度比较稳定，满足装置长周期运行要求。

(3) 氨系统运行不稳定，氨蒸发器结垢堵塞，氨气压力波动，造成SCR反应器出口NO_x超标，以及氨逃逸波动较大。

液氨系统因工业水单塔汽提装置供应的液氨含油及杂质，造成脱硝单元氨系统管线及氨蒸发器堵塞，氨气压力波动，再加上氨蒸发器出口减压阀工作不正常，以及气温低时氨液气化压力低，氨系统频繁出现氨气中断的情况，从而造成排放烟气NO_x超标，以及氨逃逸波动较大。

2014年11月11~18日对氨系统储罐及氨蒸发器进行鉴定检修，发现液氨储罐罐底有较多油污，两组氨蒸发器具有堵塞现象，每组氨蒸发器有四个盘管，一组堵塞两个，另一组堵塞3个，堵塞结晶物坚硬无法疏通。

通过临时在液氨储罐增加热器，维持液氨储罐压力在0.6~1.0MPa；在液氨储罐至氨蒸发器出口增加跨线，氨蒸发器工作不正常时将氨蒸发器切除，液氨储罐顶部气相氨直接进入SCR系统等措施，暂时维持生产。

从长周期运行来看，需对氨蒸发系统重新选型设计，选择简单、不易堵的氨蒸发器，对液氨储罐考虑增上氨罐压力控制措施；同时酸性水汽提装置采取工艺措施提高单塔汽提液氨品质，如增加吸附塔，进一步吸附脱出杂质。

(4) 洗涤塔间歇出现溢流的现象。

装置开工后，洗涤塔频繁出现间歇溢流的情况，通过调整余热锅炉激波吹灰器频次，增加新水补水量，降低循环浆液浓度，将洗涤塔溢流管伞帽加大等措施，洗涤塔仍出现溢流的情况。通过分析认为是铵盐导致塔底浆液发泡所致，通过控制SCR的氨逃逸量，减少铵盐

生成，目前洗涤塔底溢流问题基本解决。

（5）PTU 单元排渣箱沉降过滤效果差，排渣含水高。

由于排渣箱过滤效果差，渣箱中的污泥中含有大量的水分，排渣量大，且因渣箱设计重量大，装车卸车危险性大。目前主要通过人工装袋送填埋场进行处置，劳动强度大。

通过对絮凝剂进行评价分析，联系厂家优化絮凝剂配方及调整絮凝剂加注浓度，操作上缩短澄清器排液时间等措施，污泥含水仍高，需增加污泥真空转鼓过滤机或板框过滤机进行处理，以降低污泥水含量。

（6）外排污水电导率高。

PTU 单元污水经氧化沉降处理后，pH 值、COD、悬浮物均达到设计要求，但因盐含量高达 40000~50000mg/L，造成电导率高，对下游污水处理造成一定影响，需考虑增加污水除盐措施或将此部分污水改入厂区含盐污水处理系统。

5 结束语

独山子石化公司炼油厂 I 催化装置再生烟气脱硫脱硝除尘装置采用的 SCR 氨法脱硝和贝尔格的 EDV 湿法脱硫技术成熟可靠，达到了预期设计的环保目标，实现了再生烟气达标排放。

（1）该装置可与催化装置实现同步开工运行。

（2）采用酸性水汽提装置回收的液氨，需增加氨精制措施，减少氨蒸发器结垢堵塞及氨气压力波动。

（3）脱硫 PTU 单元污泥含水高，需要增加脱水措施；外排污水电导率高，需要相应的除盐设施。

重整反应进料加热炉新型余热回收方案及技术经济分析

魏学军[1]，季德伟[2]，董 罡[1]

(1. 中国石油工程建设公司华东设计分公司，北京 100101；
2. 中国石油大港石化公司，天津 300280)

摘 要 本文提出了采用无省煤段余热锅炉与空气预热相结合的新型余热回收方案，并且以0.6Mt/a连续重整装置反应进料加热炉实际工程设计为例，对该方案与常规余热锅炉方案的主要设计参数及工程投资进行了详细对比分析。采用新型余热回收方案的加热炉工程投资与采用常规余热锅炉方案基本相当，但热效率可从91%提高到93%以上，可节省大量的操作费用，实现了装置节能减排的目的。另外，采用新型余热回收方案还可有效改善加热炉燃烧器的燃烧状态，提高了加热炉操作的安全性及可靠性，有利于装置的长周期安全运行。

关键词 重整反应进料加热炉 热效率 余热回收 余热锅炉 省煤段 节能减排

重整反应进料加热炉(以下简称重整炉)工艺介质为纯气相石脑油和循环氢混合物，由于其体积流量大且允许压降小，因此工艺介质的加热只能设计为多管程并联结构，并全部在辐射段加热，出辐射段的高温烟气需要与其他工艺介质进一步换热降低排烟温度，以达到提高加热炉热效率的目的。重整炉通常在对流段设置包括蒸发段、蒸汽过热段及省煤段盘管的余热锅炉来回收出辐射段高温烟气中的热量，用以发生中压蒸汽[1]。为避免出现露点腐蚀，余热锅炉省煤段进水温度通常控制在120℃左右，由于需要保持一定的传热温差，余热锅炉的排烟温度一般均设计为160℃以上，导致重整炉热效率均低于91%且很难进一步提高。连续重整装置中加热炉的能耗一般约占装置能耗的80%[2,3]，部分装置甚至达到90%以上[4]，而重整炉是重整装置中能耗最大的设备，其燃料气用量约为装置加热炉燃料气总用量的65%以上，因此设计一种可进一步提高重整炉热效率的新型余热回收方案，对降低装置能耗以及节能减排将有着极其重要的意义。

1 新型余热回收方案的确定

中国石油大港石化公司由于全厂蒸汽过剩，燃料气短缺，要求其新建60万t/a连续重整装置的重整炉尽可能减少对流段余热锅炉蒸汽发生量，同时要求重整炉设计热效率达到93%以上以降低燃料消耗。由于采用常规余热锅炉余热回收方案无法满足上述要求，因此必须设计一种新型余热回收方案来实现上述目标。

将出重整炉辐射段高温烟气直接与燃烧用空气换热可以达到不产生蒸汽并最大量减少燃料气消耗的目的，然而该方案将会对燃烧器、空气预热器的设计和操作带来巨大困难和挑战。尽管国内目前存在一些关于采用蓄热式高温空气燃烧技术可以实现上述方案的研究和报道，但该技术尚未在石油化工行业实现工程化，一旦实施将面临着巨大风险。在原常规余热锅炉设计方案基础上增设空气预热器，将对流段排烟温度约160℃降低到120℃以下，可以实现将重整炉热效率提高到93%以上，但由于空气预热后温度仅比环境空气温度提高了约50℃，所节约的燃料量不大，对流段余热锅炉蒸汽发生量下降不明显，并且所增加的设备投资回收期较长，因此该方案一般仅用于现有重整炉的改造[5]。

综合上述两种方案的优缺点，我们为该项目重整炉设计了一种新型烟气余热回收方案，即无省煤段余热锅炉+空气预热的余热回收方案。该方案取消了对流段余热锅炉省煤段，将烟气出余热锅炉温度从常规的约160℃提高到300℃以上，然后再引入空气预热器与燃烧用空气换热，排烟温度降低到120℃以下，加热炉热效率可提高到93%以上。该方案的空气预热后温度可以比环境空气温度提高约210℃以上，所节约的燃料量相当可观，同时还可大大减少对流段余热锅炉蒸汽发热量。另外，正常操作时燃烧器处于强制通风状态，火焰形状更为刚直有力，改善了炉膛内烟气温度场的分布及炉管受热状态，避免了火焰舔管等现象，提高了重整炉操作的安全性及可靠性。

2 新型余热回收方案的设计要点

2.1 辐射段

采用新型余热回收方案时，重整炉燃烧器的设计需要考虑空气预热系统正常操作和单独停车两种工况下的条件，为此应核算两种工况下的燃烧器发热量、燃料量、空气量、燃烧器处炉膛负压等参数并提供给燃烧器制造商。如果燃烧器选择强制通风形式，还应向制造商提供两种工况下的燃烧器空气侧最大允许压降。采用新型余热回收方案对辐射段盘管、钢结构及衬里等其他部分的设计均没有影响。

2.2 对流段余热锅炉

2.2.1 余热锅炉工艺流程

重整炉对流段余热锅炉一般用于发生3.5~4.0MPa中压蒸汽，图1为常规余热锅炉工艺流程示意图。常规余热锅炉给水一般为104℃除氧水，在锅炉给水泵后混入部分饱和水，温度升至约120℃进入余热锅炉省煤段与烟气换热后进入汽包，省煤段出口设计温度一般比锅炉饱和水温度低30℃，以避免操作过程中烟气量或温度的波动造成省煤段出现汽化而产生气阻现象；来自汽包的饱和水(温度约为240~250℃)经循环水泵进入余热锅炉蒸发段(包括下蒸发段和上蒸发段)与烟气换热并汽化，出蒸发段的汽水混合物进入汽包进行汽水分离，在此过程中会有一部分饱和蒸汽冷凝下来，所释放的冷凝热用于加热出省煤段的非饱和水达到饱和状态，蒸发段出口汽化率应控制在14.28%(重)以内(即余热锅炉循环倍率应大于7：1)；汽包内未冷凝的饱和蒸汽进入余热锅炉的蒸汽过热段与烟气换热，过热温度一般为420~470℃，然后经减温减压器调整到适宜的温度压力后并入蒸汽管网。

新型余热回收方案将烟气出余热锅炉温度提高到300℃以上，烟气和蒸发段内汽水混合物的末端传热温差为50℃以上，可以满足对流段翅片管传热最小温差的要求，因此没有必要再设置省煤段；另外，如果保留省煤段，当加热炉改为自然通风或机械通冷风操作时燃料消耗会大幅增加，导致出蒸发段的烟气量及烟气温度均会大幅增加，可能会造成省煤段吸热量增加而出现汽化，影响锅炉正常操作，因此新型余热回收方案取消了常规余热锅炉的省煤段，锅炉给水直接进汽包。无省煤段余热锅炉工艺流程示意图见图2。

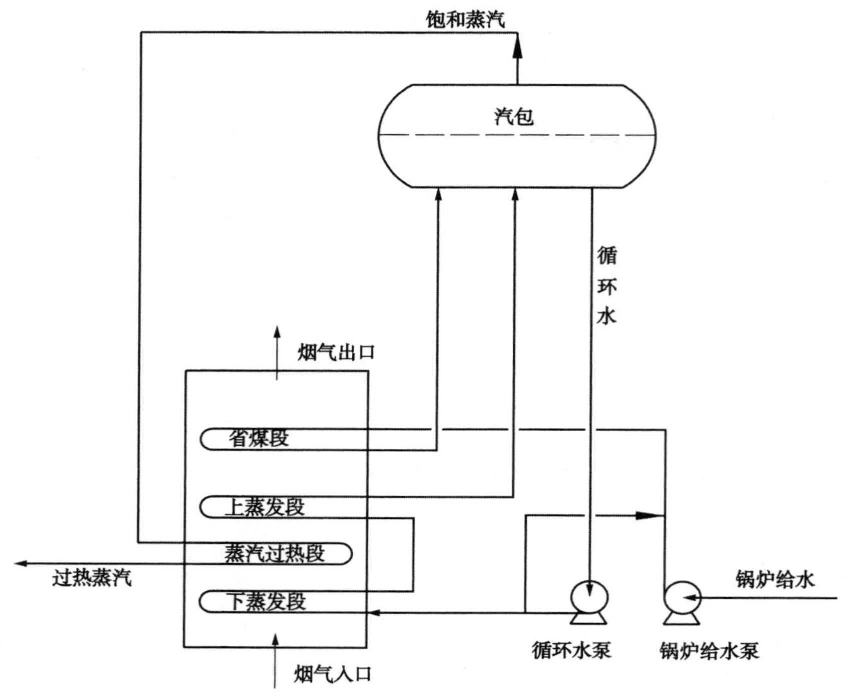

图1 常规余热锅炉工艺流程示意图

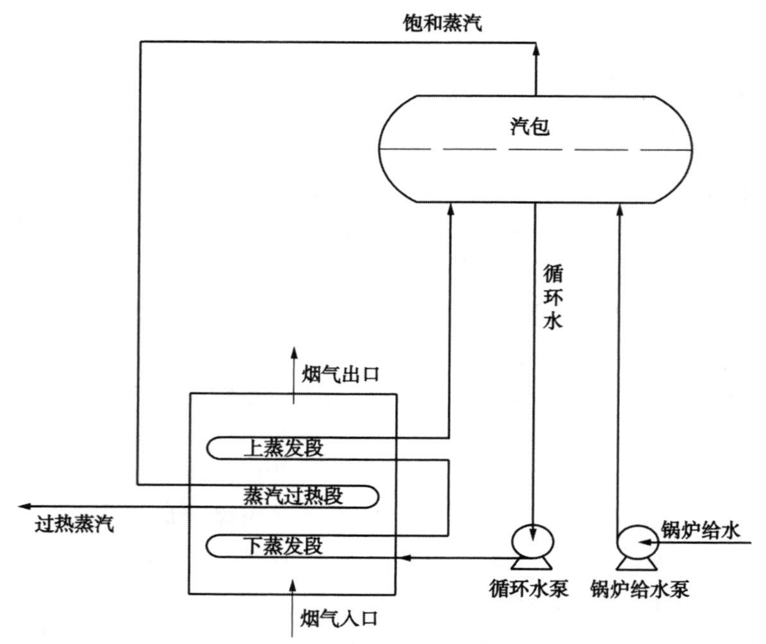

图2 无省煤段余热锅炉工艺流程示意图

2.2.2 蒸发段循环水流量

由于锅炉给水未经对流段预热直接进入汽包，因此需要吸收更多的蒸汽冷凝热来达到饱和温度。在保持余热锅炉循环倍率满足要求的前提下，需要增大蒸发段循环水量与锅炉给水量的比例才能达到上述热平衡。

2.2.3 自然通风或机械通冷风工况的影响

由于自然通风或机械通冷风工况下进余热锅炉的烟气量会大幅增加，需要对该工况下余热锅炉各项工艺参数进行核算，以保证加热炉设计满足操作要求。与空气预热系统正常操作工况相比，自然通风或机械通冷风工况下余热锅炉工艺参数主要存在如下变化和影响：

（1）余热锅炉蒸汽发生量及锅炉给水量将会增大，应核算锅炉给水泵设计参数及蒸汽过热段压降是否满足要求。

（2）余热锅炉蒸发段气化率将会增大，应核算余热锅炉循环倍率是否满足要求，否则应增大余热锅炉循环水设计流量并调整循环水泵设计参数。

（3）余热锅炉蒸发段压降将会增大，应核算锅炉循环水泵设计参数是否满足要求。

（4）余热锅炉烟气侧压降将会增大，应核算烟囱抽力是否满足要求。

2.3 空气预热系统

2.3.1 空气预热系统可单独停车

采用新型余热回收方案应确保在空气预热系统发生故障时可以单独停车而不能影响重整炉的正常操作，因此其设计应满足如下几方面要求：

（1）空气预热器应设置在地面，不宜设置在对流段顶部；

（2）烟气进空气预热器前应设置通往烟囱的旁通烟道及密封挡板，并且应保证烟囱抽力满足操作要求；

（3）进出空气预热系统的烟道均应设置隔断挡板；

（4）如果燃烧器为自然通风形式，其供风管道上应设置气动快开风门以实现自然通风操作。如果燃烧器为强制通风形式，需要设置双鼓风机，并在空气预热器前后设空气旁通，以实现机械通冷风操作。

2.3.2 防止低温露点腐蚀

由于新型余热回收方案排烟温度较低，空气预热器设计应采取防低温露点腐蚀的措施，通常有如下几种方案：

（1）空气预热器内烟气流动方向宜为自上而下，并且设计流速不应小于10m/s，这样可以有效避免液滴在换热面上的聚集。

（2）空气预热器低温段采用抗低温露点腐蚀材料，如铸铁、非金属材料等。

（3）增设前置空气预热器利用其他热源将空气进行预热，提高空气进预热器温度。

（4）采用热风循环来提高空气进预热器温度。

3 新型余热回收方案与常规余热锅炉方案的对比

3.1 主要工艺设计数据对比

表1为中国石油大港石化公司0.6Mt/a连续重整装置重整炉两种设计方案的主要设计数

据对比情况。从表1中可以看出，与常规余热锅炉方案相比，采用新型余热回收方案后燃烧空气温度从13℃提高到258℃，重整炉排烟温度由161℃下降到120.5℃，计算热效率由91.2%提高到93.2%，燃料量节省了15.72%；对流段余热锅炉热负荷及产生的过热蒸汽流量均降低了40.28%，而排管面积则降低了75%，对流排管数量大幅度减少。

表1 重整炉两种设计方案计算数据对比表

项　　目	常规余热锅炉方案	新型余热回收方案
辐射段工艺介质热负荷/MW	36.62	36.62
对流段余热锅炉热负荷/MW	19.391	11.579
空气预热器热负荷/MW	—	4.987
燃料气用量/(kg/s)	1.4336	1.2082
燃料气低热值/(kJ/kg)	42807	42807
烟气出辐射段平均温度/℃	775.3	772.9
烟气出对流段温度/℃	161	326.1
加热炉排烟温度/℃	161	120.5
空气进燃烧器温度/℃	13	258
对流余热锅炉过热蒸汽量/(kg/s)	6.777	4.047
对流余热锅炉总排管面积(以光管为基准)/m^2	1808.75	452.19
全炉计算热效率/%	91.2%	93.2%

注：对流段余热锅炉过热蒸汽出口温度为427℃，压力为4.185MPa(g)

3.2 投资对比分析

由于新型余热回收方案对重整炉本体部分的辐射段设计没有影响，只是对流段余热锅炉部分工程量减少，因此通过对比两种方案中对流段余热锅炉相关的工程量即可计算出新型余热回收方案中炉本体部分的工程投资减少量，然后再与增加的空气预热系统工程投资相抵，即可得出新型余热回收方案与常规余热锅炉方案的工程投资对比关系。

表2为两台重整炉的与对流段余热锅炉相关部分的工程量及投资对比，两台重整炉所在装置规模均为60万t/a并均已完成详细设计和施工，辐射段设计完全相同，其中炉A对流段采用常规余热锅炉方案，炉B采用新型余热回收方案。表3为炉B空气预热系统部分的工程量及投资。

表2 两种方案的与对流段余热锅炉相关部分的工程量及投资对比

炉本体材料差异部分	炉A材料量/kg	炉B材料量/kg	材料量差值(炉A-炉B)/kg	材料及安装费单价/(元/kg)	材料及安装费总价差(炉A-炉B)/元
对流炉管(20G)	25775	12989	12786	16.5	210969
对流翅片管(P11)	16803	6340	10463	35	366205
对流翅片管(20G)	164967	25332	139635	20	2792700
急弯弯管(P11)	170	54	116	50	5800

续表

炉本体材料差异部分	炉 A 材料量/kg	炉 B 材料量/kg	材料量差值（炉 A−炉 B）/kg	材料及安装费单价/(元/kg)	材料及安装费总价差（炉 A−炉 B）/元
急弯弯管(20G)	1310	285	1025	35	35875
对流两端管板(Q235B)	3101	1768	1333	25	33325
对流中间管板(ZG40Cr25Ni20)	7589	2449	5140	70	359800
对流中间管板(ZG35Cr25Ni12)	5340	2459	2881	55	158455
加热炉钢结构	632814	628803	4011	8.5	34093.5
加热炉浇注料	$132m^3$	$63m^3$	$69m^3$	3800 元/m^3	262200
不锈钢保温钉(衬里厚 150mm)	5200 个	3600 个	1600 个	7 元/个	11200
合计					4270622.5

表 3　炉 B 空气预热系统工程量及投资

空气预热系统材料及名称	设备及材料重量/kg	设备、材料及安装费单价/(元/kg)	设备、材料及安装费总价/元
空气预热器(1 台)/kg	120000	18	2160000
鼓风机及电机(1 套)			120000
引风机及电机(1 套)			150000
气动挡板(4 套)(TP304)	10400	50	520000
气动挡板(1 套)(Q235B)	600	35	21000
手动挡板(15 套)(Q235B)	8060	20	161200
气动快开风门(16 套)(Q235B)	5760	35	201600
碳钢配件	2560	20	51200
钢结构	93865	8.5	797852.5
轻质浇注料	$53.64m^3$	3800 元/m^3	203832
碳钢保温钉(衬里厚 100mm)	12181 个	3 元/个	36543
碳钢保温钉(衬里厚 50mm)	2225 个	2 元/个	4450
外保温材料	$30m^3$	500 元/m^3	15000
土建、仪表、电气等配套工程费			200000
合计			4642677.5

从两表数据可以看出，采用新型余热回收方案后，对流段余热锅炉炉管、翅片管及急弯弯管工程量大幅度降低，相应的管板、钢结构及衬里等工程量也相应减少。按实际材料单价计算，新型余热回收方案炉体部分总投资减少了约 427 万元人民币，而空气预热系统投资增加了 464 万元人民币，因此新型余热回收方案比常规余热锅炉方案工程投资增加了约 37 万元人民币。由于常规余热锅炉方案的重整炉工程总投资约为 5000 万元人民币，增加的投资占工程总投资比例很小，因此可以认为两种方案的工程投资基本相当。

4　经济效益分析

从表1数据可以计算得出，对于规模为60万t/a连续重整装置(年平均操作8400h)的重整炉，采用新型余热回收方案比常规余热锅炉方案每年可节省燃料气6816t。按建设单位当地工业用天然气价格3.25元/m^3，密度0.714kg/m^3计算，天然气价格为4553元/t，由于天然气低热值为50000kJ/kg，本项目用燃料气低热值为42807kJ/kg，按低热值进行折算后的燃料气价格为3893元/t，这样每年可节省燃料气费用为2657万元。

由于该重整炉采用新型余热回收方案后对流余热锅炉每年少产中压蒸汽80819t，按建设单位当地中压蒸汽价格280元/t计算，折合费用约为2263万元；另外新型余热回收方案中两台风机用电机功率为222kW，年消耗电量为1864800 kW·h，按当地电价为0.8083元/(kW·h)计算，每年电费为151万元。将节省的燃料费用减去上述两项费用，这样采用新型余热回收方案的重整炉每年节省的操作费用约为243万元人民币。

5　结束语

重整炉采用无省煤段余热锅炉+空气预热的新型余热回收方案不仅可以将热效率由91%提高到93%以上，还可有效改善重整炉燃烧器的燃烧状态，提高了加热炉操作的安全性及可靠性，有利于重整炉的长周期安全运行。采用该方案的重整炉工程投资与常规余热锅炉设计方案基本相当，但每年可节省大量的操作费用，当重整装置规模更大或蒸汽价格更低时其经济效益将愈加明显。另外该方案由于减少了燃料消耗，加热炉的烟气及污染物排放量也随之大幅度减少，这对于环境保护也具有较大的积极意义。目前，中国石油大港石化公司0.6Mt/a连续重整装置已开车成功，采用新型余热回收方案的重整炉运转良好，操作参数已基本达到设计指标的要求。

参考文献

[1] 徐承恩．催化重整工艺与工程．北京：中国石化出版社，2005：719-725.
[2] 钱家麟．管式加热炉．第2版．北京：中国石化出版社，2003：272-280.
[3] 张方方．大型化连续重整装置的节能设计[J]．石油炼制与化工，2009，40(5)：53-56.
[4] 陈国栋，纪传佳，马兴亮．惠炼重整装置能耗分析及优化[J]．广州化工，2013，41(17)：180-184.
[5] 杜博华，刘建军，蒋志军，等．连续重整装置四合一加热炉余热回收节能改造[J]．齐鲁石油化工，2010，38(1)：6-9.

臭氧氧化-生物滤池技术深度处理高酸重质原油含盐污水的工业应用

龚朝兵，肖立光，钟震，花飞，徐辉军

（中海炼化惠州炼化分公司，广东惠州 516086）

摘 要 惠州炼化分公司采用 O_3-BAF 组合工艺对含盐二级生化出水进行深度处理改造，含盐污水经深度处理后，其 COD 平均值从 98.09mg/L 降至 55.73mg/L，总去除率达到了 43.18%。但长周期运行过程中存在臭氧氧化池黏泥量大影响臭氧催化剂效率的问题，可采用加强反洗、将格栅网移至反洗水出水槽内、利用 O_3 不断对催化剂进行在线表面再生和激活等措施进行改善。

关键词 含盐污水 臭氧 曝气生物滤池 深度处理 黏泥

中国海油惠州炼化分公司(以下简称惠州炼化)设计加工高酸重质原油，其含盐污水具有易乳化、含盐高、COD 含量高、环烷酸溶解油含量较高的特点，处理难度大。原设计有含盐污水深度处理装置一套，以 MBR 生化出水作为装置进水，以臭氧氧化-活性炭吸附作为核心工艺。但该深度处理装置自投入运行后，一直存在着污染物处理效果不稳定、出水 COD 达标率低、运行费用高等问题，难以满足污水达标排放的要求，需要寻求一种更为有效且耐冲击的深度处理工艺。

从国内外的研究进展看，臭氧和曝气生物滤池(BAF)的结合，既具备化学氧化的有效性，又有生物处理的经济性，组合工艺可以在较低的处理费用下达到废水处理要求。该组合工艺能充分发挥催化臭氧化和内循环 BAF 的优势，即先利用催化臭氧氧化进行化学改性，将废水中难降解有机物氧化成为简单小分子有机物，提高废水可生化性能，同时改善废水色度；再利用内循环 BAF 对催化氧化产物进行生化降解，从而进一步去除水中有机污染物物含量，处理后的含盐污水可以达标排放。目前 O_3-BAF 工艺处理炼化污水有较多的中试研究和工程应用实例[1-8]，2014 年装置检修时采用 O_3-BAF 组合工艺新建污水深度处理装置处理 MBR 出水，目标是深度处理装置排水能够达标排放。

1 概况

含盐污水深度处理单元于 2014 年底开始建设，2015 年 1 月 28 日建成投运；设计规模为 $300m^3/h$，年运行时间 8760 小时，操作弹性 60%～110%，臭氧催化氧化阶段臭氧投加量为 55mg/L。进出水水质指标见表 1。

流程(见图 1)如下：含盐 MBR 出水经泵提升进入臭氧催化氧化池，与来自臭氧发生器的臭氧化空气接触，臭氧被吸收并直接或催化产生羟基自由基与有机物反应，出水由池顶部流经稳定池后自流进入内循环 BAF 池，BAF 出水自流进入清水池并溢流排出。臭氧催化氧化池和内循环 BAF 均需要定期的清洗，分别排除过滤下来的悬浮物、臭氧杀菌产生的黏泥和生化产生的剩余污泥等，反冲洗利用清水池提供反洗水，出水返回 MBR 处理。

表 1 深度处理装置进出水水质指标

序号	项目	深度处理单元进水指标	臭氧催化氧化池出口	深度处理单元出水指标
1	pH	6~9	6~9	6~9
2	TSS/(mg/L)	≤10		≤10
3	COD_{cr}/(mg/L)	≤130	≤60	≤50
4	氨氮/(mg/L)	≤10		≤1
5	Cl^-/(mg/L)	≤800		≤800

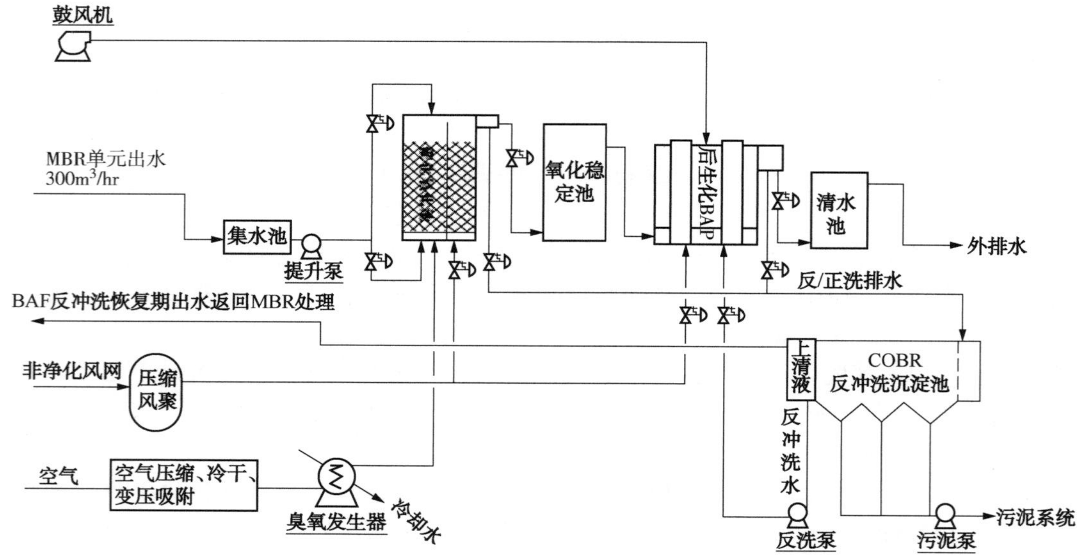

图 1 污水深度处理工艺流程图

2 结果与讨论

2.1 投用初期运行效果

深度处理装置 O_3-BAF 工艺投用初期 COD 去除效果见图 2，臭氧投加量与进水负荷的变化见图 3。由于初期进水量波动较大，且臭氧投加量有波动，为表征臭氧催化氧化单元的效果，取进水量和臭氧投加量较稳定的 2 月 13 日至 3 月 2 日期间的数据进行汇总分析，见表 2。从表 2 可知，在臭氧投加浓度为 95mg/L 时，MBR 出水经臭氧催化氧化单元，COD 由 109.36mg/L 降至 57.75mg/L，COD 降低 51.61mg/L，COD 去除率为 47.19%，臭氧氧化效率为 0.54mgCOD/mg O_3。说明臭氧催化氧化单元在进水流量 240m^3/h、进水 COD≯130mg/L、臭氧投加量 95mg/L 的条件下，出水 COD 均值满足≯60mg/L 的目标值，但部分时段出水 COD>60mg/L，且臭氧投加浓度偏大(目标值 55mg/L)。后生化 BAF 单元去除的 COD 在

1mg/L 以内，主要原因是臭氧氧化出水含有大量的长链烷烃及卤代烃，此类物质属于难生物降解类型，后生化 BAF 要实现对该类长链有机物高效降解，需要长时间生物培养。

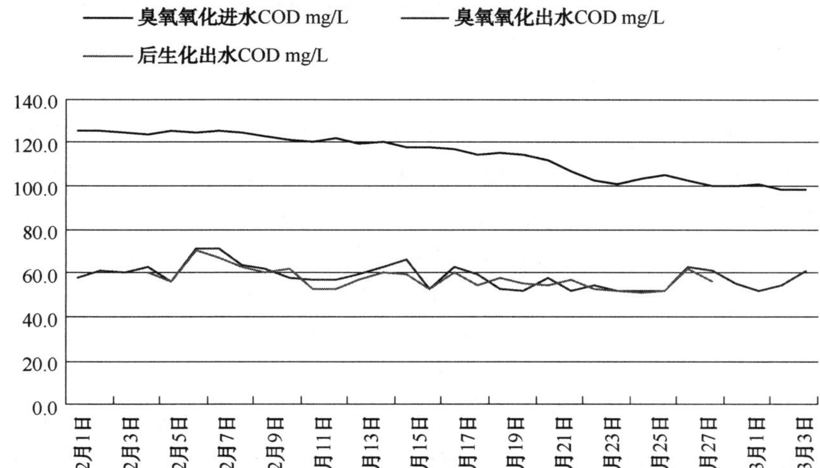

图 2　污水深度处理装置投用初期处理效果

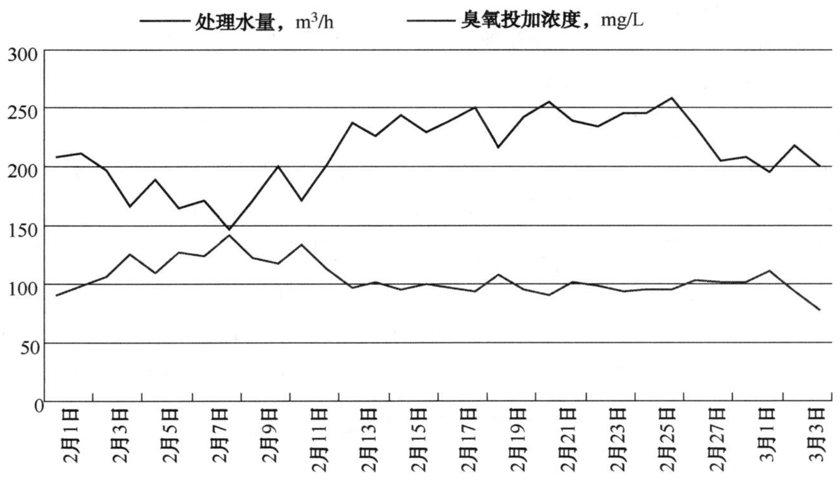

图 3　污水深度处理装置投用初期臭氧投加量与处理量变化趋势

表 2　臭氧氧化单元初期运行监测数据

项　　目	COD/(mg/L)			臭氧投加量/(mg/L)	COD 去除率/%
	平均值	极小值	极大值		
臭氧催化氧化进水	109.36	98	122	—	—
臭氧催化氧化出水	57.75	48	70	95	47.19

2.2　存在问题及应对措施

2 月底时发现臭氧催化氧化池表面催化剂已经变色，经过进一步分析，发现其表面吸附大量大分子有机物，确认催化剂被污染。受污染的臭氧氧化催化剂外观颜色变成棕红色，未受污染的催化剂为光亮的银白色。打破变色的催化剂后，发现里面并未变色；取催化氧化池B601的B池的催化剂进行检查，发现在一段催化剂隔架下面，催化剂大部分都没有被污染，其下层如新催化剂一样拥有光亮的色泽。说明只是臭氧氧化池一段上层的部分催化剂受到污染，使臭氧氧化效率下降。

催化剂受污染导致臭氧催化氧化单元效率降低，同时黏泥量较大，且反洗时不能透过格栅网，导致黏泥在催化氧化池中持续积累，引起床层阻力增大，臭氧消耗量增大，进一步影响催化剂变色和中毒。针对臭氧氧化催化剂受污染的情况，采取了以下应对措施：①增大反洗风的风量，缩短反洗周期(反洗周期由4天→2天→1天)，调整反洗参数，加强反洗；②调整流程，降低臭氧催化氧化池来水的COD；流程如下：MBR出水→T401(碳塔)→B402B→B601(臭氧催化氧化池)→B602(氧化稳定池)→B611(后生化BAF)→流沙过滤器→监测池；③臭氧催化氧化池B池更换同种型号的新剂。

B601B池更换催化剂后，于4月23日下午进水，进水量40m^3/h左右，进水COD为95mg/L，臭氧投加量70mg/L左右，出水COD均值为40mg/L左右。为考察同种型号臭氧催化氧化催化剂的运行效果，4月下旬在现场进行了中试试验。在50~70mg/L的臭氧投加浓度，停留时间为1h或1.5h的条件下，MBR出水COD经臭氧催化氧化可从95mg/L降至45mg/L以下。经过10天的中试运行，中试装置一段催化剂有点褪色，变成淡黄色，一段上层催化剂表面附着粘泥，说明臭氧催化剂在没有受到污染的情况下在处理效率和出水水质上完全可以达到预期效果，但长周期运行存在变色及催化剂中毒现象。

流程调整阶段的典型运行数据见表3(取4月10日至5月7日的数据)。在系统进水COD浓度均值为98.09mg/L，臭氧催化氧化池臭氧投加浓度为70mg/L，臭氧氧化塔臭氧投加浓度为30mg/L的条件下，臭氧氧化塔可去除约7mg/L的COD，臭氧氧化单元去除COD约33mg/L，BAF单元去除COD约2.5mg/L；臭氧氧化单元COD去除率相对较低，相对于系统进水为33.71%，相对于臭氧氧化塔出水来说，为36.25%。运行3个月后，BAF单元可去除COD约3~4mg/L，且BAF个别池内出现大量藻类，水质清澈透亮，说明通过对后生化BAF池的进一步培养和长时间的运行，BAF单元的COD去除率可逐步提高。

表3 污水深度处理装置运行监测数据

项目	COD/(mg/L)			臭氧投加量/(mg/L)	COD去除率/%
	平均值	极小值	极大值		
系统进水	98.09	93	105	—	—
臭氧氧化塔出水	91.22	80	100	30	7.00
臭氧催化氧化出水	58.15	54	67	70	33.71
BAF出水	55.73	50	65	—	2.47

2.3 后期对策

臭氧氧化池黏泥的影响主要表现为：①造成床层阻力增大，一段与二段液位差相差大，从而引起一段短流到二段，导致出水COD升高；②反洗出水检测COD结果为288mg/L，使臭氧消耗量增大；③容易吸附在催化剂表面引起催化剂变色，从而引起催化剂中毒，降低了臭氧催化氧化池的效率。针对臭氧氧化池黏泥量较大，且反洗时不能透过格栅网的问题，必须加强反洗，并拆除格栅网，将格栅移至反洗水出水槽内，避免黏泥的进一步积累和影响催化剂活性，同时需通过臭氧不断的对催化剂进行表面再生和激活。可以预计通过加强反洗将黏泥排出池体和催化剂表面通过臭氧不断在线再生，提高并稳定臭氧催化氧化池的催化效率，有望在现有条件下满足出水 COD 小于 50mg/L 目标。

3 结论

臭氧和曝气生物滤池(BAF)的组合工艺，利用臭氧单元去除废水部分色度、浊度和 COD_{cr}，并提高废水的可生化性，后续单元采用占地面积小、出水水质高、氧的传输效率高、抗冲击负荷能力强的 BAF，可实现在较低的处理费用下对炼油含盐废水的处理。惠州炼化加工高酸重质原油，其含盐污水的 MBR 出水采用 O_3-BAF 工艺进行处理，运行实践表明，臭氧催化氧化单元有较高的 COD 去除率，但存在黏泥量大的问题；对后生化 BAF 池进行长期培养并稳定运行，可有效提高后生化 BAF 池的效率；总出水 COD 平均值为 55.73mg/L，总去除率达到了 43.18%。

参 考 文 献

[1] 陈建军，唐新亮，张柯．COBR 工艺在炼油污水深度处理中的应用[C]．第四届中国膜科学与技术报告会论文集．北京：中国膜工业协会，2010：775-777.

[2] 李跃迁，姚元勋，魏永建，等．西太平洋石化中水回用工程设计及运行[J]．石油化工安全环保技术，2011，27(5)：50-52.

[3] 唐梓阳．COBR 工艺在石化污水深度处理中的应用[J]．企业技术开发，2014，33(15)：174-175.

[4] 杜白羽，付存库，徐继峥，等．臭氧-BAF 组合工艺对石化行业废水深度处理的中试研究[J]．环境工程学报，2013，7(12)：4861-4865.

[5] 高富，刘发强，王中元．O3-BAF 工艺用于炼油废水深度处理的中试研究[J]．给水排水，2010，36(1)：139-141.

[6] 凌珠钦，汪晓军，王开演．臭氧-曝气生物滤池工艺深度处理石化废水[J]．应用化工，2008，37(8)：917-920.

[7] 钟震，陈建军，张柯．石化含盐污水深度处理中试研究[J]．安徽农业科学，2014，42(22)：7571-7573.

[8] 桂新安，张大鹏，李晖，等．臭氧-曝气生物滤池工艺在石化废水深度处理中的应用[J]．净水技术，2013，32(3)：28-32.

含硫碱渣再生处理技术的应用

赵景芳

（中国石化金陵分公司炼油运行二部，江苏南京　210033）

摘　要　介绍了美国 MERICHEM 公司提供的含硫废碱再生处理工艺技术在中石化金陵石化公司炼油二部硫碱再生装置的应用。这套装置将正丁烷装置和三套液态烃脱硫装置产生的废碱渣氧化再生为再生碱液，再生碱替代新鲜碱又循环使用于汽油、液态烃脱硫醇等装置中。使用该专利技术 2 年多来，累计减少本装置新鲜碱成本约 500 万，缓解了公司处理碱渣的环保压力，并产生了较为显著的环保效益和经济效益。

关键词　含硫碱渣　氧化再生　再生碱　循环使用

随着高硫原油的炼制，公司碱渣处理负荷日益增大，碱渣处理能力日显不足，环保压力很大。为进一步缓解这一压力，2012 年，公司引进了美国 MERICHEM 公司提供的专有再生含硫废碱处理工艺技术进行试验生产。这套装置用于处理液态烃脱硫和正丁烷装置产生的含硫碱渣，产生的再生碱循环使用于Ⅰ、Ⅱ、Ⅲ脱硫装置和正丁烷装置液态烃脱硫醇单元，最大限度降低新鲜碱使用量，减轻了公司环保装置湿式氧化的处理量，从而降低了公司生产的环保压力，同时节约资源进一步降低了生产成本。

1　生产工艺说明

硫碱再生装置由碱渣氧化、二硫化物分离、纤维膜接触器和溶剂清洗分离部分组成，其中通过可提供充分驻留时间的 DSO(二硫化物油)分离器将 DSO 作为单独的烃层从碱液中分离；通过溶剂清洗清除碱液中剩余的可溶性 DSO。这些技术使用了 Merichem 专有的 FIBER FILM ©纤维膜接触器，无需使用大的容器，无需分散混合即可接触碱及油气相态，从而最大限度地减少碱夹带。

1.1　硫碱氧化再生原理及流程简介

Ⅰ、Ⅱ、Ⅲ脱硫及正丁烷装置液态烃脱硫醇单元产生的含硫碱渣通过与蒸汽或低温热水换热后达到 52℃左右，经过高活性、高溶解性、获得专利的 ARI-100EXL 催化剂添加管(MSP-305)，再与来自溶剂循环泵出口的一股溶剂一同进入氧化塔(T-301)底部，接触到塔底空气分配器细微弥散的空气泡，触发氧化反应。这样，碱渣中的硫化钠氧化成硫代硫酸钠($Na_2S_2O_3$)，而硫醇钠则氧化成几乎不溶于碱溶液的二硫化物油(RSSR 或 DSO)。用化学方程式表示为：

$$2Na_2S+H_2O+2O_2 \xrightarrow{catalyst} Na_2S_2O_3+2NaOH \quad (1)$$

$$2NaSR+H_2O+\frac{1}{2}O_2 \xrightarrow{catalyst} RSSR+2NaOH \quad (2)$$

氧化产物溢出氧化塔内部烟囱塔板(MSP-307)进入氧化塔顶部废气分离空间。碱/DSO化合物离开烟囱塔板并流向DSO脱除区。氧化塔顶部压力稳定在0.15MPa表压，废气离开氧化塔(塔顶废气用燃料气进行保护)经废气分液罐(V-307)自压至尾气回收处理系统。

1.2 分离二硫化物油

离开有液位控制的烟囱塔板后，氧化的碱/DSO流向DSO分离器容器(V-301)，由于密度不同，两相在这里分离。两相流经无烟煤层，溶剂/DSO与碱加速分离；密度偏低的溶剂/DSO滴上行至分离容器顶部形成烃相，自压进入溶剂/DSO缓冲罐(V-303)，经泵送至分公司焦化汽油罐；密度偏高的碱相则流向容器底部。

1.3 纤维膜接触萃取产生再生碱

碱流离开有差压控制的DSO分离器，流向溶剂洗涤接触器(FFC-303)。这里部分洗涤的碱流与来自溶剂洗涤分离器(V-302)的循环溶剂流及另一股来自公司260万t/a蜡油加氢装置的新鲜溶剂混合。碱相和溶剂相混合后再沿着纤维膜接触器向下流动，溶剂便从碱中萃取剩余可溶DSO。两相即在分离器(V-302)中分离。这样循环溶剂通过机泵回到纤维膜接触器，再生碱则送出系统至各脱硫醇用碱装置作为新鲜碱使用，废碱则被送往催化酚碱再生装置处理。

工艺流程图请如图1所示。

2 设计基础数据

硫碱再生装置设计处理硫碱0.75m^3/h，再生碱产生量0.65m^3/h，产生的再生碱全部循环使用于液态烃脱硫醇单元，见表1。

表1 原料及产品主要设计指标

名称	料　气	补充溶剂/DSO	氧化空气	再生碱	含硫废碱	循环溶剂/DSO
流量	93.2Nm^3/h	0.19m^3/h	130Nm^3/h	0.65m^3/h	0.75m^3/h	2.35m^3/h

3 运行情况

装置于2012年7月开工运行至今，运行情况良好。但从2013年底至今，随着液态烃装置原料中硫含量的增加，用碱量逐渐增加，碱渣量也有所增加。下图一和图二是以正丁烷装置为例，可表明原料中硫含量的变化。

硫碱再生装置于2012年7月开工运行以来，运行情况良好。但从2013年底开始，随着液态烃装置原料中硫含量的增加，用碱量逐渐增加，碱渣量也有所增加。表2是正丁烷装置原料中硫含量的变化情况。

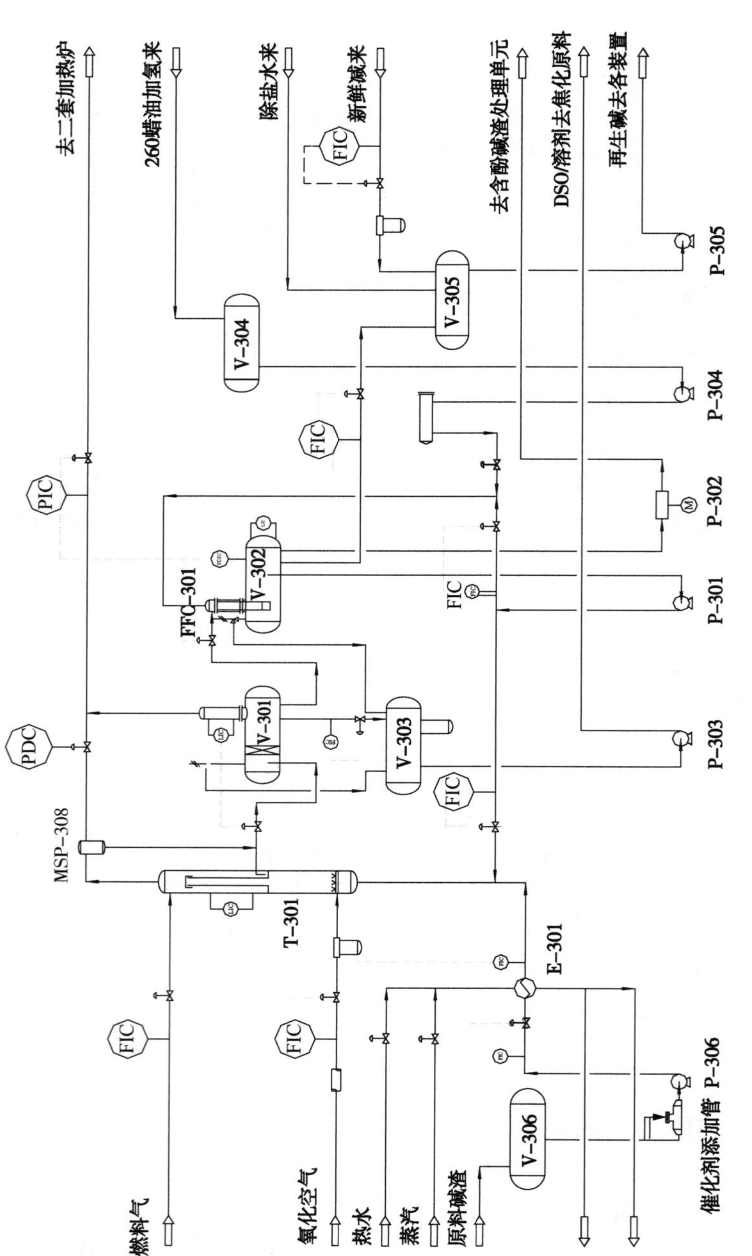

图1 硫碱再生装置工艺流程图

表 2　正丁烷装置 2013 年 1~10 月和 2014 年 1~10 月原料中硫化氢平均值

项　　目	2013 正丁烷原料中硫化氢含量/(mg/m³)	2014 正丁烷原料中硫化氢含量/(mg/m³)
1 月平均值	10	29.61
2 月平均值	10	31.24
3 月平均值	547.52	224.36
4 月平均值	426	415.11
5 月平均值	10	530.13
6 月平均值	—	11969.51
7 月平均值	163.1	3811.69
8 月平均值	967.25	815.80
9 月平均值	271.03	948.60
10 月平均值	387.96	2329.05
累计值	2792.86	21105.10
年平均值	310.32	2110.51

从表 2 可以明显看出，2013 年 1~10 月正丁烷原料中硫化氢平均含量为 310mg/m³，而 2014 年 1~10 月正丁烷原料中硫化氢平均含量则为 2111mg/m³，后者约为前者的 7 倍。

原料中硫含量的逐渐增加，硫碱再生装置的处理负荷也逐渐增。目前，硫碱再生装置的处理能力已达 1.10m³/h，达到设计负荷的 147%，再生碱液产生量达 0.95m³/h，浓度平均为 13.6%，达设计产量的 146%。装置主要运行参数见表 3。

表 3　2014 年 11 月硫碱再生操作条件一览表

燃料气进 T-301 流量	氧化空气进塔流量	V-302 再生碱出流量	塔 301 进料量	补充溶剂流量	循环溶剂流量
88.0m³/h	98.2m³/h	0.95m³/h	1.10m³/h	0.15m³/h	2.2m³/h

目前硫碱再生装置碱液平衡示意图如图 2 所示。

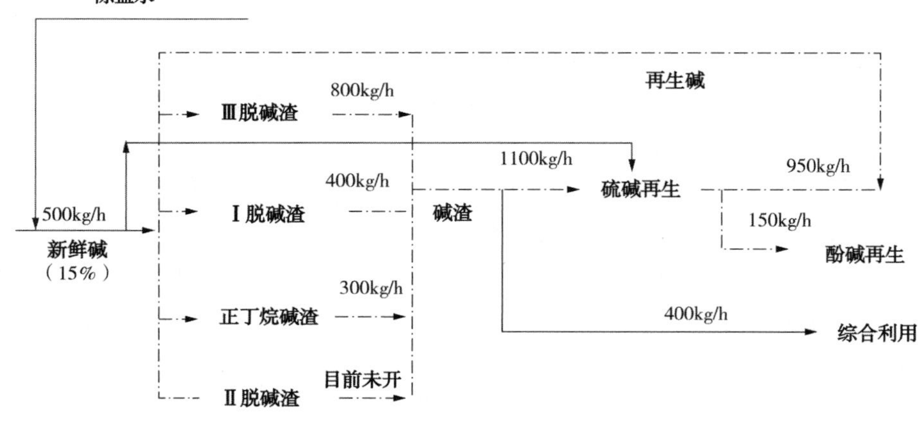

图 2　硫碱再生装置碱液平衡示意

如图2所示，ⅠⅢ脱硫和正丁烷装置共产生碱渣1500kg/h，因受处理负荷的影响，目前硫碱再生装置可处理Ⅲ液态烃脱硫和正丁烷装置产生的碱渣1100kg/h，产生的再生碱950kg/h全部循环使用于脱硫醇单元的碱洗；而Ⅰ脱硫液态烃装置产生的碱渣400kg/h因受处理负荷的限制，只能排向综合利用装置进行处理。

4 存在问题及措施

装置在二部三工区运行2年多来，也曾暴露出一些问题，如运行过程中碱液氧化部分先后出现了氧化塔温度过高以及尾气带液等问题，一定程度上影响了装置平稳、长周期运行，在改进措施上也摸索出了一些行之有效的方法。

4.1 氧化塔温度过高

含硫碱渣再生装置开工之初，氧化再生塔(T-301)温度始终在超设计值52℃上方运行，最高时达93℃。这是因为碱渣的氧化再生反应是放热反应，理论上单位原料反应的放热量与硫化钠和硫醇钠的摩尔浓度成正比，随着硫碱原料中硫化钠和硫醇钠的含量增大，系统温度将随之增加。氧化塔温度高的主要危害是会加剧碱脆腐蚀作用，缩短设备使用周期；其次，由于本氧化反应为放热反应，高温不利正反应的发生，反而会影响再生效果。生产摸索中，工区找到了通过优化操作降低氧化塔温度的办法。如今，提高硫碱再生处理量至1.10m^3/h，可降低塔内一定温度；适当减少催化剂添加量，反应热减少，温度也下降；原料兑入含硫醇钠低的催化液态烃脱硫醇碱渣，改变原料性质，从而减少反应热量。这样，氧化塔温度便可控制在60~75℃范围内。

4.2 尾气带液现象

2012年8月至2014年5月，碱再生装置排向尾气回收处理装置输送过程中有夹带石脑油、碱液等情况，且带液现象较为严重。尾气夹带的液体积聚，形成液封，一方面腐蚀管线等设备；另一方面导致尾气后路压力上升，致使管路不畅，系统操作压力上升，最高时达0.4MPa(正常生产时为0.15~0.18MPa)，不利正常的安全生产。

产生尾气带液现象的主要原因有二个：一是氧化塔内温度较高，致使尾气中气液两相无法分离。实际操作中，当塔内温度高于52℃时，尾气分液罐V-307底切液量明显减少；当温度高于70℃时，尾气分液罐底基本无切液量。二是因为石脑油较轻，低闪点、低沸点，当塔内反应温度较高时，石脑油易汽化至尾气中。

为此，三工区一方面严格控制氧化塔内的温度，按工艺卡片的要求将塔内温度控制在≯75℃，这样易于尾气中气液两相的分离。另一方面通过改进工艺流程，2014年5月6日，三工区将原进入氧化塔的循环溶剂(石脑油)流程改入二硫化物油分离罐(V-301)内，既能达到吸收二硫化物油的目的，又减少了尾气带液现象。第三，工区计划在原氧化塔顶尾气去Ⅱ常减压加热炉流程上增加气液分离器和分液罐各一台，目的是回收尾气中携带的液相，逐步消除尾气带液的危害。现在已经委托设计完毕，设备正在采购过程中。

4.3 硫碱再生处理能力不够

目前，二部三工区所有液态烃脱硫装置产生的碱渣量约为 1500m^3/h，而硫碱再生装置设计处理能力为 0.75m^3/h，实际处理量为 1.10m^3/h，已经超负荷运行。对硫碱再生装置进行扩容改造，可增加硫碱的处理量，产生的再生碱还可满足液态烃脱硫醇单元的碱洗，最大限度减少新鲜碱的成本。

5 效益

5.1 环保效益

碱再生装置是典型的减污增效的环保装置，原料主要是含硫碱渣，而产物则主要是再生碱，且可代替新鲜碱循环使用于液态烃脱硫醇单元。碱再生装置除尾气外，无其它废弃物的产生。从某种意义上说，环保效益显著。

5.2 经济效益

5.2.1 硫碱再生装置效益

运行 2 年 5 个月来，处理量平均约 1.0t/h。年处理含硫碱渣 8400t；产生的再生碱平均约 0.85t/h，产生再生碱 7140t。平均 13.6%的再生碱约合 30%的新鲜碱 3237t，新鲜碱 2014 年 12 月的价格为 597.21 元/t，仅此一项，则年减少新鲜碱成本为 193 余万元。

装置年耗新鲜水 30t，除盐水 588t，电 77364kW · h，1.0MPa 蒸汽 462t，同时还产生低温热 695520MJ。

新鲜水的价格为 2 元/t，除盐水的价格为 7 元/t，1.0MPa 蒸汽的价格为 140 元/t，3.5MPa 蒸汽的价格为 145 元/t，1kW · h 电的价格为 0.58 元/kW · h，燃料气的价格按 1711 元/t 计。

碱再生装置年加工成本为：30×2+588×7+462×140+77364×0.58=11.37 万元；

碱再生装置年效益为：193−11.37=181.63 万元。

5.2.2 综合利用装置成本

综合利用装置根据其 2012 年度各项能量实际单耗，按碱再生装置年处理 8400t 碱渣计算，需要各种物料量为：新鲜水 1365t；电 1078480kW · h；燃料气 152t；1.0MPa 蒸汽 888t；3.5MPa 蒸汽 125t；另外还需要 98%的浓硫酸 809t。

处理 8400t 碱渣综合利用装置需要加工成本为：1365×2+1078480×0.58+152×1711+888×140+125×145+809×368.53=132.89 万元。

5.2.3 综合效益

在综合利用装置人工成本和碱再生装置低温热效益不计算在内；综合利用装置的投资和维修费用高于碱再生装置，在这里不计的情况下，这套碱再生装置年效益为：年碱再生装置效益+年减少的综合利用装置的成本。

即：181.63+132.89=314.52 万元。

5.3 社会效益

由于这套碱再生装置试生产的成功，为今后公司再上这种装置提供了必要的数据基础。按照公司所有装置产生硫碱的量来配套相应的碱再生装置，就能够进一步降低加工成本提高公司的环境效益和经济效益。由此可见这套装置如在集团公司内推广，社会效益显著。

6 结束语

金陵石化公司在炼油二部硫碱再生装置应用了美国 MERICHEM 公司提供的含硫废碱再生处理工艺技术。装置自 2012 年 7 月 4 日峻工试运行至今，再生碱质量基本满足液态烃脱硫醇后的产品质量要求，加工能力也达到设计水平，操作简单，设备可靠，试验生产取得了成功。目前该装置已处理含硫碱渣约 21120t，共产生再生碱 17950t，缓解了公司后续处理碱渣的压力，累计减少本装置新鲜碱成本约 500 万元，环保效益、经济效益和社会效益显著。

炼油厂燃气加热炉节能技术探讨

徐宝平

（中国石化金陵分公司，南京　210033）

摘　要　本文以炼油厂整体为统筹对象，对各种烟气余热回收技术进行的经济性分析和对比，建议加热炉设备管理和工艺管理相结合，采用燃料气深度硫捕捉和高效换热器组合技术既大幅减少了烟气硫的排放总量，又促进加热炉低温余热回收技术的进一步发展，既有节能减排的经济效益，又有环境保护的社会效益。

关键词　节能　余热　加热炉　炼油厂

1　前言

煤炭、石油和各种可燃气等一次能源用于冶炼、加热、转换等工艺过程后都会产生各种形式的余热。锅炉排烟温度可达160~180℃，是一个潜力很大的余热资源，排烟温度既浪费了大量能源，又造成严重的环境热污染。在国家大力倡导“节能减排”能源利用政策的大环境下，提高锅炉效率、减少锅炉排污量就变得非常重要[1]。

石油炼制企业（即炼油厂）既是一个能源的生产单位，也是一个能源的消耗单位。炼油厂所生产的汽油、柴油燃料和其它化工产品主要是依靠蒸馏、化学裂解、加氢脱硫和分子式重整等方法得到，而这些过程都需先将原料加热到350~550℃的温度下才能进行正常的持续性生产。加热所需的燃料（炼厂气、天然气）和煤炭、电和水便构成了炼油厂的总能耗。

石油炼制过程所需要的燃料主要是炼厂气、天然气、煤炭和电。其中炉用燃料占据了炼油厂总能耗的44%，如图1。

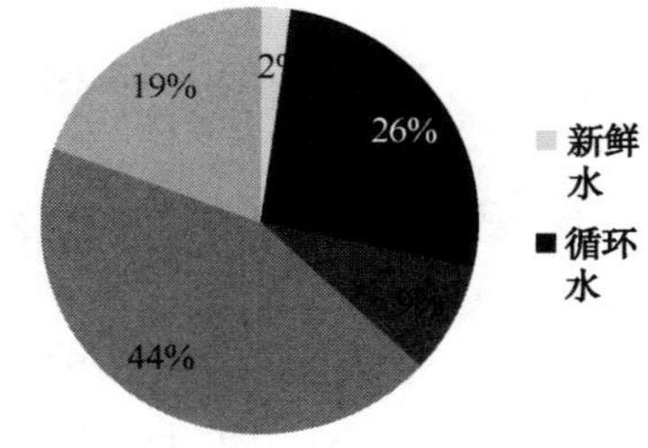

图1　炼油厂能耗构成

典型炼油厂的能源消耗占据原油加工量的5%。以一个每年原油加工量为1500万t的炼油厂为例，每年水、电、蒸汽和燃料总能耗约为达到75万t标准燃料油，其中的燃料消耗为30万t。2014年度，全国总原油加工量达到了5亿t，总的能源消耗达到了2500万t。

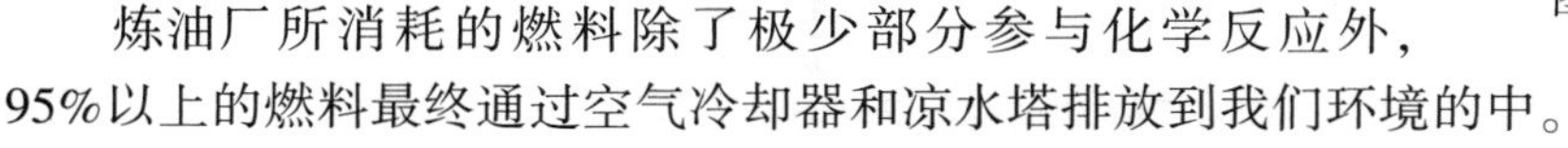

炼油厂所消耗的燃料除了极少部分参与化学反应外，95%以上的燃料最终通过空气冷却器和凉水塔排放到我们环境的中。

2　炼油厂加热炉烟气余热利用的变革历程

炼油厂的能源结构受经济和社会的影响，在变革中，能源利用效率不断提高。图2为炼油厂加热炉烟气余热回收技术。

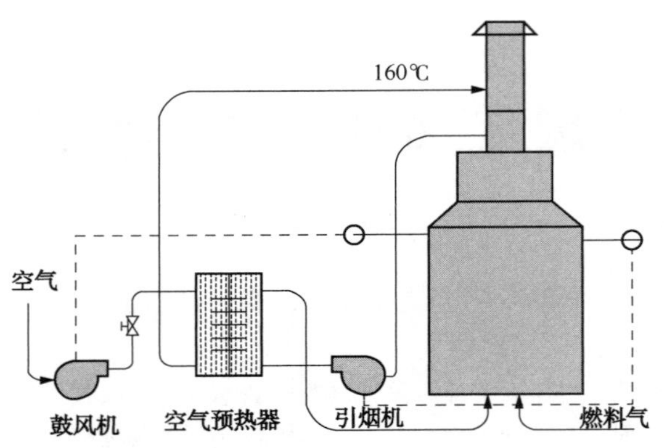

图2 常规加热炉烟气余热回收技术

以农业和矿产为产业核心的20世纪80年代，我国农用机械和远洋运输以燃料油和柴油为动力，炼油厂多以过剩的炼厂气和重质燃料油混作加热炉的燃料。加热炉一般设辐射室和对流室，排烟温度一般在250℃以上，加热炉的热效率一般只有85%左右。

20世纪90年代，我国制造能力得到大幅度提高，跨海洋运输转变为陆地运输，高速的铁路、便捷的公路和洲内的航空的运输需要更轻质的燃料，民用液化气和汽油逐步进入百姓生活，中国石油需求突飞猛进。同时，国际油价却节节攀升，引发了原油劣质化和重油过剩现象，炼油厂加热炉以重燃料油为主要燃料。尽管加热炉对流室后增设了余热回收换热器，但受烟气露点腐蚀的限制，以含硫重质油为燃料的加热炉排烟温度至少在160℃以上，加热炉的热效率达到88%。

21世纪初，我国大气治理和节能要求同步提高，但受重质燃料油脱硫技术的限制，石油炼制企业不得不以炼厂气、天然气为主燃料。但是，此时的炼油厂加热炉已经在炉体制造、炉壁保温、燃烧器、燃烧控制和高效预热回收技术上得到了质上的飞跃。尤其是采用了翅片管式换热器、热管式换热器和铸铁板式换热器等高效换热设备后，加热炉的排烟温度可以控制在120℃左右，加热炉效率从20世纪80年代的85%提高到90以上%。

3 燃气加热炉烟气余热回收技术是炼油厂节能减排的重点

炼油过程的流程长，前后工艺的关联性极高的大型工厂，管理内容复杂多样，如何在众多的工作中抓住节能的主脉，实现纲举目张的管理效果才能体现较高的管理水平。炼油厂的能源构成多，表1为1500万t/a炼油厂各项目数量和管理特点。

表1 炼油厂能耗构成和管理特点

项目	实物量/(万t/a)	消耗金额/(亿元/年)	可控效益/(万元/年)	节能管理特点
新鲜水	93.62	0.01	9	面广、难管
循环水	37004	0.56	555	量大、事微
电	10.33亿度	6.72	1345	投资大、上网难
蒸汽	64.28	0.77	771	网络复杂、保温施工难

续表

项目	实物量/(万 t/a)	消耗金额/(亿元/年)	可控效益/(万元/年)	节能管理特点
燃料	35.19	12.32	4927	见效快、易施工
烧焦	39.12	3.13	1565	环保压力大、技术滞后

从节能的数量、经济性和可执行度等诸多因素分析，表 1 的结论是：加热炉是炼油厂节能减排工作的重点。

为了在加热炉能效诸因素中找到重点，下表 2 对加热炉燃烧效率的影响因子进行量化。表 2 显示，提高加热炉烟气余热利用是提高加热炉燃烧效率的关键。

表 2　加热炉燃烧效率的影响因子

序号	影响因素	对炉效的影响程度
1	过剩空气系数	0.2%~0.5%
2	燃烧器	0.2%~0.5%
3	散热保温	2.0%~3.0%
4	烟气余热利用	2.0%~5.0%

4　加热炉节能管理的技术要点

4.1　高度重视加热炉低温烟气的余热利用

炼油厂低温余热资源丰富，除了加热炉烟气，分馏塔顶空冷和水冷的低温余热更多。工程设计和节能管理人员，面对如此众多的余热资源往往措手无策，节能工作究竟是先从数量多的开始，还是从温度高的开始呢？

正确的方法应该是：从最简单易行的开始。分馏塔顶空冷和水冷的介质是高温、高压且易爆易燃的油气，设备制造和安装要求高，其回收成本自然就高。而加热炉空气和烟气压力低，设备要求较低，投资少，是最具投资价值的节能方法。

4.2　正确选择烟气余热的用途

选择正确的余热用途是确保低温热得以高效利用的重要原因。目前，加热低温烟气余热的用途一般是直接和加热炉炉用空气换热，也有炼油厂通过热媒(水或油)间接地用加热炉烟气加热工艺介质，如图 3。

应该明确的是：通过热媒间接加热工艺介质的加热炉效率=烟气排放温度下热效率-热媒系统功率和散热功率/加热炉功率。以一个总功率为 20MW 的加热炉为例，110℃的烟气排放功率为 1.5MW，被加热工艺介质功率=热媒输出功率(5MW)-热媒系统自耗功率和散热功率(3MW)= 2MW。

则加热炉的实际效率=(烟气排放功率+热媒系统功率和散热功率)/加热炉总功率=100%-(1.5+2)/20×100%=82.5%。

如果单独以排烟温度计算的加热炉功率=1.5/20×100%=92.5%，而这远高于加热炉热

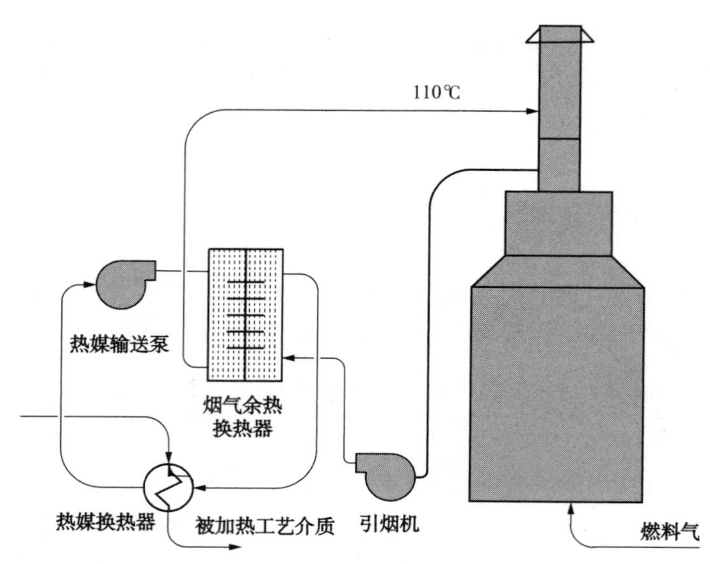

图3 加热炉烟气余热的热媒利用流程图

利用的实际效率。

4.3 深入探讨燃料气硫含量和露点腐蚀的本质关系

燃料气的硫化氢在燃烧过程中转变为二氧化硫和三氧化硫，遇水便形成腐蚀性的酸水。露点温度指空气在水汽含量和气压都不改变的条件下，冷却到饱和时的温度。露点温度低于水的冷凝温度。常压下，水蒸气在高湿度环境下，50℃便达到露点，形成露水。而在干燥环境下，15℃也达不到露点，不会形成露水。所以，烟气露点温度和水的露点温度不是同一个概念。

关于烟气露点的计算，目前采用较多的是1973年前苏联出版的《锅炉机组热力计算标准》，其计算方法如下式[2]。

$$t_{露点} = t_{水露点} + \frac{125 \times \sqrt[3]{折算硫分}}{1.05^{0.95 \times 折算灰分}}$$

公式表明，加热炉烟气的露点温度高于水的露点温度，烟气硫含量下降则烟气露点温度也下降。

自2009年至今，中国石化炼油厂所进行的燃气加热炉节能技术改造都是基于燃料气硫含量下降后，烟气露点温度下降到120℃以下这一理论基础。但是，这种理论还可以突破。

4.4 提高燃料气的质量，降低硫含量

4.4.1 首先要利用溶剂脱硫技术，确保燃料气硫含量小于20mg/m³

炼油厂的燃料气主要来自于催化裂化和延迟焦化两种石油脱碳工艺过程的副产品，俗称干气或炼厂气。其主要成分是甲烷、乙烷、氢气、硫化氢和少量的乙烯、丙烷和丙烯。经过MDEA(甲基二乙醇胺)等溶剂脱硫工艺处理后，炼油厂干气的硫化氢的浓度可以从2000mg/m³降低到20mg/m³。

早在2009年，中国石化金陵分公司炼油厂干气硫含量已经控制在20ppm以下，对应的烟气露点温度从原先的150℃降低到120℃左右，为进一步降低烟气温度、提高加热炉效率提供了充裕的技术改进空间。先后对延迟焦化、常减压蒸馏装置加热炉进行烟气余热利用的技术改造，在原热管式换热器前高温段增加了列管式换热器，一方面收到了预期的节能效果，另一方面也降低了热管式换热器在高于450℃的高温区容易爆管失效的风险。

表3为中国石化金陵分公司延迟焦化装置加热炉节能改造的技术改造的经济性分析。由于加热炉功率高，燃料气价格高，而加热炉烟气余热回收的投资少，加热炉的烟气余热节能改造的投资回报期极短，一般少于6个月。

表3 延迟焦化加热炉降低排烟温度节能改造经济性分析

序号	项目	1#焦化	2#焦化
1	燃料单耗	19	19.5
2	年加工量/Mt	1.20	0.50
3=1*2	年燃料气消耗/t	22800	9750
4	加热炉效率提高量/%	3	3
5	年省燃料气数量/t	684	292.5
6	燃料气价格/(元/t)	5500	5500
7	年省燃料气金额/万元	376.2	160.9
8	投资(估算)/万元	150	50
9	投资回收期(估算)/月	5	4

4.4.2 其次要用深度脱硫技术对燃料气进行深度脱硫，使燃料气的硫含量小于1mg/m^3

以20MW加热炉为例，每年消耗燃料1.5万t，含硫20mg/m^{3}燃料气其硫含量为300kg，数量极少，脱硫成本极少。现在可选的方法是利用将载有铜、锌、钴等金属氧化物、比表面积为800m^2/g、硫容达到20%~25%的活性炭脱硫剂对燃料气进行单分子硫的捕捉，使得燃料气的硫含量降低到测量痕迹。

依次推算1500万t/a的炼油厂，应用该技术每年可以减少45t的二氧化硫排放量。由此可见，对燃料气的深度脱硫，不仅有经济方面的节能效果，更具有深远社会方面的环保意义。

经过活性炭脱硫后的纯净燃料气突破了露点腐蚀的限制，为加热炉的低温烟气热利用开辟了新的途径。痕迹微量的二氧化硫在烟气凝水中的腐蚀作用已经被二氧化碳所代替，所以，此方法下的烟气余热换热器的材料选择是针对二氧化碳而不是二氧化硫。没有了硫腐蚀，换热器的选择余地就更大了。图4为燃料气深度脱硫的加热炉烟气余热回收技术应用流程。

4.5 新型空气预热器可以实现更高的换热效率

每次的技术更新，都伴随着新型换热器的应用。新型加热炉空气预热器不仅克服了露点腐蚀，而且做的越来越薄，越来越小，换热效率越来越高，可以将加热炉排烟温度降低到90℃，甚至更低。

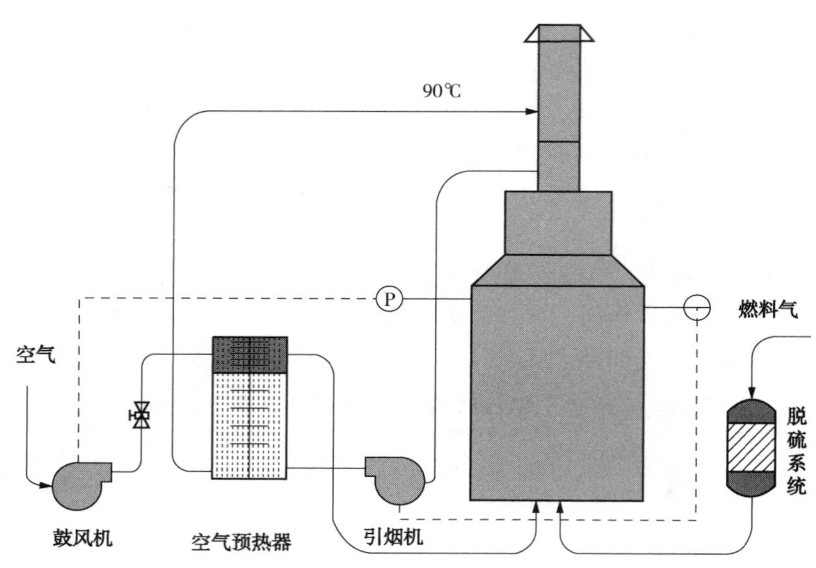

图4　燃料气深度脱硫的加热炉烟气余热回收技术

在2009~2012年间实施的加热炉排烟温度降至120℃和2013年实施的100℃技术改造中，在原有热管换热器的基础之上，部分采用了如图5所示的铸铁翅片板式管换热器。

图5　铸铁翅片板式换热器

铸铁翅片板式换热器是参照国外方法制造的一种耐硫酸腐蚀的换热器。普通高硅铸铁化学成分和力学性能见表3。

表3　普通高硅铸铁的化学成分和力学性能[3]

牌　号	化学成分					力学性能	
	C	Si	Mn	P	S	σb/MPa	HBS
STSi-15	0.5~0.8	14.5~16	≤0.5	<0.1	<0.06	60~80	300~400
STSi-17	0.3~0.5	16~18	≤0.5	<0.1	<0.02		

因高硅铸铁在铸造温度下硬度极高，国内一般技术难以浇制薄而小的小部件，只有降低

硅含量才能制造如图 5 的翅片板式换热器，但是其耐腐蚀性也下降。在我们的设备现场，烟气预热器淌黄水的现象比较普遍，所以高硅铸铁的铸造技术仍有待提高。

2013 年后，部分炼油厂采用活性炭脱硫剂对燃料气进行深度脱硫后，加热炉烟气预热器摆脱了硫腐蚀的束缚，一种合金薄板换热器得到了应用，如图 6 是这种合金薄板换热器在制氢装置的现场应用。

图 6　合金薄板换热器在制氢装置的应用

合金薄板换热器的制造时将手相两片薄板按照图 7 焊接而成，换热器组装模块如图 8。

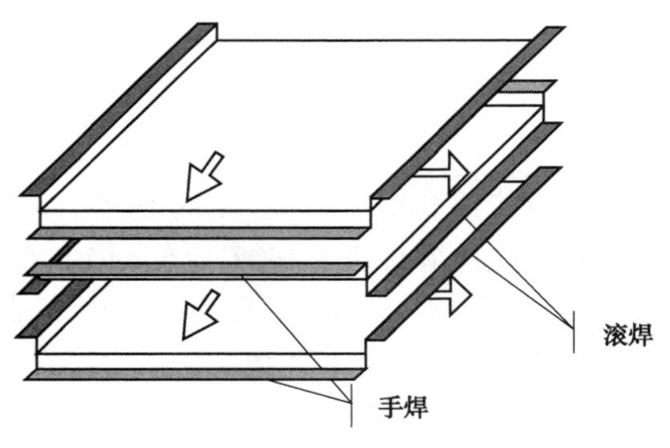

图 7　薄板换热器焊接图

图 8　薄板换热器模块图

由于是超轻的重量(不同热管换热器的 1/10)、超大的换热面积、超小的体积(相同体积下是普通热管的 10 倍，是管式换热器的 3 倍)和超小的压力损失(相同风量下是普通热管的 1/4，是管式换热器的 1/2)，技术改造可能不需要更换风机和烟机，并可以改善部分加热炉燃烧器的燃烧效果，降低火焰高度。

先用活性炭脱硫剂处理燃料气，再用合金薄板换热器，便可将加热炉的排烟温度降低到 90℃以下。这是燃气加热炉提高热效率的一种有效方法。

但是，应该注意的是，由于换热后，炉用空气温度和燃烧器火焰温度会同步上升，加热炉需要使用小口径的燃料气喷嘴才能降低火焰温度和烟气的 NO_x 的含量。

4.6　采用可靠的隔热材料和先进的燃烧控制技术

如表 2 所示，除了加热炉烟气的余热利用，减少炉表面散热和控制燃烧效果也是提高加热炉热利用效率的重要因素。

目前，国内新型隔热材料层出不穷，选择性价比合适的隔热材料是一门专业性很强的精算工作，需要我们技术管理、设备管理和施工队伍同理合作才能做好这项工作。

目前正在探索的一种"乏氧燃烧"控制技术是用激光光谱分析仪监测锅炉烟气中的O_2、CO_2、CO、NO_x等组分含量，凭此调整锅炉各燃烧器布风口或小风门的供风量，确保适当CO量(100ppm)的存在。其原理是：O_2和CO同时过少，说明燃烧区供风均衡，空气也不过剩；O_2和CO同时过高，说明炉膛各燃烧区供风不均，有"过烧的"也有"欠烧的"；O_2过低而CO过高，说明炉膛总体供风不足；O_2过高而CO过低，说明炉膛总体供风过剩。

和现有的"过剩空气控制法"相比，"乏氧燃烧"技术可以更精准地反映出燃烧面是否有"过烧"或"欠烧"共存现象，从而减少空气消耗，燃烧效率可以提高1.0%~2.0%。

上述诸方面全面论述了炼油厂燃气加热炉的技术发展历程和管理要点。由此可见，在运行管理上，加热炉不仅仅属于工程机械管理专业，更需要热力学、材料学和自动化等多专业学科的综合辅助；在运行效果上，加热炉的节能工作虽简单而易行，通过投资极少的深度脱硫技术改造，不但为节约燃料，节省了动力费用，而且减少了炼油厂的总硫排放数量。

中国石化金陵分公司抓住上述诸多方面的关键点，自2008年起，持续进行了燃气加热炉降低排烟温度、控制燃烧效率和炉壁保温等一系列的节能改造工作，加热炉热效率从2000年的88%，提高到2012年的91%，2014年更达到93%的历史最好水平，在中国石化系统一直保持着样板示范的前茅位置。

5 综述

自20世纪80年代以来，炼油厂燃气加热炉的历次节能技术改造表明，新的理论带动新的实践，新的实践产生新的理论。2009~2012年间，加热炉排烟温度从160℃降低到120℃，是露点理论和耐腐换热器有机结合的一次工业实践；2013年后，从120℃降低到90℃是在脱硫技术和高效换热器应用的又一次工业实践。在加热炉历次的节能技术改造中，不仅收到了显著的经济效益，应用深度脱硫等先进技术，还降低总硫排放的环保效果，实现了经济价值和社会价值的双丰收。

展望未来，炼油厂燃气加热炉的节能工作迫切需要在自动化燃烧控制和保温材料上有更新的突破。

参 考 文 献

[1] 仝庆居，王学敏．锅炉烟气余热回收利用技术[J]．科技创新导报，2009(18)．
[2] 崔恩贤．烟气酸露点温度及其确定方法[J]．石油化工腐蚀与防护，1992(1)．
[3] 张寅，王玉杰，刘东辉．国家标准《高硅耐蚀铸铁件》解读[J]．铸造纵横 2010(4)．

低负荷下国产连续重整装置的节能措施

李　敏

（中国石化九江分公司，江西省九江　332004）

摘　要　对中国石油化工股份有限公司九江分公司 1.2Mt/a 连续重整装置低负荷下的能耗状况进行详细分析，并从影响装置瓦斯、蒸汽、电等关键能耗工质消耗因素提出整改，取得了较好的节能效果，为同类装置的节能降耗提供借鉴。

关键词　国产连续重整　节能　技改技措

中国石化九江分公司（简称九江石化公司）1.2Mt/a 连续重整装置采用国产超低压连续重整成套工艺技术和国产重整催化剂 PS-Ⅵ，以混合石脑油为原料，该装置主要由石脑油加氢部分、重整及再接触部分、催化剂连续再生及公用工程 4 个部分组成，于 2012 年 8 月开工生产，主要用于生产高辛烷值汽油组分，并副产氢气，生产的脱戊烷重整汽油作为苯抽提装置的原料，重整氢气为全厂氢气管网供氢。催化重整反应是强吸热反应，中间反应产物需多次加热，特别是连续重整装置，随着催化剂活性的不断提高及重整反应压力的逐渐降低，反应苛刻度逐渐提高，装置能耗随着反应苛刻度的提高而增加，目前该装置已成为九江石化公司中能源消耗最大的装置。

1.2Mt/a 连续重整装置为 8.0Mt/a 油品质量升级改造工程提前实施项目，过渡时期原油加工量为 5.5Mt/a，连续重整装置加工负荷将长期低于 62%运行。导致生产操作难度大，产品质量控制难，装置能耗高。因此加强装置在低负荷下能耗状况分析，采取有效的节能措施，来达到装置节能降耗的目标是非常必要的。

1　装置能耗分布

1.1　设计能耗分布

原料主要为直馏石脑油与加氢精制石脑油的混合石脑油以及加氢裂化重石脑油，产品主要是芳烃含量不低于 81.75%的高辛烷值汽油调和组分及重整氢。装置设计能耗分布见表 1。

表 1　装置的设计能耗分布

项　目	消耗量/(t/h)	能　耗		能耗比重/%
		kg 标油/t	MJ/t	
燃料气	11.04	73.41	3072.94	72.95
3.5MPa 蒸汽	54.60	33.63	1407.75	33.42

续表

项　目	消耗量/(t/h)	能　耗		能耗比重/%
		kg标油/t	MJ/t	
电①	5684	9.15	383.02	9.09
循环水	1504.00	1.05	43.95	1.04
凝结水	-54.20	-2.81	-117.63	-2.79
除盐水	1.00	0.02	0.84	0.02
除氧水	32.80	2.11	88.32	2.10
其他		-15.93	-666.83	-15.83
合计		100.63	4212.36	100.00

①单位为kW·h，以下同。

由表1看出，该装置主要能耗来自燃料气、蒸汽及电的消耗，占总能耗的比重分别为72.89%，33.40%，9.08%。因此，装置节能的重点方向是降低燃料气、蒸汽及电的消耗，对于该装置而言，主要是提高加热炉燃烧效率、降低循环氢压缩机(C201)和氢气增压机(C202)两台大型机组运行转速、降低再生气循环压缩机(C301)等大功率机泵的负荷。

1.2　单元能耗分布

该装置主要包括：预加氢单元、重整反应单元、再接触单元、分馏系统单元及催化剂再生单元。石脑油加氢单元的设计规模为1Mt/a，连续重整单元的工程设计规模为1.2Mt/a，催化剂再生单元的设计规模为1.135t/h。装置各单元能耗消耗分布见表2。

表2　装置各单元能耗消耗分布 MJ/t

项　目	预加氢	重整反应	再接触	分馏系统	催化剂再生
燃料气	628.32(15.01)	2327.42(55.60)	0	358.74(8.57)	0
3.5MPa蒸汽	0	360.83(8.62)	1262.08(30.15)	0	51.49(1.23)
1.0MPa蒸汽	0	-954.41(-22.80)	0	106.74(2.55)	18.00(0.43)
电	133.11(3.18)	14.65(0.35)	0	112.60(2.69)	282.97(6.76)
循环水	25.95(0.62)	18.00(0.43)	28.46(0.68)	4.60(0.11)	20.51(0.49)
凝结水	0	0	109.67(2.62)	10.88(0.26)	4.60(0.11)
除氧水	2.51(0.06)	80.79(1.93)	0	0	0
能耗	789.90(18.87)	1847.28(44.13)	1400.22(33.45)	593.57(14.18)	377.58(9.02)
能耗比重/%	15.77	36.88	27.96	11.85	7.54

注：括号中数据的单位为kg标油/t。

由表2看出，该装置反应单元占装置总能耗的比重最大，为36.88%，再接触次之，为27.96%，另外预加氢为15.77%，分馏系统为11.85%，催化剂再生最小，仅为7.54%。因此，对于装置单元能耗情况分析得出，重整反应、再接触及预加氢3个单元是整个装置节能的重点区域。

2 装置能耗现状分析

2.1 燃料气消耗

连续重整装置共有 8 台加热炉：预加氢反应进料加热炉(F101)、汽提塔塔底重沸炉(F102)、分馏塔塔底重沸炉(F103)、重整反应进料“四合一”加热炉(即 F201~F204)、脱戊烷塔塔底重沸炉(F205)，各加热炉设计负荷及燃料气消耗情况见表 3。

表 3 重整装置加热炉设计负荷及燃料气消耗量

加热炉	设计热负荷/MW	设计火嘴数/个	设计燃料气消耗量/(t/h)	实际燃料气消耗量/(t/h)
F101	4. 48	6	0. 65	0. 35
F102	5. 47	6	0. 80	0. 31
F103	4. 86	6	0. 71	0. 32
F201	11. 88	14	1. 73	0. 90
F202	22. 88	24	3. 34	1. 40
F203	13. 16	14	1. 92	0. 90
F204	9. 48	10	1. 38	0. 65
F205	8. 83	10	1. 29	0. 54

由表 3 看出，装置加热炉总燃料气设计消耗量为 11. 82t/h，其中“四合一”加热炉设计燃料气消耗量为 8. 37t/h，占加热炉燃料气总耗量的 70. 81%。这是因为重整反应是强吸热反应，设计反应总温降高达 292℃，所需反应器入口温度达到 529℃，导致“四合一”加热炉热负荷大，总火嘴数达到 62 个，从表 1 可以得知，燃料气消耗量占装置总能耗的 72. 95%，而且，8 台加热炉长期在低负荷下很难操作，所以加热炉的燃烧状况和热效率高低在很大程度上决定了装置总能耗的变化趋势[1]。

2.2 蒸汽消耗

该装置的 3. 5MPa 蒸汽的能耗约占装置总能耗的 33. 4%(见表 1)，位居第 2。除重整“四合一”炉(即余热锅炉)自产蒸汽(22t/h，温度为 375℃的 3. 5MPa)外，其他主要蒸汽消耗设备为 C201 及 C201 主油泵、C202 及 C202 主油泵、再生气干燥器(M307)、C_4/C_5分馏塔塔底重沸器(E207)、再生提升氢加热器(E306)、再生提升氮加热器(E303)。3. 5MPa 蒸汽经过 C201 后降压为 1. 0MPa 蒸汽并入管网外送，3. 5MPa 蒸汽经过 C202 后变为透平凝结水全部外送，该装置蒸汽消耗情况见表 4。

表 4 重整装置蒸汽消耗分布

项　目	压力/MPa	蒸汽消耗量/(t/h)
C201	3. 5	23
C202	3. 5	38
M307	3. 5	2

续表

项　目	压力/MPa	蒸汽消耗量/(t/h)
C201主油泵	1.0	1.5
C202主油泵	1.0	2.5
E207	1.0	4.8
E306	1.0	0.3
E303	1.0	0.5

2.3　电消耗

电消耗约占该装置总能耗的9.09%，位居第3(见表1)，该装置用电设备功率见表5。由表5看出，该装置的3个单元用电总功率为8072kW，催化剂再生机泵用电量最大，为4203kW，占装置用电量的52.07%。因此催化剂再生系统中压缩机和电加热器的电耗是整个装置节电降耗的关键。

表5　重整装置各单元运转机泵功率总

设　备	预加氢机泵	重整机泵	催化剂再生机泵	合　计
功率合计/kW	1975	1894	4203	8072
所占比重/%	24.46	23.46	52.07	100.00

3　节能措施

自2012年7月31日装置运转以来，由于一直处于低负荷运行，该装置能耗最高达4943.67MJ/t(118.1kg标油/t)，与设计能耗相比，为其117.4%。因此，通过对影响装置能耗的各个因素进行综合分析，提出了一系列节能优化措施，包括重整“四合一”炉自产3.5MPa蒸汽由开工初期现场放空，改造后引至苯抽提装置供各塔加热；对重整进料泵及石脑油分馏塔回流泵进行叶轮切割；再生烧焦循环气压缩机(C301)新上余隙调节系统；“四合一”炉增设余热回收系统等技改技措项目。同时积极优化装置操作，包括C301降低至50%负荷运行；降低再生系统电加热器(H301，H303，H304)负荷；控制加热炉氧含量和排烟温度；降低重整反应系统氢油摩尔比；降低C201转速；利用综合透平驱动控制系统平台优化C202运行等系统操作。随着节能措施实施的不断深入，该装置的总能耗逐渐下降，直至2013年10月装置能耗已降至3555.17MJ/t(84.93kg标油/t)，取得了良好的节能效果，该装置每月能耗对比见图1。

3.1　提高加热炉热效率，降低燃料气消耗

装置自2012年开工投产后，由于装置燃料气消耗量大，导致总能耗较高，为了降低燃料气消耗量，采取了一系列有效措施：①根据负荷变化及时增减火嘴，调整炉膛负压操作，控制加热炉氧含量在2%~4%，纳入班组平稳率考核；②控制加热炉排烟温度不大于130℃，提高燃烧热效率；③定期检查燃料气系统管线及设备的密封性，减少燃料气泄漏损失；④定

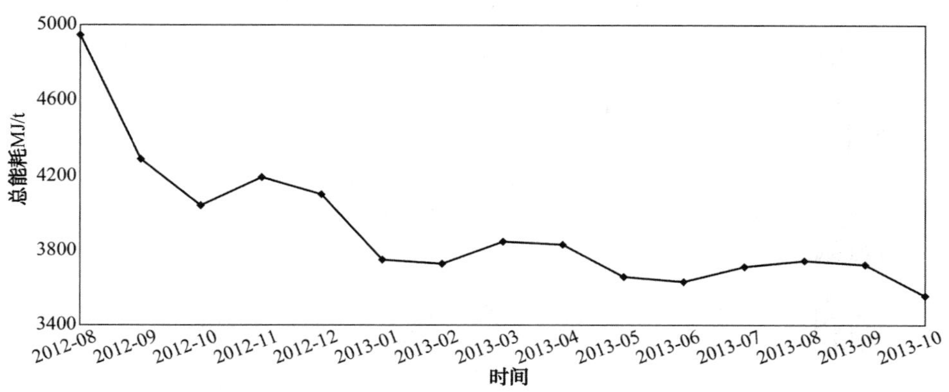

图 1 装置开工后能耗的变化

期清理燃料气阻火器及火嘴；⑤完善燃料气系统管线保温，减少热损失；⑥控制合适的重整反应深度，减少产品质量指标过剩，以降低燃料气消耗[2]。通过采取以上措施，有效地改变了之前加热炉火苗发飘发暗，火嘴及长明灯熄灭，乱扑炉管等现象，加热炉热效率由89%提高至92%。

另外，该运行发现，在当前62%的负荷工况下，F101/F102/F103/F205这4台圆筒炉共用的空气预热器引风机可以停运或变频调至30%左右，既可节电又改善了换热效果，火嘴的燃烧状况明显好转，提高了加热炉热效率。

由于采取了一系列有效的优化措施，加热炉燃烧状况得到明显改善，同时也提高了加热炉热效率，使得装置燃料气消耗逐月下降，见图2。

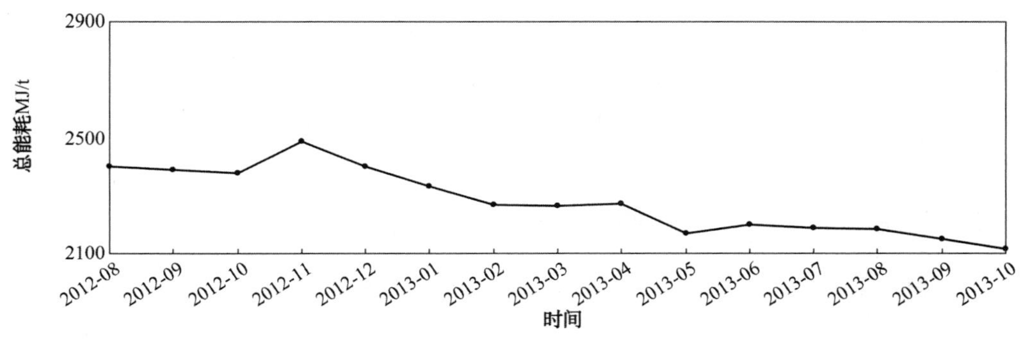

图 2 燃料气消耗所占能耗值的变化

3.2 降低C201/C202转速，减少蒸汽消耗

C201和C202是连续重整装置3.5MPa蒸汽消耗大户，两台压缩机设计消耗3.5MPa蒸汽共93t/h，因此，优化C201/C202运行，降低其转速，是降低该装置3.5MPa蒸汽消耗量的关键。连续重整装置开工后，在确保安全、平稳生产的前提下，C201转速从开工初期的6100r/min降低至4900r/min，节约蒸汽5t/h；C202设计了单独的机组设防喘控制系统，该系统操作复杂，在装置负荷不足62%的工况下，增加了系统操作难度。鉴于此，在确保C202安全运行的前提下，采取了以下节能措施：

（1）C202一级压缩和二级压缩分别利用一级防喘阀XV20802、二级防喘阀XV20804将氢气返回最小流量到入口，控制其工作点在防喘振线外；

（2）管网蒸汽压力波动较大时C202转速的控制要求手动控制，及时调整工作点；

（3）降低氢气系统管网压力，使得C202三级出口压力由2.8MPa降至2.4MPa，进而可降低C202转速，由开工初期转速6700r/min降低至6200r/min

经过上述优化措施，节约3.5MPa蒸汽共3t/h，两台压缩机所节约3.5MPa蒸汽可降低连续重整装置能耗294.69MJ/t(7.04kg标油/t)。

3.3 引"四合一"炉自产3.5MPa蒸汽至苯抽提装置塔底加热

由于连续重整装置负荷低，反应温度只有480~495℃，致使"四合一"炉汽包(V501)所产蒸汽温度只有370~380℃，蒸汽量20t/h。为了确保不影响C201/C202安全运行，经过讨论决定自产3.5MPa蒸汽不能直接并入管网供C201/C202透平用，而暂时就地放空，导致能源浪费巨大。为了充分回收利用该部分蒸汽能源，研究发现，自产3.5MPa蒸汽可满足250kt/a苯抽提装置各塔塔底重沸器加热所需。

鉴于上述情况，通过技改将V501所产3.5MPa蒸汽至苯抽提装置脱己烷塔塔底重沸器(E601)，把自产3.5MPa蒸汽引入苯抽提装置供各塔加热，"四合一"炉蒸汽放空全部关闭。实施该节能措施后，3.5MPa蒸汽可节约20t/h，大幅度降低了装置3.5MPa蒸汽消耗量，装置能耗降低了736.74MJ/t(17.6kg标油/t)。

3.4 优化操作，降低能耗

通过优化预加氢汽提塔、重整脱戊烷塔、重整C_4/C_5分馏塔的操作，在保证汽提效果和分馏精度的前提下，逐渐降低各塔塔顶压力、温度和回流比，从而降低F102和F205的燃料气消耗量。通过数据统计，平均节约燃料气0.3t/h，同时由于塔顶温度降低，可将塔顶空冷各停运1台，平均节约60kW·h，对连续重整装置能耗可降低125.58MJ/t(3kg标油/t)。

3.5 利用班组能耗核算软件，指导节能降耗

为了降低装置能耗，工艺技术人员开发了一个班组能耗核算软件。该软件能够实时监控装置能耗变化及各种能耗工质消耗量，能够发现能耗工质消耗量异常，并及时调整。该软件的投用调动了操作人员节能降耗积极性，有效地降低了装置各项能耗工质的消耗。

3.6 "四合一"炉增设烟气余热回收系统

"四合一"炉设计为自然通风形式，无烟气余热回收系统，经过2年多的运行，"四合一"炉氧含量一直在10%左右，加热炉排烟温度为155℃左右，要将加热炉氧含量控制在4%以内，难度很大，导致加热炉热效率不高，瓦斯消耗量大。2014年"四合一"炉增设了烟气余热回收系统，将加热炉自然通风改为强制通风，两台鼓风机均为变频调节。该系统投用后，加热炉氧含量控制灵敏，从之前氧含量10%下降至2.5%，排烟温度从之前155℃下降至110℃，加热炉热效率从之前90%提高至93.3%，瓦斯消耗量平均每天节约5t。

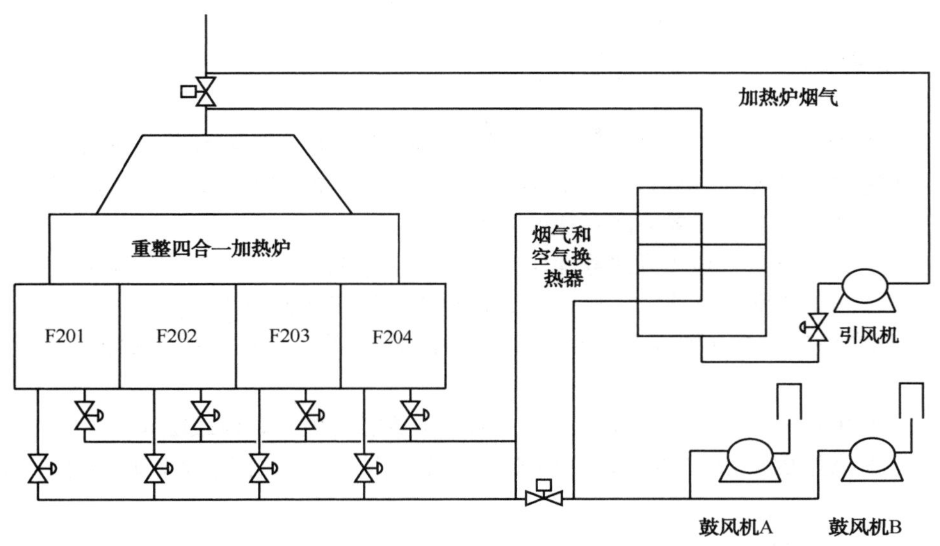

图 3 "四合一"炉烟气余热回收系统流程

4 节能改进建议

（1）连续重整装置"四合一"炉由于设计时未考虑空气余热回收系统，烟气和除氧水进行最后换热后，排烟温度较高，大于 150℃。使得"四合一"炉燃烧热效率不高，瓦斯消耗量较大，建议增设"四合一"炉烟气余热回收系统。

（2）增设重整瓦斯系统换热流程，利用重整凝结水和苯抽提凝结水给瓦斯加热，充分利用低温热以节约燃料气，提高燃料气入炉温度。

（3）由于装置负荷在未来几年一直处于低负荷运行，催化剂积炭速率慢，待生催化剂含炭低，致使再生系统长期低烧焦速率，导致装置能耗增大，建议再生系统催化剂采取间断烧焦模式，能够有效降低装置能耗[3]。

（4）对 C301 进行技术改造，投资 100 万元（RMB）增设一套余隙调节系统，实现 C301 高效运行。改造后 C301 电流由原来 140A 降至 85A。按每年运行 8400h 计算，则可节电 4.32×10^6kW·h，节约增效约 259 万元（RMB），降低装置能耗约 49.39MJ/t（1.18kg 标油/t）。

5 节能面临的困难

受九江石化公司物料平衡的影响，连续重整装置将在未来几年一直处于低负荷运行。装置副产的氢气是全厂加氢精制装置唯一的氢源，同时装置生产的高辛烷值汽油是全厂高辛烷值汽油重要的调和组分。为了满足汽柴油质量升级，服从该公司利益，连续重整装置在当前总加工流程背景下，只能牺牲部分装置能耗，多产氢气，确保产品质量合格。

6 结论

（1）8台加热炉、C201以及C202对整个连续重整装置总能耗的影响最大。因此对加热炉进行全面优化，改善燃烧状况，降低排烟温度，提高加热炉燃烧效率，控制C201/C202合适的转速，是连续重整装置节能降耗的重点。

（2）优化分馏塔塔压和回流比等操作参数，大功率泵切割叶轮，降低C301负荷及电加热器负荷，降低重整反应氢油摩尔比，能够有效地降低该装置能耗。

（3）“四合一”炉增设烟气余热回收系统节能效果明显，同时加热炉操作更加平稳和精细。

（4）积极开展班组节能降耗劳动竞赛，利用班组能耗核算软件跟踪装置能耗变化，出现异常，迅速查找原因，及时调整，使得节能工作全员参与，让装置节能降耗在班组落地生根。

参 考 文 献

[1] 徐承恩．催化重整工艺与工程[M]．北京：中国石化出版社，2006：874-882.
[2] 邢卫东，汤爱国．重整装置低负荷下的节能措施[J]．河南化工，2002(7)：29-31.
[3] 王明传．低负荷下连续重整装置的节能措施探讨[J]．齐鲁石油化工，2009(1)：1-3.

液相循环加氢装置低负荷节能探索

王　佳

（中国石化九江分公司炼油运行二部，江西九江　332004）

摘　要　对中国石化九江分公司 1.5Mt/a 柴油液相循环加氢装置能耗消耗状况进行详细分析，并从影响装置燃料气、蒸汽、电等关键能耗工质消耗因素提出整改意见，取得了较好的节能效果，为同类装置的节能降耗提供借鉴。

关键词　SRH　柴油液相循环加氢　节能　技改技措

中国石化九江分公司 1.5Mt/a 柴油液相循环加氢装置是九江分公司 8.0Mt/a 油品质量升级改造率先实施的装置，也是 SINOPEC 自主开发的 SRH 液相循环加氢工艺首次应用于大型工业化装置，属总部“十条龙”攻关项目之一。柴油深度加氢脱硫技术开发是在科技开发部的指导下，由九江分公司作为组长单位与抚顺石油化工研究院、洛阳石油化工工程公司、长岭分公司、湛江分公司共同承担开发。主要目标是开发 SRH 柴油液相循环加氢装置，建设九江 1.5Mt/a 及湛江 2.0Mt/a 柴油液相循环加氢装置，打通装置工艺流程，完成液相循环加氢技术的工业应用试验及验证关键设备，生产出硫含量小于 50μg/g 的产品，形成具有自主知识产权的液相循环加氢成套技术，为中国石化柴油产品质量升级提供技术支撑。

1　装置设计能耗分布

装置原料主要为直馏柴油和焦化柴油（质量比为 85%：15%），设计处理量 4284t/d，设计反应深度初期 340℃，末期 380℃，产品主要是硫含量小于 50μg/g 的精制柴油、部分石脑油和少量干气。装置设计能耗分布如表 1。

表 1　装置设计能耗分布

项　目	燃料气	1.0MPa 蒸汽	电	循环水	除氧水	热进出项	合计
耗量	1.135t/h	-14.5t/h	3262kW	195t/h	21t/h	-830kgEO/t	
能耗/(kgEO/t)	6.06	-6.00	4.70	0.11	1.09	-0.04	5.56
能耗比重/%	33	-33	26	1	6	2	100

从表 1 分析可以得知，装置主要能耗来自燃料气、1.0MPa 蒸气和电的消耗，分别占总能耗的比重为 33%、33%和 26%。因此，装置节能的重点方向是降低燃料气、1.0MPa 蒸气和电的消耗，对于该装置而言，主要是降低反应进料加热炉 F101 的瓦斯消耗和新氢压缩机等大功率机泵的电耗，以及减少汽提塔 T201 蒸汽消耗。

2 装置节能优化前能耗分析

2.1 燃料气消耗

装置的瓦斯消耗主要是反应进料加热炉(0215—F101)和产品分馏塔底重沸炉(0215—F201)。F101设计10个火嘴，设计热负荷是15000kW。F201设计4个火嘴，设计热负荷为5000kW。柴油液相循环加氢装置2013年1~5月份瓦斯消耗一览表如下：

表2 柴油液相循环加氢装置瓦斯消耗一览

项目	日均加工量/t	日均瓦斯消耗量/t
1月份	2108	24.9
2月份	2150	25.1
3月份	2080	24.7
4月份	2106	24.8
5月份	2201	25.2

从表2可以看出，装置日均加工负荷在2100t左右时，瓦斯均消耗基本稳定在25t/d左右。

2.2 电消耗

电消耗约占装置总能耗的26%，装置用电设备功率汇总如表3。(数据中空冷数量按停开各一半状态确定，其他机泵均为装置正常开工时状态)

表3 柴油液相循环加氢装置各运转机泵功率汇总

区域	进料高压泵	新氢压缩机	其他机泵	空冷
功率合计/kW	1400	1400	1217	81
所占比重/%	34.16	34.16	29.70	1.98

从表3数据分析可知，加氢进料泵和新氢压缩机消耗的电耗各占装置电耗的三分之一，这两台设备的节能与否直接影响装置的能耗。由此可知要降低装置的电耗需从新氢压缩机和加氢进料泵着手。柴油液相循环加氢装置2013年1~5月份电消耗一览表如下：

表4 柴油液相循环加氢装置电消耗一览

项　　目	日均加工量/t	日均瓦斯消耗量/(kW·h)
1月份	2108	79000
2月份	2150	80000
3月份	2080	79000
4月份	2106	80000
5月份	2201	80000

从表4可以看出，装置日均加工负荷在2100t左右时，电均消耗基本稳定在80000kWh/d左右。

3 节能措施

3.1 优化原料温度

装置之间考虑热进料和热出料，既降低了上游装置的冷却负荷，又减少了下游装置的加热负荷，是实现节能降耗的重要途径[1]。柴油液相循环加氢装置的主要原料为常减压直供的常二、常三直馏柴油。

柴油液相循环加氢装置开工初期，直馏柴油进装置的温度约为 80℃，常减压装置的出料主要通过 4 台空冷和 6 台水冷，经过计算发现空冷管束热耗散较大，通过对装置挖潜增效，提出建议，对 4 台空冷增加跨线并关停全部水冷，提高直馏柴油进装置温度至 110℃，这一措施能降低装置燃料气耗量，按常减压供料 1200t/d，装置运行负荷按 60%计算(以下计算方法均按此加工量计算)，能有效降低能耗 0. 35kgEO/t。

3.2 增设无级气量调节系统

装置新氢循环机设计为一开一备，由于加工负荷受全厂 800 万总加工生产流程负荷的限制，加工负荷仅为设计负荷的 60%。其反应所需氢气量仅为新氢压缩机 C101A 额定负荷的 40%~60%，而压缩机负荷档位原设计只有 0、50%和 100%三档，所以必须加载 100%满负荷下运行才能满足工艺要求，而剩余的氢气须通过旁路控制阀返回至一级/二级入口，造成了压缩机能耗的大量浪费；另外，在原有控制方案下操作人员需要根据系统的压力，频繁调整压缩机返回控制阀与系统放空，氢气经过压缩机做功后再经过返回阀降压进行返回，造成了能量的巨大浪费。

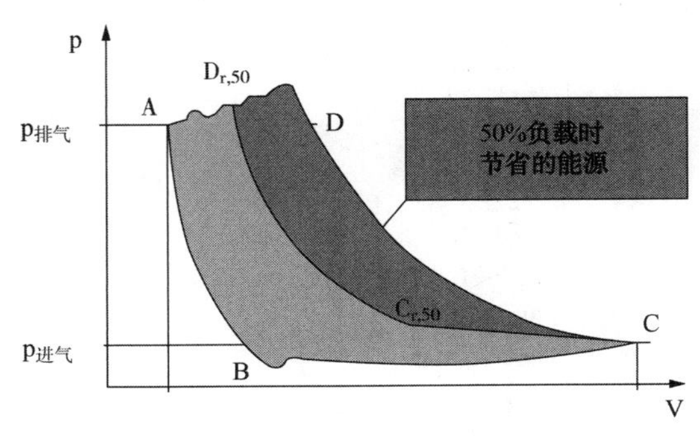

图 1 回流省功 P-V

贺尔碧格公司的 HydroCOM 无级调节系统如图 1 所示，随着活塞在压缩机气缸中的往复运动，每个气缸侧的 1 个正常工作循环包括[2]：①余隙容积中残留高压气体的膨胀过程，如图示 A-B 曲线，此时压缩机的进气阀和排气阀均处于正常的关闭状态；②进气过程，如 B-C 曲线，此时进气阀在气缸内外压差的作用下开启，进气管线中的气体通过进气阀进入气缸，至 C 点完成相当于气缸 100%容积流量的进气量，进气阀关闭；③C-D 为压缩曲线，气缸内的气体在活塞的作用下压缩达到排气压力；④D-A 为排气过程，排气阀打开，被压缩的气体经过排气阀进入下一级过程。如果在进气过程到达 C 后，进气阀在执行机构作用下仍被强制地保持开启状态，那么压缩过程并不能沿原压缩曲线由位置 C 到位置 D，而是先由位置 C 到达位置 Cr，此时原吸入气缸中的部分气体通过被顶开的进气阀回流到进气管而不被压缩；待活塞运动到特定的位置 Cr(对应所要求的气量)时，执行机构使顶开进气阀片的强制外力消失，进气阀片回落到阀座上而关闭，气缸内剩余的气体开始被压缩，压缩过程开始沿着位置 Cr 到达位置 Dr。气体达到额定排压后从排气阀排出，容积流量减少。这种调节方法的优点是压缩机的指示功消耗与实际容积流量成正比，是一种简单高效的压缩机流量调节方式。

图2是增设无级气量调节之前原流量控制方案示意图。原控制流程为：氢气自C101A二级出口经二回二旁路控制阀PV10902后进入C101A一级入口分液罐V104A，然后自V104A出口经一回一旁路控制阀PV10901进入C101A入口分液罐V103，再进入C101一级入口，逐级回流，达到调节压缩机流量的目的。

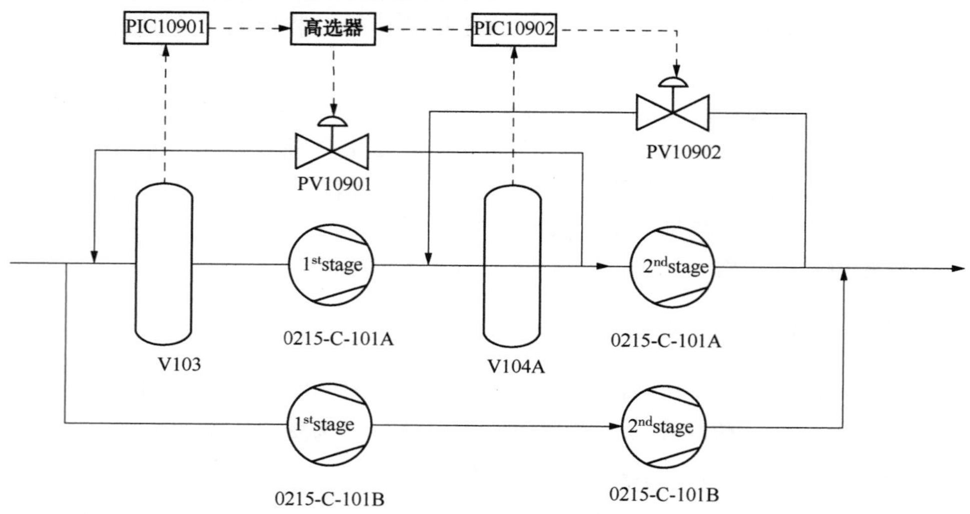

图2 原设计的流量控制

增加HydrCOM后的流量控制图如下图所示。

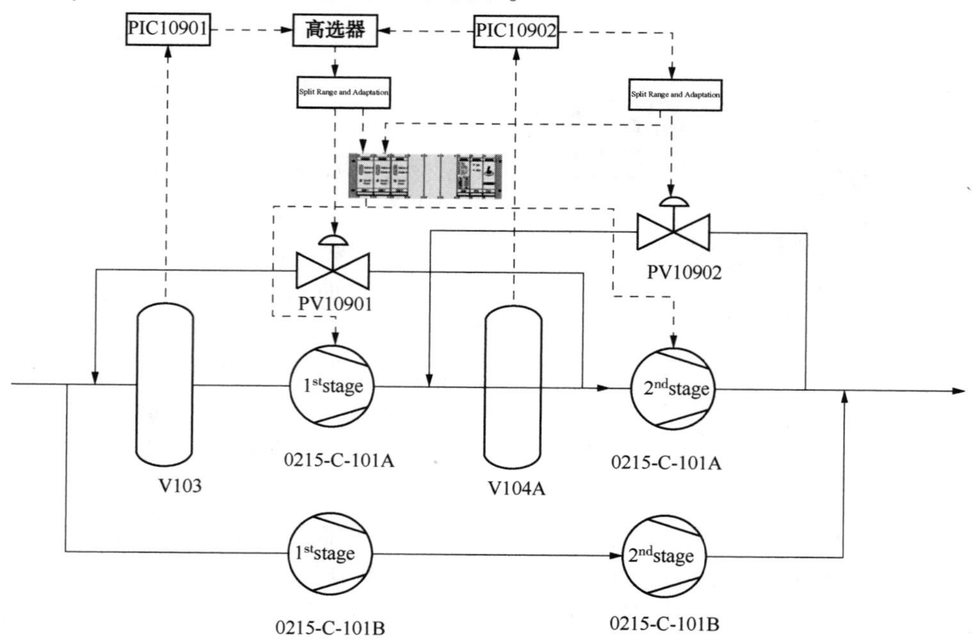

图3 增加HydrCOM后的流量控制

HydroCOM 系统投用后节能效果如下表所示。

表 5　HydroCOM 系统投用后节能效果

项 目	电流/A	功率/kW
投用前	119	1112
投用后	60	561

由表 5 分析可知，在相同工况下投用 HydroCOM 系统后，节能效果明显。每小时约节约电耗 550kW，能耗可降低 1. 18kgEO/t。另外，回流的气体不用经过级间冷却器冷却，节约了冷却水的消耗。

3. 3　优化分馏系统操作

在保证产品质量合格的前提下，降低产品分馏塔重沸炉 F201 的出口温度，原设计炉出口温度为 296℃，经过摸索，对塔底温度进行逐步降低，最后稳定塔底温度在 255℃，炉出口温度控制在 262℃，节约瓦斯约 $60Nm^3/h$，产品质量未受影响，能耗可降低 0. 33kgEO/t。

对汽提塔进行摸索，保证柴油产品腐蚀合格的前提下降低汽提蒸汽用量，原设计汽提蒸汽用量为 3. 5t/h，开工初期为 2. 3t/h，经过与班组攻关摸索、调整操作、加强节能监督和考核等，将汽提蒸汽降低至 1. 8t/h，能有效降低能耗 0. 35kgEO/t。

3. 4　其他措施

及时开停空冷风机，提高各水冷却器进出温差，对加热炉火嘴软管定期进行查漏，发现有泄漏及时进行处理或者更换。

4　节能效果

液相循环加氢装置自开工以来采取了很多的节能措施，装置能耗是呈逐步下降的趋势，具体结果见图 4(注：图 4 中 2013 年 7-9 月份是加工高氯原油期间，装置负荷超低)。

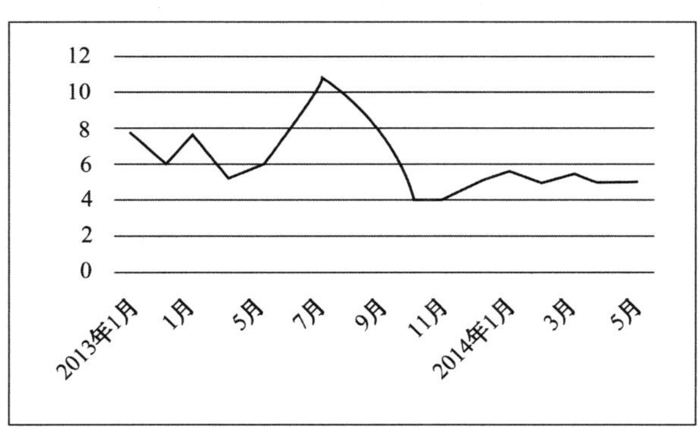

图 4　装置能耗趋势

5 结论

（1）通过对装置能耗的分析和分解，得到了装置节能降耗的方向，通过采取优化操作条件，增上节能技改措施项目、加强管理等措施，装置的能耗有了较大的降低，取得了较好效果。2013年装置累计能耗为6.70kgEO/t；2014年装置累计能耗为5.52kgEO/t，比2013年下降了1.18kgEO/t，降低17.6%(数据来自中国石化九江分公司统计信息网截止2015年3月1日，精确至小数点后两位并四舍五入)。

（2）通过降低装置的综合能耗，有效地提高了装置运行管理水平和总体竞争力。

参 考 文 献

[1] 吕浩．3.2Mt/a加氢处理装置能耗分析与节能措施[J]．石油炼制与化工，2012(2)：81-86.
[2] 施永琦．贺尔碧格压缩机产品和技术[J]．压缩机技术，2003(4)：48.

稠油炼制废水处理生化池泡沫微生物群落解析

吕秀茱，陈爱华，于 娟

（中石油克拉玛依石化有限责任公司，新疆克拉玛依 834003）

摘 要 稠油炼制污水处理装置的生化池长期存在严重的生物泡沫问题。从稠油炼制废水处理生化池泡沫微生物群落解析方面看 A/O 工艺中生物多样性较为丰富。生物泡沫问题发生的可能菌种为：缺氧段主要为 Thauera sp.，好氧段：Uncultured Nocardia、Uncultured Leptolyngbya sp.、Thauera sp.。

关键词 生物泡沫 群落分析 Thauera sp. Uncultured Nocardia Uncultured Leptolyngbya sp. Thauera sp.

稠油炼制废水是稠油原油炼制过程中产生的工艺废水，其污染物的种类多、浓度高，对环境的危害大。20 世纪六七十年代以来，国内炼油厂大多采用“隔油-浮选-生化”工艺处理废水。通过隔油处理，将浮油去除，通过浮选去除乳化油和悬浮物，通过生化处理降解有机物。其中浮选和生化处理是整个处理流程的核心。对于气浮过程而言，主要的问题在于：气浮设备效率低，乳化油和固体悬浮物去除率较低，增加了后续生化处理的困难。对于生化处理而言，目前存在的困难在于：含有难降解有机物、有毒有机物，可生化性较差；好氧曝气活性污泥法，可去除 COD，但无法除磷脱氮，且容易出现污泥膨胀或污泥流失现象。

采用老三套工艺：“隔油-浮选-生化”稠油炼厂生化处理单元：AO 生化池中长期存在泡沫问题，图 1、图 2 是生化池运行过程中照片。

图 1 生化池 A 段

图 2 生化池 O 段

从图 1 生化池 A 段现场图像上可见，A 段水面上虽然没有泡沫，但漂浮着一层厚厚的浮泥，这些浮泥将不能参与缺氧段生化处理的反应过程。从图 2 中可见 O 段上部依然漂浮着厚厚一层夹带着活性污泥的褐黄泡沫。

活性污泥工艺的泡沫一般分为三种形式：启动泡沫、反硝化泡沫和生物泡沫。从生化池表面的泡沫特点：①生化池池表长期存在稳定的褐黄色泡沫；②生化池内污泥沉降性能差；③喷淋水不能有效地消除池面的泡沫）和生化池运行状况：污泥负荷过低、污泥停留时间过长、溶解氧浓度低、pH条件且常受到高含油污水的冲击看，在气浮过程中没有发现气泡的聚集，排除了上游装置排水中含表面活性剂造成生化系统的泡沫问题。由此现象来看该泡沫为生物泡沫。

污泥丝状菌膨胀形成的相关理论如下：①表面积容积比(A/V)假说，当微生物处于基质限制和控制时，比表面积大的丝状菌获取底物的能力要强于菌胶团微生物，因而丝状菌占优势，菌胶团受到抑制，导致污泥的沉降性能下降；②积累/再生(AC/SC)假说，在高负荷条件下菌胶团微生物累积有机基质的能力强，丝状菌较差。但是此时微生物处于溶解氧限制和控制，因此丝状菌需要氧较少，完成积累再生的循环较快，因此生长较快，形成污泥膨胀；③选择性准则；④饥饿假说理论 与污泥膨胀有关的丝状菌。能引起污泥膨胀的丝状菌有30多种。021N型菌是引起污泥膨胀最主要的丝状菌(80%)，1701型菌和球衣菌(40%)。

污泥丝状菌膨胀的控制途径：①环境调控控制法：通过改变曝气池中生态环境，使之有利于菌胶团微生物生长，抑制丝状菌过量繁殖，从而控制污泥膨胀。好氧生物选择器和SBR法就属于此类；②代谢机制控制法：利用两类微生物的不同代谢机制，造成有利于菌胶团微生物生长的条件，而抑制丝状菌的过量繁殖。代表性方法有缺氧、厌氧选择器和污泥再生工艺。补充痕量金属法控制污泥膨胀 根据原水水质及不同微生物对痕量金属元素的需求量，对原水中缺乏的痕量元素进行补充，使菌胶团微生物正常生长并抑制丝状菌的生长。

1 材料与方法

1.1 样品来源

兼性厌氧膨胀污泥取自厌氧工艺的膨胀的污泥(A)，好氧膨胀污泥取自好氧的工艺(O)。

1.2 16S rDNA克隆文库的构建

样品经过前处理后，试剂盒(宝生物公司)提取总DNA。采用通用引物进行PCR扩增，16S rDNA序列的引物27F：5′-AGAGTTTGATCCTGGCTCAG-3′，1492R：5′-GGTTACCTT-GTTACGACTT-3′。PCR反应在PTC-200上进行扩增，20μL的反应体系内含：模板20ng左右，*rTaq* DNA聚合酶(宝生物公司)终浓度为0.3U，dNTP为0.3mmol·L^{-1}，引物各0.1μmol·L^{-1}；扩增程序为：94℃预热5min，94℃变性30s，58℃复性45s，72℃延伸90s，循环30次，最后72℃延伸10min。扩增产物与1.0%的琼脂糖电泳检测。用胶回收试剂盒切胶回收，后与pGEM-T载体(Promega公司)连接，转化到大肠杆菌TOP10感受态细胞(天为时代)。LB固体培养基中加入氨苄青霉素Amp(5μg/mL)和X-gal，蓝白斑筛选转化子。提取质粒，用载体引物T7和SP6检测。将所测定的16S rDNA序列与GenBank数据库中的已知序列进行相似性比较分析，采用MEGA 4.1软件中的NJ法构建进化树。

2 结果与讨论

2.1 污水处理装置各单元处理状况

该污水处理装置处理的来水 COD、氨氮和硫化物的变化范围分别为 636~5800mg/L、13.29~75.56mg/L 和 3.22~58.19mg/L，由此可见该污水处理系统来水水质变化较大。该污水经均质、隔油、二级浮选后，二级浮选出水的 COD 在 582mg/L 左右，379~879mg/L 范围内上下波动，含油量通常维持在 20~35mg/L 的范围内，但由于上游来水的冲击，二浮出水的含油量有时超过 40mg/L，有时能达到 94.7mg/L，这将严重冲击后续的生化系统。

该处理装置生化处理单元采用了缺氧-好氧系统(即 A/O 工艺)。在好氧段，利用该段的好氧活性污泥降解废水中有机物质；在缺氧段，利用活性污泥达到同时去碳和脱氮的效果。

该污水处理装置 A/O 生化池某月水质统计情况见下表：

表 1　A/O 生化池运行水质水质变化情况

	生化池进水		生化池前段		AO 池出口		
	COD/(mg/L)	含油量/(mg/L)	溶解氧/(mg/L)	COD/(mg/L)	SV/%	污泥浓度/(mg/L)	溶解氧/(mg/L)
平均值	582	33.6	0.53	224	93	13250	2.5
最大值	856	94.7	1.11	407	98	19290	6.57
最小值	379	21	未沉	142	83	6820	未沉

生化进水 COD 在 582mg/L 左右，379~879mg/L 范围内上下波动，含油量有时超过 40mg/L，有时能达到 94.7mg/L，这将严重冲击后续的生化系统。

从溶解氧的数据可见，好氧池前端的溶解氧通常在 0.5mg/L 左右上下波动，出现的最大溶解氧含量仅为 1.11mg/L 的情况；AO 出口溶解氧的也仅保持在 2.5mg/L 左右。再从活性污泥的数据可见，污泥沉降比保持在 93%左右，有时能达到 98%，远高于活性污泥法污泥沉降比的控制指标 30%，这说明 O 段活性污泥的沉降性能很差；污泥浓度保持在 13250mg/L 左右，远高于该工艺污泥浓度 2000~4000mg/L 的控制指标范围，致使好氧段需氧量扩大，污泥活性下降。

由于生化处理单元泡沫问题较为严重，一方面车间采用喷淋消泡，从而致使污水生化处理单元的水力停留时间缩短，影响生化处理单元的处理效果；另一方面车间为不致造成泡沫外溢，减小曝气量致使好氧段的溶解氧含量较低，影响生化处理好氧段处理效果。

生化池泡沫问题出现规律：生化池进水含油量相对较高时，生化池泡沫较少，其后不久泡沫问题重新出现，且更为严重。

2.2 泡沫问题发生原因探究

2.2.1 污泥负荷

在生化处理运行控制过程中，污泥负荷是影响有机污染物降解、活性污泥增长的重要因素。污泥负荷还与活性污泥的膨胀现象有直接关系。污泥负荷在 0.5~1.5kgBOD/(kgMLSS ·

d)范围内属污泥膨胀的高发区。当底物浓度较低时(F/M=0.3~0.5kgBOD/(kgMLSS·d)),活性污泥中的微生物处于减速增殖期阶段;当F/M比值<0.1kgBOD/(kgMLSS·d),活性污泥中的微生物处于维持生命的内源呼吸阶段,生物活性低;当F/M比值<0.2kgBOD/(kgMLSS·d)易发生污泥膨胀和生物泡沫。

对于该污水处理装置的生化池单元,污泥负荷仅约为0.06kgBOD/(kgMLSS·d)。由此可见,目前生化池处于低污泥负荷的状态运行,F/M比值<0.1kgBOD/(kgMLSS·d)时,活性污泥中微生物处于内源呼吸阶段(又称衰亡期),其生物活性较低,活性污泥微生物的增殖速率逐渐降低,并低于自身的氧化速率,致使活性污泥总量逐渐降低,并走向衰亡,又由于内源呼吸的残留物多是难降解的细胞壁和细胞质等物质,活性污泥并不能完全消失,所以即使是活性污泥没有活性,从表观上看到活性污泥总量变化不大。由于系统中的污泥负荷较低,活性污泥菌胶团中的丝状菌对于生长环境要求低、具有增值速率快、吸附能力强、耐供养能力不足及在低基质浓度条件下生活能力强的生理特性,丝状菌通过表面分泌的胞外聚合物具有低ζ电位、高黏度和高疏水性,可吸附污水中的污染物。与正常的活性污泥法比,发泡丝状菌俄细胞壁具有强疏水性。由于发泡丝状菌及其吸附的有机物致使曝气生化池表面形成厚度大、结构致密、黏着牢固的泡沫污染层。

2.2.2 污泥停留时间

目前该污水处理的生化单元在运行的过程中,为避免高负荷的进水的冲击,生化池的污泥浓度保持在很高的范围内:10000~19290mg/L,又由于污泥的沉降性能差,导致了剩余污泥的排泥不畅,最终使污泥在系统的停留时间较长。由于产生泡沫的微生物普遍生长速率较低、生长周期长,所以长污泥停留时间(SRT)都会有利于这些微生物的生长。如采用延时曝气方式就易产生泡沫现象,而且一旦泡沫形成,泡沫层的生物停留时间就独立于曝气池内的污泥停留时间,易形成稳定持久的泡沫。

2.2.3 泡沫特点及类型

活性污泥工艺是污水处理厂应用最广泛的生物处理方法。对于世界上大多数采用活性污泥法的污水处理厂而言,普遍存在表面泡沫问题。这使污水厂的操作、运行和控制产生了困难,也严重影响出水水质。据对欧洲污水厂的调查,有20%受到泡沫的长期影响,泡沫一般分为三种形式:① 启动泡沫;② 反硝化泡沫;③生物泡沫。由于丝状微生物的异常生长,与气泡、絮体颗粒混合而成的泡沫具有稳定、持续、较难控制的特点。从该装置运行情况来看,在气浮过程中没有发现气泡的聚集,这就排除了上游装置排水中含表面活性剂造成生化系统的泡沫问题。公司污水处理生化系统长周期运行过程中存在泡沫问题,排除了启动泡沫的成因。

从好氧段池表面的泡沫特点:

(1) 生化池表好氧段表面长期存在稳定的褐黄色泡沫,厌氧段表面漂浮着一层污泥浮渣。

(2) 生化池内污泥沉降性能差,污泥的沉降比高达88%~98%,远超过运行的控制指标:30%以内。

(3) 喷淋水处理泡沫并不能有效地打破消除池面的泡沫。

由此现象来看该泡沫为生物泡沫。

2.3 A/O 工艺膨胀污泥微生物群落基因文库分析

为进一步确认该装置生化池表面的泡沫问题的发生原因，分别取 A/O 工艺中的 A 段和 O 段两个样品对其做微生物群落基于文库分析。

分别取 A/O 工艺中的两个样品分别构建 16S rDNA 克隆文库，从文库中随机挑选 1000 个克隆进行测序，测序结过通过 mothur 软件分析，厌氧段的 A 样品获得 25 个操作分类单位（OUT，Operational Taxonomic Unit），覆盖度（Coverage）为 53.43%，shannon 指数为 4.39，chao 指数为 385.64。好氧段的 O 样品获得 32 个操作分类单位（OUT，Operational Taxonomic Unit），覆盖度（Coverage）为 69.86%，shannon 指数为 4.83，chao 指数为 442.16，两个样品生物多样性较为丰富。

研究考察缺氧和好氧微生物群落的组成差异，分析其中主要产生污泥膨胀的微生物及其组成数量。

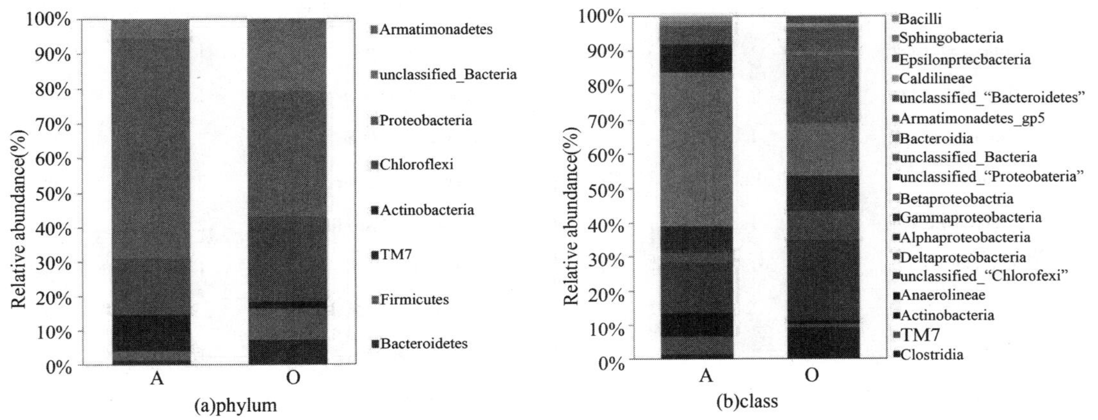

图 3 厌氧和好氧微生物群落的组成

如图 3（a）所示，微生物的门的水平上，缺氧膨胀污泥中 *Proteobacteria* 占总的细菌数的 63.51%，*Chloroflexi* 为 16.22%，*Actinobacteria* 为 5.05%，TM7 为 5.04%，*Firmicutes* 为 2.70%，*Bacteroidetes* 为 1.35%，其中 *unclassified_ Bacteria* 占总细菌的 5.40%，表明缺氧膨胀污泥中的存在新物种的可能性较大。在微生物的纲的水平上，见图 3（b），*Betaproteobacteria* 为 45.59%，*Gammaproteobacteria* 为 6.76%，*unclassified_"Proteobacteria"* 为 8.11%，*unclassified_ "Chloroflexi"* 为 14.86%，*Actinobacteria* 为 5.41%，TM7 为 5.41%，*Deltaproteobacteria* 为 2.70%。由表 1 可见，在微生物的属的水平上，主要的优势属（relative abundances > 5.0%）为 *Thauera*、*Gammaproteobacteria*、*unclassified_ "Proteobacteria"*、*TM7_ genera_ incertae_ sedis*、*Chloroflexi*、*unclassified_ Bacteria*、*unclassified_ "Proteobacteria"*。

好氧膨胀污泥中 *Proteobacteria* 占总细菌属量的 36.08%，*Chloroflexi* 为 24.74%，*Bacteroidetes* 为 7.22%，*Firmicutes* 为 9.28%，*Actinobacteria* 为 1.03%，TM7 为 1.03%，相比缺氧增加了 *Armatimonadetes*，其仅占细菌总数的 1.03%，其中 unclassified_ Bacteria 占总细菌的 19.59%，表明好氧膨胀污泥中的较多的新物种。在微生物的纲的水平上，*unclassified_ "Chloroflexi"* 为 23.71%，*Betaproteobacteria* 为 15.46%，*Alphaproteobacteria* 为 10.31%，

Deltaproteobacteria 为 8.25%，*Clostridia* 为 9.28%，*unclassified_ "Bacteroidetes"* 为 6.19%。在微生物的属的水平上，主要的优势属（relative abundances > 5.0%）为 *unclassified_ "Bacteroidetes"*、*unclassified_ "Chloroflexi"*、*Thauera*、*Vampirovibrio*、*unclassified_ Bacteria*。

表 2　优势种群（丰富度 > 1%）的微生物的属

A			O		
genus	Relative Abundance(%)	Number of phylotypes	genus	Relative abundance(%)	Number of phylotypes
Sphingobacteriales	1.35	20	Armatimonadetes_ gp5	1.03	10
Enterococcaceae	1.35	20	Tessaracoccus	1.03	10
unclassified_ Ruminococcaceae	1.35	20	TM7_ genera_ incertae_ sedis	1.03	10
TM7_ genera_ incertae_ sedis	5.41	80	Petrimonas	1.03	10
Dermatophilaceae	2.7	40	unclassified_ "Bacteroidetes"	6.19	60
Coriobacteriaceae	1.35	20	Proteocatella	1.03	10
Actinobacteria	1.35	20	Acetoanaerobium	1.03	10
Anaerolineaceae	1.35	20	Proteiniclasticum	3.09	30
Chloroflexi	14.86	220	Pseudoramibacter	2.06	20
Vampirovibrio	1.35	20	unclassified_ Clostridiales	2.06	20
Deltaproteobacteria	1.35	20	Caldilinea	1.03	10
Rhizobiales	1.35	20	unclassified_ "Chloroflexi"	23.71	230
Plesiomonas	1.35	20	Rhodobacter	1.03	10
Gammaproteobacteria	5.41	80	Paracoccus	1.03	10
Thauera	40.54	60	unclassified_ Rhodobacteraceae	1.03	10
Rhodocyclaceae	2.7	40	Hyphomicrobium	4.12	40
unclassified_ Betaproteobacteria	1.35	20	unclassified_ Alphaproteobacteria	3.09	30
unclassified_ "Proteobacteria"	8.11	120	Brachymonas	6.19	60
unclassified_ Bacteria	5.41	80	Herbaspirillum	1.03	10
			Thauera	8.25	80
			Vampirovibrio	8.25	80
			unclassified_ Campylobacteraceae	2.06	20
			unclassified_ Bacteria	19.59	190

将 A 和 O 两个样品的序列构建了系统发育树如图 4 所示，厌氧工艺中中微生物群落组成其中 *Uncultured Chloroflexi bacterium* 占到整个微生物群落的 10.81%，*Thauera sp* 占到整个微生物群落的 20.27%，*candidate division* 占到整个微生物群落的 2.7%，还有其他种属如 *Uncultured Betaproteobacteria*；*Uncultured organism*；*Uncultured Firmicutes bacterium*；*Uncultured Balneola sp.*；*Uncultured TM7bacterium*；*Alkalimonas delamerensis*；*Uncultured Rubrobacteridae*，其中与常见的污泥膨胀的细菌相关的主要是 *Thauera sp*。

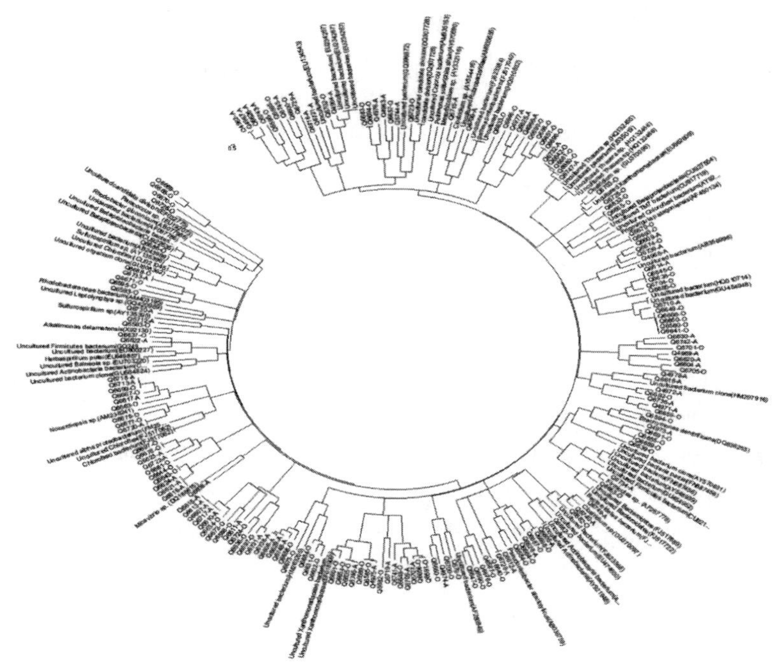

图 4 克隆文库的 16S rDNA 基因序列与它们在 GenBank 中最相似的序列的系统进化树

好氧工艺中优势菌种为 *Chloroflexi bacterium* 占整个微生物群落的 18.36%，*candidate division* 占整个微生物群落的 10.2%，*Thauera sp.* 占整个微生物群落的 4%，该菌株同时具有硫酸盐还原功能和反硝化功能；*Uncultured Bacteroidetes* 占整个微生物群落的 4%；*Clostridium sp.* 占整个微生物群落的 4%；未知的 *Uncultured bacterium* 菌属，占到整个微生物群落的 25.25%，相对常规的菌丝体菌株只出现了 *Uncultured Nocardia*、*Uncultured Leptolyngbya sp.*、*Thauera sp.*。

由此可见，生物泡沫问题发生的可能菌种为：缺氧段主要为 *Thauera* sp，好氧段：*Uncultured Nocardia*、*Uncultured Leptolyngbya sp.*、*Thauera sp.*。其中诺卡氏菌(*Nocardia*)为放线菌，能利用各种脂肪酸、烃类、甾类和糖类。当水中存在油、脂类物质时，易产生表面泡面现象。由于该处理装置生化处理单元进水经常受到高含油量的冲击，易于造成诺卡氏菌的快速生长繁殖，造成了生物泡沫的形成；又由于高污泥浓度、低污泥负荷、较短的水力停留时间及微孔瀑气等运行控制因素的影响造成该生物泡沫现象及危害难以消除 。

3 结论

(1) 微生物的门的水平上，优势菌为 *Proteobacteria*、*Chloroflexi*、*Actinobacteria* 和 TM7，缺氧膨胀污泥中的存在新物种的可能性较大。

(2) 在微生物的纲的水平上，优势菌为 *Betaproteobacteria*、*Gammaproteobacteria* 、*unclassified_*“*Chloroflexi*” 、*unclassified_*“*Proteobacteria*” 。

(3) 在微生物的属的水平上，主要的优势属(relative abundances > 5.0%)为 Thauera、

Gammaproteobacteria、unclassified_ “Proteobacteria”、TM7_ genera_ incertae_ sedis、Chloroflexi、unclassified_ Bacteria、unclassified_ “Proteobacteria”。

（4）缺氧段中微生物群落组成中优势菌为 *Uncultured Chloroflexi bacterium*、*Thauera sp.* 。

（5）好氧工艺中优势菌种为 *Chloroflexi bacterium*、*candidate division*、*Thauera sp.* 和 *Uncultured bacterium*。

（6）生物泡沫问题发生的可能菌种为：缺氧段主要为 *Thauera sp*，好氧段：*Uncultured Nocardia*、*Uncultured Leptolyngbya sp.* 、*Thauera sp.* 。

参 考 文 献

[1] 马放，杨基先，魏利．微生物图谱[M]．北京：中国环境科学出版社，2001.

[2] Song Chengwen，Wang Tonghua，Pan Yanqiu. Preparation of coal-based microfiltration carbon membrane and application in oily wastewater treatment[J]. Separation and Purification Technology，2006，51(1)：80-84.

[3] Um Mi-Jung，Yoon Seong-Hoon，Lee Chung-Hak. Flux enhancement with gas injection in crossflow ultrafiltration of oily wastewater[J]. Water Research，2001，35(17)：4095-4101.

[4] 肖文胜，徐文国，杨桔才．处理炼油厂含油废水[J]．工业水处理，2005，25(3)：66-68.

[5] 赵海霞，甄博如，李善评．一体式工艺处理炼油废水[J]．水处理技术，2006，32(6)：55-57.

节能技术在改性沥青装置的综合应用

潘从锦，杨芮诚

（中石油克拉玛依石化有限责任公司，新疆克拉玛依　834003）

摘　要　某石化公司改性沥青装置具有强感温性能、易冻凝、结焦的介质特性，生产过程中的加热、冷却、伴热和泵输送均存在大量能耗，装置综合运用了诸多节能降耗措施。利用导热油热载体加热和降温；变频调速技术节约电能；电伴热技术代替蒸汽伴热；使用导热胶泥技术，提高传热效率，缩短生产周期。结果说明，使用这些技术，节能效果明显。

关键词　节能　改性沥青　导热油　变频调速　电伴热

某石化公司 10kt/a 改性沥青装置采用的工艺为胶体磨法，基质沥青升温后在预混罐内完成母液配制，在搅拌罐内再次升温和循环搅拌，聚合反应后生成改性沥青，降温储存成化为改性沥青成品。近些年来我国公路建设的飞速发展，改性沥青因其优良的路用性能，市场需求日益增长。改性沥青从原料到成品的整个生产过程中均有较高的感温性、易冻凝、结焦的介质特性，使得改性沥青的加热、冷却、伴热和泵输送均有大量能耗，如何实现实用与经济节能是一个近些年来的新型课题。

2008 年 4 月，我国实施了《中华人民共和国节约能源法》，要求加强能源管理，采取技术上可行、经济上合理的措施，从生产到消费的各个环节，降低消耗，减少损失，制止浪费，有效合理地利用能源。2012 年 6 月 6 日，国务院下发的《“十二五节能环保产业发展规划”》明确提出节能技术和装备是节能产业的重要领域。节约能源，提高效益在企业生产中显得尤为重要。该石化公司根据改性沥青装置特性采取了诸多节能技术，节能降耗提高效益。

1　利用导热油热载体加热和降温

改性沥青生产中将基质沥青从 140℃ 升温到 200℃，在预混罐中加入改性剂、溶剂和助剂后搅拌配置母液；在搅拌罐中需要将温度升到 235℃ 后，改性剂和基质沥青发生物理化学反应，对基质沥青进行改性。充分反应后降温到 190℃ 成化，成品罐中储存时将温度控制在 150℃ 左右，而当成品装车或桶装时需要将温度控制在 120℃ 左右。整个生产中既有升温过程又有降温过程。装置在设计时采用了导热油和介质换热的传热方式，升温过程采用自动控制的导热油炉循环供热，降温过程采用空气冷却器冷却后的导热油和成品改性沥青换热循环降温。

装置选用该公司自行研制的 KD-320 型高温合成导热油，凝点能达到-60℃，具有良好的传热、导流性质，高比热容、低黏度，小比重，能减少流体输送能力的损耗。较大的导热系数，能有利于流体传热，减少加热炉和换热设备的换热面积[1]。另外，该导热油具有良好的热稳定性和化学稳定性，在操作温度范围内不会发生性质变化。目前导热油化验分析合格，没有发生变质现象，运行一直稳定。

1.1 导热油加热炉加热升温

由于传统加热炉只能对少数油品介质直接供热，而改性沥青生产的各个环节中对介质温度的要求各有不同，传统加热炉难以满足使用要求。

导热油加热炉为立式加热炉，顶置燃烧器，DCS 控制点火，自动吹扫炉膛、控制启停燃烧器，根据设定的导热油出口温度来自动调整燃烧器的燃烧状态。当加热炉出现故障时，加热炉自动联锁，启动保护设施。导热油炉的燃料为系统脱硫干气和天然气，炉内燃料气燃烧产生的热量通过导热油运载到用热设备中。导热油能在较低的温度下获得较高的热负荷，有较好的稳定性，对比明火直接加热工艺介质的加热炉系统：导热油的均匀热传递可以做到准确地控制温度；可以使加热炉安装远离油气资源处理的区域，从而降低了危险等级；此外，导热油系统可以用 1 台加热炉为多台用热设备提供热量，正常操作条件下使用导热油不会造成系统的腐蚀和结垢，维修量小。导热油加热炉设计简单，降低安全隐患；操作的适应性强，容易操作；投资小，能量利用率高。

导热油经循环泵加压后进入加热炉炉管，与炉内烟气充分换热后进入用热单元。在用热单元内降温降压，热量消耗后返回循环泵加压循环。该加热炉的导热油介质循环使用，改变了对受热介质的直接加热方式。可使得受热介质根据不同的温度要求进行热负荷交换。导热油除了供热主要设备外，还用用分支导热油预热装置内所有机泵的预热夹套，防止高粘度油品的低温凝固，使其达到正常备用状态。

导热油炉设置 1 台空气预热器，空气预热器采用卧式结构，烟囱和加热炉分开设置，两台加热炉共用一个烟囱。炉体出口的烟气进入空气预热器壳程，预热空气降温后，由烟囱排入大气。冷空气由空气鼓风机送入空气预热器管程，与烟气换热后，经热风道送至炉顶供燃烧器燃烧使用[5]。空气预热器降低了排烟温度，提高了空气入炉温度，降低了燃料消耗，使燃烧效率达到 90%。同时，还降低了鼓风机的功率消耗，节约了电能。

1.2 导热油系统冷却降温

装置设置两套导热油冷却系统，一套用于改性沥青生产合格后直接进入灌装线，另一套则用于储罐的的装车或装桶或装箱。冷却系统由导热油泵、改性沥青泵、空气冷却器、换热器和导热油储罐组成。沥青泵泵送储罐中的改性沥青进入换热器管程，和导热油换热降温后进入罐装线；导热油和改性沥青换热升温后进入空气冷却器，降温后进入导热油储罐，再由导热油泵泵至改性沥青换热器壳程，完成导热油循环。

对比使用加热炉直接对工艺介质的供热方式和饱和蒸汽、过热蒸汽换热方式，导热油热载体方式效率高，灵活度高，更安全，不易造成管路设备损坏，循环使用导热油可以节约大量的蒸汽消耗，使得装置安全平稳地长周期平稳运行。

2 变频调速技术的应用

在改性沥青装置中电驱动的转动设备较多，不仅由用于介质输送的螺杆泵、离心泵，还有空气冷却器风机、加热炉鼓风机、大型搅拌罐立式搅拌器和储罐侧向卧式搅拌器以及核心设备胶体磨等，这些设备都是按照满负荷工作需用量进行设计选型，并留有百分之十的余量。在实际生产运行中，这些设备根据生产需求频繁启停，缩短了设备的使用寿命。加工量、物料量等工况都会发生变化，流量、液面、压力等工艺参数都随着工况发生改就变，所以电动机、风机等设备的满负荷运转就会造成极大的浪费。

按照流体力学分析，装置的这些电驱动泵类、风机类设备属于平方转矩负载，转速、介质、流量、压力、轴功率都对设备的节能效果有着直接的关系。

$$N_1/N_2=Q_1/Q_2 \qquad (N_1/N_2)^2=H_1/H_2 \quad (N_1/N_2)^2=P_1/P_2$$

式中：N 为转速；Q 为介质流量；H 为压力；P 为轴功率。

从上面的公式可以看出，泵类、风机等设备的转速与介质流量成正比，转速平方与压力成正比，转速的立方与轴功率成正比，所以在适当的条件下降低转速，可以有效的减少流量，实现节流，降低传统设备的节流阀浪费的功率。如果转速降低到原来的五分之四，轴功率就可以降低到原来功率的百分之五十左右；如果流量需要减少百分之四十，轴功率就会降低到原来的百分之十不到，节能效果非常明显[2]。

变频调速技术是一种 PID 控制技术，它可以根据设备的工艺负载对电动机的输出频率和转速进行精确调节，在保证生产工艺要求压力的情况下，实现最大程度的节能，而且变频调速技术可以实现电动机的软起动和软停机，减少了电动机收到的电压冲击，降低了设备故障率，延长了设备使用寿命。

装置的这些转动设备在启动时通常全压启动的方式，这时的电机启动力矩极大，需要从电网中吸收额定功率五到七倍的电流，这样不仅造成电能的巨大浪费，还会给电风以及机器设备造甩大的冲击，加快了设备的损坏速度，给设备的保养造成也很大困难，同时降低了设备的使用寿命。采用变频调速技术，可以对设备进行变频启动，从而有效的解决设备启动时的巨大电能消耗，提升设备的使用寿命。

装置根据生产需要，8 台罐顶立式搅拌器、6 台空冷风机、2 台齿轮泵、2 台胶体磨和 8 台螺杆泵均采用了变频调速技术。变频调速技术在这些设备中起到到的效果很好，节电率可以达到百分之六十左右，变频调速技术的节能技术改造不仅获得了较好的节能效果。

3 电伴热技术应用

改性沥青由于易冻凝、结焦的特性，管路伴热方式的选择受到企业的高度重视。改性沥青装置的生产受市场需求影响较大，开停工较为灵活，开停工时间不确定，开工周期长短也不固定。如果每次开停工均要蒸汽吹扫置换管路介质，就会造成工艺介质的浪费和蒸汽的巨大消耗。装置决定在停工时，管路系统只退出物料，不进行蒸汽吹扫置换，管路系统选择电伴热带给主管伴热的方式。

电伴热带是由导电塑料和两根平行的母线外加绝缘层构成，它与主管密切线性接触，利用电阻体在电路上发热的原理，或高压交流集肤效应产生热量[3]，通过电能的热传导，补充主管的散热，或者传热给主管介质升温。电伴热带结构同伴热管相似，不过伴热带更细，截面积更细，跟主管贴合更紧，使用专用胶带和主管固定在一起，外围的保温层直径更小。

装置采用恒功率和自限温伴热带两种形式，共有电伴热带 145 条，全长 7000 米。集中的防爆温控柜15个，主要选用了美国瑞侃(Raychem)和赛盟(Thermon)和英国HeatTrace公司的产品。电伴热带的热量可以有效合理的利用，本身具有防火、防爆、自动化程度高、不发生介质泄漏和适应各种温度环境的特点。电伴热带由于体积小，柔性好，对于管道和附件贴合程度高，可以实现全面伴热且易于施工。同时减小了主管的保温隔热层的体积，减少了一定的投资费用。当电伴热带节点故障烧损时，可做接头拼接连通处理，维修方便，不需要更换整条伴热带。装置在开工准备阶段，可以设定高于管路介质的较高控制温度，方便管路介质快速升温，缩短开工周期。在正常运行阶段，可以调整电伴热带温度等于或略低于介质温度，这样可以补充主管介质散热。另一方面，当主管温度高于电伴热设定温度时，电伴热停止发热工作。电伴热灵活实现调温控制，装置正常运行时，大部分时间电伴热不用通电发热，大量节约电能。实践经验结果说明，在装置正常运行时，电伴热带的运行费用为蒸汽伴热运行费用的1/6。

4 导热胶泥的应用

导热胶泥以高品质石墨为基料与其它多种材料复合而成，可在高温下使用的高导热率功能材料，常温下呈黑褐色胶泥形状。其主要特点是用石墨提高产品的导热效果，具有极高的传热效率，优异的传热稳定性和受热均匀性。

在改性沥青装置的预混搅拌罐中，内壁分布蛇形导热油内盘管加热，基质沥青和改性剂局部受热明显，导致混合液在搅拌罐内壁的伴热盘管上大面积结焦，严重影响生产。装置在技术改造时使用了外部导热油伴热管+导热胶泥的方式伴热。罐内加热盘管和外加热盘管及保温结构见图1。伴热管外径由$\phi76\times4$mm减小到$\phi34\times3.5$mm，长度又644米减少到164米。这种伴热方式的施工过程相对简单，导热胶泥填充了伴热管和罐壁间的空隙，使传统的伴热管与搅拌罐间的空气层由高导热系数的导热胶泥层代替，固化后的导热胶泥将伴热管和搅拌罐罐壁紧紧结合在一起，从而使搅拌罐与伴热管之间的线接触(或不接触)改为面接触，大大增加伴热管和搅拌罐间的传热面积，避免了基质沥青和改性剂因局部高温而结焦的现象发生。改造后，只需要2个小时就可以将罐内介质加热到所工艺需求温度，加热时间减少4个小时，明显缩短了生产周期。使用导热胶泥后，热利用效果好，传热均匀，提高了传热效率，节能效果显著[4]。

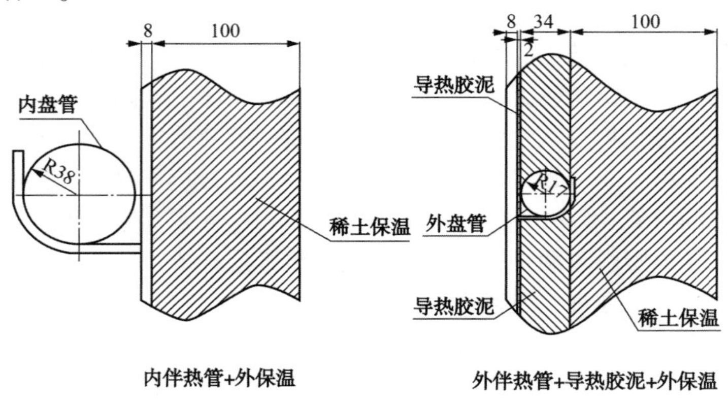

图1 罐内加热盘管和外加热盘管及保温结构

5 结论

通过这些节能技术的综合应用，装置的节能效果明显。导热油热载体传热方式适用于很多石油化工装置；变频调速技术适用于频繁变工况的运转设备；电伴热带技术适用于高粘度、易凝介质的输送主管伴热，尤其在长距离的管道介质输送，节能效果更好；导热胶泥的使用范围相对较窄，作为加热或伴热管路的辅助方式更为合理，尤其适用于易凝、结焦介质的罐体设备。

参考文献

[1] 潘从锦，木合塔尔·买买提，杨启宁．节能技术在丙烷脱沥青装置的应用[J]. 石油炼制与化工，2015，46(4)：93-96.

[2] 姜家林，陈羽中．变频调速技术在石油化工生产的应用探析[J]. 科技创新与应用，2015，13：93.

[3] 苏华，项永良．沥青直接伴热方式的应用与选择[J]. 石油沥青，2014，28(1)：52-55.

[4] 潘从锦，木合塔尔·买买提，杜川．JM-600 型导热油在改性沥青反应釜上的应用[J]. 中外能源，2013，18：82-85.

强碱离子对 MDEA 吸收溶剂的影响及对策

牛全喜[1]，裴　侃[2]，葛晓强[2]

（1. 科比技术有限公司；2. 中石油克拉玛依石化有限责任公司，新疆克拉玛依　834003）

摘　要　本文针对气体净化厂使用甲基二乙醇胺（MDEA）溶液在脱除气体中 CO_2 和 H_2S 的过程中产品质量不合格的问题，分析 MDEA 溶液中污染物的组成和来源，研究影响 MDEA 溶液再生效率不高的的主要因素，初步研究了用其他化学方法消除强阳离子影响的方法。

关键词　强碱离子　MDEA　对策

1　前言

燃料气多含有 CO_2、H_2S（统称为酸性组分）及微量的有机硫化合物。上述物质的存在，会对燃料气的生产及应用带来诸多不便：热值降低、与燃料气中的水合物作用腐蚀设备或管线、燃烧之后放出毒气污染环境、作为化工原料在生产过程中会引起催化剂中毒等。因此，燃料气作为商品外输之前，必须对其进行净化处理，使达到商品天然气国家标准：一类燃料气 H_2S 质量浓度低于 6mg/m^3、二类燃料气 H_2S 质量浓度低于 20mg/m^3，两类天然气 CO_2 的体积分数均低于 3.0%。目前普遍采用以甲基二乙醇胺（MDEA）为主要吸收溶剂组成的醇胺（添加少量伯胺、仲胺）水溶液脱除天然气中的酸性组分。用 MDEA 为主要组分的吸收溶剂，虽有 H_2S 脱除率高、再生能耗较低等优点，但是 MDEA 和其他醇胺的降解、吸收其他杂质及窜入其他物料，净化气产品质量下降一直是困扰企业正常生产的一大难题。尤其在炼化企业液化气与燃料气一般共用一套胺液再生系统，更易造成溶剂系统质量无法保证。

2　MDEA 溶液脱除 H_2S 和 CO_2 的反应机理

H_2S 和 CO_2 都是酸性物质，但根据酸碱分类法，H_2S 属于给质子酸，CO_2 属于受电子酸。因其性质不同，二者与 MDEA 的反应机理也不同，导致其反应速率也不一样。

H_2S 与 MDEA 的反应是瞬间质子传递反应：

$$H_2S+Am \longrightarrow HS^- + AmH^+ \tag{1}$$

根据气液传质的双膜理论，该反应在液膜内极窄的峰面上即可瞬间完成，二级反应速率常数 k_2 大于 10^9L/(mol·s)，且在界面和液相中处处建立如下平衡：

$$K_S=\left\{\frac{[HS^-]\cdot[AmH^+]}{[H_2S]\cdot[Am]}\right\}_{界面}=\left\{\frac{[HS^-]\cdot[AmH^+]}{[H_2S]\cdot[Am]}\right\}_{溶液主体}$$

K_S 为平衡常数。

CO_2 属于受电子酸，与 MDEA 的反应机理如下[1,6]：

$$CO_2+H_2O \rightarrow H^+ +HCO_3^-。（慢反应） \quad (2)$$

溶液 pH 值>9 时，HCO_3^-/CO_3^{2-}的平衡转化反应：

$$Am+HCO_3^- \longrightarrow AmH^+ +CO_3^{2-} \quad (3)$$

$$CO_3^{2-}+H^+ \longrightarrow HCO_3^- \quad (4)$$

合并方程式(2)至式(4)得：

$$CO_2+H_2O+Am \longrightarrow AmH^+ +HCO_3^- \quad (5)$$

从上述反应方程式可以看出，CO_2必须有 H_2O 才能与 MDEA 发生反应，CO_2首先溶解到 H_2O 中生成 HCO_3^-(反应②)，HCO_3^-在 pH>9 时与 MDEA 发生反应生成 CO_3^{2-}(反应③)，最后 CO_3^{2-}又与 H^+发生反应(反应④)促使反应②向右进行，总的反应方程式见⑤。整个反应速度受反应②控制，而反应②速度与物理吸收速度相当，可能在溶液本体中仍继续反应，远小于 H_2S 与 MDEA 的反应速度(反应①)。因此，MDEA 与 H_2S、CO_2在反应机理和速率上的巨大差别是 MDEA 对 H_2S 选择性吸收的根本原因，即 MDEA 溶液深度脱除 H_2S 的同时，部分地脱除 CO_2。几种常用醇胺与 H_2S、CO_2的反应热及与 CO_2的反应速率见表 1。

表 1　常用醇胺与酸气的反应热和与 CO_2反应的速率常数

醇胺	与 H_2S 的反应热/(kJ/kg)	与 CO_2 的反应热/(kJ/kg)	与 CO_2 反应速率常数/[L/(mol · s)]
MEA	1905	1920	5800
DEA	1190	1510	5800
MDEA	1050	1420	4. 8

单乙醇胺(MEA)和二乙醇胺(DEA)与 CO_2的反应速率都是 5800L/(mol · s)，而 MDEA 与 CO_2的反应速率只有 4. 8L/(mol · s)，表明 CO_2与 MDEA 的反应速率远小于与其他常用醇胺的反应速率。因此，与 MEA、DEA 相比，MDEA 能够以相对较慢的速度部分地脱除 CO_2以节约大量溶液。MDEA 与 CO_2、H_2S 的反应热分别是 1420kJ/kg 和 1050kJ/kg，都小于 MEA 和 DEA 与上述两种气体的反应热，表明吸收酸气的 MDEA 溶液被加热再生、解析酸气时消耗的能量要比 MEA 和 DEA 溶液被加热再生、解析酸气时消耗的能量低。正因为 MDEA 具有选择性吸收 H_2S 和再生能耗低等优点，MDEA 从 1980 年以来逐渐在天然气醇胺类脱硫溶剂中占据主导地位。

3　强碱离子对 MDEA 的影响

3. 1　强碱离子(以氢氧化钠为例)与硫化氢、二氧化碳的反应

当硫化氢不足时氢氧化钠与硫化氢反应主要生成硫化钠，随硫化氢含量的增加，硫化钠逐步变成硫氢化钠，其主要反应方程式如下：

$$H_2S+2NaOH \longrightarrow Na_2S+H_2O \quad (6)$$

$$H_2S+Na_2S \longrightarrow 2NaHS \quad (7)$$

硫化钠的水溶液 pH 值在 12，比有机胺的碱性要强许多，有机胺 MDEA 的溶液 pH 值在 9~10 之间。

氢氧化钠与二氧化碳的反应，当二氧化碳不足的时候主要生产碳酸钠，随着二氧化碳的增加逐步生成碳酸氢钠，其主要反应方程式如下：

$$CO_2+2NaOH \longrightarrow Na_2CO_3+H_2O \tag{8}$$

$$Na_2CO_3+CO_2+H_2O \longrightarrow 2NaHCO_3 \tag{9}$$

碳酸钠的碱性也比较强，一般溶液的 pH 值在 11 左右，比有机胺如 MDEA 也要强很多。具体硫化钠、碳酸钠的性质可以看这两个物质的物理化学性质。

3.2 碱吸收硫化氢、二氧化碳的工艺

在炼厂生产过程中，催化、焦化生产过程中产生的裂解气中含硫化氢和二氧化碳，该气体也需要进行处理，处理过程主要由碱洗法和胺洗法，其中碱洗法有著名的长尾曹达法，其主要原理就是通过碱液一次吸收硫化氢、二氧化碳生成硫化钠、碳酸钠，再用硫化钠、碳酸钠吸收硫化氢和二氧化碳，最终生成硫氢化钠和碳酸钠。吸收过程不断补充新鲜碱液和外排废碱液。在外排的废碱液中主要是硫氢化钠和碳酸钠，而废碱的处理方法不能够采用溶剂再生的方法，这主要是再生不完全，同时过高的溶液 pH 值容易产生碱腐蚀。因此通常采用酸再生的方法，再生出的硫化氢只能去焚烧，因此碱法吸收酸性气污染和环保成本都比较高。这也充分证明硫化钠和碳酸钠是不能够完全再生的，最多再生也就是产生以下反应：

$$2Na_2S \longrightarrow NaHS+H_2S \tag{10}$$

$$Na_2CO_3+H_2O+CO_2 \longrightarrow 2NaHCO_3 \tag{11}$$

碳酸钠的再生工艺可以参照热钾碱法工艺即用碳酸钾吸收二氧化碳的工艺，其原理与上面反应方程(6)相类似。

3.3 强碱离子(以氢氧化钠为例)对 MDEA 吸收溶剂的影响

当吸收溶剂 MDEA 中混合有氢氧化钠的时候，就会使溶剂再生产生问题，普通的热再生无法使氢氧化钠完全再生出来，而只能够在贫液中含有硫化钠和碳酸钠，如果 MDEA 溶剂中含有碱液，那么化验分析出贫液中硫化氢浓度在 30 克/升也是非常合理的(因为贫液中含有 10 克/升的碱)，所以不管是富溶剂还是贫溶剂硫化氢含量均超过实际值就可以合理解释了。此时含碱的溶剂彻底污染了 MDEA 溶剂。

而且当 MDEA 中含有硫化钠和碳酸钠的时候，由于硫化钠、碳酸钠的碱性均比 MDEA 碱性强很多，因此本是 MDEA 吸收气液液膜之间的硫化氢，就变成硫化钠去吸收硫化氢生成硫氢化钠，这就降低了 MDEA 吸收硫化氢的速度，最终影响溶剂吸收硫化氢的精度。从反应的机理来看，MDEA 吸收硫化氢不是变成了瞬间转变，而是变成了传递吸收，最终还是因为总碱的吸收速度降低而导致吸收硫化氢的量下降。其反应大概的机理可以阐述如下：

$$H_2S+Na_2S \longrightarrow 2NaHS \tag{12}$$

$$2NaHS \longrightarrow Na_2S+H_2S\text{(部分水解)} \tag{13}$$

$$H_2S+MDEA \longrightarrow MDEA \cdot H_2S \tag{14}$$

从反应的历程来看，由于硫化钠是强碱，因此首先一开始吸收硫化氢的肯定是硫化钠，当硫化钠吸收完硫化氢后，溶液中就是 MDEA 和硫氢化钠，此时 MDEA 才会去吸收硫化氢，而在硫化钠吸收硫化氢的过程中 MDEA 只是传递吸收硫化氢，因此对于含有硫化钠的 MDEA 溶剂由于吸收溶剂吸收速度降低，最终导致吸收精度下降。含有硫化钠的溶剂再生

时，再生也不会完全，主要是 Na_2S 无法通过目前有胺液加热再生方式释放 H_2S。

4 含碱溶剂的处理办法

一旦溶剂中含有碱液，溶剂在吸收和再生过程均会产生问题，而且再生塔塔釜的碱腐蚀问题也得引起重视。按照经验如果溶剂中含有碱的话，可以观察贫液中的 PH 值与同浓度的新鲜溶剂做比较，pH 值偏高的话也能够相对说明这个问题，这些工作做完了以后，可以考虑在溶剂中做硫离子的定性或定量分析，具体方法可以采用国标，硫化钠或硫氢化钠的测定方法。

如何判定溶剂是被碱污染：①干气(或液化气)产品质量下降，出现携带硫化氢异常变大的现象(见图 1)；②MDEA 溶剂分析中贫液硫化氢含量上升(或溶剂中的总硫上升，见图 2)。

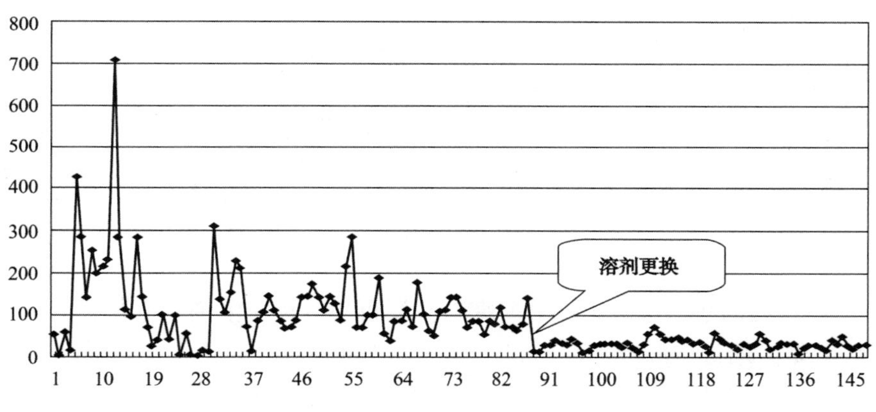

图 1 污染溶剂与更换后溶剂脱硫后干气质量变化图

从图 1 中可以看出在出现溶剂被碱污染后，干气质量迅速变差，在进行溶剂更换后，干气产品质量立即合格情况。

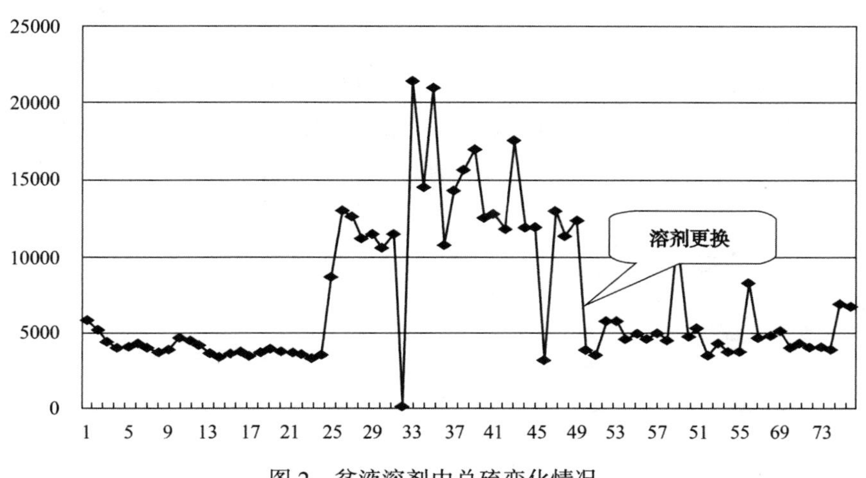

图 2 贫液溶剂中总硫变化情况

从图 2 中看出在溶剂被碱污染后，贫液总硫上升，进行溶剂更换后，贫流总硫明显下降。

根据贫液中的钠离子含量，然后再确定是否有 S^{2-} 就可以最后确定是否存在碱污染。一旦确定碱污染后，检查一下碱液进入溶剂系统的真实原因，而如果证实溶剂被污染，普通情况下溶剂无法再生，系统溶剂必须更换。

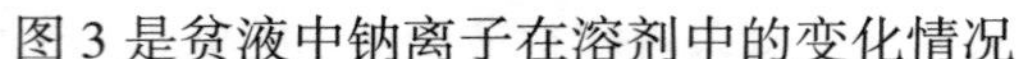

图 3 是贫液中钠离子在溶剂中的变化情况

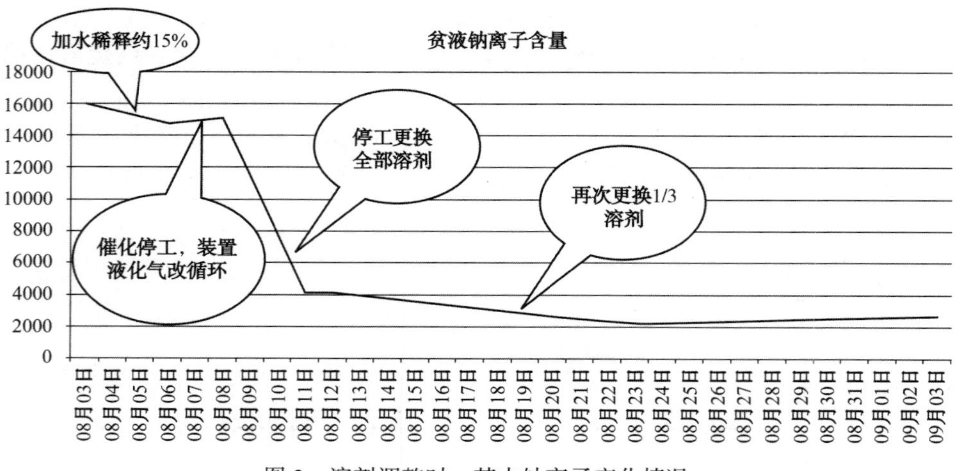

图 3　溶剂调整时，其中钠离子变化情况

实验室对被污染的溶剂进行了部分研究：高温再生，正常溶剂再生装置的再生温度不超过 130℃，怀疑是溶剂再生温度不够，将温度提高至 150℃，再生半小时后取出冷却，溶剂的性质没有变化。证实碱污染的溶剂依靠原有的再生工艺无法解决此问题。

而从实验室的研究中发现由于 H_2S 的弱酸性为溶剂再生复活提供了简易的途径。利用酸的强弱性不同，加入与钠中和量相同数量的强酸即可解决上述问题。从设备运行及装置脱 S 考虑，HCL 及 H_2SO_4 均不合适，磷酸为最佳选择。

实验室从装置取回再生后的 MDEA 溶液，该 MDEA 再生后的贫液测定 H_2S 质量分数为 1.4%，测定钠元素质量分数为 1.6%，按比例加入磷酸，收集释放出的气体有臭鸡蛋味，像硫化氢，用硝酸银溶液滴定，有沉淀产生，进一步用硫化氢检测管检测，检测管变色。再测定 MDEA 溶液中硫化氢含量时，下降至 0.3%，钠元素质量分数不变。表明加入磷酸的方法可行。

实验室再进一步研究了 MDEA 贫溶剂中钠离子含量与总 S 含量的关系如图 4 所示。

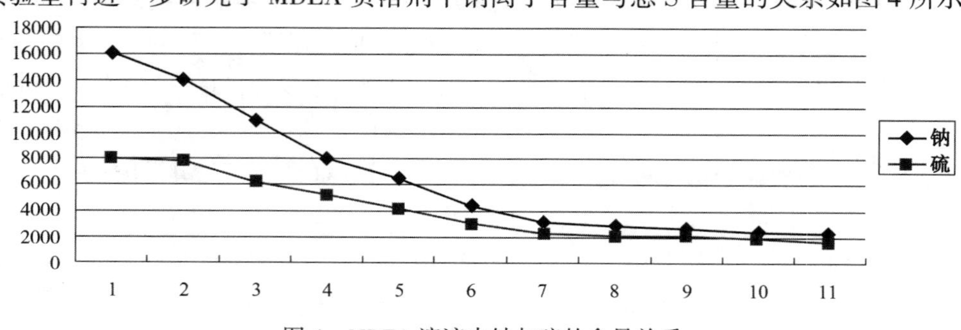

图 4　MDEA 溶液中钠与硫的含量关系

5 结论

（1）MDEA 中含有强阳离子时(钠、钾、钙等)，再生效果不好，从而影响吸收过程质量，会造成目的产品质量不合格；

（2）强阳离子的消除时，选择磷酸做为中和剂能有效提高 MDEA 的活性，从而降低溶剂带强阳离子的影响。

（3）针对溶剂再生装置如溶剂被污染，加入磷酸时，选择合适的加入口非常重要，要防止加入过程中硫化氢逸出伤人，比较合适的点为再生塔顶回流线(切不可在贫溶剂罐处加入，易发生 H_2S 逸出伤人事故)。

常减压装置电脱盐污水的预处理

李　锋，王占锋

（中国石油兰州石化分公司炼油厂，甘肃兰州　730060）

摘　要　针对兰州石化公司加工原油性质劣质化，电脱盐污水出现无法达标排放的实际，先后用了定时反冲洗，除油器注清油剂拉渣外送，改建装置污水预处理装置。结果表明，在相近的工况下，利用污水预处理装置进行水、渣、油分离是一个可靠的控制措施，在保证污水合格排放的同时产生了经济效益 78.07 万元/年，同时消除了电脱盐污水冲击污水处理厂的隐患。

关键词　电脱盐污水　环保　效益

1　现状

随着兰州石化公司 500 万吨及 550 万 t/a 常减压装置加工原油性质劣质化，原油电脱盐系统排放污水出现含油量高及水质浑浊发黑情况，在电脱盐污水中含有不溶于水、不溶于油的浮渣。经实验，含渣污水通过静置的手段不能分层，如将该污水直接排至工业污水系统，会对下游污水处理厂造成很大影响，严重时可引发环保事故。

在环保优先的大背景下，原油电脱盐的污水应当得到有效的处置，这对车间而言是一项重点、难点，是建设千万吨级炼厂的一个关键点。

在 2010 年 6 月 22 日环境监测部组织生产处、炼油厂、污水处理厂、动力厂等单位专题讨论，决定进行对电脱盐系统进行定期反冲洗。定期反冲洗后，电脱盐污水可以好转一周时间。但反冲洗 2～3 小时期间产生大量(60t/h)高含油污水，这些含油污水直接排入污水处理厂，污水处理厂很难及时处理，对污水处理厂影响很大。

在 2010 年 12 月 17 日由公司生产技术处牵头，安全环保处、机动处、环境检测部、炼油厂、污水处理厂等参加召开专题会议，决定在 550 万 t/a 常减压装置电脱盐除油器入口加入 YG-L5-201 清油剂，对电脱盐污水进行处理，电脱盐除油器顶部分离的浮渣水作为工业三废用汽车拉运出厂。此项措施投用以后，电脱盐污水排放质量明显好转。但是，又出现了由于除油器顶部分离出的废渣水含油高，拉渣量大，造成较大环保压力，且废渣水处理费用高；另外，生产装置长期高频次进入机动车辆拉渣，存在严重的安全隐患。

利用现有设备及工艺条件已经不能使污水合格排放，要想处理好电脱盐污水，使电脱盐污水达标排放，必须采用新的技术手段。

2　措施

对于兰州石化公司两套常减压装置电脱盐污水颜色发黑、油含量高的问题，公司、炼厂及车间先后采取了各种措施进行针对性的控制，直到现在利用污水预处理装置进行电脱盐污水处理，已初步见到成效。

在2013年9月5日，利旧环烷酸装置改造为污水处理装置，利用两套常减压装置原常三碱洗线将电脱盐污水输送至污水预处理装置，在进废水储罐V-101/1，2，3之前管线上利用清油剂泵(P-1/1)注入清油剂YG-L5-201，污水与该清油剂经过混合器后进入储罐V-101/1，2，3。V-101/1，2，3界位控制60%左右，污水在其中沉降，油水分离，合格后的污水排入工业污水井。废水储罐(V-101/1，2，3)水层以上油渣达到一定高度时，通过隔油板自流入罐内隔油槽。当隔油槽液位达到60%高度时，使用油渣输送泵(P-2/1，2)将油渣输送至油渣分离罐(V-102/1，2)。

油渣输送泵(P-2/1，2)输送来的油渣，加入清油剂F YG-L5-202后，进入油渣分离器(V-102/1，2)。静置分离后打开罐底三个放样口观察液位，罐底合格的污水直接排入工业污水井，废渣由罐底抽出经废渣装车泵(P-3/1，2，3)转入废渣储罐(V-104/1，2)，废油由罐中部抽出经废油装车泵(P-4/1，2)或废油输送泵(P-5)转入废油储罐(V-103)，从而使分离罐始终保持低液位状态。

油渣分离器(V-102/1，2)、废油储罐(V-103)、废渣储罐(V-104/1)罐顶均设置有氮封装置及呼吸阀，维持罐内微正压。待废渣储罐(V-104/1，2)中废渣液位达80%时，由废渣装车泵(P-3/1，2，3)装入拉渣车拉运出装置。待废油储罐(V-103)液位达到80%时，由废油装车泵(P-4/1，2)抽出经过鹤管装入槽车拉运出装置。具体流程见图1。

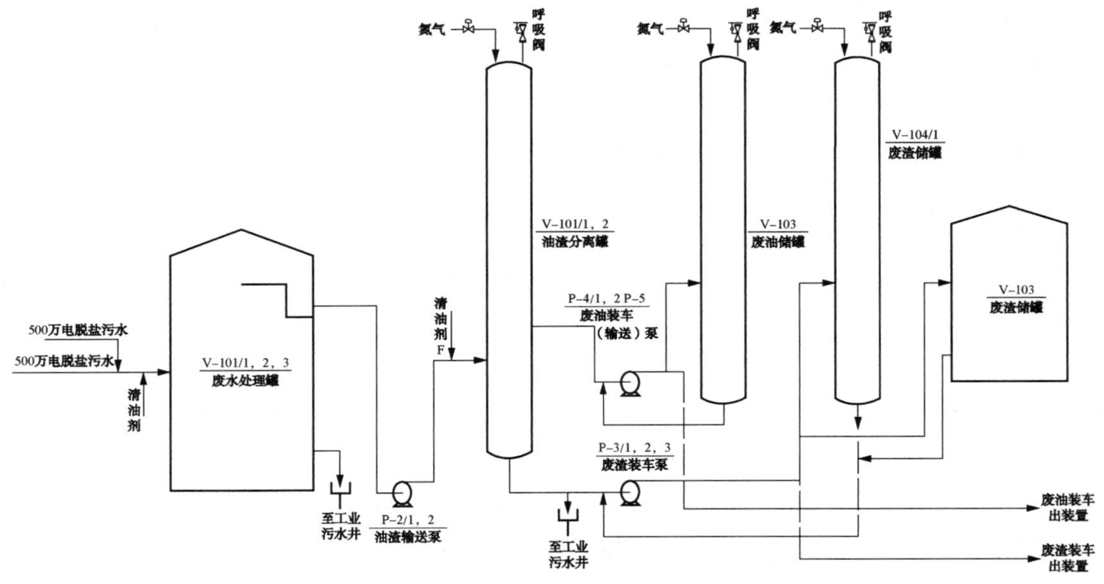

图1　污水处理装置流程图

3　效果

3.1　水质分析

在电脱盐污水处理装置开工两个月后，进行了为时72小时的装置标定。电脱盐出口污水分析数据见表1。经过预处理后的污水分析数据见表2。

表1 常减压装置电脱盐废水分析表(注清油剂前采样)

项目 / 时间	500万电脱盐总出口				550万电脱盐总出口			
	pH	石油类/(mg/L)	氨氮/(mg/L)	COD/(mg/L)	pH	石油类/(mg/L)	氨氮/(mg/L)	COD/(mg/L)
10月19日9:00	—	3390	44.8	6400	—	2790	49.9	3590
10月20日9:00	8.75	2400	43.5	5270	8.16	34900	57.6	3550
10月21日9:00	8.69	390000	41.0	4310	8.27	315000	66.6	3070

表2 经预处理后污水分析表

项目 / 时间	500万预处理后排水				550万预处理后排水			
	pH	石油类/(mg/L)	氨氮/(mg/L)	COD/(mg/L)	pH	石油类/(mg/L)	氨氮/(mg/L)	COD/(mg/L)
10月19日9:00	—	866	9.48	1550	—	674	52.2	890
10月20日9:00	7.30	83.4	40.3	2150	7.14	118	57.1	1440
10月21日9:00	6.90	338	26.3	1160	7.45	488	69.8	2890

根据上表可以看出，500万t/a常减压装置电脱盐污水经预处理后，石油类、氨氮、COD下降明显，较处理前平均下降90.30%、40.68%和69.36%。550万t/a常减压装置电脱盐污水经预处理后，石油类、COD下降明显，较处理前分别下降91.78%、46.84%，氨氮略有上升。由于清油剂呈酸性，故pH值略有下降。装置标定期间，外排工业污水均达标，能够保证两套常减压装置外排污水环保排放。

3.2 拉渣量

跟除油器顶部直接排渣相比，经过污水处理装置预处理之后，汽车拉渣量大幅降低。见表3。

表3 拉渣量对照表

除油器顶部脱渣量/(t/h)	污水预处理后脱渣量/(t/h)
1.57	0.27

根据装置运行12个月的数据统计，拉渣量降低了83%。

4 效益

4.1 经济效益

该电脱盐污水污水处理装置用能主要是电及蒸汽，标定期间两套装置总加工量为30700t/d。能耗见表4。

表 4 装置能耗

项目	实物耗量	单耗	能耗/(kgEO/t)
1.0MPa 蒸汽	0.4t/h	0.0011t/t	0.0238
电	29.2kW	0.0228kW·h/t	0.0053
热输出		0	0
综合能耗			0.0291

该装置运行后，两套常减压装置的总能耗将上升 0.0291kgEO/t。其中能量费用蒸汽按 120 元/t，电按 0.55 元/kW·h 计算。全年(设计开工时间 8400h)所需能量费用为 53.81 万元

在标定期间电脱盐污水处理装置所用清油剂 YG-L5-201 总量为 28t，500 万 t/a 常减压加工量为 13200t/d，550 万 t/a 常减压加工量为 17500t/d，装置清油剂总单耗为 0.304kg/t。清油剂 YG-L5-201 单耗与以前两套装置分别在除油器注清油剂 YG-L5-201 单耗相比，下降 0.016kg/t，下降幅度低于预期值，这与标定期间原油性质较差有关。标定期间两套装置进装置的原油含水量大，含盐高，废渣含量高，造成装置电脱盐系统运行工况恶化，电脱盐罐内原油乳化严重，电流高且波动大，脱后原油含盐上升。同时，油、水、渣分离困难，电脱盐污水含渣量大，电脱盐污水进入电脱盐污水预处理装置后，该装置需要加大清油剂的注入量以促使渣(油)水分离。按照标定期间清油剂 YG-L5-201 消耗量，单价按 2760 元/t 计算。较在除油器加注清油剂全年(加工量按 1050 万 t)可节省费用为 46.37 万元。按新增加注的清油剂 F YG-L5-202 费用为 34 万元计，每年可节省物料费用 12.37 万元。

按平均每小时减少拉渣量 1.3t，废渣拉运费用 29.44 元/t，废渣填埋费用 80 元/t 计，全年减少拉渣量 10920t，可节约拉运费用 32.15 万元，节约填埋费用 87.36 万元，共计 119.51 万元。

总经济效益=节省清油剂费用+节省拉渣填埋费用-新增能耗费用-新增清油剂 F 费用=78.07 万元/年

4.2 环保效益

兰州石化公司两套常减压装置电脱盐污水可合格排放，不存在冲击污水处理厂的隐患。较除油器顶部脱渣，在污水预处理装置拉渣量大幅减少，掩埋废渣所需土壤量下降，减少了对土壤的污染。拉渣机动车不再进入常减压生产区域，安全隐患降低。

5 结论

自兰州石化公司常减压装置电脱盐污水变质以来，先后用了定时反冲洗，除油器注清油剂拉渣外送，利用环烷酸装置改造为污水预处理装置进行污水处理等措施。在这些措施实行的三年多时间里，通过数据收集对比，利用污水预处理装置进行水、渣、油分离是一个可靠的控制措施，在保证污水合格排放的同时，相比其它两种手段既能降低拉渣运输的风险，又产生了经济效益 78.07 万元/年，同时消除了电脱盐污水冲击污水处理厂的隐患。解决"龙头"装置的污水排放问题，这不仅对公司解决污水问题积累了经验，对公司打造千万吨炼厂起到至关重要的作用。

炼油火炬回收系统节能措施

马子新

（中国石油兰州石化分公司炼油厂，甘肃兰州　730060）

摘　要　通过对火炬回收系统的技术改造，工艺布局调整，新设工艺设备，监测手段，达到对火炬回收系统的安全管理，降低不必要的能源消耗，达到节约能源的目的。在绿色、低碳、环保、可持续发展的大背景下，作为生产装置的安全生命线、企业降本增效、提升环保能力、保障社会形象的炼油火炬回收系统，通过新技术使用、精细化管理，节约能源，降本增效会取得更大进步。

关键词　火炬回收系统　气柜　压缩机　节能措施

火炬回收系统是炼油生产重要的安全环保设施之一，火炬回收系统安全可靠运行，对炼油企业的安全生产、环境保护具有重大意义。火炬回收系统具有稳定生产、安全环保、节能降耗的三大功能。装置正常生产过程中，排放的火炬气通过火炬回收系统回收利用，达到节能降耗、保护环境的目的；非正常状态时，由于装置物料失衡、设备安全阀泄漏、装置开停工、装置紧急事故等原因，生产装置为了保障装置安全，需要通过火炬系统排放大量易燃、易爆火炬气，在火炬塔进行燃烧，防止造成更大危害及环境污染。随着炼油企业节能降耗、挖潜增效工作的深入开展，针对火炬回收系统自身的节能措施也在持续推进。

火炬回收系统节能工作主要以能够最大量的回收火炬气为主要目的，同时火炬回收系统在运行过程中减少对水、电、汽方面的消耗。兰州石化炼油火炬回收系统主要由系统工艺管线、气柜、瓦斯分液罐、水封罐、压缩机等组成，节能措施主要针对气柜、压缩机、水封罐等设施开展工作。

1　节能措施的具体实施

（1）新建1具3万m^3干式气柜，代替原有的3万m^3湿式气柜。

气柜是火炬回收系统的重要设备之一，其作用是收集、储存炼油生产装置生产过程中排放的低压火炬气体，缓冲炼油生产装置尾气对低压管网压力的冲击，防止水封压力被破坏，造成火炬燃烧冒黑烟的现象。兰州石化炼油火炬回收系统3万m^3湿式气柜1997年12月建成投用，由于炼油厂低压瓦斯气体中含酸性腐蚀性组分较高，2007年发现气柜多处出现点腐蚀，并且局部柜壁穿孔泄漏。气柜停工50天进行检修，虽已修补完好，仍存在不可预知的安全隐患。加之湿式气柜采用水封溢流，冬季还需蒸汽伴热，能耗、水耗较高，停工检修时要产生大量工业废水。因此，无论从回收容量、安全性，还是从长远经济性考虑，湿式气柜都不能满足炼厂生产及先进技术要求。为解决存在的安全隐患，兰州石化公司立项新建一具3万m^3橡胶膜干式气柜。项目从2010年12月立项批复到2014年6月3万m^3橡胶膜干式气柜建成投产，历时四年多。3 万 m^3 橡胶膜干式气柜投用半年，气柜运行正常，各项参数符合设计及安全要求。

与湿式气柜相比，干式有效容积增大。3 万 m^3 湿式气柜由于水槽的原因，其有效容积只有 2.4 万 m^3，实际气柜使用容积只有 2 万 m^3。3 万 m^3 橡胶膜干式气柜有效容积达到 3 万 m^3，实际气柜使用容积可达 2.7 万 m^3。气柜使用容积的增加，在火炬回收系统运行过程中，对缓解生产装置意外排放对火炬系统的冲击，减少火炬塔冒烟的风险；对炼油装置的节能、环保，对炼化企业的社会形象，都有重要意义。

与湿式气柜相比，气柜吞吐量增大。由于该种气柜密封为柔性橡胶，活塞升降可不受密封配合的限制而快速升降，上升速度最大可达 5m/min。干式气柜升降速度快，能够最大限度的回收低压瓦斯气体，防止火炬燃烧，在经济效益和社会效益中都起到了良好作用。在 2014 年系统大检修后装置开工过程中，干式气柜充分发挥了其自身优点，为炼厂绿色开工创造积极条件。

与湿式气柜相比，干式气柜具有使用年限长，容易操作维护，不产生污水，不消耗蒸汽，节约能源。3 万 m^3 湿式气柜投用时需用水 9000t。气柜上升或下降时，会造成水槽水溢流；气柜稳定时，需要将低于溢流液位的水位补充到溢流液位。气柜每次升降会造成大约 80t 水的消耗。3 万 m^3 湿式气柜停工检修时要将 9000t 污水排入下水系统。与湿式气柜相比，干式气柜每年可减少工业污水排放 15000t，每年可减少蒸汽消耗 6000t。

与湿式气柜相比，干式气柜在室外气温在零度以下的操作更加便利。湿式气柜由于水槽及各塔节水槽防冻的原因，在室外气温在零度以下时，气柜高度严格限制，防止各塔节水槽被冻凝，造成设备事故。冬季时节，湿式气柜的有效使用空间就更加减少，为生产装置的安全生产提供的安全保障就更加有限，增加火炬气回收，减少火炬燃烧，防止大气污染的工作就更加力不从心。干式气柜不存在防冻问题，在冬季安全生产中其快速升降的特点，回收火炬气瞬时量大的优点更加体现出来，为炼化生产的冬季安全运行提供保障，为防止大气污染，创造积极条件。

（2）压缩机机组水冷器增加板式换热器。

压缩机是火炬回收系统的核心设备，其作用是将气柜中收集储存的压力为 2~3kPa 的低压瓦斯气体提高到压力为 0.6MPa 高压瓦斯气体，瓦斯冷凝液作为装置原料送回装置加工，高压干气通过脱硫等工艺处理后送入装置燃料管网，作为装置加热炉燃料使用，达到回收利用的目的。兰州石化炼油火炬回收系统压缩机机组采用的是上海七一一所研制的喷液冷却螺杆压缩机，运行过程中要消耗新鲜水。

火炬回收系统压缩机机组为喷液冷却螺杆压缩机，压缩机初次开机时，通过机头补液线给压缩机机身用新鲜水对其进行冷却，满足压缩机正常运行，排气温度符合要求的目的。在压缩机出口设有一具分液罐，回收气体通过出口排出，与气体一起的机头补进的新鲜水分离在分液罐中，利用压缩机出入口压差，将分液罐中的水通过过滤器、水冷器压倒机头处喷入机身，对运行的压缩机进行冷却。当分液罐中液位达到设定高度时，机头补给的新鲜水关闭，停止补水，压缩机机组冷却水循环利用分液罐中的水。当分液罐液位不足时，打开机头新鲜水补液至分液罐液位符合要求。当分液罐液位超过设定高度时，分液罐自动控制阀打开，多余水排入下水系统，维持分液罐液位稳定。但由于机组自身水冷器冷却能力不足，从分液罐中循环喷入机头的水温度高，造成压缩机排气温度超标而造成压缩机联锁停车。为满足压缩机机组运行的需要，压缩机运行时，机头新鲜水一直在供给，出口分液罐自动排液阀一直在间断排水。根据测算，一台压缩机每小时排液1.77t，这样，一台压缩机运行一年消耗新鲜水15292.8t。针对压缩机机组水冷却器换热面积小，冷却能力不足的原因，对压缩机机组冷却水系统进行改造。由于板式换热器具有换热效率高、热损失小、结构紧凑轻巧、占地面积小、安装清洗方便、使用寿命长等特点。每台压缩机机组在原有水冷器的基础上，新增加一台25平方米换热面积的板式换热器与原有的水冷器串联使用，达到了预期的目标。现在，压缩机机组运行中，只要分液罐中液位在设定高度时，分液罐中的水循环使用，压缩机排气温度在指标范围内，机组运行正常，只有在分液罐液位不足时，机头补充部分新鲜水，分液罐液位达到设定高度时，停止机头补水。

（3）完善火炬回收系统自动点火系统，减少长明灯数量，燃烧长明灯控制天然气流量，降低长明灯火苗长度

火炬回收系统有两具火炬塔，每具火炬塔配有三路自动点火系统，三路长明灯管线。原有火炬系统自动点火系统在长期使用过程中，由于老化等原有，安全可靠性下降，为保证火炬回收系统的安全可靠平稳运行，每台火炬的长明灯都在燃烧，消耗了大量的天然气。一路长明灯每小时的天然气消耗量在10m^{3}左右，两具火炬塔6路长明灯一年天然气的消耗量将超过120万m^3。2014年利用全系统停工大检修的机会，对火炬回收系统的自动点火系统进行升级改造，更换了点火器、高温电缆、高压发生器等设施，新增紫外线火焰检测设施。自动点火系统升级改造的完成，达到了自动点火系统的本质安全可靠。2014年大检修结束火炬回收系统投用后，每台火炬的三路长明灯各自关闭两路，只保留一路长明灯燃烧，而且控制保留的一路长明灯阀门开度，降低长明灯火苗长度，减少天然气消耗量。通过对自动点火系统安全可靠性的运行考察，自动点火系统能够满足安全要求后，保留的一路长明灯也将被熄灭。这样，伴随着炼油企业安全生产的长明灯现象，将在现代科技的手段中消失。

（4）优化工艺布局，减少不必要的能源消耗。

火炬回收系统压缩机分散在71泵房和火炬回收装置两处，71泵房安装两台LG40/1.2型压缩机，配套有DN500入口线，入口过滤器、入口分液罐、出口分液罐、换热器等设施；火炬回收装置安装两台LG60/0.8型压缩机，一台LG30/0.8型压缩机，比71泵房多一具气柜，其余配套设施一样都不少。压缩机功能一样，配套两套设施，无形中增加了水、电、气的消耗。压缩机身处两地，给机组维护、保养、检修、管理带来难度，优化机组开机无法保证。冬季时节，为防冻防凝，71泵房与火炬回收装置都必须有一台压缩机运行，增加不必要的电耗损失。通过隐患治理项目，将71泵房的两台压缩机搬迁至火炬回收装置，与火炬回收装置的压缩机统一布局使用，将71泵房原压缩机配套设施全部报废拆除，减少不必要的能源消耗。

（5）装置火炬排放干线增设在线流量计，实时监测火炬排放情况，合理运行压缩机数量，减少压缩机运行总小时数。

火炬回收系统喷液螺杆压缩机单机功率在450kW，一台机组运行一月消耗电能32.4万kW·h。2014年，利用炼油装置停工检修的时间，对炼油火炬排放主要装置安装在线流量计，实时监测炼油生产装置尾气排放情况。通过对炼油生产装置尾气排放情况实时分析统计，及时合理安排压缩机运行台数，减少压缩机运行台数。既要保证气柜在液位低位平稳运行，低压瓦斯系统平稳运行，炼油生产装置正常火炬排放有序可控，又要减少压缩机全年开

机总小时数，正常情况下火炬长明灯不着，火炬不冒黑烟的目标，达到节能、环保的经济效益和社会效益的双丰收。

2 节能效益测算

（1）干式气柜代替湿式气柜，在降低蒸汽消耗、节约用水上效益明显。干式气柜每年可减少工业污水排放15000t，每年可减少蒸汽消耗6000t。气柜所在区域没有其他水源，气柜补水使用消防系统的新鲜水。新鲜水每吨0.9元，蒸汽每吨90元，计算可得0.9×15000=1.35万元，90×6000=54万元。气柜一项，每年可节约55.35万元。

（2）压缩机机头补水利用装置内部的消防系统的新鲜水。如果不增加板式换热器，一台压缩机每小时排液1.77t，一台压缩机运行一年消耗新鲜水15292.8t。新鲜水每吨0.9元，计算可得0.9×15292.8=1.37万元。压缩机增加板式换热器一项，每年可节约1.37万元。

（3）消灭火炬长明灯，节约天然气。一路长明灯每小时的天然气消耗量在10m^3左右，两具火炬塔6路长明灯一年天然气的消耗量将超过120万m^3。工业天然气0.5元/m^3，计算可得0.5×120=60万元。消灭火炬长明灯，一年可节约天然气60万元，产生的社会效益更是不可估量。

（4）通过优化工艺布局，新增流量计监测，合理运行压缩机台数。全年减少一台压缩机运行小时数，以一度电0.5元计算，一年就节约电耗0.5×32.4×12=194.4万元。

火炬回收系统通过技术改造，隐患治理项目的实施等一系列措施，不仅提升了装置的工艺水平，消除了装置的安全隐患，而且给降低成本、节约能源、安全环保提供了保障。

3 结束语

在绿色、低碳、环保、可持续发展的大背景下，作为生产装置的安全生命线、企业降本增效、提升环保能力、保障社会形象的炼油火炬回收系统，通过新技术使用、精细化管理，节约能源，降本增效会取得更大进步。

EDV® 湿法洗涤烟气脱硫技术在催化烟气净化中的应用

张文才

（中国石油兰州石化分公司炼油厂，甘肃兰州　730060）

1　前言

随着兰州炼厂加工高硫原油比例的增加，SO_2排放量将呈上升趋势。随着环保要求的日益严格，降低SO_2排放总量已成为解决制约兰州石化公司进一步发展的主要问题。目前，兰州石化公司SO_2最大污染源就是动力锅炉的烟气和重油催化裂化装置的再生烟气。重油催化裂化装置的再生烟气SO_2排放量约占兰州石化公司SO_2排放总量的40%，而且其SO_2排放浓度远高于排放标准150mg/m^3要求。2012年兰州石化公司决定在120万增上烟气脱硫装置。

120万t/a催化烟气脱硫装置于2013年3月开始开工建设，2013年10月完成建设，经投料前的验收和试车后，与2013年10月13日投料开车一次成功，装置投用运行至今，各项指标达到设计要求。

本装置烟气脱硫技术采用国际上成熟先进的美国贝尔哥公司（BELCO®）提供的使用NaOH溶液作为吸收剂的EDV®湿法洗涤工艺来处理催化裂化装置的烟气。工艺包括洗涤吸收系统和废水处理系统。

湿法洗涤工艺采取阶段式的烟气净化处理程序，利用多层的喷嘴喷出的密集水帘来净化烟气，脱硫效率较高，压降较低，能满足二氧化硫排放总量的要求（≤150mg/Nm^3）

2　烟气脱硫工艺原理

烟气中二氧化硫等酸性气体是在吸收塔（C1201）内与吸收液（循环液）接触时发生中和反应，酸性的气体被偏碱性的吸收液所吸收，并通过调节氢氧化钠的加入量来调节循环液的pH值。吸收二氧化硫所需的水气比和喷嘴数量的选择是依据二氧化硫的入口浓度、排放的需求和饱和气体的温度来决定。其主要反应机理为：

首先，烟气中的二氧化硫与水接触，生成亚硫酸：

$$SO_2+H_2O \longrightarrow H_2SO_3$$

然后，亚硫酸与NaOH反应生成Na_2SO_3，Na_2SO_3与H_2SO_3进一步反应生成$NaHSO_3$，$NaHSO_3$又与NaOH反应加速生成亚硫酸钠；生成的亚硫酸钠一部分作为吸收剂循环使用，未使用的另一部分经氧化后，作为无害的硫酸钠水溶液排放。

$$H_2SO_3+2NaOH \longrightarrow Na_2SO_3+2H_2O$$

$$Na_2SO_3+H_2SO_3 \longrightarrow 2NaHSO_3$$

$$NaHSO_3+NaOH \longrightarrow Na_2SO_3+H_2O$$

$$Na_2SO_3+1/2O_2 \longrightarrow Na_2SO_4$$

还伴随着其它反应，如三氧化硫、盐酸、氢氟酸与氢氧化钠反应，形成硫酸钠、氯化钠等混合物。

$$2NaOH+SO_3 \longrightarrow Na_2SO_4+H_2O$$

$$NaOH+HCl \longrightarrow NaCl+H_2O$$

3 120万t/a催化烟气脱硫技术应用情况

经过半年时间的运行，该装置从投产到正常运行，由于受催化装置原料的限制，脱硫装置烟气长期处于低负荷运行，设计烟气量为20.6×10^{4}Nm^3/h，最低运行烟气量14×10^{4}Nm^3/h。装置运行平稳，操作弹性大，没出现异常停工和管线堵塞现象。

3.1 装置运行数据数及分析

3.1.1 装置物料消耗分析数据

表1 物料消耗表

项目	设计值	运行数据
新鲜水/(t/h)	23.2	13.92
蒸汽/(t/h)	0.3	0
风/(Nm^3/h)	60	30
碱/(t/h)	1.28	1.06
电/kW	792	519

表1分析数据分析，装置水的消耗在14t/h，比设计值小，水的消耗远远低于设计值，而蒸汽消耗量为0，电的消耗接近于设计值，所以总的动力消耗较低，达到节能的效果。

3.1.2 净化烟气达标排放分析数据

表2 烟气净化分析

项目		设计值	分析数据
入口烟气	烟气流量/(Nm^3/h)	224057	153548
	粉尘含量/(mg/m^3)	135	115
	SO_2含量/(mg/m^3)	980	1381
	NO_x含量/(mg/m^3)	127	41
出口烟气	SO_2含量/(mg/m^3)	6.3	8
	粉尘含量/(mg/m^3)	24.98	37.35
	NO_x含量/(mg/m^3)	127	41.5

从表2数据分析，出口烟气中的粉尘含量、SO_2含量均很低，远远低于环保达标要求，SO_2的脱除率高于90%。而NO_x含量没变，主要是没上烟气脱硝手段，目前排放基本低于达标值。

3.1.3　污水排放达标分析数据

表3　污水排放分析

分析项目	设计值	分析数据
COD/(mg/L)	600	241
SS/(mg/L)	3000	69.5
pH	6~9	7.83

从表3数据分析，污水中的COD在241mg/L范围，pH值在6~9范围，污水氧化效果较好，满足排放要求。悬浮物低于排放标准，达标排放。

3.1.4　设备腐蚀性分析数据

表4　氯离子分析

项　目	吸收塔补充水/(mg/L)	新鲜碱/(mg/L)	循环浆液/(mg/L)	排放污水/(mg/L)	滤清模块水/(mg/L)
分析数据	25	17	250	275	232

表4中循环浆液中的氯离子含量较高，对设备存在一定的腐蚀能力，具体腐蚀程度有待于停工时检验。氯离子主要来源于新鲜水，经过吸收塔的浓缩和集聚，达到很高的浓度，为了减少氯离子的腐蚀，装置运行过程中采取加大外排水的措施，所以外排水较大，接近设计值。

4　结论

烟气脱硫技术在120万t/a催化装置净化烟气中运行效果较好，烟气脱硫和除尘率较高，实现烟气的达标排放，从操作运行看，浆液泵和滤清泵运行正常，管线和喷嘴未出现堵塞现象。

废水排放符合排放标准要求，但是废水中氯离子较高，对吸收塔和管线存在一定的腐蚀，需停工时进一步检查和监测。

本装置存在不足方面是絮凝剂加注困难，滤渣箱过滤效果差，虽然外排污水的悬浮物不高，但造成明沟和事故池中沉积了大量催化剂颗粒，需要定期进行清理。

焦化装置绿色处理炼厂废料与低碳生产新技术开发及应用

翟志清

（中国石化洛阳分公司，河南省洛阳市　471012）

摘　要　走绿色低碳路线是石化企业转型升级和和结构调整的主流发展模式。中国石化洛阳分公司延迟焦化装置通过流程改造和技术攻关，实现了炼厂轻污油、重污油、催化轻油浆、轻烃、炼厂“三泥”、废环丁砜、废润滑油的回炼和无害化处理，探索出了一系列处理炼厂废料的新工艺和新技术，实现了炼厂污油的常态化回炼和炼厂“三泥”等废料的绿色环保处理，既能变废为宝、效益最大化，也从根本上解决了困扰炼厂的环保难题。另外，通过应用节能减排新技术，使装置在现有条件下最大限度地实现了自身的绿色低碳运行，对同类装置具有指导作用和借鉴意义。

关键词　延迟焦化　污油　三泥　凝结水　VOCs 治理

1　前言

随着炼厂的产品质量升级和环保要求的日趋严苛，石油加工过程中产生的各种废料越发难以回收利用或处理，这些废料无法处理则会造成严重的资源浪费和带来沉重的环保压力，没有合适的处理办法则会加大炼厂成本投入，影响经济效益。延迟焦化装具有原料适应性强、操作弹性大的特点，这为炼厂废料进焦化装置处理提供基础；另外，在炼油产能严重过剩和重油加工新工艺日趋成熟的大背景下，国内延迟焦化装置的开工率、加工量和负荷率呈快速下降趋势，这为炼厂废料进焦化处理提供了弹性操作空间。中石化洛阳分公司延迟焦化装置充分认识到这一现状，近年来不断挖掘装置潜能，突破单一的加工路线，通过一系列的流程改造和技术攻关，努力探索和开发装置的绿色低碳加工新模式。目前，在确保装置本质安全的前提下，该装置实现了炼厂轻污油、重污油、催化轻油浆、轻烃、废环丁砜、炼厂“三泥”、废润滑油等的回收利用和绿色环保处理，解决企业面临的一系列难题。另一方面，焦化装置不断尝试应用节能减排新技术，在现有条件下最大限度地实现了装置自身的低碳运行。延迟焦化装置主要工艺流程如图 1 所示。

2　非正常油品回炼

2.1　回炼轻污油

炼厂产生的轻污油原来只能进催化装置回炼，随着加工原油的不断劣质化和重质化，轻

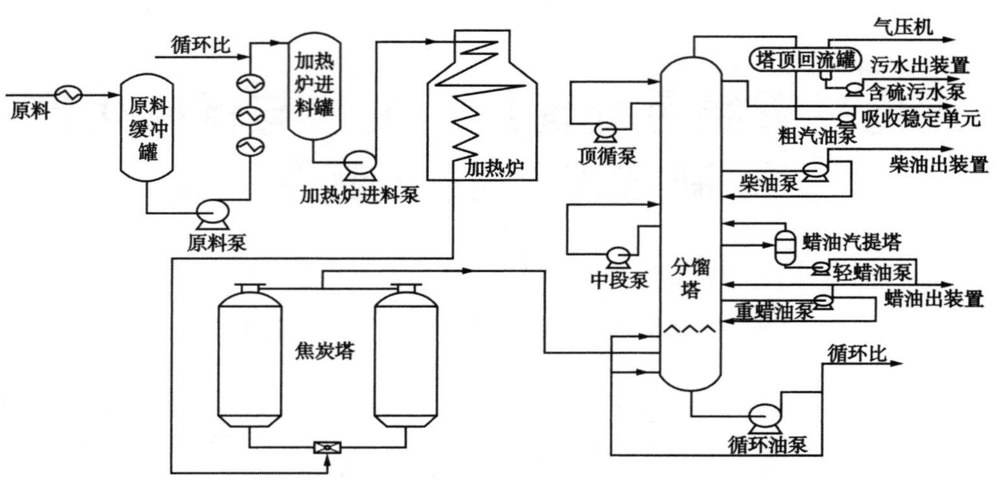

图1 延迟焦化装置原则流程图

污油硫含量增加，轻污油进催化装置会影响到产品质量。焦化装置对原料适应性强，液体产物全部为中间产品，从理论上具备处理条件。轻污油来源主要由三部分组成：汽柴油加氢过滤器反冲洗产生的污油；酸性水汽提装置汽提产生的污油；各装置产生的凝缩油。通过化验分析可知，轻污油组分多为柴油，考虑到组分相近，选择焦化分馏塔中段进行回炼，经过流程改造后回炼轻污油流程如图2(粗黑线为外来轻污油流程)。2014年1~9月份共回炼5129t轻污油。

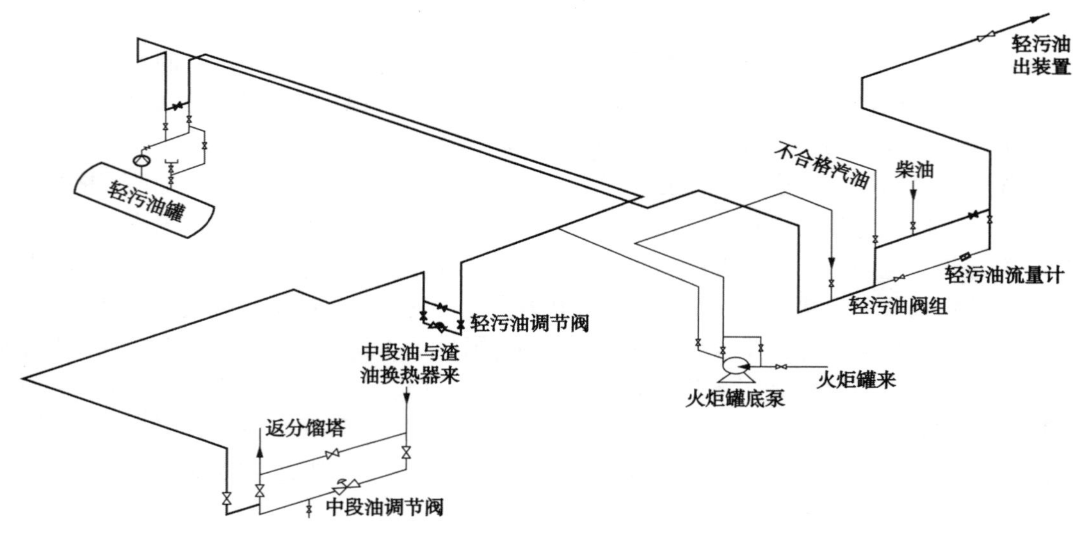

图2 轻污油回炼流程图

根据操作经验可知，在回炼轻污油过程中要注意以下几点：①回炼轻污油前，首先要加强罐区脱水，并关注轻污油组分分析，回炼时提前对分馏各侧线进行调整，降低柴油回流量，并减少顶循系统取热负荷，尽量保证分馏热量平衡。要及时关注轻污油进装置量、回炼量及污油罐液位的变化，做好物料平衡。②回炼轻污油时对分馏产品质量会造成影响，柴油初馏点至95%点明显降低，通过比较中段回流温度及柴油抽出温度随回炼量的变化情况，可以控制轻污油回炼量在6~8t/h，既可以保证较大的回炼量，又可以减少对产品质量的影响。③根据焦炭塔生产节点调整回炼量，在焦炭塔预热或切塔初期，此时分馏塔热量较少，应及时降低回炼量。在焦炭塔小吹汽或生产后期，可以提高回炼量，但应将柴油集液箱液位提前拉低，防止柴油产量增大出装置不畅。④因轻污油含水且轻组分较多，容易造成分馏塔压力及各段温度大幅度波动，甚至发生分馏塔冲塔事故，严重时造成分馏塔顶回流罐液位居高不下，威胁到气压机的安全运行。因此要加强对分馏塔压力、温度的监控，一旦压力波动达到0.12MPa或有冲塔情况，立刻停止污油回炼。

2.2 回炼重污油、催化轻油浆

按照原来炼厂条件，重污油只能进入原油系统，但由于重污油杂质含量大，影响到电脱盐及常压系统的设备运行。通过流程改造，利用焦化蜡油至罐区线倒收罐区重污油至焦化重污油罐，静置脱水后将其作为焦炭塔急冷油进行回炼，2014年1~9月份共计回炼6021t，回炼流程如图3所示(蓝色线为新加流程)。而催化轻油浆一般作为燃料油外卖，价格低。2014年6月，通过小投入的改造，焦化装置借用重污油回炼线回收催化轻油浆进入渣油系统进行加工回炼，目前已经成功回炼轻油浆2537t，回炼流程如图3所示(绿色线为新加流程)。轻油浆经过延迟焦化工艺，部分油浆可高温裂解为汽柴油、蜡油组份，按照轻油浆与汽、柴油平均每吨360元差价计算，每年需回炼炼厂产生的25000余吨轻油浆，为公司增加经济效益900余万元。

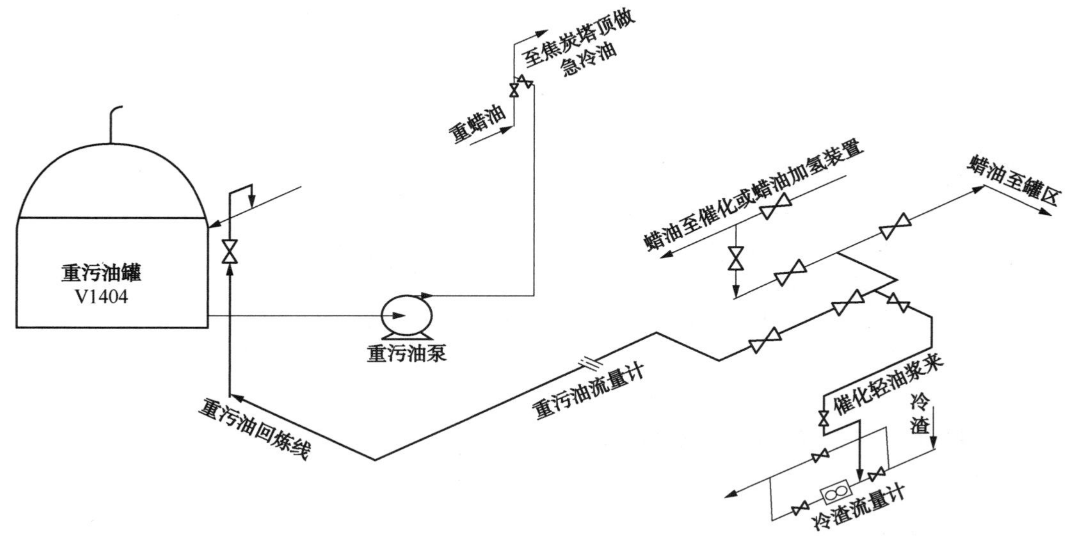

图3 重污油、催化轻油浆回炼流程图

焦炭塔生产塔顶温控制420±5℃，重污油温度为90℃左右，重污油作急冷油时，要严格控制重污油的含水量，一旦带水严重则会造成生产塔顶温顶压大幅度波动，极易造成高温油气法兰泄露着火，因此要密切关注重污油的化验分析结果，回炼前做好污油罐的静置脱水工作，防止带水。而催化轻油浆进入原料系统进行回炼，轻油浆密度较渣油轻，进入原料系统后，随着换热温度的升高，会造成油浆中轻组分挥发，在原料中形成气体，干扰流体流动状态，如果掺炼比例过大，会造成原料泵和加热炉进料泵抽空，严重威胁安全生产。因此，在回炼催化轻油浆时要严格控制回炼量，按160t/h的加工负荷，轻油浆掺炼量以不超过10t/h为宜，在回炼过程中要严密监控原料泵和加热炉进料泵的运行工况，一旦影响机泵运行则要降低回炼量或者停止回炼。

2.3 回炼其他装置来轻烃和轻质瓦斯

柴油加氢装置柴油汽提塔顶部主要为液化气组分的气相(简称轻烃)直接进入高压瓦斯系统，造成大量高附加值产品的浪费。焦化装置经过流程改造，轻烃从分馏塔顶空冷器A1121A的出口进入分馏系统，经气压机压缩、吸收稳定分离出液化气组分焦化装置回炼轻烃后，将高附加值的液态烃组分进行回收，按照燃料气与液态烃平均每吨3000元差价计算，每月可回收轻烃中的1300余吨液态烃，创造经济效益400余万元。另外，通过技术改造，分馏系统也可回收放空系统大吹汽和给水期间产生的轻质瓦斯，进一步降低装置加工损失，降低低压瓦斯产量。回炼流程如图4所示。基于装置运行现状为了保证机组安全运行，回炼量一般控制≯3000m^3/h。

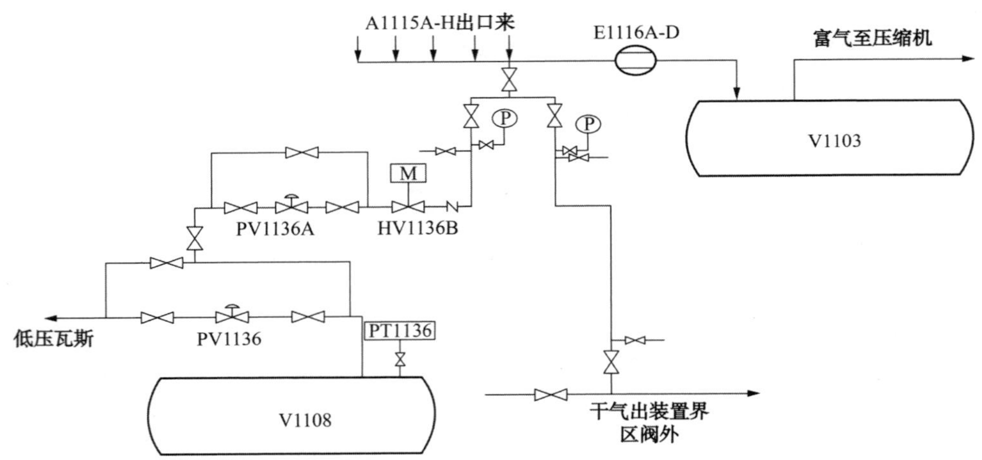

图4 轻烃和自产轻质瓦斯回炼流程

3 炼油与化工废料回收处理

3.1 回炼炼油装置“三泥”

石油加工产生的含油污水在处理过程中产生大量含油污泥，主要包括隔油池底泥、浮渣、活性污泥以及油罐底部沉积的油泥等，通常简称为“三泥”。这些含油污泥中含有的苯系物、酚类、蒽、芘等物质有恶臭味和毒性[1]，如果处理不当则会造成地下水、土壤、大气的环境污染，从而对人类健康和生态安全造成威胁。但含油污泥的性质特殊，其脱水和处理技术难度大，成本高，一直是困扰我国炼油企业的环保难题。通过技术改造，在焦炭塔吹汽结束后随小给水进入焦炭塔，利用焦化过程的废弃热量或过热余热使含油污泥中的有机组分经高温热裂解变成焦化气液产物，固体物质被石油焦捕获沉积在石油焦上，这样可从根本上解决炼厂“三泥”处理的难题，回炼流程如图5所示。每个生焦周期预计可回炼“三泥”10t，每年约有400个生焦周期，预计每年可处理4000t“三泥”。4000t“三泥”中约15%转化为焦炭，每年还可创造经济效益80余万元。

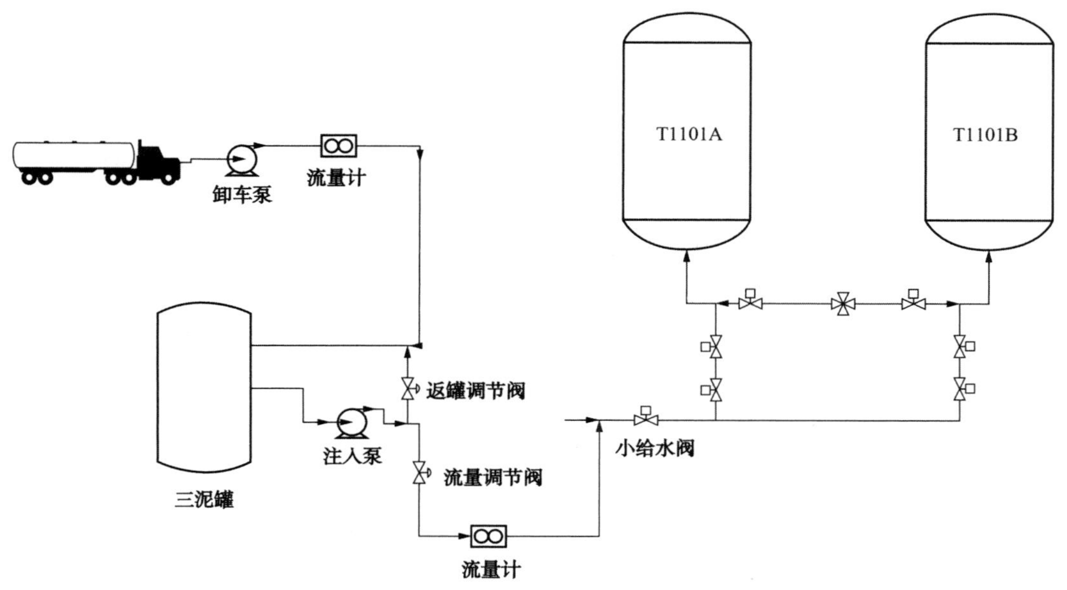

图5 “三泥”在焦炭塔给水阶段处理原则流程图

3.2 回炼废环丁砜

芳烃装置每年约产生废环丁砜7~8t，之前这部分废环丁砜都是外委处理，随着废剂的处理日益走上规范化程序，以往处置途径无法继续实施。环丁砜熔点：27.4~27.6℃；沸点：285℃；相对密度：1.261(30℃)；可与水、混合二甲苯、甲硫醇、乙硫醇混溶；温度超过230℃时分解成二氧化硫和其他部分，与氧接触的情况下分解速度加快到5倍，惰性环境下分解为二氧化硫和小分子烃类，含氧环境下易产生磺酸及酸性聚合物，其它包括羧酸、醛类等物质；为微毒性化合物。由于环丁砜溶剂与水互溶，加入污油罐内易随水相脱出，可操作性不强，为实现废环丁砜规范安全环保处理和减少对周围环境污染，特单独设置一套回收系统，将外来桶装废环丁砜加入环丁砜罐然后经计量泵送入焦炭塔顶进行回炼。回炼时间一般为焦炭塔切换之后，生产塔顶温>410℃且稳定之后，开始回炼环丁砜，下次切塔之前半小时停止回炼，控制加剂量为10~20L/h，焦化装置已累计回炼64桶废环丁砜。

3.3 回炼废润滑油

炼厂回收的废润滑油作为一种高危废物炼厂自身难以处理，委托外部企业处理则成本较高。经过前期大量的分析论证，延迟焦化装置新上一套废润滑油回收设施，将废润滑油回收进重污油罐和重污油混合，混合均匀之后作为急冷油进入焦炭塔回炼，利用焦炭塔420℃左右的高温使废油和杂质分离，油气进入分馏塔切割分离，真正做到“颗粒归仓、变废为宝”，回炼流程如图 6 所示。2013 年 7~8 月共计回炼废润滑油 176t，2014 年 1~9 月又陆续回炼 69t 废润滑油，每回炼一吨废润滑油可创造效益 4000 元，累计创造经济效益 98 万元。

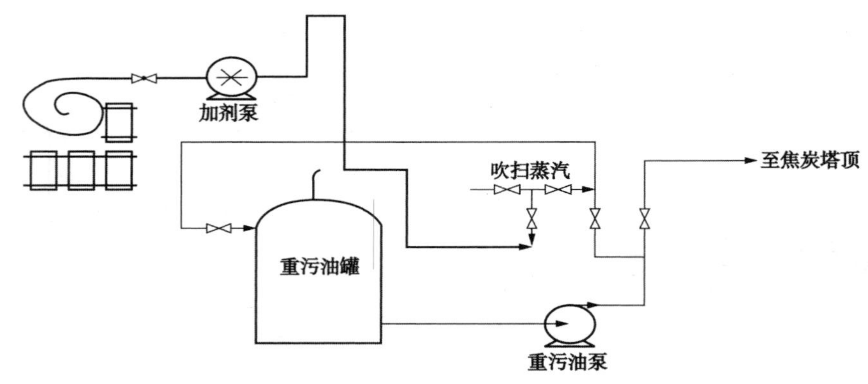

图 6　废润滑油回炼程图

4　节能减排技术的应用

4.1　凝结水回收代替焦炭塔吹汽

焦化装置现有伴热介质全部采用用 1.0MPa 蒸汽，蒸汽被取热后凝结为水，经疏水阀后汇总进入凝结水管网，凝结水产量≮10t/h。蒸汽的热能由显热和潜热两部分组成，蒸汽伴热只利用了蒸汽的潜热和少量的显热，释放潜热和少量的显热后的蒸汽还原成高温(130~150℃)的凝结水，凝结水是饱和的高温软化水，且具有很高的脱盐度，其热能价值占蒸汽热能价值的 25%左右。管网的凝结水最佳的利用途径是供电站 CFB 锅炉使用，但是 CFB 锅炉用量有限，因此大量的凝结水并不能被合理回收利用。鉴于现状，焦化装置通过技术改造，2013 年 12 月实现了凝结水的三种途径的回收利用：一是采用上海优华系统集成技术有限公司开发的 SS 智能喷雾控制系统实现凝结水代替部分蒸汽作为大吹汽进行冷焦；二是用凝结水代替部分除氧水作为汽水分离器补水；三是用凝结水代替蒸汽给冷焦水系统管线进行伴热。由图 7 可知，焦化装置即可以实现自产凝结水的回收利用，也可回收四联合装置至电站的凝结水，保证了在回收流程投用时对凝结水流量的要求。凝结水回收流程投用后，每年可以减少 1.0MPa 蒸汽用量为 9085t、减少除氧水消耗 26280t。

4.2　挥发性有机物的治理

目前，延迟焦化装置主要的挥发性有机物(VOCs)有除焦时焦炭塔塔口和塔底逸出的高温废气、切焦水沉降池挥发气体、轻污油罐顶部放空油气和重污油罐顶部放空油气等。这些废气中的污染物有硫化物、油气和焦粉等，成分复杂、回收难度大，直接排入大气造成一定程度的环境污染，且危害操作人员的身体健康。焦化装置采用襄阳航生石化环保设备有限公司的废气处理一体化装置对以上废气进行回收处理，回收流程如图 8 所示。废气收集罩设置

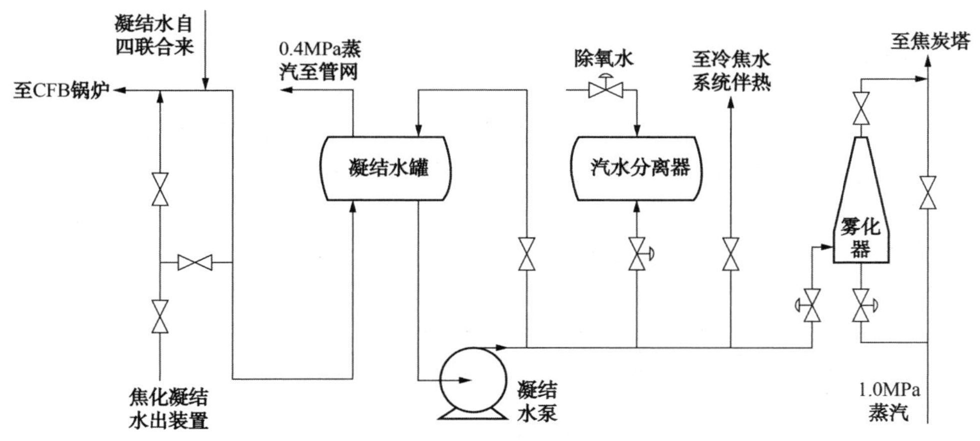

图7　凝结水回收流程

于各废气出口处，并与冷凝换热器的进口连接。在真空泵形成的负压作用下，高温废气被抽吸入焦化废气处理一体化装置，经换热器冷凝冷却到常温，再经油气分离罐，分离出含油污水和不凝气，含油污水进炼厂含油污水处理系统进行处理，不凝气经真空泵抽吸增压送至脱硫罐脱除硫化氢和硫醇，净化尾气安全地点排空（或送入火炬燃烧）。该技术的应用，减少环境中的硫化物污染，提高了焦化装置的 HSE 水平。

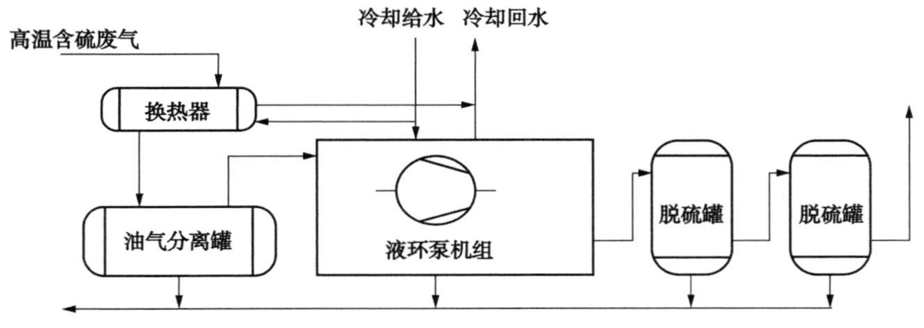

图8　废气回收工艺流程示意图

4.3　含硫污水的除油

焦化装置产生的含硫污水主要来自分馏塔顶和放空塔顶。由于现有工艺条件的限制造成含硫污水带油严重，其中分馏塔顶酸性水油含量在焦化切塔前半小时含量最高，最高达18879mg/L，在焦化小吹气结束后最低，最低油含量为 5307mg/L；放空塔顶含硫污水油含量则最高达 54800mg/L。为进一步降低装置加工损失，焦化装置分别采用采用 CHL-L/L-150 分馏塔顶酸性水复合动态除油器和 WS-Ⅱ型水力旋液分离装置对分馏塔顶含硫污水和放空塔顶含硫污水进行除油净化处理。投用复合动态除油器后，分馏塔顶酸性水净化后含油≤400mg/L，达到进污水汽提处理要求。投用水力旋液分离装置后，经过沉降和抗乳化剂的注入，将油水分离后，污油回收至污油罐回炼，含硫污水出装置，含硫污水含油量基本可以控制在 500mg/L 以下，避免了装置在焦炭塔给汽、给水期间对下游装置的流量冲击，实现了含硫污水均衡出装置。两套设施的投用降低了装置加工损失，改善了下游装置进料性质。

5 结论

通过技术攻关和流程优化，延迟焦化装置成功地探索出回炼炼厂轻重污油、催化轻油浆、轻烃的工艺技术，利用焦化装置的工艺特性巧妙地将炼厂“三泥”、废环丁砜、废润滑油进行无害化处理，为企业创造了可观的经济效益，解决了困扰企业的环保难题，全面挖掘了装置的潜能，最大限度地开发了装置的新功能，实现了焦化装置从单一的重油加工装置转型发展为集炼油、废物治理和环保提升等功能于一体的绿色低碳装置。另外，通过应用节能减排新技术，实现了装置自产或炼厂凝结水的回收利用，装置挥发性有机物的综合治理和含硫污水的深度除油均取得了显著成效，进一步提升了装置经济技术指标和环保指标。

参 考 文 献

[1] 王毓仁，陈家伟，孙晓兰．国外炼油厂含油污泥处理技术[J]．炼油设计，1999，29(9)：51-56.

降低 FCC 装置 NO_x 排放的新途径

张振千，田　耕

（中石化炼化工程（集团）股份有限公司工程技术研发中心，河南洛阳　471003）

摘　要　基于 FCC 装置 NO_x 生成机理的研究，提出了通过改造 FCC 装置汽提器和再生器内构件来降低再生烟气中 NO_x 排放量的新途径。三套 FCC 装置沉降器汽提器改造后，焦炭中氢含量下降 17%～21%，汽提效率提高，在原料油性质和反应再生系统操作条件变化不大的情形下，再生烟气中 NO_x 量降低了 20%～40%。在对 C 企业 FCC 装置再生器主风分布器优化设计改造后，分布器压降由改造前的 25～31kPa 下降为 7～9kPa，再生器密相温差、稀相温差由改造前的 20℃左右下降为 3～9℃，主风用量由改造前的 40000～52000Nm³/h 下降为 39000Nm³/h 左右；再生烟气中的 NO_x 下降了 30%。上述案例说明，通过改造 FCC 装置内构件可以降低再生烟气中 NO_x 排放量。

关键词　NO_x　汽提器　主风分布器　再生器　改造设计　FCC

1　概述

流化催化裂化（FCC）装置再生烟气是炼油厂 NO_x 排放的主要来源，其排放量占到炼油厂排放总量的 30%～50%，NO_x 的浓度一般为 100～800mg/m³。降低 FCC 装置再生烟气中 NO_x 的排放不仅对环境保护，而且对 FCC 装置本身的长期平稳操作都具有重要的意义。低 NO_x FCC 再生技术能通过采用催化剂分配器和空气分配器等措施减少 NO_x 排放。

Shell Global Solutions（Shell GS）和 Praxair Inc.（Praxair）联合商业化了一项名为 CONOx 的新技术[1]，进一步减少了 FCC 烟气中 NO_x 的排放。在一个应用案例中，对原有的 FCC 装置进行了如下技术改造：①一个新的 Shell GS PentaFlow（高流量挡板）汽提段；②催化剂循环加强技术（CCET）；③一个新的更大的主风机；④低 NO_x 再生技术，由一个新的待生催化剂分布器和新的主风分布器组成。改造前后装置的进料质量保持相同，总氮含量为 1900μg/g，碱性氮含量为 500μg/g。改造前，在再生器过剩氧气含量 2%时，NO_x 排放量约为 200μg/g；改造后，在再生器过剩氧气含量 2%时，NO_x 排放量降至 50～35μg/g，降低了 75%～82.5%。

上述案例说明，通过采用高效汽提器和优化设计再生器内构件（如待生催化剂分配器、再生器主风分布器等）可以降低 FCC 装置 NO_x 排放量。因此，开发并实施具有自主知识产权的 FCC 高效汽提器和再生器内构件成为降低 FCC 装置 NO_x 排放的一种新途径。

一般认为[2]，烟气中 NO_x 的形成主要有三种：燃料型 NO_x、热 NO_x 和快速型 NO_x。FCC 再生过程中热 NO_x 和快速型 NO_x 之和仅为 10×10^{-6}，在再生温度范围内热 NO_x 的生成量可以忽略不计，其余大部分的 NO_x 为燃料型 NO_x。燃料型 NO_x 来源于燃料本身固有氮的氧化，燃料型 NO_x 的形成受温度影响小，主要受燃料中氮含量以及氧浓度影响。在 FCC 装置中[3]，将进料中的氮记为100%，则进入产品(气体、汽油、柴油和重油)及污水中的氮占进料氮的50%~60%；而以焦炭形式随待生剂进入再生器中的氮通常为40%~50%(对于重油FCC过程，这一比例可能达到60%~70%)。

中石化炼化工程(集团)股份有限公司工程技术研发中心多年来一直致力于FCC装置优化工程技术、NO_x生成机理的研究及降低FCC装置NO_x排放等技术开发工作[2,4-9]，提出了降低FCC装置NO_x排放的工程技术途径：

(1)新型高效汽提技术，通过开发并实施"新型高效汽提技术"，提高沉降器反应油气的回收率，并降低再生器的烧焦负荷，减少原料油带来的NO_x生成量。

(2)低NO_x再生技术。研发新型再生器内构件，实现再生器内待生催化剂和主风的均匀分配、均匀接触，从而实现均匀烧焦，减少再生器过剩氧气含量，从而降低NO_x的生成量。

本文重点就降低FCC装置NO_x技术的应用案例进行简述。

2 降低FCC装置NO_x技术的应用案例

2.1 案例1—A企业2.0Mt/a FCC装置高效汽提器改造

装置于2007年2月一次开车成功。催化装置为反应再生两器同轴形式，汽提段由原来的普通环行挡板形式内构件改造为格栅填料式内构件，汽提器筒体尺寸不变，汽提器内设置两级汽提蒸汽。

装置自开工以来，汽提器运转正常，流化稳定，于2007年4月13日进行了标定[10]。原料油为加氢蜡油和外购蜡油，混合进料的密度为0.8992g/cm^3，残炭为0.48%，含硫为0.361%，碱氮含量为291.7μg/g。改造后焦炭氢含量为4%~7%，较改造前的焦炭氢含量6%~8%平均下降了21.4%，以多汽提出的油气和油来估算，年增效益1000万元左右。改造前后原料性质、反应再生主要操作条件和烟气中NO_x含量分别见表1、表2(案例1)。改造前后原料中的氮含量变化不大，烟气中NO_x由改造前的约424mg/m^{3}下降到339~105mg/m^3，下降了20%~75%。可见，新型格栅填料式汽提器汽提效率高、经济效益好，减少了进入再生器中的焦炭和油气量，从而降低了因原料中的氮而生成的燃料型NO_x的量。

表1 原料油性质

项目	案例1 改造前	案例2 改造前	案例3 改造前	案例1 改造后	案例1 改造后	案例2 改造后	案例3 改造后
时间	2006	2006	2010	2007	2014	2011	2013
密度(20℃)/(g/cm^3)	0.9088	0.920	0.8952	0.8992	0.9043	0.9229	0.9065
馏程/℃							
初馏点	212	305	117	306.0	242.8	264	126
10%	—	384	376	391.0	335.6	397	353
30%	—	425	—	428.0	383.5	433	—
50%	—	453	455	463.5	416.6	465	482
70%	—	479	—	519.7	450.7	503	—

续表

项目	案例1改造前	案例2改造前	案例3改造前	案例1改造后	案例1改造后	案例2改造后	案例3改造后
350℃含量/%	2.5	5	9.5	2.0	—	2.3	6.5
500℃含量/%	—	82	70.5	64.2	—	68.8	64
残炭/%	0.47	1.13	0.6	0.48	0.12	2.43	0.69
总氮/(μg/g)	—	—	0.14~0.17	800	1096	3928	0.12~0.16
碱氮/(μg/g)	348	1034.1	—	291.7	270	1184.3	—
总硫/%	0.494	0.5	0.61	0.361	0.216	0.47	0.8
元素分析/% C	—	86.47	—	86.72	—	86.68	79.5
H	—	12.12	—	12.77	—	12.15	13.08
四组成/% 饱和烃	64.07	69.67	87.32	67.6	88.36	55.51	74.11
芳烃	29.78	21.74	9.15	30.63	9.22	31.92	20.24
胶质+沥青质	6.15	7.82	3.53	1.77	2.43	10.36	5.65
沥青质	—	0.27	—	—	0.05	0.56	—
金属含量/(μg/g)							
Fe	0.95	5.3	0.33	1.15	4.3	3.21	1.15
Ni	0.19	4.6	0.04	0.10	0.03	4.28	0.21
Cu	0.01	0.03	0.04	0.02	0.04	0.01	0.1
V	0.68	1.39	0.01	1.80	0.18	0.96	0.18
Na	0.38	1.04	0.85	0.14	0.6	1.44	1.64

表2 反再主要操作条件及烟气中NO_x数值

项目	案例1改造前	案例2改造前	案例3改造前	案例1改造后	案例1改造后	案例2改造后	案例3改造后
时间	2006	2006	2010	2007	2014	2011	2013
新鲜进料/(t/d)	180	3131	2107.2	241	238	3420	1968
回炼比	20/180	0.04	0.247	10/241	10/238	0.15	0.25
油浆回炼比	0	—	0.13	0	0	—	0.147
原料预热温度/℃	195	185	281	215	207	205	275
一反出口温度/℃	490	520	495	492	511	520	498
二反出口温度/℃	—	550	—	486	508	500	—
雾化蒸汽(对总进料)	5.6/180	0.063	0.04	9.5/241	12.2/238	0.056	0.036
再生器压力/MPa	0.251	0.290	0.258	0.288	0.254	0.292	0.262
沉降器压力/MPa	0.268	0.262	0.233	0.225	0.217	0.268	0.235
再生器温度/℃	689	700	691	700	694.5	700	695
沉降器温度/℃	475	470	497	461	488	469	492
再生烟气O_2/%	2.94	~3.2	4.34	3.8	1.8	4.8	4.54
再生烟气NO_x/(mg/m^3)	~424	347	1141	339	105	208	250~555

2.2 案例2—B企业1.0Mt/a FCC装置高效汽提器改造

装置于2011年10月一次开车成功。催化装置为反应再生两器同轴形式，汽提段由原来的普通环行挡板形式内构件改造为格栅填料式内构件，汽提器筒体尺寸不变，汽提器内设置两级汽提蒸汽。

装置自开工以来，汽提器运转正常，流化稳定。改造后原料变重，混合原料的密度由0.910~0.920g/cm^{3}升高至0.920~0.930g/cm^3，残炭由1.2%~1.9%上升至2.3%~3.0%；汽提蒸汽用量略有升高，为2.7~3.2kg/t剂(改造前汽提蒸汽用量为2.4~2.8kg/t剂)。改造后焦炭中氢含量为4.5%~8.0%，平均为6.4%；改造前焦炭中氢含量为6.5%~8.9%，平均为7.7%。可见，改造后焦炭中氢含量平均值下降了17%，汽提效率提高，年增效益400万元左右。

改造前后原料性质、反应再生主要操作条件、烟气中NO_x含量分别见表1、表2(案例2)。改造前后原料中的氮含量变化不大，烟气中NO_x由改造前的347mg/m^{3}下降到208mg/m^3，下降了40%。可见，新型格栅填料式汽提器汽提效率高、经济效益好，减少了进入再生器中的焦炭和油气量，从而降低了因原料中的氮而生成的燃料型NO_x的量。

2.3 案例3—C企业0.6Mt/a FCC装置主风分布器改造

FCC装置再生器主风分布器是保证床层流化状态稳定、密度分布均匀的关键部件。分布器运行的好坏直接影响到再生器的烧焦效果和催化剂的跑损，因此，再生器主风分布器的优化设计至关重要。

该装置反应-再生系统为高低并列式提升管，再生方式常规单器富氧再生。自2002年开工以来，再生器烧焦不均匀，主风分布效果差，径向温差大，密相温差达到20℃左右，主风分布器压降高达25~31kPa，主风机出口压力高，床层操作不稳定，分布管部分管嘴磨损，能耗高。因此，为降低分布管压降，改善布风效果，对分布管进行更换。改造的目的：①降低主风分布器压降，减少分布管磨损，降低主风机出口压力、节能；②解决再生器流化不均匀问题，实现均匀布风。改善主风与催化剂的接触状况，提高再生器烧焦效率；③降低烟气中NO_x排放量。

改造后的主风分布器仍为树枝型，增加了分支管的数量，喷嘴个数也由13个/m^{2}提高到30个/m^2，分支管间隙速度由1.0~1.33m/s提高到1.7m/s左右。保证了使再生器内主风均匀分布的条件。同时，为保证主风分布器的的长周期运转，分布器的喷嘴采用了新型高耐磨陶瓷喷嘴。装置于2012年9月一次开车成功，主风分布器的改造结果如下：

(1) 改造前后主风分布器压降、再生器温差

2012年9月19日，装置开工正常，装置加工量控制55t/h，11月22日装置标定，加工量控制65t/h，标定结束后加工量控制58t/h。从运行情况来看，分布管压降在8~10kPa之间，达到设计值。标定时，测量床层压降时，发现压力表波动较小，表明床层流化较好。再生器振动较小，从另一方面证明床层流化较好。分布管更换前后再生器径向温差变化见表3。

表3 分布管运行参数

项目	新分布管		原分布管
主风量/(Nm^3/h)	42800	39000	48000
压降/kPa	9.39	8.1	22.9
分布管下/℃	6	5	23
分布管上/℃	15	12	28
密相/℃	7	9	6
稀相下/℃	3	4	4
稀相上/℃	5	5	25
再生器顶/℃	4	8	6

(2) 改造前后再生烟气中NO_x浓度变化

改造前，FCC装置再生烟气中NO_x排放量一直在1100mg/m^3左右，2010年8月2日，NO_x=1141mg/m^3。改造后，再生烟气中NO_x测试结果：NO_x=250~555mg/m^3，与2010年相比下降了51%~78%，平均值为65%。扣除因使用稀土CO助燃剂导致的NO_x降低率35%，再生器分布管改造后，对NO_x降低的贡献为30%。

改造前后原料性质、反应再生主要操作条件、烟气中NO_x含量分别详见表1、表2(案例3)。

(3) 改造后经济效益

直接效益：主风分布管改造后，分布器压降由改造前的25~31kPa下降为7~9kPa，平均下降了20kPa。主风机出口压力由改造前的220kPa(表)下降为201kPa(表)。节约电机轴功率140kW，节电约6%，效益估算为140×8000×0.6=67.2万元。

3 结论

工业案例表明，实施FCC装置高效汽提器和再生器内构件优化设计改造可以降低再生烟气中NO_x量，是一种降低FCC装置NO_x排放的新途径。FCC高效汽提器的实施应用，降低了进入再生器的焦炭量，减少了NO_x的生成，同时也提高了油品收率。再生器内构件优化设计改造实施后，实现了均匀和强化再生，提高了烧焦效率，主风用量降低，从而降低了再生器中NO_x的生成量。作为降低FCC装置NO_x排放措施的一种尝试，该手段有望形成炼油领域内的一种节能减排工程新技术。

参考文献

[1] Chen Ye-Mon, Wu K T, Mart Nieskens. A cost-effective solution for reducing FCC NO_x emission, 2009NPRA Annual Meeting, AM-09-36.

[2] 焦云，朱建华，齐文义，等. FCC过程中NO_x形成机理及其脱除技术[J]. 石油与天然气化工，2002，31(6)：306-309.

[3] 宋海涛，田辉平，朱玉霞，等. 降低FCC再生烟气NO_x排放助剂的开发[J]. 石油炼制与化工，2014，45(11)：7-12.

[4] 张振千. 催化裂化新型汽提器的开发与应用[J]. 炼油设计，2001，31(11)：30-33.
[5] 张振千. 催化裂化装置主风分布器改造[J]. 炼油设计，2002，32(8)：29-31.
[6] 张振千，田耕. FCC 待生催化剂多级组合式汽提器的开发[J]. 炼油技术与工程，2006，36(9)：12-16.
[7] 张振千，田耕，李国智. 新型催化裂化汽提技术[J]. 炼油技术与工程，2013，43(1)：31-35.
[8] 刘雪芬，齐文义，苗文彬. 降低催化裂化再生烟气中 NO_x 含量的 LDN-1 型助剂的工业试验[J]. 炼油技术与工程，2004，34(9)：30-33.
[9] 齐文义，郝代军，袁强，等. 降低烟气污染物三效助剂 LTA-1 的开发与应用[J]. 炼油技术与工程，2009，39(7)：58-61.
[10] 刘琤. 格栅填料式催化裂化高效汽提段技术的应用[J]. 炼油技术与工程，2009，39(5)：34-36.

生物流化床处理 PTA 污水试验研究

王贵宾，何庆生，刘献玲，张建成

（中石化炼化工程（集团）股份有限公司洛阳技术研发中心，河南洛阳 471003）

摘 要 本文对生物流化床处理 PTA 污水技术进行了侧线试验研究，试验结果表明，在进水 COD 为 1000～4600mg/L、氨氮为 18～70mg/L、pH 值为 6～8 的情况下，COD 平均去除率达 90%，COD 容积负荷平均可达 5.8kgCOD/(m^3·d)，而且该工艺实现了污水处理的装置化、集成化，具有占地面积小，抗冲击能力强等优点。

关键词 生物流化床 PTA 污水 容积负荷 抗冲击性

近年来随着世界经济的高速发展，PTA（Pure terephthalic acid 对苯二甲酸）作为大宗有机原料之一，其需求量激增，PTA 生产装置被不断扩建[1]。在 PTA 生产过程中会产生大量污水，该污水有机物浓度高，COD 一般在 5000～9000mg/L；pH 值酸碱交变频繁，在 3～13 范围内波动；PTA 污水进污水处理场的温度一般高于 45℃，有时甚至高达 80℃[2]。

生物流化床反应器是一种气、液、固并存的三相生物流化床，床内处于高速湍流流化状态，不仅使反应器内传热、传质、动量传递效率提高，而且使生物膜表面不断更新，保持与溶解氧及处理介质的充分接触，使微生物活性及代谢功能大大增强[3]，该技术是一种活性污泥法与生物膜法相结合的新型反应器[4~5]。某石化厂处理 PTA 污水采用 IC 厌氧/好氧生化法工艺。现有的好氧生化装置由曝气池和氧化沟两级工艺组成，但已不能满足生产需要，受制于占地面积的影响，急需寻求一种占地面积小，处理效率高的污水处理工艺替代现有的好氧装置。PTA 污水经过厌氧处理后，生化性比较好，水质稳定，适于使用好氧生化处理，因此，针对 PTA 污水特性研究开发低能耗，高效率的好氧生物流化床反应器具有重大意义。

1 试验水质、水量与来源

1.1 污水来源与成分

试验地点位于该厂污水站内，所用污水主要来自涤纶部氧化装置和聚酯装置，主要污染物具体如表 1 所示。该污水经 IC 厌氧反应器处理后送入好氧生化系统。侧线试验用水采用厌氧出水，处理后的水与氧化站总出水一起送至下游污水处理场。

表 1 污水来源与成分

装置	温度/℃	主要污染物
氧化装置	<60	醋酸、对甲基苯甲酸、对苯二甲酸、醋酸正丁酯、苯甲酸等
2#聚酯装置	<30	乙二醇、乙醛等
3#聚酯装置	<30	乙二醇、乙醛、硬酯酸等

1.2　污水水质与水量

PTA 污水 COD 高达 5000~9000mg/L，氨氮一般为 40mg/L 左右，经过 IC 厌氧反应器处理后，COD 可降到 1000~4600mg/L，具体参数如表 2 所示。

表 2　生物流化床进水水质

项　目	COD/(mg/L)	pH	BOD/(mg/L)	总氮/(mg/L)	氨氮/(mg/L)	温度/℃
IC 反应器出水	1000~4600	6.0~7.0	900~2200	30~100	18~70	<40

1.3　处理后的水质要求

在进水 COD1000~4600mg/L 情况下，要求生物流化床处理后的污水水质达到企业标准，具体数值见表 3。

表 3　生物流化床出水水质要求

项　目	COD/(mg/L)	pH	BOD/(mg/L)	温度/℃
生物流化床出水水质要求	≤ 500	6.0~9.0	≤200	<40

2　试验流程及装置

2.1　侧线试验工艺流程

侧线试验工艺流程与装置如图 1 所示。来自 IC 厌氧反应器的 PTA 污水，由一台增压泵输送到生物流化床，进行生化反应。加药罐中按要求配制的营养液，由加药泵送入流化床。反应需要空气由底部风线进入流化床。生化处理后的污水，溢流进入沉降罐，进行泥水沉淀分离，清水从沉降罐顶部排出，污泥由回流泵打循环进入流化床，完成一个循环。

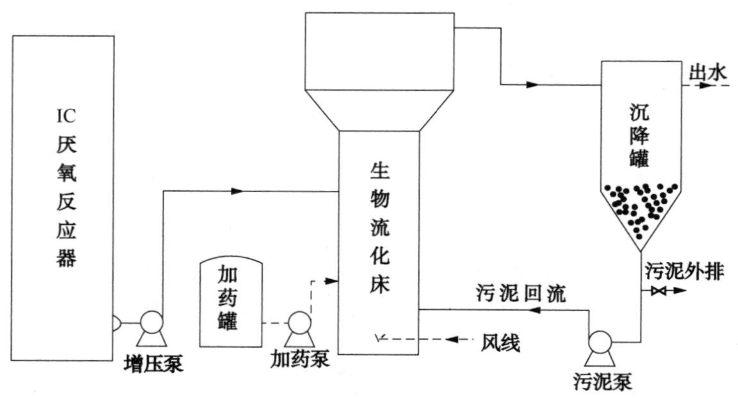

图 1　侧线试验工艺流程简图

2.2　侧线试验装置启动

（1）将生物载体加入生物流化床装置中，并向内部加满待处理的 PTA 污水，开启进气阀门，向装置内通入空气。(2)取一定量的浓缩污泥置于生物流化床内，并向内部加入自制营养液及特种菌群，进行驯化培养。(3)从生物流化床内取出水样进行分析，12h后再次取样分析，分析项目为COD、NH_3-N、总P。(4)当COD去除率达70%，流化床内污水的COD小于预定值后，关闭进气阀，泥水分离澄清后，打开反应器中部的排水阀，排除反应器上部澄清液。再向生物流化床内加满污水进行驯化、培养。(5)经取样分析，生物流化床内污水COD小于预定值后，即由间歇驯化转化为连续培养，流量逐渐增加。(6)污水经反应器处理后，由排水管道流入沉降罐进一步澄清，然后开启回流泵把污泥回流到反应器，系统转入正常运行。

3 试验结果与讨论

3.1 运行参数考察

3.1.1 水力停留时间考察

水力停留时间对COD降解的影响见图2。在保持生物流化床内温度35℃左右，进水pH值在7左右，进水COD为1500~2000mg/L，溶解氧(DO)为4.0mg/L的操作条件下，考察水力停留时间对COD降解的影响。从图2可以看出：当停留时间大于7h时，随着水力停留时间的减少，出水COD变化不大；当水力停留时间低于7h时，出水COD值开始增大；当停留时间低于6.5h时，出水COD高于500mg/L，不能满足企业标准。因此，选择最佳水力停留时间为7~8h。

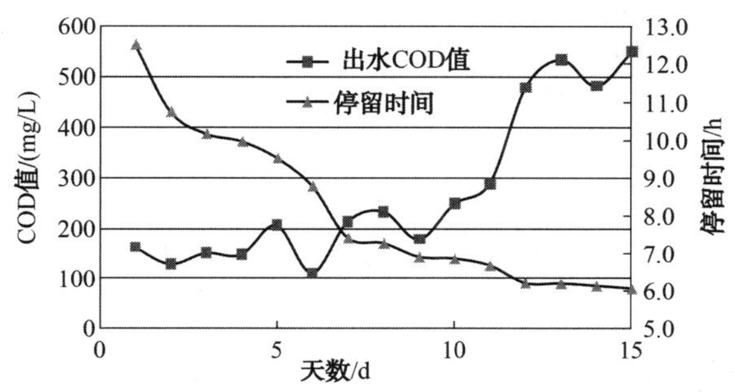

图2 水力停留时间对COD降解的影响

3.1.2 进水COD波动对处理效果考察

进水COD波动对处理效果的影响见图3。在保持生物流化床内温度35℃，进水pH值在7左右，水力停留时间为7~8h，溶解氧(DO)为4.0mg/L的操作条件下，考察水力停留时间对COD降解的影响。从图3可以看出：当进水COD在1500~4300mg/L之间波动时，不会对生物流化床处理效果造成影响，表明生物流化床对COD波动有较好的抗冲击能力。

3.1.3 反应温度对COD去除效果考察

反应温度对处理效果的影响见图4。在保持进水COD为1500~2000mg/L，pH值在7左右，水力停留时间为7~8h，溶解氧(DO)为4.0mg/L的操作条件下，考察生物流化床内温度对COD降解的影响。从图4可以看出：当生物流化床温度在26~41℃之间波动时，出水

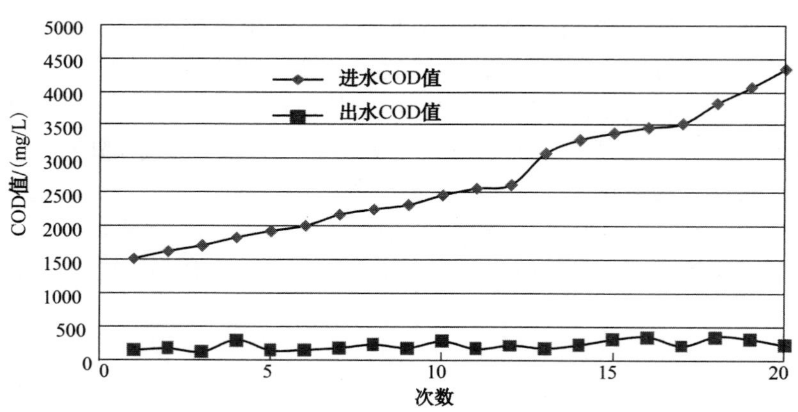

图3 进水 COD 波动对处理效果的影响

COD 保持在 300mg/L 之下，能够满足企业要求，表明生物流化床对温度波动有较好的抗冲击能力。

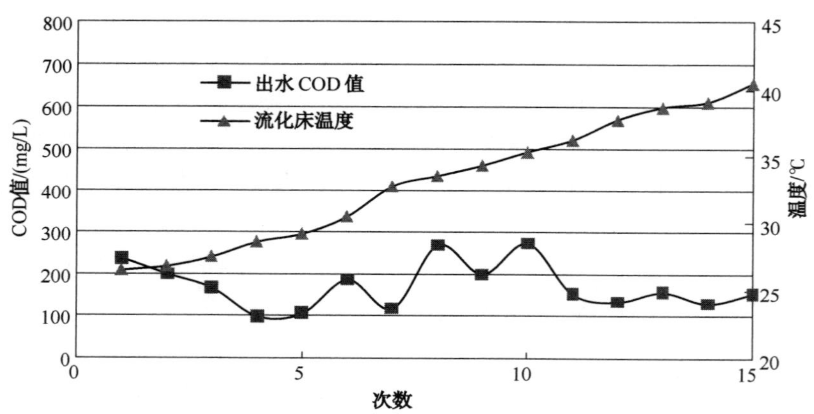

图4 反应温度对 COD 去除效果的影响

3.2 连续运行总效果考察

3.2.1 生物流化床 COD 处理效果

生物流化床连续运行处理 COD 总体效果如图 5 所示。通过为期 2 个月的稳定运行，在进水 COD 为 1000~4600mg/L，pH 值为 7 左右，反应温度为 26~41℃，水力停留时间为 7~8h，进气量为 5~7m^3/h 操作条件下，处理后 COD 小于 400mg/L，可以满足 COD 为 500mg/L 的企业标准。表明生物流化床对 COD 值波动冲击具有很好的适应性。

3.2.2 生物流化床 COD 去除率

由图 6 可知，经过 2 个月的稳定运行，生物流化床对 PTA 污水平均去除率可达 90%以上，表明生物流化床具有较高的运行效率。

3.2.3 生物流化床 COD 容积负荷

生物流化床去除容积负荷如图 7 所示。其中投配容积负荷 N'_V[单位，kgCOD/(m^3·d)]=

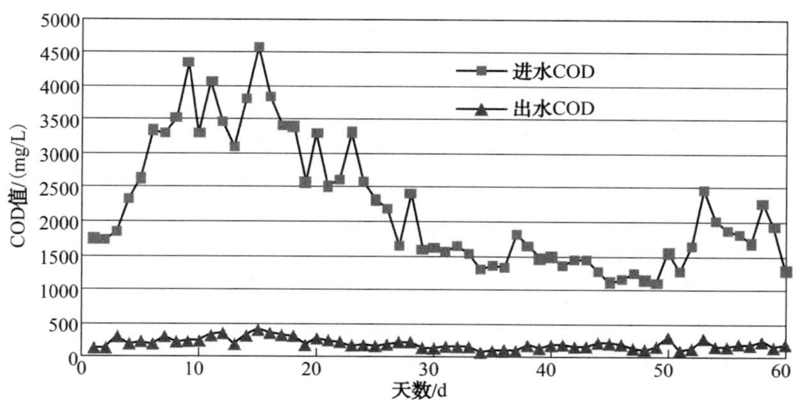

图5　生物流化床COD处理效果图

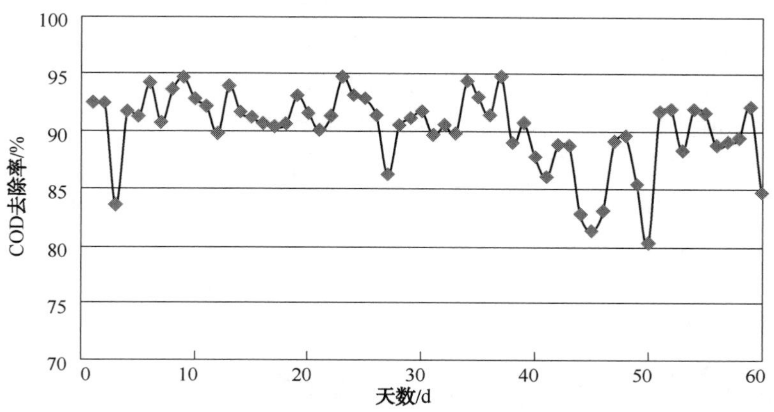

图6　生物流化床COD去除率效果图

QS_0/V，去除容积负荷N_V[单位，kgCOD/(m^3·d)]=$Q(S_0-S_e)/V$，S_0、S_e分别为进、出水COD，Q(单位，m^3/d)为装置处理量，V(单位，m^3)为装置体积。由图7可见，生物流化床处理PTA污水的平均去除容积负荷为5.8kgCOD/(m^3·d)。表明该装置对COD有较高的容纳和抗冲击能力。

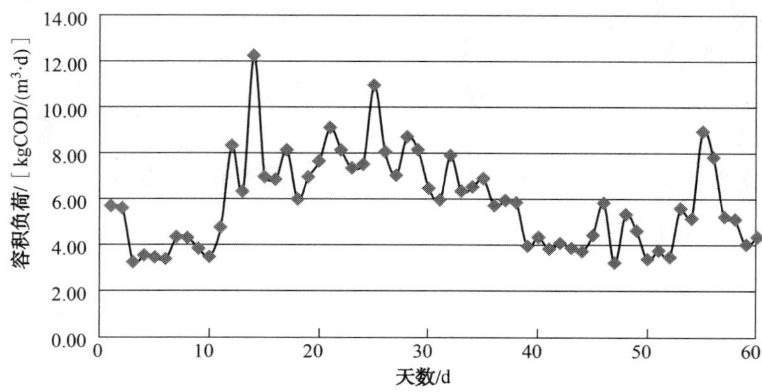

图7　生物流化床COD去除容积负荷

3.3　生物流化床与传统活性污泥法比较

生物流化床与氧化污水站传统活性污泥法工艺对比如表4所示。由表4可知，生物流化床的停留时间为传统活性污泥法的1/5，气水比为传统活性污泥法的1/2，容积负荷为传统活性污泥法的近7.6倍。由此可见生物流化床处理效率远高于传统活性污泥法。

表4　生物流化床与传统活性污泥法工艺比较

项目	停留时间/h	气水比	出水平均 COD	平均容积负荷	抗冲击能力
传统活性污泥法	42~48	40~50	600mg/L	0.76kgCOD/(m^3·d)	一般
生物流化床	7~9	15~20	200mg/L	5.8kgCOD/(m^3·d)	强

3.4　影响生物流化床正常运行的因素与危害

虽然生物流化床相比传统活性污泥法有较多技术优势，但是在极端恶劣的工艺条件下，也会影响生物流化床的正常运行。对于处理工业污水，主要体现在污水pH值、温度和容积负荷等方面。该试验中生物流化床位于IC厌氧反应器下游，污水pH值和温度相对比较稳定，而容积负荷则会随着进水量的增大而增加。当容积负荷超过生物流化床的承受能力时，系统内生物菌群会受到冲击。如果长时间高负荷运行，会导致污泥膨胀现象的发生，产生较多丝状菌，以致在沉降罐内泥水不能有效分离，活性污泥随着出水流失掉，造成生化系统生物量减少[6]，污泥负荷增加，污泥膨胀加剧，产生大量泡沫，并形成恶性循环，给生物流化床的正常运行带来严重影响。

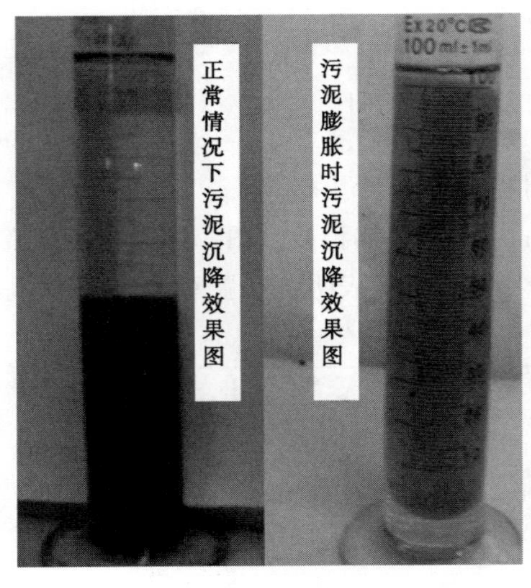

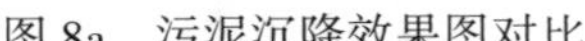
图8a　污泥沉降效果图对比

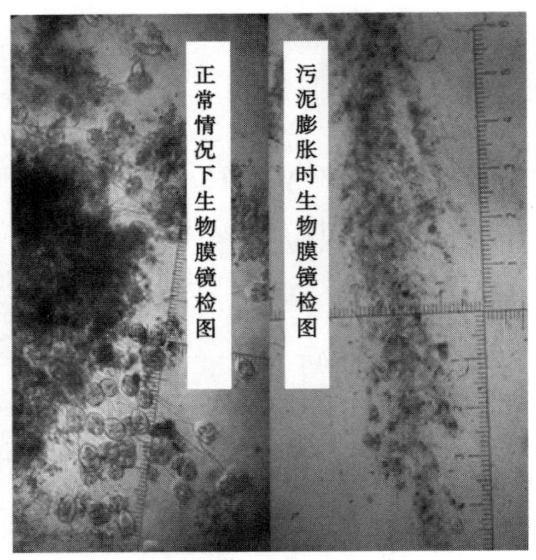

图8b　生物膜镜检效果对比

图8a和图8b为生物流化床正常运行与发生污泥膨胀时的活性污泥效果对比图。由图可知，生物流化床正常运行情况下，泥水分离比较彻底，上层水质清澈透明，下层污泥较密实，SV_{30}<50%，镜检时可见生物膜上有较多钟虫等微生物；而发生污泥膨胀时，泥水分离困难，污泥结构松散，SV_{30}一般大于80%，镜检可见生物膜上有较多丝状菌，原生动物

减少。

污泥膨胀现象恢复周期长，对装置正常生产影响较大，为了减少该危害的产生，应该严格控制生物流化床的容积负荷，尤其要避免长期进行高负荷运转。对于处理PTA污水，生物流化床容积负荷应保持在5.8kgCOD/(m^3·d)以下，以保证装置能长期稳定运行。

4 结论

（1）生物流化床处理PTA污水，在进水COD为1000~4600mg/L，氨氮为18~70mg/L，pH值为7左右，温度为26~41℃，DO为4.0mg/L，水力停留时间为7~8h操作条件下，处理后的污水COD<500mg/L，COD平均去除率达90%，达到企业标准。

（2）生物流化床的平均容积负荷为5.8kgCOD/(m^3·d)，是传统的活性污泥法的7.6倍左右，充分表明该反应器有较高的处理能力和抗冲击能力。

（3）新工艺采用一级生物流化床，代替了现有的曝气池和氧化沟两级好氧生化处理工艺，不仅节省了占地面积，而且节省了投资及运行费用。

（4）为了减少污泥膨胀现象的产生，应该严格控制生物流化床的容积负荷，尤其要避免长期进行高负荷运转。对于处理PTA污水，生物流化床容积负荷应保持在5.8kgCOD /(m^3·d)以下，以保证装置能长期稳定运行。

参考文献

[1] 李胜利，刘笑竺，宋郁．PTA装置关键设备国产化探讨[J]. 石油化工设计，2002，19(2)：39~43.

[2] 肖志明．PTA污水处理技术综述[J]. 聚酯工业，2005，18(5)：15~17.

[3] 刘献玲，张建成，曹玉红．生物流化床处理炼油废水工业应用的研究[J]. 石油炼制与化工，2006，31(1)：43~46.

[4] 杨平，潘永亮，何力．废水生物处理中生物膜的形成及动力学模型研究进展[J]. 环境科学进展，2000，13(5)：50~53.

[5] Yu Liu，Joo-Hwa Tay. The essential role of hydrodynamic shear force in the formation of biofilm and granular sludge. Wat. Res，2002，36(7)：1653~1665.

[6] 曹文平，朱伟萍，张永明，等．曝气生物滤池工艺中丝状菌孳生的成因和防治措施[J]. 水处理技术，2008，34(3)：77~80.

利用助剂降低催化裂化烟气 NO_x 排放

齐文义，郝代军

（中石化炼化工程（集团）股份有限公司洛阳技术研发中心，河南洛阳市　471003）

摘　要　FCC 再生方式不同，催化剂中氮化物的转化和烟气中氮化物的赋存形式也不尽相同。催化剂中的氮化物在再生器中首先转化成 NH_3 和 HCN 等中间物种，在完全再生装置中 NH_3 和 HCN 转化成 N_2 和 NO；在非完全再生装置中 NH_3 和 HCN 在 CO 锅炉中部分转化成 NO，CO 锅炉成为 NO 的排放源，烟气中的 NO 还有约 10%来自于空气中氮气氧化生成的热 NO。研究开发的适应完全再生 FCC 装置的 NO_x 助剂，在装置中加入 1.5%~3.5%，可以使烟气中的 NO_x 降低 75%以上。研究开发的适应非完全再生 FCC 脱硝助剂，在装置中加入约 2.0%，可以使三旋出口烟气中的 NH_3 和 HCN 含量明显降低，烟气中的 NO_x 降低 50%以上。

关键词　FCC　NO_x　助剂　烟气　完全再生　非完全再生

1　概述

催化裂化（以下称 FCC）是现代炼厂重要的重油轻质化手段之一，也是炼厂污染物的主要来源。据统计，FCC 再生烟气中的主要污染物包括 SO_x、NO_x、CO_2、PM（颗粒物）等，依据原料性质和再生方式的不同，FCC 烟气中可能还会含有少量的 CO、COS、H_2S、NH_3 和 HCN 等。日益严格的法规要求对 SO_x、NO_x、CO 和颗粒物等污染物进行控制排放，最近美国环境保护署又将 FCC 烟气中的 HCN 列为检测对象[1]。现在炼厂已经有许多技术选择来有效降低 FCC 烟气 NO_x 排放，而催化助剂被认为是一种减少 FCCU 烟气 NO_x 排放的在经济上极具吸引力的方法之一，已经在世界范围内应用多年。尽管人们对催化助剂能否达到新法规的超低排放标准还心存疑虑，但催化 NO_x 助剂也已证明可以将烟气中的 NO_x 含量降低到 20μg/g 以下[2]。

2　NO_x 的生成机理

研究表明：FCC 烟气中 NO_x 几乎全部来自于原料中氮化物[3,4]。在 FCC 反应过程中，原料中 30%~50%的氮最终沉积在催化剂的焦炭中[5]，在催化剂再生过程中，焦炭中的氮化物首先转化成 NH_3 和 HCN 等中间物种，NH_3 和 HCN 的形成与原料的氮化物类型和碱性有关[6]；在完全再生装置中这些中间物种绝大部分转化成 N_2，只有不到 10%转化成 NO[7]，典型烟气中的 NO_x 含量在 100~500μg/g 之间，其中 NO 占到 95%以上。完全再生装置 NO_x 的生成及转化如图 1 所示[8]。非完全再生 FCC 装置 NO_x 的生成与转化网络图如图 2 所示。在非完全再生装置中，CO 取代再生器成为 NO_x 的排放源。烟气中的 NO_x 不仅包括燃料型 NO_x，而且还包括部分 CO 锅炉产生的热 NO_x。据估算，热 NO_x 对总 NO_x 的贡献在 10% 左右。

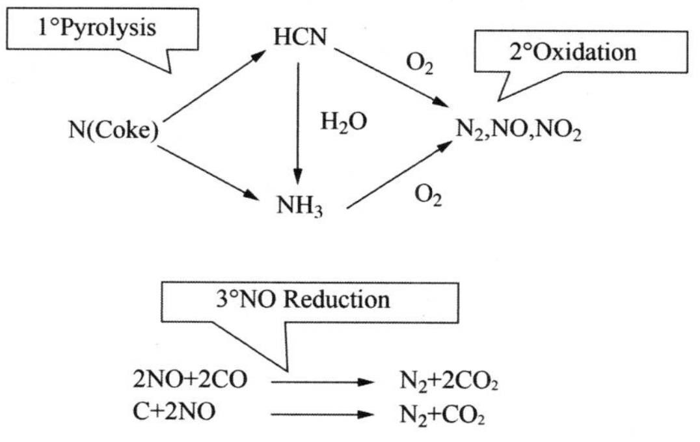

图 1　FCC 完全再生再生器中 NO_x 化学反应

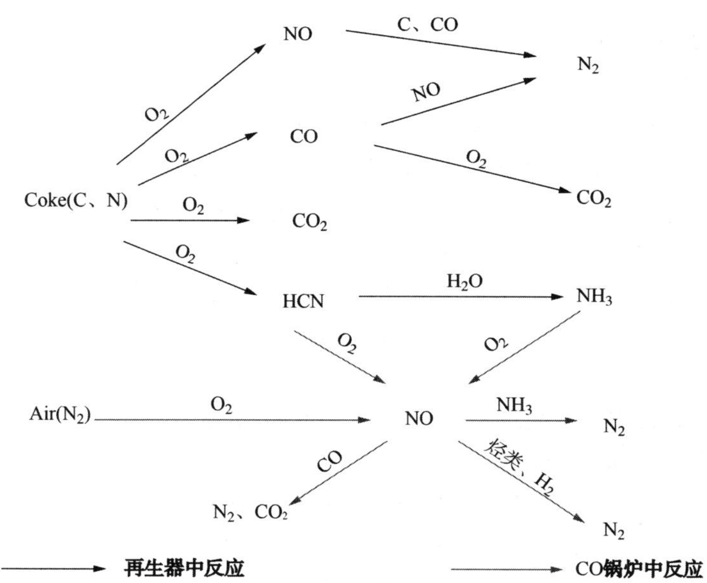

图 2　非完全再生 FCC 装置 NO_x 生成及转化网络

3　降低催化裂化 NO_x 的方法

降低催化裂化再生烟气 NO_x 排放主要包括抑制或减少 NO_x 或 NH_3 和 HCN 生成；对于完全再生装置可以通过控制氧含量来预防和最小程度的生成 NO_x；对于非完全再生装置可以通过降低 CO/CO_2 的比值，来控制或减少 NH_3 和 HCN 生成[9]，还可使用具有脱 NH_3 和 HCN 功能的催化助剂，来降低烟气中 NH_3 和 HCN 含量。另外，一旦 NO_x 生成，将 NO_x 还原成 N_2，主要技术包括：选择性催化还原（SCR）、选择性非催化还原（SNCR）和臭氧氧化洗涤（LoTox）。对非完全再生装置还可能需要低 NO_x 燃烧技术。有人比较了完全再生条件下 SCR、SNCR、LoTOx 和助剂的经济性[10]。

表1　不同脱硝技术的经济性评价

脱硝方法	LoTOx	SCR	SNCR	助剂
FCC 装置规模	2.0Mt/a 蜡油催化裂化装置			
烟气流量/(mg/Nm^3)	25.5×10^4			
装置运行寿命/a	15			—
年装置运行时间/h	8400			
检修周期/(年/次)	3			—
脱前 NO_x 浓度/(mg/m^3)	800			
脱后 NO_x 浓度/(mg/m^3)	100	100	400	300
运行费用/(元/$kgNO_x$)	33.90	9.62	8.5	7.71

4　NO_x 助剂作用机理

由于完全再生装置和非完全再生装置烟气中 NO_x 的生成和转化有很大不同，因而所要求助剂的作用机理也完全不同。完全再生装置是将已经生成的 NO_x 用助剂催化转化成 N_2；而非完全再生装置是要求在再生器中将 NH_3、HCN 等中间物种用催化助剂转化成分子态的氮气。两种再生方式助剂的作用机理分别是：在完全再生装置中，助剂利用再生器中存在的 CO 和焦炭将烟气中的 NO 催化转化成 N_2，该过程所涉及的反应如下：

$$2NO+2CO \longrightarrow N_2+2CO_2$$

$$2NO+C \longrightarrow N_2+CO_2$$

在非完全再生装置中，催化助剂首先将 HCN 催化水解成 NH_3，然后将 NH_3 催化分解成 N_2 和 H_2O 蒸汽。所涉及到的反应如下：

$$HCN+2H_2O = HCOOH+NH_3$$

$$HC{\equiv}N + H_2O \rightleftharpoons NH_3+CO$$

$$2NH_3 \longrightarrow N_2+H_2$$

$$2H_2+O_2 \longrightarrow 2H_2O$$

5　助剂的工业应用情况

中石化炼化工程(集团)股份有限公司洛阳技术研发中心在20世纪90年代后期就开始催化烟气助剂的研究开发工作。研究开发的适应完全再生和非完全再生 FCC 装置的 NO_x 助剂，在中石化、中石油、中海油数家炼厂得到了成功应用。

5.1　完全再生装置 NO_x 助剂

适应完全再生装置 NO_x 助剂在配方设计上采用大孔活性载体，并辅之稀土、过渡金属等活性金属组分，既保证可以有效的降低催化裂化再生烟气 NO_x，又具有良好的 CO 助燃剂作用。先后中国石油和中海油催化裂化装置上进行了工业应用[11,12]，装置处理量分别为

0.8Mt/a/和1.2Mt/a，中石油催化装置采用高低并列提升管反应器，再生器采用单段加CO助剂完全再生方式，加工原料为常减压馏份油、焦化蜡油、丙烷轻重脱沥青油及少部分蜡下油，掺炼5%~20%减压渣油，助剂加入量占催化剂藏量的3.5%。中海油催化装置提升管采用中国石化石油化工科学研究院开发的多产异构烷烃的MIP工艺，再生部分采用烧焦罐加床层的完全再生技术，催化剂为MIP专用催化剂。原料减压蜡油和加氢裂化尾油，混合原料硫质量分数为0.22%~0.31%，氮质量分数为0.16% ~0.20%，助剂占催化剂藏量的1.5%。助剂性质见表2。中石油催化装置应用结果见表3，中海油催化装置应用结果见表4，助剂对产品分布的影响见表5。

表2 NO_x 助剂物理性质

性　质	数　值	性　质	数　值
外观	淡黄色微球	粒度分布/%	
堆密度/(g/cm^3)	0.945	<20μm	4.4
孔容/(cm^3/g)	0.143	20~40μm	16.7
比表面/(m^2/g)	127	40~80μm	43.9
磨损指数/%	1.83	80~120μm	23.2
		>120μm	11.8

表3 助剂在中石油催化装置工试期间再生烟气组成分析结果

日期	NO_x/(mg/m^3)	NO/(mg/m^3)	NO_2/(mg/m^3)	CO/%	O_2/%	CO_2/%	SO_2/(mg/m^3)
空白标定	1410	1378	32	0.003	2.8	10.1	0
	1386	1344	44	0.0	3.0	104	5
	1456	1401	55	0.001	3.0	10.0	1
	1414	1392	22	0.002	2.8	10.1	0
中期标定	448	446	2	0.000	2.4	10.5	14
	425	396	28	0.000	2.6	10.4	14
	485	469	16	0.000	2.8	10.3	0
	484	459	24	0.000	3.0	10.1	12
	463	447	16	0.000	2.5	10.4	19
后期标定	358	309	49	0.001	4.1	9.6	0
	316	371	45	0.000	2.8	10.3	8
	330	320	10	0.000	2.5	10.4	83
	337	323	14	0.000	3.0	10.2	123
	321	315	6	0.000	3.1	10.2	114

助剂加注前，催化烟气中 NO_x 含量为1400mg/m^{3}左右，到助剂使用后期烟气中 NO_x 含量平均降至350mg/m^3，脱除率达到75%。助剂加完后的一个星期烟气中 NO_x 含量基本维持在330mg/m^{3}左右，表明助剂具有良好的活性寿命。分析试验期间再生烟气中的CO含量数据，可以发现，再生烟气中的CO含量一直维持在50μg/g以内，试用过程中装置操作平稳，未

发生二次燃烧或尾燃现象，可以取代原有的铂基助燃剂。比较助剂加注前后装置的产品分布和汽、柴油性质，未发现助剂有不利影响。

表4 助剂在中海油催化装置应用结果

时间	NO/(mg/m^3)	SO_2/(mg/m^3)	O_2/v%
07-31	640.11	276.71	3.14
08-1	640.63	249.68	3.36
08-19	84.05	42.90	3.34
80-20	83.37	33.37	2.75

从表4可以看出，催化烟气中的NO_x质量浓度从640.37mg/m^3降至83.71mg/m^3，SO_2质量浓度从263.20mg/m^3降至38.14mg/m^3，NO_x和SO_2脱除率分别达86.93%和85.51%，助剂不仅表现出良好的NO_x脱除性能，而且还具有很好的SO_2脱除性能。

表5 完全再生NO_x助剂对产品分布的影响

项　目	中石油催化装置		中海油催化装置	
	空白标定	加剂标定	空白标定	加剂标定
助剂含量/%	0	3.5	0	1.50
加工量/(t/h)	88	93	154	152
干气	3.34	3.0	2.81	2.89
液态烃	10.12	9.89	19.82	21.27
汽油	48.70	51.03	46.13	45.49
柴油	29.23	28.44	20.65	19.76
油浆	3.01	2.01	3.80	3.71
焦炭	5.20	5.23	6.39	6.48
损失	0.40	0.40	0.40	0.40
轻油收率/%	77.93	79.47	66.78	65.25
总液体收率/%	88.05	89.36	86.60	86.52

5.2 非完全再生脱硝助剂

研究开发的适应非完全再生装置脱硝助剂的工业应用试验是在中国石油某3.0Mt/a催化裂化装置上进行的。该装置以减压渣油和常减蜡油作原料；提升管反应器采用VQS旋流快分技术；再生型式采用重叠式两段再生，装置的两个再生器重叠布置，一段再生器位于二段再生器之上。一再贫氧再生、CO部分燃烧，二再含过剩氧再生、CO完全燃烧。新鲜主风先进第二再生器，与第一再生器来的含碳量较低的半再生催化剂充分接触，产生含有一定过剩氧的二段再生烟气通过分布板进入一段再生器。二段烟气中的过剩氧供第一再生器对高含碳量的待生催化剂进行烧焦。装置催化剂为兰州石化催化剂厂生产的LVR-60R催化剂，装置总藏量700吨，催化剂单耗1.98kg。原料主要为蜡油+渣油，掺渣比大于40%。烟气脱硫采用EDV湿法烟气洗涤技术，没有安装脱硝设施。助剂的主要物理性能见表6。

表 6　助剂主要物理性质指标

项　　目	质量指标	实测数据
外观	淡蓝色微球	合格
堆积密度/(g/mL)	0. 75～0. 95	0. 90
磨损指数/(%/h)	≤3. 5	2. 0
粒度分布/发%　0～40μm	≤20	2
0～149μm	≥85	98
孔容/(mL/g)	≥0. 12	0. 25
比表面积/(m^2/g)	≥80	150

助剂首先按照催化剂藏量的 2. 0%分 15 天将助剂快速加入装置，然后根据催化剂单耗每天补入 150. kg 助剂。由于助剂加入前后装置的原料性质基本维持恒定，尤其是原料油中的总氮含量一直维持在 0. 22%～0. 28%之间，助剂的脱硝性能就以加剂前后洗涤塔入口烟气中 NO_x 含量的变化来评价，同时还对加剂前后三旋出口烟气中 NH_3、HCN 含量进行了测定。加剂前后洗涤塔入口烟气 NO_x 含量变化如图 3 所示，加剂前后三旋出口烟气中 NH_3 和 HCN 含量如表 7 所示。

表 7　加剂前后三旋出口烟气氮化物分析结果

监测时间	NH_3	HCN	NO	NO_2	NO_x
加剂前	503. 2	20. 6	3	0	5
	1658. 1	30. 1	2	0	3
	1492. 5	156	4	0	6
	987. 2	13. 9	5	0	8
	720. 7	61. 7	0	0	0
	970. 3	30. 4	2	0	3
	1456. 5	4. 7	1	0	2
	1259. 6	57. 6	3	0	5
	1012. 5	13. 3	0	0	0
	933. 3	111. 2	1	0	2
加剂后	769. 0	1. 43			
	429. 7	50. 1			
	325. 0	86. 0			
	577. 2	53. 1	5	0	8
	529. 5	33. 2	5	0	8
	826. 6	21. 1	3	0	5
	339. 8	49. 9	1	0	2
	693. 1	69. 6	0	0	0
	497. 6	46. 8	0	0	0
	503. 8	87. 6	0	0	0

（1）洗涤塔入口烟气中 NO_x 含量的变化

脱硝助剂工业应用试验期间洗涤塔入口烟气中 NO_x 含量的变化如图3所示。

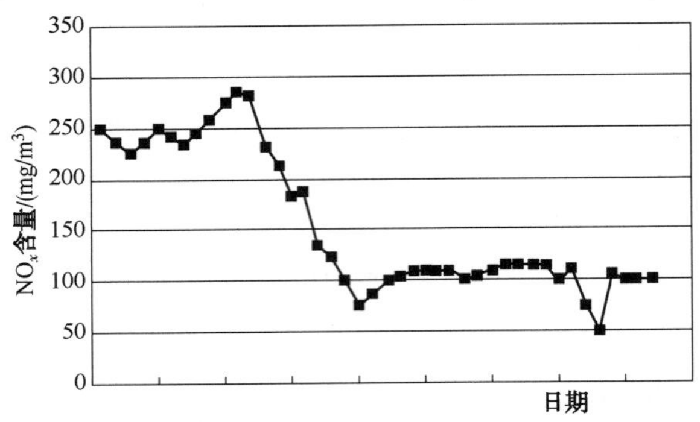

图3　助剂加注前后洗涤塔入口烟气 NO_x 含量的变化

由图3可知，洗涤塔入口烟气中 NO_x 含量由加剂前的240~300mg/m^3，降低到加剂后的100~120mg/m^3，NO_x平均脱除率达到50%以上，助剂的脱硝相对稳定。

（2）三旋出口烟气氮化物的变化

脱硝助剂空白试验和快加阶段用吸收滴定和便携式烟气分析仪对三旋出口烟气中氮化物类型和含量进行了分析。

由表7可以看出，三旋出口烟气中氮化物主要以 NH_3 和 HCN 的形式存在，NO_x 含量很低。加剂后烟气中的 NH_3 含量明显下降，HCN 含量变化不大，表明助剂对 NH_3 的转化能力较强、HCN 的转化能力稍弱。从氮平衡的角度看，比较加剂前后三旋出口烟气中的 NH_3、HCN 和洗涤塔入口烟气中 NO_x 含量，可以看出，进入 CO 锅炉的 NH_3 和 HCN 并不是全部转化成 NO_x，它们转化成 NO_x 分率的高低可能与 CO 锅炉的操作条件有关，如果 CO 锅炉温度比较高、氧化气氛浓，NH_3 和 HCN 转化成 NO_x 的分率就会高；如果 CO 锅炉的还原气氛比较浓，NH_3 和 HCN 转化成 NO_x 的分率就会低。

表8　助剂对产品分布的影响

项　　目	空白标定	快加阶段	平衡加注阶段	优化加注阶段
进料/%				
蜡油	54.18	54.18	54.68	60.04
渣油	42.78	43.77	43.61	37.52
重化物	1.62	0.54	0.20	1.35
焦化液态烃	1.42	1.51	1.52	1.09
产品分布/%				
干气	3.88	3.50	3.67	3.48
液态烃	14.75	15.32	15.46	16.13
汽油	46.33	45.70	46.59	46.95
柴油	23.06	23.90	23.53	22.52
油浆	4.23	4.29	3.93	4.14
焦炭(含损失)	7.55	7.29	7.22	7.14
合计/%	100	100	100	100
轻质油收率/t%	84.14	84.92	85.58	85.60

由表 8 可以看出，助剂对装置产品分布没有负面影响。

6 结论

FCC 再生方式不同，催化剂氮化物的转化和烟气中氮化物的赋存形式也不尽相同。完全再生装置中，催化剂中的氮化物在再生器中首先转化成 NH_3 和 HCN 等中间物种，然后转化成 N_2 和 NO；非完全再生装置中催化剂中的氮化在再生器中主要以 NH_3 和 HCN 的形式存在，NH_3 和 HCN 在 CO 锅炉中部分转化成 NO，CO 锅炉成为 NO 的排放源，烟气中的 NO 有约 10%来自于空气中氮气氧化生成的热 NO。

研究开发的适应完全再生 FCC 装置的 NO_x 助剂，在装置中加入 1.5%~3.5%，可以是烟气中的 NO_x 降低 75%以上。研究开发的适应非完全再生 FCC 脱硝助剂，在装置中加入约 2.0%，可以使三旋出口烟气中的 NH_3 和 HCN 含量明显降低，烟气中的 NO_x 降低 50%以上。助剂对装置产品分布没有负面影响。

NO_x 助剂技术为炼厂解决催化裂化烟气 NO_x 排放提供一条经济、有效的技术选择。

参 考 文 献

[1] Xuhua Mo, Aart de Graaf, Paul Diddams. HCN emission in fluid catalytic cracking. AFPM annual meeting, NPRA, AM-13-19, San Antonio, TX, 2013.

[2] Marius Vaarkamp, David Stockwell. The Road map to 20ppm NO_x in FCC Flue Gas. AM-05-62. San Francisco, CA, 2005.

[3] Martin Evans. Evaluating FCC flue gas emission-control technologies[J]. PTQ Q12008, 111-121.

[4] D. M. Stockwell, C. P. Kellar. Reduction of NO_x emissions from FCC regenerators with additives Studies in surface science and catalysis. 2004(149): 177-188.

[5] John Sawyer, Ray Fletcher, Hanif Lakhani, et al. An alternative to FCC flue gas scrubbers. NPRA annual meeting NPRA, AM-09-38. San Antonio, TX, 2009.

[6] Iliopoulou E F, Efthimiadis E A, Vasalos I A, et al. Development and evaluation of Ir-based catalytic additive for the reduction of NO emission from the regenerator of a fluid catalytic cracking unit[J]. Ind. Eng. Chem. Res., 2004, 43(23): 7476-7483.

[7] Alan Kramer, Chris Kuehler. New Technology Provides Opportunities in FCC Regenerator Emissions Control. NPRA, AM-09-37. San Antonio, TX, 2009.

[8] Alan Kramer, Chris Kuehler. New Technology Provides Opportunities in FCC Regenerator Emissions Control. NPRA, AM-09-37. San Antonio, TX, 2009.

[9] Ray Fletcher, Martin Evans. Preventing the Most Common Environmental Excursions on the FCC . 2011, AM-11-38.

[10] 王刻文，胡敏，郭宏昶，等．催化烟气脱硝工艺选择探讨[J]．山东化工，2013，42(10)：213-217.

[11] 刘雪芬，齐文义，苗文彬．降低催化裂化再生烟气中 NO_x 含量的 LDN-1 型助剂工业应用[J]．炼油技术与工程，2004，34(9)：32-35.

[12] 曹孙辉，侯利国，胡博，等．催化烟气脱硝助剂 FP-DN 的工业试验[J]．炼油技术与工程，2014，44(3)：45-48.

高浓度污水处理场开工运行工艺及参数优化

刘思炜

（中国石化武汉分公司，武汉 430082）

摘 要 高浓度污水处理场开工初期，生化进水油含量时常出现超标，污水处理场出水COD、氨氮未能达到设计指标。为解决水质达标问题，本文通过实验方法确定了适宜该厂含盐废水的聚合氯化铝(简称PAC)、聚丙烯酰胺(简称PAM)和粉末活性炭投加浓度，浮选单元PAC加药浓度为40～50mg/L，生化单元PAM投加浓度为10mg/L，生化单元粉末活性炭投加量160kg/d；优化了工艺控制参数，将一段PACT生化池污泥龄延长至25d，二段PACT生化池污泥龄延长至40d。经过半年的调整，该污水处理场主要出水水质指标已优于《污水综合排放标准》(GB 8978—1996)一级标准。污水处理场运行情况表明，优化后的药剂用量能较好的满足生产实际需要，保障出水水质达标。

关键词 含盐污水 PACT WAR 预处理 生化 含盐污水

在石油炼制过程中会产生大量的工业废水，分为含油污水和含盐污水。中国石油化工股份有限公司武汉分公司原污水处理场将含盐废水与含油废水混合后处理，污水处理场出水含盐量较高，既影响了出水水质达标，也影响了污水回用装置的正常运行。由于含盐废水的COD、氨氮等污染物较含油废水高，原污水处理场的出水水质很难满足越来越高的环保标准。2013年8月，油品质量升级改造项目配套的200m^3/h高浓度污水处理场建成投用后，将高含盐废水改进高浓度污水处理场处理。原污水处理场仅处理含油废水，出水水质达标及提升污水回用量的问题得到解决。新建高浓度污水处理场采用了西门子水处理公司PACT(Powdered Activated Carbon Treatment)+WAR(Wet Air Regeneration)工艺，由于国内使用该工艺的污水处理场较少，缺乏可以借鉴的运行经验。开工初期，高浓度污水处理场的出水COD、氨氮未能达到设计指标。本文就上述问题，通过实验方法对设计参数进行优化，确定适合高浓度污水处理场生产的工艺参数。

1 污水处理场工艺流程简介

高浓度污水处理场设计最大处理量200m^3/h，采用了PACT+WAR(粉末活性炭+湿式空气氧化再生)工艺，来水主要为电脱盐装置出水、原油罐切水、经碳化脱酚装置和多元催化氧化装置处理后的碱渣废水、循环水排污水、酸性水汽提出水等高含盐废水，生化进水电导率为2200μs/cm。污水处理场工艺流程主要分为四个单元，分别为预处理单元、生化单元、WAR单元和三泥单元。

来水先进预处理单元储罐进行水量调节，经隔油和两级浮选三级除油后进入生化单元。生化单元采用两级生化，分别去除水中的COD和氨氮，出水经砂滤去除悬浮物后外排。预处理单元产生的油泥浮渣进三泥单元处理，油泥浮渣在三泥单元酸化破乳回收污油后，与生化单元产生的剩余活性污泥混合后进离心机脱水。生化单元排出的炭泥进 WAR 单元，在高温高压环境中，将活性炭吸附的污染物氧化成水和二氧化碳，活性炭再生后回到生化单元使用。

高浓度污水处理场工艺流程简图见图 1。

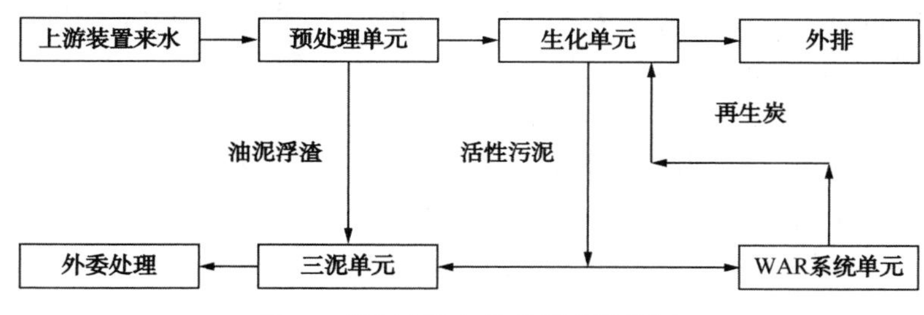

图 1　高浓度污水处理场流程简图

2　开工时运行情况

污水场处理水量平均为 120m³/h。开工初期，为驯化活性污泥，处理水量为 60 m³/h，出水水质较差，主要原因是开工时接种的活性污泥为原污水处理场活性污泥，不适应较高的进水 COD 负荷，按传统思路和设计参数进行工艺控制并不适合新污水处理场的运行。开工初期进出水水质见表 1。

表 1　开工初期污水处理场进出水水质

项　　目	COD/(mg/L)	氨氮/(mg/L)	石油类/(mg/L)	挥发酚/(mg/L)
进水设计指标	≤2300	≤90	≤300	≤200
进水浓度范围	1020~1682	39~69	42~69	18~79
进水浓度均值	1351	54	51	49
出水设计指标	≤60	≤15	≤5	≤0. 5
出水浓度范围	63-101	17-41	0. 03-1. 16	0. 01-0. 22
出水浓度均值	82	29	0. 60	0. 08

从表 1 中可以看出，4 项主要出水水质指标中，COD、氨氮都超过了设计指标，其中氨氮甚至达到了 2 倍以上。

3　开工期间主要问题及解决方法

3. 1　预处理单元

预处理单元包括调节罐、事故罐、油水分离器、涡凹气浮、溶气气浮，上游来水进调节罐匀质沉降后(循环水排污和污水场内部下水进事故罐)，进入油水分离器、两级气浮，经三级隔油后确保生化单元进水油含量≤25mg/L，同时预处理单元也能通过去除废水中悬浮物的方式去除少量 COD，去除率在 20%左右。

涡凹气浮、溶气气浮两级气浮主要是去除水中的油、硫化物、挥发酚及部分悬浮物，主要调整手段为调整加药量。加药量过小会影响涡凹气浮、溶气气浮的除油效果，加药量过大既加重了三泥单元的负担，也会对后续的生化处理造成一定影响。铝离子在15mg/L时，即可对好氧微生物达到半数抑制浓度[1]。两级气浮按设计均投加聚合氯化铝(PAC)和阳离子聚丙烯酰胺(PAM)，以投加PAC为主，少量投加PAM为辅，其中PAC投加浓度20~30mg/L、PAM投加浓度为2~3mg/L。

上游来水pH值一般在7.7~8.2，聚合氯化铝投入污水中后，在pH=8的情况下主要形成难溶的氢氧化铝，氢氧化铝在水中聚合形成絮状物，通过吸附、包裹、网捕等方式去除水中的石油类物质，氯化铝水解反应式如下：

$$AlCl_3+3OH^- \rightleftharpoons Al(OH)_3+Cl^- \downarrow$$

$$K_{sp}[AlOH]=[Al^{3+}][OH^-]^3 = 1.45 \cdot 10^{-8} g/L(微溶)$$

因为离子积$K_{sp}[Al(OH)_3]<K_{sp}[AlCl_3]$，反应向右移动，形成氢氧化铝沉淀。要确保残余在水中的铝离子浓度≤15mg/L，PAC投加浓度需控制在60mg/L以内。

3.1.1 实验确定药剂浓度

加药量与除油效果的关系，由下面的实验来确定：

取高浓度污水处理场调节罐出水1.8L(油含量52mg/L)，分装在6个烧杯中，每组300mL，分别称取聚合氯化铝0mg、3mg、6mg、9mg、12mg、15mg加入各烧杯中，用振荡器振荡5分钟后静置。待浮渣与水完全分层后，除去表面浮渣，测量各组样品的油含量，结果见图2。

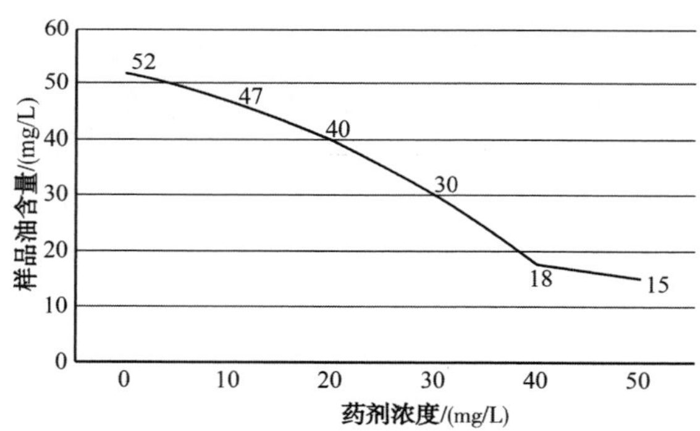

图2 不同浓度聚合氯化铝的除油效果

从图2可以看出，要确保生化单元的进水油含量≤25mg/L，加药量需保证≥40mg/L。随着加药量的增大，浮渣增多，加大了三泥单元的生产负荷，所以加药浓度控制在40~50mg/L为宜。

3.1.2 优化后的加药量

因浮选分为两级，涡凹气浮和溶气气浮都投加聚合氯化铝，要保证进生化污水的油含量≤25mg/L、Al^{3+}≤15mg/L，加药可以采取以下方式进行，见表2。

表2 两级气浮加药浓度和加药量

进水油含量/(mg/L)	涡凹气浮加药浓度/(mg/L)	溶气气浮加药浓度/(mg/L)	加药量/kg(按处理水量120t/h计算)
≤100	20~30	20	115~144

加药量调整前后生化进水水质见表 3。

表 3 加药量调整前后生化进水水质

时间	油含量范围/(mg/L)	油含量平均值/(mg/L)
调整前水质	14~29	22
调整后水质	7~19	13

3.2 生化单元问题及解决方法

生化单元包括一段 PACT 生化池、一段澄清池、二段 PACT 生化池、二段澄清池、砂滤池、总排监控池，一段 PACT 生化池主要用于去除水中的 COD，二段 PACT 生化池主要用于去除氨氮，同时预处理单元和 WAR 系统单元产生的废气经收集后通入生化池中进行处理，减少污水处理场现场异味。两级生化池处理后的出水进砂滤池去除悬浮物，最终出水进入总排监控池外排。

3.2.1 活性炭的投加量和污泥龄的控制问题

PACT 工艺与常规活性污泥法的主要区别在于 PACT 工艺在生化池中大量投加活性炭，活性炭与活性污泥结合在一起，生化池中同时存在活性炭吸附过程与活性污泥分解有机物过程，活性炭对分子量较大的 COD 有很强的吸附性，大大增强了生化单元对 COD 的去除能力。活性污泥与活性炭结合后，活性污泥的聚集性和沉降性均较常规活性污泥好，生化池、澄清池表面浮渣、泡沫较少，污泥浓度也远高于传统活性污泥法的 2~4g/L。因活性炭吸附与活性污泥分解有机物的过程同时存在，两者的实际效果不好区分，致使活性炭的投加量和污泥龄如何协调控制成为生化系统稳定运行的难题。

一段 PACT 生化池有效池容 5300m^3，二段 PACT 生化池有效池容 1700m^3。开工初期，一次性向一段 PACT 生化池投加活性炭 20t，后续活性炭投加量按生化池中的活性炭与活性污泥的质量比为 2∶1 来控制，一段 PACT 生化池活性炭投加量 0.9t/d，二段 PACT 生化池活性炭投加量 0.6t/d，投加量大，运行成本较高。根据设计值，一段 PACT 生化池污泥龄按 11d 控制，二段 PACT 生化池污泥龄按 25d 控制，排泥量较大，三泥单元和 WAR 系统单元处理负荷较大。活性炭较多的情况下，同时污泥龄短，污泥生长状况较差。镜检结果如图 3。

从图 3 可以看出，一段 PACT 生化池活性污泥镜检时基本只看到活性炭颗粒，活性污泥絮体较少，仅靠活性炭吸附作用，COD 去除效果较差，该段时间一段 PACT 生化池出水 COD 均在 150mg/L 以上，导致二段 PACT 生化池进水 COD 较高，适宜碳化菌生长，同时较短的污泥龄也限制了硝化菌的生长，二段 PACT 生化池内以碳化菌占主体优势，硝化菌较少，硝化效果差，出水氨氮不理想。

经过逐步的摸索，将原“依靠活性炭”的工艺控制思路转变为“以活性污泥法为主，活性炭为辅”的思路，将一段 PACT 生化池污泥龄逐渐延长至 25d，二段 PACT 生化池污泥龄延长至 40d，提高污泥浓度。一段 PACT 生化池活性炭投加量逐步减少直至停止投加新炭，仅使用再生炭，二段 PACT 生化池根据出水 COD 情况投加活性炭，活性炭通过二段 PACT 生化池排泥的方式进入一段生化池。稳定运行后，一段 PACT 生化池镜检结果如图 4 所示。

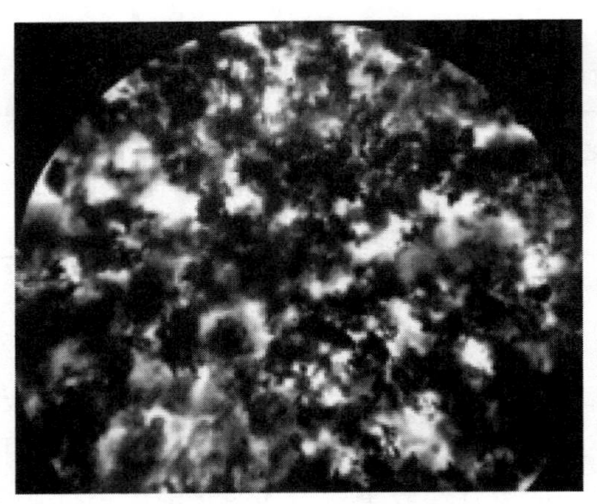

图3　开工初期一段PACT生化池镜检

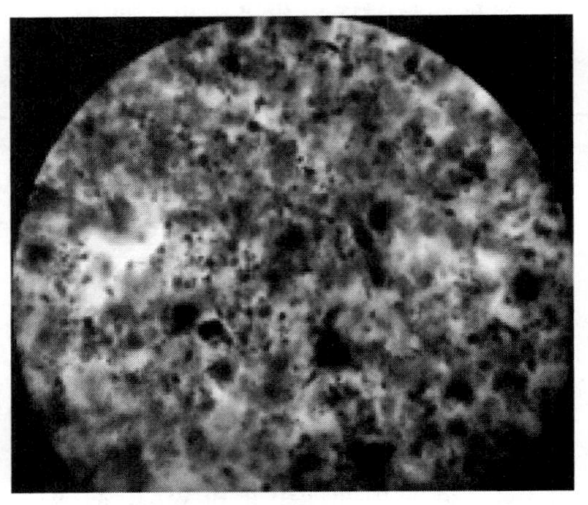

图4　平稳运行期间一段PACT生化池镜检

从图4可以看出，污泥较多，絮体小而密集。一段PACT生化池污泥浓度达到24～28mg/L，二段PACT生化池污泥浓度达到12～15mg/L，形成一个高污泥浓度的系统。系统稳定运行后，一段PACT生化池出水COD稳定在80mg/L以下，二段PACT生化池硝化效果也逐步建立，出水氨氮稳定在1mg/L以下。一段、二段PACT生化池调整前后出水水质对比见表4。

表4　一段、二段PACT生化池调整前后工况及出水水质

项　　目	污泥龄/d	污泥浓度/(g/L)	炭泥比	COD/(mg/L)	氨氮/(mg/L)
一段PACT生化池调整前	11	13	4：1	153	42
一段PACT生化池调整后	25	26	0.5：1	72	22
二段PACT生化池调整前	25	8	3：1	65	28
二段PACT生化池调整后	40	14	1.5：1	43	0.73

3.2.2　活性炭跑损

生化池投加的活性炭为粉末状活性炭，活性炭粒径小，孔隙多，静置状态下沉淀较快，但在流动状态下随水流动，基本不沉淀。正常运行情况下，活性炭与活性污泥结合紧密，活性炭在澄清池中随活性污泥沉降。但在活性炭投加量较大或活性污泥膨胀分散时，活性炭与活性污泥结合不紧密，活性炭无法在澄清池中通过自然沉降除去，活性炭随出水流失，既损失了活性炭，也会对出水的COD、悬浮物等造成影响。特别是二段PACT生化池，因COD负荷较低，污泥浓度远低于一段PACT生化池，容易出现活性炭跑损现象。

开工初期出现跑炭现象后，尝试通过向二段生化池出水投加絮凝剂的方式对跑炭情况加以控制。因浮选中絮凝剂已使用聚合氯化铝，如在此处再使用聚合氯化铝，会使水中铝离子浓度升高，对生化工艺造成影响，故选用聚丙烯酰胺，对活性污泥影响较小[2]。

(1) 实验确定药剂浓度

加药量与沉降效果的关系，由下面的实验来确定：

取二段PACT生化池混合液600mL，分为6组，加入100mL量筒中，分别称取0mg、

0.5mg、1mg、1.5mg、2mg、2.5mg 聚丙烯酰胺加入各量筒中，振荡 5 分钟后静置 10 分钟，观察各组沉降数，结果见图 5。

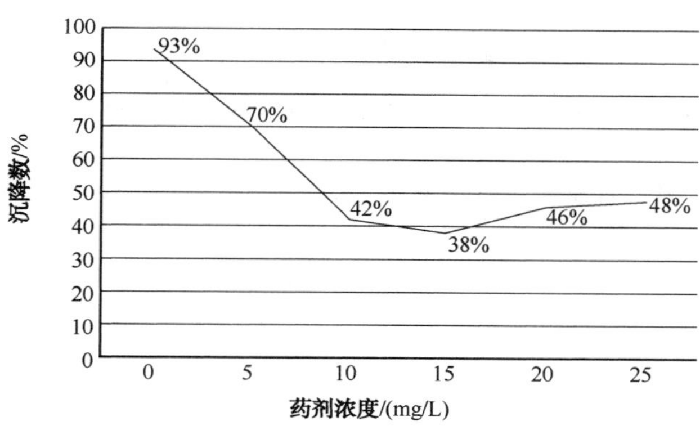

图 5　不同浓度聚丙烯酰胺的沉降效果

从实验效果可以看出，聚丙烯酰胺投加浓度在 10~15mg/L 效果较好，投加浓度超过 15mg/L 后，沉降效果逐步变差。同时，聚丙烯酰胺会黏附在砂滤池的滤料上，导致滤料板结，故聚丙烯酰胺投加量选择 10mg/L 为宜。

（2）优化后的加药量

按处理水量 120t/h 计算，每天需投加聚丙烯酰胺 28.8kg。为使药剂混合更均匀，将原有的点式投加药剂的方式改为了面源式投加，目前活性炭跑损现象已较少出现。

4　结果

经过上述工作后，高浓度污水处理场出水水质得到明显改善，已全面达标，出水水质数据见表 5。

表 5　调整后的高浓度污水处理场出水水质

项　　目	COD/(mg/L)	氨氮/(mg/L)	石油类/(mg/L)	挥发酚/(mg/L)
设计指标	≤60	≤15	≤5	≤0.5
浓度范围	31-57	0.14-1.25	0.03-1.16	0.01-0.22
浓度均值	43	0.73	0.60	0.08

5　结论

（1）通过实验确定的 PAC、PAM 和活性炭投加浓度，其中浮选单元 PAC 加药浓度为 40~50mg/L、生化单元 PAM 投加浓度为 10mg/L、生化单元粉末活性炭投加量 160kg/d，并结合现场优化药剂投加方式能较好的满足高浓度污水处理场正常运行需求，目前高浓度污水处理场出水水质已稳定达标。

（2）因污泥品种不同、性状不同，实验室环境与现场环境的差异，高浓度污水处理场生化单元的设计污泥龄并不适合生产实际。经过半年时间优化后的污泥龄已较好地符合生产实际。

参 考 文 献

[1] 赵春禄，张明明，马文林．铝絮凝剂对活性污泥中微生物活性影响研究[J]．环境工程，2000，18(5)：28-38.

[2] 赵文军，颜昊，陈永强．石油炼制企业含油污水处理工艺及其特性[J]．陕西环境，2002，9(2)：10-11.

小型炼厂酸性气回收技术的比较及选择

李　涛

（中国石化扬子石油化工有限公司南京研究院，江苏南京　210048）

摘　要　介绍了国内外炼厂酸性气处理技术的现状，分析了各种技术方案的优缺点，并为小型炼厂的酸性气处理提供了具体建议。

关键词　炼厂　酸性气　回收

炼厂酸性气是在石油加工过程中产生的一种有毒气体，其主要成分为硫化氢。大型炼油厂酸性气量较大，一般都建酸性气处理装置，对硫化氢进行回收利用，而对于中小型炼油厂，由于酸性气量小，建设酸性气回收装置成本较高，一般都将酸性气直接引入火炬燃烧，排放到大气中的SO_2造成严重的环境污染。随着人们环保意识的增强，有必要针对小型炼厂采用合适的酸性气处理技术，对H_2S进行回收利用。

1　国内外炼厂酸性气处理技术现状

酸性气处理根据回收制得产品的不同，可以分为回收制硫黄、制硫酸、制亚硫酸铵、制硫氢化钠、硫脲五种途径[1]。

1.1　回收制硫黄

该方法又分为干法和催化氧化湿法脱硫两大类，干法包括 Claus 法、活性炭吸附法、生物脱硫法等。催化氧化湿式脱硫法由于脱硫效率高，而被广泛采用，分为砷基工艺、钒基工艺、铁基工艺三种典型工艺。砷基工艺由于脱硫效率低，目前该工艺使用较少。钒基工艺由于使用钒洗液，受到环保限制。铁基工艺中最典型的工艺是 LO－CAT 工艺，是美国 Merichem 公司的气体产品技术公司于 70 年代开发的一项技术，被美国环保机构列为最可实现的控制技术[2]。装置在常温下操作，能够处理几 mg/m^3 到 100%等不同含量的 H_2S 气体，适用于产量在 0.2～20t/d 的小规模硫黄回收装置，硫回收率高，可达 99.9%以上，处理后的净化气体中 H_2S 质量浓度可达 $10mg/m^3$ 以下。该技术工艺流程简单，初次投资费用低，但运行成本高，化学溶剂消耗大，不适合规模较大的脱硫装置，含铁废水难处理。该工艺生成的硫黄产品质量不高，所产硫黄可直接用于农业的土壤改性剂和农用杀虫剂，也可用于医疗卫生垃圾的处理剂，经熔硫设备提炼后，可为硫酸厂和化肥厂提供原料。

1.2　回收制酸

硫酸作为基本化工原料之一，广泛应用于各行各业。由于硫黄是生产硫酸的主要原料，从技术经济角度考虑，如果用含硫化氢酸性气直接生产硫酸，可以省去许多复杂的工艺过程，既可节省投资和生产成本，又可有效地利用硫资源，使产品具有更强的市场竞争力。

酸性气直接制取硫酸分为干接触法和湿接触法两种。干法制酸是国内开发的具有中国特色的制酸技术，中国石油化工股份有限公司荆门分公司于2004年建成国内第一套大型硫化氢干法制酸装置，该技术由南化设计院设计，且一次开车成功。湿接触法则由于 H_2S 在分离过程中已经进行过洗涤，可直接在水蒸汽存在下将 SO_2 催化转化成 SO_3 并直接凝结成酸。目前最有代表性的技术为丹麦托普索公司的WSA湿法硫酸工艺、德国鲁奇公司的低温冷凝工艺等。目前全球建成或在建的WSA装置已超过50套，国内已建成投产的有6套，其中用于处理炼厂酸性气的有一套[3,4]。

1.3 回收制亚硫酸铵

对于小型炼油厂酸性气排放总量比较少，可以采用投资较少的脱硫新工艺，将硫化氢转化成亚硫酸盐，中原油田分公司石油化工总厂采用此工艺，将酸性气进行燃烧生成二氧化硫烟气，送入吸收塔进行化学吸收生成酸性亚硫酸氢盐溶液，再将溶液与碱性吸收剂在中和釜内中和为中性亚硫酸盐结晶物，经离心分离、干燥、包装等工序制成固体产品，也可直接做液体产品。该装置操作弹性较大，吸收时间可长可短，较好地克服了酸性气波动给吸收工序带来的影响；通过选择不同的吸收剂使得产品多样化；通过三级吸收尾气达标排放，环保效果较好。但在实际生产过程中存在设备腐蚀严重，维修费用较高的缺点。

1.4 回收制硫氢化钠

硫氢化钠主要用于选矿、农药、染料、制革和生产以及有机合成等工业。该工艺采用液体烧碱吸收酸性气中的硫化氢、二氧化碳等酸性介质，在反应器中进行酸碱中和反应，吸收液经过精制除去碳酸钠、碳酸氢钠等副产物，后经过提浓，最后得到30%左右的硫氢化钠液体产品。山东垦利石化有限责任公司与日本三协化成株式会社技术人员合作开发了此工艺，采用胺液吸收—再生的原理实现硫化氢与二氧化碳的分离(或称为硫化气净化提纯)，净化后的硫化氢与氢氧化钠反应生成硫氢化钠[5]。该工艺对外技术保护，专利费用较高，国内抚顺石化研究院也正在开发和改进此工艺。

1.5 回收制硫脲

硫脲是一种用途非常广泛的精细化工产品，它可广泛用于制药、染料、树脂等的原料，也用作橡胶的硫化促进剂、金属矿物的浮选剂、催化剂等。传统生产硫脲的方法是用硫化钡与盐酸或硫酸作用产生的硫化氢气体，再用石灰乳吸收生成硫氢化钙溶液，再与氰胺化钙作用生成硫脲溶液。该溶液经过滤、结晶、离心、干燥即得到成品硫脲。该制备方法工艺复杂，成本高，而且会留下大量的硫化钡废渣污染环境。目前采用一步法合成硫脲的新工艺为：直接将氰胺化钙与水混合，边搅拌边通硫化氢反应生产硫脲溶液。然后过滤、结晶、干燥即得到成品。该方法克服了常规法工艺复杂、投资大、三废高及有三废污染的缺点[6]。

1.6 电解制氢气和硫黄

以上各种工艺存在一个共同点，就是只回收了 H_2S 中的硫，而大量具有应用价值的氢转化成了水，造成资源的浪费。所以国内外学者纷纷提出将 H_2S 进行电化学分解，将 H_2S

分解为氢气和硫黄。国内刘相等人利用氧化还原反应和电解反应构成的双反应工艺对炼厂酸性气进行了实验研究，考察了液相流量、液相中 Fe^{3+} 的浓度及气相流量对硫化氢吸收传质速率的影响，并对双反应工艺的稳定运转进行了实验验证。实验结果表明，在适宜的操作条件下，硫化氢的吸收率可达99%以上，制得的硫黄纯度高于99.8%。该方法由于操作简便、不产生副产物、清洁生产、环境友好等优点，具有广阔的发展前景。

2 小型炼厂酸性气回收技术的比较及选择

目前，硫化氢的处理按最终产品划分主要分为生产硫黄和化工产品(硫酸、亚硫酸钠、亚硫酸铵、硫氢化钠、硫脲等)两大类。

CLAUS法技术成熟，对原料气适应性强，硫化氢处理效果好，是目前国内炼化企业硫化氢治理的主要手段。但对于小型炼化企业，其巨大的投资是难以接受的。

催化氧化湿式脱硫法以LO-CAT工艺为代表，工艺流程简单，初次投资费用低，但运行成本高，生成的硫黄产品质量不高。

酸性气干法制酸技术特别适用于处理高浓度的 H_2S 酸性气，工艺成熟可靠，其制酸规模不受限制。但也有其缺点，如对原料酸性气组分的适应性差、工艺流程长、能耗相对高、占地面积大、热能利用率低且有少量酸性污水外排。

酸性气湿法制酸技术应用广泛，可直接处理酸性气体用于制酸，对原料气具有很强的适应性，对气体组成和负荷的变化不是很敏感，即使气体中水分过量30%以上，成品硫酸的 $w(H_2SO_4)$ 也能达到或超过93%。与其他脱硫工艺相比，流程短、占地少、投资省、热能利用率高、不消耗工艺水和其他化学品、装置无废渣和废水产生、生产成本低。

以硫化氢生产亚硫酸钠，存在装置设备腐蚀速度快，产品质量收烟气成分影响大，产品市场小等问题。

以硫化氢生产硫氢化钠工艺相对较简单，适合小型炼油厂的酸性气处理，具有投资小，见效快、无二次污染的特点。

以硫化氢生产硫脲，装置投资少，产品质量和市场都很好，但是传统的生产工艺二次污染严重，难以通过环保要求。而且，生产所需要的石灰氮需要外购。一步法新工艺还有待开发。

酸性气回收利用方法较多，各有优缺点。在选择采取何种工艺时，需综合考虑工艺的成熟可靠性、投资费用和操作费用、产品的市场前景等。目前，已经工业化的适合小型炼油厂的工艺有：LO-CAT工艺制硫黄和回收制硫氢化钠、硫酸工艺。表1为硫回收各种工艺技术方案对比。

表1 硫回收各种工艺技术方案对比

工艺名称	CLAUS法	干/湿法制酸	LO-CAT技术	制硫氢化钠工艺
技术来源	国内外	南化研究院/丹麦托普索公司	美国Merichem公司	抚研院/日本三协化成株式会社
适用规模	5000t/a以上	大，中规模	7500t/a以下	小规模
投资	高	中	中	低

续表

工艺名称	CLAUS法	干/湿法制酸	LO-CAT技术	制硫氢化钠工艺
技术成熟度	成熟	成熟	成熟	不成熟
占地面积	大	大	小	小
脱硫效率	98%左右	99%以上	99.99%	95%以上
产品前景	一般 (硫黄纯度99.9%)	市场饱和	一般 (产品纯度60%~99.9%)	较好
运行成本	高	中	高	低
主要缺点	投资大	产品市场饱和	催化剂需进口	工艺不成熟

3 结语

通过以上初步比较分析，在兼顾到经济效益和社会效益的前提下，综合考虑工艺的成熟可靠性、投资费用和操作费用、产品的市场前景等，目前对于小型炼油厂建酸性气处理装置，可选择LO-CAT回收制硫黄技术或回收制硫氢化钠工艺。对于建设1000t/a左右的小规模硫回收装置，更适合采用回收制硫氢化钠工艺。

参考文献

[1] 李剑，孙健，王大春，张宝泉．炼厂酸性气脱硫工艺[J]．石化技术与应用，2006，24(3)：215-217.
[2] 汪家铭．LO-CAT工艺及其在酸性气硫回收处理中的应用[J]．气体净化，2011，11(1)：11-16.
[3] 孙正东．炼厂酸性气制硫酸原理及工艺综述[J]．硫磷设计与粉体工程，2010(6)：5-17.
[4] 刘建平．炼厂酸性气WSA硫化氢湿法制硫酸装置试生产[J]．炼油技术与工程，2009，39(2)：26-29.
[5] 王发明，杨玉庆，张秀梅．炼厂酸性气制备硫氢化钠的实验研究[J]．山东化工，2008，37(5)：22-25.
[6] 何运昭，何礼达，彭双飞．用硫化氢尾气生产硫脲的工业方法述评[J]．广东化工，2009，36(11)：98-100.

循环水节能新技术工业化试验在炼化企业的应用

梅木春，张书涛，周立军

（中国石油大庆石化分公司炼油厂，黑龙江大庆 163711）

摘 要 大庆石化公司炼油厂冷却塔风机进行循环水节能新技术工业化试验，试验结果表明改造后循环水工况和改造前基本相符，符合技术协议中关于技术经济指标相关规定要求，且达到节能效果。

关键词 工作原理 实施

“循环水节能新技术工业化试验”是大庆石化公司科研项目，是针对循环水场冷却塔风机的节能改造试验，利用循环水富余能量推动风机做功，风机由电力驱动改为水力驱动，以实现节能目的。在大庆石化公司炼油厂供水车间三循 2#冷却塔风机进行试验，2010 年 4 月开始施工，5 月施工结束，7 月 26 日至 27 日进行项目标定，2011 年 7 月公司科技发展处验收结束。

1 项目背景

大庆石化公司炼油厂供水车间三循主要负责焦化、一制蜡、二制蜡、四空、加氢裂化和加氢精制等装置供水，有逆流式机械通风冷却塔 3 间，单间设计处理水量为 2500t/h，总设计处理能力为 7500t/h，实际 6200t/h。其中 2#冷却塔风机为改造目标，风机原由电动机驱动，电机功率 132kW，风机转速 136r/min，风量 $200\times10^4m^3/h$。

2 工作原理

水动风机冷却塔是利用循环水的回水动能来推动水轮机转动，水轮机的输出轴与风机相连，带动风机旋转取风，完成气水热量交换。水动风机冷却塔核心技术是高效率水轮机，它把循环水进入布水器时直接释放而浪费的能量收集利用，驱动风机，省去原来的为风机提供动力的电机，达到节能目的。

3 项目主要技术考核指标

《循环水节能新技术工业化试验技术协议》中对项目技术考核指标进行了明确规定。

3.1 冷却塔温降

试验后，在单塔水量 2500t/h 的条件下，保证改造后冷却塔温降 Δt 与对比塔 2500t/h 工况下的温降差值不大于±1℃。

3.2 冷却塔效率系数

试验后，在单塔水量2500t/h的条件下，保证改造后冷却塔效率系数与对比塔2500t/h工况下的效率系数差值不大于1%。

3.3 节能降耗

试验后，水泵能耗不增加。

4 水轮机基本结构

冷却塔专用水轮机是一种新型高效率专利机型。进水方式为水平周向，出水方式为垂直向下和侧出水二种。周向均匀进水保证了运转的平稳性，向下带扩散的出水方式有效提高了水能的利用效率。如图1，水轮机由蜗壳、导叶、转轮、上盖、主轴、座环和尾水管等零部件组成。其中，蜗壳材质为铸钢，主轴材质为40MnB，其余部件材质为ZG270-500。

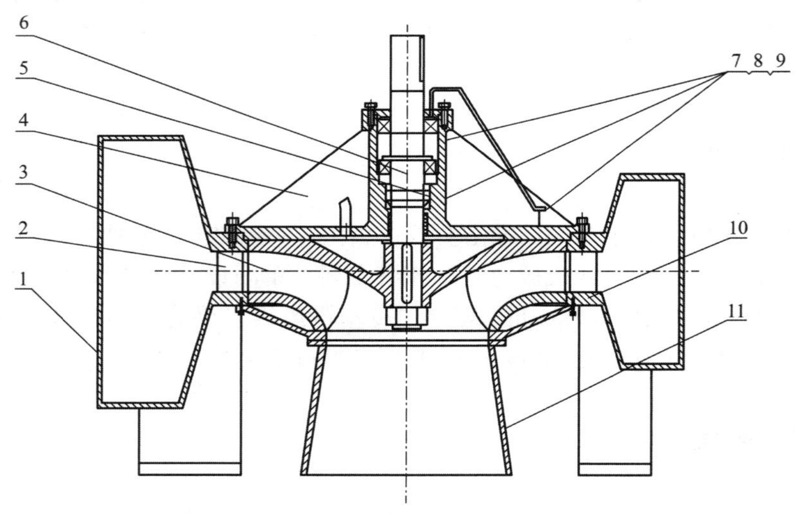

图1 水轮机结构示意图

1—蜗壳；2—导叶；3—叶轮；4—上盖；5—轴承；6—主轴；
7，8，9—油脂加注口；10—座环；11—尾水管

5 项目内容

将2#冷却塔的电动风机实施节能改造，以混流式冷却塔专用水轮机取代电机(包括传动轴、减速机)作为风机动力源，使风机驱动方式由电力改为水力。

经过改造，循环冷却回水先通过水轮机后，再进入冷却塔的配水系统。进水主管提高到冷却塔平台后直接接水轮机进水口，在进入水轮机之前加装旁通管路，通过调节旁

通管的流量来控制进入水轮机的水流量，进而调节转数，使气水比始终恒定，即温降效果恒定。水轮机出水接原来的进水分管上(四根分管)，和原来的布水形式一致，达到原来的布水效果。

5.1 上水管改造

循环冷却回水先通过水轮机后，再进入冷却塔的配水系统。进水主管提高到冷却塔平台(提高 3.5m)后直接接水轮机进水口，在进入水轮机之前加装旁通管路，通过调节旁通管的流量来控制进入水轮机的水流量，进而调节转数，使气水比始终恒定，即温降效果恒定。水轮机出水接冷却塔内布水分管上，达到均匀的布水效果。

5.2 电机、传动轴、减速机改造

取消原冷却塔电机、减速机和传动轴，在原风机叶片和轮毂下安装水轮机，水轮机出水口与原进塔管连接。

5.3 水轮机型号及参数

水轮机技术参数如下：

(1) 型式：混流式冷却塔专用水轮机；

(2) 型号：HLW-2500；

(3) 流量：2500m^3/h；

(4) 效率：90%；

(5) 外形几何尺寸：长×宽×高=1846.2mm×1518.1mm×1601mm；

(6) 质量：1500kg。

6 技术标定

2010 年 7 月 26 日至 27 日对项目进行标定，其中 1#塔为对比水塔，2#塔为项目改造水塔，7 月 26 日标定 1#塔处理水量在 2500t/h 时各项性能参数，7 月 27 日标定 2#塔处理水量在 2500t/h 时各项性能参数。7 月 26 日、27 日 9：00 时进行基础数据测量，9：30 时进行水塔运行调整，11：00 时开始记录标定数据，一小时记录一次，16：00 时结束。

6.1 数据记录

6.1.1 2010 年 7 月 26 日标定前

表 1 1#塔基础数据

时 间	1#塔水量/(t/h)	1#塔进水温度/℃	1#塔出水温度/℃	1#塔温差/℃	冷水压力/MPa	热水压力/MPa	5#泵电流/A	7#泵电流/A	5#泵压力/MPa	7#泵压力/MPa	干球温度/℃	湿球温度/℃	风机转数/转
9：00	1800	35.6	28.0	7.6	0.44	0.11	39	60	0.47	0.45	27.0	21.5	136

6.1.2 2010年7月26日标定时

表2 1#塔处理水量在2500t/h时标定数据

时间	1#塔水量/(t/h)	1#塔进水温度/℃	1#塔出水温度/℃	1#塔温差/℃	冷水压力/MPa	热水压力/MPa	5#泵电流/A	7#泵电流/A	5#泵压力/MPa	7#泵压力/MPa	干球温度/℃	湿球温度/℃	风机转数/转
11:00	2500	35.5	30.0	5.5	0.44	0.12	39	60	0.47	0.45	29.2	21.5	136
12:00	2500	36.0	30.0	6.0	0.44	0.12	39	60	0.47	0.45	29.5	21.0	136
13:00	2500	35.5	29.0	6.5	0.44	0.12	39	60	0.47	0.45	30.0	21.0	136
14:00	2500	34.0	28.0	6.0	0.44	0.12	39	60	0.47	0.45	30.0	21.0	136
15:00	2500	33.2	26.9	6.3	0.44	0.12	39	60	0.47	0.45	30.0	21.0	136
16:00	2500	33.0	27.0	6.0	0.44	0.12	39	60	0.47	0.45	28.0	21.0	136
最大值		36.0	30.0	6.5							30.0	21.5	
最小值		33.0	26.9	5.5							28.0	21	
平均值		34.5	28.5	6.1							29.5	21.1	

6.1.3 2010年7月27日标定前

表3 2#塔基础数据

时间	1#塔水量/(t/h)	1#塔进水温度/℃	1#塔出水温度/℃	1#塔温差/℃	冷水压力/MPa	热水压力/MPa	5#泵电流/A	7#泵电流/A	5#泵压力/MPa	7#泵压力/MPa	干球温度/℃	湿球温度/℃	风机转数/转
9:00	1800	29.8	25.8	4.0	0.44	0.12	39	60	0.47	0.45	26.7	19.0	79

6.1.4 2010年7月27日标定时

表4 2#塔处理流量在2500t/h时标定数据

时间	2#塔水量/(t/h)	2#塔进水温度/℃	2#塔出水温度/℃	2#塔温差/℃	冷水压力/MPa	热水压力/MPa	5#泵电流/A	7#泵电流/A	5#泵压力/MPa	7#泵压力/MPa	干球温度/℃	湿球温度/℃	风机转数/转
11:00	2500	30.2	26.0	4.2	0.45	0.14	40	60	0.48	0.46	28.5	19.0	110
12:00	2500	30.2	26.0	4.2	0.45	0.14	40	60	0.48	0.46	30.0	19.2	110
13:00	2500	30.5	26.5	4.0	0.45	0.14	40	60	0.48	0.46	30.8	19.5	110
14:00	2500	33.8	26.5	7.3	0.45	0.14	40	60	0.48	0.46	30.8	21.0	110
15:00	2500	33.0	27.0	6.0	0.45	0.14	40	60	0.48	0.46	30.5	20.5	110
16:00	2500	32.8	26.8	6.0	0.45	0.14	40	60	0.48	0.46	30.5	20.5	110
最大值		33.8	26.8	7.3							30.8	21.0	
最小值		30.2	26.0	4.0							28.5	19.0	
平均值		31.8	26.5	5.3							30.2	20.0	

6.2 结果分析

6.2.1 冷却塔温降

在2#塔水量2500t/h的条件下，改造后冷却塔温降Δt与对比塔1#塔2500t/h工况下的温降差值为6.1−5.3=0.8，不大于±1℃。

6.2.2 冷却塔效率系数

冷却塔效率系数：

$$\eta=(t_1-t_2)/(t_1-t_0)$$

式中 η——冷却塔效率系数；

t_1——进塔水温,℃；

t_2——出塔水温,℃；

t_0——进塔空气的湿球温度,℃。

改造后 2#塔效率系数：$(t_1-t_2)/(t_1-t_0)=(31.8-26.5)/(31.8-20.0)=44.9\%$,

1#塔效率系数：$(t_1-t_2)/(t_1-t_0)=(34.5-28.5)/(34.5-21.1)=44.8\%$，改造后 2#塔效率系数和 1#塔效率系数相差 0.1%。

6.2.3 节能降耗

试验前后水泵电耗不增加，其压力指标进行微调，但不超过工艺指标 0.4~0.45MPa。

7 结论

7.1 技术经济指标

循环水节能新技术工业化试验后循环水工况和之前基本相符，符合技术协议中关于技术经济指标相关规定要求，能满足生产要求。

7.2 经济效益

按风机每天运行 24 小时、一年运行 200 天计，风机电机功率 132kW，每年耗电 132×24×200=633600 度/年，电价按企业工业电费标准 0.5 元/度，节约 0.5×633600=316800 元/年，冷却塔改造费用单价为 300 元/t，总价 300×2500=750000 元，预计 2.5 年可收回成本。

参考文献

[1] 金熙，项成林，齐东子．工业水处理技术问答．北京：化学工业出版社，2003.

炼油工业固废及烟气粉尘的综合利用

张新功

（青岛惠城石化科技有限公司，山东青岛　266555）

摘　要　炼油装置特别是催化装置在运行过程中会产生大量的催化剂固废和烟气粉尘，对这些固废和粉尘采取元素分离或者结构再造，可实现废物的无害化和资源化，从而在减少污染物排放的同时，产生显著的社会效益和经济效益。

关键词　废催化剂　烟气粉尘　元素分离　资源化

随着原料油质量越来越差和环境对成品油的要求越来越高，炼油企业面临着需要增加重油轻质化和产品精致的投入，这导致炼油企业对催化剂的使用量正在逐年增加。在炼油企业每年所产生的废催化剂中，FCC 装置所产生的废催化剂数量占到 90%以上，FCC 废催化剂中以硅铝两种元素为主，这两种元素的氧化物成分占催化剂总组成的 90%左右，其它成分多为在使用过程中被污染的重金属（见表 1）。因其相对于催化重整和催化加氢废催化剂中富含贵金属而言回收价值极低，近年来鲜有研究机构花大力气研究它的回收和再利用。目前，国内外除了少部分用于新装置开工外，大多采用掩埋处置。

1　FCC 废催化剂的特点及危害

据统计，我国每年消耗的 FCC 催化剂（加上重整、加氢非催化剂被提取贵金属后的废弃部分）总量约为 20-25 万吨，这些催化剂在使用过程中没有任何消耗，全部以废催化剂的形式分别在废剂罐、三级旋风分离器、和烟囱（烟气粉尘）中排出或排放。因 FCC 废催化剂含有一定量的重金属镍，在新的危险废弃物名录里，环保部已经明确定义为危险固体废弃物[1]。表 1 列举了 FCC 装置所产生固废的理化数据（案例）。

表 1　FCC 装置产生的固废（三部分）理化数据

类别	项目	金属/%								筛分/%(v)		
		Fe	Ni	V	Ca	Na	Re_2O_3	Al_2O_3	SiO_2	0-20μm	0-40μm	40-110μm
废催化剂	样品 1	0.45	0.50	0.79	0.13	0.39	4.1	44.9	40.3	0.0.	10.1	70.1
	样品 2	0.55	0.43	0.35	0.45	0.29	3.9	45.4	41.0	1.7	19.9	65.8
三旋细粉	样品 1	1.61	0.58	0.25	0.47	0.25	1.3	—	—	91.3	100.0	0.0
	样品 2	1.41	1.05	0.54	0.55	0.45	4.0	—	—	65.9	96.6	3.4
烟气粉尘	样品 1	0.95	0.40	0.21	0.45	0.43	2.8	47.2	43.3	100.0	—	—

注：不同装置产生的废催化剂理化性能指标各不相同。

表 1 中数据可以看出，装置正常卸出的废催化剂平均粒径在 100μm 以内，属于空气中

悬浮颗粒污染物[2]，三旋细粉和烟气粉尘分别属于 PM10 和 PM2.5 的范畴，排入大气容易形成气溶胶，是直接形成雾霾的重要因素之一。由于其中的金属组成复杂，无论排入大气或掩埋地下都是导致空气和土壤乃至地下水污染的污染源。

2 催化剂危险固体废弃物无害化及资源化

炼油装置催化剂废弃物其主要成分为 Al_2O_3、SiO_2，同时含有稀土、Ni、Mu、Co、Wu、V、Pt 等重金属，其中也不乏贵金属。对于那些富有大量贵金属(如 Pt、Ni、Mu、Co、Wu 等)的催化剂，因其贵金属回收价值高，企业及研究机构不乏技术研究和应用。对于物质组成 90%以上都是 Al_2O_3、SiO_2，只有少量甚至 ppm 级的贵金属的固体废物(包括被提取贵金属后的加氢和重整催化剂载体)，因为其利用价值不高却被人冷落，无人问津，但其数量却是炼油企业产生危险固体废弃物的绝对多数，超过总量的 90%。

本文通过对废催化剂各种组成的分离或对有害金属的固化两种方向，研究其无害化处理和资源化利用。

2.1 元素分离技术

本技术对 FCC 废催化剂和已被提取贵金属后的加氢和重整催化剂废渣进行全面分离，形成了 Si 产品和 Al 产品等主要产品、稀土产品和 Ni、V 沉淀等副产品，实现了资源的再利用，减少了对矿产资源的开采。

首先，考察、确定物相组成和元素组成后，采用有针对性的处理方案处理不同指标的废弃物，将其分解，对各元素物质进行沉淀和抽提分离；其次，将分离后的各物质制备成高附加值的产品。方法如图 1 所示。

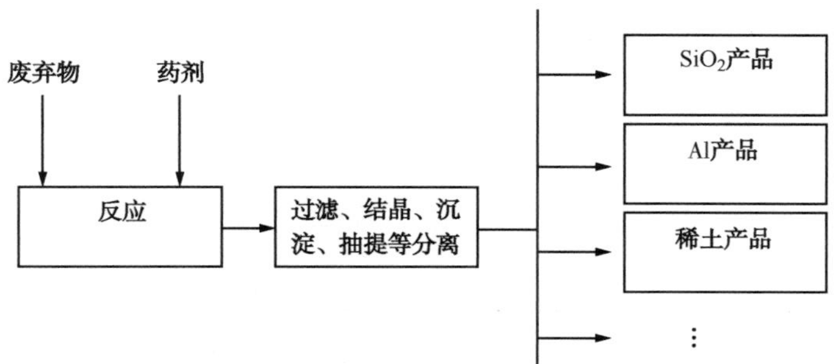

图 1 FCC 废催化剂分离框架图

废弃物中的硅经分离后以氧化硅的微球(平均粒径为 50μm)形式存在，其纯度达 95%以上，且不含有害金属，微球比表面积大($160m^2/g$)，质地轻(堆密度约为 0.5g/mL)，有一定的孔分布(详见图 2)，是很好的硅粉原料。从废弃物中分离出的硅粉，深度开发后用途广泛，可用于墙体涂料载体；也可将其制备成性能满足《蒸压加气混凝土砌块》GB/T 11968—2006 中 B06A3.5 级的加气混凝土材料；同时利用其为辅助胶凝材料，通过高压水热合成工艺，开发 C60~C80 高强混凝土材料；与矿物掺合料混合，研制开发抗压强度 130~150MPa 的超高强水泥基复合材料(RPC)；硅粉还可用作支撑剂及阻水剂。

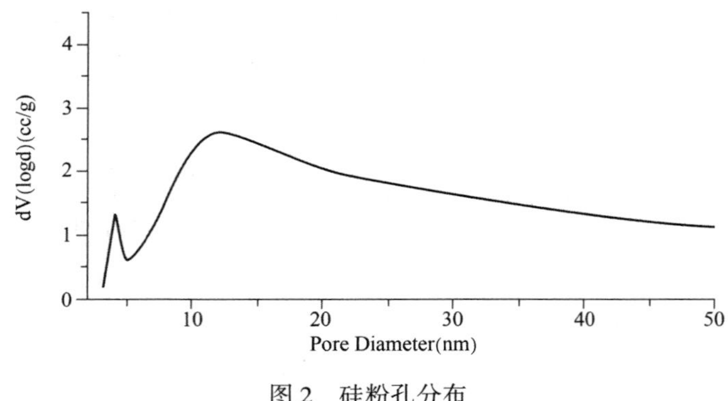

图2 硅粉孔分布

铝元素通过分离形成新铝盐，用于净水领域，多种产品均为市售的净水剂，其理化指标完全达到国家标准，表2列出其中一种净水剂化学指标，实际应用中效果显著，明显降低水中COD的含量，悬浮物可降低至零，达到了以污治污的效果。表3列出了净水剂加入后水质的变化情况。这种铝盐还广泛应用于造纸等行业，是一种重要的化工助剂。

表2 净水剂理化指标

项目		国家标准	质量数据
净水剂含量		99.3~100.5	100.1
水分含量	≤	4.0	1.8
水不溶物含量	≤	0.20	0.05

表3 净水剂使用效果

项目		COD/(mg/L)	悬浮物/(mg/L)
第一组	原水样	419	200
	处理后	98	0
第二组	原水样	464	90
	处理后	89	0
第三组	原水样	188	35
	处理后	16	0

稀土元素经分离后得到高纯度的稀土盐。实验表明，稀土的提出率可达90%，分离得到的稀土化合物与市售矿制稀土化合物相比较，稀土元素纯度、其他杂质元素相当，可用于FCC催化剂的生产等。

镍、钒等重金属采用高效沉淀和萃取技术分离提纯后，得到相应盐产品，作为工业品销售。

2.2 废催化剂复活及再造技术

FCC装置卸出的废催化剂中，比表面大于100m^2/g，微反活性在60%以上，总金属(Ni、V、Ca、Na、Fe)不大于2.4%，金属污染和结构破坏不严重的部分，我们采用无机-有机耦合法复活技术对催化剂进行金属氧化物清理和结构重构及再造技术[3]，使其比表面提高

70%以上，微反活性提高至少12个单位，沉积在催化剂内孔表面上的金属氧化物基本清除，使催化剂总金属含量降低30%左右。复活后的催化剂能够重返FCC装置使用。不同装置卸出的催化剂污染程度和污染机理不同，复活后催化剂的性能也各有差异，表4列举了大庆石化2#催化装置废催化剂复活的理化性质数据。

表4　复活前后催化剂性能指标

项　目		平衡剂复活前	平衡剂复活后
比表面积/(m^2/g)		105	173
微反活性/%(m/m)		66	78
孔体积/(mL/g)		0.14	0.23
金属/%	Fe	0.53	0.35
	Ni	0.59	0.63
	V	0.02	0.02
	Na	0.30	0.21

在2kg/h小型提升管装置上对工业复活催化剂和装置使用的新鲜催化剂进行对比工艺评价，数据表明，加入15%复活剂后，干气和焦炭的选择性降低，总液收率与加入等量新鲜剂相当。250吨复活催化剂在大庆石化炼油厂140万t/a重油催化装置上试用，结果表明，该复活催化剂性能满足装置生产需要，各主要产品收率及质量指标与单独使用新鲜剂相当，完全可以代替部分新鲜剂在催化装置使用，新鲜剂耗明显下降，节约装置加工成本。

复活催化剂先后在齐鲁石化北催化，燕山石化3#催化，青岛石化催化装置，神驰化工重油催化等10多套工业装置上进行了工业应用，均取得了理想的应用效果。

2.3　三旋细粉的再造技术

当三旋细粉中重金属(Fe、Ni、V、Ca、Na总量)含量不大于3.5%时，可将其用作合成高附加值硅铝材料的原料，利用原位晶化技术合成催化裂化催化剂，制备UPC系列细粉再造剂产品。

UPC系列细粉再造剂是以Y型分子筛为主要活性组元，以炼厂FCC三旋细粉和天然高表面矿物为原料，经过络合脱金属等特殊处理作为载体后进行晶化，制备成的一种通用型FCC催化剂。本方法主要工艺包括酸洗、活化、喷雾成型、晶化、焙烧、交换等主要工序。UPC系列催化剂孔道发达通畅，活性和比表面适中，活性稳定性好，裂化能力强。

表5　UPC系列催化剂性能指标

项　目		质量指标
化学组成	灼烧减量/%	≤13.0
	Ni/%	≤0.05
	V/%	≤0.02
	Ca/%	≤0.20
	Na/%	≤0.30

续表

项　目		质量指标
物理性质	磨损指数/%	≤2.5
	表观松密度/(g/mL)	0.65~0.85
	比表面积/(m^2/g)	≥230
	孔体积/(mL/g)	≥0.35
粒度分布	0~20μm/%(v)	≤3.5
	0~40μm/%(v)	≤20.0
	40~110μm/%(v)	≥50.0
	D(v, 0.5)/μm	65.0~80.0
微反活性(800℃/4h)/%		≥75.0

表5列出了UPC系列催化剂的理化性能指标。由表5可以看出，该系列催化剂性能和新鲜催化剂基本相当，并在中石化北海炼油厂等三家工业装置上成功应用，取得了比较理想的应用效果。

3 结束语

随着催化裂化工艺生产规模的不断发展，产生的化工危险固废量也逐年上升，大量的危险固废排入环境，这不仅是经济问题，而且关系到人类可持续发展的环保和资源过度开采问题。如何积极妥善的处理固体废弃物、寻找危险固体废弃物科学处理方案、彻底解决排放难题是各大炼厂关注的焦点，我们将继续致力于炼油企业催化剂危险固废及烟气粉尘的无害化处理和资源化再利用的研究，为实现炼油装置危险固废零排放坚持不懈地努力。

参考文献

[1] GB 5085.3—2007，危险废物鉴别标准 浸出毒性鉴别[S].

[2] WS/T 206—2001，公共场所空气中可吸入颗粒物(PM10)测定法-光散射法[S].

[3] 吴聿，张国静，张新功，等．化学法FCC废催化剂复活工艺及工业应用[J]．炼油技术与工程，2011，11(4)：32-34.

环保型离子液体吸收油田轻烃中 CO_2 新工艺

曾群英

（中国石油石油化工研究院大庆化工研究中心，黑龙江大庆　163714）

摘　要　现工业上采用的轻烃脱碳方法是较为成熟的醇胺法（MDEA 溶剂），存在一系列的问题。介绍以离子液体为吸收剂，针对现有的醇胺法在轻烃脱碳中的不足，设计合适的功能化离子液体替代 MDEA 溶剂作为轻烃脱碳吸收剂。

关键词　离子液体　吸收剂　轻烃　脱碳

大庆油田天然气公司红压深冷装置生产的轻烃原料主要含有 C_2 和 C_3，是非常优质的裂解原料，但由于 CO_2 含量高（7%～15%），不能直接作为裂解原料。为解决乙烯裂解装置原料紧张问题，可将油田轻烃中的 CO_2 脱除后作为裂解原料。

1　油田轻烃脱 CO_2 现状

现工业上采用的轻烃脱碳方法是较为成熟的醇胺法（如 MDEA 溶剂等[1,2]）。该方法存在有机溶剂挥发导致环境污染、再生过程中水蒸发带走大量潜热导致成本和能耗高、设备腐蚀严重等技术难题。造成上述技术难题的原因有如下几点：

（1）从醇胺溶液中解吸 CO_2 需要消耗大量的能量；

（2）醇胺易发生化学降解和热降解，而引起醇胺降解损耗；

（3）醇胺与 CO_2 反应生成的氨基甲酸盐及醇胺的化学降解产物导致设备严重腐蚀。归根结底，都是由于吸收剂醇胺的物理化学性质引起的。因此，吸收介质是实现 CO_2 低能耗，环境友好高效捕集分离的瓶颈问题。

2　离子液体在油田轻烃脱 CO_2 中的应用

离子液体具有几乎不挥发性和良好的热稳定性，所以用其吸收 CO_2，就不存在因吸收剂挥发而导致的二次污染和吸收剂严重损失问题，在解吸过程中可大幅度降低溶剂的成本和能耗；离子液体具有可设计性，可通过调整阴、阳离子结构和组合或者嫁接适当官能团制备出高效捕集分离 CO_2 的离子液体。美国著名研究者 Blanchard 等 1999 年在 Nature 上率先报道了 CO_2 在离子液体中具有较高的溶解度，而离子液体几乎不溶于 CO_2 的特殊现象，掀起了离子液体在吸收 CO_2 领域研究的热潮。JACS，Chem. Eng. & News，Ind. Eng. Chem. Res 等国际学术期刊都对离子液体吸收 CO_2 中的研究及进展进行了报道。因此，开展离子液体捕集 CO_2 研究具有重大应用前景和理论意义。

由于传统的离子液体对 CO_2 吸收能力还相对较低低，还不能直接作为 CO_2 吸收剂，而功能化的离子液体在吸收容量上已可与有机胺吸收剂媲美，并有望提高，成为一种对环境友好的吸收 CO_2 的绿色吸收剂。将特定功能化基团的离子液体应用于传统的醇胺吸收剂体系中，取代醇胺有机溶剂和水，不仅能提高对CO_2的吸收速率和吸收能力，降低解吸过程中的能耗和减少醇胺溶剂的降解损耗及腐蚀程度，同时在解吸过程中由于离子液体具有低蒸汽压和高热稳定性，易于再生和循环使用，可大幅度降低溶剂的成本。此外该类离子液体合成过程简单方便，成本低，黏度小，具有高效选择性吸收功能等特点，所以在传统醇胺法中加入离子液体吸收助剂能很好地实现CO_2的低能耗高效捕集、分离和转化。实验和模拟计算结果表明，与传统工艺相比，吸收容量可提高1.2~2倍，再生能耗降低30%，吸收-解吸速度加快，设备投资小。

以离子液体为介质的CO_2吸收分离新工艺流程如图1。

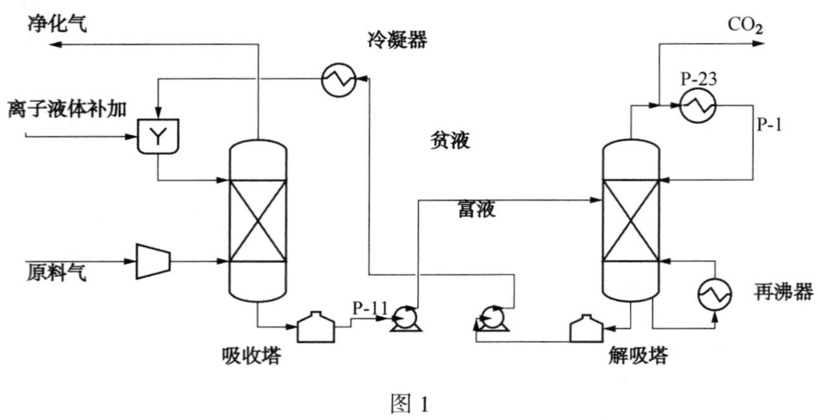

图1

将CO_2含量为(7%~15%)的轻烃通入到装有功能化离子液体的吸收塔中，在反应温度30~60℃；反应压力为0.1~3MPa的条件下进行操作，轻烃脱碳后的净化气CO_2的含量低于2000ppm，完全符合乙烯裂解装置原料要求。将富含CO_2的功能化离子液体富液泵输到解析塔，在温度100~200℃；压力为≤1MPa的条件下进行解析，解析后的贫液再返回到吸收塔循环利用。

3 小结

使用特定功能化离子液体脱除轻烃中CO_2的过程中，在吸收工段，CO_2吸收容量高、且离子液体的使用绿色环保；在解析工段条件温和，能耗低。该离子液体脱碳技术适用于含CO_2的不同气源，如半水煤气，烟气，天然气等，该工艺可实现节能减碳，为经济、社会可持续发展提供清洁高效能源技术具有重要的意义。

参考文献

[1] 邝生鲁．全球变暖与二氧化碳减排[J]．现代化工，2007，27(8)：2-6.

[2] NAVAZA J M，GOMEZ-DIAZ D，la RUBIA M D. Removal process of CO_2 using MDEA aqueous solutions in a bubble column reactor[J]. Chemical Engineering Journal，2009，146(2)：184-188.

适合劣质原油破乳脱盐的新型破乳剂研制及应用

王振宇，沈明欢，于　丽，李本高

（中国石化石油化工科学研究院，北京　100083）

摘　要　对2008~2014年塔河油的性质进行了分析，表明塔河油呈现逐渐劣质化趋势，破乳难度增大，这可能是导致电脱盐运行恶化的原因之一。研制了油溶性破乳剂RP-04和水溶性破乳剂RP-05。工业试验的结果表明，在增大注水率和混合强度的条件下，RP-04和RP-05破乳剂在实验稳定的后期，脱后油盐含量从实验前的10.5mgNaCl/L，下降到平均5.76mgNaCl/L，脱后油含水平均0.2%。

关键词　破乳剂　塔河稠油　工业化

1　前言

塔河石化电脱盐问题主要表现在：一方面脱后原油含盐、含水量高，另一方面，电脱盐罐存在乳化层，油水界位不清，电脱盐排水含油高。以塔河石化新扩建的350万t/a焦化装置电脱盐为例，2011年6月~9月，三级电脱盐处理后原油平均含盐高达11.9mgNaCl/L，平均含水0.7%，电脱盐排水含油高达1000mg/L以上。为尽可能改善脱盐效果，车间不得不加大破乳剂用量，最高值达到220mg/L，造成化工辅材使用严重超标，此外常压塔及分馏塔顶循环回流系统及塔盘严重结盐。

针对现场问题，首先对原油性质变化进行了分析。对比150万t/a电脱盐(1#电脱盐)系统运行数据发现，2011年后较2008年运行状况变差，虽然还不能完全排除装置本身的原因，但原油性质恶化，极有可能是电脱盐运行恶化的原因之一。

1.1　塔河原油的性质变化分析

塔河原油属于重质高硫原油，其最大的特点是原油密度、黏度、沥青质含量很高，而且原油性质有逐年恶化的趋势(原油性质变化见表1)主要表现在原油密度增加、盐含量增加、沥青质含量增加、胶质与沥青质的质量比降低、金属含量增加、机械杂质含量增加。

如2008年塔河油沥青质含量为13.1%，2011年上升为14.5%，而2014年上升到17%，胶质与沥青质的质量比则从2008年的2.48下降到2014年的0.52。沥青质含量是影响电脱盐破乳的重要原因，一般来说，沥青质含量越高，破乳难度越大。胶质与沥青质的质量比是反应原油乳状液稳定性的重要指标之一，胶质对沥青质有胶溶分散作用，胶质与沥青质质量比越低，则沥青质越易在界面吸附，乳状液稳定性越强，越难破乳。

表1 塔河原油的性质变化

项目	2008年	2011年	2012年	2013年	2014年
密度(20℃)/(kg/m³)	950.6	946.9	952.4	955.4	950.0
黏度(80℃)/(mm²/s)	97.68	203.2	920.3(50℃)	123.6	136.7
胶质/%	32.5	28.9	9.4	7.5	8.9
沥青质/%	13.1	14.5	15.0	16.4	17.0
胶质)/沥青质	2.48	1.99	0.63	0.46	0.52
机械杂质/%	无	0.08	0.043	0.047	0.034
盐/(mgNaCl/L)	24	215	73	601	428
灰分/%	0.05	0.066	0.07	0.086	0.063
Fe/(μg/g)	1.6	20.0	93.6	31	50.8

1.2 塔河油中间层分析

2011年和2012年塔河油脱后油和中间层的机械杂质与金属含量的分析结果见表2。从表2可以看出，2011年塔河油经电脱盐水洗后灰分和机械杂质大幅度降低，也就是说，这些组成灰分和机械杂质的物质可以被洗涤到水相或乳化层中。取2012年塔化电脱盐乳化层分析，发现乳化层的灰分和机械杂质分别是原油的5.8倍和13.5倍，也就是说大部分机械杂质富集在乳化层中。

电脱盐排水中有较多黑色固体颗粒物，颗粒非常细小，长时间静置可沉于容器底部，将黑色颗粒物过滤，并用石油醚洗涤，做X荧光分析，发现沉淀物中的铁和硫的含量很高，占到沉淀物的一半，其他成分还包括二氧化硅等黏土颗粒物等。

表2 塔河油中间层分析

原油样品	灰分/%	机械杂质/%	Fe/(μg/g)
2011年塔河油	0.091	0.041	20.0
2012年塔河油	0.07	0.043	93.6
2011年塔河油脱后油	0.045	无	4.5
2012年塔河油乳化层	0.411	0.581	1724.7

2 破乳剂研发的整体思路

由于胶质具有胶溶分散沥青质的作用[1~3]，借鉴胶质结构中具有极性头和非极性尾的特点，将极性的羧酸基团引入到破乳剂分子中，以增强其与沥青质的作用，从而提高破乳效果，这一思路形成了油溶性破乳剂主剂合成的基础。

另外，由于塔河油中还发现一些含铁的机械杂质，会在界面上积聚，导致乳化层增厚，水中含油增加。为解决这一问题，研制了破乳助剂，以减薄乳化层。

油溶性破乳剂虽然加量少，效果好，但制造相对复杂，成本也较高。在商品破乳剂评价的基础上，优选效果好的商品破乳剂，再复配对铁一类颗粒物有润湿作用的助剂，研制了水溶性破乳剂。

3 实验方法

(1) 静态破乳实验法：破乳采用先制乳状液再加破乳剂的方法，取350g油预热到85℃与20%蒸馏水混合，取60g乳状液倒入分水瓶中，加入100μg/g破乳剂，手摇混合，80℃水浴破乳。

(2)脱盐实验方法：取脱前原油预热后与10%蒸馏水混合，混合采用混调器，1档40s，混合后置于高温电场中破乳(140℃，2000V)，取上层油样分析盐含量。

4 实验结果与讨论

4.1 油溶性破乳剂主剂的研制

4.1.1 不同合成路线破乳剂的效果比较

考虑到带有芳香环的聚醚对高沥青质稠油的破乳是有利的[4,5]，因此选用线型聚醚A，酚胺聚醚B组成的混合聚醚与丙烯酸反应合成聚丙烯酸聚醚。

实验首先比较了三种合成路线(先酯化后聚合；先聚合后酯化；酯化聚合同时进行--一步法)制备的破乳剂的破乳效果，以选择最佳的合成路线。

评价反应是否达到预期的设想，主要衡量两个指标：一是丙烯酸是否发生了聚合反应，即双键是否存在；二是丙烯酸是否与聚醚发生了酯化接枝反应。实验通过测定酯化转化率，再用破乳效果和红外、核磁等仪器分析来评价总体的反应情况。从图1可以看出，一步法较其他两种方法得到的产品的破乳效果更好。

4.1.2 不同丙烯酸和混合聚醚的摩尔比对破乳效果的影响

一步法采用酯化与聚合同时进行，即在反应体系中同时加入引发剂和酯化催化剂，反应的初始阶段在80℃反应，由于酯化是平衡反应，所以只有部分醚羟基与丙烯酸生成酯，同时，还存在丙烯酸与丙烯酸均聚反应，丙烯酸聚醚酯与丙烯酸的共聚反应，为了减少丙烯酸之间均聚的几率，采用向体系中滴加丙烯酸的方法。从图2可以看出，适宜的羧基和羟基的摩尔比为(1.8~2.2)：1。

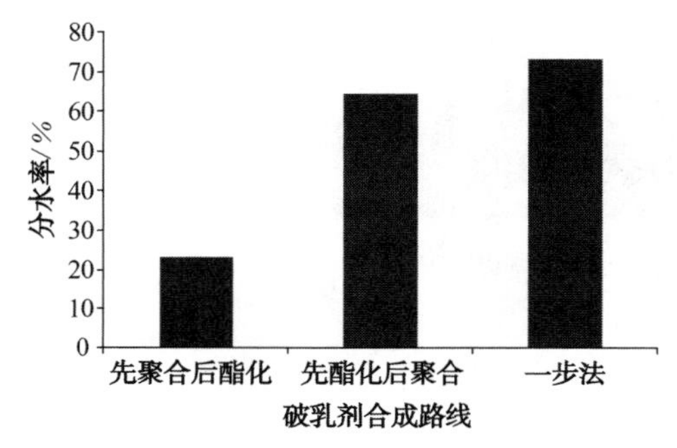

图1 合成路线的选择

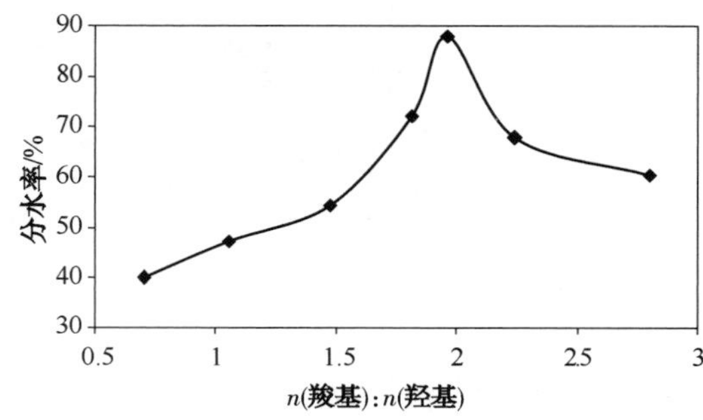

图2 丙烯酸与聚醚的摩尔比对破乳效果的影响

4.2 油溶性破乳剂复合剂的研制

为了进一步减薄中间层，针对中间层的特点，油溶性破乳剂助剂选择合成的烷基酚醛聚醚。合成的几种烷基酚醛聚醚的酚醛聚合度与EO数不同，均有减薄乳化层的作用，其中壬基酚醛聚醚A较其他几种烷基酚醛聚氧乙烯醚分水速度快，因此选其与合成的油溶性破乳剂主剂(90C)复配，命名为04-Z。选择90C与04-Z按质量比1∶1复配得到油溶性破乳剂RP-04。

4.3 水溶性破乳剂主剂筛选

采用市售的43种破乳剂对2011年取到的塔河油做破乳试验，从中选出5种效果较好的破乳剂，编号分别为XN1、XN2、XN3、XN4和XN5。随后考察这些破乳剂两两复配的效果，其中$m(XN5):m(XN1)=7:3$复配破乳效果最好，表现为分水量大、分出水也较清，因此选其作为水溶性破乳剂的主剂，命名为05-M。

4.4 水溶性破乳剂助剂开发

实验最终选择非离子表面活性剂R30作为水溶性破乳剂的助剂。为了进一步证实R30对FeS等固体颗粒的润湿洗涤作用，实验测定了加入R30前后，水滴与FeS表面接触角的变化。加入R30后，液滴与FeS接触角有较大幅度降低，从104.8°降低到13.3°，说明R30对于FeS固体颗粒确实具有良好的润湿作用。

水溶性破乳剂优选破乳主剂05-M与R30按一定的质量比复配。命名为RP-05，RP-05与对比剂破乳后中间层的照片见图3。从图3可以看出，对比剂中间层相当厚，而RP-05的中间层已经大大减薄了。

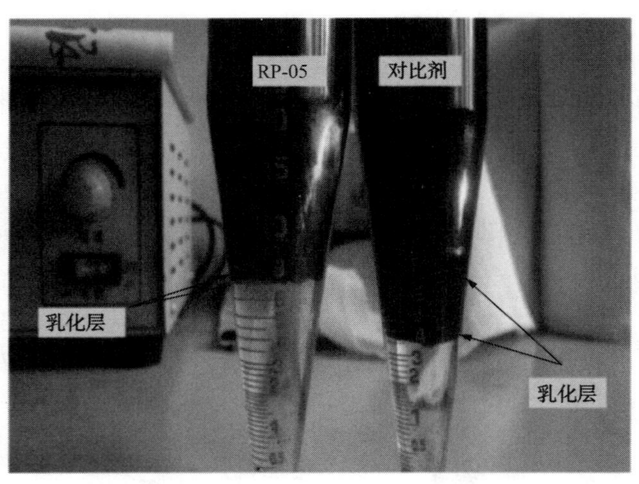

图3 破乳剂RP-05与对比剂中间层照片

4.5 现场试验的结果

2014年11月15日到27日，新型破乳剂在塔河石化350万t/a电脱盐装置上进行了工业实验。实验开始前脱前原油含盐较高，为481mgNaCl/L，脱后原油含盐在10.5mgNaCl/L。

在保证电脱盐装置运行稳定情况下，试验过程如下：

工业实验采用油溶性破乳剂和水溶性破乳剂联合使用的方法来降低脱后油含盐。2014年11月15日将一级和三级破乳剂替换成RP-04油溶性破乳剂，11月19日将二、四级替换成RP-05水溶性破乳剂，并逐渐增大二级注水和三级和四级混合强度。

11月15日至11月22日脱前原油含盐如图4，试验期间脱后原油含盐如图5，试验结束后脱后原油含盐如图6。图4～图6结果显示，试验期间脱前原油含盐基本在450～550mgNaCl/L，在11月15日至11月22日试验调试期的脱后原油含盐在10～12mgNaCl/L，在11月23日至11月26日试验稳定期(即标定期)脱后原油含盐5～6mgNaCl/L，实验期间电脱盐排水经油水分离罐后的水中含油为104.4mg/L。实验结束后，切换回原先破乳剂，脱后原油含盐并没有立刻上升，而是维持在5～6mgNaCl/L一段时间后，再慢慢上升，说明电脱盐罐内整体环境是好的，没有乳化层增加的现象。

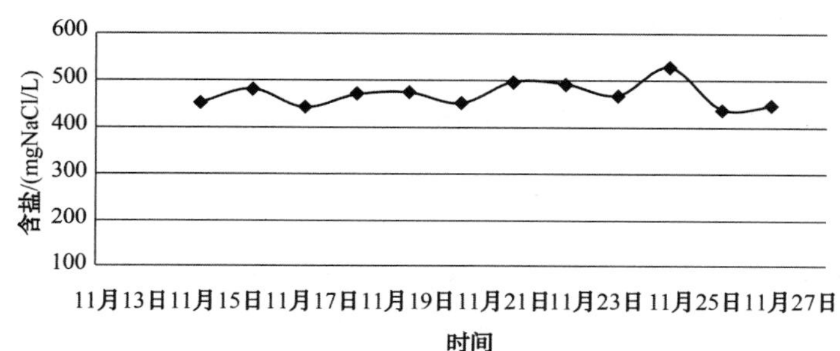

图4 试验期间脱前原油含盐

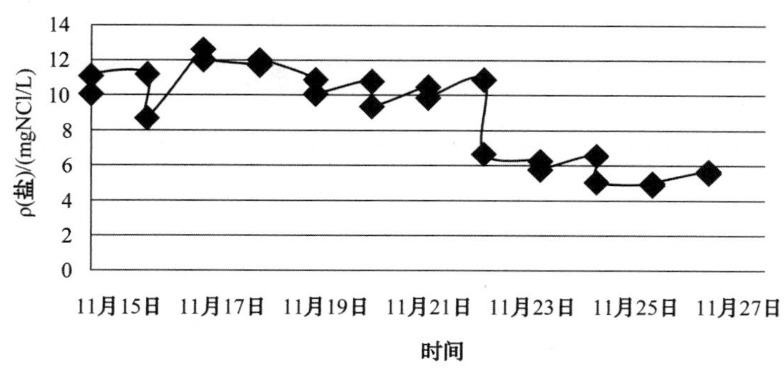

图5 试验期间脱后原油含盐

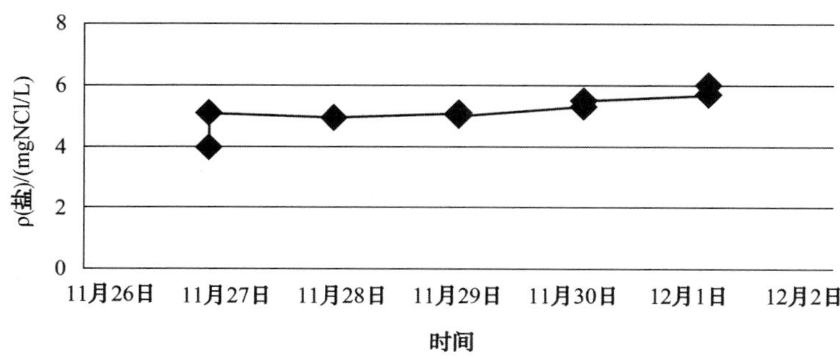

图6 试验结束后脱后原油含盐

工业实验结果说明，RP-04 和 RP-05，有较好的破乳效果，能够实现在高注水和高混合条件下的正常破乳，而没有导致电流的突然升高。

5 结论

（1）通过对塔河油的性质分析，发现塔河油呈现逐年劣质化的趋势，特别是沥青质含量上升、胶质与沥青质的质量比降低、机械杂质含量增加，这些变化是导致破乳难度加大的重要原因。

（2）完成了油溶性破乳剂主剂(90C)的合成，针对中间层研制了油溶性破乳剂助剂 04-Z，制备了油溶性破乳剂 RP-04。

（3）筛选了适合塔河稠油破乳的水溶性破乳剂主剂 05-M，以及对 FeS 有润湿作用，并能减薄中间层的助剂 R30，制备了水溶性破乳剂 RP-05。

（4）工业应用实验结果表明，RP-04 与 RP-05 联合使用，在实验稳定的后期，可以将脱后原油含盐从试验前的 10.5mgNaCl/L 降低到 5~6mgNaCl/L，脱后油含水平均 0.2%。

参 考 文 献

[1] Brrve，Kari Grete Nordli，Sjoblom J，Stenius P. Water-in-crude Oil emulsions from the norwegian Continental Shelf. Part 5. A comparative monolayer study of model polymers. Colloids and Surfaces，1992，63：241-251.

[2] Joseph D Mclean，Peter K Kilpatrick. Effects of asphaltene aggregation in model heptane-toluene mixtures on stability of water-in-oil emulsions. Journal of Colloid and Interface Science，1997，196：23-24.

[3] Li Ming Yuan. Separation and characterization of indigenous interfacial active fractions in North Sea crude oil. Correlation to stabilization and destabilization of water-in-crude oil emulsion. Ph. D. Thesis，Univ. of Bergen，Norway，1993.

[4] Buriks Rudolfs，Dolan James G. Demulsifier compositions and methods of preparation and use thereof. US4877842，1989.

[5] 陈志明，胡广群，邵利．梳状聚醚破乳剂的合成．石油学报(石油加工)，2002，17(2)：83-86.

DY-Y101 型原油脱金属剂工业应用总结

邢　涛，张美杰，巩国平

（中国石油兰州石化分公司炼油厂，甘肃兰州　730060）

摘　要　原油中高含量的有机盐造成电脱盐罐高电流低电压，脱盐效果变差，影响电脱盐系统的安全稳定运行，且不利于后续装置的生产运行。为改善电脱盐系统运行水平，装置进行了 DY-Y101 型原油脱金属剂工业试验，取得了显著效果，一级电流下降约 99A，二级电流下降约 88A，脱钙率达到 75%以上。

关键词　常减压　脱金属剂　电脱盐　脱钙率

中国石油兰州石化分公司 550 万 t/a 常减压装置自 2012 年 7 月加工稠油以来，原油中钙含量逐步上升(脱前原油钙含量从 9.79μg/g 逐步上升到 35.73μg/g)。由于原油经常减压蒸馏装置电脱盐系统后，只能脱除其中的大部分钠盐和少量无机盐，而原油中大部分以环烷酸盐、酚盐形式存在的有机盐无法脱除，高含量有机盐造成装置电脱盐系统工况变差，电流升高，电压降低，脱盐效果变差，脱后盐含量合格率降低，对后续装置的生产运行产生了不利影响。为改善电脱盐系统运行工况，降低脱后原油中的钙含量，550 万 t/a 常减压装置于 2013 年 12 月进行了 DY-Y101 型原油脱金属剂工业试验，取得了明显的效果，达到了脱除钙盐的目的。

1　试验方案

2013 年 12 月 13 日至 2014 年 1 月 1 日，550 万 t/a 常减压装置电脱盐系统试用了廊坊大远化学有限公司生产的 DY-Y101 型原油脱金属剂来考察该剂对当前原油的应用效果。

1.1　试验流程

药剂注入点：在电脱盐一级注水控制阀后耳阀处加注原油脱金属剂 DY-Y101。注入流程如图 1。

1.2　加剂量

试验期间以二级电脱盐罐电流及总排水 pH 值的变化作为脱钙剂注入量的调节依据：二级电流三相电流平均在 50A，总排水 pH 值大于 6.0，这样即可以保证脱钙率，又可以满足设备防腐需要。

1.3　考察项目

(1) 脱前原油钙含量大于 20μg/g 时，脱钙率≥70%；在脱前原油钙含量小于 20μg/g

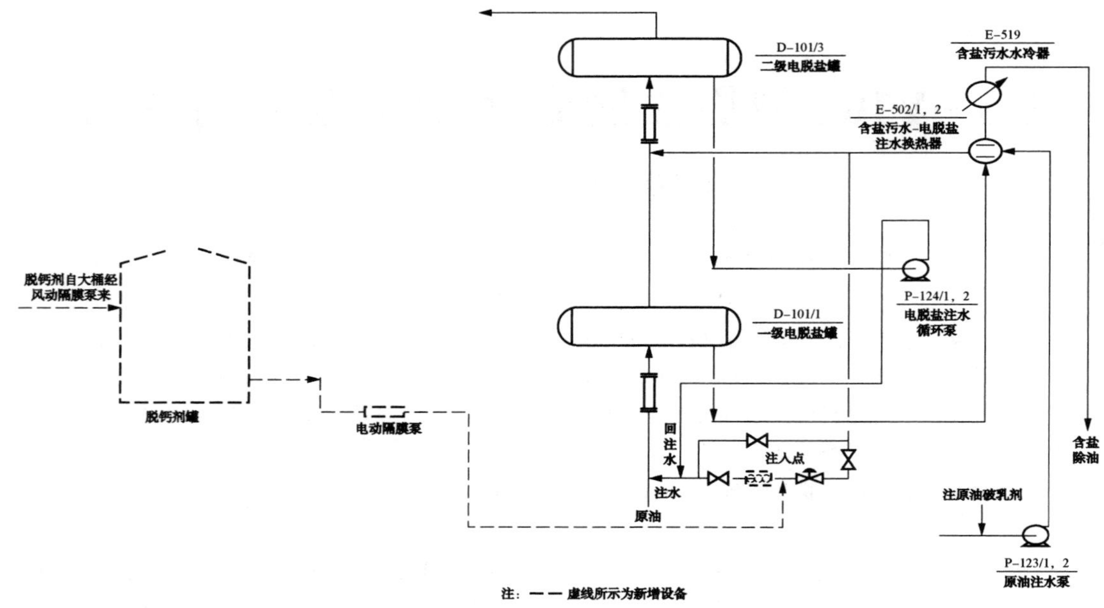

图1 药剂试验流程

时，脱后原油中总钙含量≤5μg/g。

（2）电脱盐污水达标排放。

（3）电脱盐罐电流电压稳定。

（4）注入点稀释后的pH值≥5.5。

2 试验数据

2.1 原料性质

工试期间装置加工的原油结构及性质见表1。

表1 试验期间原油性质及结构

	原油性质				原油结构				
	密度/（kg/m^3）	酸值/（mgKOH/g）	含水/%	硫含量/%	牙哈/%	吐哈/%	哈萨克斯坦/%	北疆/%	南疆/%
最大值	869.1	0.48	3.50	0.58	13	21	24	27	65
最小值	857.8	0.35	0.25	0.45	1	8	1	7	42
平均值	861.8	0.41	0.83	0.54	6.5	17.4	13.4	19.7	47.7

由表1看，试验期间原油性质及结构较为稳定。混合原油主要为南疆原油、北疆原油、吐哈原油、牙哈原油、哈萨克斯坦原油。

装置原油加工量根据生产安排在15000~18500t/d。

2.2 试验效果

2.2.1 操作条件对比

本次试验装置加工量为15000~18500t/d，脱金属剂注入量在42~73μg/g之间，平均为72μg/g，试验期间主要操作参数及指标如下。

表2 电脱盐操作条件对比

	工试期间	工试前
脱金属剂加剂量/(μg/g)	42~73	—
加工量/(t/d)	15000~18500	14000~17000
D-101/1 电流均值/A	173	272
D-101/3 电流均值/A	55	143
D-101/1 注水/(t/h)	10.0~37.1	12~36
D-101/3 注水/(t/h)	27.1~37.1	25~35
D-101/1 界位/%	49.0~60.6	50~68
D-101/3 界位/%	60.1~68.2	58~66

由表2看，加注脱钙剂后电脱盐罐电流下降明显，一级平均下降99个单位，二级平均下降88个单位。试验期间受加工原油性质影响，两级电脱盐罐电流有波动，但整体电脱盐工况稳定。

2.2.2 加剂前后钙含量对比

分别对脱前原油与脱后原油进行采平行样分析，比对钙含量的变化，具体数值见表3。

表3 脱前、脱后原油钙、铁离子重金属含量及脱金属剂加剂量数据表

日期		12.14	12.15	12.16	12.17	12.18	12.19	12.20	12.21	12.22
钙离子/(μg/g)	脱前	16.21	25.47	16.61	18.57	17.59	19.54	11.32	12.27	24.37
	脱后	9.30	5.47	4.10	3.75	4.13	5.65	4.11	3.13	5.86
脱钙率/%		42.63	78.52	75.32	79.81	76.52	71.08	63.69	74.49	75.95
加剂量/(μg/g)		42	60	60	59	60.5	60	62	72	60
二级电流		59	53.1	51.2	51	51.1	50.4	49.8	51.4	78.2
排水pH(试纸)		6.5	6.5	6.5	6.5	6.5	6.5	6.5	6.5	6.5
日期		12.23	12.24	12.25	12.26	12.27	12.28	12.29	12.30	12.31
钙离子/(μg/g)	脱前	23.56	31.37	27.07	21.00	23.43	21.92	15.72	21.25	29.21
	脱后	3.87	3.9	2.89	0.13	3.23	3.39	2.27	3.59	6.09
脱钙率/%		83.57	87.57	89.32	81.52	86.21	84.53	85.56	83.11	79.15
加剂量/(μg/g)		60	72	52	49	51	73	69	50	65
二级电流		55	49.7	46.5	48.6	50.4	51.1	49.6	50.4	74.6
排水pH(试纸)		6.5	6.5	6.5	6.5	6.5	6.5	6.5	6.5	6.5

从表3看，18组数据中，脱后原油中钙离子含量明显下降。脱前原油钙离子含量在11.32~31.37μg/g，脱钙率在42.63%~89.32%之间。其中钙含量小于20μg/g的有8组，对

应脱后原油钙含量小于 5μg/g 有 6 组，其中 14、19 日由于处于调试阶段，加剂量只有 42μg/g，脱后钙含量未达到小于 5μg/g 的指标；19 日虽脱后钙含量大于 5μg/g，但当日脱钙率达到 71.08%。对于脱前原油钙离子含量大于 20μg/g，脱钙率在 75.95%~89.32%。

2.2.3 电脱盐排水数据对比

因装置电脱盐污水 9 月份后即改进原环烷酸装置与 550 万 t/a 常减压装置混合后用清油剂及清油剂 F 进行处理，所以分析时，选取 8 月前脱盐污水作为未加剂前排水空白对比样与试验期间电脱盐废水处理装置的外排污水分析数据对比(电脱盐注水使用两酸净化水)。

表 4 电脱盐污水水质对比

		pH 值	COD/(mg/L)	油/(mg/L)
试验期间电脱盐污水	最大	8.08	5060	27000
	最小	6.26	1220	98.6
	均值	7.07	2660	6829
工试前电脱盐前排水	最大	8.66	1440	197
	最小	7.67	1040	27
	均值	8.04	1153	86.4
进装置净化水	最大	8.13	2040	70.1
	最小	6.25	972	52.5
	均值	7.36	1421	61.73

由表 4 看，试验期间电脱盐污水 pH 均值大于 6.0，COD 含量均值比进装置净化水上升 1239mg/L；脱后含油量大，均值达到 6829mg/L，主要是试验期间电脱盐污水出现变色、含渣量大的现象，特别是 12 月 24 日出现排水中废渣量高达 50%，油与渣形成混相，因此油含量达到 27000mg/L，超出了电脱盐废水处理装置负荷，剔除该点试验期间脱后油含量均值为 107.2mg/L；因污水含油较高，造成当日 COD 排放 5060mg/L，剔除该点试验期间脱后 COD 均值为 1496mg/L。

3 小结

从本次试验数据及装置运行看，脱金属剂的注入有效地改善了电脱盐系统的运行工况，脱钙率达到了预期效果。试验期间装置运行稳定。

(1) 原油钙含量明显降低。脱后钙含量均小于 10μg/g，脱前钙含量大于 20μg/g 的脱除率在 75.95%~89.23%；在脱前原油钙含量小于 20μg/g 时，剔除注剂量调整阶段造成的脱后原油钙含量>5μg/g 的数据，脱后原油钙含量 3.13~4.13μg/g。

(2) 对照试验期间电脱盐污水水质，对比 2013 年 08 月装置电脱盐污水外排数据，剔除由于原油性质变化造成的超标数据，经过调整、处理后的外排电脱盐污水石油类 107.20mg/L，pH=6.39，COD1496mg/L，电脱盐污水达标排放。

(3) 试验期间电脱盐罐电流明显降低。与注剂前相比一级电流平均降低 99A，二级电流平均下降 88A，有效改善了电脱盐运行工况，有利于增强脱盐效果。

加氢干气作为制氢装置原料的工业应用

方　安，李智勇，何　平

（中国石油兰州石化分公司炼油厂，甘肃兰州　730060）

摘　要　对来自加氢装置的加氢干气作为制氢装置原料的可行性进行了分析，针对加氢干气硫含量超标和加氢干气流量变化大等影响因素提出了解决方案。经过前期试验，加氢干气投用后，装置整体运行良好，达到了预期的效果，但还需控制好加氢干气硫含量，使之满足转化催化剂对原料的要求。

关键词　制氢原料　加氢干气　硫含量　工业应用

兰州石化公司新建 50000Nm^3/h 制氢装置由洛阳石化工程公司设计，采用轻烃水蒸汽转化和 PSA 净化制氢工艺，以天然气和加氢干气为原料，生产纯度为 99.9%的工业氢。装置包括原料升压升温部分、原料精制部分、水蒸汽预转化部分、水蒸汽转化部分、变换反应和热回收部分、产汽系统部分和 PSA 净化部分。装置催化剂（除吸附剂外）全部由庄信万丰厂家提供。装置于 2012 年 4 月 1 日投产，2013 年 8 月 20 日，装置加工方案变更为“天然气+加氢干气”方案。加氢干气投用后，装置总体生产平稳，产品质量合格，基本达到了预期效果。

1　加氢干气作制氢装置原料的可行性分析

1.1　工艺原则流程

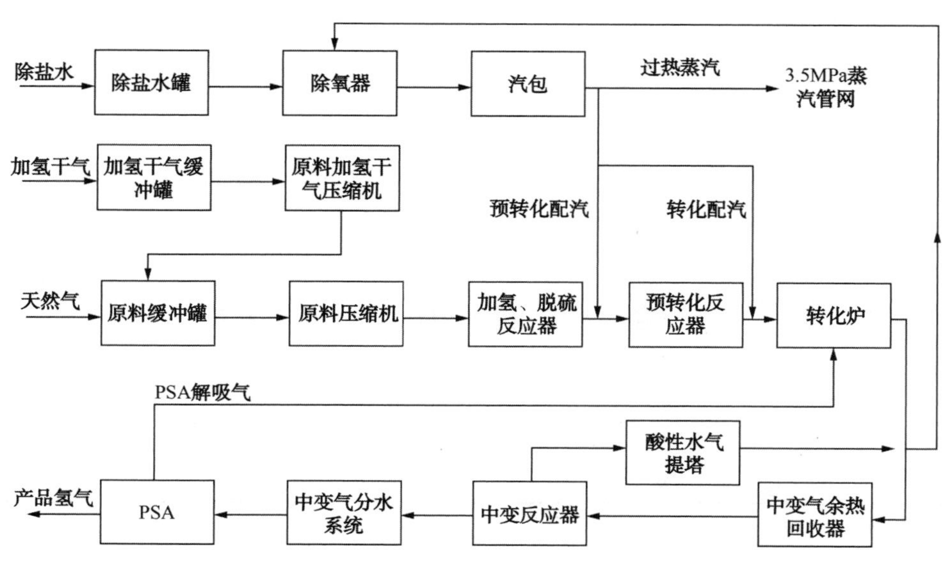

图 1　装置工艺原则流程

1.2 加氢干气的投用现状

来自300万t/a柴油加氢装置的加氢干气，其总硫含量受加氢装置原料组成、加工负荷、干气脱硫系统操作变动等因素的影响，波动较大(分析数据见表1)，可能造成制氢装置脱硫剂饱和，从而导致预转化及转化催化剂永久性中毒[1]，影响装置安全生产，因此前期加氢干气在进入制氢装置后，通过加氢干气分液罐(V-105)压力控制排入燃料气管网，流程见图2。

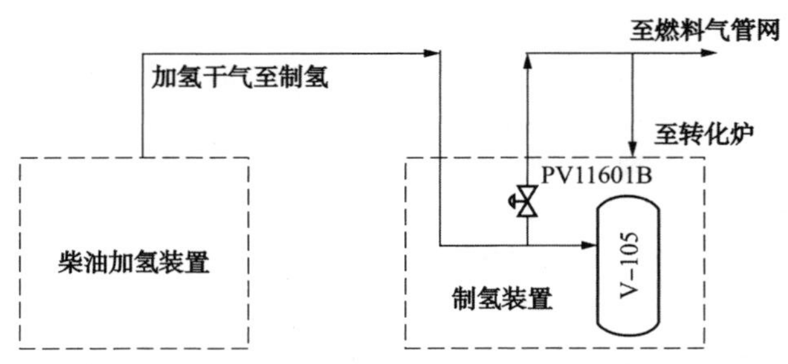

图2 加氢干气投用现状简图

在燃料气管网燃料气量不足的情况下，该流程将加氢干气排入燃料气管网，可减少燃料气管网的天然气补量。

1.3 加氢干气组分分析

天然气的含硫量较低而且主要是硫化氢、羰基硫和硫醇这样的简单硫，比较容易加工处理，因此，一直作为优选的制氢原料。而加氢干气具体组成分析见表1。

表1 加氢干气组分

分项名称	规格指标	最小值	最大值	平均值
总硫/(mg/m^3)	≤20	7.90	93.00	32.05
丙烷/%	实测	1.12	10.68	5.77
乙烷/%	实测	0.29	6.67	3.58
异丁烷/%	实测	0.31	4.89	2.64
异戊烷/%	实测	0.39	2.97	1.50
正丁烷/%	实测	0.92	12.33	6.78
正戊烷/%	实测	0.40	3.14	1.36
氢气/%	实测	49.13	91.37	70.40
氧气/%	实测	0.05	2.27	0.69
氮气/%	实测	0.06	8.70	2.33
甲烷/%	实测	0.31	12.23	3.64
C_6/%	实测	0.39	4.66	1.44

注：以上数据均为体积浓度。

表1数据为加氢干气2014年4~6月数据。表1显示：①加氢干气总硫波动较大。硫含

量存在大幅超标点的，可能造成制氢装置脱硫剂饱和，从而导致预转化及转化催化剂永久性中毒；②加氢干气具有饱和烃含量高、无杂质、含氢量高等特点[2]，除了硫含量波动较大外，其余特点作为制氢原料不存在任何问题。

综上，在控制好硫含量的情况下，是优秀的制氢原料。

2 加氢干气的投用情况

2.1 加氢干气投用前的准备

加氢干气投用前，300 万 t/a 柴油加氢装置对加氢干气硫含量进行了考察。首先，保证贫胺液的用量≮18t/h，正常控制范围为 20~25t/h，以保证干气脱硫效果；然后，控制胺液和干气的温差在 4~6℃来保证贫胺液胺洗效果达到最佳。夏季胺液在 35℃左右，基本恒定，应尽可能降低干气的温度，主要通过调节反应产物空冷后温度和气提塔顶后冷器温度；最后，加强干气流量的监控，使其控制在 4000~5500Nm³/h 之间。

制氢装置保证装置运行平稳，控制好各主要工艺指标：R-101 入口温度 300~380℃、R-102A/B入口温度 300~380℃、R-103 入口温度 340~460℃、F-101 入口温度 520~630℃、F-101 出口温度 720~820℃、R-104 入口温度 300~340℃，系统压力 2.0~2.3MPa，总水碳比为 3.0~5.5。

2.2 加氢干气投用后运行分析

2013 年 8 月 20 日，加氢干气改作装置原料，加氢干气投料量 2000Nm³/h。加氢干气投用后，装置总体生产平稳，产品质量合格，基本达到了预期效果。

2.2.1 装置热平衡发生变化。

序号	项目	单位	干气投用前	干气投用后	差值
			入口温度		
1	R101	℃	356	355.57	-0.43
2	R102A	℃	343.57	344.88	1.31
3	R102B	℃	331.45	333.6	2.15
4	R103	℃	413.36	414.49	1.13
5	进 F101	℃	541.26	554.25	12.99
6	R104	℃	319.68	316.83	-2.85

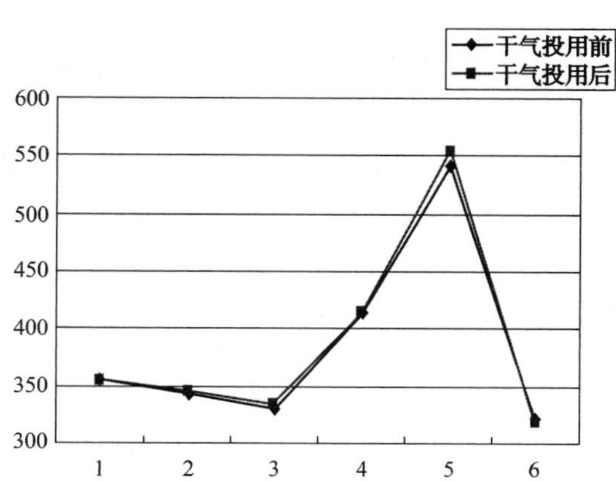

图 3 加氢干气投用前后反应器和转化炉入口温度

如图 3 所示，除了中变催化剂加氢干气投用后，装置热平衡发生变化，加氢反应器(R-101)催化剂床层温度升高了约 0.5℃，脱硫反应器(R-102A/B)催化剂床层温度升高了约 2.0℃，预转化反应器(R-103)催化剂床层温度升高了约 33℃，中变分水系统温度升高了约

4.5℃。原因是：氢气的热容低[3]。加氢干气中主要组分为氢气，占总组分的70%左右。氢气热容比天然气低，在相同的热负荷下，会被加热到更高的温度，是导致各反应器催化剂床层温度升高的主要原因。

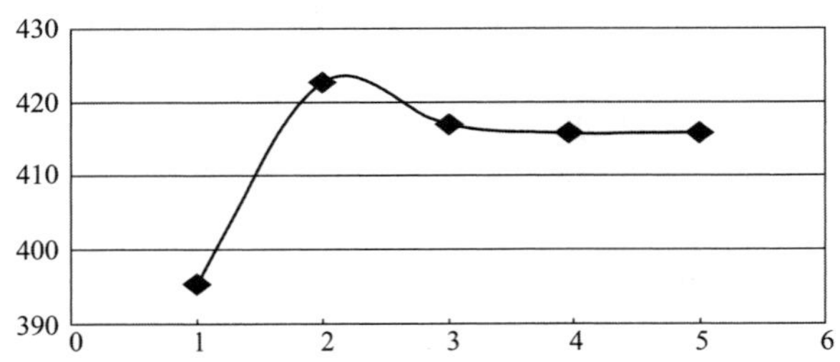

图4 加氢投用后R-103的催化剂床层温度变化曲线图

加氢干气投用后，R-103催化剂床层的温度变化曲线见图4。在纯天然气工况时，R-103内发生的是转化反应。加氢干气进料后，加氢干气的分析数据显示：C_2以上的组分约占20%，在R-103催化剂床层上发生裂解反应(属放热反应)。裂解得到的CH_4组分，经过水蒸气氧化得到CO、CO_2，又发生转化反应，属于吸热反应，所以催化剂床层温度先升后降，最终趋于平稳，但比天然气工况时略高。

2.2.2 循环氢停止使用，提高了PSA产品氢的使用率。

(1) 纯天然气工况时，加氢原料气中的氢气含量要求在5%~10%，对应的循环氢量为1000~1300Nm^3/h。加氢干气作原料后，氢气含量占到70%左右，完全可以满足加氢原料气中的氢气含量要求，所以循环氢停止配入，提高了PSA产品氢的使用率。

(2) 加氢干气改作原料后，相应的增加了PSA原料中的氢气含量，PSA吸附时间在原来调整的基础上，相应的延长，增加了氢气产量。解吸气增加了204Nm^3/h，氢气增加了655Nm^3/h。

2.2.3 加氢干气的压力控制方法趋于完善。

如图1所示，加氢干气投用后，加氢干气C-104出口至V-101，然后进入原料气压缩机C-101，整个原料系统的压力通过C-104出口的压力控制，天然气系统的压力同C-104出口压力一致。而C-104出口压力受制于C-104的入口压力，即V-105的出口压力PICA11601，最终原料系统的压力控制的是V-105的出口压力PICA11601。该控制阀属于分程控制，A阀和B阀的位置如图5所示，作用方式见表2。

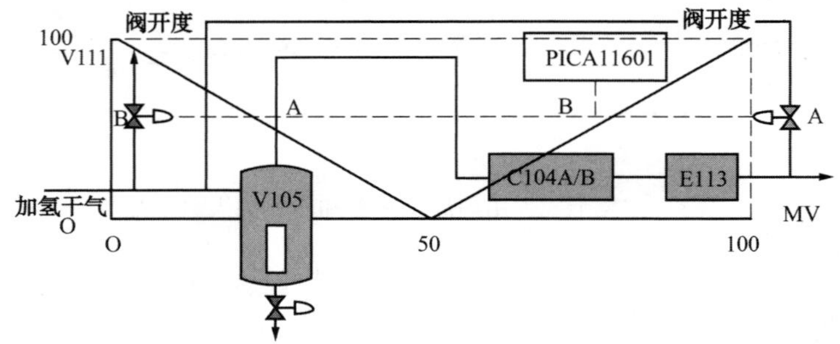

图5 加氢干气压力控制图

图 2　V-105 出口压力控制阀作用

MV 值/%	A 阀开度/%	B 阀开度/%
0~50	100~0	0
50~100	0	0~100

仪表 PICA11601 根据测的 PV 值和设定的 SV 值经过计算输出 MV 值作用于 AB 阀，当 MV 值为 0~50%时候，A 阀逐渐由 100%开度关至 0，B 阀开度为 0；当 MV 值为 50%时候，AB 阀开度均为 0；当 MV 值为 50%~100%时候，A 阀开度为 0，B 阀逐渐由 0 开至 100%。A、B 阀均为 FC(故障关)阀，停风状态下，阀关闭，起保护压缩机的作用。

现阶段，加氢干气的投用流量控制在 2000Nm^3/h，其余部分继续并入燃料气官网。为了控制加氢干气投用流量，压控阀 A 阀处于手动，给定值稳定，以保证加氢干气流量；B 阀处于自动状态，控制加氢干气压力为 0.4~0.55MPa 之间，整体控制平稳，能够保证加氢干气压缩机(C-104)的平稳运行。

2.2.4　加氢干气投用后，产品质量合格

加氢干气投用前后，产品氢的质量分析数据见表 3，由表 3 可看出，产品氢质量无明显变化。

表 3　加氢干气投用前后产品氢质量数据对比

分项名称	CO/(mL/m^3)	CO+ CO_2/(mL/m^3)	CO_2/(mL/m^3)	H_2/v%	CH_4/v%
干气投用前	0.1532	0.1532	0	99.9	0
干气投用后	0.0491	0.0491	0	99.9	0

加氢干气投用前后，副产品解吸气的质量分析数据见表 4，由表 4 图上可看出，解吸气的质量无明显变化。

表 4　加氢干气投用前后解吸气质量数据对比

分项名称	CO/v%	CO_2/v%	H_2/v%	O_2/v%	N_2/v%	CH_4/v%
干气投用前	4.2081	55.2377	24.0202	0.4891	1.9195	14.4498
干气投用后	4.8632	54.6301	24.0548	0.3766	1.5879	14.5404

综上，加氢干气投用后，对产品氢和解吸气产品质量无影响，产品质量均合格。

3　存在问题分析

3.1　硫含量控制手段现在还很欠缺

加氢干气除了作为制氢装置原料外，还有一部分并入燃料气管网，制氢装置转化炉烟气无硫含量在线监测仪表，只能通过 300 万 t/a 柴油加氢装置转化炉烟气中 SO_2 含量在线仪表监测加氢干气中的硫含量。经过和催化剂厂家及设计沟通，现阶段加热炉烟气中 SO_2 含量在 200ppm 时，加氢装置需通知制氢装置作加氢干气切出准备，SO_2 含量达到 300ppm 时，立即通知制氢装置立即切出加氢干气至燃料气管网。这种监控手段，存在监控延误、误差较大的

缺点，有催化剂中毒的危险，需经设计审核，在制氢装置 V-105 入口管线处增设硫含量在线分析仪，实时监控加氢干气硫含量。

从加氢装置来看，干气脱硫系统、气提系统等运行情况会直接影响到加氢干气中的硫含量，要求加氢装置平稳操作：(1)保证干气脱硫系统的正常运行，如干气脱硫系统停运时，必须提前通知制氢装置，当制氢装置将加氢干气切出后，方可停运干气脱硫系统；(2)干气脱硫塔气相入口温度高于45℃，或者汽提塔后冷器 E-201 出口温度迅速上升至高于 60℃，需及时告知制氢装置将加氢干气切出。

3.2 装置水碳比控制还需进一步摸索

加氢干气作装置原料后，由于含有 C_2以上的组分，水碳比的计算方法发生变化，势必影响配汽量的变化，真实水碳比同纯天然气工况相比也会发生较大变化。加氢干气中硫含量的变化、流量的变化和加氢干气组分的变化都会影响水碳比的控制[4]，装置还需根据加氢干气的分析数据，进一步摸索加氢干气投用后，装置的水碳比控制：首先，增大加氢干气的分析频次。加氢干气投用后，组分中有 C_2 以上的成分，计算水碳比需明确总碳原子数，所以应增加加氢干气的分析频次，做到对其组分的实时监控；其次，加强对员工的培训，使每名员工尤其内操都能掌握水碳比的计算方法，做到随加氢干气组分的变化，及时调整。

4 经济效益核算

加氢干气作为制氢原料后，加氢干气中高达 70%的氢气将被回收利用，其余烃类也可经过转化和中变反应生成氢气。

加氢干气作为制氢原料后，按碳原子数计算产氢量，$1Nm^3$加氢干气相当于 $0.88Nm^3$天然气，按设计加氢干气 $3655Nm^3/h$ 计算，在产氢量相同的情况下，可减少天然气用量 $3216.4Nm^3/h$，其费用为 3216.4/22.4×16×1.891=4344 元；

开启加氢干气压缩机，电耗增加 211.6kW·h，其费用为 211×0.54=113 元；

由于加氢干气做原料后将不能进入燃料气管网作为燃料使用，加氢干气平均分子量为14.42，其费用为 3655/22.4×14.42×0.85=2000 元；

加氢干气作为制氢原料后全年效益为(4344-113-2000)×8400=1874 万元。

现阶段，约 $2000Nm^3/h$ 加氢干气作原料，截至 9 月 30 日，共产生效益 160.632 万元。

5 结论

(1) 制氢装置现有工况中，在控制好硫含量的情况下，加氢干气是优秀的制氢原料。

(2) 加氢干气投用后，各反应器催化剂床层都有不同程度的上升，特别是预转化反应器和转化反应器的催化剂床层温度升高较多。

(3) 加氢干气和天然气混合进料，加氢干气压力控制平稳，产品质量合格。

(4) 现阶段，硫含量还不具备实时监控的条件，需增上硫含量在线分析仪。

(5) 加氢干气作为制氢装置原料，经济效益可观，全年可产生效益 1874 万元。

参 考 文 献

[1] 王定国 . 转化催化剂的使用和保护[J]. 高桥石化，2001，16(6)：25-26.

[2] 葛庆杰，徐恒泳，李文钊 . 天然气制氢新工艺与新技术[R]. 第二届国际氢能论坛青年氢能论坛，2003：174-176.

[3] 李大东 . 加氢处理工艺与工程[M]. 北京：中国石化出版社，2004.

[4] 郭利昌 . 干气制氢工艺的优化[D]. 天津：天津大学化工学院，2005.

碳二提浓项目技术经济分析

万　辉

（中国石化炼油事业部投资发展处，北京　100728）

摘　要　炼油过程中副产的干气作为加热炉燃料气使用。对于炼油乙烯一体化企业，可将干气中的乙烷、乙烯气组分提浓，作为乙烯裂解原料，以实现资源有效利用。介绍了干气提浓主要技术，通过测算干气提浓的成本，对项目可行性进行了分析。

关键词　炼油厂　干气　碳二　提浓　技术经济　分析

炼厂干气包括催化干气、焦化干气、加氢干气、轻烃干气和PSA解吸气等，其中催化干气乙烯、乙烷含量均较高，约为10m%～20m%；而焦化干气、轻烃干气乙烯含量很少，乙烷含量较高，约为20m%；PSA解吸气中氢气、碳三以上重组分较多，基本不含乙烯。

炼厂副产的干气作为加热炉燃料气使用，干气中乙烷、乙烯组分是可利用组分。干气综合利用主要有四个方向：一是利用富乙烷、乙烯气做乙烯裂解原料；二是利用炼油企业的稀乙烯气生产乙苯、苯乙烯；三是利用炼油企业的稀乙烯气芳构化生产汽油；四是用焦化干气制氢。对于炼油乙烯一体化企业，通过采用合理的分离回收和综合利用技术，从干气中回收乙烷、丙烷等优质的乙烯裂解料，可以发挥炼油化工一体化优势，优化乙烯原料，降低乙烯生产成本，实现资源有效利用。

1　炼厂干气资源情况

炼油生产装置所产生的干气主要有初常顶瓦斯、催化干气、焦化干气、重整干气、加氢干气和PSA解吸气。初常顶瓦斯常通过催化装置和焦化装置的气压机回收碳三以上组分，干气脱硫后进入瓦斯管网。干气典型组成见表1，催化裂化干气中乙烷含量为29.34m%，乙烯含量为20.92m%；延迟焦化干气中乙烷含量为27.74m%，乙烯含量为2.99m%；PSA解吸气、加氢裂化干气和催化裂化干气氢气含量在5m%左右，可通过氢提浓装置对氢气进行回收。

表1　炼厂干气典型组成

项目	PSA解吸气		加氢裂化干气		焦化干气		催化干气	
	mol%	m%	mol%	m%	mol%	m%	mol%	m%
氢气	47.07	5.76	39.73	5.04	21.27	2.37	40.42	5.51
氮气	1.04	1.77	4.05	7.14	6.83	10.58		
氧气	0.00	0.00	0.63	1.27	0.77	1.36		
二氧化碳	0.00	0.00	0.00	0.00	0.00	0.00	1.68	5.03
硫化氢	0.00	0.00	5μmol/mol	11μg/g	5μmol/mol	10μg/g		

续表

项目	PSA 解吸气		加氢裂化干气		焦化干气		催化干气	
	mol%	m%	mol%	m%	mol%	m%	mol%	m%
甲烷	25.00	24.34	27.65	27.90	46.76	41.47	31.02	33.85
乙烯	0.00	0.00	0.00	0.00	1.93	2.99	10.96	20.92
乙烷	13.14	23.98	19.45	36.77	16.69	27.74	14.34	29.34
丙烯	0.00	0.00	0.00	0.00	0.94	2.18	0.69	1.98
丙烷	8.18	21.89	7.13	19.77	3.18	7.74	0.19	0.56
异丁烷	2.87	10.12	0.19	0.69	0.31	1.00	0.37	1.47
正丁烷	0.78	2.75	0.01	0.04	0.39	1.25	0.04	0.16
异丁烯	0.00	0.00	0.00	0.00	0.06	0.17	0.1	0.36
1-丁烯	0.00	0.00	0.00	0.00	0.08	0.26	0.08	0.3
反-2-丁烯	0.00	0.00	0.00	0.00	0.02	0.06	0.05	0.2
顺-2-丁烯	0.00	0.00	0.00	0.00	0.01	0.03	0.03	0.1
正戊烷	0.20	0.88	0.01	0.04	0.01	0.02		
异戊烷	0.55	2.41	0.01	0.04	0.01	0.02	0.04	0.2
正己烷	1.17	6.19	0.00	0.00	0.00	0.00		
水	0.00	0.00	1.14	1.29	0.75	0.75		
合计	100.00	100.00	100.00	100.00	100.00	100.00	100.00	100.00

2 碳二提浓技术

炼厂主要对催化裂化、延迟焦化干气中的乙烷、乙烯气组分提浓作为乙烯裂解原料。而加氢、重整等装置的饱和干气通过氢提浓装置回收氢气后，再对富乙烷气组分提浓做乙烯裂解原料。从炼厂干气中回收富碳二馏分的方法主要有深冷分离法、油吸收法、络合分离法、变压吸附法等。深冷分离法工艺成熟，乙烯回收率高，美国 S&W 公司于 20 世纪 90 年代初和近年先后开发了以冷凝冷却器为核心的 ARS(Advanced Recovery System)技术和以热集成精馏系统为核心设备的第二代 ARS 技术。该技术能耗和建设投资高，操作复杂，只适于炼厂相对集中、催化裂化加工能力很大的情况。络合分离法乙烯回收率较高，但对原料中的杂质要求严格，预处理费用较高，需要特殊的络合吸收剂。变压吸附法和油吸收法在国内已有多套工业化装置，投资费用和能耗较低，乙烯回收率较高(大于 90%)，适用于稀乙烯回收。对于干气经回收碳二组分后的废气可以进一步回收氢气。

2.1 浅冷油吸收技术

北京化工研究院开发了“浅冷油吸收工艺”，装置由干气压缩单元、浅冷油吸收单元组成。干气被压缩到 4~6MPa、温度冷却到 5~15℃后进入碳四吸收塔，用正构碳四作为吸收剂，吸收碳二以上烃类，塔顶组分进入汽油吸收塔。塔釜排出的富吸收剂送入碳四解吸塔，解吸后塔顶得到富乙烷气，作为裂解原料送至乙烯装置裂解炉。贫溶剂返回碳四吸收塔循环使用。在汽油吸收塔中，来自碳四吸收塔顶的轻组分中含有的碳三等重组分被再吸收剂吸收，塔顶得到富含氢气、甲烷的气相，进入燃料管网；富吸收剂从塔釜流出，进入汽油稳定塔进行解吸，解吸后的再吸收剂返回汽油吸收塔循环使用，汽油稳定塔塔顶气体返回一段压缩机。该技术适于催化裂化加工量较小的石化企业，乙烯回收率不小于90%，乙烷回收率不小于93%。对于炼厂饱和干气和解吸气，采用浅冷油吸收技术，可以取消脱碳、脱氧单元，提浓气直接进乙烯裂解装置，尾气直接进PSA单元回收氢气，不需要再次升压。饱和干气浅冷油吸收流程见图1。

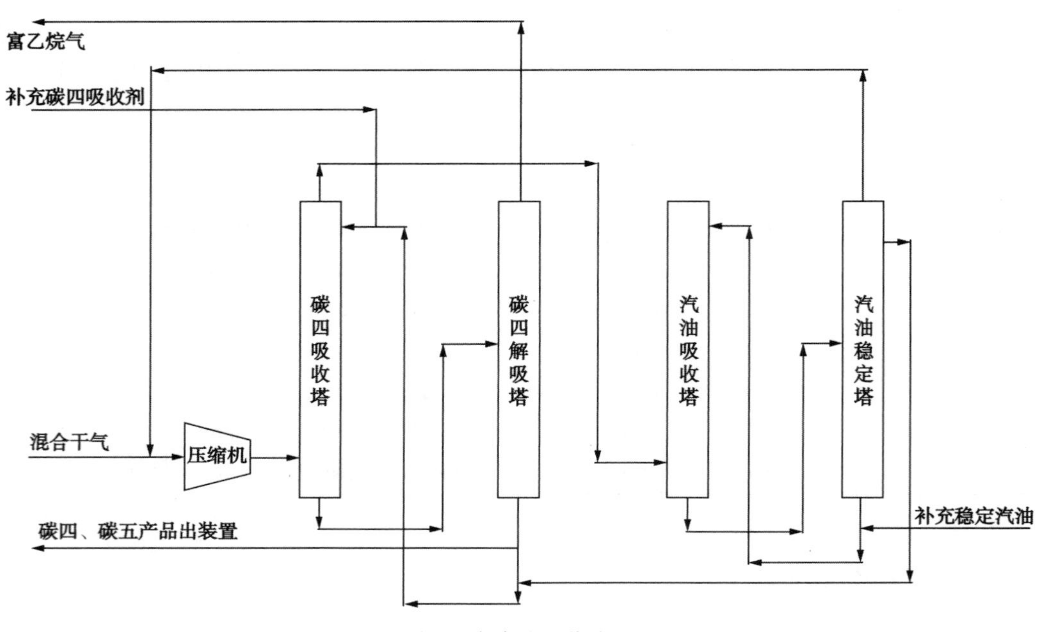

图1　浅冷油吸收流程

2.2　变压吸附回收技术

由中国石化北京燕山分公司、四川天一科技股份有限公司和中国石化工程建设公司(SEI)联合开发的“回收炼厂乙烯资源成套技术”采用两段变压吸附工艺。装置由变压吸附、压缩、脱硫脱碳、脱氧干燥、碳二分离五个单元组成。干气首先通过变压吸附过程，将干气分离成为一股富集有氢、氮和甲烷的气体轻馏分和一股富集有乙烯、乙烷、丙烯、丙烷和碳四以上的重馏分。通过化学吸收过程，将重馏分中的酸性气体如二氧化碳和硫化氢等脱除，再经过脱氧脱CO、脱砷和碳二分离单元，最终得到净化乙烯原料。乙烯回收率66.08%，乙烷回收率60.07%。变压吸附回收流程见图2。

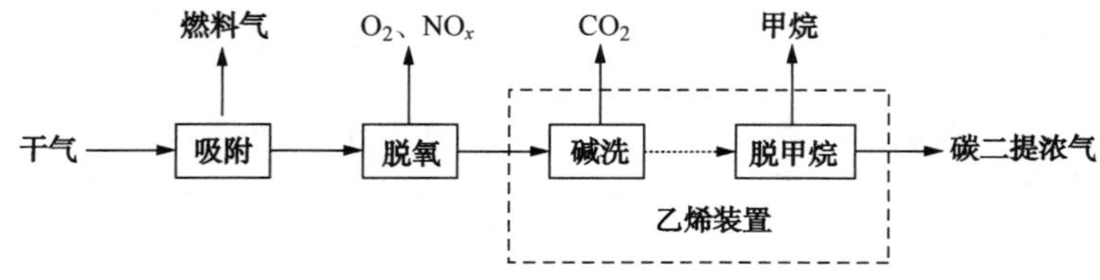

图2　变压吸附回收流程

3 经济性分析

3.1 碳二提浓气作为乙烯原料的相对价值测算

碳二提浓气通过分离，富乙烯气进乙烯分离系统分离乙烯和丙烯，富乙烷、丙烷组分循环至裂解炉裂解为乙烯和丙烯，从而将低价值的干气转变为高价值的乙烯、丙烯产品。乙烷作为裂解原料，与石脑油不同，不产生三苯和丁二烯。乙烷经多次循环后裂解产物收率见表2，碳二提浓气组成见表3。

表2 不同乙烯原料的价值测算

项目	循环乙烷	石脑油	价格/(元/t)
产品收率/%			
氢气	6.24	0.88	11454
一氧化碳	0.31	0.07	
二氧化碳	0.35	0.00	
甲烷	4.73	13.57	2050
乙炔	0.55	0.42	2050
乙烯	80.50	28.22	8813
乙烷	1.59	3.33	2050/8390①
丙二烯	0.06	0.28	2050
丙炔	0.08	0.47	2050
丙烯	1.25	14.48	8814
丙烷	0.24	0.44	5289
丁二烯	1.74	5.04	8000
丁烯	0.27	3.93	5289
丁烷	0.31	0.10	5289
C_5'S	0.40		7296
苯	0.44	6.35	7296
C_6NA	0.31		7296
甲苯	0.12	3.74	7296
C_7NA	0.18		7296
二甲苯	0.06	1.58	7296
乙苯	0.05	0.25	7296
苯乙烯	0.03	1.05	7296
C_8NA	0.18		7296
$C_5 \sim C_8NA$		13.16	3053
204~288℃		2.64	2785
总计	100	100	
产品贡献值/(元/t)	8390	6114	

①作为乙烯裂解原料的乙烷价值为2050元/t，根据乙烯裂解产品分布计算的乙烷价值为8390元/t。

表3　碳二提浓气组成

项　目	N_2	甲烷	乙烷	乙烯	丙烷	丙烯	异丁烷	正丁烷	正异丁烯	反-2-丁烯	顺-2-丁烯	合计
含量/m%	0.56	5.67	53.27	20.48	6.94	7.45	1.57	1.75	1.8	0.32	0.17	100
价格/(元/t)		2050	8390	8813	5289	8814	5289	5289	5289	5289	5289	7711

在基准价格体系下，测算乙烷作为裂解原料的相对价值是8390元/t。根据石脑油的裂解产物收率以及碳二提浓气的组成，再以乙烷价值8390元/t为依据，测算石脑油、碳二提浓气作为裂解原料的相对价值分别为6114元/t、7711元/t。即碳二提浓气相对于石脑油的价值系数为1.26(不考虑原料不同对乙烯装置能耗、物耗的影响)。测算结果表明，碳二提浓气做为乙烯原料优于石脑油。

3.2　碳二提浓气的成本测算

随着炼厂产品质量升级和加工深度的提高，炼厂对燃料的需求日益增加。回收富乙烷气后，需要外补天然气或裂解重油弥补燃料缺口。2014年9月1日，国家发改委对天然气非居民用气价格进行调整，除广东、广西(增长0.12元/m^3)外，其他省市存量气价格均增长0.4元/m^3。天然气涨价对项目的经济可行性影响较大。干气提浓项目基本数据见表4。根据基础数据及装置的物耗、能耗，采用浅冷油吸收和变压吸附回收计算的单位成本为835元/t富乙烷气和1019元/t富乙烷气(均考虑了氢气的回收)，具体数据见表5。

表4　干气提浓项目基本数据

项　目	浅冷油吸收	变压吸附回收
装置规模/(10^4t/a)	50	42
投资/万元	4.4	4.8
单位能耗/(kg标油/t)	156	77.46
产品分布/%		
提浓气	50.3	42.4
吸附干气	45.4	50.2
氢气	3.4	2.8
损失	0.9	4.6

表5　干气提浓项目总成本费用计算

项　目	浅冷油吸收		变压吸附回收		价格体系/(元/t)
	10^4t/a	10^4元/a	10^4t/a	10^4元/a	
辅助材料费				1432	
外购燃料动力费		14694		8965	
新鲜水	0.94	2	3	7	2.26
循环水	4620	2079	1854	834	0.45
电/(kW·h)	7278.6	4949	11146	7579	0.68
1.0MPa蒸汽	46.3	7593	2	328	164

续表

项　　目	浅冷油吸收		变压吸附回收		价格体系/(元/t)
	10^4t/a	10^4元/a	10^4t/a	10^4元/a	
净化风/Nm^3	270	70	756	197	0.26
氮气/Nm^3	0.8	0.5	34	20	0.59
生产工人工资及福利费		240		240	
制造费用		5484		6861	
折旧及无形资产摊销		4189		4585	
修理费		1295		2127	
管理费用		590		644	
合计		21008		18142	
单位成本/(元/t产品)		835		1019	

注：参考某项目可行性报告数据。

提浓干气作乙烯原料后，燃料气的缺口需要用天然气补充。按天然气价格3.4元/Nm^3(含税)，即4800元/t，则提浓干气的成本至少达到5800元/t，已接近液化气的市场价格。因此，应综合考虑原料中碳二组分的浓度、当地天然气资源、价格，以及乙烯装置的原料适应性等因素确定干气提浓项目的实施。

4 结论

对于炼油乙烯一体化企业，通过采用碳二提浓技术，回收碳二以上组分作为乙烯裂解料，可实现资源的有效利用。根据乙烯装置的产品收率，碳二提浓气相对于石脑油的价值系数为1.26，因此碳二提浓项目可以优化乙烯原料，降低乙烯生产成本。

碳二提浓项目的实施应充分考虑企业加工流程下的燃料平衡，测算结果表明，提浓碳二的成本为1000元/t富乙烷气左右，在需要以天然气弥补干气提浓后燃料缺口的情况下，当天然气价格为3.4元/Nm^3(含税)时，提浓干气的成本已达到5800元/t。干气中碳二组分的浓度、天然气资源及价格是决定项目可行性的关键因素。

焦干和天然气制氢生产率统比分析

袁祯杰

（中国石化天津分公司炼油部联合三车间，天津　300270）

摘　要　针对制氢装置焦干和天然气两种原料的运行现状，分析不同生产率的结果和意义，总结工艺过程中的具体措施和取得的实施效能，为装置的技术管理和优化生产提供指导。

关键词　制氢　焦干　天然气

随着含硫和重质原油加工比例加大，炼油企业对氢气需求量增多、对氢气品质要求更加严格、对氢气的依赖性持续提高，优化高质的制氢产品成为影响炼油生产的重要因素。做好生产运行的数据监控，是装置管理的关键环节；天津炼油部制氢装置在十余年的生产实践中，针对炼厂焦化干气和天然气两种原料的运行分析，总结积累了一些可行经验，本文就此做简要论述。

1　装置概况及原料革新过程

1.1　装置概况

天津炼油部联合三车间制氢装置原组建于1995年，由中石化北京设计院设计，分A、B两个系列产氢共4万标立/小时。2008年起装置开始扩能改造，由中国石化工程建设公司(SEI)设计，属于股份天津分公司100万吨/年乙烯及配套项目，改造后的制氢规格为6万标立/小时，相当于年产纯氢4.54万吨，仍为A、B两个系列。制氢装置主要由原料净化、转化及中温变换、中变气换热冷却、变压吸附提纯和水汽系统、动力公用等七部分组成。制氢装置具有临氢、高温、高压、易燃、易爆，工艺条件苛刻，固定床催化剂种类繁多、装填量大、价值昂贵，与需氢装置技术关联复杂等特点，纯度99.9%以上的产品氢气，适合供给加氢深度较高的装置，适应当前高硫油和重质原油的炼油生产链，是公司级关键生产装置。

1.2　制氢原料革新过程

天津炼油部制氢装置经过原始设计的轻石脑油制氢、90年代的炼厂干气制氢，到2008年扩能、经历四年大修的2012年发展至今，当前装置进料主要以天然气为主，不足时补入少量(≯10%)脱硫焦化干气补充，作为备料的轻石脑油由装置内缓冲罐储备液位约85%。制氢装置2010年前使用干气进料，2010年3月部分混入天然气摸索操作，2010年4月份实现天然气制氢后，连续三年根据天然气供应情况，实际补充10%~30%焦化干气混合进料制氢。2014年10月23日始，因C_2装置开工进料，将制氢装置焦干切除系统之后，2014年11月后主要生产方案为全部天然气制氢。

2 焦干和天然气两种原料的制氢工艺现状

2.1 制氢原料组分代表数据分析

对比焦干和天然气两种原料，天然气中轻烃含量稳定高值，甲烷含量保持85%左右。因原料氢碳比的提高，执行制氢水碳比在工艺卡片要求的≮3.4基础上，加强卡边控制要求3.45；同时，在设备允许的条件下适度提高排烟温度(制氢 A F102≯210℃，制氢 B F202≯195℃)，优化转化中变反应。

表1 原料组分代表数据表

原料组分代表数据		氢	氧	氮	一氧化碳	二氧化碳	甲烷	乙烷	乙烯	丙烷	丙烯
2010年1月	焦化干气	5.08	1.53	6.16	1.04	0.02	39.88	10.38	1.04	3.59	1.88
2010年2月	焦化干气	5.99	0.88	3.63	1.03	0.01	41.8	10.76	1.08	3.4	1.89
2010年3月	焦化干气	4.71	1.21	5.95	1.48	0.03	46.01	12.26	1.4	3.09	2.2
2010年4月	焦化干气	4.94	0.33	2.18	1.47	0.01	35.39	12.92	1.88	3.14	1.9
2010年	混合干气	4.35	2.83	11.59	0.05	0.03	68.44	7.4	0.38	2	0.35
2011年	混合干气	4.33	3.09	11.82	0.07	0.02	67.98	7.35	0.38	1.99	0.35
2012年	混合干气	3.98	1.08	4.15	<0.01	0.03	84.76	3.62	<0.01	0.67	<0.01
2013年	混合干气	1.98	1.44	5.89	0.02	1.03	81.89	4.89	0.12	1.26	0.14
2014年1月	混合干气	1.03	1.41	5.79	0.02	1.36	84.1	4.34	0.07	1.01	0.08
2014年2月	混合干气	2.85	3.01	11.61	0.19	0.94	77.15	3.26	<0.01	0.59	<0.01
2014年3月	混合干气	3.38	1.38	5.34	0.06	1.18	84.02	3.49	<0.01	0.64	<0.01
2014年4月	混合干气	3.33	1.36	5.34	0.21	0.93	84.24	3.53	<0.01	0.65	<0.01
2014年5月	混合干气	3.44	0.92	3.62	0.21	1.12	86.11	3.5	<0.01	0.65	<0.01
2014年6月	混合干气	2.65	12.66	10.82	0.07	0.18	85	4.45	0.01	1.36	0.01
2014年7月	混合干气	2.75	16.75	4.75	0.1	0.2	73.47	1.07	0.86	0.15	<0.01
2014年8月	混合干气	3.04	16.84	5.85	<0.01	0.06	71.81	2.43	<0.01	1.85	<0.01
2014年9月	混合干气	4.68	4.13	12.29	0.25	0.79	65.03	8.38	0.48	2.06	0.35
2014年10月	混合干气	2.83	1.21	9.61	<0.01	<0.01	81.56	3.5	0.01	0.64	<0.01
2014年11月至今	天然气	0.01	1.61	5.45	<0.01	1.45	85.79	3.79	<0.01	0.87	0.01

2.2 制氢生产率数据分析

计算说明：

转化率=(转化气中 CO_2+转化气中 CO)/(转化气中 CO_2+转化气中 CO+转化气中 CH_4)

中变率反应掉的 CO=(转化气中 CO−中变气中 CO)/转化气中 CO

PSA 氢气回收率=(中变气中 H_2−尾气中 H_2)/[中变气中 H_2(1−尾气中 H_2)]

(1) 制氢转化率计算代表数据表2。

表2 制氢转化率计算代表数据

转化率代表数据		样品名称	CO	CO_2	甲烷	氢含量	转化率
2010年1月	焦化干气	转化反应气	11.55	11.34	6.28	70.83	75.043%
2010年2月	焦化干气	转化反应气	11.86	11.28	6.4	70.46	75.226%
2010年3月	焦化干气	转化反应气	11.51	11.13	6.35	70.81	74.814%
2010年4月	焦化干气	转化反应气	12.08	11.74	6.4	69	75.505%
2010年	混合干气	转化反应气	10.47	9.64	6.4	73.49	75.413%
2011年	混合干气	转化反应气	10.97	9.88	6.39	72.76	76.875%
2012年	混合干气	转化反应气	11.05	8.98	6.29	73.68	77.698%
2013年	混合干气	转化反应气	10.98	10.1	5.68	73.24	77.740%
2014年1月	混合干气	转化反应气	10.39	7.94	4.86	76.81	80.720%
2014年2月	混合干气	转化反应气	11.15	9.64	4.07	75.14	80.436%
2014年3月	混合干气	转化反应气	11.84	7.48	5.36	75.32	80.042%
2014年4月	混合干气	转化反应气	11.71	9.89	4.03	75.37	78.627%
2014年5月	混合干气	转化反应气	11.9	9.15	4.02	75.93	82.596%
2014年6月	混合干气	转化反应气	11.27	9.58	4.11	75.04	82.596%
2014年7月	混合干气	转化反应气	11.96	7.26	5.05	75.73	81.289%
2014年8月	混合干气	转化反应气	10.84	8.83	4.77	75.56	80.317%
2014年9月	混合干气	转化反应气	10.57	9.11	4.84	75.48	79.602%
2014年10月	混合干气	转化反应气	10.82	9.03	5.79	75.36	81.024%
2014年11月至今	天然气	转化反应气	10.49	9.47	5.77	75.27	80.482%

（2）制氢中变率计算代表数据表3。

表3 制氢中变率计算代表数据

中变率代表数据		样品名称	CO	样品名称	CO_2	中变率
2010年1月	焦化干气	转化反应气	11.87	中变反应气	2.23	79.052%
2010年2月	焦化干气	转化反应气	12.1	中变反应气	2.1	80.651%
2010年3月	焦化干气	转化反应气	11.84	中变反应气	2.1	81.768%
2010年4月	焦化干气	转化反应气	12.18	中变反应气	2.21	79.743%
2010年	混合干气	转化反应气	10.55	中变反应气	2.01	82.491%
2011年	混合干气	转化反应气	10.44	中变反应气	2.02	84.995%
2012年	混合干气	转化反应气	10.86	中变反应气	1.98	83.167%
2013年	混合干气	转化反应气	10.91	中变反应气	2.11	84.728%
2014年1月	混合干气	转化反应气	10.85	中变反应气	1.98	83.347%
2014年2月	混合干气	转化反应气	10.23	中变反应气	2.12	82.312%
2014年3月	混合干气	转化反应气	10.93	中变反应气	2.01	83.371%
2014年4月	混合干气	转化反应气	10.25	中变反应气	1.98	83.729%
2014年5月	混合干气	转化反应气	10.74	中变反应气	1.98	82.280%
2014年6月	混合干气	转化反应气	10.62	中变反应气	2.05	84.491%

续表

中变率代表数据		样品名称	CO	样品名称	CO_2	中变率
2014 年 7 月	混合干气	转化反应气	10.48	中变反应气	1.87	84.095%
2014 年 8 月	混合干气	转化反应气	11.02	中变反应气	2.17	85.693%
2014 年 9 月	混合干气	转化反应气	11.2	中变反应气	1.94	85.502%
2014 年 10 月	混合干气	转化反应气	11.21	中变反应气	2.12	85.105%
2014 年 11 月至今	天然气	转化反应气	10.28	中变气	1.98	85.225%

（3）制氢 PSA 氢气回收率计算代表数据表 4。

表 4　制氢 PSA 氢气回收率计算代表数据

PSA 回收率代表数据		样品名称	氢含量	样品名称	氢含量	PSA 氢气回收率
2010 年 1 月	焦化干气	中变气	74.64	尾气	26.57	89.706%
2010 年 2 月	焦化干气	中变气	75.46	尾气	26.52	88.263%
2010 年 3 月	焦化干气	中变气	74.65	尾气	26.9	88.504%
2010 年 4 月	焦化干气	中变气	75.52	尾气	28.01	87.388%
2010 年	混合干气	中变气	77.6	尾气	32.93	85.827%
2011 年	混合干气	中变气	75.42	尾气	32.77	84.114%
2012 年	混合干气	中变气	76.02	尾气	28.88	87.191%
2013 年	混合干气	中变气	76.38	尾气	32.62	85.029%
2014 年 1 月	混合干气	中变气	75.56	尾气	30.3	85.939%
2014 年 2 月	混合干气	中变气	75.58	尾气	31.35	85.245%
2014 年 3 月	混合干气	中变气	76.86	尾气	31.3	86.283%
2014 年 4 月	混合干气	中变气	76.17	尾气	33.62	84.155%
2014 年 5 月	混合干气	中变气	76.69	尾气	30.32	86.774%
2014 年 6 月	混合干气	中变气	75.53	尾气	30.56	85.742%
2014 年 7 月	混合干气	中变气	76.35	尾气	30.99	86.090%
2014 年 8 月	混合干气	中变气	76.68	尾气	30.75	86.496%
2014 年 9 月	混合干气	中变气	76.79	尾气	30.2	86.923%
2014 年 10 月	混合干气	中变气	76.88	尾气	28.92	87.764%
2014 年 11 月至今	天然气	中变气	77.1	尾气	30.01	87.265%

3　焦干和天然气两种原料的制氢效能总结

通过几年来的生产数据进行总结，数据见表 5。

表 5　两种原料制氢生产数据对比

焦化干气制氢代表性生产数据		天然气制氢代表性生产数据	
焦化干气	氢含量 5%	天然气	氢含量 0
	甲烷 40%		甲烷 85%
	一氧化碳 1.5%		一氧化碳 0.01%
	二氧化碳 0.1%		二氧化碳 1.5%

续表

焦化干气制氢代表性生产数据		天然气制氢代表性生产数据	
转化气	氢含量 70%	转化气	氢含量 75%
	甲烷 6.4%		甲烷 5%
	一氧化碳 12%		一氧化碳 10.5%
	二氧化碳 11.5%		二氧化碳 9.5%
	转化率 75%		转化率 80%
中变气	氢含量 75%	中变气	氢含量 77%
	一氧化碳 2.2%		一氧化碳 2.0%
	中变率 80%		中变率 85%
PSA	尾气氢含量 26%	PSA	尾气氢含量 30%
	PSA 氢气回收率 89%		PSA 氢气回收率 87%
	99.99 纯氢产品收率 31.5%		99.99 纯氢产品收率 35%

依照以上简表，焦化干气制氢产品收率 31.5%，天然气制氢产品收率 35%。扣除现阶段 PSA 程控阀有微氢泄漏，尾气中氢气组分含量高于 30%，影响回收率提高的瓶径；现阶段因 C_2 装置焦干进料，全部天然气制氢工艺，根据生产数据的比较，以 PSA 氢气回收率 89%以上为核算基础，99.99 纯氢产品收率可以超过 35%，达到提高氢气产量的生产目的。

制氢装置原料革新过程持续多年，经过几年来精细、严格的工艺管理，操作稳定性有较大提高，燃料波动频次降低，进而为制氢生产提供了调整优化的条件。装置时刻都可能出现工况变化，甚至由此衍生事故；显然，再周密的规程也不能适用所有实际情况。具体采取何种处理方案，是建立在对装置性能的高度熟悉，以及对作业流程的充分理解基础之上的，这些才是安全有效地完成各项生产任务的最好保障。为此，车间根据原料新常态，及时修订《原料波动切换管理规定》和《原料性质异常应急处理方案》，严格执行工艺纪律和管理程序，实现高品质氢气输出的工艺目标。

自 2012 年 10 月开工，截至 2015 年 5 月，采用天然气制氢主工艺，操作条件较为合理，运行设备状况良好，产氢率逐年提高：2012 开工至 2013 年生产前期 34.81%；2014 年至今保持平均高峰值 35.5%。本周期装置连续运行累计 980 天，制氢生产率逐年提高，综合能耗持续降低，装置生产能力和产品质量都得到了高效升级。

新疆混合原油脱钙研究

王红晨，蔡海军

（中国石油乌鲁木齐石化分公司炼油厂，新疆乌鲁木齐　830019）

摘　要　近年来原油重质化、劣质化趋势越来越明显，SAGD 等热采技术的应用，使得地层中的钙大量进入重质原油中，对加工产生严重影响。在评价 9 种有机酸和工业脱钙剂的基础上，复配优化得到脱钙剂 EYC-2。系统研究了脱钙剂 EYC-2 注入量、温度和注入方式等操作条件对新疆混合原油脱钙效果的影响。结果表明，随注入量与温度的提高，脱钙效果上升。在剂钙比为 3 : 1、温度为 140℃下，新疆混合原油脱钙率达到 86.01%。

关键词　钙　环烷酸　脱钙剂　原油

1　前言

近年来原油资源日趋匮乏，原油趋于重质化、劣质化[1]。高温热采、表面活性剂以及聚合物驱油等技术的应用使得地层中的碳酸钙等含钙物质溶解，进入原油与油中的有机酸相结合，从而使原油中的钙含量显著增加[2~4]。炼油厂加工劣质高钙原油时，不仅严重影响常减压装置的安全稳定生产[5]，而且对渣油加氢、催化裂化、焦化等二次加工工艺和产品产生严重的影响[6,7]。因此，开展原油脱钙研究显得尤为重要。

目前，在国内外研究原油脱钙技术方面，络合沉淀法由于其效果好、使用方便等特点，是应用最广泛的一种脱钙方法。John G. Reynolds[8,9]等人使用羟基羧酸作为络合剂，一般为柠檬酸及其盐类、酒石酸及其盐类或者它们的混合物来达到脱除原油或者渣油中的非卟啉态钙。Simon G. Kukes 等[10]自主研发一种改进了的磷酸或者亚磷酸络合剂，来脱除原油或渣油中的钙。Kuehne D L，Hawker L P 等[11]采用醋酸和碱性物质复配的混合物来脱除原油中的钙。在国内，目前采用的主要是无机含磷化合物以及有机磷酸及其盐类作为络合剂。针对克拉玛依稠油，刘江华等人[12]自行研制含磷脱钙剂，该脱钙剂包括$(NH_4)_2HPO_4$和固体颗粒润湿剂。罗来龙等人[13]自行研发了 KR-1 型脱钙剂对原油脱钙进行实验研究。KR-1 型脱钙剂其主要成分含有—SO_3H 基团、—COOH 基团的化合物。针对辽河油田的超稠油，武本成[14]等人自主研发了 MPTE、MPTF 两种基本类型的脱钙剂。这两类脱钙剂常温常压下为白色或黄褐色固体，结构方面主要含有羧基与羟基等官能团，而 MPTF 脱钙剂中还含有 N 元素。江晓东等人[15]自行研制了 WA 型脱钙剂对新疆混合原油进行钙的脱除研究。WA 型脱钙剂含有氨基、羧基等有较强络合能力的脱钙基团，不含 EDTA 及其盐类的复配物，而且兼具辅助破乳和分散作用。

但是络合沉淀法也存在一些问题，主要表现为：络合剂加量一般要数倍于原油中的钙含量，价格相对昂贵；其次由于络合剂一般为强酸溶剂[16]，对设备管道有极大的腐蚀影响，使用的含磷等络合剂存在着水体污染等各种环境问题；第三，络合沉淀法有可能产生大量沉淀物附着在污水排放管道上，影响装置正常运行。因此，开发出有针对性、经济性好、环境友好的脱钙技术仍是国内外各大炼厂急需解决的问题[17]。本文针对乌石化加工的高钙新疆混合原油，开发新型脱钙剂，并采用动态评价装置考察其脱钙效果。

2 实验方法

2.1 新疆混合原油性质

乌石化加工的新疆混合原油，主要由北疆原油和风城稠油混合而成，其中风城稠油含量为20%的混合油的性质见表1。由表1可见，掺有风城稠油的混合原油中盐含量、钙含量和灰分明显高于一般原油。

表1 新疆混合原油性质

密度(50℃)/(g/cm^3)	黏度(50℃)/(mPa·s)	水含量/%	盐含量/(mgNaCl/L)	灰分/%	金属含量/(mg/kg)		
					Ca	Ni	V
0.861	12	<0.3	211.18	0.54	152	12.73	0.823

2.2 脱钙剂静态评选方法

采用DPY-2破乳剂评选仪(姜堰市分析仪器厂)对脱钙剂进行静态评选。实验步骤如下：

(1) 将原油预热到80℃，倒入离心瓶中(90mL)，并且加入一定量的脱钙剂，手摇100下，85℃条件下反应10min；再手摇100下，反应10min；

(2) 加水5mL，加wsh-z150mg/L、wsh-z25mg/L、wsh-z350mg/L，手摇100下，静置沉降10min；

(3) 再手摇100下，加1800V电场20min；停止电场保温15min，取样分析。

2.3 脱钙剂动态评选试验

脱钙剂动态评选采用SY-1型动态电脱盐装置，装置流程见图1，原油、破乳剂及所注入的水经预热管线中混合乳化，进入加热系统进行加热，升温之后进入一级电脱盐罐。经过一级电脱盐后分离出的原油再和破乳剂、所注入的水在进入二级脱盐罐前的管线中混合乳化，然后再进入二级电脱盐罐进行第二次脱盐脱水。混合阀的压差保持在0.1MPa，而停留时间约为20~30min。试验步骤如下：

首先将原油加热升温至85℃，然后将原油打入原油罐中，先打开注破乳剂的泵，破乳剂按wsh-z125mg/L、wsh-z25mg/L、wsh-z325mg/L的比例配制，然后再打开进油泵，并同时打开N2阀门控制压力至0.6MPa。一级罐进油后，开始注脱钙剂，脱钙剂按设计量随注水一起加入，同时加电压1200V进行脱盐和脱水；经过一级电脱盐后分离出的原油进入二级脱盐罐后，开始二级注破乳剂，破乳剂按wsh-z125mg/L、wsh-z25mg/L、wsh-z325mg/L随二级注水一起加入，加电场1200V。与此同时调节一级、二级脱盐罐至130℃，调节泵的流量，将原油流量、破乳剂流量、脱钙剂流量和混合阀开度等控制在预定值，稳定 1h 后每隔 20min 对一级、二级出水、出油取样一次，进行油中水含量、盐含量和钙含量分析。

三级静态模拟按 2.2 静态评选方法进行，破乳剂加入量为 wsh－z125mg/L、wsh－z22.5mg/L、wsh－z325mg/L，不加脱金属剂，对脱后油样进行油中水含量、盐含量和金属含量分析。

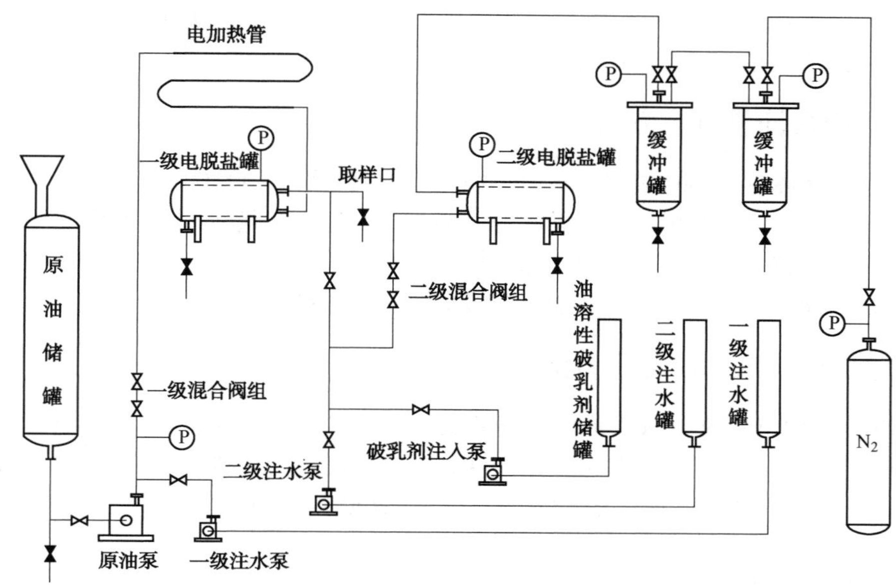

图 1　脱钙剂动态评选装置流程图

2.4　金属含量测定

原油中 Ca、Ni、V 等金属含量按照 ASTM D5708－00 的方法，采用 IRIS 1000 全谱直读等离子体发射光谱仪(美国 Thermo Elemental 公司)测定。

样品制备步骤如下：

(1) 准确称取油样约 10g(精确到 0.0001g)于干燥坩埚内，置于 SPH0170－Ⅱ型石油产品残炭试验器上(上海浦航石油仪器技术研究所)，加热至冒烟，用定量滤纸点燃灰化。

(2) 待其燃尽后放入 DRZ－4 型马弗炉(上海实验电炉厂)中，在 725℃下恒温灼烧至除尽残炭。

(3) 冷却后加少量蒸馏水润湿，沿杯壁加入 5mL 体积比为 1∶1 的盐酸溶液，将坩埚放在石油产品残碳试验器上缓缓加热溶解灰分，除去大部分盐酸(勿干)，待酸液蒸发至 2～3mL 后移入容量瓶内，用蒸馏水定容摇匀。

2.5　盐含量测定

原油盐含量按照 SY/T 0536—2008 的方法，采用微库仑滴定原理测定。使用仪器为 LC－6 微机盐含量测定仪(姜堰市分析仪器厂)。

样品制备步骤如下：

（1）将原油加热至50～70℃，用力摇动使其充分混合，快速称取1g+0.2g样品于离心管中，加入1.5mL二甲苯，2mL乙醇-水溶液(水与乙醇的体积比为3：1)。

（2）将离心管放入70～80℃的水浴中加入1min，取出后用混合器快速混合1min。重复该步骤3次。

（3）放入离心机内以3000rpm转速离心1～2min，使油水分离，取样分析。如油水分离不清或水相浑浊，重复步骤2-3；如样品中硫化物含量太高会影响分析数据的准确性，可向样品中加入一滴30%的H_2O_2消除干扰。

2.6 水中含油量测定方法

采用GB/T 16488—1996法测定水中油含量，实验仪器为ET1200紫外-分光光度计。准确量取一定体积的水样，加酸酸化后转入分液漏斗，并加一定量NaCl，然后加入四氯化碳，振荡并不断放气，静置后将下层萃取相通过铺有无水硫酸钠的砂芯漏斗，转入容量瓶，将上层水样再萃取两次，转入同一个容量瓶，定容后测定油含量。

2.7 含油污水COD测定方法

按照GB/T 11914—89方法，采用上海雷磁COD-571型COD测定仪分析含油污水的COD。由于电脱盐罐很小，因此排放污水中往往带油，因此为了减少这种影响，对电脱盐罐排放污水，在80℃下保温、静置沉降20min后，抽取底部污水分析COD。

3 结果与讨论

3.1 脱钙剂的静态评选

乌石化目前加工原油以北疆原油为主，少量加工风城稠油，东疆原油及塔河原油等。其中风城稠油是典型的超稠油，不仅密度和黏度高，而且钙含量超高，油田采样发现钙含量高达1700mg/Kg。因此当北疆原油掺炼15%～30%风城稠油时，加工混合原油中钙含量达到120mg/kg以上，严重影响常减压，催化和焦化装置的安全运行。

新疆混合原油静态评选实验条件为脱钙剂加量450mg/L，即剂钙比约为3：1；选用的破乳剂为wsh-z1、wsh-z2、wsh-z3，其浓度分别为50mg/L、5mg/L、50mg/L，温度为85℃，电场的电压为1800V，电场停留时间为20min，实验结果见表2。

表2 新疆混合原油脱钙剂静态评选结果

项　目	脱水率/%	钙含量/(μg/g)	脱钙率/%
MS-7	100	89.08	41.39
磷酸	100	100.00	34.21
LY	100	132.40	12.89
E-27494W	100	60.81	59.99
Z-bulk	100	62.69	58.76
JCM-2004RPD	100	69.70	54.14

续表

项　目	脱水率/%	钙含量/(μg/g)	脱钙率/%
XY-F-101	100	71.83	52.74
柠檬酸	100	89.47	41.14
柠檬酸	100	93.94	38.20
EYC-2	100	27.51	81.90

由实验结果可见，脱钙剂 EYC-2 脱钙率达到 81.90%，脱后钙含量为 27.51μg/g，其脱钙效果优于目前工业所用的 6 种脱钙剂和三种典型酸，在评选的所有脱钙剂中脱钙效果最好。脱钙剂 EYC-2 是由多种有机羧酸及缓蚀剂、阻垢剂等复配而成的一种复合脱钙剂，兼具络合和酸的共同作用，因此具有较好的脱钙效果。

3.2　脱钙剂 EYC-2 的动态评选结果

脱钙剂实际工业应用条件与静态评选条件相差较大，因此采用动态试验对电脱盐工艺参数进行优化。根据现场条件，确定动态试验基本条件如表 3 所示。

表 3　动态试验条件

动态试验基本参数	数　值
原油预热罐温度	85℃
预热管线温度	125℃
一、二级脱盐罐温度	130℃
工作压力	0.6MPa
注水量	8%
注水 pH	7
脱钙剂配方	EYC-2
脱钙剂加量	450mg/L(只加入一级罐)
破乳剂剂加量	wsh-z150mg/L wsh-z25mg/L wsh-z350mg/L
三级静态模拟	破乳剂加量为上述一半，不加脱钙剂

3.2.1　脱钙剂加入量对脱钙的影响

脱钙剂加量直接影响到整套脱钙工艺的脱除率与炼厂的效益。因此，选择合适的加剂量对提高脱盐工艺效果以及炼厂经济效益产生很大影响。在脱钙剂加入量为 150~600mg/L 范围内考察脱钙效果，脱钙效果见表 4~表 6。

在温度、压力、注入方式以及注水 pH 值均保持不变的情况下，随着加入脱钙剂浓度的增加，混合油钙含量呈逐渐下降趋势，原油中钙转变为可溶于水的络合物进入水相，通过电脱达到脱除钙的目的。随着脱钙剂浓度的增加，脱钙率增长趋势并变平缓。因此考虑到实际加工的经济利益，加剂量为 450mg/L 即剂钙比 3∶1 时为宜。同时也可以发现经过三级脱盐后，混合油中的盐含量有明显下降，脱盐率基本超过 90%，脱后原油水含量小于 0.3%，均达到现场操作要求。

表4 脱钙剂浓度对二级电脱盐脱钙效果的影响

二级动态	水含量/%	Ca/(μg/g 原油)	盐含量/(mgNaCl/L)
150mg/L	<0.3	83.04	21.9
300mg/L	<0.3	70.12	4.4
450mg/L	<0.3	52.35	3.2
650mg/L	<0.3	50.64	2.2

由表4可知，当温度、压力、注入方式以及注水pH值均保持不变的情况下，随着加入脱钙剂浓度的增加，混合油中钙含量呈逐渐下降趋势，表明原油中钙转变为可溶于水的盐进入水相，达到脱除的目的。可以发现，经过二级脱钙后，原油中的钙有明显脱除。当加剂量为450mg/L时，油中钙含量为52.35μg/g，钙的脱除率达到60%以上。从上表还可以看出脱后的油中水含量小于0.3%，表明所添加的水可以有效进行脱除，不会进入油相导致油中水含量增加。

表5 脱钙剂浓度对三级电脱盐脱钙效果的影响

三级静态	水含量/%	Ca/(μg/g 原油)	盐含量/(mgNaCl/L)
150mg/L	<0.3	69.56	13.8
300mg/L	<0.3	62.15	3.1
450mg/L	<0.3	44.98	2.6
650mg/L	<0.3	42.48	2.0

表6 脱钙剂浓度对电脱盐总脱钙效果的影响

总脱钙效果	脱水率/%	Ca/(μg/g 原油)	脱盐率/%
150mg/L	100	54.24	93.46
300mg/L	100	59.12	98.53
450mg/L	100	70.41	98.77
650mg/L	100	72.05	99.05

3.2.2 脱钙剂注入方式对脱钙的影响

实际应用中可以利用二级脱后的水回注一级脱盐罐实现循环，有利于未反应的脱钙剂再利用。由于试验装置限制，无法满足实际工业要求，因而采取脱钙剂分级注入的方式对工业回注模式进行模拟。实验结果见表7~表10。通过改变注入方式发现，采用脱钙剂一级、二级各注入一半的方式有利于混合油中更多的钙转变为可溶于水的盐进入水相，达到脱除的目的。因此采用脱钙剂分别注入可以达到较好的脱钙效果。

表7 注入方式对一级电脱盐脱钙效果的影响

一级动态	水含量/%	Ca/(μg/g 原油)	盐含量/(mgNaCl/L)
脱金属剂一级注入	<0.3	91.16	5.4
脱金属剂一、二级各注入一半	<0.3	79.88	6.7

表 8　注入方式对二级电脱盐脱钙效果的影响

二级动态	水含量/%	Ca/(μg/g 原油)	盐含量/(mgNaCl/L)
脱金属剂一级注入	<0.3	61.66	3.2
脱金属剂一、二级各注入一半	<0.3	52.35	5

表 9　注入方式对三级电脱盐脱钙效果的影响

三级静态	水含量/%	Ca/(μg/g 原油)	盐含量/(mgNaCl/L)
脱金属剂一级注入	<0.3	44.98	2.6
脱金属剂一、二级各注入一半	<0.3	35.95	2.1

表 10　注入方式对电脱盐总脱钙效果的影响

总脱除效果	脱水率/%	Ca 脱除率/%	脱盐率/%
脱金属剂一级注入	100	70.41	98.77
脱金属剂一、二级各注入一半	100	76.35	99.00

3.2.3　电脱盐温度对脱钙的影响

在实际工业应用过程中，脱盐温度一般为 120～150℃。本试验在 130～150℃范围内考察脱钙效果，结果见表 11～表 14。由实验结果可见随着脱盐罐中温度的提高，混合原油中钙含量以及盐含量均显著下降。提高温度有利于水滴聚结、沉降，提高破乳效果。同时，温度的提高可以降低油品黏度，降低沥青质与胶质表面活性，进一步提高脱钙剂的反应效率。因此较合适的电脱盐温度为 130～140℃。

表 11　温度对一级电脱盐脱钙效果的影响

一级动态	水含量/%	Ca/(μg/g 原油)	盐含量/(mgNaCl/L)
122.4℃	<0.3	79.88	8.3
134.0℃	<0.3	73.80	7.7
148.9℃	<0.3	73.26	5.4

表 12　温度对二级电脱盐脱钙效果的影响

二级动态	水含量/%	Ca/(μg/g 原油)	盐含量/(mgNaCl/L)
122.4℃	<0.3	52.35	3.2
134.0℃	<0.3	38.28	2.6
148.9℃	<0.3	31.80	2

表 13　温度对三级电脱盐脱钙效果的影响

三级静态	水含量/%	Ca/(μg/g 原油)	盐含量/(mgNaCl/L)
122.4℃	<0.3	44.98	2.6
134.0℃	<0.3	27.52	1.9
148.9℃	<0.3	20.76	1.6

表 14 温度对电脱盐总脱钙效果的影响

总脱除效果	脱水率/%	Ca 脱除率/%	脱盐率/%
122.4℃	100	70.41	98.77
134.0℃	100	81.89	99.10
148.9℃	100	86.34	99.24

由此可见，针对掺有风城混合原油的新疆混合原油，较合适的电脱盐温度为130~140℃。

综上所述在在剂钙比为3：1、脱钙剂采用分级注入的方式，适当提高电脱盐温度有利于新疆混合原油的脱钙，因此在上述优化条件下进行重复实验，结果表明，脱后原油钙含量降低到22.83μg/g，脱钙率达到86.01%。

4 结论

在对7种工业脱钙剂和3种酸的静态评选基础上，评选得到复合脱钙剂EYC-2。采用动态电脱盐装置对参数进行优化，结果表明：在剂钙比为3：1、动态脱盐温度为134.0℃、脱钙剂采用分级注入的方式具有很好的脱钙效果。脱后原油钙含量降低到22.83μg/g，脱钙率达到86.01%，且脱后油中水含量和盐含量均达到标准。

参 考 文 献

[1] 朱玉霞，汪燮卿．我国原油中的钙含量及其分布的初步研究[J]．石油学报：石油加工．1998，14(3)：57-61.

[2] 钱伯章．原油脱钙集成技术走出国门[J]．炼油技术与工程．2005，34(5)：34.

[3] Wiegand B A. Tracing effects of decalcification on solute sources in a shallow groundwater aquifer，N W Germany[J]. Journal of hydrology. 2009，378(1)：62-71.

[4] Yan W，Hao W，Zhong T，Zhao W. Preparation of hydrotalcite-supported potassium carbonate catalyst by microwave for removing acids from crude oil by esterification[J]. Journal of Fuel Chemistry and Technology. 2011，39(11)：831-837.

[5] 薛稳曹，叶晓东．重油脱钙技术的应用与分析[J]．炼油设计．1994，24(5)：36-38.

[6] 李永存．原油及重油脱钙[J]．石油炼制．1990，8：32-36.

[7] 马永花．胜利原油脱钙技术工业应用[J]．齐鲁石油化工．1997，25(3)：185-187.

[8] Reynolds J G. Decalcification of hydrocarbonaceous feedstocks using citric acid and salts thereof[P]. US，US4778589. 1988.

[9] Finger T F，Reynolds J G. Decalcification of hydrocarbonaceous feedstocks using amino-carboxylic acids and salts thereof[P]. US，US4778590. 1988.

[10] Kukes S，Battiste D. Demetallization of heavy oils with phosphorous acid[J]，1985.

[11] Kuehne D L，Hawker L P，Kramer D C. Method for removing calcium from crude oil[P]. 世界专利，WO2005033249. 2005.

[12] 刘江华，马天玲，周华，等．化学沉淀稠油脱钙剂的研究[J]．化学工程师．2007，(2)：58-61.

[13] 罗来龙，于曙艳，马忠庭，牛春革．原油脱钙技术研究与工业应用[J]．石油炼制与化工．2005，36(4)：39-43.

[14] 武本成，朱建华，蒋昌启，等．用于超稠油脱金属的新型脱金属剂[J]．石油学报：石油加工．2006，21(6)：25-31.

[15] 汪晓东，朱建华，刘红研，等．新型高效原油脱钙剂的研制[J]．石化技术与应用．2005，23(2)：94-97.

[16] 陈韶辉．脱金属剂在原油电脱盐工艺中的应用[J]．精细石油化工进展．2005，6(3)：30-32.

[17] 陈蜀洵，潘涛．复合脱钙剂在电脱盐装置上的应用[J]．华北石油设计．1999，(4)：37-40.

氮化物对柴油深度加氢脱硫影响机理的研究进展

马宝利[1]，张文成[1]，李策宇[2]，庞玉华[3]，袁秀信[4]，赵　野[1]

(1. 中国石油石油化工研究院大庆化工研究中心，黑龙江大庆　163714；
2. 中国石油大庆炼化公司炼油一厂柴油加氢车间，黑龙江大庆　163411；
3. 中国石油大庆炼化公司聚合物一厂乙腈车间，黑龙江大庆　163411；
4. 鸡西北方制钢有限公司，黑龙江鸡西　158100)

摘　要　主要综述了柴油馏分中主要氮化物类型，氮化物的加氢脱氮及其影响深度 HDS 的机理；介绍了氮化物对不同活性金属体系精制催化剂的影响机理；通过氮化物对柴油深度 HDS 影响机理的研究，可以指导高活性、抗氮抑制作用柴油加氢精制催化剂的开发，寻求最佳的柴油 HDS 生产工艺。

关键词　柴油　加氢脱硫　氮化物　机理

目前，油品质量升级步伐加快，2016 年 1 月起供应国Ⅴ标准车用汽、柴油的区域扩大到东部 11 个省市全境，供应国Ⅴ标准车用汽柴油的时间提前至 2017 年 1 月；分别从 2017 年 7 月和 2018 年 1 月起，在全国全面供应国Ⅳ、国Ⅴ标准普通柴油。从国内炼厂来看，在国Ⅳ、国Ⅴ柴油生产的压力下，加氢裂化柴油调和比例逐渐上升，但是我国的柴油池现状仍是催化裂化柴油、焦化柴油的比例较高，很难在保持现有生产能力的条件下实现柴油的低硫化生产。因此，对当下绝大多数炼厂来讲，柴油的低硫、超低硫化生产显得尤为迫切。加氢精制手段是柴油馏分生产国Ⅴ柴油的最有效的解决办法。加氢脱硫(HDS)是实现柴油深度加氢精制的关键，而柴油等馏分油中含氮化合物加氢脱硫(HDS)反应中会对催化剂的反应活性和反应速率产生抑制作用，在柴油超深度加氢脱硫生产国Ⅳ、国Ⅴ柴油过程有必要研究氮化物对深度加氢脱硫的影响机理。

1　柴油馏分中主要的氮化物

柴油馏分中氮化物主要为有机氮化物，其主要可以分为非杂环类与杂环类氮化物。其中非杂环类氮化物主要是脂肪胺、苯胺类氮化物。另一类杂环氮化物主要分为碱性与非碱性氮化物，碱性氮化物主要以五元环杂环氮化物(吡咯和吲哚等)为主，非碱性氮化物以六元环杂环氮化物(吡啶和喹啉等)为主。由于非杂环氮化物加氢脱氮(HDN)速率很快，它们对柴油深度 HDS 影响不大。非碱性氮化物在柴油馏分中虽然含量不高，但由于它们碱性较强，因此对柴油 HDS 的抑制作用最大。许多研究人员认为碱性氮化物他们对柴油 HDS 影响不大，但 Ho[1] 等认为五元环杂环氮化物 HDN 过程中的中间产物碱性很强，因此也会强烈抑制柴油馏分的 HDS 反应。

2 柴油馏分中氮化物的加氢脱氮机理

一般来说，柴油中的含氮化合物[2] HDN 过程主要涉及以下 3 类反应[3]：①杂环的饱和；②芳环的加氢饱和；③C—N 键的氢解断裂。C—N 键断裂过程是 HDN 反应必不可少的步骤，由于芳香系中的C—N 键较强，因此通常其C—N 键的断裂都是在杂环饱和后进行的。此外，苯胺类含氮化合物在 C—N 键断裂之前也需要先行芳环加氢饱和。在 HDN 反应中，加氢反应是可逆的，而 C—N 键的断裂一般是不可逆的[4]。具体而言，C—N 键的断裂机理不仅和含氮化合物的特征有关，还和催化剂的种类有关。大量研究认为，C—N 键的断裂是 Hofmann 消除和 HS^-的亲核取代机理[6]。Prins 等[5,6]认为，加氢饱和后苯胺类化合物 C—N 键断裂的机理为 β⁻消除反应，在 N 的消除过程中 B 酸起了很重要的作用：首先是 B 酸使 N 质子化，然后发生消除反应。此外他们在研究 HDN 过程中不同活性位的作用时认为，C-N 键断裂也可以与 H_2S 发生亲核取代。其中，前两类反应属于加氢反应，第三类反应是 HDN 反应得关键步骤。因此，要求加氢脱氮催化剂要满足②、③的反应要求，即需具有加氢和 C—N 键断裂 2 种功能。也有研究人员认为在氮化物 HDN 反应过程中也可能存在直接脱氮反应，其机理是 H_2S 与 NH_3发生亲核取代反应，形成 C—S 键，再通过氢解使 C—S 键断裂。

3 氮化物对深度 HDS 的影响机理

一般认为，柴油馏分中硫含量通过加氢脱硫处理从目前的水平降至 50μg/g 及 10μg/g 过程称为深度脱硫或超深度脱硫。柴油中硫化物以苯并噻吩类(BT)和二苯并噻吩类(DBT)硫化物为主，DBT 类硫化物的脱除相对容易，主要通过直接氢解路径脱除。而 4 位或 6 位取代的 DBT 类硫化物如 4-MDBT 和 4，6-DMDBT 是柴油馏分中较难脱除的典型硫化物，也是需要在超深度加氢脱硫过程中脱除的物质。因此，为达到国Ⅴ柴油标准硫含量，烷基取代苯并噻吩类、烷基取代二苯并噻吩类、4 位烷基取代二苯并噻吩类硫化物必须完全脱除，同时 4，6 位二烷基取代二苯并噻吩类硫化物也必须绝大部分脱除，因此超深度脱硫过程主要是脱除有较大空间位阻的硫化物。柴油馏分中二苯并噻吩(DBT)的 HDS 有直接氢解(DDS)和加氢(HYD)两条平行反应路径。Isoda 等[7]研究发现，4，6-DMDBT 加氢脱硫反应中 88%是通过加氢路径进行的；4-MDBT 的加氢脱硫反应也主要是通过加氢路径。白天忠[8]等人的文章中报道了柴油馏分中苯并噻吩(BT)的 HDS 反应活性很高，当柴油馏分中硫含量降到 250μg/g 时，已经很难检测到 BT 的存在；Lecrenay 等[9]研究柴油馏分中 4，6-DMDBT 的 HDS 行为。他们发现催化剂的酸性不但会促进 4，6-DMDBT 的 HDS 的异构化作用，还会增加 HYD/DDS 反应路径比。他们认为在强酸催化剂中心上，“氢溢流”进攻加氢中间体效应增强，从而增加了 HYD 的反应路径。

白天忠等[10]人综述了柴油深度加氢脱硫机理及氮化物影响的研究进展，研究表明有机氮化物对 HDS 反应有强烈的抑制作用，通常认为这种抑制作用是由于氮化物与硫化物在催化剂活性位上竞争性吸附所导致，抑制作用的大小取决于氮化物的类型和浓度。

根据氮化物加氢脱氮的反应机理可知，柴油中氮化物的脱除必须经过芳烃饱和过程。

4-MDBT和4，6-DMDBT化合物脱硫通过加氢再脱硫是有效的途径，与氮化物加氢脱氮的反应途径相似，因此，氮化物和4-MDBT及4，6-DMDBT会吸附在相同的活性位上发生竞争吸附，这可能是影响柴油超深度加氢脱硫的原因。王坤[11]等人研究了氮化物对柴油加氢脱硫反应路径选择性的影响表明：含氮化合物对DBTs硫化物的HDS反应有近似于毒化的强烈抑制作用，脱除氮化物后，在催化剂加氢活性位上发生竞争吸附的氮化物减少，4-MDBT和4，6-DMDBT会更容易也更多地吸附在催化剂的加氢活性位上，通过加氢路径反应的量就增多，反应产物中4-MDBT和4，6-DMDBT含量也就相应降低。邵志才等[12]人研究了氮化物对柴油深度和超深度加氢脱硫的影响，通过模型化合物的研究表明，在加氢过程中，氮化物因其碱性的特征，通过N原子的sp2孤对电子或苯环的P键端点吸附或平躺吸附在催化剂酸性位，如L酸和B酸位上。硫化物的氢解和加氢发生在不同的活性位上，而氢解和加氢活性位分别与L(空位)和B酸位有关，因此氮化物会影响加氢脱硫反应。油品中氮含量降低后，与硫化物发生竞争吸附的氮化物减少，硫化物会更容易也更多地吸附在催化剂的活性位上，发生加氢脱硫反应，使产物中的硫含量相应降低。根据模型化合物的研究结果，尽管非碱性氮化物吸附平衡常数小于碱性氮化物，但非碱性氮化物对加氢脱硫也有抑制作用，这是由于非碱性氮化物如咔唑在反应条件下能转化成吸附平衡常数较大的碱性氮化物所致。因此，可以将非碱性氮化物对加氢脱硫的影响都归结为碱性氮化物对加氢脱硫的影响。同时KunLiu等[13]发现碱性氮化物在酸性催化剂上会抑制4，6-DMDBT异构化路线的HDS活性。HDS催化剂的酸性位能提高催化剂对4，6-DMDBT的异构化作用碱性氮化物生成碱性物质，吸附在催化剂上的酸性位上中和了其酸性，从而减弱了4，6-DMDBT的异构化反应。

4 氮化物对不同活性金属体系精制催化剂HDS的影响

目前，柴油加氢精制催化剂的主要活性组分以Ⅵ族金属为主(如Mo和W)，常用的加氢精制催化剂助剂有Co和Ni，研究人员根据工业催化剂的活性金属体系不同分别研究了氮化物对其加氢脱硫性能的影响[14-16]。

4.1 氮化物对钼系催化剂的影响

钼系精制剂主要是Ni-Mo与Co-Mo催化剂，由于Co-Mo催化剂一般在低压下具备较强的加氢脱硫活性，而Ni-Mo催化剂在中高压力下具备较高的加氢脱硫与脱氮活性，因此一般柴油加氢脱硫精制剂以Ni-Mo为主。氮化物对钼系催化剂加氢性能的影响主要是体现在对于硫化物加氢路径的影响。相春娥等[17]研究了喹啉和吲哚在Ni-Mo活性组分催化剂上对DBT的HDS反应活性及选择性的影响，结果表明两种氮化物对HYD反应路径的抑制作用比对DDS反应路径的抑制作用强烈。分析认为一方面是因为氮化物的加氢脱氮反应中芳香环或杂环的加氢反应减少了催化剂上部分加氢活性位；另一方面喹啉分子中的吡啶环以及吲哚分子中的吡咯环的电子云密度都比DBT分子中苯环的电子云密度大，更易竞争吸附到催化剂加氢活性位上。鄢景森[18]等人研究了氮化物对钼系催化剂的影响，结果表明氮化物主要是对加氢路径抑制，说明氮化物与硫化物在加氢活性中心存在着强烈的竞争吸附。

韩姝娜[19]等人在 Ni-Mo 催化剂上试验结果表明，喹啉、咔唑、吲哚 3 种氮化物对于 4，6-DMDBT HDS 反应路径的影响各不相同。喹啉主要抑制 HYD 反应活性，增加 DDS 反应的比例，并且对催化剂的酸性位有较强的抑制作用。吲哚存在下，4，6-DMDBT 发生 HYD 反应的占大多数，吲哚部分加氢产物主要抑制催化剂的酸性位而不是 HYD 反应活性位。咔唑的抑制作用介于吲哚和喹啉之间，DDS 和 HYD 反应选择性与不添加氮化物时 4，6-DMDBT 加氢反应相近，DDS 反应路径比例略有提高。在本次实验条件下，喹啉、吲哚、咔唑对 4，6-DMDBT HDS 转化率的抑制作用大小顺序为：喹啉、咔唑、吲哚[20]。

4.2 氮化物对钨系催化剂的影响

我国钨资源丰富，柴油加氢催化剂中的钨系催化剂主要以国产催化剂为主，以石科院的 RN 系列及石油化工研究院大庆中心的 PHF 系列为代表，钨系催化剂在中压工艺条件下具备较高的加氢脱硫与脱氮活性，柴油中氮化物对钨系催化剂加氢脱硫性能的抑制主要体现在对催化剂活性中心的竞争吸附上。王倩[21]等人考察了碱性氮化物喹啉和非碱性氮化物吲哚为杂质模型化合物对 Ni-W 催化剂上 DBT 和 4，6-DMDBT 加氢脱硫反应活性的影响发现：氮化物对 DBT 和 4，6-DMDBT 的加氢脱硫反应存在截然不同的作用结果，氮化物存在条件下，DBT 的加氢脱硫反应通过直接脱硫路线活性的提高得到改善，而 4，6-DMDBT 的加氢脱硫反应由于氮化物的存在受到抑制，这主要是因为氮化物在加氢活性位上的吸附抑制了硫化物在加氢活性位上的吸附，从而抑制了加氢路线的进行；但氮化物作用下催化剂表面结构重排使硫化物氢解活性提高成为可能，此时硫化物的分子大小和分子结构起到了决定性作用。DBT 由于分子体积小、通过 S 原子与氢解活性位接触容易而提高氢解活性，4，6-DMDBT 由于分子体积大和 4、6 位的位阻效应以及氮化物的拥塞效应，其氢解活性随 N 含量升高而减小[22]。

邵志才等[23]人研究了氮化物对柴油深度和超深度加氢脱硫的影响，其结果表明随着反应温度的升高，脱硫深度逐渐加深，氮化物对 Co-Mo 催化剂脱硫活性的抑制作用不断增强，使得 Ni-W 催化剂的脱硫活性逐渐优于 Co-Mo 催化剂；在真实油品中，氮化物对 Ni-W 和 Co-Mo 两种催化剂的 HDS 反应均有抑制作用，降低柴油原料中氮含量，对两种催化剂体系的 HDS 反应均有利[24]。

5 结束语

（1）在柴油的加氢脱硫中，氮化物对加氢脱硫有明显的抑制作用；随着氮化物浓度的增加，对深度加氢脱硫反应的抑制作用增强。由于氮化物及复杂的二苯并噻吩类硫化物更多的富集在柴油馏分的重组分中，而对于相同馏程的柴油馏分，二次加工柴油中氮化物及多取代基的二苯并噻吩类硫化物含量更高，因此优化原料切割温度及控制二次柴油比例对于超低硫柴油的生产至关重要。

（2）柴油中氮化物对加氢脱硫的影响可以归结为碱性氮化物的影响。主要是由于氮化物与硫化物在催化剂的活性位上发生竞争吸附，国Ⅴ清洁柴油生产需要进行超深度加氢脱硫，催化剂研发及工业生产中应该控制原料中氮化物含量。

（3）柴油中氮化物对钼系与钨系精制催化剂的深度加氢脱硫均有抑制作用，主要是氮化物在加氢活性中心上的竞争吸附影响催化剂的深度加氢脱硫，并且随着脱硫深度越深，氮化物对加氢脱硫的抑制作用不断增强。

（4）根据氮化物对加氢脱硫抑制机理，可以通过催化剂载体改性及活性金属组分的匹配优化，研发具有抗氮性能的加氢脱硫催化剂；同时还可以通过催化剂级配技术来降低氮化物对柴油深度加氢脱硫的影响。

参 考 文 献

[1] CHT. Inhibiting effects in hydrodesulfurization of 4，6-diethydibenzothiophene[J]. Journal of catalysis，2003，2(219)：442-451.

[2] 马金丽，杨修刚．柴油加氢脱氮技术研究进展[J]. 科技创新导报，2010(34).

[3] 陈梦，徐双，姜东昌．脱氮催化剂的综述[J]. 科技传播，2010(14).

[4] 李矗，王安杰，鲁墨弘，等．加氢脱氮反应与加氢脱氮催化剂的研究进展[J]. 化工进展，2003，6(22)：583-588.

[5] RP，MJ，MF. Mechanism and kinetics of hydrodenitrogenantion[J]. polyhedron，1997(16)：3235-3246.

[6] Lianglong Q，R P. Different active sites in hydrodenitrogenation as determined by the influence of the support and flurination[J]. applied catalysis A-General，2003(250)：105-115.

[7] TI，SN，LMX，et al. Hydrodesulfurization of refractory sulfur species：1selective hydrodesulfurization of 4，6-dimethyldibenzothiophene in the major presence of naphthalene over CoMo/Al_2O_3 and Ru/Al_2O_3 blend catalysts[J]. energy & Fuel，1996，10(2)：482-486.

[8] 白天忠，刘继华，柳伟，等．柴油加氢脱硫机理的研究进展[J]. 广东化工，.2011(09).

[9] Elecrenay S K M I. Catalytic hydrodesulfurization of gas oil and model sulfur compounds over commercial and laboratory-made CoMo and NiMo catalysts：Activity and reaction scheme[J]. catalysis today，1997，1-2(39)：13-20.

[10] 白天忠，刘继华，柳伟，等．柴油超深度加氢脱硫机理及氮化物影响的研究进展[J]. 炼油技术与工程，2011(08).

[11] 王坤，方向晨，刘继华，等．柴油加氢脱硫反应路径影响机理研究进展[J]. 广东化工，2012(09).

[12] 邵志才，高晓冬，李皓光，等．氮化物对柴油深度和超深度加氢脱硫的影响Ⅰ．氮化物含量的影响[J]. 石油学报：石油加工，2006(04).

[13] KL，TFT. Effect of the nitrogen heterocyclic compounds on hydrodesulfurization using in situ hydrogen and dispersed Mo catalyst[J]. catalysis today，2010，149(1-2)：28-34.

[14] 孟雪松．柴油加氢精制催化剂的研究进展[J]. 广东化工，2009(10).

[15] 姜旭，顾永和，王魏民，等．柴油加氢精制催化剂研究进展[J]. 化学与粘合，2010(03).

[16] 杨涛．清洁柴油加氢精制催化剂研究进展[J]. 广州化工，2014(15).

[17] 相春娥，柴永明，邢金仙等．喹啉、吲哚对二苯并噻吩在NiMoS/γ-Al_2O_3上加氢脱硫反应的影响[J]. 石油学报：石油加工，2008，24(2)：151-157.

[18] 鄢景森．以二氧化硅负载的磷化钼催化剂加氢脱硫和加氢脱氮反应研究[D]. 大连理工大学，2005.

[19] 韩姝娜，周同娜，柴永明等．喹啉、吲哚和咔唑对Ni-Mo催化剂上4，6-DMDBT HDS反应抑制作用[J]. 石油学报：石油加工，2010(02).

[20] 李凯，余夕志，任晓乾，等．NiW/Al_2O_3上喹啉对二苯并噻吩加氢脱硫的抑制作用及反应动力学[J]. 石油学报：石油加工，2006(05).

[21] 王倩，龙湘云，聂红．氮化物对NiW/Al_2O_3上DBT和4，6-DMDBT加氢脱硫反应活性的影响[J]. 石油炼制与化工，2011，42(4)：30-33.

[22] 王倩，龙湘云，聂红．氮化物对 NiW/Al_2O_3 上 DBT 和 4，6-DMDBT 加氢脱硫反应活性的影响[J]．石油炼制与化工，2011(04)．
[23] 邵志才，聂红，高晓冬．氮化物对柴油深度和超深度加氢脱硫的影响Ⅱ．工艺条件和催化剂的影响[J]．石油学报：石油加工，2006(05)．
[24] 柳伟，宋永一，李扬，等．柴油深度加氢脱硫反应的主要影响因素研究[J]．炼油技术与工程，2012(11)．

柴油吸附脱硫技术及吸附剂研究进展

黄新平

（中石油克拉玛依石化有限责任公司，新疆克拉玛依　834000）

摘　要　阐述了吸附脱硫技术在柴油脱硫中的重要性，对不同的柴油吸附脱硫方法的机理进行了简单介绍。分析了吸附脱硫过程中吸附剂的载体和活性组分与含硫化合物之间可能的作用，以吸附剂载体作为分类依据对近两年来柴油吸附脱硫吸附剂的研究进展进行了总结，对现有柴油吸附脱硫技术应用中的问题和发展方向进行了展望。

关键词　吸附脱硫　吸附剂　物理吸附脱硫　反应吸附脱硫　选择性吸附脱硫

柴油中含硫化合物燃烧释放出的SO_x是大气中的主要污染物之一。因此，世界各国对柴油中的硫含量限制越来越严格，柴油中的硫含量必须降低以减少健康和环境危害。一些国家规定柴油中的硫含量一般为500μg/g，其他国家甚至有更严格的标准。因此，柴油的深度脱硫、超深度脱硫是石化行业亟待解决的问题。传统的加氢脱硫工艺对脂肪族有机硫化物有很好的脱除效果，但是对苯并噻吩、二苯并噻吩、4-甲基苯并噻吩、4，6-二甲基苯并噻吩等位阻大的环状有机硫化物脱除效果不佳，需要非常苛刻的反应条件，氢耗和能耗高，而且还会导致柴油的十六烷值下降。

吸附脱硫具有条件温和、操作简单、投资少、无污染等特点，适合于柴油的深度脱硫，是一项具有广阔发展空及应用前景的技术。

1　柴油吸附脱硫方法及机理

1.1　物理吸附脱硫

物理吸附脱硫方法借鉴“相似相容”原理，利用极性吸附剂将柴油中极性的硫化物吸附而除去。物理吸附主要是借助范德华力和静电引力，是基于硫化物和碳氢化合物间的极性差别吸附的。此外，利用吸附剂和硫化合物分子尺寸大小进行吸附脱硫也属于物理吸附脱硫的范畴。

IRVAD技术[1,2]是利用油品中的硫、氮化合物和吸附剂的极性在分段吸附器中将硫、氮化合物脱除。该技术能够有效脱除油品中所含的杂原子，特别是硫、氮化合物，其中脱硫率达到90%以上，据称该方法是从烃类中低成本脱除含硫或其他杂原子化合物的一项突破性技术。

1.2　反应吸附脱硫

反应吸附脱硫是利用吸附剂与硫化物中的硫原子发生化学反应，从而达到脱除含硫化合物的目的。

Phillips 公司提出的柴油吸附脱硫 S-Zorb 反应机理[3,4]，以噻吩为例，如图 1 所示：

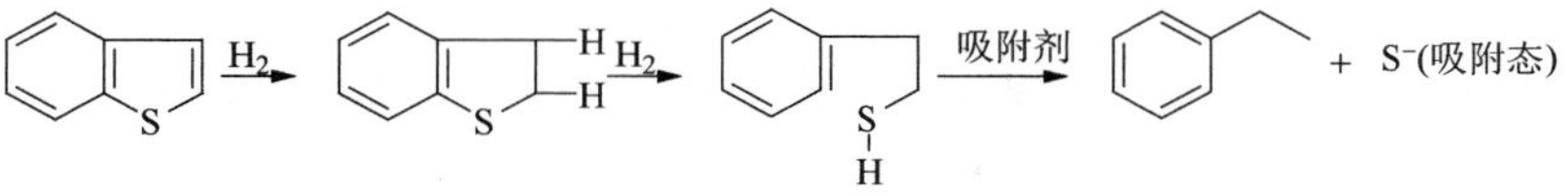

图 1 柴油吸附脱硫 S-Zorb 反应机理

先用少量的 H_2 饱和噻吩上的双键，弱化 C—S 键的结合，然后依靠吸附剂的强烈吸附作用，使硫原子从噻吩中脱离出来，与吸附剂形成一种新的结合物，最后释放出剩余的烃类，达到脱除硫的目的。

TReND 技术是另一类反应吸附脱硫工艺[5,6]，其反应机理如图 2：

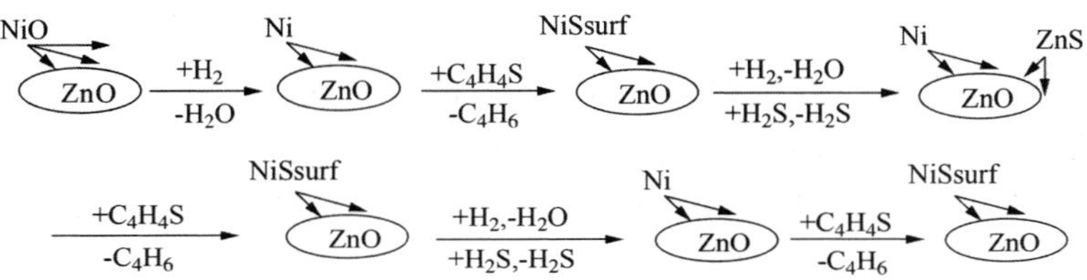

图 2 TReND 脱硫机理

NiO/ZnO 吸附剂表面上的 NiO 首先在 H_2 的作用下转变成还原态活性 Ni，由于由于 S 原子呈电负性，它和 Ni 原子之间的相互诱导作用使其逐渐接近 Ni 原子，然后在两者间强吸附势能的作用下，S 原子脱离烃类部分，与 Ni 形成类 NiS 状态，最后硫化物中的 C—S 键断裂，S 原子被完全吸附到 Ni 上形成 NiS。断裂剩下的烃类部分则返回原料油中，反应生成的 NiS 在 H_2 气氛中进行还原，使活性 Ni 得以再生，转入下一次吸附脱硫反应。而生成的 H_2S 则与内层的 ZnO 反应形成 ZnS，当 ZnO 大部分转化为 ZnS 时，就可以通过空气氧化燃烧的简单方法，使 ZnS 再次转化为 ZnO，吸附剂得以再生。吸附剂如此循环，可以长期使用。

1.3 选择性吸附脱硫

噻吩化合物中的双键和硫原子上的电子都能和金属原子形成 π 键。双键电子和金属原子能形成 η1、η2、η4、η5 等 π 键，而噻吩中的硫原子和金属原子只形成 2 种 π 键，硫原子和 1 个金属原子相互作用形成 η1-S 键，硫原子和 2 个金属原子相互作用形成 S-μ3 键。只有同时形成 η1S 和 S-μ3这 2 种 π 键的噻吩才能被吸附在吸附剂的表面，选择性吸附脱硫利用有机金属络合物中金属原子与噻吩化合物中硫原子的这种配位选择性，从而将硫化物选择性吸附在吸附剂的表面而除去。噻吩和金属原子可能形成的配合物有如图 3[7,8]：

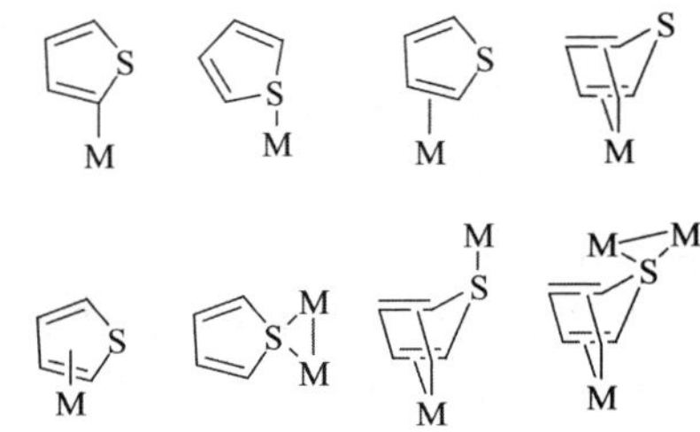

图 3 选择性吸附脱硫的金属配合物

2 吸附脱硫吸附剂

吸附剂是影响柴油吸附脱硫深度的一个重要原因，相关文献报道的吸附剂是以活性组分负载在载体上得到的，活性组分和载体在吸附过程中都起到了作用，活性组分一般为金属及其氧化物，金属及其氧化物通过 π 键或者 S-M 键与柴油中的硫发生作用，金属氧化物的酸性也能与具有碱性的含硫化合物发生作用；而载体结构、孔径、孔体积、酸性等因素在柴油的吸附脱硫过程中也起到了重要作用，所以在柴油的吸附脱硫过程中，吸附剂是通过物理、化学和 π 键或者 S-M 键等多重作用与柴油中的含硫化合物发生作用的。因此，吸附剂活性组分和材料的选择起着至关重要的作用。

2.1 活性炭

活性炭具有大的表面积，良好的孔结构、丰富的表面基团，具有高效的原位脱硫能力；活性炭具有负载其他活性成分的能力，经过改性的活性炭可制得高性能的吸附剂。

董群等[9]以金属离子铁、铜、银，糠醛、糠醇，浓硫酸、浓硝酸对活性炭进行改性，考察了改性后的吸附剂对 FCC 柴油和正癸烷、二苯并噻吩组成的模拟柴油的脱硫效果，实验结果表明，当用金属离子改性时，改性后的吸附剂脱硫率均有提高，铁改性后的吸附剂效果最好；活性炭经糠醛和糠醇改性后脱硫率增加，糠醛改性后脱硫率好于糠醇改性的结果；活性炭经浓硫酸和浓硝酸氧化改性后，表面酸性含氧基团量和脱硫率均增加，浓硫酸改性效果较好；如果将活性炭先用浓硫酸改性然后在浸渍 Fe 或浸涂糠醛进行复合改性吸附效果更佳。

Bu 等[10]研究了以活性炭为吸附剂的吸附过程中控制含硫化合物和多环芳烃化合物吸附机理的因素、含硫化合物和多环芳烃化合物之间的吸附竞争等行为，研究结果表明多环芳烃结构化合物与吸附剂间的吸附亲和力主要受芳香环和石墨烯之间的 π-π 色散力控制，除此之外，电子效应在含硫化合物的吸附中也起到了重要作用。为了使大分子能够有效的吸附，吸附剂的微孔孔径至少要大于被吸附物质的临界直径，且孔径的分布要足够宽以减少扩散阻力。他们还发现由于含硫化合物和多环芳烃之间存在吸附竞争，柴油中的多环芳烃会导致吸附剂吸附含硫化合物能力的明显降低。

Seredych 等[11]考察了含磷化合物在碳基材料吸附脱硫中的应用，实验结果表明含磷化合物，尤其是焦磷酸盐和五氧化二磷的存在增加了吸附剂吸附脱硫的能力，增加了吸附剂对二苯并噻吩的选择性。由于大体积的含磷化合物存在于吸附剂 1~3nm 的孔内，噻吩分子通过色散力强烈的吸附于吸附剂上，吸附剂的酸性环境也通过酸碱作用提高了吸附能力。

Xiao 等[12]研究了活性炭作为吸附剂，商业化柴油中的芳香化合物、含氧燃料添加剂、含氮化合物以及水分对吸附柴油脱硫的影响作用，诸如菲类的多环芳烃即使含量小于 1wt%也不利于柴油吸附脱硫，而诸如丁基苯类单环芳香化合物即使含量大于 10wt%对柴油吸附脱硫的影响作用也可忽略。不同的含硫化合物能在活性炭上吸附主要归结为共轭 π 电子与活性炭的表面作用，给电子的甲基能进一步加强这种作用。微量的含氧添加剂、含氮化合物和水都对柴油吸附脱硫不利，这可部分归结为极性基团的氢键作用。

2.2 分子筛

分子筛是研究较早的吸附剂之一，分子筛具有比表面积大，吸附后容易再生等特点。分子筛的微孔和介孔在柴油的吸附脱硫过程中起到了重要作用，尤其是介孔分子筛的孔道直径与噻吩分子临界直径相当，更有利于选择吸附噻吩类化合物。

唐煌等[13]研究了微孔和介孔复合的硅铝酸盐吸附剂(MAS)柴油吸附脱硫性能，考察了吸附剂合成过程中表面活性剂浓度、晶化时间和配烧温度等参数对脱硫效果的影响，当模板剂的浓度为0.15mol/L、晶化时间48h、焙烧时间为5h得到的吸附剂吸附脱硫效果较好。他们还采用离子交换的方法，用Cu^+和Ag^+对吸附剂进行改性，结果表明，用相同的金属离子进行改性时，微孔-介孔复合MAS对柴油的脱硫效果要优于微孔Y型分子筛和介孔MCM-41，用Cu^+改性的MAS脱硫效果优于Ag^+改性的MAS。

Sarda等[14]将Ni和Cu分别负载于活性氧化铝和分子筛ZSM-5上，考察了载体、金属、金属的量等条件对吸附率的影响，结果表明在其他参数相同的条件下活性氧化铝作为载体的吸附剂脱硫率要优于ZSM-5为载体的吸附剂，将Ni和Cu负载于相同的载体上，负载Ni的吸附剂脱硫率较高，随着金属负载量的增加，脱硫率先增加后减小。Sarda等指出在吸附脱硫过程中吸附剂与含硫化合物发生了化学和物理作用，金属Ni能除去含有杂原子的硫化物，载体的酸性和大的孔径有利于除去含有取代基的硫化物。

Park等[15]采用等体积浸渍法制备了Ni/SBA-15和Ni/KIT-6两种负载纳米Ni类型的吸附剂，经此吸附剂吸附后可得到超低硫柴油，吸附剂的吸附能力与Ni的浓度和载体的孔结构有关。

Subhan等[16]通过浸渍法将Ni负载于MCM-41以及Al-MCM-41($SiO_2/Al_2O_3=30$，50)制备了吸附剂，并考察了其对柴油吸附脱硫性能的效果，试验结果表明15%Ni-AlMCM-41(30)对噻吩、苯并噻吩以及商业化的柴油具有最好的吸附性能，吸附剂通过一系列的表征证实还原态15% Ni-AlMCM-41(30)的酸性位点在柴油的有机硫吸附过程中起到了重要作用。该研究小组[17]还通过浸渍法和离子交换法将La负载于MCM-41以及Al-MCM-41($SiO_2/Al_2O_3=30$，50)制备了吸附剂，并考察了其对柴油吸附脱硫性能的效果，吸附剂的高表面积、大的孔体积和直径在吸附脱硫过程中起到了重要作用，噻吩硫和HO-La(OSiAl)之间的相互作用对脱除硫具有至关重要的作用。

Hernandez等[18]通过浸渍法制备了负载Ni的硅铝和负载Ni的活性炭吸附剂，对比了其与商业化的负载Ni的硅铝和负载Ni的活性炭吸附剂在柴油吸附脱硫中的吸附性能，由于自制的吸附剂有较高的Ni分散度和表面面积，因此对模型柴油中的苯并噻吩、二苯并噻吩和4，6-二甲基二苯并噻吩有较好的吸附性能。

Sentorun-Shalaby等[19]通过浸渍方法将Ni负载于MCM-48上，并考察了吸附剂对超低硫含量柴油中硫的吸附性能，他们发现在吸附剂制备过程中超声辅助能够明显提高吸附剂表面Ni的分散度，从而提高吸附剂吸附性能。烷基二苯并噻吩可能通过硫原子和Ni原子之间的作用吸附于吸附剂表面上，一部分吸附的烷基二苯并噻吩进一步与表面的Ni反应释放出相应的烃。

2.3 金属氧化物

王景刚等[20]将柴油中的含硫化合物氧化为砜，然后用孔径为2~35nm的介孔材料硅胶做吸附剂将砜除去，脱硫率与温度和时间有关，脱硫温度80℃、脱硫时间30min时，最大脱硫率为78.8%。

S Zorb diesel技术采用的吸附剂由Zn和其他金属负载与ZnO、硅石和Al_2O_3混合物载体上。TReND采用NiO/ZnO吸附剂。

2.4 其他

齐欣等[21]将磷酸活化的褐煤半焦应用到FCC柴油的吸附脱硫中，在吸附剂制备过程中煅烧温度、负载样种类、浸渍比、煅烧时间和浸渍时间等因素都会对脱硫剂的性能产生影响，采用最佳条件制备的吸附剂能有效脱除FCC柴油中的多种硫化物，尤其是苯并噻吩类化合物。

张传彩等[22]按一定比例混合酸对膨润土进行了酸化改性，实验结果显示酸化处理后膨润土对柴油中硫化物的吸附能力明显提高。

3 结语

吸附脱硫具有操作简单、氢耗量低、脱硫率高、无污染等优点。目前柴油吸附脱硫技术对模型柴油的脱硫效果较好，但是由于工业柴油中含有多环芳烃，与硫化物存在吸附竞争，因此吸附脱硫技术今后的发展方向将是开发适合于工业化柴油脱硫的高效吸附剂，提高吸附脱硫率，减少多环芳烃与噻吩类化合物的吸附竞争，同时与其他深度脱硫技术相结合，从而达到理想的脱硫效果。

参考文献

[1] Irvine R L. Processfor DesulfurizingGasoline andHydrocarbon Feed-stocks. US 5730860, 1998.

[2] 居沈贵，曾勇平，姚虎卿．非常规汽油脱硫技术[J]．现代化工，2004，24：56-59.

[3] 韩德奇，常聪芳，陈明，等．柴油低硫化技术及对我国柴油低硫化的建议[J]．石油化工技术经济，2003，19：8-14.

[4] Khare G P. Desulfurization and Novel Sorbents for Same. US 6346190, 2002.

[5] Babich I V, Moulijn J A. Science and Technology of Novel Processesfor Deep Desulfurization of Oil Refinery Streams[J]. Fuel, 2003, 82: 607-631.

[6] Song C S, An Overview of New Approaches to Deep Desulfurization for Ultra-clean Gasoline[J]. Diesel Fuel and Jet Fuel. Catal Today. 2003, 86: 211-263.

[7] 冯丽娟，高晶晶，王振永，等．柴油吸附脱硫技术研究进展[J]，精细石油化工进展，2006，7：46-50.

[8] 王广建，郭娜娜，张晋，等．柴油选择性吸附脱硫的机理及研究进展[J]．炼油技术与工程，2012，42：10-15.

[9] 董群，李春红，宋金鹤，等．柴油吸附脱硫活性炭改性吸附剂研究[J]．天然气化工，2009，31(5)：

31-43.

[10] Bu J, Loh G, Gwie C G, et al. Desulfurization of diesel fuels by selective adsorption on activated carbons: Competitive adsorption of polycyclic aromatic sulfur heterocycles and polycyclic aromatic hydrocarbons[J]. Chemical Engineering Journal, 2011, 166: 207-217.

[11] Seredych M, Wu C T, Brender P, et al. Role of phosphorus in carbon matrix in desulfurization of diesel fuel using adsorption process[J]. Fuel, 2012, 92: 318-326.

[12] Xiao J, Song C S, Ma X L, et al, Effects of Aromatics, Diesel Additives, Nitrogen Compounds, and Moisture on Adsorptive Desulfurization of Diesel Fuel over Activated Carbon[J]. Industrial&Enigineering Chemistry Research, 2012, 51: 3436-3443.

[13] 唐煌，李望良，刘庆芬，等．介孔硅铝酸盐吸附剂的柴油吸附脱硫研究[J]．中国科学 B 辑：化学，2009，39(2)：176-182.

[14] Sarda K K, Bhandari A, Pant K K, et al. Deep desulfurization of diesel fuel by selective adsorption over Ni/Al_2O_3 and Ni/ZSM-5extrudates[J]. Fuel, 2012, 93: 86-91.

[15] Park JG, Ko C H, Yi K B, et al. Reactive adsorption of sulfur compounds in diesel on nickel supported on mesoporous silica[J]. Applied Catalysis B: Environmental, 2008, 81: 244-250.

[16] Subhan F, Liu B S. Acidic sites and deep desulfurization performance of nickel supported mesoporous AlMCM-41sorbents[J]. Chemical Engineering Journal, 2011, 178: 69-77.

[17] Subhan F, Liu B S, Zhang Y. High desulfurization characteristic of lanthanum loaded mesoporous MCM-41sorbents for diesel fuel[J]. Fuel Processing Technology, 2012, 97: 71-78.

[18] Hernandez S P, Fino D, Russo N, High performance sorbents for diesel oil desulfurization[J]. Chemical Engineering Science, 2010, 65: 603-609.

[19] Sentorun-Shalaby C, Saha S K, Ma X L, et al. Mesoporous-molecular-sieve-supported nickel sorbents for adsorptive desulfurization of commercial ultra-low-sulfur diesel fuel[J]. Applied Catalysis B: Environmental, 2011, 101: 718-726.

[20] 王景刚，霍云霞，冯洋洲，等．硅胶在柴油吸附脱硫中的应用[J]，化工进展，2010，29：656-658.

[21] 齐欣，李春虎，刘涛，等．磷酸活化褐煤半焦用于柴油吸附脱硫的研究[J]，化学工程，2008，36(11)：1-4.

[22] 张传彩，王东，代斌．高硫柴油吸附脱硫剂的研究[J]，矿产综合利用，2008，2：16-18.